철근콘크리트 구조설계 개정판

KDS 14 20 00에 따른 개정판

철근콘크리트 구조설계

개정판

김진근 저

콘크리트란 무엇인가? 콘크리트는 라틴어의 'concretus'에서 왔고, concretus의 의미는 'growing together'로서 우리말로는 '함께 자라기'라는 뜻이 될 수 있다. 모래, 자갈, 물, 시멘트가 섞여 시간의 흐름에 따라 함께 자라서 튼튼한 콘크리트가 되는 것이다. 이 얼마나 좋은 뜻인가…. 특히 오늘날과 같이 모든 것이 한 곳 또는 한 사람으로 집중되는 세상에서 혼자가 아니라 함께 자라기를 한다는 것이…. (중략) 콘크리트와 철근콘크리트를 전공하면서 이 재료로부터 항상 우리는 함께함으로써 더 발전할 수 있으며, 혼자 일등이 아니라 함께하는 일등이 더 바람직하다는 것을 늘 배운다. 그래서 한평생 콘크리트와 맺은 인연이 나의 삶에 가장 행복한 선택이었다고 믿고 있다.

씨아이알

서 문

콘크리트와 철근콘크리트에 대한 감상

콘크리트란 무엇인가? 콘크리트는 라틴어의 'concretus'에서 왔고, concretus의 의미는 'growing together'로서 우리말로는 '함께 자라기'라는 뜻이 될 수 있다. 모래, 자갈, 물, 시멘트가 섞여 시간의 흐름에 따라 함께 자라서 튼튼한 콘크리트가 되는 것이다. 이 얼마나 좋은 뜻인가…. 특히 오늘날과 같이 모든 것이 한 곳 또는 한 사람으로 집중되는 세상에서 혼자가 아니라 함께 자라기를 한다는 것이….

또 철근콘크리트란 무엇인가? 콘크리트는 많은 장점을 갖는 재료이지만 인장력에 약하다는 아주 큰 단점을 갖고 있다. 반면 철근은 인장력, 압축력 등 힘에는 강하지만 부식과 화재 등 외부 환경에 매우 약한 단점을 갖고 있다. 이 두 재료는 서로의 약점을 보완해주고 서로의 강점을 살림으로써 최상의 건설재료가 될 수 있었다.

저자는 대학과 대학원 석사과정에서 공부할 때까지도 콘크리트공학에 관심이 없었다. 모든 인연은 예기치 않게 찾아오듯이 박사과정에서 장학금을 받기 위해 시작할 수밖에 없었던 것이 벌써 35년을 넘게 이 콘크리트와 함께하고 있다. 콘크리트와 철근콘크리트를 전공하면서 이 재료로부터 항상 우리는 함께함으로써 더 발전할 수 있으며, 혼자 일등이 아니라 함께하는 일등이 더 바람직하다는 것을 늘 배운다. 그래서 한평생 콘크리트와 맺은 인연이 나의 삶에 가장 행복한 선택이었다고 믿고 있다.

'철근콘크리트 구조설계' 전체 구성에 대하여

'철근콘크리트 구조설계'는 다음과 같이 4권으로 집필을 시작하였으나 아직 집필이 완전히 끝나지 않았다. 그래서 제1권과 제2권을 합본으로 먼저 출판하고, 이후 제3권과 제4권이 완성되면 모두 별책으로 출판할 계획이다.

제1권 철근콘크리트 구조설계 - 기본편
제2권 철근콘크리트 구조설계 - 설계편(강도설계법)
제3권 철근콘크리트 구조설계 - 설계편(한계상태설계법)
제4권 철근콘크리트 구조설계 - 특수 주제편(비선형 해석, 장기거동, 내진설계)

제1권 기본편에서는 구조설계기준과는 큰 관계가 없는 콘크리트 재료 자체의 재료역학적 특성과 각 단면력에 대한 부재 단면의 거동 그리고 철근콘크리트 구조물의 사용성과 내구성에 대한 기본적 사항을 다루고자 하였다. 그러나 각 사항에 대하여 다룬 깊이의 차이가 있고, 혹시 빠진 부분도 있을 것으로 사료되어 추후 별책으로 출판할 때는 수정, 보완하고자 한다.

제2권 설계편(강도설계법)에서는 원칙적으로 우리나라 콘크리트구조 설계기준(2021년판 KDS 14 20)에 근거하여 철근콘크리트 부재의 설계 방법을 다루고 있다. 철근콘크리트 구조물 설계법의 변천사와 해석 방법 등을 다루었으며, 각 부재의 설계는 단면 설계뿐만 아니라 가능한 부재 전체의 설계가 될 수 있도록 집필하는 데 노력하였다. 또한 우리나라 콘크리트구조 설계기준에 따랐으나, 우리나라 기준의 모델기준 역할을 하고 있는 ACI 설계기준 내용도 우리 설계기준과 상이한 경우 일부 포함하였다.

제3권 설계편(한계상태설계법)은 원칙적으로 Eurocode 2(EN 1992)의 규정에 따라 집필하고 있다. 다만 이 설계기준의 모델기준인 *fib* 2010 모델기준의 내용이 필요한 경우 이에 대해서도 추가적 내용을 포함한 경우도 있다. 구성 체계는 제2권과 유사하고, 앞으로 Eurocode 2가 개정되면 제3권도 그에 따라 개정할 예정이다.

제4권 특수 주제편은 현재 구상 중으로, 철근콘크리트 구조물의 해석과 설계에 대한 특수 문제, 즉 비선형 해석, 스트럿-타이 모델, 장기거동 해석, 내진설계 등에 대한 기본적 내용으로 집필할 예정이다.

이 책의 구성에 대하여

이 책의 체계와 사용된 용어 등은 다음과 같은 원칙을 갖고 집필하였다.

- **체계**: 각 페이지의 측면 부분에 여백을 두고 사용된 용어의 설명, 저자의 의견, 인용된 콘크리트구조 설계기준의 항목 등을 표시하여 독자에게 도움을 주고자 하였다. 그림과 표는 본문에서 인용된 직후에 각 페이지의 상단 또는 하단에 위치시켰다. 그리고 인용된 문헌번호를 표시하여 독자들이 쉽게 참고문헌을 찾아볼 수 있도록 하였으며, 참고문헌은 각 장 본문 마지막에 구성하였다.
- **예제 및 문제**: 본문의 이해를 돕기 위하여 필요한 예제를 두었으며, 더 종합적 사고가 필요한 문제들을 본문 끝에 두었다. 앞으로 독자들의 이해를 높이기 위해 개정할 때는 더 많은 예제와 문제를 추가할 예정이다.
- **기호 및 단위**: 기호는 콘크리트구조 설계기준에 따르는 것을 원칙으로 하였고, 없는 경우에는 설계기준에서 사용한 기호 표기 원칙을 따랐다. 즉, 응력은 소문자, 단면력은 대문자로, 길이 등은 소문자, 단면의 특성들은 대문자로 나타내었고 모두 이탤릭체로 표시되어 있다. 단위는 SI unit 체계를 가능한 따랐으며, 정체로 표시하였다.
- **용어 및 띄어쓰기**: 용어도 가능한 콘크리트구조 설계기준에 따르는 것을 원칙으로 하였으며, 그 외 필요한 용어는 한국콘크리트학회에서 발간한 용어사전의 용어들을 따랐다. 다만 몇 가지 예외적으로 사용한 것은 그 이유를 설명하였다. 그리고 하나의 전문용어는 붙여 쓰는 것을 원칙으로 하였다.
- **부록**: 설계를 할 때 필요한 도표는 부록으로 하여 책의 뒤쪽에 구성하였다.
- **찾아보기**: 독자들이 주제별 또는 용어에 따라 본문에서 쉽게 찾아볼 수 있도록 책의 마지막 부분에 구성하였다.

감사의 글

이 작은 책자 하나가 완성되는 데 그동안 수많은 분들의 도움이 있었다. 아마도 그러한 분들의 직·간접적 조언이 없었더라면 영원히 이 책은 발간될 수 없었기에 모든 분께 감사의 말씀을 드린다.

먼저, 이 책을 쓰게 된 동기를 제공해주신 고 신종순 소장님과 동양구조 여러분에게 감사드린다. 또한 이 책을 집필하지 않으면 안 되도록 계기를 만들어준 지난 25년 이상 KAIST의 학부 과정에서 콘크리트 과목을 수강한 학생들에게도 고마움을 전한다.

다음으로, 이 책을 완성하기까지 직접적으로 도움을 주신 분들에게 감사드리고자 한다. 책의 집필에 절대적인 타이핑을 해준 나의 연구실 직원들, 특히 끝까지 대부분을 맡아준 김은옥 씨에게 고마움을 전한다. 그리고 마지막 문장을 다듬어준 안경희 박사와 부록의 도표를 그려준 차상률 박사에게도 감사한 마음을 전한다. 또한 이번에 개정판을 준비하는데 수정작업을 도와준 대전 동양구조엔지니어링의 최용원 씨와 박준영 과장님, 서울 도화구조(주)의 김원빈 씨와 차민지 씨에게도 고마움을 전한다. 그리고 이 책의 집필을 포기하고 있을 때 강제적(?)으로 집필하도록 계기를 마련해준 도서출판 씨아이알의 이일석 전 팀장님, 이 책의 편집과 그림을 꼼꼼히 챙겨 이 책을 끝까지 완성해준 김동희 전 과장님, 그리고 개정 작업을 끝까지 맡아주신 최장미 과장님에게 고마움을 전하고, 출판에 협조하여 주신 도서출판 씨아이알의 김성배 사장님께도 고마움을 전한다.

마지막으로, 묵묵히 옆에서 지켜봐준 아내, 두 아들과 두 며느리, 딸과 사위에게도 이 기회를 통해 고마움을 전하며, 이 작은 책자를 자라나고 있는 세 손자, 정우, 정연이와 단우, 세 손녀 정인이와 아인이, 해인이에게 할아버지의 작은 선물로 보낸다.

저자 소개

김진근(1952-)

저자 김진근 교수는 1975년 서울대학교 건축공학과에서 공학사, 1978년 동 대학 대학원 건축학과에서 구조전공으로 공학석사, 1985년 미국 Northwestern 대학 토목공학과에서 콘크리트 구조 및 재료분야 전공으로 공학박사 학위를 취득하였다.

그는 대학원 석사과정 재학 중 신종순 구조설계사무소에서 1년 반 동안, 그리고 현대양행(현 두산중공업) 본사와 창원공장 건설현장에서 3개월 동안 실무를 경험하였다. 석사학위 취득 후 서울대학교 건축학과의 조교로 1년 근무하였고, 1979년 3월부터 울산대학교 건축학과 전임강사로 2년 반 동안 재료역학, 철근콘크리트 과목을 강의하였다. 그 후 미국 Northwestern 대학에서 박사학위 취득 후 1985년 3월에 KAIST 건설 및 환경공학과(그 당시 토목공학과)의 교수로 부임하여 2020년까지 35여 년 동안 학부의 철근콘크리트 과목과 대학원의 콘크리트 비선형 해석 등의 과목을 강의하였다. 이 책도 그동안 학생들에게 제공된 강의 자료를 모은 것이다. 그는 1987년 건축구조기술사 자격을 취득하였으나 직접적으로 실무는 하지 않고 있다.

그는 대한건축학회 주관으로 집필하여 1988년 발간된 「극한강도 설계법에 의한 철근콘크리트 구조설계 규준」 작성에 간사로 집필에 적극 참여하였고, 1999년 발간된 철근콘크리트 구조 설계에 있어 토목, 건축분야의 통합 설계기준인 「콘크리트구조설계기준」 작성에도 간사로 참여하였다. 그 후 1차 개정이 이루어진 2003년 판의 개정에는 개정소위원회 위원장으로 역할을 하였고, 그 이후의 개정에도 자문위원 등으로 참여하였다. 한편 ACMC(아시아 콘크리트 모델 코드) 작성을 위한 위원회인 ICCMC의 한국 측 창립위원으로 1994년부터 참여하였으며, ISO TC98의 「기존 구조물의 평가 기준」 작성에도 1996년부터 2003년까지 위원으로 참여하였다.

학회 활동으로는 1989년 창립된 한국콘크리트학회(KCI)의 창립 회원으로서 총무이사, 사업이사, 편집이사 등과 부회장, 감사, 회장을 역임하였고, 미국콘크리트학회(ACI) Fellow, 일본콘크리트학회(JCI) Honorary Member, 유럽콘크리트학회(fib)의 회원으로 활동하고 있다. 그 외 그는 현재 한국과학기술한림원(KAST)의 정회원과 한국공학한림원(NAEK)의 명예회원으로 활동하고 있다.

목 차

제3장 휨 거동

제2편
철근콘크리트 구조설계(설계편 : 강도설계법)

제1장 철근콘크리트구조 설계법

제2장 구조물의 해석과 설계의 기본

제5장 기둥 부재 설계

제6장 슬래브 부재 설계

제8장 기초판 부재 설계

제1편

철근콘크리트 구조설계 기본편

기본이 튼튼하여야 선택(설계)을 자유롭게 할 수 있다

제1장

콘크리트와 철근콘크리트의 역사

왼쪽 그림은 최초의 콘크리트 구조물로 알려진 Eddystone 등대로 Smeaton이 1756-1759년에 건설하였다. 오른쪽 아래 사진은 건설되고서 120년 후인 1870년 균열이 발생하여 원 석재를 Plymouth Hoe로 옮기어 기념으로 재건축한 현존의 Eddystone 등대이다.

제1장 콘크리트와 철근콘크리트의 역사

1.1 시멘트 재료의 개발과 발전

1.1.1 개요

모든 재료가 그러하듯 건설재료인 시멘트(cement)도 어느 날, 어느 한 사람에 의해 개발된 것이 아니고, 생활하면서 필요에 의해 여러 사람이 꾸준히 조금씩 개선하여 현재 우리가 사용하고 있는 재료로 발전하여 왔다. 시멘트란 결합시킬 수 있는 재료를 뜻하며, 좁은 의미로는 우리가 지금 알고 있는 포틀랜드시멘트(Portland cement)를 뜻하고, 넓은 의미로는 콘크리트를 만들 때 사용하는 모든 결합재(cementitious material)를 뜻한다.

이 절에서는 우리가 현재 널리 건설재료로 사용하고 있는 콘크리트의 주된 구성 성분인 시멘트의 발전 과정을 살펴보고자 한다. 시멘트는 초기에는 인공적으로 크게 가공하지 않고 자연에서 직접 얻은 재료였으며, 그 후 품질 개선을 위하여 인공적으로 가공한 재료로 발전하였다. 즉, 고대 시멘트라 불리는 소석회 시멘트(lime cement)와 화산재(volcanic ash) 등은 자연에서 직접 얻은 재료이며, 1750년대 중반 이후 가공하여 얻은 재료인 자연시멘트(natural cement)와 1800년대 초반 이후 나타난 포틀랜드시멘트 등은 인공적인 재료이다. 그 후 1900년대 이후에는 이 포틀랜드시멘트 외에도 백색시멘트, 초조강시멘트 등 특수 시멘트와 유기화합물인 폴리머 등 다양한 결합재가 개발되고 있다.

시멘트(cement)와 결합재 (cementitious material)
콘크리트를 만들 때 주로 포틀랜드시멘트만을 결합재로 사용하였으나, 1960년대 이후 산업부산물인 플라이애쉬(fly ash), 고로슬래그(furnace slag), 실리카퓸(silica fume)과 그 외 석회석 미분말, 여러 식물의 재 등을 시멘트와 함께 섞어 사용하기 시작하였다. 그래서 이를 구별하기 위하여 콘크리트를 제조할 때 결합을 위해 사용되는 시멘트를 포함한 모든 재료를 결합재(cementitious material 또는 binder)라고 한다. 그리고 물-시멘트비는 w/c, 물-결합재비는 w/cm 또는 w/b로 표기한다. 그러나 가끔 물-결합재비도 w/c로 표기하기도 한다.

1.1.2 고대 시멘트(lime cement)

이집트의 피라미드에 석고 모르타르(gypsum mortar)와 석회 모르타르(lime mortar)가 사용되었으며, 현재까지도 케옵스(Cheops) 피라미드 상부에는 이러한 모르타르가 남아 있다. 이 이전에도 사이프르스의 페니키아(Phoenician) 사원에 탄산화가 이루어져 현재에는 돌처럼 굳어져 있지만 모르타르의 사용 흔적이 남아 있다. 그리스 시대의 여러 유적에도 석회 모르타르를 사용한 흔적이 남아 있으며, 역시 지금은 굳어 돌처럼 되었지만 석회 마그네슘(lime-magnesia) 모르타르를 사용한 흔적도 있다. 이후 로마 시대에는 더욱 많은 모르타르가 수로와 같은 토목 구조물, 그리고 콜로세움(Colosseum)과 같은 건축 구조물 등에 널리 사용되었으며, 특히 이 시대에는 석회와 화산재(volcanic ash)를 함께 사용하였다. 이 화산재는 포졸리(Pozzuoli) 지방에서 얻을 수 있었기 때문에 푸조(Puzz)라고 불렸으며, 알루미나와 실리게이트 성분이 포함되어 있어 모르타르의 성능이 크게 개선되었다.

1.1.3 근대 시멘트(natural cement)[1)]

18세기 중반 이후 모르타르의 품질을 개선하기 위한 연구가 이루어지기 시작하였으며, 19세기 초반 현재의 포틀랜드시멘트가 개발되기까지 70여 년간 많은 연구가 계속되었다.

에디스톤(Eddystone) 등대
인공 시멘트로 건설된 인류 최초의 콘크리트 구조물로 알려져 있다. 물론 이때 사용한 시멘트는 현재 사용하고 있는 포틀랜드시멘트가 아니고 자연시멘트(natural cement)였다.

1750년대부터 1800년대 초반 포틀랜드시멘트가 개발되기 이전까지는 주로 인공 수경성 석회(manufactured hydraulic lime)에 대한 연구가 진행되었다. 1756년 에디스톤(Eddystone)에 있는 등대를 석조로 건설할 때, 기존의 석회 모르타르로는 석조 사이의 부착이 약하여 파도를 이겨낼 수 없었다. 이를 극복하기 위하여 영국 사람 스미턴(Smeaton)이 태운 석회석에 진흙(clay)을 혼합하여 사용하면 강하여진다는 사실을 발견한 것이 그 효시이다. 이는 강도 증진을 위한 최초의 연구이기도 하다. 1869년 미캘리스(Michäelis)는 그의 책 서문에서 스미턴의 업적을 이렇게 기술하고 있다.

> '그 유명한 스미턴(Smeaton)이 에디스톤(Eddystone)에 등대를 건설한 지 100년이 지났다. 그 등대는 항해자들뿐만 아니라 온 인류를 위해서 어두운 밤의 빛으로서, 아니 축복받은 업적의 진실된 표시로서 우뚝 서 있다. 이는 과학적으로 거의 2000년 동안의 어두움을 걷어치운 업적이다….'

그 후 1810년 영국 사람 존(John)은 진흙(clay), 실리카, 철(iron)성분을 갖고 있는 석회석에서 얻은 석회가 강도에 유리하다는 것을 밝혀내었고, 프랑스 사람 비카(Vicat)는 1810년대부터 많은 관련 연구를 수행하여 실리카 성분이 없으면 좋은 수경성 모르타르를 제조하는 것이 불가능하므로 실리카와 알루미나 성분을 포함하고 있는 진흙을 함께 사용하여야 한다고 주장하였다. 그는 이를 토대로 1828년 최초로 단행본을 발간하기도 하였다. 또 비카(Vicat)는 지금도 사용하고 있는 시멘트의 초결(initial set)에 대한 시험 방법을 제시하기도 하였다.

1796년 영국의 파커(Parker)는 후에 로만시멘트(Roman cement)라고 불린 자연시멘트(natural cement)를 개발하여 특허를 획득하였다. 이때까지 시멘트를 제조하는 방법은 탄산(carbonic acid)을 없앨 정도의 온도를 가하는 정도이었고 용융되지도 않았으나, 이 시멘트는 용융될 정도로 높은 온도를 가하였다. 그러나 유리질화(vitrify)될 정도는 아니었으며, 태운 후 덩어리는 제거하고 분말만을 취하였다. 이와 유사한 시멘트가 거의 같은 시기에 프랑스의 루사지(Lesage)에 의해 개발되기도 하였다. 그 후 1822년 영국의 프로스트(Frost)는 영국시멘트(British cement)라는 이름으로 특허를 획득하였는데, 비슷한 과정으로 제조하였으나 일부 용융물을 부셔 만들었다. 그러나 이러한 시멘트는 급결 시멘트였으며, 온도 제어, 분쇄 기술 등에 대한 정확한 기록은 없다. 이와 같은 자연시멘트는 그 후 영국, 프랑스뿐만 아니라, 벨기에, 독일 등 유럽 여러 나라와 미국에서도 사용되기에 이르렀다. 생산은 수직 킬른을 사용하였으며, 큰 것은 높이가 7.5∼12 m, 직경 3 m 정도이었다.

자연시멘트(natural cement)
포틀랜드시멘트가 나타나기 이전의 인공적으로 생산된 모든 시멘트를 뜻한다.

1.1.4 현대 시멘트(Portland cement)

인공적으로 건설재료를 개발하는 연구가 1750년대 이후 70여 년간 진행되는 가운데 1824년 영국의 애습딘(Aspdin)이 현재 우리가 사용하고 있는 시멘트 제조 과정과 유사한 방법으로 제조하는 시멘트 제조법에 대하여 특허를 등록하였다. 그 색깔이 영국 포틀랜드(Portland) 지방에서 생산되었던 암석의 색깔과 유사하다 하여 포틀랜드시멘트(Portland cement)라고 이름하였으며, 현재까지도 전 세계적으로 포틀랜드시멘트로 통용되

포틀랜드시멘트 특허
특허 등록일자가 1824년 10월 21이라는 기록과 12월 15일이라는 기록이 있다.

고 있다.[1)]

근대 시멘트(natural cement)와 현대 시멘트(Portland cement)의 차이점
여러 차이점이 있으나, 제조 공정상 돌가루를 태우는 것은 같으나 자연시멘트는 태운 돌가루 중에서 굵은 것을 걸러내고 미분말만 채취하였고, 포틀랜드시멘트는 완전히 녹힌 후 응결시킨 클링커(clinker)를 다시 갈아 분말로 만든 것이다.

이 포틀랜드시멘트와 자연시멘트의 근본적 차이점은 첫째, 포틀랜드시멘트를 제조할 때는 원료 배합을 조절한 것으로서 어느 정도 필요한 성분의 원료를 분석하여 배합하는 방법을 선택한 것이다. 둘째, 제조할 때 최대 온도의 차이이다. 자연시멘트를 생산할 때의 최대 온도는 1100~1300°C인데 반하여 초기 포틀랜드시멘트를 생산할 때의 온도는 1400~1500°C이었다. 이렇게 온도를 높게 함으로써 C_3S 성분이 생성되어 시멘트 수화반응을 촉진시킬 수 있게 되었다. 셋째, 이전에 생산된 인공 수경성 석회와 자연시멘트는 원칙적으로 태운 후 굵은 덩어리나 융용되어 다시 굳은 덩어리를 제거한 후 분말을 취하였으나, 포틀랜드시멘트는 용융되어 굳은 클링커(clinker)를 다시 분쇄하여 미분말로 만들어 결합재로 사용하였던 것이다.

클링커(clinker)
돌가루를 완전히 녹혀서 냉각시키면 다시 굳게 되는데 이를 클링커라고 한다.

영국을 시작으로 1840년에 프랑스, 1852년에 독일, 벨기에 등에서 시멘트 공장을 설치하여 생산하기 시작하였다. 최초의 콘크리트 건설 공사는 영국 템스 강에 건설한 터널 공사이었고, 최초의 대단위 콘크리트 공사는 영국 런던의 하수시설(sewerage system) 건설이었다. 그 후 미국도 1871년 처음으로 생산 공장이 설치되었다. 아시아 지역의 경우 1870년대에 일본에서도 생산 공장이 설치되고, 1913년 인도에, 그리고 우리나라의 경우 일제 시대인 1919년 12월에 평양 교외의 승호리에 연간 6만 톤 생산 능력의 킬른 1기가 건설되었다.[2)]

1.1.5 초기 포틀랜드시멘트 관련 기술의 발전[1)]

시멘트를 생산하는 방법을 개선함으로써 시멘트 생산량을 증대시켰다. 초기에는 대부분의 킬른이 수직으로 위치하고 있었으나, 회전킬른(rotary kiln)이 나타남으로써 그 생산이 증대되었다. 1886년에 나바로(Navarro)가 길이 7.2 m, 직경 3.6 m의 회전 킬른을 제작하였으나 실패하였고, 그 후 랜섬(Ransome)의 특허를 이용하여 다시 시도하여 실패를 거듭한 후 결국 회전 킬른의 개발에 성공하였다. 생산 방법에서 또 하나의 개선은 분쇄 방법에서 일어났다. 1862년경에는 영국의 경우 클링커를 분쇄할 때 죠 크러셔(Jaw carusher)를 이용하였는데, 그리핀(Griffin)은 1886년 돌 분쇄기

(mill stones) 대신에 쇠 분쇄기(iron mill)로 바꾸어 분쇄하는 기술을 제시하였다. 참고로 표 〈1.1〉은 1937년 세계 각국의 포틀랜드시멘트 생산량을 보여주고 있는데 대략 현재 생산량의 1/20 미만 수준이다.

이 당시부터 시멘트 성분에 관련된 연구도 진행되었는데, 포틀랜드시멘트는 제조 단계에서 원료의 성분을 조절하여 생산하기 시작하였다. 시멘트의 화학적 분석은 최초로 1849년 페텐코프(Pettenkofer)와 푸쉬(Fuches)에 의해 이루어졌으며, 실제로 이 분야에 큰 진전은 프랑스의 샤틀리에(Chatelier)에 의해 이루어졌다. 샤틀리에는 그의 연구에서 보통의 화학적 분석에 의해 시멘트 성능에 대한 완전한 이해는 힘들며, 실제로 성능에 영향을 미치는 것은 C_3S, C_2S, C_3A 등이라는 것을 밝혔다. 한편 1897년 토네본(Tornebohn)은 시멘트의 주요 물질에 얼라이트(alite), 벨라이트(belite), 셀라이트(celite), 페라이트(felite)로 이름을 붙였다. 초기 단계 시멘트의 성분은 나라마다 많이 흩어지나, 엑켈(Eckel)이 출판한 책에 의하면 평균적 성분은 다음 표 〈1.2〉와 같다. 한편 프랑스의 지롱(Giron)은 시멘트의 급속한 경화를 막기 위하여 석고(gypsum)를 투입하는 방법을 제시하였다.

시멘트 주요 성분
시멘트를 구성하는 주요 성분은 C_3S, C_2S, C_3A, C_4AF로서, 이들을 각각 얼라이트, 벨라이트, 셀라이트, 페라이트라고 부르기도 한다. 그리고 여기서 C는 CaO, S는 SiO_2, A는 Al_2O_3, F는 Fe_2O_3로서 각 산화물을 나타낸다.

시멘트의 품질에 관련된 연구도 많이 진행되었으며, 처음에는 콘크리트의 품질을 경화 특성(ability of harden), 건전성(soundness), 압축강도 및 인장강도(compressive and tensile strength)로 평가하였다. 특히 처음에는 시멘트 모르타르의 경화 속도가 경화 특성에 미치는 가장 중요한 요소였기 때문에 비카(Vicat)가 초결을 평가할 수 있는 시험법을 제안하였고, 그 후 미국의 길모어(Gillmore)는 '길모어 침(Gillmore needles)'에 의한 경화 측

콘크리트 시험법
초기에 가장 관심이 컸던 것은 급결하여 시공성 확보가 힘들었기 때문에 응결에 대한 시험법이 많이 제시되고, 또한 강도에 대한 시험법이 제시되었다.

표 〈1.1〉 세계의 포틀랜드시멘트 생산량[1)]

나라	생산량(barrels)(1937년)
미국	118,000,000
독일	74,000,000
영국	67,000,000
프랑스	27,000,000
벨기에	18,000,000
일본	39,000,000
러시아	32,000,000
기타	116,000,000
계	491,000,000

표 〈1.2〉 시멘트의 화학 성분(%)[1]

주요 산화물	수화 석회용 석회석	프랑스, 독일의 자연시멘트 18종의 평균	미국의 자연시멘트 50종의 평균	유럽의 포틀랜드 시멘트 4종의 평균 (1849~1873)	미국의 포틀랜드 시멘트 7종의 평균 (1900~1920)
CaO	80	55.54	39.85	54.20	62.01
SiO_2	10	23.63	26.40	20.79	21.47
Al_2O_3	-	9.23	8.22	7.79	7.27
Fe_2O_3	10	4.57	3.16	8.46	3.26
MgO	-	4.12	13.88	1.21	1.82

정법을 제안하였다. 포틀랜드시멘트는 자연시멘트에 비하여 경화가 매우 빨리 시작하여 개발된 초기에는 널리 사용되지 않았다. 19세기 말 석고를 투입하면, 응결을 지연시킬 수 있다는 사실이 알려진 후에 포틀랜드시멘트 사용량이 급속도로 증가하였다. 미국의 경우 포틀랜드시멘트 사용량이 자연시멘트 사용량보다 많아진 시기는 1900년 초 이후이다. 그리고 그랜트(Grant)는 유리판 위에 시멘트 페이스트를 두고 균열이 가지 않으면 건전한 것(soundness)으로 판단하는 건전성 시험법을 제시하기도 하였고, 후에 이에 대한 다른 시험법(boiling test)을 1895년에 미캘리스(Michäelis)가 제안하였다. 강도 시험은 초창기에는 캔틸레브 형태의 공시체를 이용한 인장 시험법이 나타났다가, 파슬리(Pasley)는 블록 2개의 접합면의 부착인장 시험법을 제시하기도 하였다.

1.1.6 한국의 시멘트 산업의 발전

앞서 언급한 바와 같이 시멘트 공장은 1919년 평양 교외 승호리에 우리나라에 처음으로 건설되었다. 이는 일제 시대로서 일본의 오노다시멘트 회사가 우리나라에 건설한 것이며, 그 후 1928년 문천에, 1936년 부령에, 1942년 삼척에 각각 시멘트 공장을 건설하였다. 한편 일본 우베시멘트 회사가 우리나라에 조선시멘트 회사를 설립하여 1936년 해주에, 그리고 아사노시멘트 회사가 봉산에 1937년 각각 공장을 건설하였다. 다음 표 〈1.3〉에서 볼 수 있듯이 일제 말에 우리나라 시멘트 생산 설비 능력은 연 150만 톤에 이르렀다.[2),3)]

표 〈1.3〉 시멘트 공장 및 생산 능력(1943년 기준)[2]

회사	공장	킬른	생산 능력(만 톤)	완공 시기
오노다시멘트(주)	승호리(평남 강동)	1호	6	1919.12.
		2~4호	24	1921~1936
	천내리(함남 문천)	1호	13	1928.2.
		2호	13	1936
	부령(함북)	1~2호	34	
	삼척(강원)	1호	8.4	1942.7.
조선시멘트(주)	해주(황해)	1~4호	36	1936.2.
아사노시멘트(주)	봉산(황해)	1~2호	18	1937.11.
계			152.4	

해방이 되면서 삼척 공장을 제외하고, 모든 공장이 북한에 위치하게 되어 시멘트 생산은 거의 이루어지지 않았다. 6.25 동란 후 삼척 공장은 재가동하였으나, 1956년 동양시멘트 주식회사로 바뀐 후 본격적 시멘트 생산이 다시 이루어지게 되었다. 이후 삼척 공장의 생산 설비는 연 30만 톤으로 증설되었고, 1957년 대한양회공업 주식회사가 문경에 연 24만 톤 생산설비의 공장을 건설하였다. 1960년대 들어 경제 개발 계획에 따라 개발 정책이 추진되어 시멘트 수요량이 급격히 증가하여 쌍용, 한일, 현대, 경원, 유니온 시멘트 등 여러 회사들이 설립되었다. 1975년에는 시멘트 생산량이 1000만 톤을 넘어서게 되었으며, 1983년에는 2000만 톤을 초과하였다. 그 후 우리나라 시멘트 생산 실적은 다음 표 〈1.4〉와 같이 계속적으로 증가되었으나, 2000년 이후는 크게 증가되지 않고 있다.

우리나라 시멘트 생산량
해방 당시에 150만 톤 정도였고, 1975년 1000만 톤, 1983년 2000만 톤을 생산하였으며, 2010년도엔 약 6000만 톤이 생산되어 1인당 1년에 약 1200 kg 이상의 시멘트를 소비하는 나라가 되었다.

표 〈1.4〉 우리나라 시멘트 생산 실적[2]

연도	시멘트 생산량 (만 톤)	클링커 생산량 (만 톤)	시멘트 생산 설비 능력 (만 톤)
1985	2050	2056	
1990	3357	2928	4030
1995	5513	5189	
2000	5126	4572	
2010	5919	5157	

2002년도 기준 우리나라는 시멘트 생산량에서 5,551만 톤으로 중국, 인도, 미국, 일본에 이어 세계 5위이며, 1인당 소비량은 연간 1,140 kg으로 10위이지만, 1위에서 9위까지가 브루네이, 카타르, 아랍에미레이트 등 도시국가이기 때문에 실제로 가장 많이 시멘트를 소비하는 나라라고 볼 수 있다. 참고로 북한의 2002년도 생산량은 400만 톤으로 알려져 있으며, 세계 총 생산량은 18억 4,400만 톤으로 아시아 지역에서 65퍼센트 이상이 생산되고 있다. 그리고 이 시멘트 양은 세계 인구 1인당 1년에 평균 300 kg 정도 사용하는 것이며, 2010년의 총 생산량은 28억 톤 정도로서 1인당 약 400 kg으로 늘었다. 현재 2020년의 경우 총 생산량은 약 45억 톤이며, 중국이 27억 톤 정도를 차지하고 우리나라는 대략 5,000만 톤을 생산하고 있다.

1.2 콘크리트의 등장과 발전

1.2.1 초기 콘크리트의 사용 흔적

건축가 골드버그(Goldberg)
미국 시카고에 1964년 건설된 마리나시티(Marina City) 빌딩 등 콘크리트 건축물에 곡선의 아름다움을 최대로 살려 설계한 유명한 건축가이다. 스승인 미스반데어로에(Mies van der Rohe)와는 다르게 직선보다는 곡선을 살려 파격적 형태의 건축물을 설계하였다.

미국의 건축가 브트란드 골드버그(Bertrand Goldberg)가 한 강연에서 "19세기 인류가 콘크리트를 개발함으로써 사상의 자유를 가져왔다"라고 할 정도로 콘크리트는 건설재료 분야뿐만 아니라 그것을 다루는 인간의 사고에 이르기까지 많은 영향을 미쳤다고 볼 수 있다. 이는 그때까지 제한된 재료에 의해 제한된 공간, 길이, 높이, 형태의 구조물만을 축조할 수 있었던 것에 반하여 그 이후 인간이 생각할 수 있는 다양한 형태의 그리고 큰 규모의 구조물을 축조할 수 있게 되었기 때문일 것이다.

그러나 고대에 시멘트가 처음 개발될 때는 콘크리트 제조용인 결합재를 개발하였다기보다는 석재를 접착시키는 접착재료로서, 또는 외부 마감재로서 시멘트가 개발되어 사용되었다. 비록 대부분 사람들은 이를 받아들이지 않고 있지만 1974년 프랑스의 화학자 다비도비스(Davidovits)는 이집트의 피라미드 건설에 사용된 석재는 자연산 석재가 아니라 석회 모르타르로 만들었을 가능성이 있다고 주장하였다. 만약 이것이 사실이라면 피라미드는 최초의 거대 콘크리트 구조물일 수 있다. 콘크리트가 최초로 사용된 곳은 고대 로마일 것으로 추정되는데 교량, 기초판, 큰 건축물 등에 사용 흔적이 발견되고 있고, 현재 콘크리트라는 어원도 라틴어로 '함께 자라는(growing together)'이라는 의미의 'concretus'인 것을 미루어 볼 때, 이 시대에 이러한 재료가 사용되었을 가능성이 높다. 또 로마인은 콘크리트와 모르타르를 만들 때 소피 또는 오줌을 사용하였다는 기록도 있어 최초로 혼화제를 사용하였다고도 볼 수 있다.[1)]

콘크리트의 어원
콘크리트라는 말은 라틴어의 concretus에서 유래되었으며 이 concretus는 '함께 자라기'의 의미이다. 이는 시멘트, 물, 모래, 자갈이 모여 새로운 재료인 콘크리트가 만들어지며, 이때 시간이 흐름에 따라 서서히 강도 등이 증대되는 것을 나타내는 이름임을 알 수 있다.

1.2.2 초기 포틀랜드시멘트 콘크리트의 발전[1)]

앞서 설명한 바와 같이 모든 시멘트는 그때까지 주요 건설재료였던 석재와 벽돌을 접착시키기 위하여 개발되었다. 그래서 개발 초기에는 콘크리트를 제조하는 목적으로 사용되기보다는 모르타르로서 널리 사용되었다. 그러나 큰 석재를 사용하는 경우 경제적으로도 문제였지만 운반의 문제도 있었기 때문에 자갈을 섞어 콘크리트를 만들어 사용하기 시작하였다. 따라서 초기에는 이러한 재료를 인조석(artificial stone)이라고 불렀다.

포틀랜드시멘트도 1824년에 개발된 이래 1850년까지 20~30년간은 보강을 고려하지 않은 무근콘크리트로서 주로 사용되었다. 이때는 배합비에 대해서도 연구가 되어 있지 않았기 때문에 1:2:4 등으로 배합하여 사용하였다. 이 배합비에 대한 최초의 연구는 자연시멘트 모르타르에 대해서 1897년 프랑스의 페레(Feret)에 의해 이루어졌다. 그는 모르타르의 강도는 물 부피에 대한 시멘트 부피의 비와 공기량에 좌우된다고 결론지었다. 그 후 포틀랜드시멘트 콘크리트의 배합비에 대한 연구가 1901년 미국의 퓰러(Fuller)에 의해 많이 이루어졌으며, 그는 특히 골재의 입도 분포가 강도에 미치는 영향에 대해서도 연구하였다. 콘크리트 강도와 배합에 대하여 여러 이론들이 1900년대에 들어 발표되기 시작하였으며, 1893년 허스(Hearth)는 골재의 표면적과 강도의 관계를 나타내는 표면적 법(surface-area method)을 제시하였다. 그 후 1918년 미국의 애브람스(Abrams)와 캐나다의 에드워즈(Edwards)도 이와 관련된 연구를 수행하여 애브람스는 새로운 배합설계를 제시하기도 하였다. 다음 그림 [1.1]은 애브람스의 논문에 게재되어 있는 것으로서 그 당시 50 MPa 정도의 압축강도를 가진 콘크리트를 얻었다. 특이한 것은 물-시멘트비가 현재 널리 사용되는 중량비가 아니라 부

콘크리트 강도 예측의 효시
포틀랜드시멘트를 사용한 콘크리트에 대하여 초기에는 응결에 대한 연구가 시작되었으나, 그 후 1800년대 말부터 콘크리트의 강도 예측에 대한 연구가 많이 진행되어 1900년대 초반에는 예측식이 제시되었다.

피비인 것이 흥미롭다.

그는 딸보(Talbot), 그라프(Graf) 등과 거의 50,000개의 공시체 실험 결과를 분석하여 '주어진 콘크리트 재료에 대하여 콘크리트 강도는 오직 한 가지 인자, 그림 [1.1]에서 볼 수 있듯이 물-시멘트비에 좌우된다'고 하였으며 다음 식 (1.1)을 제시하였다.[1)]

$$S = \frac{14,000}{7^x} \tag{1.1}$$

여기서, S는 28일 압축강도, x는 부피로서 물-시멘트비이다.

그 후 1920년대 말 유럽에서, 그리고 1931년 미국의 리세(Lyse)는 부피비보다는 중량비로 나타낼 때 물-시멘트비는 강도와 선형 관계에 있다고 주장하였다. 콘크리트는 충분히 습윤 상태에 있어야 강도가 발현된다는 것을 초기부터 알았기 때문에 콘크리트를 타설한 후에 표면 양생에 대해서도 여러 가지가 시도되었다. 주로 짚, 흙 등을 덮기도 하고, 염화칼슘 등을 표면에 뿌리기도 하였다. 콘크리트 포장 등에는 염화칼슘을 뿌려 양생하였는데, 이는 공기 중에서 습기를 흡수하여 콘크리트 표면의 습도를 어느 정도 유지시킬 수 있었기 때문이다. 이 이외에도 시공에 있어서

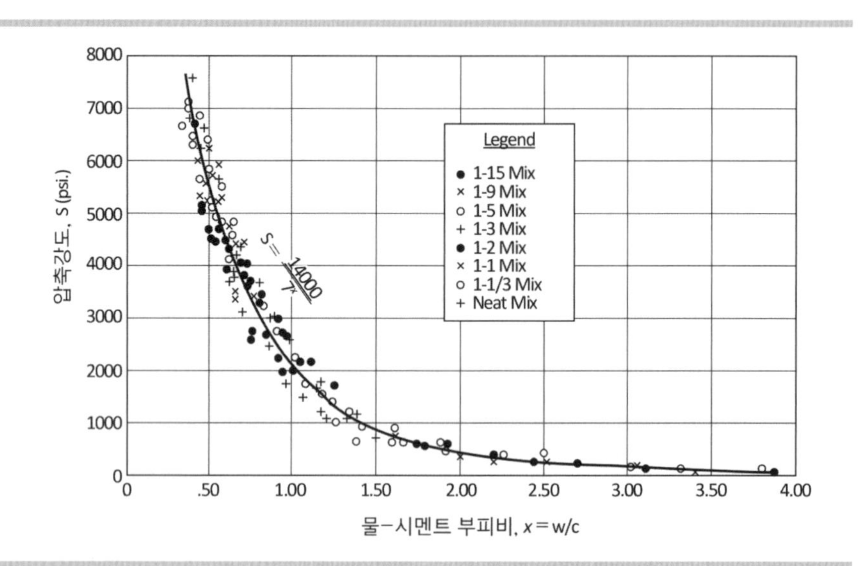

그림 [1.1]
콘크리트 강도와 수량의 관계[1)]

믹서기와 진동다짐기가 20세기 초반에 등장하였다. 또한 1차 세계대전 동안 철근콘크리트 배를 건조하고자 하였으며, 무게를 줄이기 위하여 소성점토를 골재로 한 경량콘크리트가 1918년 미국의 헤이드(Hayde)에 의해 '헤이다이트(Haydite)'로 특허로 등록되기도 하였다. 이 헤이다이트의 무게는 1,500~1,600 kg/m^3 정도이었다.

경량콘크리트의 발명
일반콘크리트의 비중이 대략 2.25~2.35 범위인데 비중이 2.0 이하인 콘크리트를 경량콘크리트라고 한다.

1.3 철근콘크리트의 등장과 발전

1.3.1 철근콘크리트의 등장

잘 알려진 바와 같이 콘크리트는 인장에 매우 약한 재료로서 보강재에 의한 보강하는 방법이 개발되지 않았다면 그 유용성은 훨씬 떨어졌을 것이다. 그러나 인장재로 보강된 보강콘크리트(reinforced concrete)가 개발됨으로써 콘크리트는 인류 역사상 가장 많이 사용된 재료가 될 수 있었다. 보강재로서 최초에는 강재, 대나무 등 여러 가지가 시도되었으나 결국에는 현재에도 널리 사용되는 철근이 주된 보강재가 되었다. 보강콘크리트 기술이 우리나라에 도입될 때는 이미 철근으로 보강한 콘크리트였기 때문에 우리는 이 보강콘크리트를 철근콘크리트라 부르고 있다.

철근콘크리트(reinforced concrete)구조가 나타나기 이전에는 인간이 구조재료로서 사용하였던 것은 자연에서 직접 또는 가공하여 쉽게 구할 수 있었던 목재, 석재, 흙벽돌 등이었다. 대부분 이러한 재료는 압축력에 강한 재료로서 인장부재로서는 적절하지 않았기 때문에 압축력에 강한 구조시스템을 고안하여 구조물을 축조하였다. 대표적으로 압축 부재로 이루어지는 아치구조, 돔구조 등을 이용하여 넓은 공간을 확보할 수 있는 구조물을 건설하였다. 다만 목재는 어느 정도 인장 저항 능력도 있기 때문에 골조 형태의 구조로 이용되었다.

철근콘크리트의 탄생
유럽 등에서는 19세기 중반 보강재로서 철근 외에도 대나무 등 여러 가지가 사용되었기 때문에 reinforced concrete(보강콘크리트)라고 했지만, 우리나라가 받아들일 때는 대부분 보강재로서 철근이 사용되었기 때문에 reinforced concrete를 '보강콘크리트'가 아닌 '철근콘크리트'로 번역되었다.

그러나 1800년대에 들어와 시멘트의 개발로 인하여 구조 공법에 커다란 변화가 일어났다. 초기의 시멘트는 석재 또는 흙벽돌의 이음을 위한 부착재료의 역할을 위해 개발되었으나, 무거운 석재를 공사 현장으로 운

반하는 것보다는 자갈과 모래로 현장에서 석재와 같은 재료를 만드는 것이 유리한 것에 착안하여 콘크리트가 생겨났다. 이렇게 개발된 콘크리트는 개발 초기에는 석재 또는 흙벽돌 대신에 압축재료의 역할에 그쳤다. 그러나 콘크리트 제조의 특성상 석재나 흙벽돌과는 달리 쉽게 콘크리트 내에 다른 재료를 배치시킬 수 있는 점에 착안하여 인장에 약한 압축재료에 인장에 강한 인장재료를 배치하기 시작하였으며, 이것이 철근콘크리트 구조의 탄생이다.

1.3.2 초기 철근콘크리트의 발전

포틀랜드시멘트가 영국의 애습딘(Aspdin)에 의해 1824년 개발된 이래, 강재가 보강된 콘크리트는 1828년 런던의 템스(Thames)강 터널 공사도 수행한 영국의 브루넬(Brunel)에 의해 실험 목적으로 1832년 아치 구조물을 만들 때 사용하였다는 기록이 있다. 물론 이것은 현재의 철근콘크리트와는 커다란 차이가 있다. 한편 프랑스의 랑보(Lambot)는 1850년 작은 보우트를 철근콘크리트로 제작하여 1854년 파리 박람회에 출품하였으며, 1855년 특허를 받았다. 그리고 콰니에(Coignet)는 보와 아치의 건설에 대한 보강콘크리트의 원리를 1861년 책으로 출판하였다. 또 프랑스의 모니에(Monier)는 화분을 철망보강콘크리트로 만들어 특허를 받았고, 그 후 이 기술은 독일, 미국으로 팔려 같은 원리에 의해 슬래브, 교량 등에 이용됨으로써 모니에는 철근콘크리트 구조물의 창시자로 알려지게 되었다. 그 외 많은 사람들이 1800년대 후반에 철근콘크리트 구조의 개발에 참여하여 특허 등을 받았다. 대표적인 예로서 프러시아의 쾨넨(Koenen)은 철근콘크리트 보 단면의 해석법에 대하여 1886년 논문을 발표하였으며, 미국의 하이얏트(Hyatt)는 1878년 그의 논문에서 우리가 지금 알고 있는 바와 비슷한 "첫째, 콘크리트의 열팽창계수는 강재와 같고, 둘째, 콘크리트의 탄성계수는 강재의 약 1/20이며, 셋째, 포틀랜드시멘트 콘크리트는 내화성능을 갖고 있고, 넷째, 보에 보강재로서 철근을 사용하는 것이 형강을 사용하는 것보다 경제적이며, 다섯째, 높은 콘크리트 굴뚝에 길이 방향 철근과 더불어 횡방향 철근을 사용하는 것이 사용하지 않는 것보다 더 좋다" 등을 밝혔다.[1),3),4)]

철근콘크리트 공법의 창시자
포틀랜드시멘트가 개발된 이래 보강 방법에 대하여 관심을 갖게 되었다. 주로 화분, 보우트 제작 등에 이를 적용하였다. 프랑스의 모니에도 이 중 한 사람으로서 그의 특허가 슬래브, 교량 구조물에 적용됨으로써 철근콘크리트 공법의 창시자로 불리고 있다.

이와 같이 1800년대 초반에 포틀랜드시멘트가 개발된 이후, 1850년대부터 1900년까지 많은 연구자들이 철근보강콘크리트의 개발에 대한 연구를 수행하여 특허를 받았다. 이 당시 특허의 주된 내용은 철근의 배치에 관한 것으로서, 1875년부터 1900년까지 프랑스에서 15개, 독일에서 14개, 미국과 영국 등 구미 국가에서 총 43개의 특허가 나왔던 것으로 기록되어 있다. 이때 널리 사용되었던 보강콘크리트는 그림 [1.2]와 같은 내화 바닥구조(fireproof floor structure)였다. 이 구조는 그림 [1.2](a)에서 보듯이 큰 보 위에 I형강의 작은 보를 1m 이내의 간격으로 위치시키고 그 사이를 벽돌이나 강판을 아치 형태로 만들어 상부에 콘크리트를 타설함으로써 바닥판을 구성하였다. 또 그림 [1.2](b)에서 보이는 것과 같이 바닥판 구조가 I형 강재는 매립되고 강판이 외부에 노출되는 것도 있었다. 이때 비록 강재가 노출되었으나 내화 구조로 이름한 것은 그 당시까지 주 구조재료인 목재에 비하여 강재도 내화 성능이 탁월하였기 때문이다. 그 후 1900년대에 들어오면서 구조재료로서 널리 사용되고 있는 철근콘크리트의 사용과 공법에 대한 내용을 국가 차원에서 규정하여야 할 필요성이 대두되었고, 철근콘크리트 구조설계기준이 제정되었다. 최초의 철근콘크리트 구조설계기준은 1902년 영국에서 제정되었으며, 그 후 각국에서 구조설계기준을 제정하기 시작하였다.

또한 콘크리트 재료의 단점인 인장에 약한 점을 보완하는 방법으로서 강재로 콘크리트에 미리 응력을 가하여 콘크리트 재료를 보다 유용하게 사용할 수 있는 기법도 20세기 초에 소개되었으며, 이것이 프리스트레스

세계 최초의 콘크리트 구조설계기준
철근콘크리트 구조물의 설계에 대한 국가 차원에서 최초로 제정한 나라는 1902년 영국이었다.

프리스트레스트 콘크리트의 원리
미리 응력(prestress)을 가하여 응력-변형률 곡선의 원점을 이동시키는 것이다. 이렇게 함으로써 인장에 약한 콘크리트의 인장 저항능력을 향상시킬 수 있다.

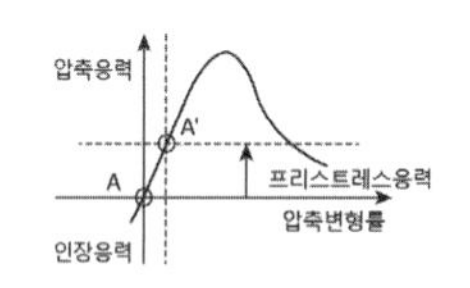

A : 일반 철근콘크리트 구조물에서 콘크리트 응력-변형률 곡선의 원점
A' : PS콘크리트 구조물에서 콘크리트 응력-변형률 곡선의 원점

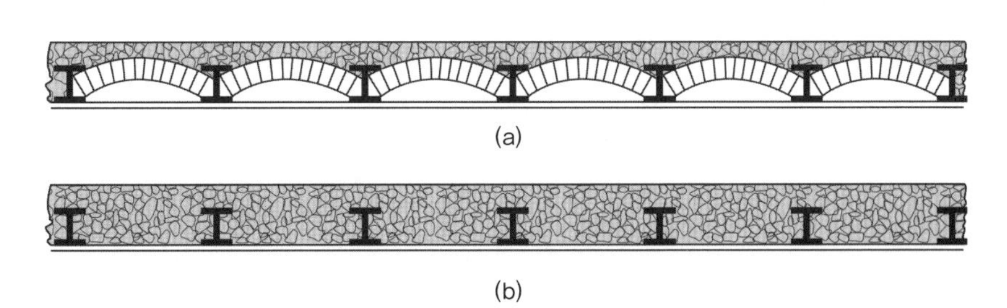

그림 [1.2]
내화 바닥구조의 종류[1]: (a) 아치형 바닥판; (b) 매립형 바닥판

트 콘크리트(prestressed concrete)이다.

1.3.3 우리나라에서 철근콘크리트 구조물의 탄생과 발전

지금은 우리나라가 매년 인구 1인당 시멘트를 1,000 kg가량, 콘크리트를 3 m^3가량 사용하여 세계 어느 나라보다도 콘크리트를 많이 사용하고 있는 나라 중의 하나이지만, 1900년 이전까지는 거의 사용되지 않았다. 이는 앞서 설명한 바와 같이 우리나라는 일제 강점기인 1919년 처음으로 시멘트 공장이 세워졌고 일본만 하더라도 1870년대에 세워져 그 이전에는 콘크리트의 구성 재료인 시멘트를 구할 수 없었기 때문이다. 그러나 우리나라에서 콘크리트가 처음으로 사용되기 시작한 것은 1900년 이전인 19세기 말로서 구한말이다. 이때 서양 문물을 받아들이면서 서양의 건축 양식이 소개되고 철도 등 사회 인프라가 요구되었기 때문이다. 물론 이때 사용된 시멘트는 우리나라에서는 생산되지 않았기 때문에 주로 일본에서 수입되었다.[2),3)]

우리나라에서 기록 또는 현존하고 있는 최초의 보강콘크리트를 사용한 건물은 석조전의 바닥판 구조이다.[4)] 물론 이 바닥판은 철근콘크리트로 건설된 것은 아니나 1800년대 서구에서 널리 사용되었던 그림 [1.3](a)에 보인 바와 같은 아치형 내화 바닥구조(fireproof floor structure)로서 1900년에 준공되었다.[5)] 그 후 1907년에 준공된 한국은행 본점 바닥판은 그림 [1.3](b)와 같은 I형강 매립형 내화 바닥이었다. 한편 실제 철근을 사용한 최초의 철근콘크리트 구조물은 1910년 준공된 (구)부산세관청사로 알려져 있다. 현존하는 구조물로는 서울 종로에 있는 천도교 중앙 대교당으로 경간이 18.26 m인 박공 보와 테두리보 그리고 벽돌 속에 타설한 기둥에 철

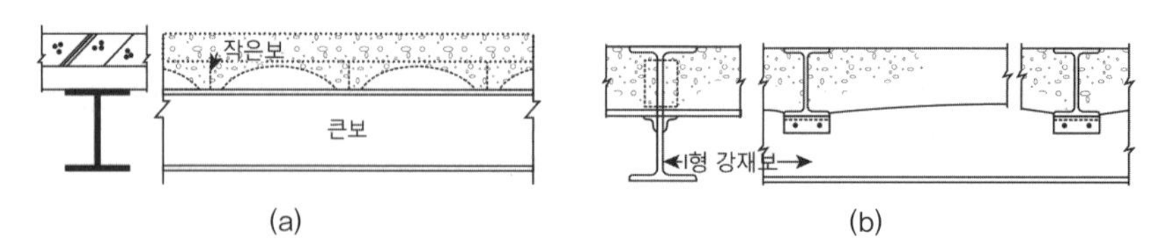

그림 [1.3]
우리나라 내화 바닥구조[5)]: (a) 덕수궁 석조전; (b) 한국은행 본점

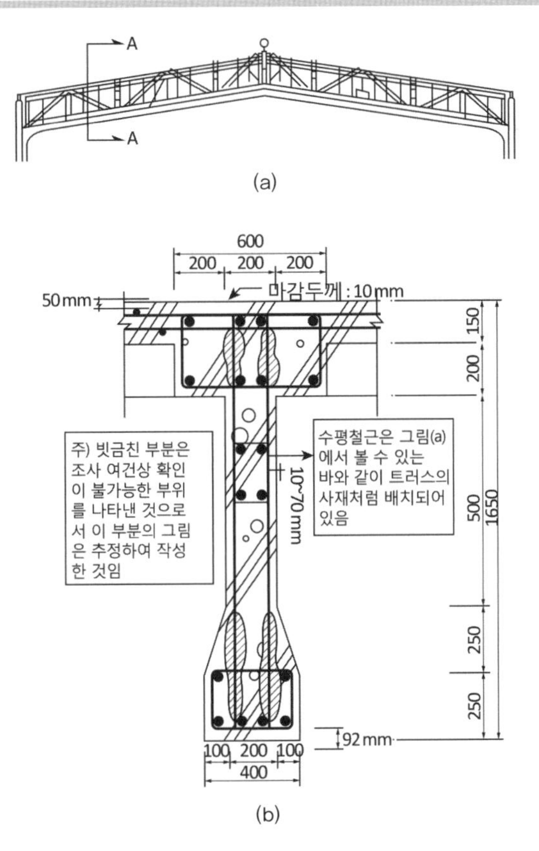

그림 [1.4]
천도교 중앙 대교당 건물의 박공 보[6]: (a) 대형 아치보 철근배근 조사 결과; (b) A–A 단면도

근콘크리트를 사용하였다.[6] 이 보는 그림 [1.4]에서 보듯이 슬래브 두께 150 mm를 포함하여 전체 깊이가 1.65 m이고 경간은 18.26 m로서 단면 형태는 I형과 유사하고 복부 철근의 배치는 경간 방향으로 트러스 형태로 되어 있다. 그 후 서울시청사 등 다수의 공공건물과 상업건물이 철근콘크리트로 건설되었다.

한편 사회기반시설물 분야에서 처음 콘크리트가 사용되기 시작한 것은 1897년 시작한 경인철도를 건설할 때이며 경부철도 등 다른 철도 건설에도 사용되었다. 그 후 1920년대에 들어와 수리 구조물, 그리고 수력발전소 및 항만시설 건설 등에 콘크리트를 사용하였다.

참고문헌

1. ACI, “A Selection of Historic American Papers on Concrete 1876-1926”, ACI SP-52, 1976, 333p.
2. 한국시멘트협회, ‘한국의 시멘트 산업’, 한국시멘트협회 창립 50주년 기념, 2013, 387p.
3. 한국콘크리트학회, ‘한국의 콘크리트사’, KCI-B-99-001, 1999, 102p.
4. 대한건축학회, ‘건축학 전서 : 철근콘크리트 구조’, 건축학 전서 5, 1998, 442p.
5. 전병옥, 이훈, 김태영, “한국 근대 초기 콘크리트 중층 바닥의 출현 시기와 구조 방식에 관한 연구”, 대한건축학회 논문집 계획계 22권, 3호, 2006. 3., pp.173-180.
6. 성우구조안전기술(주), ‘천도교 중앙 대교당 정밀안전진단 보고서’, 성우안전 2002-2-21, 2002, 181p.

문 제

1. 우리나라 구조물의 발전 과정을 조사하라. 목조구조물, 벽돌구조물 및 석조구조물별로 분류하여 그 발전 과정을 보여라.
2. 1900년부터 1950년 사이에 건설된 우리나라 철근콘크리트 구조물 하나를 찾아 그 구조물의 특성을 분석하라.
3. 앞으로 철근콘크리트 구조물의 발전 방향에 대하여 논하라.

제2장

콘크리트 재료 및 역학적 특성

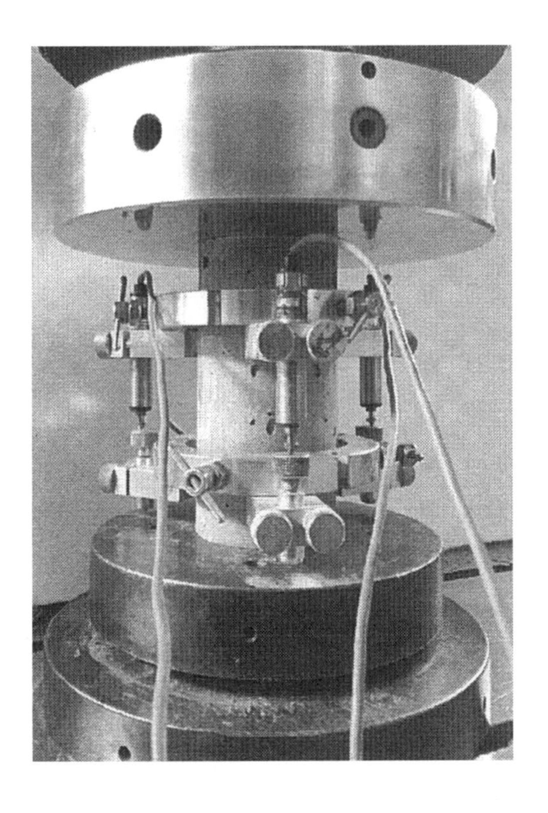

왼쪽 사진은 콘크리트의 압축강도를 시험하는 사진이고, 아래 그림은 콘크리트의 압축강도에 따른 압축응력-변형률 관계 곡선의 차이를 보여주는 그림이다.

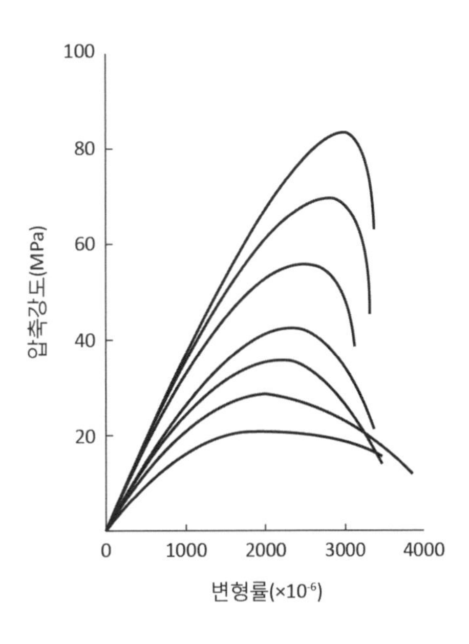

제2장 콘크리트 재료 및 역학적 특성

2.1 콘크리트의 구성 재료

2.1.1 시멘트(cement)

시멘트의 종류

시멘트라고 하면 일반적으로 포틀랜드시멘트를 일컫는다. 그러나 시멘트는 분류하는 방법에 따라 여러 종류가 있으며, 넓게 보면 콘크리트를 만들 때 골재를 결합시키는 결합재 모두를 의미한다고 볼 수 있다. 따라서 최근에는 시멘트(cement)와 결합재(cementitious material)로 분리하여 사용하기도 하고, 같은 의미로 사용하기도 한다. 일반적으로 고로슬래그와 플라이애쉬, 그리고 실리카퓸 등을 시멘트와 통틀어 결합재라고 한다.

현재 사용하고 있는 시멘트 중에서도 포틀랜드시멘트 외에 백색시멘트 등 특수 시멘트가 있으며, 포틀랜드시멘트에 일부 포졸란 재료를 혼합하여 만든 혼합시멘트가 있다. 이 혼합시멘트 중에서 대표적인 것으로 고로슬래그 미분말을 섞은 고로슬래그 시멘트와 플라이애쉬를 섞은 플라이애쉬 시멘트가 있다.

시멘트와 결합재
여러 가지로 정의되고 있으나 콘크리트 공학 분야에서는 일반적으로 시멘트는 포틀랜드시멘트를 의미하고, 고로슬래그, 플라이애쉬, 실리카퓸 등 포졸란 재료와 석회분, 식물의 재 등을 포틀랜드시멘트와 혼합한 것을 결합재(cementitious material 또는 binder)라고 한다. 그리고 물-시멘트비는 w/c로 표기하고 물-결합재비는 w/cm 또는 w/b라고 표기한다.

포틀랜드시멘트의 종류

우리가 흔히 사용하고 있는 시멘트는 포틀랜드시멘트로서 주성분이 석회(CaO), 실리카(SiO$_2$), 알루미나(Al$_2$O$_3$) 및 산화철(Fe$_2$O$_3$)이다. 포틀랜드시멘트는 이들을 용융시켜 소결된 클링커(clinker)에 적당량의 석고를 가하여 분말로 만든 것이다.

또한 포틀랜드시멘트는 구조물의 요구에 따라 다양하게 사용될 수 있도록 생산되고 있으며, 각 나라마다 차이가 있으나 우리나라의 경우 다음

클링커
분쇄한 돌가루를 킬른에 넣어 열을 가하면 돌가루가 녹고, 이 녹은 물질이 다시 굳어 자갈 형태로 된 것을 클링커라고 일컫는다.

의 다섯 종류가 한국산업표준(KS)에 규정되어 있다.

1종 : 보통 포틀랜드시멘트
2종 : 중용열 포틀랜드시멘트
3종 : 조강 포틀랜드시멘트
4종 : 저열 포틀랜드시멘트
5종 : 내황산염 포틀랜드시멘트

포틀랜드시멘트의 화학 성분

각종의 포틀랜드시멘트의 화학 성분 및 물리적 성능은 우리나라 산업표준인 KS L 5201[1]에서 규정되어 있으며 아래 표 〈2.1〉과 표 〈2.2〉와 같다. 그리고 참고적으로 미국의 산업표준인 ASTM의 C150-94[2]의 포틀랜드시멘트에 대한 화학 성분 및 물리적 성능도 한국산업표준(KS)과 유사하다.

포틀랜드시멘트는 석회석, 점토, 철광석 등을 적절한 혼합비로 혼합하고 분쇄하여 이를 소성회전로에서 약 1400~1500°C로 소성하여 제조된 시멘트의 반제품인 클링커에 3~4퍼센트의 석고를 첨가하여 제조된다. 혼화재료인 고로슬래그, 플라이애쉬, 기타 포졸란 물질 등을 포틀랜드시멘트에 첨가하여 혼합시멘트를 제조할 수도 있다.

표 〈2.1〉 포틀랜드시멘트의 화학 성분(KS L 5201)

항목 \ 종류	1종	2종	3종	4종	5종
실리카(SiO_2) (%)		20.0 이상			
산화알루미늄(Al_2O_3) (%)		6.0 이하			
산화제이철(Fe_2O_3) (%)		6.0 이하		6.5 이하	
산화마그네슘(MgO) (%)	5.0 이하	5.0 이하	5.0 이하	5.0 이하	5.0 이하
삼산화황(SO_3) (%)	3.5 이하	3.0 이하	4.5 이하	3.5 이하	3.0 이하
강열 감량	3.0 이하	3.0 이하	3.0 이하	2.5 이하	3.0 이하
C_3S (%)		50 이하			
C_2S (%)				40 이상	
C_3A (%)		8 이하		6.0 이하	4.0 이하
C_3S+C_3A (%)		58 이하			
C_4AF+2(C_3A), 혹은 (C_4AF+C_2F)고용체 (%)					25 이하

표 〈2.2〉 포틀랜드시멘트의 물리적 성능(KS L 5201)

항목 \ 종류			1종	2종	3종	4종	5종
분말도	비표면적(Blaine) (cm^2/g)		2800 이상	2800 이상	3300 이상	2800 이상	2800 이상
안정도	오오토클레이브 팽창도(%)		0.8 이하	0.8 이하	0.8 이하	0.8 이하	0.8 이하
응결 시간	길모아 시험	초결(분)	60 이상	60 이상	60 이상	60 이상	60 이상
		종결(시간)	10 이하	10 이하	10 이하	10 이하	10 이하
	비이커 시험	초결 (분)	45 이상 375 이하	45 이상 375 이하	45 이상 375 이하	45 이상 375 이하	45 이상 375 이하
수화열 (J/g)	7일 28일		-	290 이상 (340 이하)	-	250 이상 290 이하	-
압축 강도 (MPa)	1일		-	-	10.0 이상	-	-
	3일		12.5 이상	7.5 이상	20.0 이상	-	10.0 이상
	7일		22.5 이상	15.0 이상	32.5 이상	7.5 이상	20.0 이상
	28일		42.5 이상	32.5 이상	47.5 이상	22.5 이상	40.0 이상
	91일		-	-	-	42.5 이상	-

포틀랜드시멘트는 주된 4가지 수화 광물인 C_3S, C_2S, C_3A, C_4AF로 그림 [2.1]과 같은 형태로 이루어져 있다. 그림 [2.1]에서 볼 수 있듯이 시멘트 입자는 균질한 것이 아니고 콘크리트와 흡사하게 C_3S, C_2S 입자 성분들을 C_3A, C_4AF 등 간극상 물질이 채워져 있다. 이 4가지 수화광물은 다음 표 〈2.3〉에서 보인 바와 같이 강도 발현, 수화열, 화학 저항성, 수화 속도 특성이 각기 다르므로 이들 특성을 고려하여 용도에 맞게 조절하여 다섯 가지 포틀랜드시멘트로 생산되며, 이렇게 생산된 시멘트는 표 〈2.4〉에 보인 바와 같이 각 시멘트의 특성에 따라 사용하는 분야가 다르다.

포틀랜드시멘트의 주요 4가지 수화 광물
포틀랜드시멘트를 구성하는 4가지 주요 수화 광물인 C_3S, C_2S, C_3A, C_4AF를 일반적으로 얼라이트(alite), 벨라이트(belite), 셀라이트(celite), 페라이트(felite)라고 부른다. 처음 이렇게 이름한 사람은 1897년 토네본(Tornebohn)이었다. 그리고 시멘트 화학에서는 각 산화물인 $CaO \rightarrow C$, $SiO_2 \rightarrow S$, $Al_2O_3 \rightarrow A$, $Fe_2O_3 \rightarrow F$라고 줄여 표기한다. 즉, 얼라이트 $C_3S = 3CaO \cdot SiO_2$이다.

콘크리트 공사에서 동일한 작업성을 유지하기 위하여 요구되는 단위수량은 시멘트 종류에 따라 차이가 나며, 1종, 2종, 5종 시멘트의 경우 거의 비슷하지만, 3종 조강시멘트의 경우는 약 5~10 kg/m^3의 단위수량이 추가 요구되고 있다. 그리고 시간 경과에 따른 작업성 저하(slump loss)도 10~20 mm 정도 크므로 콘크리트를 배합 설계할 때 고려하여야 한다. 콘크리트 단열온도 상승은 조강 포틀랜드시멘트가 가장 빠르고, 보통 포틀랜드시멘트, 내황산염 포틀랜드시멘트, 중용열 포틀랜드시멘트, 저열 포틀랜드

작업성 저하(slump loss)
콘크리트를 비비기 한 직후는 유동성이 크지만 시간이 흐름에 따라 유동성이 줄어들어 결국에는 응결되어 경화된다. 이와 같이 시간의 흐름에 따라 유동성이 감소하는 것을 슬럼프 경시변화 또는 작업성 저하라고 한다.

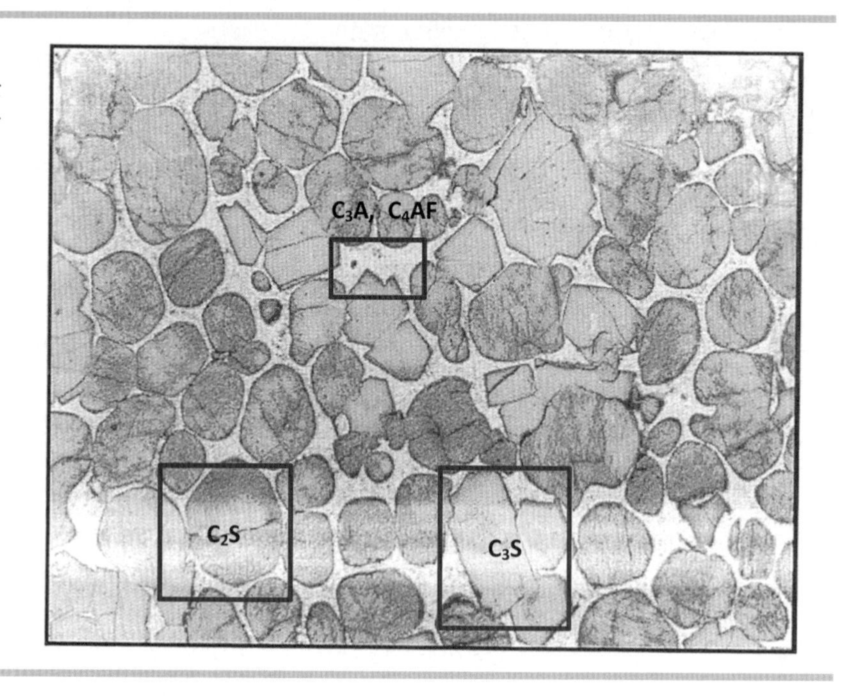

그림 [2.1]
시멘트 입자의 수화 광물 구성(쌍용중앙연구소 제공)

표 〈2.3〉 클링커 광물의 특성

특성 \ 수화 광물		C_3S	C_2S	C_3A	C_4AF
강도 발현	단기	크다	작다	크다	작다
	장기	크다	크다	작다	작다
수화열(발열도)		보통	작다	크다	작다
화학 저항성		보통	비교적 크다	작다	보통
수화 속도		보통	늦다	빠르다	늦다

시멘트 순으로 느려진다. 따라서 저열 포틀랜드시멘트와 중용열 포틀랜드 시멘트는 단열온도상승이 낮아 대형 콘크리트 구조물의 건설에 사용하면 좋다. 특히 댐과 같은 매우 큰 콘크리트 구조물의 경우 저열 포틀랜드시멘트 또는 혼합시멘트 사용이 바람직하다. 동일한 배합 조건에서 강도발현 특성을 보면 조강 포틀랜드시멘트를 제외하고는 28일 강도 수준은 비슷하다. 결국 3종 시멘트는 초기 강도발현이 우수하므로 한중 공사와 조기 탈형이 요구되는 콘크리트 2차 제품, 즉 프리캐스트 콘크리트 제작과 고강도콘크리트 제조에 유리하다.

표 〈2.4〉 시멘트의 종류별 적용 분야

시멘트의 종류	특성	주 용도
1종 (보통 포틀랜드시멘트)	MgO, SO_3, 강열감량이 규정되어 있고, 분말도, 응결 및 강도도 각각 규정되어 있음	토목 건축 공사에 가장 널리 사용되고 있음
2종 (중용열 포틀랜드시멘트)	C_3A 8% 이하, 수화열은 290J/g (7일), 340cal/g(28일) 이하로 규정되고 있음	일반적으로 대형 콘크리트 구조용으로 댐, 교량공사, 도로 공사 및 구조물 기초 공사 등에 이용되고 있음
3종 (조강 포틀랜드시멘트)	C_3S 함유량이 높고 조기강도(1일, 3일) 발현을 크게 함	긴급 공사의 경우 보통 포틀랜드시멘트 대용으로 사용되며 주로 시멘트 2차 제품 및 한중공사 등에 사용하고 있음
4종 (저열 포틀랜드시멘트)	수화열은 250J/g(7일), 290J/g (28일) 이하로 규정되고 있음	2종 시멘트와 동일함
5종 (내황산염 포틀랜드시멘트)	C_3A 5% 이하, C_3A 함유량을 적게 하여 황산염에 대한 저항성을 크게 하고 있음	황산염을 많이 포함하는 토양, 지하수에 접촉하는 부위의 콘크리트 공사, 또는 폐수처리 시설 등의 콘크리트 공사에 사용되고 있음

포틀랜드시멘트의 분말도

시멘트가 물과 반응하는 속도는 앞에서 설명한 바와 같이 일차적으로 시멘트의 화학적 구성 성분에 크게 영향을 받는다. 그러나 동일한 화학적 구성 성분으로 이루어진 시멘트라도 물과 접촉할 수 있는 면적을 넓히면 수화속도가 빨라질 수 있다. 동일한 시멘트를 물과 접촉할 수 있는 면적을 넓히는 방법은 시멘트를 더 미세한 분말로 만드는 것이 있다.

분말도란 클링커를 석고와 함께 미세한 분말로 간 정도를 의미한다. 일반적으로 현재 사용하고 있는 포틀랜드시멘트 입자의 크기는 1~100 μm 정도이며, 중간값은 30 μm 정도이다. 이와 같은 시멘트 분말도를 측정하는 방법으로서 두 가지 방법이 있으며, 바그나 탁도계(Wagner turbidimeter)를 사용하는 방법과 블레인 공기 투과 측정기(Blaine air-permeability apparatus)를 사용하는 방법이 있다. 두 방법이 모두 사용되고 있으나 현재는 주로 블레인 공기 투과 측정기에 의한 방법을 사용하며, 이 측정기에 의해 측정된 값을 블레인 값이라고 한다.

비표면적(specific surface)
시멘트의 분말도를 나타내는 값으로서 단위질량당 표면적을 의미하며, 블레인 값이라고도 한다.

분말도는 비표면적으로 나타내며, 시멘트 단위질량당 표면적이 얼마이냐를 나타낸다. 블레인 값이 크면 시멘트가 더 미세하게 분쇄되었다는 것을 의미하고, 우리나라 산업표준 L 5201에서 규정하고 있는 값은 표 〈2.2〉에 각 시멘트 종류별로 나타나 있다.

2.1.2 골재

골재의 분류

골재는 콘크리트 전체 용적의 약 70~75퍼센트를 차지하고 있기 때문에, 골재의 성질은 굳은 콘크리트의 거동에 많은 영향을 준다. 골재의 강도는 콘크리트의 강도에 영향을 주고, 골재의 성질은 콘크리트의 내구성능을 좌우한다. 골재는 입자의 크기에 따라 잔골재(fine aggregate)와 굵은골재(coarse aggregate)로 분류된다. 잔골재는 10 mm체를 전부 통과하고 5 mm체를 거의 다 통과하며 0.08 mm체에 거의 다 남는 골재를 말하고, 5 mm체에 거의 다 남는 골재를 굵은골재로 정의하고 있다.

골재의 종류
골재는 일반적으로 잔골재(fine aggregate)와 굵은골재(coarse aggregate)로 분류되며, 그 크기의 기준점은 5mm이다. 일반인은 잔골재를 모래, 굵은골재를 자갈이라고 부르나 전문용어는 잔골재와 굵은골재이다.

잔골재

잔골재는 최대 입자에서 최소 입자까지 대소의 알이 적당히 혼합되어 있는 것이 좋다. 이와 같이 잘고, 굵은 알이 적당히 혼합되어 있는 잔골재를 쓰면, 알의 크기가 거의 같은 경우나 미립분이 많은 경우에 비하여 소요 품질의 콘크리트를 비교적 낮은 단위시멘트 양으로 경제적으로 만들 수가 있다. 또한 가능하면 입자가 적당한 것을 사용했을 때 콘크리트의 강도뿐만 아니라, 수밀성, 내구성 측면에서도 좋은 콘크리트를 만들 수 있다.

KCS 14 20 10 2.1.3.3

콘크리트표준시방서[3]와 한국산업표준인 KS F 2502[4]에 의하면 잔골재의 입도의 범위는, 다음 표 〈2.5〉를 표준으로 하고 있으며 그림으로 나타내면 그림 [2.2]와 같다. 그리고 잔골재의 조립률은 일반적으로 2.3~3.1 정도의 것을 사용하며, 고강도콘크리트를 생산할 경우에는 조립률이 큰 것을 사용하는 것이 바람직하다. 조립률(fineness modulus)이란 10개의 서로 다른 체눈 크기를 가진 체인 80, 40, 20, 10, 5, 2.5, 1.2, 0.6, 0.3, 0.15 mm 체

조립률(fineness modulus)
골재의 굵기 정도를 나타내는 값이다.

표 〈2.5〉 잔골재의 입도의 표준

체의 호칭 치수(mm)	체를 통과한 것의 중량 백분율(%)	
	천연 잔골재	부순 모래
10	100	100
5	95～100	90～100
2.5	80～100	80～100
1.2	50～85	50～90
0.6	25～60	25～65
0.3	10～30	10～35
0.15	2～10	2～15

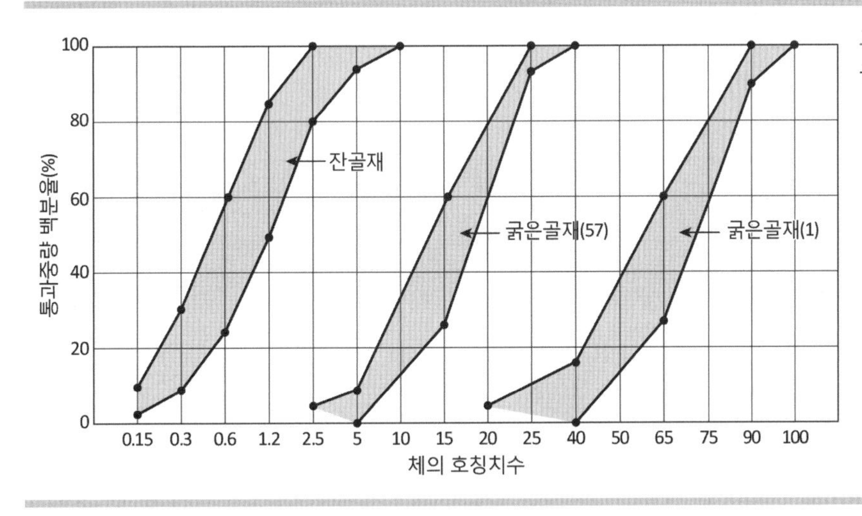

그림 [2.2]
골재의 입도의 표준

를 사용하여 체가름 시험을 수행한 후에 각 체에 남아 있는 골재량을 구하여 그 체보다 큰 체에 남아 있는 모든 값을 더한 것을 또다시 합한 것의 백분율을 의미한다. 예제 〈2.1〉에 조립률의 계산 과정을 나타내었다.

굵은골재

굵은골재의 석질은 강하고 단단한 것으로서 기상 작용에 대하여 내구적인 것이라야 한다. 일반적으로 굵은골재는 콘크리트 중의 모르타르와 동등 또는 그 이상의 강도를 가진 것이라야 한다. 굵은골재 입도가 콘크리트의 워커빌리티(workability)에 미치는 영향은 잔골재의 입도가 미치는 영향보다 크지 않으나, 잔골재와 마찬가지로 대소의 알이 적당히 혼합되어 있는 것이 좋다. 입자의 크기가 고르지 못하면 간극률이 커지기 때문

워커빌리티(workability)
워커빌리티는 작업성 또는 시공연도라고도 불리며, 콘크리트 반죽의 질기 정도와 재료 분리에 대한 저항하는 정도를 나타낸다. 이러한 값을 측정하는 대표적인 시험으로 슬럼프 시험(slump test)과 플로 시험(flow test)이 있다. 일반적인 콘크리트는 슬럼프 시험에 의하고 매우 유동성이 커서 슬럼프 시험으로 평가하기가 힘든 경우에 플로 시험으로 평가한다.

간극률(void ratio)
전체 체적에서 실제 입자의 부피를 제외한 빈 공간의 부피를 전체 부피로 나눈 값이다. 간극률이 클수록 빈 공간이 많다.

01 3.1.1(2)④

에 같은 정도의 콘크리트를 만드는 데 많은 양의 모르타르가 필요하게 된다. 따라서 콘크리트의 가격이 높아진다. 굵은골재의 최대 치수는 중량으로 90퍼센트 이상을 통과시키는 여러 체 중에서 최소 치수체의 눈의 공칭치수로 나타낸다. 적당한 굵은골재의 최대 치수는 구조물의 종류, 부재 단면, 철근 간격, 시공 기계 등에 의해서 정해진다. 철근콘크리트 부재에 사용할 때는 부재의 최소 치수의 1/5 및 철근의 최소 수평 순간격의 3/4 이하이어야 한다. 일반적인 구조물에서는 25 mm, 단면이 큰 구조물에서는 40 mm를 대체로 표준으로 하고 있으며, 더 큰 골재는 댐 구조물과 같은 특별한 경우에만 사용된다. 또 무근콘크리트 부재의 경우 일반적으

표 〈2.6〉 굵은골재의 입도의 표준

골재 번호	체의 호칭치수(mm) / 체의 크기(mm)	체를 통과하는 것의 백분율(%)												
		100	90	75	65	50	40	25	20	15	10	5	2.5	1.2
1	90~40	100	90~100		25~60		0~15		0~5					
2	65~40			100	90~100	35~70	0~15		0~5					
3	50~25				100	90~100	35~70	0~15		0~5				
357	50~5				100	95~100		35~70		10~30		0~5		
4	40~20					100	90~100	20~55	0~15		0~5			
467	40~5					100	95~100		35~70		10~30	0~5		
5	25~13						100	90~100	20~55	0~10	0~5			
57	25~5						100	95~100		25~60		0~10	0~5	
6	20~13							100	90~100		0~10	0~5		
67	20~5							100	90~100		20~55	0~10	0~5	
7	15~5								100	90~100	40~70	0~15	0~5	
78	13~2.5								100	90~100	40~75	5~25	0~10	0~5
8	10~2.5									100	85~100	10~30	0~10	0~5

로 단면이 크기 때문에 최대 치수가 큰 굵은골재를 사용할 수 있다.

그리고 콘크리트표준시방서[3]와 한국산업표준 KS F 2502[4]에 의하면 최대 골재 크기에 따라 표 〈2.6〉의 범위를 표준으로 하도록 규정하고 있으며, 그림으로 나타내면 그림 [2.2]에 보인 바와 같다.

KCS 14 20 10 2.1.4.3

예제 〈2.1〉

다음 표에서 보이는 바와 같이 체가름 시험 후에 각 체에 골재가 남을 때 조립률을 계산하라.

골재 종류	체의 크기(mm)에 따라 남아 있는 골재량(%)									
	80	40	20	10	5	2.5	1.2	0.6	0.3	0.15
골재 1	-	-	10	65	20	5	-	-	-	-
골재 2	-	-	-	-	4	15	26	25	15	10

풀이

문제의 표에서는 각 체에 남은 값을 나타내므로 해당하는 체보다 큰 체에 남은 골재량의 백분율을 구하면 다음 표와 같다.

골재 종류		80	40	20	10	5	2.5	1.2	0.6	0.3	0.15	합계	조립률*
골재 1	각 체의 골재량(%)	-	-	10	65	20	5	-	-	-	-	100	6.8
	누적 골재량(%)	-	-	10	75	95	100	100	100	100	100	680	
골재 2	각 체의 골재량(%)	-	-	-	-	4	15	26	25	15	10	95	3.2
	누적 골재량(%)	-	-	-	-	4	19	45	70	85	95	318	

*조립률은 대개 유효숫자 두 자릿수로 나타낸다. 즉, 3.18이 아니고 3.2로 나타낸다.

따라서 골재 1과 골재 2는 각각 조립률이 6.8과 3.2로서 골재 1은 굵은골재이고 골재 2는 잔골재이다.

2.1.3 물

물은 음용수로 사용 가능하면 대부분 콘크리트 제조용으로 적절하다. 이때 물속에 기름, 산, 유기불순물, 혼탁물 등 콘크리트나 강재의 품질에 나쁜 영향을 미칠 수 있는 물질이 없어야 하며, 콘크리트의 급속 응결, 강도의 발현, 체적 변화, 워커빌리티 등에 나쁜 영향을 미치는 물질도 허용값 이상 포함하지 않아야 한다.

특히 바닷물은 강재를 부식시킬 수 있으므로 콘크리트 공사를 할 때 사용하는 물로서는 적절하지 못하므로 사용하지 않도록 하여야 한다.

2.1.4 혼화재료

혼화재료의 분류

혼화재료는 콘크리트를 만들 때 필요에 따라서 첨가하는 재료이며, 시멘트, 물 그리고 골재 이외의 것을 말한다. 혼화재료는 그 사용량과 구성요소에 따라 무기질인 혼화재(混和材 ; mineral admixture)와 유기질인 혼화제(混和劑 ; chemical admixture)로 분류한다.

혼화재란 그 사용량이 비교적 많아서 그 자체의 부피가 콘크리트 배합의 계산에 관계되는 것으로 플라이애쉬, 고로슬래그 미분말, 실리카퓸, 팽창재, 규산질 미분말, 착색재, 고강도용 혼화재 등이 있다. 그리고 이 혼화재 중에서 플라이애쉬, 고로슬래그 미분말, 실리카퓸 등은 시멘트와 더불어 앞에서 언급한 바와 같이 결합재(cementitious material)라고 분류하기도 한다. 그에 반하여 혼화제란 그 사용량이 비교적 적어서 그 자체의 부피가 콘크리트의 배합의 계산에 무시되는 것으로 AE제, 감수제 및 AE감수제 등의 주로 화학제품으로서 콘크리트의 여러 성능 향상을 위하여 사용되는 재료이다.

혼화재(混和材)

주로 무기 재료인 혼화재는 다음과 같은 종류가 있으며, 각각 콘크리트를 제조할 때 얻고자 하는 성능에 따라 선택한다.

포졸란 재료(pozzolanic material)
재료 자체는 수화 성능이 없거나 약하나 포틀랜드시멘트의 수화물 중의 하나인 수산화칼슘($Ca(OH)_2$)과 반응하여 규산석회수화물이나 알루미산석회수화물 등을 만들어 강도 증진의 효과를 내는 재료이다. 플래이애쉬는 석탄을 연료로 하는 화력발전소의 연기 속으로 분출되는 것을 집진하여 만드는 것으로 CaO의 함량 10%를 기준으로 C급과 F급으로 분류되며, 우리나라의 경우 CaO 함량이 10% 이하인 F급만 생산된다.

① 포졸란 작용이 있는 것 : 플라이애쉬, 규조토, 화산회, 규산 백토
② 잠재 수경성이 있는 것 : 고로슬래그 미분말
③ 경화 과정에서 팽창을 일으키는 것 : 팽창재
④ 오토클레이브 양생에 의하여 고강도를 나타내는 것 : 규산질 미분말
⑤ 착색시키는 것 : 착색재
⑥ 기타 : 고강도용 혼화재(실리카퓸), 폴리머, 중량재 등

이 중에서 특히 플라이애쉬, 고로슬래그 미분말과 실리카퓸은 산업 부산물로서 유용하게 사용되고 있으며, 특히 이들을 포졸란 재료라고 한다. 포졸란 재료란 스스로는 수경성이 낮으나 시멘트 수화물인 수산화칼슘($Ca(OH)_2$)과 반응하여 경화하는 특성을 가진 재료를 말한다. 이 중 플라이애쉬는 우리나라의 경우 CaO 양이 적은 F급 플라이애쉬가 화력발전소에서 부산물로 나오고, 고로슬래그는 제철소에서 부산물로 나오고 있다. 고로슬래그는 플라이애쉬에 비하여 CaO 함량이 높기 때문에 일부 스스로 수화반응을 하여 경화가 되는 자경성의 특성을 나타내므로 잠재 수경성 재료로 분류되고 있다. 한편 실리카퓸은 같은 산업부산물이지만 고강도콘크리트 재료에 많이 사용되는 값이 비싼 포졸란 재료이다.

수경성과 자경성
수경성이란 물과 반응하여 굳어지는 성질을 말하며, 자경성은 물과 만나 스스로 굳어지는 성질을 말한다. 포틀랜드시멘트는 수경성과 자경성을 갖고 있는 재료이다.

혼화제(混和劑)

주로 유기화학 재료인 혼화제는 용도에 따라 다음과 같은 것이 콘크리트를 제조할 때 각 성능을 발휘하도록 사용되고 있다.

① 워커빌리티와 내동해성을 개선시키는 것 : 공기연행(AE:air entrained)제, 공기연행(AE)감수제
② 워커빌리티를 향상시켜 소요의 단위수량이나 단위시멘트 양을 감소시키는 것 : 감수제, 공기연행(AE)감수제
③ 유동성을 크게 개선시키는 것 : 유동화제
④ 큰 감수효과로 강도를 크게 높이는 것 : 고성능감수제 (SP제 : superplasticizer)
⑤ 응결, 경화시간을 조절하는 것 : 촉진제, 지연제, 급결제, 초지연제
⑥ 방수 효과를 나타내는 것 : 방수제
⑦ 기포의 작용에 의해 충전성을 개선하거나 중량을 조절하는 것 : 기포제, 발포제
⑧ 염화물에 의한 철근의 부식을 억제시키는 것 : 방청제
⑨ 기타 : 보수제, 방동제, 수화열 억제제 등

콘크리트의 주요 구성재료는 시멘트, 물 그리고 골재이지만 오늘날 모

든 콘크리트는 이러한 요소 외에 적어도 한 가지 이상의 혼화제가 사용되고 있는 것이 현실이다. 이는 아주 적은 양의 혼화제로 콘크리트 성능을 크게 개선시킬 수 있기 때문이다. 특히 이 중에서 공기연행제(AE제)와 유동화제가 널리 사용되고 있다. 공기연행제는 콘크리트의 동해 저항성을 높이기 위하여 사용되고 있으며, 유동화제는 콘크리트를 타설할 때 워커빌리티를 향상시키기 위하여 사용되고 있다. 그 외 고강도콘크리트를 생산할 때 다양한 고성능감수제가 사용되고 있다.

2.2 콘크리트의 배합 및 양생

2.2.1 배합

콘크리트는 앞 절에서 설명한 바와 같이 시멘트, 골재, 물 그리고 혼화재료로 구성되고, 그 외에 콘크리트를 제조하는 과정 중에 자연스럽게 들어가는 공기인 갇힌공기(entrapped air) 또는 동결융해 저항 성능을 향상시키기 위해 강제로 들어가게 한 공기인 연행공기(entrained air)가 추가된다.

콘크리트 속의 공기 (갇힌공기과 연행공기)
콘크리트를 비빌 때 공기가 자연스럽게 또는 의도하여 들어간다. 자연스럽게 들어가는 공기를 갇힌공기라 하며 공기량은 콘크리트 전체 부피의 약 1~2% 정도이고, 동결융해 저항성을 확보하기 위해서 AE제를 사용하여 의도적으로 생기게 한 공기량은 굵은골재 크기에 따라 다르나 5% 전후이다.

콘크리트 배합이란 요구되는 성능을 만족하면서 경제적인 콘크리트를 생산할 수 있도록 구성 요소들을 선택하는 것을 의미한다. 일반적으로 요구되는 콘크리트의 성능으로서 강도, 시공성 및 내구성 등이 있다. 강도 측면에서 볼 때 배합에서 가장 중요한 요소는 물-시멘트비이고, 그 외 탄성계수, 장기변형 등이 고려되는 경우 골재의 종류와 양 등도 중요한 요소이다. 시공성 측면에서는 콘크리트의 반죽질기와 재료분리가 가장 중요한 요소인데 이에 영향을 주는 요인으로 물-시멘트비, 화학 혼화제의 종류와 양, 배합수량, 굵은골재의 최대 크기, 잔골재율 등이 있다. 그리고 내구성 측면에서는 노출 환경에 따라 고려되어야 할 사항이 다양하나 공통적으로는 물-시멘트비가 중요한 요소이며, 염화물 침투를 고려할 때는 시멘트의 종류와 양, 골재와 배합수 등의 염화물량 등이 중요하며, 동결융해를 고려할 때는 공기연행제의 양이, 알칼리골재반응을 고려할 때는 골재의 품질이 중요한 요소가 된다. 그러나 일반적으로 구조물을 설계한 설계자나 콘크리트구조 설계기준[5] 또는 콘크리트표준시방서[3] 등에서 요구하고 있는 최소한의 기준값을 만족하여야 하므로 배합을 할 때는 이미 최대 물-시멘트비, 최소 단위시멘트 양, 최소 공기량, 최소 슬럼프, 최대 골재 크기, 최소 압축강도 등이 결정된 경우가 많다. 경우에 따라서는 혼화재의 치환율, 사용 시멘트 종류, 혼화제의 종류와 양, 골재 등도 결정되어 있다. 따라서 콘크리트를 배합한다는 것은 좁은 의미로는 구성 재료의 종류를 선택하는 것보다는 양을 결정하는 과정이라고 볼 수 있다.

단위시멘트 양
콘크리트를 배합할 때, 콘크리트 부피 1m^{3}당 소요되는 구성재료의 무게를 단위중량 또는 단위질량이라고 하며, 단위시멘트 양은 1m^{3}의 콘크리트를 만드는 데 들어가는 시멘트 질량을 말한다. 그 외에도 단위수량, 단위골재량 등이 있다.

콘크리트 배합을 나타내는 방법도 다양하나 크게 질량배합과 용적배합으로 나눠지는데 우리나라의 경우 주로 질량배합에 따르고 있다. 질량배합이란 단위 체적 1 m^{3}의 콘크리트를 만들기 위해 요구되는 각 구성요소들의 질량이 얼마인지를 나타내는 것으로서, 이를 단위시멘트 양, 단위수량, 단위잔골재량, 단위굵은골재량 그리고 공기량 등으로 나타내고 있다. 이를 산정하는 방법도 다양하나, 이 절에서는 그중 하나의 방법을 소개한다.[6]

단계 1 : 슬럼프 값의 선정

슬럼프 값이 결정되어 있는 경우도 있으며, 만약 결정하여야 한다면 콘크리트가 타설될 구조 부재의 크기와 위치 등을 고려하여 선정한다.

단계 2 : 최대 골재 크기의 선정

최대 골재 크기도 이미 결정되어 있는 경우가 대부분이나 선정해야 한다면 구조 부재의 크기, 펌프 설비의 성능, 요구되는 강도 수준 등을 고려하여 선정한다.

단계 3 : 혼합수량과 공기량의 선정

선정된 슬럼프 값과 최대 골재 크기, 사용할 혼화제, 요구되는 강도 등을 고려하여 시공성을 확보할 수 있는 단위수량을 선정하고, 선정된 최대 골재 크기에 따른 동결융해 저항 성능을 확보할 수 있는 공기량을 선정한다.

단계 4 : 물-시멘트비(물-결합재비)의 선정

콘크리트의 강도는 물-시멘트비와 매우 연관성이 높으므로 요구하는 콘크리트 강도에 의해 물-시멘트비를 선정한다. 콘

40 4.1.4(1)

크리트 강도는 설계자에 의해 설계기준압축강도가 주어져 있고, 또한 내구성 확보를 위해 콘크리트구조 설계기준[5)]에서 규정하고 있는 최소 설계기준압축강도를 기준으로 한다. 이 설계기준압축강도에 콘크리트 생산자의 품질관리를 고려하여 배합강도를 결정한 후 이 배합강도를 근거로 물-시멘트비를 선정한다. 또한 콘크리트구조 설계기준에서 내구성 확보를 위해 요구하는 최대 물-시멘트비보다 작은 값을 선정하여야 한다.

단계 5 : 단위시멘트 양의 계산

단계 3에서 선정한 혼합수량과 단계 4에서 선정한 물-시멘트비에 의해 단위시멘트 양을 계산한다. 이때 최소 단위시멘트 양이 규정되어 있는 경우라면 규정된 최소 단위시멘트 양의 값으로 한다.

단계 6 : 단위굵은골재량의 산정

굵은골재의 크기와 양, 그리고 잔골재의 조립률은 굳지 않은 콘크리트의 워커빌리티에 큰 영향을 준다. 굵은골재의 크기가 크고 잔골재의 조립률이 크면 워커빌리티가 향상되므로 같은 슬럼프 값을 확보하기 위하여 더 많은 굵은골재량을 선택할 수 있다. 일반적으로 사용되고 있는 25 mm 굵은골재, 조립률이 2.5~3.0의 잔골재인 경우 콘크리트 부피에 대한 절건 상태의 굵은골재의 부피비는 0.65~0.70 정도이고, 펌핑 시공 등을 하는 경우에는 굵은골재량을 10퍼센트 정도 줄이는 것이 바람직하다.

단계 7 : 잔골재량의 산정

잔골재량은 1 m^3의 콘크리트 질량에서 앞에서 계산된 단위수량, 단위시멘트 양, 단위굵은골재량을 빼면 산정할 수 있다. 콘크리트 질량은 사용한 굵은골재의 크기, 콘크리트의 강도 그리고 공기연행제 사용 여부에 따라 차이가 나지만, 이미 이러한 요인을 고려하여 제시된 값들이 있으므로 참조하여 구한다.

단계 8 : 골재 함수율에 따른 조정

골재의 질량은 내포하고 있는 수량에 따라 다르며, 절건 상태의 질량과 표건 상태의 질량으로 분류되고 있다. 앞에서 단위 골재량을 계산할 때 표건 상태의 골재에 대해 이루어졌으면, 이를 기준으로 하여 표면 수량이 더 있는 경우 단위골재량은 늘리고 단위수량은 줄여 조정한다.

단계 9 : 시험 배합 조정

시험 배합이 끝나면 이 배합으로 콘크리트를 생산할 설비로 시험 비비기를 하여 요구되는 성능, 즉 슬럼프, 공기량, 재료 분리 유무, 마감성 등을 검토하여 만족하지 않는 경우 앞의 전 과정을 다시 검토하여 배합을 조정한다.

2.2.2 양생

콘크리트는 재령 재료로서 그 역학적 특성이 앞 절에서 설명한 구성요소들의 품질과 양으로 결정되는 배합에 의해서만 결정되는 것은 아니다. 콘크리트를 타설한 후 굳어진 콘크리트의 강도와 같은 역학적 특성과 내구성능은 그 양생 방법에 따라 크게 변한다. 여기서 양생이란 타설된 콘크리트가 역학적 특성과 내구성능을 확보할 수 있을 때까지 적절한 온도와 습도를 계속 유지시켜 시멘트 수화반응이 가능하도록 관리하는 전 과정을 뜻한다. 이를 위해서 시멘트가 수화반응을 일으킬 수 있도록 온도를 유지시키고 수분을 공급하는 것이 매우 중요하다. 이 온도와 수분을 유지, 공급하는 것과 그 수단, 방법까지도 포함하여 양생이라고 한다. 그리고 아직 완전히 굳지 않은 콘크리트에 손상이 가지 않도록 외부 하중이나 충격 등으로부터 보호하는 것도 넓은 의미의 양생이라 할 수 있다.

재령 재료(ageing material)
재료의 특성이 시간에 따라 일정하지 않고 변하는 재료를 재령 재료라고 한다. 콘크리트는 초기에 타설했을 때의 특성과 굳은 콘크리트의 특성이 다를 뿐만 아니라 시간의 흐름에 따라 서서히 변한다. 따라서 콘크리트도 재령 재료이다.

포틀랜드시멘트의 수화

시멘트와 물의 반응은 일반적으로 시멘트의 수화반응으로 일컬어지며, 화학·물리적 과정으로 이루어진다. 수화 과정이 진행됨에 따라 그림 [2.3]에서 보이듯이 내부 요소 간의 결합력은 증진되고 공극은 줄어든다. 시멘트페이스트의 습도가 외기의 낮은 상대습도와 평형을 이루어갈 때 계속적으로 시멘트의 수화율이 감소된다. 습도 80퍼센트일 때 일어나는 시멘트의 수화율은 습도 100퍼센트일 때의 10퍼센트 정도인 것으로 알려져

있다.[7)]

C-S-H 겔(C-S-H gel)
시멘트의 수화반응은 시멘트의 주요 산화 광물인 CaO(C) 및 SiO_2(S)가 물(H_2O ; H)과 반응하는 것이 주된 것이다. 전체 부피의 60~65%는 C-S-H 겔이고 20~25%는 수산화칼슘(C-H, $Ca(OH)_2$)이다. 이때 C-S-H 화합물은 완전 고체가 아니고 겔 상태이고 C-H는 고체 또는 수용액으로 구성되어 있다. C-S-H 겔은 CaO, SiO_2, H_2O 각각 한 분자씩 결합된 것이 아니고 많은 분자들이 결합된 형태로 되어 있다.

물은 그림 [2.4]에 보이듯이 G-S-H 겔을 만들기 위해 소모되는데, 이를 화학적 결합수 또는 수화수(hydrate water)라고 한다. 그 양은 시멘트 질량의 화학적 조성과 수화 조건에 따라 변화하지만, 대략 질량비로 시멘트의 0.21~0.28 정도이며, 평균 0.23 정도이다. 수화수 외에도 수화 과정 동안 층상으로 이루어진 겔 구조의 겔 표면의 흡착수와 층간수가 추가적으로 필요하며, 이를 물리적 결합수 또는 겔수(gel water)라고 한다. 이러한 겔수는 보통의 환경조건 속에서 건조하지 않으며, 경화 시멘트페이스트를 105°C까지 가열하였을 때 건조되기 시작한다. 이 겔수는 수화수와 비슷한 양이 필요하며 시멘트 질량비로 0.20 정도이다. 계속적인 시멘트 수화를 위해서 화학적 반응을 위한 물뿐만 아니라 겔공극(gel pores)을 채울 수 있는 충분한 물이 있어야 하며, 수화를 위한 충분한 물이란 겔 표면의 물리적 흡착수와 수화물 자체의 결합수 모두를 의미한다. 즉, 물의 양이 시멘트 질량에 비해 최소한 0.42~0.44 정도 있어야 시멘트 수화가 충분히 일어난다. 그러나 강도와 내구성은 시멘트가 얼마나 수화반응이 일어났느냐보다는 수화물이 얼마나 공극에 채워졌느냐에 따라 좌우된다.

공극이 채워지는 정도는 시멘트의 수화율뿐만 아니라 페이스트의 초기 공극량에도 좌우된다. 따라서 양생수의 공급뿐만 아니라 초기 물-시멘트비(w/c)에도 크게 영향을 받는다. 경화 시멘트페이스트의 미세 구조 발전 과정에 있어서 양생과 물-시멘트비의 상호 영향은 모순적 측면이 있다. 즉, 시멘트 입자 사이의 공극을 최소화하기 위해서 혼합수 양을 최소화, 즉 낮은 물-시멘트비로 배합해야 할 필요가 있는 반면, 수화물로 이 공극들을 채우기 위해서 충분한 물이 있어야 한다는 것이다. 큰 물-시멘트비의 배합은 충분한 물로 수화율을 증대시킬 수 있지만 초기 페이스트 공극률이 매우 높기 때문에 공극을 채우는 정도는 낮아진다. 따라서 강도와 내구성을 확보하기 위해서 초기에 공극을 줄이는 낮은 물-시멘트비의 배합에 물이 빠져 나가지 못하게 하거나 외부에서 물을 추가로 공급하여 충분히 수화반응이 일어나도록 하는 것이 바람직하다. 이를 위해 적극적 양생이 필요하다.

재령	1종 시멘트	4종 시멘트
1시간		
3일		
7일		
28일		

그림 [2.3]
1종 시멘트 및 4종 시멘트 페이스트의 재령별 수화물 사진(쌍용중앙연구소 제공)

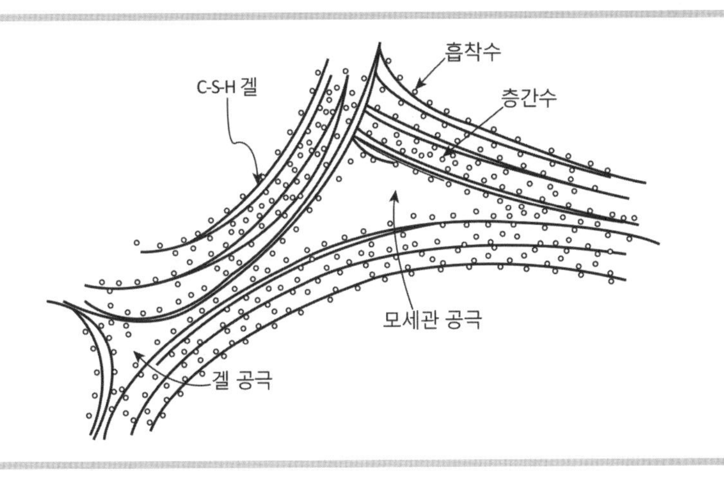

그림 [2.4]
시멘트 수화물의 모식도

양생의 필요성

배합수로서 콘크리트에 들어간 최초의 물의 양이 해당 콘크리트 배합에 대한 요구성능을 발휘하기 위하여 충분한 양이라면, 성능이 확보될 때까지 콘크리트 내에 물이 있도록 양생을 실시하면 된다. 그러나 낮은 물-시멘트비의 배합으로 된 콘크리트의 경우 초기의 물 함유량이 낮기 때문에 콘크리트의 요구성능을 발현할 수 있도록, 즉 충분한 수화반응을 일으켜 공극을 채울 수 있도록 외부로부터 추가적인 물이 필요하다.

자체건조(self-desiccation)
콘크리트가 굳어갈 때 내부의 물이 외부로 증발 또는 유출되지 않더라도 시멘트의 수화반응으로 물이 사용되어 콘크리트 내부가 건조되는 현상을 말한다.

물-시멘트비가 낮은 경우 자체건조(self-desiccation)가 일어나며, 이러한 현상은 물-시멘트비가 0.40 이하에서 크게 일어난다. 따라서 외부로부터 추가적 물이 공급되지 않으면 장기 강도 발현을 기대할 수 없다. 외부로부터 물이 공급되면 표면 가까이 콘크리트는 계속 수화반응이 일어나나 콘크리트 내부 깊은 곳까지 물이 침투되지는 않아 내부의 콘크리트는 외부로부터 물의 공급에 의해 수화반응이 크게 증진되지 않는다. 다시 말하여 낮은 물-시멘트비를 가진 콘크리트의 표면에 빨리 건조가 일어나므로 표면의 마모 저항성 등을 크게 개선시킬 수 있도록 가능한 타설 후 곧 양생수를 공급하는 것이 바람직하다. 그러나 압축강도 등에 크게 영향을 미치지는 못한다. 이러한 자체건조와 계속적인 강도증진을 위해서는 외부로부터 수분의 공급뿐만 아니라 내부로부터 수분이 공급되어야 한다. 이와 같은 내부로부터 수분을 공급하는 것을 내부 양생(internal curing)이라고 한다.

내부 양생(internal curing)
콘크리트를 타설할 때 잔골재 또는 굵은골재를 흡수성이 강한 경량골재로 치환하거나 물을 다량 흡수할 수 있는 화학혼화제 등을 넣어 서서히 물을 배출하여 콘크리트 내에서 계속적인 양생이 일어나도록 하는 것을 내부 양생이라 한다.

양생기간

양생은 콘크리트를 타설하고, 표면 마감을 한 직후부터 시행하여 요구되는 모든 특성을 확보할 수 있을 때까지 수행하여야 한다. 콘크리트는 타설하면 블리딩 현상에 의해 구성 요소 중 상대적으로 비중이 작은 물이 표면으로 나오고, 이 물은 공기 중으로 증발한다. 따라서 증발에 의해 콘크리트 표면이 건조되기 전부터 외부로부터 수분을 공급해주는 양생을 시작하여야 한다. 콘크리트 표면이 공기에 직접 노출되지 않고 거푸집으로 보호되고 있는 경우에는 수분의 증발을 크게 줄이므로 필요에 따라 수분 공급을 선택할 수도 있다.

블리딩(bleeding)
콘크리트 타설 초기에 굳지 않은 소성 상태의 콘크리트에서 비중이 큰 시멘트와 골재 등은 아래로 내려가고 비중이 작은 물과 미립분이 위로 올라온다. 이와 같은 현상을 블리딩 현상이라 하고, 떠올라온 물과 미립분을 블리딩수라고 한다. 이 미립분이 표면에서 마른 것을 레이턴스(raitance)라고 한다.

양생기간은 콘크리트 배합, 양생온도 등에 따라 크게 차이가 있으나,

어느 수준의 요구성능이 확보되면 그 이후는 자연스러운 수화반응에 의해 성능 발현이 지속되므로 양생을 끝낼 수 있다. 그리고 이 강도 발현은 타설 후 초기에 충분히 수분이 공급되는 기간에 크게 좌우된다.

연구결과[8]에 의하면 그림 [2.5]에 보이듯이 표준 수중 양생한 콘크리트의 28일 압축강도에 비해 1일간 수중 양생 후 기건 상태로 두면 28일 압축강도는 외부 습도에 따라 40~80퍼센트 정도만 발현되는 것으로 밝혀졌다. 그러나 계속 수분을 공급하면 28일 이후에도 강도 발현이 지속되나, 기건 상태로 두면 2주 이후에는 강도 발현이 거의 일어나지 않는다. 물론 이 실험결과는 ϕ100×200 mm 공시체에 대한 것으로서 실제 구조물과 같은 큰 부재의 경우 이와 같은 큰 강도저하는 일어나지 않으며 강도도 더 오랫동안 지속하여 발현된다.

습도와 온도의 제어

양생 과정에서 습도 제어란 요구되는 콘크리트의 특성을 확보하기 위하여 필요한 수화가 일어나도록 시멘트에 충분한 물이 공급되도록 하는 것이다. 양생기간 동안 온도 제어도 요구되는데, 수화는 화학적 반응으로 온도에 영향을 받기 때문이다. 약 10°C의 온도 증가에 따라 수화율은 배가 된다. 그러나 초기에 콘크리트 온도가 너무 높으면 수화율이 너무 커져 최종 강도를 오히려 감소시키는 강도역전(cross over) 현상이 일어나고 공극을 크게 할 수도 있다.

강도역전(cross over) 현상
양생조건에 따라 강도가 초기에 빨리 발현되다가 어느 시기 이후에는 오히려 다른 조건보다 더디게 발현되어 강도가 오히려 낮아지는 현상을 말한다.

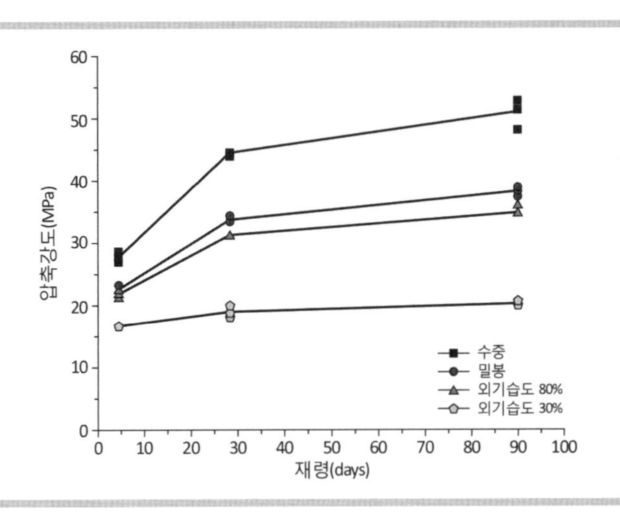

그림 [2.5]
양생 조건에 따른 압축 강도 발현
(타설 1일 후 외기 노출)

2.3 콘크리트 파괴 특성

2.3.1 미시적 관점에서 파괴 특성

모든 재료는 힘이 가해지면 파괴에 이르나, 각 재료는 파괴 특성에 따라 파괴를 일으키는 형태가 달라진다. 잘 알려져 있는 바와 같이 콘크리트는 압축응력이나 전단응력에 비하여 인장응력에 대한 저항 능력이 매우 약하다. 반면 연성 성능이 있는 구조용 강재는 인장응력이나 압축응력에 비하여 전단응력에 대한 저항 능력이 상대적으로 약하다. 따라서 콘크리트는 주인장응력이 작용하는 면으로, 강재는 최대 전단응력이 작용하는 면으로 파괴가 일어나는 경우가 많다.

콘크리트는 수경성 재료이고 또한 시멘트, 모래, 자갈, 물 등으로 이루어진 복합재료이기 때문에 처음부터 내부에 작은 공극 또는 미세균열이 존재할 수밖에 없다. 내부에 아무런 손상이 없는 재료로 만들어진 부재에 외부 하중이 작용할 때는 그림 [2.6](a)와 같이 내부에 일정한 응력이 발생하나, 미세공극 또는 미세균열이 있는 재료로 만들어진 부재에 하중이

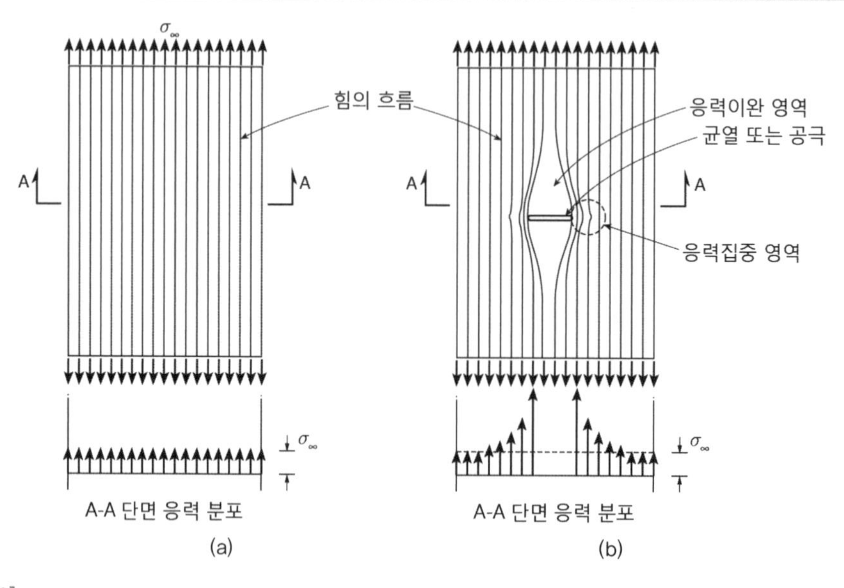

그림 [2.6]
힘의 흐름: (a) 공극 또는 균열이 없는 경우; (b) 공극 또는 균열이 있는 경우

작용하면 그림 [2.6](b)에서 볼 수 있듯이 미세공극과 미세균열 가까이에서 응력의 흐름이 휘어지며 공극과 균열선단(crack tip)에서 응력이 몰리는 현상이 나타난다. 이를 응력집중(stress concentration)이라고 한다. 즉, 균열선단(crack tip)에서 다른 부분보다 큰 응력을 받게 되므로 이 위치에서 균열 또는 항복 변형이 먼저 일어나게 된다.

콘크리트의 경우 이 균열선단에서 바로 주균열이 발생하기 전에 미세한 균열이 상당한 영역에 걸쳐 발생하며, 이 영역을 그림 [2.7]에서 나타낸 바와 같이 파괴진행영역(fracture process zone ; FPZ)이라고 일컫는다. 이후 더 큰 응력이 계속 작용하여 이 파괴진행영역이 어느 크기에 이르면 주균열이 균열 선단에서 진행한다. 연구자들에 따라 다른 의견도 있지만 대체로 이 파괴진행영역은 같은 콘크리트의 경우 일정한 것으로 받아들이고 있다. 즉, 이 파괴진행영역의 크기가 콘크리트의 재료특성(material property)으로 받아들여지고 있다. 이 파괴진행영역의 크기는 콘크리트가 파괴될 때 여러 가지 특성에 큰 영향을 주는데 이 크기가 작으면 재료는 매우 취성적으로 파괴가 일어난다. 이러한 재료의 대표적인 것이 유리로서, 유리는 이 영역이 거의 없기 때문에 매우 취성적 파괴를 일으킨다. 콘크리트의 경우 이 크기는 콘크리트의 골재 크기에 크게 좌우되며, 골재 크기가 큰 콘크리트는 이 미세균열이 발생하는 영역이 크게 되어 상대적으로 덜 취성적이다. 또한 섬유(fiber)를 혼입하거나 이 영역에 철근을 배치하면 미세균열 영역이 확대되어 덜 취성적인 거동을 한다.

균열선단(crack tip)
균열이 진행하는 가장 끝부분을 말한다.

응력집중
연속체에 공극 또는 균열 등의 끝부분(균열선단)에서나 구조물에서 꺾이는 부분이 있는 경우, 그러한 곳에서 응력의 흐름이 집중되어 응력이 크게 증가되는 현상을 말한다.

파괴진행영역(FPZ)
균열선단 앞의 연속체 콘크리트 부분으로서 응력집중에 의해 미세균열이 발생되는 영역을 말한다.

재료특성
공시체 또는 부재의 크기에 관계없이 그 재료가 갖고 있는 고유한 성질을 말한다.

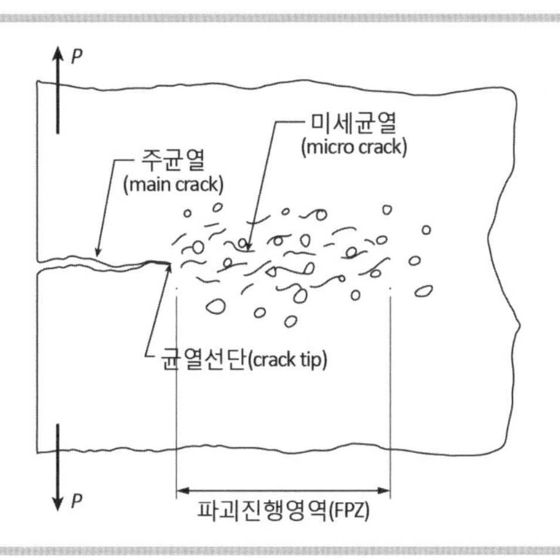

그림 [2.7]
파괴진행영역(FPZ)

2.3.2 거시적 관점에서 파괴 특성

인장을 받을 때의 파괴

앞에서 콘크리트 파괴 진행을 미시적 관점(microscopic)에서 살펴보았는데 여기서는 파괴 진행을 거시적 관점(macroscopic)에서 살펴보고자 한다.

그림 [2.8](a)에서 보인 바와 같이 인장 부재에서 콘크리트가 선형한계 내의 인장응력을 받으면 그림에서 보듯이 미세균열은 전체 콘크리트에 분포한다. 인장응력이 더욱 커져 인장강도에 가까워지면 그림 [2.8](b)에서 나타나는 바와 같이 미세한 균열 중에서 더 큰 균열 선단에서 응력이 더욱 집중되어 다른 미세한 균열은 더 이상 진전하지 않고 몇 개의 균열만 커지게 된다. 이렇게 어느 위치에서 균열이 집중되어 인장변형률이 콘크리트의 한계인장변형률에 도달할 때 주균열이 일어나 파괴가 된다.

압축을 받을 때의 파괴

콘크리트는 인장력에 비하여 압축력에 강한 재료이므로 주로 압축력에 저항하고자 할 때 사용된다. 그림 [2.9](a)는 콘크리트가 압축 또는 인장응력을 받을 때 응력-변형률 관계를 보여주고 있다. 그림에서 볼 수 있듯

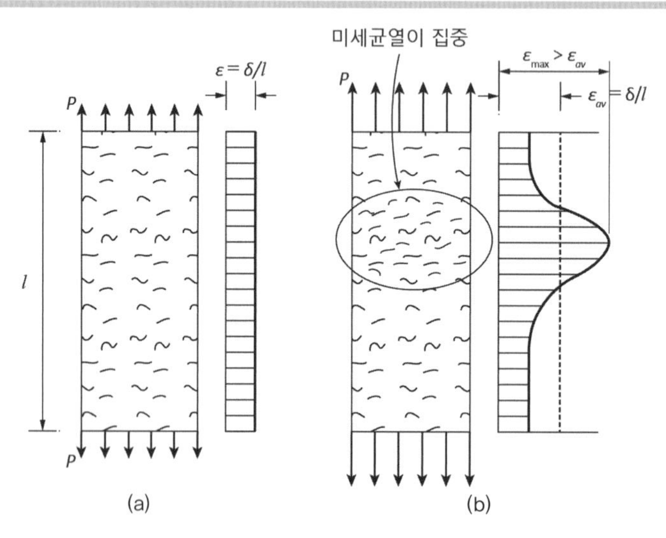

그림 [2.8]
인장을 받을 때 콘크리트 균열 진전: (a) P가 작은 경우; (b) P가 큰 경우

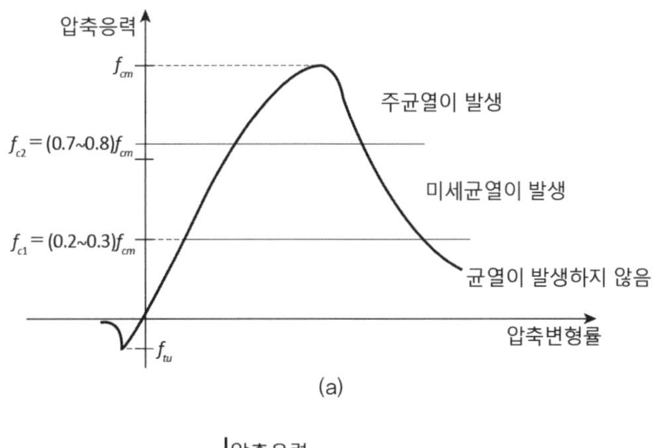

(a)

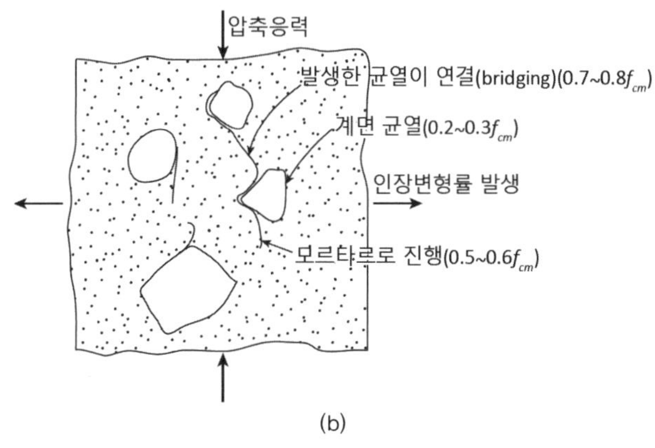

(b)

그림 [2.9]
압축을 받을 때 콘크리트 균열 진전: (a) 콘크리트의 응력-변형률 관계에 따른 균열 진전; (b) 압축응력을 받을 때 균열의 진전 과정

이 콘크리트의 압축강도 f_{cm}은 인장강도 f_{tu}의 약 10배 정도로 콘크리트는 인장력에 비해 압축력에 강하다. 그러나 압축력을 받을 때도 콘크리트 파괴기구(failure mechanism)는 인장력을 받을 때와 비슷하다.

콘크리트가 압축응력을 받으면 그림 [2.9](a)에 나타낸 바와 같이 압축응력이 압축강도의 20~30퍼센트 정도인 f_{c1}에 이를 때까지는 내부에 큰 변화가 일어나지 않으며, 응력과 변형률은 선형관계를 갖는다. 그 후 응력이 점점 커지면 그림 [2.9](b)에서 보듯이 골재와 시멘트페이스트 사이의 계면(interfacial)에서 부착이 파괴되기 시작하여 압축강도의 50~60퍼센트에 이르면 압축응력과 나란한 계면의 부착은 거의 파괴에 이른다. 그러나 이 응력에 도달하여도 응력-변형률 관계는 직선에 가깝다. 그러나

계면(interfacial)
두 개의 다른 물질이 만나는 면으로서, 콘크리트의 경우 굵은골재와 모르타르가 만나는 면과 굵은골재 또는 잔골재와 시멘트페이스트가 만나는 면 등이다.

이보다 더 큰 응력, 즉 압축강도의 70~80퍼센트 정도에 이르면 계면에 발생한 균열은 모르타르 또는 시멘트페이스트로 진행되어 계면 균열이 서로 이어지기 시작한다. 이렇게 균열이 이어지면 응력-변형률 관계는 급속히 비선형적으로 거동하고 빠르게 균열이 진행되어 파괴에 이른다.

거시적 관점에서 파괴기준(criterion)

콘크리트의 파괴 거동을 살펴보면 콘크리트가 압축응력을 받아도 파괴는 인장응력을 받을 때와 같이 균열에 의하여 일어난다는 것이다. 즉, 그림 [2.10](a)와 같이 콘크리트 공시체에 압축응력이 가해지면 콘크리트는 응력이 작용하는 직교 방향으로 인장변형률이 발생한다. 앞서 설명한 바와 같이 압축강도의 50~60퍼센트 정도의 압축응력을 받을 때 미세균열이 진전하기 시작하며, 이때 그림 [2.10](b)에서 보듯이 압축응력이 작용하는 방향의 압축변형률은 대략 $(500\sim600)\times10^{-6}$ 정도이고 콘크리트 포아송비가 0.18~0.20 정도이므로 횡방향으로 인장변형률은 $(90\sim120)\times10^{-6}$ 정도이다. 이 정도 인장변형률은 콘크리트가 인장응력을 받을 때도 미세균열이 시작하는 변형률이다. 눈에 보일 정도의 균열은 균열이 서로 연결될 때로서 압축강도의 70~80퍼센트의 응력이 작용할 때이며, 이때 압축변형률은 대략 $(1{,}000\sim1{,}500)\times10^{-6}$ 정도이다. 이때 횡방향 인장변형률은 $(180\sim300)\times10^{-6}$ 정도이고, 이 값 또한 인장응력을 받을 때, 좀 더 큰 균열이 발생하는 것

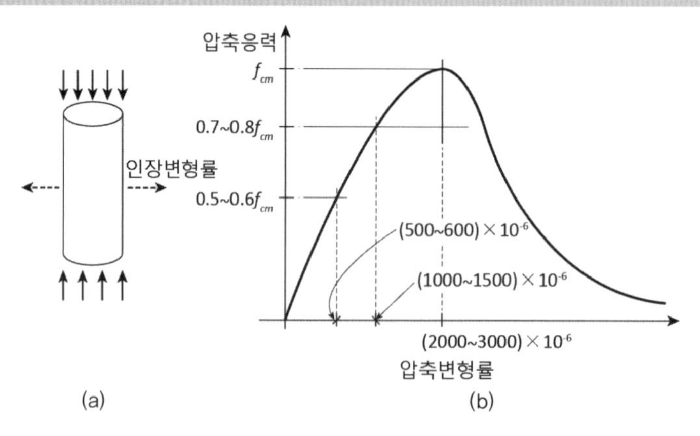

그림 [2.10]
압축응력 수준별 변형률: (a) 압축 공시체; (b) 응력-변형률 관계

과 유사한 값이다. 다시 말하여 콘크리트는 압축응력을 받거나 인장응력을 받거나 관계없이 인장변형률이 약 100×10^{-6} 정도에 이르면 인장변형률이 발생하는 방향에 직교하여 미세균열이 발생하기 시작하여 약 $(200\sim300)\times10^{-6}$ 정도이면 눈에 보이는 정도의 균열이 발생한다. 다만 인장응력이 작용하면 인장변형률이 같은 방향으로 일어나기 때문에 균열은 그에 직교하는 방향으로 일어나고, 압축응력이 작용하면 인장변형률이 압축응력에 대해 직교 방향으로 일어나기 때문에 균열은 압축응력 방향과 나란한 방향으로 일어난다는 차이가 있다. 그리고 또 다른 차이는 인장응력을 받을 때보다 압축응력을 받을 때 발생하는 균열의 수가 훨씬 많다는 것이다.

이러한 콘크리트의 파괴 거동을 이해하면 몇 가지 중요한 콘크리트의 파괴 특성을 이해할 수 있다. 첫째, 콘크리트의 피로강도는 압축강도의 50~60퍼센트 정도인데 이는 이 응력 수준에서 모르타르로 균열이 진전되기 때문에 이 정도의 응력이 반복적으로 가해지면 균열이 계속 조금씩 진전되어 파괴에 이른다는 것이다. 둘째, 콘크리트에 압축강도의 80~85퍼센트의 정도의 응력이 매우 장기간 작용하면 크리프에 의해 파괴가 일어나는데 이것 또한 주균열이 발생하면 크리프에 의하여 횡방향으로 인장변형률이 더욱 증가하여 파괴에 이르기 때문이다. 셋째, 나선철근 콘크리트 기둥에서 심부 콘크리트(core concrete)의 강도와 그에 대응하는 변형률이 증가하는데, 이것 또한 나선철근에 의해 심부 콘크리트의 횡방향 인장변형률을 구속시켜 균열 발생을 억제시킴으로써 강도와 파괴 변형률을 증가시키기 때문이다. 넷째, 인장력을 받을 때 크기효과(size effect)가 압축력을 받을 때보다 훨씬 큰데 이것은 인장을 받을 때 균열 수가 더 적어 응력이 더 집중되기 때문이다.

심부 콘크리트 (core concrete)
나선철근콘크리트 기둥에서 나선철근에 의해 구속되는 나선철근 안쪽에 위치한 콘크리트를 말한다. 반면 나선철근 바깥쪽 피복 콘크리트를 쉘 콘크리트(shell concrete)라고 부른다.

2.4 역학적 특성에 미치는 영향인자

2.4.1 물-시멘트비(w/c)

콘크리트 강도는 시멘트페이스트와 골재의 강도와, 골재와 시멘트페이스트 사이의 부착강도에 영향을 받으나, 특히 시멘트페이스트의 강도에

물-시멘트비
콘크리트 강도에 가장 주된 영향 요소로서 단위시멘트 양에 대한 단위수량의 비이다. 보통강도콘크리트의 물-시멘트비는 대개 0.40~0.60 정도이고, 고강도콘크리트의 경우 0.25~0.4 정도이다.

크게 영향을 받는다. 이것은 부착강도가 시멘트페이스트의 강도에 좌우되기 때문에 시멘트페이스트의 강도에 크게 영향을 받는다고 볼 수 있다. 따라서 콘크리트 강도는 물-시멘트비에 크게 영향을 받으며, 1918년 애브람스(Abrams)는 콘크리트 압축강도에 대해서 다음 식 (2.1)과 같은 관계식을 제시하였다.[9)]

$$f_{cm} = \frac{K_1}{K_2^{\frac{w}{c}}} \tag{2.1}$$

여기서 K_1, K_2는 실험상수로서 각 배합에 따라 다른 값을 갖는다.

물-시멘트비와 압축강도의 관계는 그림 [2.11]에 나타나 있으며, 물-시멘트비의 값이 작을 때에는 식 (2.1)에 의하면 압축강도가 커지지만 그림 [2.11](a)에서 보면 어느 값 이하로 떨어지면 콘크리트의 유동성이 떨어져 다짐이 불량하여 강도도 떨어지는 것으로 나타난다. 물론 이러한 다짐 불량은 고성능감수제 등을 사용함으로써 미리 막을 수 있다. 그리고 그림 [2.11](b)는 일반적으로 널리 사용되는 콘크리트에서 물-시멘트비와 압축강도의 전형적인 관계를 나타내고 있다.

또, 물-시멘트비가 공극량에 영향을 주므로 콘크리트 강도는 콘크리트 내의 물과 시멘트 양뿐만 아니라 공극량에 크게 영향을 받는 것으로 알려져 있다. 이에 대한 최초의 연구는 1896년 페레(Féret)에 의해 다음 식 (2.2)와 같은 관계식이 제시되었다.[10)]

그림 [2.11]
물-시멘트비와
압축강도의 관계

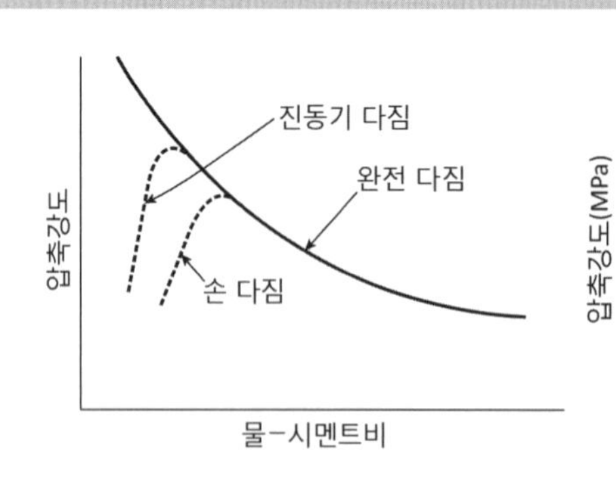

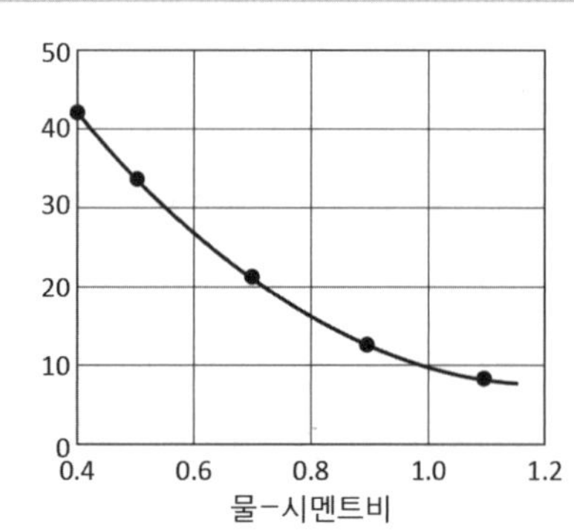

$$f_{cm} = k\left(\frac{c}{c+w+a}\right)^2 \tag{2.2}$$

여기서 c, w와 a는 각각 시멘트, 물, 공기의 부피를 나타내고 있으며, k는 실험상수이다.

콘크리트 속에 있는 공극은 주로 갇힌공기(entrapped air), 연행공기(entrained air), 모세공극(capillary pores)과 겔공극(gel pores)으로 이루어져 있다. 이 중에서 공극 크기가 20 nm 이하이면 강도에 큰 영향을 미치지 않으나 그보다 크면 영향이 있는 것으로 밝혀지고 있다. 그리고 공극량 p에 의해 콘크리트의 상대적 강도는 다음 식 (2.3)과 같이 제시되기도 하였다.[10]

갇힌공기와 연행공기
콘크리트를 비빌 때 자연스럽게 들어가는 공기를 갇힌공기(entrapped air)라고 하고, 동결융해 저항성능을 향상시키기 위해 혼화제인 AE제 등을 혼입하여 억지로 추가된 공기를 연행공기(entrained air)라고 한다. 일반적으로 갇힌공기량은 1~2% 정도이고 연행공기량은 4~7% 정도로 하고 있다.

$$f_{cm} = f_{cm,o}(1-p)^n \tag{2.3}$$

여기서 $f_{cm,o}$는 공극이 없는 콘크리트의 이상적 강도이며, n은 실험상수이다.

이와 같이 공극량과 강도는 서로 관련이 있으므로 콘크리트의 수화 과정에 따른 공극량을 계산함으로써 강도발현을 예측할 수도 있다.

2.4.2 골재

골재의 크기, 강도, 표면의 질감(texture) 등이 또한 콘크리트의 강도에 영향을 준다. 그러나 이러한 영향은 고강도콘크리트의 경우를 제외하고는 직접적인 영향보다는 간접적 영향을 주는 정도이다. 예로서 일정한 반죽질기(consistency)를 확보하기 위해서는 골재의 종류에 따라 소요되는 물-시멘트비가 달라져야 하며, 이는 곧 콘크리트의 강도와 탄성계수에 영향을 주게 되는 것이다.

반죽질기(consistancy)
일반적으로 시공성(workability)이라고도 하며, 재료 분리 없이 콘크리트를 타설할 수 있는 성능을 말한다. 이를 정량적으로 시험하는 방법으로 슬럼프시험(slump test)과 플로시험(flow test)이 있다.

또한 골재 표면의 질감은 골재와 시멘트페이스트 사이의 부착 성능에 영향을 주어 콘크리트 강도에 영향을 미친다. 그러나 이러한 경우 콘크리트의 강도에 대한 직접적 영향보다는 초기 균열을 발생시키는 압축응력의 크기 또는 휨인장강도에 영향을 주는 정도이다.

2.4.3 하중재하속도

동일한 콘크리트, 동일한 크기의 공시체로 실험을 하여도 하중재하속도(loading rate)가 다르면 그림 [2.12]와 그림 [2.13]에 보인 바와 같이 콘크리트의 강도가 달라진다.[11),12)] 그림에서 볼 수 있듯이 지진력과 같은 동적하중이 가해질 때 하중재하속도가 크면 강도도 증가하고 탄성계수도 증가한다. 재하속도가 더욱 빠른 경우, 즉 충격하중에 대해서 콘크리트 강도는 더욱 증가된다. 그러나 재하속도가 굉장히 느리면 반대 현상이 일어난다. 실험실에서 주로 사용되는 변형률속도(strain rate)가 $10^{-5} \sim 10^{-4}$/s 정도인데, 이 경우의 강도가 일반적으로 말하는 압축강도 f_{cm} 이다. 그러나 굉장히 느린 변형률속도에 의한 강도는 그림 [2.12]에서 나타낸 바와 같이 실험실에서 구한

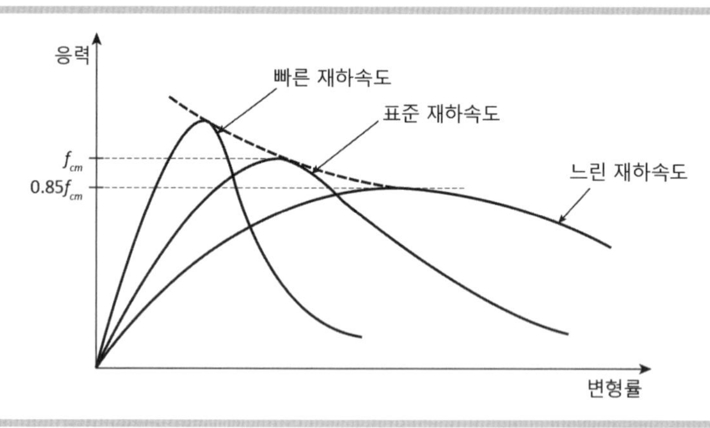

그림 [2.12]
하중재하속도에 따른 응력-변형률 곡선[11)]

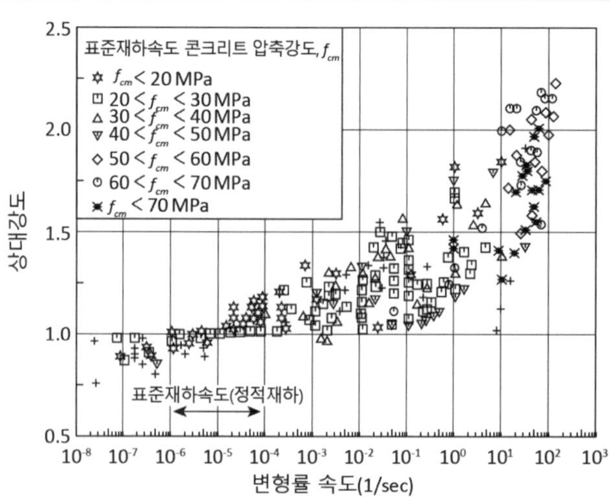

그림 [2.13]
변형률 속도에 따른 강도의 변화[12)]

강도의 0.80~0.85배 정도이다. 또 콘크리트에 (0.80~0.85)f_{cm}의 응력을 가해 놓고 장시간 두면 2.3.2절에서 설명한 바와 같이 콘크리트는 파괴에 이른다. 이는 이 정도의 응력 수준에서 콘크리트 내부는 모르타르와 골재 사이의 계면균열과 모르타르 내의 균열이 생성되어 서로 연결되고, 콘크리트의 크리프 현상 때문에 변형률이 더욱 증가되어 파괴에 이르게 되는 것이다. 따라서 우리나라 콘크리트구조 설계기준[5)]은 설계기준압축강도 f_{ck} 대신에 기둥에서 압축강도를 계산할 때 $0.85f_{ck}$ 값을 사용하도록 규정하고 있다.

20 4.1.2(7)

한편 하중재하속도 또는 변형률속도가 빠르면 강도와 탄성계수는 증가하나 파괴될 때까지 소모되는 에너지는 크게 줄어든다. 다시 말하여 단위부피의 콘크리트가 파괴될 때 소모되는 에너지는 그림 [2.12]의 응력-변형률 곡선이 이루는 면적이 되는데, 그림에서 보듯이 빠른 재하속도에 대한 면적은 느린 재하속도에 대한 면적보다 작다. 이는 재하속도가 빠르면 콘크리트가 압축을 받아 파괴될 때 재하속도가 느릴 때보다 발생되는 균열의 수가 훨씬 적기 때문이다.

2.4.4 재령

콘크리트는 수경성 재료이기 때문에 재령에 따른 콘크리트의 성질이 달라진다. 콘크리트의 강도와 탄성계수 등 역학적 특성도 재령에 따라 그 변화는 크며, 대표적인 예가 그림 [2.14]에 나타나 있다.[13)] 따라서 콘크리트 강도를

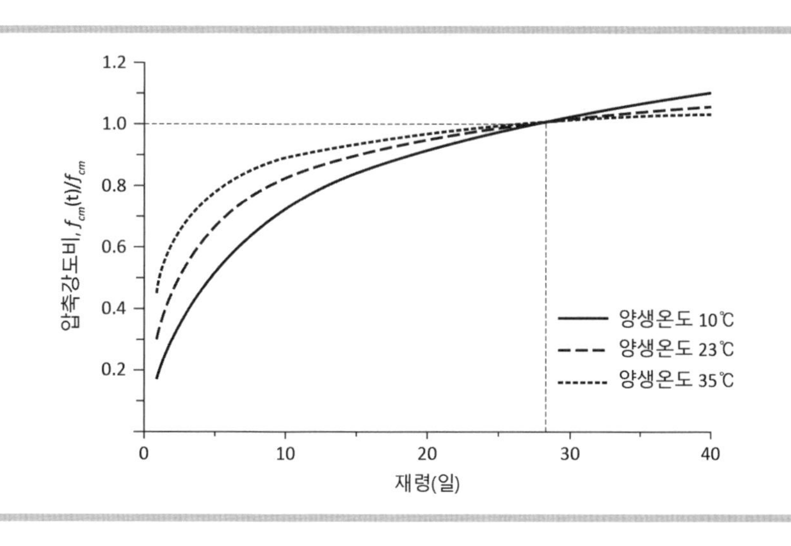

그림 [2.14] 재령에 따른 압축강도[13)]

상대적으로 평가하기 위해서는 기준이 되는 재령에서 강도로 나타내어야 하는데, 일반적으로 콘크리트 강도는 28일을 기준으로 한 값을 표준으로 하고 있다. 그러나 콘크리트는 표준양생을 하는 경우 그 이후에도 강도의 증진이 계속 일어나 1종 포틀랜드시멘트를 사용한 경우 종국강도는 28일 강도의 110~140퍼센트 수준까지 증가한다. 물론 재령에 따른 강도 증진은 사용한 시멘트의 종류와 혼화재료, 예를 들면 플라이애쉬, 고로슬래그, 실리카퓸 등의 혼입량에 따라 영향을 받는다. 우리나라 콘크리트구조 설계기준[5]은 시간에 따른 콘크리트 강도의 변화를 다음 식 (2.4) 및 식 (2.5)와 같이 규정하고 있다.

표준양생
우리나라 한국산업표준에 따르면 콘크리트는 20±3°C의 온도로, 그리고 수중 또는 완전습윤 상태의 습도로 양생하는 것을 표준양생이라 말한다.

01 3.1.2(5)④

$$f_{cm}(t) \;=\; \beta_{cc}(t) f_{cm} \tag{2.4}$$

여기서 $\beta_{cc}(t)$는 다음 식 (2.5)와 같다.

$$\beta_{cc}(t) \;=\; \exp\left[\beta_{sc}\left(1-\sqrt{\frac{28}{t}}\right)\right] \qquad \text{(2.5)(a)}$$

$$\beta_{sc} \;=\; \begin{cases} 0.35 : 1\text{종 시멘트 습윤양생} \\ 0.15 : 1\text{종 시멘트 증기양생} \\ 0.25 : 3\text{종 시멘트 습윤양생} \\ 0.12 : 3\text{종 시멘트 증기양생} \\ 0.40 : 2\text{종 시멘트} \end{cases} \qquad \text{(2.5)(b)}$$

콘크리트 강도발현은 온도에도 큰 영향을 받는다. 온도가 높아지면 화학 반응이 촉진되어 강도발현이 빨라지기 때문이다. 이 온도의 영향에 따른 영향은 식 (2.6)과 같이 성숙도 개념(maturity concept)에 의해 등가재령 t_T를 계산하여 식 (2.4)와 식 (2.5)의 t 대신에 대입하여 계산할 수 있다.

성숙도 개념(maturity concept)
시멘트는 물과 화학반응을 일으키므로 온도에 큰 영향을 받는다. 이에 표준온도로 20°C로 할 때의 값과 비교하기 위해 도입한 개념이다. 이때 시멘트 수화반응은 영하 10~15°C(식 (2.6)에서는 영하 13.65°C)에 시작한다고 알려져 있다.

$$t_T = \sum_{i=1}^{n} \Delta t_i \; \exp\left(-\frac{4{,}000}{273+T(\Delta t_i)} + 13.65\right) \tag{2.6}$$

등가재령(equivalent age)
콘크리트를 다양한 온도로 양생하는 경우, 20°C로 양생할 경우와 비교하여 20°C로 환산한 재령을 뜻한다.

여기서 $T(\Delta t_i)$는 Δt_i일 동안 지속된 온도(°C)이고, Δt_i는 일정한 온도가 지속된 기간(일)이며, n은 일정한 온도를 유지한 단계의 수이다.

2.4.5 공시체 형태 및 크기

동일한 콘크리트라도 공시체의 크기가 달라지면 압축강도는 그림 [2.15]에 보인 바와 같이 달라진다. 즉, 작은 공시체의 강도는 크며 크기가 커짐에 따라 강도는 저하되고 취성파괴가 일어난다. 이것도 콘크리트 파괴 특성에 의한 것으로 공시체의 크기에 따라 파괴진행영역이 비례하여 증가하는 것이 아니라 거의 일정하기 때문에 큰 공시체일수록 상대적으로 작은 파괴진행영역을 갖게 되어 취성파괴가 일어난다. 이와 같이 공시체의 크기가 증가함에 따라 강도의 저하가 일어나는 현상을 크기효과(size effect)라고 말하며, 이에 대한 실험식으로 다음 식 (2.7)과 같은 식이 제시되고 있다.[14)]

$$f_{cm}(h,d) = \left[\frac{0.4}{\sqrt{1+0.02d(h/d-1)}} + 0.8\right] f_{cm} \tag{2.7}$$

표준공시체(standard specimen for compression)
콘크리트의 강도는 공시체의 크기와 형태에 따라 차이가 나므로 상대적 평가를 위해 국제적으로(ISO) 또한 우리나라에서(KS) 표준크기와 형상을 정하고 있으며, 원주공시체 ϕ150×300 mm 표준으로 하고 있다.

여기서, $f_{cm}(h,d)$는 직경이 d(mm)이고 높이가 h(mm)인 원주공시체의 압축강도(MPa)이고, f_{cm}은 ϕ150×300 mm 크기의 표준공시체의 압축강도

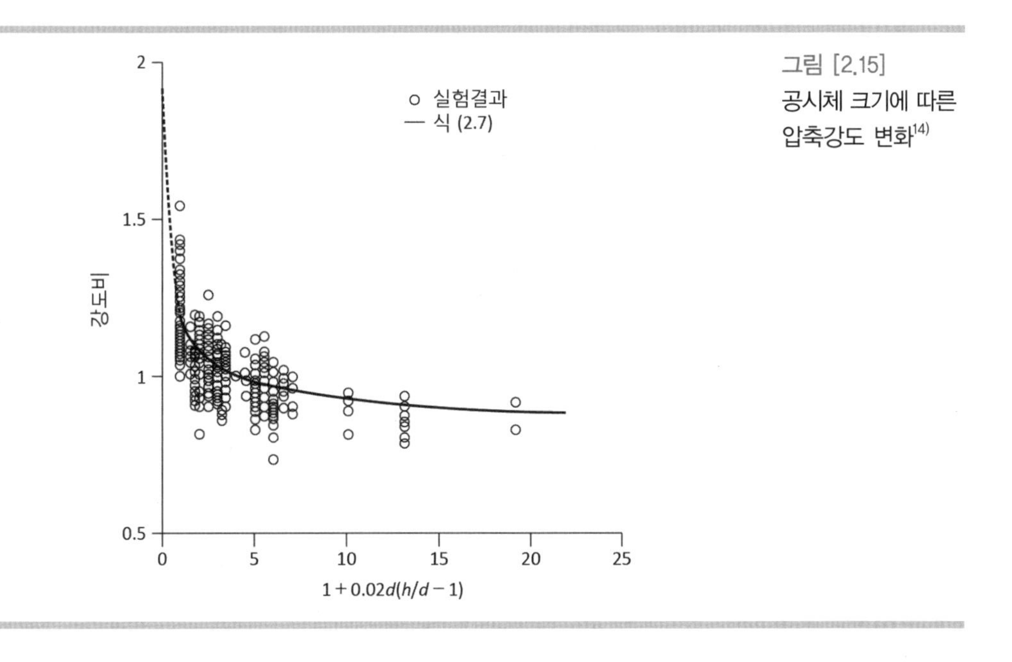

그림 [2.15]
공시체 크기에 따른 압축강도 변화[14)]

(MPa)이다.

식 (2.7)에 의하면 실험실에서 행한 압축강도의 값을 실제 구조물에 적용하면 과다 평가될 수 있다는 것을 알 수 있다. 그러나 실제 구조물의 경우 콘크리트만을 사용하지 않고 압축철근, 띠철근 등이 있기 때문에 크기효과는 식 (2.7)과 같이 크지 않다.

또 구조물 또는 공시체의 모양에 따라 같은 콘크리트라도 강도가 다르게 나타난다. 각국에서 널리 사용하는 $\phi 150 \times 300$ mm 크기의 표준원주공시체와 유럽에서 사용했던 150×150×150 mm 크기의 표준입방체공시체의 강도와의 관계는 다음 식 (2.8)과 같이 제시되고 있다.[15]

$$f_{cm} = \left[0.76 + 0.2 \log \frac{f_{cube}}{20}\right] f_{cube} \tag{2.8}$$

여기서, f_{cm}은 표준원주공시체의 압축강도(MPa)이고, f_{cube}는 150×150×150 mm 표준입방체공시체의 압축강도(MPa)이다.

이러한 강도의 차이는 공시체 형태의 차이에 의한 것도 있으나, 단면의 길이에 대한 높이 비의 차이에 의한 것이 더 큰 이유이다. 즉, 가압판의 횡구속에 의한 것으로서, 직경에 대한 높이의 비가 1인 원주공시체의 압축강도와 입방체공시체의 압축강도는 큰 차이가 없다.

2.5 콘크리트의 역학적 특성

2.5.1 압축응력-변형률 곡선

가장 대표적인 콘크리트의 응력-변형률 곡선이 그림 [2.16]에 나타나 있으며,[16] 그 특징은 우리가 보통 사용하고 있는 강도인 20~30 MPa의 콘크리트인 경우에는 변형률이 대략 0.002에 도달하면 응력은 최대값에 도달한다는 것이다. 물론 최근의 고강도콘크리트의 경우 이 값이 0.003을 초과하는 실험 결과도 나와 있으며, 최대 응력에 대한 변형률의 값인 축압축파괴변형률을 다음 식 (2.9)와 같이 제시하고 있기도 하다.[17]

축압축파괴변형률
(failure strain for axial compressive stress)
중심압축응력이 작용할 때 콘크리트의 파괴변형률을 축압축파괴변형률 ε_{co}이라고 하며, 휨압축에 대한 파괴변형률을 휨압축파괴변형률 ε_{cu}이라고 이 책에서는 분리하고 있다.

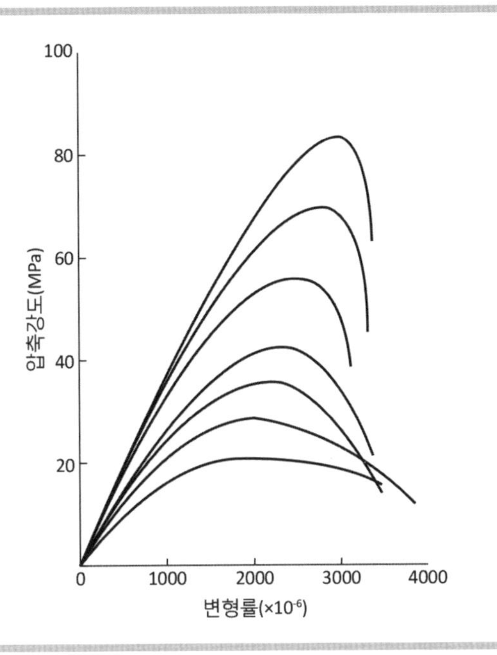

그림 [2.16]
콘크리트 강도에 따른 응력-변형률 곡선[16]

$$\varepsilon_{co} = 1.027 \times 10^{-7} f_{cm} + 0.00195 \tag{2.9}$$

여기서 f_{cm}은 콘크리트의 압축강도(psi.)이다.

콘크리트의 1축 압축에 대한 응력-변형률 관계는 콘크리트 구조물 해석에 있어서 가장 중요한 재료 역학적 특성이다. 그러나 일반적으로 압축강도 이후 하강 부분의 곡선은 보통의 실험, 즉 하중제어에 의한 실험으로는 구하기가 힘들며, 변위제어 만능시험기에 의한다 하더라도 고강도콘크리트의 경우 완전한 곡선을 얻기는 힘들다. 또 이 하강 부분의 곡선은 재료시험기의 강성에 크게 좌우되므로 재료적 특성으로 보기도 힘들다. 그래서 이에 대한 많은 연구가 수행되었으며, 그중에서 몇 가지 모델식은 다음과 같다.

하중제어와 변위제어
실험을 수행할 때 하중을 일정한 속도로 가하는 방법을 하중제어라고 하고, 반면 어느 위치의 처짐을 일정한 속도로 증가시키는 방법을 변위제어라고 한다.

① 혹네스타드(Hognestad) 식[18]

$$\text{상승부 ; } \quad f_c = f_{cm}\left[\frac{2\varepsilon_c}{\varepsilon_{co}} - \left(\frac{\varepsilon_c}{\varepsilon_{co}}\right)^2\right] \tag{2.10(a)}$$

$$하강부\ ;\quad f_c = \frac{f_{cm}(\varepsilon_{cu} - 0.85\varepsilon_{co} - 0.15\varepsilon_c)}{\varepsilon_{cu} - \varepsilon_{co}} \tag{2.10(b)}$$

여기서, ε_{co}는 압축강도에 대응하는 변형률이고 ε_{cu}는 최종 휨압축 파괴변형률이며, 하강부는 직선이다.

② 파피티스와 샤(Faffitis, Shah) 식[17]

$$상승부\ ;\quad f_c = f_{cm}\left[1 - \left(1 - \frac{\varepsilon_c}{\varepsilon_{co}}\right)^A\right] \tag{2.11(a)}$$

$$하강부\ ;\quad f_c = f_{cm}\exp[-k(\varepsilon_c - \varepsilon_{co})^{1.15}] \tag{2.11(b)}$$

여기서, $A = E_c \dfrac{\varepsilon_{co}}{f_{cm}}$, $k = 3.418 f_{cm}$ 이다.

③ 김과 이(Kim, Lee) 식[19]

$$상승부\ ;\ f_c = f_0[A(\varepsilon_c/\varepsilon_0) - (A-1)(\varepsilon_c/\varepsilon_0)^{A/(A-1)}] \tag{2.12(a)}$$

$$하강부\ ;\ f_c = f_0\exp[-B(\varepsilon_c - \varepsilon_0)^C] \tag{2.12(b)}$$

여기서, f_0, ε_0는 횡구속을 고려하였을 때의 콘크리트 압축강도(MPa)와 그때의 변형률이고, A, B, C는 곡선의 형태를 결정하는 변수이며 아래와 같다.

$$A = \frac{E_c\varepsilon_0}{f_{cm}}$$

$$B = \left(260 + \frac{100}{f_{cm}}\right)\exp\left(-30\frac{f_{cl}}{f_{cm}}\right)$$

$$C = 1.2 - 0.006 f_{cm}$$

$$E_c = 3{,}300\sqrt{f_{cm}} + 6{,}900$$

$$f_0 = f_{cm} + 4.2 f_{cl}$$

$$\varepsilon_0 = 7 \times 10^{-4} \sqrt[3]{f_{cm}} + 0.06 \frac{f_{cl}}{f_{cm}}$$

$$f_{cl} = \frac{\rho_s f_{sy}}{2} \left(1 - \sqrt{\frac{s}{d_c}} \right)$$

여기서, E_c는 콘크리트의 탄성계수(MPa), f_{cl}는 횡구속응력(MPa), ρ_s는 횡보강 철근비, f_{sy}는 횡구속 철근의 항복강도(MPa), s는 횡구속 철근의 배근 간격(mm)이며, d_c는 콘크리트 심부의 직경(mm)이다.

이와 같은 모델식들은 표준원주공시체를 사용하여 정적 재하를 가한 경우이고, 실제로 응력-변형률 관계는 압축강도와 마찬가지로 콘크리트 강도, 하중재하속도, 공시체의 크기, 공시체의 모양 등에 따라 다르게 나타난다.

2.5.2 1축 압축강도

콘크리트는 주로 압축 부재로서 사용되기 때문에 압축에 대한 강도는 매우 중요하며, 따라서 콘크리트의 특성을 나타내는 가장 대표적인 재료 특성 값이 바로 1축 압축강도 f_{cm}이다.

콘크리트의 1축 압축강도 시험은 각 나라마다 공시체의 형태와 크기가 달랐으나 이제는 국제표준협회(ISO)의 표준에서 정한 ϕ150×300 mm 원주공시체의 값으로 우리나라의 경우에도 KS F 2405[20]에 규정되어 있으며, 지름 150 mm, 높이 300 mm의 원주공시체를 사용하도록 되어 있다. 그러나 엄밀히 말하면 이와 같은 공시체의 압축강도가 바로 구조체 콘크리트의 압축강도와 일치하는 것은 아니다. 또 이 압축강도는 배합, 양생 등에 따라 변할 뿐만 아니라 하중재하속도, 공시체의 크기, 공시체의 모양, 재령 등에 따라 다르게 나타나는 것은 앞 절에서 설명한 바와 같다.

콘크리트의 압축강도
콘크리트의 압축강도는 설계기준압축강도 f_{ck}, 배합강도 f_{cr}과 실제 압축강도 f_{cm}으로서 각각 다른 의미로 정의되고 있다.

콘크리트 압축강도는 실제 압축강도를 의미하나, 철근콘크리트 구조물을 설계하고 시공할 때는 설계기준압축강도와 배합강도가 있다. 실제 압축강도 f_{cm}은 재령 28일 표준원주공시체를 한국산업표준의 규정에 따라 시험하여 실제로 얻은 값이다. 반면 설계기준압축강도 f_{ck}는 설계자가 설계를 할 때 기준으로 삼은 콘크리트의 압축강도이고, 배합강도 f_{cr}은 철근콘크리트 구조물에 있어서 이 설계기준압축강도를 확보하기 위하여 배합할 때 목표로 설정한 압축강도이다. 설계기준압축강도가 주어져 있을 때 배합강도의 선정은 우리나라 콘크리트구조 설계기준에서 규정하고 있다.

01 3.1.4(2)

2.5.3 다축 상태에서 압축강도

콘크리트는 1축으로만 응력을 받아도 역학적 거동을 파악하기 힘들다. 그 이유는 콘크리트가 복합재료로서 재료 사이의 계면(interfacial plane)에 대한 거동을 정확하게 파악하는 것이 힘들고, 또한 취성재료로서 인장 또는 압축강도에 이른 후 바로 변형연화(strain softening) 현상을 보이기 때문이다. 이와 같은 콘크리트가 3축으로 응력을 받는 경우 그 거동을 일반화하기는 더욱 힘드나, 유럽의 설계기준인 Eurocode 2에 다축 상태의 응력-변형률 관계가 정의되어 있고,[21] 미소면 모델(micro plane model)과 같은 몇몇 응력-변형률 관계가 제시되기도 하였다.[22]

변형연화(strain softening) 응력-변형률 관계에서 재료가 항복한 이후 변형률이 증가될 때 응력도 증가되는 것을 변형경화(strain hardening)라고 하는 반면, 응력이 떨어지는 것을 변형연화라고 한다. 콘크리트의 경우 항복은 일어나지 않지만 압축강도에 이른 후 곧 응력 저항 능력이 떨어지므로 이렇게 부른다.

이 절에서는 일반적인 다축압을 받는 콘크리트의 거동보다는 특수한 경우인 2축으로 응력을 받는 경우와 3축으로 응력을 받지만 횡방향 응력이 일정한 횡구속 상태에 대하여 간단히 살펴보고자 한다.

2축 응력 상태

그림 [2.17](a)는 2축 방향으로 법선 응력이 작용할 때 콘크리트의 강도를 나타내고 있다.[23] 그림에서 볼 수 있듯이 1축으로만 압축응력이 가해질 때의 압축강도는, 즉 x축과 y축의 압축방향의 절점이 f_{cm}이 되는 것을 알 수 있다. 그러나 2축으로 응력이 가해지는 경우에 있어서 한 축에 대한 압축응력 f_{c1}의 약 반인 $f_{c2}=0.5f_{c1}$이 다른 축에 압축응력으로 가해지면 1축 상태의 압축강도인 f_{cm}보다 큰 압축응력인 대략 $1.25f_{cm}$ 정도에 이를 때 그림의 점 A에서 파괴된다는 것을 알 수 있다. 그 이유는 그림 [2.17](b)에 보인 바와 같이 1축과 2축으로 응력이 가해질 때 일어날

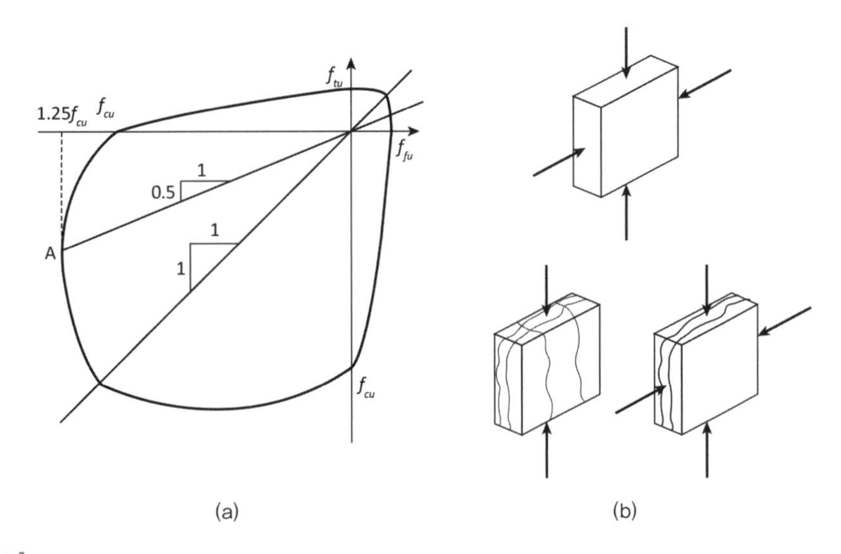

그림 [2.17]
2축 응력 상태의 콘크리트 강도 변화: (a) 2축 응력 상태에서 콘크리트 강도; (b) 2축 응력 상태에 따른 균열 발생도

수 있는 균열 양상이 다르기 때문이다. 다시 말하여 1축으로만 응력이 작용하면 횡방향의 어느 방향으로나 인장변형률이 발생하여 균열이 발생될 수 있으나, 2축 응력이 작용할 때는 횡방향 중 한 개 축에는 압축응력이 작용하므로 균열 발생을 억제하여 다른 횡방향으로만 균열이 일어날 수 있기 때문이다. 따라서 이러한 경우 균열 발생이 한 방향으로는 억제되어 더 큰 압축강도를 갖게 된다. 이와 반대로 어느 횡방향으로 인장응력 또는 인장변형률이 있으면 압축강도는 더 작아진다. 이러한 점을 고려하여 콘크리트구조 설계기준의 스트럿-타이 모델(strut-tie model)에서 스트럿에 대한 콘크리트 유효압축강도를 횡방향의 인장변형률에 따라 다르게 규정하고 있다.

24 4.2.2

횡구속 3축 응력 상태

그림 [2.18]에서 보듯이 실제 콘크리트 기둥의 경우 1축으로만 축력이 작용하여도 4.2.2절에서 설명하는 바와 같이 심부콘크리트는 횡철근인 띠철근 또는 나선철근에 의해 3축 응력 상태에 놓이게 된다. 그림 [2.18](a)와 같은 띠철근 사각형 기둥의 경우 심부 콘크리트의 횡방향 응력인 f_{c2}

횡구속(lateral confinement)
콘크리트 부재에 횡방향으로 압축응력이 작용하여 횡변위를 일부 구속하는 것을 말한다. 원형 나선철근콘크리트 기둥에 나선철근에 의해 이러한 구속이 일어난다.

와 f_{c3}가 같지 않지만, 그림 [2.18](b)와 같은 나선철근 원형 기둥의 경우 축력만 작용할 때 심부 콘크리트의 횡방향 응력은 방향에 관계없이 일정하다. 이때 띠철근 사각형 기둥과 같이 일반적인 3축 응력 상태에 대한 거동을 파악하기는 힘들지만, 나선철근 원형 기둥과 같이 횡방향 응력이 동일한 경우에 대한 응력-변형률 곡선은 그림 [2.18](c)에 보인 바와 같다.[24] 그림에서 보듯이 횡구속 응력이 증가하면 f_{c1}방향에 대한 콘크리트 압축강도도 증가하고 취성거동을 완화시켜준다. 이는 횡구속 압축응력에 의해 횡방향으로 생길 인장변형률이 억제되기 때문이다. 만약 세 방향의 응력이 똑같이 작용하는 경우인 정수압(hydrostatic pressure) 상태의 경우 그림에서 보듯이 강도는 무한히 커질 수 있다.

정수압 상태
모든 방향의 응력이 똑같은 것을 말한다.

이때 횡구속 응력 $f_{c2} = f_{c3}$에 의해 압축강도 f_{c1}의 증대는 콘크리트의 압축강도에 따라 다르나, 다음 식 (2.13)과 같이 제시하기도 한다.

$$f_{c1} = f_{cm} + n f_{c2} \tag{2.13}$$

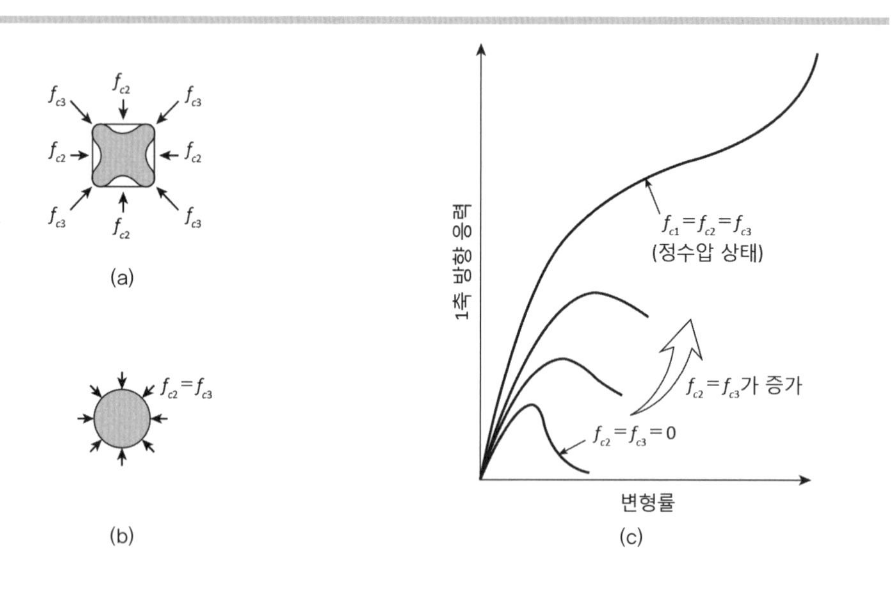

그림 [2.18]
횡구속 3축 응력 상태의 콘크리트 강도 변화: (a) 띠철근 기둥의 횡구속 응력; (b) 나선철근 기둥의 횡구속 응력; (c) 3축 응력-변형률 관계

f_{c1}은 횡구속 응력 f_{c2}가 있을 때 압축강도이고, f_{cm}은 콘크리트의 1축 압축강도이다. n값은 콘크리트의 강도와 횡구속 응력의 크기에 좌우되어 실험 결과에 의해 결정되며 일반적으로 n=4.1로 주어지고 있다. 그러나 각 나라의 설계기준에서 다르게 주어지고 있으며, 우리나라 설계기준에서는 3.7로 규정되고 있다.

20 4.1.1(9)②

2.5.4 인장강도

콘크리트의 인장강도는 압축강도에 비해 1/6~1/12 정도로 매우 작기 때문에 철근콘크리트 단면을 설계할 때 고려하지 않고 있다. 그러나 각국의 기준에는 이 인장강도를 간접적으로 반영하고 있다. 즉, 전단 파괴가 일어날 때 관계되는 사인장균열로 인한 전단강도와 철근의 부착에 관련된 부착강도 등에는 인장강도를 반영하고 있는 것이다. 또 처짐을 계산할 때 유효강성을 계산하여 이용하는 것도 콘크리트가 인장강도를 어느 정도 갖고 있기 때문이다.

인장강도 시험에는 그림 [2.19]에 보인 바와 같이 직접인장강도 (direct tensile strength) 시험, 쪼갬인장강도(splitting tensile strength) 시험 및 휨인장강도(flexural tensile strength) 시험 등이 있다. 그러나 직접인장강도 시험에 의한 값들은 매우 흩어지기 때문에 시험 결과의 신뢰성이 떨어져 일반적으로 보다 안정적인 쪼갬인장강도 시험 및 휨인장강도 시험에 의

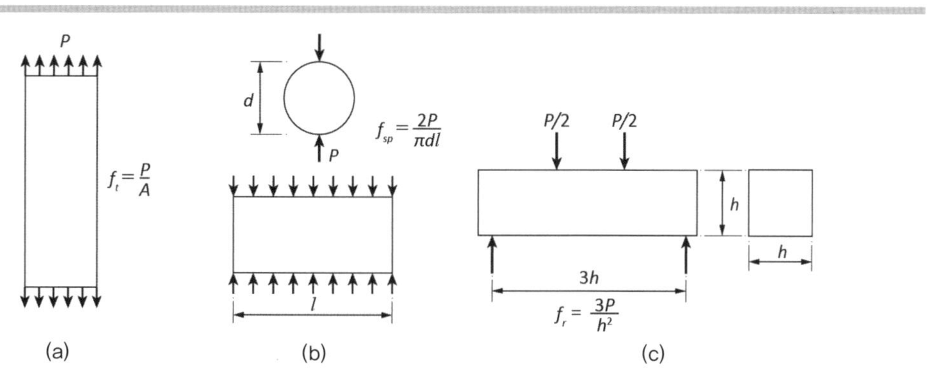

그림 [2.19]
인장강도 시험법: (a) 직접인장 시험; (b) 쪼갬인장 시험; (c) 휨인장 시험

파괴계수(modulus of rupture) 콘크리트의 재료 특성을 나타내는 하나의 값으로서 휨인장강도와 같은 값이다.

해 인장강도를 얻는다. 그리고 여기서 휨인장강도를 파괴계수(modulus of rupture)라고 일컫는다. 이 3가지 시험법에 의한 강도는 차이가 나며, 압축강도와 관계는 다음 식 (2.14)와 같이 일반적으로 주어진다.

$$f_{dir} = (0.3 \sim 0.5)\sqrt{f_{cm}} \tag{2.14(a)}$$

$$f_{sp} = (0.4 \sim 0.6)\sqrt{f_{cm}} \tag{2.14(b)}$$

$$f_{r} = (0.65 \sim 1.0)\sqrt{f_{cm}} \tag{2.14(c)}$$

식 (2.14)에서 인장강도는 압축강도에 선형적으로 비례하지 않고 제곱근에 비례함을 보이고 있다. 그러나 오히려 ${f_{cm}}^{2/3}$에 인장강도가 비례한다는 결과도 있다.[25),26)] 또 휨인장강도가 가장 크고 직접인장강도가 가장 작음을 알 수 있다. 그리고 직접인장강도가 많이 흩어지고 시험도 시행하기가 힘들므로 쪼갬인장강도 시험법(KS F 2423)[27)]과 휨인장강도 시험법(KS F 2408)[28)]만이 규정되어 있으며, 콘크리트구조 설계기준에서는 파괴계수를 대략 하한 값인 $0.63\sqrt{f_{ck}}$로 규정하고 있다.

30 4.2.1(3)

2.5.5 전단강도

콘크리트 재료의 전단강도를 실험적으로 구하는 것은 매우 힘들다. 이것은 앞에서도 설명한 바와 같이 콘크리트는 인장에 매우 약하기 때문에 전단력을 가하여도 주인장응력이 작용하는 면으로 균열이 발생하여 파괴되기 때문이다.

실험 방법으로 그림 [2.20]과 같이 보 공시체를 사용하여 콘크리트 재료의 전단강도를 구하는 방법이 있다. 그림 [2.20]과 같이 하중을 가하면 보 중앙 부분에 큰 전단력이 작용하며, 경간 l이 a보다 매우 큰 경우 R의 값은 P에 비하여 매우 작으므로 이 구간에서 휨모멘트는 무시할 수 있을 정도로 작다. 다시 말하여 P가 작용하는 구간 내에는 전단력만 작용한다고 가정할 수 있다. 따라서 이러한 시험 방법에 의해 콘크리트 재료의 전단강도를 구할 수 있다.

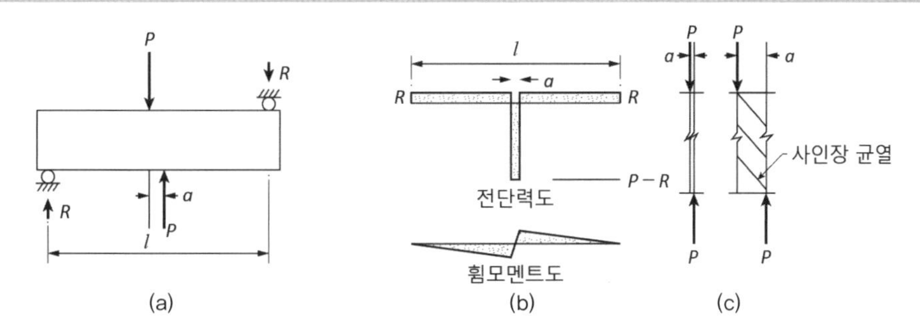

그림 [2.20]
전단강도 시험법: (a) 시험 공시체; (b) 전단력도와 휨모멘트도; (c) 파괴 형태

그러나 이 경우에도 a가 상대적으로 크면 그림 [2.16](c)에서 보이는 바와 같이 사인장균열이 발생하여 파괴에 이르게 되므로 이는 인장강도를 나타내게 되며, a가 매우 작은 경우 지압하중에 가깝기 때문에 이는 지압강도를 나타내게 된다. 따라서 시험에 의한 콘크리트 전단강도의 크기는 a 값에 따라 매우 큰 차이를 보이며, 일반적으로 압축강도의 20~80퍼센트인 $0.2f_{cm}$~$0.8f_{cm}$이 되는 것으로 알려지고 있다.

결론적으로 콘크리트 재료의 전단강도는 철근콘크리트 구조물을 설계할 때 중요한 재료특성이 될 수 없는데, 이는 전단력이 작용하더라도 부재의 파괴는 사인장균열로 인한 파괴로서 인장강도에 좌우되기 때문이다.

2.5.6 탄성계수

콘크리트의 탄성계수
콘크리트의 응력-변형률 관계는 엄밀한 의미에서 선형 관계가 아니기 때문에 그 기울기 값인 탄성계수는 응력의 크기에 따라 다르다. 따라서 각 정의에 따라 초기접선탄성계수, 할선탄성계수 등으로 일컬어지고 있다.

강재(steel)인 경우 강도에 관계없이 탄성계수 E_s는 대략 2.0×10^5 MPa 정도로 일정하나, 콘크리트는 복합재료이면서 재령재료이기 때문에 여러 요인에 의해 다르게 나타난다. 즉, 콘크리트는 복합재료이기 때문에 구성 요소인 골재와 시멘트페이스트의 탄성계수에 크게 관계되며, 일반적으로 콘크리트의 탄성계수는 그림 [2.21](a)에서 볼 수 있듯이 골재와 시멘트페이스트의 탄성계수 사이에 존재한다. 콘크리트의 탄성계수는 여러가지 요인에 의하여 변화하지만, 특히 콘크리트의 강도와 비중의 영향을 가장 크게 받는다.

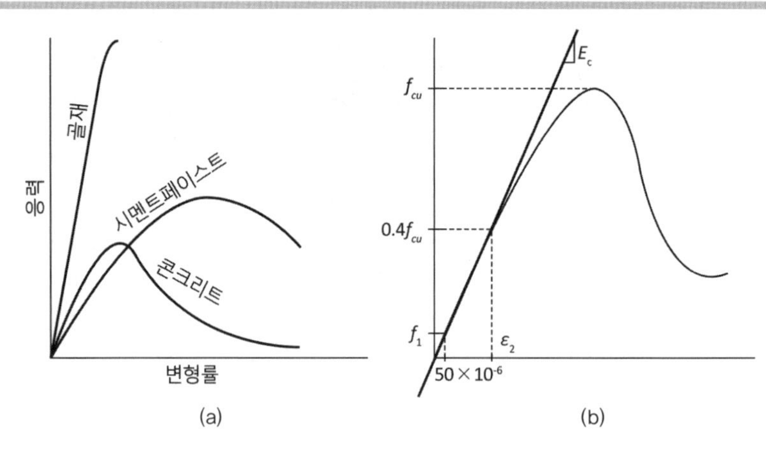

그림 [2.21]
콘크리트의 탄성계수: (a) 콘크리트, 시멘트페이스트, 골재의 응력-변형률 곡선; (b) 할선탄성계수

할선탄성계수(secant modulus of elasticity)
엄밀한 의미에서 콘크리트의 응력-변형률 관계는 선형이 아니고 비선형이다. 이때 곡선 위의 두 점을 잇는 직선의 기울기를 할선탄성계수라고 하는데 특히 50×10^{-6} 변형률의 점과 $0.4f_{cm}$ 응력의 점을 잇는 값을 뜻한다. 원점을 하지 않고 변형률이 50×10^{-6}의 점을 하는 것은 실험을 할 때 만능시험기와 공시체 사이에 미끄럼이 일어나 초기의 기울기가 작을 수도 있기 때문이다. 이에 반하여 곡선의 접선 기울기를 탄성계수로 취하는 것을 접선탄성계수(tangential elastic modulus)라고 하고, 원점에서 접선탄성계수를 초기접선탄성계수(initial tangential elastic modulus)라고 한다.

콘크리트의 탄성계수는 초기접선탄성계수(initial tangent modulus of elasticity), 접선탄성계수(tangent modulus of elasticity), 할선탄성계수(secant modulus of elasticity) 등이 있는데, 별도의 언급이 없을 때에는 콘크리트의 탄성계수는 할선탄성계수(secant modulus of elasticity)를 말한다. 그리고 동탄성계수(dynamic modulus of elastivity)와 정탄성계수로 분류하기도 한다.

정탄성계수

우리나라 산업표준에서는 그림 [2.21](b)에 보인 바와 같이 28일 동안 양생한 콘크리트의 응력-변형률 곡선의 $\varepsilon_c = 50\times10^{-6}$인 점에서 $0.4f_{cm}$ 값에 이르는 점까지 직선으로 나타내는 값을 정탄성계수로 정의하고 있다. 이 할선탄성계수를 일반적으로 콘크리트의 탄성계수라고 하며, 다음 식 (2.15)와 같이 정의된다.

$$E_c = \frac{0.4f_{cm} - f_1}{\varepsilon_2 - 0.00005} \tag{2.15}$$

여기서, ε_2는 $0.4f_{cm}$ 값에 해당하는 변형률이고, f_1은 변형률 50×10^{-6}에 해당하는 응력이다.

우리나라의 콘크리트구조 설계기준에서는 콘크리트의 단위질량 w_c의 값이 1,450~2,500 kg/m³ 사이일 때 콘크리트의 탄성계수는 다음 식 (2.16)과 같이 주어지고 있다.

10 4.3.3(1)

$$E_c = 0.077 m_c^{1.5} \sqrt[3]{f_{cm}} \text{ (MPa)} \tag{2.16}$$

여기서 $f_{cm} = f_{ck} + \Delta f$로서 구조물에 사용된 콘크리트의 실제 압축강도의 평균값을 의미하며, Δf값은 f_{ck}가 40 MPa 이하이면 4 MPa, 60 MPa 이상이면 6 MPa이고 그 사이값은 직선보간으로 구할 수 있다.

그리고 보통중량골재를 사용한 콘크리트, 즉 콘크리트의 단위질량이 대략 m_c=2,300 kg/m³인 콘크리트의 할선탄성계수 E_c는 다음 식 (2.17)에 의해 구할 수 있다.

$$E_c = 8,500 \sqrt[3]{f_{cm}} \tag{2.17}$$

여기서 f_{cm}은 실제 콘크리트의 압축강도이다.

초기접선탄성계수

한편 초기접선탄성계수(E_{ci})는 할선탄성계수(E_c)와는 다르게 1축 압축응력-변형률 곡선의 초기 접선에 의한 기울기로 계산된다. 우리나라 구조기준에서는 다음 식 (2.18)에 의해 계산하도록 규정하고 있다.

$$E_{ci} = 1.18 E_c \tag{2.18}$$

여기서, E_{ci}는 콘크리트의 초기접선탄성계수, E_c는 할선탄성계수이다.

이 초기접선탄성계수는 실험에 의해 구하기가 매우 힘드나, 구하는 방법은 다음과 같다. 콘크리트의 응력-변형률 곡선에서 응력 수준에 따라 접선탄성계수를 구하면 그림 [2.22](a)에서 볼 수 있듯이 응력 수준이 낮을수록 할선탄성계수는 커진다. 이 응력 수준에 따른 접선탄성계수를 그

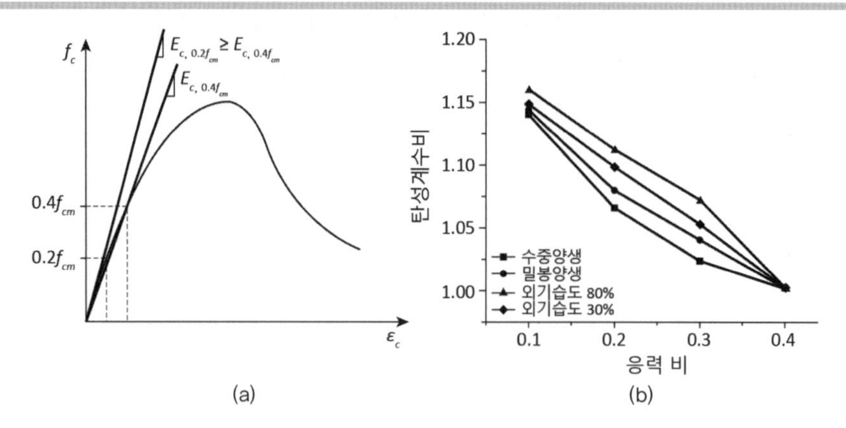

그림 [2.22]
할선탄성계수와 초기접선탄성계수의 관계: (a) 응력 수준에 따른 할선탄성계수; (b) 응력 수준 비에 따른 할선탄성계수비[8)]

림 [2.22](b)와 같이 나타내어 응력 수준이 0인, 즉 y축의 절점의 값이 바로 응력 수준 $0.4f_{cm}$에 해당하는 정탄성계수에 대한 초기접선탄성계수의 비이다. 즉, 그림 [2.22](b)는 참고문헌에 주어진 그림으로 식 (2.18)의 1.18이라는 값과 유사한 값을 나타내고 있다.[8)]

동탄성계수

콘크리트는 정탄성계수, E_c 이외에도 동탄성계수, E_d가 있으며, 동탄성계수를 구하는 방법에는 초음파 속도법, 공명주기를 이용하는 방법 등 여러가지가 있다. 이러한 방법 중에서 콘크리트 공시체의 1차 공명주기를 구하는 방법이 널리 이용되고 있으며, 동탄성계수에 관한 실험은 비파괴 실험이므로 콘크리트의 초기 재령에서도 실험이 가능하다. 일반적으로 동탄성계수는 정탄성계수에 비하여 20~40퍼센트 정도 크게 나오는 것으로 알려져 있다. 동탄성계수와 정탄성계수와의 관계는 그림 [2.23]에 나타나 있는 것과 같이 다음 식 (2.19)와 같이 나타낼 수 있다.[29)]

$$E_c = E_d(1 - 0.708e^{-0.0268E_d}) \tag{2.19(a)}$$

$$E_{ci} = E_d(1 - 0.151e^{-0.0175E_d}) \tag{2.19(b)}$$

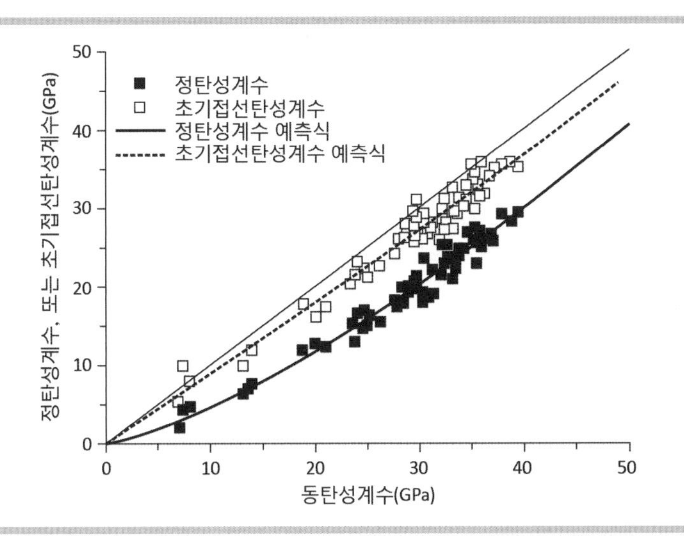

그림 [2.23]
정탄성계수,
초기접선탄성계수와
동탄성계수의 관계

여기서, E_c, E_{ci}와 E_d는 각각 콘크리트의 정탄성계수, 초기접선탄성계수와 동탄성계수이고, 단위는 GPa이다.

그림 [2.23]에서 볼 수 있듯이 초기접선탄성계수는 동탄성계수와 차이가 크지 않음을 알 수 있다.

이와 같이 콘크리트의 탄성계수는 응력이 가해지는 속도에 크게 좌우되므로 지진하중과 같이 동적하중이 가해질 때 구조해석에서 정확한 거동을 파악하기 위해서는 적절한 탄성계수의 선택이 중요하다. 또 크리프 변형과 구별하기 위해 순간적 변형을 구하기 위해 순간탄성변형률(instantaneous elastic modulus), E_o를 정의하기도 하는데 이 값은 (1.5~1.6)E_c 정도이다.

2.5.7 포아송비

포아송비란 1축 응력 상태에서 응력 방향의 변형률에 대한 횡방향 변형률의 절댓값의 비로서 강재(steel)인 경우 대개 0.3을 유지하다가 소성의 단계에 이르러 증가된 값을 가진다. 그러나 콘크리트는 일정한 값을 갖는 것이 아니라 응력 수준에 따라 변하는 값을 갖는다.

그림 [2.24](a)는 1축 압축상태에서 콘크리트의 압축응력 정도에 따른 포아송비의 변화를 나타낸 그림으로, 콘크리트 재료는 압축응력 정도에 따라 포아송비가 초기에는 0.16~0.20 정도이지만 압축응력이 압축강도

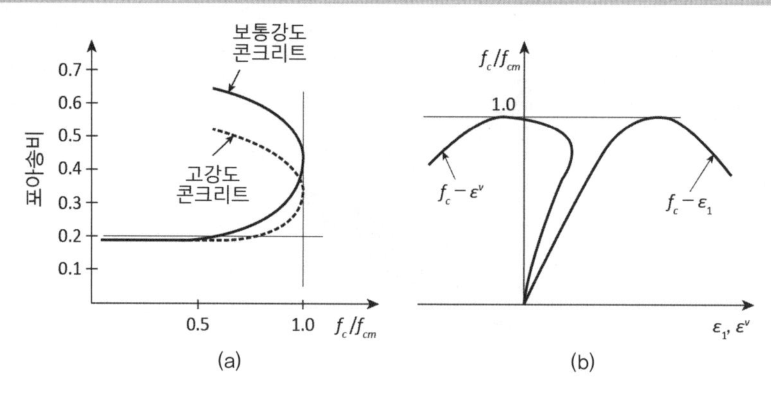

그림 [2.24]
응력 수준 값에 따른 포아송비의 변화: (a) 응력 수준에 따른 포아송비; (b) 응력 수준에 따른 체적 변화율

겉보기 포아송비
재료의 실제 횡변형과 내부의 미세균열폭까지 합하여 계산한 포아송비를 뜻한다.

f_{cm} 값에 이르면 0.3~0.6 정도로 증가한다. 이것은 내부에 발생한 미세균열폭의 변위까지 포함한 것이기 때문에 이를 겉보기 포아송비(apparent Poison's ratio)라고 한다. 따라서 포아송비가 0.5를 초과할 수도 있어 그림 [2.24](b)에 보인 바와 같이 압축력을 가해도 부피가 팽창하는 현상이 나타난다. 그리고 고강도콘크리트는 보통강도콘크리트보다 압축응력이 압축강도에 더 가까이에 이를 때 포아송비가 증가하는 경향을 보이고, 압축강도에 도달했을 때 포아송비가 더 작아 횡구속효과(confinement effect)는 작게 나타난다. 이것은 고강도콘크리트는 보통강도콘크리트에 비하여 압축력을 받을 때 더 적은 균열이 발생되기 때문이다.

2.5.8 파괴에너지와 취성계수

파괴에너지(fracture energy)
단위면적의 주균열이 발생되기 위해 요구되는 에너지를 말한다. 이러한 주균열이 발생되기 위해서는 무수한 미세균열이 발생되는데 이 미세균열의 발생을 위해 사용된 에너지가 포함된다.

강재는 항복이 일어난 후 변형경화(strain hardening) 현상이 일어나고 결국 파괴가 되는 데 비하여, 콘크리트는 압축응력, 인장응력 또는 전단응력 등 어떠한 응력을 받든 항상 균열이 발생된 후 변형연화(strain softening) 현상이 일어나고 파괴가 된다. 어떠한 재료이든 이와 같이 균열이 일어나 파괴가 되는 경우 파괴가 일어날 때까지 요구되는 에너지가 있다. 일반적으로 단위 면적의 균열을 일으키기 위해 요구되는 에너지를 표면에너지(surface energy)라고 하는데 콘크리트의 경우 이와 같은 개념으로 파괴에너지(fracture energy)를 사용하고 있다.

이 파괴에너지를 시험하는 방법은 그림 [2.25]에서 보이는 바와 같이 초기 균열이 있는 3점 휨 시험(3-point notched beam test)과 웨지 쪼갬 시험(wedge splitting test) 등이 있다.[30] 항상 인위적으로 초기 균열을 두어 응력 집중에 의해 하나의 주균열만이 생기도록 하여 파괴에너지를 구한다.

파괴될 때 표면적은 그림 [2.25]의 경우 공시체의 두께가 b이면 $b(h-a_o)$이고, 그림 [2.25](a)와 같은 3점 휨 시험의 경우 자중 mg의 효과도 고려하여 전체 소요된 에너지는 $A_o + A(=mg\delta_o)$로 가정한다. 각 방법에 따른 파괴에너지는 다음 식 (2.20)에 의해 구한다.

3점 휨 시험 : $$G_f = \frac{A_o + mg\delta_o}{b(h-a_o)} \quad (2.20)(a)$$

웨지 쪼갬 시험 : $$G_f = \frac{A_o}{b(h-a_o)} \quad (2.20)(b)$$

여기서 G_f는 파괴에너지($\mathrm{Nm/m^2}$)이고, m은 보의 질량, g는 중력가속도이다. 그리고 b는 공시체 두께, h는 공시체 깊이, a_o는 초기균열길이이다.

앞의 2.3.1절에서 설명하였지만 콘크리트는 주균열이 발생하기 이전에

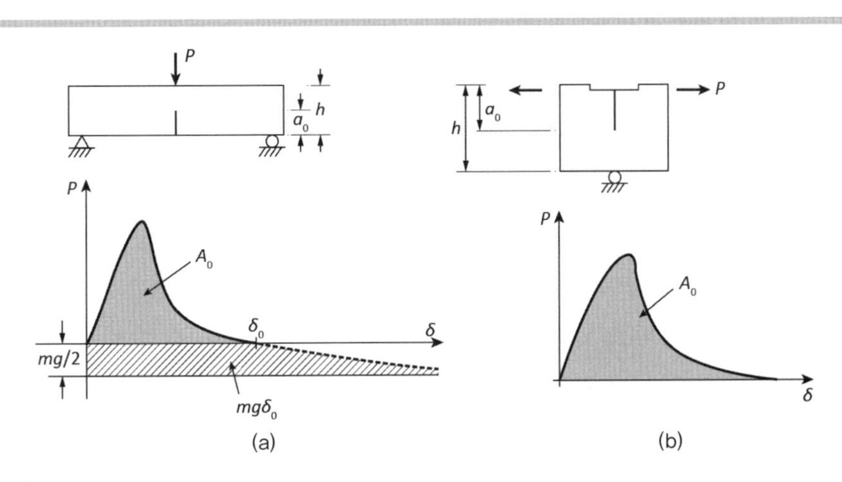

그림 [2.25]
파괴에너지 시험법: (a) 3점 휨 시험범; (b) 웨지 쪼갬 시험법

파괴진행영역에서 미세균열이 발생한다. 따라서 콘크리트의 파괴에너지는 이 파괴진행영역에서 소비된 에너지라고 볼 수 있다. 이를 미루어 볼 때 파괴진행영역이 크면 파괴에너지가 커지며 파괴진행영역의 크기는 골재의 크기가 크면 커지고 압축강도가 커지면 작아지는 것으로 밝혀져 있다. 균열 직교 방향으로 철근을 배치하거나 섬유(fiber)를 배치하면 이 파괴진행영역의 폭을 넓힐 수 있어 에너지가 더 많이 소모되므로 보다 덜 취성적인 거동을 하는 콘크리트를 얻을 수 있다.

콘크리트는 취성재료로서 그 취성 정도를 정량화하는 지수가 필요하며 이러한 지표로 여러가지가 있을 수 있으나, 카핀트리(Carpinteri)는 에너지 개념을 도입하여 취성계수 β를 다음 식 (2.21)과 같이 제안하고 있다.[31)]

취성계수(brittleness coefficient)
콘크리트의 취성 특성을 나타내는 계수로서 부재의 크기가 크면 취성적이고 콘크리트의 압축강도가 크면, 즉 $f_{tu}^2/E_c \fallingdotseq f_{cm}^{1/2}$~$f_{cm}$에 비례하여 더 취성적이다. 반면 파괴에너지가 크면 덜 취성적인 특성을 보인다.

$$\beta = \frac{\text{탄성에너지}}{\text{파괴에너지}} = \frac{l f_{tu}^2}{E_c G_f} \tag{2.21}$$

여기서, f_{tu}는 콘크리트의 인장강도, l은 부재의 치수, E_c는 콘크리트의 탄성계수이고, G_f는 콘크리트의 파괴에너지를 나타낸다. 취성적인 재료일수록 취성계수는 큰 값을 나타낸다.

2.5.9 열특성 값

열팽창계수

콘크리트는 온도가 상승함에 따라 부피가 팽창하고, 온도가 떨어지면 부피는 감소한다. 이와 같은 열특성을 나타내는 계수로 열팽창계수를 사용하고, 열팽창계수는 콘크리트에 사용하는 골재의 종류, 시멘트의 양과 수량, 그 밖에 다른 요인들의 영향을 받는다. 평균적으로 이 값을 1°C에 대하여 10×10^{-6}으로 나타내고 있다. 또한 철근의 열팽창계수도 콘크리트의 열팽창계수와 거의 같기 때문에 대기 온도의 변화로 인하여 일어나는 두 재료 사이의 응력을 무시할 수 있다.

그러나 콘크리트의 열팽창계수는 사용하는 골재 암석의 종류와 품질, 양에 따라 $(5 \sim 20) \times 10^{-6}$으로 크게 흩어지며, 또 초기 유동 상태인 경우에도 큰 값을 갖는다. 따라서 온도 변화가 심한 콘크리트 구조물의 온도

응력을 구할 필요가 있을 때는 보다 정확한 열팽창계수를 파악할 필요가 있다.

열전도계수

콘크리트 외부의 온도 변화나 내부의 수화열 등으로 콘크리트 내에서 온도를 알기 위해서는 열전달 해석에 의해 파악할 수 있으며, 이때 콘크리트의 열전도계수(thermal conductivity coefficient)가 필요하다.

콘크리트의 열전도계수에 미치는 영향인자는 매우 다양하나 가장 크게 영향을 주는 것은 그림 [2.26]에서 볼 수 있듯이 골재의 양이다.[32] 이는 그림 [2.26](a)에서 나타난 바와 같이 콘크리트와 시멘트페이스트의 열전도계수 값이 크게 차이가 나는 것에서도 알 수 있다. 또 물의 열전도계수 값이 콘크리트의 값보다 크기 때문에 콘크리트가 습윤 상태에 있을 때가 건조한 상태에 있을 때보다 그림 [2.26](b)에서 나타나는 바와 같이 더 크고, 온도에 따라서도 약간 변화한다.

수화열

콘크리트 내의 시멘트가 물과 완전히 반응하면 발열화학반응(exothermic chemical reaction)에 의해 120 cal/g 정도의 열이 발생한다. 콘크리트의 열전도율은 상대적으로 작아서 마치 절연체처럼 거동하므로 매스콘크리트에서 수화열(heat of hydration)은 내부 온도를 상승시키게 된다. 이와 같

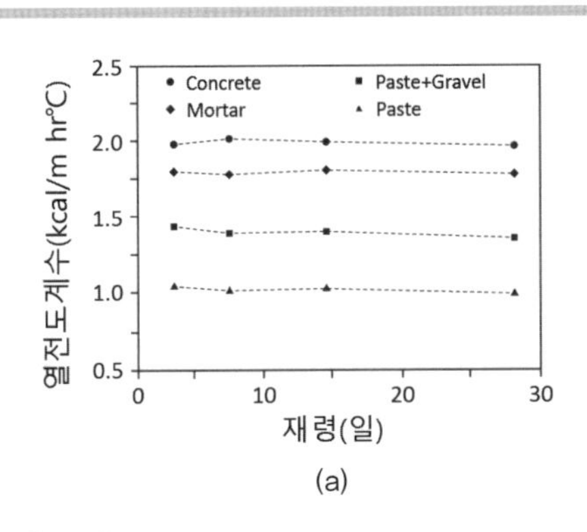

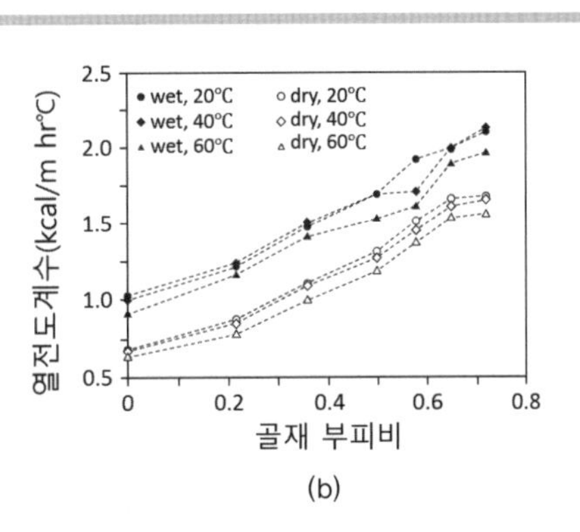

그림 [2.26]
콘크리트의 열전도계수[32]: (a) 재령의 영향; (b) 골재 양의 영향

은 수화열에 의한 내부 온도의 증가는 한중 콘크리트를 타설할 때 공극 속에 존재하는 물의 동결을 방지하여 이로운 면으로도 작용을 하지만, 대개의 경우는 성숙도(maturity)에 따른 탄성계수의 차이와 각 위치에서 온도의 차이로 인해 온도가 하강할 때 인장응력을 발생시키므로 구조물에 해로운 영향을 준다.

성숙도(maturity)
콘크리트는 시간의 흐름에 따라 재료특성이 변화하는 재령재료(ageing material)이다. 특히 타설 초기에 급속한 수화반응이 일어날 때 크게 변화한다. 이러한 변화는 시간뿐만 아니라 화학반응으로서 온도에도 크게 영향을 받으므로 시간과 온도를 동시에 고려한 평가값을 성숙도라고 정의하며 여러 형태의 수식이 주어지고 있다.

콘크리트의 경화 과정에서 발생하는 수화열에 의해 구조물의 내부 온도는 상승하는 반면, 외부에서는 외기와 대류(air convection)에 의해 열이 손실되어 커다란 온도의 증가가 없으므로 내부와 외부의 온도차는 부재의 두께가 두꺼울수록 커진다. 이때 내부와 외부의 온도차에 의해 일어나는 체적 변화는 내, 외적인 구속에 의해 단면 내에서 응력을 발생시킨다. 특히 온도가 하강하여 수축변형을 일으키는 동안에는 인장응력이 발생되며, 이 응력은 온도가 평형을 유지한 후에도 잔류 인장응력으로 남게 되어 구조물에 해로운 영향을 주게 된다. 따라서 콘크리트의 열적 성질과 단열온도상승식의 선정은 매스콘크리트의 온도이력과 온도하중에 의한 응력의 계산에 매우 중요하다. 특히 단열온도상승식에 따라 결정되는 온도이력은 응력 해석을 위한 각종 재료 모델링의 근간이 된다.

단열온도상승(adiabatic temperature rise)
완전히 단열 상태로 유지하여 콘크리트 수화열의 누적을 구한 값을 말한다. 그림 [2.27]에서 각종의 단열온도상승 곡선을 볼 수 있다.

수화열에 영향을 주는 주요 요인은 다음과 같다.

첫째, 시멘트의 종류에 따라 수화열량이 다르기 때문에 수화반응속도가 변화한다. 최대 단열온도 상승량은 동일한 단위시멘트 양을 사용할 경우에 시멘트의 종류에 대하여는 큰 차이가 없지만, 반응속도 면에서 보면 동일한 타설온도와 동일한 시멘트 양을 사용하여도 그림 [2.27](a)에서 보는 바와 같이 시멘트의 종류에 대하여 큰 차이를 보인다.

둘째, 각종 시멘트는 단위시멘트 양에 비례하여 최대 단열온도 상승량을 증가시키는 것으로 알려져 있다. 그 온도상승량은 단위시멘트 양이 10 kg/m^3 증가함에 따라서 보통 포틀랜드시멘트는 1°C, 중용열, 플라이애쉬시멘트, 고로슬래그시멘트는 0.7 ~ 1°C 정도 증가한다. 그리고 반응속도 면에서 보면 보통 포틀랜드시멘트를 사용하는 경우에는 단위시멘트 양에 따라서 대략 선형적으로 비례하는 것으로 알려져 있으며, 그림 [2.27](b)에서는 단위시멘트 양에 따른 단열온도 상승량을 보여주고 있다.

셋째, 단열온도 상승속도는 타설온도에 의존하는 것으로 알려져 있다. 보통 포틀랜드시멘트를 사용할 경우 타설온도가 증가하면 최대 상승온도는 감소하는 반면, 반응속도는 증가한다.

넷째, 고강도콘크리트를 제조하기 위하여 혼화재를 사용하는 경우가 많으며 일반적으로 사용하는 혼화재는 플라이애쉬, 실리카퓸 등이다. 플라이애쉬를 사용하는 경우에는 C_3S 와 반응하여 C-S-H 및 C-A-H를 생성하는 포졸란반응을 한다. 이 반응의 속도는 시멘트의 수화반응속도에 비하여 매우 느리므로 수화열량도 적다. 실리카퓸을 사용하는 경우에는 무첨가한 콘크리트에 비하여 최대 상승온도에 도달하는 시간이 단축된다. 이는 실리카퓸을 사용할 때에 초기 포졸란반응이 급격히 일어나기 때문인 것으로 알려져 있다. 따라서 실리카퓸을 사용한 콘크리트는 수화열 저감용이라기보다는 고강도콘크리트를 생산하기 위한 것이 대부분이다. 실리카퓸 콘크리트는 초기 발열량이 크기 때문에 초기 균열에 대한 조치가 필요하다.

다섯째, 유동화제를 사용할 경우에는 시멘트 양을 감소시킬 수는 있는 효과를 볼 수 있으므로 시멘트 양 감소에 따라 수화반응열이 적게 발생한다. 또한, 지연제를 사용하는 경우에는 수화반응을 일시적으로 제어할 수 있으므로 단열온도상승도 일시적으로 정지시킬 수 있다.

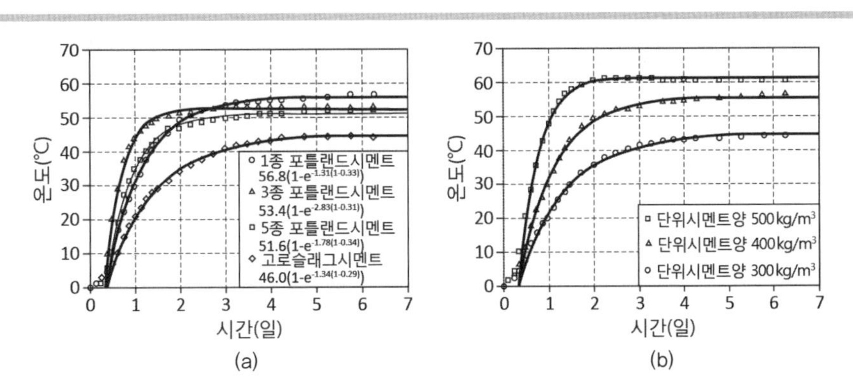

그림 [2.27]
시멘트의 영향[33]: (a) 시멘트 종류의 영향(단위시멘트 양 : 400 kg/m^3); (b) 단위시멘트 양의 영향(1종 시멘트)

2.6 장기변형 특성

2.6.1 장기변형의 정의

콘크리트의 또 다른 특성으로는 시간의 흐름에 따라 변형이 증가한다는 것이다. 콘크리트는 수경성 재료이므로 수축변형(shrinkage)이나 크리프(creep) 현상을 피할 수가 없다.

콘크리트 구조물에 하중이 가해지면 그림 [2.28]에서 보듯이 즉시 변형이 일어나며, 이러한 변형을 순간변형(instantaneous deformation)이라고 일컫는다. 계속 하중이 작용하고 있으면 계속적으로 변형이 증가하는데 이러한 현상을 크리프(creep)라고 한다. 가해진 하중을 제거하면 탄성변형은 회복되나 크리프 변형은 일부만 회복되고 나머지는 영구변형으로 남는다.

콘크리트는 수경성 재료이기 때문에 비록 하중이 가해져 있지 않다 하더라도 변형이 일어나는데, 이는 주로 콘크리트 내의 수분의 이동과 발산에 의한 것으로 이러한 변형을 수축(shrinkage)이라고 말한다. 콘크리트 부재 내의 위치에 따라 습도의 양이 다르므로 수축도 위치에 따라 다르게 일어난다. 이러한 서로의 차이를 고려하는 것을 부등수축(differential shrinkage)이라고 한다. 그러나 일반적으로 수축이라고 할 때는 단면 전체

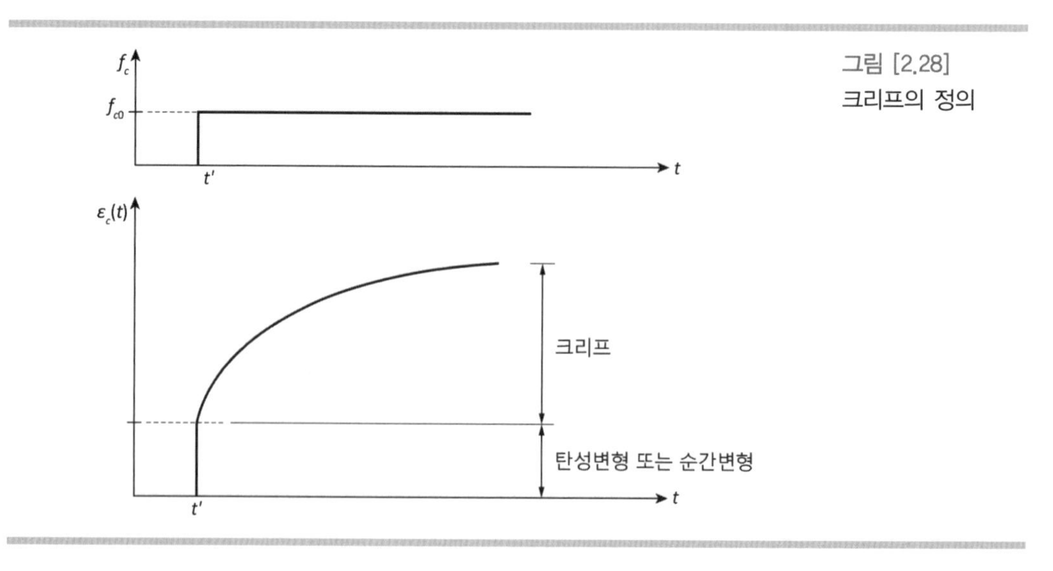

그림 [2.28]
크리프의 정의

의 평균적인 수축을 의미한다. 이 절에서는 수축과 크리프 등 콘크리트의 장기변형에 대하여 설명한다.

2.6.2 수축(shrinkage)

수축의 분류

수축은 수분 손실 요인에 따라 소성수축(plastic shrinkage), 자기수축(hydration shrinkage, autogeneous shrinkage), 탄화수축(carbonation shrinkage), 건조수축(drying shrinkage)으로 나누어진다.

수축(shrinkage)의 분류
수축은 일어나는 시기와 그 원인에 따라 소성수축, 자기수축, 건조수축, 탄화수축 등으로 분류된다.

소성수축(plastic shrinkage)은 굳지 않은 콘크리트에서 수분 손실에 의하여 일어나는 수축변형이다. 굳지 않은 콘크리트는 완전히 물로 채워져 있는 상태라고 볼 수 있다. 이때 콘크리트 내의 수분이 표면을 통하여 증발하게 되면 수축 현상이 일어나게 되며, 어느 단계까지는 수분의 확산이 빨리 이루어지다가 시간에 따라 서서히 일어나게 된다. 다른 수축변형과 마찬가지로 이 경우에도 표면의 수분이 빨리 손실되게 되므로 표면에 균열이 발생하게 된다. 특히 표면의 수분 손실은 풍속이 강하고, 상대습도가 낮고, 외기온도가 높고, 수화열에 의한 콘크리트 온도가 높을 때 크게 일어나 균열을 발생시킬 우려가 높아진다. 표면 수분 증발률이 0.5 $kg/m^2/h$를 초과하게 되면 블리딩에 의해 표면에 나오는 수량보다 증발량이 커질 수 있다.[34] 그리고 이 증발률이 1.0 $kg/m^2/h$를 초과하는 경우는 소성수축에 대하여 특별한 주의를 요한다. 그림 [2.29]는 PCA(Portland Cement Association)에서 작성한 외기온도, 상대습도, 콘크리트 온도 및 풍속에 따른 표면 수분 증발률을 구하는 그림이다.[35] 이러한 소성수축 변형을 미연에 막기 위해서는 충분히 수화반응이 진행되어 콘크리트의 강도가 충분히 발현될 때까지 표면에 거적 등을 덮어 물을 뿌려줌으로써 과다한 수분증발을 막아 주어야 한다.

자기수축(autogeneous shrinkage)은 시멘트의 수화에 의한 수분 손실에 의해 일어나는 수축 변형을 뜻한다. 외기로 수분 증발과 같은 물리적 현상과는 다른 화학적 현상에 의한 수축이다. 그러나 이러한 현상에 의한 수축변형은 굳은 콘크리트의 전체 수축변형 중에 물-시멘트비가 0.4 이상인 경우 10퍼센트 미만으로 중요한 요소는 아니다. 그러나 물-시멘트비가 0.4 이하가 되면 급속히 증가하여 전체 수축량의 30퍼센트까지 이르기도 하므로 고강도콘크리트의 경우 이를 주의깊게 고려하여야 한다. 한편 물속에서 양생하여 수화에 의한 수분 손실을 보전하여 주면 오히려 콘크리트는 팽윤(swelling)하게 된다.

팽윤(swelling)
콘크리트가 수분을 흡수하면 부피가 팽창하는데 이를 팽윤(swelling)이라고 한다. 반면 압축응력을 크게 가하면 내부 미세균열로 인하여 겉보기 부피가 팽창하는데 이를 팽창(dilation)이라고 한다.

탄화수축(carbonation shrinkage)은 콘크리트가 탄화에 의해서 수축하는 것을 말한다. 즉, 콘크리트 내의 시멘트 수화물, 예로써 $Ca(OH)_2$가 적당한 습윤 조건에서 공기 중의 CO_2와 반응하여 $CaCO_3$와 H_2O로 분리됨으로써 생기는 수축변형을 탄화수축이라 한다. 이때 이산화탄소가 공기 중에서 부피비로 0.03퍼센트 정도만 존재해도 이러한 탄화수축을 충분히 일으킬 수 있으며, 특히 표면적이 크고, 두께가 얇은 콘크리트 부재인 경우 수축변형 중 이 탄화수축이 차지하는 부분이 상당히 크다. 이러한 콘크리트의 탄화 현상은 콘크리트의 알카리성을 중성화함으로써 철근의 부식 등 콘크리트 구조의 내구성에 큰 영향을 준다는 것에 주의할 필요가 있다.

건조수축(drying shrinkage)은 굳은 콘크리트에서 전체 수분이 외기로

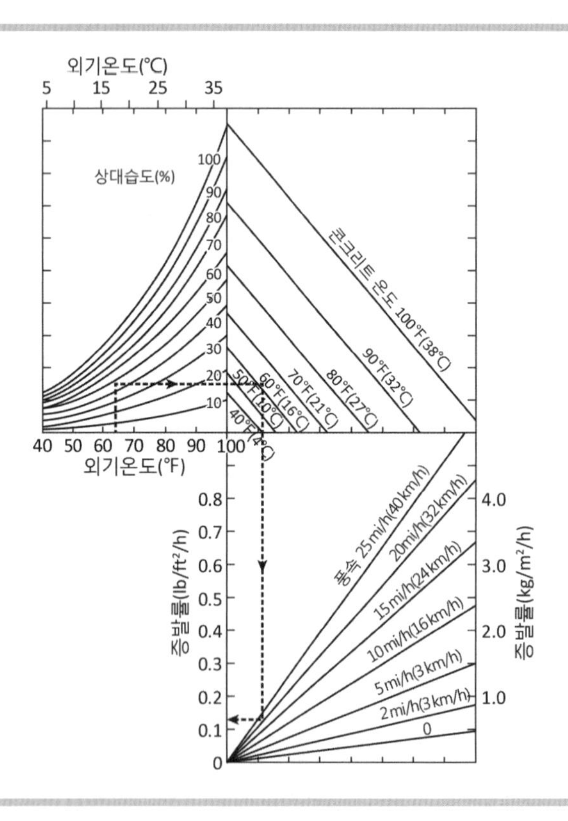

그림 [2.29]
수분 증발률 도표
(PCA 도표)

발산하여 일어나는 수축을 말하며, 굳은 콘크리트에서 대부분의 수축변형은 이 건조수축에 의한다. 그래서 보통 수축을 건조수축이라고 통념적으로 사용하고 있다. 건조수축은 여러가지 요소들에 의해 크게 좌우되며, 특히 그림 [2.30]과 그림 [2.31]에서 보이듯이 골재의 함유량, 외기의 상대습도와 부재의 크기에 영향을 받게 된다.[36),37)] 건조수축은 콘크리트의 단위수량, 단위시멘트 양, 기타 콘크리트의 질에 따라서 다르지만, 양생 방법에도 큰 영향을 받는다. 즉, 수중양생을 계속한 것이나 수중구조물은 수축이 거의 없고, 아주 습한 대기 중에 있는 구조물에는 건조수축이 작게 일어난다. 건조수축에 대한 모델식으로는 ACI 모델, CEB-FIP 모델, B3 모델 등이 있으며, 우리나라 설계기준[5)]은 CEB-FIP 모델식을 기준으로 하여 작성되어 있다. 그러나 이러한 모델식들은 부등수축이 아닌 평균적 수축변형을 나타내는 식들이다.

영향인자

콘크리트의 건조수축에 영향을 주는 요인은 여러 가지가 있으나, 대표적으로 다음과 같은 요인이 있다.

첫째, 골재(aggregate)인데 골재는 콘크리트의 수축변형에 가장 큰 영향을 미치는 것으로서 순수 시멘트페이스트의 건조수축 변형을 억제시키는 역할을 한다. 억제 정도는 그림 [2.30]에서 보는 바와 같이 골재의 함유량, 최대 골재 크기 등과 밀접한 관련을 가진다.[36)] 대체적으로 수축 현상을 보이는 암석은 높은 흡수성을 가지고 있으므로 골재를 선택할 경우 그 수축 성질에 세심한 주의를 기울일 필요가 있다. 특히 경량골재를 사용하는 경우 수축변형이 크게 일어나므로 건조수축 변형에 주의를 기울여야 한다.

둘째, 상대습도(relative humidity)로써 콘크리트의 건조수축은 외기로 수분 이동에 근거하고 있으므로 콘크리트 주위의 상대습도는 수축변형에 큰 영향을 미친다. 그림 [2.31]에 나타나듯이 건조하거나 포화되지 않은 공기 중에 놓인 콘크리트는 수축현상을 보이나 상대습도 100퍼센트인 물이나 공기 속에서는 오히려 팽윤한다는 것을 알 수 있다.

셋째, 부재의 크기와 형상(size and shape of member)이 중요한 요인인데, 수축변형을 일으키는 원인이 되는 구속력은 골재와 철근의 보강 등에 의한 내부의 구속뿐만 아니라, 그림 [2.32]와 같이 콘크리트 부재 자체 내의 불균등 수축에 의해서도 발생한다.[38] 수분의 손실은 표면에서 일어나므로 내부와 수축변형에 불균형이 생기며 표면에는 인장력이, 중심부에는 압축력이 유발된다. 이러한 부등수축에 의해 유발되는 응력은 점차적으로 생기므로 크리프에 의해 완화되기도 하나 심한 경우에는 표면에 균열이 발생된다. 콘크리트의 건조는 표면부터 시작되므로 수축변형은 부재의 크기와 형상에 따라 상당한 차이가 있으며 그 영향은 표면적에 대한 부피비의 함수로 표시할 수 있다. 많은 연구자들에 의하면[38),39)] 그림 [2.33]과

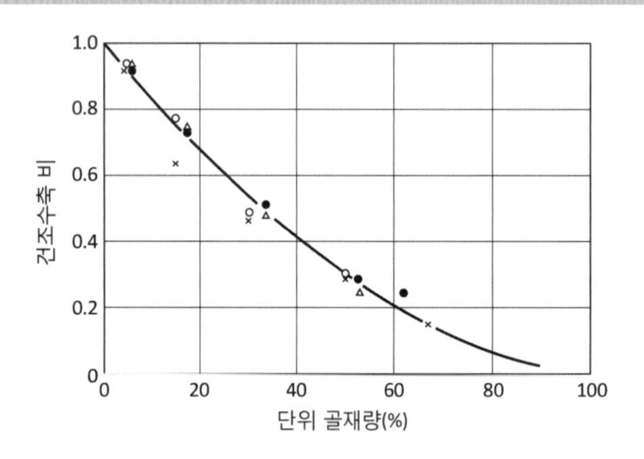

그림 [2.30]
골재 함유량의 영향[36)]

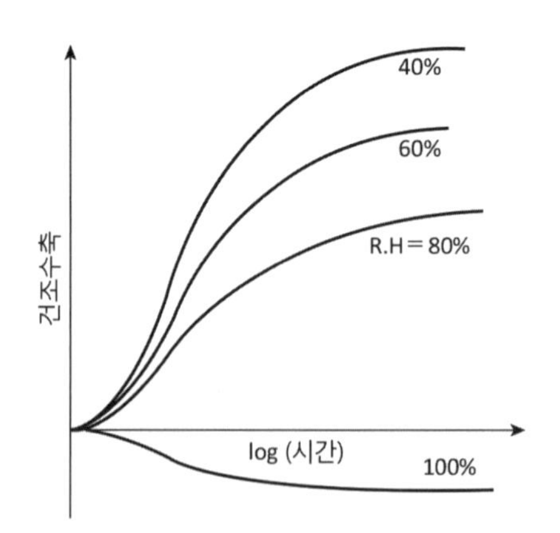

그림 [2.31]
상대습도의 영향

같이 부재 크기가 커짐에 따라 같은 수축변형이 일어나기 위해 요구되는 시간이 훨씬 더 크다.

넷째, 혼화제를 사용하는 경우 장기변형의 증가를 가져온다는 실험결과가 있기는 하나 그 영향에 대하여 구체적으로 정확한 판단을 내릴 수 없는 실정이다. 특히 고강도, 유동화 콘크리트 등에서 혼화제를 사용할 경우 장기변형에 영향을 준다. 시멘트의 성질은 수축변형에 거의 영향을 미치지

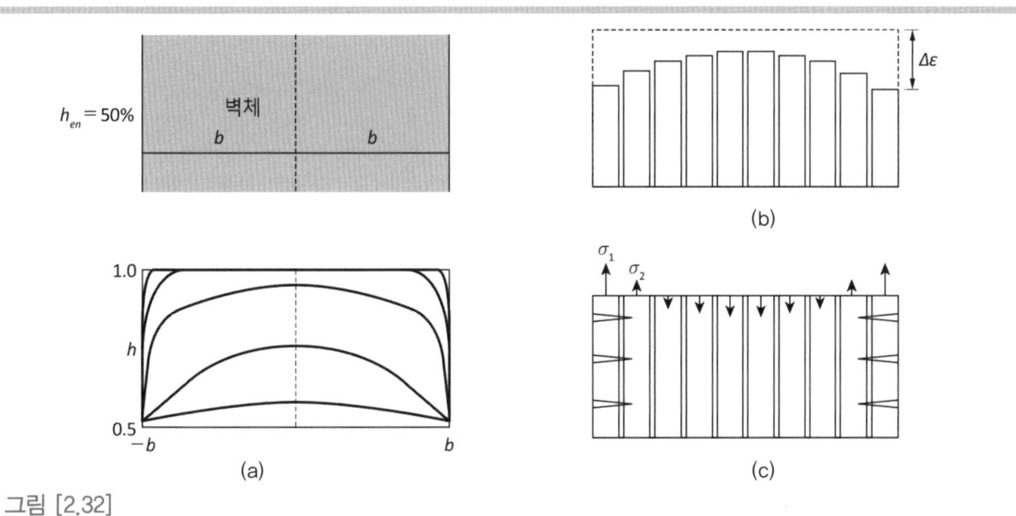

그림 [2.32]
부재의 두께에 따른 부등수축[38]: (a) 습도 분포; (b) 변형; (c) 응력

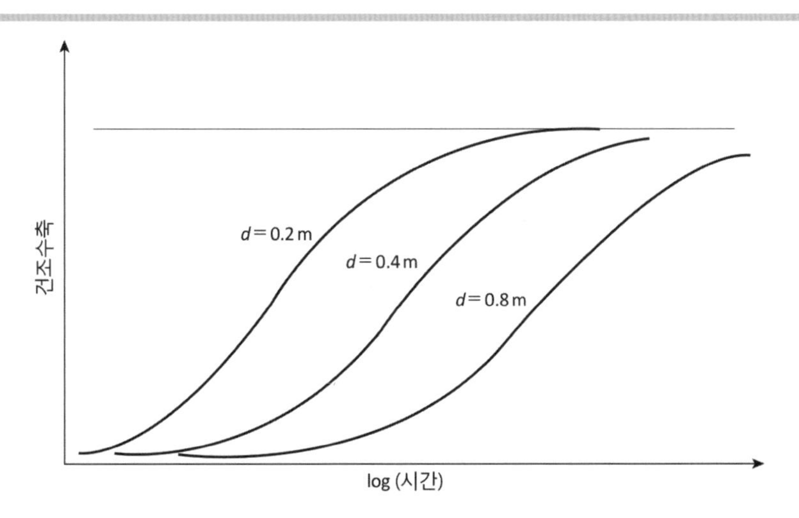

그림 [2.33]
부재 크기의 영향

않으며 순수 시멘트페이스트의 수축변형이 크다고 해서 그것으로 만들어 진 콘크리트의 수축변형이 반드시 큰 것은 아니다.

건조수축 모델식

우리나라 콘크리트구조 설계기준[5]에서는 20°C로 양생되고, 또한 노출된 콘크리트에 대한 건조수축 모델식은 다음 식 (2.22)에서 식 (2.23)에 주어지고 있으며, 20°C가 아닌 경우는 보정하여 사용할 수 있도록 규정하고 있다.

$$\varepsilon_{sh}(t,t_s) = \varepsilon_{sho}\beta_s(t-t_s) \tag{2.22}$$

01 3.1.1(6)

여기서, ε_{sho}와 $\beta_s(t-t_s)$는 다음 식(2.23)에 의해 계산한다.

$$\varepsilon_{sho} = \varepsilon_s(f_{cm})\beta_{RH} \quad (2.23)(a)$$

$$\varepsilon_s(f_{cm}) = [160 + 10\beta_{sc}(9-f_{cm}/10)]\times 10^{-6} \quad (2.23)(b)$$

$$\beta_{RH} = \begin{cases} -1.55[1-(RH/100)^3]\ (40\% \le RH < 99\%) \\ 0.25(RH \ge 99\%) \end{cases} \quad (2.23)(c)$$

$$\beta_s(t-t_s) = \sqrt{\frac{(t-t_s)}{0.035\,h^2+(t-t_s)}} \quad (2.23)(d)$$

식 (2.23)(b)의 β_{sc}는 각각 2종 시멘트인 경우 4, 1종, 5종 시멘트인 경우 5, 3종 시멘트인 경우 8이다.

2.6.3 크리프(creep)

크리프의 분류

크리프 변형은 주로 2가지로 분류하는데 하나는 공시체 밖으로 수분증발을 막고 외기의 온도를 일정하게 유지할 때 생기는 변형이고, 또 하나는 외기의 온도와 습도를 일정하게 유지할 때 생기는 변형이다. 전자의 경우를 기본크리프(basic creep)라 하고, 후자를 건조크리프(drying creep)

라고 한다.

또한 크리프 양을 정의하기 위하여 크리프함수(creep function, $J(t,t')$)와 크리프계수(creep coefficient, $\phi(t,t')$)를 사용한다. 크리프함수란 콘크리트의 재령 t'에서 단위응력을 가했을 때 재령 t에서 그동안 일어난 전체 변형률을 의미한다. 크리프계수는 탄성변형에 대한 크리프만의 변형의 비를 말하며 이 값은 보통 1~6 정도이나 대개의 경우 2.0~2.5 정도이다. 이 두 계수의 관계식은 우리나라 설계기준[5]에 의하면 다음 식 (2.24)와 같다.

크리프함수와 크리프계수
크리프함수는 단위응력이 콘크리트에 가해질 때 일어난 전체 변형률을 뜻하고, 크리프계수는 탄성변형률에 대한 크리프변형률의 비를 뜻한다.

$$
\begin{aligned}
J(t,t') &= \frac{1}{E_{ci}(t')} + \frac{\phi(t,t')}{E_{ci}} \\
&= \frac{1}{E_{ci}(t')} + C(t,t')
\end{aligned}
\tag{2.24}
$$

여기서, 첫째 항은 단위응력에 대한 탄성변형률을 의미하고 둘째 항은 크리프변형률을 의미한다. 또한 $C(t,t')$은 비크리프(specific creep)이고 단위응력에 의한 순수 크리프변형률을 의미한다.

이 크리프는 엄격한 의미에서 우리가 일반적으로 알고 있는 비탄성 변형(inelastic deformation)이나 소성변형(plastic deformation)과는 구별되어야 한다. 왜냐하면 콘크리트 재료의 균열 등에 의해 일어나는 비탄성 변형은 시간에 따른 함수가 아닌 데 반하여, 크리프는 시간의 함수로서 시간의 흐름에 따라 변하는 변형을 뜻하기 때문이다. 크리프에 의해 일어난 변형률을 크리프변형률(creep strain)이라고 한다. 크리프변형률은 압축강도의 40~50퍼센트까지 응력을 가하면 작용시킨 응력에 비례하며, 같은 응력에서는 고강도콘크리트가 보통강도콘크리트보다 작은 크리프변형률을 나타낸다.

콘크리트 크리프의 특징은 그림 [2.34]에서 보듯이 하중을 재하한 기간인 $(t - t')$뿐만 아니라, 최초에 응력을 재하한 재령 t'의 값에 크게 좌우된다.[38]

영향인자

콘크리트 크리프 발생량에 영향을 주는 요인도 여러 가지가 있으나 대표적으로 영향인자는 다음과 같다.

첫째, 골재로서 실제로 크리프 현상을 보이는 것은 시멘트페이스트이며 골재는 일차적으로 그것을 구속하는 역할을 한다. 일반 골재는 크리프 변형을 일으키지 않으므로 콘크리트의 크리프는 시멘트페이스트 양의 함수로 볼 수 있다. 크리프에 영향을 미치는 골재의 물리적 성질 중 가장 중요한 것은 탄성계수이며 이것이 클수록 골재에 의한 크리프 구속 효과가 커지게 된다. 골재의 종류에 관하여서는 각기의 광물학적, 암석학적인 변화가 심하기 때문에 콘크리트의 크리프에 미치는 영향은 일반적으로 설명할 수는 없으나 경량골재를 사용할 경우 보통골재를 사용한 콘크리트보다 크리프 양이 더 크게 발생하는데 이는 단지 경량골재의 탄성계수가 더 작기 때문이지 골재의 종류 자체에 기인하는 것은 아니다.

둘째, 작용응력으로서 많은 실험 결과 크리프와 응력은 타설 초기에 일찍 재하한 경우를 제외하고는 선형관계를 가지는 것으로 알려져 있다. 그러나 응력강도 비가 0.4~0.5 이상의 압축응력이 작용하는 경우, 콘크리트에 미세균열이 발생하며 균열 생성 정도가 콘크리트의 비균질성에 영향을 미쳐서 크리프와 응력이 비례한다고 볼 수 없다.

셋째, 혼화제 및 시멘트의 종류가 영향인자이다. 감수제나 응결지연제를 사용하면 대체적으로 크리프가 증가하는 것으로 알려져 있으며, 따라서 주어진 구조물에서 크리프가 중요한 변수가 되는 경우에는 혼화제의 영향에 대해 주의 깊게 조사해볼 필요가 있다. 시멘트의 종류에 따라서도 콘크리트의 초기 및 장기강도의 발현율과 그 크기 등이 다르므로, 이와 같은 강도의 차이는 크리프에 영향을 미친다. 시멘트의 분말도가 초기강도 발현에 영향을 미치기는 하나 그 자체가 하나의 요인은 아니고 분말

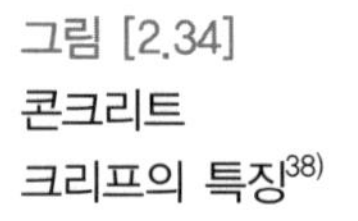
그림 [2.34] 콘크리트 크리프의 특징[38]

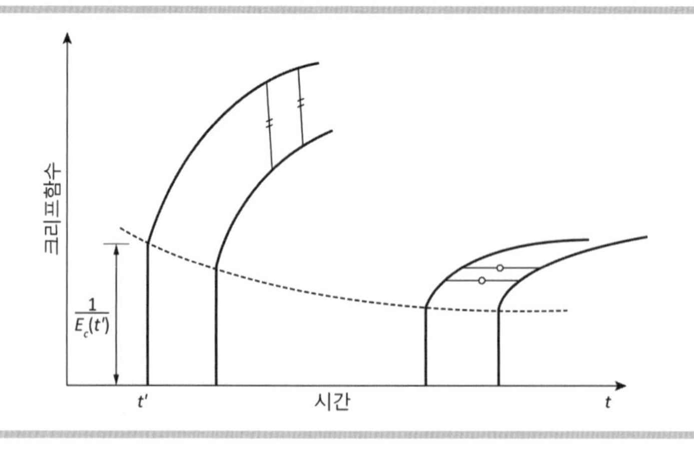

도가 높을수록 콘크리트의 강도 증진이 크며 결과적으로 응력강도 비가 떨어지기 때문에 크리프 변형이 작아진다고 볼 수 있다.

넷째, 상대습도는 환경에 의한 요인 중 가장 중요한 것으로 상대습도가 낮을수록 크리프 양이 커진다. 재하 초기에는 습도 변화에 따른 크리프의 차이가 현저하게 나타나나 나중에는 비슷한 크리프 변형을 보이고 있다. 이처럼 하중이 작용할 때 일어나는 건조는 콘크리트의 크리프를 증가시키게 되고 부가적인 건조크리프(drying creep)를 발생시킨다. 이러한 현상을 피켓(Pickett)효과라고도 한다.

피켓효과(Pickett effect)
하중이 작용하면 콘크리트 내의 수분 이동이 빨라져 건조가 촉진된다. 이와 같이 작용응력의 크기에 따라 일어나는 수축(stress-induced shrinkage)을 건조크리프라고 하며 피켓효과라고도 한다.

다섯째, 부재의 크기가 증가할수록 크리프는 감소하는데 이는 건조수축의 경우와 마찬가지로 표면적에 대한 부피의 비로 표시할 수 있다. 크리프에서 부재의 형상은 크게 중요한 요인이 아니며 건조수축의 경우와 비교할 때 훨씬 작은 변화를 보인다.

여섯째, 원자력 발전소의 원자로 격납건물과 같은 프리스트레스트콘크리트 부재에서는 온도가 크리프에 미치는 영향이 중요한 문제가 될 수가 있으며, 온도가 약 80°C까지 올라갈 때 비크리프(specific creep)는 근사적으로 직선 관계를 가지나 그 이상의 온도에서는 관계가 불확실하다.

크리프의 모델식

우리나라 설계기준[5)]에 의하면 양생온도가 20°C이고, 구조물이 20°C에 노출되어 있는 경우 크리프계수는 다음 식 (2.25)에서 식 (2.26)까지를 이용하여 계산된다.

01 3.1.1(5)

$$\phi(t,t') = \phi_0 \beta_c (t-t') \tag{2.25}$$

여기서,

$$\phi_0 = \phi_{RH} \beta(f_{cm}) \beta(t') \quad (2.26)(a)$$

$$\phi_{RH} = 1 + \frac{1-0.01RH}{0.10\ \sqrt[3]{h}} \quad (2.26)(b)$$

$$\beta(f_{cu}) = \frac{16.8}{\sqrt{f_{cm}}} \quad (2.26)(c)$$

$$\beta(t') = \frac{1}{0.1 + (t')^{0.2}} \tag{2.26(d)}$$

$$\beta_c(t-t') = \left[\frac{(t-t')}{\beta_H + (t-t')}\right]^{0.3} \tag{2.26(e)}$$

$$\beta_H = 15\left[1 + (0.012RH)^{18}\right]h + 250 \leq 1{,}500(\text{일}) \tag{2.26(f)}$$

만약 작용응력이 $0.4f_{cm}$을 초과하거나 양생온도와 노출온도가 20°C가 아닌 경우에는 위의 식들에서 해당하는 인자를 보정하여 계산할 수 있다.

크리프 회복

하중을 장기간 가한 후에 하중을 제거하면 크리프에 의해 일어난 변형률은 일부는 회복되나 일부는 영구변형률로 남게 된다. 다음 그림 [2.35]에서 보듯이 시간 t'에서 응력이 가해져 시간 t_1에서 가한 응력을 모두 제거하면 제거한 직후 탄성변형률만큼 회복되고 그 후 응력이 없어도 시간이 흘러감에 따라 조금씩 변형률이 회복된다.[38),39)] 그러나 이렇게 장기간에 걸쳐 회복되는 변형률은 하중이 가해졌을 때 일어난 크리프변형률만큼 크지는 않다. 다시 말하여 콘크리트 재료는 하중이 장기간 가해진 후에 하중을 없애도 일어난 변형의 일부는 항상 남는다.

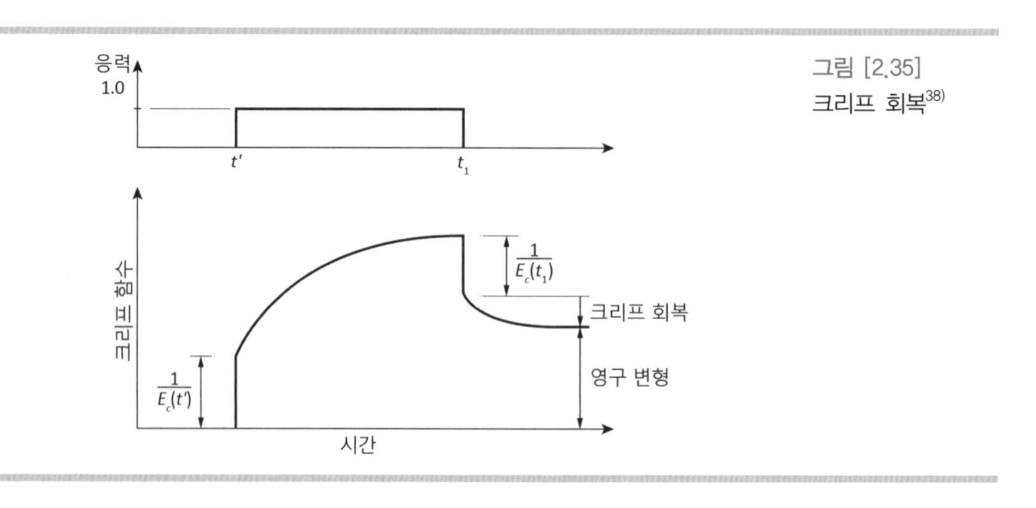

그림 [2.35]
크리프 회복[38)]

참고문헌

1. KS L 5201, '포틀랜드 시멘트', 2016.
2. ASTM C150, 'Standard Specification for Portland Cement', 2016.
3. 한국콘크리트학회, '콘크리트표준시방서 해설', 기문당, 2010, 762p.
4. KS F 2502, '굵은 골재 및 잔 골재의 체가름 시험 방법', 2014.
5. 한국콘크리트학회, '콘크리트구조 설계기준 해설', 기문당, 2021
6. 정재동, '콘크리트 재료 공학', 보성각, 1998, 571p.
7. ACI committee 308, 'Guide to Curing Concrete', ACI 308R-01, 2008, 30p.
8. 김재연, '양생 조건에 따른 콘크리트의 장기거동 특성 연구', 한국과학기술원 석사학위 논문, 2015.
9. Abrams, D. A., "Design of Concrete Mixtures", Bulletin 1, Structural Materials Research Laboratory, Lewis Institute, Chicago, 1918, 20p.
10. ACI, 'A selection of historic American papers on concrete 1876-1926', SP-52, 334p.
11. Rüsch, H., "Research Toward a General Flexural Theory for Structural Concrete", ACI Journal, Vol. 32, 1986
12. Bischoff, B. H. and Perry, S. H., "Compressive Behavior of Concrete at High Strain Rates", Materials and Structures, V. 24, No. 144, 1991, pp.425-450.
13. Kim, J. K., Han, S. H. and Park, S. K., "Effect of Temperature and Ageing on the Mechanical Properties of Concrete; Part Ⅱ. Prediction Model", Cement and Concrete Research, V. 32, No. 7, July 2002, pp.1095-1100.
14. Kim, J. K., Yi, S. T., Park, C. K., and Eo, S. H., "Size Effect on Compressive Strength of Plain and Spirally Reinforced Concrete Cylinders", ACI Structural Journal, V. 96, No. 1, Jan. 1999, pp.88-94.
15. L'Hermite, R., "Idées Actuelles sur la Technologie du Béton.", Documentation Technique du Bâtiment et des Travaux Publics, Paris, 1955.
16. Ahmad, S. H., and Shah, S. P., "Stress-Strain Curves of Concrete Confined by Spiral Reinforcement", ACI Journal, Vol. 9, Nov.-Dec. 1982, pp.484-490.
17. Fafitis, A. and Shah, S. P., "Predictions of Ultimate Behavior of Confined Columns Subjected to Large Deformations", ACI Journal, Vol. 82, 1985, pp.423-433.
18. Hognestad, E. A., "A Study of Combined Bending and Axial Load in

Reinforced concrete Members", Bulletin No. 399, Engineering Experiment Station, Univ. of Illinois, Vol. 49, No. 22, Nov. 1951.
19. 이태규, '철근콘크리트 보와 골조의 비선형 파괴거동 해석', 한국과학기술원 박사학위 논문, 1993.
20. KS F 2405, '콘크리트의 압축 강도 시험 방법', 2010.
21. BSI, 'Eurocode 2; Design of Concrete Structures-Part 1-1 : General rules and rules for building', CEN, Dec. 2014.
22. ACI Committee 446, "The State of Art Report–Fracture Mechanics", in Fracture Mechanics of concrete Structures edited by Bazant, Z. P., Elsevier Applied Science, 1991, 140p.
23. Kupfer, H. B., Hilsdorf, H. K. and Rüsch, H., "Behavior of Concrete under Biaxial Stresses", ACI Journal, Vol. 66, 1969, pp.556-566.
24. Richart, F. E., Brandzaeg, A., and Brown, R. L., "A study of the failure of concrete under combined compressive stresses", Bulletin No. 185, Engineering Experiment Station, Univ. of Illinois, Vol. 26, 1928.
25. *fib*, '*fib* Model Code for Concrete Structures 2010', Ernst & Shom, 2013, 402p.
26. Kim, J. K., Han, S. H. and Song, Y. C., "Effect of Temperature and Aging on the Mechanical Properties of Concrete; Part Ⅰ. Experimental Results", Cement and Concrete Research, Vol. 32, No. 7, July 2002, pp.1087-1094.
27. KS F 2423, '콘크리트의 쪼갬 인장 강도 시험 방법', 2011.
28. KS F 2408, '콘크리트의 휨강도 시험 방법', 2015.
29. Han, S. H. and Kim, J. K., "Effect of temperature and age on the relationship between dynamic and static elastic modulus of concrete", Cement and Concrete Research, Vol. 34, No. 7, July 2004, pp.1219-1227.
30. Guinea, G. V., Plana, J., Elices, M., "Measurement of the fracture energy using three-point bend tests: Part 1—Influence of experimental procedures", Materials and Structures, Vol. 25, No. 4, May 1992, pp.212-218.
31. Bache, H. H., "Brittleness/Ductility from Deformation and Ductility Points of View", RILEM Report, Fracture Mechanics of Concrete Structures, edited by Elfgren, L., Chapman and Hall, London, 1989, pp.202-207.
32. Kim, K. H., Jeon, S. E., Kim, J. K., Yang, S. C., "An experimental study on thermal conductivity of concrete", Cement and Concrete Research, Vol. 33, No. 3, March 2003, pp.363-371.

33. 한국과학기술원, 한국전력공사 전력연구원, '콘크리트 구조물에서의 수화열 저감 방안 연구' 최종보고서, 1998. 8., 199p.
34. Lerch, W., "Plastic Shrinkage", ACI Journal, Vol. 53, Feb. 1957, pp.797-802.
35. Menzel, C. A., "Causes and Prevention of Crack Development in Plastic Concrete", Proceedings of the Portland Cement Association, 1954, pp.130-136.
36. Pickett, G., "Effect of aggregate on shrinkage of concrete and hypothesis concerning shrinkage", ACI Journal, Vol. 52, Jan. 1956, pp.581-590.
37. Troxell, G. E., Rapheal, J. M. and Davis, R. E., "Long-term creep and shrinkage test of plain and reinforced concrete", Proc. ASTM, Vol. 58, 1958, pp.1101-1120.
38. Bazant, Z.P., "Creep and shrinkage in concrete structures, Chapter 7 : Mathematical models for creep and shrinkage of concrete", ed. by Bazant and Wittmann, John Wiley & Sons, 1982, pp.163-256.
39. CEB, 'Evaluation of the time dependent behavior of concrete', CEB Bulletin No. 199, Paris, 1990, 201p.

문 제

1. 시멘트의 화학 성분 및 물리적 성능에 대하여 우리나라 산업표준(KS), 미국의 산업표준(ASTM), 일본의 산업표준(JIS), 국제산업표준(ISO)에서 규정하고 있는 것을 조사, 비교하여라.
2. 우리나라에서 널리 사용하고 있는 혼화재와 혼화제를 조사하고, 주요 혼화재료에 대하여 제품별 성능을 비교하여라.
3. 우리나라 공사현장과 레미콘회사에서 주로 하는 배합 설계 방법을 조사하여 분석, 비교하여라.
4. 우리나라 공사현장에서 콘크리트를 양생하는 방법과 콘크리트 강도를 관리하는 방법을 조사하여라.
5. 콘크리트 압축강도에 영향을 주는 요인을 열거하고, 그 영향의 정도와 이유를 설명하라.
6. 횡구속(confinement effect)이 없을 때, 식 (2.10), 식 (2.11) 및 식 (2.12)에 의한 응력-변형률 곡선을 작성하여 비교하여라.
7. 콘크리트 인장강도 시험 방법을 열거하고, 각 방법에 따른 강도의 차이가 나는 이유를 설명하라.
8. 할선탄성계수, 초기접선탄성계수, 동탄성계수의 정의를 설명하고, 응력-변형률 곡선이 주어질 때 초기접선탄성계수를 구하는 방법에 대하여 설명하라.
9. 수축(shrinkage)을 분류하고, 각 종류의 수축의 특성에 대하여 설명하라.
10. 콘크리트 크리프 특성에 대하여 설명하고, 기본크리프(basic creep)와 건조크리프(drying creep)의 차이점에 대하여 설명하라.

제3장

휨 거동

3.1 개요
3.2 휨압축에 대한 응력-변형률 관계
3.3 보의 휨 거동
3.4 휨모멘트를 받는 단면의 선형 해석
3.5 휨모멘트를 받는 단면의 비선형 해석
3.6 철근량의 제한

오른쪽 사진은 휨압축 실험을 하는 전경 사진이고, 아래쪽 그림은 휨 부재 단면에 실제로 나타나는 압축응력 분포를 근사적인 등가직사각형 응력블록으로 바꾸는 그림이다.

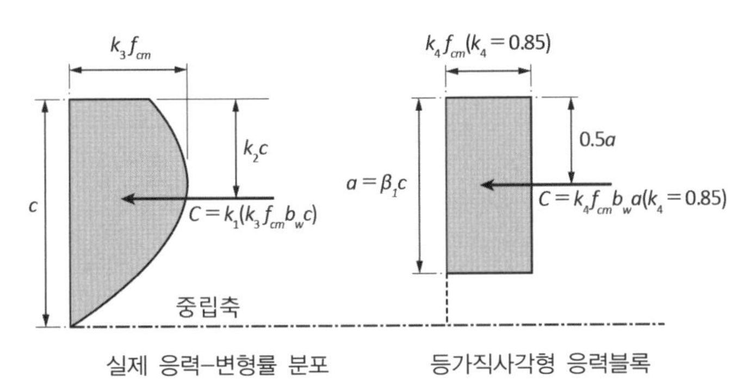

제3장 휨 거동

3.1 개요

3.1.1 휨부재의 종류

철근콘크리트 구조물의 대표적인 휨부재는 보와 슬래브이며, 옹벽도 이에 속한다. 슬래브는 1방향 슬래브와 2방향 슬래브로 분류할 수 있으며, 보는 그림 [3.1]에서 보듯이 직사각형 보, 슬래브가 붙어 있는 T형 보 등으로 나눌 수 있다. 또 옹벽도 대부분 연직 부재이지만 횡토압 등을 받아 휨모멘트를 주로 받는 부재이기 때문에 휨부재라고 볼 수 있으며, 송신탑 등의 구조물도 풍하중과 지진하중에 의한 휨모멘트를 주로 받기 때문에 휨부재로 설계되는 경우가 많다.

이 장에서는 보의 휨에 대한 거동과 해석에 대한 내용을 다루며 보의 전단에 대한 거동은 제5장에서 별도로 다룬다.

보는 형상과 철근의 배치 형태에 따라 여러 가지로 분류하고 있는데, 먼저 형상에 따라 그림 [3.1]에서 볼 수 있듯이 크게 직사각형 보, T형 보, 반 T형 보로 분류되고, 또 그림 [3.2]에서 보는 바와 같이 압축철근이 없는 것을 단철근콘크리트 보(singly reinforced concrete beam), 압축철근도 함께 배치되어 있는 것을 복철근콘크리트 보(doubly reinforced concrete beam)로 분류하고 있다. 그리고 보를 지지하는 단부의 조건에 따라 그림 [3.3]에서 보듯이 한 경간만 있는 보를 단순보, 두 경간 이상이 연속된 보를 연속보, 한 단부만 고정되고 한 단부는 자유단인 보를 캔틸레버보 또는 외팔보 등으로 분류하기도 한다.

단철근콘크리트 보와 복철근콘크리트 보
인장 측에만 철근이 배치된 경우를 단철근콘크리트 보라고 하고, 인장 측뿐만 아니라 압축 측에도 철근이 배치된 경우를 복철근콘크리트 보라고 한다.

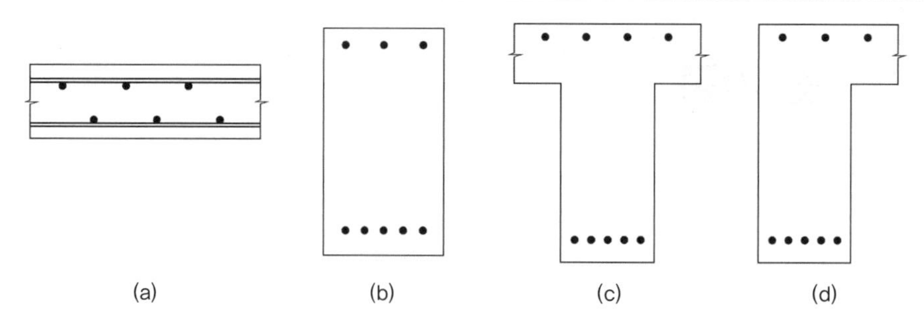

그림 [3.1]
대표적 휨부재 단면: (a) 슬래브 단면; (b) 직사각형 보 단면; (c) T형 보 단면; (d) 반 T형 보 단면

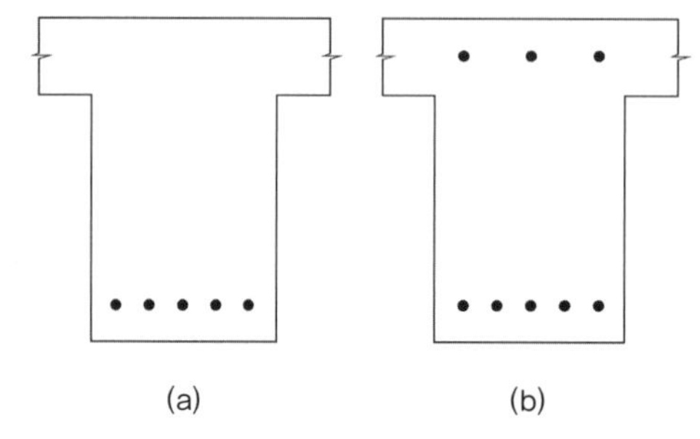

그림 [3.2]
단철근, 복철근콘크리트 보: (a) 단철근콘크리트 보; (b) 복철근콘크리트 보

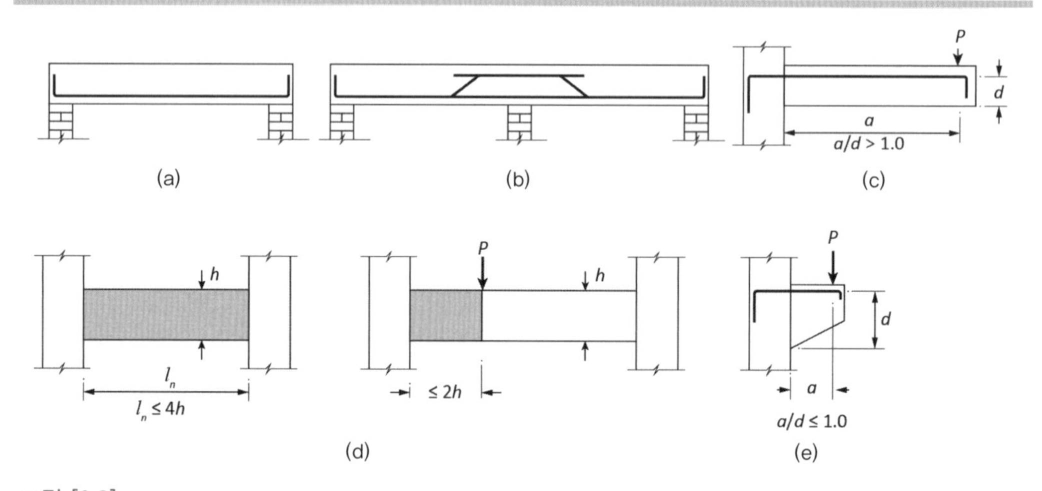

그림 [3.3]
단부 지지 조건 및 길이에 따른 보의 분류: (a) 단순보; (b) 연속보; (c) 캔틸레버보; (d) 깊은보(음영 부분); (e) 브래킷

3.1.2 휨 파괴 과정

먼저 대표적 휨부재인 직사각형 단면의 단순지지 철근콘크리트 보에 대해서 살펴본다. 앞서 제2장에서 설명한 바와 같이 콘크리트 재료는 압축력에 대한 저항은 강하나 인장력에 대한 저항은 매우 약하다. 그래서 인장을 받는 부분에 인장에 대한 큰 저항 능력이 있는 철근을 배치하여 일체로 거동하도록 한 철근콘크리트(reinforced concrete)가 나타나게 되었다. 그러나 이와 같이 두 개의 이질적인 재료로 이루어진 철근콘크리트 보의 거동은 균질한 재료로 이루어진 보의 거동과는 많은 차이점이 있다. 즉, 두 개의 재료가 일체로 거동하려면 두 재료가 서로 완전히 부착되어 있어야 하나 실제 철근콘크리트 보에서 철근과 콘크리트는 큰 하중을 받으면 그 일체성이 손상되기도 한다. 따라서 철근콘크리트 보의 파괴 거동을 정확히 예측한다는 것은 매우 어려운 일이다.

철근콘크리트
(reinforced concrete)
압축력에는 상대적으로 강하나 인장력에 약한 콘크리트를 보완하기 위하여 철근을 인장 측에 배치한 것을 철근콘크리트라고 한다. 압축력에 저항하도록 압축 측에 철근을 배치하기도 한다.

철근콘크리트 보의 파괴 단계는 개략적으로 그림 [3.4]에 나타낸 바와 같으며, 먼저 매우 작은 하중이 작용하면 콘크리트 보 아래 표면의 인장연단에서 발생하는 인장응력이 작아 균열이 발생하지 않는다. 이 경우 인장철근에도 매우 작은 인장응력만이 작용하므로 실제 구조물의 보를 이렇게 설계하면 단면을 유효 적절하게 사용하지 못하게 된다. 따라서 이보다 더 큰 하중을 받도록 설계한다. 이 경우 설계단면(critical section)에서 이보다 큰 휨모멘트가 작용하여 균열이 일어난다 하더라도 보 부재의 길이 방향으로 휨모멘트가 위치에 따라 변하여 설계단면을 제외한 대부분 영역의 휨모멘트는 이 단면의 휨모멘트보다 작기 때문에 균열이 일어나지 않는다. 이후 하중이 더 작용하면 그림 [3.4](b)와 같이 보의 아래 표면에 미세균열이 수직 방향으로 발생한다. 이는 이 부분에서 콘크리트 인장응력이 휨인장강도를 초과하였다는 것을 의미한다. 더욱 하중을 증가시키면 그림 [3.4](c)에 보인 바와 같이 발생된 휨균열이 더욱 진전되기도 하고 또한 새로운 균열이 보 부재 전체 길이에 걸쳐 생겨나기도 한다. 하중을 계속 증가시키면 상대적으로 짧은 보에서는 그림 [3.4](d)와 같이 전단력과 휨모멘트의 조합에 의해 사인장균열이 발생되어 전단 파괴가 일어나기도 한다. 그러나 이러한 전단 파괴는 취성파괴로서 바람직스럽지 않

인장연단
(extreme tensile fiber)
중립축에서 인장 측으로 가장 먼 곳으로 단면에서 인장변형률이 최대가 되는 곳이다.

설계단면(critical section)
부재를 설계할 때 모든 단면에 대하여 설계할 수 없으므로 가장 단면력이 커서 위험한 단면을 선정하여 그 단면에 대해서만 설계한다. 이러한 단면을 위험단면 또는 설계단면이라고 한다.

사인장균열
(inclined tensile crack)
휨 부재에서 전단력이 크게 작용하면 주인장응력은 보의 길이 방향에 경사져 발생한다. 이러한 인장응력에 의해 보에 경사균열이 발생되는 경사 인장균열을 사인장균열이라고 한다.

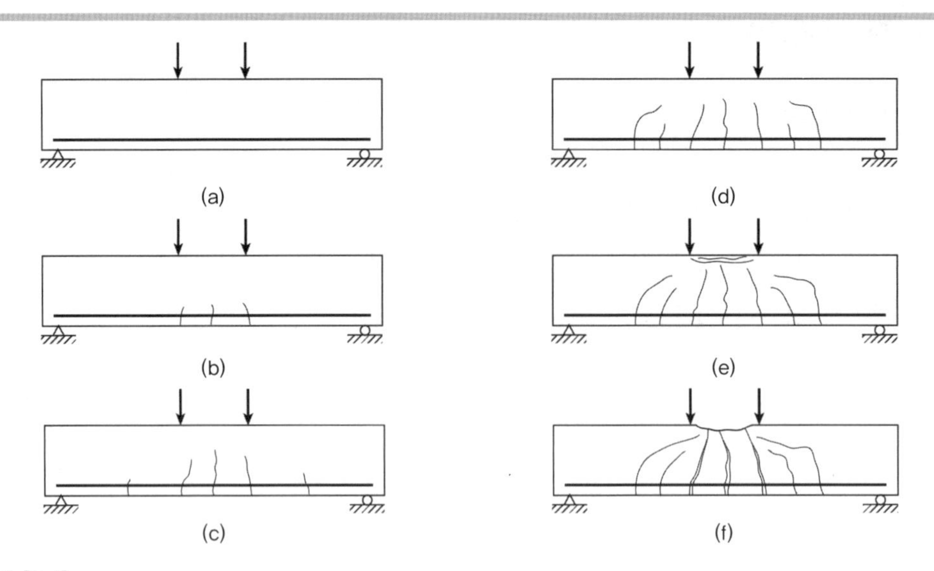

그림 [3.4]
철근콘크리트 보의 휨 파괴 단계: (a) 균열 전; (b) 휨균열 발생 시작; (c) 휨균열 진전; (d) 사인장균열 발생 시작; (e) 압축 영역 파쇄(파괴); (f) 파괴된 모습

스터럽(stirrup)
전단력에 저항하도록 보의 길이 방향에 수직 또는 경사지게 배치하는 철근을 말한다.

기 때문에 전단력에 대하여 스터럽으로 충분히 보강하여 휨 파괴가 일어나도록 설계한다. 따라서 사인장균열은 진전되나 어느 위치에서 머물고, 계속 증가되는 하중에 대해서 그림 [3.4](e)와 같이 결국에는 압축 영역의 콘크리트의 파쇄(crushing)에 의해 철근콘크리트 보는 파괴에 이른다. 이때 철근은 대개 항복하여 크게 늘어나 콘크리트와 일체가 되지 못하고 미끄러져 처짐이 크게 일어나고, 압축 측에 철근이 있는 경우 압축철근은 콘크리트가 파쇄되어 노출되기 때문에 좌굴이 일어나 휘어지기도 한다.

3.2 휨압축에 대한 응력–변형률 관계

3.2.1 휨압축의 응력–변형률에 대한 실험 방법

앞 절에서 언급하였듯이 철근콘크리트 보에 휨모멘트가 작용하면 단면에서 인장력은 인장철근이 받고, 압축력은 콘크리트 또는 콘크리트와 압축철근이 받는다. 따라서 철근콘크리트 보의 응력 상태와 변형 거동을 정확히 예측하려면 사용한 철근의 인장과 압축에 대한 응력-변형률 관계와 콘크리트의 휨압축에 대한 응력-변형률 관계를 먼저 알아야 한다.

재료의 특성인 응력-변형률 관계는 구조 부재의 크기와 위치, 또는 하중의 형태 등에 관계없이 동일하여야 한다. 그러나 제2장에서도 다루었듯이 콘크리트 재료는 미시적 관점에서 보았을 때 균질한 재료가 아니기 때문에 이러한 영향을 받는다. 따라서 부재의 크기 또는 위치에 따라 응력-변형률 곡선이 변할 뿐만 아니라, 순수 축압축에 대한 관계와 휨압축에 대한 응력-변형률 관계도 다르게 나타난다.

응력-변형률 관계
모든 구조 재료의 가장 대표적인 재료 특성은 인장강도, 압축강도 등의 강도와 더불어 응력-변형률 관계이다. 이 관계를 구성방정식(constitutive law)이라고도 한다.

휨압축에 대한 응력-변형률 관계를 실험을 통하여 얻는 방법은 정해져 있지 않으나, 대부분 실험은 미국포틀랜드시멘트협회(Portland Cement Association : PCA)에서 혹네스타드(Hognestad) 등에 의해 그림 [3.5]와 같은 형태의 공시체를 사용하여 최초로 이루어진 방법으로 수행한다.[1] 이와 유사한 형태의 공시체를 사용하여 코넬대학에서 고강도콘크리트에 대해서도 실험이 수행되었다.[2] 이러한 형태의 공시체를 사용한 것은 직사각형 보에 휨모멘트가 작용하였을 때 압축력을 받는 콘크리트 부분을 모사할 수 있기 때문이다.

실험을 수행하는 과정은 다음의 순서에 따라 하중을 조금씩 증가시켜 압축연단의 콘크리트가 압축 파쇄가 일어날 때까지 다음과 같은 과정에 따라 진행시킨다.

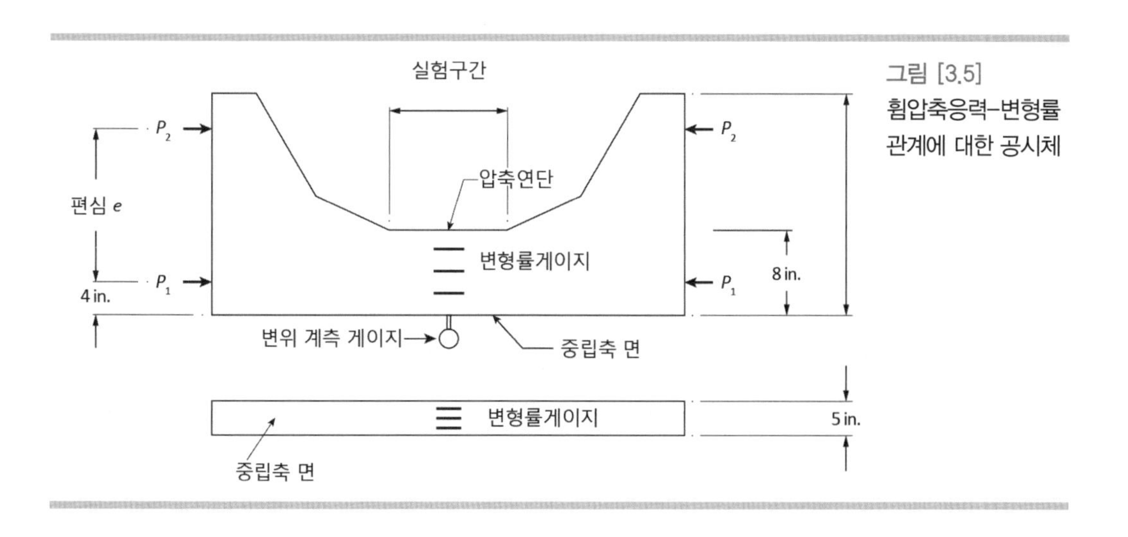

그림 [3.5] 휨압축응력-변형률 관계에 대한 공시체

① 작은 양의 P_1 하중을 가한다(이때 실험 구간 단면에서 일정한 압축 응력이 작용한다).

② P_1 하중을 고정시키고, P_2 하중을 약간 가하여 중립축 면에 부착된 변형률게이지의 값이 0이 되도록 한다.

③ 이때 공시체 중앙 위치에서 변위 δ를 변위 계측 게이지에 의해 읽는다.

④ 단면의 중심에 작용하는 축력 $N = P_1 + P_2$와 휨모멘트 $M = P_1\delta + P_2(e + \delta)$를 계산한다.

⑤ P_1 하중을 약간 증가시켜 위의 과정을 반복한다.

압축의 응력-변형률 관계식 유도 과정
축압축을 받는 콘크리트의 압축 응력-변형률 관계는 가한 축력과 변형률을 얻음으로써 쉽게 구할 수 있는 반면, 휨압축을 받는 경우는 각 하중 단계마다 얻은 축력과 휨모멘트를 만족시키도록 주어진 응력-변형률 곡선식의 계수를 회귀분석으로 구하는 번거로움이 있다.

이렇게 하중 P_1과 P_2를 계속 증가시켜 파괴에 이를 때까지 여러 개의 축력 N과 휨모멘트 M을 구하고 응력-변형률 관계식을 가정하여 가정된 수식의 실험상수를 실험에서 구한 모든 하중 단계에 대한 축력과 휨모멘트를 가장 잘 만족시키는 값을 회귀분석한다. 이렇게 모든 N과 M에 대하여 가장 잘 맞는 계수를 회귀분석에 의해 구하면 휨압축에 대한 응력-변형률 관계를 얻을 수 있다.

3.2.2 순수 축압축응력-변형률 관계와 비교

일반적으로 휨압축에 대한 응력-변형률 관계를 구하지 않고 중심 축압축에 대한 응력-변형률 관계를 실험으로 얻어 사용하는데 중심 축압축과 휨압축에 대한 응력-변형률 관계는 서로 차이가 나타난다. 이렇게 차이가 일어나는 이유는 다음과 같은 것이 있을 수 있다.

먼저 균열이 발생할 때 그 발생 가능한 균열 형태에 대한 것인데, 그림 [3.6](a),(b)는 각각 중심 축압축과 휨압축을 받을 때 극한 상태에서 응력 분포와 발생 가능한 균열 형태를 보여주고 있다.

중심 축압축인 그림 [3.6](a)의 경우 균열이 어느 방향으로도 나타날 수 있으나, 그림 [3.6](b)와 같이 휨압축을 받는 부재에서 균열은 응력이 크게 작용하는 압축연단과 나란한 방향으로만 발생되고 그에 직교 방향으로는 발생되지 않는다. 그 이유는 중심 축압축을 받을 때는 전체 단면에 동일

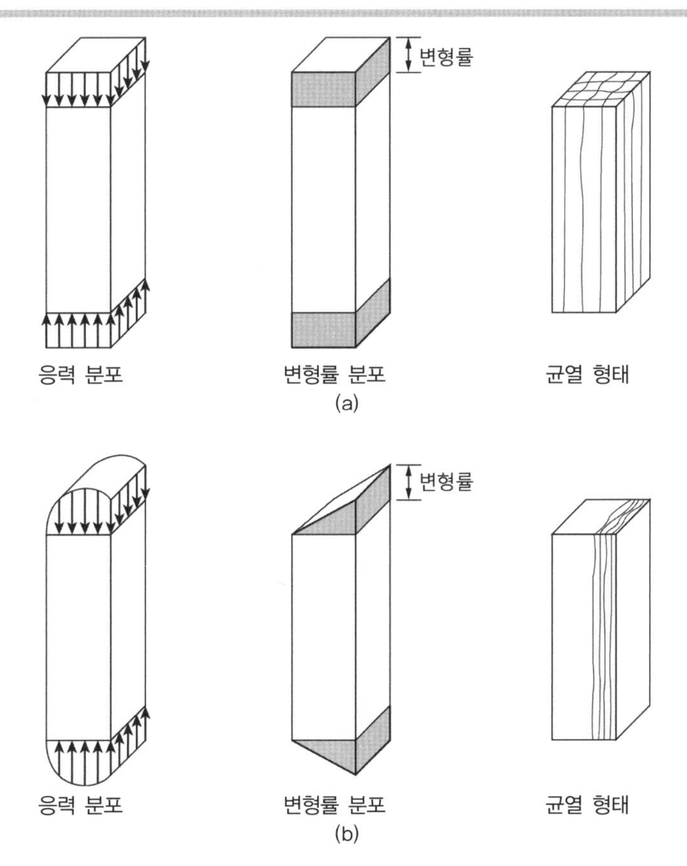

그림 [3.6]
파괴될 때 순수 축압축과 휨압축에 대한 응력, 변형률 분포와 균열 형태: (a) 순수 축압축; (b) 휨압축

한 응력이 작용하여 모든 위치에서 동일한 변형률이 생겨나나, 휨압축을 받을 때는 압축연단 면에서 최대의 변형률이 발생되고 그 직교 방향인 중립축 방향으로 변형률이 점점 줄어들어 중립축 위치에서 변형률은 영이 되어 결국 그 방향으로는 균열 진전이 구속되기 때문이다. 따라서 동일한 콘크리트라 하더라도 순수 축압축을 받을 때 응력-변형률 곡선과 휨압축을 받을 때 응력-변형률 곡선은 다르다.

중심 축압축과 휨압축을 받을 때 압축파괴변형률도 그림 [3.7]에서 보이듯이 다르다. 중심 축압축을 받는 경우 전체 단면에서 일정한 압축응력이 발생하기 때문에 그림 [3.7]에서 나타낸 바와 같이 압축응력이 압축강도에 도달할 때 파괴가 일어나며, 이때의 파괴변형률은 압축강도에 대응

압축파괴변형률
콘크리트 재료가 축압축이나 휨압축을 받아 파괴될 때의 변형률을 말하며, 극한변형률(ultimate strain)이라고도 한다.
일반적으로 단면에 작용하는 축력에 비하여 휨모멘트가 크면 이 파괴변형률은 커지고, 단면의 형상에 따라서도 변한다.

그림 [3.7]
작용하는 압축응력에 따른 파괴변형률

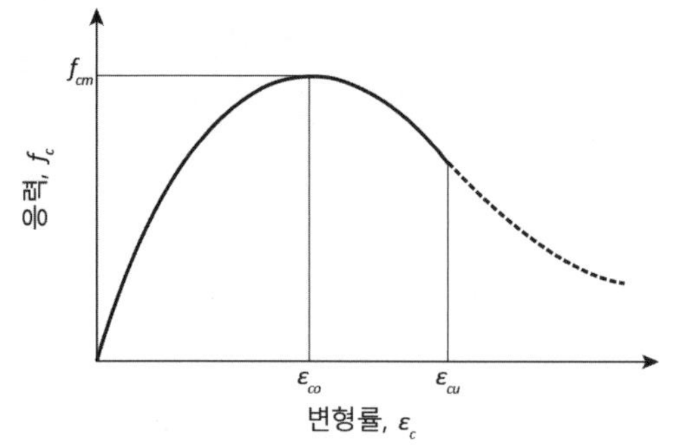

ε_{co} : 중심 축압축응력을 받을 때 파괴변형률
ε_{cu} : 휨압축응력을 받을 때 파괴변형률

하는 축압축파괴변형률인 ε_{co}가 된다. 또 이때의 축력이 단면의 축강도가 된다. 그러나 휨압축을 받는 경우 압축연단의 변형률이 압축강도에 대응하는 변형률인 ε_{co}에 도달하여도 파괴가 되지 않으며, 이때 단면에 발생하는 휨모멘트도 단면이 저항할 수 있는 최대값인 휨강도보다 작다. 그 이유는 앞에서 설명한 것과 같이 균열이 중립축 방향으로 진전될 수 없기 때문으로 더 큰 변형률까지 저항할 수 있게 된다. 즉, 그림 [3.7]에서 보인 바와 같이 압축연단의 변형률이 ε_{co}보다 큰 휨압축파괴변형률인 ε_{cu}에 도달할 때 단면의 휨강도에 이르고, 이때 압축연단에서 콘크리트가 압축파괴된다.

다음으로 공시체 형태에 대한 것으로서 잘 알려져 있듯이, 중심 축압축에 대한 응력-변형률 관계를 실험에 의해 구할 때 표준원주공시체인 ϕ150×300 mm를 사용한다. 그러나 휨압축에 대한 응력-변형률 관계를 구할 때에는 앞 절에서 설명한 바와 같이 그림 [3.5]와 같은 형태의 C형 공시체를 사용한다. 그에 따라 단부에서 구속의 정도가 다르고 공시체 형태가 다르기 때문에 응력-변형률 관계는 차이가 날 수밖에 없다. 그리고 휨압축 실험을 할 때 파괴에 이르는 시간이 중심 축압축 실험을 할 때보다 더 길기 때문에, 즉 변형률속도(strain rate)가 다르기 때문에도 차이가 난다.

3.2.3 장기 재하에 따른 효과

제2장에서 설명한 바와 같이 콘크리트에 하중이 매우 천천히 가해지면 그림 [3.8]과 같이 응력-변형률 곡선이 다르게 나타난다. 실제 구조물에 작용하는 하중은 매우 천천히 가해지기 때문에 실험실에서 얻은 값을 직

접 적용하면 구조물의 거동은 실제와 크게 차이가 나타날 수 있다.

주어진 철근콘크리트 부재 단면에 대한 축강도(axial strength)는 응력-변형률 곡선에서 콘크리트 재료의 압축강도에 의해 직접적으로 좌우되고 응력-변형률 곡선의 모양에는 영향을 받지 않는다. 따라서 장기하중에 의한 압축강도의 감소는 철근콘크리트 부재 단면의 축강도에 직접 비례하여 크게 감소한다.

축강도와 휨강도
모든 단면에 작용하는 단면력은 축력, 전단력, 휨모멘트, 비틀림 모멘트가 있으며, 이 단면이 이러한 단면력에 저항할 수 있는 최대 능력을 각각 축강도, 전단강도, 휨강도, 비틀림강도라고 한다.

그러나 주어진 단면의 휨강도(flexural strength)는 콘크리트의 응력-변형률 곡선에서 콘크리트의 압축강도뿐만 아니라 모양에도 크게 영향을 받는다. 즉, 그림 [3.8](a)는 휨압축에 대한 단기하중과 장기하중에 대한 응력-변형률 곡선을 나타내고 있는데, 보 단면에서 단기하중에 의한 응력 분포는 그림 [3.8](b)와 같고, 장기하중에 의한 응력 분포는 그림 [3.8](c)와 같다. 이때 휨강도는 콘크리트 압축강도 $k_3 f_{cm}$, $\alpha(k_3 f_{cm})$뿐만 아니라 합압축력 C_1과 C_2, 그리고 합압축력이 작용하는 점 $k_1 c_1$과 $k_2 c_2$의 값에 좌우된다. 다시 말하여 단면의 휨강도는 C와 kc, $k_3 f_{cm}$ 모두에 영향을 받으며, 이 세 가지는 콘크리트 응력-변형률 곡선 모양에도 크게 좌우된다. 따라서 단면의 휨강도는 f_{cm}과 곡선의 모양에도 좌우되어 축강도와는 다르게 f_{cm}에 직접 비례하지는 않는다.

한편 보 단면에서 휨강도는 장기하중에 의해 크게 변화되지 않아도 곡

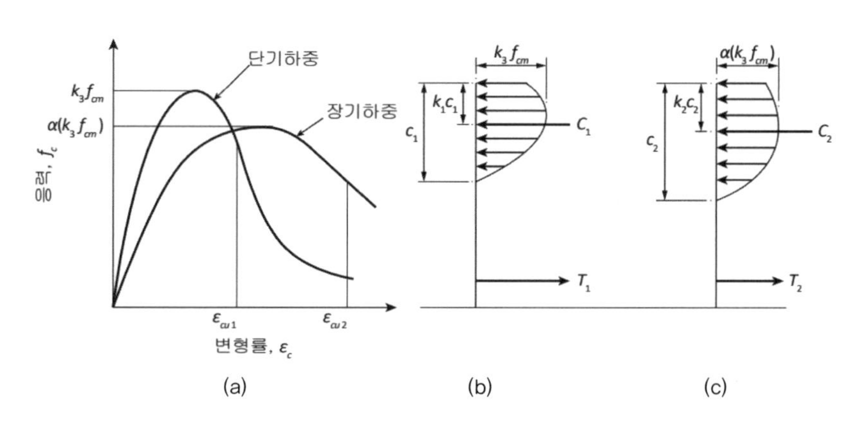

그림 [3.8]
단기, 장기하중에 의한 보 단면에서 휨압축응력의 분포: (a) 휨압축의 응력-변형률 곡선; (b) 단기하중에 의한 보 단면의 응력 분포; (c) 장기하중에 의한 보 단면의 응력 분포

압축연단
(extreme compressive fiber)
중립축에서 압축 측으로 가장 먼 곳으로서 압축변형률이 최대가 되는 곳이다.

률은 크게 증가한다. 그 이유는 그림 [3.9]에서 보듯이 보가 파괴될 때의 압축연단 콘크리트의 압축변형률이 단기하중에 대한 파괴변형률 ε_{cu1}에서 장기하중에 대한 파괴변형률 ε_{cu2}로 증가되기 때문이다. 이때 곡률은 각각 κ_{cu1}, κ_{cu2}가 된다. 물론 단기, 장기하중에 대한 각각의 중립축 위치인 c_1과 c_2을 비교하면 c_1은 c_2보다 약간 작으나 곡률은 파괴변형률 ε_{cu1}, ε_{cu2} 값에 따라 좌우되기 때문에 곡률은 차이가 난다. 즉, ε_{cu1}값보다 ε_{cu2}값이 훨씬 크기 때문에 장기하중에 대한 곡률이 커지게 되어 처짐은 증가한다.[3)]

3.2.4 단면설계용 등가 응력블록

개요

철근콘크리트 보 단면을 해석 또는 설계할 때 콘크리트의 실제 응력-변형률 곡선을 사용한다는 것은 번거로운 일이다. 왜냐하면 압축응력의 합력을 구하기 위해서는 응력-변형률 곡선의 면적을 구해야 하고 휨강도를 계산하기 위해서는 이 합력의 작용점을 구하여야 하는데, 곡선인 경우 합력의 크기와 작용점의 위치를 구하는 것이 매우 어렵기 때문이다. 따라서 보다 효율적인 계산을 위하여 여러 연구자들은 다양한 형태로 단순화시킨 응력-변형률 곡선을 제시하였다.[4)] 따라서 각 나라의 철근콘크리트

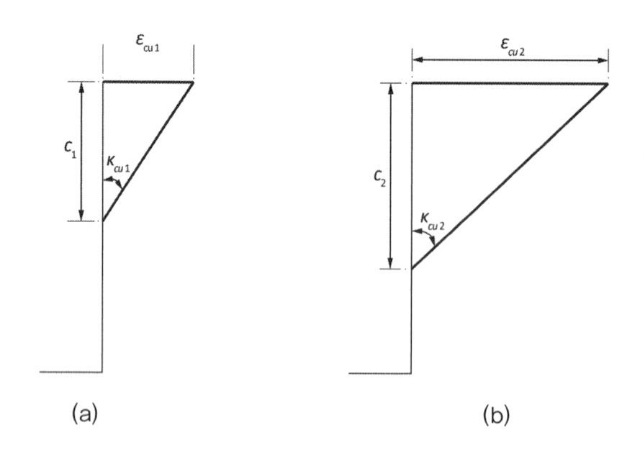

그림 [3.9]
휨모멘트를 받을 때 시간에 따른 단면 곡률의 변화: (a) 단기하중 작용 때의 파괴곡률; (b) 장기하중 작용 때의 파괴곡률

구조 설계기준에서도 이러한 응력-변형률 관계를 채택하고 있다. 등가직사각형 응력블록(equivalent rectangular stress block)은 우리나라를 비롯하여 미국, 유럽 등 대부분의 나라에서 채택하고 있으며, 우리나라에서는 이외에도 등가포물선-직선형 응력블록도 채택하고 유럽의 경우 등가사다리꼴 응력블록 등 3가지 형태를 채택하고 있다.

등가직사각형 응력블록
보 단면의 휨강도를 계산할 때 실제의 곡선 형태의 응력-변형률 관계 대신에 직사각형 형태의 응력 분포도를 가정하는 것을 말한다. 이때 전체 압축력의 크기와 작용하는 점의 위치가 일치하면 두 방법에 의해 구한 휨강도는 같으므로 이를 일치시키기 위하여 관계식들이 주어지고 있다.

등가직사각형 응력블록

폭이 b_w인 보의 단면에서 그림 [3.10](a)에서 보듯이 실제 응력 분포에 의한 합압축력 C는 $k_1(k_3 f_{cm} b_w c)$로 나타낼 수 있으며, 작용점 $k_2 c$도 얻을 수 있다. 그러나 응력-변형률 곡선으로 이루어진 면적과 그 합력의 중심을 구하는 것은 쉽지가 않다. 그래서 면적과 중심이 같은 등가직사각형 형태의 응력블록을 만들어 사용하는 방법을 제시하고 있다.

먼저 합압축력 C의 작용점의 위치가 같아야 한다는 조건에 의하면 그림 [3.10](b)에서 작용점 $0.5a$는 $k_2 c$와 같아야 하므로 이 관계로부터 $a = 2k_2 c$를 얻을 수 있다. 이때 k_2 값은 실제 응력 분포의 모양에 크게 좌우되며, 극단적인 예로서 휨압축에 대한 응력-변형률 곡선이 그림 [3.11]에 보인 바와 같이 직사각형과 직삼각형인 경우 각각 1/2과 1/3이 된다. 그러나 대부분 콘크리트의 응력-변형률 곡선은 이 두 가지 극단적인 경우의 중간에 있다. 그림 [2.16]에서 볼 수 있듯이 보통강도콘크리트와 같이 응력-변형률 곡선의 모양이 상대적으로 평퍼짐하여 직사각형 분포와 가까운 경

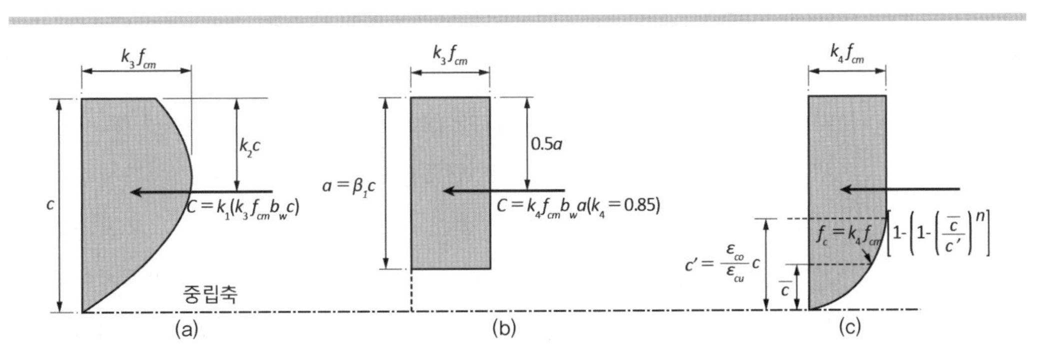

그림 [3.10]
등가 응력블록: (a) 실제 응력-변형률 분포; (b) 등가직사각형 응력블록 (c) 등가포물선-직선형 응력블록

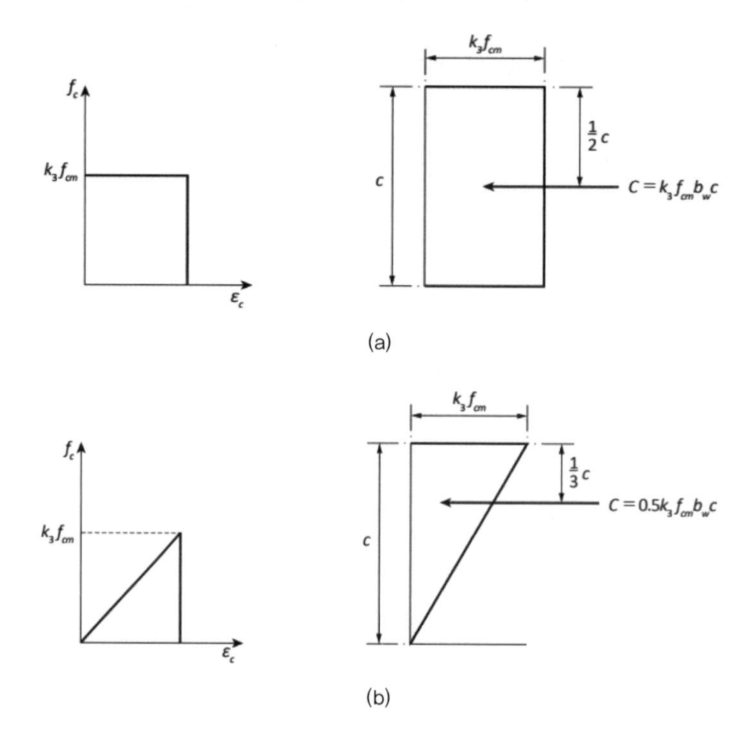

그림 [3.11]
가정된 휨압축응력-변형률 곡선에 대한 합력 점 k_2c: (a) 응력-변형률 관계가 직사각형인 경우; (b) 응력-변형률 곡선이 직각 삼각형인 경우

우와 고강도콘크리트와 같이 그 모양이 3각형과 가까운 경우의 사이에 있으므로 강도에 따라 $1/3 < k_2 < 1/2$의 값을 갖게 된다. 즉, 콘크리트 강도에 따른 응력-변형률 곡선의 형태로 볼 때, 보통강도콘크리트인 경우 1/2에 가깝고, 고강도콘크리트인 경우 1/3에 가까운 값을 갖는다.

20 4.1.1(8)

그림 [3.12]는 실험결과에 의한 k_2 값을 나타내는데 콘크리트 강도에 따라 변화하는 것을 알 수 있다.[5] 따라서 우리나라 설계기준[6]과 미국의 ACI[7]의 설계기준에서 콘크리트 압축강도에 따라 k_2 값을 변화시키고 있으며 다음 식 (3.1)과 같이 규정하고 있다. 식 (3.1) (a),(b)는 우리나라 설계기준에서 제시하고 있는 값이며, 식 (3.1) (c)는 ACI 설계기준에서 제시하고 있는 값이다. 앞서 설명한 바와 같이 이론적으로 k_2 값은 1/3 이하의 값을 가질 수 없으나 식 (3.1) (c)에 의하면 $2k_2 \geq 0.65$로서 k_2 값이 1/3

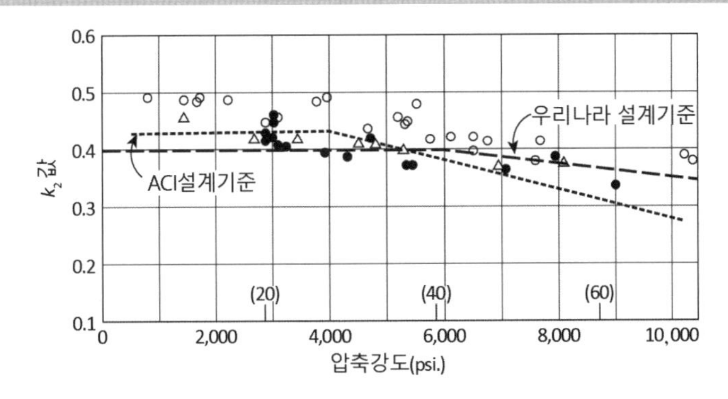

그림 [3.12]
콘크리트 강도에 따른 k_2 값의 변화[5] (ACI와 KDS 14 20)

보다 약간 작은 값을 갖는다. 그러나 이것은 실제에 있어서 크게 문제되지 않는 범위이다.

$$\beta_1 = 0.80 \ \ (f_{ck} \le 50\text{MPa}) \qquad (3.1)\,(a)$$

$$\beta_1 = a/c = 2k_2 = 0.76 - 0.2(f_{ck} - 60) \ \ (f_{ck} \ge 60\text{MPa}) \qquad (3.1)\,(b)$$

$$\beta_1 = a/c = 2k_2 = 0.85 - 0.00005(f_{ck} - 4{,}000) \ge 0.65 \qquad (3.1)\,(c)$$

여기서, f_{ck}는 콘크리트의 설계기준압축강도를 나타내고 있으며, 단위는 우리나라 설계기준의 경우 MPa이고, ACI 설계기준의 경우 psi.이다. $\beta_1 c$는 그림 [3.10]에서 보이는 바와 같이 등가직사각형 응력블록의 깊이이다.

이렇게 a가 결정되면 합압축력 C가 같아야 한다는 조건에 의해 그림 [3.10](b)의 k_4 값을 다음 식 (3.2)에 의해 결정할 수 있다.

$$k_4 = k_1(k_3 f_{cm} b_w c) \,/\, f_{cm} a b_w = k_1 k_3 \,/\, (2k_2) \qquad (3.2)$$

여기서, k_1, k_2, k_3은 실험에 의해 구해지는 값이다.

표 〈3.1〉은 이 k_4 값에 대한 미국포틀랜드시멘트협회(Portland Cement Assosiation, PCA)의 연구소[1]와 코넬(Cornell) 대학의 실험결과[2]를 보여주고 있다. 표에서 보이는 바와 같이 이 값은 강도에 따라 조금씩 변하는 값이다. 그러나 미국 ACI 설계기준에서는 이 k_4 값을 0.85로, 우리나라 설계기준과 유럽의 설계기준에서는 콘크리트강도에 따라 조금씩 줄어드는 값으로 규정하고 있다. 그리고 표 〈3.1〉에 보면 등가직사각형 응력블록의 깊이 β_1도 각 나라의 설계기준에 따라 다르게 규정하고 있다. 한편 휨 파괴가 일어날 때 변형률인 ε_{cu}는 대체로 3.0×10^{-3} 이상이며 콘크리트 강도가 낮은 경우의 콘크리트의 휨압축파괴변형률은 4.0×10^{-3} 이상이 되기도 한다. 이는 앞 절에서 설명한 바와 같이 중심 축압축을 받을 때 축압축파괴변형률보다는 훨씬 큰 값이다. 이 값도 표에서 볼 수 있듯이 각 나라의 설계기준에 따라 다르게 규정하고 있다. 그러나 휨강도를 계산할 때 이 값은 ACI의 설계기준과 같이 3.0×10^{-3}으로 고정시켜도 실제와 큰 오차가 없으나, 제6장에서 설명하는 처짐량은 이 값에 매우 민감하므로 계산할 때 가능한 정확한 값을 사용하는 것이 바람직하다.

휨압축파괴변형률
휨압축을 받아 파괴될 때의 콘크리트의 최대 변형률을 말한다. 우리나라 설계기준에서는 극한변형률로 표기하고 있다. 이 책에서는 중심 축압축에 대한 축압축파괴변형률과 구별하기 위하여 휨압축파괴변형률로 기술한다.

표 〈3.1〉 실험에 의한 k_1, k_2, k_3 및 ε_{cu} 값과 각 나라 설계기준에서 규정값

(a) PCA 실험 결과[1)]

f_{cm} (psi)	k_1	k_2	k_3	ε_{cu} ($\times 10^{-3}$)	$k_4 = k_1k_3/2k_2$	KDS			ACI			Eurocode		
						$\beta_1 = 2k_2$	k_4	ϵ_{cu}	$\beta_1 = 2k_2$	k_4	ϵ_{cu}	$\beta_1 = 2k_2$	k_4*	ϵ_{cu}
2000	0.86	0.48	1.03	3.7	0.923	0.80	0.85	0.0033	0.85	0.85	0.003	0.80	0.85	0.0035
3000	0.82	0.46	0.97	3.5	0.865	0.80	0.85	0.0033	0.85	0.85	0.003	0.80	0.85	0.0035
4000	0.79	0.45	0.94	3.4	0.825	0.80	0.85	0.0033	0.85	0.85	0.003	0.80	0.85	0.0035
5000	0.75	0.44	0.92	3.2	0.784	0.80	0.85	0.0033	0.85	0.85	0.003	0.80	0.85	0.0035
6000	0.71	0.42	0.92	3.1	0.778	0.80	0.845	0.00328	0.80	0.85	0.003	0.80	0.85	0.0035
7000	0.67	0.41	0.93	2.9	0.760	0.80	0.827	0.00321	0.75	0.85	0.003	0.80	0.85	0.0035

(b) Cornell 대학 실험 결과[2)]

f_{cm} (psi)	k_1	k_2	k_3	ε_{cu} ($\times 10^{-3}$)	$k_4 = k_1k_3/2k_2$	KDS			ACI			Eurocode		
						$\beta_1 = 2k_2$	k_4	ϵ_{cu}	$\beta_1 = 2k_2$	k_4	ϵ_{cu}	$\beta_1 = 2k_2$	k_4*	ϵ_{cu}
2600	0.88	0.48	0.96	4.227	0.880	0.80	0.85	0.0033	0.85	0.85	0.003	0.80	0.85	0.0035
2700	0.83	0.48	0.96	3.565	0.830	0.80	0.85	0..0033	0.85	0.85	0.003	0.80	0.85	0.0035
5350	0.80	0.44	0.91	3.498	0.827	0.80	0.85	0.0033	0.783	0.85	0.003	0.80	0.85	0.0035
6170	0.78	0.42	0.92	3.730	0.875	0.80	0.842	0.00327	0.742	0.85	0.003	0.80	0.85	0.0035
8200	0.66	0.38	1.07	3.218	0.929	0.777	0.812	0.00313	0.65	0.85	0.003	0.782	0.820	0.0030
9200	0.70	0.41	0.97	3.537	0.828	0.751	0.793	0.00306	0.65	0.85	0.003	0.764	0.789	0.0028

* 표준값은 1.0이나 주요 국가들의 국가기준(예로서 BS, DIN 등)의 값임.

등가 포물선-직선형 응력블록

앞의 등가직사각형 응력블록뿐만 아니라 그림 [3.10](c)와 그림 [3.13](b)에서 보는 바와 같은 등가 포물선-직선형 응력블록도 유럽 설계기준(Eurocode 2)과 2021년도 개정된 우리나라 설계기준에서 제시하고 있다. 물론 이 응력블록은 앞의 등가직사각형 응력블록보다 실제 콘크리트의 응력-변형률 관계와 좀 더 유사하므로 좀 더 정확하게 예측할 수도 있다.

그림 [3.13](b)에서 보듯이 축압축파괴변형률인 ε_{co}까지는 포물선 형태로, 그리고 그 이후 휨압축파괴변형률인 ε_{cu}까지는 일정한 응력 $k_4 f_{cm}$으로 가정하고 있다. 물론 이러한 값들은 실험을 통해 얻은 값을 이용하여 가장 최적의 값을 산출한 것으로서 우리나라 설계기준에서는 다음 식 (3.3)과 같다.

20 4.1.1(7)

$$f_c = 0.85 f_{ck}\left[1-\left(1-\frac{\varepsilon_c}{\varepsilon_{co}}\right)^n\right] \;;\; 0 \le \varepsilon_c \le \varepsilon_{co} \tag{3.3(a)}$$

$$f_c = 0.85 f_{ck} \;;\; \varepsilon_c > \varepsilon_{co} \tag{3.3(b)}$$

$$n = 1.2 + 1.5\left(\frac{100 - f_{ck}}{60}\right)^4 \le 2.0 \tag{3.3(c)}$$

$$\varepsilon_{co} = 0.002 + \left(\frac{f_{ck} - 40}{100{,}000}\right) \ge 0.002 \tag{3.3(d)}$$

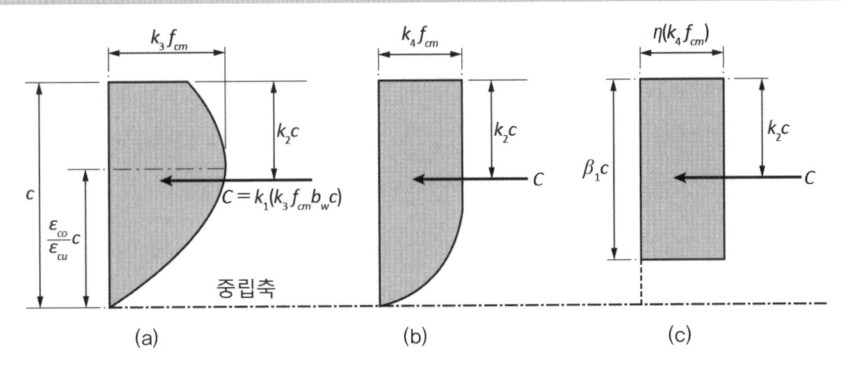

그림 [3.13]
등가포물선-직선형 응력블록 ; (a) 실제 응력-변형률 관계 ; (b) 등가포물선-직선형 응력블록 ; (c) 등가직사각형 응력블록으로 치환

$$\varepsilon_{cu} = 0.0033 - \left(\frac{f_{ck} - 40}{100,000}\right) \leq 0.0033 \tag{3.3(e)}$$

여기서, f_{ck}는 콘크리트의 설계기준압축강도(MPa)이다.

등가응력블록의 한계

앞에서도 설명한 바와 같이 휨모멘트가 작용하는 철근콘크리트 부재단면의 해석과 설계에 콘크리트의 실제 응력-변형률 관계 대신에 등가의 응력블록을 적용하는 것은 보다 단순하게 계산할 수 있도록 하기 위한 것이다. 이를 위하여 등가직사각형, 등가포물선-직선형, 등가사다리꼴 등 다양한 형태에 대하여 여러 연구자들이 실험한 결과를 활용하여 등가의 계수값을 찾아내었다. 그러나 이러한 등가응력블록을 적용하면 몇 가지 문제가 발생할 수도 있다. 그 주된 문제의 요인은 등가의 응력블록을 찾아내는 데 사용한 실험의 한계에 의해 발생한다.

일반적으로 등가응력블록을 유도하기 위해 시행된 대부분의 실험은, 첫째 그림 [3.5]에서 볼 수 있는 공시체 형태와 크기로 중립축까지 거리가 200 mm(8 in.)이고, 폭이 125 mm(5 in.)인 직사각형 단면이며, 둘째 전체 단면이 휨압축을 받는 변형률경사(strain gradient)가 있고, 셋째 실험실에서 단시간에 이루어져 장기변형은 발생되지 않았다. 이러한 제한적 조건에 의해 얻은 결과와 실제 구조물에서 일어나는 현상이 일치하지 않음으로써 발생될 수 있는 문제를 살펴본다.

첫째, 실험에서 사용한 휨압축을 받는 단면은 직사각형 단면으로서 폭이 일정하다. 그러나 만약 폭이 일정하지 않으면 단면의 형태에 따라 휨압축파괴변형률, ε_{cu}는 크게 영향을 받는다. 그림 [3.14](a)에서 나타나듯이 압축연단 쪽의 단면의 폭이 작으면 휨압축파괴변형률, ε_{cu}는 커지고 반대로 폭이 커지면 ε_{cu}는 작아진다. 그러나 우리나라 설계기준과 유럽설계기준은 콘크리트의 강도에 따라 변화는 있으나 단면의 폭에는 관계없이 일정한 값으로 규정하고 있으며, 미국설계기준(ACI)에서는 강도와 폭에 관계없이 일정한 값 0.003으로 규정하고 있다. 따라서 이러한 규정은 실제와 크게 차이가 있을 수 있다.

둘째, 휨압축을 받을 때 변형률경사(strain gradient)에 따라 휨압축파괴변형률 ε_{cu}값이 실제로는 변화하나 모든 설계기준에서는 이를 고려하지 않고 있다. 그림 [3.14](b)에서 볼 수 있듯이 같은 단면을 갖는 철근콘크리트보라고 하여도 인장철근비가 작아 변형률경사가 큰 경우에는 휨압축파괴변형률 ε_{cu}가 커지고, 반대로 인장철근비가 커서 변형률경사가 작은 경우에는 ε_{cu}값은 더 작아진다. 이러한 현상은 단면에 휨모멘트와 축력이 동시에 작용하는 기둥단면에서도 나타난다. 즉 휨모멘트에 비해 상대적으로 축력이 크면 중립축은 압축연단에서 멀어져 변형률경사는 완만하여지므로 휨압축파괴변형률 ε_{cu}값은 작아진다. 극단적으로 중심축압축력만 받아 휨모멘트는 받지 않고 축력만 받는 단면의 경우, 단면의 모든 곳에서 변형률이 일정하여 변형률경사가 없으므로 이때 콘크리트의 파괴변형률은 휨압축파괴변형률 ε_{cu}가 아니라 축압축파괴변형률 ε_{co}가 된다. 즉 이를 축압축파괴변형률이라고 하며 휨압축파괴변형률의 하한값이 된다.

셋째, 장기변형인 크리프(creep)와 수축현상(shrinkage)을 고려하면 응력-변형률 관계가 크게 변한다. 그림 [3.14](c)에서 볼 수 있듯이 지속응력이 작용하면 초기 탄성변형률 ε_{ce}가 발생하고, 시간의 흐름에 따라 크리프에 의해 $\phi\varepsilon_{ce}$만큼, 건조수축 등 수축현상에 의해 ε_{sh}만큼 추가로 변형률이

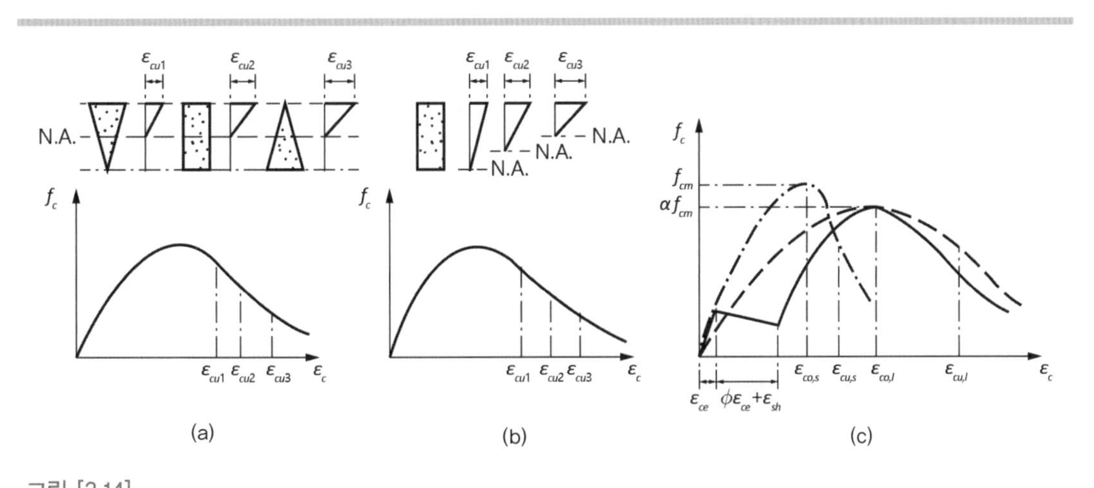

그림 [3.14]
휨압축파괴변형률(극한변형률) ε_{cu}의 변화: (a) 단면의 형태에 따라; (b) 변형률경사(strain gradient)에 따라; (c) 장기변형(재하속도) 고려에 따라

발생한다. 이러한 현상이 일어난 후에 급격한 하중이 구조물에 가해져 파괴가 일어나는 경우의 휨압축파괴변형률 $\varepsilon_{cu,l}$은 실험실에서 얻은 $\varepsilon_{cu,s}$보다 훨씬 큰 변형률인 대략 $\varepsilon_{cu,l}=\varepsilon_{cu,s}+\phi\varepsilon_{ce}+\varepsilon_{sh}$ 정도가 된다. 물론 이때 장기변형률인 $\phi\varepsilon_{ce}+\varepsilon_{sh}$는 지속하중의 크기와 가해진 기간에 따라 차이가 난다. 그리고 이때 파괴되는 압축강도도 재하율이 실험실에서 실험할 때보다 느리므로 지속하중의 지속기간 등에 따라 $\alpha f_{cm}(\alpha \le 1.0)$으로 줄어든다.

넷째, 중심축압축을 받는 경우 등가응력블록을 사용하는 경우 문제가 나타날 수 있다. 앞서 설명한 바와 같이 등가응력블록은 휨압축에 대한 계산을 간단히 하기 위하여 제시된 것으로서 순수 압축을 받는 경우를 고려한 것이 아니다. 압축력만 받을 때 단기하중에 대한 콘크리트의 파괴변형률은 그림 [3.14](c)에서 보듯이 $\varepsilon_{co,s}$이고, 그때의 콘크리트강도는 f_{cm}이다. 반면 지속하중이 작용하는 경우 이 값들은 $\varepsilon_{co,l}$과 $\alpha f_{cm}(\alpha \le 1.0)$으로 바뀐다. 따라서 단기 및 장기 중심축하중에 대한 철근콘크리트 단면의 축강도 $P_{o,s}$와 $P_{o,l}$은 각각 다음 식 (3.4)와 같다.

$$P_{o,s}=f_{cm}(A_g-A_{st})+E_s\varepsilon_{co,s}A_{st} \tag{3.4)(a}$$

$$P_{o,l}=\alpha f_{cm}(A_g-A_{st})+E_s\varepsilon_{co,l}A_{st} \tag{3.4)(b}$$

위 식 (3.4)(a), (b)에서 $\varepsilon_{co,s}$와 $\varepsilon_{co,l}$이 사용한 철근의 항복변형률 ε_y보다 크면 다음 식 (3.5)와 같다.

$$P_{o,s}=f_{cm}(A_g-A_{st})+f_yA_{st} \tag{3.5)(a}$$

$$P_{o,l}=\alpha f_{cm}(A_g-A_{st})+f_yA_{st} \tag{3.5)(b}$$

여기서, 단기하중에 대한 축압축파괴변형률 $\varepsilon_{co,s}$는 콘크리트 강도가 20 MPa 정도에서는 0.002 정도이고 강도가 높아짐에 따라 0.003 정도로서 우리나라 설계기준에서는 0.002~0.0025로 규정하고 있으며, ε_{cu}값은 0.0033~0.0028

로 규정하고 있다. 그러나 장기변형을 고려할 경우 하중의 지속기간과 단면의 크기, 구조물이 노출된 환경, 즉 온도와 습도 등에 차이가 있으나, 일반적으로 지속하중이 0.1~0.2P_o 정도 작용하고 1년 이상 지속적으로 가해지면 크리프계수는 1 이상이 되고 건조수축에 의한 변형률도 대략 200~400×10^{-6} 정도 일어나므로 $\varepsilon_{cu,l}$은 0.003 이상에 이른다. 그리고 지속하중에 의한 강도 저하를 0.85f_{cm} 정도로 가정하여 미국설계기준(ACI)과 우리나라 설계기준에서는 띠철근콘크리트 기둥의 축강도는 다음 식 (3.6)과 같이 규정하고 있다.

$$P_o = 0.85 f_{ck}(A_g - A_{st}) + f_y A_{st} \tag{3.6}$$

여기서, 우리나라 설계기준의 경우 $f_y \leq 600$ MPa, 즉 $\varepsilon_y \leq 0.003$으로서 예상 $\varepsilon_{co,l}$값의 최소한 한계값을 나타내고 있다. 그러나 2021년에 개정된 우리나라 설계기준의 등가직사각형 응력블록을 사용하는 경우 콘크리트의 설계기준압축강도가 70 MPa를 초과하면 ε_{cu} 값이 0.003보다 작아져서 SD 600을 사용하는 경우 이 식 (3.6)에서 f_y 대신에 $E_s\varepsilon_{cu}$를 사용하여야 일치하는 점을 얻을 수 있다.

10 4.2.4(1)

3.3 보의 휨 거동

3.3.1 철근콘크리트 보의 휨 거동

철근콘크리트 보에 하중이 가해질 때 파괴 거동은 인장철근의 양에 따라 크게 2가지로 대별된다. 하나는 인장철근의 양이 작은 경우, 즉 철근콘크리트 보가 최대 저항 휨모멘트인 휨강도에 도달하기 이전에 인장철근이 먼저 항복하는 것으로서 과소철근콘크리트 보(under-reinforced concrete beam)에서 일어나는 파괴 거동이다. 다른 하나는 반대로 인장철근이 항복하기 전에 압축연단의 콘크리트가 휨압축파괴변형률에 도달하여 파쇄가 일어나 최대 저항 휨모멘트에 도달하는 것으로서 과다철근콘크리트 보

과소철근콘크리트 보
인장철근이 항복한 후에 압축연단 콘크리트가 휨압축파괴가 일어나는 보를 말한다.

과다철근콘크리트 보
인장철근이 항복하기 전에 압축연단 콘크리트가 휨압축파괴가 일어나는 보. 과소와 과다철근콘크리트 보의 경계가 되는, 즉 인장철근의 변형률이 항복변형률에 도달하는 것과 동시에 압축연단 콘크리트의 변형률이 휨압축파괴변형률에 도달하는 보를 균형철근콘크리트 보라고 한다.

(over-reinforced concrete beam)에서 일어나는 파괴 거동이다.

그러나 여기서 주의하여야 할 것은 과소, 과다철근콘크리트 보를 막론하고 철근콘크리트 보의 파괴는 결국 압축연단 콘크리트의 휨압축파괴에 의하여 일어난다는 것이다. 다만 과다철근콘크리트 보는 파괴에 이를 때까지도 인장철근은 항복하지 않는 데 비하여, 과소철근콘크리트 보는 인장철근이 먼저 항복하나 그 철근이 파단에 이르지는 않고 계속 늘어나 결국 압축연단의 콘크리트가 파괴되는 것이다. 이 경우 파괴에 이를 때까지 철근이 많이 늘어나게 되므로, 즉 연성을 크게 확보할 수 있으므로 이러한 과소철근콘크리트 보의 파괴가 실제 구조물에 있어서 바람직한 파괴 형태이다. 따라서 설계기준에서는 이와 같은 파괴가 일어날 수 있도록 인장철근량을 제한하고 있다.

20 4.1.5(5)

3.3.2 과소철근콘크리트 보의 휨 거동

먼저 과소철근콘크리트 보에 하중이 점차 가해질 때 단면 내의 응력 분포의 변화와 곡률-휨모멘트 관계에 대하여 알아보자.

처음 하중이 조금 가해지면 그림 [3.15](a)에 나타낸 단계 I과 같이 인장 측 콘크리트에 균열도 일어나지 않고, 철근과 콘크리트는 선형탄성 거동을 하게 된다. 이와 같은 거동은 인장연단 콘크리트의 응력이 휨인장강도(modulus of rupture, f_r)에 도달할 때까지이다. 인장응력이 f_r에 도달할 때의 단면 저항 휨모멘트를 균열휨모멘트라고 하고 M_{cr}로 표시하며, 단면의 응력 상태는 그림 [3.15](b)의 단계 II의 경우이다.

휨인장강도(파괴계수)
정사각형 휨 공시체에 의한 콘크리트의 인장강도 (그림 [2.19](c) 참조)

단면의 휨모멘트가 이 M_{cr} 값을 초과하면 그림 [3.15](c)에서 보인 단계 III과 같이 인장영역에서 균열이 발생하기 시작하며, 만약 보 길이 방향으로 인장영역의 모든 콘크리트가 균열이 일어난다면 그림 [3.16]의 점선을 따라 거동할 것이나 몇 개의 균열만 가기 때문에 실제의 거동은 실선과 같다. 이러한 현상을 인장증강(tension stiffening)이라고 한다.

인장증강
인장력을 받는 철근콘크리트 부재 또는 영역에서 철근만의 강성보다는 콘크리트가 균열이 일어나더라도 균열이 없는 부분의 콘크리트의 영향으로 철근콘크리트의 강성이 증가되는 현상을 말한다.

이 이후 그림 [3.15](d)에서 보인 단계 IV의 경우와 같이 하중이 증가되어 철근이 항복할 때 휨모멘트를 항복휨모멘트라고 하고 M_y로 표시한다. 더 큰 하중이 가해지면 철근은 더 이상 인장력의 증가없이 늘어나게 되고 콘크리트 압축력도 증가되지 않으나 중립축이 위로 이동하게 된다. 즉, 그림 [3.15](e)에서 보인 단계 V의 경우와 같이 휨모멘트 팔(moment arm)의 증가에 의해 저항 휨모멘트는 조금 증가하게 되고, 결국 그림 [3.15](f)의 단계 VI인 최대 저항 휨모멘트 M_n에 도달하게 된다. 이 최대 저항 휨모멘트가 바로 단면의 휨강도가 된다. 물론 우리나라 설계기준에 의하면, 이때의 콘크리트 압축연단의 변형률을 ε_{cu}로 콘크리트강도에 따라 다르게 규정하고 있으나, 실제의 보에서는 앞에서도 설명하였듯이 그림 [3.17]에서 보는 바와 같이 단면의 형태와 인장철근량에 따라서도 이 휨압축파괴변형률 ε_{cu} 값이 변한다.[8)]

휨강도(flexural strength)
휨모멘트에 대하여 부재 단면이 저항할 수 있는 최대 저항 능력을 휨강도라고 한다.

그러나 실제 철근콘크리트 보는 여기서 파괴에 이르는 것은 아니고, 변위 제어에 의하면 그림 [3.15](g)의 단계 VII에서 보인 바와 같이 휨모멘트 저항 능력은 약간 떨어지나, 계속 상당한 휨모멘트에 저항하다가 압축 콘

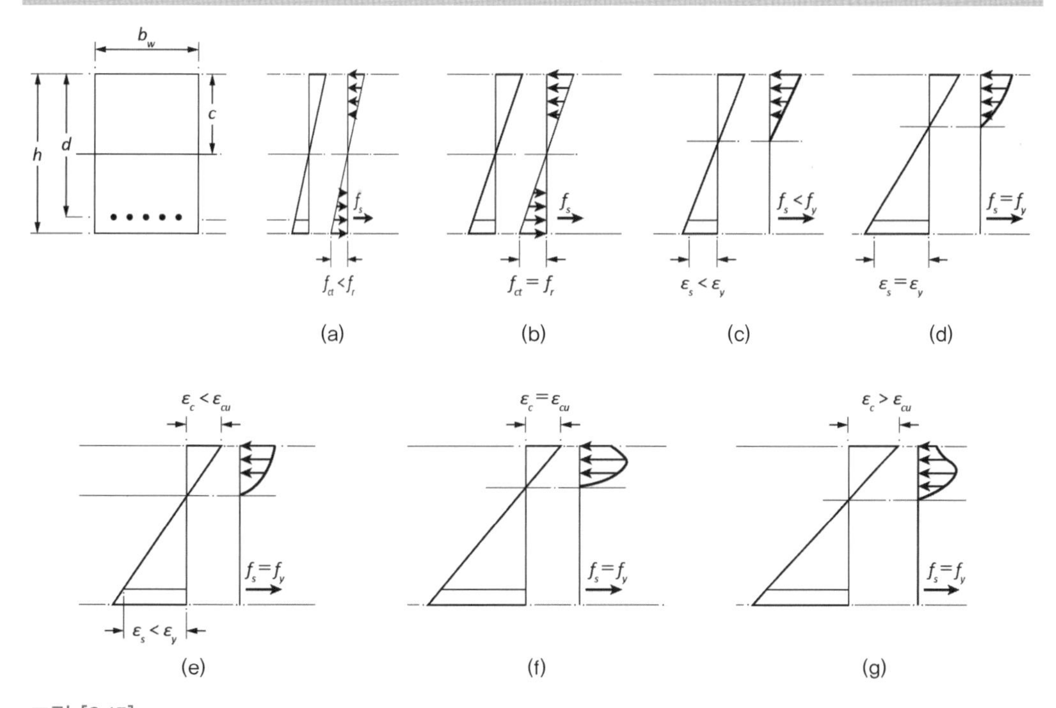

그림 [3.15]
과소철근콘크리트 보의 하중 단계별 변형률, 응력 및 중립축 위치의 변화: (a) 단계 I; (b) 단계 II(M_{cr}); (c) 단계 III; (d) 단계 IV(M_y); (e) 단계 V; (f) 단계 VI(M_n); (g) 단계 VII

크리트 부분이 완전히 파쇄가 되어 압축철근이 좌굴이 일어나거나 또는 인장철근이 과도하게 늘어나 부착파괴가 일어난 후에 파괴가 일어난다.

실제 구조물에서는 외부로부터 하중이 가해져 보의 어느 한 부분이 그 단면의 휨강도에 이르면 저항 휨모멘트는 조금 감소하게 되나, 휨모멘트 재분배가 일어나 다른 부분이 파괴에 이를 때까지 하중을 더 받게 된다. 이러한 거동을 고려하여 구조물을 해석하는 것이 비선형 구조물 해석이며 강도설계법에서도 이러한 것을 고려하여 부모멘트 재분배(redistribution of mements)를 어느 정도 허용하고 있다.

부모멘트의 재분배
강도설계법의 경우 구조물을 선형 해석하는 것을 원칙으로 하고 있어 발생하는 단점을 어느 정도 보완하여 주기 위한 방법이다. 이때 분배율은 휨모멘트에 대하여 연성의 정도를 나타내는 인장철근의 변형률에 따라 조정해주도록 규정하고 있다.(10 4.3.2)

그림 [3.16]
과소철근콘크리트 보의 휨모멘트–곡률 관계

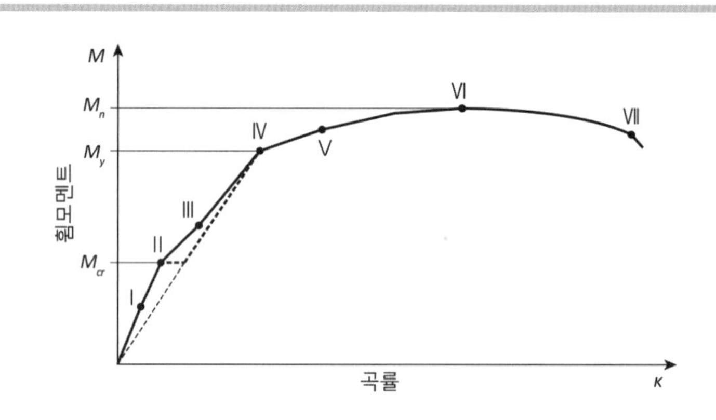

그림 [3.17]
보의 단면 형태에 따른 휨압축파괴변형률 (극한변형률)[8]

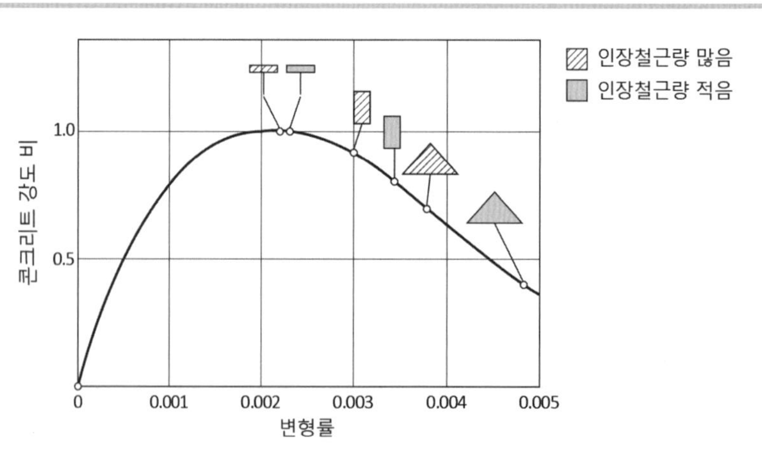

3.3.3 과다철근콘크리트 보의 휨 거동

앞에서도 설명한 바와 같이 인장철근이 항복에 이르기 전에 철근콘크리트 보가 파괴에 이르는 경우가 과다철근콘크리트 보에서 일어난다. 실제 구조물에서는 이러한 보를 설계하지 못하도록 규정하고 있으나, 이러한 보에 하중이 점차 가해질 때 파괴까지 거동을 살펴보면, 인장 측 콘크리트가 균열이 시작될 때까지는, 즉 그림 [3.18]과 그림 [3.19]의 단계 I과 II까지는 과소철근콘크리트 보와 동일하게 거동한다. 균열휨모멘트 M_{cr}

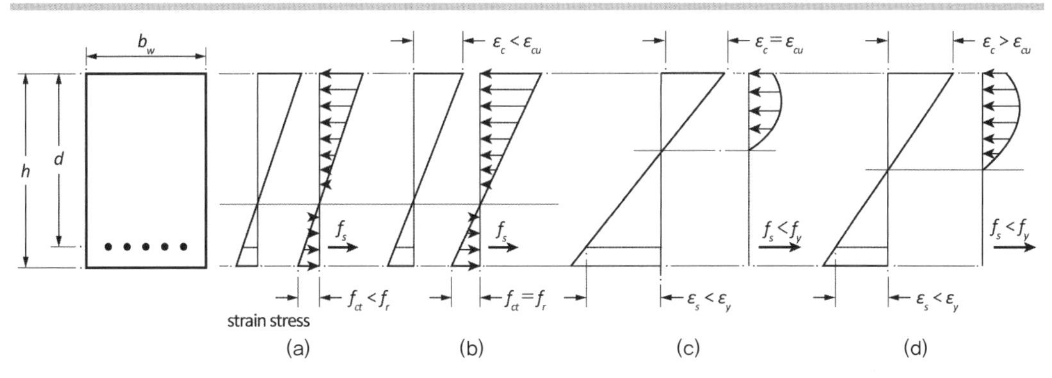

그림 [3.18]
과다철근콘크리트 보의 하중단계별 변형률, 응력 및 중립축 위치의 변화: (a) 단계 I; (b) 단계 II(M_{cr}); (c) 단계 III(M_n); (d) 단계 IV

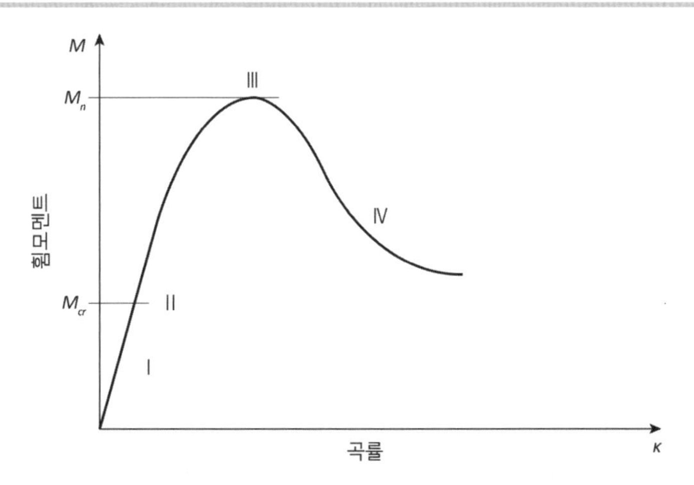

그림 [3.19]
과다철근콘크리트 보의 휨모멘트-곡률 곡선

값을 초과하면 콘크리트는 얼마간 선형 거동을 한 후에 비선형 거동을 하게 된다. 인장철근은 항복에 도달하지 않고 압축연단 콘크리트의 변형률이 점점 증가되어 그림 [3.18](c)의 단계 III의 최대 저항 휨모멘트, 즉 단면의 휨강도 M_n에 도달하게 된다. 그러나 최대 저항 휨모멘트 M_n에 도달할 때까지도 인장철근은 항복하지 않으므로 이 경우에는 항복휨모멘트 M_y는 존재하지 않는다.

이 과다철근콘크리트 보는 최대 저항 휨모멘트에 이른 후 그림 [3.18](d)와 그림 [3.19]의 단계 IV에 이르러 곧 압축 측 콘크리트가 탈락되거나 압축철근이 좌굴을 일으키게 되어 휨모멘트 저항 능력이 급격히 떨어지게 된다. 이러한 보의 파괴는 급격하게 이루어지기 때문에 실제 구조물에서는 사용하지 못하도록 규정하고 있다.

3.4 휨모멘트를 받는 단면의 선형 해석

3.4.1 선형탄성 해석을 위한 조건

철근콘크리트 구조물의 부재에 휨모멘트가 작용할 때 그 구성재료인 콘크리트와 철근이 선형 거동을 할 것인지 여부는 작용하는 응력의 크기에 좌우된다. 그림 [3.20](a)와 (b)에서 볼 수 있듯이 콘크리트의 인장응력이 f_r에 이를 때까지, 그리고 압축응력이 약 $(0.4\sim0.5)f_{cm}$에 이를 때까지 선형으로 가정할 수 있다. 철근은 인장, 압축 모두 f_y에 이를 때까지 선형으로 가정할 수 있다.

그림 [3.20](c)에서 나타낸 것은 장기간 지속적으로 하중이 가해질 때 크리프에 의해 콘크리트는 변형이 증가되므로 콘크리트의 탄성계수를 줄여 주어 선형탄성으로 해석할 때 거동을 나타내고 있다. 우리나라에서 이전에 사용한 토목분야의 허용응력설계법에서는 이때 탄성계수를 그림 [3.20](c)에 보인 바와 같이 $0.5E_c$를, 즉 탄성계수비 n을 압축철근에 대하여 n 대신에 $2n$을 취하도록 하였다. 그러나 인장에 대해서는 콘크리트에 균열이 일어나므로 콘크리트의 탄성계수는 본래의 E_c를 사용하도록 하였

탄성계수비 n
철근콘크리트에서는 콘크리트의 탄성계수 E_c에 대한 철근의 탄성계수 E_s의 비를 탄성계수비라고 한다. 즉, $n = E_s/E_c$로서 E_s는 강도에 관계없이 거의 일정하나 콘크리트의 탄성계수 E_c는 강도에 따라 변하므로 n 값은 대략 5~10 범위 정도의 값이다.

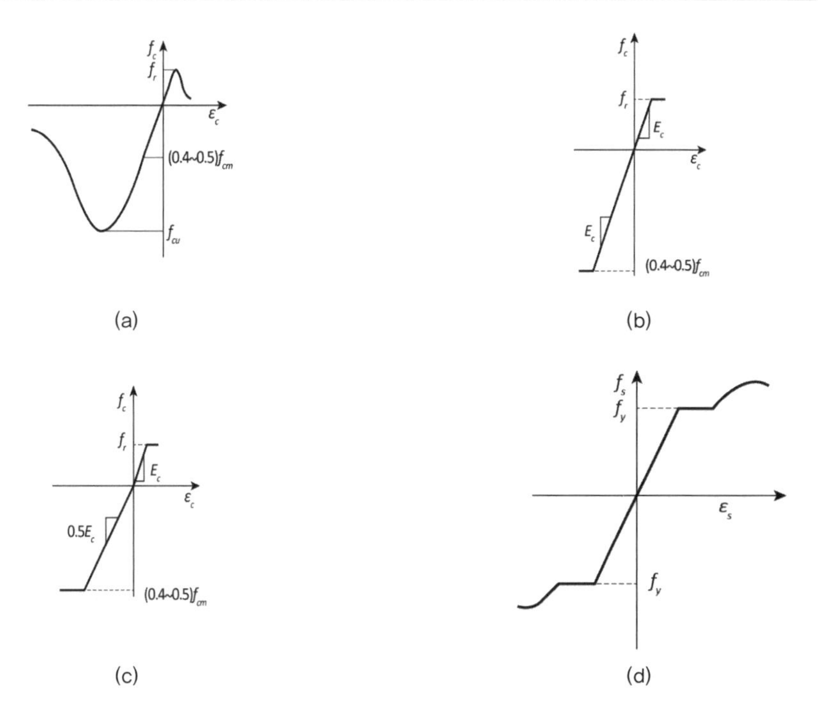

그림 [3.20]
콘크리트와 철근에 대한 응력-변형률 곡선의 선형 구간: (a) 실제 콘크리트 응력-변형률 곡선; (b) 선형 구간(단기하중); (c) 선형 구간(장기하중); (d) 철근의 응력-변형률 곡선

다. 건축의 경우는 장기변형을 고려하는 방법으로 단순히 인장, 압축 모두 $0.5E_c$에 가까운, 즉 n값을 15로 고정하였다.

3.4.2 인장영역 콘크리트에 균열이 일어나지 않은 단면

직사각형 단철근콘크리트 보

단철근콘크리트 보(singly reinforced concrete beam)
철근콘크리트 보에서 인장철근만 배치되어 있는 보를 말한다. 실제 구조물의 보는 대부분 압축 측에도 철근이 배치되어 있으나, 휨강도를 증대시키는 목적이 아니라 스터럽 설치, 장기변형 축소 등 다른 목적으로 배치하는 경우가 많다. 이러한 경우 압축철근의 고려 여부에 관계없이 휨강도는 크게 변하지 않기 때문에 단철근콘크리트 보로 분류할 수 있다.

인장연단에서 콘크리트의 응력이 휨인장강도 f_r에 도달하지 않는다면 전체 단면이 유효하며, 이 경우 그림 [3.21](b)에 나타난 것과 같은 환산단면에 대하여 중립축 거리 kd를 계산하면 다음 식 (3.7)과 같이 된다.

$$kd = \frac{0.5b_w h^2 + (n-1)A_s d}{b_w h + (n-1)A_s} \tag{3.7}$$

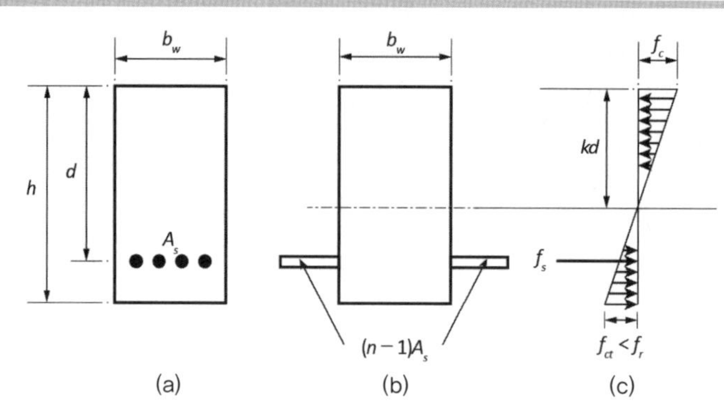

그림 [3.21]

균열이 일어나지 않은 단철근콘크리트 보: (a) 보 단면; (b) 환산단면; (c) 응력 분포

유효깊이(effective depth)
압축연단에서 인장철근의 중심까지 거리를 말한다. 보 단면의 철근비를 계산할 때 등 중요한 단면 특성 중의 하나이다.

여기서, b_w는 그림 [3.21](a)에서 나타낸 보의 폭, h는 보의 전체 깊이, n은 탄성계수비, A_s는 인장철근량, d는 보의 유효깊이이다.

이때 콘크리트의 인장연단에서 응력 f_{ct}, 콘크리트의 압축연단에서 응력 f_c와 철근의 인장응력 f_s의 관계는 그림 [3.21](c)에 나타난 응력 관계도를 참조하여 비례 법칙에 따라 아래 식 (3.8)과 식 (3.9)에 의해 구할 수 있다.

$$f_c = \frac{kd}{(h-kd)} f_{ct} \tag{3.8}$$

$$f_s = n\frac{d-kd}{h-kd} f_{ct} \tag{3.9}$$

그리고 작용하는 휨모멘트 M과 콘크리트의 인장응력의 관계는 다음 식 (3.10)과 같이 되므로, 휨모멘트가 주어지면 식 (3.8)과 식 (3.9)의 관계식을 이용하여 콘크리트의 인장응력 f_{ct}를 구할 수 있다.

$$\begin{aligned} M &= \frac{1}{2} f_c k d b_w \times \frac{2}{3} kd + \frac{1}{2} f_{ct} (h-kd) b_w \times \frac{2}{3}(h-kd) \\ &\quad + \frac{(n-1)}{n} f_s A_s (d-kd) \\ &= \frac{f_{ct}}{(h-kd)} \left[\frac{b_w (kd)^3}{3} + \frac{b_w (h-kd)^3}{3} + (n-1) A_s (d-kd)^2 \right] \end{aligned} \tag{3.10}$$

이 식 (3.10)에 의해 주어진 휨모멘트 M에 대해 f_{ct}가 구해지면 위 식 (3.8)과 식 (3.9)에 의해 콘크리트의 압축응력 f_c와 철근의 인장응력 f_s를 구할 수 있다.

그리고 보의 인장연단에서 콘크리트의 인장응력 f_{ct}가 f_r에 도달할 때의 휨모멘트, 즉 균열휨모멘트 M_{cr}을 위의 식 (3.10)에 f_{ct} 대신에 f_r을 대입함으로써 식 (3.11)에 의해 얻을 수 있다.

$$M_{cr} = \frac{f_r}{(h-kd)}\left[\frac{b_w(kd)^3}{3}+\frac{b_w(h-kd)^3}{3}+(n-1)A_s(d-kd)^2\right] \qquad (3.11)$$

예제 〈3.1〉

다음과 같은 단철근콘크리트 보에 휨모멘트 M= 150 kNm가 작용할 때 보 상, 하 면에서 콘크리트의 압축응력 f_c와 인장응력 f_{ct} 및 철근의 인장응력 f_s를 구하라. 그리고 주어진 단면에 대한 균열휨모멘트 M_{cr}도 구하라.

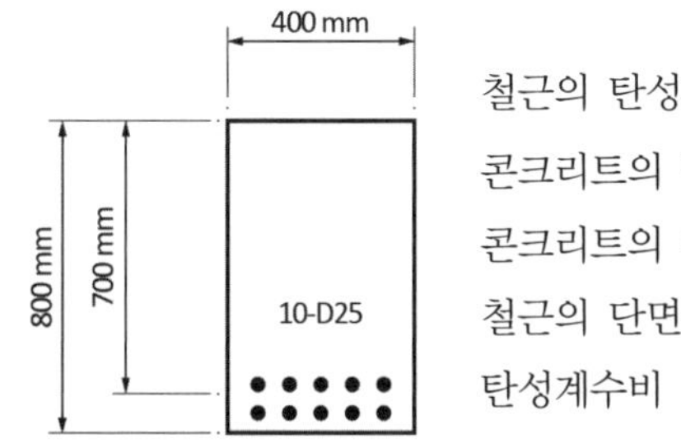

철근의 탄성계수	$E_s = 2.0 \times 10^5$ MPa
콘크리트의 탄성계수	$E_c = 2.5 \times 10^4$ MPa
콘크리트의 휨인장강도(파괴계수)	$f_r = 3$ MPa
철근의 단면적	$A_s = 10 \times 506.7 = 5{,}067$ mm^2
탄성계수비	$n = E_s/E_c = 8$

풀이

식 (3.7)에 의해 중립축 위치 kd를 구하면,

$$kd = \frac{0.5\times400\times800^2+(8-1)\times5{,}067\times700}{400\times800+(8-1)\times5{,}067} = 430\,\text{mm}$$

식 (3.10)에 의해 보의 아래 면에서 콘크리트의 인장응력 f_{ct}를 계산할 수 있다.

$$f_{ct} = \frac{150{,}000{,}000}{\dfrac{1}{800-430}\times\left[\dfrac{400\times430^3}{3}+\dfrac{400\times(800-430)^3}{3}+(8-1)\times5{,}067\times(700-430)^2\right]}$$
$$= 2.78\text{ MPa}$$

여기서 구한 인장응력 2.78 MPa은 콘크리트의 휨인장강도 f_r=3.0 MPa보다 작으므로 보에는 균열이 발생하지 않는다. 따라서 균열이 가지 않는다고 가정하여 구한 f_{ct} 값은 맞으므로 콘크리트의 압축응력 f_c와 철근의 인장응력 f_s를 식 (3.8)과 식 (3.9)에 의하여 다음과 같이 구할 수 있다.

$$f_c = \frac{430}{800-430} \times 2.78 = 3.23 \text{ MPa}$$

$$f_s = 8 \times \frac{700-430}{800-430} \times 2.78 = 16.2 \text{ MPa}$$

그리고 균열휨모멘트 M_{cr}은 식 (3.11)에 의해 구할 수 있다.

$$\begin{aligned} M_{cr} &= \frac{3}{800-430}\left[\frac{400 \times 430^3}{3} + \frac{400 \times (800-430)^3}{3} + (8-1) \times 5067 \times (700-430)^2\right] \\ &= 161{,}678{,}568 \text{ Nmm} \\ &\fallingdotseq 162 \text{ kNm} \end{aligned}$$

이때 철근의 인장응력 f_s와 압축연단 콘크리트의 압축응력 f_c는 식 (3.8)과 식 (3.9)에 의해 다음과 같이 구할 수 있다.

$$f_s = 8 \times \frac{700-430}{800-430} \times 3 = 17.5 \text{ MPa}$$

$$f_c = \frac{430}{800-430} \times 3 = 3.49 \text{ MPa}$$

여기서 보에 균열이 가기 전까지는 중립축 위치가 변하지 않으며, 따라서 f_c와 f_s 값은 휨모멘트 값에 비례한다는 것을 알 수 있다. 그리고 f_s 값이 철근의 항복강도에 훨씬 미치지 못한다는 것 또한 알 수 있다.

직사각형 복철근콘크리트 보

복철근콘크리트 보(doubly reinforced concrete beam)
인장철근뿐만 아니라 압축철근도 함께 배치된 철근콘크리트 보를 뜻한다.

직사각형 복철근콘크리트 보의 경우 그림 [3.22](b)에서 보듯이 압축철근에 대한 환산단면적 $(n-1)A_s'$를 취함으로써 중립축 거리 kd는 다음 식 (3.12)에 의해 계산할 수 있다.

$$kd = \frac{0.5b_w h^2 + (n-1)A_s'd' + (n-1)A_s d}{b_w h + (n-1)(A_s' + A_s)} \tag{3.12}$$

여기서, A_s'는 압축철근량이고, d'는 압축연단에서 압축철근 중심까지

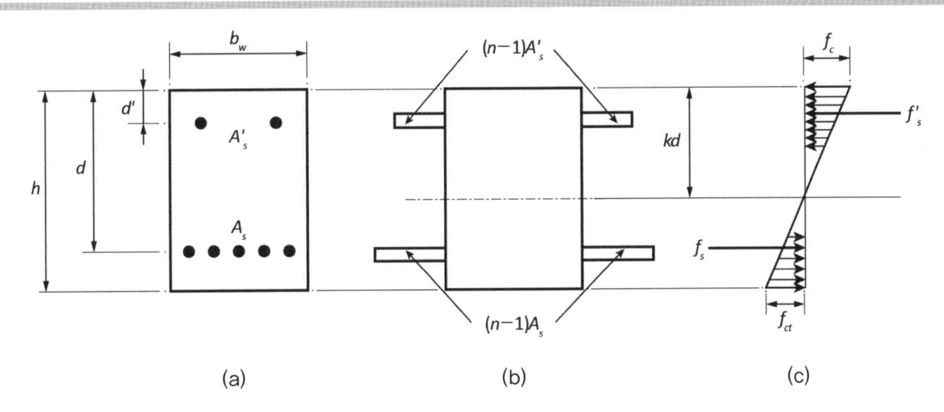

그림 [3.22]
균열이 일어나지 않은 직사각형 복철근콘크리트 보: (a) 보 단면; (b) 환산단면; (c) 응력 분포

거리이다.

그리고 이러한 보 단면에 휨모멘트 M이 작용할 때 콘크리트의 최대 압축응력 f_c, 최대 인장응력 f_{ct}와 인장철근의 응력 f_s, 압축철근의 응력 f_s'은 각각 비례 관계에 의해 다음 식 (3.13)과 힘의 평형관계에 의해 얻은 식 (3.14)를 이용하여 구할 수 있다.

$$f_c = \frac{kd}{h-kd} f_{ct} \tag{3.13(a)}$$

$$f_s' = n\frac{kd-d'}{h-kd} f_{ct} \tag{3.13(b)}$$

$$f_s = n\frac{d-kd}{h-kd} f_{ct} \tag{3.13(c)}$$

$$\begin{aligned} M = & \frac{1}{2} f_c kd b_w \frac{2kd}{3} + \frac{1}{2} f_{ct} (h-kd) b_w \frac{2(h-kd)}{3} \\ & + \frac{n-1}{n} f_s' A_s' (kd-d') + \frac{n-1}{n} f_s A_s (d-kd) \\ = & \frac{f_{ct}}{h-kd} \left[\frac{b_w (kd)^3}{3} + \frac{b_w (h-kd)^3}{3} + (n-1) A_s' (kd-d')^2 \right. \\ & \left. + (n-1) A_s (d-kd)^2 \right] \end{aligned} \tag{3.14}$$

그리고 이 경우에도 균열휨모멘트 M_{cr}은 f_{ct}가 f_r에 도달될 때이므로 위의 식 (3.14)의 f_{ct} 대신에 f_r을 대입하여 M을 구하면 그 값이 균열휨모멘트 M_{cr}이며, 대입하여 정리하면 다음 식 (3.15)와 같다.

$$M_{cr} = \frac{f_r}{h-kd}\left[\frac{b_w(kd)^3}{3} + \frac{b_w(h-kd)^3}{3} + (n-1)A_s'(kd-d')^2 + (n-1)A_s(d-kd)^2\right] \tag{3.15}$$

예제 〈3.2〉

다음과 같은 직사각형 복철근콘크리트 보에 휨모멘트 150 kNm가 작용할 때 보의 상, 하 면에서 콘크리트의 압축응력 f_c와 인장응력 f_{ct} 및 철근의 인장응력 f_s와 압축철근의 압축응력 f_s'를 구하라. 그리고 주어진 단면에 대한 균열휨모멘트 M_{cr}도 구하라.

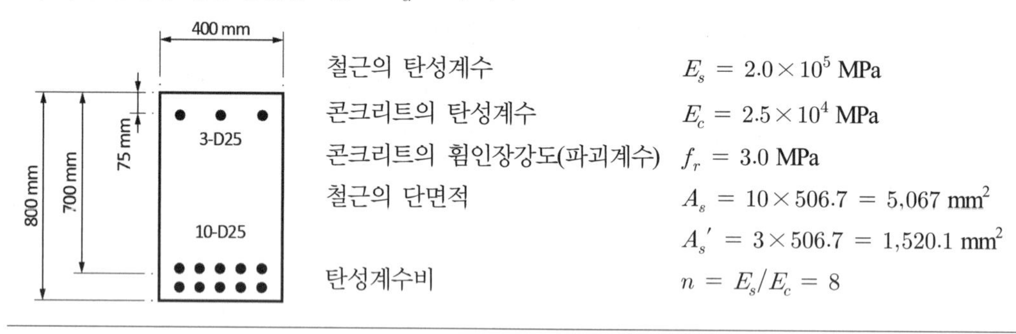

철근의 탄성계수	$E_s = 2.0\times10^5$ MPa
콘크리트의 탄성계수	$E_c = 2.5\times10^4$ MPa
콘크리트의 휨인장강도(파괴계수)	$f_r = 3.0$ MPa
철근의 단면적	$A_s = 10\times506.7 = 5{,}067$ mm^2
	$A_s' = 3\times506.7 = 1{,}520.1$ mm^2
탄성계수비	$n = E_s/E_c = 8$

풀이

식 (3.12)에 의해 중립축 위치 kd를 구하면,

$$\begin{aligned} kd &= [0.5\times300\times800^2+(8-1)\times1{,}520.1\times75+(8-1)\times5{,}067\times700] \\ &\quad /[300\times800+(8-1)\ (1{,}520.1+5{,}067)] \\ &= 425 \text{ mm} \end{aligned}$$

를 얻을 수 있고, 식 (3.14)에 의해 작용휨모멘트 $M = 150{,}000{,}000$ Nmm에 대한 콘크리트의 인장응력 f_{ct}를 계산하면,

$$f_{ct} = \frac{150{,}000{,}000\times(800-425)}{\left[\frac{400\times425^3}{3}+\frac{400\times(800-425)^3}{3}+7\times1{,}520.1\times(425-75)^2+7\times5{,}067\times(700-425)^2\right]}$$
$$= 2.65 \text{ MPa}$$

을 얻는다.

그리고 식 (3.13)에 의하여 콘크리트의 압축응력, 철근의 압축과 인장응력을 각각 구할 수 있다.

$$f_c = \frac{425}{800-425} \times 2.65 = 3.00 \text{ MPa}$$

$$f_s' = 8 \times \frac{425-75}{800-425} \times 2.65 = 19.8 \text{ MPa}$$

$$f_s = 8 \times \frac{700-425}{800-425} \times 2.65 = 15.5 \text{ MPa}$$

그리고 이 단면에 대한 균열휨모멘트 M_{cr}은 식 (3.15)에 의해 다음과 같다.

$$M_{cr} = \frac{3.0}{800-425} \times \left[\frac{400 \times 425^3}{3} + \frac{400 \times (800-425)^3}{3} + 7 \times 1{,}520.1 \times (425-75)^2 + 7 \times 5{,}067 \times (700-425)^2 \right]$$

$$= 170{,}019{,}964 \text{ Nmm} \fallingdotseq 170 \text{ kNm}$$

예제 〈3.2〉는 예제 〈3.1〉의 단면보다 압축철근이 3-D25가 더 배근된 것이다. 그러나 압축철근이 더 배근되어도 콘크리트와 철근의 응력은 크게 차이가 나지 않은 것을 알 수 있다.

T형 철근콘크리트 보

T형 보의 경우 중립축이 플랜지에 있는 경우와 복부에 있는 경우에 따라 다르게 수식이 유도되나, 여기서는 일반적으로 균열 이전에는 중립축이 복부에 위치하기 때문에 그 경우에 대해서만 수식을 유도한다. 또 이러한 T형 보에서 압축철근이 있어도 그 영향이 크지 않으므로 압축철근의 영향은 무시하고 인장철근만 있는 T형 보에 대해서만 수식을 유도한다. 그림 [3.23]에서 나타난 중립축 위치 kd를 먼저 구하면 다음 식 (3.16)와 같이 나타낼 수 있다.

T형 보
보와 슬래브가 일체로 타설되거나 프리캐스트 보에서 T형 형태의 보를 일컫으며, 특히 압축을 받는 부분이 T형인 것을 T형 보라고 한다.

$$kd = \frac{0.5 b_w h^2 + 0.5(b-b_w)t_f^2 + (n-1)A_s d^2}{b_w h + (b-b_w)t_f + (n-1)A_s} \tag{3.16}$$

여기서, b는 플랜지의 유효폭이고, t_f는 플랜지의 두께이다.

그리고 이 경우에도 단면에 휨모멘트 M이 작용할 때 콘크리트의 최대

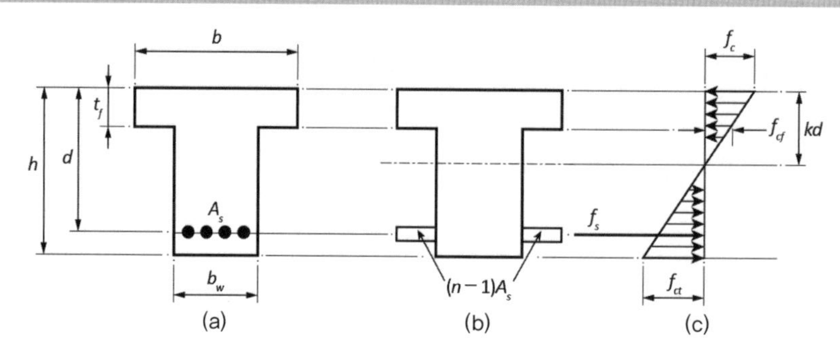

그림 [3.23]
균열이 일어나지 않은 T형 철근콘크리트 보: (a) 보 단면; (b) 환산단면; (c) 응력 분포

압축응력 f_c와 최대 인장응력 f_{ct}, 그리고 철근의 인장응력 f_s는 비례 관계를 사용하여 다음 식 (3.17)과 힘의 평형조건에 의해 얻은 식 (3.18)에 의해 구할 수 있다.

$$f_c = \frac{kd}{h-kd} f_{ct} \tag{3.17(a)}$$

$$f_{cf} = \frac{kd-t_f}{h-kd} f_{ct} \tag{3.17(b)}$$

$$f_s = n\frac{d-kd}{h-kd} f_{ct} \tag{3.17(c)}$$

$$\begin{aligned} M &= \frac{1}{2} f_c\, kd\, b_w \times \frac{2kd}{3} + \frac{1}{2} t_f (b-b_w) \left[f_c\left(kd - \frac{t_f}{3}\right) + f_{cf}\left(kd - \frac{2t_f}{3}\right)\right] \\ &\quad + \frac{1}{2} f_{ct}\,(h-kd)\, b_w \times \frac{2(h-kd)}{3} + \frac{(n-1)}{n} f_s\, A_s\,(d-kd) \\ &= \frac{f_{ct}}{h-kd}\left[\frac{b_w (kd)^3}{3} + \frac{t_f(b-b_w)}{2}\left\{kd\left(kd-\frac{t_f}{3}\right)\right.\right. \\ &\quad \left.\left. + (kd-t_f)\left(kd - \frac{2t_f}{3}\right)\right\} + \frac{b_w(h-kd)^3}{3} + (n-1)A_s(d-kd)^2\right] \end{aligned} \tag{3.18}$$

그리고 균열휨모멘트 M_{cr}은 위 식 (3.18)에서 f_{ct} 대신에 f_r을 대입하여 구할 수 있으며, 다음 식 (3.19)와 같다.

$$M_{cr} = \frac{f_r}{h-kd}\left[\frac{b_w(kd)^3}{3} + \frac{t_f(b-b_w)}{2}\left\{kd\left(kd-\frac{t_f}{3}\right)\right.\right.$$

$$\left.\left.+(kd-t_f)\left(kd-\frac{2t_f}{3}\right)\right\} + \frac{b_w(h-kd)^3}{3} + (n-1)A_s(d-kd)^2\right] \tag{3.19}$$

예제 ⟨3.3⟩

다음과 같은 T형 철근콘크리트 보에 휨모멘트 150 kNm가 작용할 때 보의 상하면에 콘크리트의 압축응력 f_c와 인장응력 f_{ct} 및 철근의 인장응력 f_s를 구하라. 그리고 주어진 단면에 대한 균열휨모멘트 M_{cr}도 구하라.

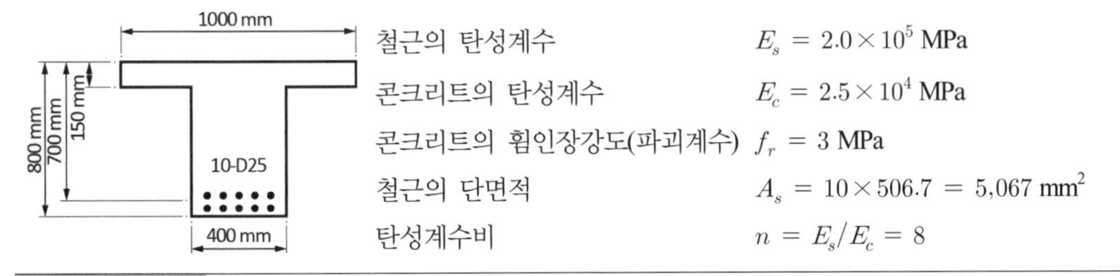

철근의 탄성계수 $E_s = 2.0 \times 10^5$ MPa

콘크리트의 탄성계수 $E_c = 2.5 \times 10^4$ MPa

콘크리트의 휨인장강도(파괴계수) $f_r = 3$ MPa

철근의 단면적 $A_s = 10 \times 506.7 = 5{,}067$ mm^2

탄성계수비 $n = E_s/E_c = 8$

풀이

중립축 위치 kd를 식 (3.16)을 이용하여 구하면 다음과 같다.

$$kd = \frac{0.5\times400\times800+0.5\times(1{,}000-400)\times150^2+(8-1)\times5{,}067\times700}{400\times800+(1{,}000-400)\times150+(8-1)\times5{,}067}$$

$$= 358 \text{ mm}$$

그리고 식 (3.18)을 이용하여 휨모멘트 M=150,000,000 Nmm가 작용할 때 콘크리트 인장응력 f_{ct}를 계산하면,

$$f_{ct} = 150{,}000{,}000\Bigg/\left[\frac{1}{800-358}\left\{\frac{400\times358^3}{3}+150\times\frac{(1{,}000-400)}{2}\times\left(358\times\left(358-\frac{150}{3}\right)\right.\right.\right.$$

$$\left.+(358-150)\left(358-\frac{2\times150}{3}\right)\right)+400\times\frac{(800-358)^3}{3}$$

$$\left.\left.+(8-1)\times5{,}067\times(700-358)^2\right\}\right]$$

$$= 2.27 \text{ MPa}$$

를 얻는다. 이 값을 식 (3.17)에 대입하여 콘크리트의 압축응력 f_c와 철근의 인장응력 f_s를 구한다.

$$f_c = \frac{358}{800-358} \times 2.27 = 1.84 \text{ MPa}$$

$$f_s = 8 \times \frac{700-358}{800-358} \times 2.27 = 14.1 \text{ MPa}$$

이 경우에 대해서도 식 (3.19)를 이용하여 균열휨모멘트 M_{cr}을 구하면 $M_{cr} = 198$ kNm를 얻을 수 있다.

3.4.3 인장영역 콘크리트에 균열이 일어난 단면

직사각형 단철근콘크리트 보

균열이 일어나면 콘크리트는 인장응력을 전혀 받지 못한다고 가정한다. 물론 이러한 경우에도 중립축 아래의 일정한 구간은 인장응력에 저항할 수 있으나 그 크기가 상대적으로 작고 내부 모멘트에 대한 팔의 길이도 짧기 때문에 무시하여도 저항 휨모멘트의 크기에 큰 차이가 나지 않는다.

그림 [3.24]에서 보듯이 이 경우 환산단면적에 의해 중립축을 구하면 중립축에서 다음 식 (3.20)을 만족시켜야 한다.

$$0.5b_w(kd)^2 - nA_s(d-kd) = 0 \tag{3.20}$$

여기서 kd는 압축연단에서 중립축까지 거리이다.

식 (3.20)에 의해 kd를 구하면 아래 식 (3.21)과 같다.

$$kd = \left[-n\rho_w + \sqrt{(n\rho_w)^2 + 2n\rho_w}\right]d \tag{3.21}$$

여기서 ρ_w는 인장철근비로서 $\rho_w = A_s/b_w d$이다.

그리고 균열휨모멘트 M_{cr}보다 큰 휨모멘트 M이 작용할 때 휨모멘트 M은 식 (3.22)와 같이 구할 수 있고, 이때 압축연단에서 콘크리트의 압축응력 f_c는 식 (3.23)에 의해 구할 수 있으며, 인장철근의 인장응력 f_s도 비례 관계를 이용하여 식 (3.24)에 의해 구할 수 있다.

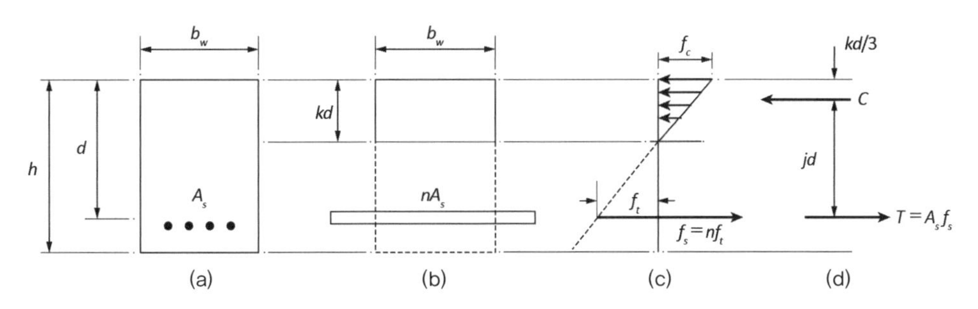

그림 [3.24]
균열 직사각형 철근콘크리트 보: (a) 보 단면; (b) 환산단면; (c) 응력 분포; (d) 합력

$$M = \frac{1}{2} b_w k d f_c \left(d - \frac{kd}{3} \right) \tag{3.22}$$

$$f_c = \frac{M}{\left[\frac{1}{2} b_w kd \left(d - \frac{kd}{3} \right) \right]} \tag{3.23}$$

$$f_s = n \frac{d - kd}{kd} f_c \tag{3.24}$$

이때 구한 f_s값은 f_y보다 작아야 하고, f_c값은 $(0.4 \sim 0.5) f_{cm}$ 값보다 작아야 응력-변형률 관계를 선형으로 가정하여 구한 위의 관계를 만족시킨다.

그리고 내부 팔 길이, jd는 그림 [3.24](d)에서 볼 수 있듯이 식 (3.25)와 같이 나타낼 수 있다.

$$jd = d - \frac{kd}{3} = \left(1 - \frac{k}{3} \right) d \tag{3.25}$$

예제 〈3.4〉

다음과 같은 단철근콘크리트 보에 휨모멘트 $M = 300$ kNm가 작용할 때, 보의 압축연단에서 콘크리트의 압축응력 f_c와 철근의 인장응력 f_s를 구하라. 재료특성 등은 다음과 같다.

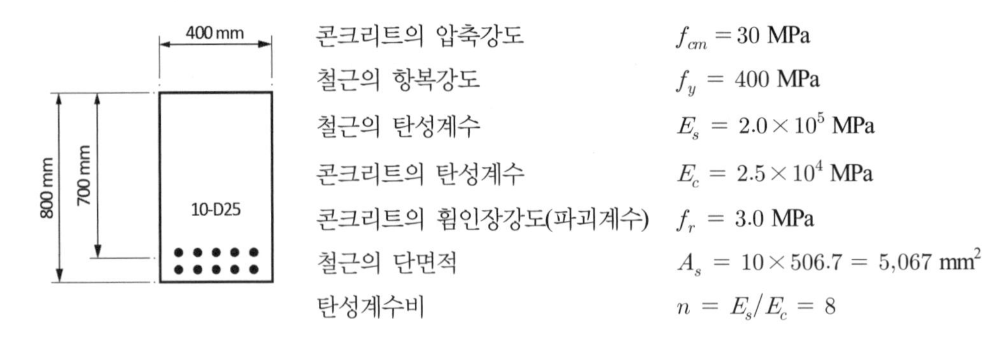

콘크리트의 압축강도	$f_{cm} = 30$ MPa
철근의 항복강도	$f_y = 400$ MPa
철근의 탄성계수	$E_s = 2.0 \times 10^5$ MPa
콘크리트의 탄성계수	$E_c = 2.5 \times 10^4$ MPa
콘크리트의 휨인장강도(파괴계수)	$f_r = 3.0$ MPa
철근의 단면적	$A_s = 10 \times 506.7 = 5{,}067$ mm^2
탄성계수비	$n = E_s/E_c = 8$

풀이

식 (3.21)에 의하여 중립축 위치 kd를 계산하면,

$$\rho_w = A_s/b_w d = 10 \times 506.7/(400 \times 700) = 0.0181$$
$$n = 2.0 \times 10^5 / 2.5 \times 10^4 = 8$$
$$kd = \left(-8 \times 0.0181 + \sqrt{(8 \times 0.0181)^2 + 2 \times 8 \times 0.0181}\right) \times 700 = 289 \text{ mm}$$

를 얻고, 식 (3.23)과 식 (3.24)에 의하여 f_c와 f_s를 구하면,

$$f_c = 300{,}000{,}000 \Big/ \left(\frac{1}{2} \times 400 \times 289 (700 - \frac{289}{3})\right) = 8.60 \text{ MPa}$$
$$f_s = 8 \times \frac{700 - 289}{289} \times 8.60 = 97.8 \text{ MPa}$$

여기서 구한 $f_c = 8.60$ MPa은 $0.29 f_{cm}$으로서 $(0.4 \sim 0.5) f_{cm}$보다 작고, $f_s = 97.8$ MPa도 철근의 항복강도 $f_y = 400$ MPa보다 작으므로 선형탄성 해석을 만족시킨다.

이 예제의 결과와 예제 〈3.1〉의 결과를 비교해보면 동일한 단면에 휨모멘트가 150 kNm에서 2배인 300 kNm로 증가함에 따라 압축연단 콘크리트의 압축응력은 약 2.7배(8.60/3.23) 증가하고 인장철근의 응력은 약 6배(97.8/16.2) 증가한다. 이와 같이 작용휨모멘트의 증가에 비하여 콘크리트의 압축응력과 철근의 인장응력이 크게 증가하는 것은 인장 측 콘크리트에 균열이 발생하여 유효단면적의 손실이 크기 때문이다.

직사각형 복철근콘크리트 보

압축철근이 배근되어 있는 복철근콘크리트 보에서 인장 측 콘크리트에 균열이 발생되었을 때도 앞의 단철근콘크리트 보에 관한 것과 유사하게 해석할 수 있다.

다음 그림 [3.25]와 같은 복철근콘크리트 보의 중립축 위치 kd는 그림 [3.25](b)의 환산단면을 이용하여 다음 식 (3.26)에 의해 구할 수 있다.

$$0.5b_w(kd)^2 + (n-1)A_s'(kd-d') - nA_s(d-kd) = 0 \tag{3.26}$$

여기서, A_s'는 압축철근량이고, d'는 압축연단에서 압축철근의 중심까지 거리이다.

식 (3.26)에 의해 kd는 다음 식 (3.27)과 같이 얻을 수 있다.

$$kd = \Bigg[-\{(n-1)\rho_w' + n\rho_w\} + \sqrt{\{(n-1)\rho_w' + n\rho_w\}^2 + 2\left\{(n-1)\rho_w'\frac{d'}{d} + n\rho_w\right\}} \Bigg] d \tag{3.27}$$

여기서 $\rho_w' = A_s'/b_w d$로서 압축철근비를 나타내고, 그림 [3.23](c)에서

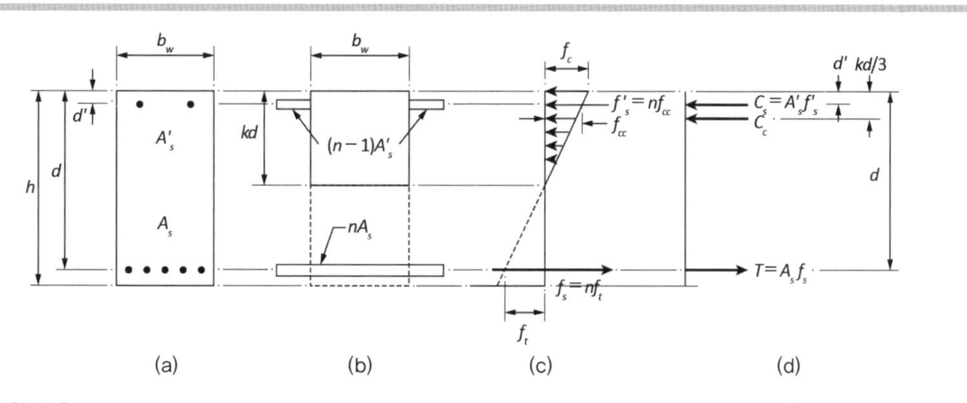

그림 [3.25]

균열 복철근콘크리트 보: (a) 보 단면; (b) 환산단면; (c) 응력 분포; (d) 합력

철근의 압축응력 f_s', 인장응력 f_s와 콘크리트의 압축응력 f_c의 관계는 다음 식 (3.28)처럼 표현될 수 있다.

$$f_s' = n\frac{kd-d'}{kd}f_c \tag{3.28(a)}$$

$$f_s = n\frac{d-kd}{kd}f_c \tag{3.28(b)}$$

그리고 그림 [3.25](d)에 의하면 휨모멘트 M은 다음 식 (3.29)와 같이 나타난다.

$$\begin{aligned} M &= \frac{1}{2}b_w kdf_c\left(d-\frac{kd}{3}\right)+\frac{n-1}{n}A_s'f_s'(d-d') \\ &= \left[0.5b_w kd\left(d-\frac{kd}{3}\right)+(n-1)A_s'\frac{(kd-d')(d-d')}{kd}\right]f_c \end{aligned} \tag{3.29}$$

이 식 (3.29)를 이용하는 휨모멘트 M이 작용할 때 콘크리트 압축응력 f_c를 구하면 식 (3.30)과 같이 된다.

$$f_c = M\Bigg/\left[0.5b_w kd\left(d-\frac{kd}{3}\right)+(n-1)A_s'\frac{(kd-d')(d-d')}{kd}\right] \tag{3.30}$$

식 (3.30)에 의해 f_c가 구해지면 이 값을 식 (3.28)에 각각 대입하면 압축철근의 압축응력과 인장철근의 인장응력을 구할 수 있다. 만약 이렇게 구한 f_s와 f_s'가 f_y를 초과한다면 식 (3.28)에 의해 f_s'와 f_s를 구할 수 없고, 초과하는 응력을 f_y라고 하여 식 (3.29)에 대입하여 휨모멘트를 구하여야 한다.

예제 〈3.5〉

다음과 같은 복철근콘크리트 보에 휨모멘트 300 kNm가 작용할 때 보의 상면에 콘크리트의 압축응력 f_c, 철근의 인장응력 f_s와 압축응력 f_s'를 구하라.

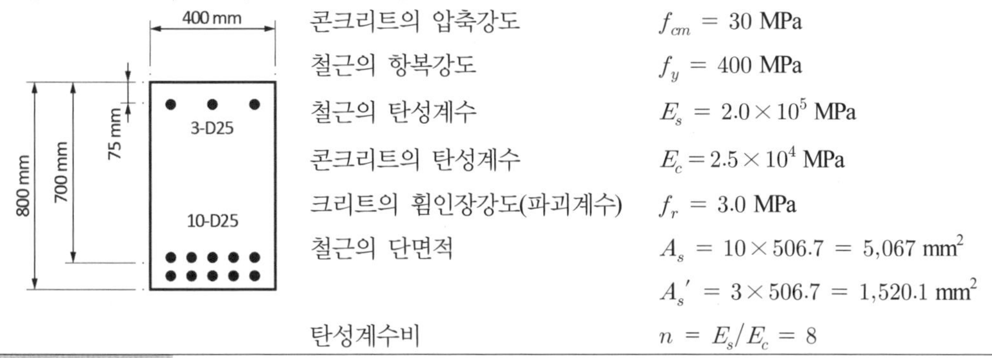

콘크리트의 압축강도	$f_{cm} = 30$ MPa
철근의 항복강도	$f_y = 400$ MPa
철근의 탄성계수	$E_s = 2.0 \times 10^5$ MPa
콘크리트의 탄성계수	$E_c = 2.5 \times 10^4$ MPa
크리트의 휨인장강도(파괴계수)	$f_r = 3.0$ MPa
철근의 단면적	$A_s = 10 \times 506.7 = 5{,}067$ mm^2
	$A_s' = 3 \times 506.7 = 1{,}520.1$ mm^2
탄성계수비	$n = E_s/E_c = 8$

풀이

식 (3.27)에 의해 중립축 위치 kd를 구한다.

$$n = 8$$

$$\rho_w' = 3 \times 506.7/(400 \times 700) = 0.00543$$

$$\rho_w = 10 \times 506.7/(400 \times 700) = 0.0181$$

$$(n-1)\rho_w' + n\rho_w = 0.183$$

$$kd = \left\{-0.183 + \sqrt{0.183^2 + 2(7 \times 0.00543 \times 75/700 + 8 \times 0.0181)}\right\} \times 700 = 270 \text{ mm}$$

그리고 식 (3.30)에 의하여 작용휨모멘트 300 kNm에 대한 콘크리트의 압축응력 f_c를 계산한다.

$$f_c = 300{,}000{,}000/[(0.5 \times 400 \times 270 \times (700 - 270/3) + (8-1) \times 1{,}520.1 \times (270 - 75) \times (700 - 75)/270)] = 7.95 \text{ MPa}$$

따라서 인장철근과 압축철근의 응력도 식 (3.28)에 의해 다음과 같이 간단히 구할 수 있다.

$$f_s = 8 \times \frac{700 - 270}{270} \times 7.95 = 101 \text{ MPa}$$

$$f_s' = 8 \times \frac{270 - 75}{270} \times 7.95 = 45.9 \text{ MPa}$$

이 경우에 콘크리트의 압축응력 7.95 MPa은 $0.27f_{cm}$으로서 $(0.4 \sim 0.5)f_{cm}$ 이하이고 철근의 인장응력 101 MPa과 압축응력 45.9 MPa도 항복강도 400 MPa보다 작으므로 선형 거동으로 가정하고 해석한 것은 옳다.

앞의 예제 〈3.4〉의 결과와 비교하면 압축철근이 없을 때 압축연단에서 콘크리트의 응력이 약간 감소하고(7.95/8.60=0.92 배) 인장철근의 응력은 거의 변화가 없다(101/97.8=1.03 배). 따라서 압축철근이 배근된 경우에 이를 무시하고 계산하여도 응력 분포는 유사하다. 그러나 균형철근비 이상으로 인장철근이 배근된 경우에는 압축철근이 있으면 저항 휨모멘트가 크게 증가하며, 또 압축철근은 장기변형에 의한 저항을 위하여 필요하고 장기변형을 고려하여 해석을 수행하면 그 경우의 결과는 크게 차이가 난다.

T형 철근콘크리트 보

직사각형 보의 압축 측에 슬래브가 연결되어 있는 T형 철근콘크리트 보에서 인장 측 콘크리트가 균열이 일어났을 때의 응력 해석에 관하여 여기서 다룬다. 3.4.2절에서 T형 철근콘크리트 보이지만 균열이 일어나지 않은 경우에는 대부분 중립축의 위치가 슬래브에 위치하지 않고 복부 부분에 위치한다고 하였다. 그러나 인장 측의 콘크리트에 균열이 발생하면 중립축 위치는 위로 이동하게 되어 T형 보의 플랜지 부분인 슬래브에 중립축이 위치하기도 한다.

먼저 중립축 위치가 복부에 위치하는 경우에 대해서 살펴보기로 하면, 그림 [3.26](b)에 나타난 환산단면에 의해 관계식을 식 (3.31)(a)와 같이 유도할 수 있고, 이 관계로부터 중립축 거리 kd를 식 (3.31)(b)에 의해 계산할 수 있다.

$$0.5b_w(kd)^2 + t_f(b-b_w)(kd-0.5t_f) - nA_s(d-kd) = 0 \qquad (3.31)(a)$$

$$kd = \left[-(n\rho_{cf}+n\rho_w) + \sqrt{(n\rho_{cf}+n\rho_w)^2 + 2n\left(\rho_{cf}\frac{0.5t_f}{d} + \rho_w\right)}\right]d \qquad (3.31)(b)$$

여기서,

$$\rho_w = \frac{A_s}{b_w d} \qquad (3.32)(a)$$

$$\rho_{cf} = \frac{A_{cf}}{b_w d} \qquad (3.32)(b)$$

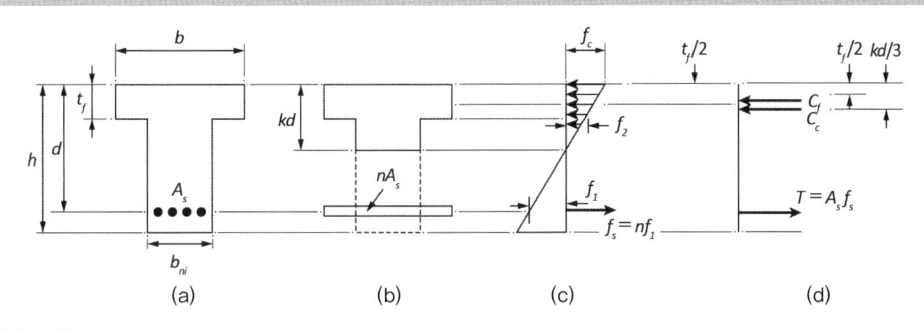

그림 [3.26]
중립축이 복부에 있는 균열 T형 철근콘크리트 보: (a) 보 단면; (b) 환산단면; (c) 응력 분포; (d) 합력

$$A_{cf} = \frac{(b-b_w)t_f}{n} \tag{3.32(c)}$$

여기서, A_{cf}는 플랜지의 내민 부분에 대한 콘크리트 면적, 즉 $(b-b_w)t_f$를 철근의 단면적으로 환산한 면적을 의미한다.

이렇게 식 (3.31)(b)에 의해 구한 kd 값이 플랜지 두께 t_f 값 이상이면 구한 kd 값은 옳은 값이고, 만약 t_f 값보다 작으면 균열 직사각형 철근콘크리트 보로 해석하여 다시 구하여야 한다. 이에 대해서는 후에 검토하기로 하고, 여기서는 kd 값이 t_f 값 이상인 단면에 대하여 휨모멘트와 응력 분포의 관계를 검토한다.

먼저 그림 [3.26](c)에 나타난 응력 f_1과 f_2를 f_c와 관계를 구하면 다음 식 (3.33)과 같다.

$$f_1 = \frac{d-kd}{kd}f_c \tag{3.33(a)}$$

$$f_2 = \frac{kd-t_f}{kd}f_c \tag{3.33(b)}$$

한편 철근의 인장응력 f_s는 다음 식 (3.34)와 같이 구할 수 있다.

$$f_s = n\frac{d-kd}{kd}f_c \tag{3.34}$$

그리고 휨모멘트와 응력의 관계는 다음 식 (3.35)와 같다.

$$M = f_c\left[\frac{1}{2}b_w kd\left(d-\frac{kd}{3}\right)+\frac{1}{2}(b-b_w)t_f\left\{\left(d-\frac{t_f}{3}\right)+\frac{kd-t_f}{kd}\left(d-\frac{2t_f}{3}\right)\right\}\right] \tag{3.35}$$

이 식 (3.35)에 의해 휨모멘트가 주어지면 콘크리트 압축연단에서 압축응력 f_c를 구할 수 있고, 또한 식 (3.34)에 의하여 철근의 인장응력 f_s도 구할 수 있다.

그러나 식 (3.31)(b)에 의해 계산한 kd 값이 t_f 값보다 작으면, 모양은 T형 보이지만 실제로는 T형 보가 아니라 그림 [3.27]에서 보이는 바와 같이 직사각형 보와 같다. 따라서 앞에서 다룬 균열이 발생된 직사각형 단철근콘크리트 보에 대한 해석 방법에 따라야 한다. 이때 주의할 것은 보의 폭으로서 복부폭 b_w 대신에 유효폭 b를 사용하여야 한다는 것이다.

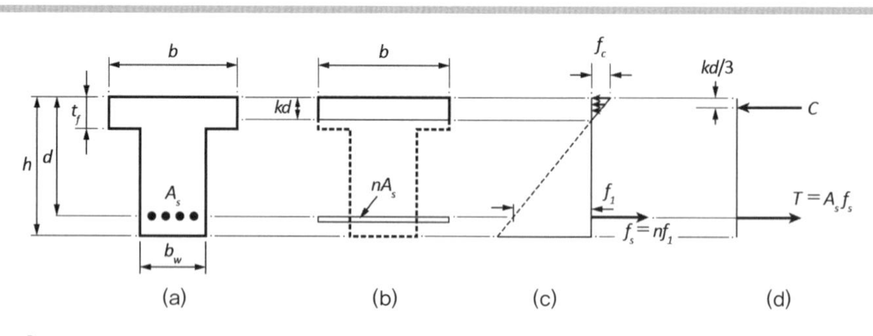

그림 [3.27]
중립축이 플랜지에 있는 균열 T형 철근콘크리트 보: (a) 보 단면; (b) 환산단면: (c) 응력 분포; (d) 합력

예제 〈3.6〉

다음과 같은 T형 철근콘크리트 보에 휨모멘트 300 kNm가 작용할 때 보의 상면에 철근콘크리트의 압축응력 f_c와 인장철근의 인장응력 f_s를 구하라.

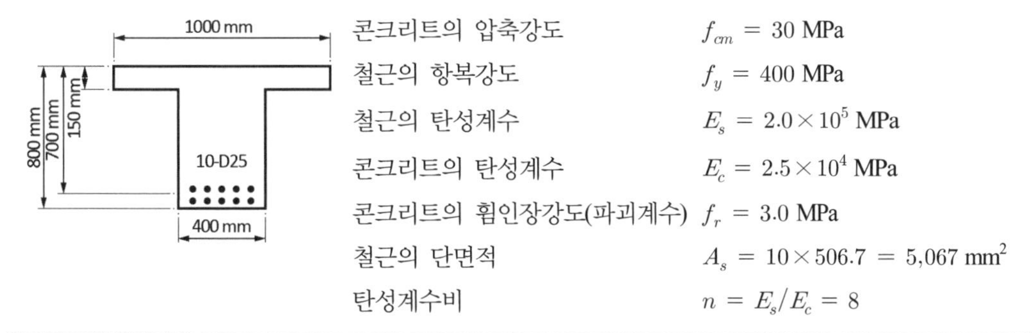

콘크리트의 압축강도	$f_{cm} = 30$ MPa
철근의 항복강도	$f_y = 400$ MPa
철근의 탄성계수	$E_s = 2.0 \times 10^5$ MPa
콘크리트의 탄성계수	$E_c = 2.5 \times 10^4$ MPa
콘크리트의 휨인장강도(파괴계수)	$f_r = 3.0$ MPa
철근의 단면적	$A_s = 10 \times 506.7 = 5{,}067$ mm^2
탄성계수비	$n = E_s/E_c = 8$

풀이

식 (3.31)(b)를 이용하여 중립축 위치 kd를 먼저 구한다.

$$\rho_{cf} = \frac{A_{cf}}{b_w d} = \frac{(1000-400)\times 150/8}{400\times 700} = 0.0402$$

$$\rho_w = \frac{10\times 506.7}{400\times 700} = 0.0181$$

$$\begin{aligned} kd &= \Big[(-(8\times 0.0402+8\times 0.0181) \\ &\quad + \sqrt{(8\times 0.0402+8\times 0.0181)^2+2\times 8\times (0.0402\times 0.5\times 150/700+0.0181)}\,\Big]\times 700 \\ &= 191 \text{ mm} \end{aligned}$$

따라서 계산된 kd값이 t_f 값 이상이므로 T형 보로서 해석할 수 있으며, 식 (3.35)에 의해 압축응력 f_c를 구하면,

$$\begin{aligned} f_c &= 300{,}000{,}000 \Big/ \Big[0.5\times 400\times 191\times \left(700-\frac{191}{3}\right) \\ &\quad +0.5\times (1{,}000-400)\times 150\times \left\{\left(700-\frac{150}{3}\right)+\frac{191-150}{191}\times \left(700-\frac{2\times 150}{3}\right)\right\}\Big] \\ &= 5.05 \text{ MPa} \end{aligned}$$

을 얻을 수 있다. 그리고 식 (3.34)에 의하면 다음과 같이 철근의 인장응력 f_s를 구할 수 있다.

$$f_s = 8\times \frac{700-191}{191}\times 5.05 = 108 \text{ MPa}$$

여기서 구한 콘크리트의 응력 $f_c = 5.05$ MPa은 압축강도 $f_{cm} = 30$ MPa의 17%로서 $(0.4 \sim 0.5)f_{cm}$ 이하이고, 철근의 인장응력 $f_s = 108$ MPa도 항복강도보다 작으므로 선형탄성으로 해석한 가정은 옳다.
이러한 T형 철근콘크리트 보에 대한 응력과 예제 <3.4>의 직사각형 단철근콘크리트 보에 대한 응력을 비교하여 보면 인장철근의 응력은 크게 차이가 나지 않으나(108/97.8=1.10 배), 압축연단의 콘크리트의 응력은 크게 차이가 난다(5.05/8.60=0.59배). 이것은 T형 철근콘크리트 보인 경우 플랜지가 압축측에 있기 때문에 압축을 받는 콘크리트 면적이 훨씬 넓기 때문이다.

예제 〈3.7〉

다음과 같은 T형 철근콘크리트 보에 휨모멘트 300 kNm가 작용할 때 보의 상면에 철근콘크리트의 압축응력 f_c와 인장철근의 인장응력 f_s를 구하라.

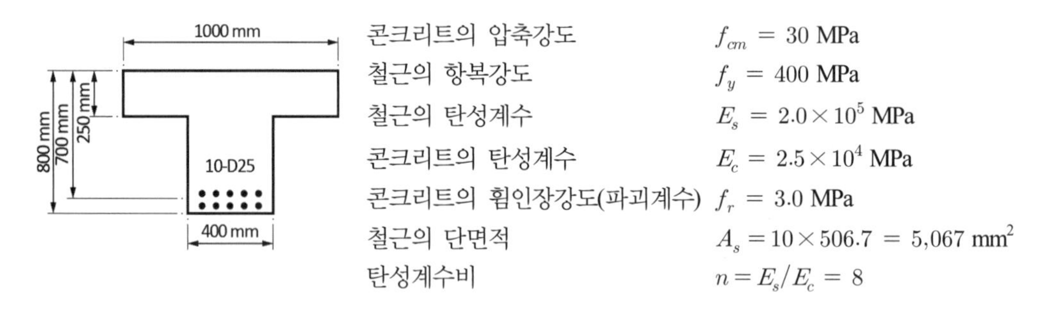

콘크리트의 압축강도	$f_{cm} = 30$ MPa
철근의 항복강도	$f_y = 400$ MPa
철근의 탄성계수	$E_s = 2.0 \times 10^5$ MPa
콘크리트의 탄성계수	$E_c = 2.5 \times 10^4$ MPa
콘크리트의 휨인장강도(파괴계수)	$f_r = 3.0$ MPa
철근의 단면적	$A_s = 10 \times 506.7 = 5{,}067$ mm^2
탄성계수비	$n = E_s/E_c = 8$

풀이

식 (3.31)(b)를 이용하여 중립축 위치 kd를 먼저 구한다.

$$\rho_{cf} = \frac{(1{,}000-400)\times 250/8}{400\times 700} = 0.0670 \qquad \rho_w = \frac{5{,}067}{400\times 700} = 0.0181$$

$$n\rho_{cf} + n\,\rho_w = 0.681$$

$$kd = \left[-0.681 + \sqrt{0.681^2 + 2\times 8\times(0.0670\times 200\,/\,700 + 0.0181)}\,\right]\times 700 = 244 \text{ mm}$$

이렇게 구한 중립축 위치 244 mm는 $t_f = 250$ mm보다 작으므로 T형 보의 플랜지(슬래브) 내에 중립축이 위치한다. 따라서 식 (3.31)(b)에 의해 구하면 옳지 못하고 직사각형 단철근콘크리트 보에 대한 식 (3.21)에서 ρ_w 대신 $\rho = A_s/bd$를 이용하여 풀어야 한다.

$$\rho = (10\times 506.7)\,/\,(1{,}000\times 700) = 0.00724$$

$$kd = \left[-8\times 0.00724 + \sqrt{(8\times 0.00724)^2 + 2\times 8\times 0.00724}\,\right]\times 700 = 201\text{mm}$$

따라서 식 (3.23)에서 b_w 대신 b를 대입하여 압축연단에서 콘크리트의 압축응력 f_c를 구할 수 있다

$$f_c = \frac{300,000,000}{0.5 \times 1,000 \times 201 \times (700 - 201/3)} = 4.72 \text{ MPa}$$

그리고 식 (3.24)에 의해 철근의 인장응력 f_s를 구한다.

$$f_s = 8 \times 4.72 \times (700 - 201) / 201 = 93.7 \text{ MPa}$$

이렇게 구한 콘크리트의 압축응력과 철근의 인장응력이 선형 구간 내에 있으므로 선형탄성 해석에 의한 가정은 옳다.

예제 〈3.6〉의 결과와 비교하여 보면 슬래브 두께가 150 mm에서 250 mm로 두꺼워져도 콘크리트의 압축응력(4.72/5.05=0.93 배)과 철근의 인장응력(93.7/108=0.87 배)은 크게 차이가 나지 않는다. 이것은 플랜지 아래쪽 면 가까이에 발생하는 응력이 크지 않으며, 또한 이 응력에 대한 내부 팔의 길이가 짧기 때문에 추가된 플랜지의 콘크리트가 휨모멘트 저항에 크게 기여하지 못하기 때문이다.

3.5 휨모멘트를 받는 단면의 비선형 해석

3.5.1 실제 응력-변형률 곡선에 의한 해석

앞의 3.4절에서는 콘크리트와 철근이 선형적으로 거동할 때를 대상으로 응력 분포를 구하였다. 일반적으로 구조물에 하중이 작용할 때 선형 구간 내의 응력만이 단면에 작용하므로 사용하중을 받고 있는 구조물의 응력, 균열, 처짐 등을 검토할 때에는 선형탄성으로 해석한다. 그러나 구조물의 안전성을 검토할 때에는 실제로 파괴에 이르는 하중을 산정하여 그 하중에 대한 사용하중을 비교하여 안전율(safety factor)을 고려하는 것이 바람직하다. 이렇게 하기 위해서는 구조물을 비선형 해석을 하여야 하고, 단면 내력도 비선형 거동을 고려하여 해석하여야 한다.

안전율(safety factor)
어떠한 성능에 대하여 신뢰할 수 있는 안전을 확보하기 위하여 실제 예측되는 값보다 더 여유를 갖도록 설계한다. 이러한 실제 예측되는 값에 비해 여유 값의 비를 안전율이라고 한다.

여기서는 단면에 대한 비선형 해석을 다루며, 먼저 콘크리트와 철근의 응력-변형률 곡선이 주어져 있을 때, 그 곡선을 이용한 단면 해석을 설명하고자 한다. 이러한 경우 수식에 의하여 직접 계산할 수는 없으며 컴퓨터를 이용한 반복 작업이 필요하다.

그림 [3.28](a)에서 보인 보와 같은 철근콘크리트 보 단면의 최대 저항 휨모멘트를 구하고자 할 때, 그림 [3.28](b)의 콘크리트 압축연단 변형률, $\varepsilon_c(i)$를 조금씩 증가시켜 가면서 그에 따른 휨모멘트를 계산한다. 그러나 이 과정 중에 중립축 c의 값을 모르기 때문에 가정한 값을 초깃값으로 하여 '단면 내의 모든 합력은 0이다'라는 조건을 만족하는 c값을 반복계산법에 의하여 찾아야 한다. 이렇게 하여 주어진 압축연단에서 콘크리트의 변형률 $\varepsilon_c(i)$값에 대한 휨모멘트 M_i값을 구하고, $\varepsilon_c(i)$값을 조금 더 증가시켜 이 과정을 반복한다. 이 과정을 계속 수행하면 휨모멘트가 최대가 되는 값을 얻을 수 있으며, 휨모멘트-곡률 관계도 구할 수 있다.

이 과정을 요약하여 정리하면 다음과 같다.

① 임의의 $\varepsilon_c(i)$값 선택

i번째 해석 단계(step)에서 압축연단의 콘크리트 압축변형률 $\varepsilon_c(i)$를 선택한다. 일반적으로 구하고자 하는 최대 변형률, 예컨대 $\varepsilon_{c,\max}=0.005$~0.01의 1/50~1/100 정도의 변형률을 각 단계에서 증가되는 변형률로 선정한다. 이때 50~100번의 해석 단계를 거치게 되는데, i번째 해석 단계에서 $\varepsilon_c(i)$는 매 단계 일정한 변형률을 증가시킨다면 단계변형률 증가량의 i배가 된다. 그리고 $\varepsilon_c(i)$를 계속 증가시켜 $\varepsilon_{c,\max}$까지 반복 수행한다.

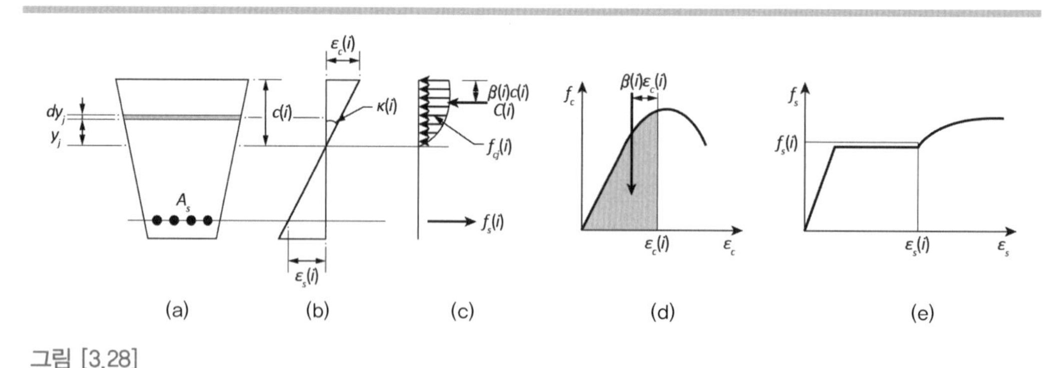

그림 [3.28]
실제 응력-변형률 곡선에 의한 해석: (a) 보 단면; (b) 변형률 분포; (c) 응력 분포; (d) 콘크리트의 압축응력-변형률 관계; (e) 철근의 인장응력-변형률 관계

② 중립축 위치 c값의 가정

중립축 위치 c를 모르기 때문에 일단 가정한다. 이때 초기값으로 직전 해석 단계의 c값을 취할 수 있고, 제일 처음 해석 단계의 경우 $c = 0.5h \sim 0.75h$ 정도를 취하면 된다.

③ 철근의 변형률, 응력 및 인장력 계산

그림 [3.28](b)에서 $\varepsilon_c(i)$와 $c(i)$를 알면 평면유지의 법칙에 의한 비례 관계에 의하여 $\varepsilon_s(i)$를 다음 식 (3.36)에 의해 구할 수 있다.

$$\varepsilon_s(i) = \varepsilon_c(i) \times (d - c(i)) \,/\, c(i) \tag{3.36}$$

그리고 그림 [3.28](e)에 의해 주어진 $\varepsilon_s(i)$에 대응하는 철근의 응력 $f_s(i)$를 구할 수 있다. 이 $f_s(i)$를 이용하여 철근의 인장력 $T(i)$를 다음 식 (3.37)에 의해 구할 수 있다.

$$T(i) = f_s(i) A_s \tag{3.37}$$

여기서 A_s는 인장철근의 단면적이다.

④ 콘크리트의 합력 $C(i)$와 작용점 $\beta(i)c(i)$의 계산

직사각형 보의 폭 b_w는 일정하나, 여기서는 일반적인 형상으로 가정한다. 콘크리트의 응력-변형률 곡선의 응력을 그에 해당하는 콘크리트 단면의 면적과 곱하면 합력이 되나, 이때 직접 적분하는 것은 어렵다. 따라서 중립축에서 압축연단까지 단면을 n등분하여 층상(layer)으로 나누어 수치 적분으로 콘크리트의 합력 $C(i)$와 작용점 계수 $\beta(i)$를 다음 식 (3.38)과 식 (3.39)를 이용하여 각각 구한다.

층상(layer)
단면을 여러 층으로 나누는 것을 말하며, 단면의 비선형해석에서 자주 사용하는 기법이다.

$$C(i) = \sum_{j=1}^{n} f_{cj}(i) b_j \frac{c(i)}{n} \tag{3.38}$$

$$\beta(i) = \sum_{j=1}^{n} f_{cj}(i) b_j \frac{c(i)}{n}(c(i) - y_j) \; / \; C(i) \tag{3.39}$$

여기서 $f_{cj}(i)$와 b_j, 그리고 y_j는 j번째 단면 층상(layer)에서 각각 콘크리트의 응력, 단면의 폭, 그리고 중립축까지 거리이다. 이때 그림 [3.28](c)의 콘크리트 응력 $f_{cj}(i)$는 그림 [3.28](b)의 변형률 분포와 그림 [3.28](d)의 응력-변형률 관계에 의해 구할 수 있다.

⑤ 힘의 평형조건 고려

앞의 ③과 ④에서 구한 $T(i)$와 $C(i)$를 비교하여 가정된 중립축 위치 $c(i)$가 옳은지 여부를 다음 식 (3.40)에 의해 검토한다. 가정된 $c(i)$가 정확한 값이라면 $T(i)$와 $C(i)$의 크기가 같아야 한다. 이때 정해진 허용값 이내이면 반복 계산을 멈추도록 하고, 그렇지 않으면 단계 ②로 돌아가 새로운 $c(i)$값을 가정하여 단계 ⑤까지 반복한다.

$$T(i) - C(i) \;\leq\; \text{허용값} \tag{3.40}$$

여기서, $T(i)$와 $C(i)$는 인장과 압축일 때 각각 양(+)으로 하고 있다.

⑥ 휨모멘트 $M(i)$와 곡률 $\kappa(i)$의 계산

수렴하면 i번째 해석 단계에 대한 휨모멘트와 그때 단면의 곡률을 다음 식 (3.41)과 식 (3.42)를 이용하여 각각 계산한다.

$$M(i) = T(i)(d - \beta(i) c(i)) \tag{3.41}$$

$$\kappa(i) = \varepsilon_c(i) \; / \; c(i) \tag{3.42}$$

여기서 κ는 곡률을 뜻한다.

⑦ 압축연단 콘크리트의 변형률 $\varepsilon_c(i)$의 증가

$\varepsilon_c(i)$를 증가시켜 $(i+1)$번째 해석 단계로 간다. 즉, 앞의 ①로 돌아가

⑥까지의 과정을 수행한다. 이렇게 $\varepsilon_{c,\max}$까지 수행하고 나면 휨모멘트 $M(i)$와 곡률 $\kappa(i)$의 곡선을 얻을 수 있다.

이 같은 과정을 요약하여 흐름도(flow chart)로 나타내면 그림 [3.29]와 같다.

3.5.2 등가직사각형 응력블록에 의한 단면 해석

등가직사각형 응력블록의 적용성

앞의 3.5.1절에서는 철근과 콘크리트의 실제 응력-변형률 곡선을 이용하여 보 단면의 휨모멘트 저항 능력을 해석하는 방법에 대하여 설명하였다. 그러나 그와 같은 방법은 많은 시간이 소요되고 컴퓨터의 도움 없이는 불가능하다. 따라서 실무에서 사용하기는 매우 힘들기 때문에 실제 콘크리트의 응력-변형률 관계 대신에 3.2.4절에서 설명한 등가직사각형 또는 등가포물선-직선형 응력블록을 사용할 수 있도록 우리나라 설계기준에서 규정하고 있다.

20 4.1.1(6)

물론 이러한 등가직사각형 응력블록을 사용하면 휨모멘트-곡률 관계는 유도될 수 없다. 그러나 단면의 최대 저항 휨모멘트, 즉 휨강도와 그때의 곡률은 계산할 수 있다. 그리고 3.2.4절에서 주어진 등가직사각형 응력블록은 보의 폭이 일정한 경우에 대한 실험 결과에 의해 결정된 값이기 때문에 보의 폭이 일정하지 않는 경우는 오차가 클 수 있다. 특히 그림 [3.14](b)와 그림 [3.17]에서 나타냈듯이 단면의 형상과 단면에 있어서 변형률경사(strain gradient)에 따라 압축연단의 콘크리트가 파괴될 때 휨압축파괴변형률 ε_{cu}에 큰 차이가 난다. 즉, 응력-변형률 곡선이 차이가 나므로 등가직사각형 응력블록의 크기를 변화시켜야 한다. 그러나 대부분의 보의 형상이 폭이 일정한 직사각형이고, T형 보일 때도 파괴될 때의 중립축이 슬래브 내에 존재하는 경우가 많기 때문에 직사각형으로 사용하는데 큰 오차는 없다.

변형률경사
단면에서 일정한 변형률이 발생되지 않고 일정한 기울기를 갖고 변화하는 것을 말하며 휨모멘트를 받는 단면에서 압축연단에 최대 변형률이 발생하고 중립축에서 0이 되는 변형률 구배를 갖는다.

한편 휨압축파괴변형률로서 우리나라 설계기준에서는 콘크리트강도에 따라 0.0033에서 0.0028까지 변화시키고 있는데 실제 파괴될 때의 변형률은 앞에서 설명한 바와 같이 크게 차이가 있으므로 처짐 계산에 있어서 이 값을 사용하는 것은 오류가 클 수 있다.

휨압축파괴변형률
설계기준에서는 극한변형률로 나타내고 있지만, 이 책에서는 중심축압축을 받을 때 파괴변형률인 축압축파괴변형률과 구분하기 위하여 휨압축파괴변형률이라고 기술한다.

그림 [3.29]
실제 응력-변형률 곡선에 의한 휨모멘트-곡률 곡선 계산 흐름도

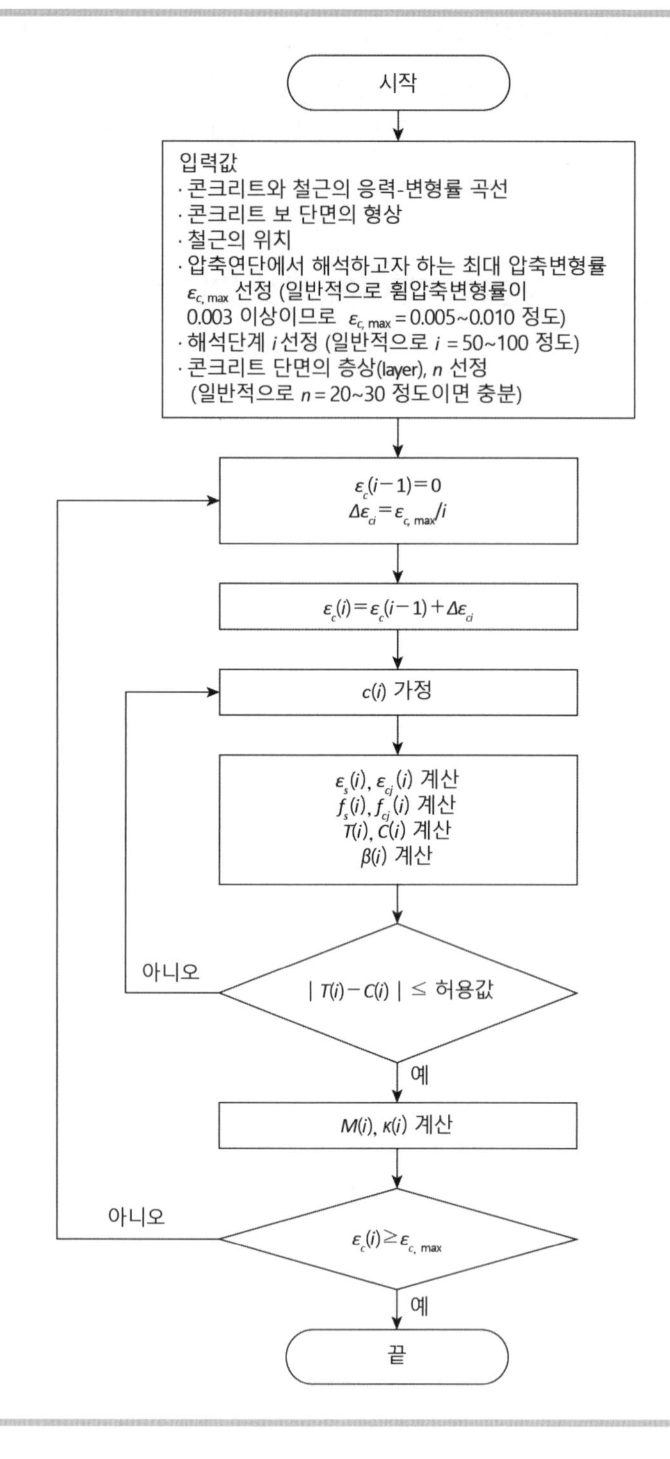

직사각형 단철근콘크리트 보

등가직사각형 응력블록을 이용하여 직사각형 단철근콘크리트 보를 해석할 때 인장철근비가 균형철근비 이하이면 보가 휨 파괴가 일어나기 전에 인장철근은 항상 항복하고 균형철근비를 초과하면 인장철근은 항복하지 않는다. 따라서 인장철근비가 3.6.2절의 식 (3.67)에 의해 구한 균형철근비와 먼저 비교하여 단면의 휨강도를 계산하여야 한다. 그러나 실제 구조물에서는 인장철근비가 이보다 훨씬 낮은 값이 되도록 일단 인장철근이 항복한다고 가정하여 해석하고, 나중에 항복 여부를 검토하는 것이 바람직하다. 먼저 인장철근이 항복한다고 가정하면, 그림 [3.30](d)에서 보인 바와 같이 힘의 평형조건에 의해 다음 식 (3.43)(a)를 얻을 수 있고, 중립축 위치 c는 식 (3.43)(b)에 의해 구해진다.

20 4.1.1(8)

$$\eta(0.85f_{cm})\beta_1 c b_\omega = A_s f_y \tag{3.43(a)}$$

$$c = \frac{A_s f_y}{0.85\eta\beta_1 b_\omega f_{cm}} \tag{3.43(b)}$$

여기서 η는 콘크리트강도에 따른 등가응력 크기계수이고, β_1은 등가직사각형 응력블록의 깊이에 관련된 계수로서 식 (3.1)과 같이 콘크리트의 압축강도에 따라 변한다.

따라서 휨강도 M_n은 다음 식 (3.44)와 같다.

$$M_n = A_s f_y\left(d - \frac{a}{2}\right) = A_s f_y\left(d - \frac{A_s f_y}{1.7\eta\beta_1 b_\omega f_{cm}}\right) \tag{3.44}$$

이때 인장철근이 항복하는지 여부는 그림 [3.30](b)에 의하여 다음 식 (3.45)에 의해 검토할 수 있다.

$$\varepsilon_s = \varepsilon_{cu} \times \frac{d-c}{c} \tag{3.45}$$

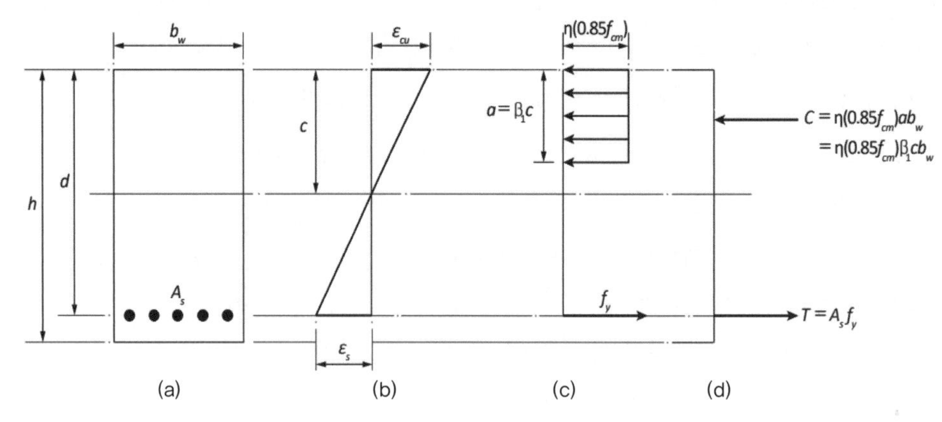

그림 [3.30]
직사각형 과소단철근콘크리트 보: (a) 보 단면; (b) 변형률 분포; (c) 응력 분포; (d) 합력

즉, 식 (3.45)에 의해 구한 ε_s 값이 $\varepsilon_y = f_y/E_s$보다 크면 가정한 조건이 옳고, 그렇지 않으면 다음의 과정을 따라야 한다. 인장철근이 항복하지 않은 경우에는 인장철근의 인장응력을 다음 식 (3.46)에 의하여 계산한다.

$$f_s = E_s \frac{\varepsilon_{cu}(d-c)}{c} \tag{3.46}$$

그러나 여기서 c는 미지수이므로 힘의 평형조건인 다음 식 (3.47)을 이용하여 c를 계산한다.

$$\eta(0.85f_{cm})\beta_1 cb_w = A_s f_s = A_s E_s \frac{\varepsilon_{cu}(d-c)}{c} \tag{3.47}$$

식 (3.47)은 c에 대한 2차방정식인데 이로부터 c를 얻어, 위의 식 (3.46)에 대입하면 f_s를 얻을 수 있고 단면의 휨강도는 다음 식 (3.48)에 의해 계산할 수 있다.

$$M_n = A_s f_s\left(d - \frac{\beta_1 c}{2}\right) \tag{3.48}$$

이 과정을 흐름도로 나타내면 그림 [3.31]과 같다.

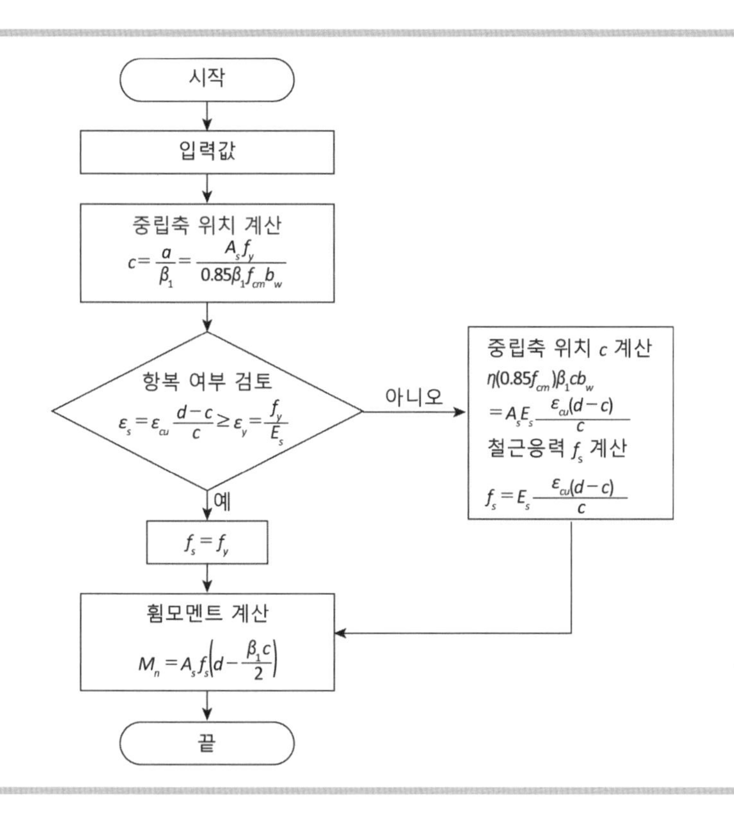

그림 [3.31]
등가직사각형 응력블록에 의한 직사각형 단철근콘크리트 보의 휨강도 계산

예제 〈3.8〉

예제 〈3.1〉에서 주어진 단면에 대한 휨강도 M_n을 계산하라.
다만 콘크리트의 실제 압축강도 f_{cm}과 설계기준에서 정의하고 있는 설계기준압축강도 f_{ck}는 다르지만 이 예제 해석에서는 같은 의미로 가정하라.

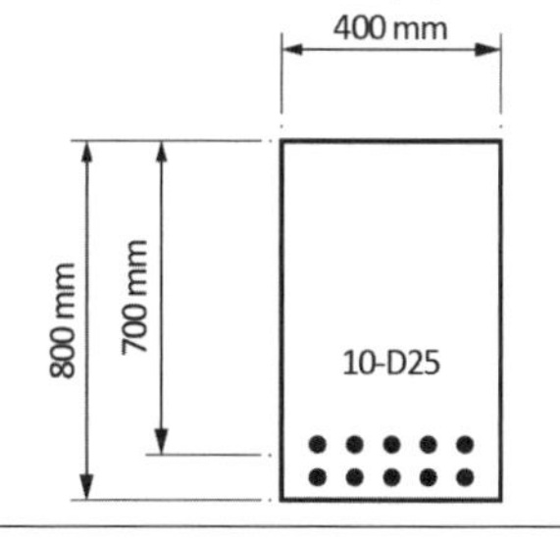

콘크리트의 압축강도	$f_{cm} = 30$ MPa
철근의 항복강도	$f_y = 400$ MPa
철근의 탄성계수	$E_s = 2.0 \times 10^5$ MPa
철근의 단면적	$A_s = 10 \times 506.7 = 5{,}067$ mm^2

풀이

먼저 인장철근이 항복한다고 가정할 때 힘의 평형조건에 의해 등가응력 블록의 깊이 a를 구한다. 이때 $f_{cm} = 30$ MPa이므로

$\eta = 1.0$이고, $\varepsilon_{cu} = 0.0033$이다.

$$10 \times 506.7 \times 400 = 1.0 \times 0.85 \times 30 \times a \times 400$$

$$a = \frac{10 \times 506.7 \times 400}{1.0 \times 0.85 \times 30 \times 400} = 198.7 \text{ mm}$$

$f_{cm} = 30$ MPa에 대한 β_1 값은 설계기준에 따르면 0.80이다. 따라서 중심축 거리 c는 다음과 같다.

$$c = 198.7/0.80 = 248.4 \text{ mm}$$

인장철근의 항복 여부를 검토한다.

$$\varepsilon_s = 0.0033 \times \frac{700 - 248.4}{248.4} = 0.0060 > \varepsilon_y = 0.002 = f_y/E_s$$

그러므로 항복한다. 따라서 휨강도 M_n은 다음과 같다.

$$M_n = 5{,}067 \times 400 \times \left(700 - \frac{198.7}{2}\right)$$
$$= 1{,}217{,}397{,}420 \text{ Nmm} \fallingdotseq 1{,}217 \text{ kNm}$$

직사각형 복철근콘크리트 보

직사각형 복철근콘크리트 보인 경우에도 인장철근과 압축철근이 일단 항복한다고 가정하고 해석하는 것이 좋다. 왜냐하면 실제 구조물에서는 모두 항복하는 경우가 많기 때문이며, 그렇지 않으면 계산이 복잡하기 때문이다. 먼저 인장철근과 압축철근이 항복한다면 그림 [3.32]에서 보는 바와 같이 힘의 평형조건에 의하면, 다음 식 (3.49)를 얻을 수 있다.

$$\eta(0.85 f_{cm})(\beta_1 c b_w - A_s') + A_s' f_y = A_s f_y \qquad (3.49)(a)$$

$$\eta(0.85 f_{cm})\beta_1 c b_w + A_s'(f_y - 0.85\eta f_{cm}) = A_s f_y \qquad (3.49)(b)$$

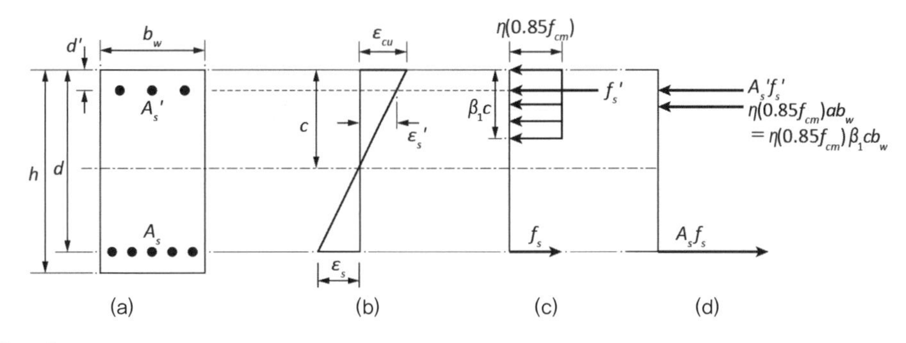

그림 [3.32]
직사각형 복철근콘크리트 보: (a) 보 단면; (b) 변형률 분포; (c) 응력 분포; (d) 합력

이 식 (3.49)에서 압축철근의 단면적 $A_s{}'$는 콘크리트가 압축을 받는 면적 $\beta_1 cb_w$에 비하여 매우 작으므로 $\beta_1 cb_w - A_s{}'$를 $\beta_1 cb_w$로 하면 다음 식 (3.50)과 같이 나타낼 수도 있다.

$$\eta(0.85f_{cm})\beta_1 cb_w + A_s{}'f_y = A_s f_y \tag{3.50}$$

이 식 (3.50)에 의하면 c는 다음 식 (3.51)과 같다.

$$c = \frac{(A_s - A_s{}')f_y}{\eta(0.85f_{cm})\beta_1 b_w} \tag{3.51}$$

또한 이때 압축철근과 인장철근의 변형률은 다음 식 (3.52)에 의해 구할 수 있다.

$$\varepsilon_s{}' = \varepsilon_{cu}\frac{c-d'}{c} \tag{3.52(a)}$$

$$\varepsilon_s = \varepsilon_{cu}\frac{d-c}{c} \tag{3.52(b)}$$

이렇게 구한 $\varepsilon_s{}'$와 ε_s가 $\varepsilon_y = f_y/E_s$보다 작으면 단철근콘크리트 보와

마찬가지로 f_s' 또는 f_s를 구하여 c에 대한 2차방정식을 풀어서 c를 구한다. c를 구한 후에는 식 (3.52)에 대입하여 ε_s'와 ε_s를 구하고, E_s를 곱하여 f_s'과 f_s를 계산한다. 그 후 단면의 휨강도는 다음 식 (3.53)에 의해 구한다.

$$M_n = A_s' f_s' (d - d') + \eta (0.85 f_{cm}) a b_w \left(d - \frac{a}{2} \right) \tag{3.53}$$

압축철근이 항복한 경우에는 식 (3.53)의 f_s'를 f_y로 하여 단면의 휨강도를 계산하면 된다.

예제 〈3.9〉

예제 〈3.2〉에서 주어진 복철근콘크리트 보의 단면에 대한 휨강도를 계산하라.
이 예제에서도 f_{cm}과 f_{ck}를 동일하게 가정하라.

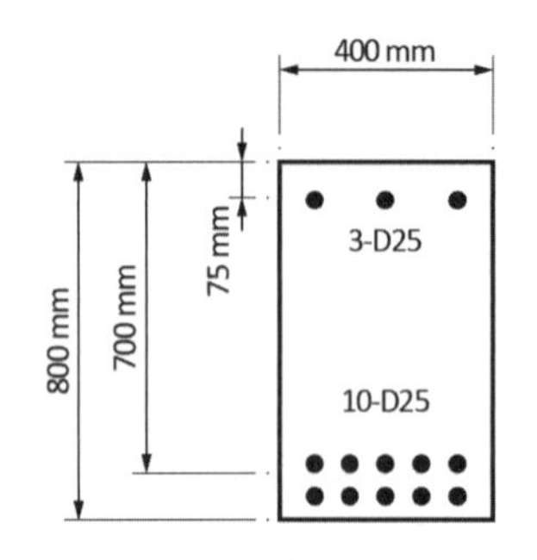

콘크리트의 압축강도	$f_{cm} = 30$ MPa
철근의 항복강도	$f_y = 400$ MPa
철근의 탄성계수	$E_s = 2.0 \times 10^5$ MPa
인장철근의 단면적	$A_s = 10 \times 506.7 = 5{,}067$ mm^2
압축철근의 단면적	$A_s = 3 \times 506.7 = 1{,}520.1$ mm^2

풀이

인장철근과 압축철근이 항복한다고 가정할 때, 힘의 평형조건에 의해 다음 관계식을 얻을 수 있다. 이 경우에도 콘크리트강도가 30 MPa이므로 $\eta = 1.0,\ \beta_1 = 0.8,\ \varepsilon_{cu} = 0.0033$이다.

$$5{,}067 \times 400 = 1{,}520.1 \times 400 + 1.0 \times 0.85 \times 30 \times a \times 400$$

$$a = \frac{(5{,}067 - 1{,}520.1) \times 400}{1.0 \times 0.85 \times 30 \times 400} = 139 \text{ mm}$$

그리고, $\beta_1 = 0.8$이므로(예제 〈3.8〉에서) c값은 다음과 같다.

$$c = \frac{139}{0.8} = 173.8 \text{ mm}$$

인장철근과 압축철근의 항복 여부를 검토하면 다음과 같다.

$$\varepsilon_s = 0.0033 \times \frac{700-173.8}{173.8} = 0.00999 > \varepsilon_y = 0.002$$

$$\varepsilon_s' = 0.0033 \times \frac{173.8-75}{173.8} = 0.00188 < \varepsilon_y = 0.002$$

그러므로 인장철근은 항복하나, 압축철근은 항복하지 않는다. 따라서 압축철근의 응력 f_s'는 다음과 같이 나타낼 수 있다.

$$f_s' = E_s \varepsilon_s' = 0.0033 \frac{c-d'}{c} E_s$$

그리고 힘의 평형조건에 따라 다음 관계에 의해 c를 구할 수 있다.

$$5{,}067 \times 400 = 1{,}520.1 \times 0.0033 \times 2.0 \times 10^5 \times \frac{c-75}{c} + 1.0 \times 0.85 \times 30 \times 0.80c \times 400 = 0$$

$$8{,}160c^2 - 1{,}023{,}534c - 75{,}244{,}950 = 0$$

$$c = 177 \text{ mm}$$

따라서 압축철근의 변형률과 응력을 구하면 다음과 같다.

$$\varepsilon_s' = 0.0033 \times \frac{177-75}{177} = 0.00190$$

$$f_s' = 380 \text{ MPa}$$

그리고 휨강도 M_n을 구하면 다음과 같다.

$$\begin{aligned} M_n &= 1{,}520.1 \times 380 \times (700-75) \\ &\quad + 1.0 \times 0.85 \times 30 \times 0.8 \times 177 \times 400 \times \left(700 - \frac{0.8 \times 177}{2}\right) \\ &= 1{,}269{,}789{,}894 \text{ kNmm} \fallingdotseq 1{,}270 \text{ kNm} \end{aligned}$$

앞의 예제와 비교하여 보면 압축철근 3-D25가 더 배근되어도 휨강도는 1,270/1,217=1.04로 4% 정도밖에 증가되지 않는다. 이것은 이 보가 과소철근콘크리트 보이기 때문이다.

T형 보

T형 보에서는 일반적으로 인장철근이 항복한다. 따라서 인장철근이 항복하는 것으로 가정하여 단면 해석을 하고, 그 후 항복 여부를 검토하는 것이 바람직하다.

이때 등가직사각형 응력블록의 깊이 a가 슬래브의 두께 t_f보다 크면 다음 식 (3.54)에 따르고, 더 작으면 폭이 b인 직사각형 보와 동일하므로 다음 식 (3.55)에 따라 힘의 평형조건에 의해 c값을 계산한다. 그러나 c값을 계산하기 전에는 a값을 알 수 없으므로 먼저 식 (3.55)에 의해 c를 구하여 $\beta_1 c$값이 t_f보다 크면 그 값으로 인정하고, 그렇지 않으면 식 (3.54)에 의해 c값을 계산한다.

$a > t_f$이면,

$$c = \frac{a}{\beta_1} = \frac{A_s f_y - \eta(0.85 f_{cm}) t_f (b - b_w)}{\eta(0.85 f_{cm}) \beta_1 b_w} \tag{3.54}$$

$a \le t_f$이면,

$$c = \frac{a}{\beta_1} = \frac{A_s f_y}{\eta(0.85 f_{cm}) \beta_1 b} \tag{3.55}$$

이렇게 c값이 계산되면 그림 [3.33](b)의 평면유지의 법칙에 따른 적합조건에 의해 다음 식 (3.56)에 따라 ε_s 값을 계산하여 인장철근의 항복 여부를 검토한다.

$$\varepsilon_s = \varepsilon_{cu} \frac{d - c}{c} \tag{3.56}$$

만약 식 (3.56)에 의해 구한 ε_s 값이 ε_y 값 이상이 되지 않으면, 앞의 단철근콘크리트 보에서 수행한 방법과 마찬가지로 철근의 응력 f_s는 다음 식 (3.57)과 같이 나타낼 수 있다.

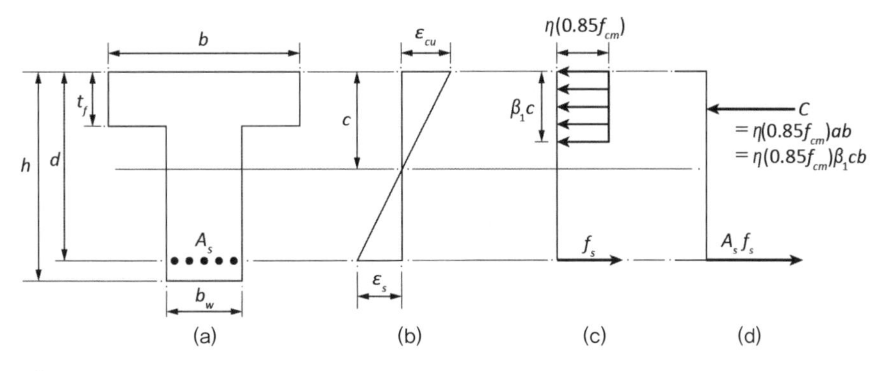

그림 [3.33]
T형 철근콘크리트 보: (a) 보 단면; (b) 변형률 분포; (c) 응력 분포; (d) 합력

$$f_s = \varepsilon_s E_s = \varepsilon_{cu} \frac{d-c}{c} E_s \tag{3.57}$$

이 식 (3.57)을 식 (3.54)의 f_y 대신에 대입하여 c를 구한다. 이렇게 구한 c의 값에 β_1을 곱한 a값이 t_f보다 크면 식 (3.57)에 의해 f_s를 구하고, 그때의 단면의 휨강도 M_n은 다음 식 (3.58)에 의해 구한다.

$$M_n = \eta(0.85 f_{cm}) \beta_1 c b_w \left(d - \frac{\beta_1 c}{2} \right) + \eta(0.85 f_{cm}) t_f (b - b_w) \left(d - \frac{t_f}{2} \right) \tag{3.58}$$

그러나 이렇게 구한 a값이 t_f보다 작으면, 식 (3.57)의 f_s를 식 (3.55)의 f_y 대신에 대입하여 c값을 구하고 그 값을 식 (3.57)에 대입하여 f_s를 구한다. 그리고 단면의 휨강도는 다음 식 (3.59)에 의해 구한다.

$$M_n = A_s f_s \left(d - \frac{\beta_1 c}{2} \right) \tag{3.59}$$

이러한 과정을 흐름도로 나타내면 그림 [3.34]와 같다.

그림 [3.34]
T형 철근콘크리트
보의 휨강도 계산

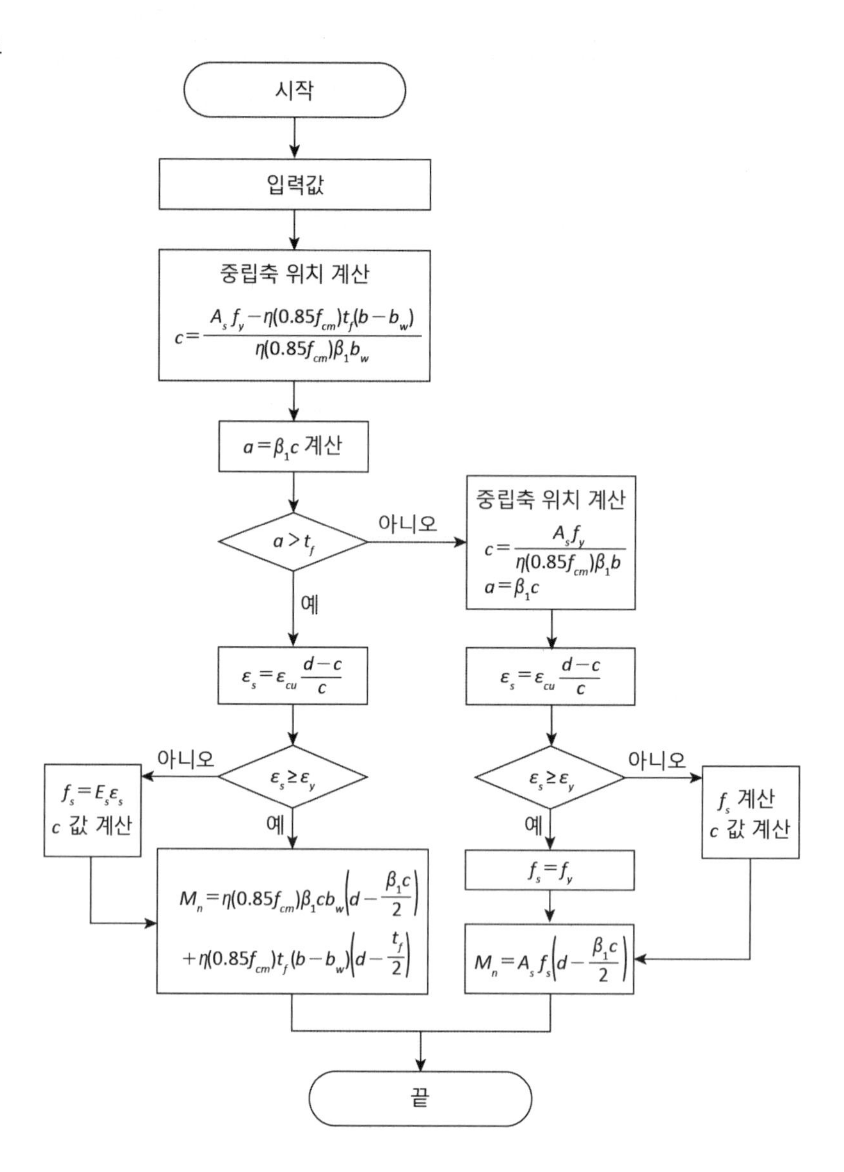

예제 〈3.10〉

예제 〈3.3〉에서 주어진 T형 보 단면에 대한 휨강도를 계산하라.
이 예제에서도 콘크리트의 실제 압축강도 f_{cm}과 설계기준압축강도 f_{ck}를 동일하게 가정하라.

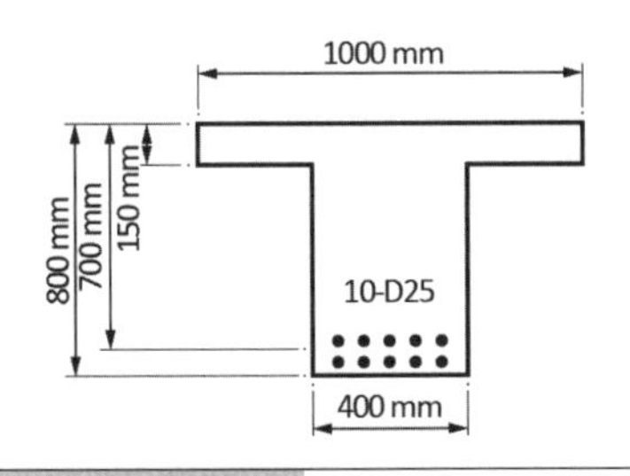

콘크리트의 압축강도	$f_{cm} = 30$ MPa
철근의 항복강도	$f_y = 400$ MPa
철근의 탄성계수	$E_s = 2.0 \times 10^5$ MPa
인장철근의 단면적	$A_s = 10 \times 506.7 = 5{,}067\ \text{mm}^2$

풀이

등가직사각형 응력블록 깊이 a가 슬래브 내에 있고 인장철근이 항복한다고 가정하고서, 중립축 위치를 구한다. 이 경우에도 콘크리트강도가 30 MPa이므로 $\eta = 1.0$, $\beta_1 = 0.80$, $\varepsilon_{cu} = 0.0033$이다.

$$5{,}067 \times 400 = 1.0 \times 0.85 \times 30 \times a \times 1{,}000$$

$$a = 79.5\ \text{mm} < t_f = 150\text{mm}$$

따라서 철근의 항복 여부를 검토하면

$$\varepsilon_y = \varepsilon_{cu}\frac{d-c}{c} = 0.0033 \times \frac{(700-79.5/0.80)}{79.5/0.80} = 0.0199 \geq \varepsilon_y = 0.002$$

그러므로 가정은 옳다. 이때 단면의 휨강도 M_n을 계산하면

$$M_n = 5{,}067 \times 400 \times \left(700 - \frac{79.5}{2}\right)$$
$$= 1{,}338{,}194{,}700\ \text{Nmm} \fallingdotseq 1{,}338\ \text{kNm}$$

이 경우에도 내부팔 길이의 증가에 의해 앞의 예제 〈3.8〉의 결과보다는 휨강도가 약간 증가하나 (1,338/1,217 = 1.10배), 슬래브가 붙어 있어도 크게 증가하지는 않는다. 이유는 과소철근콘크리트 보이기 때문이다.

3.5.3 등가포물선-직선형 응력블록에 의한 해석

일반적인 형태의 단면에 대한 해석은 응력-변형률 관계가 어떠하든 간단하게 해석할 수 있는 방법은 없다. 따라서 이러한 경우에는 컴퓨터를 활용하여 반복적 해석과정을 거쳐야 하며, 이에 대해서는 다음에 간단히 설명하고, 여기서는 먼저 단면의 폭이 일정한 경우에 대해서 등가포물선-직선형 응력블록을 적용하는 방법을 설명한다.

단면의 폭이 일정한 직사각형 단면의 경우 등가포물선-직선형 응력블록은 등가직사각형 응력블록으로 치환할 수 있고, 이렇게 치환된 등가직사각형 응력블록을 사용하여 앞의 3.5.2절에서 설명한 방법에 따라 해석, 설계할 수 있다. T형 보일 때도 앞 3.5.2절에서 설명한 바와 같이 중립축이 대개 슬래브 내에 위치하므로 휨압축을 받는 부분의 폭은 일정하므로 이 방법을 사용할 수 있다.

그림 [3.35](a)와 같은 등가포물선-직선형 응력블록의 경우 단면의 폭이 b_w로 일정할 때 합력 C는 다음 식 (3.60)과 같다.

$$\begin{aligned} C &= \int_0^{\varepsilon_{co}} k_4 f_{cm} \left\{ 1 - \left(1 - \frac{\varepsilon_c}{\varepsilon_{co}} \right)^n \right\} \frac{b_w c}{\varepsilon_{cu}} d\varepsilon_c + \int_{\varepsilon_{co}}^{\varepsilon_{cu}} k_4 f_{cm} (\varepsilon_c - \varepsilon_{co}) \frac{b_w c}{\varepsilon_{cu}} d\varepsilon_c \\ &= \frac{b_w c}{\varepsilon_{cu}} \left[\int_0^{\varepsilon_{co}} k_4 f_{cm} \left\{ 1 - \left(1 - \frac{\varepsilon_c}{\varepsilon_{co}} \right)^n \right\} d\varepsilon_c + k_4 f_{cm} (\varepsilon_{cu} - \varepsilon_{co}) \right] \\ &= \left(1 - \frac{\varepsilon}{n+1} \right) k_4 f_{cm} b_w c = \alpha f_{cm} b_w c \end{aligned} \tag{3.60}$$

여기서 $\varepsilon = \varepsilon_{co}/\varepsilon_{cu}$ 이고, α는 그림 [3.35](b)에서 보이는 바와 같이 평균응력크기계수이다.

그리고 그림 [3.35](a)에서 합력 C가 작용하는 합력점 $k_2 c$는 다음 식 (3.61)과 같다.

$$k_2 c = \left[\int_0^{\varepsilon_{co}} k_4 f_{cm} \left\{ 1 - \left(1 - \frac{\varepsilon_c}{\varepsilon_{co}} \right)^n \right\} (\varepsilon_{cu} - \varepsilon_c) b_w \frac{c}{\varepsilon_{cu}} d\varepsilon_c \right.$$

$$\left. + \int_{\varepsilon_{co}}^{\varepsilon_{cu}} k_4 f_{cm} (\varepsilon_{cu} - \varepsilon_c) b_w \frac{c}{\varepsilon_{cu}} d\varepsilon_c \right] \Big/ C \tag{3.61}$$

$$= \left[\left\{ \frac{1}{2} - \frac{\varepsilon}{n+1} + \frac{\varepsilon^2}{(n+1)(n+2)} \right\} \Big/ \left(1 - \frac{\varepsilon}{n+1} \right) \right] c$$

여기서도 $\varepsilon = \varepsilon_{co}/\varepsilon_{cu}$ 이다.

그림 [3.35](b), (c)와 식 (3.60)과 식 (3.61)에 의하면 합력 C는 다음 식 (3.62)와 같다.

$$C = \alpha f_{cm} b_w c = \left(1 - \frac{\varepsilon}{n+1} \right) k_4 f_{cm} b_w c$$

$$= \eta (k_4 f_{cm}) \times 2 k_2 c b_w$$

$$= \eta (k_4 f_{cm}) \left[\left\{ \frac{1}{2} - \frac{\varepsilon}{n+1} + \frac{\varepsilon^2}{(n+1)(n+2)} \right\} \Big/ \left(1 - \frac{\varepsilon}{n+1} \right) \right] \times 2 b_w c \tag{3.62}$$

따라서 등가응력크기계수 η는 다음 식 (3.63)과 같다.

$$\eta = \frac{\left(1 - \frac{\varepsilon}{n+1} \right)^2}{2 \left\{ \frac{1}{2} - \frac{\varepsilon}{n+1} + \frac{\varepsilon^2}{(n+1)(n+2)} \right\}} \tag{3.63}$$

그리고 그림 [3.35](a)의 등가포물선-직선 응력블록을 치환한 등가직사각형 응력블록은 그림 [3.35](c)이며, 이 때 등가직사각형 응력블록의 깊이계수 $\beta_1 = 2k_2$로서 식 (3.61)에 의하면 다음 식 (3.64)와 같다.

$$\beta_1 = 2k_2 = 2 \left\{ \frac{1}{2} - \frac{\varepsilon}{n+1} + \frac{\varepsilon^2}{(n+1)(n+2)} \right\} \Big/ \left(1 - \frac{\varepsilon}{n+1} \right) \tag{3.64}$$

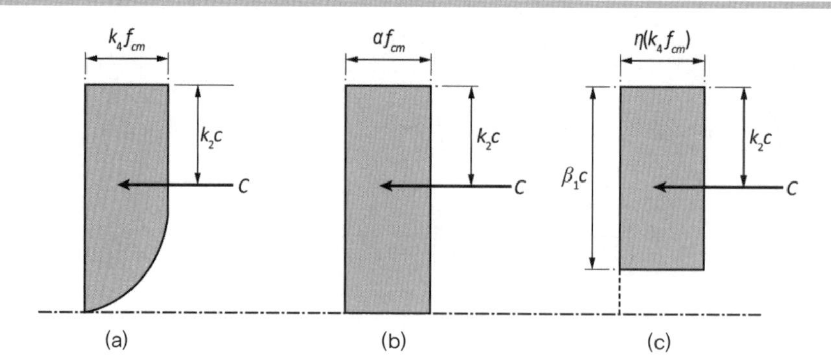

그림 [3.35]
등가 포물선-직선형 응력분포의 등가직사각형 응력분포로 치환:
(a) 등가포물선-직선형 응력분포; (b) 우리나라 설계기준의 α값; (c) 치환된 등가포물선-직선형 응력분포

결론적으로 우리나라 설계기준에서 제시한 등가포물선-직선형 응력블록은 폭이 일정한 단면에 적용할 경우 식 (3.63)에 의한 등가응력크기계수 η와 식 (3.64)에 의한 응력블록의 깊이계수 β_1을 이용하여 등가직사각형 응력블록으로 치환하여 해석할 수 있다.

20 4.1.1(7),(8)

우리나라 설계기준에서 제시한 등가포물선-직선형 응력블록에 대한 값들을 사용하여 η 값과 β_1 값을 구하면 표 〈3.2〉에 나타낸 바와 같다. 이 표의 η 값과 β_1 값은 우리나라 설계기준에서 제시한 등가직사각형 응력블록의 값들과 약간의 차이는 있으나 크게 차이가 나타나지 않는다. 즉 단면의 폭이 일정한 직사각형 단면의 경우 우리나라 설계기준의 등가직사각형 응력블록으로 해석, 설계를 하는 것과 등가포물선-직선형 응력블록으로 하는 것은 큰 차이가 없다.

표 〈3.2〉 등가포물선-직선형 응력블록의 등가직사각형 응력블록으로 치환 계수

f_{ck} (MPa)	≤ 40	50	60	70	80	90
n	2.0	1.92	1.50	1.29	1.22	1.20
ε_{co}	0.0020	0.0021	0.0022	0.0023	0.0024	0.0025
ε_{cu}	0.0033	0.0032	0.0031	0.0030	0.0029	0.0028
η	0.969	0.960	0.937	0.910	0.882	0.851
(KDS)	1.00	0.97	0.95	0.91	0.87	0.84
β_1	0.824	0.807	0.764	0.731	0.711	0.698
(KDS)	0.80	0.80	0.76	0.74	0.72	0.70

만약 단면의 폭이 일정하지 않은 경우에는 컴퓨터를 이용하여 반복계산에 의해 주어진 단면에 대하여 휨강도를 계산할 수 있으며, 그 해석 과정의 흐름도는 그림 [3.36]에 주어져 있다.

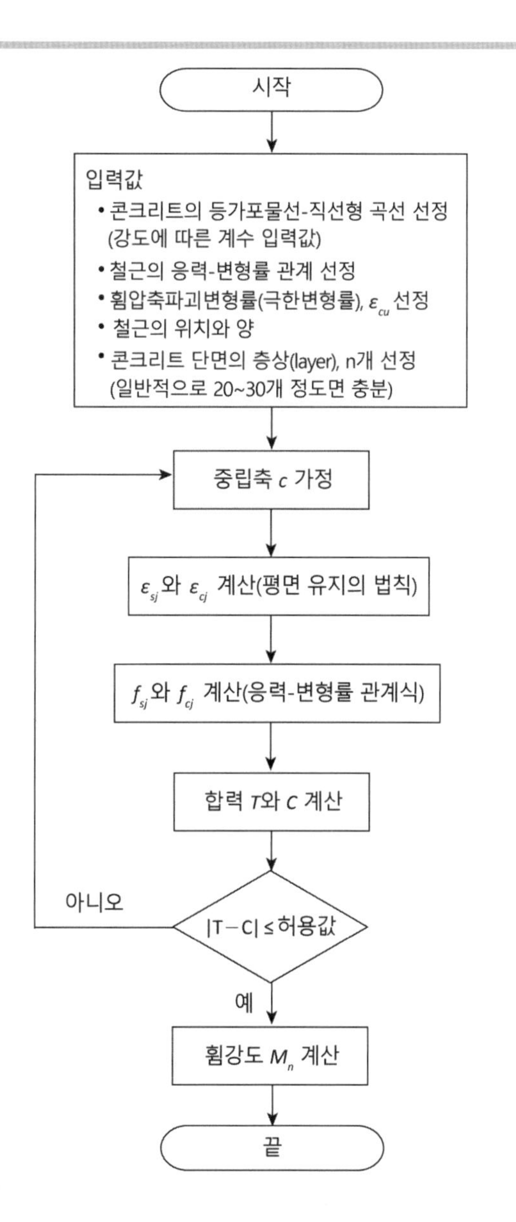

그림 [3.36] 단면의 폭이 일정하지 않은 단면에 대한 등가응력블록에 의한 해석 과정의 흐름도

3.6 철근량의 제한

3.6.1 철근량의 제한 개념

휨부재에서 철근량을 제한하는 기준은 휨 거동에 대한 연성의 확보에 있다. 휨부재에서 인장철근량에 따라 연성이 변화하는데 철근량이 기준량보다 적어도 취성 거동을 하고, 또한 철근량이 어느 기준량을 초과하여도 취성 거동을 한다.

그림 [3.37]은 단철근콘크리트 보 단면에서 인장철근량에 따른 휨모멘트-곡률 관계를 나타내고 있다. 그림에서 곡선 I은 인장철근이 배근되지 않은 무근콘크리트인 경우를 나타내는데 균열휨모멘트 M_{cr}에 도달하는 순간 곧바로 파괴에 이른다. 따라서 이 경우에는 취성파괴로서 매우 급작스럽게 파괴된다.

그림에서 곡선 II는 매우 적은 양의 인장철근이 배근되어 균열휨모멘트 M_{cr}에 도달된 후 콘크리트가 받고 있던 인장력을 배근된 인장철근이 모두 저항하지 못하는 경우이다. 인장철근량을 점점 증가시키면 곡선 III과 같이 균열휨모멘트보다도 더 큰 저항 휨모멘트, 즉 휨강도를 가지면서 충분한 연성을 갖는 경우가 된다. 따라서 휨 거동에 대해서 연성을 확보하

그림 [3.37]
철근량에 따른 휨모멘트-곡률 관계

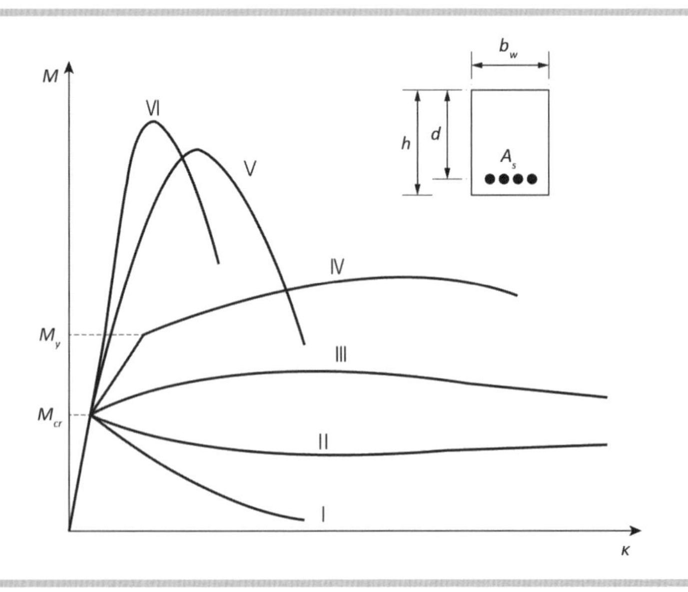

기 위해서는 최소한 이 정도의 철근량이 필요하다. 계속 철근량을 증가시키면 인장철근량에 거의 비례하여 저항 휨모멘트, 즉 휨강도가 증가한다.

더욱 철근량이 증가하면 인장철근이 항복하는 순간 압축연단 콘크리트가 휨압축파괴변형률에 도달하는, 이른바 균형철근비 상태에 도달한다. 그림 [3.37]에서 곡선 V가 이 경우를 나타내고 있다. 균형철근비만큼 배근된 철근콘크리트 보는 취성파괴 형태를 나타내기 때문에 이보다는 적은 철근량을 배근하여 연성을 확보하여야 한다.

균형철근비 이상의 인장철근을 배근하면 단면의 저항 휨모멘트인 휨강도는 크게 변화하지 않는다. 따라서 더 큰 휨모멘트에 저항하기 위해서는 인장철근과 더불어 압축철근을 배근하거나, 또는 보 단면을 증대시켜야 한다.

3.6.2 균형철근비

균형철근비의 정의

균형철근비란 인장철근의 변형률이 항복변형률에 도달하는 순간 그 단면의 최대 저항 휨모멘트, 즉 휨강도에 이르는 철근비를 일컫는다. 다시 말하여 $M_n = M_y$가 성립하는 단면의 철근비를 의미한다. M_y란 인장철근이 항복하는 순간 단면의 휨모멘트이고, M_n은 압축연단의 콘크리트가 파쇄되는 순간에서 단면의 휨모멘트를 의미한다.

그러나 이러한 M_n에 해당하는 콘크리트의 변형률은 그림 [3.17]에서 보았듯이 단면의 형상, 철근량 등에 따라 변한다. 그래서 정확하게 계산하는 것이 힘들기 때문에 우리나라 설계기준에서는 이때의 콘크리트의 강도에 따라 휨압축파괴변형률 ε_{cu}를 0.0033에서 0.0028까지 변하는 것으로 가정하였다.

20 4.1.1(7)

따라서 이 가정에 의하면 균형철근비란 인장철근의 변형률이 항복변형률에 도달하는 순간 압축연단 콘크리트의 변형률이 ε_{cu}에 도달되는 단면의 철근비를 의미한다.

한편 허용응력설계법에 있어서 균형철근비의 의미는 인장철근의 응력이 허용인장응력에 도달할 때 압축연단 콘크리트의 응력이 허용휨압축응력에 동시에 도달하는 그러한 단면의 철근비를 의미한다. 이렇게 구한 균형철근비는 강도설계법에 있어서 위의 변형률에 근거하여 구한 값과 차이가 난다.

단철근콘크리트 보

등가직사각형 응력블록을 이용하여 그림 [3.38]에 보인 바와 같은 단철근콘크리트 보의 균형철근비를 계산하여 보면, 먼저 중립축 위치 c_b를 비례 관계에 의하여 구하면 식 (3.65)와 같다.

$$c_b = \frac{\varepsilon_{cu}}{\varepsilon_{cu} + \varepsilon_y} d \tag{3.65}$$

따라서 힘의 평형조건을 이용하여 다음 식 (3.66)의 관계를 구할 수 있다.

$$A_s f_y = \eta(0.85 f_{cm}) a_b b_w = \eta(0.85 f_{cm}) \beta_1 c_b b_w \tag{3.66}$$

따라서 균형철근비 ρ_b는 다음 식 (3.67)로 구해진다.

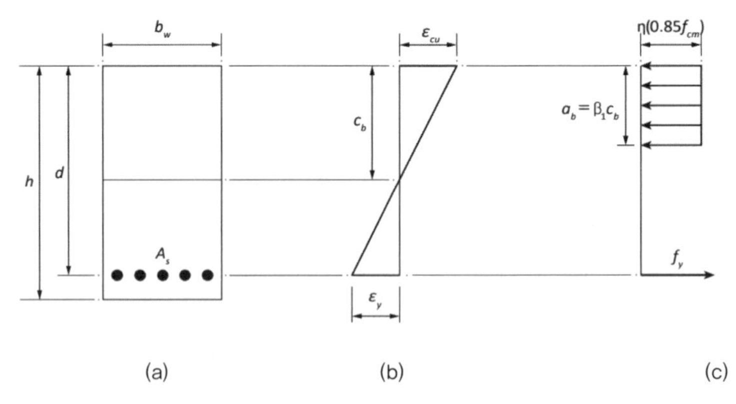

그림 [3.38]
단철근콘크리트 보에서 균형철근비: (a) 보 단면; (b) 변형률 분포; (c) 응력 분포

$$\rho_b = \frac{A_s}{b_w d} = \frac{0.85\eta\beta_1 f_{cm}}{f_y}\frac{\varepsilon_{cu}}{\varepsilon_{cu}+\varepsilon_y} \tag{3.67}$$

여기서, η, β_1, ε_{cu} 값은 콘크리트강도에 따라 변하는 값이다.

이 식 (3.67)에서 실제 콘크리트의 압축강도 f_{cm} 대신에 설계기준압축강도 f_{ck}를 대입하면 우리나라 설계기준에서 규정하고 있는 값을 얻을 수 있다. 위 식 (3.67)을 살펴보면 철근콘크리트 보의 균형철근비는 단면의 크기와는 무관하며, 콘크리트와 철근의 강도에만 좌우된다는 것을 알 수 있다. 그러나 균형철근비에 해당하는 균형철근콘크리트 보의 인장철근량은 $\rho_b b_w d$로서 단면의 크기에 따라 변한다.

균형철근콘크리트 보
균형철근비만큼 인장철근을 배치한 콘크리트 보를 말하며, 이보다 인장철근량을 많이 배치하면 과다철근콘크리트 보라고 하고, 적게 배치하면 과소철근콘크리트 보라고 한다.

한편 허용응력설계법에 의한 균형철근비는 그림 [3.39]에서 힘의 평형조건을 고려하여 다음 식 (3.69)와 식 (3.70)에 의해 구할 수 있다.

$$kd = \frac{f_{ca}}{f_{ca}+f_{sa}/n}d \tag{3.69}$$

$$A_s f_{sa} = \frac{1}{2}f_{ca}kdb_w \tag{3.70}$$

따라서 균형철근비는 다음 식 (3.71)과 같이 나타낼 수 있다.

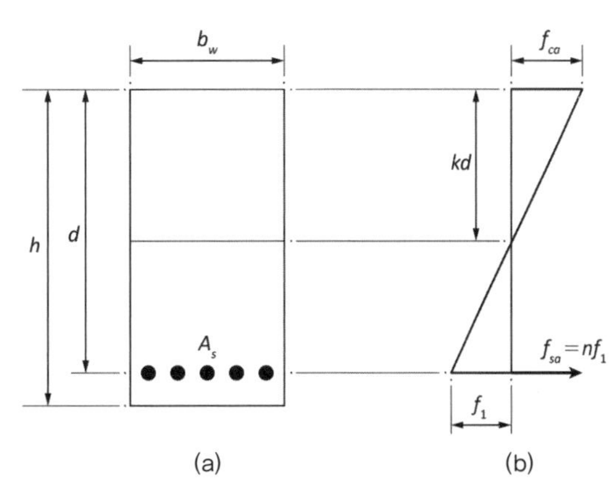

그림 [3.39]
허용응력법에 의한 균형철근비: (a) 보 단면; (b) 응력 분포

$$\rho_b = \frac{A_s}{b_w d} = \frac{f_{ca}}{2f_{sa}} \frac{1}{1+f_{sa}/nf_{ca}} \quad (3.71)$$

여기서, f_{ca}는 콘크리트의 허용휨압축응력이고, f_{sa}는 철근의 허용인장응력이다. 그리고 n은 탄성계수비이다.

예제 〈3.11〉

다음 그림과 같은 직사각형 보의 균형철근비를 강도설계법과 허용응력설계법에 따라 계산하고 그 때 철근량을 계산하라.

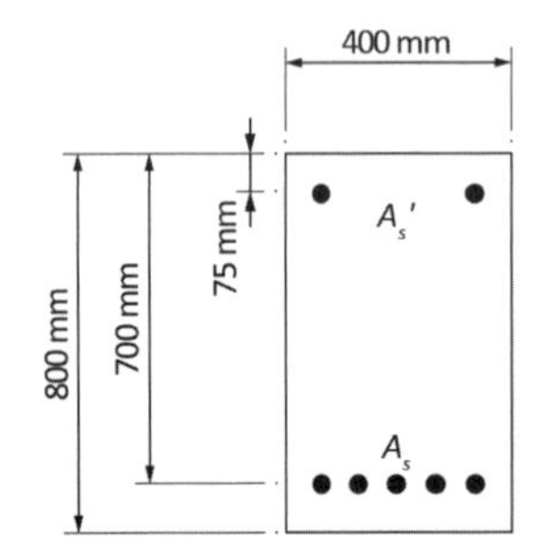

콘크리트의 압축강도	30 MPa, 60 MPa
철근의 항복강도	400 MPa, 600 MPa
철근의 탄성계수	2.0×10^5 MPa
콘크리트탄성계수	2.5×10^4 MPa(30 MPa)
	3.33×10^4 MPa(60 MPa)
콘크리트 허용휨압축응력	$f_{ca}=0.3f_{cm}$
철근의 허용인장응력	$f_{sa}=0.5f_y$

풀이

$E_s=2.0\times10^5$ MPa일 때 강도설계법에 의한 균형철근비 ρ_b는 식 (3.67)에 의해 구할 수 있다. 즉,

$$\rho_b = \frac{\eta(0.85\beta_1)f_{cm}}{f_y} \times \frac{\varepsilon_{cu}}{\varepsilon_{cu}+\varepsilon_y}$$

$$A_s = \rho_b b_w d$$

여기서 η와 β_1, 그리고 ε_{cu}는 콘크리트 압축강도에 따라 변하는 값으로서 f_{cm}이 30 MPa일 때는 각각 1.0, 0.80, 0.0033이고, f_{cm}이 60 MPa일 때는 각각 0.95, 0.76, 0.0031이다. 콘크리트와 철근의 각 강도에 따른 균형철근비를 계산하면 다음 표와 같다.

균형철근비(강도설계법)

f_y(MPa)	f_{cm}(MPa)	ρ_b	A_s(mm^2)
400	30	0.0318	8,904
	60	0.0560	15,680
600	30	0.0178	4,984
	60	0.0312	8,736

일반적으로 보의 인장철근비는 균형철근비의 0.5배 이하로 배근되는 경우가 많다. 그러나 이러한 경우에도 위 표에서 보면 f_y=400 MPa, f_{cm}=30 MPa일 때 8,904×0.5=4,452 mm^{2}으로서 9-D25(506.7×9=4,560) 또는 12-D22(387.1×12=4,645)를 배근해야 할 정도로 철근량이 많이 요구된다.

허용응력설계법에 의한 균형철근비는 앞의 식 (3.71)에 의해 구할 수 있다. 콘크리트와 철근에 대한 허용응력은 설계기준에 따라 차이가 있지만 문제에서 주어진 값을 사용하여 구하면 다음 표와 같다.

균형철근비(허용응력설계법)

f_y(MPa)	f_{cm}(MPa)	ρ_b	A_s(mm^2)
400	30	0.0060	1,680
	60	0.0158	4,424
600	30	0.0029	813
	60	0.0079	2,212

표에서 알 수 있듯이 두 방법에 따른 균형철근비가 크게 다른 것을 알 수 있다.

예제 〈3.12〉

앞의 예제 〈3.11〉에서 f_y=400 MPa, f_{cm}=30 MPa에 대한 균형철근비의 0.25배, 0.50배, 0.75배, 1.0배, 1.25배의 인장철근이 배근되었을 때의 각 휨강도를 구하라. 또 인장철근이 0.5ρ_b와 1.25ρ_b일 때 압축철근이 0.25ρ_b 배근된 복철근콘크리트 단면에 대한 휨강도도 계산하라.

풀이

1. 인장철근비가 0.25ρ_b, 0.5ρ_b, 0.75ρ_b, 1.0ρ_b, 1.25ρ_b인 단철근콘크리트 보 단면에 대한 휨강도를 계산하면, 균형철근비 이하인 0.25ρ_b, 0.5ρ_b, 0.75ρ_b, 1.0ρ_b인 경우는 인장철근이 항복하므로 식 (3.44)에 의해 쉽게 구할 수 있다.

$$M_n = A_s f_y\left(d - \frac{A_s f_y}{1.7\eta\beta_1 b_\omega f_{cm}}\right)$$

그러나 1.25ρ_b인 경우 인장철근이 항복하지 않으므로 식 (3.47)에 의해 c를 구한 다음, 식 (3.48)에 의해 휨강도를 계산할 수 있다.

$$0.85\eta f_{cm}\beta_1 c b_w = A_s E_s \frac{\varepsilon_{cu}(d-c)}{c}$$

$$M_n = A_s f_s\left(d - \frac{\beta_1 c}{2}\right)$$

식 (3.44)를 사용하여, 즉 f_y=400 MPa, d=700 mm, η=1.0, β_1=0.8, f_{cm}=30 MPa, b_w=400 mm이고 A_s =0.25ρ_b(2,226 mm^2), 0.5ρ_b(4,452 mm^2), 0.75ρ_b (6,678 mm^2), 1.0ρ_b(8,904 mm^2)인 경우 식 (3.44)에 의해 M_n값을 구하면 각각 M_n=575, 1,052, 1,433, 1,716 kNm이다. 휨강도 M_n은 철근량이 2배, 3배, 4배가 될 때 각각 1,052/575=1.83, 1,433/575=2.49, 1,716/575=2.98배로 증가하며 비례하여 증가하지는 않지만 크게 증가한다는 것을 알 수 있다.

한편 인장철근비가 1.25ρ_b인 경우 인장철근이 항복하지 않으므로 식 (3.47)을 사용하여 2차방정식을 풀어 c값을 먼저 계산하고, 식 (3.48)에 의해 구한다.

$$1 \times 0.85 \times 30 \times 0.8 \times c \times 400 = 1.25 \times 8{,}904 \times 2.0 \times 10^5 \times \frac{0.0033(700-c)}{c}$$

$$8{,}160c^2 + 7{,}345{,}800c - 5.142 \times 10^9 = 0$$

$$c = 462 \text{ mm}$$

$$f_s = 2.0 \times 10^5 \times 0.0033 \times (700-462)/462 = 340 \text{ MPa}$$

$$M_n = 1.25 \times 8{,}904 \times 340 \times \left(700 - \frac{0.8 \times 462}{2}\right) = 1{,}950 \text{ kNm}$$

이 경우 철근의 인장응력은 340 MPa로서 항복강도보다 낮으며, 균형철근비의 경우보다 철근비는 25% 증가하였지만 휨강도는 $1{,}950/1{,}716 = 1.14$배 증가가 일어났다.

2. 인장철근량이 0.5ρ_b, 1.25ρ_b이고 압축철근량이 0.25ρ_b인 복철근콘크리트 단면에 대한 휨강도를 계산하여 보자.
   먼저 인장철근량이 0.5ρ_b이고 압축철근량이 0.25ρ_b인 경우 인장철근은 항복하지만 압축철근은 항복하지 않을 가능성이 높다. 따라서 이러한 경우 힘의 평형조건에 의해 식 (3.50)에 의해 c를 구할 수 있다.

$\eta(0.85f_{cm})\beta_1 c b_w + A_s' f_s' = A_s f_y$에 의하여 c를 계산한다.

$$1.0 \times 0.85 \times 30 \times 0.8c \times 400 + 0.25 \times 8{,}904 \times \left(2.0 \times 10^5 \times 0.0033 \times \frac{c-75}{c}\right)$$

$$= 0.5 \times 8{,}904 \times 400$$

$$8{,}160c^2 - 311{,}640c - 1.102 \times 10^8 = 0$$

$$c = 137 \text{ mm}$$

$$f_s' = 2.0 \times 10^5 \times 0.0033 \times \frac{137-75}{137} = 299 \text{ MPa}$$

본문 식 (3.53)에 의해 휨강도 M_n은 다음과 같다.

$$M_n = 0.25 \times 8904 \times 299 \times (700 - 75)$$
$$+ 1.0 \times 0.85 \times 30 \times 0.8 \times 137 \times 400 \times \left(700 - \frac{0.8 \times 137}{2}\right)$$
$$= 1{,}137 \text{ kNm.}$$

이 휨강도 1,137 kNm는 압축철근을 배근하지 않고 같은 양인 인장철근만 $0.5\rho_b$를 배근했을 때의 휨강도 1,052 kNm와 비교하여 1.08배 증가한 값이다. 이 경우 압축철근으로 $0.25\rho_b$ 배근하는 대신에 인장철근을 이만큼 추가하여 인장철근만 $0.75\rho_b$ 배근하면 앞에서 계산한 바와 같이 단면의 휨강도는 1,433 kNm로서 훨씬 크게 증가한다.

둘째 인장철근비가 $1.25\rho_b$이고, 압축철근비가 $0.25\rho_b$인 경우 둘 다 항복할 수도 있고, 항복하지 않을 수도 있다. 먼저 둘 다 항복하는 것으로 가정하여 중립축 c를 식 (3.51)에 의해 구하면 다음과 같다.

$$c = \frac{(A_s - A_s')f_y}{\eta(0.85 f_{cm})\beta_1 b_\omega} = \frac{8{,}904 \times (1.25 - 0.25) \times 400}{1.0 \times 0.85 \times 30 \times 0.8 \times 400} = 436 \text{ mm}$$

$$\varepsilon_s' = 0.0033 \times \frac{436 - 75}{436} = 0.00273 \geq \varepsilon_y = 0.002$$

$$\varepsilon_s = 0.0033 \times \frac{700 - 436}{436} = 0.002 = \varepsilon_y = 0.002$$

따라서 인장, 압축철근 모두 항복하므로 휨강도 M_n은 쉽게 구할 수 있다.

$$M_n = A_s' f_y (d - d') + 0.85 \eta f_{cm} ab\left(d - \frac{a}{2}\right)$$
$$= 0.25 \times 8904 \times 400 \times (700 - 75) + 0.85 \times 1.0 \times 30 \times (0.8 \times 436)$$
$$\times 400 \times \left(700 - \frac{0.8 \times 436}{2}\right)$$
$$= 2{,}426 \text{ kNm}$$

이 경우에는 인장철근만 $1.25\rho_b$ 배근한 단면의 휨강도가 1,950 kNm이었는데 압축철근을 $0.25\rho_b$만큼 더 배근하면 휨강도는 2,426/1,950=1.244배 증가한다. 이때 인장철근비는 $1.25\rho_b$로 두고 압축철근비를 $0.5\rho_b$로 증가시켰을 때 단면의 휨강도를 계산하여 보자. 먼저 둘 다 항복한다고 가정하여 c를 구하면 다음과 같다.

$$c = \frac{8{,}904 \times (1.25 - 0.50) \times 400}{1.0 \times 0.85 \times 30 \times 0.8 \times 400} = 327 \text{ mm}$$

$$\varepsilon_s' = 0.0033 \times \frac{327 - 75}{327} = 0.00254 \geq \varepsilon_y = 0.002$$

$$\varepsilon_y = 0.0033 \times \frac{700-327}{327} = 0.00376 \geq \varepsilon_y = 0.002$$

그러므로 인장, 압축철근은 항복하며, 이 단면에 대한 휨강도는 다음과 같이 구할 수 있다.

$$M_n = (0.5 \times 8{,}904) \times 400 \times (700-75) + 1.0 \times 0.85 \times 30 \times (0.8 \times 327)$$
$$\times 400 \times \left(700 - \frac{0.8 \times 327}{2}\right)$$
$$= 2{,}632 \text{ kNm}$$

모든 경우에 대하여 요약하면 다음 표와 같다.

인장철근량 ρ	압축철근량 ρ'	M_n(kNm)	$1.0\rho_b$에 대한 비
$0.25\rho_b$	0	575	0.34
$0.5\rho_b$	0	1,052	0.61
	$0.25\rho_b$	1,137	0.66
$0.75\rho_b$	0	1,433	0.84
$1.0\rho_b$	0	1,716	1.0
$1.25\rho_b$	0	1,950	1.14
	$0.25\rho_b$	2,426	1.41
	$0.5\rho_b$	2,632	1.53

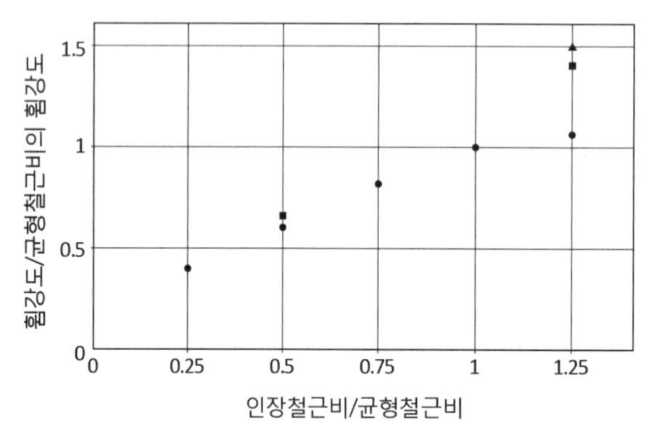

이 그림에서 보면 균형철근비 이하의 보 단면의 휨강도는 인장철근비에 따라 크게 증가하나 균형철근비를 초과하는 경우 휨강도는 크게 증가하지 않는다. 그러나 균형철근비 이하의 보에서는 압축철근을 배근하여도 휨강도는 크게 증가하지 않으나 균형철근비를 초과하는 보에서는 압축철근을 배근할 때 휨강도가 크게 증가한다. 이와 같은 현상은 균형철근비 이하의 보 단면의 경우 압축을 받는 부분에서 콘크리트만으로 충분히 압축력을 저항할 수 있으나, 균형철근비를 초과하는 경우 콘크리트만으로 저항할 수 없기 때문이다. 따라서 이러한 경우 압축부분에 압축철근을 배근하면 단면의 휨강도는 크게 증가한다.

복철근콘크리트 보

그림 [3.40]과 같은 복철근콘크리트 보의 균형철근비로 단철근콘크리트 보에 대하여 구한 방법과 유사하게 구할 수 있다.

그림 [3.40](b)에서 중립축 위치 c_b는 앞의 식 (3.65)와 동일하다. 그리고 압축철근의 변형률 $\varepsilon_s{}'$는 다음 식 (3.72)와 같이 나타낼 수 있다.

$$\varepsilon_s{}' = \varepsilon_{cu} \times \frac{c_b - d'}{c_b} \tag{3.72}$$

이렇게 구한 $\varepsilon_s{}'$가 ε_y 이상이면 압축철근의 응력 $f_s{}'$는 f_y이고, $\varepsilon_s{}'$가 ε_y보다 작으면 $f_s{}'$는 $E_s \varepsilon_s{}'$이다. 또한 그림 [3.40](c)에 의해 힘의 평형조건을 고려하여 다음 식 (3.73)을 얻을 수 있다.

$$\begin{aligned} A_s f_y &= \eta(0.85 f_{cm})\beta_1 c_b b_w + A_s{}'(f_s{}' - \eta(0.85 f_{cm})) \\ &\simeq \eta(0.85 f_{cm})\beta_1 c_b b_w + A_s{}' f_s{}' \end{aligned} \tag{3.73}$$

따라서 복철근콘크리트 보에 대한 균형철근비는 다음 식 (3.74)에 의해 구할 수 있다.

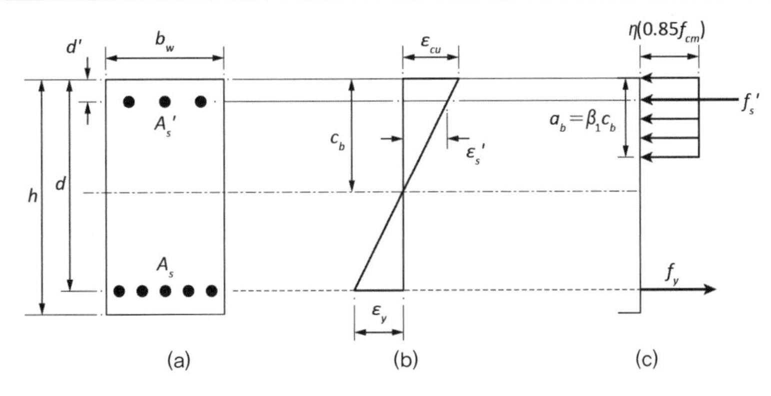

그림 [3.40]
복철근콘크리트 보의 균형철근비: (a) 보 단면; (b) 변형률 분포; (c) 응력 분포

$$
\begin{aligned}
\overline{\rho_b} &= \frac{A_s}{b_w d} = \frac{0.85\eta\beta_1 f_{cm}}{f_y}\frac{\varepsilon_{cu}}{\varepsilon_{cu}+\varepsilon_y} + \rho'\frac{f_s{}'}{f_y} \\
&= \rho_b + \rho'\frac{f_s{}'}{f_y}
\end{aligned}
\qquad (3.74)
$$

여기서, ρ_b는 단철근콘크리트 보에서 균형철근비이고, ρ'는 압축철근비로 $\rho' = A_s{}'/b_w d$이다.

T형 철근콘크리트 보

T형 보도 직사각형 보와 유사하게 균형철근비를 계산할 수 있다. 그림 [3.33]에서 보듯이 중립축까지 거리 c는 앞의 두 경우와 동일하다. 즉, 식 (3.65)의 c_b값이 바로 T형 보의 중립축 거리이다.

힘의 평형조건에 의해 다음 식 (3.75)를 얻을 수 있다.

$$
A_s f_y = \eta(0.85 f_{cm})\beta_1 c b_w + \eta(0.85 f_{cm}) t_f (b - b_w) \qquad (3.75)
$$

따라서 유효플랜지 폭 b에 대한 균형철근비 $\overline{\rho_b}$는 다음 식 (3.76)에 의해 구해진다.

$$
\begin{aligned}
\overline{\rho_b} &= \frac{A_s}{bd} = \frac{b_w}{b}\frac{0.85\eta\beta_1 f_{cu}}{f_y}\frac{\varepsilon_{cu}}{\varepsilon_{cu}+\varepsilon_y} + \frac{b_w}{b}\frac{A_{sf}}{b_w d} \\
&= \frac{b_w}{b}\rho_b + \frac{b_w}{b}\rho_f
\end{aligned}
\qquad (3.76)
$$

여기서, $A_{sf} = \eta(0.85 f_{cm}) t_f (b - b_w)$, $\rho_f = A_{sf}/b_w d$이다. 즉, 이 A_{sf}는 플랜지 콘크리트가 저항하는 압축력을 압축철근으로 배근하였다고 가정했을 때의 철근량을 의미한다.

여기서 만약 T형 보의 복부 폭 b_w에 대한 균형철근비 $\overline{\rho_b}$로 하면, 즉 $\overline{\rho_b} = A_s/b_w d$로 정의하면 다음 식 (3.77)과 같이 구해진다.

$$\bar{\rho}_b = \frac{A_s}{b_w d} = \frac{0.85\,\eta\,\beta_1 f_{cm}}{f_y}\frac{\varepsilon_{cu}}{\varepsilon_{cu}+\varepsilon_y} + \frac{A_{sf}}{b_w d} \qquad (3.77)$$
$$= \rho_b + \rho_f$$

3.6.3 최소 철근량

ACI 설계기준의 최소철근비 (2021년 이전의 우리나라 설계기준)

앞에서 설명한 바와 같이 연성을 확보하기 위해서는 휨강도 M_n이 균열휨모멘트 M_{cr}보다 커야 한다. 다시 말하여 균열이 유발된 후에도 갑작스럽게 파괴가 일어나지 않도록 최소한의 인장철근이 필요하다. 이러한 조건을 만족시키기 위해서는 아래 식 (3.78)의 조건을 만족시켜야 한다.

$$M_{cr} \le M_n \qquad (3.78)$$

그러나 얼마간의 안전율을 고려하여 식 (3.79)를 적용한다.

$$\alpha M_{cr} = M_n \qquad (3.79)$$

여기서 α로 1.2 또는 1.25 정도를 택한다. 보 폭이 b_w이고 보 깊이가 h인 직사각형 단철근콘크리트 보의 최소철근비에 대하여 대략적으로 검토한다. 철근콘크리트 보의 실제 균열휨모멘트와 인장철근을 무시할 때의 균열휨모멘트 사이에 차이가 크지 않으므로, 계산을 단순화하기 위하여 무근콘크리트에 대한 균열휨모멘트 M_{cr}을 취하면, 다음 식 (3.80)과 같다.

$$M_{cr} = \frac{b_w h^2}{6} f_r \qquad (3.80)$$

여기서, f_r은 콘크리트의 휨인장강도로서 제2장에서 설명한 바와 같이 이 값은 $(0.6 \sim 1.2)\sqrt{f_{cm}}$ 정도이다.

한편, 등가직사각형 응력블록을 사용하여 휨강도 M_n을 계산하면 다음 식 (3.81)과 같다.

$$M_n = A_s f_y \left(d - \frac{a}{2}\right) \tag{3.81}$$

여기서,

$$a = \frac{A_s f_y}{0.85 f_{cm} b_w} \tag{3.82}$$

따라서 식 (3.80), 식 (3.81)을 식 (3.79)에 대입하여 철근비를 계산하면 그 때의 철근비가 최소철근비 $\rho_{\min}$가 된다. 그러나 이 경우에도 2차방정식을 풀어야 A_s를 구할 수 있는데, 대략 a값은 $0.1d$ 정도이므로 이렇게 가정하고서 식 (3.80)과 식 (3.81)을 식 (3.79)에 대입하면 다음 식 (3.83)을 얻을 수 있다.

$$\frac{\alpha b_w h^2 f_r}{6} = 0.95 A_s f_y d \tag{3.83}$$

이 식에 의해 다음 식 (3.84)를 얻을 수 있다.

$$\rho_{\min} = A_s / b_w d = \frac{\alpha f_r}{5.7 f_y}\left(\frac{h}{d}\right)^2 \tag{3.84}$$

식 (3.84)에 f_r 값으로 상한값에 가까운 $1.0\sqrt{f_{cm}}$, 대략적인 값들인 α 값으로 1.2, h/d값으로 1.1을 대입하면 식 (3.85)를 얻는다.

$$\rho_{\min} = \frac{0.25\sqrt{f_{cm}}}{f_y} \tag{3.85}$$

2021년 이전의 우리나라 설계기준에서도 $\rho_{\min}$으로 식 (3.85)에서 콘크리트의 실제 압축강도인 f_{cm} 대신에 설계기준압축강도인 f_{ck}를 대체한 값으로 규정하고 있다. 그러나 이와 같이 규정된 최소철근비는 일반적으로 안전 측의 값으로서 대부분의 보는 이 정도의 철근비의 경우 연성 거동을 보인다. 더 자세히 살펴보면 실제 보의 콘크리트 강도는 설계기준압축강도보다 높기 때문에 최소철근비가 안전 측이 되지 못하나 실제 보에서 콘크리트의 휨인장강도는 앞에서 가정한 $1.0\sqrt{f_{cm}}$ 보다 작은 값이므로 전체적으로는 안전 측의 값이다. 실제 철근콘크리트 보에서 콘크리트의 휨인장강도가 실험실에서 구한 값보다 0.5~0.6배 정도라고 알려져 있는데, 그 이유는 실제 보에서 콘크리트는 미세균열에 의하여 인장강도가 크게 낮아지기 때문이다.

우리나라 설계기준의 최소철근비

한편 2021년에 개정된 우리나라 설계기준에서는 다음 식 (3.86)과 같이 최소철근비를 정의하고 있다.

20 4.2.2(1)

$$\phi M_n \geq 1.2\, M_{cr} \tag{3.86}$$

여기서 ϕ는 강도감소계수로서 이 경우에는 항상 인장지배단면이므로 0.85가 되므로 식 (3.86)은 식 (3.87)과 같이 나타낼 수 있다.

$$M_n \geq (1.2/0.85)\, M_{cr} \tag{3.87}$$

여기서, M_{cr}은 앞의 식 (3.80)과 같으나, 우리나라 설계기준에 의하면 $f_r = 0.63\sqrt{f_{ck}}$이다. 그리고 M_n은 다음 식 (3.88)과 같다.

30 4.2.1(3)

$$M_n = A_s f_y \left(d - \frac{a}{2}\right) \tag{3.88(a)}$$

$$a = \frac{A_s f_y}{\eta\,(0.85 f_{ck})\, b_w} \tag{3.88(b)}$$

식 (3.88)을 식 (3.87)에 대입하면 $\rho = A_s / b_w d$에 대한 2차방정식을 얻을 수 있으며, 그 해는 다음 식 (3.89)와 같다.

$$\rho \geq \frac{0.85\,\eta\, f_{ck}}{f_y}\,(1 - \sqrt{1 - 0.3488(h/d)^2 / \sqrt{f_{ck}}}) \tag{3.89}$$

따라서 식 (3.89)에 의해 주어진 콘크리트의 설계기준압축강도 f_{ck}와 철근의 설계기준항복강도 f_y값에 따른 최소철근비 $\rho_{\min}$을 구할 수 있으며, $h/d \simeq 1.1$ 정도로 가정할 때 각 강도에 따른 최소철근비는 다음 표 〈3.3〉과 같다.

3.6.4 최대 철근량

앞에서도 설명한 바와 같이 철근량이 많으면 철근이 인장 항복하기 전에 콘크리트의 휨압축파괴가 일어나기 때문에 이러한 바람직하지 않은 파괴를 방지하기 위하여 최대 철근량을 규정하고 있다. 물론 규정에 따르면 철근비가 균형철근비일 때 철근이 항복할 때 콘크리트도 동시에 파괴에 이르나 콘크리트의 휨압축파괴변형률이 설계기준에서 정하고 있는 ε_{cu} 값보다는 일반적으로 크기 때문에 어느 정도 연성을 갖고 있다. 콘크리트의 실제 응력-변형률 관계식을 이용하여 ρ_b에 대한 곡률-휨모멘트 곡선을 구해보면 상당한 연성을 확보하고 있다. 그러나 실제 시공할 때에는

표 〈3.3〉 콘크리트와 철근의 강도에 따른 최소철근비*

f_y \ f_{ck}	24	27	30	40	50	60	70	80	90
300	0.0030	0.0032	0.0033	0.0038	0.0042	0.0045	0.0046	0.0047	0.0048
350	0.0026	0.0027	0.0029	0.0033	0.0036	0.0038	0.0040	0.0040	0.0041
400	0.0022	0.0024	0.0025	0.0029	0.0031	0.0033	0.0035	0.0035	0.0036
500	0.0018	0.0019	0.0020	0.0023	0.0025	0.0027	0.0028	0.0028	0.0029
600	0.0015	0.0016	0.0017	0.0019	0.0021	0.0022	0.0023	0.0024	0.0024

*h=1.1d로 가정

콘크리트의 강도가 설계기준압축강도보다도 작게 시공되는 경우가 있을 수 있으므로 최대 철근량을 보다 작은 철근비로 시공하도록 제한하고 있다. 즉, 2003년 설계기준에서는 $0.75\rho_b$로 제한하였고, 우리나라 설계기준의 경우 보에 대한 최대 철근비를 직접 규정하고 있지 않고 $f_y \leq 400$ MPa인 경우 최외단 인장철근의 인장변형률을 0.004 이상으로, 그리고 f_y가 400 MPa를 초과할 때는 $2.0\varepsilon_y$ 이상으로 할 것을 규정하고 있다. 또한 휨모멘트에 대한 강도감소계수를 0.85로 취하기 위한 인장지배단면이 되기 위해서는 최외단 인장철근의 인장변형률이 $f_y \leq 400$ MPa인 철근은 0.005, $f_y > 400$ MPa인 철근은 $2.5\varepsilon_y$ 이상이 되어야 한다. 그리고 부모멘트 재분배를 위해서는 상당한 연성이 필요로 하기 때문에 이 경우에는 특히 최대철근량을 2003년도 설계기준의 경우 $0.5\rho_b$ 이하로, 그리고 2007년도 이후의 설계기준의 경우 최외단 인장철근의 순인장변형률을 0.0075로 이상으로 규정하고 있다.

20 4.1.2(5)

20 4.1.2(4)

10 4.3.2(3)

참고문헌

1. Hognestad, E., Hansen, N. W., and McHenry, D., "Concrete Stress Distribution in Ultimate Strength Design", ACI, Vol. 52, Dec. 1955, pp.455-479.
2. Nilson, A. H., and Slate, F. O., "Structural Properties of Very High Strength Concrete", Second Progress Report, Dept. of Structural Engineering, Cornell Univ., Ithaca, 1979, 62p.
3. 이상순, '철근콘크리트 골조의 비탄성 거동 해석', 한국과학기술원, 박사학위 논문, 1999, 127p.
4. Whitney, C. S., "Plastic Theory of Reinforced Concrete Design", Proc. of ASCE, Dec. 1940 ; Transactions ASCE, Vol. 107, 1942, pp.251-326.
5. Mattock, A. H., Kriz, L. B., and Hognestad, E., "Rectangular Concrete Stress Distribution in Ultimate Strength Design", ACI, Vol. 57, No. 8, Feb. 1961, pp.875-926.
6. 한국콘크리트학회, '콘크리트구조 설계기준 해설', 기문당, 2021.
7. ACI Committee 318, 'Building Code Requirements for Reinforced Concrete(ACI 318-71)', ACI, Detroit, 1971, 102p.
8. Rüsch, H., "Researches Toward a General Flexural Theory for Structural Concrete", ACI, Vol. 57, No. 1, July 1960, pp.1-28.

문 제

1. 휨압축에 대한 콘크리트의 응력-변형률 관계를 실험에 의해 구하는 방법을 구체적으로 설명하라.

2. 실제 휨압축에 대한 응력-변형률 곡선을 사용하는 대신에 등가직사각형 응력블록을 사용하는데, 그 배경을 설명하고 그에 따른 문제점에 대하여 설명하라.

3. 과소철근콘크리트 보와 과다철근콘크리트 보의 거동의 차이점을 설명하라. 그리고 과소철근콘크리트 보로 설계하도록 규정되어 있는 우리나라 콘크리트구조 설계기준의 규정을 찾아 그 의미를 설명하라.

4. 다음 그림과 같은 직사각형 단철근콘크리트 보 단면에 대한 균열휨모멘트 M_{cr}, 항복휨모멘트 M_y 및 공칭휨강도 M_n을 구하라. 그리고 $2M_{cr}$이 작용할 때 압축연단에서 콘크리트의 응력 f_c와 인장철근의 응력 f_s를 구하라.

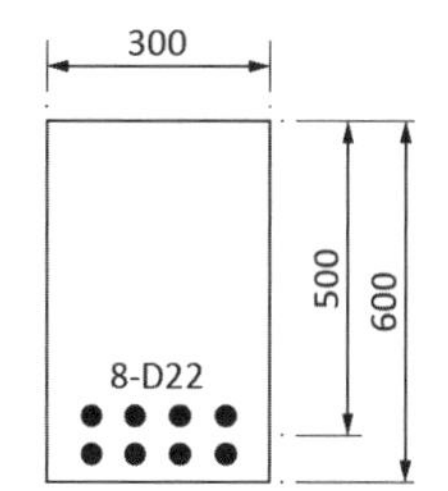

$f_{cm} = 30$ MPa, $f_y = 400$ MPa

$E_c = 2.5 \times 10^4$ MPa, $E_s = 2.0 \times 10^5$ MPa

$f_r = 3.5$ MPa

5. 다음 그림과 같은 직사각형 복철근콘크리트 보 단면에 대한 균열휨모멘트 M_{cr}, 항복휨모멘트 M_y 및 휨강도 M_n을 구하라. 그리고 $2M_{cr}$이 작용할 때 압축연단에서 콘크리트의 응력 f_c와 인장철근의 응력 f_s, 압축철근의 응력 $f_s{}'$를 구하라.

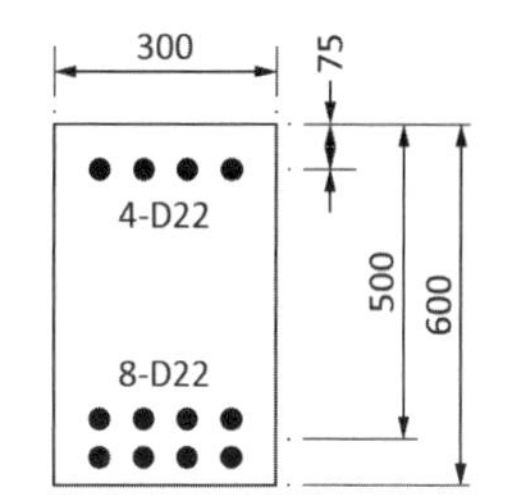

$f_{cm} = 30$ MPa, $f_y = 400$ MPa

$E_c = 2.5 \times 10^4$ MPa, $E_s = 2.0 \times 10^5$ MPa

$f_r = 3.5$ MPa

6. 다음 그림과 같은 T형 철근콘크리트 보 단면에 대한 균열휨모멘트 M_{cr}, 항복휨모멘트 M_y 및 휨강도 M_n을 구하라. 그리고 $2M_{cr}$이 작용할 때 압축연단에서 콘크리트의 응력 f_c와 인장철근의 응력 f_s를 구하라.

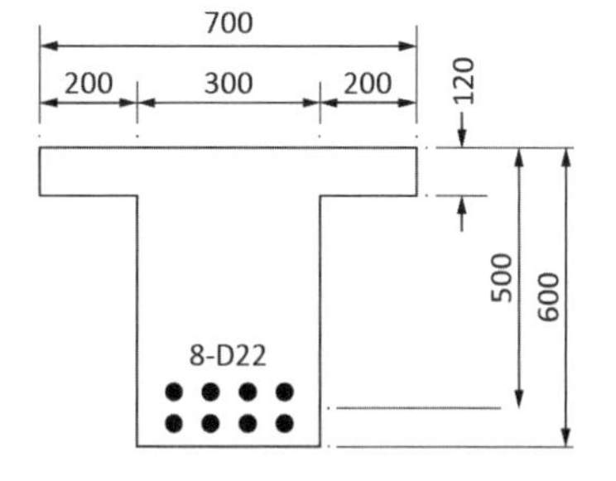

$f_{cm} = 30$ MPa, $f_y = 400$ MPa

$E_c = 2.5 \times 10^4$ MPa, $E_s = 2.0 \times 10^5$ MPa

$f_r = 3.5$ MPa

제4장

휨과 압축 거동

아래 오른쪽 사진은 구조물(아테네 파르테논 신전)에서 휨과 압축 거동을 하는 기둥을 나타내고 있고, 아래 왼쪽 그림은 축력과 1축 휨모멘트를 받는 기둥의 파괴선을 나타내는 $P-M$ 상관도이다.

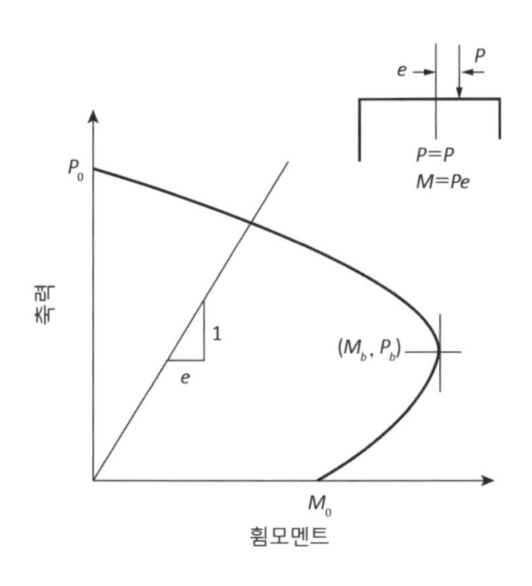

제4장 휨과 압축 거동

4.1 개요

철근콘크리트 구조물에서 압축력을 주로 받는 부재는 기둥(column)과 벽체(wall)이다. 이 두 압축 부재의 차이점은, 첫째 기능적 측면에서 기둥은 수평부재인 보나 슬래브 등으로부터 기초판으로 힘을 전달하는 것이나 벽체는 이러한 힘의 전달뿐만 아니라 공간을 분리하는 기능까지 갖고 있다. 둘째 형상적 측면에서 벽체는 힘을 전달하고 공간을 분리하는 두 가지 기능을 발휘하기 위하여 단면의 형상비(aspect ratio)가 크지만 기둥은 작다. 이 형상비가 얼마일 때 기둥이고 벽체이냐를 구별하는 것은 힘들지만 일반적으로 기둥은 2 이하이고, 벽체는 그 이상이다.

기둥(column)과 벽체 (wall)
기둥과 벽체는 대표적 압축 부재이며, 기둥은 하중을 전달시키는 것을 주로 하나 벽체는 하중의 전달뿐만 아니라 공간을 구획짓는 역할까지 한다.

형상비(aspect ratio)
기둥 등의 단면에서 짧은 변의 길이에 대한 긴 변 길이의 비 또는 섬유 등의 경우 단면 직경에 대한 길이의 비를 뜻한다.

압축 부재는 실제 구조물에서 중력하중을 지탱하는 수직 부재이나, 매우 깊은 지하 구조물의 보나 슬래브처럼 지하수와 흙에 의한 횡력으로 압축력을 받는 수평 부재도 구조설계 측면에서 볼 때 압축 부재이다. 다시 말하여 압축 부재란 수직, 수평 등의 방향이 문제가 아니라, 부재를 설계할 때 무시할 수 없을 정도로 큰 축력을 받는 부재를 말한다.

압축 부재(axially loaded member)와 수직 부재(vertical member)
압축 부재란, 부재를 설계할 때 압축력을 고려해야 할 정도로 큰 압축력을 받는 부재이고, 수직 부재란 구조물에서 수직 방향으로 배치된 부재이다.

이 장에서 다루는 압축 부재는 압축 부재의 대표적인 부재인 기둥으로서 그림 [4.1](a),(b)에서 보는 바와 같은 띠철근콘크리트 기둥과 나선철근콘크리트 기둥이며, 그림 [4.1](c)와 같은 합성콘크리트 기둥은 제외한다. 그림 [4.1]에서 볼 수 있듯이 횡방향 철근이 띠(tie) 형태로 되어 있는 것을 띠철근콘크리트 기둥이라고 하고, 나선(spiral) 형태로 연속적으로 감겨 있는 기둥을 나선철근콘크리트 기둥이라고 한다.

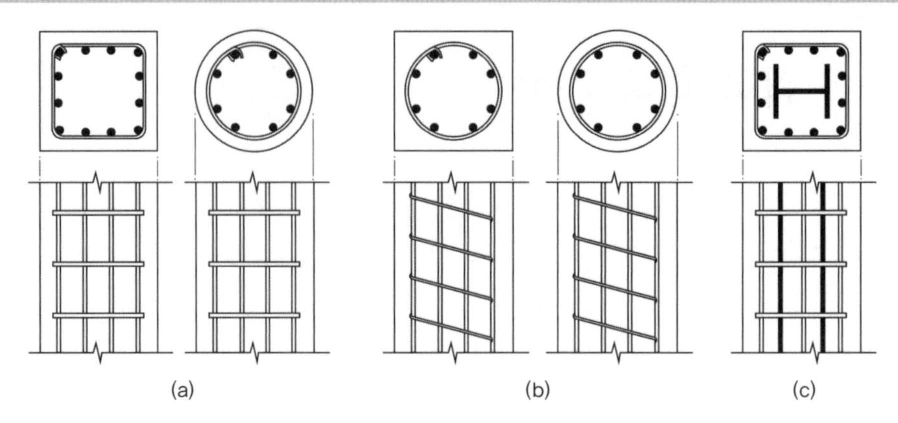

그림 [4.1]
콘크리트 기둥의 여러 형태: (a) 띠철근콘크리트 기둥; (b) 나선철근콘크리트 기둥; (c) 합성콘크리트 기둥

띠철근콘크리트 기둥과 나선철근콘크리트 기둥의 차이는 그림 [4.2]와 그림 [4.3]에서 나타나 있듯이 파괴 거동의 차이이다. 띠철근콘크리트 기둥은 무근콘크리트와 비슷하게 최대 내력 이후에 갑작스럽게 파괴가 일어나지만, 나선철근콘크리트 기둥은 나선철근량에 따라 최대 내력 이후에도 연성 거동을 보인 후 파괴가 일어난다. 그림 [4.2]에 나타낸 바에 의하면 같은 단면적을 갖는 경우, 나선철근콘크리트 기둥은 띠철근콘크리트 기둥보다 축강도(axial strength)는 크게 증가되지 않으나 파괴될 때까지 소요되는 에너지는 크게 증가한다. 따라서 지진이 강한 곳에는 에너지 흡수 능력이 큰 나선철근콘크리트 기둥을 사용하는 것이 바람직하다. 또 비록 강도는 증가하지 않아도 연성이 확보되면, 부정정구조물에서 파괴에

에너지 흡수 능력
에너지 흡수 능력이란 파괴가 일어날 때까지 소요되는 에너지 양으로써 $P-\delta$곡선 아래의 전체 면적이다.

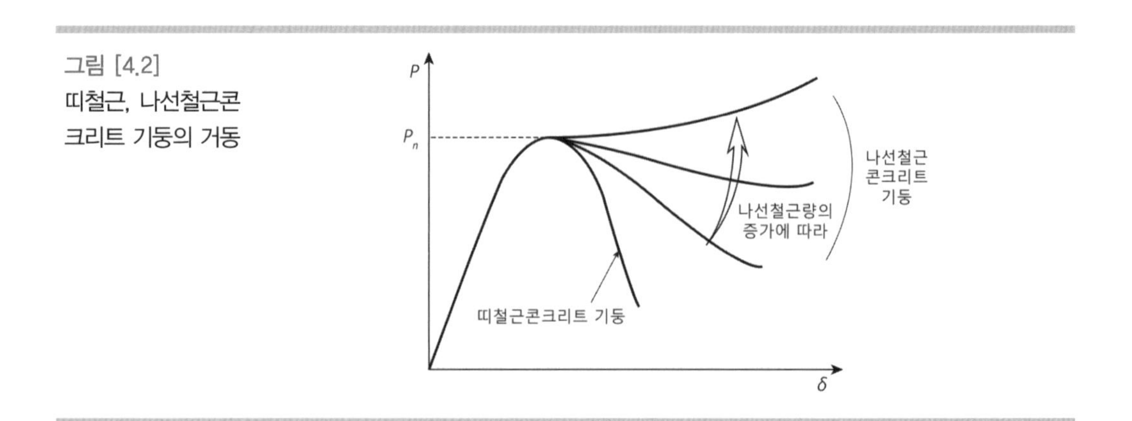

그림 [4.2]
띠철근, 나선철근콘크리트 기둥의 거동

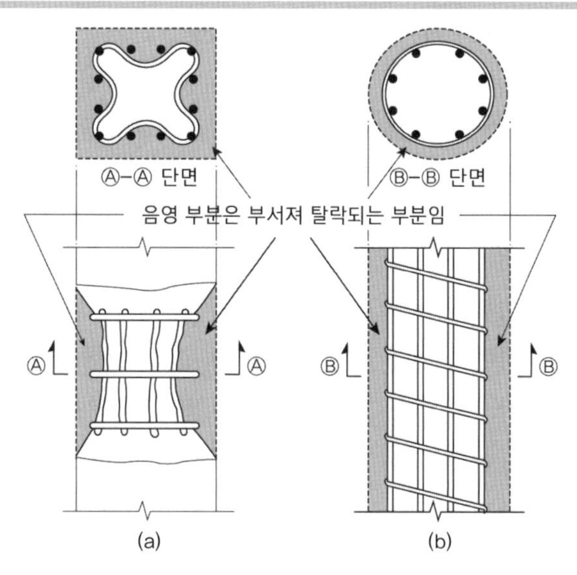

그림 [4.3]
최대 내력 이후 철근콘크리트 기둥의 파괴 모습: (a) 띠철근콘크리트 기둥; (b) 나선철근콘크리트 기둥

이를 때까지 비선형 거동을 고려하면 단면력의 재분배에 의하여 더 큰 하중에 견딜 수 있다. 그림 [4.3](a)는 띠철근콘크리트 기둥의 파괴 모습인데, 횡방향 철근인 띠철근에 의한 횡구속(lateral confinement)이 크지 않기 때문에 피복콘크리트가 떨어지면 압축을 받는 주철근이 좌굴이 일어나 급작스럽게 기둥이 파괴된다. 그러나 나선철근콘크리트 기둥은 그림 [4.3](b)와 같이 피복콘크리트가 떨어져도, 연속으로 감겨 있는 나선철근에 의한 횡구속으로 심부콘크리트(core concrete)의 강도 증진에 의한 내력이 확보되어 급작스러운 파괴는 일어나지 않는다. 물론 나선철근콘크리트 기둥이라도 나선철근량이 적으면 횡구속효과가 작고, 나선철근의 간격이 크면 주철근의 좌굴과 횡구속응력이 균등하지 못하여 그림 [4.2]에서 볼 수 있듯이 취성파괴가 일어날 수도 있다.

횡구속(lateral confinement)
부재 주축의 직교 방향으로 압축 응력이 가해지는 현상을 횡구속이라고 한다.

심부콘크리트
나선철근콘크리트 기둥에서 나선철근 외곽선 내에 위치하는 콘크리트를 말하며, 이 콘크리트는 나선철근에 의해 구속이 되어 압축강도가 증대된다.

4.2 중심 축력에 대한 거동

4.2.1 단면 중심

실제 구조물에서 기둥이 오직 중심 축력만을 받는 경우란 있을 수 없다. 즉, 모든 기둥은 축력뿐만 아니라 정도의 차이는 있지만 휨모멘트도 함께 받는다. 이러한 이유로 초기의 설계기준에서는 그림 [4.4]에서 보이듯이 사각형 단면을 갖는 기둥의 경우 각 방향으로 단면 길이의 약 10 퍼센트 만큼, 원형 단면을 갖는 기둥인 경우 직경의 약 5퍼센트 만큼 최소 편심을 받는 것으로 가정하여 단면을 설계하도록 규정하였다. 현재 우리나라 콘크리트구조 설계기준[1]의 경우 이러한 편심을 고려하여 복잡한 계산을 하는 대신에 중심축강도를 사각형 단면의 경우 20퍼센트, 원형 단면의 경우 15퍼센트를 감소시키도록 규정하고 있다. 한편 부록의 재료계수

20 4.1.2(7)

20 부록 3.2(2)

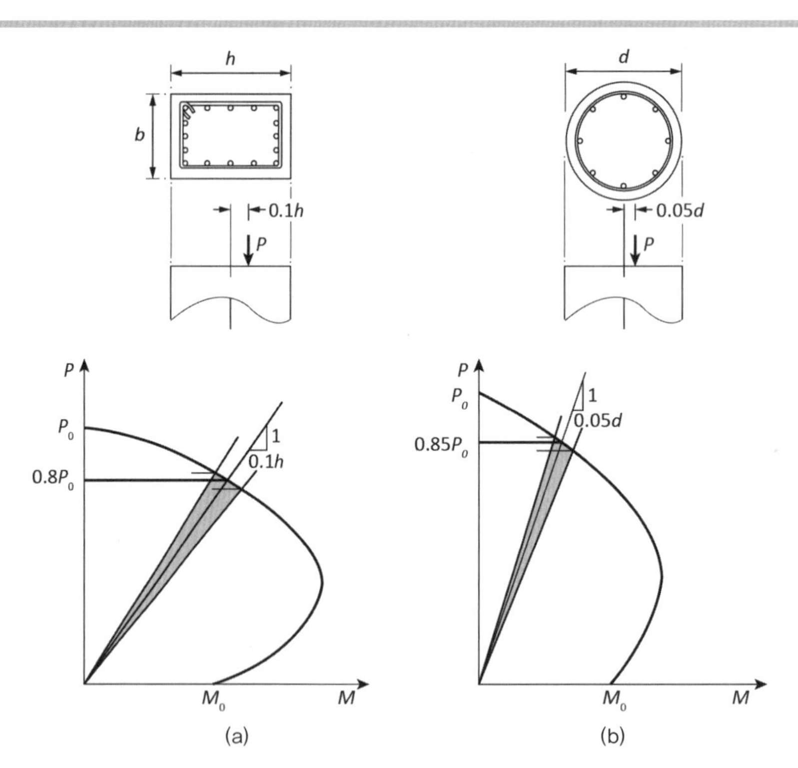

그림 [4.4]

최소 편심을 고려한 기둥 단면의 축강도 저감: (a) 사각형 단면; (b) 원형 단면

를 사용할 때는 최소 편심을 $e_{\min} = 15 + 0.03h$(mm)로 규정하고 있다.

이 절에서는 먼저 순수 축력만을 받는 철근콘크리트 기둥에 대한 거동을 살펴보고자 한다.

외부에서 축하중이 부재에 작용할 때, 이 축하중이 단면의 중심에 작용할 때에 부재의 단면에는 휨모멘트가 발생하지 않고 오직 축력만 발생한다. 따라서 먼저 단면의 중심을 구하는 방법부터 살펴본다. 단면의 중심은 콘크리트 부재의 단면 형상, 철근 배치 형상 및 철근과 콘크리트에 작용하는 응력에 따라 변화하며, 재료의 거동에 따라서도 변화한다. 다시 말하여 콘크리트와 철근이 선형 거동을 할 때의 중심과 비선형 거동을 할 때의 중심이 다를 수도 있다. 따라서 탄성 거동을 할 때 외부 축하중이 중심에 작용하여 처음에는 단면력으로 축력만 발생하는 경우라도, 외부에서 작용하는 축하중이 점점 커져 재료가 비선형 거동을 하기 시작하면 중심이 바뀌어 단면력으로 축력과 휨모멘트가 발생할 수 있다. 그러나 실제 구조물에서 대부분의 기둥은 사각형 단면을 갖고 있고 철근 배치도 대칭이어서 작용하는 축하중의 크기에 관계없이 모든 경우에 대하여 중심이 일치하고 있다.

축하중과 축력
축하중은 부재 축방향과 나란한 방향으로 외부에서 작용하는 하중을 뜻하고, 축력은 4개의 단면력 중의 하나로 단면에서 부재 축과 나란한 방향의 단면력이다.

선형탄성 거동을 할 때

콘크리트와 철근의 응력이 선형탄성 범위 내에 있으면 환산단면적법 또는 그림 [4.5](b)와 같은 응력 분포도에 의한 힘의 평형 조건에 의해 단면의 중심을 구할 수 있다. 즉, 단면의 압축연단부터 단면의 중심까지 거리 $\bar{d}$는 다음 식 (4.1)에 의해 구할 수 있다.

$$\begin{aligned}\bar{d} &= \frac{f_c bh \times 0.5h + (n-1)f_c \Sigma(A_{si}d_i)}{f_c bh + (n-1)f_c \Sigma A_{si}} \\ &= \frac{0.5bh^2 + (n-1)\Sigma(A_{si}d_i)}{bh + (n-1)\Sigma A_{si}} \qquad (4.1)\end{aligned}$$

여기서 b, h, d_i는 그림 [4.5](a)에 보인 바와 같이 각각 단면의 폭, 깊이, 압축연단에서 철근의 중심까지 거리이다. 그리고 A_{si}는 각 위치에서 철근의 단면적이고, $n=E_s/E_c$로 탄성계수비이며, f_c는 콘크리트의 응력이다. 이때 단면이 직사각형이고 철근 배치가 대칭이면, $\bar{d}=0.5h$가 된다.

파괴가 일어날 때(단기하중)

선형탄성 범위를 벗어나면 단면의 중심축은 변화하기 시작하며, 단기하중이 작용하여 파괴가 일어날 때 단면 중심은 그림 [4.5](c)의 응력 분포도에 의하여 구할 수 있다. 실험실에서 수행하는 공시체에 대한 중심축을 계산하고자 할 때는 이러한 경우이며, 이때의 콘크리트의 응력-변형률 관계는 그림 [4.5](f)의 '단기하중'으로 표시된 선과 같다. 즉, 콘크리트의 강도는 단기압축강도인 f_{cm}이고, 이때 만약 $\varepsilon_{co,s}$는 ε_y보다 크면 철근의

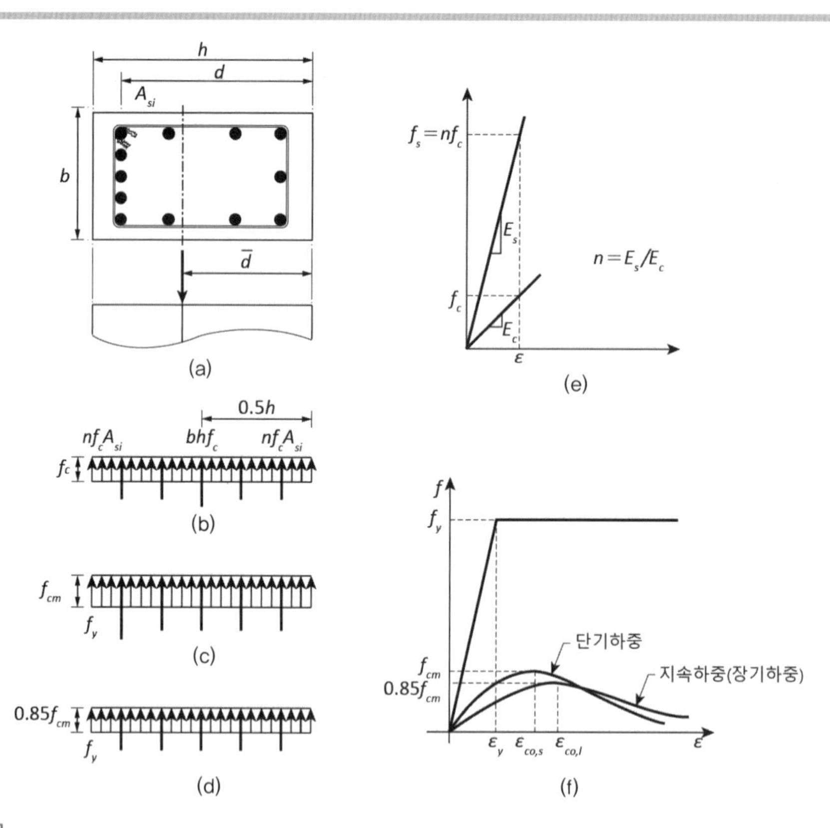

그림 [4.5]
단면 중심 산정: (a) 기둥 단면; (b) 탄성 응력 분포; (c) 단기 축파괴 응력 분포; (d) 장기 축파괴 응력 분포; (e) 탄성 응력-변형률 관계; (f) 비탄성 응력-변형률 관계

압축강도는 항복강도인 f_y이고, 만약 철근의 항복변형률 ε_y가 $\varepsilon_{co,s}$보다 크면 식 (4.2)에서 f_y 대신에 $E_s\varepsilon_{co,s}$를 사용하면 된다.

따라서 단면의 중심까지 거리 $\bar{d}$를 그림 [4.5](c)에 의한 힘의 평형 조건으로 구하면 다음 식 (4.2)와 같다.

$$\bar{d} = \frac{f_{cm}bh \times 0.5h + (f_y - f_{cm})\Sigma(A_{si}d_i)}{bhf_{cm} + (f_y - f_{cm})\Sigma A_{si}}$$

$$= \frac{0.5bh^2 f_{cm} + (f_y - f_{cm})\Sigma(A_{si}d_i)}{bhf_{cm} + (f_y - f_{cm})\Sigma A_{si}} \tag{4.2}$$

이때에도 대칭 단면이면 $\bar{d} = 0.5h$이다.

파괴가 일어날 때(지속하중)

실제 구조물에 하중이 작용할 때는 실험실에서 실험을 할 때와 같이 빠른 속도로 파괴에 이를 때까지 하중이 작용하지는 않는다. 그러한 경우 2.4.3절에서도 다룬 바와 같이, 그리고 그림 [4.5](f)의 '지속하중'으로 표시된 선과 같이 콘크리트압축강도는 약 $0.85f_{cm}$ 정도가 된다. 우리나라 콘크리트구조 설계기준은 축강도 계산에서 이를 고려하고 있다. 응력-변형률 관계가 그림 [4.5](f)에서 '지속하중'과 같은 경우로서 그림 [4.5](d)의 응력 분포도에 의한 힘의 평형 조건에 의해 중심까지 거리 $\bar{d}$를 구할 수 있다. 즉, 식 (4.2)의 f_{cm}값에 $0.85f_{cm}$을 대입함으로써 다음 식 (4.3)과 같이 구할 수 있다.[2)]

지속하중(sustained load) 작용하는 기간이 긴 하중을 뜻하며, 적어도 탄성변형에 비하여 크리프에 의한 변형을 무시할 수 없을 정도로 재하되는 기간이 긴 하중을 말한다. 장기변형을 계산할 때 사용하는 하중으로서 사용하중(service load)과는 엄밀한 의미에서 다르다. 예로서 활하중 중에서 장기간 작용하는 일부의 활하중만 장기하중 또는 지속하중이다.

$$\bar{d} = \frac{0.425bh^2 f_{cm} + (f_y - 0.85f_{cm})(\Sigma A_{si}d_i)}{0.85bhf_{cm} + (f_y - 0.85f_{cm})\Sigma A_{si}} \tag{4.3}$$

여기서, $\bar{d}$를 소성중심이라고 하며, 설계를 할 때는 위 식 (4.3)에서 콘크리트의 실제 압축강도 f_{cm} 대신에 설계기준압축강도인 f_{ck}를 대입하여 구할 수 있다. 물론 이 경우에도 철근의 항복변형률 ε_y가 $\varepsilon_{co,l}$보다 크면 위 식에서 f_y 대신에 $E_s\varepsilon_{co,l}$를 사용하여야 한다.

예제 〈4.1〉

다음 그림과 같은 철근이 비대칭으로 배치된 철근콘크리트 기둥 단면의 y축에 대한 중심을 구하라.

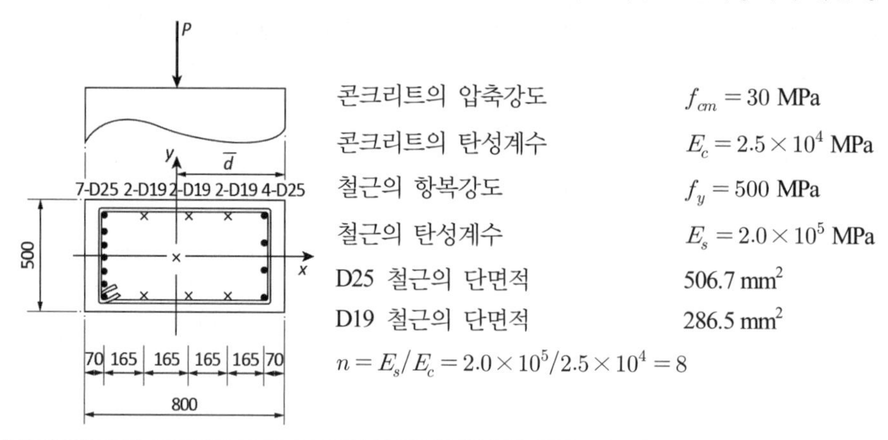

풀이

1. 탄성 거동을 할 때

본문의 식 (4.1)에 의해 $\bar{d}$는 다음과 같이 구할 수 있다.

$$\bar{d}=\frac{0.5bh^2+(n-1)\Sigma(A_{si}d_i)}{bh+(n-1)\Sigma A_{si}}$$

$$=0.5\times500\times800^2+(8-1)\times[(7\times506.7\times730)+\{2\times286.5\times(565+400+235)\}$$
$$+(4\times506.7\times70)]/[500\times800+(8-1)\times(11\times506.7+6\times286.5)]$$
$$=408\text{ mm}$$

2. 파괴가 일어날 때(단기하중)

본문 식 (4.2)에 의해 $\bar{d}$는 다음과 같이 구할 수 있다. 이때 $\varepsilon_{co,s}\ge\varepsilon_y=0.0025$이라고 가정한다.

$$\bar{d}=\frac{0.56bh^2f_{cm}+(f_y-f_{cm})\Sigma(A_{si}d_i)}{bhf_{cm}+(f_y-f_{cm})\Sigma A_{si}}$$

$$=0.5\times500\times800^2\times30+(500-30)\times[(7\times506.7\times730)$$
$$+\{2\times286.5\times(565+400+235)\}+(4\times506.7\times70)]$$
$$/[(500\times800\times30)+(500-30)\times(11\times506.7+6\times286.5)]$$
$$=415\text{ mm}$$

3. 파괴가 일어날 때(지속하중)

이 경우는 앞에서 $f_{cm}=30$ MPa 대신에 $0.85f_{cm}=0.85\times30=25.5$ MPa을 대입하여 구하면 $\bar{d}$는 다음과 같다. 이 경우에도 $\varepsilon_{co,l}\ge\varepsilon_y=0.0025$이라고 가정한다.

$$\bar{d}=417\text{ mm}$$

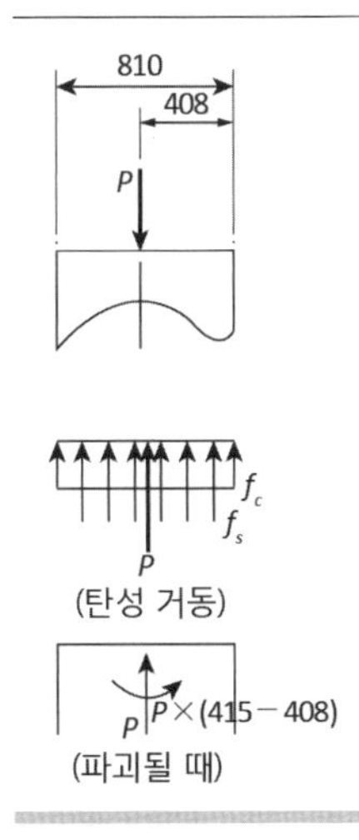

이 예제에서 볼 수 있듯이 직사각형 단면으로 대칭이라 하더라도 철근이 비대칭으로 배치되어 있으면 중심축은 선형탄성 거동을 할 때와 비선형 거동을 할 때 일치하지 않는다. 실험실에서 중심축강도를 구하기 위하여 하중 작용점을 선형탄성 거동을 가정한 408 mm 지점으로 정하면 콘크리트가 거의 선형 거동을 하는 하중까지는 단면력으로 축력 P만 발생하나, 점점 가하는 하중이 커지면 단면력으로 축력 P뿐만 아니라 휨모멘트 M도 생긴다. 따라서 이러한 경우 축강도를 구하고자 하면 중심을 이동시키는 것은 어렵기 때문에 오히려 파괴될 때 중심인 415 mm 위치에 힘을 가하는 것이 더 바람직하다. 왜냐하면 이 경우 초기에는 단면력으로 휨모멘트가 약간 생기나 파괴에 도달할 때는 축력만 생기기 때문이다. 그러나 앞서 본문에서 설명한 바와 같이 실제 구조물에서 기둥의 경우 거의 모두 철근이 대칭으로 배치되어 있으므로 중심이 변하지 않고 항상 일정한 경우가 대부분이다.

4.2.2 횡구속 효과

콘크리트는 횡방향으로 압축응력이 작용하면 그림 [4.6]에서 볼 수 있듯이 압축강도가 증가하고, 취성적 성질도 완화된다. 철근콘크리트 기둥에 있어서 전단력에 대한 저항과 시공할 때 주철근의 위치 고정을 위해 횡방향 철근인 띠철근 또는 나선철근을 배치한다. 이렇게 배치된 횡방향 철근은 심부콘크리트를 횡구속하는 역할을 더불어 하기도 한다. 특히 나선철근의 경우 이 횡구속 효과를 발휘하도록 하는 것이 횡방향 철근을 배치하는 주된 이유이기도 하다.

심부(core)콘크리트
철근콘크리트 기둥의 단면에서 횡철근 외곽선 안쪽의 콘크리트를 심부콘크리트라고 한다. 이 부분의 콘크리트는 횡철근에 의해 구속된다. 한편 바깥쪽의 콘크리트를 쉘 콘크리트(shell concrete)라고 한다.

횡구속 응력은 가하는 방법에 따라 능동적 횡구속(active confinement)응력과 수동적 횡구속(passive confinement)응력으로 분류되기도 한다. 능동적 횡구속이란 횡방향 응력이 종방향 응력에 독립적인 것으로서 일반적으로 횡방향으로 먼저 일정한 응력을 가한 후 종방향으로 힘을 가하는 방법이며, 수동적 횡구속이란 종방향으로 힘을 가하는 것에 따라 횡방향 응력이 부차적으로 발생하여 횡구속되는 것을 말한다. 이때 횡방향 응력이 같다하더라도 이 두 가지 횡구속 방법에 따라 구속에 의한 부재 축 방향으로 압축강도의 증가는 약간 차이가 있다. 그 이유는 콘크리트가 파괴에 이를 때까지 선형 거동을 하지 않기 때문에 작용하는 힘의 이력(loading history)에 따라 영향을 받기 때문이다.

능동적 횡구속
(active confinement)
수동적 횡구속
(passive confinement)

힘의 이력(loading history)
시간에 따라 작용하는 힘의 변화를 말한다.

실제 나선철근콘크리트 기둥에서 나선철근에 의한 횡구속은 수동적 횡

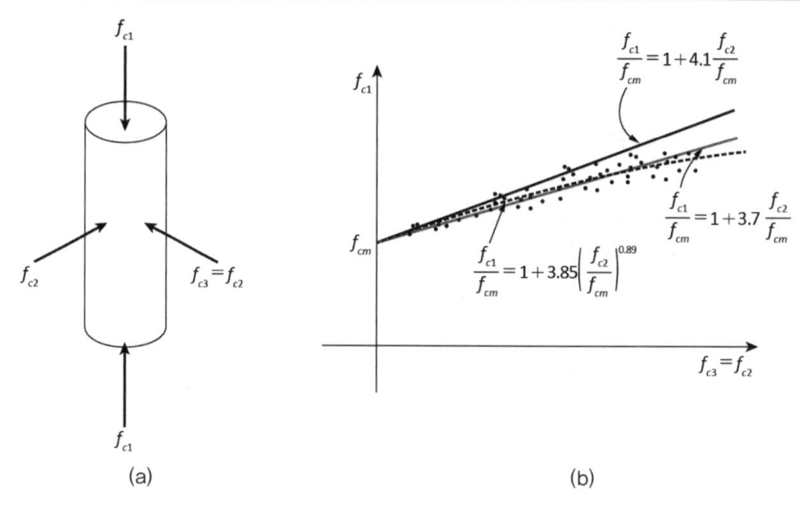

그림 [4.6]
횡보강에 따른 콘크리트의 강도: (a) 횡구속응력; (b) 콘크리트의 종방향 압축강도의 증진

구속에 속한다. 앞서 설명한 바와 같이 기둥에 종방향 압축력이 가해지면 콘크리트의 포아송비에 의한 크기만큼 횡방향으로 인장변위가 일어나며, 이 변위에 의해 횡방향 철근인 나선철근에 인장력이 유발되고, 이 인장력만큼 심부콘크리트에 압축력을 가하게 된다. 따라서 실제 기둥에서 횡방향 구속응력의 크기는 종방향 축력의 크기, 콘크리트의 포아송비, 나선철근의 양과 간격 등에 따라 차이가 난다. 실험 결과[3]에 의하면 그림 [4.6](a)와 같이 횡구속응력으로 $f_{c2}=f_{c3}$만큼 작용하면 콘크리트의 압축강도 f_{c1}은 그림 [4.6](b)에 보인 바와 같이 증가한다. 이때 기울기 값은 심부콘크리트의 포아송비에 크게 좌우되며 보통강도콘크리트의 경우 4.1 정도로 알려져 있다. 그러나 횡방향 구속응력이 매우 크거나,[4] 고강도콘크리트와 같이 압축파괴가 일어날 때 미세균열 수가 적은 경우 겉보기포아송비(apparent Poison's ratio)가 작아지기 때문에, 이 기울기 값도 줄어들고 이로 인하여 횡구속 효과도 줄어든다.[4] 우리나라 콘크리트구조 설계기준에서는 이 기울기를 3.7로 규정하고 있다.

20 4.1.1(9)

콘크리트구조 설계기준의 경우 나선철근 바깥쪽의 콘크리트가 저항하는 축강도만큼 심부콘크리트의 축강도가 증가될 수 있도록 충분한 나선철근량을 배치하도록 규정하고 있다. 즉, 그림 [4.7](b)와 같이 나선철근

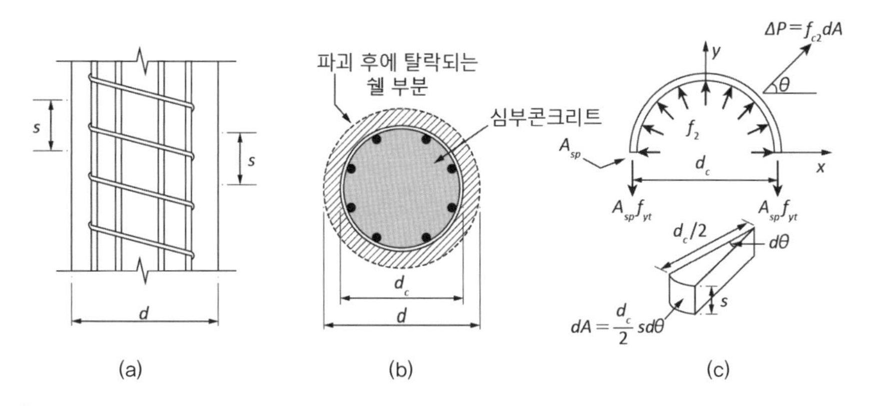

그림 [4.7]
나선철근량 산정: (a) 나선철근 기둥; (b) 콘크리트 탈락 부위; (c) 힘의 평형

외부에 위치한 쉘 콘크리트가 탈락하여도 기둥의 축강도는 감소하지 않을 정도로 그림 [4.7](c)와 같이 나선철근에 의해 심부콘크리트에 횡방향 응력을 가하도록 규정하고 있다.

먼저 나선철근에 의한 횡방향 구속응력의 크기 f_{c2}를 구해본다. 그림 [4.7](a)에서 보는 바와 같이 기둥 주축 방향의 간격 s 내에 위치하는 하나의 나선철근이 받을 수 있는 최대 내력은 그림 [4.7](c)에서 나타낸 바와 같이 $2A_{sp}f_{yt}$이다. 그림 [4.7](c)에서 y축 방향의 힘의 평형 조건에 의해 다음 식 (4.4)에 의해 f_{c2}를 구할 수 있다.

$$2A_{sp}\, f_{yt} - \int_0^{\pi} \frac{f_{c2}\, d_c\, s}{2} \sin\theta\, d\theta = 0 \tag{4.4(a)}$$

$$f_{c2} = \frac{2A_{sp} f_{yt}}{d_c s} \tag{4.4(b)}$$

여기서 A_{sp}는 나선철근의 단면적이고, f_{yt}는 나선철근의 항복강도이다. d_c는 나선철근 외측까지 기둥의 직경인 심부콘크리트의 직경이며, s는 나선철근의 수직 간격이다. 이 횡구속응력 f_{c2}에 의해 심부콘크리트의 압축강도는 기울기를 4.1로 가정할 때 다음 식 (4.5)와 같이 나타낼 수 있다.[3)]

$$
\begin{aligned}
f_{c1} &= f_{cm} + 4.1\, f_{c2} \\
&= f_{cm} + \frac{8.2\, A_{sp} f_{yt}}{d_c\, s}
\end{aligned}
\tag{4.5}
$$

따라서 기둥의 심부콘크리트 부분만에 의한 축강도 P_n은 다음 식 (4.6)과 같다.

$$
\begin{aligned}
P_n &= A_{ch} f_{c1} + A_{st} f_y \\
&= A_{ch} f_{cm} + \frac{8.2\, A_{ch} A_{sp} f_{yt}}{d_c s} + A_{st} f_y
\end{aligned}
\tag{4.6}
$$

여기서, A_{ch}는 나선철근 외측을 직경으로 하는 콘크리트 기둥의 단면적, 즉 심부콘크리트의 단면적이고 A_{st}는 전체 주철근의 단면적이다. 그리고 f_y와 f_{yt}는 각각 주철근과 나선철근의 항복강도이다.

이 식(4.6)의 우변 두 번째 항은 다음과 같이 나타낼 수 있다.

$$
\begin{aligned}
\frac{8.2 A_{ch} A_{sp} f_{yt}}{d_c s} &= \frac{8.2\, A_{sp} f_{yt}}{d_c s}\left(\frac{\pi d_c^{\,2}}{4} - A_{st}\right) \\
&= 2.05 f_{yt} V_s - \frac{8.2 f_{yt} A_{sp} A_{st}}{d_c s}
\end{aligned}
\tag{4.7}
$$

여기서, $V_s = A_{sp}\pi d_c / s$로서 나선철근을 녹여 주철근 방향으로 위치시켰을 때 단면적을 의미한다.

위 식(4.6)에 의한 축강도는 나선철근콘크리트 기둥의 나선철근 바깥 부분이 떨어져 나가도 저항할 수 있는 축력에 대한 저항 능력이다. 이 값이 콘크리트 전체 단면적과 주철근에 의한 축강도보다 크도록 나선철근을 배치하면 나선철근의 항복에 의해 기둥 파괴가 좌우되므로 기둥은 축강도가 떨어지지 않으면서 연성 거동을 한다. 즉, 다음 식 (4.8)과 같은 관계가 성립하면 연성 거동을 한다.

$$A_{ch} f_{cm} + A_{st} f_y + 2.05 f_{yt} V_s - \frac{8.2 f_{yt} A_{sp} A_{st}}{d_c s}$$

$$\geq (A_g - A_{st}) f_{cm} + A_{st} f_y \qquad (4.8)$$

여기서, A_g는 기둥의 전체 단면적이다.

식(4.8)로부터 다음 식(4.9)를 얻을 수 있다.

$$V_s \geq \frac{f_{cm}}{2.05 f_{yt}}(A_g - A_{st} - A_{ch}) + \frac{4 A_{sp} A_{st}}{d_c s}$$

$$= \frac{f_{cm}}{2.05 f_{yt}}(A_g - A_{ch}) + \left(\frac{8.2 A_{sp} f_{yt} - f_{cm} d_c s}{2.05 f_{yt} d_c s}\right) A_{st} \qquad (4.9)$$

만약에 하중이 지속적으로 가해지는 경우에는 식(4.5)부터 식 (4.9)까지에 있는 f_{cm} 대신에 $0.85 f_{cm}$을 대체하면 된다. 이러한 경우 식 (4.9)는 다음 식 (4.10)과 같이 나타난다.

$$V_s \geq \frac{0.85 f_{cm}}{2.05 f_{yt}}(A_g - A_{ch}) + \left(\frac{8.2 A_{sp} f_{yt} - 0.85 f_{cm} d_c s}{2.05 f_{yt} d_c s}\right) A_{st} \qquad (4.10)$$

우리나라 콘크리트구조 설계기준에서는 나선철근량 V_s 대신에 나선철근비 ρ_s로 규정하고 있으며, 식(4.10)에서 f_{cm} 대신에 설계기준압축강도 f_{ck}를 사용하므로 이를 반영하면 다음 식 (4.11)을 얻을 수 있다.

$$\rho_s = \frac{V_s}{A_{ch}} \geq 0.415 \frac{f_{ck}}{f_{yt}}\left(\frac{A_g}{A_{ch}} - 1\right) + \left(\frac{8.2 A_{sp} f_{yt} - 0.85 f_{ck} d_c s}{2.05 f_{yt} d_c s}\right)\frac{A_{st}}{A_{ch}} \qquad (4.11)$$

식(4.11)의 우측 두번째 항은 첫번째 항에 비하여 매우 작은 값이므로 이를 없애고 그 대신 안전측으로 첫 번째 항의 0.415를 0.45로 약간 증가시켜 우리나라 설계기준에서는 다음 식(4.12)와 같이 간단한 형태로 최소 나선철근량을 규정하고 있다.

20 4.3.2(3)

[저자 의견] 이번 개정판에 기울기를 3.7로 규정하고 있는데 이를 사용하여 나선철근비를 구하면 0.45보다 더 큰값이 나올 수 있다. 이 식을 유도할 때 기울기와 새로 규정한 횡구속 식의 불일치에 의한 것으로 일치시키는 것이 바람직하다.

$$\rho_s = 0.45\,\frac{f_{ck}}{f_{yt}}\left(\frac{A_g}{A_{ch}} - 1\right) \tag{4.12}$$

즉, 식 (4.12)의 양만큼 나선철근을 배치하면 기둥의 축강도가 감소하지 않으면서 연성을 확보할 수 있다.

예제 ⟨4.2⟩

다음 그림과 같이 원형 나선철근콘크리트 기둥에 대한 횡방향철근비를 식 (4.11)과 식 (4.12)를 사용하여 나선철근 간격 s를 구하라.

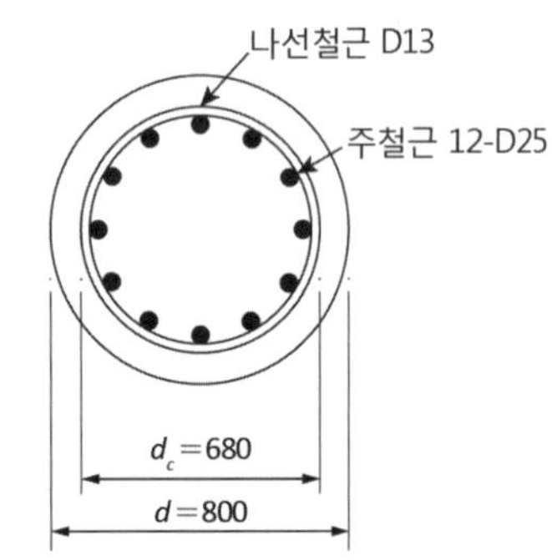

콘크리트의 설계기준압축강도	$f_{ck}=30$ MPa
주철근의 설계기준항복강도	$f_y=400$ MPa
나선철근의 설계기준항복강도	$f_{yt}=500$ MPa
D25의 단면적	$A_s=506.7\ \text{mm}^2$
D13의 단면적	$A_s=126.7\ \text{mm}^2$

풀이

식 (4.12)에 의할 때 요구되는 ρ_s의 값을 먼저 구한다.

$$\begin{aligned}\rho_s &= 0.45\frac{f_{ck}}{f_{yt}}\left(\frac{A_g}{A_{ch}}-1\right)\\ &= 0.45\times\frac{30}{500}\left(\frac{\pi\times 400^2}{\pi\times 340^2}-1\right)=0.0104\end{aligned}$$

따라서 필요한 간격 s는 다음과 같이 구할 수 있다.

$$\rho_s=\frac{V_s}{A_{ch}}=\frac{\pi A_{sp}d_c}{A_{ch}s}=\frac{\pi\times 126.7\times 680}{\pi\times 340^2\times s}\geq 0.0104$$

$$s\leq\frac{\pi\times 126.7\times 680}{0.0104\times\pi\times 340^2}=71.7\ \text{mm}$$

다음으로 식 (4.11)에 의하여 구한다.

$$\rho_s = 0.415\frac{f_{ck}}{f_{yt}}\left(\frac{A_g}{A_{ch}}-1\right)+\left(\frac{8.2A_{sp}f_{yt}-0.85f_{ck}d_c s}{2.05f_{yt}d_c s}\right)\frac{A_{st}}{A_{ch}}$$

$$= 0.415\times\frac{30}{500}\left(\frac{\pi\times 400^2}{\pi\times 340^2}-1\right)$$

$$+\frac{8.2\times 126.7\times 500-0.85\times 30\times 680\times s}{2.05\times 500\times 680\times s}\times\frac{12\times 506.7}{\pi\times 340^2}$$

$$= 9.56\times 10^{-3}+\frac{519{,}470-17{,}340s}{697{,}000s}\times 16.74\times 10^{-3}$$

$$\le \frac{V_s}{A_{ch}} = \frac{\pi\times 126.7\times 680}{\pi\times 340^2\times s} = \frac{0.7453}{s}$$

따라서 필요한 나선철근 간격 s는 다음과 같다.

$$9.56s+\left(\frac{519{,}470}{697{,}000}-\frac{17{,}340}{697{,}000}s\right)\times 16.74-745.3 \le 0$$

$$s \le 80.2\ \text{mm}$$

예상한 바와 같이 식 (4.12)에 의해 구한 간격이 식 (4.11)에 의해 구한 값보다 조금 작은 값을 얻는다. 즉, 나선철근의 간격이 좁아지면 보다 횡구속이 커져 안전 측이 된다. 따라서 우리나라 콘크리트구조 설계기준에서 제시한 식은 안전 측의 식이다.

4.2.3 응력 및 축강도 산정

그림 [4.8]에 나타낸 사각형 단면의 기둥에 중심축하중만을 받고 재료가 선형 거동을 할 때, 콘크리트와 철근의 압축응력은 환산단면적법에 의해 다음 식 (4.13)에 의해 쉽게 계산할 수 있다.

$$f_c = \frac{P}{bh+(n-1)A_{st}} \qquad (4.13)(a)$$

$$f_s = nf_c = \frac{E_s f_c}{E_c} \qquad (4.13)(b)$$

여기서 f_c와 f_s는 각각 콘크리트와 철근의 응력이며, P는 축력, A_{st}는 전체 주철근량, $n=E_s/E_c$는 탄성계수비, 그리고 b와 h는 기둥 단면의 폭과 깊이이다.

한편 콘크리트는 장기간 하중을 받으면 크리프와 수축현상이 일어나고, 철근은 일어나지 않으므로 시간의 흐름에 따라 콘크리트의 응력은 줄어들고 철근의 응력은 커진다. 그림 [4.9]는 하중을 처음 가했을 때 철근의 응력은 콘크리트의 응력의 탄성계수비인 n배이지만 시간의 흐름에 따라 철근과 콘크리트의 응력이 변화하는 것을 보여주고 있다. 이와 같은 사실로부터 기둥을 설계할 때 하중이 가해진 초기의 응력을 계산하여 설계하는 허용응력설계법은 합리적 설계 방법이 아닌 것을 알 수 있다.

또 그림 [4.9]에서 보면 주철근비에 따라서 철근과 콘크리트의 응력이 시간에 따라 다르게 변화하는 것을 볼 수 있다. 만약 주철근비가 매우 낮은 경우에는 하중이 가해지는 순간에는 철근과 콘크리트의 응력이 각각 허용응력 범위 내에 있다 하여도 시간이 흐름에 따라 주철근의 응력이

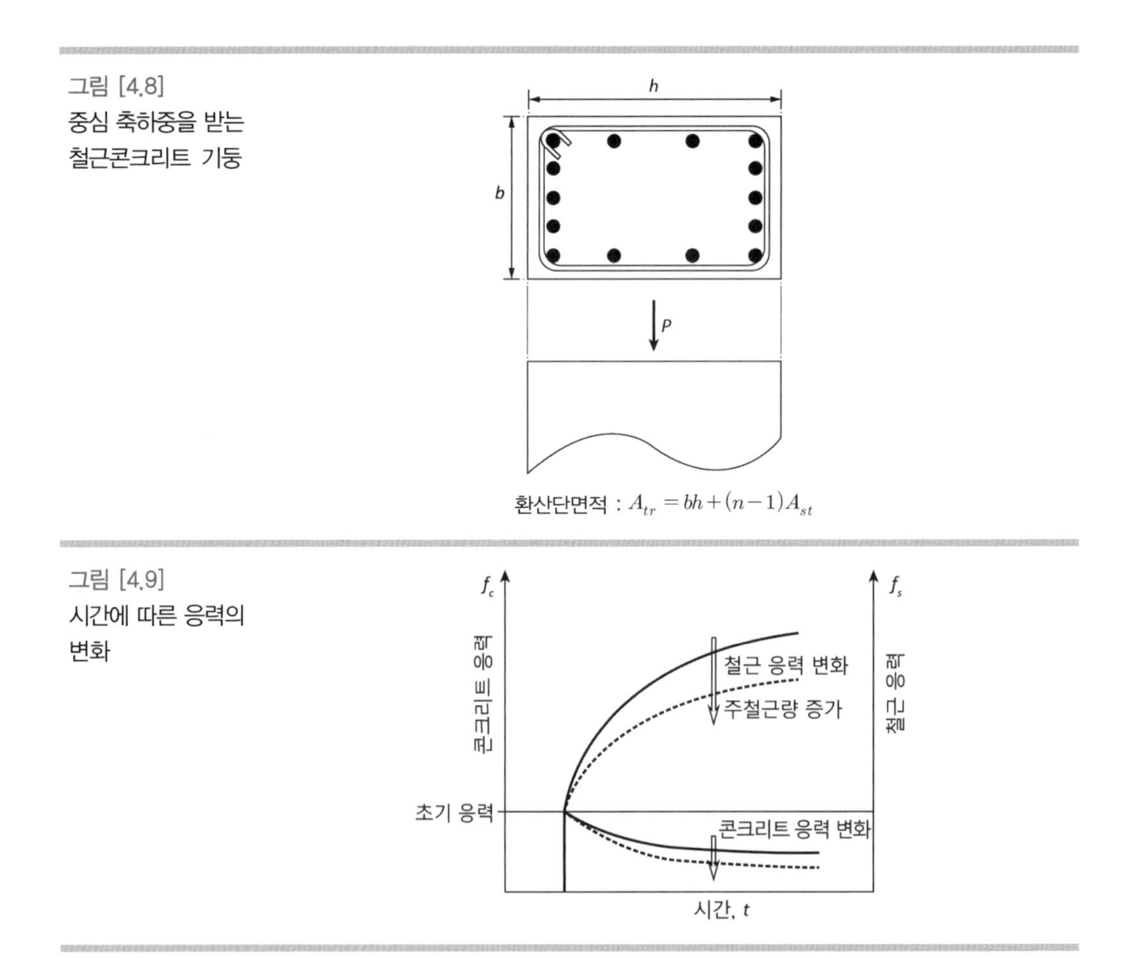

그림 [4.8] 중심 축하중을 받는 철근콘크리트 기둥

그림 [4.9] 시간에 따른 응력의 변화

항복강도에 도달할 수 있다. 이러한 것을 방지하고 최소 편심을 고려하기 위하여 우리나라 콘크리트구조 설계기준에서 최소 주철근비를 1퍼센트로 규정하고 있다.

20 4.3.2(1)

다음으로 그림 [4.8]과 같은 철근콘크리트 기둥 단면에 대한 축강도를 구해보면, 그림 [4.5](f)에서 보듯이 $\varepsilon_{cu,s}$가 ε_y보다 크면, 콘크리트는 압축강도 f_{cm}만큼 받고 철근은 f_y만큼 압축강도를 받으므로 다음 식 (4.14)에 의해 구할 수도 있다.

$$P_o = (A_g - A_{st})f_{cm} + A_{st}f_y \quad (4.14)$$

그러나 하중이 장기적으로 가해지면 그림 [4.5](f)에서 보듯이 콘크리트 압축강도는 $0.85f_{cm}$ 정도로 줄어들기 때문에 축강도는 다음 식 (4.15)와 같다.

$$P_o = 0.85f_{cm}(A_y - A_{st}) + f_y A_{st} \quad (4.15)$$

물론 설계기준의 경우 실제 콘크리트의 압축강도 f_{cm} 대신에 설계기준 압축강도 f_{ck}를 식 (4.15)에 대입하여 축강도 P_o를 구하도록 규정하고 있다.

20 4.1.2(7)

예제 〈4.3〉

다음 그림과 같은 기둥 단면에 축력 3,000 kN이 작용할 때 응력을 계산하고, 또 단면이 저항할 수 있는 축강도를 계산하라. 콘크리트와 철근의 재료적 특성은 다음과 같다.

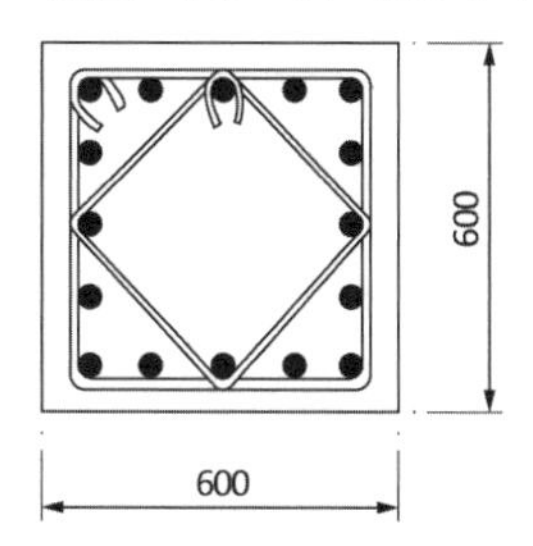

주철근의 양 16-D35 ($A_{st} = 16 \times 956.6 = 15{,}305.6\ \text{mm}^2$)

주철근의 항복강도 및 탄성계수 $f_y = 400$ MPa, $E_s = 2.0 \times 10^5$ MPa

콘크리트 단기 압축강도 및 탄성계수 $f_{cm} = 30$ MPa, $E_{c,s} = 2.5 \times 10^4$ MPa

콘크리트 장기 압축강도 및 탄성계수 $0.85f_{cm} = 25.5$ MPa, $E_{c,l} = 1.8 \times 10^4$ MPa

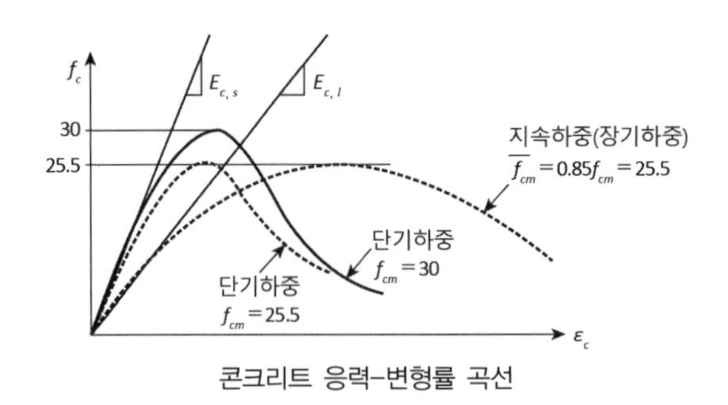

콘크리트 응력-변형률 곡선

풀이

1. 축력 P=3,000 kN이 작용할 때 응력 계산

① 하중을 가한 직후 환산단면적 A_{tr}은 다음과 같다.

$$A_{tr}=bh+(n-1)A_{st}\ \text{(여기서 } n=E_s/E_{c,s}=8)$$
$$=600\times600+(8-1)\times15{,}305.6=467{,}139\ \text{mm}^2$$

콘크리트와 철근의 응력은 식 (4.13)에 의해 다음과 같이 구할 수 있다.

$$f_c=P/A_{tr}=3{,}000{,}000/467{,}139=6.42\ \text{MPa}$$
$$f_s=nf_c=8\times6.42=51.4\ \text{MPa}$$

② 장기간 하중을 가한 후 환산단면적 A_{tr}은 다음과 같다.

$$A_{tr}=bh+(n-1)A_{st}\ \text{(여기서 } n=E_s/E_{c,l}=13.9)$$
$$=600\times600+(13.9-1)\times15{,}305.6=557{,}442\ \text{mm}^2$$

이 경우 콘크리트와 철근의 응력은 식 (4.13)에 의해 다음과 같이 구할 수 있다.

$$f_c=P/A_{tr}=3{,}000{,}000/557{,}442=5.38\ \text{MPa}$$
$$f_s=nf_c=13.9\times5.38=74.8\ \text{MPa}$$

콘크리트의 장기변형을 고려하여 계산하는 것은 이와 같이 단순하게 구할 수는 없지만, 이 예제에서 보이고자 하는 것은 실제로 지속하중을 받을 때 콘크리트의 응력-변형률 곡선이 그림 [4.9]에 주어진 것과 유사하게 변하는데 이런 경우 시간에 따라 콘크리트와 철근의 응력이 변한다는 것이다. 그리고 이때 콘크리트 응력은 줄어들고 철근의 응력은 증가한다는 것이다. 또 그림에서 보인 것은 단기하중을 받을 때 콘크리트의 압축강도가 25.5 MPa인 콘크리트의 탄성계수와 장기하중을 받아 콘크리트의 강도 저하를 고려하여 장기 압축강도가 25.5 MPa인 콘크리트의 탄성계수는 다르다는 것이다.

2. 단면의 축강도 계산

① 하중을 단기간에 걸쳐 가할 때 식 (4.14)에 의해 다음과 같이 구할 수 있다.

$$P_n = (A_g - A_{st})f_{cm} + A_{st}f_y$$
$$=(600\times600-15{,}305.6)\times30+15{,}305.6\times400=16{,}463{,}072\text{ N}\simeq 16{,}463\text{ kN}$$

② 지속하중이 가해질 때 식 (4.15)에 의해 다음과 같이 구할 수 있다.

$$P_n = (A_g - A_{st})\times 0.85f_{cm} + A_{st}f_y$$
$$=(600\times600-15{,}305.6)\times0.85\times30+15{,}305.6\times400$$
$$=14{,}911{,}947\text{ N}\simeq 14{,}911\text{ kN}$$

실험실에서 실험을 수행할 때와 같이 하중을 단기간에 가하여 파괴되는 기둥의 축강도보다 실제 구조물에서 하중이 가해지는 것과 같이 천천히 가하면 축강도가 감소한다. 그리고 축강도도 시간에 따라 변하나 일반적으로 응력이 변하는 것보다는 작게 변한다.

4.3 축력과 1축 휨모멘트에 대한 거동

4.3.1 개요

앞 절에서 단면의 중심에 작용하는 하중에 대한 기둥의 거동에 대하여 설명하였다. 그러나 실제 구조물의 기둥은 단면 중심에 축하중이 가해져 축력만이 작용하는 것이 아니라 편심하중에 의한 축력과 휨모멘트가 동시에 작용하는 경우가 많다. 철근콘크리트 구조물에서 구조물이 대칭이고 하중이 대칭으로 작용한다면 이론적으로 기둥에 축력만이 작용할 수 있으나, 실제 구조물에서 구조물이 완전한 대칭인 경우와 하중이 항상 대칭으로만 작용하는 경우는 있을 수 없다. 따라서 기둥의 단면력으로 축력만이 작용하는 경우란 실제 구조물에서는 찾아보기 힘들고, 실험실에서만 가능하다.

이 절에서 다루는 내용은 실제 구조물의 기둥 단면에 일반적으로 일어나는 축력과 휨모멘트가 동시에 작용하는 기둥의 거동에 대한 것으로서, 축력과 2축 휨모멘트에 대한 거동은 4.4절에서 다루고 축력과 1축 휨모멘트만 작용하는 기둥에 대한 거동을 다룬다.

동일한 기둥 단면에 그림 [4.10]에서 보이듯이 축력과 1축 휨모멘트가 작용할 때, 작용하는 축력과 휨모멘트의 비, 즉 축하중이 작용하는 편심거리에 따라 기둥 단면이 파괴될 때 응력 분포와 변형률 분포가 달라진다. 중심 축력이 작용하는 경우, 즉 $e=e_A=0$인 경우 앞 절에서도 설명한 바와 같이 파괴될 때 단면 전체의 변형률이 일정하고 그때의 응력은 콘크리트의 압축강도 f_{cm}에 도달할 때이다. 이때 파괴변형률은 그림 [4.10](d)에서 $\varepsilon_{cu,A}$ 즉, ε_{co}에 해당하는 값으로서 응력-변형률 곡선에서 압축강도에 대응하는 변형률이다. 다음으로 편심이 매우 작은 경우, 즉 그림 [4.10](a)에서 $e=e_B<e_b$인 경우 전체 단면에 압축 변형률이 발생하며 변형률 분포는 직선으로 된다. 이때 파괴변형률 $\varepsilon_{cu,B}$는 $\varepsilon_{cu,A}$보다 커지고, 응력의 분포도 일정하지 않고 각 위치의 변형률에 따라 다르다. 물론 이때 최대 압축응력, 즉 압축강도에 이르는 위치는 압축변형률이 $\varepsilon_{cu,A}$와 같은 곳이다. 편심 거리 e가 점점 커져 휨모멘트 저항능력이 최대

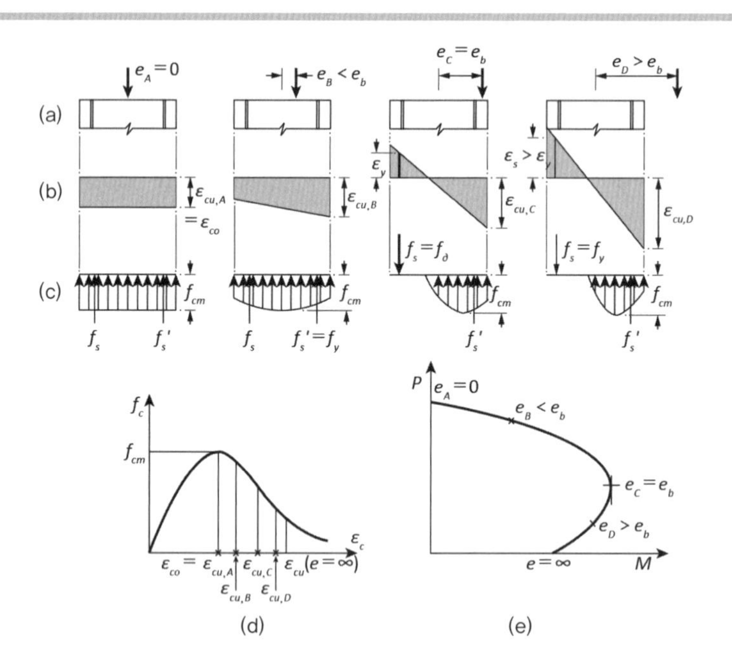

그림 [4.10]
축력과 1축 휨모멘트의 크기에 따른 단면에서 응력과 변형률의 분포: (a) 하중재하점; (b) 최종 변형률 분포; (c) 최종 응력 분포; (d) 응력-변형률 곡선에서 극한 변형률; (e) $P-M$ 상관도상의 위치

가 될 때가 있는데 이때의 편심거리는 그림 [4.10](a)에서 나타낸 $e = e_C = e_b$이다. 이 경우 파괴될 때 인장 측 철근은 항복에 이른다. 이때 압축 측 콘크리트 최연단의 변형률 $\varepsilon_{cu,C} > \varepsilon_{cu,B}$이다. 편심 거리가 무한대로 커지면 휨모멘트만 작용하는 단면과 같으며, 이때 콘크리트의 파괴변형률이 휨압축파괴변형률로서 그림 [4.10](d)에서 ε_{cu}로 표시되어 있다. 이와 같이 일정한 단면에 축력과 휨모멘트가 작용할 때, 단면력의 비, 즉 편심거리에 따라 단면의 응력 분포와 변형률 분포, 특히 파괴변형률의 크기가 달라진다는 것을 알 수 있다.

[저자 의견] 우리나라 설계기준에서는 이러한 차이에 대한 규정이 없었으나 이번 2021년 개정판의 부록에서 이에 대한 고려사항이 규정되고 있다. 그러나 본문에서는 아직도 이에 대한 규정이 없다. Eurocode2에서는 하중이 단면의 핵 바깥에 작용할 때, 즉 중립축이 단면 내에 있을 때의 파괴변형률은 ε_{cu}이고, 하중이 단면의 핵 내에 작용할 때는 편심거리에 따라 ε_{co}에서 ε_{cu}까지 직선보간에 의해 콘크리트의 압축파괴변형률을 구하도록 규정하고 있다.

4.3.2 탄성 해석

허용응력설계법에서는 단면을 해석하고, 설계할 때 선형탄성 해석에 의한다. 그러나 앞에서도 설명한 바와 같이 철근콘크리트 구조물의 압축 부재에서 실제 응력 상태는 시간의 흐름에 따라 탄성 해석에 의한 값과 큰 차이가 있다. 이는 콘크리트가 장기변형을 일으키기 때문이다. 이러한 이유로 최근에는 기둥 설계에서 순수 허용응력설계법 대신에 강도설계법이나 한계상태설계법을 이용하고 있다. 그러나 단기하중을 받을 경우, 그리고 사용성 및 내구성을 검토할 경우 또는 실험실에서 행한 실험 결과의 분석 등을 위해서는 선형탄성 해석이 필요하므로 여기서 먼저 선형탄성 해석을 다룬다.

균열이 가지 않은 단면

사용하중(service load)이 작용할 때에도 보의 경우는 대부분 균열이 가지만 기둥의 경우에는 압축력과 휨모멘트가 동시에 작용하기 때문에 균열이 가지 않은 경우도 많으며, 특히 편심이 작은 축하중이 가해질 때 철근콘크리트 단면에는 균열이 가지 않는다. 이러한 경우에 응력의 계산은 그림 [4.11](a)에 나타난 바와 같은 환산단면을 사용하여 응력을 다음 식 (4.16)에 따라 계산할 수 있다.

사용하중(service load)
사용 중에 실제로 구조물에 작용하는 하중을 뜻하나, 일반적으로 강도설계법에서는 하중계수가 곱해지지 않은 하중을 뜻한다.

$$f_{c1} = \frac{P}{A_{tr}} + \frac{Pe}{I_{tr}} h_1 = \frac{P}{A_{tr}} + \frac{M}{I_{tr}} h_1 \quad (4.16)(a)$$

$$f_{c2} = \frac{P}{A_{tr}} - \frac{Pe}{I_{tr}} h_2 = \frac{P}{A_{tr}} - \frac{M}{I_{tr}} h_2 \tag{4.16(b)}$$

여기서 A_{tr}는 환산단면적이고, I_{tr}는 환산단면2차모멘트이며, 그 외의 기호는 그림 [4.11]에 나타낸 바와 같다.

위의 식 (4.16)이 성립되기 위해서 계산된 f_{c1}과 f_{c2}가 다같이 압축응력일 때는 선형관계가 유지되는 $0.4f_{cm} \sim 0.5f_{cm}$ 이하이어야 하고, f_{c2}가 인장응력일 때는 휨인장강도 f_r 이하가 되어야 한다. 그리고 철근의 응력은 철근이 위치한 곳의 콘크리트 응력을 n배한 값으로써 다음 식 (4.17)과 같이 구할 수 있다.

$$f_s{}' = n\left(\frac{P}{A_{tr}} + \frac{Pe}{I_{tr}} h_s{}'\right) = n\left(\frac{P}{A_{tr}} + \frac{M}{I_{tr}} h_s{}'\right) \tag{4.17(a)}$$

$$f_s = n\left(\frac{P}{A_{tr}} - \frac{Pe}{I_{tr}} h_s\right) = n\left(\frac{P}{A_{tr}} - \frac{M}{I_{tr}} h_s\right) \tag{4.17(b)}$$

여기서, n은 탄성계수비 E_s/E_c이며, h_s와 $h_s{}'$는 단면중심에서 각각의 철근까지 거리이다. 이렇게 구한 f_s와 $f_s{}'$는 항복강도 f_y 이하이어야 선형탄성 해석이 가능하다.

한편 허용응력설계법이란 위의 식 (4.16)에 의해 구한 콘크리트의 응력이 허용휨압축응력 이하이고, 식 (4.17)에 의해 구한 철근의 응력도 철근의 허용응력 이하가 되는 조건으로 설계하는 방법이다.

균열이 일어난 단면

편심이 큰 사용하중이 작용할 때에는 비록 압축력과 휨모멘트를 동시에 받더라도 그림 [4.11](b)에서 보듯이 한쪽의 콘크리트 응력이 휨인장강도 f_r을 초과하여 균열이 발생할 수 있다. 균열이 일어난 단면에 대한 단면 해석을 위해 먼저 그림 [4.11](b)에 나타난 각 응력의 관계를 살펴보면 다음 식 (4.18)과 같다.

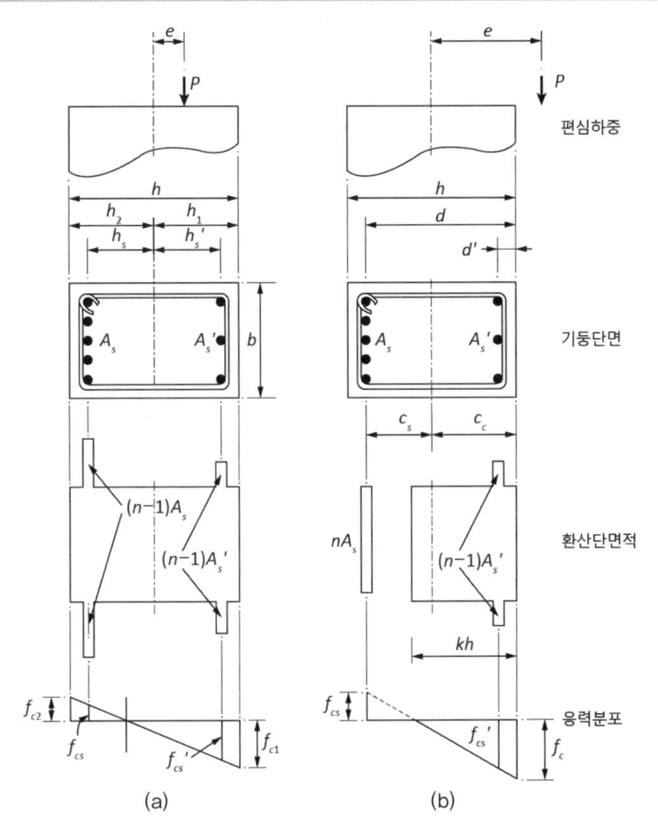

그림 [4.11]

편심하중을 받는 기둥: (a) 작은 편심하중을 받는 기둥; (b) 큰 편심하중을 받는 기둥

$$f_s = nf_{cs} = nf_c\frac{(d-kh)}{kh} \tag{4.18)(a}$$

$$f_s{}' = nf_{cs}{}' = nf_c\frac{(kh-d')}{kh} \tag{4.18)(b}$$

따라서 힘의 평형 조건에 의해 다음 식 (4.19)(a)를 얻을 수 있고, 또한 하중점 P에 대한 모멘트는 0이 되어야 하는 조건에 의해 식 (4.19)(b)를 얻을 수 있다.

$$\Sigma P = P = \frac{1}{2}f_c(kh)b + \frac{n-1}{n}f_s{}'A_s{}' - f_sA_s \tag{4.19)(a}$$

$$\Sigma M = f_s A_s (e + c_s) - \frac{1}{2} f_c (kh) b \left(e - c_c + \frac{kh}{3} \right)$$

$$- \frac{n-1}{n} f_s{}' A_s{}' (e - c_c + d') = 0 \qquad (4.19)(b)$$

식 (4.18)과 식 (4.19)의 4개의 방정식에 의해 4개의 미지수 f_c, f_s, $f_s{}'$와 kh를 구할 수 있다. 그러나 이 경우 3차 방정식을 풀어야 한다.

예제 〈4.4〉

다음 그림과 같은 기둥 단면에 축력 $P=2{,}000$ kN과 휨모멘트 $M=250$ kNm가 작용하고 있을 때 콘크리트와 철근의 응력을 구하라. 사용하는 콘크리트와 철근의 역학적 특성은 다음과 같다.

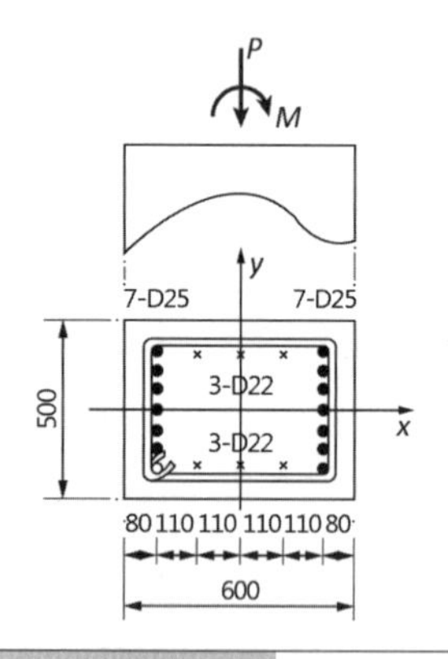

철근의 항복강도 및 탄성계수 $f_y = 400$ MPa, $E_s = 2.0 \times 10^5$ MPa

콘크리트 압축강도와 탄성계수 $f_{cm} = 40$ MPa, $E_c = 2.5 \times 10^4$ MPa

콘크리트의 휨인장강도 $f_r = 2.5$ MPa

D25 철근의 단면적은 506.7 mm^2이고, D22는 387.1 mm^2이다.

풀이

일반적으로 x축으로 나란히 배치된 철근 D22는 y축 중심의 휨모멘트에 의한 응력 계산에 큰 영향을 주지 않으므로 무시하는 경우가 많으나 이 예제 풀이에서는 모두 고려한다.
먼저 환산단면에 대한 환산단면적 A_{tr}과 환산단면2차모멘트 I_{tr}을 계산한다.

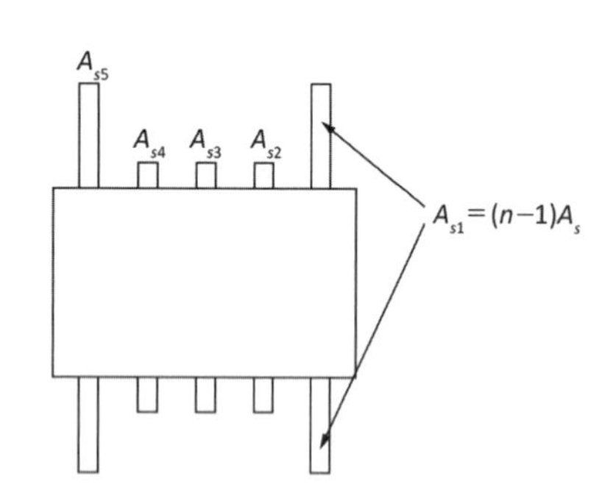

옆 그림에서 각 위치에서 철근의 환산단면적을 계산한다. 이때 단면 전체의 콘크리트가 인장이든 압축이든 유효하다고 가정하면 철근의 단면은 n배 대신에 $(n-1)$배로 하여야 한다.

$$n = E_s / E_c = 8$$

$$A_{s1} = A_{s5} = (n-1)A_s = (8-1) \times 7 \times 506.7 = 24{,}828 \text{ mm}^2$$

$$A_{s2} = A_{s3} = A_{s4} = (n-1)A_s = (8-1) \times 2 \times 387.1 = 5{,}419 \text{ mm}^2$$

따라서 환산단면적 A_{tr}과 환산단면2차모멘트 I_{tr}은 다음과 같다.

$$\begin{aligned} A_{tr} &= bh + A_{s1} + A_{s2} + A_{s3} + A_{s4} + A_{s5} \\ &= 500 \times 600 + 2 \times 24{,}828 + 3 \times 5{,}419 \\ &= 365{,}913 \text{ mm}^2 \end{aligned}$$

$$I_{tr} = \frac{bh^3}{12} + 2 \times (A_{s1} \times 220^2) + 2 \times (A_{s2} \times 110^2) = 1.15345 \times 10^{10} \text{ mm}^4$$

양 연단의 콘크리트 응력은 식 (4.16)에 의해 구할 수 있으며, 이때 $h_1 = h_2 = 300$ mm이다.

$$f_{c1} = \frac{P}{A_{tr}} + \frac{M}{I_{tr}} h_1 = \frac{2{,}000{,}000}{365{,}913} + \frac{250{,}000{,}000}{1.15345 \times 10^{10}} \times 300 = 12.0 \text{ MPa}$$

$$f_{c2} = \frac{P}{A_{tr}} - \frac{M}{I_{tr}} h_2 = \frac{2{,}000{,}000}{365{,}913} - \frac{250{,}000{,}000}{1.15345 \times 10^{10}} \times 300 = -1.04 \text{ MPa}$$

그리고 철근의 최대 또는 최소 응력이 발생하는 A_{s1} 및 A_{s5} 위치에 있는 철근의 응력을 식 (4.17)에 의해 구할 수 있으며, 이때 $h_s = h_s' = 220$ mm이다.

$$f_s' = n\left(\frac{P}{A_{tr}} + \frac{M}{I_{tr}} h_s'\right) = 8 \times \left(\frac{2{,}000{,}000}{365{,}913} + \frac{250{,}000{,}000}{1.15345 \times 10^{10}} \times 220\right) = 81.9 \text{ MPa}$$

$$f_s = n\left(\frac{P}{A_{tr}} - \frac{M}{I_{tr}} h_s\right) = 8 \times \left(\frac{2{,}000{,}000}{365{,}913} - \frac{250{,}000{,}000}{1.15345 \times 10^{10}} \times 220\right) = 5.58 \text{ MPa}$$

물론 A_{s2}, A_{s3}, A_{s4} 위치에 있는 철근의 응력은 식 (4.17)에 각각 해당하는 h_s' 값을, 즉 식 (4.17)(a)에서 h_s' 값으로 각각 110 mm, 0 mm, -110 mm를 대입하여 구할 수 있다.

콘크리트 최대 압축응력이 12.0 MPa로서 압축강도가 40 MPa이므로 선형 범위 내에 있고, 최대 인장응력은 1.04 MPa로서 휨인장강도인 2.5 MPa보다 작으므로 균열이 일어나지 않는다. 또 철근의 응력도 항복강도 400 MPa 이하로서 선형으로 가정할 수 있으므로 이 계산은 옳다.

예제 〈4.5〉

앞의 예제 〈4.4〉와 같은 철근콘크리트 단면에 축력 2,000 kN, 휨모멘트 350 kNm가 작용하는 경우 콘크리트와 철근의 응력을 구하라. 다만 철근과 콘크리트의 모든 역학적 특성은 예제 〈4.4〉와 같다.

풀이

1. 균열 발생 여부 검토

먼저 단면에 균열이 발생하지 않는다고 가정하고, 양 단면 연단의 콘크리트 응력 f_{c1}, f_{c2}를 계산하면 다음과 같다.

$$f_{c1} = \frac{P}{A_{tr}} + \frac{M}{I_{tr}} h_1 = \frac{2{,}000{,}000}{365{,}913} + \frac{350{,}000{,}000}{1.15345 \times 10^{10}} \times 300 = 14.6 \text{ MPa}$$

$$f_{c2} = \frac{P}{A_{tr}} - \frac{M}{I_{tr}} h_2 = \frac{2{,}000{,}000}{365{,}913} - \frac{350{,}000{,}000}{1.15345 \times 10^{10}} \times 300 = -3.64 \text{ MPa}$$

이 경우 한쪽 연단은 압축응력 14.6 MPa로서 압축강도 40 MPa의 40~50% 이내로서 선형 범위 내에 있으나, 다른 쪽 연단에서는 인장응력 3.64 MPa이 발생하여 휨인장강도 2.5 MPa을 초과하여 균열이 발생한다. 따라서 이 경우에는 균열이 일어난 것으로 하여 다시 계산하여야 한다.

2. 적합조건에 의해 응력관계식 유도

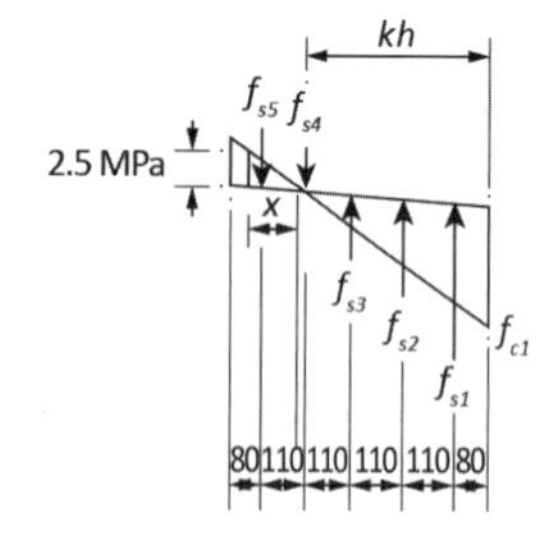

옆 그림에서 각 위치에서 철근의 응력 f_{s1}, f_{s2}, f_{s3}, f_{s4}, f_{s5}를 f_{c1}과 kh의 함수로 나타낼 수 있다(이때 +는 압축응력이고, −는 인장응력이다). 그리고 인장응력을 받을 수 있는 단면이 있으나 일반적으로 그것을 무시할 수 있는 작은 양이다. 그러나 꼭 고려하고자 할 때는 위 그림에서 휨인장강도 2.5 MPa이 되는 거리 x를 f_{c1}과 kh의 함수로 나타내어 고려할 수 있다.

즉, $x : 2.5 = kh : f_{c1}$

$$x = \frac{2.5kh}{f_{c1}}$$

$$f_{s1} = n\frac{kh-80}{kh} f_{c1}$$

$$f_{s2} = n\frac{kh-190}{kh} f_{c1}$$

$$f_{s3} = n\frac{kh-300}{kh} f_{c1}$$

$$f_{s4} = n\frac{kh-410}{kh} f_{c1}$$

$$f_{s5} = n\frac{kh-520}{kh} f_{c1}$$

3. 힘의 평형조건을 유도

단면 중심에서 모든 축력의 합은 $P = 2{,}000$ kN이고, 휨모멘트의 합은 $M = 350$ kNm이어야 한다. 이 계산에서는 인장응력을 받는 콘크리트 부분을 무시하고 푼다.

$$\begin{aligned}\Sigma P &= \frac{1}{2}khf_{c1}b + \frac{n-1}{n}(f_{s1}A_{s1} + f_{s2}A_{s2} + f_{s3}A_{s3} + f_{s4}A_{s4} + f_{s5}A_{s5}) \\ &= 250khf_{c1} + 7\times\left[3{,}546.9\times\left(\frac{kh-80}{kh} + \frac{kh-520}{kh}\right)f_{c1}\right. \\ &\qquad \left. + 774.2\times\left(\frac{kh-190}{kh} + \frac{kh-300}{kh} + \frac{kh-410}{kh}\right)f_{c1}\right] \\ &= 250khf_{c1} + 65{,}914.8\frac{kh-300}{kh}f_{c1} = 2{,}000{,}000 \qquad (1)\end{aligned}$$

$$\begin{aligned}\Sigma M &= 250khf_{c1}\times\left(300 - \frac{kh}{3}\right) \\ &\quad + \frac{n-1}{n}[f_{s1}A_{s1}\times 220 + f_{s2}A_{s2}\times 110 + f_{s4}A_{s4}\times(-110) + f_{s5}A_{s5}\times(-220)] \\ &= 250khf_{c1}\left(300 - \frac{kh}{3}\right) + 7\times\left[3{,}546.9\times\left(\frac{kh-80}{kh} - \frac{kh-520}{kh}\right)f_{c1}\times 220\right. \\ &\quad \left. + 774.2\times\left(\frac{kh-190}{kh} - \frac{kh-410}{kh}\right)f_{c1}\times 110\right)\Bigg] \\ &= \left[-\frac{350}{3}(kh)^2 + 75{,}000(kh) + \frac{2.53453\times 10^9}{kh}\right]f_{c1} = 350{,}000{,}000 \qquad (2)\end{aligned}$$

4. 응력 계산

식 (1), (2)에서 미지수는 kh와 f_{c1}이므로 풀 수 있으나 3차 방정식이다. 위 두 식에서 kh와 f_{c1}을 구하면 다음과 같다.

$$kh = 373 \text{ mm}$$
$$f_{c1} = 18.9 \text{ MPa}$$

앞의 식에 대입하여 각 위치의 철근의 응력을 계산한다.

$$f_{s1} = 8\times\frac{373-80}{373}\times 18.9 = 119 \text{ MPa}$$

$$f_{s2} = 8\times\frac{373-190}{373}\times 18.9 = 74.2 \text{ MPa}$$

$$f_{s3} = 8\times\frac{373-300}{373}\times 18.9 = 29.6 \text{ MPa}$$

$$f_{s4} = 8\times\frac{373-410}{373}\times 18.9 = -15.0 \text{ MPa}$$

$$f_{s5} = 8\times\frac{373-520}{373}\times 18.9 = -59.6 \text{MPa}$$

4, 5번 위치의 철근은 인장응력을 받는다. 이런 경우 콘크리트에 의한 감소, 즉 위 $\sum P$와 $\sum M$ 계산에 있어서 A_{s4}와 A_{s5} 부분은 $(n-1)$배 대신에 n배 하여야 하나, 그 차이가 미미하므로 다시 계산하지 않는다. 또 콘크리트의 최대 압축응력이 18.9 MPa로서 압축강도가 40 MPa이므로 선형 범위 내에 있다고 가정할 수 있고 철근의 응력도 항복강도 이하로서 선형 거동을 하므로 계산할 때 가정은 합리적이라 볼 수 있다.

4.3.3 응력-변형률 곡선에 의한 $P-M$ 상관도

이 절에서는 더 이상 철근과 콘크리트의 응력-변형률 관계가 선형이 아니고 콘크리트와 철근의 응력-변형률 관계가 주어져 있을 때, 주어진 기둥 단면에 대한 $P-M$ 상관도를 구하는 방법에 대하여 설명하고자 한다. 여기서 $P-M$ 상관도란 기둥이 축력과 1축 휨모멘트를 동시에 받을 때 파괴되는 경계선을 의미한다. 다시 말하여 주어진 단면에 작용하는 축력과 휨모멘트가 그림 [4.12](a)의 A점과 같이 $P-M$ 상관도 내에 있으면 안전하고, B점과 같이 $P-M$ 상관도 바깥에 있으면 안전하지 못하다. 이와 같이 바깥에 있으면 단면을 크게 하거나 철근량을 증가시켜야 한다.

그림 [4.12](b)에 나타낸 바와 같이 하중 P가 소성중심부터 편심거리 e 만큼 떨어진 곳에 작용하면 단면력은 축력 P와 휨모멘트 Pe이다. 이때 같은 단면의 크기에서 편심거리 e에 따라 저항할 수 있는 힘, 즉 축강도 P_n의 값은 달라지게 된다.

축력과 1축 휨모멘트를 받는 단면의 $P-M$ 상관도를 구하는 방법은 그림 [4.12](a)와 같이 일정한 축력 P_1에 대하여 최대 휨모멘트 M_1을 구하는 방법과 일정한 편심 e에 대하여 최대 저항 축력 P_n과 M_n을 구하는 방법이 있다. 여기서는 일정한 축력 P_1이 작용할 때 최대 휨모멘트 M_1을 구하는 방법으로 $P-M$ 상관도를 작성하는 과정을 기술한다. 이러한 과정을 흐름도로 나타내면 그림 [4.13]과 같고 그 과정은 다음과 같다.

① 단면을 층상(layer)으로 분할한다.
② 압축연단 콘크리트의 최종변형률 $\varepsilon_{c,\max}$을 선택한다.
③ 축력 P_1을 선택한다.
④ 압축연단 콘크리트의 변형률 ε_c값을 선택한다.

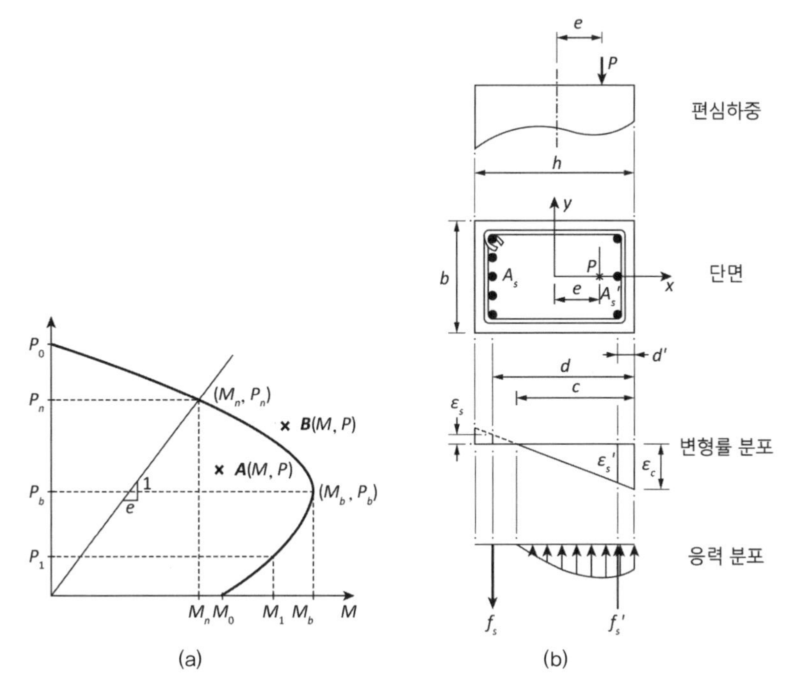

그림 [4.12]
비선형 단계의 하중을 받는 기둥: (a) $P-M$ 상관도; (b) 단면의 응력과 변형률 분포

⑤ 중립축 위치 c를 가정한다.

⑥ 각 위치의 철근과 콘크리트의 변형률을 다음 식 (4.20)에 의해 계산한다.

$$\varepsilon_i = \varepsilon_c \times \frac{c_i}{c} \tag{4.20}$$

여기서 i는 층상(layered element)의 번호로서 c_i는 중립축에서 각 분할요소 중심까지 거리이다.

⑦ 철근과 콘크리트의 응력-변형률 곡선에서 철근과 콘크리트의 응력을 구한다.

⑧ 축력의 합력을 구하여 P_1과 비교하여 같은 값인지를 검토한다.

⑨ P_1과 같으면(허용범위 내에 들어가면) 다음 단계인 ⑩으로 진행하고, 같지 않으면 앞의 단계 ⑤로 가서 c값을 변화시켜 다시 계산한다.

⑩ 곡률 $\kappa = \varepsilon_c / c$와 휨모멘트 M_1을 구한다.

그림 [4.13]
축력과 1축 휨모멘트를 받을 때의 $M-\kappa$ 관계 및 $P-M$ 상관도 작성 흐름도

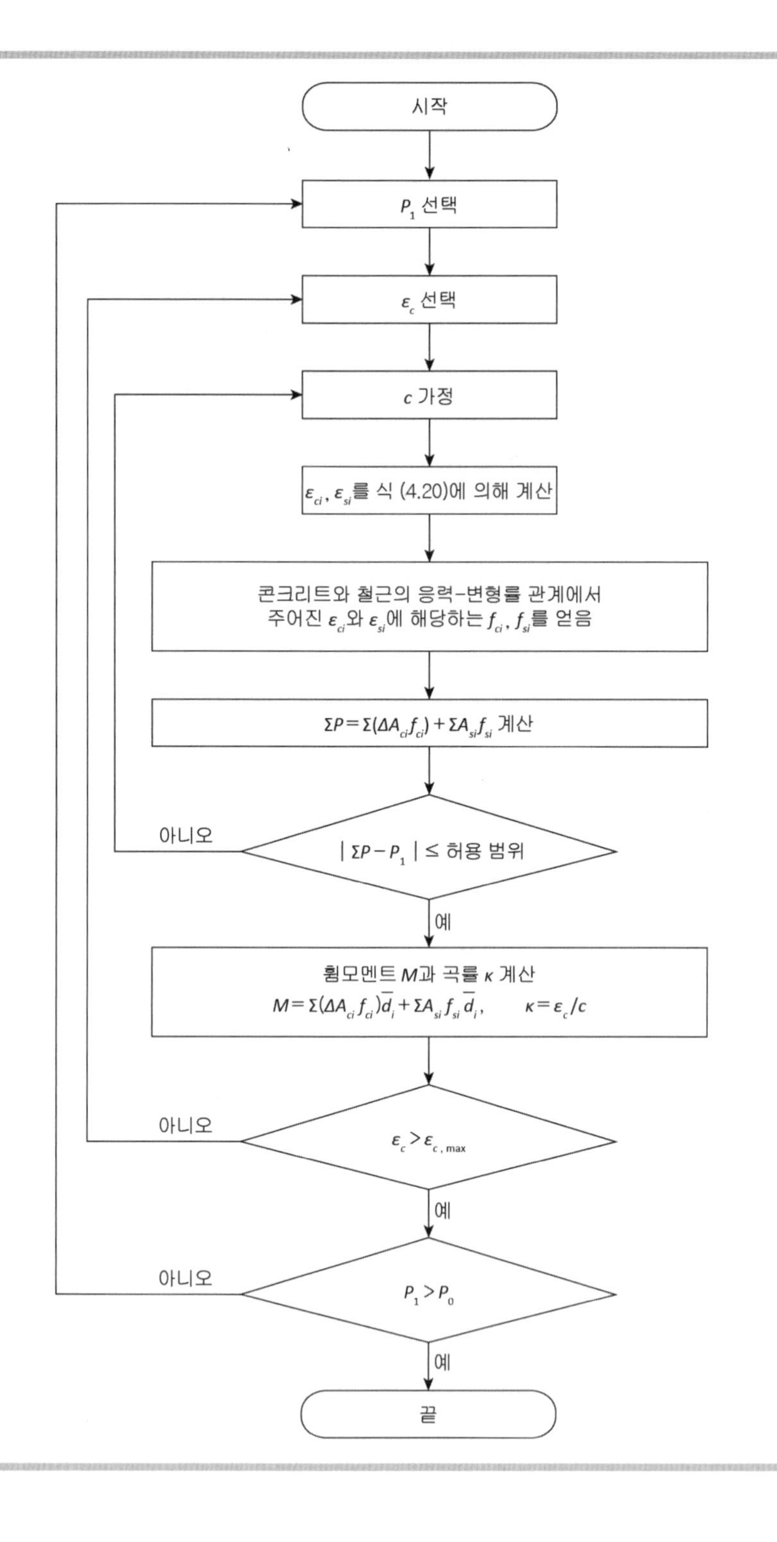

⑪ ε_c를 증가시켜 단계 ④로 돌아가서 M_1이 최대값이 될 때까지 계속한다.

이 과정을 거치면 주어진 P_1에 대하여 휨모멘트-곡률 관계를 구할 수 있으며, 주어진 P_1에 대한 최대 휨모멘트가 그림 [4.12]의 M_1이 된다. 한 과정이 끝나면 새로운 P_1에 대하여 똑같은 과정을 반복하여 새로운 M_1을 구하여 이를 연결하면 그림 [4.12](a)와 같은 $P-M$ 상관도를 얻을 수 있다.

4.3.4 등가직사각형 응력블록에 의한 $P-M$ 상관도

철근콘크리트 기둥을 해석하고, 설계할 때 실제 콘크리트의 응력-변형률 관계를 이용하는 대신에 등가직사각형이나 포물선-직선형 응력블록을 이용할 수 있는 것으로 우리나라 콘크리트구조 설계기준에서 규정하고 있다. 또한 우리나라 콘크리트구조 설계기준에 콘크리트의 휨압축파괴변형률 ε_{cu}로 콘크리트 강도에 따라 0.0033에서 0.0028로 가정하고 있다. 따라서 이러한 경우에 대한 $P-M$ 상관도는, 앞의 과정에서 압축연단 콘크리트의 변형률 ε_c를 증가시킬 필요는 없고 ε_{cu}인 경우에 대하여 구하면 된다. 즉, 등가직사각형 응력블록을 이용할 때 응력-변형률 관계는 다음 그림 [4.14]와 같이 가정하면 된다.

20 4.1.1(6),(7),(8)

컴퓨터를 이용한 반복 과정을 통하여 $P-M$ 상관도를 작성하지 않고

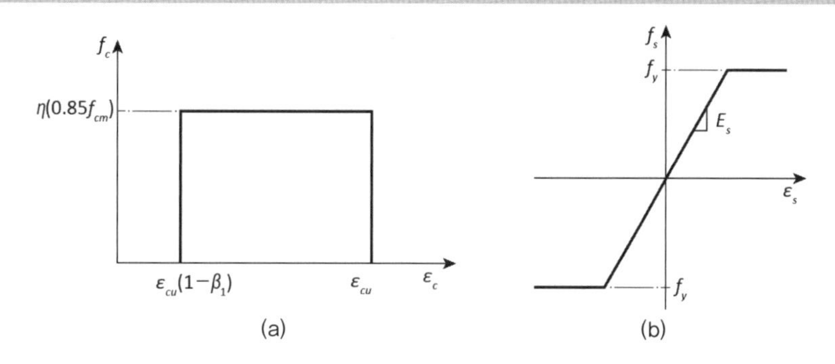

그림 [4.14]
우리나라 콘크리트구조 설계기준의 응력-변형률 관계: (a) 콘크리트의 응력-변형률 관계; (b) 철근의 응력-변형률 관계

구하는 방법은 그림 [4.12](a)에서 P_0 점은 중심축력에 의한 축강도로서 4.2.3절에 의해 쉽게 계산할 수 있다. 한편 M_0 는 휨모멘트만이 작용할 때의 휨강도이므로 3.5.2절에 의해 구할 수 있다. 이 두 점 외에 다른 P 값에 대한 값은 다음 과정에 따라 구한다.

[저자 의견]
2021년 개정된 우리나라 설계기준의 경우 콘크리트 강도가 40 MPa을 초과하는 경우 η 값이 1이 아니라서 그리고 철근의 항복강도가 560 MPa을 초과하고 콘크리트의 강도가 70 MPa을 초과하는 경우 철근이 항복하지 않아서 P_o 점은 일치하지 않는 모순이 일어난다.

$e = e_b$인 경우 M_b, P_b의 계산

먼저 저항 휨모멘트, 즉 휨강도가 최대가 되는 경우에 대한 것으로 압축연단의 콘크리트가 휨압축파괴변형률에 도달할 때 최외측 인장철근의 인장변형률이 인장항복변형률에 동시에 일어나는 경우이다. 이 경우에는 단면 내에서 두 곳의 변형률을 알게 되므로 쉽게 중립축을 계산할 수 있다.

먼저 중립축 거리 c_b 계산은 그림 [4.15](a)에 나타난 바에 따르면 균형

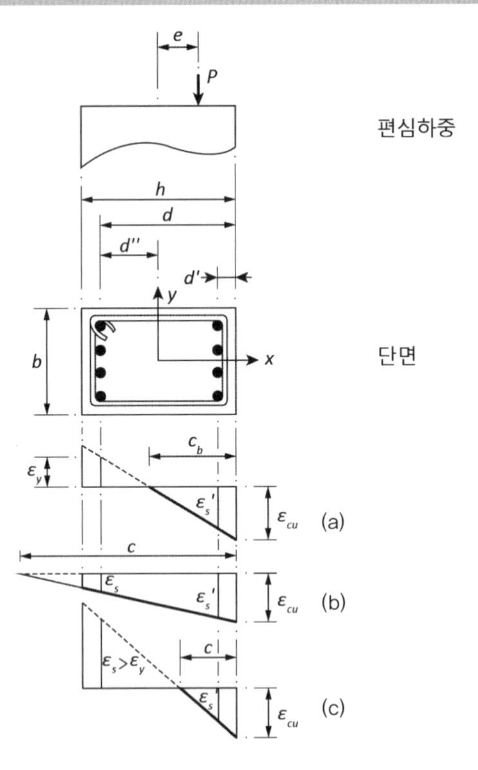

그림 [4.15]
편심거리에 따른 변형률 분포: (a) $e = e_b$인 경우; (b) $e < e_b$인 경우; (c) $e > e_b$인 경우

상태에서 중립축 거리 c_b와 등가직사각형 응력블록 깊이 a_b는 각각 다음 식 (4.21)(a),(b)에 의해 구할 수 있다.

$$\frac{\varepsilon_{cu}}{c_b} = \frac{f_y/E_s}{d-c_b} \rightarrow c_b = \frac{\varepsilon_{cu}}{\varepsilon_{cu}+f_y/E_s} \tag{4.21(a)}$$

$$a_b = \beta_1 c_b = \beta_1 \frac{\varepsilon_{cu}}{\varepsilon_{cu}+f_y/E_s} d \tag{4.21(b)}$$

그리고 이 경우 압축철근의 항복 여부와 응력은 식 (4.22)에 의해 압축철근의 변형률 $\varepsilon_s{}'$를 구한 후, 만약 $\varepsilon_s{}' \geq \varepsilon_y = f_y/E_s$이면, $f_s{}' = f_y$, $\varepsilon_s{}' < \varepsilon_y$이면 $f_s{}' = E_s\varepsilon_s{}'$에 의해 구한다.

$$\varepsilon_s{}' = \varepsilon_{cu} \times \frac{c_b - d'}{c_b} \tag{4.22}$$

또한 철근의 인장 및 압축응력이 구해지면 다음 식 (4.23)에 의해 축강도를 구한다.

$$P_b = \eta(0.85f_{cm})a_b b + [f_s{}' - \eta(0.85f_{cm})]A_s{}' - f_y A_s \tag{4.23}$$

소성중심에서 휨강도 M_b는 다음 식 (4.24)에 의해 구할 수 있다.

$$M_b = \eta(0.85f_{cm})a_b b\left(d - \frac{a_b}{2} - d''\right) + [f_s{}' - \eta(0.85f_{cm})]A_s{}'(d - d' - d'') + f_y A_s d'' \tag{4.24}$$

식 (4.23)과 식 (4.24)의 $f_s{}' - \eta(0.85f_{cm})$ 대신에 근사적으로 $f_s{}'$를 사용하는 경우도 많다.

마지막으로 균형 편심거리의 e_b는 식 (4.23)과 식 (4.24)에 의해 축강도와 휨강도가 구해지면 다음 식 (4.25)에 의해 구할 수 있다.

$$e_b = M_b/P_b \tag{4.25}$$

$e < e_b$인 경우 M, P의 계산

편심거리 e가 e_b보다 작은 값으로 주어진 경우 그림 [4.15](b)에서 보듯이 $\varepsilon_s < \varepsilon_y$로서 변형률이 작은 쪽 철근은 인장항복이 일어나지 않으며, 압축항복은 일어날 수도 있고 일어나지 않을 수도 있다. 한편 변형률이 큰 쪽의 철근은 압축항복이 일어날 수도 있고 그렇지 않을 수도 있다. 따라서 이 경우 미지수가 c, P, f_s, f_s' 등 4개이며 2가지의 변형률 적합조건과 2가지 힘의 평형 조건이 있어 해결할 수 있다. 그러나 일반적으로 변형률이 큰 쪽의 철근은 항복하는 경우가 많으므로 $f_s' = f_y$로 가정하여 풀고, 후에 검토하는 방법을 주로 이용한다. 즉, 1가지 적합조건과 2가지 힘의 평형 조건을 이용하여 c, f_s, P를 계산한다. 그리고 $\varepsilon_s' > \varepsilon_y$를 식 (4.29)에 의해 검토한 후에 마지막으로 휨강도 $M = Pe$를 구한다.

먼저 그림 [4.15](b)의 적합 조건에 의해 변형률이 작은 쪽 철근의 변형률 ε_s는 다음 식 (4.26)에 의해 구하며, 만약 $|\varepsilon_s| < \varepsilon_y$이면, $f_s = E_s \varepsilon_s$이고, $|\varepsilon_s| \geq \varepsilon_y$이면, $f_s = f_y$(음이면 인장)이다.

$$\frac{\varepsilon_{cu}}{c} = \frac{\varepsilon_s}{d-c} \rightarrow \varepsilon_s = \varepsilon_{cu}\frac{d-c}{c} \tag{4.26}$$

소성중심에 대한 축방향 합력과 휨모멘트의 평형 조건은 콘크리트의 단면적이 $(ab - A_s')$이지만 ab로 간단히 하면 각각 다음 식 (4.27) 및 식 (4.28)과 같다.

$$P = \eta(0.85 f_{cm})ab + A_s' f_s' + A_s f_s \tag{4.27}$$

$$P(e + d'') = \eta(0.85 f_{cm})ab\left(d - \frac{a}{2}\right) + A_s' f_s'(d - d') \tag{4.28}$$

앞의 식 (4.26), 식 (4.27), 식 (4.28)에 의해 c, f_s, P를 구할 수 있다. 이 식들에서 $a = c/\beta_1$이고 $f_s' = f_y$이다. c가 계산되면 다음 식 (4.29)에 의해 ε_s'를 구하여 $\varepsilon_s' \geq \varepsilon_y$이면 만족하고, 그렇지 않으면 식 (4.26), 식 (4.27), 식 (4.28)과 다음 적합조건의 식 (4.29)를 이용하여 다시 c, f_s',

f_s, P를 구하여야 한다.

$$\frac{\varepsilon_{cu}}{c} = \frac{\epsilon_s{}'}{c - d'} \rightarrow \epsilon_s{}' = \varepsilon_{cu}\frac{c - d'}{c} \tag{4.29}$$

$\varepsilon_s{}'$ 값이 만약 $\varepsilon_s{}' < \varepsilon_y$이면 $f_s{}' = E_s\varepsilon_s$이고, $\varepsilon_s{}' \geq \varepsilon_y$이면 $f_s{}' = f_y$이다.

$e > e_b$인 경우에 대한 M, P의 계산

이 경우는 인장철근은 그림 [4.15](c)에서 보듯이 항상 항복하므로 $f_s = f_y$이다. 그러나 압축철근은 항복할 수도 있고 그렇지 않을 수도 있으므로 다음 식 (4.30), 식 (4,31), 식 (4,32)를 이용하여 c, $f_s{}'$, P를 계산하고 휨강도 $M = Pe$를 계산한다.

먼저 그림 [4.15](c)에 나타난 관계를 사용하여 적합 조건에 의해 $\varepsilon_s{}'$는 다음 식 (4.30)과 같다.

$$\frac{\varepsilon_{cu}}{c} = \frac{\epsilon_s{}'}{c - d'} \rightarrow \epsilon_s{}' = \varepsilon_{cu}\frac{c - d'}{c} \tag{4.30}$$

여기서, 만약 $\varepsilon_s{}' < \varepsilon_y$이면 $f_s{}' = E_s\varepsilon_s$이고, $\varepsilon_s{}' \geq \varepsilon_y$이면 $f_s{}' = f_y$이다.

그리고 소성중심에서 축력과 휨모멘트에 대한 평형 조건은 각각 다음 식 (4.31), 식 (4.32)와 같다. 이 경우에도 더 정확한 것은 다음 식에서 $f_s{}' - \eta(0.85f_{em})$을 적용하는 것이다.

$$P = \eta(0.85f_{cm})\,ab + f_s{}'A_s{}' - f_yA_s \tag{4.31}$$

$$P(e + d'') = \eta(0.85f_{cm})\,ab\left(d - \frac{a}{2}\right) + f_s{}'A_s{}'(d - d') \tag{4.32}$$

따라서 미지수 $f_s{}'(\varepsilon_s{}')$, $a(c)$, P 등 3가지에 대하여 앞의 식 (4.30), 식 (4.31), 식 (4.32) 등 3개의 식으로 구할 수 있다.

예제 〈4.6〉

다음 그림과 같은 기둥 단면에 대한 $P-M$ 상관도를 작성하라. 콘크리트에 대해서는 등가직사각형 응력블록을 사용하여라.

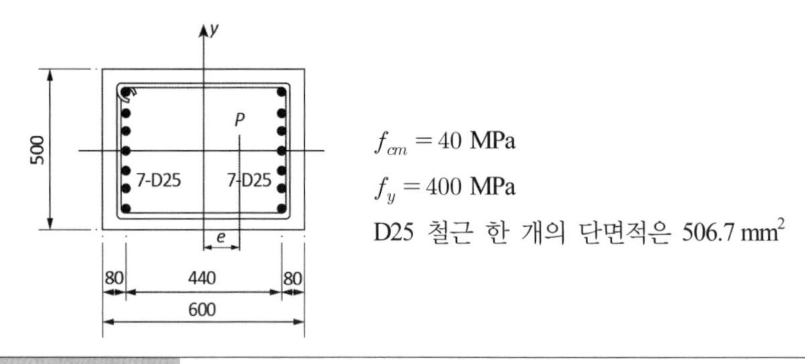

풀이

실제 기둥에서는 예제 〈4.4〉에 제시한 단면과 같이 x축 방향의 띠철근 근처에도 주철근이 배치되나 계산이 복잡하므로 이 예제에서는 양 단부 근처에만 주철근이 배치된 단면에 대하여 해석한다. 그리고 등가직사각형 응력블록은 우리나라 콘크리트구조 설계기준에 따른다.

1. 중심축강도($e=0$) 계산

   등가직사각형 응력블록을 사용하면 콘크리트의 압축강도가 40 MPa 이하이므로 $\eta=1$이 되어 $0.85f_{cm}$이다. 물론 이 $0.85f_{cm}$은 장기변형 등을 고려한 장기하중이 작용할 때 압축강도가 대략 $0.85f_{cm}$가 되는 것과는 아무런 관련이 없고, 실험 등을 통해 가장 합리적인 등가직사각형 응력블록을 구성할 때 $0.85f_{cm}$이 가장 적절했기 때문이다(설계편 제3장 참조). 그리고 콘크리트강도가 40 MPa일 때 $\varepsilon_{cu}=0.0033$으로서 f_y=400MPa 철근의 항복변형률 0.002보다 크므로 철근은 항복한다.

$$\begin{aligned}P&=0.85f_{cm}(A_g-A_{st})+f_yA_{st}\\&=0.85\times40\times(500\times600-14\times506.7)+400\times14\times506.7\\&=12{,}796{,}331\text{ N}\simeq12{,}800\text{ kN}\end{aligned}$$

2. 휨강도($e=\infty$) 계산

   이와 같이 양단의 철근량이 같으면 인장철근은 항복하나 압축철근은 항복하지 않는다. 그리고 콘크리트의 실제 압축강도와 설계기준압축강도의 의미가 다르지만, 이 예제에서 β_1값은 콘크리트구조 설계기준 20.4.1.1(8)에서 규정되어 있는 설계기준압축강도 40 MPa에 해당하는 값인 β_1=0.80을 사용한다.

   '축력의 합은 0이다'라는 조건에 의하고, 중립축 거리 c를 미지수로 하면 압축철근의 응력은 다음과 같다.

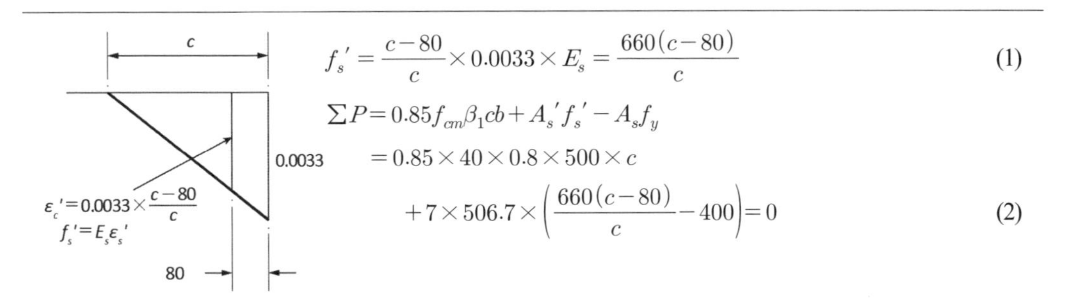

$$f_s' = \frac{c-80}{c} \times 0.0033 \times E_s = \frac{660(c-80)}{c} \qquad (1)$$

$$\begin{aligned}\Sigma P &= 0.85 f_{cm}\beta_1 cb + A_s' f_s' - A_s f_y \\ &= 0.85 \times 40 \times 0.8 \times 500 \times c \\ &\quad + 7 \times 506.7 \times \left(\frac{660(c-80)}{c} - 400\right) = 0 \qquad (2)\end{aligned}$$

이 방정식 (2)에서 f_s' 대신에 $f_s' - 0.85f_{cm}$으로 하는 것이 정확하다. 여기서는 f_s'로 하였으며, 이 식 (2)를 풀면 c값을, 그리고 이 값을 식 (1)에 대입하면 f_s'값을 다음과 같이 얻을 수 있다.

$$c = 88.2\ \text{mm}$$

$$f_s' = \frac{88.2-80}{88.2} \times 0.0033 \times 2.0 \times 10^5 = 61.4\ \text{MPa}$$

다음으로 인장철근 위치에서 휨강도를 계산한다.

$$\begin{aligned}M_n &= 0.85 f_{cm}\beta_1 cb\left(d - \frac{\beta_1 c}{2}\right) + A_s' f_s' (d - d') \\ &= 0.85 \times 40 \times 0.80 \times 88.2 \times 500 \times \left(520 - \frac{0.80 \times 88.2}{2}\right) \\ &\quad + 7 \times 506.7 \times 61.4 \times (520 - 80) \\ &= 677{,}254{,}385\ \text{Nmm} \simeq 677\ \text{kNm}\end{aligned}$$

좀 더 정확한 값은 $f_s' = 67.8$ 대신에 $f_s' - 0.85f_{cm} = 61.4 - 0.85 \times 40 = 27.4$를 대입하여 구할 수 있으며, 이 경우 $M_n = 624\text{kNm}$ 로서 약 92% 정도이다.

3. $e = e_b$일 때 P_b와 M_b의 계산

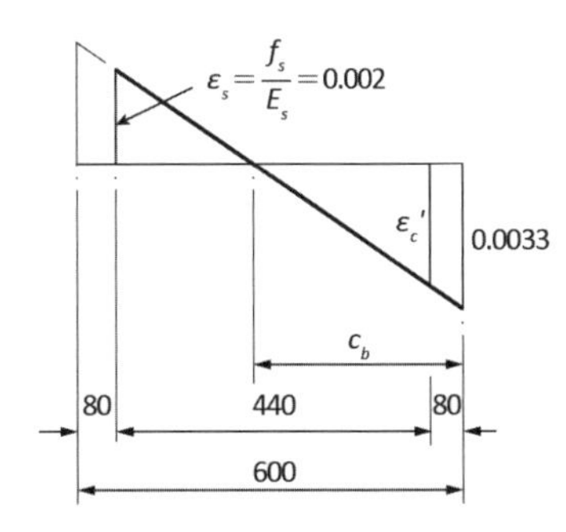

중립축 거리 c_b와 압축철근의 응력을 옆 그림에서 보이는 관계를 사용하여 다음과 같이 구할 수 있다.

$$0.0033 : c_b = \varepsilon_s : (520 - c_b) \rightarrow c_b = 324\ \text{mm}$$

$$\varepsilon_s' = 0.0033 \times \frac{c_b - 80}{c_b} = 0.00249 > \varepsilon_y = 0.002$$

따라서 압축철근도 항복한다.

다음으로 축강도 P_b와 휨강도 M_b를 계산한다.

$$P_b = 0.85 f_{cm} \times \beta_1 c_b \times b + A_s f_y - A_s' f_y \quad (A_s = A_s' \text{ 이므로})$$
$$= 0.85 \times 40 \times 0.80 \times 324 \times 500$$
$$= 4{,}406{,}400 \text{ N} \simeq 4{,}406 \text{ kN}$$
$$M_b = 4{,}406{,}400 \times \left(\frac{h}{2} - \frac{\beta_1 c_b}{2}\right) + 7 \times 506.7 \times 400 \times \left(\frac{h}{2} - 80\right) \times 2$$
$$= 4{,}406{,}400 \times (300 - 0.80 \times 324/2) + 7 \times 506.7 \times 400 \times (300 - 80) \times 2$$
$$= 1{,}375{,}104{,}960 \text{ Nmm} \simeq 1{,}375 \text{ kNm}$$

여기서도 압축철근에 대해 더 정확하게 구하려면 $A_s' f_y$ 대신에 $A_s'(f_y - 0.85 f_{cm})$을 대입하여 구한다.
이때 편심 e_b를 계산하면 다음과 같다.

$$e_b = M_b / P_b = 312 \text{ mm}$$

4. $e > e_b$인 경우로서 $e = 400$ mm일 때로 취한 경우
이 경우에는 인장철근은 항복하나 압축철근은 알 수 없다. 이 예제에서는 항복하는 것으로 가정하고 해석한 후 항복 여부를 검토한다.

축강도와 휨강도에 대한 관계식을 먼저 유도하면 다음과 같다.

$$P_n = 0.85 f_{cm} \times \beta_1 c \times b + A_s' f_y - A_s f_y$$
$$= 0.85 \times 40 \times 0.80 c \times 500 + 7 \times 506.7 \times 400 - 7 \times 506.7 \times 400$$
$$= 13{,}600 c$$
$$M_n = 13{,}600 c \times \left(\frac{h}{2} - \frac{\beta_1 c}{2}\right) + 7 \times 506.7 \times 400 \left(\frac{h}{2} - 80\right) \times 2$$
$$= 13{,}600 c (300 - 0.40 c) + 624{,}254{,}400$$

$e = M_n / P_n = 400$의 조건에 의해 c값을 계산할 수 있으며, $c = 236$ mm이다.
이 경우에도 더 정확한 값은 $A_s' f_y$ 대신에 $A_s'(f_y - 0.85 f_{cm})$을 대입하여 구한다.
다음으로 압축철근의 항복 여부를 검토한다.

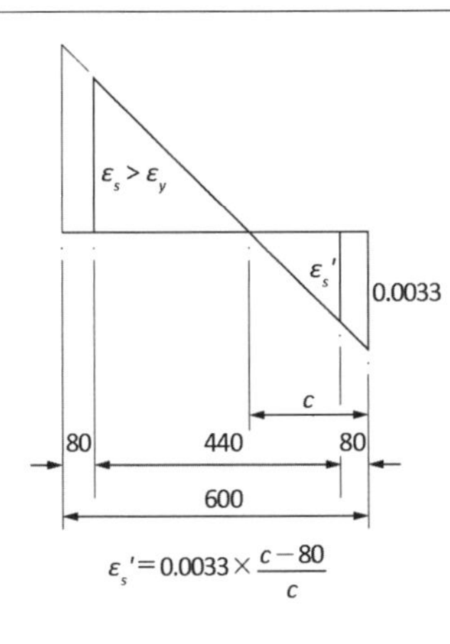

$$\varepsilon_s' = 0.0033 \times \frac{c-80}{c} = 0.0033 \times \frac{236-80}{236} = 0.00218 > 0.002$$

따라서 압축철근은 항복한다. 만약 이때 항복하지 않는다면 앞에서 P_n과 M_n을 계산할 때 $f_s' = f_y$ 대신에 $f_s' = E_s\varepsilon_s' = 660 \times \frac{c-80}{c}$을 대입하여 3차방정식을 풀어야 한다.

마지막으로 축강도와 휨강도를 계산하면 다음과 같다.

$$P_n = 13{,}600c = 13{,}600 \times 236 = 3{,}209{,}600\ \text{N} \simeq 3{,}210\ \text{kN}$$

$$M_n = 13{,}600c(300 - 0.40c) + 624{,}254{,}400 = 1{,}284{,}148{,}160\ \text{Nmm}$$
$$\simeq 1{,}284\ \text{kNm}$$

5. $e < e_b$인 경우로서 $e = 80$ mm일 때로 취한 경우

이 경우에는 압축연단 쪽의 철근은 압축항복하나 반대쪽 철근은 인장을 받을 수도 있고 압축을 받을 수도 있다. 이 경우에도 먼저 압축으로 항복한다고 가정하고, 그 후 압축항복 여부를 검토한다.

압축항복한다고 가정하고, 콘크리트 단면적이 $(\beta_1 cb - A_s')$이지만 $\beta_1 cb$로 간단하게 하면 다음 식과 같이 나타낼 수 있다.

$$P_n = 0.85 f_{cm}\beta_1 cb + A_s' f_y + A_s' f_y$$
$$= 0.85 \times 40 \times 0.80c \times 500 + 2 \times 7 \times 506.7 \times 400 \quad (1)$$
$$= 13{,}600c + 2{,}837{,}520$$

$$M_n = 13{,}600c\left(\frac{h}{2} - \frac{\beta_1 c}{2}\right) + 1{,}418{,}760 \times \left(\frac{h}{2} - 80\right) - 1{,}418{,}760 \times \left(\frac{h}{2} - 80\right) \quad (2)$$
$$= 13{,}600c(300 - 0.40c)$$

$$e = M_n / P_n = \frac{13{,}600c(300 - 0.40c)}{13{,}600c + 2{,}837{,}520} = 80 \quad (3)$$

따라서 식 (3)에 의해 중립축 거리 c를 계산하면 다음과 같다.

$$5{,}440c^2 - 2{,}992{,}000c + 227{,}001{,}600 = 0$$
$$c = 459\ \text{mm}$$

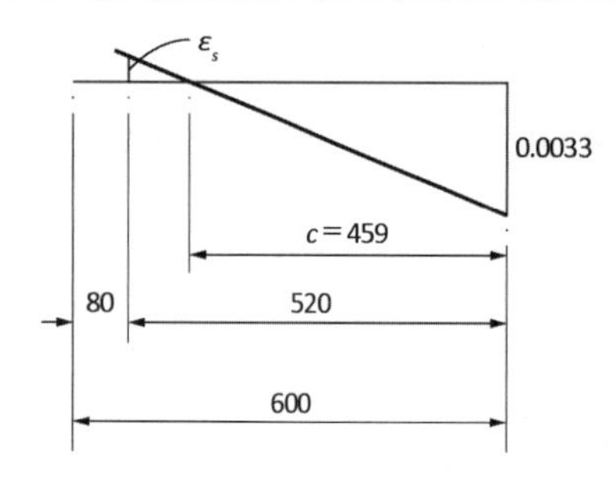

옆 그림에서 보면 $c=459$ mm인 경우 압축항복이 일어나지 않고 오히려 인장응력이 발생된다. 따라서 앞의 압축항복한다는 가정은 잘못되었으므로 변형률 적합조건을 사용하여 다시 해석한다.

이 경우 압축연단 쪽 철근은 압축항복하고, 반대쪽 연단 철근의 응력은 다음과 같다.

$$c:0.0033=(c-520):\varepsilon_s$$

$$\varepsilon_s=\frac{0.0033(c-520)}{c}\quad (+\text{이면 압축변형률})$$

$$f_s=E_s\varepsilon_s=\frac{660(c-520)}{c}\quad (+\text{이면 압축응력})$$

축강도와 휨강도에 대한 관계식 유도

$$\begin{aligned}P_n&=0.85f_{cm}\beta_1 cb+A_s'f_y+A_sf_s\\&=0.85\times 40\times 0.80c\times 500+7\times 506.7\times 400+7\times 506.7\times\left(\frac{660(c-520)}{c}\right)\\&=13{,}600c+1{,}418{,}760+\frac{2{,}340{,}954(c-520)}{c}\end{aligned}\quad (1)$$

$$\begin{aligned}M_n&=13{,}600c\left(\frac{h}{2}-\frac{\beta_1 c}{2}\right)+1{,}418{,}760\times\left(\frac{h}{2}-80\right)-\frac{2{,}340{,}954(c-520)}{c}\times\left(\frac{h}{2}-80\right)\\&=13{,}600c(300-0.40c)+312{,}127{,}200-\frac{515{,}009{,}880(c-520)}{c}\end{aligned}\quad (2)$$

위 식 (1), (2)를 이용하여 $M_n/P_n=e=80$ mm의 조건에 의해 3차방정식을 풀어 c값을 얻을 수 있으며, 계산하면 $c=587$ mm이다. 따라서 이 $c=587$ mm를 위 P_n, M_n 식에 대입하여 P_n과 M_n을 계산한다.

$$P_n=9{,}669{,}156\ \text{N}\simeq 9{,}669\ \text{kN}$$
$$M_n=773{,}848{,}770\ \text{Nmm}\simeq 774\ \text{kNm}$$

이 경우에는 전체 단면이 유효하므로 더 정확한 값은 A_sf_y, $A_s'f_y$항에서 f_y 대신에 $f_y-0.85f_{cm}$을 대입하여 구한다.

6. $P-M$ 상관도 작성

계산 결과를 이용하여 $P-M$ 상관도를 작성하면 다음 그림과 같다.

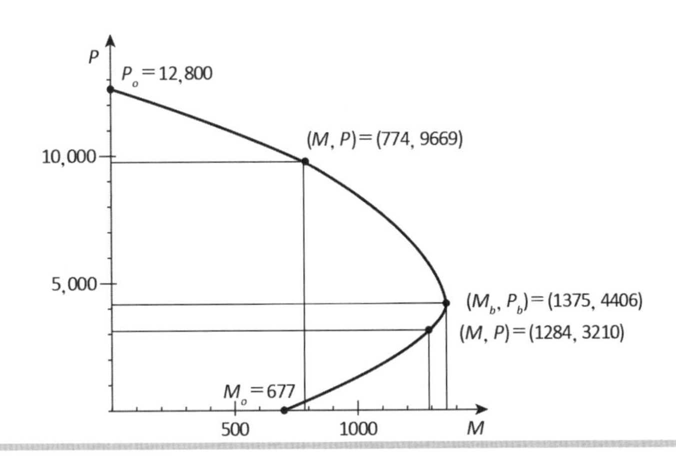

4.4 축력과 2축 휨모멘트에 대한 거동

4.4.1 개요

일반적으로 압축 부재는 앞에서 다룬 바와 같은 단면의 주축을 중심으로 휨모멘트를 받는 경우는 드물고, 주축과 임의의 각도를 이루는 방향으로 휨모멘트가 작용한다. 이러한 경우 단면에 작용하는 휨모멘트는 단면의 두 주축으로 작용하는 두 개의 휨모멘트로 나눌 수 있으므로, 보통 압축 부재는 축력과 더불어 2축 휨모멘트를 받게 된다. 특히 건물의 모서리 기둥과 같은 경우에는 양 주축 방향으로 모두 상대적으로 큰 휨모멘트를 받는다. 그러나 대부분의 구조물에서는 2축 휨모멘트 중에서 하나의 휨모멘트의 크기에 비해 또 다른 하나의 휨모멘트의 크기가 작기 때문에 축력과 1축 휨모멘트만 작용하는 단면으로 설계하는 경우가 많다.

그림 [4.16](a)와 같은 직사각형 기둥 단면이 축력과 두 주축 방향의 휨모멘트 M_x, M_y를 받는 경우에 파괴될 때의 파괴 면을 그림 [4.16](b)에 나타내고 있다. 이 파괴 곡면에서 임의의 일정한 축력을 받는 경우에 대하여 두 휨모멘트 M_x, M_y의 저항 능력은 그림 [4.16](c)에 나타난 바와

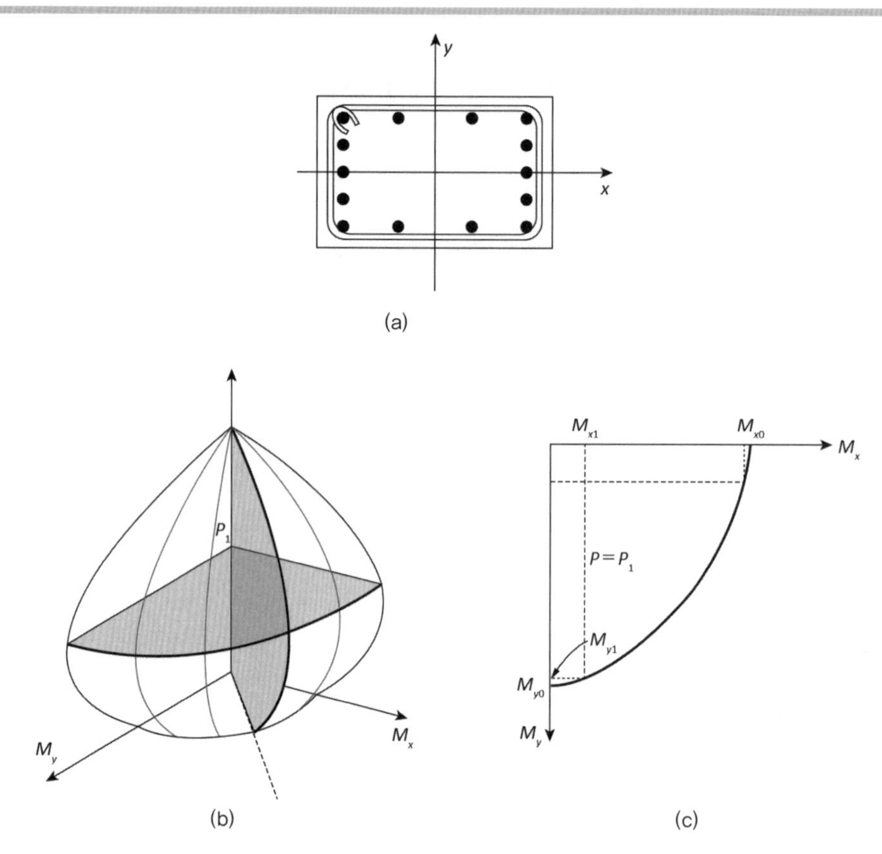

그림 [4.16]
축력과 2축 휨모멘트를 받는 단면의 $P-M$ 상관도: (a) 철근콘크리트 기둥 단면; (b) 축력과 2축 휨모멘트가 작용하는 단면의 파괴 곡면($P-M$ 상관도); (c) 축력 $P=P_1$ 이 작용하는 단면에서 파괴 곡선(M_x-M_y 선도)

같다. 그림 [4.16](c)에서 볼 수 있듯이 일정한 크기의 축력 P_1 이 작용할 때 $M_y=0$이면 $M_x=M_{x0}$ 만큼 저항할 수 있고, $M_x=0$인 경우에는 $M_y=M_{y0}$ 만큼 저항할 수 있다. 그리고 비록 x축으로 M_{x0}의 10~20퍼센트 정도로 상당히 큰 휨모멘트 M_{x1}이 작용하여도, y축의 저항 휨모멘트 M_{y1}은 M_{y0} 보다 크게 감소하지는 않는다. 따라서 비록 2축으로 휨모멘트가 작용하여도 한 방향의 휨모멘트가 크지 않으면 축력과 1축 휨모멘트를 받는 것으로 가정하여 단면을 해석하거나 설계하는 경우가 많다.

4.4.2 응력-변형률 곡선에 의한 $P-M$ 상관도의 작성

콘크리트와 철근의 응력-변형률 관계식이 각각 주어져 있을 때, 그림 [4.17](a)에 보인 바와 같이 축력과 2축 휨모멘트를 받는 기둥 단면에 대한 그림 [4.17](b)와 같은 $P-M$ 상관도는 앞 절의 축력과 1축 휨모멘트를 받을 때와 유사하게 구할 수 있다. 다만 대칭인 두 주축 중 한 축에 휨모멘트가 작용하는 경우 중립축은 휨모멘트가 작용하는 축과 나란하게 위치하나 두 주축에 휨모멘트가 임의의 크기로 작용하는 경우 중립축의 위치뿐만 아니라 방향도 알 수가 없다. 즉, 그림 [4.17](c)에서 c 값뿐만 아니라 θ값도 알 수가 없으므로 이중으로 반복 계산에 의해 구하여야 한다.

그림 [4.17](a)에서 보인 바와 같은 단면에 x축과 α의 각도를 이루는 선상에 일정한 축력 P_i가 작용할 때 최대 휨모멘트 M_{xi}와 M_{yi}를 구하고,

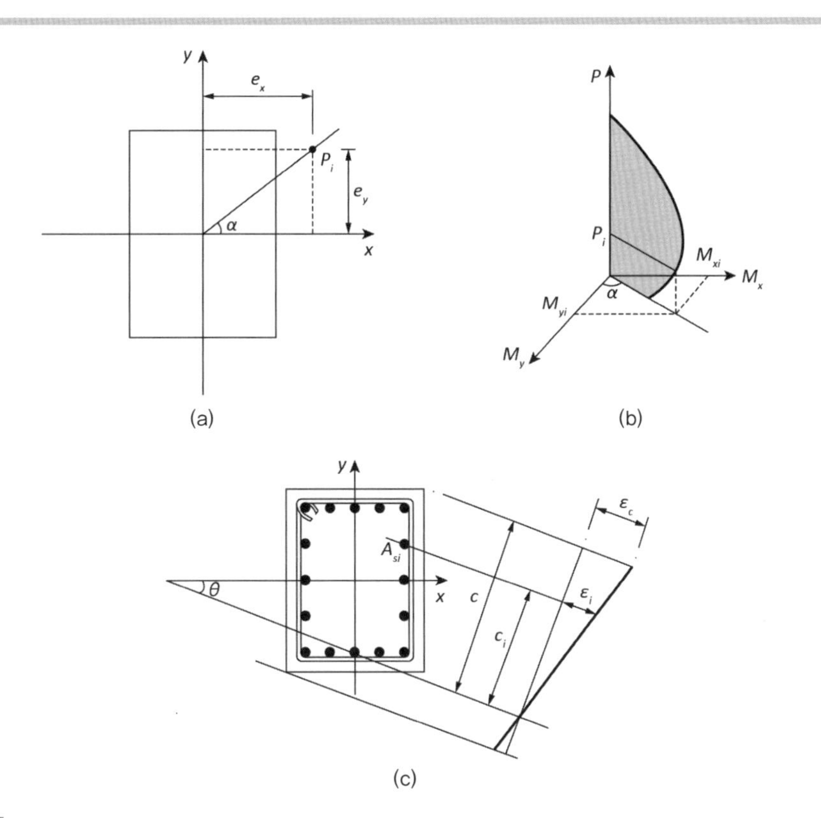

그림 [4.17]
축력과 2축 휨모멘트를 받는 단면: (a) 축력 작용 방향; (b) α 각을 이루는 방향의 $P-M$ 상관도; (c) 변형률 관계

다시 P_i를 증가시켜 또 다른 M_{xi}, M_{yi}를 구하면 그림 [4.17](b)와 같은 $P-M$ 상관 곡선을 구할 수 있다. 그리고 α값을 변화시키면서 $P-M$ 상관도를 같은 방법으로 구하면 그림 [4.16](b)와 같은 전체 $P-M$ 상관 곡면을 구할 수 있다. 그림 [4.17](b)와 같은 $P-M$ 상관 곡선을 구하는 과정을 요약하면 다음과 같으며, 이 과정의 흐름도는 그림 [4.18]과 같다.

다만 이 경우에도 먼저 적절한 갯수로 층상(layer)으로 단면을 나누고, 다음 과정에 따라 구한다.

① P_i값을 선택한다(보통 $0.1P_0$씩 증가시킴).
② 압축연단 콘크리트의 변형률 ε_c값을 선택한다.
③ 중립축 각도 θ를 가정한다.
④ 중립축 위치 c를 가정한다.
⑤ 각 위치 철근과 콘크리트의 변형률을 다음 식 (4.33)에 의해 계산한다.

$$\varepsilon_i = \varepsilon_{c\times}\frac{c_i}{c} \tag{4.33}$$

여기서 c_i는 중립축에서 변형률을 구하고자 하는 위치까지 거리이다.
⑥ 철근과 콘크리트의 응력 변형률 곡선에서 철근과 콘크리트의 응력을 구한다.
⑦ 축력의 합력을 구하여 P_i와 비교하여 같은 값인지를 검토한다.
⑧ P_i와 같으면, 실제로는 주어진 허용범위 내에 들어가면, 단계 ⑨로 가고, 같지 않으면 단계 ④로 가서 c값을 변화시켜 다시 계산한다.
⑨ 단계 ⑥에서 구한 응력과 거리를 이용하여 소성중심에 대한 M_{xi}와 M_{yi}를 계산한다.
⑩ $\tan\alpha = e_y/e_x = -M_{xi}/M_{yi}$ 여부를 검토하여 만족하면 단계 ⑪로 진행하고, 만족하지 않으면 θ값을 수정하여 앞의 단계 ③으로 되돌아가서 다시 모든 과정을 반복 수행한다.
⑪ 곡률 $\kappa = \varepsilon_c/c$, $M_i = \sqrt{{M_{xi}}^2 + {M_{yi}}^2}$ 을 구한다.
⑫ 계산된 M_i가 앞 단계 M_i보다 크면 ε_c를 증가시켜 앞의 단계 ②로 돌아가서 M_i가 최대값이 될 때까지 계속한다.

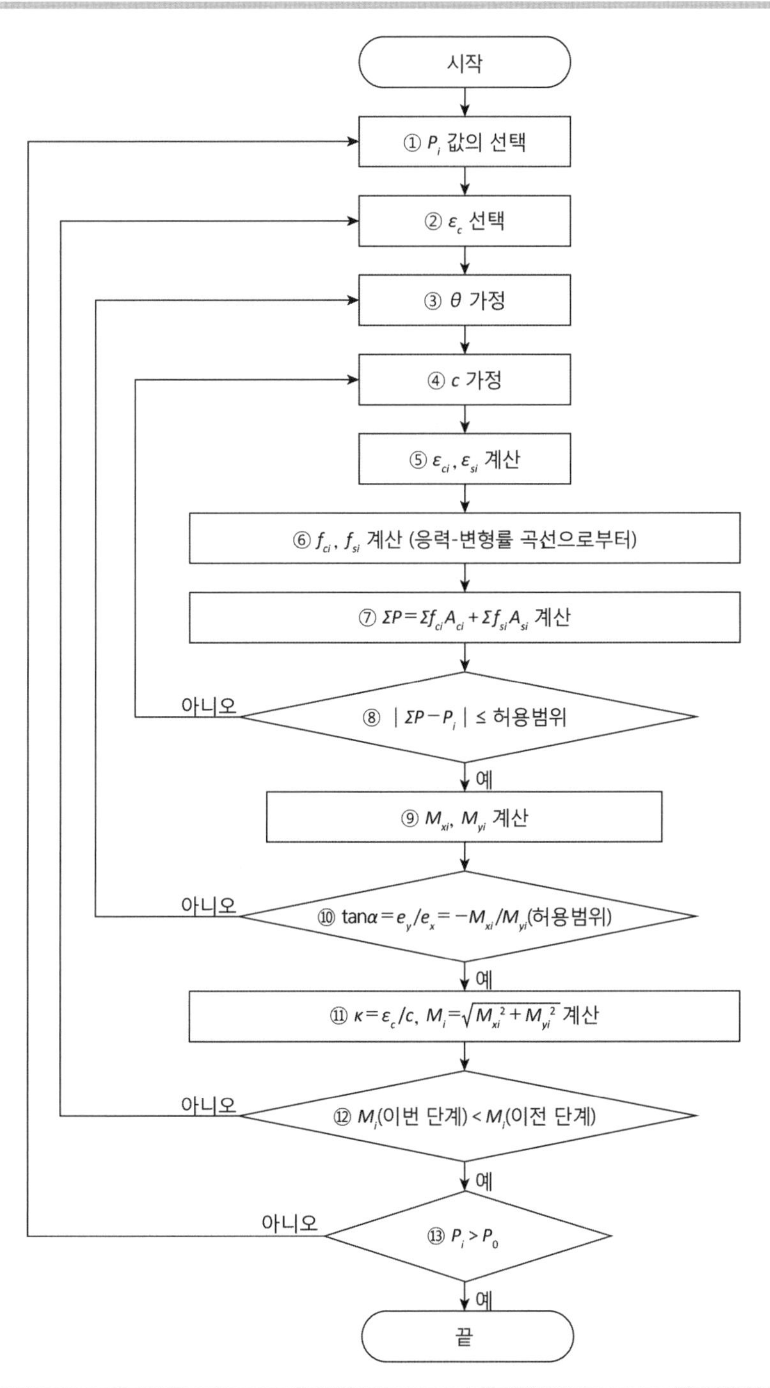

그림 [4.18]
축력과 2축 휨모멘트를 받을 때의 휨모멘트-곡률 관계 해석도

⑬ P_i값을 증대시켜 단계 ②로 돌아가 다시 수행한다. 이때 $0.1P_0$씩 증가시키면 $P-M$ 상관도에서 열 개의 점을 얻을 수 있다. 이렇게 증가시킨 P_i값이 P_0값을 초과하면 중지한다.

이 과정을 따르면 그림 [4.17](a)와 같은 단면에서 x축과 α각도만큼 기운 곳으로 일정한 크기의 하중 P_i가 작용할 때 휨모멘트-곡률 곡선을 구할 수 있다.

4.4.3 등가직사각형 응력블록에 의한 $P-M$ 상관도

콘크리트의 실제 응력-변형률 관계 대신에 실용적으로는 등가직사각형 또는 포물선-직선형 응력블록을 이용한다. 이러한 경우에는 콘크리트 압축연단에서 변형률이 ε_{cu}일 때 최대 휨모멘트가 발생한다고 가정하므로 앞 절에 설명한 바와 같이 압축연단의 콘크리트 변형률을 증가시킬 필요는 없다. 따라서 앞의 해석 과정과 같으나, 다만 그림 [4.19]에 보인 바와 같이 압축연단에서 콘크리트의 변형률이 ε_{cu}이고 응력 분포가 등가의 직사각형 또는 포물선-직선형이라는 가정에 의해 구한다. 그 과정은 다음과 같으며, 흐름도는 그림 [4.20]과 같다. 이 경우에도 적절한 수로 단면을 층상(layer)으로 나눈다.

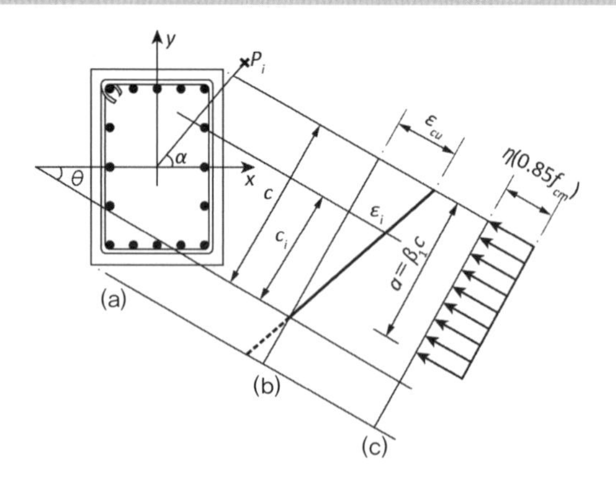

그림 [4.19]
변형률 및 응력 분포: (a) 단면; (b) 변형률 분포; (c) 콘크리트의 응력 분포

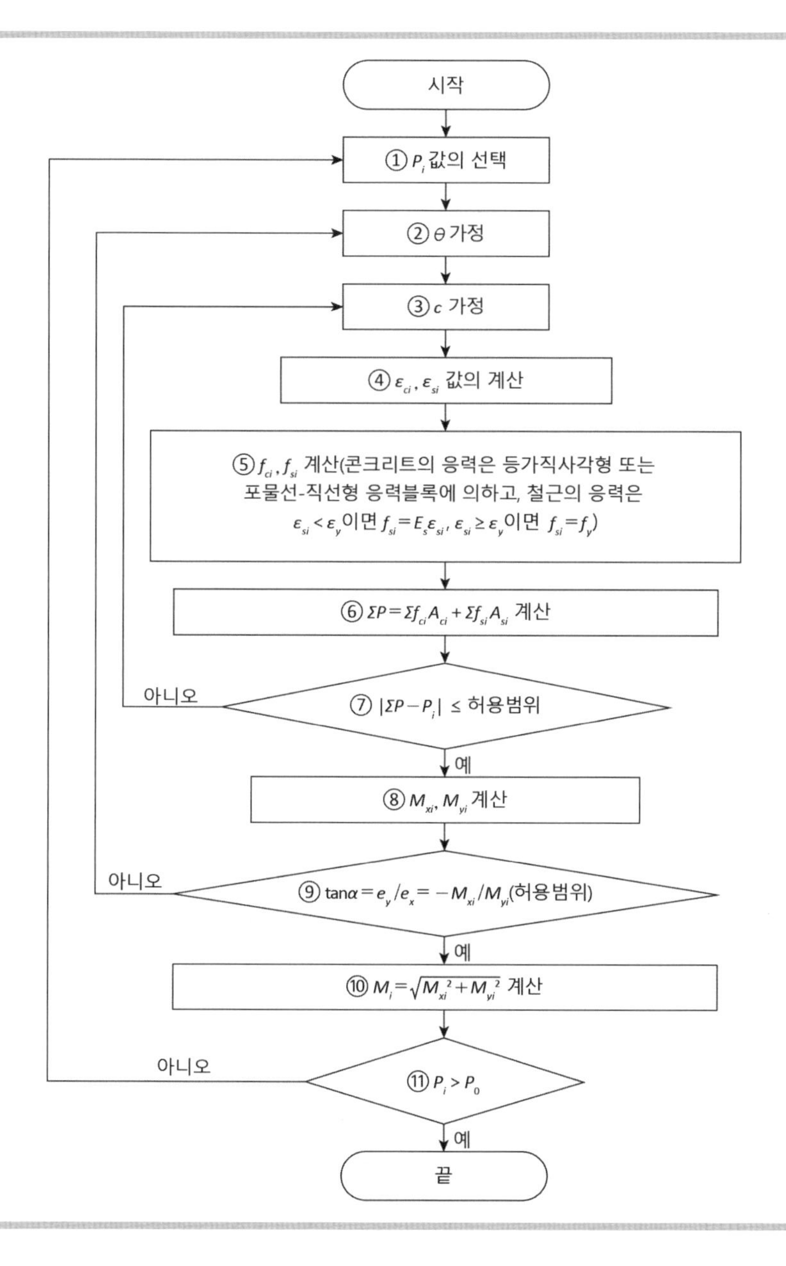

그림 [4.20] 2축 휨모멘트를 받는 기둥에 대한 등가 응력블록을 사용한 경우 $P-M$ 상관도 해석 과정 흐름도

① P_i값을 선택한다(보통 $0.1P_o$씩 증가시킨다).

② 중립축의 각도 θ를 가정한다.

③ 중립축의 위치 c를 가정한다.

④ 각 위치에서 철근의 변형률을 다음 식 (4.34)에 의해 계산한다.

$$\varepsilon_i = \varepsilon_{cu} \times c_i / c \tag{4.34}$$

⑤ 각 위치에서 콘크리트와 철근의 응력, f_{ci}와 f_{si}를 계산한다.

⑥ 철근과 콘크리트의 합력을 구한다.

⑦ 주어진 P_i 값과 같은지, 실제로는 허용범위 내에 있는지 여부를 검토한다. 이때 허용 범위 내에 있으면 다음 단계 ⑧로 진행하고, 그렇지 않으면 c를 수정하여 ③의 단계로 되돌아가서 반복한다.

⑧ 소성중심에 대한 M_{xi}와 M_{yi}를 구한다.

⑨ $\tan\alpha = -M_{xi}/M_{yi}$이 되는지, 실제로는 허용범위 내에 있는지를 검토한다. 이때 허용범위 내에 있으면 ⑩으로 진행하고, 그렇지 않으면 ②로 되돌아가서 θ값을 수정하여 반복한다.

⑩ 주어진 P_i에 대한 휨모멘트 M_{xi}와 M_{yi}를, 또는 M_i를 구한다.

⑪ 증가시킨 P_i값에 대해서 반복하여 구한다.

4.4.4 실용 해법

앞의 4.4.2절과 4.4.3절에서 제시한 방법으로 구한 $P-M$ 상관도는 축력과 2축 휨모멘트를 받을 때 단면의 형상에 따라 $P-M$ 곡면의 모양이 변한다. 축 대칭인 원형 단면인 경우 그림 [4.21](a)에 보인 바와 같이 x, y축에 관계없이 모든 축에 대하여 같은 크기의 휨모멘트를 저항할 수 있

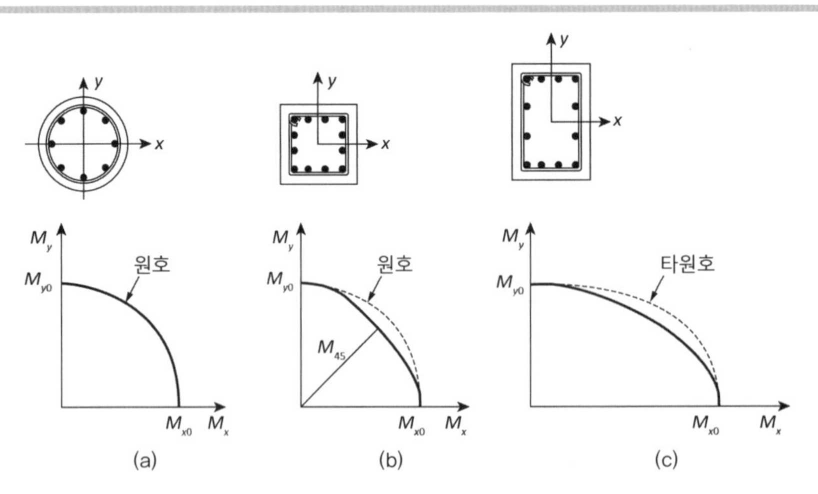

그림 [4.21]
일정한 P가 작용할 때 $M_x - M_y$ 관계 곡선: (a) 원형 단면; (b) 정사각형 단면; (c) 직사각형 단면

으나, 정사각형 또는 직사각형 단면의 경우 그림 [4.21](b),(c)에서 볼 수 있듯이 하중이 작용하는 방향에 따라 저항할 수 있는 휨모멘트의 크기, 즉 휨강도가 다르다. 예로서 정사각형 단면의 경우 x축 또는 y축으로 일정한 하중 P가 이동할 때 최대 휨모멘트는 M_{x0}=M_{y0}만큼 저항할 수 있다. 그러나 x축과 45° 방향, 즉 단면의 대각선 방향으로 일정한 하중 P가 이동할 때, 저항할 수 있는 휨강도는 M_{x0}보다 작다. 그림 [4.21](b)에서 보면 $M_x - M_y$ 관계 곡선은 원호 안에 있기 때문에 45° 방향으로 저항할 수 있는 휨모멘트 M_{45}는 M_{x0}보다 작다.

$M_x - M_y$ 관계 곡선을 정규화시킨 그림이 그림 [4.22]에 나타나 있는데, 그림 [4.22](a)는 단면 형태에 따른 변화를 보여주고 있으며, 그림 [4.22](b)는 사각형 단면에서 작용하는 축력의 크기에 따른 변화를 보여주고 있다.

단면이 원형인 경우 앞에서도 설명하였듯이 $M_x - M_y$ 관계 곡선도 방향에 관계없이 원형이나, 사각형 단면의 경우 방향에 따라 변화하며 원호 안쪽에 위치한다. 그리고 사각형 단면에서 축력이 커지면 원호에 가까워지고, 축력이 작으면 원호 안에 위치하는 경향이 있다. 이러한 특징을 고려하여 다음에서 설명하는 실용해법의 관계식이 개발되었다.[6),7)]

축력과 2축 휨모멘트를 받는 실제 기둥 단면을 설계할 때 앞 4.4.2절이나 4.4.3절의 해석 과정을 수행하기란 쉬운 일이 아니다. 구체적인 설계 과정은 설계편에서 설명하고, 여기서는 여러 가지 실용해법식 중에서 대표적인 2가지에 대하여 설명한다.

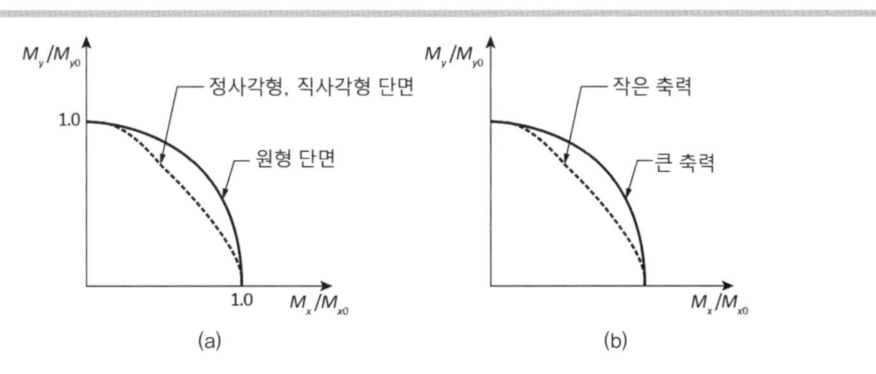

그림 [4.22]
$M_x - M_y$ 관계 곡선의 변화: (a) 단면 형태에 따라; (b) 사각형 단면에서 작용 축력의 크기에 따라

등고선 법

설계를 할 때는 주어진 축력과 1축 휨모멘트에 대한 관계 도표를 이용하여 두 주축에 대한 최대 저항 휨모멘트를 계산하고, 식 (4.35)와 같은 $M_x - M_y$ 관계식, 즉 실용해법 관계식에 의해 검토를 한다. 앞에서 설명한 바와 같이 일정한 축력 P가 작용할 때 정규화된 $M_x - M_y$ 관계식은 그림 [4.23]과 같으며, 다음 식 (4.35)와 같은 수식으로 나타내고 있다.[7)]

$$\left(\frac{M_{nx}}{M_{x0}}\right)^{\frac{\log 0.5}{\log\beta}} + \left(\frac{M_{ny}}{M_{y0}}\right)^{\frac{\log 0.5}{\log\beta}} = 1.0 \tag{4.35}$$

여기서, M_{x0}는 축력 P_n이 작용할 때 x축 휨모멘트만 작용하는 경우 저항할 수 있는 최대 휨모멘트, 즉 휨강도이며, M_{y0}는 축력 P_n이 작용할 때 y축 휨모멘트만 작용하는 경우에 대한 저항할 수 있는 최대 휨모멘트이다. M_{nx}는 축력 P_n이 작용하고 x, y축으로 휨모멘트가 동시에 작용할 때 저항할 수 있는 x축 방향의 최대 휨모멘트, M_{ny}는 축력 P_n이 작용하고 x, y축으로 휨모멘트가 동시에 작용할 때 저항할 수 있는 y축 방향의 최대 휨모멘트이다. 그리고 β값은 상수로서 주철근의 배치 상태, 주철근의 항복강도 f_y, 주철근비, 철근의 항복강도와 콘크리트압축강도의 비 $w =$

그림 [4.23]
β값에 따른
$M_x - M_y$ 곡선의
변화

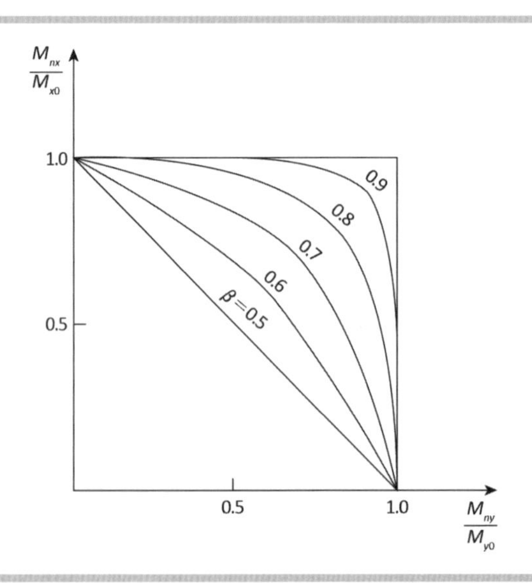

$\rho f_y/f_{ck}$, 중심축강도에 대한 축력비 P_n/P_0 등의 함수이다.

그리고 β의 값에 따라 $M_x - M_y$ 관계 곡선은 그림 [4.23]에서 보인 바와 같이 변하며, 미국 포틀랜드시멘트협회(PCA ; Portland Cement Association)에 의해 각 영향인자에 따른 β값의 변화를 제시하고 있는데[7] 한 예로서 그림 [4.24]에 나타낸 바와 같다.

역하중 법

앞에서 축력과 2축 휨모멘트를 받을 때 파괴 곡면을 구성하였는데, 만약 축력의 역수와 축력에 대한 편심거리를 축으로 하여 파괴 곡면을 구성하면 다음 그림 [4.25]와 같다. 이때 편심거리 e_x와 e_y만큼 떨어진 곳의 축강도 P_n은 그림에서 나타난 바와 같이 파괴 곡면 위의 값이다. 그러나 이 값을 구하기 위해서는 파괴 곡면이 필요하나, 근사적으로 세 점 O, A, B 등으로 이루어진 평면 위의 점이 실제 곡면 위의 점과 유사한 곳에 있으므로 이 평면 위에 있는 값 $\overline{P_n}$을 P_n으로 취하는 것이 역하중 법이다.[6]

즉, 세 점의 좌표는 O(0, 0, $1/P_0$), A(e_y, 0, $1/P_{nx}$), B(0, e_x, $1/P_{ny}$)이므로 평면의 식 $a_1 e_x + a_2 e_y + a_3(1/P) + a_4 = 0$ 식에 대입하여 풀면, 다음 식 (4.36)을 얻을 수 있다.

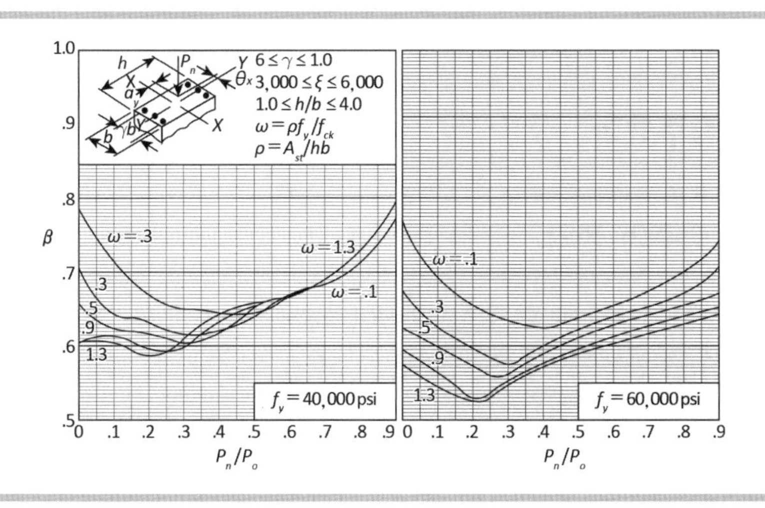

그림 [4.24]
β값의 변화[7]

그림 [4.25]
역하중과 편심거리에 대한 파괴 곡면

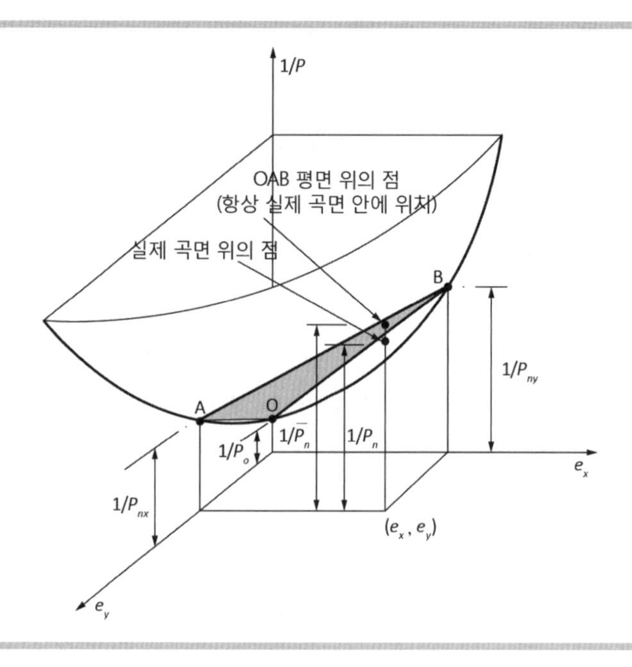

$$\frac{1}{P_n} \simeq \frac{1}{\overline{P_n}} = \frac{1}{P_{nx}} + \frac{1}{P_{ny}} - \frac{1}{P_0} \tag{4.36}$$

여기서, P_n은 편심거리 e_x, e_y일 때 축강도이며, P_{nx}는 편심거리 e_y일 때 축강도, P_{ny}는 편심거리 e_x일 때 축강도이고, P_0는 중심축강도이다.

일반적으로 단면에 작용하는 축력이 축강도에 비하여 작은 경우에는 등고선 법이 정확하고, 큰 경우에는 역하중 법이 더 정확하다.

4.5 장주효과

4.5.1 장주의 정의

[저자 의견]
1계(first order) 해석과 2계(second order) 해석
설계기준[1]에서는 1차 해석과 2차 해석으로 되어 있으나 이 책에서는 1계 해석과 2계 해석으로 기술하고 있다. 그 이유는 여기서 2계 해석이란 2차 미분방정식이 아니고 2계 미분방정식을 뜻하기 때문이다.

장주(slender column)란 장주효과(slenderness effect)를 고려하여야 하는 기둥이다. 일반적으로 철근콘크리트 구조물을 해석할 때, 발생된 변위를 다시 해석에 고려하지 않는 탄성 1계 해석(1'st order analysis)에 의하나, 발생된 변위가 상대적으로 커서 무시할 수 없을 때에는 이를 고려한 기하학적 비선형 해석(geometrical nonlinear analysis)이나 탄성 2계 해석(2'nd order analysis)에 의하여야 한다. 그러나 이러한 비선형 해석은 복잡하므로 특별한 경우를 제외하고는 구조물 해석은 탄성 1계 해석에 의하고 근사적으로 변위에 의한 휨모멘트를 추가하여 단면을 설계한다. 이와 같이 휨모멘트를 추가하는 것이 장주효과를 고려하는 것이며, 장주효과를 고려하여야 할 정도를 세장한 기둥을 장주라고 한다.[8)]

그림 [4.26](a)에 나타낸 바와 같이 편심거리 e의 위치에 축하중 P가 작용할 때, 기둥이 매우 짧은 경우 기둥 중앙 위치에서 휨모멘트에 의해 발생하는 변위 δ가 매우 작으므로 단면력은 축력 P와 휨모멘트 Pe가 되어 그림 [4.26](c)의 $P-M$ 상관도에서 A점에 해당하며 축강도는 P_n이 된다. 그러나 기둥이 길어 하중에 의한 변위 δ가 큰 경우 단면력은 축력 P와 휨모멘트 $P(e+\delta)$가 되어 그림에서 B점으로 바뀌어 이때 축강도는 P_n이 아니라 P_n보다 작은 $\overline{P_n}$가 된다. 즉, 편심거리 e에 하중이 작용할 때 장주가 아닌 경우에는 P_n만큼 저항할 수 있지만, 장주인 경우에는 $\overline{P_n}$만큼만 저항할 수 있다. 이와 같이 $P-\delta$효과($P-\delta$ effect)를 고려해야 할 정도로 δ가 큰 경우, 즉 축강도의 저하가 큰 경우를 장주라 한다.

단주와 장주
$P-\delta$효과를 고려해야 하는 경우를 장주라고 하고, 그렇지 않아도 되는 경우를 단주라고 한다. 장주의 경우 추가되는 휨모멘트를 고려하여 단면을 설계하여야 한다.

일반적으로 설계기준에서는 세장비로서 장주와 단주를 구분하고 있다. 우리나라 콘크리트구조 설계기준에서도 세장비로 장주와 단주로 구분하

20 4.4.1(1)

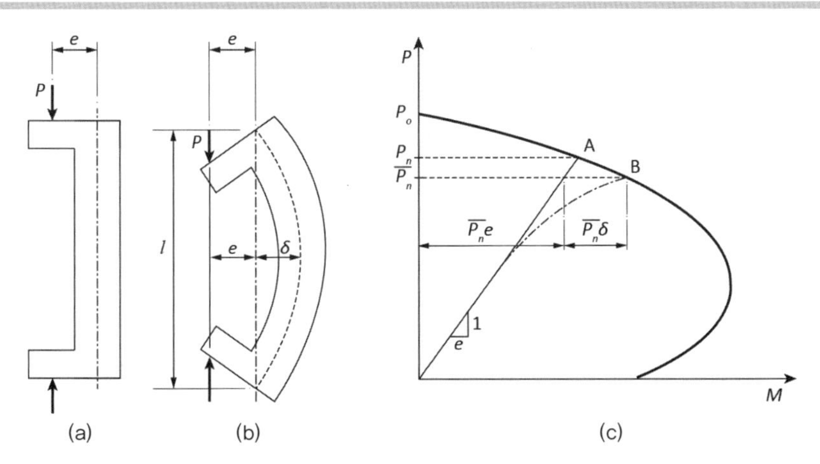

그림 [4.26]
장주의 정의: (a) 변형 전 모습; (b) 변형 후 모습; (c) $P-M$ 상관도

는데, 구분하는 기준은 $P-\delta$효과를 고려한 축강도 $\overline{P_n}$가 고려하지 않는 P_n값의 대략 95퍼센트 이상이면 $P-\delta$효과를 무시하는 단주(short column)로 하고, 95퍼센트 미만이면 $P-\delta$효과를 고려해야 하는 장주로 하고 있다.[8)]

4.5.2 장주 거동

세장비
유효좌굴길이 kl를 단면2차반경 r로 나눈 값을 세장비, λ라고 한다. 즉, $\lambda = kl/r$이다.

어떠한 부재를 짧다 또는 길다고 할 때는 공학적으로 세장비(ratio of slenderness), 즉 유효좌굴길이를 단면2차반경으로 나눈 값으로 구별한다. 이 세장비가 매우 작은 경우 $P-\delta$효과가 작아 부재의 축력 저항 능력인 축강도는 바로 단면의 저항 능력과 비슷하며, 그림 [4.27](a)에서 '단주(재료 파괴)'에 속하고, 세장비가 약간 커지면 그 정도에 따라 $P-\delta$효과를 고려하는 '장주(재료 파괴)'에 해당한다. 그러나 세장비가 어느 정도까지는 $P-\delta$효과에 의해 휨모멘트는 증가하지만 재료 파괴에 의해 부재가 파괴되나, 세장비가 매우 크면 좌굴에 의해 부재가 파괴되며 그러한 경우 그림 [4.27](a)의 '장주(좌굴 파괴)'에 해당한다.

한계세장비
재료 파괴가 일어나는 한계가 되는 세장비를 일컫는다. 이 한계세장비보다 큰 세장비를 갖는 압축부재는 불안정에 의해 파괴가 일어난다.

오일러강도
재료의 강도에 의해 부재의 강도(strength)가 결정되는 것이 아니고, 부재의 강성(stiffness)에 의해 결정되는 부재의 강도를 뜻한다.

그림 [4.27](b)에 나타낸 것은 부재의 세장비에 따른 단면의 축강도인데, 부재의 세장비가 어느 한계값, 즉 한계세장비 이하인 부재는 재료의 강도에 좌우되나 그 값을 초과하면 부재의 오일러(Euler)강도에 좌우된다.

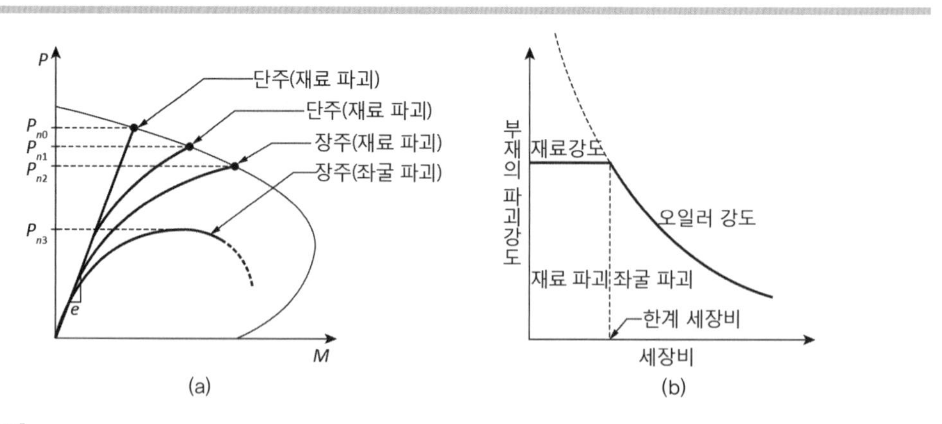

그림 [4.27]
장주의 파괴: (a) 장주 파괴 모드; (b) 세장비에 따른 파괴의 구분

잘 알려져 있는 바와 같이 오일러강도는 재료강도에 좌우되지 않고 부재의 휨강성인 EI값에 좌우된다. 일반적으로 철근콘크리트 압축 부재는 이와 같은 재료 파괴가 아닌 좌굴 파괴에 의하는 경우는 매우 드물고, 세장한 장주라도 $P-\delta$효과를 고려하는 정도이다.

앞서 설명한 바와 같이 단주인 경우는 단면에 대한 저항 능력과 동일하므로 $P-M$ 상관도도 단면에 대한 것과 같다. 즉, 그림 [4.28](b)에서 제일 바깥쪽 곡선으로 이루어진 $P-M$ 관계이다. 그러나 $P-\delta$효과를 고려해야 하는 경우 그림 [4.28](a)에서 보이듯이 각 세장비에 따른 $P-\delta$효과를 여러 편심거리에 대해 구한 점을 연결함으로써 그림 [4.28](b)에 나타낸 것과 같은 각 세장비에 따른 $P-M$ 상관도를 얻을 수 있다. 즉, 그림 [4.28](b)에서 보면 철근콘크리트 기둥의 단면이 똑같다고 하여도 부재의 길이가 차이가 나서 세장비의 차이가 나면 $P-M$ 상관도가 다르게 나타남을 알 수 있다. 세장비가 큰 장주일수록 같은 단면이라도 휨모멘트와 축력에 대한 저항능력이 감소되는 것을 볼 수 있다. 특히 축강도 능력은 현저히 떨어지나 휨모멘트만 받는 경우 그림 [4.28](b)의 C점으로 나타나는 휨강도는 감소하지 않는데 휨모멘트만 받는 경우 축력이 작용하지 않으므로 $P-\delta$효과가 없기 때문이다.

4.5.3 횡구속과 비횡구속 골조

유효좌굴길이
압축력을 받아 부재가 횡변위가 일어날 때 곡률이 같은 한 파장의 길이를 뜻하며, 이 길이는 부재 양 단부의 구속 정도에 좌우된다.

압축 부재의 세장비를 계산하려면 부재의 유효좌굴길이를 알아야 하는데, 그림 [4.29](a),(b)에서 보이듯이 부재의 양 단부의 상대적 횡변위가 없는 경우에는 비교적 쉽게 알 수 있고 그림 [4.29](c)와 같이 상대적 횡변위가 자유롭게 일어나는 경우에도 구속 정도가 확실하면 쉽게 알 수 있다. 그러나 실제 철근콘크리트 구조물의 경우 상대적 횡변위와 양 단부의 구속 정도를 정확히 파악하는 것이 매우 어렵다. 기둥의 상대적 횡변위는 구조물 전체의 횡변위에 대한 저항 능력에 크게 좌우되고, 양 단부의 구속 정도는 단부에 연결되어 있는 부재들의 강성에 좌우되는데 이를 정확하게 알 수가 없기 때문이다.

횡변위(lateral displacement)
횡변위란 일반적으로 수평으로 일어나는 수평변위를 말하며, 수직방향 변위는 수직변위라고 한다.

20 4.4.1(2), 4.4.5(2), (3)

상대적으로 양 단부의 횡변위가 어느 한계값보다 작게 일어나는 골조를 횡구속 골조(non-side sway frame)라고 하고, 상대적으로 큰 것을 비횡구속

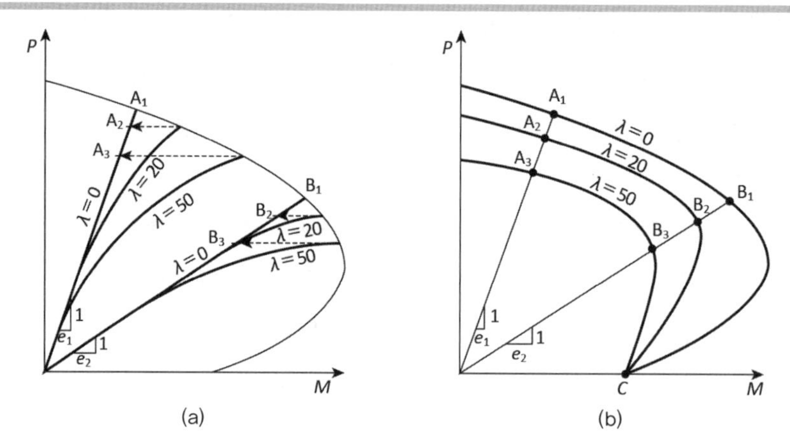

그림 [4.28]
장주의 $P-M$ 상관도: (a) 세장비에 따른 $P-\delta$효과; (b) 세장비에 따른 $P-M$ 상관도

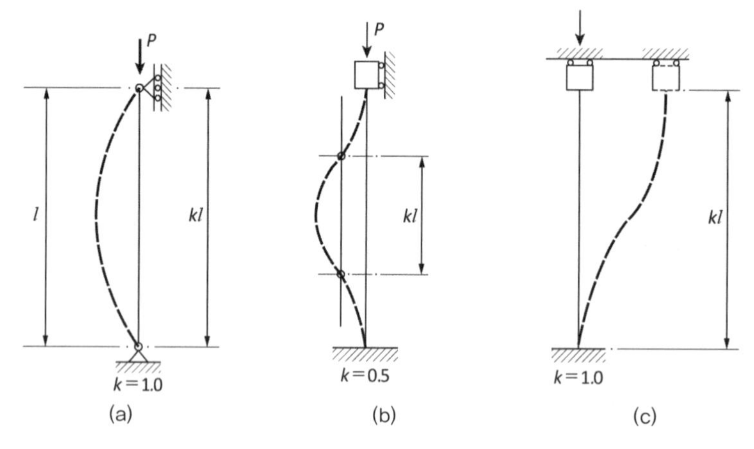

그림 [4.29]
단부 구속의 분류에 따른 유효좌굴길이: (a) 양단 힌지(횡구속); (b) 양단 구속(횡구속); (c) 양단 구속(비횡구속)

골조(side sway frame)라고 한다. 이 기준이 되는 값을 설계기준에서 규정하고 있다. 이와 같이 구별하는 것은 그림 [4.29](b)와 그림 [4.29](c)에서 볼 수 있듯이 부재길이가 같고 양 단부가 완전 구속으로 같은 경우에도 완전히 횡구속이 된 그림 [4.29](b)의 유효좌굴길이는 완전히 비횡구속된 그림 [4.29](c)의 반으로 크게 차이가 나기 때문이다. 또한 그림 [4.30](a)에서 보듯이 횡구속된 골조의 압축 부재에서 $P-\delta$효과에 의해 휨모멘트가 증대되는 곳은 부재의 중앙 부분이고, 그림 [4.30](b)에서 보듯이 비횡구속된 골조의 압축 부재에서 휨모멘트가 증대되는 곳은 양 단부이다. 따

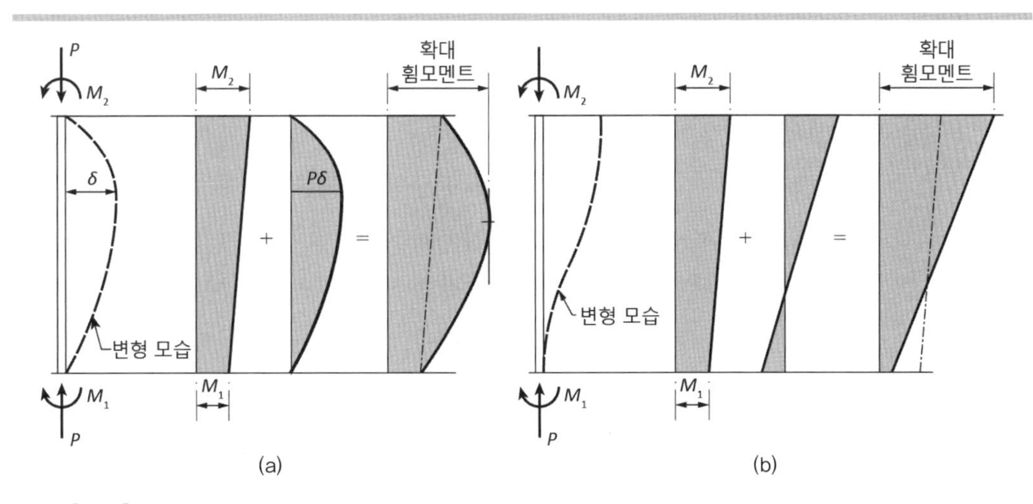

그림 [4.30]
골조에 따른 휨모멘트가 확대되는 구간: (a) 횡구속 골조의 휨모멘트 확대 구간-중앙 부분; (b) 비횡구속 골조의 휨모멘트 확대 구간-양 단부

라서 비횡구속 골조에서 기둥에 증대된 휨모멘트는 연결된 보 부재에 고려하여야 하고 우리나라 설계기준에서도 이에 대해 규정하고 있다. 이와 같이 골조의 횡구속 여부에 따라 유효좌굴길이와 $P-\delta$효과에 의한 휨모멘트 확대 부분이 다르기 때문에 이를 정확히 파악하는 것은 매우 중요하다.

20 4.4.7(5)

4.6 철근의 항복강도 및 철근량 제한

4.6.1 항복강도의 제한

철근콘크리트 구조물에서 철근과 콘크리트는 합성되어 일체로 거동하여야 하므로 두 재료의 특성은 서로 영향을 미친다. 따라서 철근의 항복강도에 대한 제한이 부재의 종류나 단면력의 종류에 따라 다르게 규정되어 있다. 철근콘크리트 압축 부재, 특히 기둥 부재에 있어서 항복강도에 대한 제한은 주철근과 횡철근인 띠철근과 나선철근에 대하여 규정되고 있다. 그리고 철근량에 대한 제한도 역학적 관점과 시공적 관점에서 제한을 두고 있으며, 이 절에서는 이러한 제한을 두는 이유에 대해 간단히 살펴본다.

먼저 주철근의 항복강도에 대한 제한은 4.2.3절과 그림 [4.5](f) 및 식

20 4.1.2(7)

(4.15)에서 이미 설명한 바와 같이 콘크리트구조 설계기준의 축강도 계산식에서 찾아볼 수 있다. 즉, 콘크리트가 압축강도에 이를 때 철근은 항복한다는 가정으로 축강도를 산정하므로 콘크리트가 압축강도에 이를 때 콘크리트의 압축파괴변형률보다 철근의 항복변형률이 더 작아야 한다. 설계기준에서 콘크리트가 압축강도에 이를 때 철근이 먼저 항복하여야 한다는 가정은 철근이 항복하기 전에 콘크리트가 압축강도에 이르면 첫째로 철근을 유효 적절하게 사용하지 못하게 되며, 둘째 철근이 항복할 때는 콘크리트의 강도가 저하되는 부분, 즉 하강 부분에 이르는데 이 경우의 콘크리트 강도는 신뢰성이 매우 떨어지기 때문이다. 이러한 이유로 그림 [4.5](f)에서 볼 수 있듯이 지속하중 상태에서 콘크리트의 압축강도 $0.85f_{cm}$에 도달할 때의 변형률은 적어도 0.003은 되기 때문에 주철근에 대한 항복강도는 600 MPa로 제한하고 있다.

20 1.2(2) 해설

횡철근의 항복강도는 횡철근의 사용 목적에 따라 다른데, 만약 띠철근을 주로 전단력에 저항할 목적으로 배치한다면 다른 부재의 전단철근의 항복강도를 제한하는 이유와 같으므로 띠철근의 항복강도는 500 MPa로 제한된다. 그러나 나선철근과 같이 주된 목적이 전단력을 저항하기 위한 것이 아니고 심부콘크리트를 횡구속하기 위한 것인 경우는 전단철근에 대한 이유와 다르다. 나선철근의 항복강도가 매우 높으면 횡구속은 가능하나 부재축 방향의 변위가 크게 일어날 수 있으므로 이에 대한 제한으로 나선철근의 항복강도를 700 MPa로 제한하고 있다.[9]

22 4.3.1(3)

20 4.3.2(3)

4.6.2 철근량의 제한

철근량의 제한은 최소로 배치될 철근량과 최대로 배치될 철근량으로 구별하고 있다. 최소 철근량은 콘크리트의 크리프와 건조수축 등 장기변형으로 인하여 철근이 항복하지 않을 정도로 배치하여야 하는 조건과 불의의 편심하중 등에 의한 휨모멘트에 대해 저항하도록 하는 조건에 의해 주어지고 있다. 이에 대한 최소철근비는 1퍼센트로 규정하고 있다. 그리고 최대철근량은 주로 시공상 문제로 주어지고 있다. 다른 이유는 철근콘크리트 압축 부재에 배치되는 철근은 콘크리트에 매립되어 있어 항복강도에 이를 때까지 좌굴을 하지 않는다고 가정하고 있는데 철근량이 많은

20 4.3.2(1)

경우 이러한 가정을 만족시키지 못하기 때문에 최대철근비를 8퍼센트로 설계기준에서는 제한하고 있다.[10)]

참고문헌

1. 한국콘크리트학회, '콘크리트구조 설계기준 해설', 기문당, 2021.
2. Rüsch, H., "Physikalische Fragen der Betonprüfung", Zement-Kalk-Gips 12(1), 1959, pp.1-9.
3. Richart, F. E, Brandzaeg, A. and Brown, R. L., "The Failure of Plain and Spirally Reinforced Concrete in Compression", Bulletin No. 190, University of Illonois, Engineering Experiment Station, April 1929, 74p.
4. Niwa, N. and Kobayashi, S., "Failure Criterion of Cement Mortar under Triaxial Compression", Memoirs of Faculty of Engineering, Kyoto University, 1967, pp.119-131.
5. Kim, J. K. and Park, C. K., "The Behavior of Concrete Columns with Interlocking Spirals", Engineering Structures, Vol. 21, No. 10, Oct. 1999, pp.945-953.
6. Bresler, B., "Design Criteria for Reinforced Concrete Columns under Axial Load and Biaxial Bending", ACI Journal, Proceedings Vol. 57, No. 5, Nov. 1960, pp.481-490.
7. PCA(Portland Cement Association), "Capacity of Reinforced Rectangular Columns Subject to Biaxial Bending, Publication EB011D, Portland Cement Association, Skokie, IL., 1966.
8. MacGregor, J. G., Breen, J. E. and Pfrang, E. O., "Design of Slender Concrete Columns for Confinement", ACI Structural Journal, Vol. 67, No. 1, Jan. 1970, pp.6-28.
9. Saatchioglu, M. and Razbi, S. R., "Displacement-Based Design of Reinforced Concrete Columns for Confinement", ACI Structural Journal, Vol. 99, No. 1, Jan.-Feb. 2002, pp.3-11.
10. ACI Technical Committee 105, "Reinforced Concrete Columns Investigation-Tentative Final Report of Committee 105", ACI Journal, Preceedings Vol. 29, No. 5, Feb. 1933, pp.275-282.

문 제

1. 다음 용어를 설명하라.

   (1) 띠철근콘크리트 기둥, 나선철근콘크리트 기둥, 합성콘크리트 기둥

   (2) 축력과 축강도, 휨모멘트와 휨강도

   (3) 선형탄성 해석과 비선형 해석

   (4) 단면의 선형탄성중심과 소성중심

   (5) 심부콘크리트, 능동적 횡구속과 수동적 횡구속, 겉보기 포아송비

   (6) 유효좌굴길이, 단주와 장주, 한계세장비

   (7) 횡구속 골조와 비횡구속 골조

2. 다음 사항에 대하여 답하라.

   (1) 단기하중을 받는 기둥과 지속하중을 받는 기둥의 축강도가 차이가 나는 이유는 무엇인가?

   (2) 주철근의 항복변형률이 콘크리트 압축강도에 해당하는 변형률보다 작아야 하는 이유와 만약 항복변형률이 더 클 때는 어떠한 문제점이 있는가?

   (3) 주철근, 띠철근과 나선철근의 설계기준항복강도의 제한 값을 두고 있는데 그 이유가 무엇인가?

   (4) 기둥 단면에 축력과 휨모멘트가 작용할 때 기둥이 파괴될 때 압축연단의 콘크리트의 휨압축파괴변형률이 어떻게 변하는가?

3. 콘크리트와 철근에 대한 응력-변형률 관계식이 주어졌을 때 축력과 1축 휨모멘트를 받는 직사각형 단면에 대한 $P-M$ 상관도를 구하는 프로그램을 작성하라.

4. 다음 그림과 같은 기둥 단면에 아래 주어진 축력과 휨모멘트가 작용할 때 콘크리트와 철근의 응력을 계산하라.

   (1) 축력 $P = 3{,}000$ kN, 휨모멘트 $M = 200$ kNm

   (2) 축력 $P = 3{,}000$ kN, 휨모멘트 $M = 500$ kNm

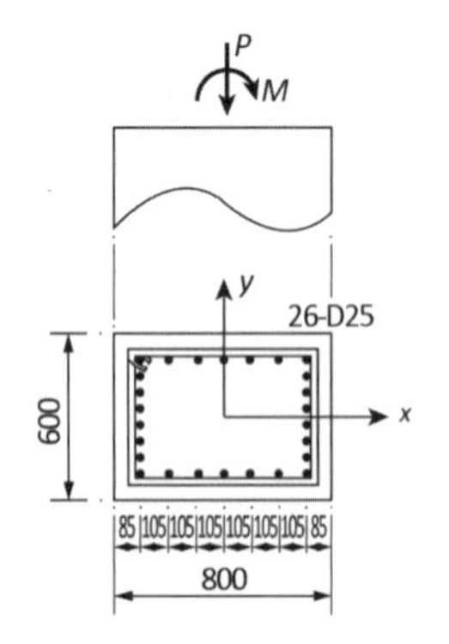

철근의 항복강도 $f_y = 400$ MPa

철근의 탄성계수 $E_s = 2.0 \times 10^5$ MPa

콘크리트의 압축강도 $f_{cm} = 40$ MPa

콘크리트의 탄성계수 $E_c = 3.33 \times 10^4$ MPa $(n = 20/3.33 = 6)$

콘크리트의 휨인장강도 $f_r = 3.0$ MPa

D25 철근 한 개의 단면적 $A_{s1} = 506.7\text{mm}^2$

5. 문제 4에 주어진 단면과 재료특성을 사용할 때 등가직사각형 응력블록에 의한 $P-M$ 상관도를 작성하라.
6. 문제 4와 같은 단면에 콘크리트 응력-변형률 관계식을 제2장 식 (2.10)에 주어진 혹네스타드 식과 같고 인장응력은 저항하지 못한다고 가정할 때 $P-M$ 상관도를 작성하라. 철근의 인장, 압축에 대한 응력-변형률 관계는 항복 이전에는 $f_s = E_s \varepsilon_s$ 이고 항복 후에는 $f_s = f_y$ 로 가정하라.
7. 콘크리트와 철근에 대한 응력-변형률 관계식이 주어졌을 때 축력과 2축 휨모멘트를 받는 직사각형 단면에 대한 $P-M$ 곡면을 구하는 프로그램을 작성하라.
8. 등가직사각형 응력블록을 사용할 때 축력과 2축 휨모멘트를 받는 직사각형 단면에 대한 $P-M$ 곡면을 구하는 프로그램을 작성하라.

제5장

전단 및 비틀림 거동

오른쪽 그림은 보의 전단강도의 크기효과(size effect)에 대하여 KAIST에서 수행한 실험 공시체를 나타내고, 아래 그림은 실험 결과를 각 모델식에 의한 예측으로 보여주는 그림이다.

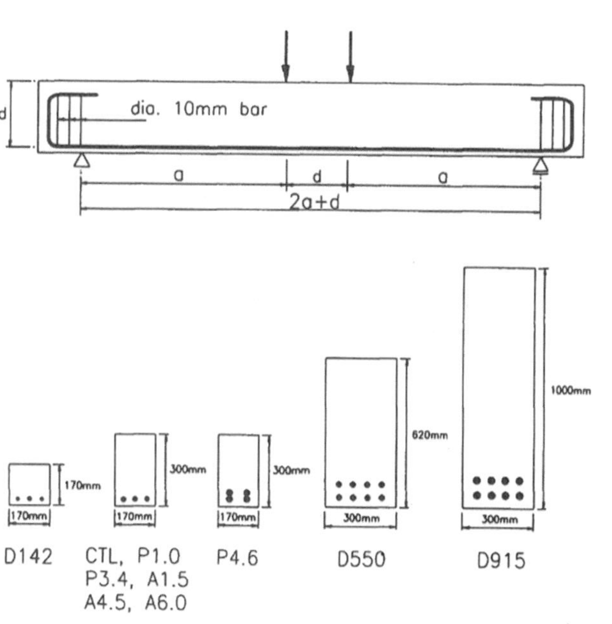

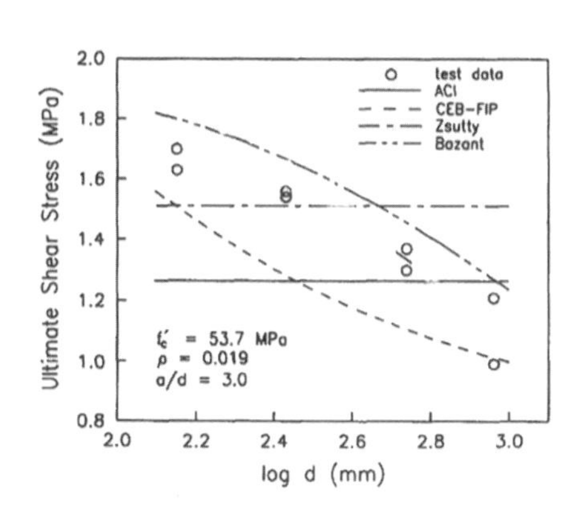

제5장 전단 및 비틀림 거동

5.1 개요

철근콘크리트 부재에 전단력이 작용하면 2.5.5절에서 설명한 바와 같이 전단응력에 의해 콘크리트 재료가 직접 파괴가 일어나는 것이 아니고, 대부분의 경우 부재에 발생하는 주인장응력인 사인장응력(inclined tensile stress)에 의해 균열이 발생하여 파괴가 일어난다. 그리고 비틀림모멘트가 부재에 작용할 때도 결국에는 인장응력이 최대가 되는 경사 방향으로 균열이 발생하여 파괴가 일어난다. 따라서 철근콘크리트 부재에 전단력 또는 비틀림모멘트가 작용할 때의 거동은 사인장응력의 크기와 방향 등을 파악할 필요가 있다. 이러한 철근콘크리트 부재의 전단응력에 의한 파괴는 부재 종류와 전단응력을 발생시키는 단면력인 전단력과 비틀림모멘트의 크기, 전단응력을 저항하도록 배치된 철근량 등에 따라 다른 양상을 보인다.

사인장응력
보 부재에서 휨모멘트와 전단력이 동시에 작용하면 부재 축에 경사진 방향으로 주인장응력이 발생한다. 이와 같이 경사져 일어나는 인장응력을 사인장응력이라고 한다.

전단응력에 의한 파괴 거동은 보나 기둥과 같은 1방향 전단 거동과 슬래브와 기초판 등과 같은 2방향으로 휨 거동을 할 때의 2방향 전단 거동에 의할 때 차이가 난다. 그리고 전단력과 비틀림모멘트 및 축력의 크기에 따라서도 파괴 양상의 차이가 있으며, 스터럽 철근량에 따라서도 균열의 방향 등에 큰 차이가 있다. 또한 균열이 이미 발생되어 있거나 발생할 가능성이 있는 단면에서 전단력 전달은 전단마찰(shear friction)에 의해 일어나며 이는 균열이 없는 단면의 거동과는 차이가 있다.

2방향 전단(punching shear)
슬래브 부재와 같은 평판에 집중하중이 작용하면 전단력에 의해 뚫림이 일어나 파괴가 되며 이러한 전단을 2방향 전단, 뚫림전단 또는 펀칭전단이라고 한다.

이 장에서는 먼저 이러한 보와 슬래브의 전단 거동을 살펴보고 전단마찰 개념에 대하여 살펴본다. 그리고 보의 비틀림 거동에 대하여 살펴본다.

5.2 보의 전단 거동

5.2.1 보에 발생하는 사인장균열

앞서 설명한 바와 같이 보가 전단응력을 받아 파괴될 때는 전단응력에 의해 파괴가 되는 것이 아니라 사인장응력에 의해 파괴된다. 그 이유는 콘크리트 재료는 2.5.5절에서 설명한 바와 같이 인장강도가 전단강도보다 훨씬 작기 때문이다.

실제 철근콘크리트 보는 항상 주철근과 전단철근이 배근되어 있지만,

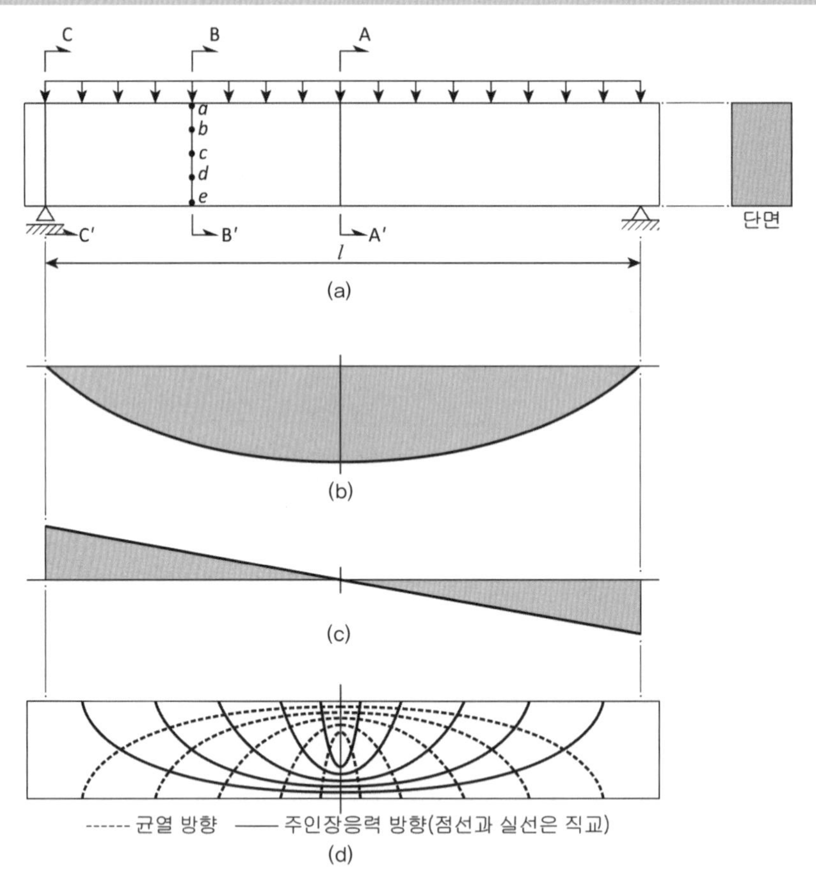

그림 [5.1]
균질한 보의 사인장균열: (a) 등분포하중을 받는 단순보; (b) 휨모멘트도; (c) 전단력도; (d) 균질한 보의 균열과 주인장응력 방향

그림 [5.1]과 같이 이러한 철근들이 없는 균질한 콘크리트만으로 만들어진 보에 하중이 가해질 때 보에 일어나는 사인장응력에 대해 먼저 살펴보자. 보에 등분포하중이 가해질 때 휨모멘트와 전단력은 각각 그림 [5.1](b)와 (c)에 나타낸 바와 같고, 보의 중앙인 A-A′ 단면에서는 전단응력은 없고 단면의 수직방향으로 발생하는 법선응력은 최대가 된다. 법선응력으로는 보 단면의 가장 아래면에서 최대의 인장응력이 발생한다. 따라서 가장 아래면에서 일어나기 시작하여 수직 상향으로 진전된다.

한편 받침점인 C-C′ 단면과 보의 중앙인 A-A′ 단면 사이에 있는 단면, 즉 그림 [5.1](a)에서 B-B′ 단면과 같은 경우 휨모멘트와 전단력이 동시에 작용하여 그림 [5.2]에 보인 바와 같이 주응력 방향이 각 단면의 위치에 따라 변화한다. 만약 균열이 일어난다면 인장응력이 최대로 일어나는 직교 방향으로 발생되며, 이를 보 부재 전체에 나타낸 것이 그림 [5.1](d)이다. 결론적으로 말하여 균질한 재료로 만들어진 보에 하중이 작용할 때, 이 재료가 압축응력이나 전단응력에 비해 인장응력이 약하다면 그림

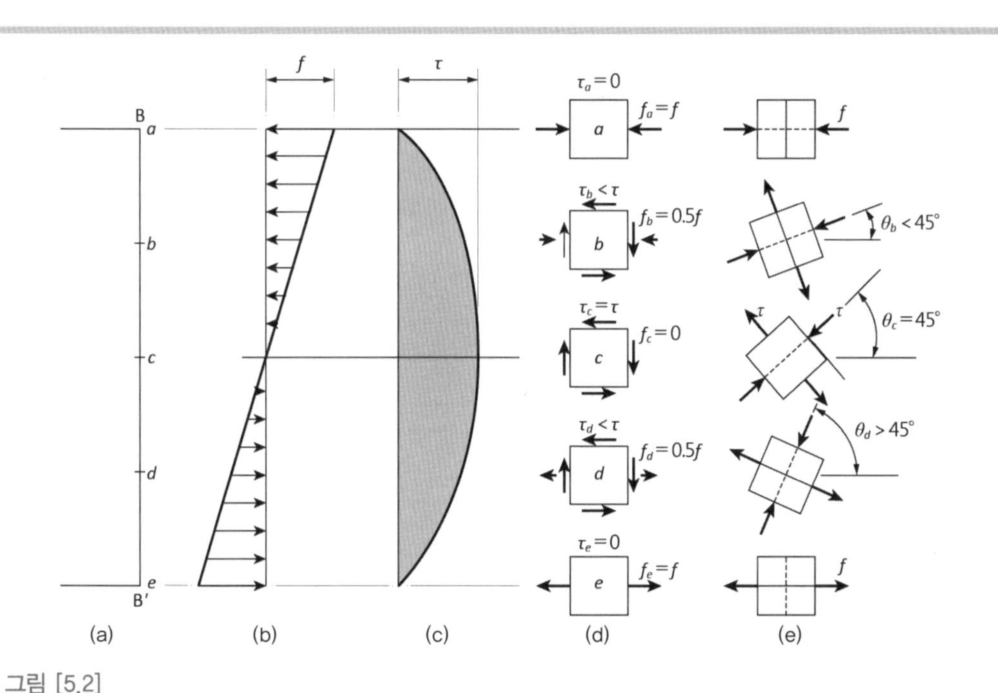

그림 [5.2]
그림 [5.1](a)의 B–B′ 단면에서 주응력 방향: (a) 단면의 위치; (b) 휨응력 분포도; (c) 전단응력 분포도; (d) 작용응력; (e) 주응력 방향

[5.1](d)에서 점선과 같은 사인장균열이 발생한다.

실제 철근콘크리트 보의 경우 인장철근과 압축철근이 배근되고 있으므로 중립축 위치가 변하고, 또 균열이 발생하면 중립축 위치도 변하기 때문에 균열이 발생하더라도 그림 [5.1](d)의 균열 양상과 항상 일치하지는 않지만 매우 유사한 형태를 갖는다. 또 전단보강용 스터럽이 배치되거나 축력이 가해지면 균열의 형상은 변한다. 스터럽이 배치되면 균열은 보다 수직 방향으로 변화하고, 기둥 또는 프리스트레스트콘크리트 보처럼 압축력을 받으면 주인장응력의 방향이 변하여 균열의 방향은 부재 축 방향으로 더 기울어진다. 이와 같은 현상은 축력의 영향으로 주인장응력의 방향이 바뀌기 때문이다.

스터럽(stirrup)
전단보강용으로 보 부재 길이 방향에 수직 또는 경사지게 배치하는 철근을 뜻한다.

5.2.2 철근콘크리트 보의 전단 저항 기구

앞에서 철근이 없는 균질한 콘크리트로 만들어진 보의 균열 발생에 대하여 살펴보았다. 그러나 실제 철근콘크리트 보는 인장철근이 항상 배치되므로 이러한 경우에 대한 전단력 저항 기구(resistance mechanism)를 살펴보면,[1] 먼저 그림 [5.3](a)에서 볼 수 있는 것처럼 균열이 일어나지 않은 보 단면의 경우 받침점부터 x만큼 떨어진 B-B′ 단면과 $x+dx$만큼 떨어

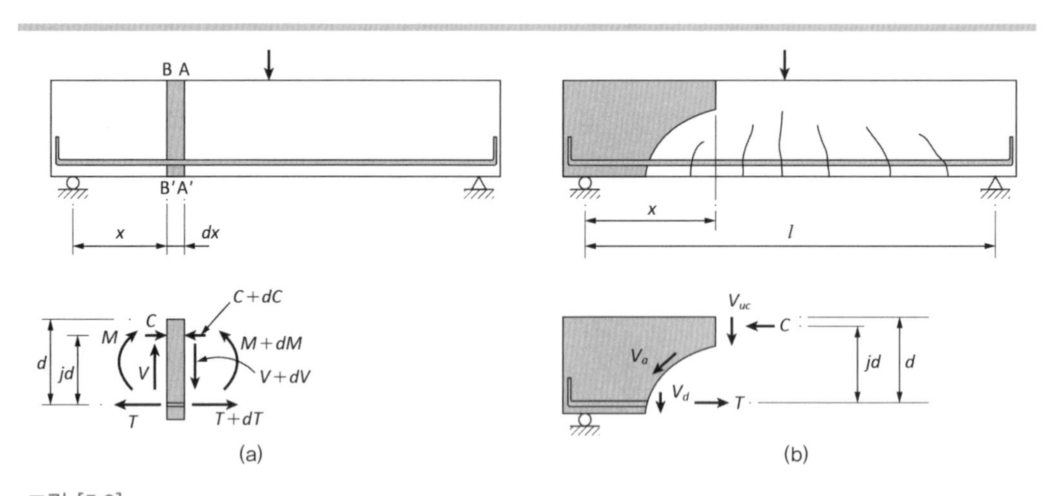

그림 [5.3]
철근콘크리트 보의 전단력 저항 기구: (a) 균열이 없는 보 단면의 전단력 전달; (b) 균열이 있는 단면의 전단력 전달

진 A-A′ 단면에서 힘의 평형 조건에 의해 다음과 같은 관계식을 유도할 수 있다. 즉, A-A′ 단면의 $C+dC$가 작용하는 점에서 모멘트의 합을 구하면 다음과 같다.

$$(M+dM)-M-Vdx=0 \tag{5.1(a)}$$

$$V=\frac{dM}{dx} \tag{5.1(b)}$$

여기서, M과 V는 각각 받침점에서 x만큼 떨어진 단면에 작용하는 휨모멘트와 전단력이다.

한편, 휨모멘트 M과 철근의 인장력 T의 관계는 다음 식 (5.2)와 같다.

$$M=Tjd \tag{5.2}$$

여기서, T는 인장철근에 작용하는 인장력이고 jd는 팔의 길이이다.

따라서 식 (5.2)를 식 (5.1)(b)에 대입하면 다음 식 (5.3)을 얻는다.

$$V=T\frac{d(jd)}{dx}+jd\frac{dT}{dx} \tag{5.3}$$

식 (5.3)에 의하면 전단력 V는 두 가지 거동으로 전달되는데 첫 번째 항은 인장력 T는 일정하고 팔의 길이 jd가 받침점부터 거리 x에 따라 변하는 것으로서 아치 거동(arch action)이며, 두 번째 항은 팔의 길이 jd가 일정하고 인장력 T가 거리 x에 따라 변하는 일반적인 보 거동(beam action)이다. 일반적으로 보의 유효깊이 d가 보의 길이 l에 비하여 큰 깊은보(deep beam)인 경우 주로 아치 거동에 의해 전달되고, 반대로 d가 l에 비하여 매우 작은 긴 보의 경우 보의 거동에 의해 주로 전달된다. 따라서 보의 전단 저항 능력은 이 두 거동에 대한 정확한 예측에 의해 이루어져야 한다.

깊은보(deep beam)
설계기준에서 깊은보란 순경간 l_n이 전체 깊이 h의 4배 이하인 보를 말한다. 이와 같은 보는 평면유지의 법칙을 적용하기가 힘든, 즉 D-영역(disturbed region)을 갖는 부재이다.

철근콘크리트 보에서 사인장균열이 발생하여도 바로 파괴에 이르지 않고 좀 더 큰 하중을 받을 수 있다. 보의 작용이 주로 일어나는 얕은보(shallow beam)의 경우 사인장균열이 일어나고서 얼마 더 크지 않은 하중의 증가로 파괴에 이르나 깊은보의 경우 사인장균열이 일어난 후에도 상당히 더 큰 하중에 저항할 수 있다. 보에서 사인장균열이 일어난 이후의 전단력 전달은 그림 [5.3](b)에서 볼 수 있듯이 크게 3부분으로 이루어진다. 첫째는 균열이 발생되지 않은 압축콘크리트 단면에서 전달되는 V_{uc}, 둘째는 균열이 일어난 단면을 따라 골재맞물림(aggregate interlock)작용에 의해 전달되는 V_a 중에서 수직 성분,[2), 3)] 그리고 셋째로 주철근의 장부작용(dowel action)에 의해 전달되는 V_d 등이다.[4)] 이 세 개의 성분 모두 콘크리트의 강도, 주철근의 철근량 그리고 보의 깊이에 대한 길이의 비 등에 좌우된다.

골재맞물림 (aggregate interlock)
균열이 발생되어도 균열 면을 따라 튀어나온 골재끼리 맞물려 전단력을 저항하는 현상을 말한다.

장부작용(dowel action)
균열 면에 튀어나온 촉, 여기서는 인장철근에 의해 전단력을 저항하는 현상을 말한다. 이를 다월작용이라고도 한다.

5.2.3 보 단면의 전단강도에 미치는 영향인자

스터럽이 배근되지 않은 철근콘크리트 보 단면의 전단강도에 미치는 영향인자는 앞에서 설명한 세 개의 성분인 V_{uc}, V_a, V_d에 영향을 주는 인자들로서, 콘크리트의 압축강도 f_{cm}, 주철근비 ρ_w, 그리고 유효깊이에 대한 전단경간의 비인 a/d 등이다.

콘크리트의 압축강도는 직접적으로 균열이 가지 않은 부분의 성분인 V_{uc}와 골재맞물림 작용인 V_a에 영향을 주며, 중립축의 깊이에 영향을 미치어 간접적으로 V_{uc} 등에 영향을 준다. 그리고 주철근량은 장부작용에 의한 V_d에 직접적으로 영향을 주며, 중립축에 영향을 미치어 V_{uc}에도 영향을 준다. 또한 균열이 일어난 단면에 의해 균열 면의 법선 방향으로 작용하는 힘의 크기와 균열폭에 영향을 미치어 V_a에도 영향을 준다. 마지막으로 a/d는 앞서 설명한 바와 같이 서로 다른 전단력의 전달 기구인 아치 거동과 보 거동에 큰 영향을 미치어 보 단면의 전단강도에 크게 영향을 준다.

이러한 영향인자를 고려하여 기존의 여러 설계기준에서 콘크리트에 의한 전단강도를 제시하고 있다. 예로써 우리나라 설계기준은 다음 식 (5.4)와 같이 규정하고 있다.

$$V_c = \left(0.16\lambda\sqrt{f_{ck}} + 17.6\rho_w \frac{V_u d}{M_u}\right) b_w d \le 0.29\lambda\sqrt{f_{ck}}\, b_w d \qquad (5.4)$$

22 4.2.1(2)

여기서, V_c는 보 단면의 콘크리트에 의한 전단강도, f_{ck}는 콘크리트의 설계기준압축강도, ρ_w는 주철근비, $V_u d/M_u$는 d/a와 같은 개념이다.

이 외의 영향인자로서 부재의 크기가 있다. 앞서 철근콘크리트 보는 사인장균열이 발생되어 바로 파괴에 이르지 않고 좀 더 큰 하중에 저항할 수 있다고 하였다. 이는 비록 초기에 균열이 없는 부재일지라도 파괴되기 전에 균열이 일어난다는 것으로서 이 경우 균열선단(crack tip)에서 응력집중 현상이 일어난다. 이로 인하여 구조 부재의 크기가 크면 단면의 크기에 비례하여 전단 저항 능력이 증가하지 않는다. 이와 같은 현상을 크기효과(size effect)라고 하며 철근콘크리트 보의 전단강도에도 이 크기효과가 나타나는 것으로 여러 연구 결과에 의해 증명되었다.[5),6)]

크기효과
부재의 크기가 커지면 단위면적당 저항할 수 있는 힘이 줄어드는 것을 말한다.

아직 우리나라 설계기준에서 보의 전단에 대한 설계식인 위 식 (5.4)에서는 이러한 크기효과가 반영되어 있지 않으나 유럽 설계기준(Eurocode)과 미국 설계기준(ACI)에서는 이를 고려하고 있다. 우리나라 설계기준에서도 슬래브의 뚫림전단에 대해서는 이를 고려하고 있다.

[저자 의견] ACI 설계기준에서는 2020년 개정 때부터 크기효과를 고려하기 시작하였으며, Eurocode에서는 제정 당시부터 이를 고려하였다. 우리나라에서는 ACI를 모델기준으로 하였기에 이를 아직까지 고려하고 있지 않으나 뚫림전단은 Eurocode를 참고하였기에 고려하고 있다. 이는 일관성이 없는 것으로서 오히려 보의 전단강도에 크기효과가 클 수 있다.
우리 설계기준에서 일관성 있는 크기효과가 고려되어야 마땅하다.

그림 [5.4]는 주어진 콘크리트의 압축강도에 대하여 주철근비 ρ_w와 전단경간비 a/d 비가 보 단면의 전단강도에 미치는 영향을 보여주고 있다.[7)] 이 그림에서 M_n은 보 단면이 전단 파괴가 일어나지 않고 휨 파괴에 도달할 때의 휨강도이며, M_f는 실제로 보가 파괴가 일어날 때의 단면의 휨모멘트이다. 다시 말하여 $M_f = M_n$이면 이 철근콘크리트 보는 휨 파괴가 일어나고, $M_f < M_n$이면 휨 파괴가 아닌 전단 파괴가 일어난다는 것을 의미한다.

먼저 주철근비가 보의 전단강도에 미치는 영향을 그림 [5.4](a)를 통해 살펴보면 주인장 철근이 없거나 주인장철근비 ρ_w가 매우 낮은 경우 전단경간비인 a/d 값에 관계없이 보는 중앙 근처에서 수직 균열이 발생하여 항상 휨에 의해 파괴된다. 그러나 주인장 철근량이 점차 증가하여 일반적인 철근콘크리트 보에서 널리 사용되는 $\rho_w = 1.5 \sim 2.5$퍼센트 정도에 이르면 그림 [5.4](b)와 그림 [5.5](a)에서 볼 수 있듯이 보는 전단경간비 a/d

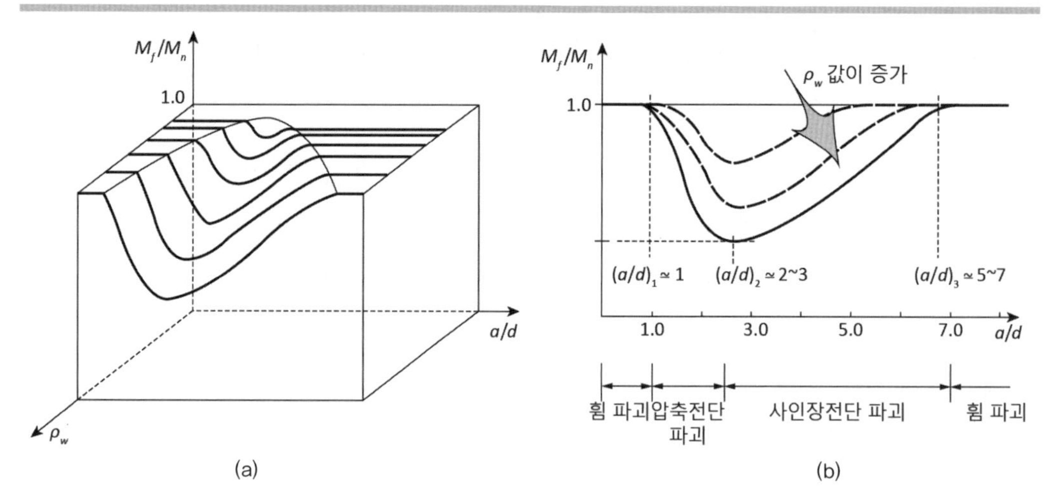

그림 [5.4]
주철근비와 전단경간비에 따른 전단강도: (a) 주철근비와 전단경간비에 대한 전단강도; (b) 주어진 주철근비에 대한 전단강도

값에 따라 휨 파괴 또는 전단 파괴가 일어난다.[7)]

그림 [5.6](b)와 같이 전단경간비 a/d가 대략 1보다 작으면 하중이 받침점으로 직접 전달되어 전단 파괴는 일어나지 않고 휨 파괴가 일어난다. 그림 [5.4](b)와 그림 [5.6](c)와 같이 a/d 값이 이 값보다는 크고 2~3보

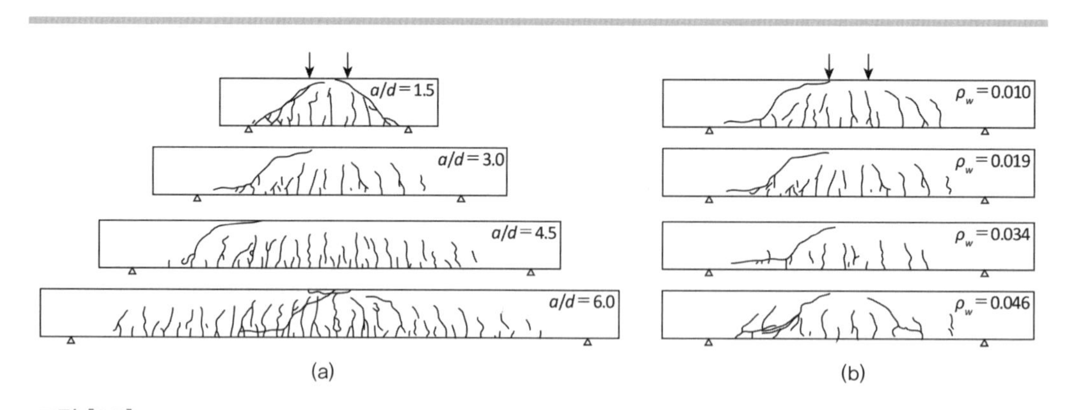

그림 [5.5]
철근콘크리트 보에 전단 파괴가 일어날 때 균열 양상[7)]: (a) 전단경간비에 따른 균열 양상; (b) 주철근비에 따른 균열 양상($a/d=3.0$)

다 작은 보의 경우 전단에 의해 파괴가 일어난다. 하중은 주로 아치 거동에 의해 전달되고 받침점과 하중점 사이에 경사 균열이 발생하지만 스트럿(strut)이 형성되어 이 스트럿의 압축강도에 크게 좌우된다. 이러한 파괴를 압축전단 파괴(diagonal compression failure)라고 하고, 또 이와 같은 보를 깊은보(deep beam)라고 한다. 깊은보의 경우 경사 방향의 균열이 발생되어도 상당히 더 큰 하중을 받을 수 있다. 그리고 그림 [5.4](b)와 그림 [5.6](d)와 같이 전단경간비가 2~3보다는 크고 5~7보다는 작은 경우에도 전단에 의해 파괴가 일어나나 사인장응력에 의해 일어나며, 이를 사인장전단 파괴(diagonal tension failure)라고 일컫는다. 앞서 설명한 바와 같이 스터럽이 배근되지 않은 철근콘크리트 보에서 이와 같은 얕은보의 경우 사인장균열이 발생한 후 조금 더 하중을 가하면 파괴가 곧 일어난다. 그

스트럿 (strut)
콘크리트 부재에서 압축력을 전달시키는 영역을 뜻하며 압축대라고 한다.

압축전단 파괴
사인장균열이 발생한 콘크리트에 균열 방향과 나란한 방향으로 압축력이 작용하여 결국에는 파괴가 일어나는 것을 말한다.

사인장전단 파괴
사인장균열이 발생한 후, 균열 면에 수직 방향의 인장변위의 증가에 의해 결국에는 파괴가 일어나는 것을 말한다.

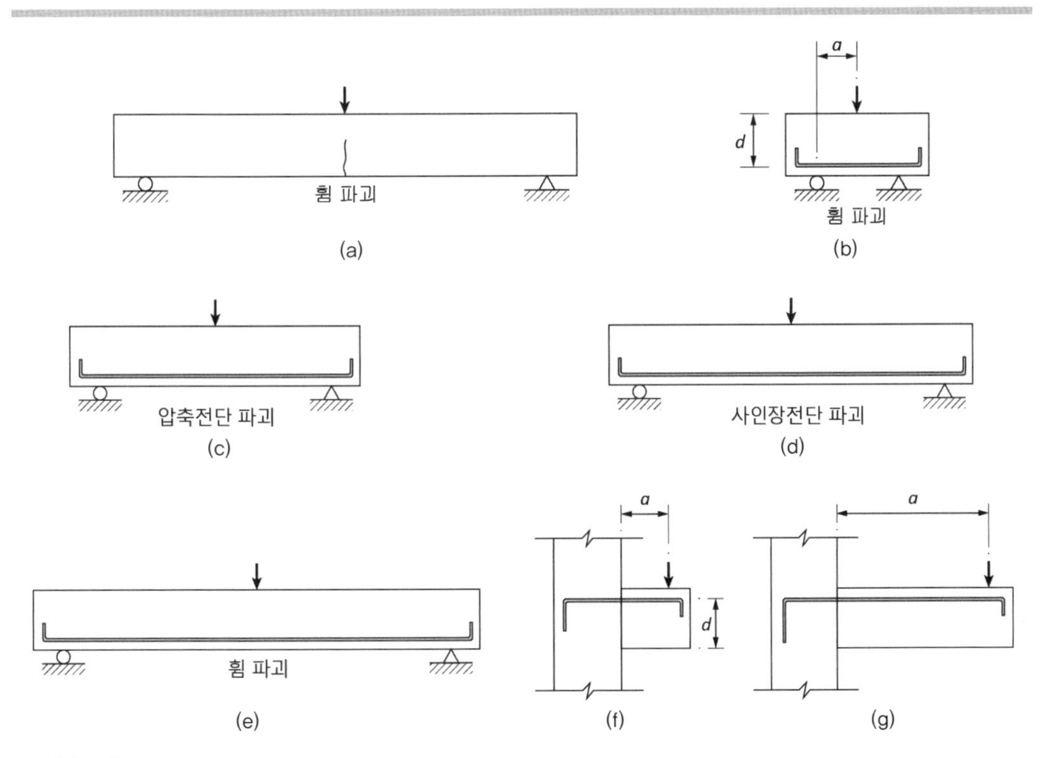

그림 [5.6]
서로 다른 전단 거동을 하는 보: (a) 무근콘크리트 보($\rho_w = 0$); (b) $a/d \le (a/d)_1$인 보; (c) $(a/d)_1 < a/d < (a/d)_2$인 보(깊은보); (d) $(a/d)_2 < a/d \le (a/d)_3$인 보; (e) $(a/d)_3 \le a/d$인 보(얕은보); (f) $a/d \le 1$ (브래킷); (g) $a/d > 1$(캔틸레버 보)

림 [5.5](a)의 마지막 보와 그림 [5.6](e)에 보인 바와 같이 전단경간비 a/d 값이 5~7보다 더 큰 매우 얕은보의 경우, 그림 [5.4](b)에서 볼 수 있듯이 전단 파괴는 일어나지 않고 휨 파괴가 항상 일어난다. 다시 말하여 매우 얕은보의 경우 전단보강근인 스터럽을 배치하지 않아도 휨 파괴가 일어난다. 그러나 이 경우에도 설계기준에서는 최소한의 스터럽을 배치하도록 규정하고 있다. 그리고 설계기준에서는 연성적 파괴인 휨 파괴가 일어나기 전에 취성적 파괴인 전단 파괴가 일어나지 않고, 또 주철근을 효과적으로 활용하기 위하여 전단 파괴가 일어날 수 있는 단면에는 전단 파괴가 일어나지 않고 휨 파괴가 일어나도록 전단철근을 배치하도록 규정하고 있다. 그림 [5.6](f),(g)와 같이 한 단부는 고정이고 한 단부는 자유단인 내민 보의 경우에도 전단경간비 a/d 값에 따라 그 거동이 다르므로 $a/d \leq 1.0$이면 브래킷(bracket)이라 하여 전단마찰 개념으로 설계하고, $a/d > 1.0$이면 캔틸레버 보(cantilever beam)라고 하여 일반 철근콘크리트 보와 같이 휨과 전단에 대하여 설계한다.

22 4.3.3(3)

브래킷과 캔틸레버 보
a/d값이 1 이하이면 브래킷이고, 초과하면 캔틸레버 보로서 설계 방법이 다르다.

그림 [5.5](b)는 a/d 값이 3.0으로 일정한 보 부재이나 서로 다른 주철근비의 값을 갖는 보가 파괴될 때 균열을 나타내고 있다. 그림에서 볼 수 있듯이 주철근비가 작을수록 균열은 단부 근처에서 시작하여 경사가 완만한 형태로 일어나고, 주철근비가 큰 경우는 보 중앙 근처에서 경사가 급한 형태로 일어난다. 이는 주철근비가 클수록 균열 직교 방향으로 압축력이 커져서 골재맞물림 작용에 의한 저항이 커지므로 이 값이 최소가 되는 형태인 보다 수직 방향이고 균열 길이가 짧은 쪽으로 파괴가 일어나기 때문이다. 그러나 슬래브와 같은 부재는 주철근비가 매우 낮기 때문에 골재맞물림작용이나 주철근의 장부작용에 의한 전단 저항 능력은 매우 작고 주로 균열이 가지 않은 압축영역의 콘크리트에 의해 저항하는, 즉 V_{uc}값에 좌우된다. 이에 따라 우리나라 설계기준에서도 슬래브의 뚫림전단 예측식은 이를 고려하여 규정하고 있다.

20 4.11.2(2)

한편, 보의 크기가 단면의 전단강도에 미치는 영향에 대하여 살펴보면 그림 [5.7](a)는 동일한 콘크리트의 압축강도, 주철근비, 전단경간비를 갖는 보가 크기만 다른 경우에 대한 파괴 양상을 보여주고 있다. 그림에서 볼 수 있듯이 파괴를 일으키는 전단 균열이 발생하는 위치와 경사 형태는 매우

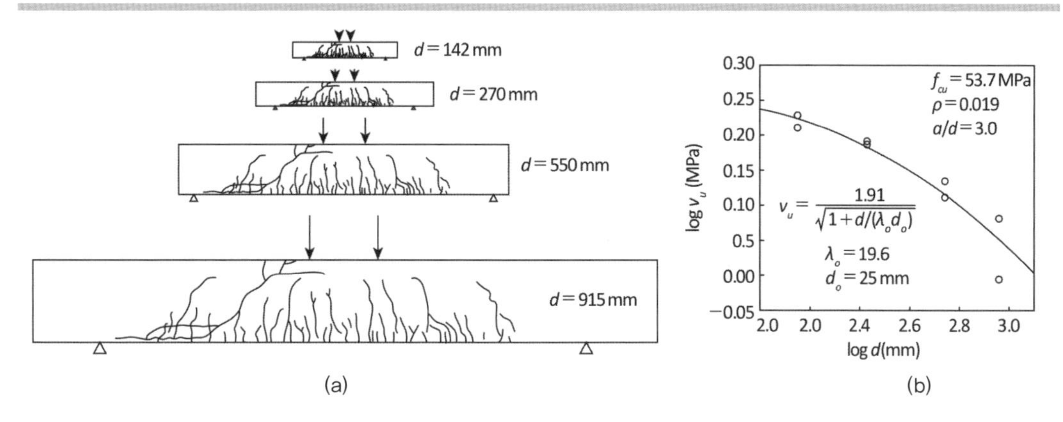

그림 [5.7]
보의 크기와 전단강도[8]: (a) 보의 크기; (b) 전단강도의 크기효과

유사하다. 그러나 그림 [5.7](b)에서 나타나는 바와 같이 전단강도는 크기가 클수록 작아지는 것을 볼 수 있다.[8] 이는 앞서 설명한 바와 같이 콘크리트 부재에는 파괴가 일어나기 전에 이미 균열이 발생되고, 균열이 발생되면 응력집중이 일어나 크기효과를 나타내기 때문이다. 이 크기효과에 대한 관계식은 여러 형태로 주어지고 있으나, 대표적으로 다음 식 (5.5)(a)와[5),6)] 식 (5.5)(b)와[9)] 같은 식이 제시되고 있다.

$$v_c = \alpha(f_c)/\sqrt{1+\beta d} \tag{5.5(a)}$$

$$v_c = \alpha(f_c)/\sqrt[n]{d} \tag{5.5(b)}$$

여기서, $\alpha(f_c)$는 압축강도의 함수로서, 이 경우에는 보가 매우 작을 때의 전단강도를 의미하며, d는 특성길이(characteristic length)로서 보의 유효깊이를 뜻한다.

특성길이
크기효과를 나타낼 때 지배하는 치수로서 균열 진행에 일어나는 방향의 치수이다. 보의 경우 보의 폭은 영향을 주지 못하나 유효깊이는 영향을 주며, 따라서 크기효과는 유효깊이에 좌우되고 이러한 값을 특성길이라고 한다.

5.2.4 스터럽이 배근된 철근콘크리트 보의 전단 거동

실제 구조물의 보는 취성적으로 파괴가 일어나는 전단 파괴가 일어나지 않고 연성적 파괴인 휨 파괴가 일어나게끔 설계하도록 각국의 설계기준에서 규정하고 있다. 앞서 그림 [5.4]에서 볼 수 있듯이 일반적인 철근콘크리트 보의 경우 전단경간비 a/d 값에 따라 전단 파괴가 일어나기도 하고 휨 파괴가 일어나기도 한다. 전단 파괴는 그림에서 $(a/d)_1 < a/d \leq (a/d)_3$의 범위에 있을 때 일어나며, 이 범주에 해당하는 보의 경우 전단력에 저항할 수 있는 전단보강철근인 스터럽(stirrup)을 배치하여 휨 파괴가 일어나기 전에 전단 파괴가 일어나지 않도록 하여야 한다. 또 앞서 설명한 바와 같이 전단 파괴가 일어날 때도 a/d 값에 따라 정도의 차이는 있지만, 사인장균열이 발생하는 순간 전단 파괴가 일어나는 것이 아니고 더 큰 하중을 받은 후에 파괴가 일어난다. 이는 그림 [5.3]에서 설명한 것처럼 콘크리트의 사인장균열 면을 따라서도 전단력을 저항할 수 있기 때문이며, 스터럽은 사인장균열이 일어나기 전에는 거의 저항을 하지 않고 사인장균열 후에 실제로 저항을 한다. 왜냐하면 사인장균열이 일어나는 콘크리트의 인장변형률은 $(100\sim300)\times10^{-6}$ 정도로서 이때의 철근의 응력은 $(100\sim300)\times10^{-6}\times E_s(=2.0\times10^5)=20\sim60$ MPa로서 항복강도보다 훨씬 낮은 값이기 때문이다. 따라서 설계기준에서는 콘크리트 보 단면의 전단강도 V_n은 콘크리트 단면이 사인장균열이 일어난 후에도 전단력에 저항할 수 있는 콘크리트에 의한 전단강도 V_c와 스터럽에 의해 저항할 수 있는 전단강도 V_s의 합으로서 다음 식 (5.6)과 같이 규정하고 있다.[10)]

22 4.1.1(1)

$$V_n = V_c + V_s \tag{5.6}$$

여기서, V_c는 그림 [5.3]에서 나타낸 바와 같이 다음 식 (5.7)(a)와 같고, 이를 우리나라 콘크리트구조 설계기준에서는 식 (5.7)(b)와 같이 규정하고 있다.[10)]

$$V_c = V_{uc} + V_{ay} + V_d \qquad (5.7)(a)$$

22 4.2.1(2)

$$V_c = \left(0.16\sqrt{f_{ck}} + 17.6\rho_w \frac{V_u d}{M_u}\right) b_w d \qquad (5.7)(b)$$

여기서, V_{ay}는 골재맞물림작용에 의한 저항력 V_a의 수직성분이다.

식 (5.7)을 보면 V_c는 콘크리트의 설계기준압축강도 f_{ck}, 주인장철근비

ρ_w, 그리고 $V_u d/M_u$의 함수이다. 이 $V_u d/M_u$는 그림 [5.3]처럼 집중하중이 가해지는 경우 $M_u = V_u a$로서 이것은 $1/(a/d)$가 되어 a/d의 함수이다. 결국 앞에서 설명한 바와 같이 콘크리트에 의한 단면의 전단강도 V_c는 이 세 요소의 함수로서 나타나고 있다. 유럽의 설계기준인 Eurocode[11]와 일본의 토목학회에서 제정한 설계기준 등에는 이외에 크기효과를 고려한 유효깊이 d의 함수로 나타내고 있다. 그리고 앞서 설명한 바와 같이 미국 설계기준인 ACI에서도 2020년부터는 이를 고려하고 있다. 그러나 우리나라 설계기준식에서는 보에 대해서 아직 크기효과가 반영되어 있지 않고 슬래브의 전단강도에 대해서만 고려되고 있다.

스터럽에 의한 전단강도 V_s는 그림 [5.8](a)에서 볼 수 있듯이 사인장균열 면을 가로지르는 모든 스터럽이 저항할 수 있는 전단력으로서 다음 식 (5.8)과 같이 나타난다.

$$V_s = \sum V_{si} = \sum A_{vi} f_{vi} \tag{5.8}$$

여기서 A_{vi}와 f_{vi}는 i번째 스터럽의 전체 단면적과 인장응력을 나타낸다.

그림 [5.8](a)에 보인 것처럼 만약 스터럽이 등간격 s로 배치되어 있고, 사인장균열 길이의 수평성분이 $\bar{s}$라고 하면 균열을 가로 지르는 철근의

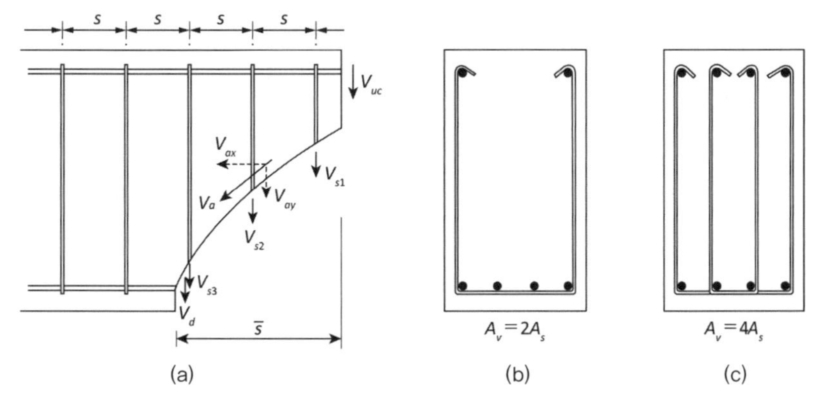

그림 [5.8]
스터럽에 의한 전단강도 V_s: (a) 보의 길이 방향; (b) 단면 1; (c) 단면 2

개수 $n=\bar{s}/s$가 되고, 그림 [5.8](b),(c)와 같이 스터럽이 배치되어 있으면 각각 $A_{vi}=2A_s$, $A_{vi}=4A_s$가 된다. 이때 A_s는 스터럽 한가닥의 단면적이다. 그래서 식 (5.8)은 다음 식 (5.9)와 같이 나타낼 수 있다.

$$V_s=\frac{\bar{s}}{s}A_{vi}f_{vi} \tag{5.9}$$

우리나라 콘크리트구조 설계기준에서는 $\bar{s}=d$, $f_{vi}=f_{yt}$, 즉 사인장균열의 수평길이는 적어도 유효깊이 d만큼 일어난 후에 파괴가 일어나고, 전단 파괴가 일어날 때 스터럽은 모두 항복한다는 가정으로 다음 식 (5.10)과 같이 규정하고 있다.

22 4.3.4(2),(9)

$$V_s=\frac{A_v f_{yt} d}{s}\le 0.2f_{ck}(1-f_{ck}/250)b_w d \tag{5.10}$$

[저자 의견] 2021년에 보에 대한 V_s의 최대값에 대한 규정이 개정되면서 상향 조정되었다. 그러나 다른 부재에 대해서는 바뀌지 않아 일관성의 문제가 있다. 그리고 이 값은 이전의 설계기준에서 규정한 한계 값보다 상당히 크므로 실제 스터럽을 많이 배치한 경우 불안전측이 될 수도 있다.

여기서 A_v는 한 단면 위치에서 모든 스터럽 단면적의 합으로서, 그림 [5.8](b)의 경우 스터럽 2 가닥의 단면적이고, 그림 [5.8](c)의 경우 4 가닥의 단면적이다.

실제 철근콘크리트 보에서는 위에 가정한 $\bar{s}=d$와 $f_{vi}=f_{yt}$가 항상 성립하는 것은 아니다. 보의 유효깊이 d가 매우 작거나 두께가 상대적으로 얇은 슬래브의 경우 균열 면에서 스터럽이 정착되는 정착길이가 짧아 스터럽이 항복강도에 이르지 못하는 경우가 있다. 따라서 이러한 경우 식 (5.10)에 의해 계산된 V_s 값은 과다한 값이다.

그림 [5.9]는 스터럽의 양과 간격 등에 따른 사인장균열 방향의 변화를 보여주고 있다. 스터럽이 배근되지 않은 그림 [5.9](a)의 경우 사인장균열은 상대적으로 받침점 가까이에서 시작하여 매우 비스듬히 긴 균열로 나타난다. 그러나 스터럽 양이 증가할수록 사인장균열의 시작점은 보의 중앙 쪽으로 이동하고 사인장균열의 방향은 보다 수직 방향으로 바뀌어 사인장균열 길이가 짧아진다. 이것은 첫째 보 파괴의 주된 요인이 전단 파괴일 때는 전단력이 최대인 받침점 부근에서 시작하나 스터럽이 점점 많

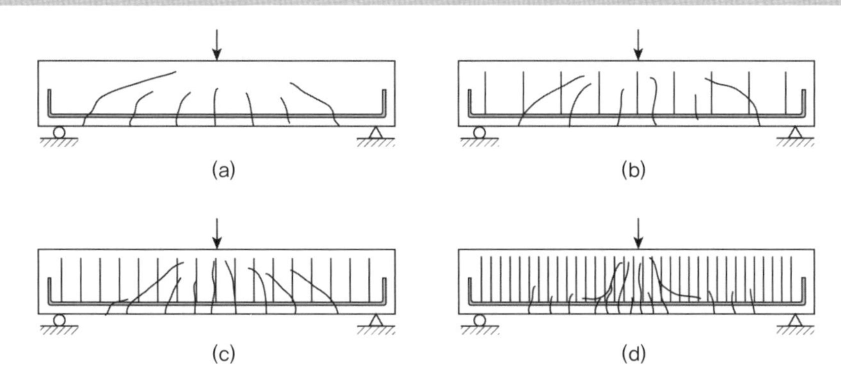

그림 [5.9]
스터럽 양에 따른 파괴될 때 균열 양상: (a) 스터럽이 없는 경우; (b) 스터럽 양이 적은 경우; (c) 스터럽 양이 많은 경우; (d) 스터럽 간격이 매우 좁은 경우

아져 휨 파괴로 바뀔 때는 휨모멘트가 최대인 중앙으로 이동하는 것이며, 둘째 스터럽이 없는 경우 $V_s = 0$이므로 V_c가 최소인 형태로 보가 파괴되나 스터럽이 있는 경우 $V_c + V_s$의 합이 최소인 형태로 파괴가 일어나기 때문이다. 다시 말해 스터럽이 있는 경우에는, 콘크리트에 의한 전단강도 V_c는 조금 증대되어도 사인장균열의 수평 길이가 짧아져 V_s값이 줄어드는 방향으로, 즉 $V_c + V_s$ 값이 최소가 되는 방향으로 파괴가 일어나기 때문이다.

실제 철근콘크리트 보의 경우 스터럽이 무한히 좁게 배근되는 경우는 없지만, 만약 이러한 경우 균열은 보 단면의 수직 방향으로 진행된다. 다시 말하여 사인장균열에 의한 파괴가 아니라 콘크리트의 직접 전단응력에 의해 파괴가 일어날 수 있다. 따라서 콘크리트구조 설계기준에서는 $V_s \leq V_{s,\max} = 0.2 f_{ck}(1 - f_{ck}/250) b_w d$로 제한하고 있는데,[10] 이 경우에 대한 보 단면 전체의 전단강도인 $V_n = V_c + V_{s,\max}$은 보통강도콘크리트의 경우 $(0.2 \sim 0.25) f_{ck} b_w d$ 정도로서 2.5.5절에서 언급한 바와 같이 콘크리트의 전단강도의 최소값에 근접하고 있다.

22 4.3.4(9)

그림 [5.10](a)에 나타낸 바와 같이 전단 파괴가 일어나는 경우, 스터럽을 배치하면 전단 저항 능력, 즉 보 단면의 전단강도를 크게 증가시킬 수 있으나, 전단 파괴가 일어나는 경우 파괴는 취성적으로 일어난다. 그러나

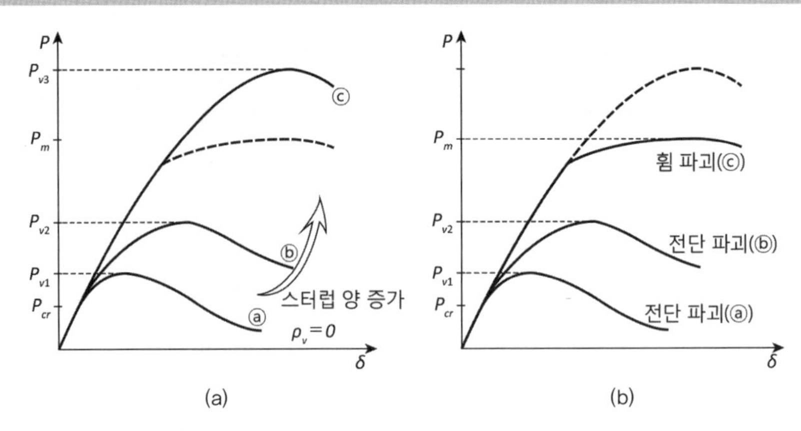

그림 [5.10]
스터럽 양에 따른 $P-\delta$ 관계: (a) 전단 파괴가 일어나는 경우; (b) 휨 파괴가 일어나는 경우

그림 [5.10](b)에 나타낸 것처럼 휨에 의해 파괴가 일어나는 하중인 P_m 보다 더 큰 전단강도를 보 단면이 갖는다면, 보는 연성적으로 파괴가 일어난다. 이러한 전단강도를 갖는 보는 그림 [5.10](a)의 ⓒ에 해당한다. 따라서 콘크리트구조 설계기준에서는 그림 [5.10](a)의 ⓐ와 ⓑ와 같이 휨 파괴가 일어나기 전에 전단 파괴가 일어나지 않도록 규정하고 있다. 즉, 그림 [5.10]의 ⓒ처럼 스터럽을 더 배치하여 휨 파괴가 일어나기 전에 전단 파괴인 취성파괴를 막도록 스터럽 양을 배치하도록 규정하고 있다.

예제 〈5.1〉

다음 그림과 같은 보 단면에서 콘크리트에 의해 저항할 수 있는 전단강도 V_c와 스터럽을 배치하더라도 이 단면이 최대로 저항할 수 있는 전단강도를 계산하라. 재료 특성과 단면력 등은 다음과 같다.

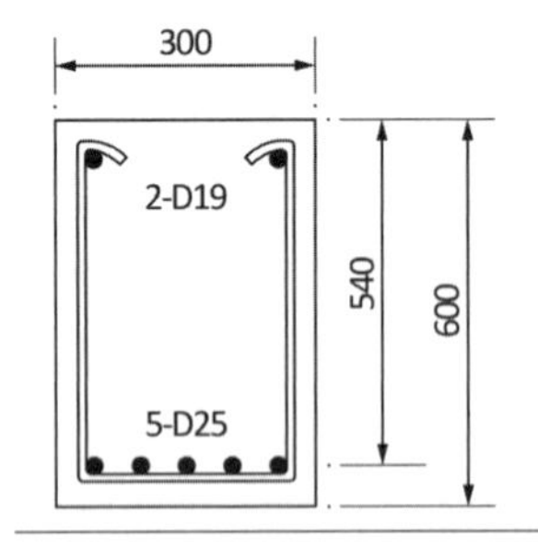

콘크리트의 설계기준압축강도	$f_{ck}=30$ MPa
철근의 설계기준항복강도	$f_y=400$ MPa
단면의 계수휨모멘트	$M_u=200$ kNm
단면의 계수전단력	$V_u=50$ kN
D19 철근 1개의 단면적	$A_s=286.5$ mm^2
D25 철근 1개의 단면적	$A_s=506.7$ mm^2

풀이

1. V_c 값의 계산

콘크리트에 의한 전단강도 V_c는 식 (5.7)(b)에 의해 구할 수 있다. 이때 ρ_w는 인장철근비이므로 인장철근량만 고려하여 다음과 같이 구한다.

$$\rho_w = 5 \times 506.7/(300 \times 540) = 0.01564$$

따라서 식 (5.7)(b)에 의해 콘크리트에 의한 단면의 전단강도 V_c를 계산한다.

$$\begin{aligned} V_c &= \left(0.16\sqrt{f_{ck}} + 17.6\rho_w \frac{V_u d}{M_u}\right) b_w d \\ &= \left(0.16\sqrt{30} + 17.6 \times 0.01564 \times \frac{50 \times 0.54}{200}\right) \times 300 \times 540 \\ &= 147{,}990 \text{ kN} \fallingdotseq 148 \text{ kN} \end{aligned}$$

참고로 우리나라 설계기준에서는 약산으로 구하는 식(기준식 (4.2-1))이 주어져 있는데 그에 따라 구해본다.

22 4.2.1(1)

$$\begin{aligned} V_c &= \frac{1}{6}\sqrt{f_{ck}} b_w d = \frac{1}{6} \times \sqrt{30} \times 300 \times 540 \\ &= 147{,}885 \text{ N} \fallingdotseq 148 \text{ kN} \end{aligned}$$

이 경우에는 두 식에 의한 값이 거의 같다. 그러나 경우에 따라 다를 수도 있다.

2. 단면의 최대 전단강도

이 단면이 저항할 수 있는 최대 전단강도는 식 (5.10)에 주어진 스터럽에 의해 최대로 저항할 수 있는 V_s 값에 위에서 구한 V_c 값을 합한 값이다. 즉,

$$\begin{aligned} V_{n,\max} &= V_c + V_{s,\max} \\ V_{s,\max} &= 0.2 f_{ck}(1 - f_{ck}/250) b_w d = 0.2 \times 30 \times (1 - 30/250) \times 300 \times 540 \\ &= 855{,}360 \text{ N} \fallingdotseq 855 \text{ kN} \\ V_{n,\max} &= 148 + 855 = 1{,}003 \text{ kN} \end{aligned}$$

따라서 이 단면이 최대로 저항할 수 있는 전단강도는 1,003 kN이다. 실제로는 안전율인 강도감소계수를 고려한 계수전단력이 $0.75 \times 1{,}003 = 752$ kN을 초과하면 단면을 확대하여야 한다. 여기서도 볼 수 있듯이 $V_s = 855$ kN은 이전의 설계기준의 $V_{s,\max} = (2\sqrt{f_{ck}}/3) b_w d = 592$ kN에 비해 약 1.4배로서 매우 큰 값이다.

5.2.5 축력이 전단강도에 미치는 영향

지금까지 철근콘크리트 보에서 휨모멘트와 전단력을 동시에 받고 있는 대부분의 보의 경우에 대한 단면의 전단 거동과 전단강도에 대하여 살펴보았다. 그러나 잘 알다시피 단면력으로 휨모멘트와 전단력 외에도 축력과 비틀림모멘트가 있으며, 일반적인 보의 경우 휨모멘트와 전단력만 작용하지만 가끔은 상당한 크기의 축력이나 비틀림모멘트도 동시에 받는 경우도 있다. 특히 앞서 언급한 바와 같이 프리스트레스트콘크리트 보나 수압과 횡토압을 받는 지하층의 보는 큰 압축력을 받고, 기둥 부재와 벽체 부재의 경우 항상 큰 축력을 받으면서 휨모멘트와 전단력을 받는다. 그래서 비틀림모멘트를 받는 경우에 대해서는 5.5절에서 설명하도록 하고 이 절에서는 전단 거동과 전단강도에 미치는 축력의 영향에 대하여 먼저 살펴보고자 한다.

부재의 축 방향으로 압축력이 가해지면 주인장응력의 방향과 크기가 변하여 부재의 전단 저항 능력, 즉 전단강도에 영향을 준다. 그림 [5.11]에서 볼 수 있듯이 압축력이 가해지면 주인장응력의 방향이 바뀌어 균열

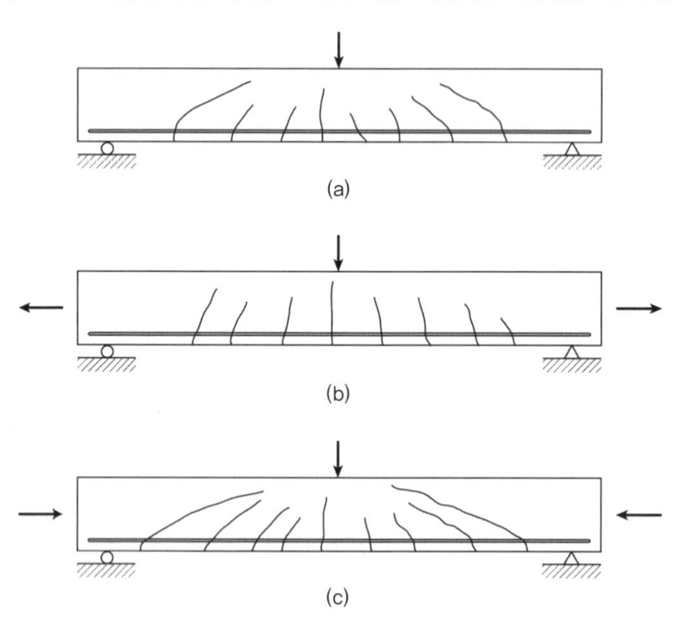

그림 [5.11]
축력에 따른 사인장균열의 방향: (a) 축력이 없는 경우; (b) 인장력이 있는 경우; (c) 압축력이 있는 경우

의 방향은 보다 수평 방향으로 변하고, 반대로 인장력이 가해지면 수직 방향으로 균열이 진전된다. 또한 압축력이 가해지면 균열 면의 직교 방향으로 압축력이 증대되고 균열 폭이 감소하여 골재맞물림에 의한 전단강도가 증대되며, 반대로 인장력이 가해지면 전단강도가 감소된다. 이와 같이 일반적으로 보 부재에 압축력이 가해지면 콘크리트에 의한 보 단면의 전단강도는 증가하여 전단 저항 능력이 커진다.

그림 [5.12](a)는 단면력으로서 휨모멘트 M과 전단력 V만 있는 경우로서, 최대 주인장응력이 발생하는 점에서 콘크리트의 인장응력과 압축응력은 다음 식 (5.11)(a) 또는 식 (5.11)(c)와 같이 표현되고, 전단응력은 식 (5.11)(b)와 같이 표현된다.[12)]

$$f = \alpha_1\left(\frac{M}{bd^2}\right) \tag{5.11(a)}$$

$$v = \alpha_2\left(\frac{V}{bd}\right) \tag{5.11(b)}$$

$$f = \alpha_3\frac{f_s}{n} = \alpha_3\frac{M}{nA_sjd} = \alpha_3\frac{M}{n\rho jbd^2} \tag{5.11(c)}$$

여기서, f는 법선응력이고 v는 전단응력이다. 그리고 α_1, α_2, α_3는 콘크리트와 철근의 역학적 특성과 양에 따른 비례상수이다.

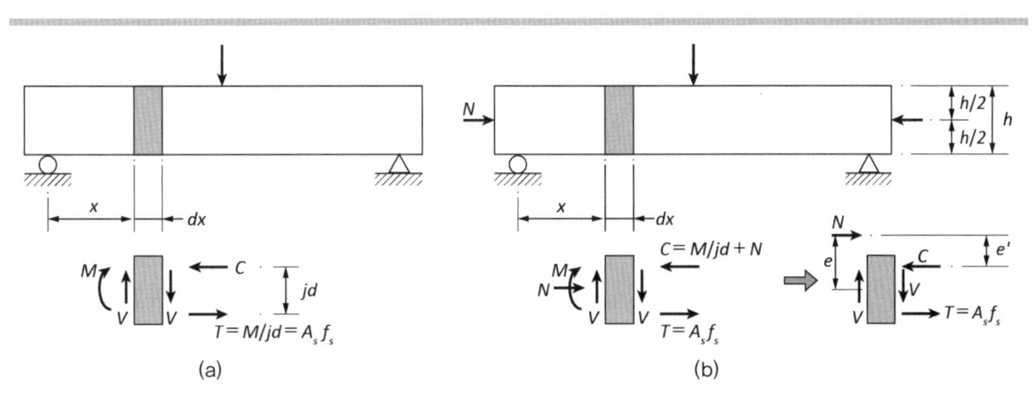

그림 [5.12]
축력에 따른 단면력의 변화: (a) 축력이 없는 보; (b) 축력이 있는 보

한편 압축력 N이 작용하는 그림 [5.12](b)와 같은 경우에 철근의 인장응력을 구하면 다음 식 (5.12)(b)와 같다.

$$e' = e - \frac{h}{2} + (d - jd) \qquad (5.12)(a)$$

$$f_s = \frac{Ne'}{A_s jd} = \frac{N(e - h/2 + d - jd)}{A_s jd} = \frac{M + N(d - h/2 - jd)}{A_s jd} \qquad (5.12)(b)$$

여기서, e와 e'은 그림 [5.12](b)에 나타나 있는 거리를 나타낸다.

사인장균열이 일어나는 j값은 대략 7/8 정도이므로 이 값을 식 (5.12)(b)에 대입하여 정리하면 다음 식 (5.13)(a)와 같으며, 콘크리트의 인장응력 f는 식 (5.13)(b)와 같고, 전단응력은 변화가 없으므로 식 (5.11)(b)와 같다.

$$f_s = \frac{M + N(d - 4h)/8}{A_s jd} \qquad (5.13)(a)$$

$$f = \alpha_3 \frac{f_s}{n} = \frac{M - N(4h - d)/8}{n\rho jbd^2} = \alpha_4 \frac{M - N(4h - d)/8}{bd^2} \qquad (5.13)(b)$$

결론적으로 압축력 N이 작용하면 전단응력에는 영향을 미치지 않고 사인장응력에 영향을 미치는데, 그 양의 변화는 휨모멘트 M 대신에 $M - N(4h - d)/8$을 사용하면 된다. 이를 우리나라 콘크리트구조 설계기준에서도 채택하고 있으며 앞의 식 (5.7)(b)의 M_u 대신에 $M_m = M_u - N_u(4h - d)/8$을 사용하도록 규정하고 있다.[10),12)]

22 4.2.1(2)②

콘크리트에 대한 보 단면의 전단강도는 이와 같이 압축력이 작용하면 증가한다. 그리고 스터럽에 의한 전단강도도 그림 [5.11](c)에서 볼 수 있듯이 사인장균열이 보다 수평 방향으로 진행되어 수평길이가 늘어나기 때문에 균열 면을 가로지르는 스터럽 철근의 수가 늘어남으로써 증가될 수 있다. 또한 기둥과 벽체와 같은 압축력을 받는 부재도 마찬가지로 전단 저항 능력이 증가한다. 특히 벽체의 경우 압축력으로 인하여 균열폭을 감소시켜 보강 철근의 항복강도가 더 증대되어도 골재맞물림 작용이 저하되지 않을 수 있다.

5.3 슬래브의 전단 거동

편리하게 시공할 수 있는 플랫플레이트와 플랫슬래브는 여러 선진국에서는 이미 널리 사용되고 있으며, 우리나라도 점차 그 사용이 확대되고 있다. 플랫플레이트는 슬래브판과 기둥이 바로 연결되는 구조로서 매우 단순한 형태이다. 그러나 두 부재의 접합부에서 힘을 저항하는 시스템은 매우 복잡하며, 많은 연구를 통해 이론적, 실험적 접근으로 힘의 흐름을 파악하고자 노력하고 있다. 특히 이 접합부 근처에서는 슬래브의 여러 방향에서 발생된 휨모멘트와 전단력을 기둥으로 전달하고 있어, 보와 기둥의 접합부와 같이 한 방향으로 일어나는 거동에 비하여 매우 복잡하다. 그리고 슬래브 판의 크기에 비하여 지지하는 기둥의 단면적이 작아서 접합부 근처에서 단면력이 집중하여 발생한다는 것도 구조적 관점에서 매우 중요하다.[13] 플랫플레이트와 유사하게 거동하는 부재는 플랫슬래브, 확대기초판, 2방향 장선구조판 등이 있으며, 이러한 부재의 접합부에서도 전단 거동은 플랫플레이트와 유사하다. 이와 같이 판의 둘레를 따라 발생되는 전단을 뚫림전단(punching shear) 또는 2방향전단이라고 한다.

뚫림전단(punching shear) 슬래브 등과 같은 판 구조에서 집중하중이 작용할 때 집중하중 근처의 판이 전단에 의해 파괴되는 것을 말한다. 플랫플레이트 구조나 플랫슬래브 구조의 경우 기둥과 접합부에서는 상, 하 기둥의 축력 차이만큼 집중하중이 작용하므로 이 뚫림전단에 대하여 검토해야 한다.

휨모멘트와 전단력을 받는 보에 있어서 전단 거동을 5.2절에서 설명하였는데, 휨모멘트와 전단력을 받는 슬래브의 전단 거동은 보의 거동과 유사한 점도 있으며 또한 차이가 있는 점도 있다. 균열 면과 균열이 일어나지 않은 단면에서 전단력에 모두 저항한다는 점은 유사하지만, 각 요인에 따른 저항력의 크기가 크게 차이가 있다는 것이 다른 점이다. 전단강도에 영향을 주는 것으로는 균열이 일어난 단면에서는 주철근의 장부작용(dowel action)과 균열 면을 따른 마찰에 의한 골재맞물림(aggregate interlock)작용 등이 있으며, 균열이 일어나지 않은 단면에서는 직접 전단응력과 휨압축력의 경사진 분력(inclined compressive force) 등이 있다. 이와 같은 영향 요인은 보의 전단에 대한 저항 요인과 같다. 그러나 5.2절에서도 설명한 바와 같이 균열이 일어난 면에서 저항하는 장부작용과 골재맞물림작용은 주철근의 양에 크게 좌우된다. 슬래브와 같이 상대적으로 주철근량이 적은 경우 휨모멘트에 의해 균열 폭이 크게 발생되어 이와 같은 저항 능력은 크게 떨어진다. 반면 뚫림전단의 압축 부분은 직교 방향인 둘레 방향으로 압축부가 횡구속이 되어 이 부분의 저항 능력은 보 부재에 비하여 훨씬 커진다. 따라서 슬래브의 뚫림전단에 대한 저항력은 보 부재에 비하여 균열이 일어난 부분보다는 균열이 일어나지 않은 부분에 의해 좌우되는 것을 알 수 있다. 이때 가장자리 기둥 또는 모서리 기둥의 접합부의 슬래브의 경우 압축부의 둘레 방향으로 횡구속 응력이 작아지므로 저항 능력이 떨어진다. 또한 슬래브의 깊이에 비하여 경간이 짧거나, 기초판과 같은 경우는 작용하는 휨모멘트가 상대적으로 크지 않으므로 오히려 보에 대한 전단 거동과 유사하게 균열이 일어난 단면에서 저항 능력이 보다 커질 수도 있다.

이러한 점을 고려하여 우리나라 콘크리트구조 설계기준에서 뚫림전단강도에 대한 규정은 2012년 개정판에서 크게 개정되었다.[10),14)] 뚫림전단에 대한 저항력은 균열이 일어나지 않은 압축 영역에서 주로 일어나는 것으로 가정하여 중립축까지 거리 c_u, 횡구속압축응력이 있을 때 사인장강도와 크기효과 등을 고려하여 다음 식 (5.14)와 같이 규정하고 있다.

22 4.11.2(2)

$$V_c = v_c b_0 d \tag{5.14(a)}$$

$$v_c = \lambda k_s k_{b0} f_{te} \cot\psi (c_u/d) \tag{5.14(b)}$$

여기서, v_c는 콘크리트 재료의 공칭전단강도, b_0는 위험단면의 둘레길이, λ는 경량콘크리트계수, k_s는 슬래브의 두께계수, 그리고 k_{b0}는 위험단면 둘레길이의 영향계수, f_{te}는 압축대 콘크리트의 인장강도, ψ는 슬래브의 휨압축대의 균열각도, c_u는 압축철근의 영향을 무시하고 계산된 슬래브 위험단면 압축대 깊이의 평균값을 나타내고, 각각은 다음 식 (5.15)와 같다.

$$k_s = (300/d)^{0.25} \leq 1.1 \tag{5.15(a)}$$

$$k_{b0} = 4/\sqrt{\alpha_s (b_0/d)} \leq 1.25 \tag{5.15(b)}$$

$$f_{te} = 0.20\sqrt{f_{ck}} \tag{5.15(c)}$$

$$\cot\psi = \sqrt{f_{te}(f_{te}+f_{cc})}/f_{te} \tag{5.15(d)}$$

$$c_u = d[25\sqrt{\rho/f_{ck}} - 300(\rho/f_{ck})] \tag{5.15(e)}$$

$$f_{cc} = (2/3)f_{ck} \tag{5.15(f)}$$

그리고 식 (5.15)(a)에서 d의 단위는 mm며, 식 (5.15)(b)에서 α_s는 내부기둥에 대하여 1.0, 외부기둥에 대하여 1.33, 모서리 기둥에 대하여 2.0이다. 식 (5.15)(e)는 $\rho \le 0.03$의 범위에서 사용할 수 있으며, ρ가 0.005 이하인 경우 0.005를 사용할 수 있고, k_s의 하한값으로 0.75를 사용할 수 있다.

5.4 전단마찰

앞의 5.2와 5.3절에서는 휨모멘트와 전단력이 작용하는 경우의 보와 슬래브에 대한 전단 거동에 대하여 살펴보았다. 이 절에서는 직접 전단력에 의해 부재 단면이 파괴가 일어나거나, 여러 요인에 의해 균열이 있거나 균열이 발생할 가능성이 있는 면을 따른 전단 거동에 대하여 살펴보고자 한다.

그림 [5.13](a)에서 보이는 것처럼 균열 면에서 수직 방향으로 압축력 N이 작용하고 있을 때, 비록 콘크리트는 균열이 발생되어 있더라도 균열면 방향으로 어느 정도의 전단력 V를 저항할 수 있다. 이는 균열 면을 따라 생기는 마찰에 의해 저항하는 것으로서 실제 콘크리트 균열 단면에

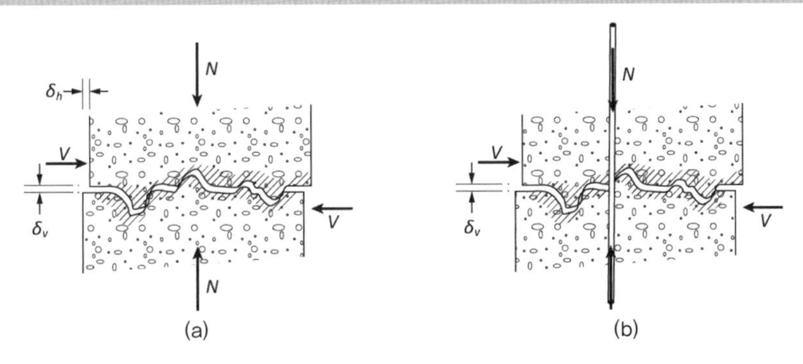

그림 [5.13]
균열 면을 따른 전단력 전달: (a) 축력 N이 작용할 때; (b) 수직철근이 배치된 경우

서는 그림 [5.13](a)와 같이 수평과 수직 방향으로 각각 변위 δ_h와 δ_v가 발생하여 균열 면에 돌출된 굵은골재의 맞물림 작용에 의해 전단력을 저항한다. 이를 골재맞물림작용(aggregate interlock action)이라고 하며, 5.2절 사인장균열 면을 따라 전단력 저항을 하는 것과 같은 원리이다.

골재맞물림작용
콘크리트 균열 면에서 골재가 서로 부딪혀서 전단력에 저항하는 것을 뜻한다(그림 [5.13] 참조).

압축력이 직접 가해지지 않더라도 그림 [5.13](b)처럼 균열 면에서 수직으로 철근이 배치되어 있는 부재에 전단력 V가 작용하면 수직변위 δ_v가 발생되며, 이에 따라 철근이 늘어나 인장력이 발생된다. 이 인장력은 콘크리트의 균열 면에 압축력으로 작용하여 결국 외부에서 압축력이 가해지는 것과 같은 효과를 낸다.

시공줄눈과 콜드조인트
시공줄눈은 콘크리트를 타설하기 전에 계획된 줄눈인 반면에 콜드조인트는 예기치 않은 상황이 일어나 시공 중에 콘크리트 타설을 중지함으로써 발생한 계획되지 않은 줄눈이다.

시공줄눈(construction joint)이나 콜드조인트(cold joint) 또는 다른 요인에 의해 콘크리트에 균열이 있거나, 앞으로 균열이 날 가능성이 있는 위치에서 전단력 저항 능력 V_n은 균열 면의 수직 방향으로 가해질 수 있는 축력의 크기와 균열 면의 마찰계수(friction coefficient)에 의해 다음 식 (5.16)과 같이 나타낼 수 있다.

$$V_n = \mu N \tag{5.16}$$

22 4.6.2(3)

여기서 μ는 마찰계수로서 설계기준에는 여러 가지 경우에 대해 규정되어 있고, N은 축력의 크기이다.

22 4.6.2(1)

그림 [5.13](b)와 같이 외부에서 가해지는 축력 대신에 철근이 배치되어 있는 경우, 철근이 항복할 때까지 정착이 충분히 이루어져 있다면 콘크리트 면에 작용하는 압축력은 $A_{vf}f_y$이고 마찰력을 확보할 수 있을 정도로 균열 폭이 제한된 경우 전단강도는 다음 식 (5.17)과 같다.

$$V = \mu A_{vf} f_y \tag{5.17}$$

여기서 A_{vf}는 균열 면에 수직 방향으로 배치된 철근의 단면적이고 f_y는 이 철근의 항복강도이다.

만약 그림 [5.14]에서 보인 바와 같이 철근이 균열 면에 경사지게 배치된 경우로서 그림 [5.14](a)처럼 전단력 V에 의해 수직변위 δ_v가 발생될 때 철

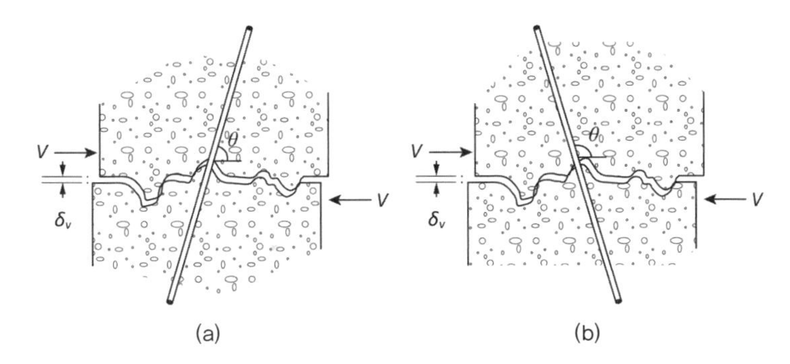

그림 [5.14]
경사철근이 배치된 경우의 전단력 전달: (a) 철근에 인장력이 발생되는 경우; (b) 철근에 인장력이 발생되지 않는 경우

근에 인장력이 발생되면 콘크리트 균열 면에 수직으로 압축력은 $A_{vf}f_y\sin\theta$ 만큼 발생되고 직접 전단력 V에 저항하는 수평 방향의 힘은 $A_{vf}f_y\cos\theta$ 만큼 발생되어 전단강도 V_n은 다음 식 (5.18)과 같이 나타낼 수 있다.[10),15)]

22 4.6.2(2)

$$V_n = \mu A_{vf}f_y\sin\theta + A_{vf}f_y\cos\theta = A_{vf}f_y(\mu\sin\theta + \cos\theta) \tag{5.18}$$

여기서 θ는 균열 면과 경사진 철근이 이루는 각도이다.

그러나 그림 [5.14](b)에서 보이듯이 전단력 V가 작용할 때 철근에 인장력을 유발하지 못하는 경우 전단력에 전혀 저항하지 못한다.

5.5 보의 비틀림 거동

5.5.1 개요

모든 부재의 단면에는 축력, 휨모멘트, 전단력과 비틀림모멘트가 작용한다. 그러나 부재에 따라 다르나 비틀림모멘트가 크게 작용하는 부재는 드물다. 그래서 비틀림모멘트에 대한 검토를 일반적으로 하지 않는 경우도 많다. 그러나 가장자리에 위치한 보나, 곡선 교량의 상부 구조에서 곡선 형태의 보를 설계할 때는 무시할 수 없을 정도의 큰 비틀림모멘트가 작용할 수도 있다. 또 기둥의 경우에도 비정형의 구조물에서 지진하중과 같은 횡력이 작용할 때 큰 비틀림모멘트가 발생할 수도 있다. 이 절에서는 철근콘크리트 부재의 단면이 이러한 비틀림모멘트를 받을 때 어떻게 거동하는지에 대하여 살펴보고자 한다.

부재에 비틀림모멘트가 작용하면 단면에 그림 [5.15]에서 보인 바와 같은 전단응력이 발생한다. 이때 원형 단면의 경우 전단응력은 중심에서 발생하지 않고 가장 먼 곳에서 최대 전단응력이 발생한다. 그러나 사각형 단면의 경우 전단응력은 짧은 변의 가장자리에서 최대가 되며, 중심과 모서리에서는 발생하지 않는다. 이때 각 방향으로 전단응력의 합은 전단흐름(shear flow)으로서 항상 같다. 따라서 긴 변의 가장자리에 발생하는 전단응력은 짧은 변의 값보다 작다. 그리고 모서리 부분은 양 직교 방향이 자유단이므로 자유단에서는 전단응력이 발생될 수 없으므로 전단응력이 발생하지 않는다. 한편 전단응력에 의한 변위는 원형 단면의 경우 부재 축 방향으로 일어나지 않으나, 사각형의 경우 그림 [5.15](b)에서 보이듯이 모서리 A_1과 대각선 방향의 A_3은 뒤쪽으로, 모서리 A_2와 A_4는 앞쪽으로 변위가 발생한다. 즉, 부재 축 방향의 변위인 뒤틀림 변위(warping)가 일어나 본래

뒤틀림(warping)
단면에 비틀림모멘트가 작용할 때 단면의 직교방향인 부재 축 방향으로 변위가 발생하여 단면이 뒤틀리는 것을 말한다.

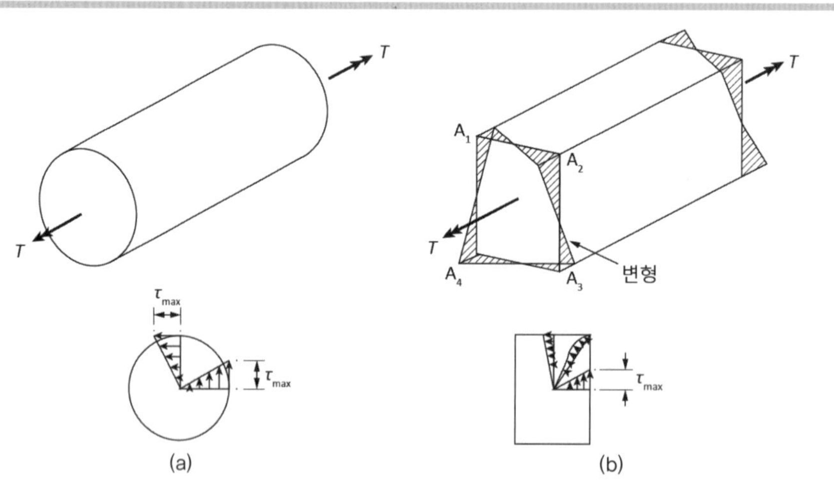

그림 [5.15]
비틀림모멘트가 작용할 때 단면의 전단응력과 변형: (a) 원형 단면 부재; (b) 사각형 단면 부재

평면이던 단면이 뒤틀려진 단면으로 변한다. 이러한 변위를 외부에서 구속시키면 단면에는 위치에 따라 인장응력 또는 압축응력이 발생한다.

5.5.2 철근콘크리트 부재의 비틀림

앞에서 부재의 비틀림모멘트가 작용하면 단면에 전단응력이 발생하며, 중심에서 먼 가장자리, 즉 그림 [5.15](b)에 보인 직사각형 보의 경우 측면의 중간에서 큰 전단응력이 발생한다고 하였다. 직사각형 단면의 콘크리트 보에 비틀림모멘트가 작용하면 그림 [5.16](a)에서 보이듯이 보의 표면에서 전단응력이 발생한다. 그런데 콘크리트는 전단에 비하여 인장에 약한 재료이므로 그림에서 보인 바와 같이 45° 방향으로 나타나는 주인장응력이 2축 상태의 인장강도에 도달하면 이 주인장응력에 직교 방향으로 균열이 발생한다. 이러한 균열은 전단응력이 최대가 되는 양쪽 측면의 중간에서 먼저 시작하여 상, 하부로 또 내부로도 진행되고, 보의 상, 하 면으로도 진행된다. 이러한 균열은 부재 축 방향과 대략 45° 방향으로 나선형으로 연속되어 일어나며, 균열로 인한 파괴 면은 평면이 아니고 뒤틀린 면으로 나타난다.

균열비틀림모멘트, T_{cr}

원형 단면에 비틀림모멘트가 작용할 때 단면에 발생하는 응력은 쉽게 계

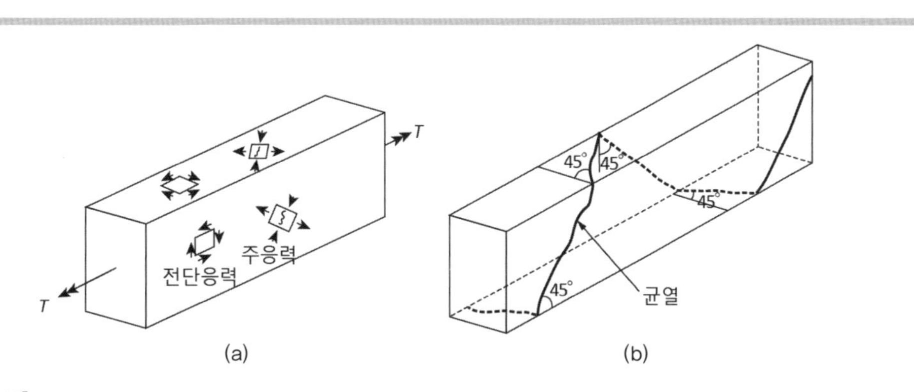

그림 [5.16]
비틀림모멘트를 받는 콘크리트 부재의 응력과 균열 형상: (a) 전단응력과 주응력; (b) 발생한 균열의 형상

산할 수 있으나 사각형 단면의 경우 매우 복잡하다. 그러나 그림 [5.15](b)에서 보이는 바와 같이 속찬단면(solid section)의 중심부에 발생하는 응력은 매우 작고 또한 비틀림모멘트에 대한 팔의 길이도 짧으므로 이 부분의 저항 능력은 무시하여도 크게 다르지 않다. 그래서 그림 [5.17]에 보인 바와 같은 박벽관(thin-walled tube)으로 근사적으로 해석할 수 있다. 이때 둘레 방향의 전단흐름 q는 일정하므로 다음 식 (5.19)의 관계가 성립한다.

$$\begin{aligned} T &= qy_0x_0 + qx_0y_0 = 2qx_0y_0 \\ &= 2qA_0 \end{aligned} \tag{5.19}$$

여기서 $A_0 = x_0y_0$로서 전단흐름 내부의 면적이다.

한편 박벽관의 두께가 부재 단면의 변의 길이에 비하여 상당히 작다고 가정하면, 박벽관의 전단응력 τ는 전체 두께에 대하여 일정하다고 가정할 수 있으며, 따라서 전단응력은 다음 식 (5.20)과 같이 나타낼 수 있다.

$$\tau = \frac{q}{t} = \frac{T}{2A_0t} \tag{5.20}$$

여기서 t는 박벽관의 두께를 나타낸다.

비틀림모멘트 T가 작용하여 콘크리트 부재 표면에 균열이 발생하는 것은 그림 [5.16](a)에서 보이듯이 전단응력 τ와 같은 동일한 크기의 압축응

그림 [5.17] 박벽관의 비틀림모멘트와 전단흐름

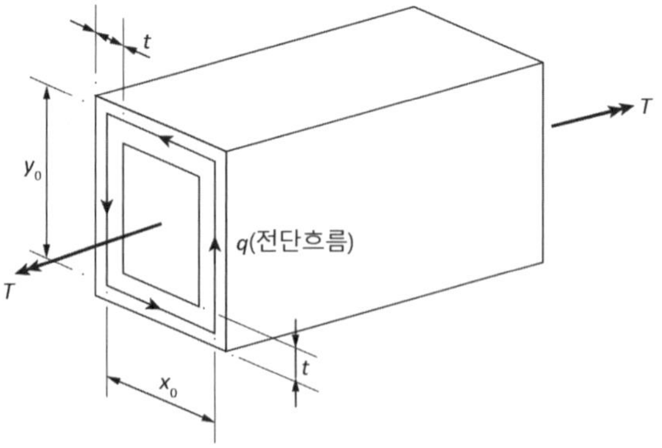

력과 인장응력이 작용할 때, 즉 2축응력 상태에서 콘크리트의 인장강도에 도달할 때이다. 이러한 경우 그림 [2.17]에서 볼 수 있듯이 1축 상태의 인장강도보다는 약간 작으며, 1축 직접인장강도는 식 (2.14)(a)에서 나타내었듯이 대략 $(0.3\sim0.5)\sqrt{f_{cm}}$ 정도이다. 이러한 점을 고려하여 우리나라 설계기준에서는 $\tau = \sqrt{f_{ck}}/3$일 때 균열이 발생하는 것으로 가정하여 다음 식 (5.21)에 의해 균열비틀림모멘트, T_{cr}을 계산하고 있다.

$$T_{cr} = \frac{1}{3}\sqrt{f_{ck}}(2A_0 t) \tag{5.21}$$

식 (5.21)에서 A_0와 t를 정확하게 제시할 수 없으나, 우리나라 콘크리트구조 설계기준에서는 A_0는 전체 단면적 A_{cp}의 2/3로, 그리고 두께는 전체 단면적 A_{cp}와 전체 단면의 둘레길이 p_{cp}의 함수로 $t = 3A_{cp}/4p_{cp}$로 가정하여 다음 식 (5.22)와 같이 규정하고 있다.[10)]

$$T_{cr} = \frac{1}{3}\sqrt{f_{ck}}\frac{A_{cp}^2}{p_{cp}} \tag{5.22}$$

위 식 (5.22)에 의해 주어진 직사각형 단면의 균열비틀림모멘트를 구할 수 있다.

폐쇄스터럽에 의한 공칭비틀림강도, T_s

비틀림모멘트에 저항하도록 그림 [5.18]에 보인 바와 같이 간격 s의 폐쇄스터럽(closed stirrup)을 배치한 경우, 이 스터럽에 의한 비틀림강도, T_s를 구하는 방법에 대하여 알아본다. 앞서 설명한 바와 같이 비틀림모멘트가 작용하면 그림 [5.18](b)에서 보인 것처럼 경사균열이 발생한다. 이 균열의 각도는 부재에 작용하는 축력 등의 영향으로 $30° \le \theta \le 60°$ 정도의 범위에 있다. 설계기준에서는[10)] 일반 철근콘크리트 부재는 $\theta = 45°$로 취할 수 있는 것으로 설명하고 있다. 폐쇄스터럽 한 가닥이 저항할 수 있는 비틀림모멘트는 그림 [5.18](d)에서 볼 수 있듯이 단변 방향으로는 $A_t f_{yt} x_0$

폐쇄스터럽
보에 사용하는 스터럽은 U형스터럽과 폐쇄스터럽이 대부분인데, 스터럽이 완전히 한바퀴 감긴 것을 폐쇄스터럽이라고 하며, 비틀림에 저항하기 위해서는 폐쇄스터럽을 사용해야 한다.

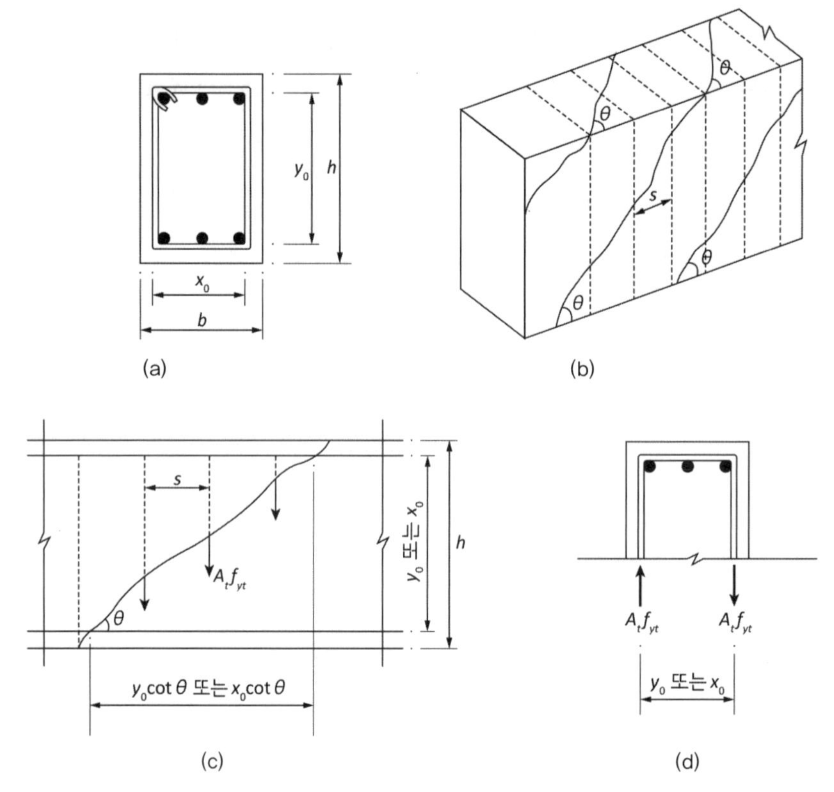

그림 [5.18]
폐쇄스터럽에 의한 비틀림강도: (a) 폐쇄스터럽; (b) 비틀림모멘트에 의한 균열; (c) 균열을 가로 지르는 스터럽; (d) 스터럽의 단면적

이고, 장변 방향으로는 $A_t f_{yt} y_0$이다. 따라서 균열 면을 따라 폐쇄스터럽이 저항할 수 있는 비틀림모멘트, 즉 비틀림강도 T_s는 다음 식 (5.23)과 같이 나타낼 수 있다.

22 4.5.2(2)

$$\begin{aligned} T_s &= n_1 A_t f_{yt} x_0 + n_2 A_t f_{yt} y_0 \\ &= \frac{y_0 \cot\theta}{s} A_t f_{yt} x_0 + \frac{x_0 \cot\theta}{s} A_f f_{yt} y_0 \\ &= \frac{2 A_{oh} A_t f_{yt}}{s} \cot\theta \end{aligned} \tag{5.23}$$

여기서, $A_{oh} = x_0 y_0$로서 폐쇄스터럽 내의 단면적이고 A_t는 폐쇄스터럽

한 가닥의 단면적이며, f_{yt}는 폐쇄스터럽의 설계기준항복강도이다. 그리고 s는 폐쇄스터럽의 간격이며, θ는 균열의 경사 각도이다. 우리나라 콘크리트구조 설계기준에서는 식 (5.23)의 A_{oh} 대신에 안전측으로 전단흐름(shear flow)의 중심선으로 이루어진 A_o를 사용하도록 규정되어 있고 $A_o = 0.85A_{oh}$로 주어지고 있다.[16)]

22 4.5.2. (2)

예제 〈5.2〉

다음 그림과 같은 보 단면에서 균열비틀림모멘트 T_{cr}과 폐쇄스터럽에 의한 비틀림강도 T_s를 구하라. 다만 사용된 재료특성값은 다음과 같다.

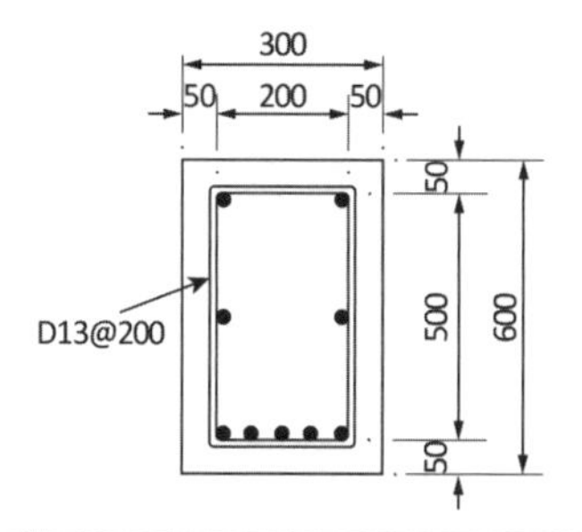

콘크리트 설계기준압축강도 $f_{ck} = 30$ MPa

폐쇄스터럽 철근의 항복강도 $f_{yt} = 400$ MPa

폐쇄스터럽 D13의 1개의 단면적 $A_s = 126.7$ mm^2

풀이

1. 균열비틀림모멘트 T_{cr}의 계산

   균열비틀림모멘트 T_{cr}은 식 (5.22)에 의해 구할 수 있다. 이때 A_{cp}와 p_{cp}는 보 단면의 단면적과 단면 둘레길이이다.

$$T_{cr} = \frac{1}{3}\sqrt{f_{ck}}\frac{A_{cp}^2}{p_{cp}}$$
$$= (\sqrt{30}/3) \times (300 \times 600)^2 / \{(300+600) \times 2\}$$
$$= 32{,}863{,}353 \text{ Nmm} \fallingdotseq 32.9 \text{kNm}$$

2. 폐쇄스터럽의 비틀림강도 T_s의 계산

   이 비틀림강도 T_s는 식 (5.23)에 의해 구할 수 있다. 이때 균열의 각도 θ는 $30° \le \theta \le 60°$이나 일반 철근콘크리트의 경우 $\theta = 45°$로 취할 수 있다.

$$T_s = \frac{2A_{oh}A_t f_{yt}}{s}\cot\theta$$
$$= \frac{2 \times (200 \times 500) \times 126.7 \times 400}{200} \times \cot 45°$$
$$= 50{,}680{,}000 \text{ Nmm} \fallingdotseq 50.7 \text{ kNm}$$

우리나라 설계기준에서는 A_{oh} 대신 $A_o = 0.85A_{oh}$를 사용하므로 이 경우 T_s는 다음과 같다.

$T_s = 0.85 \times 50.7 = 43.1$ kNm

축 방향력의 계산

5.5.1절에서 설명한 바와 같이 원형 단면이 아닌 경우 비틀림모멘트가 작용하면 뒤틀림(warping)이 일어나 부재축 방향으로 변위가 발생한다. 따라서 이 변위가 구속되면 단면에는 전단응력만이 아니라 축방향 응력, 즉 부재축 방향으로 인장응력 또는 압축응력이 발생한다. 그리고 비틀림에 대해 단면을 설계할 때, 일단 비틀림모멘트가 어느 값 이상을 초과하면 콘크리트는 비틀림모멘트를 저항하지 못하고 폐쇄스터럽에 의해 저항하는 것으로 가정한다. 따라서 이 경우 그림 [5.19](a)에서 보이듯이 전단력 V는 다음 식 (5.24)와 같이 나타낼 수 있다.

22 4.5.2(1),(2)

$$V = nA_t f_{yt} = \frac{A_t f_{yt} y_0}{s} \cot\theta \tag{5.24}$$

여기서, A_t와 f_{yt}는 각각 폐쇄스터럽 한 가닥의 단면적과 항복강도이며, s는 스터럽의 간격, θ는 균열이 부재 축과 이루는 각도이다.

이때 그림 [5.19](b)에 나타낸 힘의 평형에 따르면 다음 식 (5.25)의 관계를 얻을 수 있다.

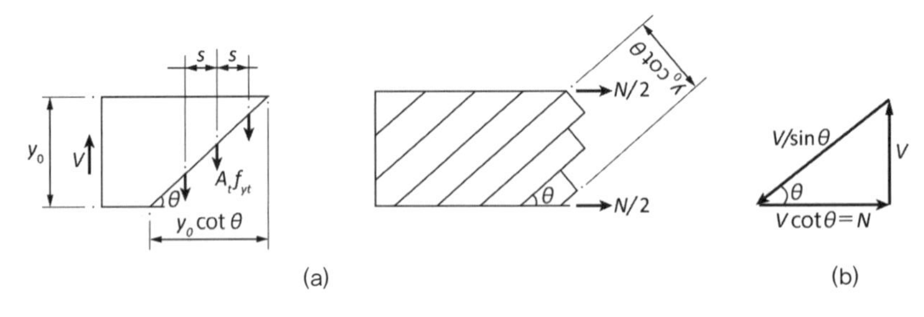

그림 [5.19]
부재축 방향력: (a) 작용하는 힘; (b) 힘의 평형

$$N = V\cot\theta = \frac{A_t f_{yt} y_0}{s}\cot^2\theta \tag{5.25}$$

따라서 네 변에 대한 모든 축력의 합은 다음 식 (5.26)과 같다.

$$\begin{aligned}\Sigma N &= \frac{A_t f_{yt}}{s}\left[2(x_0 + y_0)\right]\cot^2\theta \\ &= \frac{A_t f_{yt} p_h}{s}\cot^2\theta\end{aligned} \tag{5.26}$$

여기서, x_0와 y_0는 폐쇄스터럽의 짧은 변과 긴 변의 길이이고, p_h는 폐쇄스터럽의 둘레길이이다.

직사각형 단면 등과 같이 비틀림모멘트에 의해 뒤틀림이 일어나는 경우 식 (5.26)에 의해 주어지는 축력에 대하여 부재축 방향으로 철근을 배치하여야 한다.

22 4.5.2(3)

5.5.3 전단력과 비틀림모멘트가 동시에 작용

단면에 단면력으로 축력과 휨모멘트가 작용하면 단면에 수직응력인 압축 또는 인장응력이 발생하지만 전단력과 비틀림모멘트가 작용하면 전단응력이 발생한다. 따라서 단면의 전단에 대한 저항 능력은 단면에 작용하는 전단력과 비틀림모멘트의 조합에 의해 결정된다.

앞에서 설명한 바와 같이 속찬단면에 전단력이 작용하면 그림 [5.20](a)에서 보이듯이 보 단면의 상, 하단에서는 전단응력이 발생하지 않고, 중심축에서 가장 큰 전단응력이 발생하며, 비틀림모멘트가 작용하면 짧은 변의 연단에서 가장 큰 전단응력이 발생한다. 속이 빈 박벽관 단면(thin-walled section)의 경우에도 그림 [5.20](b)에서 보이듯이 전단력에 대해서는 중심축 위치에서 가장 크게 발생하고, 비틀림모멘트에 대해서도 짧은 변의 단부에서 가장 큰 전단응력이 발생한다.[17] 그러나 이 경우에는 얇은 벽체에 작용하는 전단응력의 크기는 크게 변하지 않고 비슷하다. 따라서 박벽관과 같은 단면에 전단력과 비틀림모멘트가 동시에 작용하면, 최대 전단응

박벽관 단면
전체 단면의 크기에 비하여 두께가 얇은 판으로 이루어진 단면을 말하며, box형 보 등이 이에 해당된다.

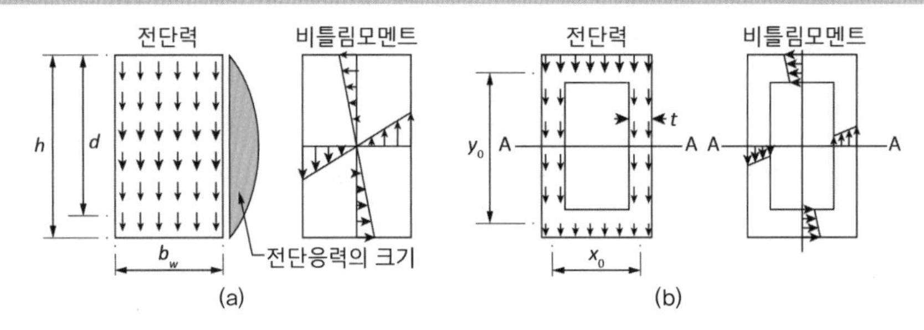

그림 [5.20]
단면의 형태와 단면력에 따른 전단응력 분포: (a) 속찬단면; (b) 박벽관 단면

력은 그림 [5.20](b)의 중심축 위치인 단면 A-A에서는 비슷한 크기로 발생한다. 그 크기는 전단력 V에 의한 최대 전단응력 τ_v와 비틀림모멘트 T에 의한 전단응력 τ_t의 합으로써 다음 식 (5.27)과 같이 나타낼 수 있다.

$$\tau = \tau_v + \tau_t = \frac{n_1 V}{b_w d} + \frac{n_2 T}{t A_0} \tag{5.27}$$

여기서, n_1, n_2는 비례상수이고, b_w와 d는 각각 단면의 폭과 유효깊이이고, t는 박벽관의 두께, $A_0 = x_0 y_0$이다.

한편 그림 [5.20](a)와 그림 [5.21](a)와 같은 속찬 직사각형 단면에 전단력과 비틀림모멘트가 작용할 때는 그림 [5.21](b)에 보이는 바와 같은 상관 관계가 있는 것으로 밝혀졌다. 즉, 이를 수식으로 표현하면 다음 식 (5.28)과 같다.

$$\tau = \sqrt{{\tau_v}^2 + {\tau_t}^2} = \sqrt{\left(\frac{n_1 V}{b_w d}\right)^2 + \left(\frac{n_2 T}{t A_0}\right)^2} \tag{5.28}$$

따라서 속빈단면과 속찬단면에 대한 전단응력에 대하여 검토하는 방법을 각각 식 (5.27)과 식 (5.28)에 근거하여 각국의 설계기준에서는 제시하고 있다.

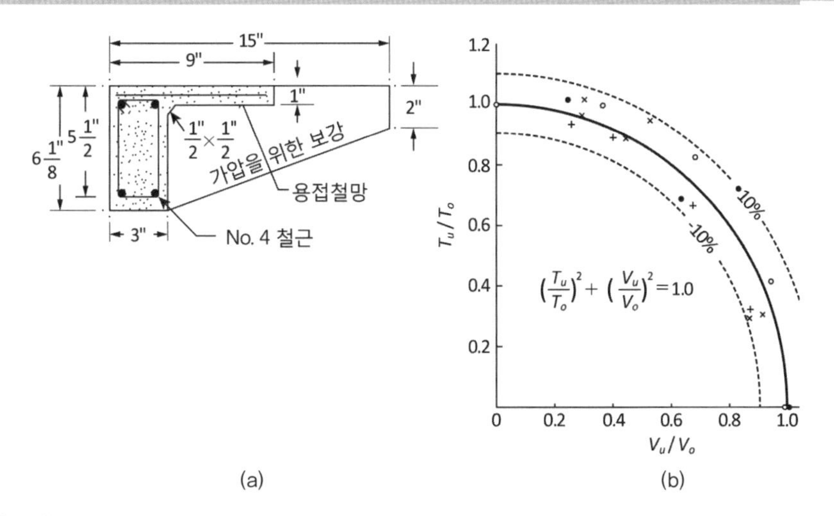

그림 [5.21]

속찬단면에서 전단강도와 비틀림강도의 상관도[18]: (a) 실험 보의 단면; (b) 상관관계도

22 4.5.1(1)

우리나라 설계기준에서는 식 (5.27)과 식 (5.28)에 의하여 속찬단면에 대하여 식 (5.29)(a), 속빈단면에 대하여 식 (5.29)(b)와 같이 최대 전단응력이 전단력에 대해 주어지는 제한값인 전단강도를 초과하지 못하도록 규정하고 있다.

[저자 의견] 식 (5.29)에서는 스터럽에 의한 최대저항능력으로 $2\sqrt{f_{ck}/3}$ 으로서 식 (5.10)과 다르게 규정하고 있다.

$$\sqrt{\left(\frac{V_u}{b_w d}\right)^2+\left(\frac{T_u p_h}{1.7A_{oh}^2}\right)^2}\le\phi\left(\frac{V_c}{b_w d}\right)+\left(\frac{2\sqrt{f_{ck}}}{3}\right)\qquad(5.29)(a)$$

$$\left(\frac{V_u}{b_w d}\right)+\left(\frac{T_u p_h}{1.7A_{oh}^2}\right)\le\phi\left(\frac{V_c}{b_w d}\right)+\left(\frac{2\sqrt{f_{ck}}}{3}\right)\qquad(5.29)(b)$$

여기서, A_{oh}는 가장 바깥에 위치한 폐쇄스터럽에 의해 둘러싸인 면적이고, p_h는 이 폐쇄스터럽의 둘레길이이다.

참고문헌

1. Hognestad, E., "What Do We Know about Diagonal Tension and Web Reinforcement in Concrete? - A Historical Study", University of Illinois Bulletin, Vol. 49, No. 50, March 1952, 47p.
2. Taylor, H. P. J., "Investigation of the Forces Carried Across Cracks in Reinforced Concrete Beams in Shear by Interlock of Aggregate", Cement and Concrete Association, London, TRA 447, 1970, 22p.
3. Fenwick, R. C., and Paulay, T., "Mechanisms of Shear Resistance of Concrete Beams", Journal of Structural Devision, ASCE, Vol. 94, ST10, Oct. 1968.
4. Taylor, H. P. J., "Investigation of the Dowl Shear Forces Carried by the Tensile Steel in Reinforced concrete Beams", Cement and Concrete Association, London, TRA 431, 1969, 24p.
5. Bazant, Z. P. and Kim, J. K., "Size Effect in Shear Failure of Longitudinally Reinforced Beams", Journal of ACI, Vol. 81, No. 5, Sep. 1984, pp.456-468.
6. Kim, J. K. and Park, Y. D., "Prediction of Shear Strength of Reinforced Concrete Beams without Web Reinforcement", ACI Material Journal, Vol. 93, No. 3, May. 1966, pp.213-222.
7. Leonhardt, F., "Reducing the Shear Reinforcement in Reinforced Concrete Beams and Slabs", Magazine of Concrete Research, Vol. 17, No. 53, Dec. 1965, pp.187-198.
8. Kim, J. K. and Park, Y. D., "Shear Strength of Reinforced High Strength Concrete Beams without Web Reinforcement", Magazine of Concrete Research, Vol. 46, No. 166, Mar. 1994, pp.7-16.
9. *fib*, *fib* Model Code for Concrete Structures 2010, Ernst & Sohn, 2013, 402p.
10. 한국콘크리트학회, 콘크리트구조 설계기준 해설, 기문당, 2021.
11. Eurocode 2 : 'Design of concrete structures, Part 1-1 : General rules and rules for building', Dec. 2014.
12. Joint ACI-ASCE Committee 326, "Shear and Diagonal Tension", A Journal of ACI, Preceedings Vol. 59, No. 1, Jan. 1962, pp.1-30, No. 2, Feb. 1962, pp.277-334, and No. 3, Mar. 1962, pp.352-396.
13. Joint ACI-ASCE Committee 426, "The Shear Strength of Reinforced Concrete Members-Slabs", Proceedings, ASCE, Vol. 100, No. ST8, Aug. 1974, pp.1543-1591.

14. 최경규, 박홍근, “무량판 슬래브-기둥 내부 접합부에 대한 전단강도 모델”, 콘크리트학회 논문집, Vol. 22, No. 3, 2010, pp.345-356.
15. Mattock, A. H., “Shear Transfer in Concrete Having Reinforcement at an Angle to the Shear Plane”, Shear in Reinforced Concrete, SP 42, ACI, Farmington Hills, MI, 1974, pp.17-42.
16. Hsu, T. C., “Shear Flow Zone in Torsion of Reinforced Concrete”, Journal of Structural Engineering, ASCE, Vol. 116, No. 11, Nov. 1990, pp.3206-3226.
17. MacGreger, J. G. and Ghoneim, M. G., “Design of Torsion”, ACI Structural Journal, Vol. 92, No. 2, 1995, pp.218-221.
18. Liao, H. M., and Ferguson, P.M., “Combined Torsion in Reinforced Concrete L-Beams with Stirrup”, ACI Journal, Vol. 66, Dec. 1969, pp.986-993.

문 제

1. 보에 하중이 작용할 때 사인장균열이 왜 일어나는지, 그리고 보의 부재축 방향의 위치에 따라 어떻게 경사가 일어나는지를 설명하라.
2. 골재맞물림작용과 장부작용에 대하여 설명하라.
3. 전단경간비, a/d에 따라 보의 파괴 거동에 대하여 설명하라. 이때 주철근비의 영향에 대해서도 설명하라.
4. 캔틸레버 보와 브래킷의 차이에 대하여 설명하고, 그에 따른 설계 방법에 대하여 설명하라.
5. 스터럽 양에 따른 균열의 양상과 스터럽에 의해 저항할 수 있는 제한 값을 두는 이유에 대하여 설명하라.
6. 전단마찰 개념에 대하여 설명하고, 각종 줄눈에 있어서 무엇을 검토하여야 하는지를 설명하라.
7. 비틀림모멘트가 작용할 때 뒤틀림(warping) 현상에 대하여 설명하고, 왜 부재축 방향의 철근이 필요한지에 대해서도 설명하라.
8. 속찬 단면과 속빈 단면에 전단력과 비틀림모멘트가 동시에 작용할 때, 최대 전단응력이 발생하는 위치와 크기를 구하라

제6장

부착과 정착, 이음 거동

아래 그림은 철근의 부착강도에 대한 Rehm이 수행한 실험 방법과 결과를 나타내고 있다. 콘크리트 타설 방향과 인장력을 가하는 방향에 따라 부착강도가 크게 차이가 있음을 보이고 있다.[4)]

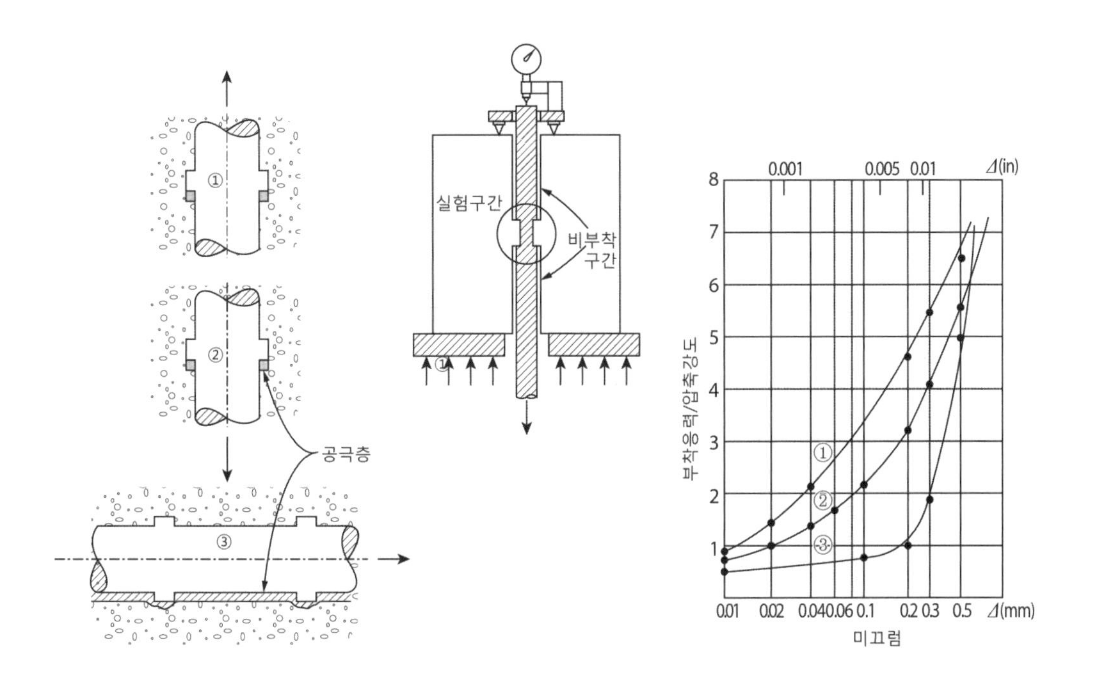

제6장 부착과 정착, 이음 거동

6.1 개요

철근콘크리트 부재는 엄밀히 말하면 합성부재(composite member)이다. 그러나 일반적으로 철근콘크리트 부재는 콘크리트와 철근이 완전히 부착되어 하나의 재료와 같이 거동하는 것으로 가정하여 합성부재라고 칭하지 않는다. 철근콘크리트가 나타나기 시작한 초기에는 이 두 재료 사이의 일체화를 위하여 부착 거동에 대한 많은 실험과 이론적 연구가 수행되었다.[1),2),3)] 이러한 연구 결과로 원형철근(plain reinforcing bar) 대신에 표면에 마디 등을 갖는 이형철근(deformed reinforcing bar)을 개발하게 되었다. 이형철근을 사용함으로써 철근과 콘크리트가 더 일체로 거동하게 되어 철근콘크리트 부재의 변위를 감소시키고, 철근의 정착 성능을 향상시킬 수 있었다.

지금 각국에서 사용하고 있는 설계기준에서는 철근과 콘크리트의 부착을 철근과 콘크리트 사이의 부착응력의 관점에서 보지 않고, 철근 정착의 관점에서 다루고 있다. 그러나 정착도 결국 철근과 콘크리트 사이의 부착에 연관되어 있으므로, 이 6장에서는 먼저 콘크리트와 철근 사이의 부착 거동에 대해 살펴보고, 다음에 철근콘크리트 구조물에서 철근의 정착과 이음에 대해 살펴보고자 한다.

합성부재
두 가지 이상의 재료로 이루어진 부재를 말한다. 대표적으로 강재와 철근콘크리트를 사용한 강-콘크리트 합성부재가 있다. 철근콘크리트 부재도 엄밀한 의미에서는 철근과 콘크리트 재료로 만들어진 합성부재라고 할 수 있다.

원형철근과 이형철근
여기서 원형(plain, 原形)철근은 단면 모양이 원형(round, 円形)인 철근을 뜻하지 않고, 철근 표면이 본래 모양으로 매끈한 철근을 말한다. 이에 반하여 이형(deformed, 異形)철근은 철근 표면에 마디 등을 두어 변형시킨 철근을 말한다.

6.2 부착 거동

6.2.1 부착 파괴 기구(mechanism)

철근콘크리트에 철근을 배치하는 이유는 콘크리트가 인장력에 약하기 때문에 철근이 인장력에 저항하도록 하기 위한 것이다. 따라서 철근콘크리트 부재에서 부착이란 철근 표면과 철근을 둘러싸고 있는 콘크리트의 접착을 뜻하지만, 철근과 콘크리트 사이의 부착 성능은 그림 [6.1](a)와 같은 철근 길이 방향에 수직한 성분에 대한 것이 아니고 나란한 방향에 대한 접착에 대한 저항 능력이다.

철근에 작용하는 힘이 콘크리트로 전달되는 방법은 원형철근인 경우 그림 [6.1](a)에서 보듯이 철근 표면과 콘크리트 사이의 화학적 반응에 의해 생기는 접착력(adhesion)과 물리적으로 일어나는 마찰력(friction)에 의한 것이고, 현재 주로 사용하고 있는 이형철근의 경우 그림 [6.1](b)에 나

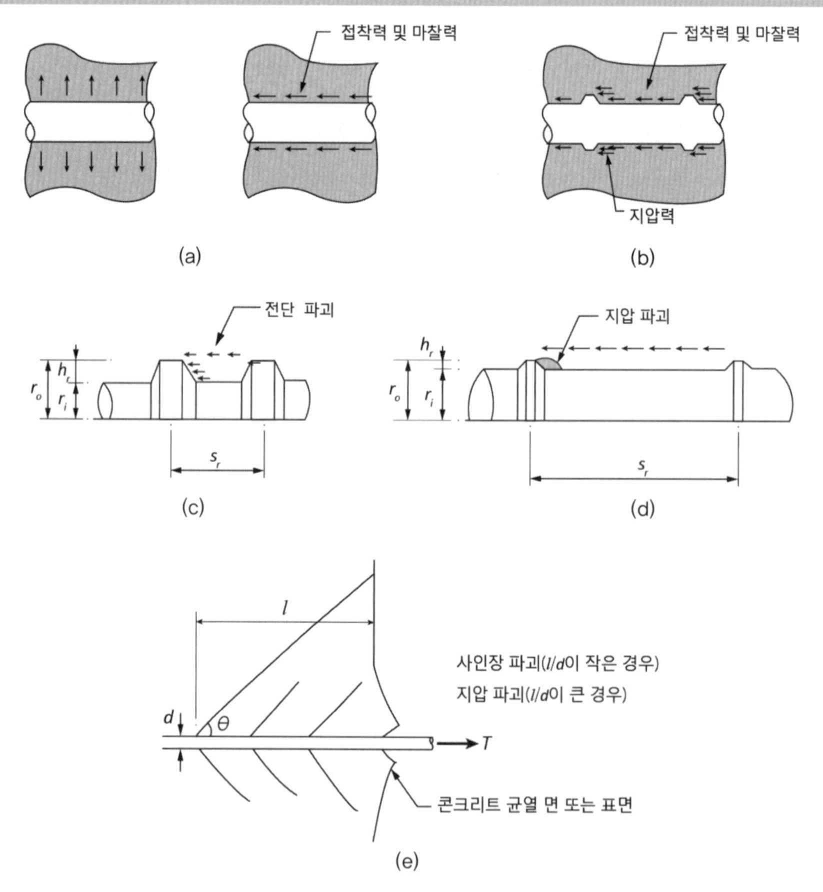

그림 [6.1]
철근과 콘크리트의 부착파괴 기구: (a) 철근과 콘크리트의 부착력 방향; (b) 이형철근의 부착력; (c) 전단 파괴 (h_r/s_r이 큰 경우); (d) 지압 파괴(h_r/s_r이 작은 경우); (e) 철근의 묻힘 깊이에 따른 파괴 형상

타낸 바와 같이 이 두 가지 힘에 이형철근 마디에 발생하는 지압력이 추가되는 것이다. 이 세 가지 힘, 즉 접착력, 마찰력과 지압력에 대해 살펴보면 철근 표면과 콘크리트 사이에 화학적 반응에 의한 접착력은 크지 않고 또한 표면에 일어나는 마찰력도 표면에 수직 방향의 축력이 거의 없기 때문에 크지 않다. 다만 지압력은 철근 마디의 높이에 따라 지압을 받는 면적이 달라지지만 콘크리트의 지압강도는 매우 크므로 지압에 의해 힘은 크게 전달될 수 있다.[4] 이와 같은 부착 거동으로 원형철근의 부착강도는 매우 작고, 이형철근의 부착강도는 상대적으로 크다.

이형철근의 경우에 마디 높이와 마디 간격에 따라 파괴는 그림 [6.1](c),(d)에 보이듯이 마디 전면에서 지압파괴가 일어날 수도 있고, 마디 꼭대기 선을 따라 콘크리트의 전단 파괴가 일어날 수도 있다. 다시 말하여 마디 높이가 높고 상대적으로 마디 간격이 좁은 그림 [6.1](c)와 같은 경우 마디에 의해 저항할 수 있는 지압강도는 마디 높이가 높아 크고, 마디 사이의 간격이 좁기 때문에 전단강도는 작아 전단 파괴가 일어난다. 반대로 그림 [6.1](d)와 같이 마디 높이가 낮고 마디 간격이 상대적으로 크면 지압 파괴가 일어난다. 지압 파괴는 전단 파괴에 비하여 훨씬 덜 취성적 파괴이기 때문에 우리나라 산업표준(KS)을 비롯하여[5] 각국의 표준에서[6] 철근의 마디 높이와 간격의 비를 고려한 이형철근의 형상을 규정하고 있다.

한편, 그림 [6.1](e)와 같이 단면에 인장력 또는 휨모멘트가 작용하여 발생하는 휨인장응력에 의해 단면에 균열이 일어난 경우에 파괴 형태는 달라질 수 있다. 철근의 길이 방향으로 묻힘길이(embedded length)가 짧은 곳에 위치한 마디에서는 사인장균열이 진행되어 사인장 파괴가 일어나고, 묻힘길이가 큰 경우에는 사인장 파괴에 대한 저항 능력이 전단 파괴 또는 지압 파괴에 대한 저항 능력보다 크므로 이러한 파괴가 일어나지 않는다.

묻힘길이
철근콘크리트 구조물에서 설계 단면부터 철근이 연장된 길이를 말한다.

이와 같은 형상을 식으로 요약하여 정리하면 다음 식 (6.1)과 같이 나타낼 수 있다.

$$F_{sh} = 2\pi r_0 s_r f_{sh} \tag{6.1(a)}$$

$$F_{be} = \pi (r_0^2 - r_i^2) f_{be} + 2\pi r_i s_r f_{fr} \tag{6.1(b)}$$

$$F_{sp} = \frac{\pi}{3} l(l\tan\theta)^2 f_{sp} \quad (6.1)(c)$$

여기서, F_{sh}, F_{be}, F_{sp}는 각각 전단파괴강도, 지압파괴강도, 사인장파괴강도를 나타내고, r_0, r_i는 철근의 마디까지 반경과 순반경을 나타내고 s_r은 철근 마디의 간격, l는 균열 면에서 마디까지 묻힘길이, θ는 사인장균열의 각도를 나타낸다. 그리고 f_{sh}, f_{be}, f_{fr}, f_{sp}는 각각 콘크리트의 전단강도, 지압강도, 부착강도, 사인장강도를 나타낸다.

앞서 설명한 바와 같이 각국의 산업표준에서는 전단 파괴보다는 지압 파괴에 의해 파괴될 수 있도록, 즉 다음 식 (6.2)(a)가 만족하도록 마디 높이와 간격의 비인 $(r_o - r_i)/s_r$을 조정한다. 이러한 경우 지압 파괴는 다음 식 (6.2)가 성립할 때 일어난다.

$$F_{be} > F_{sh} \quad (6.2)(a)$$

$$F_{be} < F_{sp} \quad (6.2)(b)$$

여기서, F_{be}, F_{sh}, F_{sp}는 각각 식 (6.1)에 의해 주어지는 값이다.

6.2.2 휨부착 거동

지금까지 철근 표면과 콘크리트 사이의 부착 거동에 대해 살펴보았다. 그러나 실제 철근콘크리트 구조물의 경우 균열이 발생되면 철근 표면에서 부착력은 다른 양상을 나타낸다. 그림 [6.2]와 같은 철근콘크리트 보에서 인장철근의 인장력과 부착력의 변화에 대해 살펴보자. 이와 같은 경우의 부착력을 휨부착력(flexural bond force)이라고 한다.[2)]

먼저 보에 균열이 발생되지 않은 경우 철근의 단위길이당 전달되는 부착력 u와 휨모멘트 M 또는 전단력 V의 관계식을 유도한다. 그림 [6.2]의 구간 A에서 철근의 인장력 T와 휨모멘트 M의 관계를 다음 식 (6.3)과 같이 얻을 수 있다.

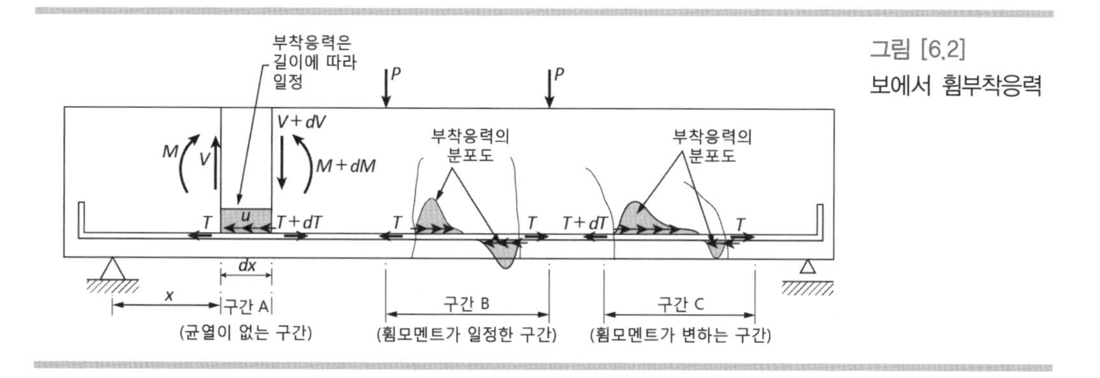

그림 [6.2]
보에서 휨부착응력

$$dT = \frac{dM}{jd} \tag{6.3}$$

여기서, jd는 단면에서 인장력과 압축력 사이의 팔의 길이이다.

또 단위길이당 부착력이 u이므로 미소길이 dx에 작용하는 부착력과 철근의 인장력 변화 dT가 같으므로 다음 식 (6.4)를 얻을 수 있다.

$$dT = udx \qquad (6.4)(a)$$

$$u = dT/dx \qquad (6.4)(b)$$

따라서 식 (6.4)(a)와 식 (6.3)과 앞의 식 (5.1)(b)에 의해 다음 관계식 (6.5)를 얻을 수 있다.

$$u = \frac{1}{jd}\frac{dM}{dx} = \frac{V}{jd} \tag{6.5}$$

이 식 (6.5)를 통해 그림 [6.2]의 구간 A와 같이 균열이 가지 않은 철근콘크리트 보에서 철근 길이 방향의 부착력 u는 그 단면의 전단력에 비례한다는 것을 알 수 있다. 그리고 앞의 식 (6.3)에 의하면 인장력은 휨모멘트에 비례한다는 것이다.

철근콘크리트 보에 하중이 크게 작용하여 그림 [6.2]의 구간 B와 구간

C와 같이 휨균열과 사인장균열이 발생된 경우에는 철근의 부착력 분포와 인장력 분포는 균열이 가지 않은 보와 큰 차이가 있다. 균열이 있는 철근콘크리트 보에서 휨모멘트가 일정한 구간 B의 인장철근에 있어서 인장력 분포와 부착력 분포는 그림 [6.2]에 나타낸 바와 같다. 휨모멘트가 같아도 실제로 균열 길이가 같지 않으나 이론적으로는 같고 실제로도 큰 차이가 없으므로, B구간에 발생한 균열 사이 부분을 살펴보면 양쪽 균열에서 철근의 인장력 T는 같다. 그리고 균열 사이의 철근의 인장력은 균열이 발생하지 않은 콘크리트가 어느 정도 저항하므로 점점 작아진다. 작아지는 것은 부착력에 의해 콘크리트로 전달되며, 그 분포는 그림 [6.2]에 나타낸 바와 같다. 균열이 있는 곳에서 부착력은 0이고 점점 커졌다가 다시 작아지고 또 반대 방향으로 점점 커졌다가 다시 작아진다. 이는 수식적으로 식 (6.4)(b)에서 보듯이 부착력은 철근의 인장력 T의 길이에 따른 변화를 나타내므로 인장력 T 분포의 기울기가 부착력이 되기 때문이다. 또 이와 같이 부착력의 방향이 바뀌는 것은 균열이 있는 철근콘크리트 보의 인장철근 위치에서 인장철근의 인장력이 균열 면에서 가장 크고, 점점 작아졌다가 다시 점점 커지기 때문이다.

휨모멘트가 일정하지 않은 구간 C에서 인장철근의 인장력 분포와 부착력 분포는 B구간과 유사하나 휨모멘트가 같지 않기 때문에 양쪽 균열 위치에서 철근의 인장력이 다르며 또한 부착력 분포도 대칭이 아니다.

우리나라의 경우 1980년대 이전까지 사용한 허용응력설계법에서는 휨부착응력을 계산하여 허용부착응력 이하로 설계하도록 규정하였다. 식 (6.5)의 철근길이당 부착력을 철근의 단위표면적당 부착응력 $\bar{u}$로 나타내면 다음 식 (6.6)과 같다.

$$\bar{u} = \frac{u}{\Sigma_0} = \frac{V}{jd\Sigma_0} \le \bar{u}_a \tag{6.6}$$

여기서 Σ_0은 철근의 둘레길이이고, $\bar{u}_a$는 각 설계기준에서 규정하고 있는 허용부착응력이다. 그러나 현재 각국에서 사용하고 있는 대부분의 설계기준에서 허용부착응력 개념은 없어지고 정착 개념으로 바뀌었다.

6.2.3 부착강도에 미치는 영향인자

철근의 위치 및 콘크리트 타설 방향

앞 절에서 보았듯이 철근과 콘크리트 사이의 부착강도는 결국 콘크리트의 접착강도, 전단강도, 지압강도, 사인장강도 등 콘크리트의 강도에 큰 영향을 받는다. 특히 이 중에서 사인장강도를 제외하고는 철근 표면 근방에 있는 콘크리트의 품질에 크게 좌우되는 것을 알 수 있다. 따라서 부착강도에 미치는 영향인자는 철근 표면 근처의 콘크리트의 강도에 영향을 주는 요인과 같다.

콘크리트를 타설하면 굳지 않은 상태에서는 소성침하가 일어나 콘크리트가 아래쪽으로 이동하고, 또한 블리딩이 일어나므로 그림 [6.3](a)에서 보이듯이 배합수와 미립분이 상승하여 수평으로 배치된 철근의 경우 철근 아래쪽에, 그리고 수직철근의 경우 마디 아래 부분의 콘크리트가 부실해진다.[4),7)] 그래서 그림 [6.3](b)와 같은 방법으로 실험을 하면 그림 [6.3](c)

소성침하, 블리딩
콘크리트는 타설할 때는 액체 상태로 이동이 상대적으로 쉽게 일어나므로 이 상태를 소성(plastic) 상태라고 한다. 이때 콘크리트가 자중에 의해 아래쪽으로 이동되는 것을 소성침하라고 하며, 이와 같은 이동은 콘크리트 내의 상대적으로 가벼운 물과 미립분이 콘크리트 상부 표면으로 이동하기 때문이기도 하다. 이와 같은 물과 미립분이 상부로 이동하는 것을 블리딩이라고 한다.

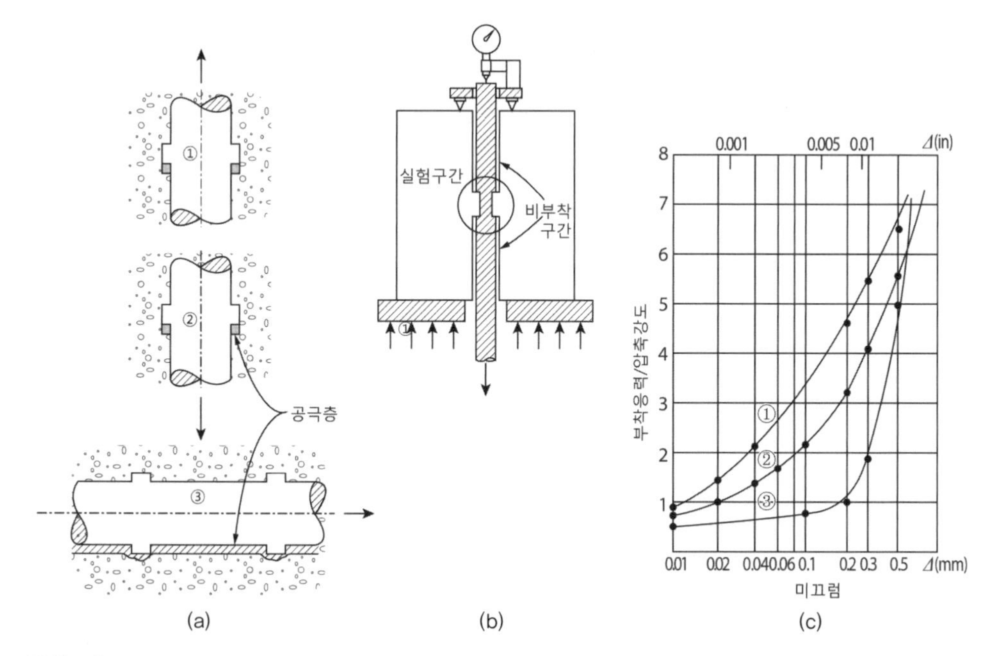

그림 [6.3]
철근의 방향, 콘크리트 타설 방향, 철근 인장력 방향에 따른 부착강도[4)]: (a) 공극층의 위치; (b) 부착강도 실험; (c) 실험 결과

에서 보이듯이 공극이 많은 부분의 콘크리트 압축강도는 다른 부분에 비하여 압축강도가 낮기 때문에 부착강도도 낮아진다. 다시 말하여 수직철근의 경우 콘크리트를 타설한 방향에서 당기면 부착강도가 커지고, 타설한 반대 방향에서 당기면 부착강도가 작아진다. 그리고 수평철근의 경우 이와 같은 소성침하량과 블리딩수의 양은 철근 아래쪽에 한번에 타설한 콘크리트의 깊이에 큰 영향을 받는다. 따라서 설계기준[8]에서는 수평철근에 대해서만 정착철근 아래에 300 mm를 초과하여 콘크리트를 타설한 경우에 철근배치위치계수를 적용하도록 규정하고 있다.

52 4.1.2(2)

한편 유럽에서 사용하고 있는 *fib* 설계기준 6.6절에서는 45° 이상 경사진 철근이나 수직철근에 대해서는 보정계수를 적용하지 않고, 동시에 타설한 콘크리트의 하부부터 250 mm 이상 또는 콘크리트 상부부터 적어도 300 mm 내에 45° 미만으로 경사진 철근에 대해서만 적용하도록 규정하고 있다.[9] 그 이유는 비록 수평철근 하부에 250 mm 이상 콘크리트가 타설된다고 하여도 상부에 300 mm 이상 콘크리트가 동시에 타설되면 압밀에 의해 부착강도 저하가 일어나지 않기 때문이다.

철근 크기

앞 절에서도 설명한 바와 같이 철근이 인장력을 받아 콘크리트에서 뽑혀나올 때 원추형 형태로 사인장균열에 의해 파괴가 되는 경우도 있다. 2.3.1절에서도 설명한 바와 같이 사인장균열처럼 균열이 발생되어 있는 모든 재료가 응력을 받으면 균열선단(crack tip)에서 응력집중 현상이 일어나며 이로 인하여 크기가 크면 클수록 재료의 강도는 줄어든다. 이러한 현상을 크기효과라고 하고, 다양한 예측식들이 제시되고 있음을 보였다.

다음 그림 [6.4]에 보인 바와 같은 철근의 굵기가 서로 다른 철근이 정착되어 있을 때 크기효과가 없으면 정착길이 l_d는 철근 직경 d_b에 비례한다. 그림에서 보이고 있듯이 철근 직경이 2배이면 철근의 단면적은 4배가 되며, 철근의 묻힘길이가 2배이면 사인장으로 파괴되는 콘크리트의 면적도 4배가 된다. 콘크리트의 사인장강도가 파괴되는 콘크리트 면의 크기에 관계없이 같다면 저항 능력도 4배가 되어 정착길이가 2배만 확보되면 된다. 그러나 콘크리트의 사인장강도가 크기에 따라 작아지기 때문에 4배의

그림 [6.4]
철근 크기의 영향

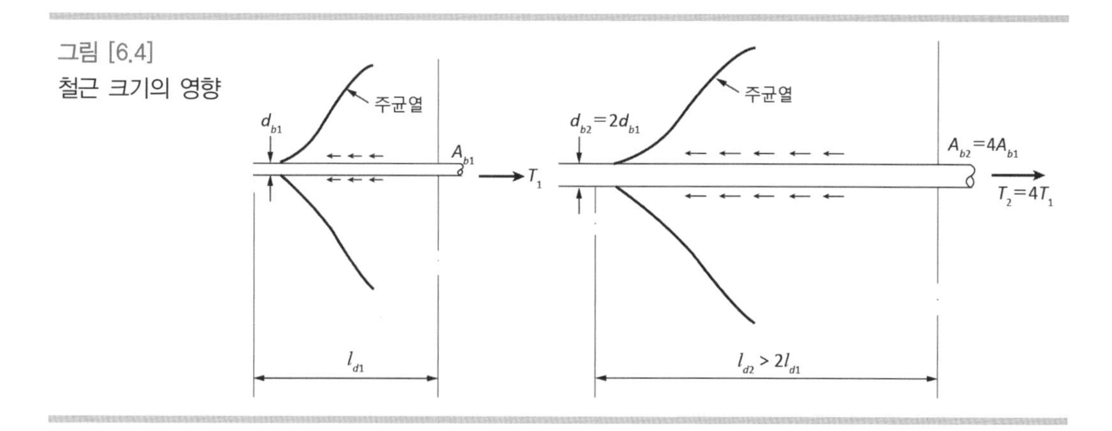

인장력에 저항하기 위해서는 정착길이는 2배 이상으로 커져야 한다. 이를 고려하여 미국 ACI 설계기준과 우리나라 콘크리트구조 설계기준에서는 D19 이하 철근과 D22 이상 철근으로 구분하여 상대적으로 큰 D22 이상 철근에 대해서 1.25배 하도록 규정하고 있다.[8] 한편 유럽의 fib 설계기준 (Eurocode 2의 6.6)에서는 콘크리트의 부착강도에 대한 보정계수로서 철근 직경이 25 mm 이하인 경우에 대해 1.0이고 초과하는 경우 $(25/d_b)^{0.3}$으로 규정하고 있다.[9]

52 4.1.2(2)

[저자 의견]
우리나라 설계기준에서도 정착길이에 대한 크기효과를 D19 이하, D22 이상에서 크게 변화시킬 것이 아니라 점진적으로 d_b의 함수로 하는 것이 바람직하다.

이와 같은 크기효과는 파괴되는 거동에 따라 차이가 난다. 압축 파괴에 비하여 인장 파괴가 일어날 때 크기효과가 크게 일어나므로 부착강도에 있어서도 지압 파괴에 의해 부착강도가 결정될 때보다는 전단 파괴나 사인장균열 파괴에 의해 부착강도가 결정될 때 더 큰 크기효과가 나타난다.

철근의 피복두께와 사인장균열 면의 철근량

부착강도는 앞서 언급한 바와 같이 철근 주위의 콘크리트 강도에 큰 영향을 받는다. 같은 이유로 철근 주위의 콘크리트가 균열이 일어나 있으면 균열이 없는 경우보다 부착강도는 작아진다.

철근콘크리트 보의 경우 그림 [6.5](a)에서 보이듯이 휨모멘트와 전단력에 의해 보의 단면에서 수직과 경사진 방향으로 균열이 발생된다. 이러한 균열은 철근과 콘크리트의 부착강도를 떨어뜨리는 요인이 된다. 특히 그림 [6.5](b)와 같이 주철근의 휨변형에 의해 휨철근 하부의 콘크리트에 연직 방향의 응력을 가하여 수평 방향으로 균열을 발생시키기도 한다. 이와

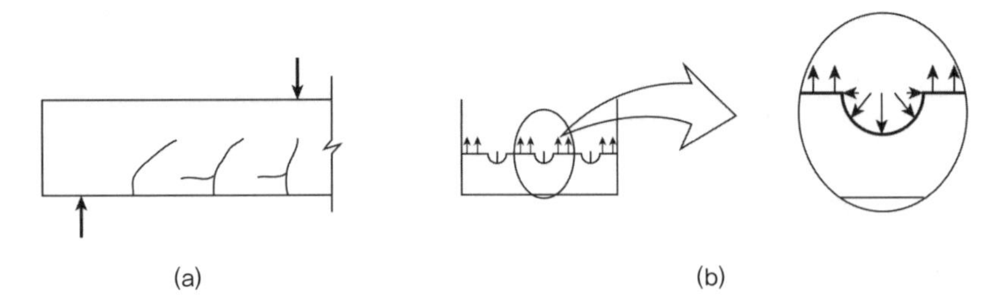

그림 [6.5]
휨인장 철근 주위의 균열: (a) 보의 균열; (b) 휨철근 주위 응력

같은 수평균열은 철근 길이 방향으로 일어나므로 부착강도를 크게 떨어뜨린다.[2)]

철근콘크리트 보에 나타나는 이와 같은 균열은 피복두께에 따라 크게 좌우되고, 또한 단면에 작용하는 휨모멘트와 전단력의 크기에 좌우되기도 한다. 따라서 각국의 설계기준에서는 보 주철근의 정착길이 산정에 있어서 이러한 요인을 고려하는 조항이 있다.

52 4.1.2(3)

한편, 휨균열이나 그림 [6.4]에 나타난 사인장균열의 발생을 억지하는 철근을 배치한 경우에 균열의 발생이나 균열폭을 제어하여 부착강도 저하를 지연시킬 수 있으므로, 이러한 철근량은 정착길이에 영향을 미치는 하나의 요인이 되며, 우리나라 설계기준에서도 이를 고려하는 방법이 주어져 있다.

6.3 정착 및 이음 거동

6.3.1 정착길이

정착이란 그림 [6.6]에 나타낸 것과 같은 철근에 작용하는 인장력 또는 압축력을 주위 콘크리트가 파괴되지 않고 힘을 콘크리트에 전달할 수 있도록 철근을 콘크리트 속에 연장하여 묻는 것을 뜻한다. 이때 묻힌 길이 l_d를 정착길이라고 하며, 설계기준에서는 철근이 항복할 때가지 저항할 수 있도록 이 정착길이를 확보하도록 규정하고 있다.

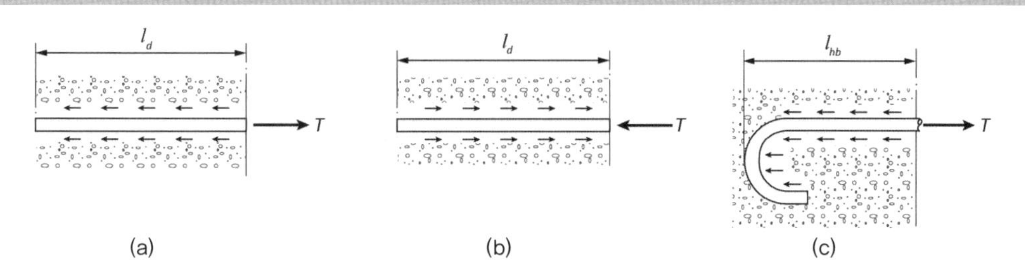

그림 [6.6]
철근의 정착: (a) 인장철근 정착; (b) 압축철근 정착; (c) 표준갈고리가 있는 인장철근 정착

만약 철근길이를 따라 부착응력이 일정하다면 앞 절에서 구한 방법에 따라 다음의 관계 식 (6.7)을 유도할 수 있다.

$$T = A_s f_s = \bar{u} \Sigma_0 l_d \tag{6.7(a)}$$

$$l_d = \frac{\pi d_b^2 f_s / 4}{\pi d_b \bar{u}} = \frac{d_b}{4\bar{u}} f_s \tag{6.7(b)}$$

여기서 d_b는 철근의 직경이고, $\bar{u}$는 철근의 단위표면적당 부착강도이며, f_s는 철근의 인장응력이다.

식 (6.7)(b)에 의하면 정착길이는 철근의 직경과 인장응력에 비례하고 부착강도에 반비례한다. 우리나라 콘크리트구조 설계기준[8]에서도 이를 기준으로 하여 철근이 항복할 때까지를 고려하여 $f_s = f_y$로 두고, 콘크리트와 철근 표면의 부착강도 $\bar{u} = \sqrt{f_{ck}}/2.4$로 가정하여 기본정착길이 l_{db}를 다음 식 (6.8)과 같이 규정하고 있다.

52 4.1.2(2)

기본정착길이
모든 정착길이는 기본정착길이를 기준으로 여러 영향 요인을 고려하여 구하고, 이음길이도 이 기본정착길이를 기준으로 산정한다.

$$l_{db} = \frac{0.6 d_b f_y}{\sqrt{f_{ck}}} \tag{6.8}$$

여기서 l_{db}는 기본정착길이, f_{ck}는 콘크리트의 설계기준압축강도이다. 실제 정착길이 l_d는 기본정착길이 l_{db}에, 앞에서 설명한 부착강도에 영향을 주는 여러 영향 요인을 고려하는 계수를 곱하여 구한다.

철근 표면과 콘크리트 사이의 부착응력은 철근 길이에 따라 일정하지 않고 인장력 T의 크기에 따라서도 변하고, T가 매우 커지면 균열 부분에서는 미끄럼(slip)이 일어나 전혀 부착응력이 없어지기도 한다. 그리고 실제 구조물에서 부착 파괴는 앞에서 설명한 철근 표면과 콘크리트 사이의 지압 파괴 또는 전단 파괴에 의해서 일어나는 것보다는 그림 [6.4]에서 나타나듯이 사인장균열에 의해 파괴가 일어나는 경우가 많다. 이러한 파괴를 막기 위해서는 파괴 균열이 발생되는 균열 선을 가로 지르는 위치에 철근을 배치하는 것이 바람직하며, 6.2절에서 설명한 바와 같이 이를 고려하는 계수로서 설계기준에서는 횡방향철근지수(transverse reinforcement index) K_{tr}을 제시하고 있다.[8] 또 이러한 파괴는 사인장균열에 의한 파괴이므로 응력집중 현상이 일어나 크기효과(size effect)가 나타나므로 굵은 철근을 사용하면 더 긴 정착길이가 필요하다. 우리나라 콘크리트구조 설계기준에서는 간단히 D22 이상 철근에 대해 크기효과계수 1.25를 규정하고 있다. 그리고 철근의 위치에 따라서도 블리딩 현상에 따라 강도가 저하되므로 철근배치위치계수를, 철근부식을 방지하기 위하여 표면을 에폭시 등으로 도막 처리를 한 경우에 대해서도 철근도막계수를 고려하도록 하고 있다.

52 4.1.2(3)

52 4.1.2(2)

한편 그림 [6.6](b)와 같이 압축에 대한 정착은 균열로 인한 부착강도의 감소도 일어나지 않고 철근 안쪽 끝 부분에서 콘크리트의 지압에 의한 저항능력도 생겨나므로 인장정착길이보다는 짧아도 된다. 이러한 점을 고려하여 우리나라 콘크리트구조 설계기준에서는 압축을 받을 때 부착강도 $\overline{u}=\sqrt{f_{ck}}$로 가정하여 다음 식 (6.9)와 같이 규정하고 있다.[8]

52 4.1.3(2)

$$l_{db}=\frac{0.25d_bf_y}{\sqrt{f_{ck}}} \qquad (6.9)$$

여기서 l_{db}는 압축력을 받는 철근의 기본정착길이이다.

그림 [6.6](c)와 같은 표준갈고리를 갖는 인장철근의 기본정착길이는 그림 [6.6](a)와 같은 직선 철근의 기본정착길이보다 2.5배나 짧은 다음 식 (6.10)과 같이 우리나라 설계기준에서는 규정하고 있다.[8]

52 4.1.5(2)

$$l_{hb} = \frac{0.24 d_b f_y}{\sqrt{f_{ck}}} \tag{6.10}$$

여기서 l_{hb}는 표준갈고리를 갖는 이형철근의 기본정착길이이다.

정착길이 l_{dh}는 이 기본정착길이 l_{hb} 값에 철근의 도막계수, 피복두께 등에 대한 보정계수를 곱하여 구한다. 그러나 압축철근에 대한 표준갈고리는 정착에 크게 효과가 없으므로 이에 대한 것은 규정하고 있지 않다.

6.3.2 이음길이

일반적으로 철근은 10 m 내외의 길이로 생산되므로 철근과 철근 사이에 이음이 필요하다. 이렇게 철근을 이음하는 방법으로는 겹침이음(lapped splice), 용접이음(welded splice), 기계적이음(mechanical splice) 등이 있다. 이 중에서 철근의 부착강도를 활용하여 이음을 하는 방법이 두 철근의 일정한 길이를 겹쳐서 잇는 겹침이음이다. 이때 두 철근이 겹쳐진 길이를 이음길이(length of lap)라고 한다.

같은 철근이라 하더라도 철근이 정착될 때와 이음될 때 부착강도가 차이가 날 수 있다. 이것은 그림 [6.7](a)에서 볼 수 있듯이 이음을 할 때는 철근이 끝나는 부분의 철근과 콘크리트에서 응력의 흐름이 완만하지 못하여 균열이 일어날 가능성이 있고, 그림 [6.7](b)와 같이 철근 사이에 간격이 있는 경우에는 경사진 균열이 발생할 수도 있기 때문이다. 또한 그림 [6.5]에서 보인 바와 같이 휨인장철근의 경우 철근에 수직 방향과 수평 방향으로 균열이 발생할 수도 있다. 이렇게 발생된 균열의 폭의 크기가 부착강도에 영향을 미치며, 이때 균열폭의 크기는 이음을 하고자 하는 철근 응력의 크기에 거의 비례한다.

이러한 균열의 발생 가능성과 발생한 균열의 폭과 개수 등을 고려하여 우리나라 설계기준에서는 겹침이음은 A급 이음과 B급 이음으로 나누고 있다. A급 이음길이는 정착길이 l_d와 같으며, A급 이음이란 소요겹침이음길이 내에서 50퍼센트 이하의 철근이 이음되면서 실제 배근된 철근의 단면적이 그 단면에서 단면력에 의해 요구되는 철근 단면적의 2배 이상인

52 4.5.2(1), (2)

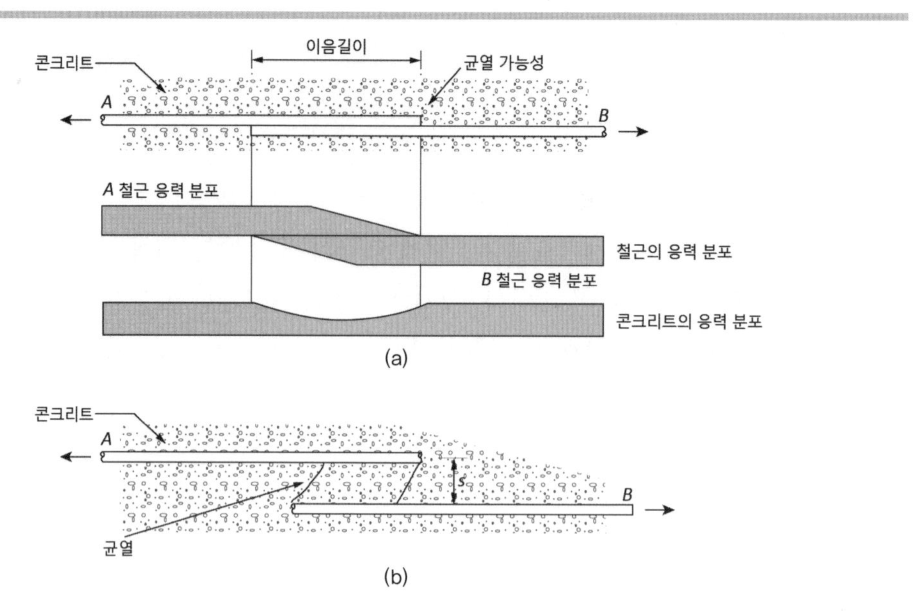

그림 [6.7]
겹침이음에서 균열의 발생: (a) 겹침이음 철근의 균열; (b) 간격이 있는 겹침이음 철근의 균열($s > 4d_b$)

경우이다. 그 외의 경우에는 B급 이음으로서 정착길이 l_d의 1.3배를 이음길이로 규정하고 있다.

참고문헌

1. Talbot, A. N., 'Tests of Reinforced Concrete Beams', University of Illinois Bulletin Vol. Ⅱ, No. 1, Sept. 1, 1904, 69p.
2. ACI Committee 408, "Bond Stresses-The State of the Art", Journal of ACI, Vol. 63, No. 11, Nov. 1966, pp.1161-1190.
3. ACI Committee 408, "Opportunities in Bond Research", Journal of ACI, Vol. 67, No. 11, Nov. 1970, pp.857-867.
4. Rehm, G., 'The Basic Principles of the Bond between Steel and Concrete', Translation No. 134, Cement and Concrete Association, London, 1968, 66p.
5. KS D 3504, '철근 콘크리트용 봉강'.
6. ASTM, "Standard Specification for Deformed and Plain Billet-Steel Bars for Concrete Reinforcement", ASTM A615.
7. Welch, G. B., and Patten, B. J. F., "Reduction in Concrete-Steel Bond with Horizontally Embedded Reinforcement", UNCIV Report No.R-8, Feb. 1967, University of New South Wales, 26p.
8. 한국콘크리트학회, '콘크리트구조 설계기준 해설', 기문당, 2021.
9. *fib*, '*fib* Model Code for Concrete Structures 2010', Ernst & Shon, 2013, 402p.

문 제

1. 부착강도에 미치는 요인들을 열거하고, 왜 영향을 미치는지에 대하여 설명하라.
2. 철근의 마디 간격에 대한 마디 높이의 비가 얼마일 때 전단 파괴보다는 지압 파괴가 일어나는지를 보여라. 그리고 우리나라 산업표준(KS)과 미국의 산업표준(ASTM)에서 규정하고 있는 값을 보여라.
3. 정착길이에 영향을 주는 요인들을 열거하고, 왜 영향을 미치는지를 설명하라.
4. 철근이음의 종류를 들고, 그리고 겹침이음길이에 영향을 미치는 요인을 열거하고 왜 영향을 미치는지를 설명하라.

제7장

철근콘크리트 구조물의 사용성

옆 그림과 같은 두께 160 mm 슬래브($\rho = 0.0050$, $f_y = 500$MPa)에 자중과 다양한 크기의 활하중을 가하여 장기간($t - t_0 = 500$일) 두었을 때 시간에 따른 처짐과 평균 균열폭의 변화를 보여준다.

(Ref. : Jaccoud, J. P. and Favre, R., 1982.)

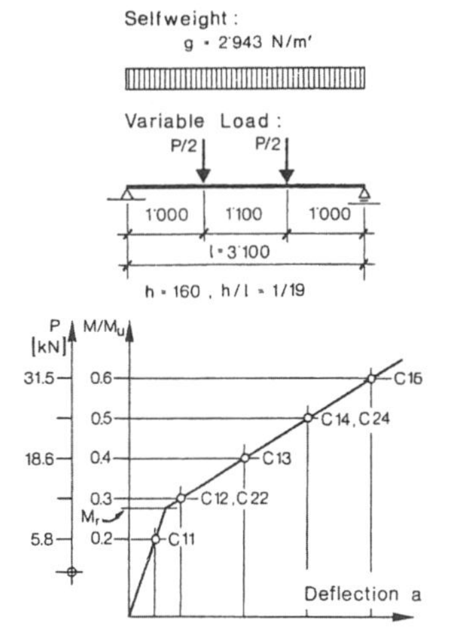

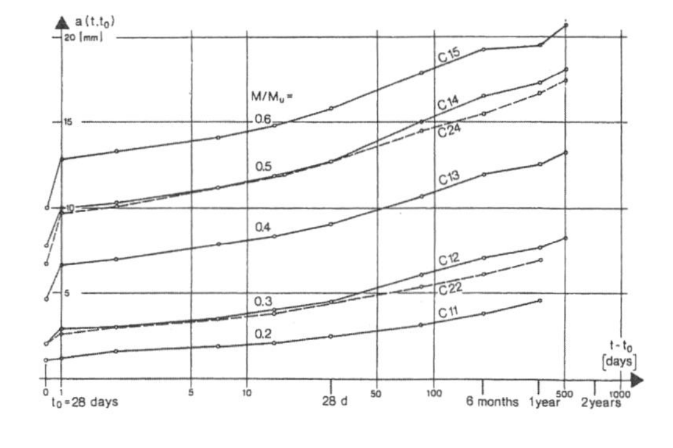

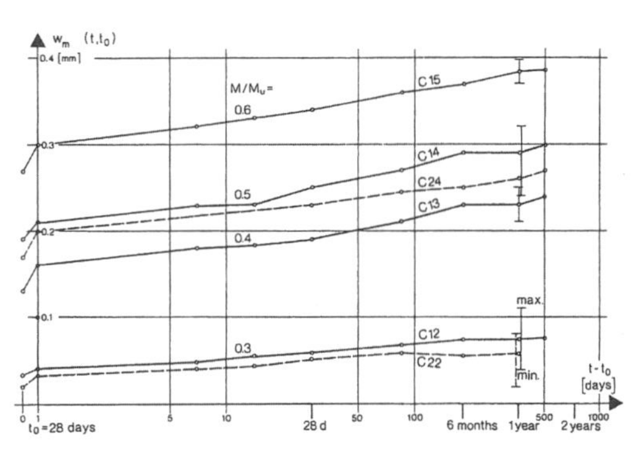

제7장 철근콘크리트 구조물의 사용성

7.1 개요

사람이 이용하고자 건설하는 모든 구조물은 요구하는 기능에 따라 여러 가지 사용성능을 만족시켜야 할 필요가 있다. 이와 같은 사용성능으로는 처짐, 진동, 소음, 에너지 보존, 외관 등 여러 가지가 있다. 철근콘크리트 구조물은 강 구조물이나 목 구조물 등에 비하여 사용성능 측면에서 매우 뛰어난 구조물이다. 그래서 철근콘크리트 구조물의 경우 안전성능만 만족하면 대부분 요구되는 사용성능도 만족하므로 사용성능에 대하여 큰 관심을 갖지 않는 경우가 많다. 그러나 최근에 고층 철근콘크리트 구조물과 장경간의 철근콘크리트 구조물이 건설되기 시작하여 변위에 관련된 처짐이나 진동 등에 대한 검토가 요구되기도 한다. 또한 에너지 문제와 삶의 질 향상 등으로 에너지 보존과 소음, 외관 등에 대한 요구도 증대되고 있다. 이와 같이 사용성능으로 요구되는 여러 사항 중에서 철근콘크리트 구조물의 구조적 측면에서 꼭 고려해야 할 사항에 대해서만 이 장에서 다루고자 한다. 이와 관련한 것으로는 누수 등에 관련된 균열 그리고 처짐 등이 있다.

철근콘크리트 구조물의 사용성
철근콘크리트 구조물은 강 구조물, 목 구조물, 조적 구조물 등에 비하여 부재의 강성(stiffness)이 크기 때문에 처짐, 진동 등에 유리하고, 콘크리트의 열전도 계수가 작기 때문에 단열 성능 등에도 유리하다.

7.2 균열

7.2.1 일반사항

철근콘크리트 구조물에서 콘크리트의 균열폭을 제한하는 이유는 균열이 있어도 구조물의 성능, 즉 안전성(safety), 사용성(serviceability), 내구성

(durability)을 저하시키지 않도록 하기 위한 것이다.

각 성능에 대해 보다 구체적으로 살펴보면, 먼저 안전성 측면에서 철근콘크리트 구조물을 설계할 때, 콘크리트는 인장력을 전혀 받지 못하는 것으로 설계한다. 따라서 균열 면(crack surface)에서 인장력에 대한 저항 능력이 없어도 문제가 없으며, 압축력에 대해서는 저항 능력이 떨어지지 않으므로 문제가 되지 않는다. 다만 균열 면을 따라 전단력이 작용하는 경우 전단 저항 능력이 떨어지므로 이에 대한 검토가 필요하다. 일반적으로 설계기준에서는 이러한 경우 전단마찰(shear friction) 개념으로 설계, 검토하도록 규정하고 있다. 결론적으로 구조물의 안전성능 확보에 대해서는 균열 면을 따라 전단력을 전달할 수 있는지 여부만 검토하면 된다.

다음으로 구조물의 사용성능 측면에서 앞서 설명한 바와 같이 처짐, 진동, 누수, 미관 등등이 있을 수 있으며, 일반적인 철근콘크리트 구조물의 균열은 처짐과 미관 등에 영향을 준다. 그리고 수처리 구조물과 같이 구조물의 균열은 누수에 주로 영향을 준다. 처짐과 진동에 대한 균열의 영향은 단면 결손에 의한 단면2차모멘트 저하와 관련이 있다. 이로 인한 부재 강성의 저하는 처짐과 진동을 증대시키므로 콘크리트 균열의 영향을 고려하여 검토하여야 한다. 그러나 일반적인 콘크리트 구조물은 강성이 매우 크기 때문에 큰 문제가 되지 않는 경우가 대부분이다. 외관(appearance)에 대한 것은 사람마다 주관적 문제로 공학적 문제로 접근하기는 힘들다. 균열로 인한 사용성 문제에서 가장 중요한 요소는 누수의 문제로서, 주로 수처리 구조물과 방수가 미비한 지하 구조물에서 누수가 일어난다. 방수처리가 되지 않고, 누수가 일어나지 않아야 하는 구조물의 경우 균열폭은 보다 엄격하게 제한되고 있다.[1),2),3)]

마지막으로 내구성 측면에서 균열은 매우 중요하며, 일반 철근콘크리트 구조물에 대한 설계기준에서 허용균열폭은 대부분 구조물의 내구성능 측면에서 제시되고 있다. 콘크리트의 알칼리골재반응, 또는 강한 산에 노출된 철근콘크리트 구조물 등과 같이 콘크리트 자체가 손상되는 특수한 경우를 제외하고는 철근콘크리트 구조물의 내구성은 철근의 부식에 의해 좌우된다. 따라서 콘크리트의 균열로 인하여 사용수명 동안 철근의 부식을 촉진시키지 않을 정도의 균열을 설계기준에서는 규정하고 있다.[1),2),3)]

허용균열폭
콘크리트에 균열이 발생되지 않을 수는 없으며, 허용범위 내의 균열은 구조물에 크게 악영향을 주지도 않는다. 따라서 각 조건에 따라 허용되는 균열폭이 각 설계기준에서 규정되고 있다.

이와 같이 균열 제어는 철근콘크리트 구조물의 모든 성능 확보에 중요한 사항이다. 이 절에서는 이와 같은 콘크리트 균열의 발생 요인과 기준(criteria) 등에 대해 살펴보고, 각국의 설계기준에 나타난 내용을 비교, 검토한다.

7.2.2 균열의 발생 원인

콘크리트 재료는 어떠한 건설재료보다도 더 많고, 더 쉽게 균열이 일어난다. 이는 콘크리트가 인장응력에 약하고 인장응력을 유발하는 요인이 다양하기 때문이다. 이러한 균열 발생의 요인 중에서 주된 요인은 외력의 작용, 그리고 온도 변화, 수분의 변화 및 화학반응으로 인한 재료의 부피 변화(volumetric change)이다.

균열 발생의 요인
외력, 부피 변화로 크게 나눌 수 있으며, 부피 변화는 수화열, 외기온도 변화 등의 온도 변화와 콘크리트 내의 수분 변화로 인한 수축현상, 화학 반응인 철근 부식, 화학적침식, 알칼리골재반응 등이 있으며, 수분의 동결에 의한 동결융해 등이 있다.

첫 번째 균열 발생의 요인은 외부에서 구조물에 작용하는 힘이다. 콘크리트 구조물에 일어나는 외부 하중에 의한 균열은 대개 콘크리트에 인장응력을 유발시킴으로써 일어난다. 그 예로서 보나 슬래브의 인장 영역에서 볼 수 있는 휨균열과 전단력이 크게 작용하는 보의 단부 근처의 복부에 일어나는 사인장균열 등이 있다. 그러나 가끔 철근에 응력이 크게 작용하는 경우 부착응력에 의한 철근의 길이 방향으로 발생하는 균열도 있으며, 프리스트레스트콘크리트의 정착구 근방에서 일어나는 지압이 작용하는 부분에서 압축응력에 의해 발생하는 균열도 있다. 또 다른 예로서 콘크리트 구조물의 일부가 부등변위(differential displacement)를 일으켜 발생하는 균열로서, 이와 같은 현상의 대표적인 예는 지반의 침하로 기초판의 변위로 인하여 발생하는 균열이다. 결국 부등침하에 의해 일어나는 균열도 구조물의 어느 부분에 인장응력을 유발시켜 일어난다.

두 번째 균열 발생의 요인은 콘크리트 재료의 부피 변화이다. 콘크리트 재료에 부피 변화가 일어나는 경우는 콘크리트 재료 내부에 수분이 없어져 일어나는 수축현상(shrinkage)에 의한 것과 수화열 또는 외기 온도 등의 온도 변화에 의한 것이다. 어떠한 이유에 의하든 부피 변화가 일어나고 이러한 변화에 의한 변위가 구속될 때 콘크리트에서 균열이 발생한다. 먼저 콘크리트에 발생하는 수축현상의 종류는 발생 시기, 원인 등에 의해 소성수축, 건조수축, 자기수축 및 탄화수축 등으로 나눌 수 있으며, 이들 모

부과변형
(imposed deformation)
외부에 작용하는 하중에 의한 변형이 아니라 콘크리트 자체의 온도 변화와 수축현상(shrinkage)에 의해 일어나는 변형을 말한다.

두는 콘크리트 내의 수분의 손실로 인하여 부피가 줄어드는 현상이다. 또 모든 재료는 온도가 올라가면 부피가 팽창하고 온도가 떨어지면 부피가 줄어든다. 이와 같이 부과된 부피 변화에 의한 변형(imposed deformation) 때문에 콘크리트에 일어나는 균열을 부과변형 균열(cracking due to imposed deformation)이라고 한다. 어떠한 경우에는 온도가 올라가면 부피가 팽창하여 발생되어 있는 균열의 폭을 줄여주기도 한다.

세 번째로 콘크리트 구조물에 일어나는 균열 발생의 원인으로 소성침하가 있다. 소성침하는 소성수축과 함께 콘크리트가 굳지 않은 상태에서 일어나는 현상이며, 소성수축은 수분의 증발로 부피 변화가 일어나는 것이고, 소성침하는 콘크리트 자중에 의한 침하가 일어나는 현상이다. 거푸집의 변형 또는 침하로 인하여 아직 굳지 않은 콘크리트가 침하되면 강성이 상대적으로 큰 철근의 위 쪽에 철근을 따라 균열이 발생하며 이를 소성침하 균열이라고 한다.

네 번째로 콘크리트에 균열은 철근의 부식에 의해 일어날 수도 있다. 콘크리트의 탄산화 또는 염해 등에 의해 콘크리트 속의 철근이 부식하면 철근의 부피가 팽창하여 둘러싸고 있는 콘크리트에 인장응력을 유발시켜 균열을 발생시킨다. 이러한 균열이 발전하면 피복 콘크리트를 탈락시켜 철근이 외부에 노출되어 부식을 더욱 촉진시키기도 한다. 이러한 균열은 주로 철근을 따라 일어난다.

다섯 번째로 콘크리트에 화학적침식(chemical attack)이 일어나 균열이 발생한다. 폐수처리 콘크리트 구조물과 같이 오염된 물질에 노출된 콘크리트는 외부로부터 유해한 화학 물질의 침투로 균열이 유발되기도 하고, 알칼리골재반응과 같이 콘크리트 내에서 화학적 반응에 의해 균열이 발생되기도 한다. 화학적 요인에 의한 균열은 일반적으로 앞에서 설명한 여러 균열과 다르게, 몇 개의 균열이 아니라 콘크리트 재료 전체에 걸쳐 일어난다. 따라서 이러한 균열은 콘크리트 재료가 어떠한 힘도 저항할 수 없도록 하기 때문에 매우 심각하다.

여섯 번째로 동결융해 작용이 또 하나의 콘크리트 균열 발생의 원인이다. 콘크리트에 물이 침투되어 있을 때 온도가 급격하게 떨어지면 물이 얼어 부피가 팽창되어 콘크리트 속에서 인장응력을 유발시키고, 다시 온도가 오르면 응력이 없어진다. 이러한 현상이 반복되면 콘크리트 내부는 화학적침식에 의한 균열과 비슷한 미세한 균열을 발생시켜 콘크리트가 제 역할을 못하게 된다. 이러한 현상을 동결융해(freeze-thaw)라고 하며, 주로 겨울철에 눈과 같은 수분에 자주 노출되는 포장 콘크리트 등에서 나타난다.

이 외에도 콘크리트에 균열이 일어나는 요인은 여러 가지가 있으며, 각 요인에 대한 발생 기구(mechanism)를 이해하여 가능한 균열이 발생하는 것을 최소로 하는 것이 중요하다.

7.2.3 균열의 발생 기구

콘크리트의 파괴는 항상 균열에 의해서 일어난다. 또한 콘크리트는 생겨날 때부터 균열을 갖고 있다. 즉, 콘크리트는 균열을 항상 갖고 있으며, 그 균열의 진전에 의해 파괴가 일어난다. 여기서는 일반적인 콘크리트의 균열이 어떻게 발생하여 진전되는가에 대하여 살펴보고자 한다.

콘크리트는 재료의 특성상 내부에 미세균열(micro crack)을 본래부터 갖고 있으며, 특히 굵은골재의 계면(interfacial zone)에 많이 분포되어 있다.[4] 미시적 관점(micro level)에서 살펴보면 이러한 균열이 있는 콘크리트에 응력이 가해지면 균열선단(crack tip)에서 응력집중 현상이 일어나며, 응력이 일정한 한계를 벗어나지 않으면 탄성적으로 거동하나 그 한계를 벗어나면 균열선단에서 미세균열이 발전하여 비선형성의 변화를 보이다가 눈에 보이는 균열로 진전된다. 한편 거시적 관점(macro level)에서 보면 콘크리트에 인장응력이 작용하면 처음에 선형탄성 거동을 하고, 인장강도에 가까워지면 미세균열이 진전되기 시작한다. 인장응력이 인장강도에 도달한 이후에는 이 미세균열이 더욱 커지고 변형률도 늘어나게 된다.

미세균열(micro crack)
균열의 크기를 나눌 때 외관상 눈으로 볼 수 있는 크기의 균열이 아닌 매우 작은 균열을 말한다. 정확한 구분은 없지만 균열 폭이 0.1mm 미만을 말한다.[5]

미시적, 거시적 관점
콘크리트 재료는 엄밀한 의미에서 복합재료이고, 시멘트조차도 복합재료이다. 그러나 일반적으로 콘크리트 또는 시멘트를 하나의 균일한 재료로 취급하기도 한다. 따라서 재료를 보는 관점에 따라 micro -, meso -, macro level로 나누기도 한다. 이 또한 엄밀하게 분류할 수는 없고 상대적 관점에서 본다.

콘크리트는 유리나 금속재료와는 다르게 그림 [7.1](a)에서 볼 수 있듯이 인장강도에 도달한 이후에 변형률은 증가하나 응력은 감소하는 변형연화(strain-softening) 현상을 보인다. 여기서 더욱 변형률이 증가하게 되면 균열선단에서는 주균열(main crack)이 발생하여 콘크리트는 더 이상 연속체가 될 수 없다. 그림 [7.1](b)와 같은 콘크리트 공시체에 인장력이 작용할 때 하중 단계별 응력 분포 및 변형률 분포는 각각 그림 [7.1](c),(d)

와 같이 나타낼 수 있다. 그러나 그림 [7.1](d)의 k_1-k_2 구간의 실제 변형률은 나타낼 수 없으며, 단지 이 구간에서는 전체 변위만을 나타낼 수 있다. 이러한 과정을 거쳐 콘크리트가 파괴되는데, 이때 위에서 언급한 변형연화 현상과 미세균열의 발생 등이 콘크리트 재료의 큰 특징이며 콘크리트의 비선형적 특성과 파괴 특성에 큰 영향을 미친다. 또한 하중의 재하속도에 따라서도 콘크리트의 강도, 균열의 생성과 분포, 균열 방향이

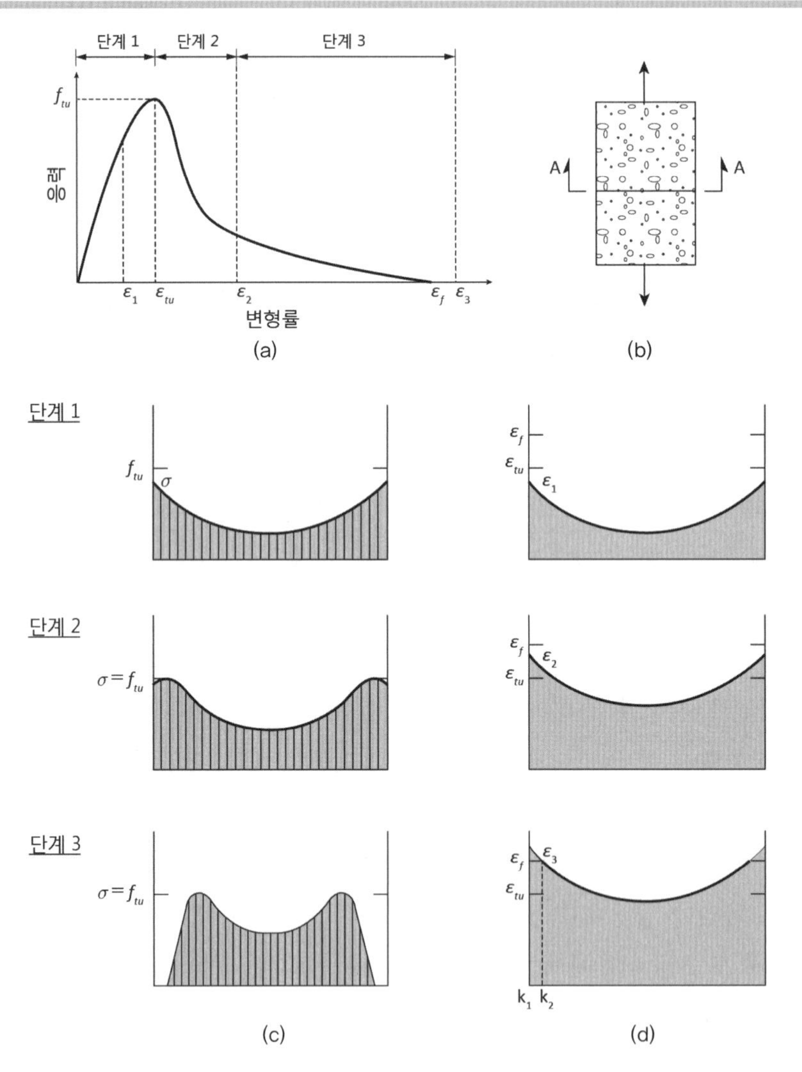

그림 [7.1]
콘크리트의 균열 발생 과정: (a) 응력-변형률 관계; (b) 인장 공시체; (c) 응력 분포($A-A$ 단면); (d) 변형률 분포($A-A$ 단면)

크게 바뀌게 된다. 그러나 미세하게 관찰하면 균열의 발생은 앞에서 언급한 과정에 의하여 이루어진다고 볼 수 있다.

7.2.4 균열의 발생 기준(criterion)

굳은 콘크리트에서 균열이 언제 진전되는가에 대한 기준(criterion)도 다양할 수 있다. 강재의 항복기준(yield criterion)과 같이 콘크리트의 균열 발생의 기준도 응력, 변형률 또는 에너지에 근거하여 기준을 정할 수 있다. 가장 간편하게 정의할 수 있는 것은 주인장응력이 인장강도에 도달하는 순간 균열이 발생된다고 보는 것인데, 일반적인 의미에서 어느 정도 받아들여질 수 있다. 그러나 이 기준으로 설명할 수 없는 경우도 있으므로 변형률 또는 변위나 에너지에 근거하여 기준을 제시하기도 한다. 이와 같은 예로서 파괴역학에 근거하여 변위에 관계되는 균열개구변위(COD ; crack opening displacement) 또는 에너지에 관계되는 파괴에너지(fracture energy)를 기준으로 하는 방법도 최근에 제시되고 있다.[6),7)]

강재의 항복기준
강재의 항복기준으로는 전단강도에 근거한 트레스카 기준(Tresca criterion)이 있고, 에너지에 근거한 폰 미세스 기준(von Mises criterion)이 있다.

균열개구변위
균열개구변위란 힘을 받을 때 균열의 폭을 말한다. 균열 끝에 일어나는 변위를 균열선단개구변위(crack tip opening displacement; CTOD)라고 하고, 선단에서 조금 떨어진 곳에서 변위를 crack mouth opening displacement; CMOD라고 한다.

강도기준(strength criterion)

콘크리트 구조물에 외력이 가해지거나 또는 재료 자체의 부피 변화가 일어나면 응력이 유발되며, 이러한 응력이 어느 기준, 즉 강도에 도달하면 균열이 발생한다는 것이다. 다시 말하여 콘크리트는 압축응력, 전단응력에 비해 인장응력에 매우 약하므로 그림 [7.2](a)에서 보듯이 주인장응력이 인장강도에 도달하면 균열이 발생한다는 개념이다. 이는 일반적으로 받아들여지고 있는 기준으로서 균열 발생 여부의 평가에 널리 이용되고 있다. 이때의 균열은 매우 미세하여 눈으로는 볼 수 없는 정도이나 내부적으로는 균열이 발생되어 있다.

그러나 이러한 강도기준으로는 콘크리트에 발생되는 모든 균열을 설명할 수 없는 경우도 있다. 예컨대 1축 압축을 받는 콘크리트 공시체도 그림 [7.2](b)에서 보듯이 압축강도의 50~70퍼센트 정도 받으면 미세균열이 진행되는데, 이러한 공시체에 인장응력은 존재하지 않는다. 즉, 인장응력이 작용하지 않아도 콘크리트에서 균열은 일어날 수 있다는 것으로서 이 강도기준으로는 설명할 수 없다.

변형률기준(strain criterion)

강도기준과 유사하게 이 변형률기준이란 외력 또는 부피 변화에 의해 콘크리트에서 인장변형률이 어느 특정한 변형률에, 예로서 그림 [7.2](a) 에서 ε_{tu}에 도달하면 균열이 발생한다는 개념이다.

그림 [7.2](a)에서 보는 바와 같이 강도기준은 인장응력이 f_{tu}에 이르면 균열이 발생한다는 개념이고, 변형률기준은 인장변형률이 ε_{tu}에 이르면

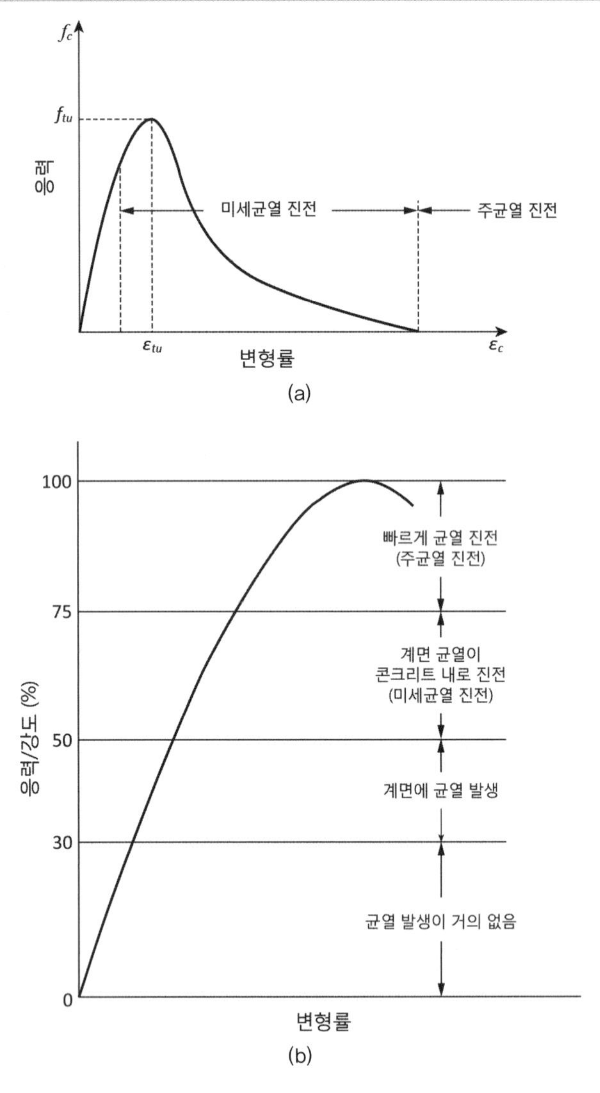

그림 [7.2]
콘크리트의 응력–변형률과 균열 발생: (a) 인장응력–변형률과 균열; (b) 압축응력–변형률과 균열

균열이 발생한다는 개념이다. 이 그림에서 보면, 1축 인장을 받는 경우에는 이 두 기준은 차이가 없다. 일반적으로 그림 [7.2](a)에서 굳은 콘크리트에 대한 ε_{tu}값은 일반적으로 $(100\sim200)\times10^{-6}$ 정도로 알려지고 있다.

그러나 보통의 굳은 콘크리트에서 1축 압축을 받는 경우 그림 [7.2](b)에서 보는 바와 같이 압축강도의 50~70퍼센트에서 균열이 발생하기 시작한다. 이는 압축강도의 50~70퍼센트에서 압축변형률은 약 $(500\sim1000)\times10^{-6}$ 정도이며, 콘크리트의 포아송비가 약 0.2이므로 이때 횡방향으로 인장변형률은 $0.2\times(500\sim1,000)\times10^{-6} = (100\sim200)\times10^{-6}$ 정도에 이르기 때문이다. 이 값은 인장을 받을 때 균열 발생이 시작하는 변형률과 같은 값이다. 즉, 강도기준에 의해서는 1축 압축을 받을 때의 균열 발생을 설명할 수 없으나, 이 변형률기준에 의하면 설명할 수 있다.

파괴에너지기준

콘크리트에는 외력 또는 부피 변화에 의해 응력 및 변형률이 유발됨으로써 에너지가 축적된다. 그런데 앞서 밝힌 바와 같이 콘크리트에서는 미세균열 및 공극이 존재하는데, 이 에너지가 어느 값을 초과하면 미세균열 선단에서 균열이 진전될 수 있다는 개념이다. 결국 에너지란 응력과 변형률 모두를 고려하여 얻는 값이므로 응력과 변형률기준을 포괄한 것이 에너지기준이라고 볼 수 있다.

파괴역학(fracture mechanics)에 따르면 앞의 강도기준이란 응력세기계수(stress intensity factor,) $K_1 (= \sigma \sqrt{\pi a} f(\alpha))$이 어느 한계값인 K_{Ic} 에 이르면 균열이 진전되고, 또한 변형률기준이란 균열선단개구변위(CTOD : crack tip opening displacement)가 어느 임계값인 $CTOD_c$에 이르면 균열이 진전된다는 개념과 같다고 볼 수 있다.[6] 그리고 에너지 개념은 콘크리트가 파괴되는데 에너지, 즉 파괴에너지 G_f가 필요하다는 것과 동일하다고 볼 수 있다.[7]

파괴역학
(fracture mechanics)
재료에 균열, 공극 등 불연속성이 있을 때 응력 해석을 다루는 역학으로서, 연속체 역학(continuum mechanics)과는 차이가 있다.

7.2.5 철근콘크리트의 균열

앞에서 콘크리트 재료가 어떻게 균열이 발생하는가에 대해 설명하였다. 그러나 실제 콘크리트 구조물은 무근콘크리트 구조물이 아니고 철근콘크리트 구조물이다. 따라서 이 절에서는 철근콘크리트 구조물 또는 부재에 인장력이 작용할 때 균열은 어떻게 진행되는가에 대하여 살펴본다.

그림 [7.3](a),(b)에 보인 바와 같은 철근콘크리트 부재에 인장력 P가 작용할 경우, 콘크리트의 인장력 f_t가 인장강도 f_{tu}보다 작을 때는 전체 구간에 걸쳐 철근과 콘크리트는 그림 [7.3](c)에 보인 바와 같은 일정한 응력을 받는다. 인장력 P가 점점 커져 콘크리트 응력 f_t가 인장강도 f_{tu}에 도달하면 균열이 발생한다. 이때 동일한 콘크리트라 하더라도 각 위치에 따라 부분적 손상에 의해 콘크리트의 강도가 약간씩 다르다. 예로서 A_1 위치 콘크리트가 가장 약하다면 균열은 A_1 위치에서 처음으로 발생한다. A_1 위치에서 균열이 발생하면, 균열이 발생하였기 때문에 A_1점의 콘크리트 인장응력은 그림 [7.3](d)에서 보인 바와 같이 0으로 되고 그 단면의 콘크리트가 받던 인장력 $f_{tu}A_c$를 철근이 받게 되어 A_1 점의 철근의 응력은 다른 곳의 응력보다 $f_{tu}A_c/A_s$만큼 더 커진다. 이때 A_1 위치의 철근의 응력이 항복강도를 초과하지 않으면 이 부재는 더 큰 인장력을 받을 수 있다. 그러나 이때 항복강도를 초과하면 더 이상 힘을 받지 못하게 되며, 이러한 거동을 막기 위하여 각국의 설계기준에서는 최소 철근량을 규정하고 있다.

더욱 인장력 P가 증가하면 콘크리트의 인장응력이 좀 더 커지고 다음으로 인장강도가 낮은 곳인 A_3에서 균열이 발생한다. 이때 콘크리트와 철근의 응력 분포는 각각 그림 [7.3](f),(g)에 나타낸 바와 같다. 이와 같은 현상은 계속되며 균열 간격이 어느 정도 가까워지면 그림 [7.3](h)에서 보인 바와 같이 철근과 콘크리트 사이에 미끄럼(slip)이 일어나 콘크리트의 인장응력이 더 증가하지 않고 감소하게 된다. 이러한 경우 더 이상 균열의 수는 증가하지 않고 일어난 균열에서 균열폭만 커진다. 인장력 P가 더욱 커지면 철근의 인장응력이 항복강도 f_y에 도달하여 더 이상 큰 인장력에 저항하지 못한다. 그러나 엄밀하게 말하면 철근의 인장강도는 항

미끄럼(slip)
콘크리트와 철근 사이 표면에 나타나는 부착응력이 부착강도를 초과하여 철근과 콘크리트의 일체성(intergrity)이 파괴되어 더 이상 두 재료 사이에 완전한 힘이 전달되지 않는 상태를 미끄럼(slip)이 일어난 상태라고 한다.

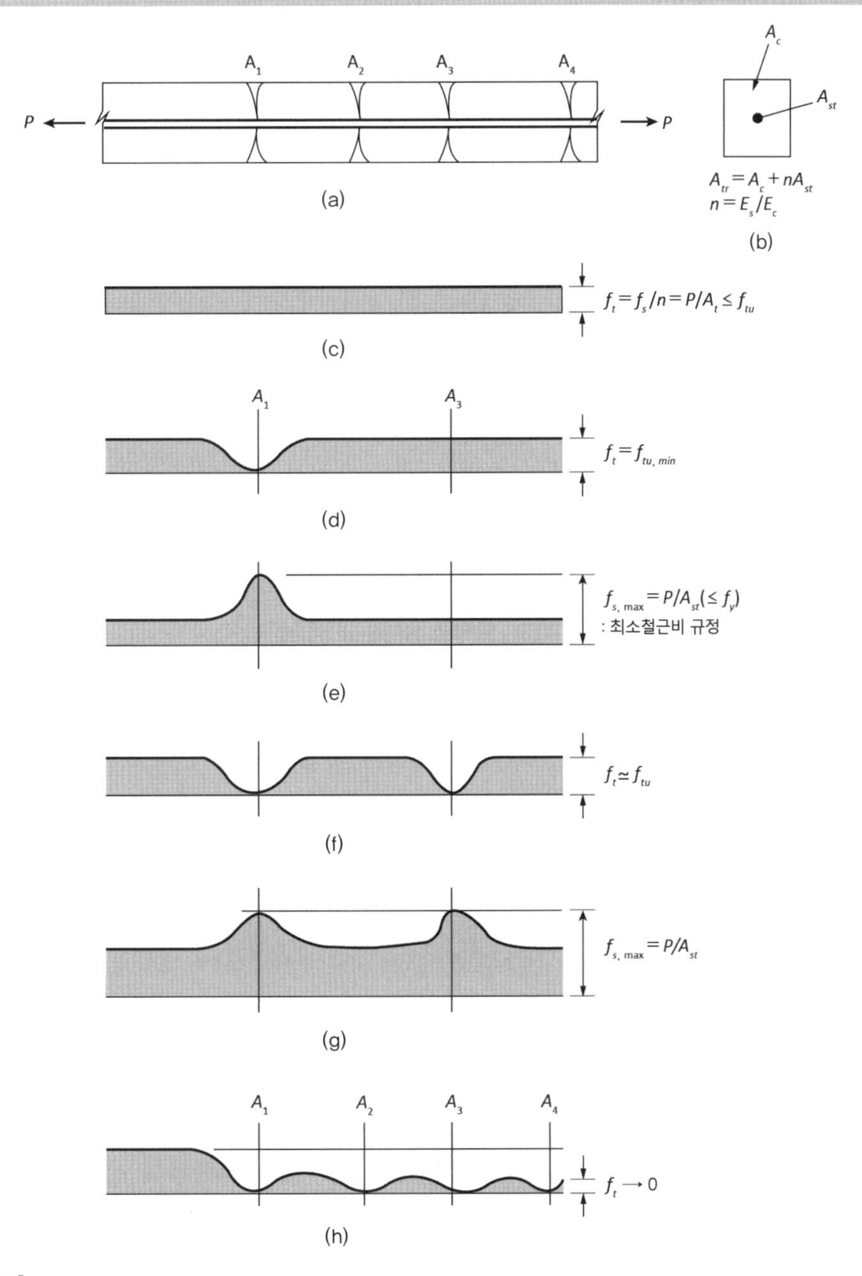

그림 [7.3]

인장 철근콘크리트 부재의 균열 진전: (a) 철근콘크리트 인장 부재; (b) 단면; (c) 균열이 발생하기 전의 콘크리트 응력 분포; (d) 첫 번째 균열 발생 때 콘크리트 응력 분포; (e) 첫 번째 균열 발생 때 철근의 응력 분포; (f) 다음 균열 발생 때 콘크리트 응력 분포; (g) 다음 균열 발생 때 철근의 응력 분포; (h) 다수 균열 발생과 미끄럼(slip) 현상이 일어난 후의 콘크리트 응력 분포복강도보다 크므로 철근의 인장강도에 도달할 때까지 더 큰 인장력을 받을 수 있으나, 이 경우 큰 변위가 발생되어 균열의 폭도 매우 커진다. 특히 휨 부재의 경우 압축 측 콘크리트가 더 이상 압축력을 받지 못하여 파괴되므로 철근의 항복강도 이상의 강도에 대한 것은 일반적으로 무시한다.

결론적으로 철근콘크리트 부재에서 축력, 휨모멘트, 전단력 및 비틀림모멘트 등 어떠한 단면력에 의하든 철근에 인장력이 작용하는 경우 콘크리트에 인장응력이 가장 큰 곳이거나 인장강도가 가장 작은 곳에서 균열이 발생하기 시작한다. 그리고 점점 인장력이 커지면 간격을 두고 다른 곳에서 균열이 일어나고 이러한 현상이 지속된다. 그 후 균열 간격이 매우 좁거나 철근과 콘크리트 사이에 미끄럼이 일어나 콘크리트의 인장응력이 줄어들면 균열 수는 더 증가하지 않고 균열폭이 커지게 된다.

7.2.6 설계기준에 의한 허용균열폭

30 부록 4.1.2(1),(2)

우리나라를 비롯하여 모든 나라의 콘크리트구조 설계기준에서는 허용균열폭을 제시하고 있다. 우리나라 설계기준[1)]은 미국의 ACI[2)]를 기준으로 하였으며, 균열폭을 계산하는 방법은 유럽의 CEB-FIP 1990모델기준[8)]을 참고하여 작성되었으나 2021년 개정된 설계기준의 규정은 유럽설계기준(Eurocode 2)과 유사하게 규정하고 있다.

일반 콘크리트 구조물에 대한 설계기준인 ACI 318 설계기준의 허용균열폭은 옥내와 같이 건조환경의 경우 0.016 in.(0.41 mm), 옥외와 같은 습윤환경에 노출된 경우 0.013 in.(0.33 mm)로 계속 규정되어 오고 있다. 다만 1995년까지는 균열폭 계산을 하는 그걸리-루쯔(Gergely-Lutz)식의 한 부분인 z값을 제시하고,[9)] 1999년 이후에는 피복두께 등을 고려한 철근간격 s값을 제시하고 있다. 그러나 기본적으로는 허용균열폭의 값은 앞서 제시한 값이다. 한편 ACI 350 위원회에 의한 수처리 구조물에 대한 설계기준에서는 수식의 형태는 ACI 318과 함께 바뀌어 왔으나 기본적으로 허용균열폭은 일반적인 수조 구조물의 경우 전체 단면이 인장을 받는 경우, 0.013 / 1.65 = 0.00779 in.(0.20 mm), 휨인장을 받는 경우 0.013 / 1.3 = 0.01 in.(0.25 mm)로 규정하고 있다.[10)] 그리고 폐수와 같은 오염된 물을 저장하는 시설은 앞의 수조 구조물에 대한 제한값의 90퍼센트로 더 엄격하게 적용하도록 하고 있다.

유럽에서 사용하고 있는 Eurocode 2[11]의 경우 모델 기준인 CEB-FIP 1990[8] 내용과 유사하나 예측모델식이 1차식이다. 노출조건은 미국의 ACI와 다르게 다양하며, 허용균열폭은 노출조건이 건조하거나 또는 계속 물속과 같이 수중에 있는 경우인 XC1인 경우 균열폭이 커도 내구성에 전혀 문제가 없으므로 0.4 mm로 규정하고 있다. 그리고 그 외 탄산화와 관련된 노출조건 XC2, XC3, XC4, 염소이온과 관련된 노출조건 XD1, XD2, 바닷물의 노출조건인 XS1, XS2, XS3에 대한 허용균열폭은 0.3 mm로 규정하고 있다.[11]

이와 같이 각 나라는 구조물의 사용성능과 내구성능을 확보하기 위하여 허용할 수 있는 균열폭을 규정하고 있다. 미국(ACI), 유럽(Eurocode 2)과 우리나라의 경우 일반 철근콘크리트 구조물의 허용균열폭은 철근 부식의 가능성이 매우 낮은 건조한 상태나 수중에 노출된 경우 0.4 mm, 부식의 가능성이 보다 높은 환경에 노출된 모든 경우에는 0.3 mm로 규정하고 있다. 다만 수처리 구조물과 같이 건습이 반복될 수 있고, 누수의 문제가 될 수 있는 구조물의 경우 전체 단면이 인장을 받는 경우에는 0.20 mm, 휨인장을 받는 경우에는 0.25 mm로 허용하고 있다.[10]

7.3 처짐

7.3.1 일반사항

처짐(deflection)이란 일반적으로 수평 부재인 보, 슬래브, 아치 등에서 수직방향으로 일어나는 변위(displacement)를 뜻한다. 대부분 철근콘크리트 구조물에서 수직 부재인 기둥이나 벽체의 수직 또는 수평 변위와 수평 부재의 수평 변위는 사용성능에 큰 지장을 주지 않으나, 수평 부재의 수직 변위는 구조물의 안전성능과 사용성능에 영향을 주므로 여러 종류의 변위 중에서 이 수직 변위, 즉 처짐에 대하여 검토하고 있다. 수평 부재의 처짐을 제한하여야 하는 이유로는, 첫째 바닥판은 수평을 이루어야 가구 등을 설치하거나 사용하는 데 편리하고, 둘째 비구조체인 칸막이 벽체 등이 처짐에 의해 손상을 입지 않으며, 셋째 아치, 쉘 등 구조 부재의 단면력이 형상에 크게 좌우되는 구조물에서 구조 안전성능을 떨어뜨리지 않기 위한 것이다. 한편 대부분 수직 부재의 변위는 특별한 경우가 아니면 큰 문제가 되지 않는다. 특별한 경우로서 고층빌딩의 기둥에서 수직 장기변위(long-term displacement)는 기둥과 기둥의 상대적인 변위 차이로 인하여, 칸막이 벽체의 뒤틀림 현상이나 엘리베이터 궤도 등에 문제를 일으키기도 하고 각 부재의 단면력을 변화시키기도 한다.[12] 또한 풍하중 등에 의한 지나친 수평 변위는 거주하는 사람들에게 심리적 불안감을 주기도 한다.

장기변위
지속하중(sustained load)이 작용할 때 콘크리트의 크리프와 건조수축에 의해 장기간(long-term)에 걸쳐 일어나는 변위를 말한다.

이 절에서는 철근콘크리트 구조물에서 일어나는 이와 같은 여러 가지 변위 중에서 모든 구조물에서 검토하여야 할 대표적 수평 부재인 보와 슬래브의 처짐에 대해서만 다룬다.

7.3.2 인장증강효과

철근콘크리트 부재의 변위를 구하려면 단면의 강성을 알아야 한다. 단면의 강성은 재료의 응력-변형률 관계와 단면적, 단면2차모멘트 등 단면 특성의 함수이다. 이 절에서는 균열이 발생한 철근콘크리트 단면의 강성에 영향을 미치는 인장증강효과(tension stiffening effect)에 대하여 살펴본다. 그림 [7.4](a),(b)와 같은 철근콘크리트 부재가 인장력을 받으면 앞 절에서 설명한 바와 같이 인장강도가 약한 곳에서 균열이 발생한다. 이때 그림 [7.4](c)에 나타낸 바와 같이 균열이 일어난 곳에서 콘크리트의 인장응력은 0으로 최소가 되고 균열 위치에서 점점 떨어질수록 인장응력은 커져 미끄럼이 전혀 일어나지 않는 곳인 $\overline{B_1B_2}$, $\overline{B_3B_4}$, $\overline{B_5B_6}$에서 응력이 최대가 된다. 철근의 응력은 이와는 반대로 콘크리트가 저항하지 못하는 인장력을 철근이 저항하기 때문에 그림 [7.4](e)에서 보이듯이 균열 위치에서 최대가 되고 그 위치에서 멀어질수록 점점 작아진다. 이에 따라 부재의 강성도 부재 길이 방향으로 변화하는데 콘크리트가 철근과 일체가 되어 제 역할을 하는 곳인 $\overline{B_1B_2}$, $\overline{B_3B_4}$, $\overline{B_5B_6}$에서는 축강성 E_cA_{tr} =

$E_cA_c + E_sA_s$로 크고, 균열이 있는 곳에서는 철근만이 인장력에 저항하므로 E_sA_s로 가장 작은 값을 가지며 그 사이 구간인 $\overline{B_2B_3}$, $\overline{B_4B_5}$에서는 변화한다.

이와 같이 균열이 있는 철근콘크리트 부재가 인장력 P를 받아 늘어나는 길이 δ는 그림 [7.4](d),(f)를 길이 방향으로 적분하여 다음 식 (7.1)과 같이 구할 수 있으며, 그때의 축강성은 식 (7.2)에 의해 구할 수 있다.

$$\delta = \int_0^l \varepsilon_c(s)ds = \int_0^l \varepsilon_s(s)ds = \varepsilon_{c,\text{mean}}l = \varepsilon_{s,\text{mean}}l \tag{7.1}$$

$$(EA)_{eff} = Pl/\delta = P/\varepsilon_{c,\text{mean}} = P/\varepsilon_{s,\text{mean}} \tag{7.2}$$

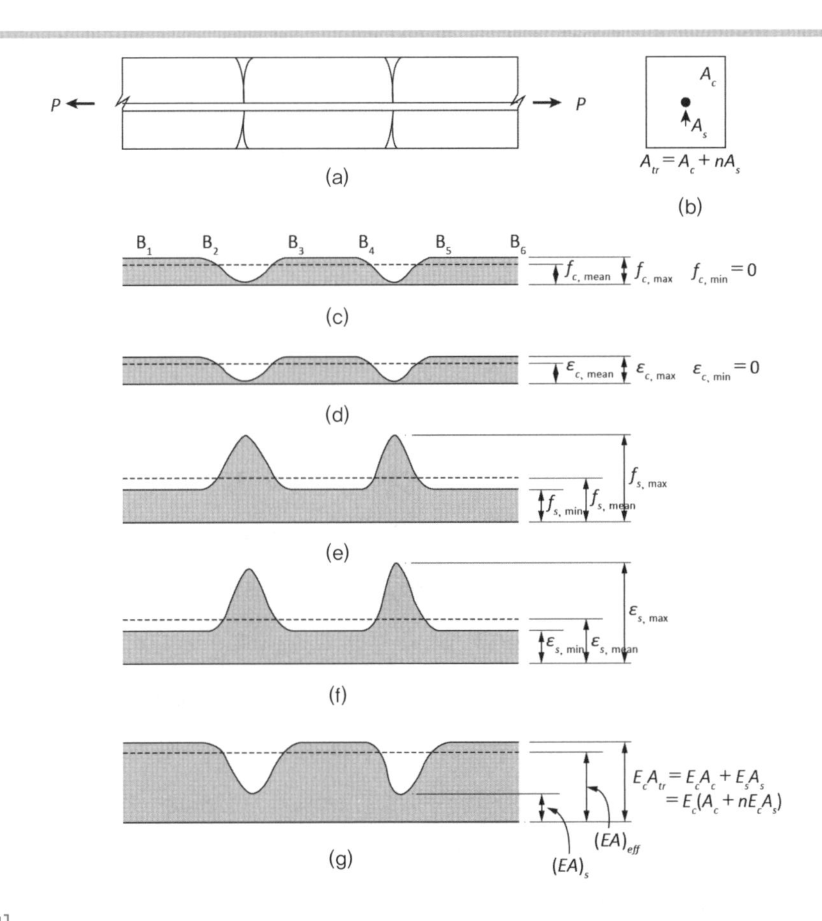

그림 [7.4]
균열이 있는 인장 부재의 응력과 강성의 변화: (a) 철근 콘크리트 인장 부재; (b) 단면; (c) 콘크리트의 응력 분포; (d) 콘크리트의 변형률 분포; (e) 철근의 응력 분포; (f) 철근의 변형률 분포; (g) 부재 강성의 분포

여기서, $\varepsilon_c(s)$와 $\varepsilon_s(s)$는 각각 그림 [7.4](d),(f)에 나타나 있는 콘크리트와 철근의 변형률 분포 곡선의 길이 방향(s)의 함수식이다. 그리고 $\varepsilon_{c,\text{mean}}$과 $\varepsilon_{s,\text{mean}}$은 각각 부재 전체 길이에 있어서 콘크리트와 철근의 평균 변형률이다.

물론 이때 축강도 P_n은 콘크리트가 균열이 생겨 축력을 전혀 저항하지 못하므로 다음 식 (7.3)과 같다.

$$P_n = A_s f_y \tag{7.3}$$

여기서, A_s와 f_y는 각각 철근의 단면적과 항복강도이다.

이 식 (7.3)에 의하면 콘크리트가 전혀 없는 철근만 있는 경우에 저항할 수 있는 축강도와 같다. 철근만 있는 경우 인장력 P가 작용할 때 늘어나는 길이 δ는 다음 식 (7.4)와 같고, 그에 대한 축강성은 식 (7.5)와 같다.

$$\delta = \varepsilon_{s,\max}\, l \tag{7.4}$$

$$(EA)_s = Pl/\delta = P/\varepsilon_{s,\max} \tag{7.5}$$

여기서, $\varepsilon_{s,\max}$는 균열이 있는 단면에서 철근의 변형률이다.

균열이 가더라도 콘크리트가 있는 경우의 축강성인 식 (7.2)의 $(EA)_{eff}$ 값이 철근만 있는 경우의 축강성인 식 (7.5)의 $(EA)_s$보다 큰 것을 그림 [7.4](g)에서 알 수 있다. 이는 그림 [7.4](f)에서 보듯이 $\varepsilon_{s,\max}$이 $\varepsilon_{s,\text{mean}}$보다 크기 때문이다. 이와 같이 철근콘크리트 부재에서 인장력을 받을 때, 콘크리트에 균열이 발생하여 단면의 인장강도는 증가하지 않으나 인장강성은 증가하는 것을 인장증강효과(tension stiffening effect)라고 한다.

인장증강효과
인장력을 받는 철근콘크리트 부재에서 인장강도는 증가하지 않으나 인장강성은 증가하는 것을 뜻한다.

이러한 현상을 그림으로 설명하면 그림 [7.4](a)와 같은 철근콘크리트 인장 부재에 인장력 P가 작용할 때, 실제로 나타나는 $P-\varepsilon$ 관계는 그림 [7.5](a)의 $\overline{\text{OAcBd}}$와 같다. 철근의 인장응력-변형률 관계는 각각 그림 [7.5](b)의 $\overline{\text{OBd}}$와 같고, 균열이 발생하기 전에는 콘크리트가 역할을 하고

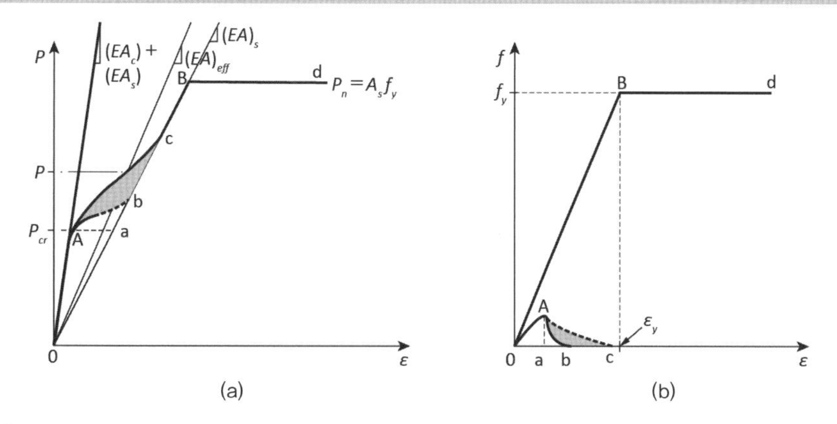

그림 [7.5]
인장증강효과: (a) 인장 축력–변위 관계; (b) 인장 응력–변형률 관계

균열이 발생된 후에 역할을 하지 못한다면 콘크리트의 인장응력-변형률 관계는 그림 [7.5](b)의 $\overline{\mathrm{OAb}}$와 같다. 이때 철근콘크리트 인장부재의 $P-\varepsilon$ 관계는 그림 [7.5](a)의 $\overline{\mathrm{OAbBd}}$와 같다. 다시 말하여 하중 P가 작용할 때, 균열 후 콘크리트의 역할을 무시하면 축강성은 $(EA)_s$와 같고, 이는 그림 [7.5](a)에 보인 바와 같이 균열이 발생한 후의 실제 축강성인 $(EA)_{eff}$와는 다르다.

한편 그림 [7.5](a)에서 빗금 친 부분이 콘크리트와 철근 사이에 미끄럼이 일어나지 않아 더 증가되는 부분이며 이를 고려하여 콘크리트의 인장응력-변형률 관계를 수정하면 그림 [7.5](b)의 빗금 친 부분을 추가하면 된다. 즉, 단순히 철근콘크리트의 인장증강효과를 고려하는 방법으로서, 철근의 인장응력-변형률 곡선은 변화시키지 않고 콘크리트의 인장응력-변형률 곡선에서 하강부 부분을 그림 [7.5](b)에 보인 바와 같이 더 저항하는 것으로 수정하여 사용할 수 있다. 다만 이때 이 증가되는 양은 콘크리트 단면적에 비해 철근의 단면적, 즉 철근비가 크면 더 증가한다. 이러한 관계는 많은 실험에 의해 주어지고 있다.[13]

강성(stiffness)
견고한 정도를 나타내는 강성(剛性, stiffness)은 재료, 단면, 부재의 강성으로 나누어 볼 수 있다. 재료 강성은 재료의 견고한 정도를 나타내는 탄성계수, E이고, 단면 강성은 이 탄성계수와 더불어 단면특성을 고려한 값이며, 부재의 강성은 부재 길이까지 고려한 값이다.

7.3.3 보 부재의 처짐

모든 구조물의 변위를 계산하기 위해서는 먼저 각 부재의 강성(stiffness)을 알아야 한다. 단면력인 축력, 휨모멘트, 전단력, 비틀림모멘트에 해당하는 각 단면의 강성은 각각 축강성(axial stiffness : EA), 휨강성(flexural stiffness : EI), 전단강성(shear stiffness : GA), 비틀림강성(torsional stiffness : GJ) 등으로 분류되며 부재의 강성은 단면 강성에 부재 길이(length of member : l)를 더 고려하여 구한다.

모든 부재는 크든 작든 4가지 단면력이 작용하고 이에 대해 각각 변위가 발생한다. 수평 부재인 보와 슬래브의 수직 변위는 다른 단면력에 의한 변위에 비하여 휨모멘트에 의한 변위가 매우 크므로 일반적으로 보와 슬래브와 같은 수평 부재의 수직 변위, 즉 처짐을 계산할 경우에는 휨모멘트에 의한 것만 고려한다. 따라서 처짐을 계산할 때 단면의 휨강성인 EI값을 예측할 필요가 있다. 그러나 그림 [7.6]의 균열도에서 볼 수 있듯이 부재의 길이 방향으로 균열이 나타나므로, 보 부재의 단면2차모멘트 I값은 균열이 있는 위치와 없는 위치에서 다른 값을 갖는다. 그리고 균열이 없는 단면이라 하더라도 앞의 7.2.5절에서 설명한 인장부재와 같이 휨부재도 그림 [7.7](b),(c)에서 보듯이 균열과 균열 사이에서 철근과 콘크리트의 응력이 변화한다. 다시 말하여 휨 부재의 경우 휨강성이, 인장부재의 경우 인장강성이 부재 길이 방향으로 변화하고 있다. 이러한 현상은 앞의 7.3.2절에서 언급한 인장증강효과(tension stiffening effect)로 설명할 수 있다.

작용하는 하중이 작아 균열이 전혀 없는 보 부재의 처짐은 비균열 단면(uncracked section)에 대한 환산단면적법에 의해 다음 식 (7.6)에 의해

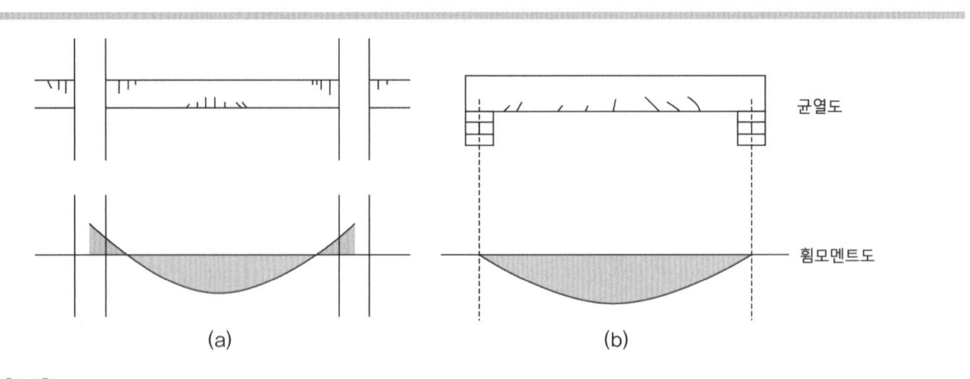

그림 [7.6]
보의 균열도와 휨모멘트도: (a) 연속보; (b) 단순보

구할 수 있다.

$$\delta = \int_0^l \frac{M(x)\overline{M}(x)}{E_c I_{ut}(x)} dx \tag{7.6}$$

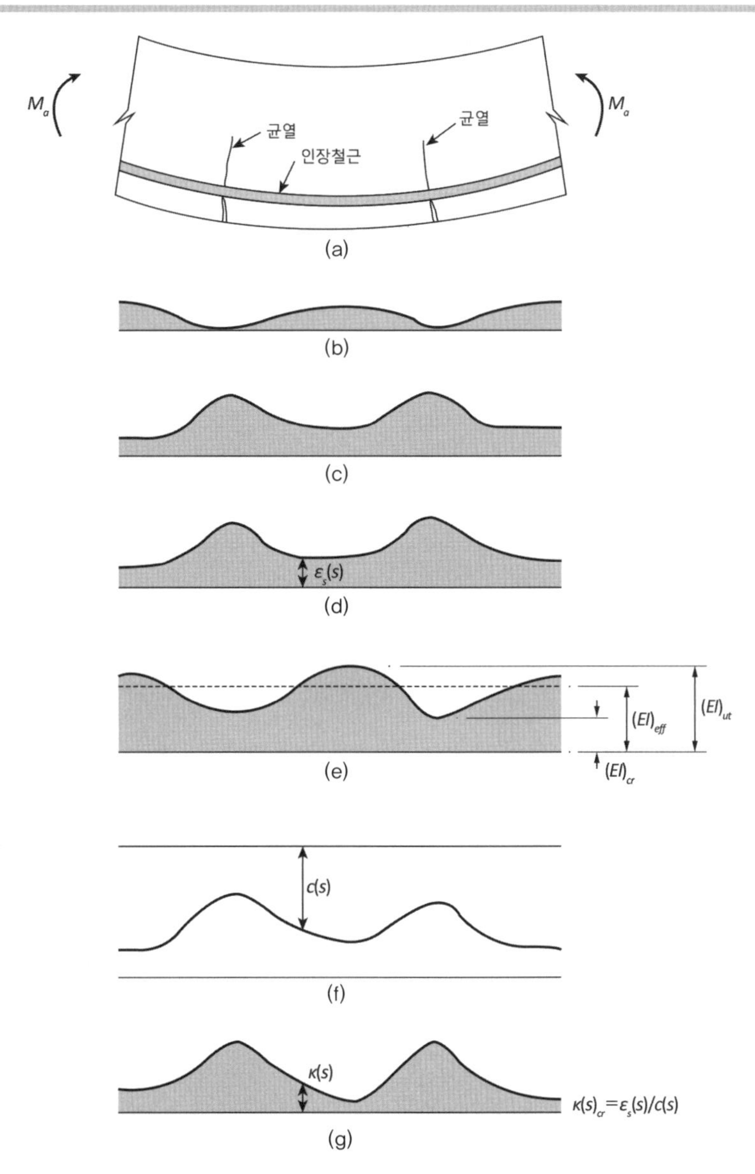

그림 [7.7]

균열이 있는 휨 부재에서 응력과 강성의 변화: (a) 균열이 있는 휨 부재; (b) 콘크리트의 응력 분포; (c) 철근의 응력 분포; (d) 철근의 변형률 분포; (e) 휨강성 EI의 분포; (f) 중립축 거리 c의 변화; (g) 곡률의 변화 여기서, E_c는 콘크리트의 탄성계수, $M(x)$는 부재 길이 방향의 휨모멘트, $\overline{M}(x)$는 처짐을 구하고자 하는 곳에 단위하중을 가했을 때 부재 길이 방향의 휨모멘트, $I_{ut}(x)$는 부재 길이 방향의 비균열환산단면에 대한 단면2차모멘트이다.

그러나 작용하는 하중이 증가하여 부재의 휨모멘트가 균열휨모멘트보다 커지면 보 부재 일부 구간에서 휨균열이 발생한다. 이러한 휨균열이 발생하면 그림 [7.7](b),(c),(d)에 보인 바와 같이 철근과 콘크리트에 발생하는 응력이 부재 길이 방향으로 변화하고 이에 따라 철근의 변형률도 변화한다. 그래서 휨강성 $(EI)_{eff}$도 그림 [7.7](e)에 나타낸 바와 같이 변화한다. 이 $(EI)_{eff}$는 그림 [7.7](e)에서 볼 수 있듯이 어느 구간 내의 평균 휨강성을 의미한다. 따라서 균열이 일어날 정도로 하중이 작용하는 보 부재의 처짐은 앞의 식 (7.6)의 $I_{ut}(x)$ 대신에 $I_{eff}(x)$를 대입하여 다음 식 (7.7)에 의해 구할 수 있다.

$$\delta = \int_0^l \frac{M(x)\overline{M}(x)}{E_c I_{eff}(x)} dx \qquad (7.7)$$

여기서, $I_{eff}(x)$는 균열단면과 비균열단면의 평균적 의미의 유효단면2차모멘트이다.

일반적으로 휨 부재는 길이 방향으로 휨모멘트가 같지 않고 변화하므로 I_{eff}도 변화한다. 그래서 각국의 설계기준에서는 처짐을 계산할 때 보 부재 단면의 평균 휨강성 I_{eff}를 구할 때 사용하중에 대한 단면의 최대 휨모멘트에 근거하여 구한다.

그리고 그림 [7.6](a)에 보인 연속 부재 등과 같이 정 및 부모멘트가 작용하는 경우, 정 및 부모멘트가 최대가 되는 보의 중앙부와 양 단부의 I_{eff}를 구하여 다음 식 (7.8)과 같이 가중치를 적절히 주어 부재 전체의 평균 I_{eff}를 구한다.

$$I_{eff} = 0.5 I_{eff,\mathrm{cen}} + 0.25 (I_{eff,\mathrm{end}_1} + I_{eff,\mathrm{end}_2}) \qquad (7.8)(a)$$

$$I_{eff} = 0.7 I_{eff,\text{cen}} + 0.15 (I_{eff,\text{end}_1} + I_{eff,\text{end}_2}) \tag{7.8(b)}$$

여기서, I_{eff}는 보 부재 전체의 평균 유효단면2차모멘트이고, $I_{eff,\text{cen}}$은 보 중앙부, I_{eff,end_1}과 I_{eff,end_2}는 각각 보 단부의 최대 사용휨모멘트에 대한 유효단면2차모멘트이다.

사용휨모멘트
계수가 곱해지지 않은 사용하중이 작용할 때 단면에 발생하는 휨모멘트를 말한다.

한편 철근콘크리트 휨 부재에 최대 사용휨모멘트 M_a가 작용하여 균열이 발생할 때, 연구 결과[14)]에 따르면, 그림 [7.8]에서 나타나는 평균 유효단면2차모멘트 $(EI)_{eff}$의 I_{eff}는 다음 식 (7.9)에 의해 근사적으로 구할 수 있다.

$$I_{eff} = \left(\frac{M_{cr}}{M_a}\right)^3 I_{ut} + \left[1 - \left(\frac{M_{cr}}{M_a}\right)^3\right] I_{cr} \tag{7.9}$$

여기서, I_{eff}, I_{ut}, I_{cr}은 그림 [7.7](e)와 그림 [7.8]에 보이는 바와 같이 각각 휨모멘트 M_a가 작용할 때 평균유효단면2차모멘트, I_{ut}는 비균열 단면에 대한 단면2차모멘트, I_{cr}은 균열단면의 단면2차모멘트이다. 그리고 M_{cr}은 균열휨모멘트이다.

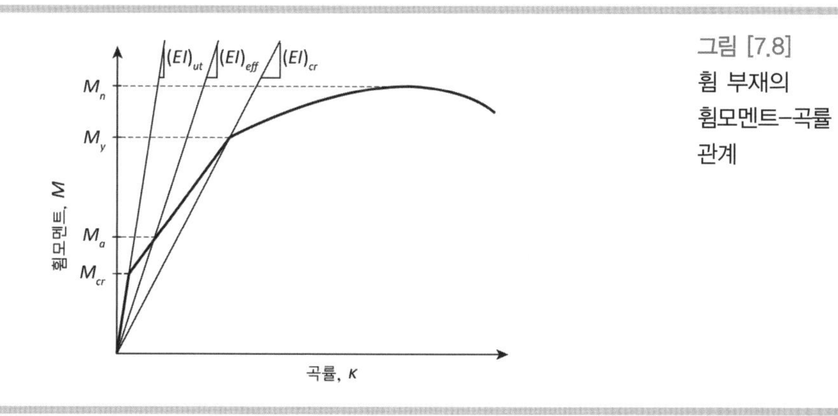

그림 [7.8]
휨 부재의 휨모멘트–곡률 관계

예제 〈7.1〉

다음 그림과 같은 직사각형 보 단면에 M_a= 150 kNm가 작용할 때 유효 단면2차모멘트 I_{eff}를 구하라.

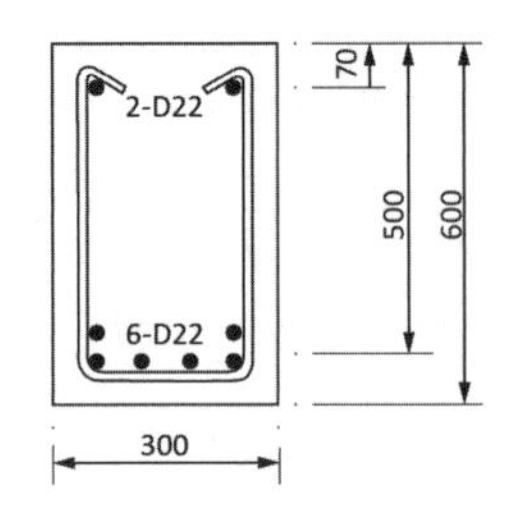

$f_{ck} = 27$ MPa, $E_c = 2.5 \times 10^4$ MPa

$f_y = 400$ MPa, $E_s = 2.0 \times 10^5$ MPa

$f_r = 0.63\sqrt{f_{ck}}$

D22의 단면적 ; 387.1 mm^2/개이고, $n = E_s/E_c = 8$이다.

풀이

1. 비균열 단면의 단면2차모멘트 I_{ut} 계산

   먼저 환산단면적법에 의해 균열이 가지 않은 단면의 단면2차모멘트 I_{ut}를 구하기 위하여 중심축의 위치를 구한다.

$$n = \frac{E_s}{E_c} = 8$$

$$\bar{y} = \frac{bh^2/2 + (n-1)A_s'd' + (n-1)A_s d}{A_{tr}(= bh + (n-1)(A_s' + A_s))}$$

$$= \frac{0.5 \times 300 \times 600^2 + (8-1)[2 \times 387.1 \times 70 + 6 \times 387.1 \times 500]}{300 \times 600 + (8-1) \times (2 \times 387.1 + 6 \times 387.1)}$$

$$= 310 \text{ mm}$$

$$I_{ut} = \frac{bh^3}{12} + bh \times \left(\bar{y} - \frac{h}{2}\right)^2 + (n-1)A_s'(\bar{y} - d')^2 + (n-1)A_s(\bar{y} - d)^2$$

$$= \frac{300 \times 600^3}{12} + 300 \times 600 \times (310-300)^2 + (8-1) \times (2 \times 387.1) \times (310-70)^2$$

$$+ (8-1) \times (6 \times 387.1) \times (310-500)^2$$

$$= 6.317 \times 10^9 \text{ mm}^4$$

2. 균열 단면의 단면2차모멘트 I_{cr} 계산

   균열휨모멘트 M_{cr}을 구한다.

$$f_r = 0.63\sqrt{f_{ck}} = 0.63 \times \sqrt{27} = 3.274 \text{ MPa}$$

$$M_{cr} = Zf_r = \frac{I_{ut}}{(h - \bar{y})} f_r = \frac{6.317 \times 10^9}{(600-310)} \times 3.274 = 71.32 \times 10^6 \text{ Nmm}$$

다음으로 균열이 간 단면의 단면2차모멘트 I_{cr}을 구한다. 이 경우 직사각형 복철근콘크리트 보 단면에 대한 중립축거리 kd를 제3장의 식 (3.27)에 의해 구할 수 있다.

$$kd = \left[-\{(n-1)\rho_w' + n\rho_w\} + \sqrt{\{(n-1)\rho_w' + n\rho_w\}^2 + 2\{(n-1)\rho_w' d'/d + n\rho_w\}}\right] d$$

이때, $(n-1)\rho_w' + n\rho_w = 7 \times \dfrac{2 \times 387.1}{300 \times 500} + 8 \times \dfrac{6 \times 387.1}{300 \times 500} = 0.160$

$$(n-1)\rho_w' d'/d + n\rho_w = 7 \times \frac{2 \times 387.1}{300 \times 500} \times \frac{70}{500} + 8 \times \frac{6 \times 387.1}{300 \times 500} = 0.129$$

따라서 $kd = \left(-0.160 + \sqrt{0.160^2 + 2 \times 0.129}\right) \times 500 = 186 \text{ mm}$

$$I_{cr} = \frac{b(kd)^3}{3} + (n-1)A_s'(kd-d')^2 + nA_s(d-kd)^2$$

$$= \frac{300 \times 186^3}{3} + (8-1) \times (2 \times 387.1) \times (186-70)^2$$

$$+ 8 \times (6 \times 387.1) \times (500-186)^2 = 2.548 \times 10^9 \text{ mm}^4$$

3. 유효단면2차모멘트 I_{eff} 계산

따라서 식 (7.9)에 의해 I_{eff}는 다음과 같이 구할 수 있다.

$$I_{eff} = \left(\frac{M_{cr}}{M_a}\right)^3 I_{ut} + \left[1 - \left(\frac{M_{cr}}{M_a}\right)^3\right] I_{cr}$$

$$= \left(\frac{71.32}{150}\right)^3 \times 6.317 \times 10^9 + \left[1 - \left(\frac{71.32}{150}\right)^3\right] \times 2.548 \times 10^9$$

$$= 2.953 \times 10^9 \text{ mm}^4$$

이 예제에서 살펴보면 작용하는 사용휨모멘트 M_a가 균열휨모멘트의 약 2배$(150/71.32 = 2.1)$ 정도로 커지면 유효강성 I_{eff} 값은 I_{ut}의 약 47%로서 반 이하로 감소되고, I_{cr} 값(I_{ut}의 약 40%)과 비슷한 정도이다.

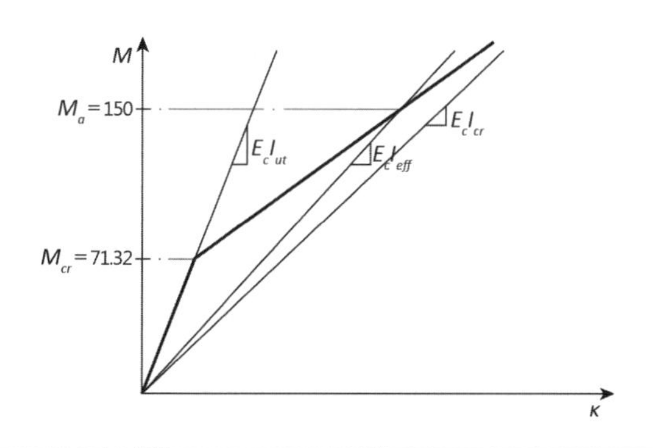

7.3.4 슬래브 부재의 처짐

변장비
(ratio of span length)
슬래브에 양방향 경간의 길이 비를 말한다. 부재 단면의 경우 형상비(aspect ratio)라고 하는데, 이 변장비 대신에 형상비라고도 사용하고 있다.

30 4.2.2

보 부재의 처짐도 정확하게 예측하기가 힘들지만 두 방향으로 처짐이 일어나는 슬래브 부재의 처짐은 더욱 예측하기가 힘들다. 이는 상호 영향을 주는 슬래브 판의 변장비(ratio of span length), 지지하는 보 또는 슬래브 판 부분의 수직 처짐량과 비틀림 강성, 지판 또는 기둥머리의 영향, 그리고 균열과 장기변형 등 많은 요인이 있기 때문이다. 따라서 대부분 슬래브를 설계할 때는 설계기준에서 각 하중 및 구조물 조건에 따라 처짐을 검토할 필요가 없는 최소 두께를 따름으로써 복잡한 처짐을 검토하지 않는다.[1),2),11)] 그러나 슬래브의 처짐을 검토하여야 할 때는 앞의 7.3.3절에서 설명한 부재의 유효단면2차모멘트를 슬래브에 대하여 구하여 유한요소법 등에 의해 처짐을 구할 수 있다. 이렇게 구한 처짐량은 설계기준에서 규정하고 있는 구조물에 따른 허용처짐량과 비교하여 더 작으면 만족하고, 그렇지 않으면 두께 등을 조정하여 만족하도록 하여야 한다.

슬래브는 주인장철근비가 보 부재에 비하여 일반적으로 매우 작다. 보 부재의 경우 인장철근비가 일반적으로 1~3퍼센트 정도이나 슬래브의 경우 0.2~1.0퍼센트 정도이다. 주철근비는 그림 [7.9]에서 보이듯이 단면의 휨강도 M_n, 항복강도 M_y에 큰 영향을 주나 균열휨모멘트 M_{cr}에는 큰 영향을 주지 않는다.

보 부재의 경우 항복강도 $M_{y,b}$와 균열휨모멘트 $M_{cr,b}$는 차이가 매우 크다. 철근비가 1~3퍼센트 정도이면 $M_{y,b}$는 대략 $M_{cr,b}$의 3~10배 정도가 된다. 그러나 슬래브와 같이 주철근비가 작으면 1.2~2배 정도가 된다. 이것은 균열이 발생할 때 단면2차모멘트의 저하가 보의 경우보다 슬래브의 경우가 더 크게 일어난다는 것을 의미한다. 한편 일반적으로 사용하중은 계수하중에 비하여 0.5~0.7배 정도이고 강도감소계수까지 고려하면 사용하중에 의한 휨모멘트 M_a는 부재의 휨강도 M_n의 0.5배 이하이다. 다시 말하여 보의 경우 $M_{a,b}$는 균열휨모멘트 $M_{cr,b}$보다 큰 경우가 대부분이나 슬래브의 경우 $M_{n,s}$와 $M_{cr,s}$의 차이가 크지 않아 $M_{a,s}$는 슬래브의 균열휨모멘트 $M_{cr,s}$보다 일반적으로 작다. 결론적으로 슬래브의 유효단면2차모멘트는 균열이 없는 전체 단면에 대한 단면2차모멘트 I_{ut}를 사

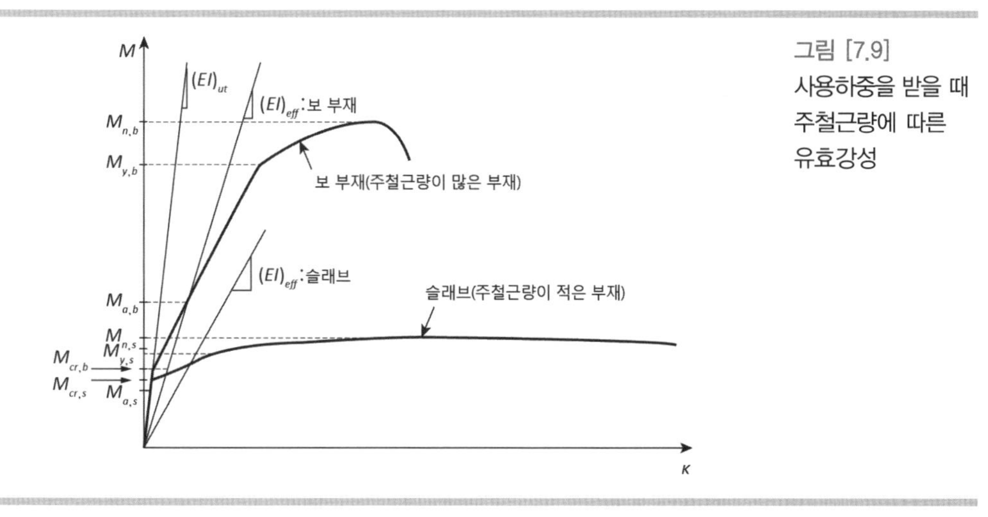

그림 [7.9]
사용하중을 받을 때
주철근량에 따른
유효강성

용하여 처짐을 구할 수 있으나, 만약 균열휨모멘트보다 큰 휨모멘트가 작용하면 유효단면2차모멘트 I_{eff}가 급속히 감소하므로 이를 조심스럽게 반영하여야 한다.

7.4 사용성에 대한 설계기준의 규정

7.4.1 일반사항

철근콘크리트 구조물의 사용성에 대하여 우리나라 설계기준[1)]에서는 크게 처짐과 균열에 대하여 보다 세밀하게 규정하고 있다.

콘크리트구조 설계기준 KDS 14 20 30에 균열, 처짐, 피로 등에 대하여 규정하고 있다. 여기서 균열에 대한 규정은 본문에서는 원칙만 기술되어 있고 자세한 내용은 부록 균열의 검증에 기술되어 있다. 휨 부재의 균열폭에 대한 규정은 설계기준 KDS 14 20 20의 4.2.3절에서 균열폭을 제어하기 위한 최대 허용철근간격에 대하여 기술되어 있다. 설계 단계에서 또는 사용 단계에서 균열을 상세히 검토할 필요가 있는 경우에는 부록의 규정을 활용하도록 하고 있다. 한편 처짐에 대한 규정은 4.2절에 모든 내용이 기술되어 있다.

20 4.2.3(4)

30 4.2

우리나라 콘크리트구조 설계기준에서 규정하고 있는 사용성에 대한 규정 항목을 요약하여 정리하면 다음 표 〈7.1〉에 나타낸 바와 같다.

표 〈7.1〉 사용성에 대한 콘크리트구조 설계기준의 해당 항목(KDS 14 20 30)

규정 내용	규정 항목 번호
1. 균열	4.1, 부록
1) 일반 원칙	4.1
2) 휨 부재의 균열폭 제어(철근 간격 제한)	KDS 14 20 20 4.2.3
3) 균열의 검증	부록
- 일반사항	1.1, 1.2
- 노출환경	2.1
- 균열의 검증	4.1
2. 처짐	4.2
1) 1방향 구조	4.2.1
2) 2방향 구조	4.2.2
3) 프리스트레스트콘크리트 구조	4.2.3
4) 합성구조	4.2.4
3. 피로	KDS 14 20 26
1) 적용 범위	1.2
2) 피로에 대한 검토	4.1

7.4.2 균열

휨 부재의 균열폭 제한

콘크리트가 균열이 일어나는 것은 콘크리트의 인장강도에 직접적으로 영향을 받으나 철근콘크리트 부재의 균열폭은 많은 요인에 영향을 받는다. 이는 균열의 발생 여부는 콘크리트의 인장강도에 주로 좌우되나, 균열폭은 철근과 콘크리트의 상호 관계에 의해 좌우되기 때문으로서 철근에 작용하는 응력, 철근과 콘크리트 사이의 부착강도, 철근의 간격, 콘크리트의 유효인장면적, 피복두께, 작용하는 하중의 성격 등에 영향을 받는다. 따라서 다양한 요인이 영향을 주는 균열폭을 정확히 예측한다는 것은 매우 어려운 일이며, 설계기준에서 제시되는 수식에 의해 계산하는 경우도 오차가 매우 크다.

우리나라 콘크리트구조 설계기준은 2003년도 판까지는 콘크리트의 균열폭은 보나 1방향 슬래브 등 휨 부재의 경우 미국의 ACI 설계기준과 같게 그걸리-루쯔(Gergely-Lutz)가 제시한[9] 다음 식 (7.10)에 의해 구하여 표 〈7.2〉에서 제시하고 있는 허용균열폭 이하가 되는지를 검토하도록 규정하고 있었다.

$$w = 1.08\beta_c f_s \sqrt[3]{d_c A} \times 10^{-5} \quad (\mathrm{mm}) \leq w_a \tag{7.10}$$

여기서 f_s는 사용하중이 작용할 때 인장철근의 인장응력(MPa)이고, d_c는 콘크리트 인장 표면과 인장 철근의 중심 사이 거리(mm)이며, A는 철근을 둘러싸고 있는 콘크리트의 유효인장면적(mm^2)이다. 그리고 β_c는 중립축에서 인장철근 중심까지 거리에 대한 중립축에서 콘크리트 인장 표면까지 거리의 비로서 계산을 하지 않는 경우 보의 경우 1.2, 1방향 슬래브의 경우 1.35를 사용할 수 있는 것으로 규정하고 있었다. 또한 철근의 인장응력 f_s는 사용하중이 작용할 때 가장 큰 값으로 예상되는 $0.6f_y$를 사용하여 가장 불리한, 즉 가장 큰 값의 균열폭을 계산할 수 있는 것으로 규정하였다.

그 후 미국의 ACI 설계기준이 개정되어 우리나라 콘크리트구조 설계기준도 2007년도 판에 개정되었다. 2012년 판에서는 ACI 설계기준과 같게 이러한 휨 부재에 대한 균열폭을 검토하는 대신에 다음 식 (7.11)(a),(b)에 의해 철근 간격을 구하고 두 값 중 작은 값 이하로 배치하도록 규정하고 있다.

20 4.2.3(4)

$$s = 375\left(\frac{\kappa_{cr}}{f_s}\right) - 2.5c_c \tag{7.11(a)}$$

$$s = 300\left(\frac{\kappa_{cr}}{f_s}\right) \tag{7.11(b)}$$

여기서 κ_{cr}은 구조물이 노출된 환경에 따른 계수로서 실내와 같은 건조 환경은 280, 옥외와 같은 습윤 환경은 210의 값이며, c_c는 콘크리트 인장 표면에서 최외단 인장철근 표면까지 거리, 즉 순피복두께 (mm)이다. 그리고 f_s는 사용하중이 작용할 때 인장철근의 응력으로, 계산하지 않는 경우 $f_s = 2f_y/3$를 사용할 수 있는 것으로 규정하고 있는데 이는 이전의 $f_s = 0.6f_y$보다 약간 큰 값이다.

예제 〈7.2〉

앞의 예제 〈7.1〉과 같은 단면에 $M_a = 150$ kNm가 작용할 때 그걸리-루쯔의 식 (7.10)에 의해 균열폭을 계산하라.

풀이

앞의 예제 〈7.1〉에서 $I_{eff} = 2.953 \times 10^9$ mm^4, $I_{cr} = 2.548 \times 10^9$ mm^4, $kd = 186$ mm 등으로 계산되었다.

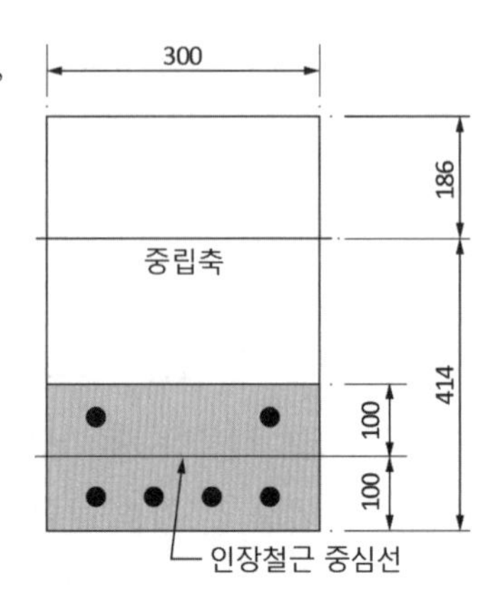

$$\beta_c = \frac{(314+100)}{314} = 1.32$$

$$f_s = n \times \frac{M_a}{I_{cr}} \times (414-100)$$

$$= 8 \times \frac{150{,}000{,}000}{2.548 \times 10^9} \times 314 = 148 \text{ MPa}$$

$$d_c = 100 \text{ mm}$$

$$A = \frac{300 \times (100+100)}{6} = 10{,}000 \text{ mm}^2$$

따라서 균열폭 w는 다음과 같다.

$$w = 1.08\beta_c f_s \sqrt[3]{d_c A} \times 10^{-5}$$

$$= 1.08 \times 1.32 \times 148 \times \sqrt[3]{100 \times 10{,}000} \times 10^{-5}$$

$$= 0.211 \text{ mm}$$

부록에 따른 균열 검증

30 부록 4.1.3

보 또는 1방향 슬래브를 포함한 모든 철근콘크리트 부재의 균열폭을 보다 정확하게 검토하고자 할 때는 콘크리트구조 설계기준 2021년도 판(KDS 14 20 30)에서는 부록에 제시된 방법에 따라 수행하여야 한다. 이러한 방법은 2007년도 판에서 CEB-FIP 설계기준[8]을 근거로 처음 제시되었고,[15] 2021년도 판에서는 유럽설계기준(Eurocode 2)과 유사하게 수정되었다.

우리나라의 현재 설계기준인 2021년도 판에 의하면 해석에 의해 균열을 검증할 때에는 식 (7.12)에 따라 균열폭을 검증하여야 한다.

$$w_d \le w_a \tag{7.12}$$

여기서, w_d는 설계균열폭으로서 지속하중이 작용할 때 계산된 균열폭이며, w_a는 내구성, 누수와 같은 사용성 및 미관에 관련하여 허용되는 균열폭이다. 그리고 균열 검증에 적용하는 지속하중은 설계수명 동안 항상 작용하는 고정하중과 설계수명의 절반 이상의 기간 동안 지속해서 작용하는 하중들의 합으로서, 구조물의 특성을 고려하여 발주자 또는 건축주가 결정할 수 있으며, 이는 사용하중과는 약간 차이가 있다.

지속하중(sustained load)과 사용하중(service load)
지속하중은 콘크리트가 장기변형을 일으킬 정도로 오랫동안 작용하는 하중이고, 사용하중은 하중계수가 곱해지지 않은 하중이다.

먼저 식 (7.12)의 허용균열폭 w_a는 구조물의 종류에 따라 표 〈7.2〉와 표 〈7.3〉에 제시되어 있다.

그리고 식 (7.12)의 설계균열폭 w_d는 다음 식 (7.13)에 의해 계산한다.

30 부록 4.1.3

$$w_d = \kappa_{st}\, w_m = \kappa_{st}\, l_s (\varepsilon_{sm} - \varepsilon_{cm}) \tag{7.13}$$

여기서 w_d는 설계균열폭이고 w_m은 평균 균열폭이며, l_s는 평균 균열

표 〈7.2〉 철근콘크리트 구조물의 허용균열폭 w_a(mm)

강재의 종류	강재의 부식에 대한 환경 조건			
	건조 환경	습윤 환경	부식성 환경	고부식성 환경
철근	0.4 mm와 $0.006c_c$ 중 큰 값	0.3 mm와 $0.005c_c$ 중 큰 값	0.3 mm와 0.004 중 큰 값	0.3 mm와 $0.0035c_c$ 중 큰 값
긴장재	0.2 mm와 $0.005c_c$ 중 큰 값	0.2 mm와 $0.004c_c$ 중 큰 값	-	-

표 〈7.3〉 수처리 구조물의 허용균열폭 w_a(mm)

	휨인장균열	전 단면 인장균열
오염되지 않은 물[1]	0.25	0.20
오염된 액체[2]	0.20	0.15

[1] 음용수(상수도) 시설물

[2] 오염이 매우 심한 경우 발주자와 협의하여 결정

간격으로 식 (7.14)(a),(b)에 따라 계산한다. κ_{st}는 균열폭 평가계수로서 균열폭의 평균값을 얻고자 할 때는 1.0이고 최대 균열폭 값을 얻고자 할 때는 1.7이다. ε_{sm}은 균열간격 내의 평균 철근변형률이며, ε_{cm}는 균열간격 내의 평균 콘크리트변형률로서 그림 [7.10]에 나타나 있는 것과 같다.

평균 균열간격 l_s는 부착된 철근의 중심 간격이 $5(c_c + d_b/2)$ 이하인

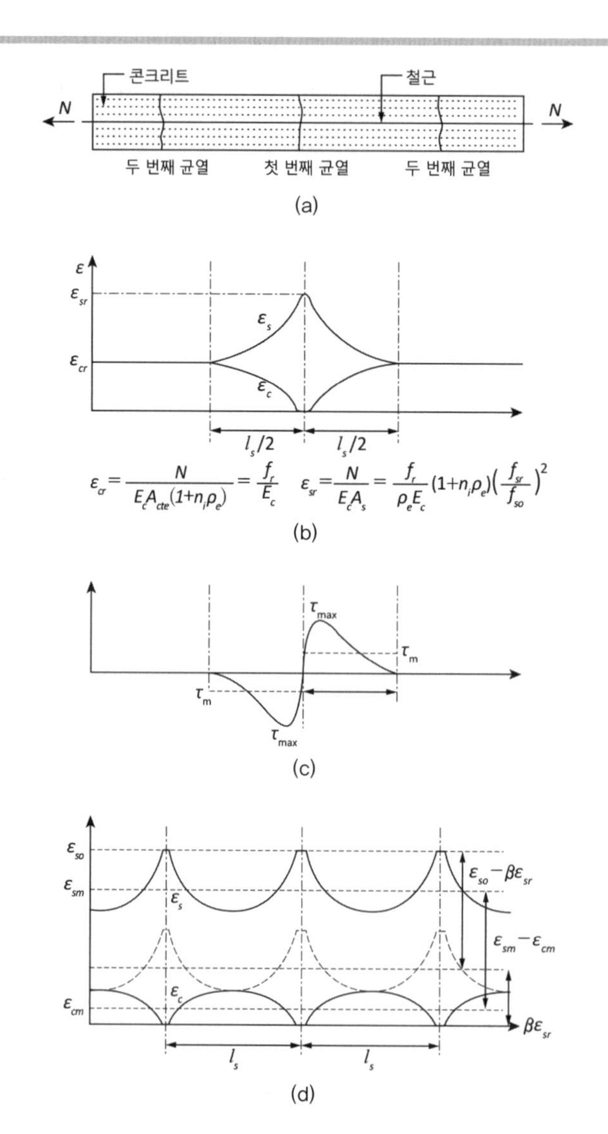

그림 [7.10]
균열간격과 평균변형률을 계산하기 위한 변형률: (a) 직접인장 부재; (b) 첫 균열 발생 때의 변형률 분포; (c) 부착응력 분포; (d) 균열 안정화 단계의 변형률 분포

경우는 식 (7.14)(a)로 계산하고, 부착된 철근의 중심 간격이 $5(c_c + d_b/2)$를 초과하는 경우는 식 (7.14)(b)로 계산한다.

30 부록 4.1.3

$$l_s = 2c_c + \frac{0.25k_1k_2d_b}{\rho_e} \qquad (7.14)(a)$$

$$l_s = 0.75(h-x) \qquad (7.14)(b)$$

여기서, c_c는 최외단 인장철근이나 긴장재의 표면과 콘크리트 인장 측 표면 사이의 최소 피복두께이고, k_1은 부착강도에 따른 계수로 이형철근은 0.8, 원형철근이나 긴장재는 1.6을 사용한다. k_2는 부재의 하중 작용에 따른 계수로 휨모멘트를 받는 부재는 0.5, 직접 인장력을 받는 부재는 1.0을 사용한다. 편심을 가진 직접 인장력을 받는 부재나 부재의 국부적인 부분의 균열을 검증할 때에는 $k_2 = (\varepsilon_1 + \varepsilon_2)/(2\varepsilon_1)$로 한다. 여기서 ε_1과 ε_2는 그림 [7.11]에 나타낸 바와 같이 단면 표면의 인장변형률로서 둘 중

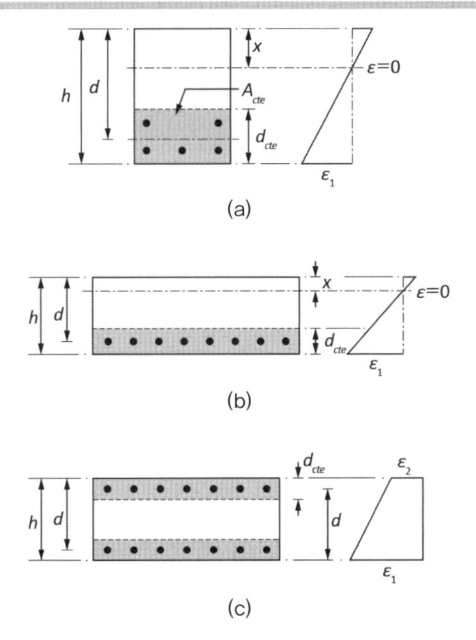

그림 [7.11]
부재에 따른 유효인장면적: (a) 보; (b) 슬래브; (c) 벽체

의 큰 값을 ε_1로 한다. d_b는 철근의 지름이나 다발철근의 등가지름으로, 크기가 각기 다른 철근이 조합된 경우에는 다음 식 (7.15)에 의해 구한다.

$$d_{beq} = (m_1 d_{b_1}^2 + m_2 d_{b_2}^2) \,/\, (m_1 d_{b1} + m_2 d_{b2}) \tag{7.15}$$

여기서, m_1은 철근의 지름이 d_{b1}인 철근의 개수이고 m_2는 철근의 지름이 d_{b2}인 철근의 개수이다. ρ_e는 콘크리트의 유효인장면적을 기준으로 계산한 철근비로서 식 (7.16)에 의해 계산한다. 콘크리트의 유효인장면적 A_{cte}도 그림 [7.11]에 나타낸 바와 같으며, 식 (7.17)에 의해 계산한다.

$$\rho_e = \frac{A_s}{A_{cte}} \tag{7.16}$$

$$A_{cte} = b\, d_{cte} \tag{7.17}$$

여기서, d_{cte}는 콘크리트 유효인장깊이로서 휨모멘트를 받는 부재는 $2.5(h-d)$와 $(h-x)/3$ 중 작은 값으로 하고, 직접 인장력을 받는 부재는 $2.5(h-d)$와 $h/2$ 중 작은 값으로 한다.

마지막으로 식 (7.13)에서 평균변형률의 차이 $\varepsilon_{sm}-\varepsilon_{cm}$은 다음 식 (7.18)(a)에 의해 계산할 수 있으며, 그 이전의 수식은 식(7.18)(b)이다.

$$\varepsilon_{sm}-\varepsilon_{cm} = \frac{f_{so}}{E_s} - 0.4\frac{f_{cte}}{E_s \rho_c}(1+n\rho_c) \geq 0.6\frac{f_{so}}{E_s} \tag{7.18(a)}$$

$$\varepsilon_{sm}-\varepsilon_{cm} = \frac{f_{so}}{E_s}\left[1-\beta_1\beta_2(1+n\rho_e)\left(\frac{f_{sr}}{f_{so}}\right)^2\right] \geq 0.6\frac{f_{so}}{E_s} \tag{7.18(b)}$$

여기서, f_{so}는 균열 단면의 철근 응력이다. f_{cte}는 콘크리트의 유효인장강도로 일반적인 경우에는 평균 인장강도 f_{ctm} =0.30$(f_{cm})^{2/3}$을 사용하고, 재령 28일 이전의 균열을 검토할 때는 그 재령의 인장강도를 적용한다. f_{sr}은 균열이 발생한 직후 균열 면에서 계산한 철근응력으로, 휨모멘트가 작용하는 경우에는 균열휨모멘트 M_{cr}과 균열 단면의 단면2차모멘트를 적용하여 계산한다. β_1은 부착 특성에 따른 계수로서 이형철근은 1.0을 적용하고, 원형철근이나 강연선은 0.5를 적용한다. β_2는 하중 조건에 따른 계수로서 반복하중에 대해서는 0.5를 적용하고 그 외의 경우에는 1.0을 적용한다. n은 콘크리트의 초기접선탄성계수에 대한 철근의 탄성계수비이다.

한편, 건조수축, 온도변화 등 부과된 변형에 의해서도 균열이 발생하는 부재에 대해서는 균열 위치의 철근변형률인 식 (7.18)(b)의 $(1+n\rho_e)(f_{sr}/f_{so})^2$을 부과된 변형에 의한 변형률 값만큼 증가시켜 구할 수 있다는 것으로 CEB-FIP 설계기준에서 규정하고 있었다. 그러나 현재 유럽설계기준(Eurocode2)에서는 이를 고려하여 식(7.18)(a)에서 계수 0.4를 사용하도록 규정하고 있으며 만약 재하 순간의 균열폭을 계산할 경우에는 이 계수를 0.6으로 사용하도록 규정하고 있다.

그리고 철근이 직교 2방향으로 보강된 부재 즉, 2방향 슬래브의 경우 주응력 축과 철근 방향 사이의 각이 15°보다 클 때는 다음 식 (7.19)에 의해 최대 균열간격 l_s를 산정할 수 있다.

$$l_s = \left(\frac{\cos\theta}{l_{sx}} + \frac{\sin\theta}{l_{sy}} \right)^{-1} \tag{7.19}$$

여기서 θ는 x방향 철근과 인장 주응력 방향 사이각이고, l_{sx}와 l_{sy}는 x와 y방향으로 각각 계산한 균열 간격이다.

예제 〈7.3〉

앞의 예제 〈7.1〉과 같은 단면에 지속하중에 의한 휨모멘트 $M = 150$ kNm가 작용할 때 우리나라 기준식 식 (7.13)에 의해 균열폭을 계산하라.

풀이

이 예제에서는 KDS 14 20 30 (2021년 개정판), 콘크리트구조 설계기준(2012년판)에 따라 균열폭을 계산한다.

1. 재료상수 등 계산(KDS 14 20 10 4.3.3)

$$E_{ci} = 1.18 \times E_c = 1.18 \times 2.5 \times 10^4 = 2.95 \times 10^4$$
$$n = E_s / E_{ci} = 6.78$$

2. 단면2차모멘트 및 균열휨모멘트 계산

비균열 단면2차모멘트 I_g

$$\bar{y} = \frac{0.5 \times 300 \times 600^2 + (6.78-1) \times 2 \times 387.1 \times 70 + (6.78-1) \times 6 \times 387.1 \times 500}{300 \times 600 + (6.78-1) \times 8 \times 387.1}$$
$$= 308 \text{ mm}$$

$$I_g = \frac{300 \times 600^3}{12} + 300 \times 600 \times 8^2 + (6.78-1) \times 2 \times 387.1 \times (308-70)^2$$
$$+ (6.78-1) \times 6 \times 387.1 \times (308-500)^2$$
$$= 6.16 \times 106^9 \text{ mm}^4$$

균열 단면2차모멘트 I_{cr}

$$kd = \left[-\{(n-1)\rho_w' + n\rho_w\} + \sqrt{\{(n-1)\rho_w' + n\rho_w\}^2 + 2\{(n-1)\rho_w' d'/d + n\rho_w\}} \right] d$$

$$(n-1)\rho_w' + n\rho_w = (6.78-1) \times \frac{2 \times 387.1}{300 \times 500} + 6.78 \times \frac{6 \times 387.1}{300 \times 500} = 0.135$$

$$(n-1)\rho_w'(d'/d) + n\rho_w = (6.78-1) \times \frac{2 \times 387.1}{300 \times 500} \times \frac{70}{500} + 6.78 \times \frac{6 \times 387.1}{300 \times 500} = 0.109$$

$$= \left[-0.135 + \sqrt{0.135^2 + 2 \times 0.109} \right] \times 500 = 176 \text{ mm}$$

$$I_{cr} = \frac{300 \times 176^3}{3} + (6.78-1) \times (2 \times 387.1) \times (176-70)^2$$
$$+ 6.78 \times (6 \times 387.1) \times (500-176)^2$$
$$= 2.25 \times 10^9 \text{ mm}^4$$

균열휨모멘트 M_{cr}

$$M_{cr} = \frac{3.274 \times 6.16 \times 10^9}{600-308} = 69.1 \times 10^6 \text{ Nmm} = 69.1 \text{ kNm}$$

따라서 $M_a > M_{cr}$ 이므로 균열이 발생한다.

3. 철근의 응력 계산

M_a에 의한 철근의 응력

$$f_{so} = n \times \frac{M_a}{I_{cr}}(d - kd)$$

$$= 6.78 \times \frac{150,000,000}{2.25 \times 10^9} \times (500 - 176) = 146 \text{ MPa}$$

M_{cr}에 의한 철근의 응력

$$f_{sr} = n \times \frac{M_{cr}}{I_{cr}}(d - kd) = 67.5 \text{ MPa}$$

4. 유효철근비 및 균열간격 계산(KDS 14 20 30 부록 4.1.3)

유효철근비 ρ_e를 계산한다.

$$d_{cte} = \min.(2.5(h-d),\ (h-kd)/3)$$

$$= \min.(2.5 \times (600-500),\ (600-176)/3) = 141 \text{ mm}$$

$$\rho_e = (6 \times 387.1)/(300 \times 141) = 0.0549$$

다음으로 균열간격 l_s를 계산한다.

콘크리트 표면에서 최외단 주철근 표면까지 거리 $c_c = 50$ ㎜로 가정할 때 $5(c_c + d_b/2) = 5 \times (50 + 22/2) = 305$ ㎜이다. 철근 간격은 $(300 - 50 \times 2 - 4 \times 22)/3 \equiv 37.3$ ㎜로 305 ㎜보다 작으므로 l_s는 다음 식으로 구한다.

$$l_s = 2c_c + 0.25 k_1 k_2 d_b / \rho_e$$

여기서 이형철근의 k_1=0.8, 휨부재 k_2=0.5이다.

$$l_s = 2 \times 50 + 0.25 \times 0.8 \times 0.5 \times 22/0.0549 = 140 \text{ mm}$$

5. 콘크리트의 인장강도 $f_{ctm} = f_{cte}$ 계산

$$f_{ctm} = 0.3 \times (25+4)^{2/3} = 2.83 \text{ MPa}$$

6. 균열변형률 $\varepsilon_{sm}-\varepsilon_{cm}$ 계산

1) 2021년 개정판

$$\varepsilon_{sm}-\varepsilon_{cm}=\frac{f_{so}}{E_s}-0.4\frac{f_{cte}}{E_s\rho_e}(1+n\rho_e)=\frac{146}{2.0\times10^5}-0.4\times\frac{2.83}{2.0\times10^5\times0.0549}\times(1+6.78\times0.0549)$$
$$=5.89\times10^{-4}\geq0.6f_{so}/E_s=0.6\times146/2.0\times10^5=4.38\times10^{-4}$$

2) 2012년 설계기준 :

$$\varepsilon_{sm}-\varepsilon_{cm}=\frac{f_{so}}{E_s}\left[1-\beta_1\beta_2(1+n\rho_e)\left(\frac{f_{sr}}{f_{so}}\right)^2\right]$$
$$=\frac{146}{2.0\times10^5}\left[1-1.0\times1.0\times(1+6.78\times0.0549)\times\left(\frac{67.5}{146}\right)^2\right]$$
$$=5.16\times10^{-4}\geq0.6f_{so}/E_s=0.6\times146/2.0\times10^5=4.38\times10^{-4}$$

7. 균열폭 계산

평균균열폭 w_m

1) 2021 설계기준 : $w_m=1.0\times l_s(\varepsilon_{sm}-\varepsilon_{cm})=1.0\times140\times5.89\times10^{-4}=0.0825$ mm

2) 2012 설계기준 : $w_m=1.0\times l_s(\varepsilon_{sm}-\varepsilon_{cm})=1.0\times140\times5.16\times10^{-4}=0.0722$ mm

최대균열폭 $w_{\max}$

1) 2021 설계기준 : $w_{\max}=1.7\times w_m=0.140$ mm

2) 2012 설계기준 : $w_{\max}=1.7\times w_m=0.123$ mm

8. 장기변형에 의한 추가 균열폭

균열폭 계산에서 2021년 개정판의 균열폭은 장기변형을 일부 고려한 수식이지만 우리나라 설계기준의 모델인 CEB-FIP 1990 모델 기준에 의하면 건조수축 등이 일어난 경우 균열폭은 다음과 같이 계산한다.

$$w_d=\kappa_{st}l_s(\varepsilon_{sm}-\varepsilon_{cm}-\varepsilon_{sh})$$

만약 건조수축이 -350×10^6이 일어났다면(건조수축은 일어나는 기간, 콘크리트의 종류, 외기 습도, 부재 크기 등에 따라 다르나 일반적으로 $-(200\sim600)\times10^{-6}$ 정도로 일어난다) 최대균열폭은 다음과 같다.

$$w_{\max}=1.7\times140(5.16\times10^{-4}+3.5\times10^{-4})=0.206\text{ mm}$$

정확한 건조수축 변형률은 설계기준의 모델식이나 실험에 의해 구할 수 있다.

7.4.3 처짐

철근콘크리트 구조물에 대한 처짐은 1방향 구조인 보 부재와 1방향 슬래브에 대한 규정과 2방향 구조인 2방향 슬래브에 대한 규정으로 나누어져 있다. 그리고 처짐은 단기처짐인 탄성처짐에 장기처짐을 고려하여 검토하도록 규정하고 있다.

1방향 구조

먼저 보와 1방향 슬래브의 경우 각각 다음 표 〈7.4〉에 제시되어 있는 두께 이상으로 설계하는 경우 처짐을 검토할 필요가 없다. 그러나 이 두께 미만으로 설계하여야 할 경우에는 하중을 작용할 때, 순간처짐(instantaneous displacement)은 사용하중을 적용하고 균열과 철근량을 고려한 부재의 강성을 사용하여 구조물을 해석하여 구한다. 이때 단면의 유효단면2차모멘트 I_e는 다음 식 (7.20)에 의해 구한다.

30 4.2.1(3)

$$I_e = \left(\frac{M_{cr}}{M_a}\right)^3 I_g + \left[1 - \left(\frac{M_{cr}}{M_a}\right)^3\right] I_{cr} \tag{7.20(a)}$$

$$M_{cr} = \frac{f_r I_g}{y_t} \tag{7.20(b)}$$

$$f_r = 0.63\lambda\sqrt{f_{ck}} \tag{7.20(c)}$$

표 〈7.4〉 처짐을 계산하지 않는 경우의 보 또는 1방향 슬래브의 최소 두께

부재	최소 두께, h			
	단순 지지	1단 연속	양단 연속	캔틸레버
	큰 처짐에 의해 손상되기 쉬운 칸막이벽이나 기타 구조물을 지지 또는 부착하지 않은 부재			
1방향 슬래브	$l/20$	$l/24$	$l/28$	$l/10$
보 리브가 있는 1방향 슬래브	$l/16$	$l/18.5$	$l/21$	$l/8$

이 표의 값은 보통중량콘크리트(m_c=2,300 kg/m³)와 설계기준항복강도 400 MPa 철근을 사용한 부재에 대한 값이며 다른 조건에 대해서는 이 값을 다음과 같이 보정하여야 한다.

① 1,500~2,000 kg/m³ 범위의 단위질량을 갖는 구조용 경량콘크리트에 대해서는 계산된 h 값에 $(1.65-0.00031m_c)$를 곱하여야 하나, 1.09 이상이어야 한다.

② f_y가 400 MPa 이외인 경우에는 계산된 h값에 $(0.43+f_y/700)$을 곱해야 한다.

여기서, M_{cr}은 균열휨모멘트, M_a는 사용하중에 의한 휨모멘트, I_g와 I_{cr}은 각각 비균열단면과 균열단면에 대한 단면2차모멘트, f_r은 콘크리트의 휨인장강도, y_t는 중립축에서 콘크리트 인장연단까지 거리, λ는 경량콘크리트 보정계수로서 일반콘크리트는 1.0이다.

30 4.2.1(5)

한편, 엄밀한 해석에 의하지 않는 한, 철근콘크리트 휨 부재의 크리프와 건조수축에 의한 추가 장기처짐은 해당 지속하중(sustained load)에 의해 생긴 순간처짐에 다음 식 (7.21)의 계수를 곱하여 구할 수 있다.[2),16)]

$$\lambda_\Delta = \frac{\xi}{1+50\rho'} \tag{7.21}$$

여기서, ρ'는 단순 및 연속경간인 경우 보 중앙에서, 캔틸레버인 경우 받침부에서 구한 철근비의 값으로 한다. 지속하중에 대한 시간경과계수 ξ는 지속기간이 5년 이상은 2.0, 12개월은 1.4, 6개월은 1.2, 3개월은 1.0으로 할 수 있으며 그 사이의 기간은 직선보간으로 구할 수 있다.

식 (7.20)을 사용하여 구한 탄성처짐과 식 (7.21)에 의해 구한 장기처짐을 고려하여 구한 처짐이 표 〈7.5〉에 주어진 허용처짐 이하가 되도록 설계하여야 한다.

표 〈7.5〉 최대 허용처짐

부재의 형태	고려하여야 할 처짐	처짐 한계
과도한 처짐에 의해 손상되기 쉬운 비구조 요소를 지지 또는 부착하지 않은 평지붕구조	활하중 L에 의한 순간처짐	$\frac{l}{180}$[1)]
과도한 처짐에 의해 손상되기 쉬운 비구조 요소를 지지 또는 부착하지 않은 바닥구조	활하중 L에 의한 순간처짐	$\frac{l}{360}$
과도한 처짐에 의해 손상되기 쉬운 비구조 요소를 지지 또는 부착한 지붕 또는 바닥구조	전체 처짐 중에서 비구조 요소가 부착된 후에 발생하는 처짐 부분(모든 지속하중에 의한 장기처짐과 추가적인 활하중에 의한 순간처짐의 합)[3)]	$\frac{l}{480}$[2)]
과도한 처짐에 의해 손상될 염려가 없는 비구조 요소를 지지 또는 부착한 지붕 또는 바닥구조		$\frac{l}{240}$[4)]

1) 이 제한은 물고임에 대한 안전성을 고려하지 않았다. 물고임에 대한 적절한 처짐 계산을 검토하되, 고인 물에 대한 추가 처짐을 포함하여 모든 지속하중의 장기적 영향, 솟음, 시공오차 및 배수설비의 신뢰성을 고려하여야 한다.
2) 지지 또는 부착된 비구조 요소의 피해를 방지할 수 있는 적절한 조치가 취해지는 경우에 이 제한을 초과할 수 있다.
3) 장기처짐은 30 4.2.1(5) 또는 30 4.2.3(3)에 따라 정해지나 비구조 요소의 부착 전에 생긴 처짐량을 감소시킬 수 있다. 이 감소량은 해당 부재와 유사한 부재의 시간-처짐 특성에 관한 적절한 기술자료를 기초로 결정하여야 한다.
4) 비구조 요소에 의한 허용오차 이하이어야 한다. 그러나 전체 처짐에서 솟음을 뺀 값이 이 제한값을 초과하지 않도록 하면 된다. 즉, 솟음을 했을 경우에 이 제한을 초과할 수 있다.

예제 〈7.4〉

다음 그림과 같은 8 m 경간의 단순보에 등분포고정하중(자중 포함)이 w_D=15 kN/m가 작용하고 등분포활하중이 w_L = 10 kN/m가 작용하고 있다. 활하중 중에서 20%는 지속하중이다.
이 보의 10년 후에 중앙 부분의 처짐을 구하라. 보의 단면은 그림과 같고 사용하는 재료의 특성은 다음과 같다.

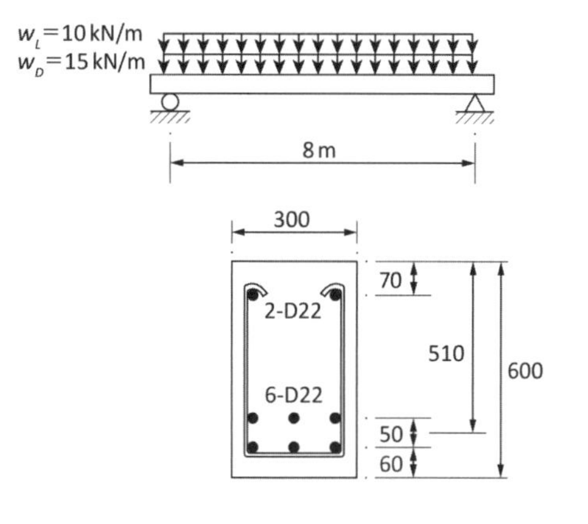

f_{ck} = 27 MPa

f_y = 400 MPa

D22 한 개의 단면적은 387.1 mm²이다.

풀이

1. 재료 특성 등 계산
   KDS 14 20 10 4.3.3 (1)과 KDS 14 20 30 4.2.1 (3)에 따라 재료 특성을 계산한다.

$$E_s = 8.500\sqrt[3]{f_{cm}} = 8,500\sqrt[3]{(27+4)} = 2.67 \times 10^4 \text{ MPa}$$

$$E_{ci} = 1.18 \times E_c = 3.15 \times 10^4 \text{ MPa}$$

$$E_s = 2.0 \times 10^5 \text{ MPa}$$

$$n = E_s/E_c = 2.0 \times 10^5/2.67 \times 10^5 = 7.49$$

$$f_r = 0.63\sqrt{f_{ck}} = 0.63 \times \sqrt{27} = 3.27 \text{ MPa}$$

$$A_s = 6 \times 387.1 = 2,322.6 \text{ mm}^2$$

$$\rho_w = 2,322.6/(300 \times 510) = 0.0152$$

$$A_s{}' = 2 \times 387.1 = 774.2 \text{ mm}^2,$$

$$\rho_w{}' = 0.00506$$

2. 휨모멘트의 계산
   지속하중과 사용하중에 의한 휨모멘트 M_s와 M_a 및 KDS 14 20 30 4.2.1(3)에 따라 균열휨모멘트 M_{cr}을 계산한다.
   ① 지속하중에 의한 휨모멘트 M_s

$$M_s = (15 + 0.2 \times 10) \times 8^2/8 = 136 \text{ kNm}$$

풀이

② 고정하중과 활하중 전체에 의한 휨모멘트 M_a

$$M_a = (15+10) \times 8^2/8 = 200 \text{ kNm}$$

③ 균열휨모멘트 M_{cr}

$$M_{cr} = f_r I_g / y_t = 3.27 \times 5.4 \times 10^9 / 300 = 58.86 \text{ kNm}$$

3. 단면2차모멘트 계산

① 비균열단면에 대한 단면2차모멘트 I_{ut} 또는 I_g

예제 〈7.1〉과 같이 I_{ut}를 정확하게 계산할 수도 있으나 철근의 영향을 무시하고 근사적으로 다음 식에 의해 구할 수도 있다.

$$I_{ut} \simeq I_g = bh^3/12 = 300 \times 600^3/12 = 5.4 \times 10^9 \text{ mm}^4$$

② 균열단면에 대한 단면2차모멘트 I_{cr}

$$kd = \left[-\{(n-1)\rho_w{}' + n\rho_w\} + \sqrt{\{(n-1)\rho_w{}' + n\rho_w\}^2 + 2\{(n-1)\rho_w{}'(d'/d) + n\rho_w\}} \right] d$$

$$(n-1)\rho_w{}' + n\rho_w = 6.49 \times 0.00506 + 7.49 \times 0.0152 = 0.147$$

$$(n-1)\rho_w{}' d'/d + n\rho_w = 6.49 \times 0.00506 \times (70/510) + 7.49 \times 0.0152 = 0.118$$

$$= \left[-0.147 + \sqrt{0.147^2 + 2 \times 0.118} \right] \times 510 = 259 \text{ mm}$$

$$I_{cr} = \frac{300 \times 259^2}{3} + 6.49 \times 774.2 \times (259-70)^2 + 7.49 \times 2{,}322.6 \times (510-259)^2$$

$$= 3.013 \times 10^9 \text{ mm}^4$$

③ M_s에 대한 I_e

$$I_{e,s} = \left(\frac{M_{cr}}{M_s} \right)^3 I_g + \left[1 - \left(\frac{M_{cr}}{M_s} \right)^3 \right] I_{cr}$$

$$= \left(\frac{58.86}{136} \right)^3 \times 5.4 \times 10^9 + \left[1 - \left(\frac{58.86}{136} \right)^3 \right] \times 3.013 \times 10^9$$

$$= 3.207 \times 10^9 \text{ mm}^4$$

④ M_a에 대한 I_e

$$I_{e,a} = \left(\frac{58.86}{200} \right)^3 \times 5.4 \times 10^9 + \left[1 - \left(\frac{58.86}{200} \right)^3 \right] \times 3.013 \times 10^9$$

$$= 3.074 \times 10^9 \text{ mm}^4$$

4. 장기처짐계수

KDS 14 20 30 4.2.1(5)에 따라 10년 후의 장기처짐계수를 구한다.

$$\lambda_{\Delta} = \frac{\xi}{1+50\rho'} = \frac{2.0}{1+50\times 0.00506} = \frac{2.0}{1.253} = 1.60$$

5. 처짐 계산

전체 처짐은 지속하중에 의한 처짐과 나머지 활하중에 의한 순간 처짐의 합이다.

$$\begin{aligned}\delta &= \frac{5\lambda_{\Delta} w_s l^4}{384 E_c I_{e,s}} + \frac{5(w_L + w_D) l^4}{384 E_c I_{e,a}} \\ &= \frac{5\times(15+2)\times 8,000^4}{384\times 2.67\times 10^4\times 3.207\times 10^9} + \frac{5\times(15+10)\times 8,000^4}{384\times 2.67\times 10^4\times 3.074\times 10^9} \\ &= 10.6 + 16.3 = 26.9\text{ mm} = l/298\end{aligned}$$

2방향 구조

2방향 구조인 철근콘크리트 2방향 슬래브도 일반적으로 처짐을 검토할 필요가 없는 최소 두께 이상으로 설계하여 처짐을 검토하지 않는 경우가 대부분이다.

먼저 테두리보를 제외하고 슬래브 주변에 보가 없거나 보의 강성비 α_m이 0.2 이하일 경우, 슬래브의 최소 두께는 표 〈7.6〉의 값을 만족하여야 하고, 또한 지판이 없는 슬래브의 경우는 120 mm 이상, 지판을 가진 슬래브의 경우는 100 mm 이상으로 하여야 한다.

30 4.2.2(2)

한편, 보의 강성비 α_m이 0.2를 초과하는 보가 슬래브 주변에 있는 경우 슬래브의 최소 두께 h는 강성비 α_m이 0.2 초과 2.0 미만인 경우 다음 식 (7.21)의 값 이상으로 하여야 하며, 또한 120 mm 이상으로 하여야 한다.

30 4.2.2(3)

$$h = \frac{l_n\left(800 + \dfrac{f_y}{1.4}\right)}{36,000 + 5,000\beta(\alpha_m - 0.2)} \tag{7.21}$$

그리고 강성비 α_m이 2.0 이상인 경우 다음 식 (7.22) 이상으로 하여야 하며, 또한 90 mm 이상으로 하여야 한다.

$$h = \frac{l_n\left(800 + \frac{f_y}{1.4}\right)}{36,000 + 9,000\beta} \tag{7.22}$$

여기서 l_n은 슬래브 긴 변의 순경간, β는 단변에 대한 장변의 순경간 비이다. 만약 슬래브의 단부가 불연속이라면 강성비 α의 값이 0.8 이상을 갖는 테두리보를 설치하거나, 식 (7.21)과 식 (7.22)에서 구한 최소 소요두께를 적어도 10퍼센트 이상 증대시켜야 한다.

표 〈7.6〉 내부에 보가 없는 슬래브의 최소 두께

설계기준 항복강도 f_y(MPa)	지판이 없는 경우			지판이 있는 경우		
	외부 슬래브		내부 슬래브	외부 슬래브		내부 슬래브
	테두리보가 없는 경우	테두리보가 있는 경우		테두리보가 없는 경우	테두리보가 있는 경우	
300	$l_n/32$	$l_n/35$	$l_n/35$	$l_n/35$	$l_n/39$	$l_n/39$
350	$l_n/31$	$l_n/34$	$l_n/34$	$l_n/34$	$l_n/37.5$	$l_n/37.5$
400	$l_n/30$	$l_n/33$	$l_n/33$	$l_n/33$	$l_n/36$	$l_n/36$
500	$l_n/28$	$l_n/31$	$l_n/31$	$l_n/31$	$l_n/33$	$l_n/33$
600	$l_n/26$	$l_n/29$	$l_n/29$	$l_n/29$	$l_n/31$	$l_n/31$

참고문헌

1. 한국콘크리트학회, '콘크리트구조 설계기준 해설', 기문당, 2021.
2. ACI Committee 318, 'Building Code Requirements for Structural Concrete(ACI 318-14)', ACI, 2014, 516p.
3. *fib*, 'fib Model Code for Concrete Structures 2010', Ernst & Sohn, 2013, 402p.
4. Hsu, T. T. C., Slate, F. O., Sturman, G. M. and Winter, G., "Microcracking of Plain Concrete and the Shape of the Stress-Strain Curve", Journal of ACI, Vol. 60, Feb. 1963, pp.209-224.
5. Slate, F. O. and Hover, K. C., "Microcraking in Concrete", Fracture Mechanics of Concrete Eds Capenteri, A and Ingraffea, A. R., Martinus Nijhoff, 1984, pp.137-158.
6. Jeng, Y. S., and Shah, S. P., "Two parameter Fracture Model for Concrete", J. of Engineering Mechanics, ASCE, Vol. 116, 1985, pp.1227-1241.
7. Bazant, Z. P., Kim, J. K., and Pfeiffer, P. A., "Determination of fracture properties from size effect tests", J. of Structural Engineering, ASCE, Vol. 114, 1986, pp.289-307.
8. CEB-FIP, 'CEB-FIB Model Code 1990', Thomas Telford, 1993, 437p.
9. Gergely, P. an Lutz, L. A., "Maximum Crack Width in Reinforced Concrete Flexural Members", SP-20, American Concrete Institute, 1968, pp.1-17.
10. ACI Committee 350, 'Code Requirements for Environmental Engineering Concrete Structures(ACI 350-06)', ACI, 2006, 485p.
11. BSI, 'Eurocode 2 : Design of concrete structures', CEN, 2004.
12. 설현철, '초고층 건축물의 장기거동 해석 기법 개발', 한국과학기술원, 박사 학위 논문, 2010, 130p.
13. ACI Committee 435, "'Deflection of Reinforced Concrete Flexural Members", Journal of ACI, Vol. 63, No. 6, Jun. 1966, pp.637-674.
14. Branson, D. E., "Instantaneous and Time-Dependent Deflections of Simple and Continuous Reinforced Concrete Beams", HPR Report No. 7, Part1, Alabama Highway Department, Aug. 1963, 78p.
15. CEB-FIP, 'CEB Manual : Cracking and Deformations', CEB Bulletin No. 143, 1981.
16. Yu. W. W. and Winter, G., "Instantaneous and Long-Time Deflections of Reinforced Concrete Beams Under Working Load", Journal of ACI, Vol. 57, No. 1, Jul. 1960, pp.29-50.

문 제

1. 철근콘크리트 구조물의 사용성능으로는 어떠한 것이 있는지를 밝히고 설명하라.

2. 콘크리트에 발생하는 균열은 왜 일어나는지 그 이유와 어떠할 때 일어나는지를 설명하라.

3. 콘크리트에 압축응력이 작용할 때도 균열이 일어나는지를 밝히고, 만일 일어난다면 그 이유를 설명하라.

4. 인장증강효과(tension stiffening effect)가 무엇인지 설명하라.

5. 장기처짐이 왜 일어나는지 그 이유를 설명하고, 우리나라 콘크리트구조 설계기준에 규정된 내용을 찾아 설명하라.

6. 다음 그림과 같은 보 단면에 $M_a = 2M_{cr}$이 작용할 때 I_e를 구하라.

   다만, 사용 재료 특성은 다음과 같다.

   $f_{ck} = 30$ MPa

   $f_y = 400$ MPa

   $A_s = 8 \times 506.7 = 4{,}053.6$ mm^2

   $A_s' = 3 \times 506.7 = 1{,}520.1$ mm^2

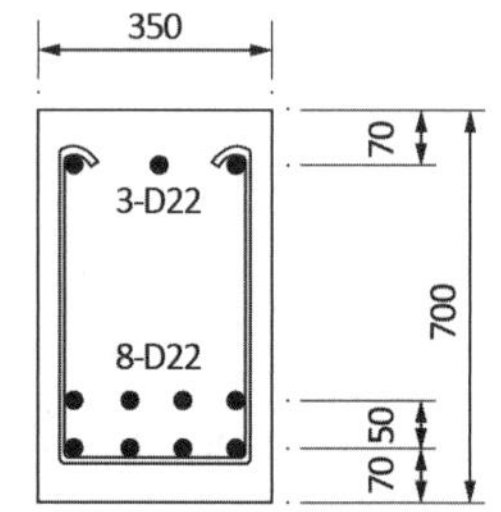

7. 문제 6과 같은 단면에 대해 균열폭을 계산하라. 그리고 작용하는 휨모멘트가 $3M_{cr}$일 때의 균열폭도 계산하라.

8. 경간이 10m인 양단 고정보에 $w_D = 25$ kN/m, $w_L = 15$ kN/m가 작용할 때 보 중앙부의 처짐을 계산하라. 활하중 중에서 30%만 지속하중이다.

   다만, 사용 재료 특성은 다음과 같다.

   $f_{ck} = 27$ MPa

   $f_y = 400$ MPa

   $A_s = 8 \times 387.1 = 3{,}096.8$ mm^2

   $A_s' = 4 \times 387.1 = 1{,}548.4$ mm^2

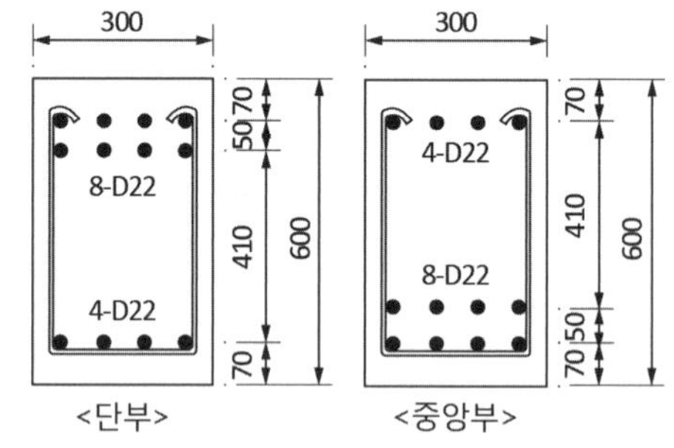

제8장

철근콘크리트 구조물의 내구성

오른쪽 사진은 철근 부식이 진행된 구조물이고,
아래 사진은 염화물이온의 확산계수를 실험하는 장치이다.

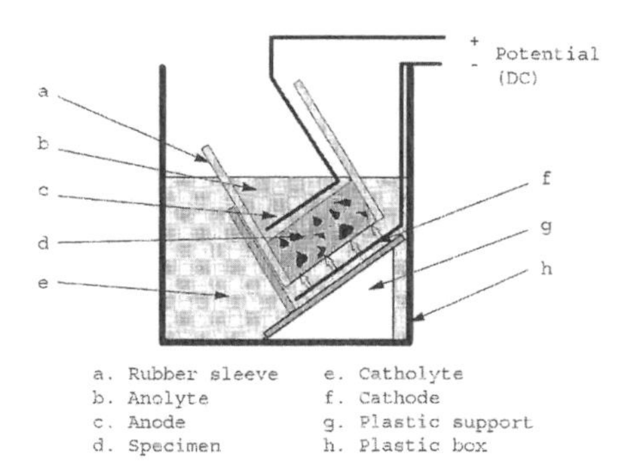

NT BUILD 492

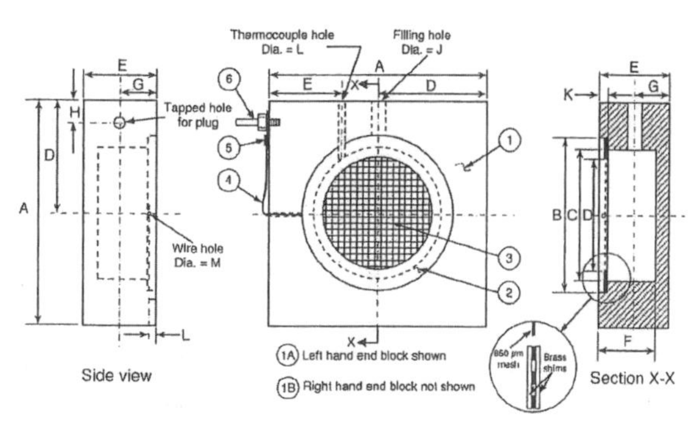

ASTM C 1202

제8장 철근콘크리트 구조물의 내구성

8.1 개요

철근콘크리트 구조물이 처음으로 19세기 중반에 등장하여 20세기 중반 무렵까지 약 1세기 동안은 철근콘크리트를 사용하여 건설된 구조물은 일반적으로 요구되는 수명 동안 아무런 문제없이 사용될 수 있다고 믿었다. 그래서 설계 단계에서 구조물의 내구성에 관련된 규정이 없었다. 그러나 20세기 중반 무렵부터 이미 건설되어 사용되고 있었던 철근콘크리트 구조물이 노후화되어 안전에 문제가 발생하기 시작하였다. 다시 말하여 철근콘크리트 구조물의 수명이 영원하지 않다는 것이 밝혀지기 시작하였다. 따라서 그때부터 철근콘크리트 구조물을 설계할 때, 사용수명 동안 안전성과 사용성능을 확보할 수 있도록 설계기준에서 내구성능에 대한 사항을 규정하기 시작하였다.

철근콘크리트 구조물의 내구성능에 미치는 영향인자는 크게 콘크리트 재료 자체의 내구성능에 미치는 영향인자와 철근콘크리트 구조물의 내구성능에 미치는 영향인자로 분류할 수 있다.[1] 다시 말하여 콘크리트 자체의 강도 저하 등에 미치는 요인과 콘크리트 재료에는 크게 영향을 미치지 않으나 철근의 부식에 영향을 주어 철근콘크리트 구조물의 수명을 단축시키는 요인으로 분류할 수 있다. 콘크리트 재료 자체의 내구성능에 미치는 요인으로는 동결융해, 알칼리골재반응, 화학적침식, 마모와 침식 등이 있다. 철근의 부식에 영향을 주는 재료 측면의 요인으로는 콘크리트의 탄산가스 확산계수, 염소이온 확산계수 등이 있으며 구조 측면의 요인으로는 콘크리트의 균열, 콘크리트의 피복두께 등이 있다. 다음 8.2절에서 이들 요인에 대한 보다 구체적 내용을 살펴보고, 이들 현상을 예측할 수 있는 모델식들에 대해 소개한다.

한편 철근콘크리트 구조물의 내구성에 대한 연구는 안전성과 사용성에 대한 연구에 비하여 많이 이루어지지 않았다. 최근에 설계 방법으로 등장하고 있는 성능기반설계법(PBD : Performance-Based Design Method)을 실제적으로 활용할 수 있기 위해서는 정확한 구조물의 설계수명(design life)을 예측할 수 있어야 한다. 그러나 아직 이에 대한 구체적 설계 또는 검증 방법은 제시되고 있지 않다. 따라서 8.3절에서 일반적인 철근콘크리트 구조물의 내구성 설계에 대하여 언급하고, 현재 우리나라 콘크리트구조설계기준(KDS) 및 콘크리트표준시방서(KCS)에서 내구성에 대하여 규정하고 있는 사항을 8.4절에서 설명한다.

성능기반설계법(PBD)
구조물을 설계하는 하나의 방법으로서 요구되는 성능에 따라 설계하는 방법이다. 지금까지 사용되어 온 규정기반설계법(Prescriptive Design Method)은 안전성, 사용성, 내구성 등에 대해 설계식에 따라 설계하지만 이 방법은 요구하는 성능에 대해 검증하는 과정을 따른다.

8.2 내구성에 영향을 미치는 요인

8.2.1 콘크리트 재료의 내구성에 영향을 미치는 요인

동결융해

동결융해(freezing and thawing)란 습윤 상태의 굳은 콘크리트가 얼었다(동결) 녹았다(융해)를 반복함으로써 콘크리트가 약해지는 것을 말한다. 이는 콘크리트를 타설한 직후 굳지 않은 콘크리트 내의 물이 얼어 강도 발현이 일어나지 않아 부실한 콘크리트가 되는 현상을 일컫는 동해(frost)와는 엄밀한 의미에서 다르다. 굳은 콘크리트가 동결융해에 의해 손상을 일으키는 것은 콘크리트 내의 수분이 얼어 부피가 팽창하여 콘크리트의 미세조직에 인장응력을 유발시키고 다시 녹아 인장응력을 없애는 과정을 반복하기 때문이다. 따라서 동결융해에 영향을 미치는 요인은 콘크리트 내의 수분의 양과 공극의 양, 그리고 반복 횟수 등이다.[2)]

동해(frost)
아직 굳지 않은 콘크리트(fresh concrete)가 얼어 수화반응을 방해하여 강도가 원만히 발현되지 않는 것을 말한다. 콘크리트를 타설한 후 1~2일 이내에 얼면 이러한 현상이 일어난다.

먼저 굳은 콘크리트 내의 수분은 내부에 남아 있는 것이거나 눈이 녹은 물 또는 빗물 등과 같이 외부에서 들어간 것일 수 있으며, 이때 콘크리트 내의 상대습도가 75~80퍼센트보다 낮으면 동결융해에 의한 손상은 일어나지 않는다. 왜냐하면 상대습도가 낮은 경우 물이 얼어 부피가 팽창해도 여유 공간이 있어 콘크리트 미세구조에 인장응력을 유발시키지 않기 때문이다. 또 공기연행제(air entrained admixture)를 넣어 콘크리트의 공기량을 증가시킬 때도 여유 공간이 많아져 동결융해 저항 성능을 향상시킨다. 그리고 콘크리트는 이러한 동결융해가 반복될 때 전체적으로 손상을 받게 된다. 그래서 8.4절에서 볼 수 있듯이 각국의 설계기준에서는 동결융해에 대한 내구성능을 확보하기 위하여 최소한으로 요구하는 공기량을 규정하고 있다. 시험 방법에 대해서도 각 나라에서 규정하고 있으며, 우리나라의 경우 한국산업표준(KS)에서 정하고 있다.

알칼리골재반응

알칼리골재반응(AAR : alkali-aggregate reaction)이란 콘크리트를 제조할 때 반응성 높은 골재를 사용할 경우 화학 반응으로 인하여 콘크리트가 손상을 받는 현상을 말한다. 이 반응은 크게 두 가지로 분류되는데 알칼리탄산염반응(ACR : alkali-carbonate reaction)과 알칼리실리카반응(ASR : alkali-silica reaction)이다.[3] 이는 골재에 탄산염이 많이 내포되어 반응을 일으키는가와 규산이 많이 내포되어 반응을 일으키는가에 따른 분류로 골재의 반응성 화학 성분에 따른 것이다. 주로 현장에서 자주 일어나는 것은 알칼리실리카반응이다.

알칼리골재반응이 일어나면 콘크리트에 무수한 균열이 발생하는데, 콘크리트를 타설한 다음 5~10년 후에 일어나며, 대개 10~20년 후에 끝나나 수십년 동안 진행하는 경우도 있다. 이 반응이 일어나면 콘크리트는 재료로서 역할을 수행하기가 힘들므로 골재를 선택할 때 반응성 있는 재료를 사용하지 않아야 한다. 따라서 각 나라는 골재의 반응성을 시험할 수 있는 여러 방법을 제시하고 있으며, 우리나라도 산업표준(KS F 2545, KS F 2546, KS F 2585)에서 제시하고 있다.

화학적침식

콘크리트는 일반적인 대기에 노출되어 있는 경우에는 내구성능이 매우 뛰어난 재료이지만 여러 화학물질에 노출되어 있는 경우에는 화학반응에 의해 화학적침식(chemical attack)을 일으킨다. 이러한 화학적침식은 해당하는 화학물질에 따라, 황산염에 의한 침식(chemical sulfate attack), 산에 의한 침식(acid attack) 등이 있다.

황산염에 의한 침식은 주로 지하수나 토양에 들어 있는 여러 종류의 황산염에 콘크리트가 노출되었을 때 일어나며, 황산염 용액이 콘크리트의 결합재료와 반응하여 손상을 일으킨다. 황산염에 의한 손상은 주로 부피가 증가하여 균열을 유발시키는 에트린자이트(ettringite, $CaO \cdot Al_2O_3 \cdot 3CaSO_4 \cdot 32H_2O$)의 형성과 콘크리트의 강도를 저하시키는 석고($CaSO_4 \cdot 2H_2O$)의 형성에 의해 일어난다.[4] 이 현상이 일어나면 시멘트풀이 손상을 입어 더 이상 콘크리트는 강도를 갖지 못한다. 각 나라의 설계기준에서는 황산염에 노출되는 정도와 사용 결합재의 종류에 따라 물시멘트비와 압축강도를 규정하고 있으며, 우리나라의 경우에도 콘크리트구조 설계기준과 콘크리트 표준시방서에서 규정하고 있고 8.4절에서 설명한다.

40 4.1.4(1)

산에 의한 침식은 일반적인 노출 상태의 콘크리트에서는 일어나지 않으나, 산업 폐수를 저장하는 콘크리트 구조물이나 탄광의 폐수가 흐르는 구조물 등에서 일어날 수 있다. 외부에서 침투한 산은 시멘트의 수화물인 수산화칼슘($Ca(OH)_2$)과 반응하여 손상을 일으킨다. 이러한 침식은 산의 농도와 노출되는 빈도수에 따라 손상의 정도가 다르며, 일반적으로 물시멘트비를 낮게 하거나 포졸란 계통 혼합재를 사용함으로써 저항 성능을 향상시킬 수 있다.[5] 그러나 산성도(pH)가 3 이하이면 어떠한 콘크리트도 내구성능을 확보하기 힘들므로 라이닝 등을 설치하여야 한다.

포졸란 계통 혼합재
콘크리트에 널리 사용되는 포졸란계 혼합재료는 석탄 화력 발전소에서 나오는 플라이애쉬와 제철소에서 부산물로 나오는 고로슬래그가 있다.

마모

마모(abrasion)는 콘크리트 표면에 반복되는 외부의 물리적 작용에 의해 콘크리트가 손상되는 것을 말한다. 넓은 의미의 마모에서 물리적침식(erosion)과 공동현상(cavitation)을 이 마모에서 분리하여 취급하기도 하는데, 물리적침식과 공동현상은 댐의 콘크리트 수로 등에서 국한되어 일어나는 현상이다.

콘크리트 마모는 주로 콘크리트 포장도로에서 콘크리트 표면과 자동차 바퀴가 마찰하여 일어나며, 또 슬래브 판 또는 계단 판에서 사람의 이동에 의해서도 일어난다. 한편 물리적침식은 물이나 물과 함께 이동하는 여러 물질에 의해 댐의 여수로, 교량의 교각 등의 콘크리트 표면에서 일어나고, 공동현상은 매우 빠른 물의 유속에 의해 댐의 여수로 바닥판 등에서 일어난다.

마모는 콘크리트 표면에서 일어나기 때문에 표면 콘크리트의 마모 저항 성능이 매우 중요하다. 일반적으로 콘크리트의 강도가 높으면 마모 저항 성능도 높아지므로 가능한 물시멘트비를 낮은 고강도콘크리트로 표면 콘크리트로 사용하면 마모 저항 성능을 향상시킬 수 있다.[6] 일단 표면 콘크리트에 마모가 시작되면 골재 등이 노출되므로 이때부터는 골재의 분포 그리고 골재와 시멘트풀 사이의 부착강도가 마모 저항 성능에 크게 영향을 준다. 따라서 골재의 입도분포도 중요하다. 그리고 마모는 슬래브판의 상부 표면에서 주로 일어나므로 시공할 때 콘크리트 타설 순서와 방법, 양생 방법 등이 중요한 요소가 된다.

이 마모의 저항 성능 시험에 대한 표준은 각 나라에서 규정하고 있으며, 우리나라에서도 한국산업표준(KS)에서 규정하고 있다.

8.2.2 철근 부식에 영향을 미치는 요인

이산화탄소 확산

공기 중에 노출되어 있는 콘크리트는 공기에 있는 이산화탄소(CO_2)가 콘크리트 내로 침투하여 수화물인 수산화칼슘($Ca(OH)_2$)과 반응하여 탄산화칼슘을 생성시킨다. 이러한 반응은 물속 또는 상대습도가 80퍼센트 이상과 같이 매우 습하거나 상대습도가 25퍼센트 이하 정도의 매우 건조한 경우에는 일어나지 않는다. 일반적인 공기의 습도 조건에서는 다음 식 (8.1)과 같은 화학반응을 일으킨다.[7]

$$\underset{\text{공기 중}}{CO_2} + \underset{\text{콘크리트 내}}{Ca(OH)_2} + \underset{\text{공기 중}}{H_2O} \rightarrow \underset{\text{콘크리트 내}}{CaCO_3} + \underset{\text{공기 중}}{2H_2O} \tag{8.1}$$

식 (8.1)에 의하면 외부 공기에 있는 이산화탄소와 물이 콘크리트에 침투하여 콘크리트의 수화물과 반응하여 콘크리트 내에 탄산칼슘을 남기고 물을 공기 중으로 내보내는 것이다. 결국 콘크리트에는 수산화칼슘이 탄산칼슘으로 바뀌게 되어 부피가 약간 줄어들고 알칼리 성분에서 중성 성분으로

탄화수축과 탄산화
콘크리트 내의 $Ca(OH)_2$는 매우 강알칼리성을 나타내나 이 성분이 공기 중의 CO_2와 반응하여 $CaCO_3$로 변하면 알칼리성이 떨어진다. 이러한 현상이 탄산화이며 또한 중성화라고도 한다. 또 $Ca(OH)_2$보다는 $CaCO_3$의 부피가 작아 수축현상이 일어나는데 이를 탄화수축이라고 한다.

변하게 된다. 이때 부피가 줄어드는 현상을 탄화수축(carbonate shrinkage)이라고 하고, 중성 성분으로 변화하는 것을 탄산화(carbonation)라고 한다. 공장 지대나 지하주차장 등의 철근콘크리트 구조물에서는 공기 중의 이산화탄소의 농도가 일반 대기 중보다는 높으므로 탄산화의 진행속도가 빠를 수 있다.

콘크리트는 탄산화가 진행되어도 재료 자체의 강도(strength) 등은 크게 변하지 않으나 경도(hardness)는 높아져 표면이 딱딱해진다. 따라서 표면의 딱딱한 정도를 계측하여 강도를 예측하는 반발경도법에 의해 콘크리트 강도를 예측할 때는, 탄산화의 정도에 따라 강도-반발도의 상관관계가 달라질 수 있으므로 재령계수를 적용하여 보정한다. 그리고 콘크리트는 일반적으로 산성도(pH)가 12.5~13.0 정도의 강알칼리성인데 탄산화가 이루어져 산성도가 9.0~10.0 정도로 떨어지면 산성도가 7인 중성일 때와 비슷한 속도로 철근이 부식한다. 그래서 산성도가 9.0~10.0 정도로 떨어지면 콘크리트는 중성화가 된 것으로 본다. 결론적으로 콘크리트는 탄산화가 진행되어도 재료 자체의 역학적 특성은 크게 변화하지 않으나 내부의 철근이 부식을 일으켜 철근콘크리트의 구조물의 내구성을 저하시킨다.[8)]

염소이온의 확산

확산(diffusion)
물질의 이동은 여러 형태로 일어나나 콘크리트 내외로 물질의 이동은 크게 두 지점 사이의 농도의 차이에 의해 일어나는 확산과 압력의 차이에 의해 일어나는 침투(penetration) 등으로 나눈다.

바닷물에 노출되어 있거나 제설제 등을 사용하여 염소이온에 노출되어 있는 콘크리트는 콘크리트 속으로 염소이온이 침투한다. 이 침투는 확산(diffusion)에 의해 주로 이루어지기 때문에 침투율은 표면 콘크리트의 염소이온 확산계수에 좌우된다. 따라서 많은 연구자들에 의해 다양한 콘크리트의 염소이온에 대한 확산계수를 얻기 위한 실험이 이루어져 왔다. 이러한 실험에 의하면 확산계수는 물결합재비와 콘크리트 내의 수분 함량에 크게 좌우되고, 또한 오랜 시간이 흘러가면 점점 확산계수가 작아지는 것으로 밝혀졌다.[8)]

염소이온이 콘크리트 내에서 이동할 때 일부는 시멘트 수화물과 화학적으로 결합한다. 이렇게 결합되는 염소이온은 공극 내의 염소이온 농도에 영향을 주지 않기 때문에 철근 부식에 영향을 주지 않는다. 따라서 철근 부식의 관점에서 볼 때 콘크리트 내의 총 염소이온량도 중요하지만 결합염소이온량을 제외한 철근 부식에 영향을 주는 자유염소이온량(free chloride ion)이 더 중요하다. 이때 결합되는 염소이온의 양은 시멘트 수화물과 화학적 반응에 의한 것이기 때문에 시멘트의 종류와 양에 크게 영향을 받으며, 특히 시멘트 내의 세라이트(C_3A)의 양에 좌우되는 것으로 알려져 있다.[8)]

결합염소이온과 자유염소이온
시멘트 수화물과 화학적 반응에 의해 결합되는 염소이온을 결합염소이온(binding chloride ion)이라고 하며 이는 물에 녹아나지 않는다. 반면 자유염소이온은 물에 녹아 있는 것으로서 이동이 일어나 철근 부식에 직접 영향을 준다.

콘크리트 탄산화와 유사하게 콘크리트 내에 염소이온이 침투하여도 콘크리트의 압축강도 등 역학적 특성은 거의 변화하지 않으며, 다만 철근 표면에서 염소이온의 농도가 어느 임계값에 도달하고 산소가 공급될 때 철근을 부식시켜 철근콘크리트 구조물의 내구성을 저하시킨다.

균열폭과 피복두께

철근콘크리트 구조물에서 콘크리트에 균열이 발생하는 것을 완전히 막을 수는 없으므로 모든 나라의 설계기준에서는 허용되는 균열의 폭을 각 노출조건 등에 따라 제시하고 있다. 이렇게 허용하는 균열의 폭은 그 구조물의 성능, 위치 등 다양한 조건에 따라 다르게 규정되고 있다. 철근콘크리트 구조물에서 콘크리트의 균열폭을 제한하는 이유는 균열이 있어도 구조물의 성능, 즉 안전성(safety), 사용성(serviceability) 그리고 내구성(durability)의 저하를 초래하지 않도록 하기 위한 것이다.

일반 철근콘크리트 구조물에 대한 설계기준에서 허용균열폭은 대부분 구조물의 내구성능 측면에서 제시되고 있다. 다시 말하여 콘크리트의 알칼리골재반응, 또는 강한 산에 노출된 철근콘크리트 구조물 등과 같이 콘크리트 자체가 손상되는 경우를 제외하고는 철근콘크리트 구조물의 내구성은 철근의 부식에 의해 좌우된다. 따라서 콘크리트의 균열로 인하여 철근의 부식을 촉진시키지 않을 정도의 균열폭을 설계기준에서는 제시하고 있다.

철근콘크리트 구조물에서 철근의 부식은 앞서 설명한 바와 같이 대개 콘크리트의 탄산화에 의해 콘크리트의 알칼리성이 저하되어 일어나거나, 염소이온 등 철근 부식을 일으키는 물질의 이동에 의해 일어나고 있다. 그러나 강재의 부식은 이러한 현상이 일어나더라도 산소와 적당한 습기가 없으면 일어나지 않는다. 따라서 산소의 공급이 전혀 없는 해수에 잠겨 있는 강말뚝은 부식이 크게 진행되지 않는다. 그러나 공기 중에 노출되어 있거나 간헐적으로 물속에 잠기는 일반적인 철근콘크리트 구조물의 경우 균열은 철근 부식에 영향을 준다.

철근콘크리트 구조물에서 철근은 피복콘크리트에 의해 묻혀 있으므로, 균열이 없는 경우 콘크리트 탄산화에 영향을 주는 이산화탄소 그리고 철근 부식에 영향을 주는 산소, 수분, 염소이온 등의 이동은 피복콘크리트의 품질과 피복두께에 좌우된다. 즉, 이러한 모든 물질들의 이동은 피복콘크리트를 통해 일어난다. 만약 피복콘크리트에 균열이 있으면 균열을 통해서도 이러한 물질은 이동하며, 이 경우에는 균열의 크기, 즉 폭과 깊이와 간격, 발생 방향 등에 크게 영향을 받는다.

설계기준에서는 철근 부식에 영향을 주는 것으로 균열의 폭만 고려하는 것으로 규정되어 있으나, 실제로 균열의 형태, 즉 균열이 철근과 나란한 방향이냐 또는 직교 방향이냐에 따라서도 다르다. 일반적으로 수축 또는 온도 변화 등에 의한 부피 변화와 외력에 의해 발생되는 균열은 주인장응력 방향과 나란하게 배치된 철근과 직교 방향으로 일정한 간격을 두고 일어난다. 그러나 소성침하 등에 의해 균열이 일어나는 경우에는 철근과 나란하게 균열이 일어난다. 이와 같이 철근과 나란하게 일어나는 균열인 경우 균열폭과 깊이가 같아도 철근의 부식에 더 큰 영향을 미친다. 즉, 균열과 철근 방향의 일치 여하에 따라 부식에 미치는 영향은 달라진다. 그리고 균열의 간격은 염소이온에 의해 부식이 일어나는 경우 양극과 음극의 거리에 영향을 주므로 중요한 요인이다. 철근 직경의 수 배 미만으로 균열의 간격이 매우 좁은 경우에는 균열 간격이 부식에 영향을 줄 수 있으나 일반적으로 간격이 직경의 수십 배가 넘는 경우는 그 영향은 크지 않다. 또 균열의 깊이 측면에서 보면 콘크리트 표면에 균열이 있어도 피복두께 깊이보다 얕은 경우 균열이 물질 이동에 미치는 영향은 크게 줄어든다. 균열 깊이가 피복두께의 반 이내인 경우 균열의 영향은 균열폭에 상관없이 거의 없는 것으로 보고되고 있다.[9] 마지막으로 대부분의 연구 결과 균열 깊이가 피복두께보다 큰 경우에 균열폭이 0.1 mm 이상이면 염소이온에 의한 철근 부식은 균열폭에 크게 관계 없는 것으로 보고되고 있다.

염소 이온에 의한 철근 부식에 관련된 문헌에 의하면, 철근 부식에 영향을 주는 요인으로서 균열폭보다는 피복콘크리트의 확산 및 침투 성능이 더 중요한 요인으로 밝혀지고 있으며, 균열은 철근 부식의 시작 시점을 촉진하나 균열폭은 철근 부식에 크게 영향을 주지 않는다는 것이다. 한편 균열이 부식의 시작 시점은 앞당기나 어느 정도 진행하면 영향이 없다는 주장과 시간이 지남에 따라 영향이 줄어든다는 주장이 있다. 결론적으로 균열이 없는 콘크리트보다는 피복콘크리트에 균열이 철근의 위치까지 있는 경우, 균열폭에 관계없이 철근 부식의 시작 시점은 앞당기고, 부식 진행 속도는 시간이 지남에 따라 그 차이가 줄어든다고 볼 수 있다.

8.3 내구성 설계법

8.3.1 일반사항

구조물은 안전성능과 사용성능을 확보하여야 하며, 이는 설계 단계에서뿐만 아니라 구조물의 사용수명 동안 확보하여야 한다. 내구성 설계의 새로운 점은 시간을 설계 문제에 포함시켰다는 것이다. 이 내구성 설계에 대한 개념이 확립되기 전까지는 안전성능과 사용성능에 중심을 두고 내구성능, 즉 시간을 하위적 개념으로 다루어 왔지만, 최근에는 점차 내구성능이 주요한 요소로 바뀌어지고 있다. 더불어 성능기반설계법이 나타나면서 구조물의 목표사용수명(intend service life)이라는 개념이 도입되고, 이에 따라 안전, 사용성능에 비하여 내구성능이 더욱 중요한 성능이 되고 있다. 그러나 아직도 이를 뒷받침할 연구가 충분히 이루어지지 않아, 각국의 설계기준의 내구성 측면에 대한 규정은 재료적 관점에서만 규정되고 있는 것이 일반적이다. 이 절에서는 참고문헌[10)]에서 제시되고 있는 몇몇 내구성 설계에 대한 방법을 소개한다.

목표사용수명
구조물의 소유자나 사용자 또는 일반 사회에서 요구되는 사용수명이다. 여기서 사용수명이란 정기적으로 유지 작업이 수행될 때 구조물의 주요 특성이나 최소 요구되는 사항을 만족시키는 기간을 말한다.

8.3.2 사용수명 이론

외력 등에 의해 요구되는 구조물의 성능이 S이고 저항할 수 있도록 설계한 저항성능이 R일 때, 요구하는 성능을 유지하지 못하는 조건은 다음과 같다.

첫째, S와 R이 시간과 독립적인 변수라면 다음 식 (8.2)와 같다.

$$\{\text{요구성능 유지 불가능}\} = \{R < S\} \tag{8.2)(a}$$

$$P_f = P\{R < S\} \tag{8.2)(b}$$

둘째, S와 R이 시간의 변수라면 다음 식 (8.3)과 같다.

$$\{\text{요구성능 유지 불가능}\} = \{R(t_g) < S(t_g)\} \tag{8.3)(a}$$

$$P_f(t_g) = P\{R(t) < S(t)\} \tag{8.3)(b}$$

여기서, P_f는 '요구성능 유지가 불가능한 확률'을 나타내며, $t_g(t \le t_g)$는 구조물의 수명이다.

위 식 (8.2)는 내구성을 고려하지 않은 어느 시점에서 그 구조물의 안전성능과 사용성능을 검토하는 식이고, 식 (8.3)은 수명 동안 내구성을 고려한 안전성능과 사용성능을 검토하는 식이다. 식 (8.2)든 식 (8.3)이든 어느 특정 시간 t'에서 '요구성능 유지가 불가능한 확률'은 다음 식 (8.4)와 같이 나타낼 수 있다.

$$P_f(t') = P\{R(t') < S(t')\} \tag{8.4}$$

일반적으로 구조물에서 요구되는 성능과 저항하는 성능은 하나의 값으로 나타낼 수 없고 분포되는 값이다. 왜냐하면 요구되는 성능을 예측할 때 필요한 작용하는 하중, 외부의 여러 조건들이 시시각각으로 변화하고 또한 구조물마다 변하며, 저항할 수 있는 성능에 대한 예측도 사용한 재료 특성이 일정하지 않고 시공 정밀도도 구조물마다 달라서 한 가지 값으로 나타낼 수 없기 때문이다.

그림 [8.1]에서 볼 수 있듯이 '성능 확보율'은 시간이 지나가면 점점 낮아지며, 앞서 설명한 바와 같이 R과 S는 하나의 값이 아니고 분포하는 값으로서 시간에 따라 이 분포의 경향도 변한다. 일반적인 구조물의 경우 시간이 지남에 따라, 설계한 저항성능 R은 점점 감소하고 요구성능 S는 거의 변화가 없다. 따라서 초기(t_1)에는 두 곡선이 멀리 떨어져 있어 성능 확보율이 높으나, 점점 시간이 지날 때(t_2)에는 두 곡선이 가까워져 성능 확보율이 떨어진다. 다시 말하면 '미 확보율'은 그림 [8.1]에서 나타난 빗금친 부분의 면적으로 점점 커지고, 이것은 $P_f(t_2)$로 나타낼 수 있다.

$P_f(t)$는 분포함수이며, 수명 t_g가 되기 전에 요구성능을 확보하지 못하는 것을 $t < t_g$로 정의하면, 사용수명의 분포함수를 다음 식 (8.5)와 같이 정의할 수 있다.

$$C_l(t_g) = P\{t < t_g\} = P_f(t_g) \tag{8.5}$$

여기서 $C_l(t_g)$는 사용수명의 누적 분포함수이고, 이 분포함수 $C_l(t)$를 미분하여 확률밀도함수 $c_l(t)$는 다음 식 (8.6)과 같이 구할 수 있다.

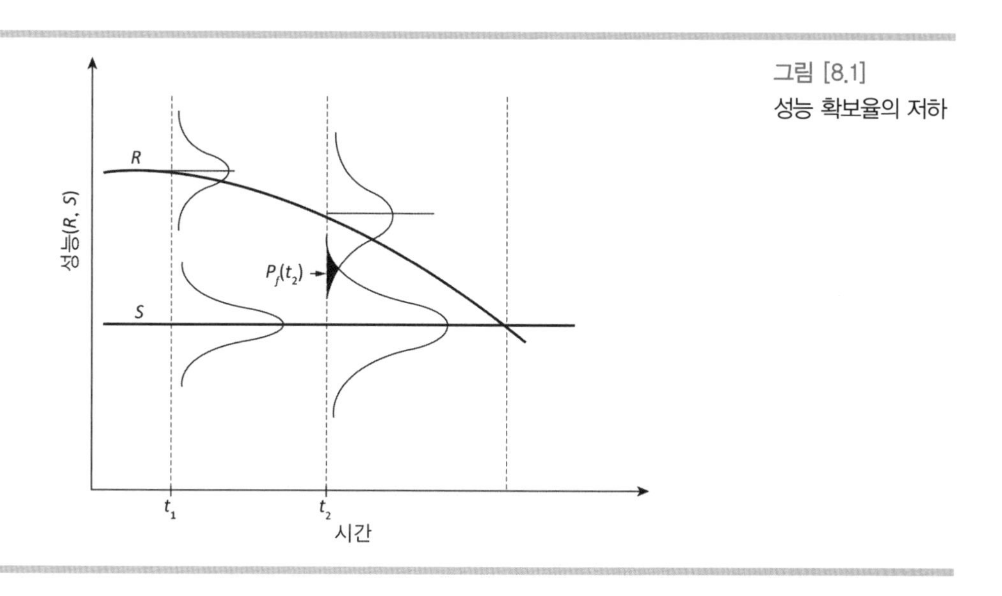

그림 [8.1]
성능 확보율의 저하

$$c_l(t) = \frac{d}{dt} C_l(t) \tag{8.6}$$

특정한 시간에 있어서 구조물이 요구성능을 확보할 수 없을 확률은 두 가지 확률, 즉 $S = s$일 때 $R < S$일 확률, 그리고 모든 S에 대하여 $S = s$일 확률을 곱한 값을 모두 합한 것으로 정의되며, 다음 식 (8.7)과 같이 나타낼 수 있다.

$$P_f = \sum_s P\{R < S \mid S = s\} P\{S = s\} \tag{8.7}$$

각 확률의 분포가 연속적이라면 식 (8.7)의 요구성능 미확보 확률은 다음 식 (8.8)과 같이 나타낼 수 있다.

$$P_f = \int_{-\infty}^{\infty} C_R(s) \ c_S(s) \, ds \tag{8.8}$$

여기서 $C_R(s)$와 $c_S(s)$는 각각 R의 분포함수, S의 확률밀도함수를 나타내고 s는 R과 S를 나타내는 크기 또는 단위이다.

8.3.3 내구성 설계의 정식화

내구성 설계의 기본적인 공식은 성능의 원리와 사용수명의 원리에 따라 결정된다. 성능모델에 따라 계산된 저항성능이 필요한 요구성능보다 더 커야 한다. 여기에서 요구성능은 안전성능, 사용성능 등과 관련이 있다.

사용수명의 원리를 사용하는 경우 사용수명 모델에 따라 계산된 사용수명 t_L이 필요한 목표사용수명 t_g보다 더 커야 한다. 일반적으로 어떤 원리를 사용하든 똑같은 결론에 다다르므로 사용 가능한 내구성 모델의 종류를 선택하고 설계 문제를 가장 쉽게 다룰 수 있는 방법이 무엇인지를 고려하여 사용할 원리를 결정한다.

내구성 설계의 방법은 결정론적 방법, 확률론적 방법, 수명안전계수 방법 등 크게 3가지로 나누어진다. 각각의 방법에 의한 보다 구체적인 내용은 다음과 같다.

결정론적 설계 방법

결정론적 설계 방법에서 요구성능, 저항성능 그리고 사용수명은 이미 결정된 값으로 다루어지며, 이러한 값들의 분포는 고려되지 않는다.

성능의 원리를 적용하면 설계 공식이 다음 식 (8.9)와 같이 표현된다.

$$R(t_g) - S(t_g) > 0 \tag{8.9}$$

여기서, t_g는 목표사용수명이다.

요구성능 S나 저항성능 R은 시간에 따라 변하는 함수이며, 성능저하와 성능모델식이 이러한 함수로 사용된다. 구조 치수나 재료 특성, 환경계수와 같은 설계변수들이 이 함수를 구성하는 변수가 된다.

사용수명의 원리를 적용하면 설계 공식은 다음 식 (8.10)과 같이 표현된다.

$$t_L - t_g > 0 \tag{8.10}$$

여기서, t_L은 사용수명함수이며, 설계변수를 포함하는 사용수명모델식이 이러한 함수로 사용된다.

구조물의 설계는 식 (8.9)와 식 (8.10)을 만족하도록 설계변수 값을 적절하게 조합하고 그중에서 최적의 조합을 선택하는 과정으로 이루어진다. 사용수명의 원리를 적용하는 경우, 성능에 대한 요구 사항이 사용수명 모델식에 포함되어 있다. 이 때문에 성능의 개념을 사용한 식 (8.9)와 사용수명의 개념을 사용한 식 (8.10)이 결과적으로 비슷하게 나타난다. 즉, 설계 방법과 상관없이 도출되는 결과는 비슷하다.

확률론적 설계 방법

확률론적 설계 방법에서는 하중, 저항, 사용수명의 평균값뿐만 아니라 그 분포도 고려된다. 설계 식은 결정론적 설계와 마찬가지로 성능의 원리와 사용수명의 원리를 사용해서 표현되나, 최종 조건에 최대 허용파괴확률이 추가된다는 차이점이 있다.

성능의 원리에 따르면, 사용수명 동안 구조물의 저항성능이 요구성능보다 작아질 확률이, 정해진 허용파괴확률보다 작아야 한다. 이를 식으로 표현하면 다음 식 (8.11)과 같다.

$$P\{\text{파괴}\}_{t_g} = P\{R - S < 0\}_{t_g} < P_{f,\max} \tag{8.11}$$

여기서, $P\{\text{파괴}\}_{t_g}$는 기간 t_g 동안 구조물이 파괴될 확률이고, $P_{f,\max}$는 최대 허용파괴확률이다.

요구성능과 저항성능의 분포를 알면 위 식 (8.11)의 해를 구할 수 있다.

사용수명의 원리를 적용하는 경우, 구조물의 사용수명이 목표사용수명보다 짧아질 확률이 정해진 허용파괴확률보다 작아야 한다. 이를 식으로 표현하면 다음 식 (8.12)와 같다.

$$P\{\text{파괴}\}_{t_g} = P\{t_L < t_g\} < P_{f,\max} \tag{8.12}$$

사용수명의 분포를 알면 위 식 (8.12)의 해를 구할 수 있다. 이러한 값들이 어떠한 분포 형태를 따르는지 알 수 없는 경우, 이러한 값들의 분포를 알려진 분포 수식의 형태로 가정하여야 한다. 예로서 사용수명이 로그 정규 분포(long-normal)를 따른다고 가정하여 문제를 푸는 방법 등이 있다.

수명안전계수 방법

하중, 저항, 사용수명에 관한 모델식이 복잡하거나, 많은 성능저하 요인들이 구조물의 성능에 영향을 미치는 경우, 앞서 언급한 확률론적 방법을 적용하는 것은 매우 어려울 수 있다. 이러한 경우에는 수명안전계수 방법을 사용하는 것이 좋다. 이 방법은 안전도와 신뢰도 이론을 근거로 하지만, 설계 공식은 결정론적 방법을 따른다. 이는 목표사용수명에 대한 요구 사항을 설계사용수명에 대한 요구 사항으로 전환함으로써 가능하다. 설계사용수명은 목표사용수명에 수명안전계수를 곱하여 다음 식 (8.13)에 따라 구할 수 있다.

$$t_d = \gamma_t t_g \tag{8.13}$$

여기서 t_d는 설계사용수명, γ_t는 수명안전계수, t_g는 목표사용수명이다.

설계 식은 성능의 원리나 사용수명의 원리를 적용해서 다음 식 (8.14)와 같이 표현된다.

$$R(t_d) - S(t_d) \geq 0 \qquad (8.14)(a)$$

$$t_L - t_d > 0 \qquad (8.14)(b)$$

수명안전계수의 값은 최대 허용파괴확률에 따라 결정된다. 수명안전계수는 우리나라 표준시방서에 나타난 것과 같은 구조적인 내구성 설계에 사용된다. 이 방법은 구조 설계에 주로 사용되는데, 그 이유는 이 방법에서 하중과 강도의 확률적 분포를 고려하기 위해 사용하는 안전계수의 개념이 기존의 구조 설계에서도 익숙하게 사용해왔던 개념이기 때문이다.

8.4 설계기준(KDS)과 표준시방서(KCS)의 규정

8.4.1 일반사항

철근콘크리트의 구조물의 내구성에 대한 우리나라의 규정은 콘크리트 구조 설계기준(KDS)과 콘크리트 표준시방서(KCS)[11] 등에 나타나 있다. 콘크리트구조 설계기준(KDS 14 20 40)의 본문에 있는 사항들은 주로 규정기반설계법에서 이때까지 채택되어 왔던 형식으로 규정되어 있고, 설계기준(KDS 14 20 40) 부록에는 이때까지 표준시방서에 있었던 규정으로서 완전하지는 않지만 성능기반설계법의 취지를 일부 살릴 수 있는 형식으로 되어 있다. 앞으로 성능기반설계법으로 설계기준이 개정된다면 현재 부록에 있는 규정들은 설계기준의 본문으로 통합되어야 할 것으로 본다.

먼저 설계기준과 표준시방서의 본문에 있는 규정들을 살펴보면 철근콘크리트 구조물이 노출되는 환경조건에 대하여 설정하고 각 노출환경조건에 따라 성능저하 요인별로 내구성 확보를 위한 사항들이 규정되고 있다. 그러한 사항들로는 콘크리트의 동결융해, 화학적침식 등에 대한 사항과 철근의 부식과 관련하여 염해, 균열폭 및 피복두께 등에 대한 사항이 규정되어 있다. 한편 설계기준의 부록에서는 콘크리트 재료 및 구조물의 내구성 평가에 대한 사항으로서 각 성능저하 요인 별로 평가하는 모델식이 제시되고 있다.

14 20 40

우리나라 콘크리트구조 설계기준과 콘크리트 표준시방서에서 내구성과 관련된 규정 항목을 요약하여 정리하면 각각 다음 표 〈8.1〉에 나타낸 바와 같다.

8.4.2 설계기준과 표준시방서에 따른 내구성 설계

설계기준과 표준시방서에서는 그 구조물이 노출될 환경조건에 따라 콘크리트를 배합할 때 고려하여야 할 사항과 구조 부재에 따라 최소 피복두께와 최대 허용균열폭 등이 규정되어 있다. 앞서 설명한 바와 같이 우리나라 콘크리트구조 설계기준은 본문에서는 규정기반설계 방법을 따르고 있어, 이 설계기준에서 규정하고 있는 사항들에 따라 설계하면 내구성능을 만족시키는 것으로 볼 수 있다.

재료 배합 규정

재료 배합에 대해서는 노출되는 환경에 따라서 동결융해, 황산염, 염해, 투수성 등에 대하여 콘크리트의 최대 물-결합재비, 최소 설계기준압축강도 그리고 혼화재료의 비율 등에 대하여 규정하고 있었으나, 2021년 개정판에서는 시공에 관련된 규정은 표준시방서로 옮기고 설계할 때 고려해야

표 〈8.1〉 내구성에 대한 콘크리트구조 설계기준과 표준시방서의 해당 항목

규정 내용	규정 항목 번호
1. 재료내구성	(KDS 14 20 40)
1) 내구성 설계기준(creterion)	4.1.2
2) 노출 범주 및 등급	4.1.3
3) 내구성 허용 기준	4.1.4
2. 최소 피복두께	(KDS 14 20 50)
1) 일반 철근콘크리트 부재	4.3.1
2) 프리스트레스트 콘크리트 부재	4.3.2
3) 프리캐스트 콘크리트의 부재	4.3.3
4) 특수 환경에 노출되는 콘크리트 부재	4.3.6
3. 최대 균열폭(내구성 관련)	
1) 보 및 1방향 슬래브(철근 간격)	KDS 14 20 20 4.2.3
2) 균열폭 계산 및 균열의 검증	KDS 14 20 30 부록
4. 성능기반설계	(KDS 14 20 01)
1) 내구성능 검증의 일반사항	부록 .9.1
2) 내구성능 저하인자의 한계상태 설정	부록 .9.2
3) 내구성능 검증	부록 .9.3
5. 콘크리트의 내구성 평가	(KDS 14 20 40 부록)
1) 내구성 평가 일반사항	4.1
2) 내구성 평가 원칙	4.2
3) 콘크리트 구조물의 내구성 평가	4.3
- 염해	4.3.2
- 탄산화	4.3.3
- 동해	4.3.4
- 화학적침식	4.3.5
- 알칼리골재반응	4.3.6
4) 배합 단계에서 콘크리트 내구성 평가	4.4
- 염화물이온 확산계수	4.4.2
- 탄산화 속도계수	4.4.3
- 상대동탄성계수	4.4.4
- 화학적침식성	4.4.5
- 알칼리골재반응성	4.4.6
6. 콘크리트 내구성에 관한 지정	(KCS 1.9.1 14 20 10)
1) 일반사항	1.9.1
2) 노출 범주 및 등급	1.9.2
3) 내구성 확보를 위한 요구조건	1.9.3

표 〈8.2〉 노출 범주 및 등급

범주	등급	조건	예
일반	E0	물리적, 화학적 작용에 의한 콘크리트 손상의 우려가 없는 경우 철근이나 내부 금속의 부식 위험이 없는 경우	• 공기 중 습도가 매우 낮은 건물 내부의 콘크리트
EC (탄산화)	EC1	건조하거나 수분으로부터 보호되는 또는 영구적으로 습윤한 콘크리트	• 공기 중 습도가 낮은 건물 내부의 콘크리트 • 물에 계속 침지 되어 있는 콘크리트
	EC2	습윤하고 드물게 건조되는 콘크리트로 탄산화의 위험이 보통인 경우	• 장기간 물과 접하는 콘크리트 표면 • 외기에 노출되는 기초
	EC3	보통 정도의 습도에 노출되는 콘크리트로 탄산화 위험이 비교적 높은 경우	• 공기 중 습도가 보통 이상으로 높은 건물 내부의 콘크리트[1] • 비를 맞지 않는 외부 콘크리트[2]
	EC4	건습이 반복되는 콘크리트로 매우 높은 탄산화 위험에 노출되는 경우	• EC2 등급에 해당하지 않고, 물과 접하는 콘크리트 (예를 들어 비를 맞는 콘크리트 외벽2), 난간 등)
ES (해양환경, 제빙 화학제 등 염화물)	ES1	건조하거나 수분으로부터 보호되는 또는 영구적으로 습윤한 콘크리트	• 수영장 • 염화물을 함유한 공업용수에 노출되는 콘크리트
	ES2	습윤하고 드물게 건조되며 염화물에 노출되는 콘크리트	• 수영장 • 염화물을 함유한 공업용수에 노출되는 콘크리트
	ES3	항상 해수에 침지되는 콘크리트	• 해상 교각의 해수 중에 침지되는 부분
	ES4	건습이 반복되면서 해수 또는 염화물에 노출되는 콘크리트	• 해양 환경의 물보라 지역(비말대) 및 간만대에 위치한 콘크리트 • 염화물을 함유한 물보라에 직접 노출되는 교량 부위[4] • 도로 포장 • 주차장[5]
EF (동결융해)	EF1	간혹 수분과 접촉하나 염화물에 노출되지 않고 동결융해의 반복작용에 노출되는 콘크리트	• 비와 동결에 노출되는 수직 콘크리트 표면
	EF2	간혹 수분과 접촉하고 염화물에 노출되며 동결융해의 반복작용에 노출되는 콘크리트	• 공기 중 제빙화학제와 동결에 노출되는 도로구조물의 수직 콘크리트 표면
	EF3	지속적으로 수분과 접촉하나 염화물에 노출되지 않고 동결융해의 반복작용에 노출되는 콘크리트	• 비와 동결에 노출되는 수평 콘크리트 표면
	EF4	지속적으로 수분과 접촉하고 염화물에 노출되며 동결융해의 반복작용에 노출되는 콘크리트	• 제빙화학제에 노출되는 도로와 교량 바닥판 • 제빙화학제가 포함된 물과 동결에 노출되는 콘크리트 표면 • 동결에 노출되는 물보라 지역(비말대) 및 간만대에 위치한 해양 콘크리트
EA (황산염)	EA1	보통 수준의 황산염이온에 노출되는 콘크리트(표 〈8.3〉)	• 토양과 지하수에 노출되는 콘크리트 • 해수에 노출되는 콘크리트
	EA2	유해한 수준의 황산염이온에 노출되는 콘크리트(표 〈8.3〉)	• 토양과 지하수에 노출되는 콘크리트
	EA3	매우 유해한 수준의 황산염이온에 노출되는 콘크리트(표 〈8.3〉)	• 토양과 지하수에 노출되는 콘크리트 • 하수, 오·폐수에 노출되는 콘크리트

1) 준공 구조물의 내부는 노출등급 EC3으로 간주할 수 있다. 다만, 외부로부터 물이 침투하거나 노출되어 영향을 받을 수 있는 표면은 EC4로 간주하여야 한다.
2) 비를 맞는 외부 콘크리트라 하더라도 규정에 따라 방수 처리된 표면은 노출등급 EC3으로 간주할 수 있다.
3) 비래염분의 영향을 받는 콘크리트로 해양환경의 경우 해안가로부터 거리에 따른 비래염분량은 지역마다 큰 차이가 있으므로 측정결과 등을 바탕으로 한계영향 거리를 정해야 한다. 또한 공기 중의 제빙화학제에 영향을 받는 거리도 지역에 따라 편차가 크게 나타나므로 기존 구조물의 염화물 측정결과 등으로부터 한계영향거리를 정하는 것이 바람직하다.
4) 차도로부터 수평방향 10m, 수직방향 5m 이내에 있는 모든 콘크리트 노출면은 제빙화학제에 직접 노출되는 것으로 간주해야 한다. 또한 도로로부터 배출되는 물에 노출되기 쉬운 신축이음(expansion joints) 아래에 있는 교각 상부도 제빙화학제에 직접 노출되는 것으로 간주해야 한다.
5) 염화물이 포함된 물에 노출되는 주차장의 바닥, 벽체, 기둥 등에 적용한다.

하는 콘크리트의 강도에 대한 규정만 하고 있다. 노출 범주는 표 〈8.2〉에서 보이듯이 적절한 내구성을 확보하기 위하여 내구성에 영향을 미치는 환경조건에 대하여 5가지로 분류하고 노출 등급은 총 16가지로 나누어진다. 노출 등급은 숫자가 커지면 더욱 심각한 노출 환경임을 나타내고 있다. 노출 범주 EF는 수분에 접촉되면서 동결융해의 반복 작용에 노출된 외부 콘크리트에 적용된다. 그리고 노출 범주 EA는 수용성 황산염이온을 유해한 정도로 포함한 물 또는 흙과 접촉하고 있는 콘크리트에 적용된다. 이 때 황산염이온 농도에 따른 노출등급의 구분은 표 〈8.3〉에 나타나 있다. 한편 노출 범주 ES는 콘크리트가 염소이온과 접촉하고 있는 경우에 적용되고, 노출 범주 EC는 콘크리트의 탄산화에 의한 철근 부식을 방지하기 위해 추가적인 방식이 요구되는 철근콘크리트와 프리스트레스트콘크리트에 적용된다.

그리고 앞서 설명한 바와 같이 설계기준에서는 노출등급에 따른 콘크리트의 설계기준압축강도만 표 〈8.4〉에서 보인 바와 같이 규정하고 있으며, 콘크리트 배합에 따른 여러가지 사항은 시공에 관련되어 있으므로 표 〈8.5〉에 나타낸 바와 같이 표준시방서에서 규정하고 있다.

표 〈8.3〉 수용성 황산염이온 농도에 따른 노출등급 구분

등급	토양 내의 수용성 황산염(SO_4^{2-})의 질량비(%[1])	물속에 영해된 황산염(SO_4^{2-}) (ppm[2])
EA1	$0.1 \leq SO_4^{2-} < 0.20$	$150 \leq SO_4^{2-} < 1,500$, 해수
EA2	$0.2 \leq SO_4^{2-} < 2.00$	$1,500 \leq SO_4^{2-} \leq 10,000$
EA3	$SO_4^{2-} > 2.00$	$SO_4^{2-} > 10,000$

[1] 토양 질량에 대한 비로 KS I ISO 11048에 따라 측정하여야 한다.
[2] 수용액에 용해된 농도로 ASTM D516 또는 ASTM D4130에 따라 측정하여야 한다.

표 〈8.4〉 노출등급에 따른 최소 설계기준압축강도

항목	노출등급															
	–	EC				ES				EF				EA		
	E0	EC1	EC2	EC3	EC4	ES1	ES2	ES3	ES4	EF1	EF2	EF3	EF4	EA1	EA2	EA3
최소 설계기준 압축강도 f_{ck} (MPa)	21	21	24	27	30	30	30	35	35	24	27	30	30	27	30	30

표 〈8.5〉 내구성 확보를 위한 요구조건

항목	노출범주및 등급															
	일반	EC (탄산화)				ES (해양환경, 제설염 등 염화물)				EF (동결융해)				EA (황산염)		
	E0	EC1	EC2	EC3	EC4	ES1	ES2	ES3	ES4	EF1	EF2	EF3	EF4	EA1	EA2	EA3
최소 설계기준압축강도 f_{ck}(MPa)	21	21	24	27	30	30	30	35	35	24	27	30	30	27	30	30
최대 물-결합재비[1]	-	0.60	0.55	0.50	0.45	0.45	0.45	0.40	0.40	0.55	0.50	0.45	0.45	0.50	0.45	0.45
최소 단위 결합재량 (kg/m^3)	-	-	-	-	-	KCS 14 20 44 2.2				-	-	-	-	-	-	-
최소 공기량(%)	-	-	-	-	-	-				(표 〈8.6〉)				-		
수용성 염소 이온량 (결합재 중량비 %)[2] 무근콘크리트	-	-				-				-				-		
수용성 염소 이온량 (결합재 중량비 %)[2] 철근콘크리트	1.00	0.30				0.15				0.30				0.30		
수용성 염소 이온량 (결합재 중량비 %)[2] 프리스트레스트 콘크리트	0.06	0.06				0.06				0.06				0.06		
추가 요구조건	-	KDS 14 20 50 4.3의 피복두께 규정을 만족할 것								결합재 종류 및 결합재 중 혼화재 사용비율 제한 (표 〈8.7〉)				결합재 종류 및 염화칼슘 혼화제 사용 제한 (표 〈8.8〉)		

[1] 경량골재 콘크리트에는 적용하지 않음. 실적, 연구성과 등에 의하여 확증이 있을 때는 5% 더한 값으로 할 수 있음.

[2] KS F 2715 적용, 재령 28일~42일 사이

동결융해에 대한 공기량의 제한 값은 표 〈8.6〉에서 보이듯이 동결융해에 대하여 문제가 되지 않는 노출 등급 E0의 경우를 제외하고, EF1, EF2, EF3, EF4에 대하여 주어지고 있다. 그 외에도 EF3, EF4 노출 등급의 경우 최소 설계기준압축강도가 30 MPa 이상이어야 하고 물-결합재비도 0.45 이하로 하도록 규정하고 있다. 그리고 동결융해에 가장 심한 노출 등급인 EF4의 경우에는 표 〈8.7〉에 규정되어 있는 혼화재료의 최대 사용량도 따라야 한다.

표 〈8.6〉 콘크리트의 동결융해에 대한 허용 값

			EF1	EF2	EF3	EF4
최대 물-결합재비			0.55	0.50	0.45	0.45
최소 설계기준압축강도 f_{ck}(MPa)			24	27	30	30
공기량 (%)	최대 골재 크기 (mm)	10	6.0	7.5	7.5	7.5
		15	5.5	7.0	7.0	7.0
		20	5.0	6.0	6.0	6.0
		25	4.5	6.0	6.0	6.0
		40	4.5	5.5	5.5	5.5
결합재 사용 제한			-	-	-	표 〈8.7〉

표 〈8.7〉 콘크리트 동결융해의 노출 등급 EF4에 대한 허용 혼합재 비율

결합재	결합재 전 질량에 대한 백분율(%)
KS L 5405에 따르는 플라이애쉬 또는 기타 포졸란	25
KS F 2563에 따르는 고로슬래그 미분말	50
실리카퓸	10
플라이애쉬 또는 기타 포졸란, 고로슬래그 미분말 및 실리카퓸의 합	50[1)]
플라이애쉬 또는 기타 포졸란과 실리카퓸의 합	35[1)]

[1)]플라이애쉬 또는 기타 포졸란의 합은 25% 이하, 실리카퓸은 10% 이하이어야 한다.

해안 매립지 등 황산염이 많은 지역에 철근콘크리트 구조물을 건설할 때는 황산염의 노출 범주, EA에 해당하므로 노출 등급에 따라 표 〈8.8〉에 제시되어 있는 규정을 따라야 한다. 황산염에 노출된 경우 내황산염시멘트를 사용할 수도 있으나, 포졸란 혼화재료인 플라이애쉬, 실리카퓸 또는 고로슬래그 미분말의 사용은 콘크리트의 황산염에 대한 저항성을 증가시킨다는 연구결과가 있으므로 노출 등급 EA3의 경우, 내황산염시멘트에 포졸란 또는 슬래그를 혼입하여 사용할 수 있다. 그러나 콘크리트가 황산염과 염소이온을 포함하고 있는 바닷물에 직접 노출되는 경우에는 바닷물의 황산염 농도가 1,500 ppm 정도로 매우 높아도 노출 등급은 EA1으로 규정하고 있는데, 이는 내황산염시멘트가 황산염에는 강하지만 염소이온에는 약하다고 알려져 있기 때문이다.

표준시방서에서는 표 〈8.5〉에 나타난 바와 같이 각 노출등급에 대하여

표 〈8.8〉 황산염 노출 범주, EA에 속할 때 허용 기준

노출 범주	노출 등급	최대 물–결합재비	최소 설계기준압축강도	결합재 종류	염화칼슘 혼화제 사용 유무
황산염	S0	-	21	제한 없음	제한 없음
	EA1	0.5	27	보통포틀랜드시멘트(1종)+포졸란 혹은 슬래그[1] 플라이애쉬시멘트(KS L 5211) 중용열포틀랜드시멘트(2종) (KS L 5201)[2] 고로슬래그시멘트(KS L 5210)	제한 없음
	EA2	0.45	30	내황산포틀랜드시멘트(5종) (KS L 5201)[3] 고로슬래그시멘트(KS L 5210)+ 플라이애쉬	허용 안 됨
	EA3	0.45	30	내황산염포틀랜드시멘트(5종) (KS L 5201)+포졸란 혹은 슬래그[2]	허용 안 됨

[1] ASTM C 1012에 따라 황산염 저항성 시험을 시행하여 최대 팽창률 기준을 만족하는 경우에는 결합재 조합과 다른 조합을 사용할 수 있다.
[2] 해수에 노출되는 경우에 물–결합재비가 0.4 이하이면 C_3A 함량이 10%까지인 1종 또는 3종 등 다른 종류의 시멘트를 사용할 수 있다.
[3] EA1, EA2에 대해서는 1종이나 3종을 허용할 수 있다. 단, EA1은 C_3A 함량이 8% 미만인 경우에 한해 허용한다.
[4] 5종 시멘트와 함께 사용하여 황산염에 대한 저항을 개선시킨 실적이 있거나 실험에 의해 증명된 포졸란 또는 슬래그

콘크리트를 배합할 때 따라야 할 각 요구조건들, 강도, *w/c*, 단위결합재량, 수용성 염소이온량 등에 대하여 규정하고 있다.

염소이온에 대한 허용 값은 콘크리트표준시방서에서도 규정하고 있는데, 이에 따르면 배합할 때 콘크리트 1 m^3당 총 염소이온량은 0.3 kg 이하이어야 하고, 책임기술자의 승인이 있을 경우에는 0.6 kg 이하로 할 수 있다. 설계기준에서는 사용 중에 있는 철근콘크리트 구조물의 콘크리트에 염소이온량에 대한 허용 값으로서, 철근 부식에 영향을 주는 수용성 염소이온량에 대하여 표 〈8.5〉에 보인 바와 같이 규정하고 있다.

최소 피복두께 규정

철근의 부식 방지와 내화성능 확보를 위하여 철근콘크리트 구조물은 최소 피복두께를 규정하고 있다. 피복두께는 구조 부재의 중요도, 피복콘크리트의 품질과 노출환경 등에 따라 우리나라 설계기준에서 다음 표 〈8.9〉에 보인 바와 같은 최소 피복두께를 요구하고 있다.

50 4.3

수중에서 치는 콘크리트는 불분리성 혼화제를 사용하는 경우에도 콘크

리트 품질을 확신할 수 없으므로 피복두께를 크게 요구하고 있다. 그러나 물을 차단하고 콘크리트를 타설하여 굳은 후에 물에 잠기는 콘크리트는 습윤환경 조건으로 표 〈8.9〉의 옥외의 공기에 직접 노출되는 콘크리트로 취급할 수 있다. 그리고 기초판 하부 등과 같이 콘크리트를 흙에 접촉하여 타설하는 경우 콘크리트가 완전히 양생되기 전에 수분이 흙으로 스며들어 콘크리트 품질이 떨어지므로 이러한 경우 또한 상대적으로 큰 피복두께를 요구하고 있다. 그러나 이러한 경우에도 기초판의 콘크리트를 타설하기 전에 미리 버림콘크리트를 치고, 그 위에 기초판 콘크리트를 치는 경우에는, 표 〈8.9〉의 흙에 접하거나 옥외의 공기에 직접 노출되는 콘크리트에 해당하는 피복두께를 따를 수 있다.

버림콘크리트
기초판 콘크리트를 타설하기 전에 지반 또는 암반 위에 미리 치는 콘크리트를 말한다.

한편 콘크리트구조 설계기준에서는 특수환경에 노출되는 콘크리트 구조물에 대한 피복두께를 표 〈8.9〉에서 주어지는 값보다 더 크게 취하도록 규정하고 있다. 여기서 특수환경에 노출된 콘크리트 구조물이란 역사적인 기념 구조물과 같은 고내구성이 요구되는 구조물, 타일 등과 같은 추가적인 표면처리 공사를 하지 않고 해안에서 250 m 이내에 있는 구조물, 그리

50 4.3.6

표 〈8.9〉 최소 피복두께(mm)

<table>
<tr><th colspan="3"></th><th colspan="3">철근콘크리트</th><th colspan="2">현장치기
프리스트레스트콘크리트</th><th colspan="3">프리캐스트콘크리트
(공장 제품)</th></tr>
<tr><td colspan="3">수중에서 치는 콘크리트</td><td colspan="3">100</td><td colspan="2">–</td><td colspan="3">–</td></tr>
<tr><td colspan="3">흙에 접하여 콘크리트를 친 후
영구히 흙에 묻혀 있는 콘크리트</td><td colspan="3">75</td><td colspan="2">75</td><td colspan="3">–</td></tr>
<tr><td rowspan="4">흙에 접하거나
옥외의 공기에
직접 노출되는
콘크리트</td><td colspan="2">철근 크기 / 부재</td><td colspan="2">D19 이상</td><td>D16,
φ16 이하</td><td colspan="2">모든 철근과 긴장재[2]</td><td>D35 초과 철근
φ40 초과 긴장재</td><td>D19~D35
φ17~φ40</td><td>D16 이하
φ16 이하</td></tr>
<tr><td colspan="2">벽체</td><td colspan="2" rowspan="3">50</td><td rowspan="3">40</td><td colspan="2" rowspan="2">30</td><td>40</td><td>20</td><td>20</td></tr>
<tr><td colspan="2">슬래브, 장선</td><td rowspan="2">50</td><td rowspan="2">40</td><td rowspan="2">30</td></tr>
<tr><td colspan="2">기타 부재</td><td colspan="2">40</td></tr>
<tr><td rowspan="6">옥외의
공기나
흙에 직접
접촉하지 않는
콘크리트</td><td colspan="2">철근 크기 / 부재</td><td>D35
초과</td><td colspan="2">D35 이하</td><td>D19 이상</td><td>D16,
φ16 이하</td><td>D35 초과 철근
φ40 초과 긴장재</td><td>D19~D35
철근</td><td>D16 이하
철근</td></tr>
<tr><td colspan="2">슬래브, 벽체, 장선</td><td>40</td><td colspan="2">20</td><td colspan="2">20</td><td>30</td><td colspan="2">20[3]</td></tr>
<tr><td rowspan="2">보, 기둥</td><td>주철근</td><td colspan="3" rowspan="2">40[1]</td><td colspan="2">40</td><td colspan="3">d_b(15~40)</td></tr>
<tr><td>횡철근</td><td colspan="2">30</td><td colspan="3">10</td></tr>
<tr><td rowspan="2">쉘,
절판</td><td>철근</td><td colspan="3">20</td><td>d_b</td><td>10</td><td colspan="2">max.(15, $0.5d_b$)</td><td>10</td></tr>
<tr><td>긴장재</td><td colspan="3">–</td><td colspan="2">–</td><td colspan="3">20</td></tr>
</table>

1) $f_{ck} \geq 40$ MPa이면 10 mm를 줄일 수 있다.
2) 완전균열등급 또는 부분균열 등급일 때는 50% 증대시켜야 한다.
3) φ16 이하 철선의 경우 15 mm이다.

고 유수 등에 심하게 침식을 받는 구조물이거나 폐수처리 시설 등과 같은 화학 작용을 받는 구조물 등을 말한다. 이러한 구조물에 대한 일반 현장치기콘크리트의 경우 D16 이하의 철근을 사용한 벽체, 슬래브의 최소 피복두께는 50 mm이고, 그 외의 철근과 부재에 대해서는 노출조건에 따라 60~80 mm로 규정하고 있다. 그리고 프리캐스트콘크리트의 경우 벽체와 슬래브는 40 mm, 그 외의 부재는 50 mm로 규정하고 있으며, 부분균열등급 및 완전균열등급에 속하는 프리스트레스트콘크리트 부재는 표 〈8.9〉에서 규정된 값에서 50퍼센트 이상 증가시키도록 규정하고 있다.

50 4.3.6(1)

8.4.3 콘크리트구조 설계기준 부록에 따른 내구성 설계

콘크리트 구조물의 내구성 설계에 대한 부록의 규정은 '부록 콘크리트의 내구성 평가'에 기술되어 있다. 적용범위의 규정에 의하면 부록의 내구성 규정은 '콘크리트 구조물이 목표내구수명 동안에 내구성을 확보하도록 공사를 착수하기 전 시공계획 단계에서 내구성을 평가하는 데 적용하여야 하나, 내구성이 특별히 요구되지 않는 구조물, 또는 성능저하 환경에 따른 내구성에 대해 검증된 공법 및 재료를 사용하여 시공될 구조물은 규정을 따르지 않을 수 있다.'라고 되어 있다. 그리고 내구성 평가에는 염해, 탄산화, 동결융해, 화학적침식, 알칼리골재반응 등을 주된 성능저하 원인으로 고려하며, 시공할 구조물이 갖게 될 성능저하 환경을 조사하여 이에 따라 성능저하 원인별 내구성 평가항목을 선정하여야 한다. 콘크리트 구조물이 복합 성능저하가 지배적인 특수한 환경에 시공되는 경우는 각각의 성능저하 인자에 대하여 내구성 평가를 수행하여 가장 지배적인 성능저하 인자에 대한 내구성 평가 결과를 적용하여야 하는 것으로 규정하고 있다.

50 부록 1.2(2)

콘크리트 구조물의 내구성 평가

내구성 평가는 내구성에 영향을 미치는 각종 성능저하 원인에 대해서 시공될 콘크리트 구조물과 시공에 사용될 콘크리트에 대하여 수행한다.

먼저 시공될 콘크리트 구조물에 대한 내구성 평가는, 내구성능예측값에 환경계수를 적용한 소요내구성능값과 내구성능특성값에 내구성능감소계수를 적용한 설계내구성능값을 비교함으로써 다음 식 (8.15)에 따라 수행한다.

$$\gamma_P A_P \le \phi_K A_K \tag{8.15}$$

여기서, γ_P는 콘크리트 구조물에 관한 환경계수, ϕ_K는 콘크리트 구조물에 관한 내구성능감소계수, A_P는 콘크리트 구조물의 내구성능예측값, A_K는 콘크리트 구조물의 내구성능특성값이다.

식 (8.15)의 형태로 주된 성능저하 인자인 염해, 탄산화, 동결융해, 화학적침식, 알칼리골재반응에 대한 식은 표 〈8.10〉의 기본식의 항에 각각 주어져 있다. 그리고 각각 요인에 대한 환경계수 γ_P와 내구성능감소계수 ϕ_K가 표 〈8.10〉에 주어져 있으며, 또한 내구성능특성값 A_K가 각 요인에 따라 한계값으로 주어져 있다. 그리고 설계기준에는 콘크리트 구조물의 내구성능예측값을 계산할 수 있는 모델식이 주어져 있는데 표 〈8.10〉의 예측값 항의 식을 참조하여 계산할 수 있다.

배합 콘크리트 재료의 내구성 평가

배합 콘크리트의 내구성 평가는 식 (8.16)과 같이 콘크리트의 내구성능예측값에 환경계수를 적용한 소요내구성능값을 내구성능특성값에 내구성능감소계수를 적용한 설계내구성능값과 비교함으로써 수행한다.

$$\gamma_p B_p \le \phi_k B_k \tag{8.16}$$

배합단계에서 콘크리트 재료의 내구성 평가에서 각 요인별 환경계수 γ_p, 내구성능감소계수 ϕ_k, 그리고 내구성능특성값 등은 표 〈8.11〉에 주어져 있다. 그리고 내구성능예측값을 구할 수 있는 모델식은 콘크리트구조 설계기준(KDS 14 20 40)의 부록에 주어져 있으므로 참고할 수 있다.

표 〈8.10〉 콘크리트 구조물의 내구성 평가

	염해	탄산화	동결융해	화학적침식	알칼리골재
기본식	$\gamma_P C_d \le \phi_K C_{\lim}$	$\gamma_P y_P \le \phi_K y_{\lim}$	$\gamma_P F_d \le \phi_K F_{\lim}$	$\gamma_P Z_P \le \phi_K Z_{\lim}$	$\gamma_P R_P \le \phi_K R_{\lim}$
γ_P	1.11	1.1	1.0	1.1	1.1
ϕ_K	0.86	0.92	일반구조물 상부 0.8 〃 그 외 1.0 중요구조물 상부 0.7 〃 그 외 0.9	0.92	0.92
한계값	$C_{\lim} = 0.004 C_{bind}$ C_{bind} ; 단위결[합재량 (kg/m^3)	$y_{\lim} = c - c_k$ c ; 설계피복두께(mm) c_k ; 한계탄산화 여유깊이로서 자연환경 10 mm, 심한 염해환경 25 mm	$F_{\lim} = 1/E_{\min}$ $E_{\min}$; 상대동탄성계수의 최소 한계값	$Z_{\lim} = c - c_k$ c ; 설계피복두께 c_k ; 한계 화학적침식 깊이의 여유값으로서 철근직경의 값 사용	$R_{\lim}$; 규정되어 있지 않음
예측값	C_d ; KDS 14 20 40 부록 식 (3.2-3)	y_p ; KDS 14 20 40 부록 식 (3.3-2)	$F_d = 1/E_d$ E_d ; 상대동탄성계수의 예측값	Z_p ; 규정되어 있지 않음	R_p ; 규정되어 있지 않음

표 〈8.11〉 배합단계에서 콘크리트 재료의 내구성 평가

	염화물 이온 확산계수(염해)	탄산화 속도계수 (탄산화)	상대동탄성계수 (동결융해)	화학적 침식속도계수 (화학적침식)	콘크리트 팽창량 (알칼리골재반응)
기본식	$\gamma_p D_p \le \phi_k D_k$	$\gamma_p \alpha_p \le \phi_k \alpha_k$	$\gamma_p F_d \le \phi_k F_{\lim}$	$\gamma_p S_p \le \phi_k S_k$	$\gamma_p L_p \le \phi_k L_{\max}$
γ_p	1.11	1.1	1.0	1.1	1.1
ϕ_k	0.86	0.92	0.8 ~ 1.0 KS F 2456(A)에 대해 1.0	0.92	0.92
한계값	구조물 내구성 평가에 사용된 염소이온 확산계수값	구조물 내구성 평가에 사용된 탄산화 속도계수	KDS 14 20 40 부록 표 4.4-1	구조물 내구성 평가에 사용된 화학적 침식속도계수	0.05%
예측값	KDS 14 20 40 부록 식 (4.2-2), (4.2-3), (4.2-4)	KDS 14 20 40 부록 식 (4.3-2)	$1/E_d$	• 규정되어 있지 않음 • 촉진 침식 시험에 의한 실험 결과로 구함	• 규정되어 있지 않음 • KS F 2585에 의해 구할 수 있음

참고문헌

1. ACI Committee 201, 'Guide to Durable Concrete', ACI Committee 201, 2008, 48p.
2. RILEM, 'Frost Resistance of Concrete', Proceeding PRO 24 edited by Setzer, M. J., Auberg, R. and Keck, H. J., April 2002, 384p.
3. Hobbs, D. W., 'Alkali-Silica Reaction in Concrete', Thomas Telford Ltd, 1988, 183p.
4. Older, I. and Glasser, M., "Mechanism of Sulfate Expansion in Hydrated Portland Cement", Journal of American Ceramic Society, V. 71, No. 11, 1988, pp.1015-1020.
5. Osborne, G. J., "The Sulfate Resistance of Portland and Blast furnace Slag Cement Concretes", ACI, SP126, 1991, pp.1047-1061.
6. Smith, F. L., "Effect of Aggregate Quality on Resistance of Concrete to Abraison", ASTM Special Tech. Publ., No. 205, 1958, pp.91-105.
7. Verbeck, G. J., "Carbonation of Hydrated Portland Cement", ASTM Specical Tech. Publ., No. 205, 1958, pp.17-36.
8. ACI Committee 222, "Protection of Metals in Concrete Against Corrosion", ACI Committee 222, 2010, 41p.
9. 김진용, '염소이온 침투 및 탄산화로 인한 콘크리트 내부 철근의 부식에 관한 해석적 연구', 한국과학기술원 박사학위 논문, 2008, 151p.
10. RILEM, 'Durability Design of Concrete Structures', RILEM Report 14, edited by Sarja, A. and Vesikari, E., E&FN SPON, 1996, 165p.
11. 한국콘크리트학회, '콘크리트표준시방서 해설', 기문당, 2021.
12. 한국콘크리트학회, '콘크리트구조기준 해설', 기문당, 2012.

문 제

1. 각국의 설계기준 (ACI, *fib*2010, KCI 등)에서 내구성에 대한 규정에 대하여 살펴보고 내구성에 대한 규정이 어떻게 변하여 왔는지를 조사하라.
2. 동결융해, 알칼리골재반응, 마모 등의 시험에 대한 우리나라 산업표준(KS)과 국제산업표준(ISO) 등을 조사하여 비교하라.
3. 산성도(pH)와 철근의 부식률의 관계에 대하여 조사하라.
4. 우리나라 콘크리트구조 설계기준에서 제시하고 있는 각 성능저하 요인별로 콘크리트구조물의 내구성능예측값을 구하는 모델식을 찾아보아라.
5. 우리나라 콘크리트구조 설계기준에서 제시하고 있는 각 성능저하 요인별로 배합단계에서 콘크리트 재료의 내구성능예측값을 구하는 모델식을 찾아보아라.

찾아보기

제2편

철근콘크리트 구조설계 설계편 : 강도설계법

설계란 정답을 찾는 것이 아니라, 주어진 조건에서 최선의 것을 선택하는 과정이다

제1장

철근콘크리트구조 설계법

1.1 설계법의 변천

1.2 구조 설계법

1.3 주요 콘크리트구조 설계기준

발 간 사

「콘크리트구조설계기준」은 건축 · 토목 분야의 관련학회의 공동 협력하에 모든 구조설계기준의 모체가 되고 토목분야와 건축분야에 공통으로 사용되도록 새로 개정된 통합기준입니다. 이 기준은 … (중략) … 한국에 콘크리트 기술이 도입된 이래 100여 년간을 건축분야와 토목분야에서 각각 독자적인 기준을 마련하여 사용해오다가 건설분야의 세계화를 위하여 … (중략) … 장기간의 격렬한 논의와 토론을 거치면서 어렵게 의견을 수렴하여 이 기준이 완성되었습니다. 이 기준은 21개의 장과 목록으로 구성되어 있고, … (중략) … 앞으로 이 기준이 건축 및 토목분야의 콘크리트구조의 설계기술, 콘크리트 건설기술, 콘크리트 산업의 발전에 크게 기여할 수 있기를 바랍니다.

1999년 6월

제1장 철근콘크리트구조 설계법

1.1 설계법의 변천

모든 구조물의 설계 방법은 시대에 따라, 그리고 구성 재료 특성에 대한 이해와 구조물 해석에 대한 능력에 따라 달라진다고 볼 수 있다. 따라서 이러한 설계 방법의 변천은 당시의 재료와 구조해석에 대한 파악 능력에 달려있다고 볼 수 있다. 또한 구조물이 갖추어야 할 요구성능도 시대에 따라 변해왔다. 초기에는 안전성(safety, strength) 여부에만 관심을 갖다가 후에는 사용성(serviceability)도 구조물이 갖추어야 할 주된 성능이 되었다. 그리고 철근콘크리트구조물이 탄생된 초기에는 무한한 수명을 갖고 있을 것으로 생각했으나 건설된 철근콘크리트구조물에 몇십 년 후에 문제가 발생되기 시작하여 내구성(durability)에도 차츰 관심을 갖기 시작하였다. 오늘날에는 이외에도 복구성(rehabilitation)과 지속성(sustainability) 등에도 관심을 갖기 시작하고 있다. 현재 철근콘크리트구조물을 여러 가지 방법으로 설계하고 있는데, 그 차이는 앞의 여러 요구성능(requirement performance) 중에서 안전성에 대한 설계 방법의 차이이다.[1),2)]

구조물의 요구성능
철근콘크리트구조물뿐만 아니라 모든 구조물은 일단 안전성, 사용성은 확보하여야 한다. 따라서 초기 설계기준부터 이러한 성능에 대한 요구사항이 규정되었다. 내구성은 미국 설계기준(ACI)의 경우에도 1989년부터 제4장에 Durability requirements로 독립된 장이 나올 정도로 늦게 규정되었다. 한편 최근 2010년에 발간된 *fib* 2010 모델 기준에서는 구조물의 중요한 성능 중의 하나로 지속성(sustainability)을 추가하고 있다.

기본편에서 설명한 바와 같이 철근콘크리트가 나타나기 이전에는 인간이 구조재료로서 사용하였던 것은 자연에서 직접 또는 가공하여 쉽게 구할 수 있었던 목재, 석재, 흙벽돌 등이었다. 대부분 이러한 재료는 압축력에 강한 재료로서 인장부재로서는 적절하지 않았기 때문에 압축력에 강한 구조시스템을 고안하여 구조물을 축조하였으며, 대표적으로 압축 부재로 이루어지는 아치구조, 돔구조 등을 이용하여 넓은 공간을 확보할 수 있는 구조물을 건설하였다. 다만 목재는 어느 정도 인장 저항 능력도 있기 때문에 골조 형태의 구조로 이용되었다. 철근콘크리트 재료가 널리 건설재료로서 사용되기 시작한 것은 1850년 이후로, 1880년까지는 일부 구조물에 사용되기 시작하였으며 1900년경에는 다양한 구조물에 사용되었다. 이와 같이 철근콘크리트 재료가 구조재료로서 널리 사용됨으로써 철근콘크리트에 대한 재료적 측면, 부재 단면의 내력 분석 등에 관한 많은 연구가 1880년대 후반 이후 이루어졌으며, 19세기 말에 이르러 이미 콘크리트가 크리프 현상을 보인다는 것까지도 알려졌다.[3)]

그 후 1950년경까지는 주로 콘크리트 재료와 철근콘크리트 단면의 거동에 대한 연구가 다수 진행되었으며, 철근콘크리트구조물 해석에 있어서는 탄성해석법에 대한 연구가 주로 이루어졌다. 따라서 1950년까지 모든 나라에서 채택된 철근콘크리트구조물의 설계 방법은 재료의 선형적 거동에 바탕을 둔 단면 설계와 해석법을 이용한 허용응력설계법(Working Stress Design (WSD) Method)이었다.[4)]

허용응력설계법
재료와 구조물이 선형탄성 거동을 한다는 가정에 의한 설계법으로 allowable stress design method 라고도 한다.

1950년경 이후 그때까지 사용하여 왔던 허용응력설계법에 대한 모순점이 재료의 비선형 특성 이해와 다양한 부재 실험 등의 결과에 의해 밝혀져 새로운 설계 방법의 개발에 관심을 갖기 시작하였다. 그러나 철근콘크리트구조물의 해석에 있어서 비선형 해석은 이론적으로 가능하였으나, 실제로 그 당시에는 계산 수단의 한계로 불가능하였다. 이런 이유로 철근콘크리트 단면 설계에서 재료의 비선형 거동을 고려한 강도설계법((Ultimate) Strength Design (USD) Method)이 나타나게 되었다. 물론 강도설계법은 단면 설계에서 비선형 거동뿐만 아니라 하중의 적용에 있어서도 하중의 종류에 따른 불확실한 점을 고려하여 하중계수를 고려할 수 있어 이전의 허용응력설계법보다 합리적 설계 방법이다.[1),5)]

강도설계법
부재의 단면이 최대한 저항할 수 있는 능력을 고려하여 설계하는 방법으로서 '극한강도설계법'으로 처음에는 일컬어졌다.

1960~70년대에 들어 컴퓨터의 개발과 그 용량의 증대로 계산 수단의 한계가 어느 정도 해결됨으로써 구조물의 비선형 해석이 일부 가능하게 되어 새로운 설계 방법이 대두된다. 물론 컴퓨터가 크게 발전한 오늘날도 철근콘크리트구조물을 완전하게 비선형 해석을 한다는 것은 힘든 일이지만 부분 부분적으로 해석이 가능하며, 이러한 개념을 설계 방법에 고려한 것이 유럽을 중심으로 1970년 이후 개발된 한계상태설계법(Limit State Design (LSD) Method)이다.[6)] 다음 절에서는 이와 같은 철근콘크리트구조물의 설계법인 허용응력설계법, 강도설계법 및 한계상태설계법에 대한 개략적인 개념과 상호 차이점에 대하여 기술하고자 한다.

한계상태설계법
구조물이 저항할 수 있는 최대 능력을 고려하여 설계하는 방법이다.

한편 강 구조물의 경우, 1970년 이전까지는 허용응력설계법을 사용하였으나, 1980년경 이후 한계상태설계법으로 바뀌게 되었으며 미국의 경우 하중저항계수설계법(Load and Resistance Factor Design; LRFD)으로서 한계상태설계법과 유사한 설계법으로 바뀌었다.[7] 이와 같이 강 구조물의 경우 철근콘크리트구조물과는 다르게 강도설계법이라는 설계 방법을 채택하지 않았다. 그 이유는 강 구조물의 경우 강도설계법을 따를 때 하중 적용 방법은 더 합리적 방법이 될 수 있지만, 단면 설계에 있어서는 허용응력설계법을 적용할 때와 실질적으로 큰 차이가 나지 않기 때문이다. 또 강 구조물은 철근콘크리트구조물에 비해 상대적으로 비선형 해석을 쉽게 할 수 있고 컴퓨터 계산능력이 향상됨으로써, 한계상태설계법을 합리적으로 적용하는 것이 가능하였기 때문이다. 철근콘크리트구조물의 경우 콘크리트와 철근의 비선형 거동의 큰 차이와 크리프, 건조수축 등과 같은 콘크리트 재료의 시간의존적 변형으로 인하여 단면의 응력은 시간에 따라 변하나, 단면의 저항력은 큰 영향을 받지 않으므로 어느 설계 방법을 선택하느냐는 매우 중요하다. 그러나 강 구조물은 강재라는 하나의 종류의 재료를 사용함으로써 단면의 응력을 계산하여 안전율을 확보하는 것과 단면이 저항할 수 있는 단면력을 계산하여 안전율을 확보하는 것 사이에 큰 차이가 없다.

따라서 강 구조물의 경우 허용응력설계법과 강도설계법 중에서 어느 방법을 사용하여도 큰 차이가 없다. 예로써 축력과 휨모멘트에 대한 강재로 된 부재 단면에 대해 허용응력설계법과 강도설계법을 비교해보면, 허용응력설계법의 경우 축응력과 휨응력에 대한 기본 조건은 각각 다음 식 (1.1)(a),(b)와 같다.

$$f_{sa} \geq f_s = \frac{P}{A} \tag{1.1(a)}$$

$$f_{sa} \geq f_s = \frac{M}{S} \tag{1.1(b)}$$

여기서 f_{sa}는 강재의 허용응력, f_s는 작용응력, P와 M은 각각 작용하는 축력과 휨모멘트, A와 S는 각각 부재 단면의 단면적과 단면계수이다.

따라서 최대 허용축력 $P_{\max}$과 휨모멘트 $M_{\max}$는 각각 다음 식 (1.2)(a), (b)와 같다.

$$P_{\max} = Af_{sa} = Af_y/\beta_1 \tag{1.2(a)}$$

$$M_{\max} = Sf_{sa} = Sf_y/\beta_2 \tag{1.2(b)}$$

여기서, β_1, β_2는 각각 축응력과 휨응력에 대한 안전계수로서 상수이다.

한편, 강도설계법의 경우 축력과 휨모멘트에 대한 기본 설계 조건은 각각 다음 식 (1.3)(a),(b)와 같다.

$$\phi_1 P_n \geq P_u \tag{1.3(a)}$$

$$\phi_2 M_n \geq M_u \tag{1.3(b)}$$

여기서, ϕ_1과 ϕ_2는 강도감소계수, P_n과 M_n은 각각 단면의 공칭축강도와 공칭휨강도, P_u와 M_u는 계수축력과 계수휨모멘트이다. 따라서 최대로 허용될 수 있는 계수축력 $P_{u,\max}$과 계수휨모멘트 $M_{u,\max}$은 각각 다음 식 (1.4)(a),(b)와 같다.

$$P_{u,\max} = \phi_1 P_n = \phi_1 f_y A \tag{1.4(a)}$$

$$M_{u,\max} = \phi_2 M_n = \phi_2 f_y Z = \phi_2 f_y \alpha S \tag{1.4(b)}$$

여기서, f_y는 항복강도, Z는 소성단면계수로서 주로 사용하는 H형강인 경우 $Z \simeq (1.05 \sim 1.2)S = \alpha S$로서, α값이 단면의 형상에 따라 크게 변하지 않는다.

식 (1.2)와 식 (1.4)를 비교·정리하면, 다음 식 (1.5)(a),(b)와 같다.

$$P_{u,\max} = \phi_1 \beta_1 P_{\max} \tag{1.5(a)}$$

$$M_{u,\max} = \phi_2 \alpha \beta_2 M_{\max} \tag{1.5(b)}$$

즉, 식 (1.5)(a),(b)를 살펴보면, 축력의 경우 $\phi_1\beta_1$은 상수이고, 휨모멘트의 경우도 $\phi_2\alpha\beta_2$는 α값만 단면에 따라 조금 변하지만 크게 변하지 않는 값이다. 즉, 단면에 독립적인 값으로 볼 수 있다. 이러한 경우 단면에 있어서 응력을 기준으로 하거나, 단면력을 기준으로 하거나 차이가 없다. 이와 같은 이유와 앞서 설명한 바와 같이 강 구조물은 철근콘크리트구조물에 비하여 비선형 해석이 쉽기 때문에 바로 한계상태설계법 또는 하중저항계수설계법을 채택하게 되었다.

한편 지반, 즉 토질과 암반의 경우 아직도 대부분 허용응력설계법을 따르고 있다. 이는 토질과 암반과 같은 재료는 다른 설계 개념을 적용하기에는 규명되지 않은 많은 불확실성이 아직 있기 때문이다. 그러나 앞으로 토질과 암반에 대한 보다 정확한 분석 기법이 개발된다면 이러한 재료 특성과 해석 기법에 따라 새로운 개념의 설계 방법이 나타날 수 있을 것이다.

토질과 암반
철근콘크리트구조물의 기초판 설계에서 기초판은 철근콘크리트이므로 강도설계법을 적용하나 지내력 등 기초 부분은 허용응력설계법을 사용하고 있다.

1.2 구조 설계법

1.2.1 허용응력설계법

앞 절에서 언급한 바와 같이 철근콘크리트구조물에서 허용응력설계법은 1950년 이전까지 모든 나라에서 사용한 방법이며, 우리나라의 경우 1980년대 중반 이전까지는 대부분 이 방법을 사용하였다. 그러나 같은 허용응력설계법을 사용하여도 각 나라 또한 각 구조물별로 설계 방법과 허용응력은 조금씩 달랐다.

허용응력설계법에 의한 전체적인 설계 과정을 요약하면 다음과 같다.

먼저 구조물을 해석할 때 계수가 곱해지지 않은 사용하중을 적용하고, 부재의 단면력과 처짐 등을 계산할 때 선형탄성 해석을 한다. 그리고 단면 설계는 단면에서 철근과 콘크리트의 응력을 계산하여 안전성 확보 여부를 다음 식 (1.6)에 따라 수행한다.

허용응력
콘크리트, 강재 등 각 재료가 인장응력, 압축응력, 전단응력 등에 저항할 수 있는 최댓값에 1보다 큰 안전율을 나누어 구한 값으로서 각 재료에 대한 허용하는 응력을 일컫는다.

$$f_s \le f_{sa} \quad (1.6)(a)$$

$$f_c \le f_{ca} \quad (1.6)(b)$$

여기서, f_s, f_c는 각각 구조물과 단면을 선형탄성 해석에 의해 계산된 철근과 콘크리트의 응력이고, f_{sa}, f_{ca}는 각 설계기준에서 규정하고 있는 철근과 콘크리트의 허용응력이다. 그리고 철근과 콘크리트의 응력을 계산할 때 선형 탄성 거동에 근거하여 해석하고, 균열단면은 유효하지 않는 단면으로 처리하여 콘크리트의 균열을 고려한다.

한편, 처짐과 균열폭 등 사용성 검토는 다음 식 (1.7)에 따른다.

$$\delta \le \delta_a \quad (1.7)(a)$$

$$w_c \le w_{ca} \quad (1.7)(b)$$

여기서, δ, w_c는 각각 계산된 부재의 처짐과 균열폭이며, δ_a, w_{ca}는 각각 부재의 허용처짐과 허용균열폭이다.

허용응력설계법은 다른 설계법과는 다르게 안전성을 검토할 때 단면에서 각 재료의 응력을 계산하여 주어진 허용응력과 비교하며, 작용하중으로서 하중의 종류에 관계없이 하중계수가 곱해지지 않은 사용하중을 사용한다. 이 허용응력설계법의 문제점은 바로 여기에 있다.

사용하중
작용하는 구조물 하중에 계수를 전혀 고려하지 않은 하중이다. 이는 일반적으로 구조물을 사용하고 있을 때의 하중이라는 의미로 이와 같이 이름하였으며, 모든 설계법에서 처짐 등 사용성 검토에 적용하며, 허용응력설계법의 경우 안전성 검토에도 적용하는 하중이다. 이 사용하중은 구조물에 작용하는 평균 하중은 아니다.

첫째, 작용하중에 대한 문제점이다. 구조물을 설계할 때 가장 중요한 것은 안전율을 일정하게 확보해야 하는 것이다. 같은 설계법을 사용하였을 때, 구조물에 따라 또는 구조 부재에 따라 서로 다른 안전율을 갖는다면 이는 합리적 설계 방법이라 할 수 없다. 이런 관점에서 볼 때 평균 하중이 같더라도 하중의 종류에 따라 그 분산성의 차이가 날 수 있으며, 평균 하중만을 고려하면 이러한 분산성을 고려할 수 없기 때문에 같은 신뢰도를 갖는 안전율을 확보할 수 없다. 그러나 허용응력설계법의 경우 이러한 분산성을 고려하지 않은 사용하중을 사용하고 있기 때문에 합리성이 떨어지는 설계법이라고 볼 수 있다.

둘째, 응력에 의한 검토의 문제점으로서, 재료의 비선형 거동과 시간의존적 거동을 고려하지 않으면 사용재료의 강도에 대한 안전율이 구조물의 안전율과 일치하지 않는다는 것이다. 철근은 항복 이전에는 거의 직선적으로 선형 거동을 하나, 콘크리트는 압축강도에 이르기까지 비선형 거동을 한다. 물론 콘크리트도 압축응력이 압축강도의 약 50퍼센트 정도까지는 선형에 가까운 거동을 하지만 그 이후는 비선형성을 크게 보인다. 구조물에 사용하중이 작용할 때는 대부분 단면의 응력은 선형 범위 내에 있다. 그러나 구조 설계란 구조물이 파괴될 때를 기준으로 안전율을 산정하는 것이 가장 합리적인데 이 허용응력설계법을 채택하는 경우 이를 알 수 없다. 따라서 재료의 비선형 거동을 고려하지 않는 이 설계법은 합리적이라고 할 수 없다.

셋째, 콘크리트 재료는 시간의 흐름에 따라 변형이 증가하는 특성을 갖고 있다. 응력이 작용할 때 작용응력의 크기에 따라 또 재하기간에 따라 변형률의 증가가 일어나는데 이를 크리프라고 하고, 응력이 작용하지 않아도 건조에 의한 변형률의 증가를 건조수축이라 한다. 콘크리트는 이러한 시간의존적 변형 특성을 갖고 있는 반면에 철근은 이러한 특성을 갖고 있지 않다. 따라서 이 두 종류의 재료를 함께 사용한 철근콘크리트 부재의 경우 일정한 하중이 작용하더라도 그림 [1.1]에서 보이는 바와 같이 시간에 따라 단면에서 철근과 콘크리트의 응력이 변화한다. 그런데 허용응력설계법의 경우 하중이 작용할 때 응력을 계산하여 그 값이 허용응력 범위 내에 있는지 여부를 기준으로 설계하는 방법이다. 그러나 이렇게 계산된 응력은 시간에 따라 변하므로 합리적이지 못한 기준이다.

시간의존적 변형
작용응력 또는 하중이 일정하여도 시간이 경과함에 따라 변형이 증가하는 크리프와 콘크리트 내부의 수분이 외기로 증발하여 일어나는 건조수축 등에 의한 변형을 일컫는다.

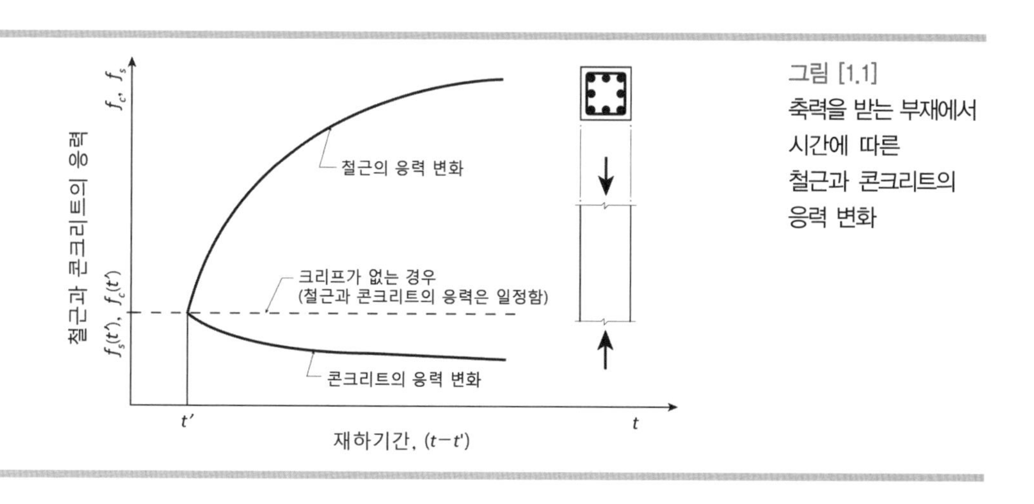

그림 [1.1]
축력을 받는 부재에서 시간에 따른 철근과 콘크리트의 응력 변화

1.2.2 강도설계법

이 강도설계법(Strength Design Method)을 처음에는 극한강도설계법(Ultimate Strength Design Method)이라고 하였다. 그러나 이후에 '강도(Strength)'라는 의미 자체가 '최대 저항력'이라는 의미를 갖고 있기 때문에 '극한'이라는 접두어를 없앴다. 또 여기서 '강도'의 의미는 재료의 강도를 의미하는 것이 아니고 '단면력에 대한 최대 저항 능력'인 부재 단면의 강도를 의미한다. 다시 말하여 콘크리트 재료의 압축강도, 인장강도, 전단강도 등은 콘크리트 재료에 압축응력, 인장응력, 전단응력이 작용할 때 최대로 저항할 수 있는 능력을 말하며, 단위는 응력 단위(N/mm^2, kgf/cm^2, psi 등)이다. 그러나 여기서 말하는 강도는 보, 기둥, 슬래브 등 부재 단면의 저항 능력으로서, 부재 단면에 단면력으로 축력, 전단력, 휨모멘트, 비틀림모멘트가 작용할 때 이에 대한 최대 저항 능력인 축강도, 전단강도, 휨강도, 비틀림강도를 의미하며, 이들의 단위는 축강도와 전단강도는 kN, kgf, *lb* 등 힘의 단위이고 휨강도와 비틀림강도는 kNm, kgfm, *lb*in 등 모멘트 단위이다. 설계기준에서는 이 단면의 강도 대신에 공칭강도(nominal strength)라는 용어를 사용하는데, 이것은 설계 단계에서 사용하는 용어로서, 사용된 재료의 특성과 설계된 단면의 크기, 철근의 위치 등이 꼭 설계된 것과 같다고 가정하여 계산된 단면의 강도를 의미한다. 따라서 실제 시공된 부재의 강도와는 차이가 날 수 있으므로 공칭강도라고 일컫는다.

부재 단면력의 종류
모든 부재 단면에 작용하는 단면력은 축력, 전단력, 휨모멘트, 비틀림모멘트 등 4가지가 있다.

부재 단면의 강도
부재 단면에 작용하는 각 단면력에 대하여 부재 단면이 최대로 저항할 수 있는 능력을 말하며, 축강도, 전단강도, 휨강도, 비틀림강도가 있다.

공칭강도(nominal strength)
설계할 때 가정한 재료의 강도와 단면 치수 등에 대한 단면의 저항 능력

앞에서 설명한 바와 같이 허용응력설계법의 경우 재료의 응력을 계산하여 설계하는 데 반하여, 강도설계법은 부재 단면의 최대 저항력인 단면의 강도를 계산하여 설계하기 때문에 이렇게 강도설계법이라 일컫게 되었다.

이 강도설계법에 따를 때 전체적인 설계 과정은 다음과 같다.

먼저, 구조물 해석에 있어서 주어진 하중조합에 따라 각 하중에 대한 계수를 곱하여 구조물 해석에 사용할 계수하중을 결정하고, 계수단면력인 계수축력, 계수전단력, 계수휨모멘트, 계수비틀림모멘트 등 부재의 계수단면력을 선형 해석에 의해 구한다. 그러나 사용성 검토를 할 때, 즉 처짐, 변위, 균열폭 등을 계산할 때는 계수가 곱해지지 않은 사용하중을 사용하여

계수하중
구조물에 작용하는 하중은 예상한 값을 초과하여 작용할 수도 있으므로 이러한 불확실성을 고려하기 위하여 계수를 곱하여 얻은 하중을 말하며, 강도설계법과 한계상태설계법에서 안전성을 검토할 때 적용하는 하중이다.

계수단면력
계수하중이 작용할 때 구조물을 선형 해석하여 구한 단면력이다.

구조물을 선형탄성 해석한다. 그리고 단면 설계 단계에서 안전성을 검토할 때, 단면 크기 및 철근량의 산정은 콘크리트 압축응력-변형률 관계의 비선형 영역까지 고려하는 데 일반적으로 등가직사각형 응력블록, 등가포물선-직선형 응력블록 또는 등가사다리꼴 응력블록 등을 사용하고, 철근은 완전 탄성-소성 관계로 가정한다. 이때 철근의 변형경화를 고려하여도 단면의 저항 능력에는 큰 차이가 없으므로 일반적으로 변형경화현상은 고려하지 않는다. 그리고 균열단면은 비유효단면으로 처리한다. 강도설계법에서 축력, 전단력, 휨모멘트, 비틀림모멘트 등 각 단면력에 따른 철근량 산정은 다음 식 (1.8)에 의한다.

$$P_u \leq \phi P_n \tag{1.8(a)}$$

$$V_u \leq \phi V_n \tag{1.8(b)}$$

$$M_u \leq \phi M_n \tag{1.8(c)}$$

$$T_u \leq \phi T_n \tag{1.8(d)}$$

여기서 P_u, V_u, M_u, T_u 등은 각각 계수축력, 계수전단력, 계수휨모멘트, 계수비틀림모멘트 등 계수단면력이고, P_n, V_n, M_n, T_n 등은 각각 공칭축강도, 공칭전단강도, 공칭휨강도, 공칭비틀림강도 등 공칭강도이며, ϕ는 각 단면력에 따라 다른 강도감소계수이다. 그리고 ϕP_n, ϕV_n, ϕM_n, ϕT_n 등 공칭강도에 강도감소계수가 곱해진 강도를 설계강도라고 하며, 설계축강도, 설계전단강도, 설계휨강도, 설계비틀림강도라고 한다.

처짐, 균열 등 사용성 검토는 다음 식 (1.9)에 의한다.

강도감소계수
시공오차 및 부재의 연성과 중요도 등을 고려하여 안전율을 확보하기 위한 1보다 작은 계수이다.

설계강도
안전율을 고려하여 단면이 저항할 수 있는 최대 강도로서, 설계강도 = 강도감소계수 × 공칭강도이다.

$$\delta \leq \delta_a \tag{1.9(a)}$$

$$w_c \leq w_{ca} \tag{1.9(b)}$$

여기서, δ, w_c 등은 사용하중에 의해 계산된 부재의 처짐과 균열폭이며, δ_a, w_{ca} 등은 부재의 허용처짐과 허용균열폭이다.

강도설계법인 경우에도 사용성을 검토하는 방법은 식 (1.9)와 식 (1.7)

에서 볼 수 있듯이 허용응력설계법인 경우와 차이가 없다. 강도설계법은 부재 단면의 최대 저항력, 즉 각 단면력에 대한 공칭강도와 사용재료의 불확실성, 부재의 시공오차, 사용 모델식의 불확실성 및 부재의 연성과 중요도 등을 고려한 강도감소계수를 사용하여 설계강도를 구한다. 또한 단면력 계산에서도 각 하중의 서로 상이한 불확실성을 고려하는 하중계수를 곱하고, 여러 종류의 하중이 동시에 작용할 가능성을 고려한 하중조합으로 구조해석을 수행하여 계수단면력을 얻는다. 따라서 허용응력설계법과 비교하여 보다 합리적 설계 방법이라 할 수 있다. 그러나 다음 절에서 설명할 한계상태설계법과 비교하면 합리적이지 못한 측면도 있다.

이 강도설계법의 가장 큰 문제점은 구조물 전체의 극한 저항력을 고려할 수 없고, 부재 단면의 극한 저항력인 단면의 공칭강도를 기준으로 안전율을 산정한다는 것이다. 물론 이러한 단점을 보완하기 위하여 앞에서 설명한 바와 같이 재료비선형 해석의 영향을 간접적으로 고려할 수 있는 보에서 부모멘트 재분배와 슬래브에서 휨모멘트 재분배를 일부 허용하고 있으며, 기하학적 비선형 해석의 영향을 간접적으로 고려할 수 있는 장주설계에서 휨모멘트확대계수법 등이 규정되어 있다. 또한 구조 부재의 연성 정도에 따라 강도감소계수를 보 부재와 기둥 부재에서 조정할 수 있도록 규정되고 있다. 예로서 보 단면의 설계강도 계산에 있어서 최외단 인장철근의 인장변형률의 크기에 따라 강도감소계수가 일부 차이가 나도록 하고, 나선철근콘크리드 기둥에서도 띠철근콘크리트 기둥보다 조금 큰 강도감소계수 등을 허용하고 있다.[1),5)] 이러한 것은 구조물을 선형 해석을 하기 때문에 고려할 수 없는 구조물 전체의 저항력, 즉 비선형 거동을 일부나마 고려하기 위한 것이다.

휨모멘트 재분배
철근콘크리트 부재에 하중이 작용할 때, 어느 위치에서 최대 저항능력에 이른다 하더라도 연성 능력이 있으면 바로 파괴되지 않고, 아직 여유가 있는 다른 위치가 최대 저항능력에 이를 때까지 더 저항할 수 있다. 이러한 것을 고려하는 방법 중의 하나이다.

1.2.3 한계상태설계법

같은 한계상태설계법(Limit State Design Method)을 사용하여도 설계과정은 차이가 있을 수 있으나, 여기서는 유럽의 모델설계기준(model code)인 *fib* 2010을 중심으로 살펴보고자 한다.[2)] 한계상태설계법의 전체적 설계과정은 강도설계법과 매우 유사하나, 하중조합과 구조해석 및 단면의 강도계산 등에서 다소 차이가 있다.

한계상태설계법에 의한 전체적인 설계 과정은 다음과 같다.

첫째 구조물 해석을 위한 하중계수 및 하중조합의 선정에서 하중계수는 2가지로 대별되는데, 하중의 종류에 따른 부분안전계수 γ_f와 하중의 조합에 있어서 변동하중의 대푯값 산정에 고려되는 ψ 값이 있다. 그리고 안전성에 대한 검증에 있어서 구조물 해석은 원칙적으로 각 하중조합을 적용하며 비선형 해석으로 수행하는 것이나 선형 해석도 가능하다. 여러 해석방법이 제시되고 있는데, 대표적으로 재분배를 고려하지 않는 탄성 해석, 철근의 등급에 따라 재분배율의 차이를 두는 방식으로 재분배를 고려하는 탄성 해석, 소성 해석, 비선형 해석, 소성 해석의 하한 이론을 사용한 스트럿-타이 모델 등이 있다. 그리고 이러한 해석법을 사용하여 부재의 극한 단면력, 즉 극한축력, 극한전단력, 극한휨모멘트, 극한비틀림모멘트를 구한다.

극한단면력
강도설계법에서 계수하중에 의하여 구한 단면력을 계수단면력이라고 하는데 이 극한단면력도 유사한 의미이다.

둘째 안전성을 확보하기 위한 단면 설계에 있어서 설계단면력을 계산할 때 콘크리트의 압축 응력-변형률 관계는 비선형 영역까지 고려하고, 재료의 부분안전계수 γ_c를 고려하여 콘크리트의 설계압축강도 $f_{cd} = \alpha_{cc} f_{ck}/\gamma_c$로 결정하며, 여기서 α_{cc}는 장기거동 영향과 장기강도발현의 영향을 고려한 계수로서 0.85~1.0, 그리고 부분안전계수는 설계상황(design situation)에 따라 다르나, 일반적인 상시설계상황인 경우 $\gamma_c = 1.5$의 값이다. 그리고 철근의 설계항복강도 $f_{yd} = f_{yk}/\gamma_s$로 결정하며 $\gamma_s = 1.15$의 값이다. 또한 콘크리트의 인장 균열을 고려하여 계산한다. 한편 각 단면력에 대한 설계는 강도설계법과 유사하게 '구조해석에 의한 극한 단면력 ≤ 설계단면력'의 조건을 만족하도록 철근량을 계산한다.

설계상황
설계상황(design situation)이란 하중이 구조물에 작용하는 상황을 의미하는 것으로서, 오랫동안 작용하는 경우를 상시(persistent) 설계상황, 어느 기간 동안만 작용하는 경우를 일시(transient) 설계상황, 극히 순간적으로 작용하는 경우를 우발(accidental) 설계상황이라고 한다. 그 외 지진이 일어날 때를 지진(seismic) 설계상황이라 한다.

셋째, 사용한계상태를 검증할 때는 재분배를 고려하지 않는 선형 해석법에 의하여, 즉 하중계수 중 γ_f는 1로 하고 ψ 값만 고려한 하중조합에 대하여 선형탄성 해석하여 단면의 응력, 처짐, 균열폭 등을 계산한다. 먼저 과도한 미세 균열과 크리프 변형을 막기 위한 압축응력 한계와 균열폭 제어를 위한 인장응력 한계를 검토하기 위하여 '사용한계 상태 검토용 하중조합에 의해 계산된 응력 ≤ 사용한계 상태에 대한 허용응력', 처짐의 한계를 검토하기 위하여 '사용한계 상태 검토용 하중조합에 의해 계산된 처짐 ≤ 사용한계 상태에 대한 허용처짐량', 그리고 철근의 부식, 누수, 외관 등을 고려하기 위하여 '사용한계상태 검토용 하중조합에 의해 계산된 균열폭 ≤ 사용한계 상태에 대한 허용균열폭' 등의 조건을 만족하는지를 검토한다.

현재 유럽을 중심으로 사용되고 있는 한계상태설계법인 *fib* 2010 모델 설계기준,[2] 유럽 콘크리트구조 설계기준(Eurocode 2)[8] 등의 또 다른 특징은 미국을 중심으로 사용되고 있는 강도설계법과 전반적으로 유사하나, 구조물의 극한한계상태와 사용한계상태로 확실히 구별하여 검토하는 것이 차이점이다. 즉, 설계기준의 체계에서 큰 차이를 보이고 있는데, 이는 최근에 들어 성능기반설계법(PBD : Performance－Based Design Method)의 체계와 유사하다. 다시 말하여 먼저 구조물이 요구하는 성능인 안전성(극한한계상태)과 사용성(사용한계상태)에 대한 요구 조건을 기술하고, 이를 검증하는 것으로 하고 있다. 이와 같은 이유에서 성능기반설계법이 유럽을 중심으로 먼저 시작하는 계기가 된 것으로 볼 수 있다.

성능기반설계법(PBD)
사용수명과 안전성, 사용성 등 요구성능에 따라 설계하는 방법으로서, 현재까지 사용되고 있는 기존의 설계 방법을 이와 구별하기 위하여 규정기반설계법(Prescriptive Design Method)이라고 한다.

또한 한계상태설계법은 부재 단면의 저항력에 판단 기준을 두는 강도설계법보다 구조물 전체의 저항력에 보다 크게 판단 기준을 둔다는 것이 큰 차이점으로서 이는 매우 합리적인 설계법이다. 그러나 이를 정확하게 고려하려면 구조물을 비선형 해석하여야 하나 현재의 해석 기술과 컴퓨터 용량을 고려할 때 불가능하므로 이 설계 방법의 한계가 있다. 건물 및 교량 등의 강 구조물과 철근콘크리트 교량은 이 한계상태설계법을 적용하고 있는데 이는 이러한 구조물은 철근콘크리트 건물과는 다르게 비선형 해석이 상대적으로 쉽기 때문이다. *fib* 2010 모델 설계기준 등의 설계기준에는 이러한 한계를 일부라도 극복하기 위하여 재료의 종류에 따른 연성을 고려하도록 되어 있으며, 비록 선형탄성 해석을 하더라도 비선형 해석의 효과를 간접적으로 반영할 수 있도록 규정하고 있다. 우리나라를 비롯한 미국의 경우, 부정정 차수가 높아 구조물의 비선형 해석이 힘든 철근콘크리트 건물은 아직도 강도설계법을 채택하고 있다. 그러나 구조물의 비선형 해석이 힘든 현재의 상황에서는 한계상태설계법만큼이나 이 강도설계법이 구조물 전체의 거동에 가장 근접하여 안전율을 고려하고 있는 설계법이라 볼 수 있다.

1.2.4 설계법의 비교

현재 세계 각국에서 사용하고 있는 콘크리트구조물의 설계 방법으로는 앞서 설명한 바와 같이 허용응력설계법, 강도설계법과 한계상태설계법 등으로 나눌 수 있으며, 우리나라에서는 현재 강도설계법을 주로 사용하고 있으나 허용응력설계법과 한계상태설계법도 일부 구조물의 경우 사용하고 있다.

이 3가지 설계 방법은 여러 가지 서로 다른 개념을 갖고 있으며, 또 같은 설계법이라 하여도 그 구체적 규정 내용은 각 나라 또는 구조물에 대하여 각 설계기준이 다르게 표현할 수도 있다. 그러나 그 주된 차이점은 앞에서 설명한 바와 같이 표 〈1.1〉에서 볼 수 있듯이 구조물의 안전성 검토와 설계를 위하여 사용하는 해석 방법과 구조 부재 또는 단면의 설계 방법의 차이라고 할 수 있다. 그러나 사용성 검토는 어느 설계법이나 같은 개념으로 검토, 설계하고 있다.

첫째로 허용응력설계법은 표 〈1.1〉에서 보듯이 콘크리트구조물에 외력이 작용하여 그 부재력을 계산할 때 선형 탄성체로 가정하여 수행한다. 그리고 그 부재력에 대한 단면의 응력을 계산할 때에도 사용한 철근과 콘크리트가 선형 거동을 한다고 가정한다. 물론 사용하중을 받는 경우 이러한 가정이 어느 정도 타당하나 그림 [1.2](a)에서 보듯이 구조물의 극한 상태의 거동 상황과는 큰 차이가 있으므로, 같은 신뢰도를 갖는 구조물의

표 〈1.1〉 안전성 검토에 있어서 설계 방법에 따른 차이

설계법	구조물 해석	부재 또는 단면 설계	설계기준 (criterion)
허용응력설계법 (WSD : Working Stress Design)	선형(linear)	선형 (linear)	재료의 응력과 재료의 강도
(극한)강도설계법 [USD : (Ultimate) Strength Design]	선형(linear) (비선형 개념 일부 포함)	비선형 (nonlinear)	단면의 단면력과 단면의 강도
한계상태설계법 (LSD : Limit State Design)	비선형(nonlinear) (선형 해석도 가능)	비선형 (nonlinear)	구조물 또는 부재의 최대 저항 능력(현재는 강도설계법과 동일)

안전성 확보 측면에서 볼 때 비합리적 부분이 많다.

둘째로 강도설계법은 구조물을 해석할 때에는 선형으로 가정하여 수행한다. 우리나라 콘크리트구조 설계기준(KDS 14 20)[5]도 마찬가지이지만, 2014년 이전의 미국 ACI 설계기준은 탄성이론에 의해 구조해석을 하도록 규정하고 있다. 예외 조항은 부모멘트 재분배와 장주효과를 고려하는 것인데, 선형 해석을 하지만 이것은 비선형 해석 결과를 고려하여 얻은 결과로 보정하도록 하여 예외로 인정하고 있다.

즉, 미국 ACI 318-08 설계기준[9]의 8.3.1에 '골조와 연속 구조물의 모든 부재는 8.4의 규정에 따른 것을 제외하고는 계수하중으로 계산된 최대 단면력에 대하여 설계한다(All members of frames or continuous construction shall be designed for the maximum effects of factored loads as determined by the theory of elastic analysis, except as modified according to 8.4).'라고 규정하고 있었다. 그러나 2017년에 개정된 ACI 설계기준의 6.7, 6.8절에서는 유럽의 *fib* 2010 모델기준과 유사하게 탄성 2계해석 또는 비탄성 2계해석도 가능한 것으로 규정하고 있다. 여하튼 강도설계법에서 단면 설계의 기본개념은 그 단면이 파괴될 때까지, 즉 그림 [1.2](b)에 보인 바와 같이 극한상태에 이를 때까지 거동을 고려한 값을 사용하는 것을 원칙으로 한다.

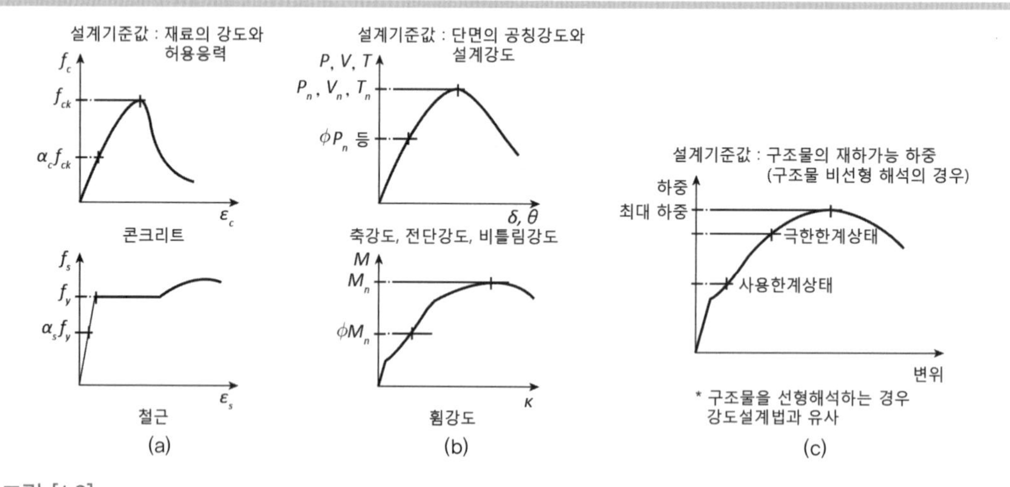

그림 [1.2]
각 설계법에서 안전성 설계의 기준(criterion)이 되는 값: (a) 허용응력설계법; (b) 강도설계법; (c) 한계상태설계법

한편 한계상태설계법은 기본적으로 구조물을 해석하고, 단면을 설계할 때 비탄성, 비선형 해석에 근거하고 있다. 따라서 그림 [1.2](c)에 보이듯이 극한상태까지 구조물 거동을 가장 잘 모사할 수 있는 방법으로서 안전성 검토에 있어 합리적 방법이라 할 수 있다. 그러나 이 방법을 현재 사용하는 데 있어서 가장 큰 문제는 앞서 언급한 바와 같이 비선형 해석에 의해 구조물을 해석해야 한다는 것이다. 만약 선형 해석을 수행한다면 부재의 연성 특성을 제대로 반영할 수 없게 되어 본래의 의도한 바를 모두 이룰 수 없으며, 강도설계법과 큰 차이가 없다.

1.3 주요 콘크리트구조 설계기준

1.3.1 개요

지금부터 약 200년 정도 전에 포틀랜드 시멘트가 개발되어 1850년 이후 보강 콘크리트 개발 연구가 진행되어 1900년에 이르렀을 때는 많은 구조물이 철근콘크리트 재료로 건설되었다.[3)] 이에 따라 여러 나라에서는 공공의 안전을 위하여 이 철근콘크리트 재료를 사용하여 건설되는 구조물에 대한 설계기준 제정의 필요성이 대두되었고, 마침내 1902년 그 당시 철근콘크리트 재료를 가장 많이 사용하였던 영국에서 콘크리트구조 설계기준을 인류 역사상 최초로 제정하게 되었다.

그 후 미국은 1910년, 일본은 1928년, 그리고 우리나라는 1962년에, 각 나라 고유의 콘크리트구조 설계기준을 제정하였다. 이와 같이 여러 나라가 고유의 설계기준을 제정하였지만 아직도 설계기준이 없는 나라가 많고, 법적 설계기준(legal code)이 제정되어 있어도 이 법적 설계기준의 기본이 되는 모델 설계기준(model code)은 외국의 것을 사용하는 경우도 있다.

1980년대 이후 세계는 국제화, 건설 시장의 개방화 등의 이유로 국가별 설계기준보다는 국제 공동 또는 지역 공동의 설계기준을 통합하여 제정하려는 추세가 강하게 나타나고 있다. 가장 대표적인 예가 유럽연합(EU)으로 발족된 유럽 여러 나라에 공동 적용할 수 있는 유럽 설계기준(Eurocode)이며, 미국의 경우에도 3개의 건축구조설계기준을 각 주마다 선택하여 사용

법적 설계기준(legal code)
구조물을 설계할 때 꼭 따라야 하는 설계기준으로 우리나라는 국토교통부에서 제·개정하고 있다.

모델 설계기준(model code)
해당 학술 단체 등에서 제정하는 설계기준으로서 법적 설계기준은 이 모델 설계기준을 참조하여 제·개정한다. 우리나라에서는 2017년 한국콘크리트학회에서 제정한 '콘크리트구조 학회기준'이 유일한 모델 설계기준이다.

하다가 2000년에 미국 전역에 사용할 수 있는 미국건축구조설계기준(IBC : International Building Code)으로 통합하였고,[10] 아시아 지역도 공통 사용할 수 있는 아시아 콘크리트 모델 설계기준(ACMC : Asian Concrete Model Code)을 1994년부터 개발하고 있다.[11]

이 절에서는 우리나라의 콘크리트 설계기준과 위에 언급한 각 지역별 대표되는 설계기준에 대해서 간략히 변화 과정을 설명한다.

1.3.2 설계기준, 시방서, 표준의 차이점

건설 분야에서, 특히 우리나라의 경우 설계기준(design code)과 시방서(specification)를 혼용하여 사용하는 경우가 많다. 이는 각 나라에서 사용하는 용어의 정의가 차이가 나기 때문인데, 우리나라는 1990년대까지 주로 일본에서 제정된 용어를 그대로 사용하여 왔다. 그래서 우리나라 건축 분야는 일본 건축 분야에서 사용하는 '설계규준'이라는 용어를, 토목 분야는 일본 토목 분야에서 사용하는 '표준시방서-설계편, 시공편' 등의 용어를 사용하였다. 1990년 중반 이후 국토교통부(당시 건설교통부)에 의해 각 구조물을 건설할 때 건설기준으로서 설계할 때 필요한 규정집을 '설계기준'으로, 시공할 때 필요한 규정집을 시방서-'표준시방서, 전문시방서, 공사시방서'로 나누기로 결정함으로써 지금은 이 정의에 따라 분리 사용되고 있다.

한편 표준(standard)은 주로 제품의 생산에 있어서 생산 과정 등의 표준화를 위해 규정한 것으로서 꼭 건설 분야에서만 사용되는 용어는 아니다. 그러나 넓게 보면 설계기준도 구조물이라는 하나의 제품을 생산하기 위한 그 과정을 규정한 것으로 볼 수 있으므로 이 범주에 속한다고 볼 수 있다.

이 절에서는 시방서, 표준 및 설계기준에 대하여 간략히 차이점을 설명하고자 한다.

시방서(specification)
공사를 할 때 지켜야 할 사항들을 규정하여 놓은 문서로서 표준시방서, 전문시방서, 공사시방서 등으로 분류하고 있다.

시방서(specification)

우리나라의 경우 시방서는 표준시방서(KCS), 전문시방서, 공사시방서 등 3종류로 분류하고 있다. 공사를 할 때는 계약 문서의 하나로 시방서가 필요한데 이러한 시방서는 우리나라의 경우 공사시방서에 해당한다.

표준시방서(KCS : Korea Construction Standard)란 현재 국토교통부에서 제정, 관리하는 국가 차원의 시방서라고 할 수 있다. 이런 표준시방서는 공사에 사용하는 재료에 따라 '콘크리트 표준시방서' 등이 있고, 구조물의 종류에 따라 '건축공사 표준시방서', '도로교 표준시방서' 등이 있다. 표준시방서는 해당 재료, 해당 구조물 별로 공사를 할 때 지켜야 할 최소한의 규정을 모은 것으로서 공사시방서 또는 전문시방서를 작성할 때 기준이 된다. 앞서 언급한 바와 같이 계약 도서로는 공사시방서가 필요하다.

전문시방서는 지방자치단체, 토지주택공사, 도로공사 등과 같은 공사 혹은 기업체 등이 갖는 자체의 시방서로서 정부가 관리하는 표준시방서와 같은 역할을 하고 있다. 따라서 이 전문시방서는 각 단체에서 제정한 후 국토교통부의 심의를 거쳐 활용되고 있다. 이와 같은 전문시방서를 각 단체가 갖는 이유는 표준시방서의 내용은 포괄적이라서 어느 특정 구조물에 대해서는 구체성이 떨어지는 내용이 많기 때문이다. 그러나 각 단체는 그 단체가 공사하는 구조물의 성격이 한정된 경우가 많으므로 그에 적절한 규정을 구체적으로 규정하는 것이 필요하며, 이러한 전문시방서를 갖게 되면 그 단체가 주로 수행하는 구조물을 시공할 때 공사시방서를 쉽게 작성할 수 있다. 예로서 토지주택공사는 주로 아파트 건설공사를 하므로, 아파트 공사에 필요한 부분을 각 표준시방서로부터 취하고 그 내용을 보다 구체적으로 규정함으로써, 각종 아파트 공사를 발주할 때 공사시방서를 국토교통부의 표준시방서 대신에 자체의 전문시방서를 이용하여 쉽게 작성할 수 있다.

우리나라의 경우 어느 규모 이하의 공사의 경우 계약 도서로서 공사시방서를 작성하는 것 대신에 표준시방서를 활용하고 있다. 요약하면 각종 공사를 할 때 법적 계약 문서로서 공사시방서가 필요하며, 이 공사시방서를 보다 쉽게 작성할 수 있도록 표준시방서와 전문시방서가 있으며, 어느 규모 이하의 경우 표준시방서가 공사시방서를 대신할 수 있다.

표준(standard)
제품을 생산할 때, 생산 과정, 방법 등을 규정하여 그에 따라 생산된 제품에 대해서는 품질 인증을 한다. 우리나라는 KS, 일본은 JIS, 미국은 ASTM, 그리고 국제적 표준인 ISO 등이 있다. 우리나라의 경우 산업규격이라고 사용하다가 산업표준으로 바뀌었다.

표준(standard)

표준은 각 나라가 산업생산 제품의 표준화와 품질 경영을 도입하여 품질 개선과 생산 효율을 향상시켜서 우수한 제품을 생산, 보급하여 소비자를 보호하기 위하여 국가 차원에서 제정한 규정이다. 따라서 각국의 이러한 표준에는 제품을 생산할 때 생산 과정, 방법 등을 규정하여 그에 따른 생산품에 대해서는 품질 인증을 하는 제도이다.

우리나라의 경우 한국산업표준(KS)이 이에 속하며, 콘크리트 관련 산업에 대해서도 많은 표준이 제정되어 있다. 외국의 경우에도 일본의 일본산업표준(JIS : Japan Industrial Standards), 미국의 시험 및 재료 표준(ASTM : American Society for Testing Materials) 등이 있다. 최근에는 국제 표준으로 ISO 표준이 국제표준화기구(International Organization for Standardization)에 의해 운영되고 있다. ISO 표준은 재화 및 서비스와 관련된 제반 설비와 활동의 표준화를 통하여 국제 교역을 촉진하고자 하는 목적으로 제정되고 있으며, 철근콘크리트구조물과 관련하여 콘크리트에 대한 표준은 ISO TC 71(Technical Committee 71)에서 제정하고 있다. 이 ISO의 경우 건설 산업의 생산품인 각종 구조물 설계에 대한 설계기준도 ISO에서 규정한 개념과 절차를 따르면 ISO 표준으로 인증하여 주고 있으며, 우리나라 '콘크리트구조 설계기준'도 인증을 받았다.

설계기준(design code)
구조물을 설계할 때 지켜야 할 사항들을 규정한 문서이다.

설계기준(design code)

한편 설계기준이란 구조물을 설계하는 데 가장 기본이 되는 규정의 모음이라 할 수 있다. 그런데 구조물의 설계는 광의의 설계와 협의의 설계로 나눌 수 있는데, 우리가 말하는 「콘크리트구조 설계기준」에서 '설계'는 협의의 의미에 가깝다. 즉, 콘크리트구조물을 해석하고, 그 결과에 따라 단면을 해석, 설계하는 것을 의미하는 것이며, 이 중에서도 특히 설계기준에서는 콘크리트구조물의 해석 방법에 대한 규정은 최소화하고, 대부분 단면 또는 부재의 설계에 대한 규정이다. 이러한 설계기준에서 해석방법과 설계 방법 등에 관련된 이론과 개념 등은 지역의 특성에 관계없이 객관적이고 일반화될 수 있다. 그러나 사용 재료, 시공 정밀도 등은 각 지역의 특성을 갖는 것으로서 주관적 판단이 필요하고 넓은 지역으로 일반화하기가 힘든 부분이다.

설계기준은 법적 구속력을 갖는 법적 설계기준(legal code)과 그렇지 않은 모델 설계기준(model code)으로 크게 분류할 수 있다. 먼저 법적 설계기준이란 국가 또는 해당 지방관청에서 그 지역 내에서 구조물을 설계할 때 꼭 따르도록 하는 설계기준을 뜻한다. 우리나라의 경우 국토교통부에서 제정한 각 구조물과 재료에 대한 설계기준(KDS : Korea Design Standard)을 사용하도록 하고 있으며, 예로서 콘크리트구조 설계기준,[5] 강구조 설계기준, 한국건축구조 설계기준, 도로교 설계기준 등이 있다. 선진 외국의 경우는 사용재료에 따라 모델 설계기준이 있고 그를 바탕으로 각 구조물에 대한 법적 설계기준이 있으나, 우리나라의 경우 콘크리트구조물인 경우에만 모델 설계기준이 제시되고 있고 그 외는 법적 설계기준으로 되어 있다.

미국의 경우 2000년 이전까지는 건축 구조물에 대하여 법적 설계기준으로서 각 지역에 따라 3가지의 설계기준이 있었다. 즉, 미국 서부 각 주에서는 UBC(Uniform Building Code)를, 북동부 및 중부 각 주에서는 BOCA(Building Officials and Code Administrators)를 그리고 남서부 지역에서는 SBC(Standard Building Code)를 사용하였으나, 2000년부터는 미국 전역에서 IBC(International Building Code)[10]를 법적 설계기준으로 사용하고 있다. 교량에 대해서는 AASHTO(American Association of State Highway and Transportation Officials) 설계기준[7]을 따르도록 하고 있다.

유럽의 경우 각 나라마다 고유의 법적 설계기준을 갖고 있었으나, 현재는 유럽 설계기준(Eurocode)을 법적 설계기준으로 채택하고 있으며, 철근콘크리트구조물에 대한 것은 Eurocode 2[8]에 있다.

모델 설계기준은 앞서 설명한 바와 같이 법적 구속력은 없으나, 법적 설계기준을 작성할 때 모델로 삼는 설계기준으로서, 대표적인 콘크리트 모델 설계기준으로는 미국의 ACI 설계기준,[1] 유럽의 *fib* 2010 모델 설계기준,[2] 그리고 현재 아시아 지역에서 준비하고 있는 ACMC(Asian Concrete Model Code)[12] 등이 있다. 이것들은 그 지역의 콘크리트 관련 학술 단체에서 그때까지 수행된 연구 결과를 반영하여 작성한 설계기준이다. 따라서 민간 학술 단체에서 제정한 설계기준이므로 법적 구속력은 갖지 못하고, 구조물별 법적 설계기준을 작성할 때 참조하는 설계기준이다. 예로서 미국의 경우 건축물에 대한 법적 설계기준인 IBC 설계기준은 철근콘크리트구조물에 대해서는 ACI 설계기준을 대체로 그대로 반영하고 있으며,

교량에 대한 법적 설계기준인 AASHTO 설계기준[7]은 철근콘크리트 교량에 대해서 ACI 설계기준을 대체로 따르나 일부 수정하여 사용하고 있다. 이는 ACI 설계기준의 규정 내용이 대부분 건축물을 대상으로 하고 있기 때문에 교량의 경우 그 내용을 일부 수정하여 사용하는 것이다. 우리나라에서도 철근콘크리트구조물의 경우 2021년 법적 설계기준인 콘크리트구조 설계기준(KDS 14 20)은 2017년 한국콘크리트학회에서 제정한 모델 설계기준인 '콘크리트구조설계 학회기준'을 참고하여 개정되었다.

1.3.3 우리나라의 콘크리트구조 설계기준

우리나라는 해방 이후부터 1960년대 초반까지는 어떠한 설계기준도 없었다. 그러던 중 건설부에 의해 1962년 대한토목학회가 토목 분야에서 사용될 '콘크리트 표준시방서'를 제정하였다. 시방서는 1.3.2절에서 설명한 바와 같이 일반적으로 시공에 관련된 규정의 모음집이라 볼 수 있는데 우리나라 토목 분야에서는 표준시방서 내에 설계편과 시공편으로 나누어 설계기준에 해당하는 내용도 함께 다루어 왔다. 제정 당시 '콘크리트 표준시방서(설계편)'는 허용응력설계법으로 되어 있었으며, 1차 개정이 1983년에 이루어지면서 강도설계법으로 바뀌었다. 그 이후 1988년과 1996년에 개정되었고, 1998년에 개정되면서[13] 설계편은 「콘크리트구조 설계기준」[14]으로 이관되고 시공편은 콘크리트표준시방서[15]로 재편되었다.

건축 분야에서는 1972년 건설부 요청에 의해 대한건축학회가 '철근콘크리트구조계산 규준'을 작성, 제정하였다.[16] 이 초기의 설계기준은 일본건축학회의 설계기준 내용을 대부분 모방하였으나 일부 내용은 ACI의 허용응력설계법도 수용하였다. 그리고 이후 1975년과 1977년에 일부 수정, 보완되었으나 그 설계 개념은 계속 허용응력설계법에 근거한 것이었다. 그 후 1988년 ACI 318-83 설계기준을 기본으로 한 '극한강도설계법에 의한 철근콘크리트구조계산 규준'[17]이 작성되었고, 1994년 1차 개정되었으며, 1998년 토목 분야에서 사용하던 설계기준과 통합되어 콘크리트구조 설계기준[14]으로 재편되었다.

이와 같이 우리나라 설계기준은 초기에는 허용응력설계법으로서 토목, 건축 분야가 별도로 제정하여 사용하여 왔으며, 주로 일본 설계기준의 영향을 받아 제정되었다. 1980년 중반 이후 강도설계법으로 개념이 바뀌면서 ACI 설계기준을 기준으로 삼아 작성되었다. 토목 분야에서 사용하여 온 '콘크리트 표준시방서(설계편)'[13]의 기본 개념과 건축 분야에서 사용하여온 '극한강도설계법에 의한 철근콘크리트구조계산 규준'[17]의 기본 개념은 동일한 강도설계법이었기 때문에, 1998년 국토교통부(당시 건설교통부)의 요청에 의해 대한토목학회, 대한건축학회 및 한국콘크리트학회에서 기존의 두 기준을 통합한 '콘크리트구조설계기준'[14]을 작성하게 되었다. 그 후 2003년, 2007년, 2012년, 2021년 등 4회에 걸쳐 법적 설계기준의 개정이 이루어졌다. 그리고 앞서 언급한 바와 같이 2017년에 한국콘크리트학회에서 우리나라 최초의 모델 설계기준인 '콘크리트구조 학회기준'을 제정하였으며, 이를 근거로 2021년 법적 설계기준인 콘크리트구조 설계기준(KDS 14 20)이 개정되었다.

통합 콘크리트구조 설계기준을 작성할 때와 그 이후 4차례에 걸쳐 개정된 주요 내용을 기술하면 다음과 같다.

통합 콘크리트구조 설계기준(1999)의 주요 통합 내용

첫째, 용어의 통일로서, 한국콘크리트학회에서 콘크리트에 관련된 용어 통일을 위하여 발간한 「콘크리트 용어집」[18]을 참조하여 용어를 통일하였다. 예로써 dead load와 live load를 토목 분야에서는 사하중과 활하중으로, 건축 분야에서는 고정하중과 적재하중으로 사용하여 왔으나 고정하중과 활하중으로 통일하였다.

둘째, 기호도 용어와 마찬가지로 토목, 건축 양 분야에서 서로 다르게 사용하여 왔으나 다음과 같은 원칙에 따라 통일시켰다. 힘, 응력과 관련하여 힘은 대문자, 응력은 소문자로 하였으며, 응력의 종류에 따라 아래첨자로 구별하였다. 길이, 면적 등에 있어서 부재와 단면 등의 길이는 소문자, 단면의 특성인 면적, 1차, 2차단면계수 등은 대문자로 표기였다. 그리고 모든 계수, 상수는 몇 개의 예외는 있으나 영문 또는 그리스 문자의 소문자로 나타내었다.

셋째, 구성 체계의 통합으로서 설계기준의 장별 구성 체계는 토목의 「콘크리트 표준시방서(설계편)」[13]와 건축의 「극한강도설계법에 의한 철근콘크리트구조 계산규준」[17]을 참조하고, ACI 318-95 설계기준의 체계도 참조하여 결정하였다.

넷째, 표준시방서 내용과 일치시키는 작업을 수행하였다. 설계기준은 각 나라에서 사용하는 재료와 시공의 정밀도, 해석 및 설계의 정확성 등을 고려하여 작성되어야 하나 우리나라의 경우 그 당시까지 고유의 모델 설계기준과 표준시방서를 만들지 못하고 선진국의 것을 참조하여 제, 개정하여 왔다. 따라서 설계기준은 미국의 ACI 설계기준을 근간으로 되어 있고 콘크리트 표준시방서는 일본의 토목학회 또는 건축학회의 시방서를 근간으로 되어 있었기 때문에 우리나라 설계기준과 표준시방서는 그 내용이 상충되는 부분이 있었다. 주로 콘크리트 재료에 관한 사항으로서 상충점을 조정하여 상당 부분 일치시켰다.

다섯째, 하중계수의 통일로서 하중계수란 각 하중의 특성에 따른 불확실성을 고려하여 설계되는 구조물의 안전을 확보하기 위한 계수이다. 따라서 이에 대한 정확한 값을 결정하기 위해서는 각 하중기준에서 정해진 각 형태의 하중에 대한 구조물에 실제로 작용하는 하중의 조사가 선행되어야 한다. 그러나 그러한 조사가 포괄적으로 이루어져 있지 않았기 때문에 그 당시 건축 분야는 ACI 설계기준에서 제시한 값과 동일하게, 토목 분야에서는 대부분 ACI 설계기준에서 제시한 계수값보다 0.1씩 크게 사용하여 왔다. 이에 통합 설계기준에서는 각 분야의 구조물에 크게 영향을 줄 수 있는 하중에 대한 계수를 택하기로 결정하였으며, 결정된 계수는 표 〈1.2〉에 나타나 있다.

마지막으로 강도감소계수를 통일하였다. 강도감소계수는 재료강도, 시공의 정확성 및 구조해석과 설계에서 여러 불확실성을 고려하기 위한 안전계수이다. 이 계수도 합리적으로 결정하기 위해서는 선행 연구가 이루어져야 할 것이나, 토목 분야에서는 ACI 설계기준보다 0.05씩 작게, 건축 분야에서는 ACI 설계기준과 동일하게 사용하여 왔다. 그리고 콘크리트강도는 콘크리트 배합강도에서 ACI 설계기준보다 오히려 강화시켰으므로 이 강도감소계수는 오히려 증가될 수도 있었으나 국내의 시공 수준 등을 감안하여 표 〈1.3〉과 같이 결정하였다.

표 〈1.2〉 하중계수(1999년 통합 당시)

하중의 종류	통합콘크리트구조 설계기준	철근콘크리트구조 계산규준(건축)	콘크리트 표준시방서(토목)
고정하중 D	1.4 D*	1.4 D*	1.5 D
활하중 L	1.7 L	1.7 L	1.8 L
풍하중 W	1.7 W	1.7 W	1.8 W
지진하중 E	1.8 E	1.87 E	1.8 E
지하수 및 토압 H**	1.8 H	1.7 H	1.8 H
유체압 F	1.5 F	1.4 F	1.5 F
온도하중 등 T	1.5 T	1.4 T	1.5 T

* 고정하중이 지배적인 구조물은 D에 $1.1D$를 곱하여 사용

** 슬래브 상부의 지하수 및 토압에 의한 연직 하중은 고정하중 D로 취급 (ACI에서는 이 경우에도 H로 취급)

표 〈1.3〉 강도감소계수(1999년 통합 당시)

하중의 종류	통합콘크리트구조 설계기준	철근콘크리트구조 계산규준(건축)	콘크리트 표준시방서(토목)
휨, 휨과 인장	0.85*	0.90	0.85
축인장	0.85	0.90	0.85
압축(띠철근)	0.70	0.70	0.65
(나선철근)	0.75	0.75	0.70
전단, 비틀림	0.80*	0.85	0.80
지압	0.70	0.70	0.60
무근콘크리트	0.65	0.65	0.55

* 건축 구조 부재 설계의 경우 0.05 증가시킬 수 있다.

2003년도 콘크리트구조 설계기준의 주요 개정 내용

1999년 통합 설계기준이 최초로 우리나라 토목, 건축 양 분야에서 독립적으로 사용하던 기준을 통합하는 과정에서 몇 가지 오류가 있어 이를 가능한 한 빨리 수정하기 위하여 2003년도에 개정하게 되었다. 따라서 1999년 통합 설계기준을 크게 개정한 내용은 없으며, 정착길이 산정에서 2가지 방법으로 계산하여 큰 값으로 하도록 규정한 것을 2가지 중 선택할 수 있도록 하였다. 그 외 주요 개정 내용은 배합강도 산정에 있어서 통합 설계기준의 경우 토목 분야에서 사용하여 왔던 콘크리트 표준시방서에서 규정된 '$f_{cr} = f_{ck} + 1.64s$' 대신에 우리나라 설계기준의 모델인

ACI 설계기준과 동일하게 '$f_{cr} = f_{ck} + 1.34s$'로 수정하였으며, 표준편차 s를 계산하는 방법에 대하여 보다 상세한 규정으로 수정하였다. 그 후 설계기준과 표준시방서의 규정을 통일시키기 위하여 콘크리트 표준시방서도 이와 같이 개정하였다.

2007년도 콘크리트구조 설계기준의 주요 개정 내용

ACI 설계기준은 강 구조물에서 사용하는 하중계수 및 조합을 철근콘크리트구조물에서도 사용하도록 개정되었는데, 우리나라도 이를 적용하기 위하여 2007년도에 개정하였다. 일부 장은 소폭 개정되었고, 대폭 개정된 주요 규정은 하중계수 및 조합에서 $(1.4D+1.7L)$이 $(1.2D+1.6L)$로 개정된 하중계수, 최외단 인장철근의 변형률의 크기에 따라 적용되는 강도감소계수, 철근의 수량 및 간격 등 콘크리트 구조물에 발생하는 균열을 제어하는 기준 등이다.

특히, 하중계수가 감소되어도 콘크리트 구조물의 안전율을 종전과 유사하게 확보하기 위하여 강도감소계수를 전반적으로 0.05, 전단과 비틀림에 대해서는 0.1 정도 감소시켰다. 그러나 휨에 대해서는 콘크리트 재료 및 시공 기술의 발달에 따라 종전과 같이 0.85를 사용하였다. 또한 내진설계 기준의 강화, 스트럿-타이 모델 및 콘크리트 앵커 장치에 관한 기준 등은 새로이 신설되었다. 주요 개정 내용을 정리하면 다음과 같다.

첫째, 하중계수에 관한 것으로서 콘크리트 구조물과 강 구조물은 서로 다른 하중계수를 적용하는 모순이 있었으나, 2007년도 개정을 통하여 고정하중 및 활하중의 하중계수를 각각 $1.2D+1.6L$로 통일하였다. 또한 흙, 지하수 또는 기타 재료의 자중에 의한 연직방향 하중 H_v는 토피의 두께에 따라 보정계수 α_H를 적용하도록 개정하였으며, 고정하중이 지배적인 경우는 종전의 $1.54D+1.7L$ 대신에 $1.4(D+F+H_v)$를 사용하도록 하였다. 하중계수 및 하중조합의 주요 개정 내용은 다음 표 〈1.4〉와 같다.

둘째, 개정된 하중계수가 대체로 감소되었기 때문에 안전율을 확보하기 위해서 강도감소계수도 대체로 감소시켰다. 또한 기존의 콘크리트구조설계기준은 휨과 압축을 받는 부재에 대한 강도감소계수의 적용 방법이 다소 비논리적이었다. 즉, 휨부재에 대해서도 연성 능력을 실질적으로 고려

표 〈1.4〉 하중계수 및 하중조합(2007년 2차 개정)

KCI-2003	KCI-2007
$U=1.4D+1.7L$	$U=1.4(D+F+H_v)$
$U=0.75(1.4D+1.7L+1.7W)$	$U=1.2(D+F+T)+1.6(L+\alpha_H H_v+H_h)$
$U=0.9D+1.3W$	$+0.5(L_r$ 또는 S 또는 $R)$
$U=0.75(1.4D+1.7L+1.8E)$	$U=1.2D+1.6(L_r$ 또는 S 또는 $R)$
$U=0.9D+1.4E$	$+(1.0L$ 또는 $0.65W)$
$U=1.4D+1.7L+1.8H$	$U=1.2D+1.3W+1.0L+0.5$ (L_r 또는 S 또는 R)
$U=0.9D+1.8H$	$U=1.2D+1.0E+1.0L+0.2S$
$U=1.4D+1.7L+1.5F$	$U=1.2(D+F+T)+1.6(L+\alpha_H H_v)+0.8H_h$
$U=0.9D+1.5F$ $U=0.75(1.4D+1.7L+1.5T)$	$+0.5(L_r$ 또는 S 또는 $R)$
$U=1.4D+1.5T$	$U=0.9D+1.3W+1.6(\alpha_H H_v+H_h)$
* $U=1.4(1.1)D+1.7L$	$U=0.9D+1.0E+1.6(\alpha_H H_v+H_h)$

한 강도감소계수를 적용하지 못하였다. 이에 따라 최외단 인장철근의 변형률의 크기에 따라 강도감소계수 값의 크기가 결정되도록 개정하였다.

셋째, 종전의 설계기준의 균열 검토는 사용하중에 의한 휨 균열폭을 허용균열폭과 비교하는 방법을 사용하였다. 2007년 개정된 설계기준은 철근의 수량 및 간격, 콘크리트 구성 재료, 그리고 철근의 최소 피복두께 등을 검토함으로써 구조물에 발생하는 균열을 제어하는 것으로 개정하였다.

한편, 개정 설계기준의 경우 시공 중 혹은 완공 후에 균열 발생의 원인 및 그 유해성에 관한 검토가 필요할 때는 부록 V에서 제시하고 있는 방법에 따라 제반 조치를 강구하도록 하였다. 이 부록 V는 유럽의 CEB-FIP 1990 모델 설계기준[6]을 참고하여 작성되었다.

2012년도 콘크리트구조 설계기준의 주요 개정 내용

먼저 2012년도의 주요 개정사항 중에 하나는 명칭을 콘크리트구조 설계기준에서 콘크리트구조기준으로 변경한 것이다. 그 이유는 설계 단계에 대한 규정뿐만 아니라 시공, 유지관리 단계에 대한 규정도 일부 포함되어 있기 때문이다.

그 외 주요 개정 내용은 그동안 국내에서 연구되어 온 내용들을 삽입한 것으로서 첫째 성능기반설계법에 대한 내용과 기존 구조물의 평가 방법에 대한 내용을 각각 부록에 삽입하였으며, 둘째 주철근과 전단철근의 설계기준항복강도를 각각 600 MPa과 500 MPa로 상향 조정하였고, 셋째 슬래브 및 기초판 등의 뚫림전단에 대한 수식의 변경과 더불어 크기효과를 고려하였으며, 넷째 슬래브에서 기둥으로 전달되는 불균형휨모멘트에 대한 설계법의 변경 등이다.

2017년도 콘크리트구조 학회기준과 2021년도 콘크리트구조 설계기준(KDS 14 20)의 주요 개정 내용

우리나라 콘크리트구조 설계기준은 앞서 언급한 바와 같이 모델 설계기준과 법적 설계기준 체계로 바뀌게 되었다. 2017년에 한국콘크리트학회는 모델 설계기준인 '콘크리트구조 학회기준'을 우리나라 최초로 제정하였고, 2021년에 국토교통부에서는 이를 받아들여 '콘크리트구조 설계기준(KDS 14 20)'을 개정하였다. 그래서 이 두 설계기준의 내용은 대동소이하고 그 체계와 순서 등만 차이가 있다.

먼저 2012년 설계기준에서 개정된 주요 내용은 다음과 같다.

첫째, 콘크리트 재료의 응력－변형률 관계식 등이 규정되어 있다. 이는 앞으로 구조물의 비선형 해석, 단면 설계 등에 보다 합리적인 정보를 제공하기 위한 것이다.

둘째, 단면 설계에서 등가직사각형 응력블록 외에도 등가포물선－직선형 응력블록도 제시되고 있으며, 부록에서는 추가적으로 재료계수도 제안하고 있다. 또 극한변형률(휨압축파괴변형률)의 값이 0.003에서 콘크리트의 압축강도에 따라 다르게 규정되고 있다.

셋째, 전단강도 계산에서 전단보강을 하더라도 최대 저항능력; 즉 전단철근에 의한 공칭전단강도 값이 개정되었고, 휨부재에서 연성 거동을 확보하기 위한 최소 철근비를 계산하는 규정도 개정되었다.

그 외에도 앵커 부분이 크게 보완 수정되었으며, 균열폭 계산식도 수정되었다. 또한 내진설계 부분은 중간모멘트 골조 설계법이 전반부로 이동되었으며, 실제 콘크리트 강도를 표기하는 f_{cu}를 f_{cm}으로 수정하였다.

1.3.4 미국의 콘크리트구조 설계기준

ACI 설계기준은 ACI의 전신인 NACU(National Association of Cement Users)가 1905년 발족되어 1907년에 준비하여 1910년에 발표한 최초의 Standard Building Regulations을 시작으로 여러 번의 개정을 거쳤으며 그 주된 개정 시기와 특징은 표 〈1.5〉에 나타낸 바와 같다.

표 〈1.5〉 ACI 설계기준

연도	구분	내용
1910	NACU 구조설계기준 제정	NACU(1905～1913. 7)는 ACI의 전신
1917	ACI 구조설계기준	이름이 ACI로 변경된 후 최초의 ACI 구조설계기준임
1925	2차 개정	
1936	3차 개정	ACI 501－36 설계기준 Committee 501에서 개정하였으며, 후에 Committee 318로 변경
1941	4차 개정	최초의 Building Code Requirements for Reinforced Concrete(ACI 318－41)로 탄생
1947	5차 개정	
1951	6차 개정	
1956	7차 개정	일부 강도설계법 채택 flexure and axial load에 대한 최초의 강도설계법 개념이 부록에 추가
1963	8차 개정	본격적 강도설계법 채택 허용응력 설계법과 강도설계법을 본문에 나란히 규정함
1971	9차 개정	완전히 강도설계법으로 변경 허용응력설계법은 Alternate Design Method로 부록으로 이동
1977	10차 개정	이때부터 매 6년마다 정기적으로 개정
1983	11차 개정	
1989	12차 개정	내구성에 대한 내용이 독립된 chapter로 구성
1995	13차 개정	부록에 Unified Design Provision 삽입과 Building Code Requirements for Structural Concrete로 명칭 변경(우리나라 통합콘크리트구조설계 기준의 모델 설계기준)
1999	14차 개정	프리스트레스트 정착, 내진설계의 개정, 부록 B의 내용이 2002년 개정을 전제로 하는 것임
2002	15차 개정	부록 A 스트럿－타이 모델 추가, 부록 D 콘크리트에 앵커 추가, 하중계수, 강도감소계수 등 크게 개정(우리나라 2007개정판의 모델설계기준)
2005	16차 개정	소폭 개정
2008	17차 개정	소폭 개정
2011	18차 개정	소폭 개정
2014	19차 개정	체계의 대대적 개정이 이루어졌음
2017	20차 개정	소폭 개정
2020	21차 개정	'크기효과' 고려 등 개정

표 〈1.5〉에 나타낸 바와 같이 현재의 ACI 설계기준은 ACI의 전신인 NACU에 의해 최초로 제정된 것으로서 1956년 ACI 318-56 설계기준 이전까지는 허용응력설계법 개념에 기본을 둔 것이다. 그 이후 1956년과 1963년 설계기준에 강도설계법 개념이 도입되기 시작하여 ACI 318-71판인 1971년도에 설계 개념이 허용응력설계법에서 강도설계법으로 바뀌게 되었다. 1971년 이후에는 매 6년마다 정기적으로 개정판을 발간하였으며, 중간 3년마다 약간의 수정된 내용을 ACI 학회지인 Concrete International에 수록, 발표하였다. 그러나 ACI에서는 1995년 이후 4년 만에 1999년에 개정판을 내고, 이후 매 3년마다, 즉 2002년, 2005년, 2008년, 2011년, 2014년, 2017년 및 2020년에 개정판을 출판하고 있다. 그 이유는 미국 각 주에서 채택하는 ICC(International Code Council)의 건축구조설계기준(IBC : International Building Code)[10]이 최초로 2000년부터 제정되어 매 3년마다 개정되고 있기 때문이다. 다시 말하여 모델 설계기준인 ACI 설계기준이 미국의 법적 설계기준인 IBC에 포함될 수 있도록 1년 먼저 개정판을 내고 있다.

1.3.5 유럽의 콘크리트구조 설계기준

***fib* 2010 모델 설계기준(Model Code)**

1953년에 발족한 CEB(Comité Européen du Béton)와 1952년에 발족한 FIP(Fédération Internationale du la Précontrainte)가 1998년에 *fib*(fédération internationale du béton)로 합쳐져 제정한 설계기준이 *fib* 2010 Model Code[2] 이다. 이 설계기준도 모델 설계기준으로서 법적 설계기준인 Eurocode 2[8]의 기본이 되고 있다. 그 제정 및 개정 과정은 표 〈1.6〉에 보인 바와 같이 *fib*의 전신인 CEB와 FIP에 의해 1964년, 1970년 및 1990년에 모델 설계기준이 제정, 개정되었으며, 2010년에 *fib*에 의해 *fib* 2010 모델 설계기준으로 개정되었다.

fib 설계기준의 특징은 한계상태(limit states)와 부분안전계수(partial safety factors)에 근거한 새로운 안전성 개념을 도입한 한계상태설계법(limit states design method)인 것이다. 또한 이 설계기준은 유럽 여러나라가 각자 고유의 설계기준에 의하여 설계하던 것을 모델 설계기준이지만 유럽의 통합

표 〈1.6〉 *fib* 설계기준

연도	내용
1964	CEB International Recommendations를 제정
1970	CEB/FIP 2'nd International Recommendations 출판
1978	CEB/FIP Model Code 1978 제정 (CEB, FIP, ECCS, CIB, RILEM 등이 협조)
1990	CEB/FIP Model Code 1990 출판
2010	*fib* Model Code 2010 출판

설계기준으로서 역할을 할 수 있도록 그 밑거름이 된 것이 큰 의의라고 할 수 있다.

유럽 콘크리트구조 설계기준(Eurocode 2)

유럽이 정치, 경제적으로 유럽연합(EU) 형태로 바뀌면서 건설 분야의 제 기준 및 표준들도 통일되었으며, 콘크리트구조 설계기준도 각국에서 별도로 사용하여 왔던 것을 하나의 설계기준인 Eurocode 2(EN 1992)로 통일되었다. 이 유럽 설계기준은 1980년대부터 가입 국가들에 의해 논의되어 오다가 체계화가 이루어져 유럽연합의 법적 설계기준으로 채택되어 사용되고 있다.

유럽 설계기준은 다음 표 〈1.7〉에서 볼 수 있듯이, Eurocode 0(EN 1990)은 전체 기준의 개념 등 일반사항을, Eurocode 1(EN 1991)은 하중에 관련된 모든 규정을, Eurocode 7(EN 1997)은 지반, 즉 기초에 관련된 사항을, Eurocode 8(EN 1998)은 내진 설계에 대한 공통 사항을 규정하고 있다. 그리고 Eurocode 2(EN 1992), Eurocode 3(EN 1993), Eurocode 4(EN 1994), Eurocode 5(EN 1995), Eurocode 6(EN 1996) 및 Eurocode 9(EN 1999)는 각각 구조물의 사용 재료에 따라서 콘크리트구조, 강구조, 합성구조, 목구조, 조적구조와 알루미늄구조 등에 대하여 규정하고 있다.

그래서 하나의 재료에 대한 구조물을 설계하기 위해서는 그림 [1.3]에서 볼 수 있는 바와 같이 공통 기준인 Eurocode 0, Eurocode 1, Eurocode 7, Eurocode 8은 모든 재료로 이루어진 구조물에 포함시키고, 설계와 상세 부분은 해당 재료에 대한 Eurocode를 택해야 한다.

그리고 공통의 유럽 설계기준(Eurocode)을 유럽연합 각 나라의 국가설

표 〈1.7〉 유럽의 구조물 설계기준의 종류

EN 1990	Eurocode 0	구조설계의 기본 사항 (Basis of Structural Design)
EN 1991	Eurocode 1	하중 (Actions on Structures)
EN 1992	Eurocode 2	콘크리트구조물 설계 (Design of Concrete Structures)
EN 1993	Eurocode 3	강 구조물 설계 (Design of Steel Structures)
EN 1994	Eurocode 4	합성 구조물 설계 (Design of Composite Steel and Concrete Structures)
EN 1995	Eurocode 5	목 구조물 설계 (Design of Timber Structures)
EN 1996	Eurocode 6	조적 구조물 설계 (Design of Masonry Structures)
EN 1997	Eurocode 7	기초 설계 (Geotechnical Design)
EN 1998	Eurocode 8	내진 설계 (Design of Structures for Earthquake Resistance)
EN 1999	Eurocode 9	알루미늄 구조물 설계 (Design of Aluminium Structures)

계기준으로 채택할 때, 각 나라마다 사용 재료, 품질 관리, 안전율 등이 차이가 날 수 있으므로 이러한 점을 고려하여 각 국가가 결정할 수 있는 변수가 Eurocode에 규정되어 있다. 물론 각 국가가 이 변수의 값을 결정할 수도 있으나 Eurocode에는 추천값이 주어져 있다. 이 변수를 국가별 결정 항목(NDPs : Nationally Determined Parameters)이라고 하는데, 이 값은 그림 [1.4]에서 볼 수 있듯이 국가 구조설계기준을 제정할 때 부록에서 규정할 수 있도록 되어 있다. 그 외에도 각 국가는 자국의 표지와 머리말을 따로 둘 수 있다.

유럽의 공동 구조물 설계기준인 Eurocode 중에서 철근콘크리트구조물의 설계에 관련된 유럽 콘크리트구조 설계기준(Eurocode 2)의 내용을 보다 상세히 살펴보면 다음과 같다.

'Eurocode 2 ; 콘크리트구조 설계기준'은 무근, 철근 및 프리스트레스트 콘크리트 건물 및 토목 구조물의 설계에 적용한다. 이 기준은 다음과 같이 몇몇 부분으로 구성되어 있다.

그림 [1.3]
사용 재료에 따른
유럽 설계기준 체계

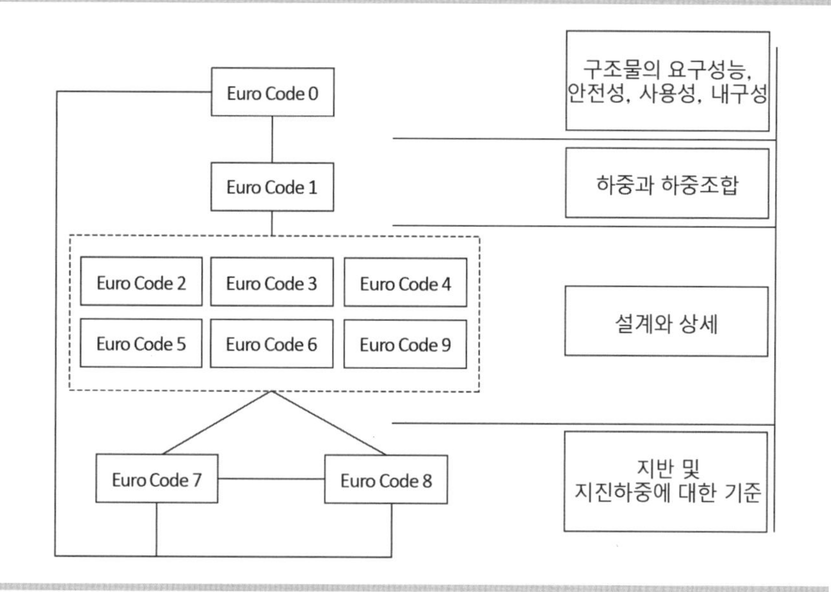

그림 [1.4]
각 국가 설계기준
체계

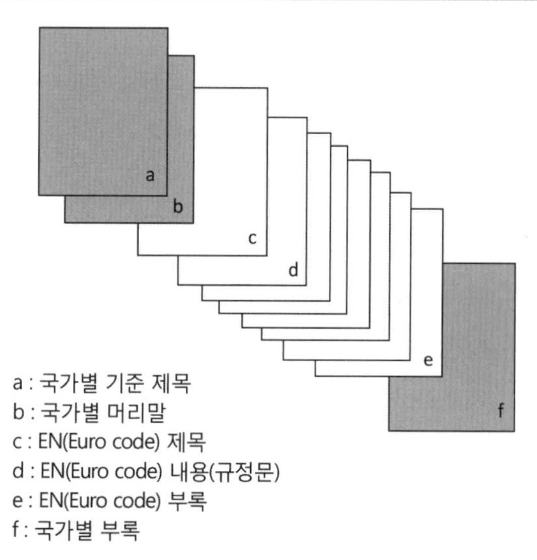

EN 1992－1－1, 일반 규정 및 건물에 대한 규정(Part 1-1)

EN 1992－1－2, 일반 규정 － 화재에 대한 구조 설계(Part 1-2)

EN 1992－2, 철근 및 프리스트레스트콘크리트 교량(Part 2)

EN 1992－3, 수조 및 격납 구조물(Part 3)

EN 1992－1－1은 모든 철근콘크리트구조에 적용할 수 있는 일반적인 원칙들을 규정하고 있으며, 건물에만 적용되어야 할 특별한 규정은 따로 언급되어 있다. 유럽 표준국인 CEN 규정에 따라 Eurocode 2의 다른 부분은 각 해당 구조물에 따라 Part 1-1을 보완할 내용을 규정하고 있으며, Part 1-1의 해당 절을 인용하도록 되어 있다.

Part 1-1은 보통 중량 및 경량콘크리트를 사용한 현장 타설 및 프리캐스트콘크리트구조물에 적용할 수 있으며, 또 무근, 철근 또는 프리스트레스트콘크리트구조물에 적용할 수 있다. 초기 유럽 설계기준인 ENV 설계기준 체계에서는 각 부분(Part 1-3, 1-4, 1-5, 1-6)으로 구분되어 있던 것을 하나의 기준으로 통합한 것이 이 기준이다. Part 1-1은 12개의 장과 10개의 부록으로 이루어져 있으며, Part 1-2는 6개의 장과 5개의 부록으로 이루어져 있다. 이 설계기준과 더불어 시공기준(Construction Products Directive)의 요구사항도 만족시켜야 한다.

ENV와 EN
ENV는 EuroNorm Vornorm을 나타내는 말로서 초기유럽표준(European Pre-Standard)을, EN은 EuroNorm으로서 유럽표준(European Standard)을 의미한다. 초기에 ENV로 작성되었던 것을 EN으로 바꾼다.

모든 설계기준의 규정 항목은 원칙(Principles)과 적용규정(Application Rules)으로 구분되어 있으며, 원칙 항은 일련번호 다음에 문자 P가 나오고 적용규정은 문자 없이 괄호 속의 숫자만 나온다. 원칙이란 대안이 없는 것으로서 일반적인 법칙이나 정의이며, 또 요구사항이나 별도로 언급되지 않는 한 다른 대안이 없는 해석 모델 등도 원칙에 속한다. 적용규정이란 원칙에 위배되지 않고 원칙의 요구사항을 만족하는 일반적으로 받아들일 수 있는 방법이다. 어떤 적용규정 대신에 만약 그 규정이 해당되는 원칙에 위배되지 않고 구조물의 안전성, 사용성 및 내구성이 설계기준의 규정과 적어도 등가 이상이라는 것이 증명된다면 다른 설계 규정도 사용할 수 있다. 이렇게 허용하면 새로운 대체 규정을 계속 개발하려고 할 것이며, 새로운 연구결과가 쉽게 반영될 수 있다. 따라서 여기서 등가란 넓은 의미로 안전성, 사용성 및 내구성에 대한 채택하고자 하는 규정이 목적에 충분하다는 정도로 받아들이고 있다. 이렇게 허용된다면 현재 각국의 설계기준도 그 원칙이 유사하다면 사용할 수 있을 것이다. 그러나 책임 있는 기관에 의해 전체적으로 평가가 이루어지지 않는 한 서로 다른 구조설계기준의 규정들을 혼용하여 사용할 수 없으며 일부 규정을 대체설계법을 사용한 경우 설계가 전적으로 유럽 설계기준을 따랐다고 할 수 없는 것으로 규정하고 있다.

건축 법규는 전체 유럽 국가가 동일하지 않을 수 있으며, 각 나라마다 안전성은 각 나라가 정해야 하는 것이다. 따라서 유럽 설계기준 체계에서 일부 항목과 과정은 앞서 설명한 바와 같이 각 나라가 선택할 수 있도록 구성되어 있다. 꼭 그렇지는 않지만 선택하는 것의 대부분은 안전계수와 관련된 항목이다. ENV 체계에서 EN 체계로 변환할 초기에는 모든 유럽 국가가 국가별 결정 항목(NDPs)의 수를 최소화하고자 하였으나, 실제로는 그렇게 하기가 매우 힘들었기 때문에 현재 안전계수와 관련된 것 외에도 상당수의 국가별 결정 항목이 있다. 그러나 설계기준에서는 모든 국가별 결정 항목에 대하여 추천하는 값을 제시하고 있다. 만약 어느 국가가 설계기준에서 제시하는 추천값 대신에 다른 값을 사용하고자 할 때는 구조 설계기준의 국가별 부록(National Annex)에 규정하도록 하고 있다.

각 장은 부재 형식에 따라 분류된 것이 아니고 거동, 즉 단면력별로 구분되어 있다. 예를 들어 각 장이 보, 슬래브 또는 기둥과 같이 분류되어 있지 않고, 휨, 전단, 좌굴 등으로 구분되어 있다. 이러한 체계를 채택하면 중복되는 규정을 줄일 수 있어 효율적으로 구성시킬 수 있으며, 또한 구조 거동을 보다 잘 이해할 수 있다. 그러나 특수 부재 형식에 대한 상세 등에 관한 장은 예외적이다.

유럽 콘크리트구조 설계기준(Eurocode 2)은 해당되는 CEN 표준과 기준, 그리고 ISO 표준을 인용하고 있다. 그중에서 대표적인 CEN 표준들은 EN 1990 구조설계의 기본, EN 1991 구조물의 작용기준(하중 기준), EN 206-1 콘크리트 시방서, 성능, 생산, EN 10080 콘크리트에 사용하는 강재 보강근, EN 10138 프리스트레싱 강재 등이 있고 상세한 관련 체계는 그림 [1.5]에서 볼 수 있다.[19]

CEN
Comité Européen Normalisation의 약자로서, 유럽표준위원회(European committee for standardization)이다. 이 위원회에서 제정한 표준이 EN으로 나타나고 있다.

Eurocode 2는 여러 노출조건에 대한 내구성 확보를 위한 콘크리트 배합에 대한 규정은 EN 206-1을 그대로 따른다. 영국의 경우 추가적 표준으로 BS 8500이 개발되어 있다. 이 영국 표준의 Part 1에는 EN 206-1의 콘크리트 규정을 이해할 수 있도록 기술되어 있고, Part 2에는 유럽 표준에는 없으나 영국의 경험에 의한 재료와 생산 과정에 대한 시방 내용을 추가적으로 기술하고 있다. 'ENV 13670 콘크리트구조물의 시공'에는 작업자의 숙련도에 관련된 사항을 다루고 있다.

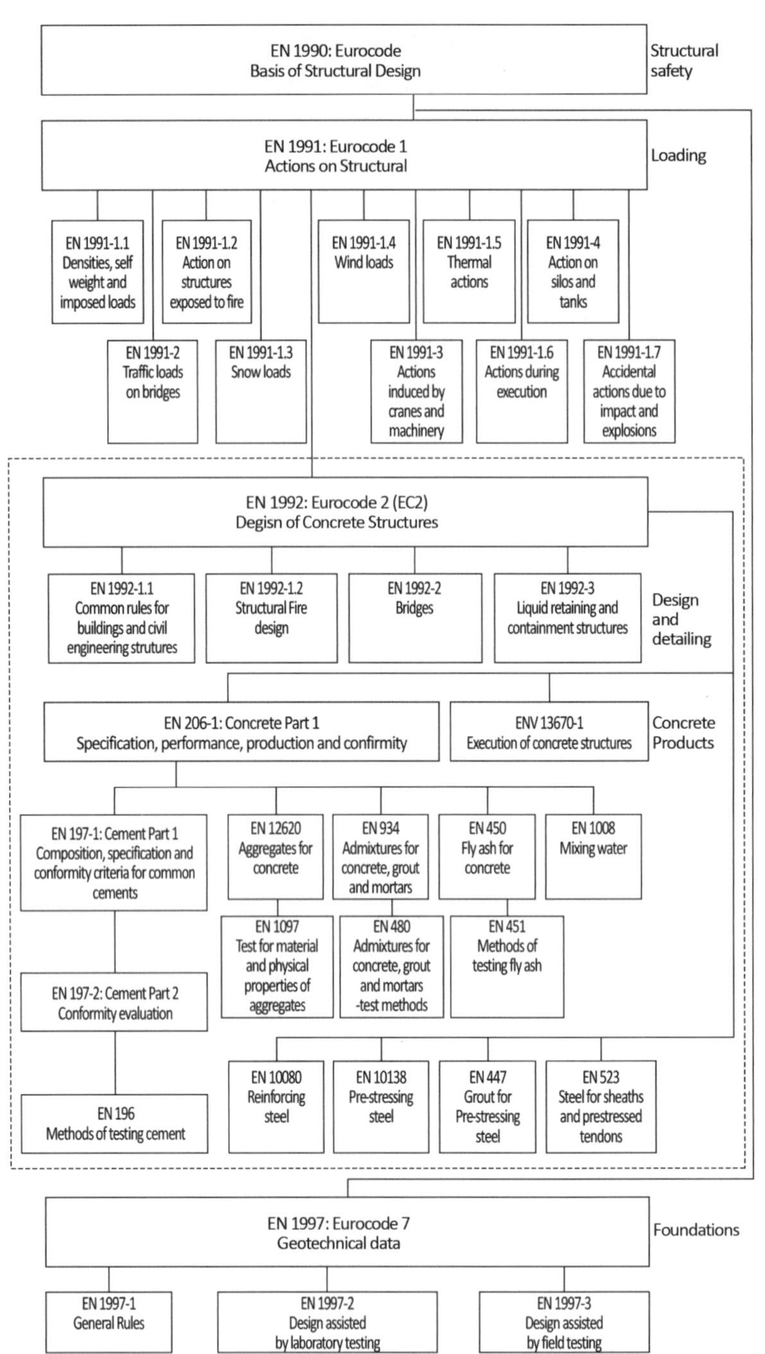

그림 [1.5]
철근콘크리트구조물 설계, 시공에 관련된 유럽의 각종 기준 및 표준과 연결 체계

위에 기술된 것 외에도 특수한 제품인 중공 부재 등등에 대한 다양한 생산 표준도 개발되어 있다. 이러한 생산 표준에 따라 생산된 제품으로 구조물을 설계할 때 Eurocode 2를 위반하는 문제는 없으나, 일부 제품의 경우 추가적인 설계 규정이 그들 생산 표준 내에 기술되어 있다.

1.3.6 아시아 콘크리트구조 설계기준(ACMC)

유럽에서 유럽연합에 속하는 각국이 사용할 Eurocode가 준비 중에 있을 때, 일본은 아시아 지역에서도 이와 유사한 통합 설계기준을 작성할 계획을 세웠다. 1992년 3월 일본콘크리트학회(JCI)가 자체 내에 이를 위한 초기 단계로 JCI 회원뿐만 아니라 아시아 각국으로부터 1명의 위원으로 위원회를 구성하여 1994년 3월까지 2년간 아시아 각국의 철근콘크리트구조물에 대한 설계기준의 사용 실태를 파악하였다.

그 후 1994년 4월 이 위원회를 중심으로 아시아 지역 내의 국제 단체인 ICCMC(International Committee on Concrete Model Code)를 구성하였으며, 아시아 각국을 순회하면서 아시아 콘크리트 모델 설계기준(Asian Concrete Model Code(ACMC))을 작성하기 시작하였다. 현재는 ACF(Asian Concrete Federation)가 발족되어 이 국제기구에서 ACMC 작성을 계속 추진 중에 있다.

ACMC는 신축 구조물을 설계할 때 요구되는 설계기준과 시공할 때 요구되는 재료 특성과 시공 품질 관리, 그리고 기존 구조물을 유지관리할 때 필요한 기준 등으로 나누어 구성되어 있다. 이러한 체계는 앞서 설명한 국제적 모델 설계기준인 ACI 설계기준과 *fib* 설계기준과는 차이가 있다. 다시 말하여 ACI와 *fib*는 설계할 때 필요한 규정을 제시한 설계기준이지만 ACMC는 설계기준, 시방서, 그리고 유지관리기준을 모두 포함하고 있다. 이러한 체계가 ACMC에서 채택된 이유는 초기에 ACMC를 준비한 일본 측 주요 위원들이 일본 토목 분야에서 활동하는 연구자들이었기 때문이다. 일본의 토목 분야는 아직까지도 표준시방서 내에 설계편, 시공편, 내구성편, 유지관리편 등등을 모두 포함하고 있다. 결론적으로 ACMC의 구성 체계는 여타 설계기준과는 다르게 제1편 설계(Part 1 : Design), 제2편 재료 및 시공(Part 2 : Materials and Construction), 제3편 유지관리(Part 3 : Maintenance)로 이루어져 있다.

ACMC의 또 다른 특징은 각 Part별로 단계(level)화되어 있다는 점이다. 이렇게 단계로 나눈 것은, 첫째, 성능기반설계법(PBD)을 지향하고 있어 이러한 체계가 PBD 체계에 보다 적합하기 때문이며, 둘째 아시아 각국의 경제적, 기술적 수준의 차이가 유럽 등 타 지역보다 크게 나므로 이를 고려하기 위한 것이다. Level 1에서는 주로 이 모델 설계기준의 주요 개념과 구조물의 요구성능 등에 대하여 기술하고, Level 2에서는 요구성능에 대하여 고려해야 할 하중과 성능지수 등을 좀 더 상세하게 다루고 있다. 그리고 Level 3에서는 요구성능에 대한 검증 방법, 절차 등을 상세하게 규정하는 것으로 계획되어 있다. 현재 각 Part별 Level 1과 Level 2는 어느 정도 초안이 나와 있으나, Level 3은 내진 설계 등 몇몇 부분에 대해서만 모델 설계기준이 나와 있으며 계속 준비 중에 있다.

참고문헌

1. ACI 318-14, 'Building Code Requirements for Structural Concrete and Commentary', American Concrete Institute, Farmington Hills, MI, 2014, 516p.
2. *fib*, '*fib* Model Code for Concrete Structures 2010', Federation internationale du beton(fib), Ernst & Sohn, 2013, 402p.
3. Hatt, W. K., "Notes on the Effect of Time Element in Loading Reinforced Concrete Beams", Proc. ASTM, Vol. 7, 1907, pp.421-433.
4. ACI 318-63, 'Building Code Requirements for Reinforced Concrete', American Concrete Institute, Redford Station, MI, 1963, 144p.
5. 한국콘크리트학회, '콘크리트구조 설계기준 해설', 기문당, 2021.
6. CEB-FIP, 'CEP-FIP Model Code 1990', Comite Euro - International du Beton, Thomas Telford, 1993, 437p.
7. AASHTO, 'AASHTO LRFD Bridge Design Specifications', American Association of State Highway and Transportation Officials, North Capital Street, NW, 1994.
8. EN 1992, 'Eurocode 2 : Design of Concrete Structures', European Committee for Standardization, Brussels, 2004.
9. ACI 318-08, 'Building Code Requirements for Structural Concrete and Commentary', American Concrete Institute, Farmington Hills, MI, 2008.
10. ICC-2006, 'International Building Code', International Code Council, Whittier, CA, 664p.
11. ICCMC, 'Asian Concrete Model Code First Draft', Tokyo, 1998, 76p.
12. ICCMC, 'ACMC 2006-Asian Concrete Model Code Level 1 and 2 Document', Tokyo, 2006, 75p.
13. 건설부, '콘크리트 표준시방서', 건설부 발행, 1988, 884p.
14. 건설교통부, '콘크리트구조설계기준', 한국콘크리트학회 · 대한건축학회, 기문당, 1999, 319p.
15. 건설교통부, '콘크리트표준시방서', 한국콘크리트학회, 기문당, 1998, 301p.
16. 대한건축학회, '철근콘크리트구조계산 규준 및 해설', 신일인쇄사, 1973, 241p.
17. 건설부, '건축구조설계기준-극한강도설계법에 의한 철근콘크리트구조설계기준', 대한건축학회, 1988, 194p.
18. 한국콘크리트 학회, '콘크리트 용어집', 태림문화사, 1998. 9., 208p.
19. Gulvanessian, H., Calgaro, J-A., and Holicky, M., 'Designer's Guide to EN 1990-Eurocode : Basis of Structural Design', Thomas Telford, 2002, 192p.

문 제

1. 철근콘크리트 구조물을 설계하는 방법 3가지를 비교하여 설명하라.
2. 많은 나라에서 철근콘크리트 구조물을 설계할 때 강 구조물과는 다르게 강도설계법을 채택한 이유에 대하여 설명하라.
3. 성능기반설계법(Performance−based design method)과 규정기반설계법(Prescriptive design method)의 차이점을 설명하라.
4. 우리나라에서 철근콘크리트 건물 또는 교량 구조물을 설계할 때 적용하는 설계기준의 변천 과정을 조사하라.
5. 설계기준에서 요구하는 구조성능의 종류와 그 의미를 설명하라.
6. 설계기준, 시방서, 표준(Standard)의 제정 목적, 유사점 및 차이점에 대하여 설명하라.
7. 강도설계법에서 단면력의 종류와 단면 강도의 종류를 기술하라. 그리고 단면 강도 중에서 공칭강도와 설계강도에 대하여 설명하라.
8. 하중계수와 강도감소계수를 두는 이유에 대하여 설명하고, 하중에 따라, 그리고 단면력 따라 계수가 다른 것도 그 이유를 설명하라.
9. 우리나라, 유럽, 미국, 일본 등의 설계기준 체계의 유사점과 차이점에 대하여 설명하라.

제2장

구조물의 해석과 설계의 기본

아래 그림은 휨부재에 작용하는 휨모멘트의 크기에 따라 휨강성 변화를 나타내고, 옆의 그림은 휨모멘트도(bending moment diagram, BMD)와 전단력도(shear force diagram, SFD)에서 실제 설계해야 할 계수휨모멘트 M_u와 계수전단력 V_u를 나타내고 있다.

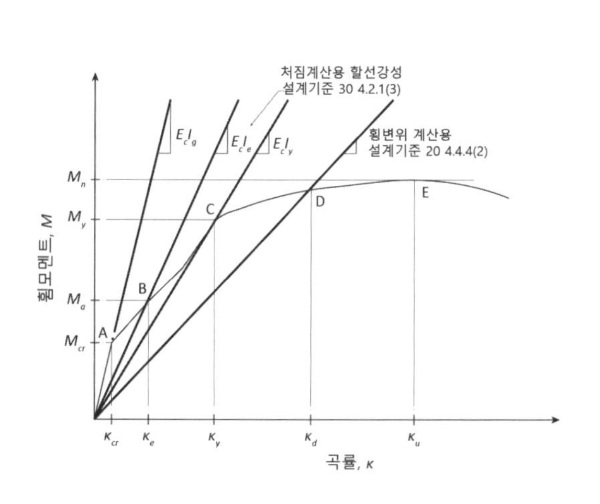

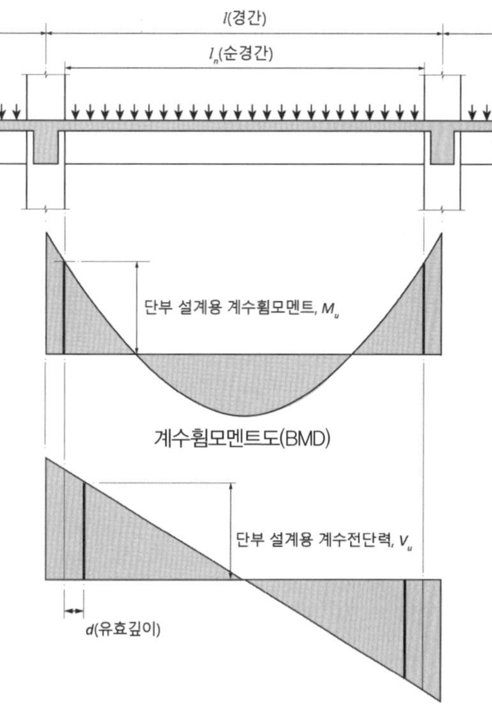

계수휨모멘트도(BMD)

계수전단력도(SFD)

제2장 구조물의 해석과 설계의 기본

2.1 개요

설계란 우리가 보는 관점에 따라 여러 가지로 설명될 수 있다. 사전에는 '공사나 공작 등에서 공사비, 재료, 구조 따위의 계획을 세워 도면 같은 데에 구체적으로 명시하는 일'의 뜻으로 풀이되어 있다. 그러나 우리가 구조물을 설계한다는 것은 크게 '광의(廣義)의 설계'와 '협의(俠義)의 설계' 등 두 가지로 나누어 생각해볼 수 있다. 대학의 교과과정에 나타나 있는 '철근콘크리트구조 설계' 또는 '강구조 설계' 등은 어떻게 보면 협의의 설계에 속한다고 볼 수 있다. 이러한 좁은 뜻의 설계란 주어진 구조의 형식과, 주어진 하중에 대하여 구조물을 해석하여 부재의 크기 등을 산정하는 것을 의미한다. 한편 넓은 의미의 설계란 주어진 여러 조건을 고려하여 새로운 구조물을 창조하는 것이다. 즉, 협의의 설계란 광의의 설계의 한 부분에 속한다고 볼 수 있다. 우리는 비록 철근콘크리트 구조 설계에서 구조물을 해석하고, 그에 따라 부재의 크기를 정하는 것을 배우지만 항상 넓은 의미의 설계를 이해하여야 한다.

광의의 설계와 협의의 설계
이 책에서 다루는 철근콘크리트 구조 설계는 협의의 설계에 해당한다.

철근콘크리트 구조물을 해석하고 설계할 때는 기본적으로 고려하여야 할 사항들이 있다. 먼저 해석을 할 때는 구조물의 형상과 사용할 재료 등을 먼저 결정하여야 하고, 그것을 토대로 각 부재의 강성과 받침부의 경계 조건 등을 가정하여야 한다. 그리고 구조물의 수명 동안에 작용할 가능성이 있는 각종 하중들을 예측하여 결정하고, 또한 그 하중들이 일시에 작용할 가능성을 고려하여 하중조합(Load Combination)을 결정하여야 한다. 이때 구조물의 안전성을 검토할 경우에는 계수하중(Factoed Load)을 사용하고, 사용성과 내구성을 검토할 경우에는 사용하중(Service Load) 또는 지속하중(Sustained Load)을 사용한다.

지속하중(Sustained Load)
크리프 변형을 일으킬 정도로 오랫동안 작용하는 하중

구조물을 해석하여 각 부재의 단면력을 얻으면 그에 따라 단면을 설계하고 부재를 설계한다. 이러한 단면 설계와 부재 설계는 제4장부터 설명하는 해당 부재의 설계 방법에 따라 할 수 있다. 그러나 철근콘크리트 구조물은 철근과 콘크리트라는 두 가지 재료를 일체시킨 합성구조물이다. 따라서 각 단면 및 부재 설계에서 다루지 않는 것이지만 구조물과 철근콘크리트 재료의 일체를 위한 최소한의 기본 사항들이 있다. 표준갈고리 등 철근상세에 관한 것과 철근 부식 등 내구성능 확보와 내화성능 확보를 위한 최소 피복두께 등에 관한 것으로서 제3장에서 다룬다.

이 장에서는 이러한 해석과 설계에 있어서 필요한 공통 사항들에 대하여 콘크리트구조 설계기준(KDS 14 20)[1]에 규정되어 있는 내용을 설명하고, 설계기준에는 없으나 철근콘크리트 구조물의 소성해석과 지진하중과 같은 동적하중에 대한 특성에 대하여 간단히 기술하고자 한다.

2.2 설계 과정 및 설계기준 해당 항목

2.2.1 구조물의 설계 과정

철근콘크리트 구조물을 설계하는 과정은 설계법에 관계없이 공통적인 순서로 이루어진다. 설계를 한다는 것은, 주어진 조건에 적합한 구조물과 부재의 크기와 형상을 선택하여 요구되는 모든 성능을 확보하는지 여부를 검토하는 일이다. 이것은 반복 과정에 의해 이루어질 수밖에 없는데, 그 이유는 구조물을 해석하기 위해서 먼저 구조물의 형상과 부재 크기 등이 결정되어야 하지만, 부재의 크기 등은 구조물 해석의 결과가 없이는 결정될 수 없기 때문이다. 그러나 지식과 경험이 있는 기술자는 이러한 반복 과정을 줄일 수 있다.

철근콘크리트 구조물 설계의 과정은 설계자에 따라 다를 수 있으나 일반적으로 다음 그림 [2.1]에 나타난 바에 따라 수행한다.

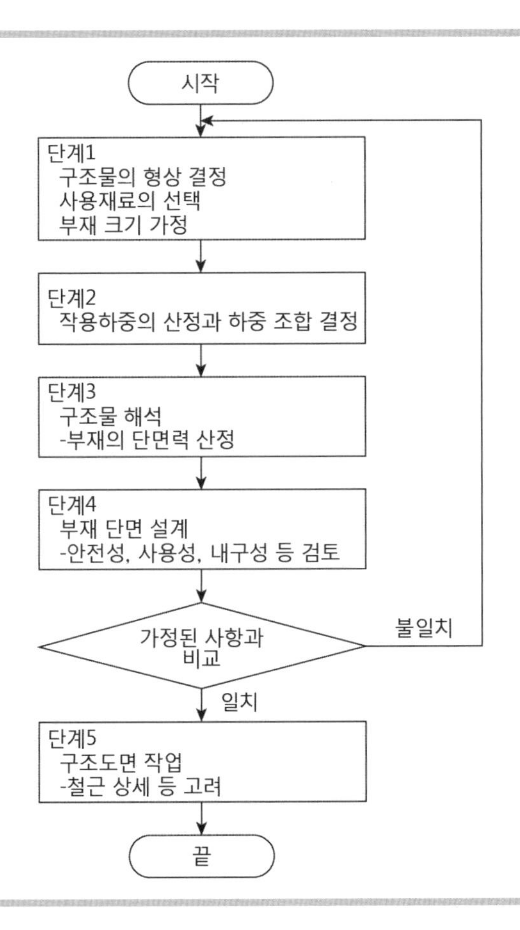

그림 [2.1]
철근콘크리트 구조
설계 순서도

2.2.2 설계기준 해당 항목

구조물의 해석과 설계 일반에 대한 콘크리트구조 설계기준[1]의 해당 항목은 표 〈2.1〉에 나타낸 바와 같다. 앞서 설명한 바와 같이 설계기준에서는 해석 방법을 구체적으로 규정하지 않는 것이 일반적이나 슬래브 구조물의 경우에는 단면력 해석에 대하여 상세하게 규정되어 있다. 이는 철근콘크리트 슬래브의 경우 균열 발생 등으로 인하여 일반적으로 선형탄성 해석법에 의해 구하면 실제 단면력과 차이가 크게 일어날 수 있기 때문이다. 그 외에도 선형 해석에 의한 불합리한 점을 어느 정도 보완하기 위하여 연속 휨 부재에 대한 휨모멘트 재분배와 압축 부재에 대한 기하학적 비선형을 간접적으로 고려하기 위한 장주효과 등에 대한 규정이 있다.

70 4.1.3
70 부록4

10 4.3.2
20 4.4

표 〈2.1〉 구조물의 해석, 설계 일반에 대한 설계기준의 해당 항목

규정 내용	규정 항목 번호
1. 해석 및 설계 일반	
1) 적용범위	**10** 1.2
2) 설계강도	**10** 4.2
2. 부재 특성의 설계기준값	
1) 구조물의 경간	**10** 4.3.7
2) 유효단면	**10** 4.3.10 **20** 4.3.1 **70** 4.1.4.5
3) 유효강성	**20** 4.4.4 **30** 4.2.1 **70** 4.1.4.3, 4.1.4.4, 4.1.4.5
3. 재료의 설계기준값	
1) 콘크리트의 압축강도	**01** 3.1.3, 3.1.4, 3.1.5, 3.1.6
2) 콘크리트의 탄성계수	**01** 3.1.2(5)⑤ **10** 4.3.3(1)
3) 철근의 항복강도	**01** 3.2.1, 3.2.2 **10** 4.2.4 **20** 4.3.2(3) **22** 4.3.1(3)
4) 철근의 탄성계수	**10** 4.3.3(2), (3), (4)
4. 하중과 외력	**10** 4.1
1) 적용하중	**10** 4.2.2
2) 하중조합	**10** 4.3.9
3) 하중의 배치	**70** 4.1.4.6
5. 해석	
1) 골조의 실용해법	**10** 4.3.1(3),(4)
2) 비선형 해석	**10** 4.3.2 **20** 4.4
3) 슬래브 해석	**70** 4.1.1.2, 4.1.2, 4.1.3, 4.1.4

2.3 부재 특성 관련 설계기준값

2.3.1 구조물의 경간과 층고

구조물을 해석하려면 먼저 구조물을 해석 모델로 나타내어야 하며, 이때 각 절점 사이의 거리를 정할 필요가 있다. 수평 방향의 받침부와 받침부 사이의 거리를 경간(span)이라고 하며, 수직 방향의 받침부 사이의 거리를 층고(height of story)라고 한다. 원칙적으로 경간과 층고는 각 부재

의 중심선이 교차하는 점을 기준으로 정하면 문제가 없다. 그러나 실제 구조물의 경우 해석할 때 모든 부재의 단면은 가정된 단면으로서 실제 단면이 아니다. 그리고 전체 단면이 아니라 유효단면으로 해석해야 한다. 철근콘크리트 부재의 경우 하중이 작용하면 균열이 일어나며, 균열 발생 또는 헌치 등으로 변단면일 수 있고, 층에 따라 기둥 또는 벽체 단면의 크기가 변하여 중심선이 일치하지 않을 수 있다. 또한 단면의 크기뿐만 아니라 작용하는 하중 크기에 따라 균열이 진전되어 중심선이 변할 수도 있어 중심선을 결정하는 것도 쉽지 않다. 따라서 각 구조물의 특성을 고려하여 합리적으로 경간과 층고를 결정하여야 한다.

경간(span)

경간이란 받침부, 즉 기둥 또는 벽체의 중심선 사이에 있는 보 또는 슬래브와 같은 수평 부재의 길이를 의미한다. 한편 받침부 내면 사이의 순거리를 순경간(clear span)이라고 한다. 설계기준에서는 경간에 대하여 규정하고 있으며, 그림 [2.2](a)와 같이 골조 구조물로 일체가 된 경우 받침부 중심 간 거리로 하고, 그림 [2.2](b)와 같이 일체로 되어 있지 않은 경우에는 순경간에 보나 슬래브 두께를 더한 값으로 하고, 이 값이 중심간 거리보다 크면 중심 간 거리로 하도록 규정하고 있다. 그리고 그림 [2.2](c)와 같이 순경간이 3m 이하인 연속 슬래브는 지지 보의 폭을 무시하고 순경간을 경간으로 하여 해석할 수 있는 것으로 규정하고 있다.

10 4.3.7

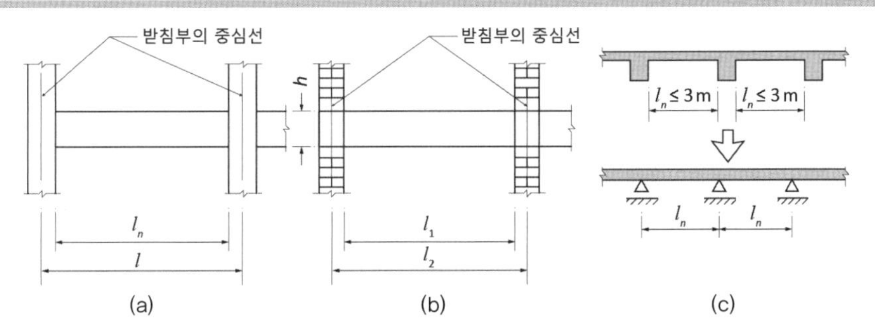

그림 [2.2]
구조물 해석에 대한 경간: (a) 일체로 된 구조물; (b) 일체로 되어 있지 않은 구조물; (c) $l_n \leq 3$ m인 경우

순경간(clear span)

순경간은 받침부 전면 사이의 순수한 거리를 의미하나, 그림 [2.3]에서 볼 수 있듯이 받침부의 단면 형상과 종류에 따라 그 정의가 약간 수정되도록 설계기준에서 규정하고 있다.

70 4.1.4.7

그림 [2.3](a)에서 볼 수 있듯이 받침 부재가 정사각형 또는 직사각형 단면인 경우 순경간은 받침부 전면 사이의 거리이다. 받침 부재가 벽체인 경우 경간 방향과 직교하는 경우에는 전면 사이의 거리이지만 그림 [2.3](c)에서 보듯이 벽체의 방향이 경간 방향인 경우 순경간은 $0.65l_1$ 이상으로 취하여야 한다. 그리고 그림 [2.3](b)와 같이 기둥에 기둥머리 또는 브래킷이 있는 경우, 기둥머리 또는 브래킷의 전면 사이 거리로 한다. 그림 [2.3](d)는 받침부, 즉 기둥 또는 기둥머리의 전면이 경간 방향과 직교하지 않는 단면이거나 원형 또는 다각형의 단면인 경우 단면적이 같은 등가의 정사각형으로 가정하여 전면 사이의 거리를 순경간으로 한다는 것을 나타내고 있다. 철근콘크리트 구조물에서 이와 같은 순경간의 정의가 필요한 것은 수평 부재인 보나 슬래브를 설계할 때 설계단면(critical section)을 결정함

설계단면
부재를 설계할 때 일반적으로 단면력이 큰 몇 군데의 단면을 설계한다. 이러한 단면을 설계단면 또는 위험단면이라고 한다.

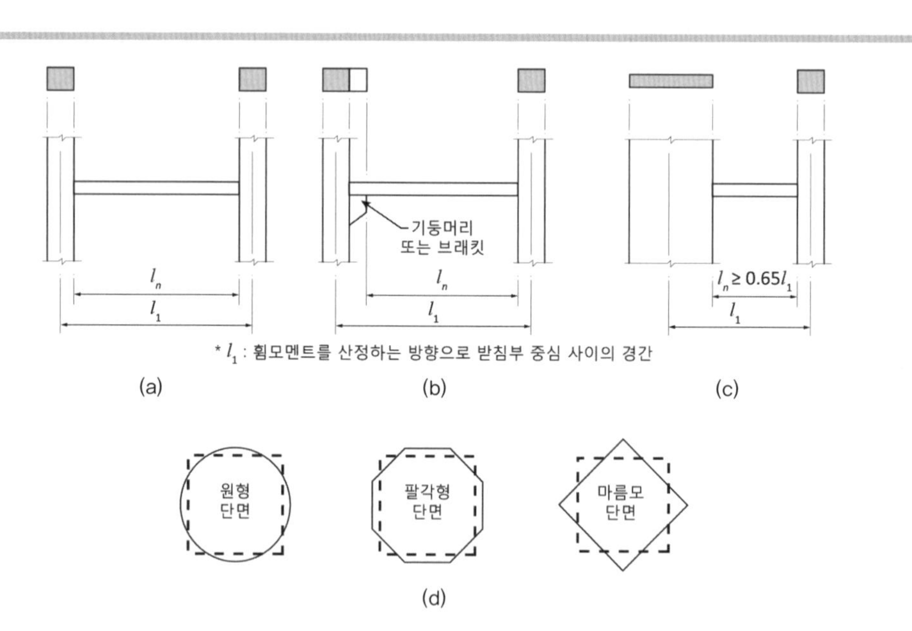

그림 [2.3]
순경간의 정의: (a) 받침부의 단면이 정사각형, 직사각형 또는 벽체; (b) 기둥머리, 브래킷 등이 있는 경우; (c) 경간 방향으로 벽체가 있는 경우; (d) 다양한 단면의 받침부재의 등가 정사각형 단면

에 있어서 기준이 되기 때문이다.

층고(height of story)

층고는 수직 방향으로 받침 부재의 높이를 뜻하는 것으로서 수평 부재 중심 사이의 거리이다. 원칙적으로는 앞서 설명한 바와 같이 상, 하 수평 부재의 중심선 사이의 거리를 구조해석을 위한 층고로 선정하면 된다. 그러나 그림 [2.4]에서 보듯이 수평 부재에 균열이 발생하거나, 헌치 등으로 수평 부재의 길이 방향으로 중심선이 일정하지 않은 경우 정확하게 결정하기가 쉽지 않다. 그래서 일반적으로 상, 하부 바닥 면 사이의 거리, 즉 그림 [2.4]에서 $\overline{h}$를 실제 h를 대신하여 층고로 가정하여 해석을 하는 경우가 많으며, 이렇게 가정한 후 해석을 하여 단면력을 얻어도 큰 차이는 없다.

2.3.2 유효단면

구조물을 해석하기 위하여 부재의 길이뿐만 아니라 부재 단면의 크기를 결정하여야 한다. 철근콘크리트 구조물의 경우 일반적으로 슬래브와 보가 일체로 되어 있으며, 가끔 기둥과 벽체가 일체로 되어 있는 경우도 있다. 이렇게 슬래브와 일체가 되어 있는 보나 벽체와 일체가 되어 있는 기둥에 단면력이 작용할 때 일체로 거동하는 단면의 크기가 얼마만큼 되는가를 결정하는 것은 매우 어렵다. 따라서 설계기준에서는 이와 관련하

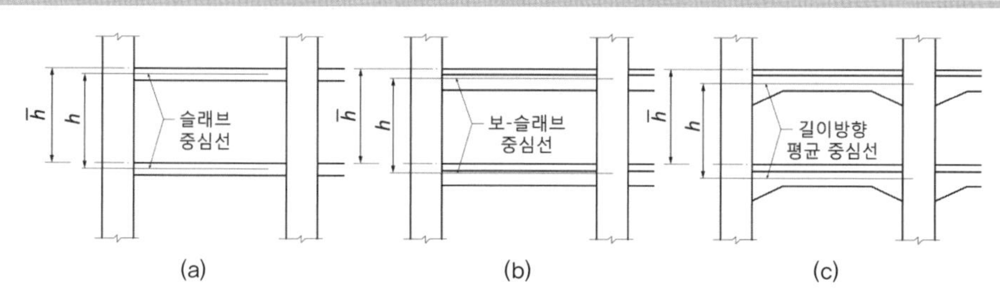

그림 [2.4]
구조해석에 있어서 층고: (a) 수평 부재가 슬래브인 경우; (b) 보와 슬래브인 경우; (c) 헌치 등이 있어 변단면인 경우

여 각 단면력에 대한 유효단면을 규정하고 있다.

휨모멘트에 대한 보의 유효단면

10 4.3.10(1)

전단지연 현상
T형 또는 박스형 보에 휨모멘트가 작용할 때, 플랜지 부분의 강성이 약하면 플랜지 부분의 응력은 중립축의 거리에 비례하지 않는다. 이는 전단저항이 큰 복부가 없는 플랜지 부분이 중립축 방향으로 변위가 일어나기 때문이다. 따라서 플랜지의 유효폭은 이러한 현상을 고려하여 결정한다.

슬래브와 보가 일체로 되어 있는 보 부재의 휨모멘트에 대한 유효단면, 즉 슬래브 부분의 폭은 전단지연(shear lag)현상을 고려하여 설계기준에 규정되어 있다. 양쪽으로 슬래브가 있는 그림 [2.5](a)와 같은 T형 보의 경우, 양쪽으로 내민 슬래브 두께의 8배씩인 $8t_{f_1}+8t_{f_2}$에 보 복부 두께 b_w를 더한 값, 양쪽의 슬래브 중심 간 거리인 $(s_1+s_2)/2$, 보 경간의 1/4 값 중에서 가장 작은 값을 취하도록 규정하고 있다. 일반적인 철근콘크리트 구조물의 경우 슬래브 두께가 일정하므로 t_{f_1}과 t_{f_2}는 같으며, 슬래브 경간도 같기 때문에 s_1과 s_2도 일반적으로 같다.

10 4.3.10(2)

한편 구조물의 가장자리에 위치한 그림 [2.5](b)의 보와 같이 한쪽으로만 슬래브가 있는 반 T형 보의 경우에는, 한쪽으로 내민 슬래브 두께의 6배인 $6t_f$에 보 복부 두께인 b_w를 더한 값, 보 경간의 1/12에 보 복부 두께 b_w를 더한 값, 인접 보와 내측 거리의 1/2인 $s_n/2$에 보 복부 두께 b_w를 더한 값 중에서 가장 작은 값을 택하도록 설계기준에서 규정하고 있다.

특별한 경우로서 가장자리 보이지만 바깥쪽으로 슬래브가 일부 내민 경우에 대한 유효 슬래브 폭에 대한 규정은 설계기준에 없으나, 다음에 설명하는 독립 T형 보의 규정을 고려할 때 내민 길이 s가 $4t_f$ 이상이면 반 T형 보의 유효단면에 $4t_f$를 더해 주고, 그 미만이면 내민 길이만큼

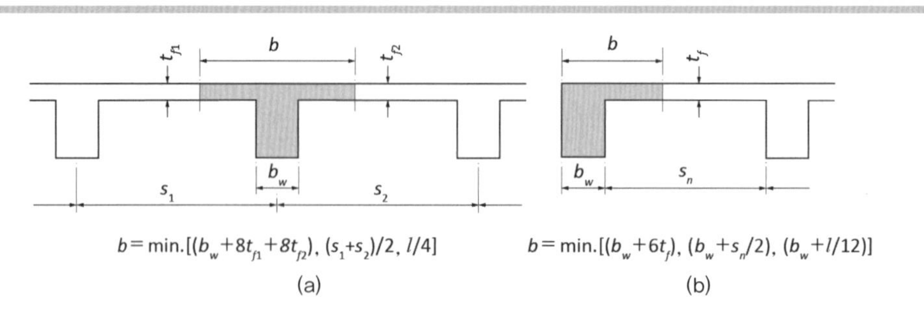

그림 [2.5]
슬래브의 유효폭: (a) T형 보의 유효폭; (b) 반 T형 보의 유효폭

더하여 계산한다.

슬래브와 보가 일체로 타설되었으나 슬래브가 연속되지 않은 독립 T형 보의 유효단면은 설계기준에 규정되어 있으며, 슬래브의 두께가 보 복부 폭의 1/2 이상일 때만 고려하고, 그보다 작을 때는 슬래브는 유효하지 않는 것으로 본다. 그리고 내민 슬래브의 유효폭은 보 복부 두께의 1/4 이하로 한다.

10 4.3.10(2)

한편 기둥에 벽체가 일체로 되어 있는 경우에는 설계기준에 규정은 없으나 휨모멘트에 대한, 즉 휨강성을 계산할 때의 유효단면은 보에 대한 규정을 사용할 수 있다.

비틀림모멘트에 대한 보의 유효단면

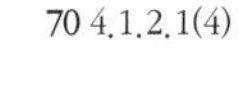

보가 슬래브와 일체로 되거나 완전한 합성구조로 되어 있을 때, 비틀림모멘트에 대한 유효단면은 설계기준에 규정되어 있다. 다음 그림 [2.6]에서 볼 수 있듯이 유효한 슬래브의 폭은 슬래브 상하로 내민 보 깊이 중에서 큰 값으로, 다만 이 값이 슬래브 두께의 4배 이하이어야 한다. 따라서 그림 [2.6](a)와 같이 양쪽으로 슬래브가 있는 경우에는 양쪽으로 w_e 만큼의 슬래브가 유효하고, 그림 [2.6](b)와 같이 한쪽으로 슬래브가 있는 경우 한쪽으로 w_e 만큼의 슬래브가 비틀림모멘트를 저항하는 데 유효한 부분이다. 일반적인 보의 경우 위로 솟은 부분, 즉 h_{w2} 는 없는 경우가 많다.

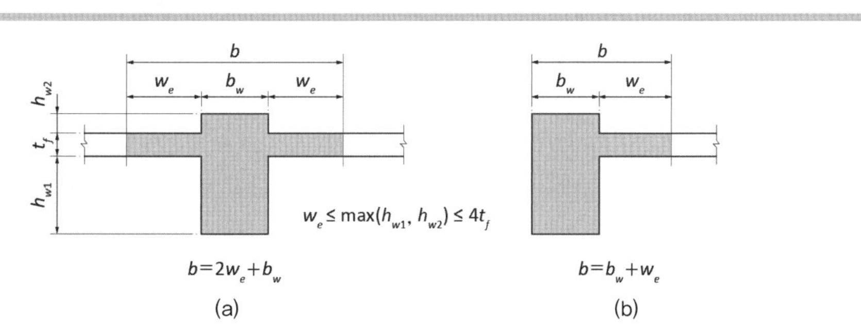

그림 [2.6]
비틀림모멘트에 대한 유효단면: (a) 양쪽으로 슬래브가 있는 경우; (b) 한쪽에 슬래브가 있는 경우

축력에 대한 유효단면

기둥 부재의 크기는 변의 최소 길이가 0.2 m, 최소 단면적이 0.06 m^2 이어야 한다는 규정이 있었으나[2] 현 설계기준[1]에서는 삭제되었다. 압축력을 받는 부재 중에서 교각 부재와 같이 일부에만 주철근이 배치되는 경우 설계기준에서 부재의 유효단면은 띠철근과 나선철근 외측에서 40 mm를 더한 값으로 규정하고 있다. 그러나 이 경우 강성을 계산할 때는 전체 단면으로 하는 것이 바람직하다. 또 하중에 의해 요구되는 단면보다 큰 단면으로 설계하는 압축 부재의 경우, 유효단면적은 전체 단면적의 1/2 이상이 되도록 하고 최소 철근비 계산은 감소된 유효단면적에 대하여 할 수 있다고 설계기준에서 규정하고 있다.

20 4.3.1(2)

20 4.3.1(4)

벽체의 상부에 보와 같은 횡방향 부재에 의해 집중하중이 작용하는 경우, 벽체를 '세장한 벽체의 대체설계법'으로 설계할 수 있다. 이때 그림 [2.7](a)에 보인 바와 같이 집중하중이 하나인 경우 유효단면의 길이는 지압 폭과 지압 면 양 측면에서 수직으로 2, 수평으로 1의 비율로 확대한 폭을 더한 값인 b_1으로 한다. 그리고, 그림 [2.7](b)와 같이 집중하중이 여러 개가 작용하는 경우에는 b_2와 앞의 b_1 중에서 작은 값으로 한다. 한편 그림 [2.7](c)에 보인 바와 같이 제일 외측 집중하중에 대한 유효단면의 폭은 벽체의 연단에서 중심까지 거리인 b_3으로 하는데 이때 $b_w/2$는 $h/2$ 이하이어야 한다.

72 4.3.3(2)⑤

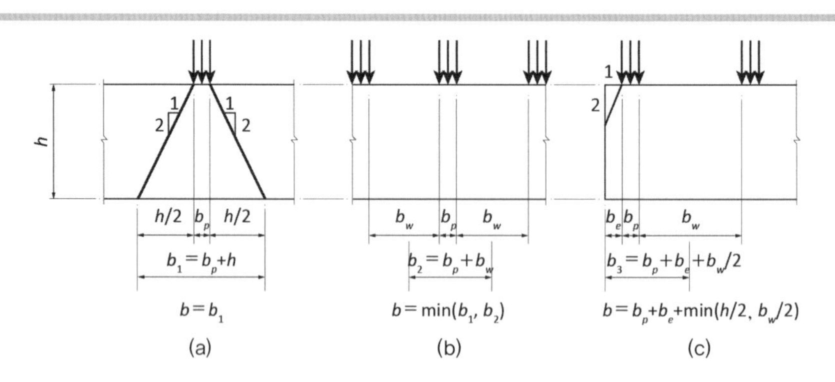

그림 [2.7]
집중하중이 작용하는 벽체의 유효단면: (a) 집중하중이 한 곳인 경우; (b) 양쪽으로 집중하중이 있는 경우; (c) 최외측 집중하중인 경우

전단력에 대한 보의 유효단면

슬래브와 보가 일체로 되어 있는 부재의 전단력에 대한 유효단면은 다음 그림 [2.8]에서 보듯이 일반적으로 복부만의 단면적으로 한다. 이는 휨 모멘트와는 다르게 슬래브 부분의 전단력에 대한 저항 능력이 매우 떨어지기 때문이다.

2.3.3 유효강성

2.3.2절에서 일체로 타설된 철근콘크리트 부재의 유효단면을 결정하는 방법에 대하여 설명하였다. 유효단면을 결정하는 것은 구조물을 해석할 때뿐만 아니라 단면을 설계할 때도 고려되어야 할 사항이다. 그러나 이 절에서 다루고자 하는 부재의 유효강성은 부재의 특성으로서 구조물을 해석할 때만 필요하다. 만약 사용하는 재료가 균열이 일어나지 않는다면 전체 유효단면에 대하여 강성을 구하면 되지만, 철근콘크리트 구조 부재의 경우 단면력의 종류와 단면력의 크기에 따라 단면의 일부에 균열이 발생하는 경우가 있으므로 이를 어떻게 고려할 것인가가 중요하다. 또한 크리프 등 장기변형으로 인한 강성의 저하도 고려하여야 한다.

실제 구조물을 해석하여 단면을 설계할 때, 부정정구조물인 경우 부재의 강성에 따라 단면력이 다르게 계산되지만 어느 정도 합리적으로 단면 크기를 가정하면 부재 강성의 차이가 단면력에 크게 영향을 주지는 않는다. 따라서 구조물을 해석하기 전에 가정한 단면의 크기가 설계한 단면 크기와 크게 차이가 나지 않으면 다시 해석할 필요는 없다. 이처럼 단면

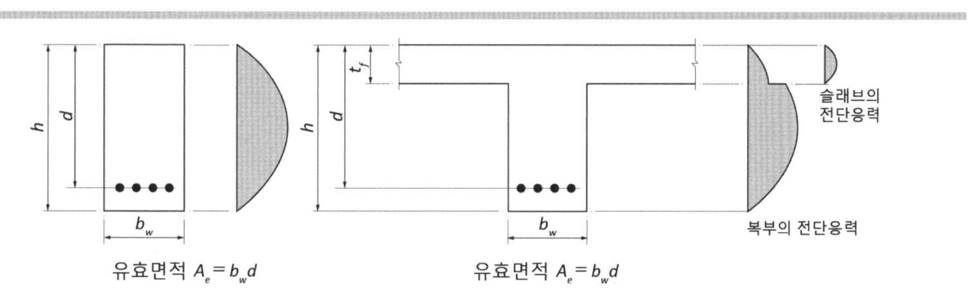

그림 [2.8]
전단력에 대한 보의 유효단면

력은 부재의 강성에 큰 영향을 받지 않지만, 구조물 사용성능인 처짐 등을 검토할 때와 지진하중과 같은 동적하중이 작용할 때는 부재의 강성에 큰 영향을 받는다. 따라서 처짐을 검토하여야 할 때이거나 동적하중이 작용하는 구조물인 경우 단면 설계가 끝난 후 다시 유효강성을 보다 합리적으로 구하여 구조물을 해석하여 검토하여야 한다. 왜냐하면 부재의 강성은 철근량과 철근의 위치에 따라서도 크게 차이가 나기 때문이다.

이 절에서는 구조물을 해석할 때 필요한 유효강성에 관련된 설계기준의 규정들에 대하여 살펴본다.

사용하중에 대한 보와 슬래브의 유효강성

30 4.2.1, 4.2.2

철근콘크리트 구조물은 강 구조물에 비하여 강성이 크기 때문에 중요한 사용성 문제의 하나인 처짐은 상대적으로 작게 일어나므로 일반적으로 검토하지 않아도 되는 경우가 많다. 또한 설계기준에서 1방향 구조인 보와 1방향 슬래브, 그리고 2방향 슬래브의 경우 처짐 계산을 할 필요가 없는 최소 두께를 규정하고 있다. 그러나 이러한 조건을 만족시키지 못하거나 처짐 검토가 필요한 경우 처짐을 검토해야 한다.

기둥 축소
고층건물에서 하부 층의 기둥은 시공할 때 길이에 비해 짧아지는데 이를 기둥 축소라고 한다. 계속 추가되는 하중에 의한 탄성 변형에 의한 축소도 있지만 크리프와 건조수축 등에 의한 장기변형으로 인한 축소량이 더 크다.

30 4.2.1(3)

앞서 설명한 바와 같이 구조물 변위는 초고층 건축물 등의 기둥축소 (column shortening) 등을 제외하고는 대부분 휨변형에 의해 일어나므로 휨부재인 보와 슬래브의 처짐이 문제가 된다. 설계기준에서 보와 슬래브의 유효단면2차모멘트를 다음 식 (2.1)과 같이 구하도록 규정하고 있다.[3),4)] 사용하중이 작용하는 경우 기둥 또는 벽체의 휨강성은 전체 단면에 의해 구한, 즉 I_g로 가정해도 무방하다.

$$I_e = \left(\frac{M_{cr}}{M_a}\right)^3 I_g + \left[1 - \left(\frac{M_{cr}}{M_a}\right)^3\right] I_{cr} \tag{2.1}$$

여기서, I_e, I_g, I_{cr}은 그림 [2.9]에서 볼 수 있듯이 각각 유효단면2차모멘트, 전체단면2차모멘트, 항복휨모멘트에 해당하는 균열단면2차모멘트를 나타내고, $M_{cr} = f_r I_g / y_t$로서 균열휨모멘트, $f_r = 0.63\sqrt{f_{ck}}$로서 휨인장강도이고, y_t는 중립축부터 인장연단까지 거리이다. 그리고 M_{cr}은 인장

그림 [2.9]
휨부재의 유효강성과
할선강성

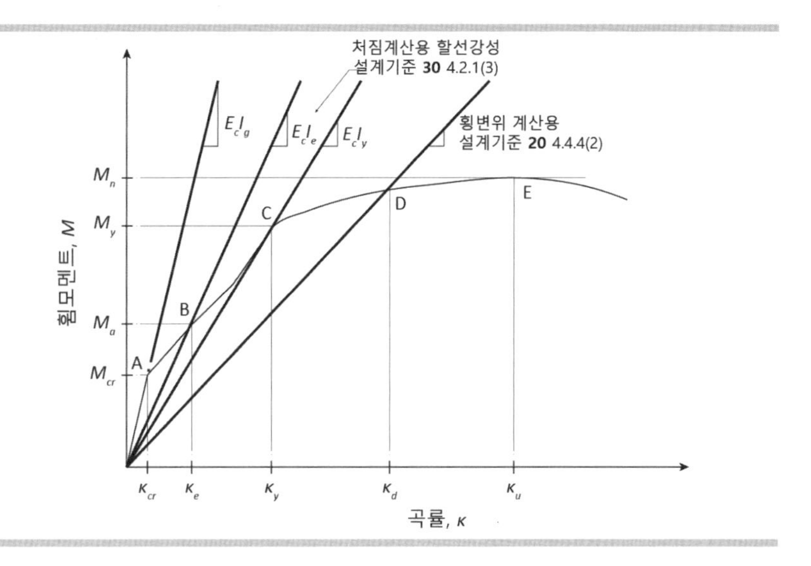

연단에서 균열이 발생하는 균열휨모멘트, M_a는 사용하중이 작용할 때 계산된 작용휨모멘트이다.

그러나 사용하중이 작용할 때 구조물의 횡변위를 구할 때는 다음에 설명하는 계수하중에 의한 횡변위를 구할 때 사용하는 할선강선 값의 1.43배를 한 부재강성을 사용하도록 규정하고 있다.

10 4.3.6(1)

계수하중에 대한 구조물 해석 때의 유효강성

강도설계법에 의해 철근콘크리트 구조물의 안전성능에 대하여 부재를 설계할 때는 계수하중을 적용한다. 다시 말하여 계수하중이 작용하면 구조물은 선형 탄성 영역을 훨씬 지나 파괴 직전에 이르게 된다. 그래서 이러한 거동을 정확하게 해석하려면 비선형 해석을 해야 하지만 근사적으로 탄성 해석을 수행하고, 대신에 비선형 해석의 효과를 얻기 위해서 구조물의 횡변위를 계산할 때 사용하도록 규정되어 있는 강성인 그림 [2.9]와 같이 초기 강성보다 감소시킨 할선강성을 사용하는 것이 바람직하다. 이 할선강성에 대한 설계기준의 규정은 아래와 같이 장주의 확대휨모멘트를 계산할 때 주어진 값이다.

10 4.3.6
20 4.4.4

이 규정에서는 일반적으로 구조물 거동에 가장 크게 영향을 주는 휨강성에 대해서만 감소된 값을 사용하도록 하고 있으며, 축력에 대한 축강성은 전체 단면의 값으로 하도록 규정하고 있다.

① 탄성계수 ································· E_c값 [식 (2.11), 식 (2.12) 참조]

② 단면2차모멘트

보 ··· $0.35I_g$

기둥 ·· $0.70I_g$

비균열 벽체 ··· $0.70I_g$

균열 벽체 ·· $0.35I_g$

플랫플레이트 및 플랫슬래브 ······················· $0.25I_g$

③ 단면적 ·· A_g

이와 같이 할선강성을 사용하여 구조물을 탄성 해석한다는 것은 구조부재와 각 부재의 연성 성능에 따라 강성을 다르게 취한다는 것이다. 예로서 휨 거동에 있어서 그림 [2.9]에서 보이는 바와 같이 휨모멘트-곡률 관계에서 계수하중이 작용할 때 곡률은 최대 κ_d점에 이를 수 있다는 것을 의미한다.

부재의 유효휨강성

보의 경우 그림 [2.10]에서 보듯이 균열 발생과 단면 형상의 차이로 인하여 단면2차모멘트 I가 부재 길이 방향으로 일정하지 않다. 그림 [2.10](a)에서 나타낸 바와 같이 휨모멘트가 보 단부 근처에서 급격하게 변하고 중앙부에서는 완만하게 변하기 때문에 그림 [2.10](b)와 같은 균열이 발생한다. 즉, 보 단부에서는 균열이 집중되고 보 중앙부는 균열이 넓게 발생되므로 전체 휨 변위량에 미치는 영향은 중앙부가 단부보다 큰 경우가 일반적이다. 그래서 구조물 해석에 사용하기 위하여, 근사적으로 보의 평균 유효휨강성은 다음 식 (2.2)(a)를 취하는 경우가 많다. 그러나 대략 같은 분포로 가정하여 식 (2.2)(b)와 같이 취하는 경우도 있다.

$$I_{ave} = 0.15(I_{end_1} + I_{end_2}) + 0.7I_{cent} \tag{2.2)(a}$$

$$I_{ave} = 0.25(I_{end_1} + I_{end_2}) + 0.5I_{cent} \tag{2.2)(b}$$

여기서, I_{ave}는 부재의 평균 휨강성을 뜻하는 단면2차모멘트, I_{end_1}과 I_{end_2}

는 양 단부의 휨강성, I_{cent}는 보 중앙부의 휨강성을 계산하기 위한 단면2차모멘트를 나타낸다.

그림 [2.10](c)에서 보듯이 단부는 직사각형 단면에 대한 휨강성이고, 중앙부는 T형 보 또는 반 T형 단면에 대한 휨강성이다. 일반적인 건축 구조물과 같은 경우 직사각형 단면에 대한 휨강성에 비하여 T형 단면의 휨강성은 1.8~2.0배 정도이고, 반 T형 단면의 경우 1.4~1.5배 정도이다. 따라서 단면 설계 이전에 구조물을 해석할 때 사용하는 평균 유효휨강성은 직사각형 단면에 대한 단면2차모멘트에 T형인 경우 2배, 반 T형인 경우 1.5배로 가정하여 사용하여도 큰 오차는 발생하지 않는다.

장기변형을 고려한 유효강성

철근콘크리트 구조물의 경우 장기변형에 의하여 안전성에 영향을 주는 경우는 극히 드물다. 다만 고층 건물에서 기둥축소, 프리스트레스트콘크리트 구조물에서 프리스트레스 힘의 손실 등이 문제가 될 수 있다. 그러나 처짐은 장기변형에 의해 크게 일어나므로 이를 고려하여야 한다. 이러한 장기변형을 보다 정확하게 해석하려면 설계기준에 각각 규정되어 있는 크리프와 건조수축 예측식을 사용하여 해석하여야 하나 매우 복잡하므로, 설계기준에서는 위 식 (2.2)의 I_e를 사용하여 구한 순간처짐에 다음 식 (2.3)과 같은 보정계수를 곱하여 장기처짐을 계산할 수 있도록 규정하고 있다.[5)]

10 3.1.2(5),(6)

30 4.2.1(5)

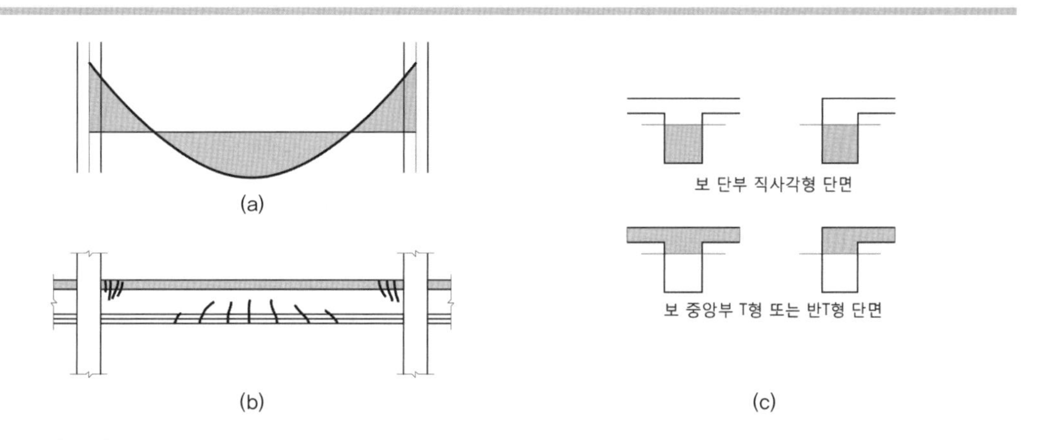

그림 [2.10]
보의 평균 유효휨강성: (a) 휨모멘트도; (b) 균열도; (c) 부재 위치에 따른 유효단면

$$\lambda = \frac{\xi}{1+50\rho'} \tag{2.3}$$

여기서 ρ'는 단순 또는 연속보인 경우 보 중앙부의 압축철근비를, 캔틸레브인 경우 고정 단부의 압축철근비를 나타내며, ξ은 시간경과계수로서 지속하중이 가해진 기간이 5년 이상인 경우 2.0, 1년인 경우 1.4, 6개월인 경우 1.2, 3개월인 경우 1.0을 사용하고 그 사이 기간은 직선보간에 의해 구하도록 규정하고 있다.

그리고 장주 설계에 있어서 좌굴하중을 계산할 때의 유효휨강성 EI는 장기변형을 고려하여 다음 식 (2.4)에 따라 계산하도록 설계기준에서 규정하고 있다.[6)]

20 4.4.6(3)

$$EI = \frac{(0.2E_cI_g + E_sI_{se})}{1+\beta_{dns}} \tag{2.4(a)}$$

$$EI = \frac{0.4E_cI_g}{1+\beta_{dns}} \tag{2.4(b)}$$

여기서, β_{dns}는 하중지속효과를 고려하는 계수로서 계수지속축하중을 최대 계수축하중으로 나눈 값으로 1.0 이하이다.

또한 한쪽만 지하로 되어 있는 지하구조물과 같이 계속적으로 횡력을 받는 경우에 있어서 앞에서 구한 기둥과 벽체의 유효휨강성을 $(1+\beta_{ds})$로 나누어 구하도록 설계기준에서 규정하고 있다. 이 또한 장기변형에 대한 고려이며 이때 β_{ds}는 해당 층의 전체 지속계수전단력을 전체 최대계수전단력으로 나눈 값으로서 1.0 이하이다.

20 4.4.4(3)

2방향 슬래브의 등가골조 구성에 있어서 유효강성

70 4.1.4.3, 4.1.4.4, 4.1.4.5

2방향 슬래브 구조물을 등가골조법에 의해 해석할 때는 먼저 등가골조인 수직, 수평 부재에 대한 강성을 결정하여야 하며, 강성의 결정 방법을 설계기준[1)]에 규정하고 있다.

먼저 수평 부재인 슬래브-보 부재의 휨강성은 그림 [2.11](b)에서 보듯이 슬래브 중심선 사이의 설계대 전체 단면을 유효단면으로 가정하여 구한다. 그리고 그림 [2.11](c)에서 볼 수 있는 기둥 중심선과 기둥 전면 사이에는 기둥으로 인하여 보의 휨강성이 증가하므로 이 사이의 단면2차모멘트는 그림 [2.11](b)의 단면에서 구한 값을 $(1-c_2/l_2)^2$로 나누어 구하도록 규정하고 있다. 즉, 그림 [2.11](b)의 첫 번째 그림처럼 플랫플레이트인 경우 그림 [2.11](c)에서 l_1 구간 중에서 l_n 구간은 $I_s = l_2 t^3/12$으로 하고 기둥 중심선과 전면 사이는 $I_s/(1-c_2/l_2)^2$으로 한다. 그리고 지판이 있는 그림 [2.11](b)의 두 번째 그림의 경우 또는 보가 있는 그림 [2.11](b)의 세 번째 그림의 경우에는 각각 그림에서 음영 부분 단면의 I 값에 $(1-c_2/l_2)^2$을 나누어 구한다.

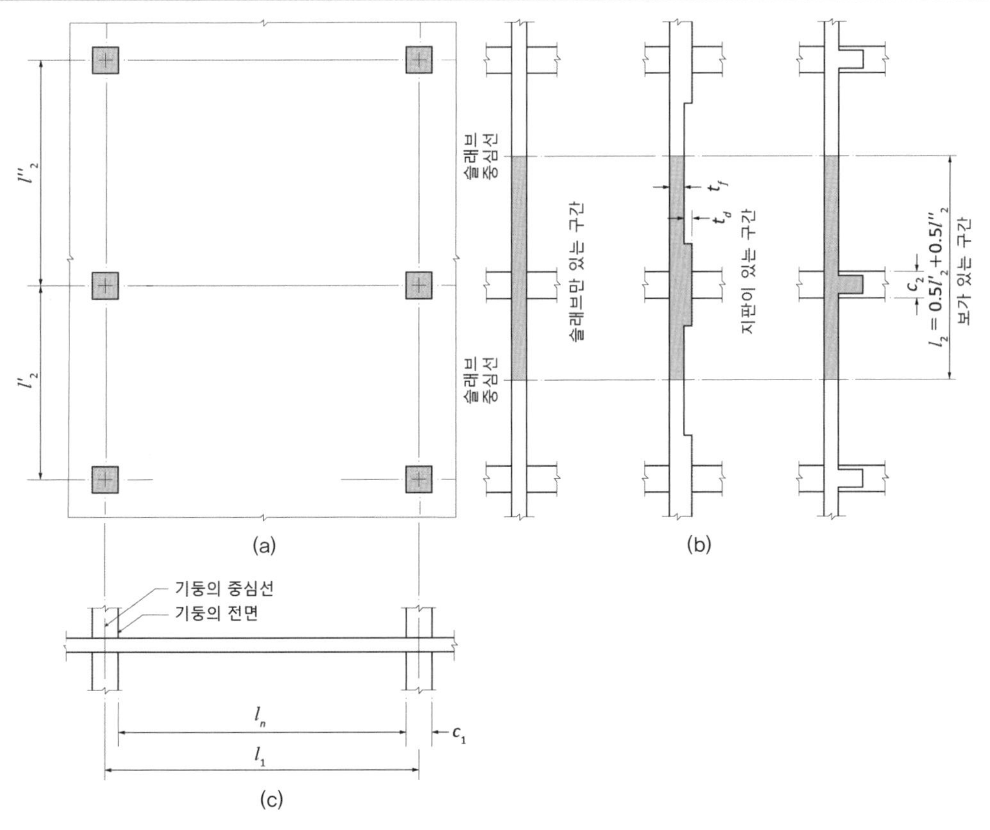

그림 [2.11]
슬래브-보의 유효단면: (a) 평면도; (b) 단면도(3종류); (c) 강성의 변화 구간

예제 〈2.1〉

$l_1 \times l_2 = 9 \times 7.5$ m인 2방향 슬래브 시스템에서 기둥의 크기 $c_1 \times c_2 = 0.6 \times 0.4$ m, 슬래브 두께가 0.2 m인 플랫플레이트 구조에 대한 단면2차모멘트를 계산하라. 그리고 지판의 크기 $t_d \times l_d \times l_d = 0.2 \times 3.0 \times 3.0$ m인 플랫슬래브와 보의 크기 $b_w \times h = 0.4 \times 0.8$ m인 보가 있는 골조구조물에 대한 단면2차모멘트를 계산하라.

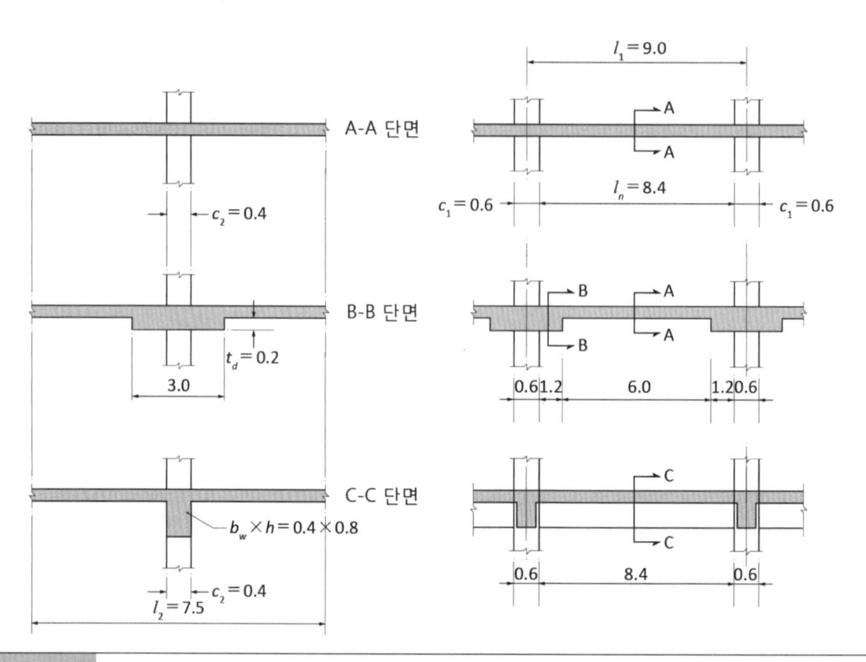

풀이

1. 플랫플레이트

예제 그림에서 볼 수 있듯이 경간 방향, 즉 l_1 방향으로 수평 부재인 슬래브의 단면2차모멘트는 I_1과 I_2가 있으며, 다음과 같다.

$$I_1 = 7.5 \times 0.2^3/12 = 0.005 \text{ m}^4$$

$$I_2 = I_1/(1 - c_2/l_2)^2 = 0.005/(1 - 0.4/7.5)^2 = 0.0058 \text{ m}^4$$

2. 플랫슬래브

예제 그림에서 보면 플랫슬래브의 경우 경간 방향으로 중간 부분은 앞의 플랫플레이트의 경우와 같은 A−A 단면이므로 I_1 값은 같고, 지판이 있는 B−B 단면의 I_3 값과 기둥 내의 I_4 값은 각각 다음과 같다.

지판이 있는 부분에 대한 상면으로부터 중립축 위치 y_t를 먼저 계산하면,

$$y_t = [(7.5\times0.2\times0.1)+(3.0\times0.2\times0.3)] / [(7.5\times0.2)+(3.0\times0.2)]$$
$$= 0.33 / 2.1 = 0.1571\ \mathrm{m}$$
$$I_3 = I_1 + (3.0\times0.2^3) / 12 + 7.5\times0.2\times(0.1571-0.1)^2 + 3.0\times0.2\times(0.3-0.1571)^2$$
$$= 0.005 + 0.002 + 0.004891 + 0.01225 = 0.0241\ \mathrm{m}^4$$
$$I_4 = I_3 / (1-c_2 / l_2)^2 = 0.0241 / (1-0.4/7.5)^2$$
$$= 0.0269\ \mathrm{m}^4$$

20 70 4.1.4.3(3)

3. 골조 구조물

예제 그림에서 C−C 단면의 I_5, 그리고 기둥 중심선과 전면 사이의 I_6을 계산하면 다음과 같다.

보와 슬래브가 있는 T형 단면의 중립축 위치를 계산하면,

$$y_t = [(7.5\times0.2\times0.1)+(0.4\times0.6\times0.5)] / [(7.5\times0.2)+(0.4\times0.6)]$$
$$= 0.27 / 1.74 = 0.1552\ \mathrm{m}$$
$$I_5 = I_1 + 0.4\times0.6^3/12 + 7.5\times0.2\times(0.1552-0.1)^2 + (0.4\times0.6)\times(0.5-0.1552)^2$$
$$= 0.0453\ \mathrm{m}^3$$
$$I_6 = I_5 / (1-c_2 / l_2)^2 = 0.0453 / (1-0.4/7.5)^2$$
$$= 0.0506\ \mathrm{m}^4$$

70 4.1.4.3(3)

이 예제에서 볼 수 있듯이 기둥 중심선과 기둥 전면 사이의 보의 강성은 $1/(1-c_2/l_2)^2 = 1.116$으로서 11.6퍼센트 증가하나 전체 경간 9 m 중에서 양단 0.3 m 사이에서만 일어나므로 이를 무시하고 해석할 수 있다. 그러나 플랫슬래브에서 지판의 영향은, 즉 $I_3/I_1 = 0.0241 / 0.005 = 4.82$로서 강성이 약 5배나 증가하고 범위도 양단의 기둥 중심선에서 각각 1.5 m씩 있으므로 이를 고려하여 등가 골조 구조물을 해석하여야 한다.

다음으로 등가골조의 수직 부재 강성을 구하는 방법에 대해 설명하고자 한다. 수평 부재인 슬래브와 보에 하중이 작용하면 테두리보 또는 테두리 슬래브에 일차적으로 하중이 전달되고 이 하중이 다시 기둥으로 전달된다고 설계기준에서 가정하고 있다. 다시 말하여 슬래브와 보의 변위는 먼저 수평 부재이지만 수직 부재로 가정된 테두리보 또는 슬래브의 비틀림에 의해 일어나고 추가적으로 수직 부재인 기둥 또는 벽체의 휨에

70 4.1.4.2(3)

의해 일어난다고 가정하는 것이다. 따라서 수직 부재의 유효강성은 다음 식 (2.5)와 같이 나타낼 수 있다.

$$\frac{1}{K_{eff}} = \frac{1}{K_c} + \frac{1}{K_t} \tag{2.5}$$

여기서, K_{eff}는 수직 부재의 유효강성이고, K_c는 기둥 또는 벽체의 휨강성이며 K_t는 테두리보 또는 슬래브의 비틀림강성이다.

70 4.1.4.4

먼저 등가골조의 기둥 휨강성을 구하는 것은 설계기준에 규정되어 있으며, 기둥의 축을 따라 단면2차모멘트는 주어진 전체 단면을 대상으로 계산하고, 접합부에서 슬래브－보의 상면과 하면 사이의 단면2차모멘트는 무한대로 하도록 가정하고 있다. 그러나 실제 문제에서 보가 있는 골조가 아닌 플랫슬래브나 플랫플레이트 구조인 경우 기둥 길이에 비하여 접합부의 상하부 사이의 길이가 매우 작기 때문에 이 부분의 증대된 강성의 영향을 무시할 수 있다.

70 4.1.4.5

한편 비틀림 부재의 강성 K_t는 설계기준에 규정되어 있는데 앞에서 설명된 비틀림 부재의 유효단면에 대하여 다음 식 (2.6)에 의해 구한다.[7), 8)]

$$K_t = \Sigma \frac{9E_{cs}C}{l_2(1-c_2/l_2)^3} \tag{2.6}$$

여기서 C값은 다음 식 (2.7)에 의해 구할 수 있는 비틀림상수로서, 유효플랜지폭을 갖는 보에서는 단면을 여러 개의 직사각형으로 나누어 구한다. 직사각형을 여러 가지로 나눌 수 있는 경우에는 C값이 최대가 되는 경우를 택한다.

$$C = \Sigma\left[\left(1-0.63\frac{x_i}{y_i}\right)\frac{x_i^3 y_i}{3}\right] \tag{2.7}$$

여기서, x_i는 각 사각형 단면의 짧은 변, y_i는 긴 변의 길이이다.

그런데 휨모멘트를 결정하는 경간 방향, 즉 l_1에 보가 있는 경우에는 슬래브에 작용하는 하중이 비틀림 부재를 통하여 기둥으로 전달되는 것보다는 이 보를 통하여 직접 기둥으로 전달되는 양이 많다. 따라서 이러한 경우에는 위 식 (2.6)에서 구한 비틀림강성을 크게 증가시켜 비틀림에 의한 변위를 감소시켜주는 것이 합리적이다. 그래서 이와 같이 l_1을 따라 보가 있으면 비틀림강성 K_t는 다음 식 (2.8)에 의해 증가시킨다.

70 4.1.4.5(4)

$$K_t = \overline{K_t}\,\frac{I_b}{I_s} \tag{2.8}$$

여기서, $\overline{K_t}$는 식 (2.6)에 의해 구한 K_t이고, 그림 [2.11](b)의 첫 번째와 세 번째 그림에서 각각 보이듯이 I_s는 보가 없는 슬래브만의 단면2차모멘트이며 I_b는 보를 포함한 슬래브의 단면2차모멘트이다.

2.4 재료 관련 설계기준값

2.4.1 개요

구조물을 해석하고 설계하려면 우선 사용 재료에 대한 응력-변형률 관계와 구조 부재 특성, 즉 길이, 단면의 크기, 단부 조건 등을 알아야 한다. 특히 구조물을 비선형 해석을 하려면 응력-변형률 관계가 필요하지만 선형 해석을 할 때는 탄성계수만 필요하다. 이러한 이유로 한계상태설계법인 유럽 설계기준인 Eurocode 2[9]에서는 재료의 응력-변형률에 대한 관계식 등을 규정하고 있지만 구조물을 선형 해석하도록 한 강도설계법인 우리 설계기준[1]과 미국의 ACI 설계기준[10]에서는 단면 설계를 위한 응력-변형률 관계와 탄성계수를 규정하고 있다. 그러나 구조물을 설계할 때에는 이러한 값을 정확하게 알 수 없기 때문에 설계자가 선택한 값을 사용한다. 이 절에서는 이러한 값들을 어떻게 선택하는가에 대하여 기술한다.

2.4.2 콘크리트의 압축강도

사용재료 중에서 가장 기본적인 콘크리트에 대한 강도는 설계자가 구조물에 작용하는 하중의 크기, 구조물의 높이와 경간, 설계기준에서 내구성 확보를 위해 요구하는 콘크리트 강도, 그리고 그 지역에서 생산 가능한 재료 등을 고려하여 선택하여야 한다. 이때 설계자가 선택한 콘크리트 강도를 콘크리트의 설계기준압축강도, f_{ck}라고 일컬으며, 이 강도는 구조물에 사용된 콘크리트의 실제 강도가 아니라 설계자가 설계를 할 때 기준으로 삼는 콘크리트 강도이다.

콘크리트의 설계기준압축강도 f_{ck}
구조물에 사용된 콘크리트의 실제 압축강도가 아니라, 구조설계자가 구조물을 설계할 때 기준을 삼는 압축강도이다.

우리나라 콘크리트구조 설계기준에서는 구조용 콘크리트의 경우 설계기준압축강도는 최소 21 MPa 이상이어야 한다고 규정하고 있다. 이 값은 지역, 시대, 그리고 구조물의 종류에 따라 다를 수 있다. 우리나라의 경우 이 설계기준압축강도의 값을 일반적으로 21, 24, 27, 30 MPa과 같이 3 MPa씩의 단위로, 그리고 30 MPa 이상은 5 MPa 단위로 나타내고 있으나 이는 생산, 도표 작성 등 편의상 정한 값이며 설계자가 임의의 값을 정할 수 있다.

설계할 때 기준으로 한 압축강도가 설계기준압축강도 f_{ck}이기 때문에 구조물이 안전하기 위해서는 구조물에 사용된 모든 콘크리트의 강도가 이 설계기준압축강도 이상이어야 한다. 그러나 확률적으로 사용된 모든 콘크리트의 실제 압축강도 f_{cm}이 이 설계기준압축강도 이상이 될 수는 없으므로 각 설계기준마다 기준을 정하고 있다. 우리나라 설계기준의 경우 실제 압축강도가 설계기준압축강도 이하로 떨어질 확률을 그림 [2.12]에서 보이듯이 9퍼센트로 규정하고 있다. 다시 말하여 설계자가 설계할 때 기준으로 하는 설계기준압축강도가 주어지면 현장 시공자는 콘크리트의 설계기준압축강도 f_{ck}가 확보되도록 배합강도 f_{cr}을 정해야 한다.

콘크리트의 실제 압축강도 f_{cm}
콘크리트 구조물에 사용된 실제 압축강도를 의미하나 각 나라 표준에서 정한 양생 방법과 시험 방법에 따라 얻은 표준공시체의 압축강도이다.

콘크리트의 배합강도 f_{cr}
규정된 설계기준압축강도를 확보하기 위해 배합을 할 때 목표로 하는 콘크리의 압축강도이다.

설계기준압축강도 f_{ck}가 주어져 있을 때 배합강도는 각각 다음 식 (2.9)(a),(b) 또는 식 (2.10)(a),(b) 중에서 큰 값으로 정하도록 설계기준에서 규정하고 있다.

01 3.1.4(2)

$f_{ck} \leq$ 35 MPa인 경우

$$f_{cr} = f_{ck} + 1.34s \tag{2.9(a)}$$

$$f_{cr} = (f_{ck} - 3.5) + 2.33s \tag{2.9(b)}$$

$f_{ck} >$ 35 MPa인 경우

$$f_{cr} = f_{ck} + 1.34s \tag{2.10(a)}$$

$$f_{cr} = 0.9f_{ck} + 2.33s \tag{2.10(b)}$$

여기서, s는 표준편차를 뜻한다.

식 (2.10)(b)는 설계기준압축강도 f_{ck}가 35 MPa을 초과할 때는 실제 압축강도가 $0.9f_{ck}$ 이하로 되는 확률이 1퍼센트가 되도록 하는 규정이다. 식 (2.9)(a)와 식 (2.10)(a)에 의하면 모든 콘크리트의 배합강도는 실제 압축강도 f_{cm}이 설계기준압축강도보다 작을 확률이 9퍼센트 이하가 되어야 한다. 또한 식 (2.9)(b)는 f_{ck}값이 35 MPa 이하일 때 실제 압축강도 f_{cm}이 35 MPa의 10퍼센트인 3.5 MPa 이하로 더 떨어질 확률이 1퍼센트 이하가 되도록 하는 규정이다.

식 (2.9)와 식 (2.10)에서 알 수 있듯이 비록 설계기준압축강도 f_{ck}가 같더라도 각 레미콘 회사에서 콘크리트를 생산할 때 품질 관리와 관련된 표

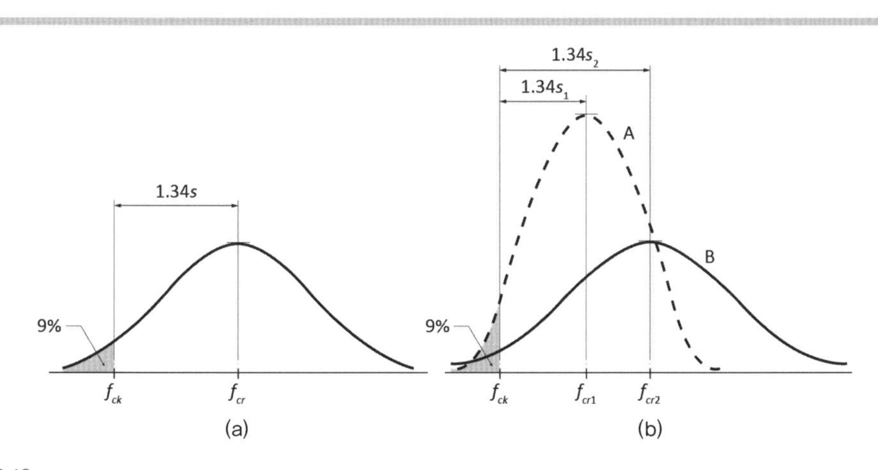

그림 2.12
콘크리트의 배합강도: (a) 설계기준압축강도와 배합강도; (b) 품질 관리 수준에 따른 배합강도

준편차 s값이 다르면 실제 배합강도는 차이가 난다. 그림 [2.12](b)에서는 A 현장의 콘크리트는 B 현장 콘크리트보다 품질 관리가 우수한, 즉 A 콘크리트의 표준편차 s_1이 B 콘크리트의 표준편차 s_2보다 작은 경우 배합강도 f_{cr2}가 f_{cr1}보다 크다는 것을 보여주고 있다. 그리고 설계기준에서는 현장 또는 레미콘 공장에서 설계기준압축강도와 ±7 MPa 이내의 콘크리트를 얼마나 생산한 경험이 있는지에 따라 표준편차를 다음 표 〈2.2〉에 따라 보정하도록 하고 있다. 그리고 시험횟수가 14회 이하인 경우에 배합강도는 표 〈2.3〉에 따르도록 규정하고 있다.

01 3.1.4(1),(2)

표 〈2.2〉 시험횟수가 29회 이하, 15회 이상일 때 표준편차에 대한 보정계수

시험횟수*	표준편차의 보정계수
15	1.16
20	1.08
25	1.03
30회 이상	1.00

* 위 표에 규정되지 않은 횟수에 대한 것은 직선보간한다.

표 〈2.3〉 시험횟수가 14회 이하이거나 기록이 없는 경우의 배합강도

설계기준압축강도, f_{ck} (MPa)	배합강도, f_{cr} (MPa)
$f_{ck} < 21$	$f_{ck} + 7.0$
$21 \le f_{ck} \le 35$	$f_{ck} + 8.5$
$35 < f_{ck}$	$1.1f_{ck} + 5.0$

예제 〈2.2〉

설계기준압축강도 f_{ck}가 24 MPa일 때, 각 레미콘 회사의 사정이 다음과 같을 때 배합강도 f_{cr}을 구하라.

- 레미콘회사 A : 17 MPa에서 31 MPa 범위(설계기준압축강도 24 MPa을 기준으로 ±7 MPa) 내의 콘크리트를 30회 이상 생산한 실적이 있으며, 그 때의 생산 콘크리트의 압축강도에 대한 표준편차가 1.5 MPa이었음.
- 레미콘회사 B : 레미콘 회사 A와 같으나 표준편차가 4.0 MPa이었음.
- 레미콘회사 C : 레미콘 회사 A와 같으나 생산 실적이 17회이었음.
- 레미콘회사 D : 생산 실적이 없었음.

풀이

설계기준압축강도가 35 MPa 이하이므로 식 (2.9)를 이용하여 구할 수 있다.

20 01 3.1.4(1), (2)

- 레미콘회사 A : $f_{cr} = 24+1.34\times1.5=\underline{26.01}$ MPa

  $f_{cr} = (24-3.5)+2.33\times1.5=24.00$ MPa
- 레미콘회사 B : $f_{cr}=24+1.34\times4.0=29.36$ MPa

  $f_{cr}=(24-3.5)+2.33\times4.0=\underline{29.82}$ MPa
- 레미콘회사 C : $s=[1.16-(1.16-1.08)\times2/5]\times1.5=1.692$ MPa

  $f_{cr}=24+1.34\times1.692=\underline{26.27}$ MPa

  $f_{cr}=(24-3.5)+2.33\times1.692=24.44$ MPa
- 레미콘회사 D : $f_{cr}=24+8.5=\underline{32.5}$ MPa

따라서 레미콘 회사별 설계기준압축강도 24 MPa을 확보하기 위하여 배합해야 할 배합강도는 각각 26.01 MPa, 29.82 MPa, 26.27 MPa, 32.5 MPa이다.
이 예제에서 볼 수 있듯이 똑같은 설계기준압축강도에 대하여 배합강도는 각 회사마다 다르다. 즉, A회사는 품질 관리도 잘 하고 실적도 충분히 있기 때문에 가장 낮은 배합강도인 26.01 MPa이고, 반면 실적은 있으나 품질 관리가 불량한 B회사는 29.82 MPa이다. 그리고 전혀 실적이 없는 D회사의 경우 가장 높은 32.5 MPa로서 이 배합강도를 확보하기 위해서는 다른 회사보다 더 많은 시멘트를 사용하여 콘크리트를 생산하게 되어 경쟁력이 떨어진다는 것을 알 수 있다.

2.4.3 콘크리트의 탄성계수

탄성계수는 구조물을 해석할 때 부재의 강성에 영향을 준다. 콘크리트의 탄성계수는 일반적으로 구성재료 중에서 가장 많은 양을 차지하는 굵은골재의 탄성계수에 크게 좌우되며, 또한 응력을 받을 때 미세균열의 양과 특성에 따라 변한다. 이 미세균열의 양과 특성은 콘크리트 강도와 밀접한 관계가 있으므로 설계기준에서는 탄성계수를 골재의 특성을 반영하는 단위질량 m_c와 압축강도의 함수로서 다음 식 (2.11)과 같이 규정하고 있다.

10 4.3.3(1)

$$E_c = 0.077m_c^{1.5}\sqrt[3]{f_{cm}} \tag{2.11}$$

보통 골재를 사용한 일반적인 콘크리트의 경우 $m_c = 2,300$ kg/m³ 정도이므로 이때는 다음 식 (2.12)를 사용할 수 있다.

$$E_c \ = \ 8,500\sqrt[3]{f_{cm}} \tag{2.12}$$

여기서 f_{cm}은 실제 콘크리트 평균 압축강도로서 설계 단계에서는 구조물의 실제 압축강도를 알 수 없기 때문에 이 값은 평균 배합강도와 같은 값을 사용할 수 있다. 그러나 배합강도는 앞 절에서 본 바와 같이 생산 단계에서 품질관리에 따라 차이가 나기 때문에 설계기준에서는 f_{cm}을 $f_{ck} \leq 40$ MPa인 경우 4 MPa을, $f_{ck} \geq 60$ MPa인 경우 6 MPa을 더한 값으로 하고, 그 중간 값은 직선보간하도록 규정하고 있다.

10 4.3.3.(1)

식 (2.11)과 식 (2.12)에서 구한 콘크리트의 탄성계수는 할선탄성계수(secant modulus)로서 크리프 변형 등을 계산할 때 사용하는 순간변형을 구하기 위한 초기접선탄성계수(initial tengential modulus)와는 차이가 있다. 이 초기접선탄성계수 E_{ci}는 실험으로 구하는 것이 힘들기 때문에 다음 식 (2.13)에 의해 구하도록 규정하고 있다.

$$E_{ci} = 1.18E_c \tag{2.13}$$

여기서, E_{ci}는 콘크리트의 초기접선탄성계수이고, E_c는 식 (2.11) 또는 식 (2.12)에 의해 구하는 할선탄성계수이다.

2.4.4 내구성 확보를 위해 요구되는 콘크리트 강도

일반적인 대기에 노출되어 있는 철근콘크리트 구조물의 부재를 설계할 때 사용하는 콘크리트의 설계기준압축강도는 21 MPa 이상이다. 그러나 해풍, 해수, 황산염 및 기타 유해물질에 노출되는 철근콘크리트 구조물에 사용되는 콘크리트는 내구성을 확보하도록 그 노출조건에 따라 콘크리트의 압축강도를 설계기준에 추가로 규정하고 있다.

구조물을 설계할 때는 구조물이 위치하는 곳을 고려하여 먼저 표 〈2.4〉에

표 〈2.4〉 노출 범주 및 등급

범주	등급	조건	예
일반	E0	물리적, 화학적 작용에 의한 콘크리트 손상의 우려가 없는 경우 철근이나 내부 금속의 부식 위험이 없는 경우	• 공기 중 습도가 매우 낮은 건물 내부의 콘크리트
EC (탄산화)	EC1	건조하거나 수분으로부터 보호되는 또는 영구적으로 습윤한 콘크리트	• 공기 중 습도가 낮은 건물 내부의 콘크리트 • 물에 계속 침지 되어 있는 콘크리트
	EC2	습윤하고 드물게 건조되는 콘크리트로 탄산화의 위험이 보통인 경우	• 장기간 물과 접하는 콘크리트 표면 • 외기에 노출되는 기초
	EC3	보통 정도의 습도에 노출되는 콘크리트로 탄산화 위험이 비교적 높은 경우	• 공기 중 습도가 보통 이상으로 높은 건물 내부의 콘크리트[1] • 비를 맞지 않는 외부 콘크리트[2]
	EC4	건습이 반복되는 콘크리트로 매우 높은 탄산화 위험에 노출되는 경우	• EC2 등급에 해당하지 않고, 물과 접하는 콘크리트 (예를 들어 비를 맞는 콘크리트 외벽,[2] 난간 등)
ES (해양환경, 제빙 화학제 등 염화물)	ES1	건조하거나 수분으로부터 보호되는 또는 영구적으로 습윤한 콘크리트	• 수영장 • 염화물을 함유한 공업용수에 노출되는 콘크리트
	ES2	습윤하고 드물게 건조되며 염화물에 노출되는 콘크리트	• 수영장 • 염화물을 함유한 공업용수에 노출되는 콘크리트
	ES3	항상 해수에 침지되는 콘크리트	• 해상 교각의 해수 중에 침지되는 부분
	ES4	건습이 반복되면서 해수 또는 염화물에 노출되는 콘크리트	• 해양 환경의 물보라 지역(비말대) 및 간만대에 위치한 콘크리트 • 염화물을 함유한 물보라에 직접 노출되는 교량 부위[4] • 도로 포장 • 주차장[5]
EF (동결융해)	EF1	간혹 수분과 접촉하나 염화물에 노출되지 않고 동결융해의 반복작용에 노출되는 콘크리트	• 비와 동결에 노출되는 수직 콘크리트 표면
	EF2	간혹 수분과 접촉하고 염화물에 노출되며 동결융해의 반복작용에 노출되는 콘크리트	• 공기 중 제빙화학제와 동결에 노출되는 도로구조물의 수직 콘크리트 표면
	EF3	지속적으로 수분과 접촉하나 염화물에 노출되지 않고 동결융해의 반복작용에 노출되는 콘크리트	• 비와 동결에 노출되는 수평 콘크리트 표면
	EF4	지속적으로 수분과 접촉하고 염화물에 노출되며 동결융해의 반복작용에 노출되는 콘크리트	• 제빙화학제에 노출되는 도로와 교량 바닥판 • 제빙화학제가 포함된 물과 동결에 노출되는 콘크리트 표면 • 동결에 노출되는 물보라 지역(비말대) 및 간만대에 위치한 해양 콘크리트
EA (황산염)	EA1	보통 수준의 황산염이온에 노출되는 콘크리트(기본편 표 〈8.3〉)	• 토양과 지하수에 노출되는 콘크리트 • 해수에 노출되는 콘크리트
	EA2	유해한 수준의 황산염이온에 노출되는 콘크리트(기본편 표 〈8.4〉)	• 토양과 지하수에 노출되는 콘크리트
	EA3	매우 유해한 수준의 황산염이온에 노출되는 콘크리트(기본편 표 〈8.5〉)	• 토양과 지하수에 노출되는 콘크리트 • 하수, 오·폐수에 노출되는 콘크리트

[1] 준공 구조물의 내부는 노출등급 EC3로 간주할 수 있다. 다만, 외부로부터 물이 침투하거나 노출되어 영향을 받을 수 있는 표면은 EC4로 간주하여야 한다.
[2] 비를 맞는 외부 콘크리트라 하더라도 규정에 따라 방수 처리된 표면은 노출등급 EC3로 간주할 수 있다.
[3] 비래염분의 영향을 받는 콘크리트로 해양환경의 경우 해안가로부터 거리에 따른 비래염분량은 지역마다 큰 차이가 있으므로 측정결과 등을 바탕으로 한계영향 거리를 정해야 한다. 또한 공기 중의 제빙화학제에 영향을 받는 거리도 지역에 따라 편차가 크게 나타나므로 기존 구조물의 염화물 측정결과 등으로부터 한계영향거리를 정하는 것이 바람직하다.
[4] 차도로부터 6m 이내에 있는 모든 콘크리트 노출면은 제빙화학제에 직접 노출되는 것으로 간주해야 한다. 또한 도로로부터 배출되는 물에 노출되기 쉬운 신축이음(expansion joints) 아래에 있는 교각 상부도 제빙화학제에 직접 노출되는 것으로 간주해야 한다.
[5] 염화물이 포함된 물에 노출되는 주차장의 바닥, 벽체, 기둥 등에 적용한다.

노출 등급
각 노출 범주(노출 환경조건)에 따라 노출 정도를 나타내는 것을 노출 등급이라고 한다.

제시된 바에 따라 노출 범주 및 노출 등급을 결정하고, 그 노출 등급에 따라 표 〈2.5〉와 표 〈2.6〉에 나타난 최소 설계기준압축강도 동시에 만족시키는 콘크리트를 사용하여야 한다. 따라서 이러한 노출 조건에 건설되는 철근콘크리트 구조물은 내구성 확보를 위해 요구되는 최소로 요구되는 기준 이상의 설계기준압축강도로 구조물의 안전성과 사용성을 검토하여야 한다.

그리고 동결융해의 가능성이 있는 철근콘크리트 구조물의 경우 표 〈2.7〉에 따라 공기량을 확보하여야 하며,[11] 특히 염화칼슘과 같은 제빙화학제에 노출되어 동결융해 작용이 반복될 수 있는 콘크리트의 경우 표 〈2.8〉에 따라 혼화재료의 사용량도 제한하여야 한다.[12]

표 〈2.5〉 노출 등급에 따른 내구성 허용기준

항목	노출범주 및 등급															
	일반	EC (탄산화)				ES (해양환경, 제설염 등 염화물)				EF (동결융해)				EA (황산염)		
	E0	EC1	EC2	EC3	EC4	ES1	ES2	ES3	ES4	EF1	EF2	EF3	EF4	EA1	EA2	EA3
내구성 기준압축강도 f_{ck}(MPa)	21	21	24	27	30	30	30	35	35	24	27	30	30	27	30	30
최대 물-결합재비[1]	-	0.60	0.55	0.50	0.45	0.45	0.45	0.40	0.40	0.55	0.50	0.45	0.45	0.50	0.45	0.45
최소 단위 결합재량 (kg/m³)	-	-	-	-	-	KCS 14 20 44(2.2)				-	-	-	-	-	-	-
최소 공기량(%)	-	-	-	-	-	-				(표 〈2.7〉)				-		
수용성 염소 이온량 (결합재 중량비 %)[2] 무근 콘크리트	-	-				-				-				-		
수용성 염소 이온량 (결합재 중량비 %)[2] 철근 콘크리트	1.00	0.30				0.15				0.30				0.30		
수용성 염소 이온량 (결합재 중량비 %)[2] 프리스트레스트 콘크리트	0.06	0.06				0.06				0.06				0.06		
추가 요구조건	-	KDS 14 20 50 (4.3)의 피복두께 규정을 만족할 것.								결합재 종류 및 결합재 중 혼화재 사용비율 제한 (표 〈2.8〉)				결합재 종류 및 염화칼슘 혼화제 사용 제한 (표 〈2.6〉)		

[1] 경량골재 콘크리트에는 적용하지 않음. 실적, 연구성과 등에 의하여 확증이 있을 때는 5% 더한 값으로 할 수 있음.
[2] KS F 2715 적용, 재령 28일 ~ 42일 사이.

표 〈2.6〉 노출범주 EA에 따른 결합재 종류

노출등급	결합재의 종류[1]	염화칼슘혼화제 사용 유무
EA1	보통 포틀랜드 시멘트(1종)(KS L 5201) + 포졸란 혹은 슬래그 중용열 포틀랜드 시멘트(2종)(KS L 5201)[2][3]	제한 없음
EA2	내황산염 포틀랜드 시멘트(5종)(KS L 5201)[3] 고로 슬래그 시멘트(KS L 5210) + 플라이애시	허용하지 않음
EA3	내황산염 포틀랜드 시멘트(5종)(KS L 5201) + 포졸란 또는 슬래그[4]	허용하지 않음

[1] ASTM C 1012에 따라 황산염 저항성 시험을 시행하여 최대 팽창율 기준을 만족하는 경우에는 결합재 조합과 다른 조합을 사용할 수 있다.

[2] 해수에 노출되는 경우에 물-결합재비가 0.4이하이면 C3A 함량이 10%까지인 1종 또는 3종 등 다른 종류의 시멘트를 사용할 수 있다.

[3] EA1, EA2에 대해서는 1종이나 3종을 허용할 수 있다. 단 EA1은 C3A 함량이 8% 미만인 경우에 한해 허용한다.

[4] 5종 시멘트와 함께 사용하여 황산염에 대한 저항을 개선시킨 실적이 있거나 실험에 의해 증명된 포졸란 또는 슬래그.

표 〈2.7〉 동해 저항 콘크리트에 대한 전체 공기량

굵은골재의 최대 치수(mm)	공기량(%)	
	노출 등급 EF1	노출 등급 EF2, EF3, EF4
10.0	6.0	7.5
15.0	5.5	7.0
20.0	5.0	6.0
25.0	4.5	6.0
40.0	4.5	5.5

표 〈2.8〉 노출 등급 EF4의 콘크리트에 대한 최대 혼화재 비율

결합재	결합재 전 질량에 대한 백분율(%)
KS L 5405에 따르는 플라이애쉬 또는 기타 포졸란	25
KS F 2563에 따르는 고로슬래그 미분말	50
실리카퓸	10
플라이애쉬 또는 기타 포졸란, 고로슬래그 미분말 및 실리카퓸의 합	50[1]
플라이애쉬 또는 기타 포졸란과 실리카퓸의 합	35[1]

[1] 플라이애쉬 또는 기타 포졸란의 합은 25% 이하, 실리카퓸은 10% 이하이어야 한다.

2.4.5 철근의 항복강도와 탄성계수

구조물을 해석하는 단계에서는 철근의 양을 알 수 없기 때문에 실제로 철근의 양과 탄성계수를 고려하기는 힘들다. 다만 설계를 수행한 후에 안전성과 사용성을 검토할 때는 이를 고려하여 보다 정확한 해석을 다시 수행할 수 있다.

철근의 항복강도는 각 나라에서 생산하고 있는 철근을 사용해야 하기 때문에 어느 정도 정해져 있다고 볼 수 있다. 우리나라의 경우 SD300, SD350, SD400, SD500, SD600, SD700 등이 한국산업표준(KS)에 규정되어 있으나, 기본편에서 설명한 바와 같이 설계기준에서는 각 부재와 단면력에 대한 역학적 특성을 고려하여 최대 설계기준항복강도를 다음 표 〈2.9〉와 같이 규정하고 있다.

그리고 철근과 긴장재의 탄성계수는 강재의 강도에 따라 약간 차이가 날 수도 있으나 변동이 크지 않으므로 설계기준에서 2.0×10^5 MPa로 규정하고 있다. 다만 형강의 경우 강구조 설계기준에서 2.05×10^5 MPa을 규정하고 있어 일치시키기 위하여 콘크리트구조 설계기준에서도 2.05×10^5 MPa로 규정하고 있다.

2.5 하중과 하중조합

2.5.1 개요

하중이란 좁은 의미로는 '짐의 무게'이지만 설계기준에서 의미하는 것은 '구조물에 작용하는 모든 외력'이다. 이 '외력'은 '물체의 외부에서 작

표 〈2.9〉 철근의 설계기준항복강도의 한계값

철근의 사용 용도	철근의 최대 허용 설계기준항복강도(MPa)
모든 주철근	600
모든 전단철근	500(슬래브와 기초판의 경우 400)
횡구속용 나선철근	700

용하는 힘'으로 국어사전에 나와 있지만 구조물의 설계에서는 보다 넓은 의미로서 단면력을 발생시키는 모든 작용(action)을 뜻한다. 그래서 하중은 자중을 포함한 고정하중, 적재되거나 움직이는 차량 등에 의한 활하중, 쌓인 눈의 무게에 의한 적설하중 등 연직하중뿐만 아니라 압력으로 작용하는, 즉 바람에 의한 풍하중과 유체에 의한 유체압, 지하의 지하수와 흙에 의한 지하수압과 토압 등도 하중에 속한다. 또한 지진의 발생에 의해 구조물에 작용하는 지진하중도 있으며, 심지어 화재, 외기 온도변화, 콘크리트의 장기변형인 건조수축과 크리프, 그리고 기초판의 부등침하에 의한 것도 하중으로 분류된다. 이와 같이 구조 부재의 단면력을 발생시키는 모든 외적, 내적 작용을 하중이라고 한다.

작용(action)
유럽의 Eurocode 2에서는 하중을 load라고 표현하지 않고 action으로 나타내고 있다. 우리가 지진하중, 풍하중, 온도하중 등은 엄밀한 의미에서 load(하중)라기보다는 action(작용)이 더 적절한 표현일 수도 있다.

이 절에서는 이러한 하중에 대한 특성과 분류, 하중값의 결정 그리고 구조물 해석에 있어서 하중의 조합 등에 대하여 설명한다.

2.5.2 하중의 특성과 분류

하중은 각 특성에 따라 분류되는데 각 설계기준에 따라서도 여러 가지 형태로 분류되고 있다. 우리나라 설계기준에서는 고정하중(D), 활하중(L), 지하수압과 토압(H), 유체압(F), 지붕층의 활하중(L_r), 적설하중(S), 강우하중(R), 풍하중(W), 지진하중(E), 충격효과(I), 장기변형 및 온도변화에 의한 효과(T) 등으로 분류하고 있다. 한편 다른 예로서 유럽 각국에서 사용하는 설계기준인 유럽 설계기준(Eurocode)에서 하중의 분류는 다음 표 〈2.10〉에 보인 바와 같이 보다 상세하게 다루고 있다.

표 〈2.10〉 하중의 분류(Eurocode1, Part 1)

영구하중 (Permanent action)	변동하중 (Variable action)	우발하중 (Accidental action)
• 구조물과 마감재의 하중 (고정하중, D) • 프리스트레스 힘 • 지하수 및 흙의 압력, H • 간접하중(부등침하 등)	• 바닥판에 적재된 하중 (활하중, L) • 적설하중, S • 풍하중, W • 간접하중(온도변화 등), T	• 폭발 • 화재 • 차량 충돌 등에 의한 충격

표 〈2.10〉에서 볼 수 있듯이 영구하중은 상대적으로 시간에 따라 하중의 크기의 변화가 매우 작으며, 변동하중은 시간에 따라 변화가 크다. 변동하중 중에서도 적재된 활화중처럼 변동은 있지만 구조물에 상당한 긴 기간 동안 빈번하게 작용하는 것도 있고, 풍하중이나 지진하중처럼 짧은 기간 동안 그리고 가끔 작용하는 것도 있다. 한편 우발하중이란 구조물의 사용수명 동안 일어날 가능성이 매우 낮은 것으로서 대부분의 구조물은 수명동안 이러한 하중을 받지 않는 경우가 많다.

또 하중은 표 〈2.11〉에서 볼 수 있듯이 유발되는 특성에 따라 직접하중과 간접하중으로, 그리고 구조물의 반응에 따라 정적하중과 동적하중, 장기변형을 유발시키는 하중인지 아닌지에 따른 지속하중과 순간하중 등으로 분류하기도 한다.

표 〈2.11〉 하중의 특성에 따른 분류

직접 작용 여부에 따라	직접하중(direct action)과 간접하중(indirect action)	외부로부터 구조물에 가해지는 모든 힘을 직접하중이라고 하며 온도변화, 장기변형 등 부피변화에 의해 단면력이 생기는 것을 간접하중이라고 함
구조물에 가속도 유발 여부에 따라	정적하중(static load)과 동적하중(dynamic load)	상당한 크기의 가속도를 유발시키는 하중을 동적하중이라고 하며, 일반적으로 구조해석을 할 때는 충격계수 등을 곱하여 등가정적하중으로 치환함
장기변형 유발 여부에 따라	순간하중(instantaneous load)과 지속하중(sustained load)	크리프 변형을 일으킬 정도의 긴 기간 동안 작용하는 하중을 지속하중이라고 하며, 일반적으로 고정하중(D)과 활하중(L)의 일부가 이에 해당되고 가끔 지하구조물에서 지하수압과 토압이 해당됨

2.5.3 하중의 종류와 크기

각 구조물에 따라 작용되는 하중이 다르므로 하중의 크기는 일반적으로 콘크리트구조 설계기준에서 규정하고 있지 않고, 각 해당 구조물의 설계기준에서 규정하고 있다. 고정하중은 대부분 구조물 자중이므로 이것은 사용한 재료의 비중에 따라 구할 수 있으나, 활하중 등은 구조물의 특성에 따라 다르게 주어진다. 이러한 활하중은 고정하중과는 달리 흩어지는 정도도 심하고 통계로 처리할 수 있는 값도 적다. 따라서 일반적으로 고정하중의 경우 평균값을 취하나 활하중의 경우 관련 설계기준에서 공칭값(nominal value)으로 제시하고 있다. 대표적으로 건물에 작용하는 활하중은 주로 적재되는 하중으로서 건물의 용도에 따라 건축구조기준[13])에 표 〈2.12〉와 같이 규정되어 있고, 교량의 경우 활하중은 차량하중으로서 교량 등급에 따라 도로교설계기준[14])에서는 표 〈2.13〉에 나타낸 바와 같이 규정되어 있다. 그 외 지진하중, 풍하중 등도 각 해당 설계기준에서 규정하고 있다.

2.5.4 하중계수와 하중조합

구조물에 작용하는 하중은 앞 절에서 설명한 바와 같이 그 크기가 다를 뿐만 아니라 작용하는 기간과 빈도, 작용하중의 변동폭 등이 각각 다르다. 구조물은 이러한 하중에 대한 모든 변화 조건에 대해서도 안전성, 사용성 및 내구성을 확보하여야 한다. 이를 위해서 하중의 특성상 작용하는 빈도가 적은 하중보다는 많은 하중에 대해 더 안전하게 설계하여야 하고, 사용성이나 내구성 설계에 적용되는 하중보다는 안전성에 적용되는 하중을 크게 하여야 한다. 이를 고려하기 위해서 하중에 적절한 계수가 필요하며, 이를 하중계수(load factor)라고 한다.

한편 모든 종류의 하중이 동시에 구조물에 작용하지는 않는다. 예로써 태풍이 불 때 강한 지진이 올 확률은 거의 없다. 해당 구조물에 작용할 수 있는 하중들 중에서 동시에 작용할 하중들끼리 조합하는 것을 하중조합(load combination)이라고 한다.

하중계수
하중의 평균값 또는 공칭값에 안전을 확보하기 위하여 곱해주는 계수

하중조합
여러 종류의 하중 중에서 동시에 구조물에 작용하는 하중의 조합

하중계수

각 하중이 평균값 또는 공칭값에서 흩어지는 정도, 구조물 해석에 있어서 부정확성, 예기치 않은 응력의 재분배, 구조물 또는 구조 부재 형상의 부정확성 등에 대한 안전율 확보를 위해 하중계수가 필요하다. 특히 하중에 따라 흩어지는 정도의 차이가 하중계수 결정에 큰 영향을 준다.

표 〈2.12〉 건물의 등분포 활하중(kN/m^2)

용도		건축물의 부분	활하중
1	주택	가. 주거용 건축물의 거실, 공용실, 복도	2.0
		나. 공동주택의 발코니	3.0
2	병원	가. 병실과 해당 복도	2.0
		나. 수술실, 공용실과 해당 복도	3.0
3	숙박시설	가. 객실과 해당 복도	2.0
		나. 공용실과 해당 복도	5.0
4	사무실	가. 일반 사무실과 해당 복도	2.5
		나. 로비	4.0
		다. 특수용도사무실과 해당 복도	5.0
		라. 문서보관실	5.0
5	학교	가. 교실과 해당 복도	3.0
		나. 로비	4.0
		다. 일반 실험실	3.0
		라. 중량물 실험실	5.0
6	판매장	가. 상점, 백화점 (1층 부분)	5.0
		나. 상점, 백화점 (2층 이상 부분)	4.0
		다. 창고형 매장	6.0
7	집회 및 유흥장	가. 로비, 복도	5.0
		나. 무대	7.0
		다. 식당	5.0
		라. 주방(영업용)	7.0
		마. 극장 및 집회장 (고정식)	4.0
		바. 집회장(이동식)	5.0
		사. 연회장, 무도장	5.0

용도			건축물의 부분	활하중
8	체육시설		가. 체육관 바닥, 옥외경기장	5.0
			나. 스탠드(고정식)	4.0
			다. 스탠드(이동식)	5.0
9	도서관		가. 열람실과 해당 복도	3.0
			나. 서고	7.5
10	주차장	옥내 주차구역	가. 승용차 전용	4.0
			나. 경량트럭 및 빈 버스 용도	8.0
			다. 총중량 18톤 이하의 트럭, 중량차량[1]	12.0
		옥내 차로와 경사차로	가. 승용차 전용	6.0
			나. 경량트럭 및 빈 버스 용도	10.0
			다. 총중량 18톤 이하의 트럭, 중량차량[1]	16.0
		옥외	가. 승용차, 경량트럭 및 빈 버스 용도	12.0
			다. 총중량 18톤 이하의 트럭, 중량차량[1]	16.0
11	창고		가. 경량품 저장창고	6.0
			나. 중량품 저장창고	12.0
12	공장		가. 경공업 공장	6.0
			나. 중공업 공장	12.0
13	지붕		가. 접근이 곤란한 지붕	1.0
			나. 적재물이 거의 없는 지붕	2.0
			다. 정원 및 집회 용도	5.0
			라. 헬리콥터 이착륙장	5.0
14	기계실		공조실, 전기실, 기계실 등	5.0
15	광장		옥외광장	12.0

표 〈2.13〉 교량의 활하중(DB하중, kN)

교량 등급	하중기호	총 중량 1.8 W(kN)	전륜하중 1.0 W(kN)	후륜하중 0.4 W(kN)
1등교	$DB-24$	432	24.0	96.0
2등교	$DB-18$	324	18.0	72.0
3등교	$DB-13.5$	243	13.5	54.0

구조물에 작용하는 고정하중보다는 활하중의 분산 정도가 크기 때문에 그림 [2.13]에서 나타낸 바와 같이 구조물의 안전성 확보를 위해 활하중에 대한 하중계수 γ_L을 고정하중에 대한 하중계수 γ_D보다 더 크게 취한다. 즉, 실제 작용하는 하중의 크기가 계수하중을 초과할 확률을 비슷하게 하기 위해서는 분산의 정도에 따라 설계하중을 다르게 적용하여야 한다.

이러한 점을 고려하여 콘크리트구조 설계기준에서는 기본적인 하중계수로 고정하중은 1.2, 활하중은 1.6, 밀도를 아는 유체압력은 1.2, 토압, 지하수 압력 등은 1.6, 풍하중은 1.3, 온도변화 등 체적변화에 대한 작용은 1.2, 지진하중은 1.0으로 정하고 있다. 지진하중의 경우 이미 안전율이 고려된 값이므로 1.0으로 규정하고 있다.

하중조합

구조물에는 앞 절에서 설명한 여러 하중들이 동시에 모두가 작용하지는 않지만 몇 개의 하중은 함께 작용한다. 즉, 구조물에 함께 작용할 가능성

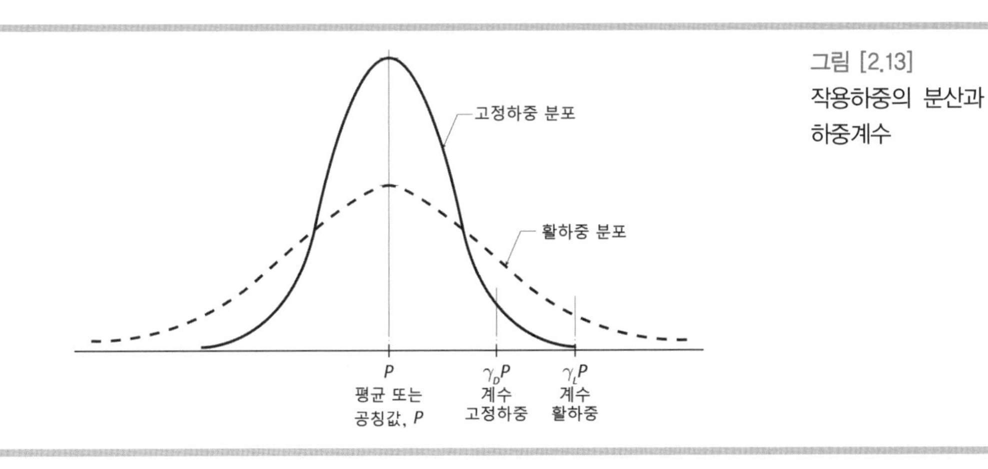

그림 [2.13]
작용하중의 분산과 하중계수

10 4.2.2

이 있는 하중끼리 조합한 것을 하중조합(load combination)이라고 한다.

우리나라 콘크리트구조 설계기준에서 이 하중조합에 대해 다음과 같이 규정하고 있으며, 설계자는 이외의 하중이나 하중조합이 작용할 수 있는 특수한 경우에는 그러한 하중과 하중조합도 고려하여야 한다.

$$U = 1.4(D+F) \tag{2.14(a)}$$

$$U = 1.2(D+F+T) + 1.6(L+\alpha_H H_v + H_h) + 0.5(L_r \text{ 또는 } S \text{ 또는 } R) \tag{2.14(b)}$$

$$U = 1.2D + 1.6(L_r \text{ 또는 } S \text{ 또는 } R) + (1.0L \text{ 또는 } 0.65W) \tag{2.14(c)}$$

$$U = 1.2(D+H_v) + 1.0E + 1.0L + 0.2S + (1.0H_h \text{ 또는 } 0.5H_h) \tag{2.14(d)}$$

$$U = 1.2(D+F+T) + 1.6(L+\alpha_H H_v) + 0.8H_h + 0.5(L_r \text{ 또는 } S \text{ 또는 } R) \tag{2.14(e)}$$

$$U = 0.9(D+H_v) + 1.3W + (1.6H_h \text{ 또는 } 0.8H_h) \tag{2.14(f)}$$

$$U = 0.9(D+H_v) + 1.0E + (1.0H_h \text{ 또는 } 0.5H_h) \tag{2.14(g)}$$

여기서, H_h와 H_v는 각각 토압 및 지하수 압력인 H의 수평성분과 수직성분을 나타내며 α_H는 H_v에 대한 보정계수로서 토피의 깊이 h가 2 m이하일 때는 $\alpha_H = 1$이고 2 m를 초과하면 $\alpha_H = 1.05 - 0.025h \geq 0.875$이다.

앞의 식 (2.14)에 규정된 하중조합의 특색에 대하여 살펴본다. 먼저 모든 구조물에 항상 작용하는 고정하중 D와 활하중 L이 작용하는 경우, $U = 1.4D$, $U = 1.2D + 1.6L$, $U = 1.2D + 1.0L$이므로 이 하중조합으로 구조물을 해석하여 각 부재에 가장 불리한 단면력에 대하여 단면을 설계하여야 한다. 그리고 식 (2.14)(c),(d)에 괄호 속에 있는 적설하중 S, 강우하중 R, 그리고 주로 사람에 의한 하중인 지붕층의 활하중 L_r은 동시에 일어날 가능성이 거의 없기 때문에 가장 불리한 하나만 적용하는 것으로 규정되어 있다. 또한 식 (2.14)(f),(g)의 고정하중 D와 토압의 수직성분 H_v의 하중계수로서

1.0보다 작은 0.9를 적용한 것은 횡하중인 풍하중 W나 지진하중 E가 작용할 때 기둥에 작용하는 축력이 작을 때가 오히려 불리할 때도 있기 때문에 이러한 하중조합에 대해서도 규정하고 있다.

우리나라 콘크리트구조 설계기준의 하중계수와 하중조합은 대부분 미국의 콘크리트구조 설계기준(ACI)[10]을 따르고 있으나 토압 및 지하수 압력인 H를 수직성분 H_v와 H_h로 나누어 적용하도록 하는 것만 차이가 난다. 이것은 미국 설계기준의 경우 주로 건물에 적용하는 기준으로서 건물 지하층의 경우 횡방향으로만 토압 및 지하수압이 작용하나 우리나라 설계기준은 이러한 압력이 수직으로도 많이 작용하는 지하철과 아파트 지하 차고 구조물에도 적용하는 설계기준이기 때문이다. 이때 아파트 지하 차고 구조물과 같이 토피의 두께가 작은 경우는 변동폭이 클 수 있으므로 하중계수를 1.6으로 하고, 지하철 구조물과 같이 토피가 매우 커서 변동폭이 작은 경우에는 고정하중만 있을 때의 하중계수인 1.4가 되도록 토피 두께에 따른 보정계수 α_H를 두었다.

2.6 구조물 해석

2.6.1 설계기준의 방향

앞선 각 절에서 설명한 바에 따라 구조물과 구조 부재에 대한 기하학적 특성인 구조 부재의 길이와 위치 등을 결정하고, 재료 특성을 고려하여 강성을 결정한다. 또 작용하중의 종류와 하중조합을 결정하여 이러한 값들을 입력하여 구조물을 해석하면 단면력과 처짐 등을 구할 수 있다. 이때 전체 구조물에 대해 해석할 수도 있으나, 작용하는 하중의 특성과 해석의 어려움에 따라 구조물의 어느 부분에 대해 해석할 수도 있다. 예로서 동적 하중이 작용할 때는 구조물의 해석 모델을 단순화시켜 해석할 수도 있고, 화재에 의한 구조물을 해석할 때는 구조물의 일정 부분을 대상으로 할 수도 있다.

콘크리트구조 설계기준에서는 구조물의 해석 방법에 대해서는 상세하게 규정하고 있지 않으며, 강도설계법을 채택하고 있는 경우 원칙적으로

10 4.3.1(1)

선형 탄성이론에 의해 해석하도록 규정하고 있다. 우리나라 콘크리트구조 설계기준에서도 '골조 또는 연속구조물의 모든 부재는 10 4.3.2(연속 휨부재의 모멘트 재분배)에 따라 수정되는 경우 이외는 계수하중으로 탄성이론에 의해 결정된 최대 단면력에 대하여 설계하여야 한다'라고 규정하고 있다. 다시 말하여 휨 거동에 대한 연성이 매우 큰 연속 휨부재에 대해서는 탄성해석에 의한 단면력을 비선형 이론에 근거할 때 부모멘트 일부에 재분배를 적용할 수 있기 때문에 재분배를 허용하고 있으나,[15),16)] 어떠한 경우에도 구조물은 탄성 해석하도록 규정하고 있다 연속보의 부모멘트 재분배는 제 4장 '4.6.2 연속보의 설계 예'를 참고하기 바란다.

콘크리트구조 설계기준에서 구조물의 해석 자체에 대해 구체적으로 다루고 있는 것은 다음과 같은 몇 가지에 대하여 한정되어 있고, 일반적으로는 설계자가 해석 방법을 선택하여 선형탄성 해석을 수행하면 된다.

10 4.3.1(3),(4)

첫 번째로는 간단한 골조 구조물의 경우 설계기준에 주어진 계수를 사용하여 휨모멘트와 전단력을 근사적으로 계산할 수 있다고 규정하고 있다. 두 번째로는 각 변이 지지되고 있는 장방형 슬래브의 경우에 각 위치에서 휨모멘트와 전단력을 콘크리트구조 설계기준 부록에 있는 표 4-1, 표 4-2, 표 4-3, 표 4-4에 규정되어 있는 값을 사용하여 구할 수 있다. 세 번째로는 2방향 플랫플레이트 또는 플랫슬래브인 경우 콘크리트구조 설계기준의 '직접설계법'에 제시된 휨모멘트와 전단력에 대한 계수값을 사용하여 구할 수 있도록 규정하고 있다. 탄성 범위 내에서도 콘크리트에 인장 균열이 일어나 휨모멘트와 전단력에 의한 응력이 주위로 분배되어 탄성 해석에 의한 값과 실제로 발생되는 단면력 값은 상당한 차이를 보일 수 있으며, 특히 슬래브의 단면력은 크게 차이가 날 수 있다. 따라서 각국의 설계기준에서 대부분 슬래브에 대한 단면력을 구하는 방법을 설계기준 내에 규정하고 있으며, 이에 대한 내용은 제6장 '6.6.3 직접설계법에 의한 2방향 슬래브 해석 및 설계 예'를 참고하기 바란다.

70 부록

70 4.1.3

2.6.2 골조 구조에 대한 근사 해석

10 4.1.3(4)

일반적인 구조 형태, 경간 및 층고를 갖는 철근콘크리트 건물 등에 고정하중과 활하중 등 연직하중만이 작용하는 경우, 활하중의 배치 등을 고려하여 여러 하중조합에 대하여 구조물을 해석하여 연속보와 연속슬래브의 단면력을 구하는 대신에 그림 [2.14]와 다음에 주어진 값으로 단면력을 계산할 수 있다. 다만 이를 적용할 수 있는 구조물의 조건으로서, 2경간 이상인 건물, 인접 2경간의 차이가 짧은 경간의 20퍼센트 이하인 경우, 등분포하중이 작용하는 경우, 활하중이 고정하중의 3배를 초과하지 않는 경우, 부재의 단면 크기가 일정한 경우 등이다.

① 정모멘트

(가) 최외측 경간

불연속 단부가 구속되지 않은 경우 : $w_u l_n{}^2/11$

불연속 단부가 받침부와 일체로 된 경우 : $w_u l_n{}^2/14$

(나) 내부 경간 : $w_u l_n{}^2/16$

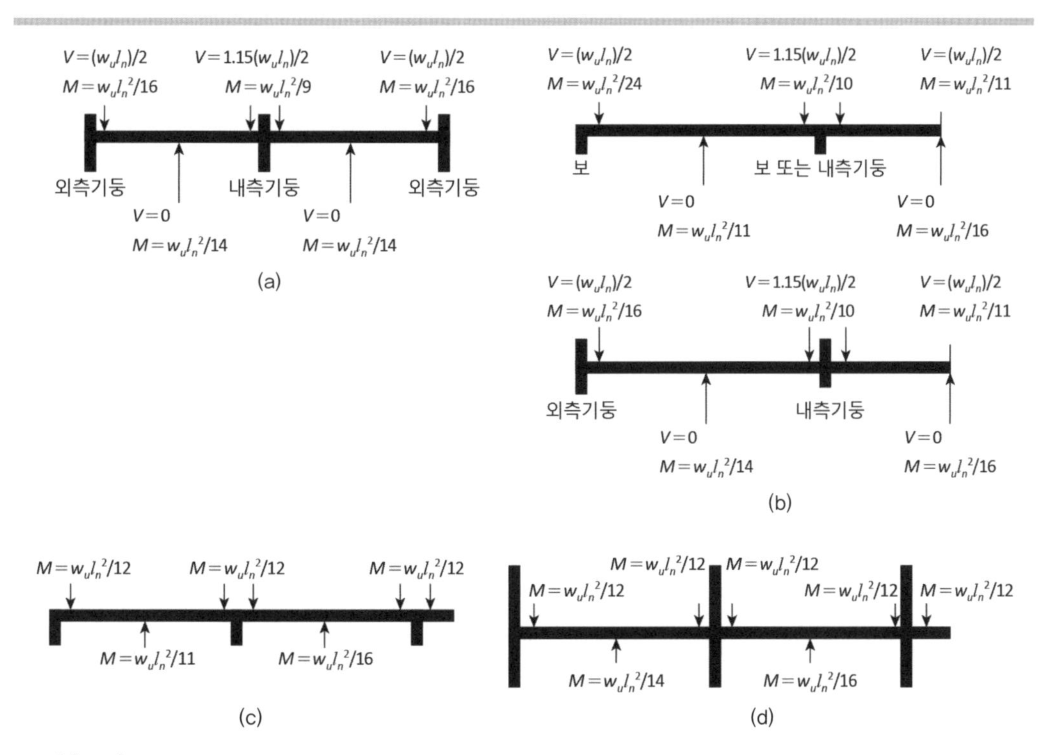

그림 [2.14]
근사적인 휨모멘트와 전단력: (a) 2경간일 때; (b) 3경간 이상일 때; (c) 경간길이 3m 미만의 슬래브(경간의 수와 무관); (d) 상하 기둥강성의 합/좌우 보강성의 합 >8일 때

② 부모멘트

(가) 첫 번째 내부 받침부 외측 면 부휨모멘트

2개 경간일 때: $w_u l_n{}^2/9$

3개 이상의 경간일 때: $w_u l_n{}^2/10$

(나) 모든 받침부면의 휨모멘트로서 경간 3m 이하인 슬래브와 경간의 각 단부에서 보 강성에 대한 기둥 강성의 합의 비가 8 이상인 보: $w_u l_n{}^2/12$

(다) 받침부와 일체로 된 부재의 최외단 받침부 내면에서 휨모멘트

받침부가 테두리보인 경우: $w_u l_n{}^2/24$

받침부가 기둥인 경우: $w_u l_n{}^2/16$

③ 전단력

(가) 첫 번째 내부 받침부 외측 면에서 전단력: $1.15 w_u l_n/2$

(나) (가) 이외의 받침부 면에서 전단력: $w_u l_n/2$

참고문헌

1. 한국콘크리트학회, '콘크리트구조 설계기준 해설', 기문당, 2021.
2. 한국콘크리트학회, 대한건축학회, '콘크리트구조설계기준', 기문당, 1999. 6., 319p.
3. Branson, D. E., "Instantaneous and Time-Dependent Deflections on Simple and Continuous Reinforced Concrete Beams", HPR Report No. 7, Part 1, Alabama Highway Department, Bureau of Public Roads, Aug. 1965, pp.1-78.
4. ACI Committee 435, "Deflection of Reinforced Concrete Flexural Members", ACI Journal, Proceeding V. 63, No. 6, June 1966, pp.637-674.
5. Branson, P. E., "Compression Steel Effect on Long-Time Deflections", ACI Journal, Proceeding V. 68, No. 8, Aug. 1971, pp.555-559.
6. Mirza, S. A., "Flexural Stiffness of Rectangular Reinforced Concrete Columns", ACI Structural Journal, V. 87, No. 4, July-Aug. 1990, pp.425-435.
7. Corley, W. G., Sozen, M. A., and Siess, C. P., "Equivalent Frame Analysis for Reinforced Concrete Slabs", Civil Engineering Studies, Structural Research Series No. 218, University of Illinois, June 1961, 166p.
8. Corley, W. G., and Jirsa, J. O., "Equivalent Frame Analysis for Slab Design", ACI Journal, Proceedings V. 67, No. 11, No. 1970, pp.875-884.
9. EN 1992, 'Eurocode 2 : Design of Concrete Structures', European Committee for Standardization, Brussels, 2004.
10. ACI 318-14, 'Building Code Requirements for Structural Concrete and Commentary', American Concrete Institute, Farmington Hills, MI, 2014, 516p.
11. ACI Committee 211, 'Standard Practice for Selecting Propotion for Normal, Heavyweight, and Mass Concrete(ACI 211.1-91)', ACI, Farmington Hills, MI, 1991, 38p.
12. Drahushak-Crow, R., "Freeze-Thaw Durability of Fly Ash Concrete", EPRI Proceedings, 8'th International Ash Utilization Symposium, V. 2, Oct. 1987, pp.37-51.
13. 대한건축학회, '건축구조기준 및 해설', 기문당, 2010. 2., 1039p.
14. 한국교량및구조공학회, '도로교설계기준(한계상태설계법) 해설', 도서출판 건설정보사, 2015. 2.
15. Cohn, M. Z., "Rotational Compatibility in the Limit Design of Reinforced Concrete Continuous Beams", SP-12, ACI/ASCE, Farmington Hills, MI, 1965,

pp.359-382.

16. Mattock, A. H., "Redistribution of Design Bending Moments in Reinforced Concrete Continuous Beams", Proceedings, Institution of Civil Engineering, London, V. 13, 1959, pp.35-46.

문 제

1. 하나의 건물 또는 교량을 상정하여 해석 모델을 작성하고, 부재의 특성을 구하고, 하중을 구하여 구조물을 해석하는 과정을 구체적으로 나타내어라.

2. 구조물의 거동과 해석에 있어서 기하학적 비선형과 재료적 비선형을 설명하라.

3. 다음 그림과 같은 보 부재의 휨에 대한 유효단면과 비틀림에 대한 유효단면을 구하고, 이 유효단면에 대하여 단면2차모멘트 I_g와 비틀림강성 K_t를 계산하라. 양쪽으로 슬래브의 중심 간 거리는 4.2 m이고, 보의 경간은 8.4 m이다.

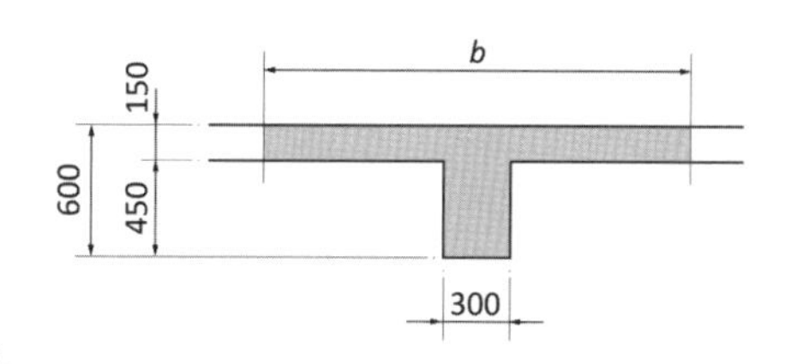

4. 콘크리트 재료의 강도를 나타내는 호칭강도, 배합강도, 설계기준압축강도의 차이에 대하여 설명하라.

5. 하중계수가 1.0보다 작은 경우가 있는데 그 이유를 설명하라.

6. 지속하중(sustained load)과 사용하중(working load, service load)의 차이점에 대하여 설명하라.

제3장

철근 정착, 이음 및 상세

아래 사진은 1995년 6월에 일어난 삼풍백화점 붕괴 장면이다. 그리고 2011년 9월 뉴욕의 세계무역센터가 붕괴된 이후 각 구조설계기준은 이러한 연쇄 붕괴를 막기 위한 철근의 이음과 정착에 대한 연구가 진행되고 있으며, 관련 규정도 다수 개정되었다.

제3장 철근 정착, 이음 및 상세

3.1 개요

비록 철근콘크리트 부재는 철근과 콘크리트로 합성된 부재이지만 지금은 철근콘크리트 부재를 합성구조 부재(composite member)라고 하지 않는다. 다시 말하여 철근과 콘크리트는 비록 특성이 다른 두 재료이지만 하나의 재료와 같이 일체로 거동한다고 가정하고 있다. 이렇게 일체로 거동할 수 있도록 철근콘크리트는 지난 150여 년간 많은 연구가 진행되어 왔다.[1),2),3)] 이러한 일체화를 위한 대표적 연구 결과는 원형철근(plain bar) 대신에 이형철근(deformed bar)의 개발이다. 또한 보다 나은 정착을 위한 갈고리 형태, 확대머리 형태 등의 개발과 여러 가지 정착과 이음에 대한 연구가 진행되었다. 이러한 연구 결과로 철근콘크리트는 하나의 재료로 가정하여 단면과 구조물을 설계할 수 있게 되었다.

합성구조 부재 (composite member)
두 가지 이상의 서로 다른 재료로 이루어진 구조 부재를 말한다. 대표적으로 널리 사용되는 강재와 콘크리트 재료로 이루어진 강·콘크리트 합성 부재(steel reinforced concrete ; SRC)가 있고, 프리캐스트콘크리트와 현장타설콘크리트로 이루어진 합성 부재도 있다.

그러나 최근에 들어 고강도콘크리트와 고강도철근을 빈번하게 사용하는 추세에서 이와 관련된 재검토가 요구되고 있다. 또 우리나라의 삼풍상가 붕괴, 미국의 세계무역센터 빌딩의 붕괴 등의 사건으로부터 철근콘크리트 부재와 구조물에서 철근의 배치, 정착 및 이음 등의 상세에 대한 검토가 요구되고 있다. 이것은 철근콘크리트 구조물은 여러 요인에 의하여 붕괴가 일어날 수 있으나, 그중에서도 철근상세, 이음과 정착이 매우 중요한 요인 중에 하나이기 때문이다. 그러나 대학에서 부재 단면의 설계와 구조물의 해석에 교육이 집중되어 있고, 철근상세에 대한 교육은 소홀하게 다루어지고 있는 것이 현실이다.

이 장에서는 부재와 구조물의 일체성 확보를 위하여 필요한 철근의 이음과 정착에 대한 내용과 철근콘크리트 재료가 하나의 재료로서 거동하기 위한, 즉 균질성 확보를 위한 철근의 최소 간격과 최대 간격에 대한 설계기준[4]의 규정에 대하여 설명하고자 한다. 그리고 철근콘크리트 구조물의 사용성과 내구성 확보를 위한 균열 제어를 위한 철근상세와 피복두께에 대한 규정도 설명한다. 그러나 개별 부재에 대한 철근상세는 각 해당 부재를 다루는 장에서 설명하고, 이 장에서는 가능한 모든 부재에 있어서 공통적인 철근상세, 정착과 이음에 대한 공통 사항에 대해서만 다룬다.

3.2 설계기준 해당 항목

우리나라 콘크리트구조 설계기준[4]에서 철근의 가공, 정착 및 이음, 상세에 대한 규정은 다음 표 〈3.1〉에 나타난 바와 같다. 표의 비고란에 각 규정에 대해 설명하는 이 책의 장이 나타나 있다.

표 〈3.1〉 철근의 가공, 정착 및 이음, 상세에 대한 규정

규정 내용	규정 항목 번호 (KDS 14 20)	설명하고 있는 이 책의 장
• 철근 가공		
− 표준갈고리	**50** 4.1.1	제3장
− 구부림의 최소 내면 반지름	**50** 4.1.2	제3장
• 철근 배치		
− 원칙	**50** 4.2.1	제3장
− 간격 제한	**50** 4.2.2	제3장, 제4장, 제5장, 제6장, 제7장
• 최소 피복두께		
− 현장치기 콘크리트	**50** 4.3.1	제3장
− 특수환경에 노출되는 콘크리트	**50** 4.3.6	제3장
• 부재에서 횡철근		
− 휨부재의 횡철근		
− 압축 부재의 횡철근	**50** 4.4.1	제4장
	50 4.4.2	제5장
• 기둥 및 접합부 철근의 특별 배치 상세		
− 옵셋굽힘철근		
	50 4.5.1	제5장

표 〈3.1〉 철근의 가공, 정착 및 이음, 상세에 대한 규정(계속)

규정 내용	규정 항목 번호 (KDS 14 20)	설명하고 있는 이 책의 장
• 수축·온도 철근		
– 설계 일반	**50** 4.6.1	제3장, 제4장
– 철근콘크리트 1방향 슬래브	**50** 4.6.2	제4장
• 구조 일체성 요구 조건		
– 현장치기 콘크리트 구조	**50** 4.7.1	제3장
• 휨 부재의 최소 철근량	**20** 4.2.2	제4장
• 보 및 1방향 슬래브의 휨철근 배치	**20** 4.2.3	제4장, 제6장
• 압축 부재의 철근량 제한	**20** 4.3.2	제5장
• 전단철근		
– 전단철근의 형태	**22** 4.3.1	제4장
– 전단철근의 간격 제한	**22** 4.3.2	제4장
– 최소 전단철근	**22** 4.3.3	제4장
• 비틀림철근		
– 비틀림철근의 상세	**22** 4.5.3	제4장
– 최소 비틀림철근량 및 간격	**22** 4.5.4	제4장
• 전단마찰		
– 최소 철근량 산정 및 배치	**22** 4.6.2	제 4장
• 깊은보		
– 최소 철근량 산정 및 배치	**22** 4.7.2	제 4장
• 브래킷과 내민받침		
– 철근상세	**22** 4.8.3	
• 벽체에 대한 전단철근		
– 최소 철근량 및 배치	**22** 4.9.3	제7장
• 철근의 정착		
– 정착 일반	**52** 4.1.1	제3장
– 인장 이형철근의 정착	**52** 4.1.2	제3장
– 압축 이형철근의 정착	**52** 4.1.3	제3장
– 다발철근의 정착	**52** 4.1.4	제3장
– 표준갈고리를 갖는 인장 이형 철근의 정착	**52** 4.1.5	제3장
– 확대머리 이형철근 및 기계적 인장정착	**52** 4.1.6	제3장

표 〈3.1〉 철근의 가공, 정착 및 이음, 상세에 대한 규정(계속)

규정 내용	규정 항목 번호 (KDS 14 20)	설명하고 있는 이 책의 장
• 정착철근상세		
– 휨철근의 정착 일반	**52** 4.4.1	제4장
– 정모멘트철근의 정착	**52** 4.4.2	제4장
– 부모멘트철근의 정착	**52** 4.4.3	제4장
– 복부철근의 정착	**52** 4.4.4	제4장
• 철근의 이음		
– 이음 일반	**52** 4.5.1	제3장
– 인장 이형철근의 이음	**52** 4.5.2	제3장
– 압축 이형철근의 이음	**52** 4.5.3	제3장
– 다발철근의 이음	**52** 4.5.1 (2), **50** 4.2.2 (6)	제3장
• 기둥철근 이음에 대한 특별 규정	**52** 4.7	제5장
• 2방향 슬래브의 배근상세		
– 소요 철근량과 간격	**70** 4.1.5.1	제6장
– 철근의 정착	**70** 4.1.5.2	제6장
– 보가 없는 슬래브의 철근상세	**70** 4.1.5.4	제6장
• 벽체 최소 철근비	**72** 4.2	제7장
• 기초판 철근상세		
– 기초판 철근의 정착	**70** 4.2.2.3	제8장
– 벽체 또는 기둥 밑면에서 힘의 전달 장치	**70** 4.2.3	제8장
• 내진 설계의 철근상세		
– 특수모멘트 골조 및 구조벽체의 철근상세	**80** 4.1.5, 4.1.6, 4.1.7	
– 특수모멘트 골조의 휨부재 철근상세	**80** 4.4.2, 4.4.3	
– 특수모멘트 골조의 압축 부재 철근상세	**80** 4.5.3, 4.5.4	
– 특수모멘트 골조의 접합부 철근상세	**80** 4.6.2	
– 특수모멘트 골조의 인장철근의 정착 길이	**80** 4.6.4	
– 특수모멘트 골조의 구조벽체와 연결보	**80** 4.7.2, 4.7.7	
– 특수모멘트 골조의 구조격막과 트러스	**80** 4.8.5	
– 중간모멘트 골조의 철근상세	**80** 4.3.4, 4.3.5, 4.3.6	제4장, 제5장
• 콘크리트용 앵커	KDS 14 20 54	

3.3 철근 가공

3.3.1 표준갈고리

철근콘크리트 구조물에서 각 단면의 단면력을 저항할 수 있도록 철근을 제자리에 위치시키고, 콘크리트와 효율적으로 일체화시키기 위해서 철근을 가공할 필요가 있다.

주로 철근과 콘크리트를 일체화시키기 위해서, 그리고 철근콘크리트 구조물로서 본래의 역할을 확실히 하기 위해서는 철근이 항복하기 이전에 빠져나오지 않아야 한다. 이러한 성능을 갖도록 철근의 단부를 인위적으로 굽혀 만드는 것을 갈고리(hook)라고 하며, 설계기준에서 요구하는 성능을 만족시킬 수 있는 최소한의 크기를 갖는 갈고리를 표준갈고리(standard hook)라고 한다. 그리고 철근을 굽혔을 때 그 내부의 콘크리트가 파쇄될 수도 있으므로 이를 막기 위하여 철근을 굽힐 때는 최소한의 지름을 갖고 굽히도록 규정하고 있다.

표준갈고리
최소한 설계기준에서 요구하는 규정에 따라 만든 갈고리

먼저 표준갈고리는 설계기준에서 규정하고 있으며, 스터럽 또는 띠철근과 같은 횡철근과 각 부재의 주철근에 대한 것으로 분류하고 있다. 주로 횡철근에 대한 표준갈고리는 저항해야 할 단면력의 종류에 따라 피복콘크리트가 탈락하기 때문에 이에 따라 사용할 갈고리의 형태를 규정하고 있다.

50 4.1.1

주철근에 대한 표준갈고리는 정착길이를 줄이기 위하여 두며, 형태는 90°와 180°에 대해서 규정하고 있다. 그림 [3.1](a)에서 보듯이 180° 표준갈고리는 180° 구부린 반원 끝에서 최소한 $4d_b$ 또한 60 mm 이상을 더 연장시켜야 한다. 그리고 90° 표준갈고리는 구부린 반원 끝에서 최소한 $12d_b$ 이상 더 연장하여야 한다. 이를 철근 크기별로 정리한 것이 표 〈3.2〉에 나타나 있다.

횡철근, 즉 띠철근 또는 스터럽에 대한 표준갈고리는 90°와 135°에 대해 규정하고 있으며, 그림 [3.1](b)에서 보듯이 90° 표준갈고리는 다시 철근 굵기에 따라 D16 이하는 구부린 끝에서 $6d_b$ 이상, D19, D22, D25 철근은 $12d_b$ 이상 더 연장시켜야 하고, 135° 표준갈고리는 모든 크기의 철

50 4.1.1(2)

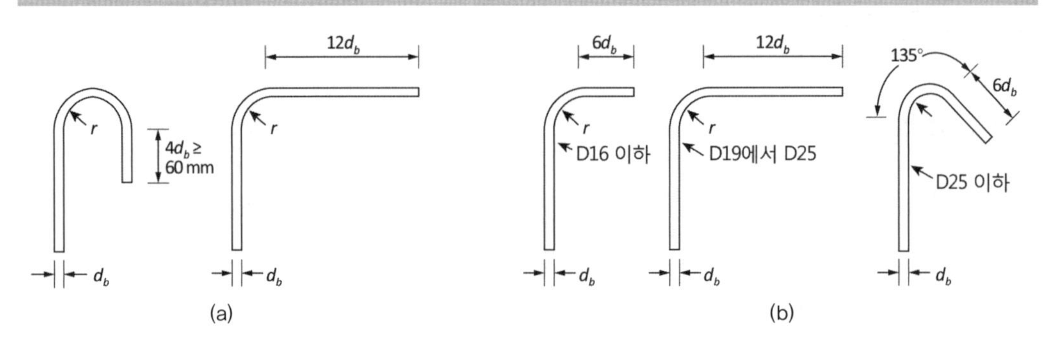

그림 [3.1]
철근 굽힘의 최소 내민 길이와 최소 내면 반지름: (a) 주철근; (b) 스터럽 또는 띠철근

표 〈3.2〉 주철근의 표준갈고리

표준갈고리 형태	해당 규정 항목 (KDS 14 20)	최소 내민길이 l과 내면 반지름 r(mm)					
	50 4.1.1 (1)① $l \ge \max.(4d_b,\ 60\text{mm})$	철근 크기	D10	D13	D16	D19	D22
		l	60	60	64	76	88
	50 4.1.2 (1)	r	30	39	48	57	66
	D10~D25 $r \ge 3d_b$	D25	D29	D32	D35	D38	D41
	D29~D35 $r \ge 4d_b$	100	116	128	140	152	164
	D38 이상 $r \ge 5d_b$	75	116	128	140	190	205
	50 4.1.1 (1)② $l \ge 12d_b$	철근 크기	D10	D13	D16	D19	D22
		l	120	156	192	228	264
		r	30	39	48	57	66
	50 4.1.2 (1) (위와 동일)	D25	D29	D32	D35	D38	D41
		300	348	384	420	456	492
		75	116	128	140	190	205

근에 대하여 구부린 반원 끝에서 $6d_b$ 이상 연장하도록 규정하고 있다. 일반적으로 D19 이상의 굵은 철근을 횡철근으로 사용하는 경우는 매우 드물며, 만약 이러한 철근을 사용할 때는 135° 표준갈고리로 제작하여 내민 길이를 줄이는 것이 시공을 할 때 바람직하다. 스터럽과 띠철근의 표준갈고리의 치수가 철근 크기에 따라 표 〈3.3〉에 나타나 있다. 한편 내진설계에서 횡철근으로 사용되는 후프(hoop)철근은 135° 갈고리의 반원 끝에서 내민 길이가 $6d_b$ 이상이고 또한 75mm 이상인 내진갈고리를 갖는 폐쇄스터럽이다.

표 〈3.3〉 스터럽과 띠철근의 표준갈고리

표준갈고리 형태	해당 규정 항목	최소 내민길이 l과 내면 반지름 r(mm)				
	50 4.1.1 (2)① $l \geq 6d_b$ (D16 이하) $l \geq 12d_b$ (D19, D22, D25)	철근 크기	D10	D13	D16	D19
		l	60	78	96	228
		r	20	26	32	57
	50 4.1.2 (2) $r \geq 2d_b$ (D16 이하) $r \geq 3d_b$ (D19, D22, D25)	D22	D25			
		264	300			
		66	75			
	50 4.1.1 (2)② $l \geq 6d_b$	철근 크기	D10	D13	D16	D19
		l	60	78	96	114
		r	20	26	32	57
	50 4.1.2 (2) (위와 동일)	D22	D25			
		132	150			
		66	75			

3.3.2 철근 구부림의 최소 내면 반지름

철근이 콘크리트와 일체가 되기 이전에 상온에서 철근을 구부리기를 해야 한다. 그 이유는 철근에 열을 가하면 철근의 강도와 연성 등 역학적 특성이 변화하기 때문이다. 그리고 철근을 상온에서 구부릴 때 매우 작은 지름으로 구부리면 구부러지는 철근의 외부 표면에 균열이 일어날 수도 있으므로 규정에 따라야 한다. 특히 최근에 고강도철근을 사용하는 경우가 잦아지는데 이에 대한 주의가 필요하다.

표 〈3.4〉는 우리나라 산업표준(KS)에 각 철근에 대한 구부림 성능에 대한 규정이며, 표 〈3.5〉는 설계기준에서 규정하고 있는 허용되는 최소 내면 반지름이다. 한국산업표준(KS)[5]에서는 각 철근에 대해 최소한 확보해야 할 굽힘성능을 규정하고 있는 반면에, 설계기준에서는 앞서 설명한 바와 같이 굽혀진 철근 내측의 콘크리트가 파쇄되지 않을 최소한의 내면 반지름을 규정하고 있다. 다시 말하여 철근의 굽힘성능은 한국산업표준(KS)에서 규정한 표 〈3.4〉의 값보다 더 작은 값이어야 하고, 현장에서 철근을 굽힐 때는 설계기준에서 제시한 표 〈3.5〉의 값보다 더 큰 값이어야 한다. 표준갈고리 외에 주철근을 부재축 방향으로 구부려야 하는 경우,

50 4.1.2

즉 굽힘철근으로 하는 경우에도 최소한 표 〈3.5〉에 제시된 값 이상이어야 하며 $5d_b$ 이상으로 하여야 한다.

표 〈3.4〉 철근의 역학적 특성(KS D 3504)

종류 기호	항복점 또는 항복강도 N/mm^2	인장 강도 N/mm^2	인장 시험편	연신율(a) %	굽힘성		
					굽힘 각도	안쪽 반지름	
SD300	300 이상	440 이상	2호에 준한 것	16 이상	180°	D16 이하	공칭 지름의 1.5배
			3호에 준한 것	18 이상		D16 초과	공칭 지름의 2배
SD350	350 이상	490 이상	2호에 준한 것	18 이상	180°	D16 이하	공칭 지름의 1.5배
			3호에 준한 것	20 이상		D16 초과 D41 이하	공칭 지름의 2배
						D51	공칭 지름의 2.5배
SD400	400 이상	560 이상	2호에 준한 것	16 이상	180°		공칭 지름의 2.5배
			3호에 준한 것	18 이상			
SD500	500 이상	620 이상	2호에 준한 것	12 이상	90°	D25 이하	공칭 지름의 2.5배
			3호에 준한 것	14 이상		D25 초과	공칭 지름의 3배
SD600	600 이상	710 이상	2호에 준한 것	10 이상	90°	D25 이하	공칭 지름의 2.5배
			3호에 준한 것			D25 초과	공칭 지름의 3배
SD700	700 이상	800 이상	2호에 준한 것	10 이상	90°	D25 이하	공칭 지름의 2.5배
			3호에 준한 것			D25 초과	공칭 지름의 3배
SD400W	400 이상	560 이상	2호에 준한 것	16 이상	180°		공칭 지름의 2.5배
			3호에 준한 것	18 이상			
SD500W	500 이상	620 이상	2호에 준한 것	12 이상	90°	D25 이하	공칭 지름의 2.5배
			3호에 준한 것	14 이상		D25 초과	공칭 지름의 3배

주(a) 이형 봉강에서 치수가 호칭명 D32를 초과하는 것에 대해서는 호칭명 3을 증가할 때마다 표의 연신율 값에서 각각 2를 감한다. 다만, 감하는 한도는 4로 한다.

표 〈3.5〉 구부림 최소 내면 반지름

주철근		횡철근	
철근 크기	최소 내면 반지름	철근 크기	최소 내면 반지름
D10~D25	$3d_b$	D16 이하	$2d_b$
D29~D35	$4d_b$	D19 이상	주철근의 규정에 따름
D38 이상	$5d_b$		

철근이 굳은 콘크리트 내에 이미 묻혀 있을 경우에는 원칙적으로 구부리는 것이 허용되지 않으나, 부득이한 경우 책임기술자에게 승인을 받아 시행할 수 있도록 설계기준에서는 규정하고 있다.

50 4.1.3

3.4 상세 일반

3.4.1 배근상세 원칙

철근을 콘크리트 내에서 매우 촘촘히 배치시키면 부착 능력이 줄어들어 콘크리트와 일체가 되지 못하고 콘크리트의 균질성도 확보하지 못한다. 반면에 매우 넓게 배치되면 철근콘크리트로서 역할을 확보할 수 없다. 또한 철근은 콘크리트를 타설하기 이전에 배치되므로 제자리에 견고하게 위치시키지 않으면 콘크리트를 타설할 때 위치가 변할 수도 있다. 따라서 철근은 규정된 간격 내에서 견고하게 위치시켜야 한다. 특히 주철근의 위치는 단면 저항 능력에 영향을 크게 주기 때문에 그 허용 범위는 엄격하게 규정하고 있으며, 휨부재, 벽체 및 기둥의 유효깊이에 대한 허용오차와 피복두께 허용오차는 표 〈3.6〉에 주어진 값으로 설계기준에서 규정하고 있다.

50 4.2.1(2)

철근의 간격과 관련한 철근의 위치는 그림 [3.2](a),(b)에서 보듯이 기둥 또는 보의 주철근은 d_b 이상 벗어나지 않아야 하며, 피복두께를 확보하기 위하여 주어진 허용범위를 벗어나지 않아야 한다. 벽체와 슬래브의 경우 그림 [3.2](c)와 같이 전체로 배치되는 철근의 양은 같게 하고, 간격은 도면에 나타난 간격의 20퍼센트 내에서 책임기술자가 승인하면 가능한 것으로 설계기준 해설에서 기술하고 있다. 그림 [3.2](d)와 같이 연속되는

표 〈3.6〉 유효깊이 및 피복두께에 대한 허용오차

	유효깊이(d)	최소 피복두께*
$d \le 200$ mm	±10 mm	−10 mm
$d > 200$ mm	±13 mm	−13 mm

* 보 또는 슬래브 하단의 경우 −7 mm이며, 또한 피복두께의 허용오차는 도면 또는 설계기준에서 요구하는 최소 피복두께의 −1/3 이하이어야 한다.

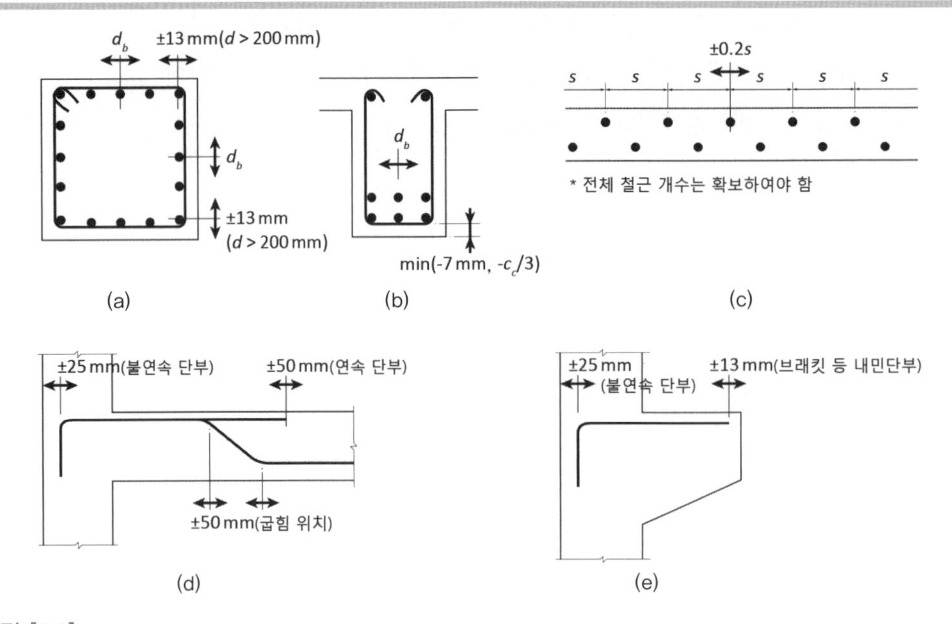

그림 [3.2]

규정된 위치에서 철근 위치의 허용 범위: (a) 기둥, 보 주철근 위치; (b) 보 슬래브 하단부의 피복두께; (c) 슬래브, 벽체의 주철근 간격; (d) 슬래브, 보, 기둥 부재; (e) 브래킷 등 내민단부

부재축 방향으로 철근을 구부리거나 철근이 끝나는 단부의 허용오차는 ±50 mm이다. 그리고 부재의 불연속 단부의 경우 그림 [3.2](e)의 브래킷과 같이 짧은 부재에서 철근 위치의 허용오차는 ±13 mm이고, 그 밖의 부재는 ±25 mm이다.

3.4.2 철근 간격 제한

철근 간격에 대하여 최소 간격과 최대 간격에 대한 제한을 두고 있는데, 최소 간격에 대한 것은 주로 콘크리트를 타설할 때 굵은골재가 골고루 분포되어 콘크리트가 균질하도록 하고, 철근의 부착강도가 확보될 수 있도록 하기 위한 것이다. 이에 반하여 최대 간격을 두는 이유는 철근콘크리트 구조물이 일체로 균일하게 거동하고 또한 콘크리트에 균열이 일어나는 것을 최소화시키고 일어난 균열의 폭을 제어하기 위한 것이다.

최소 간격

최소 간격 제한은 주로 철근이 촘촘히 배치되는 보, 기둥 등의 주철근에 해당된다. 먼저 보 부재의 주철근의 경우인데 그림 [3.3](a)와 같이 동일 평면에서 평행하는 철근 사이의 수평 순간격은 25 mm, 철근의 직경 그리고 굵은골재 크기의 4/3배 중에서 가장 큰 값 이상이어야 한다. 그리고 보 부재 주철근의 수직 간격은 그림 [3.3](b)에서 볼 수 있듯이 최소한 25 mm 이상이어야 한다. 한편 기둥 부재 주철근의 최소 간격은 40 mm, 철근직경의 1.5배, 굵은골재 크기의 4/3배 중에서 가장 큰 값 이상이어야 한다. 만약 규정된 최소 간격을 유지하지 못하면 다발철근으로 가정하여 정착길이, 이음길이 등을 산정하고 균열폭 검토도 이루어져야 한다.

50 4.2.2(1)

50 4.2.2(2)

50 4.2.2(3)

최대 간격

철근의 최대 간격 제한을 검토하여야 하는 철근은 반대로 배치되는 철근량이 적은 경우로서 기둥 부재의 횡철근인 띠철근, 나선철근과 보 부재의 스터럽 등이 해당되고, 슬래브와 벽체 부재의 주철근이 해당된다.

먼저 띠철근의 최대 간격은 주철근 지름의 16배, 띠철근 지름의 48배, 기둥 단면 중에서 짧은 변의 길이 중에서 가장 작은 값 이하로 하여야 한다. 나선철근의 경우는 심부콘크리트를 균등하게 구속하여야 하므로 보다 좁게 순간격은 25 mm 이상, 75 mm 이하가 되도록 규정하고 있다. 보의 횡철근인 스터럽의 경우 $V_s \leq (\lambda\sqrt{f_{ck}}/3)b_w d$ 이하인 경우는 $d/2$와 600 mm 중 작은 값 이하로, $V_s > (\lambda\sqrt{f_{ck}}/3)b_w d$ 이상인 경우 $d/4$와 300 mm 중 작은 값 이하로 규정하고 있다. 그리고 비틀림모멘트에 대한 폐쇄스터럽과

50 4.2.2(3)

50 4.2.2(2)

22 4.3.2

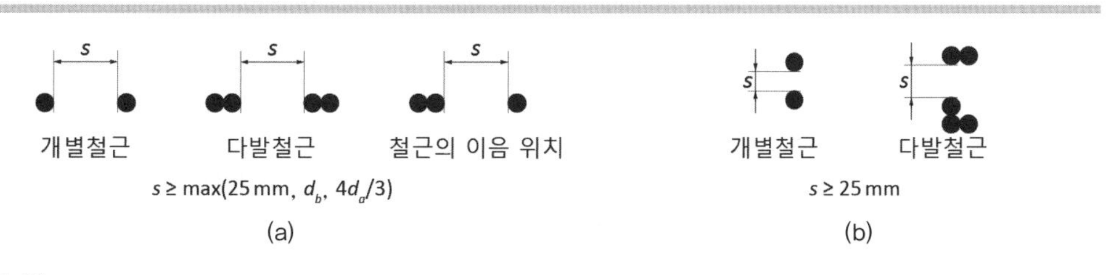

그림 [3.3]
철근의 최소 수평 및 수직 간격(보의 주철근): (a) 철근의 최소 수평 간격; (b) 철근의 최소 수직 간격

내진설계에 있어서 후프철근의 간격은 더 엄격하게 규정하고 있다.

70 4.1.5.2(2)

슬래브 주철근의 간격은 위험단면에서는 슬래브 두께의 2배와 300 mm 중 작은 값 이하로 하고, 그 외 구역에서 주철근의 간격은 슬래브 두께의 3배와 450 mm 중 작은 값 이하로 하여야 한다. 그러나 단면력에 의해 요구되는 것이 아닌 수축·온도 철근의 경우 간격은 슬래브 두께의 5배와 450 mm 중 작은 값 이하로 배치하도록 규정하고 있다.

50 4.6.2(3)

벽체 주철근의 간격은 수평, 수직철근 모두 벽 두께의 3배와 450 mm 중 작은 값 이하로 배치하여야 한다. 다만 $V_n > \phi V_c/2$인 전단벽체의 경우 수평전단철근 간격은 벽체 길이의 1/5, 두께의 3배, 450 mm 중 작은 값 이하로, 수직전단철근의 간격은 벽체 길이의 1/3, 두께의 3배, 450 mm 중 가장 작은 값 이하로 배치하여야 한다.

72 4.2(5)

72 4.9.3(3), (5)

3.4.3 최소 피복두께

피복두께
피복콘크리트의 두께를 말하며, 순피복두께(clear depth of cover)라고도 한다.

철근콘크리트 구조물에서 최소 피복두께(minimum thickness of cover)를 두는 이유는 크게 철근을 보호하기 위한 것과 철근과 콘크리트가 일체성을 갖고 거동할 수 있도록 하기 위한 것이다.

일반적으로 철근콘크리트 구조물의 수명은 철근의 부식에 의해 좌우된다. 콘크리트 재료 자체가 손상을 입는 경우는 알칼리골재반응, 외부의 화학 물질에 의한 침식, 수처리 구조물에서 물에 의한 침식 등 특별한 경우일 때이다. 대개는 표면 콘크리트의 탄산화에 의한 철근의 부식이나 염소이온의 침투에 의한 철근의 부식에 의해 손상을 받는다. 또 철근은 열에 약하므로 화재가 일어났을 때 철근을 보호하기 위하여 피복콘크리트가 필요하다. 이와 같이 철근콘크리트 구조물의 내구성과 내화성 확보를 위하여 최소 피복두께가 규정되고 있다. 그 외 피복콘크리트의 두께가 너무 작으면 철근의 부착강도가 저하되어 구조 일체성을 확보할 수 없는 것도 최소 피복두께를 확보하여야 하는 이유이다.

피복콘크리트
최외측 철근 표면에서 철근콘크리트 부재 표면까지 있는 콘크리트를 말한다.

50 4.3

피복두께란 그림 [3.4]에서 보이듯이 구조 부재에 배치된 최외측 철근의 표면에서 콘크리트 표면까지 최단거리이다. 기둥과 보 부재와 같이 횡철근이 있는 경우 횡철근의 표면에서 콘크리트 표면까지 거리 중에 가장 작은 값을 의미한다. 특수환경에 노출된 특별한 경우에는 노출조건과 등

50 4.3.1, 4.3.6

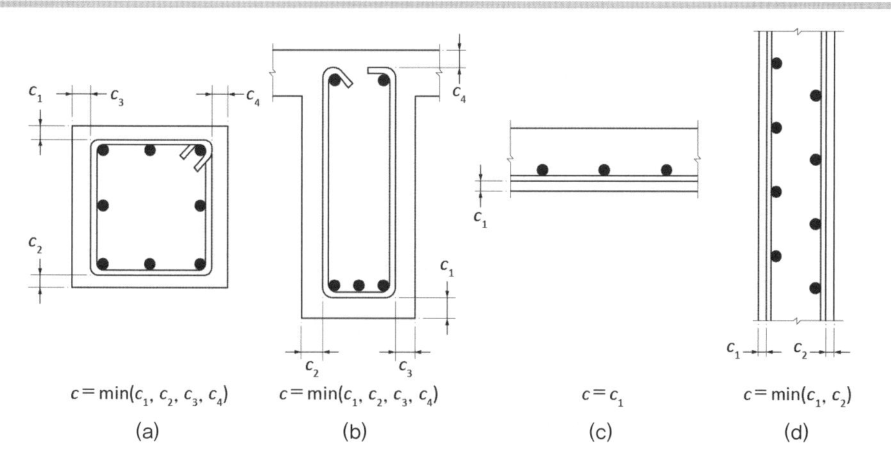

그림 [3.4]
피복두께: (a) 기둥; (b) 보; (c) 슬래브; (d) 벽체

급에 따라 규정되어 있고 일반환경에 노출된 경우 설계기준에서 요구하는 최소 피복두께는 철근콘크리트 구조물이 위치하는 곳에 따라 다르며, 표 〈3.7〉에 정리되어 있다.

표 〈3.7〉에서 수중에서 치는 콘크리트란 재료불분리혼화제 등을 사용하여 물속에서 직접 타설하는 콘크리트를 말하고, 물막이로 물을 막고 타설한 콘크리트는 이에 해당하지 않는다. 그리고 기초판 하부와 같이 거푸집을 설치할 수 없어서 흙에 바로 접하여 콘크리트를 타설하면 수화반응

표 〈3.7〉 현장치기 철근콘크리트 부재의 최소 피복두께

<table>
<tr><th colspan="3"></th><th>최소 피복두께(mm)</th></tr>
<tr><td colspan="3">수중에서 치는 콘크리트</td><td>100</td></tr>
<tr><td colspan="3">흙에 접하여 콘크리트를 친 후 영구히 흙에 묻혀 있는 콘크리트</td><td>75</td></tr>
<tr><td colspan="2" rowspan="2">흙에 접하거나 옥외의 공기에 직접 노출되는 콘크리트</td><td>D19 이상 철근</td><td>50</td></tr>
<tr><td>D16 이하 철근</td><td>40</td></tr>
<tr><td rowspan="5">옥외의 공기나 흙에 직접 노출되지 않는 콘크리트</td><td rowspan="2">슬래브, 벽체, 장선</td><td>D35 초과</td><td>40</td></tr>
<tr><td>D35 이하</td><td>20</td></tr>
<tr><td rowspan="2">보, 기둥</td><td>$f_{ck} < 40$ MPa</td><td>40</td></tr>
<tr><td>$f_{ck} \geq 40$ MPa</td><td>30</td></tr>
<tr><td colspan="2">쉘, 절판 부재</td><td>20</td></tr>
</table>

이 완전히 일어나기 전에 배합수가 흙으로 빠져나가 콘크리트가 부실할 가능성이 높다. 이러한 경우 상대적으로 피복두께를 증가시켜 내구성과 일체성을 높인다. 또 특수환경에 놓인 구조물이란 해수 또는 해수 물보라, 제빙화학제 등 노출범주 EC의 염화물에 노출된 구조물로서 콘크리트의 표면 처리가 되지 않은 곳, 유수 또는 화학 작용에 의해 침식이 우려되는 구조물 등이다. 또 내화를 필요로 하는 구조물의 경우에 화열의 온도, 지속시간 등을 고려하여 피복두께를 증가시키도록 규정하고 있다.

50 4.3.6

40 4.1.3

3.4.4 구조 일체성 확보를 위한 철근상세

철근콘크리트 구조물은 설사 어느 한 부재가 파손이 되더라도 구조물 전체의 파괴는 막을 수 있도록 하는 것이 바람직하다. 예로서 우리나라에서 일어난 삼풍상가와 미국 뉴욕에서 일어난 세계무역센터 건물의 연쇄 붕괴와 같은 것을 최소화하기 위해서 접합부 등에서 철근상세가 요구된다. 삼풍상가와 같은 플랫플레이트 구조물에서 한 곳에 뚫림전단 파괴가 일어나도 기둥 상부에 배치된 철근에 의해 현수 작용으로 슬래브가 매달려 있도록 하거나, 테러 등으로 하나의 기둥이 파괴가 되더라도 다른 쪽 기둥에 연결된 보가 인장부재로서 역할을 하여 연쇄 붕괴를 제어하는 철근상세 등이 있을 수 있다.

설계기준[4]에서는 골조 구조물에 비하여 상대적으로 구조 일체성이 약한 구조물인 플랫플레이트, 플랫슬래브에 대하여 특별히 구조 일체성에 대하여 규정하고 있고, 특히 구조물의 구조 일체성 확보를 위하여 테두리보의 철근상세가 중요하므로 이에 대하여 규정하고 있다.

50 4.7.1(2)

모든 테두리보에는 적어도 받침부에서 부모멘트 철근의 1/6 이상, 정모멘트 철근의 1/4 이상이면서 2개 이상의 철근을 각각 테두리보 상, 하부에 전체 부재 길이에 걸쳐 배치하여야 한다. 이 철근들은 연속 단부에서는 연속시키고, 불연속 단부에서는 표준갈고리나 확대머리 이형철근으로 정착시켜야 한다. 또 이때 이 철근들을 폐쇄스터럽으로 둘러싸야 한다. 그리고 구조 일체성을 확보하기 위하여 이음을 해야 할 경우에는 상대적으로 철근의 응력이 작은 위치에서 이음한다. 즉, 상부 철근의 이음은 경간 중앙 부근, 하부 철근의 이음은 받침부 부근에서 하고, B급 인장겹침

50 4.7.1(3), (4)

이음, 용접이음 또는 기계적이음으로 한다. 테두리보를 제외한 부재에서 폐쇄스터럽으로 둘러싸지 않은 경우, 부재 중앙부의 정철근의 1/4 이상으로서 2개 이상의 철근이 연속 부재인 경우 받침부를 지나도록 하거나 받침부 부근에서 B급 인장겹침이음, 용접이음 또는 기계적이음으로 한다. 그리고 불연속단부에서는 항복강도를 발휘할 수 있도록 표준갈고리나 확대머리 이형철근으로 정착시킨다.

50 4.7.1(5)

70 4.1.5.4

플랫슬래브와 플랫플레이트 구조물의 경우, 각 방향으로 주열대 내의 모든 하부 철근은 받침부 부근에서 연속시키거나 A급 인장겹침이음으로 이어야 한다. 이때 각 방향으로 적어도 2개 이상의 하부 철근은 기둥 단면 위를 지나가야 한다. 이러한 철근상세는 구조물의 연쇄 붕괴를 방지하기 위한 것이다.

3.5 철근의 정착

3.5.1 정착 일반

철근은 설계단면(critical section)에서 요구되는 응력에 저항하려면 충분한 묻힘길이를 확보하여야 한다. 만약 충분한 묻힘길이를 확보하지 못하면 설계단면에서 철근이 요구되는 응력을 저항하지 못하고 뽑혀나오기 때문이다. 각 응력에 대한 묻힘길이를 정착길이라고 말하며 설계기준[4]에서는 이에 대하여 상세히 규정하고 있다.

설계단면
각 단면력에 따라 설계단면을 설계기준에서 규정하고 있으며, 각 단면력에 대해 가장 위험한 단면을 말한다. 따라서 위험단면이라고도 하고, 이 단면의 단면력으로 설계하므로 설계단면이라고도 한다.

정착은 철근이 인장응력을 받는 경우의 인장정착과 압축응력을 받는 경우의 압축정착으로 크게 분류되며, 또한 정착되는 철근 끝단의 형태에 따라 직선 정착, 표준갈고리 정착, 기계적정착 등으로 분류된다. 그러나 압축정착의 경우 표준갈고리 정착은 유효하지 않으므로 이 형태로 정착하지 않는다.

52 4.1.5(4)

일반적으로 콘크리트 내에 정착된 철근이 인장응력을 받아 뽑혀나올 때는 콘크리트에 사인장균열을 유발시켜 원추형의 콘크리트와 함께 빠져 나온다. 즉, 철근의 정착길이는 콘크리트의 인장강도에 좌우되므로 각국의 설

52 1.2(3)
52 4.1.2(2)④

계기준[4), 6)]에서는 정착길이는 콘크리트 인장강도의 형태인 $\sqrt{f_{ck}}$ 의 함수로 규정되고 있다. 우리나라 설계기준[4)]의 경우 콘크리트 압축강도가 70 MPa 이상인 경우에 대한 실험결과가 충분하지 않으므로 콘크리트 압축강도가 70 MPa을 초과할 때는 70 MPa에 해당하는 $\sqrt{f_{ck}}$ 값인 8.4 MPa을 사용하도록 규정하고 있고, 경량콘크리트에 대한 인장강도의 보정계수도 다른 규정과 동일하게 규정하고 있다. 그리고 콘크리트 인장강도는 압축강도에 비하여 크기효과(size effect)가 크게 일어나기 때문에 철근의 크기에 따라 고려하고 있다. 우리나라 설계기준에서는 D19 이하는 D22 이상에 비하여 0.8배 하도록 간단히 규정하고 있으나, 유럽 설계기준[7)]에서는 철근 직경 d_b에 따른 크기효과를 고려하도록 규정하고 있다.

52 4.1.4

그리고 우리나라 설계기준에서는 2개, 3개, 4개의 다발철근을 허용하고 있는데, 인장 및 압축철근의 정착길이 계산에 있어서 기본정착길이는 하나의 철근의 직경으로 하고, 보정계수를 계산할 때의 d_b 값은 다발철근의 등가의 직경으로 한다. 또한 이렇게 계산된 정착길이에 3개의 다발철근의 경우 20퍼센트를, 4개의 다발철근의 경우 33퍼센트를 증가시킨다.

3.5.2 인장 이형철근의 정착

인장철근을 정착하는 방법은 앞서 설명한 바와 같이 크게 3가지 방법이 있는데, 첫 번째 방법은 철근 끝을 아무런 처리를 하지 않고 직선으로 정착하는 것이고, 두 번째 방법은 철근 끝을 90° 또는 180° 표준갈고리를 두고 정착하는 것이며, 마지막 방법은 철근 끝에 확대머리 등을 용접하여 정착하는 기계적정착 방법이다.

직선철근의 인장 정착

52 4.1.2

직선으로 정착하는 철근의 정착길이를 산정하는 방법으로 설계기준에서 두 가지 방법을 규정하고 있다. 설계자는 이 두 가지 방법 중에서 선택하여 적용할 수 있으나, 계산된 정착길이는 항상 300 mm 이상이 되어야 한다. 다음에 설명하는 방법 1과 방법 2 중에서 방법 1은 방법 2에 비하여 계산 과정이 간단하고, 모든 경우는 아니지만 대부분의 경우 이 방법에 의해 계산된 정착길이가 방법 2에 의해 계산된 길이보다 크다. 그래서 계산 과정이 복잡하여도 방법 2에 의해 계산하면 조금 짧은 정착길이를 얻을 수 있다.

52 4.1.2(3)

방법 1은 다음 식 (3.1)(a)에 의해 계산되는 기본인장정착길이 l_{db}에 각 조건에 따른 표 〈3.8〉과 표 〈3.9〉에 제시된 보정계수를 곱하여 식 (3.1)(b)에 의해 인장정착길이 l_d를 구한다.

표 〈3.8〉 보정계수

조건	D19 이하 철근	D22 이상 철근
설계기준에서 규정하는 최소 철근량 이상 d_b 이상, d_b 이상, d_b 이상 (a) 일반적으로 보, 기둥의 경우에 해당 d_b 이상, $2d_b$ 이상, d_b 이상 (b) 일반적으로 슬래브, 벽체의 경우에 해당 (스터럽, 띠철근 등 횡철근은 없어도 무방)	$0.8\alpha\beta$	$\alpha\beta$
위 조건을 만족시키지 못하는 경우	$1.2\alpha\beta$	$1.5\alpha\beta$

표 〈3.9〉 α, β, λ 값

	조건	α, β, λ 값
α(철근위치계수)	• 상부철근(정착길이 아래 300 mm를 초과되게 굳지 않은 콘크리트를 친 수평철근) • 기타철근	1.3 1.0
β(에폭시도막계수)	• 피복두께가 $3d_b$ 미만 또는 순간격이 $6d_b$ 미만인 경우 • 기타 에폭시 도막 철근 • 도막되지 않은 철근	1.5 1.2 1.0
λ(경량콘크리트계수)	• f_{sp}(쪼갬인장강도)가 주어지지 않은 경량콘크리트 • f_{sp}가 주어진 경우	0.75 ; 전경량콘크리트 0.85 ; 모래경량콘크리트 –사이는 직선 보간 $f_{sp}/(0.56\sqrt{f_{ck}}) \leq 1.0$

$$l_{db} = \frac{0.6 d_b f_y}{\lambda \sqrt{f_{ck}}} \tag{3.1(a)}$$

$$l_d = \text{보정계수} \times l_{db} \geq 300\text{mm} \tag{3.1(b)}$$

여기서, d_b는 철근의 지름(mm), f_y는 철근의 설계기준항복강도(MPa)이고, f_{ck}는 콘크리트의 설계기준압축강도(MPa)이며, λ는 경량콘크리트 보정계수이다. 다만 앞서 설명한 바와 같이 f_{ck}가 70 MPa을 초과하는 경우에 대한 실험결과가 많지 않기 때문에 f_{ck}가 70 MPa을 초과하면 70 MPa로 취급하여 이 정착, 이음에 나오는 $\sqrt{f_{ck}}$ 값은 8.4 MPa로 취한다.

표 〈3.9〉에서 철근의 위치에 따른 보정계수 α는 수평철근의 위치에 따라 정착길이와 이음길이를 보정하도록 주어진 계수이다. 이것은 정착철근 하부에 한 번에 콘크리트가 300 mm를 초과할 정도로 많이 타설하는 경우 상부에 배치된 수평철근의 하부는 콘크리트의 블리딩에 의한 부착 저항력이 크게 떨어지기 때문이다. 그래서 보 주철근의 경우 보 깊이가 보통 300 mm를 초과하므로 상부에 배치되는 철근은 정착길이와 이음길이를 하부에 배치되는 철근보다 길게 하여야 한다. 옹벽과 내력 벽체에 배치되는 수평철근의 경우 일반적으로 수 미터 높이를 한 번에 콘크리트를 타설하므로 하부에서 300 mm를 초과하는 모든 위치에 배치된 수평철근의 정착, 이음길이를 크게 하여야 하는 것으로 볼 수도 있다. 그러나 이러한 경우 상부의 철근이라도 철근 위쪽에 상당한 양의 콘크리트가 있는 경우 콘크리트 무게에 의한 압밀로 블리딩수가 줄어들 수 있다. 그래서 유럽의 *fib* 2010 설계기준에서는 수평철근의 정의는 45° 미만의 각도로 배치된 철근으로 되어 있고, 이 철근들의 상부에 타설되는 콘크리트 깊이가 300 mm 이상이면 압밀에 의하여 철근의 부착강도를 떨어뜨리지 않는다고 보고 있다. 그래서 이러한 점을 고려할 때 비록 철근 아래쪽에 300 mm 이상의 콘크리트를 친다고 하여도 그 철근의 위쪽에도 300 mm 이상의 콘크리트를 동시에 치면 하부철근으로 볼 수 있다.

fib 2010 6.1.3.2

52 4.1.2(3)

방법 2는 보다 복잡한 과정으로 산정하는 방법으로서 철근이 뽑혀나올 때 콘크리트에 발생하는 균열을 줄여주는 횡방향 철근의 영향을 고려하는 횡방향균열지수 K_{tr}을 고려하는 것이 큰 차이점이며, 다음 식 (3.2)에 의해 정착길이 l_d를 계산한다.

$$l_d = \frac{0.90 d_b f_y}{\lambda \sqrt{f_{ck}}} \frac{\alpha \beta \gamma}{\left(\frac{c + K_{tr}}{d_b} \right)} \geq 300 \text{ mm} \tag{3.2}$$

여기서, $(c+K_{tr})/d_b$는 2.5 이하이어야 하고, γ는 철근 크기에 따른 계수로서 D19 이하 철근은 0.8, D22 이상 철근은 1.0이다. c(mm) 값은 피복두께와 철근 간격을 고려하는 계수로서 그림 [3.5]에서 볼 수 있듯이 철근 중심선에서 콘크리트 표면까지 거리와 철근 사이 간격의 1/2 중에서 가장 작은 값이고, K_{tr}은 횡방향철근지수로서 다음 식 (3.3)과 같다.

$$K_{tr} = \frac{40 A_{tr}}{sn} \tag{3.3}$$

여기서, A_{tr}은 정착된 철근을 따라 쪼개질 가능성이 있는 면을 가로질러 배치된 간격 s 이내에 있는 횡방향철근 전체의 단면적이고, s(mm)는 정착길이 l_d 구간 내에 배치된 횡방향철근 간격 중 최댓값이며, n은 정착되는 철근의 수이다. 그러나 설계를 간편하게 하기 위해 $K_{tr}=0$으로 취급할 수 있는 것으로 규정하고 있다. 만약 $K_{tr}=0$으로 하고 일반적으로 c는 $2d_b$ 이상이 되므로 $(c+K_{tr})/d_b=2$로 가정하면 식 (3.2)에 의해 구한 값은 식 (3.1)에 의해 구한 값의 75퍼센트가 된다.

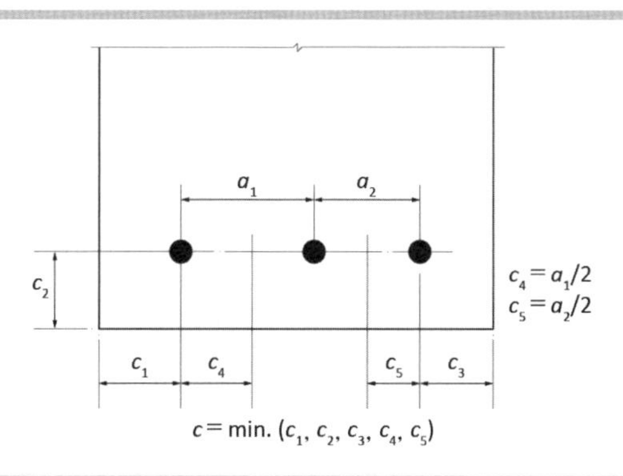

그림 [3.5]
c 값의 결정

표준갈고리가 있는 인장철근 정착

52 4.1.5(2)

주철근에 대한 표준갈고리는 90° 표준갈고리와 180° 표준갈고리가 있으며, 이러한 표준갈고리가 인장철근 끝에 있는 경우에 대한 정착길이는 다음 식 (3.4)(a)에 의해 구한 기본정착길이 l_{hb}에 표 〈3.10〉에 나타낸 보정계수를 곱하여 식 (3.4)(b)와 같이 정착길이 l_{dh}를 구한다. 이때 l_{dh}는 최소한 $8d_b$ 이상이어야 하고 또한 150 mm 이상이어야 한다.

$$l_{hb} = \frac{0.24\beta d_b f_y}{\lambda\sqrt{f_{ck}}} \tag{3.4)(a}$$

$$l_{dh} = \text{보정계수} \times l_{hb} \geq \max.(8d_b,\ 150\text{mm}) \tag{3.4)(b}$$

여기서, β는 표 〈3.9〉에 나타난 토막철근에 대한 보정계수이고, d_b는 정착철근의 지름(mm), f_y는 정착철근의 설계기준항복강도(MPa), f_{ck}는 콘크리트의 설계기준압축강도(MPa)이며, λ는 경량콘크리트 보정계수이고, 식 (3.4)(b)의 보정계수는 표 〈3.10〉에 주어져 있다.

52 4.1.5(5)

그리고 부재의 불연속단에서 갈고리 철근의 양 측면과 철근이 있는 위치의 상부 또는 하부의 피복두께가 작은 경우 쪼갬파괴가 일어나기 쉽다. 따라서 모든 피복두께가 70 mm 미만인 경우 그림 [3.6]과 같은 수직스터럽 또는 띠철근을 배치하여야 한다. 이 경우에 대해서는 표 〈3.10〉에 주어진 보정계수 0.8을 취할 수 없다. 그러나 계산된 철근 응력이 철근의 정착을 위해 갈고리를 필요로 하지 않을 정도로 작거나, 정착할 철근의

그림 [3.6]
불연속단에서 보강 상세(피복두께가 70 mm 미만)

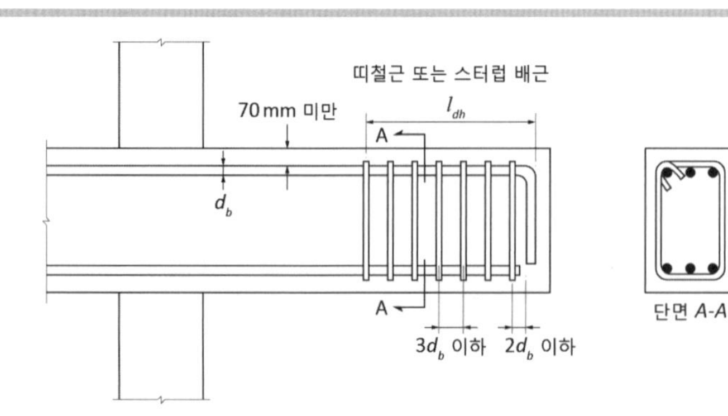

양 측면으로 슬래브가 있는 경우는 쪼갬파괴가 일어날 가능성이 낮으므로 이와 같은 띠철근이나 스터럽이 필요하지 않다.

표 〈3.10〉 보정계수

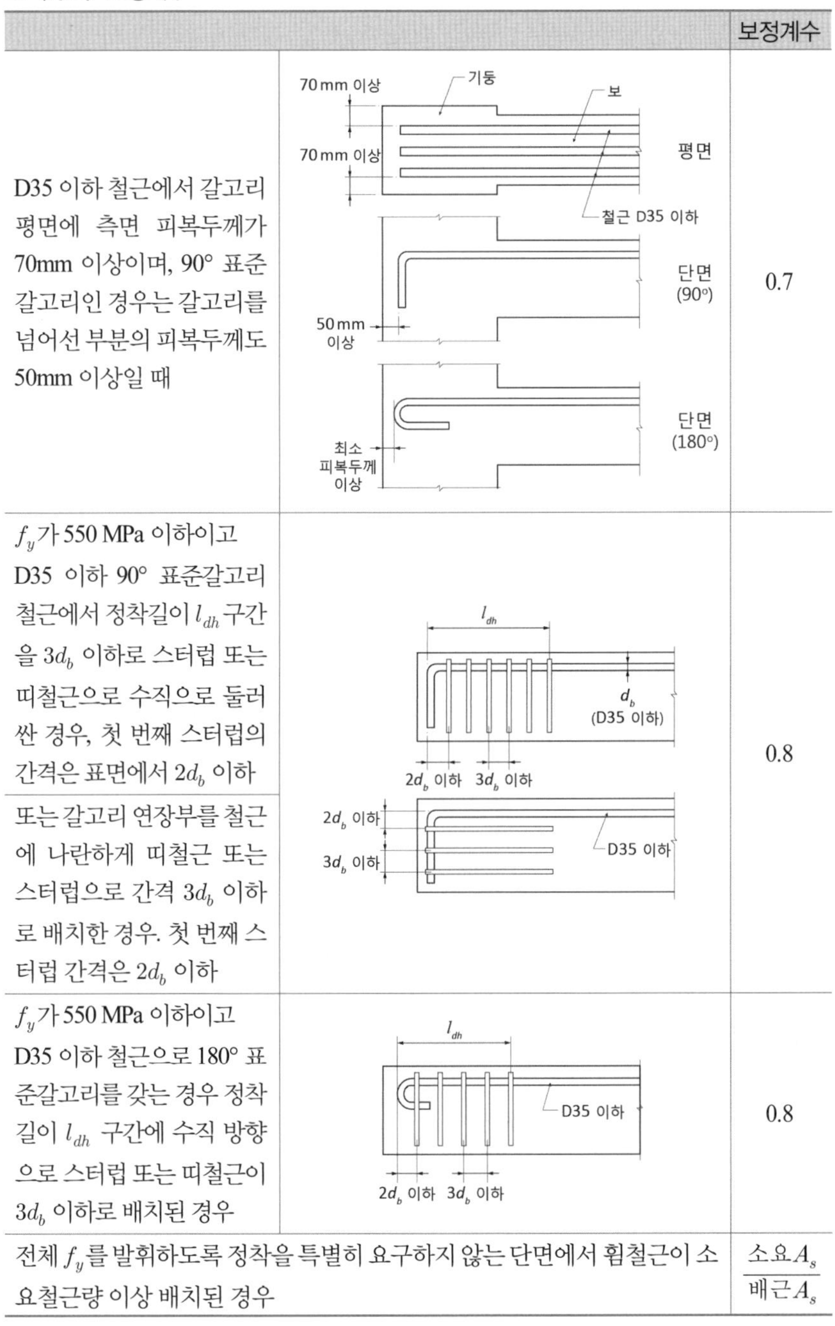

		보정계수
D35 이하 철근에서 갈고리 평면에 측면 피복두께가 70mm 이상이며, 90° 표준갈고리인 경우는 갈고리를 넘어선 부분의 피복두께도 50mm 이상일 때		0.7
f_y가 550 MPa 이하이고 D35 이하 90° 표준갈고리 철근에서 정착길이 l_{dh} 구간을 $3d_b$ 이하로 스터럽 또는 띠철근으로 수직으로 둘러싼 경우, 첫 번째 스터럽의 간격은 표면에서 $2d_b$ 이하		0.8
또는 갈고리 연장부를 철근에 나란하게 띠철근 또는 스터럽으로 간격 $3d_b$ 이하로 배치한 경우. 첫 번째 스터럽 간격은 $2d_b$ 이하		
f_y가 550 MPa 이하이고 D35 이하 철근으로 180° 표준갈고리를 갖는 경우 정착길이 l_{dh} 구간에 수직 방향으로 스터럽 또는 띠철근이 $3d_b$ 이하로 배치된 경우		0.8
전체 f_y를 발휘하도록 정착을 특별히 요구하지 않는 단면에서 휨철근이 소요철근량 이상 배치된 경우		$\frac{소요A_s}{배근A_s}$

확대머리 이형철근 및 기계적 인장정착

52 4.1.6

철근이 한 곳에서 많이 정착되는 경우 철근이 밀집되어 배치하기도 힘들고 콘크리트를 타설하기도 힘든 경우가 많다. 이러한 경우에 철근의 끝을 넓게 하여 정착 효과를 증진시켜 보다 단순하게 철근을 배치할 수 있다. 그림 [3.7](a)에서 보듯이 끝을 확대한 것을 확대머리라고 하며, 최상층을 제외한 부재 접합부에 정착하는 이러한 철근의 인장정착길이 l_{dt}는 다음 식 (3.5)에 의해 구한다.

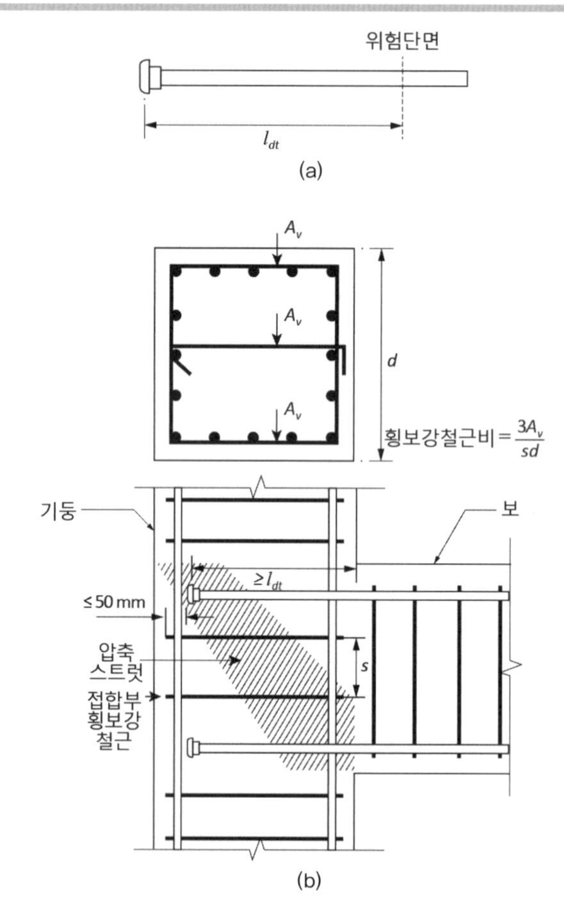

그림 [3.7]
확대머리 이형철근의 정착길이: (a) 확대머리 이형철근 정착길이의 정의; (b) 기둥에 정착된 확대머리 이형철근의 정착길이

$$l_{dt} = \frac{0.22\beta d_b f_y}{\Psi \sqrt{f_{ck}}} \geq \max.(8d_b,\ 150\ \text{mm}) \qquad (3.5)(a)$$

$$\Psi = 0.6 + 0.3\frac{c_{so}}{d_b} + 0.38\frac{K_{tr}}{d_b} \leq 1.375 \qquad (3.5)(b)$$

여기서, β는 철근 도막계수로서 표 〈3.9〉의 값을 따르고, c_{so}는 철근표면에서 측면 피복두께이며 K_{tr}은 식 (3.3)에 의해 구하나 $1.0d_b$보다 크면 $1.0d_b$로 한다.

그리고 식 (3.5)에 의해 구한 l_{dt}는 $8d_b$ 또한 150 mm 이상이어야 하며, 또 식 (3.5)는 확대머리의 순지압면적, 즉 튀어나온 부분의 면적이 철근단면적의 4배 이상인 경우, 순피복두께는 $1.35d_b$ 이상, 철근 순간격은 $2d_b$ 이상일 때 적용 가능하다. 또 그림 [3.7](b)에서 볼 수 있듯이 확대머리 뒷면이 횡보강철근 바깥 면부터 50 mm 이내에 위치하여야 하고, 접합부는 지진력에 의해 요구되는 전단강도를 확보한 경우에만 적용할 수 있다. 그리고 보의 유효깊이 d와 정착길이 l_{dt}의 비, 즉 $d/l_{dt} > 1.5$인 경우에는 KDS 14 20 54 (4.3.2)의 인장력을 받는 앵커의 설계법에 따라 설계하여야 한다.

위의 조건을 만족하지 못하는 경우의 정착길이는 다음 식 (3.6)에 의해 구한다.

$$l_{dt} = \frac{0.24\beta d_b f_y}{\sqrt{f_{ck}}} \qquad (3.6)$$

이 식 (3.6)을 적용하기 위해서는 K_{tr} 값이 $1.2d_b$ 이상이여야 하고, 순피복두께는 $2d_b$, 철근 순간격은 $4d_b$ 이상이어야 한다.

예제 〈3.1〉

그림과 같이 부모멘트에 의한 보의 주철근 8－D25 중에서 4－D25를 표준갈고리를 두어 정착할 때와 직선으로 정착할 때의 정착길이를 각각 구하라.
철근의 설계기준항복강도는 f_y=400 MPa, 콘크리트의 설계기준압축강도 f_{ck}=30 MPa, 주철근의 피복두께는 40 mm이다.

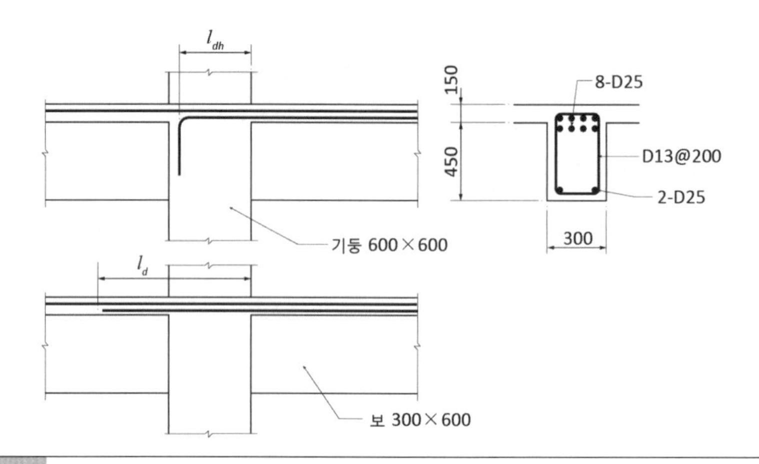

풀이

1. 직선으로 정착한 경우에 대하여 정착길이를 구한다.
   식 (3.1)(a)에 의해 기본 인장정착길이 l_{db}를 계산한다. 52 4.1.2(2)

$$l_{db}=\frac{0.6d_bf_y}{\lambda\sqrt{f_{ck}}}=\frac{0.6\times 25\times 400}{1.0\times\sqrt{30}}=1{,}095\ \text{mm}$$

이 경우 피복두께 40 mm와 철근의 순간격 s=(300－40－40－13－13－4×25)/3= 31 mm는 d_b=25 mm 이상이고, 보에는 D13@200으로 스터럽이 배치되어 있으며 접합부 기둥으로서 기둥 주철근 등이 지나가고 있으므로 D22 이상의 철근에 해당하므로 보정계수는 $\alpha\beta$이다. 이때 상부철근에 해당하므로 $\alpha=1.3$, 에폭시피복은 아니므로 $\beta=1.0$이다. 따라서 인장정착길이 l_d는 다음과 같다.

$$l_d=\alpha\beta l_{db}=1.3\times 1.0\times 1{,}095=1{,}424\ \text{mm}$$

다음으로 식 (3.2)에 의해 정착길이 l_d를 계산한다.
먼저 K_{tr} 값을 계산하면, s는 스터럽 간격, A_{tr}은 D13 스터럽 2가닥 단면적, n은 정착되는 철근의 개수로서 4개이다. 52 4.1.2(3)

$$K_{tr} = \frac{40A_{tr}}{sn} = \frac{40 \times 2 \times 126.7}{200 \times 4} = 12.67$$

그리고 c 값은 피복두께보다 철근의 중심 간 거리인 25+31/2 = 40.5 mm가 작은 값이므로 $(c+K_{tr})/d_b = (40.5+12.67)/25 = 2.13 \leq 2.5$이다. 따라서 인장정착길이 l_d는 다음과 같다.

$$l_d = \frac{0.90 d_b f_y}{\lambda\sqrt{f_{ck}}} \frac{\alpha\beta\gamma}{\left(\frac{c+K_{tr}}{d_b}\right)} = \frac{0.90 \times 25 \times 400}{1.0 \times \sqrt{30}} \frac{1.3 \times 1.0 \times 1.0}{2.13} = 1{,}003 \text{ mm}$$

이렇게 구한 정착길이 1,003 mm는 앞에서 구한 1,424 mm보다 421 mm가 작은 값이며 약 70퍼센트 정도이다.

2. 90° 표준갈고리를 한 경우에 대한 기본정착길이 l_{hb}를 식 (3.4)(a)에 의해 구한다. 철근 직경 $d_b = 25$ mm이므로 $\beta = 1.0$이고, 일반 콘크리트이므로 $\lambda = 1.0$이다. 52 4.1.5(2)

$$l_{hb} = \frac{0.24\beta d_b f_y}{\lambda\sqrt{f_{ck}}} = \frac{0.24 \times 1.0 \times 25 \times 400}{1.0 \times \sqrt{30}} = 438 \text{ mm}$$

이 철근은 측면이 기둥으로서 두께가 70 mm 이상이고 기둥 크기가 600 mm이므로 50 mm 이상 안쪽으로 배치할 수 있으므로 보정계수 0.7을 고려할 수 있다. 따라서 l_{dh}는 다음과 같다.

$$l_{dh} = \text{보정계수} \times l_{hb} = 0.7 \times 438 = 307 \text{ mm}$$

이 값은 $8d_b = 8 \times 25 = 200$ mm 또 150 mm보다 큰 값이므로 이 l_{dh} =307 mm가 정착길이이다.

표준갈고리가 있을 때 정착길이 307 mm는 표준갈고리 없이 직선으로 정착할 때의 정착길이 1,003 mm와 비교하여 매우 짧다. D25에 대한 표준갈고리의 내민길이 $12d_b = 12 \times 25 = 300$ mm와 최소 내면반경 $3d_b$로서 중심 반경은 $3.5d_b$이므로 $2\pi r/4 = 2 \times 3.14 \times 3.5 \times 25/4 = 137$ mm를 합할 때 전체 요구되는 철근길이는 307 +300+137=744 mm로서 1,003 mm보다 짧다. 즉, 인장철근을 정착할 때 표준갈고리를 두면 가공하는 비용과 노력이 요구되지만, 짧은 거리 내에서 장착시킬 수 있고 또한 철근 길이도 줄일 수 있다.

3.5.3 압축 이형철근의 정착

52 4.1.3

콘크리트 내에서 철근이 압축을 받을 때는 인장을 받는 경우와 그 파괴 거동이 다르며, 훨씬 저항능력이 크므로 인장정착길이에 비하여 압축정착길이는 짧다. 그리고 끝부분에 표준갈고리가 있어도 별로 효과가 없기 때문에 압축을 받는 철근은 표준갈고리를 하지 않는다.

52 4.1.3(2)

이형철근의 정착길이 l_d는 다음 식 (3.7)(a)에 의해 기본정착길이 l_{db}를 계산하고, 보정계수를 곱하여 식 (3.7)(b)에 의해 l_d를 얻는다.

$$l_{db} = \frac{0.25 d_b f_y}{\lambda \sqrt{f_{ck}}} \geq 0.043 d_b f_y \tag{3.7)(a}$$

$$l_d = \text{보정계수} \times l_{db} \geq 200 \text{ mm} \tag{3.7)(b}$$

52 4.1.3(3)

여기서, 보정계수는 두 가지가 있는데, 첫 번째는 해석 결과로 요구되는 철근량을 초과하여 배치한 경우에는 (소요A_s/배근A_s)이고, 두 번째는 나선 간격이 100 mm 이하인 나선철근이나 중심 간격이 100 mm 이하로 배치된 D13 이상의 띠철근으로 둘러싸인 주철근에 대한 보정계수는 0.75이다.

3.6 철근의 이음

3.6.1 이음 일반

철근은 대개 5 m에서 15 m 정도의 길이로 생산된다. 물론 코일 철근과 같이 긴 길이로 생산되기도 하지만 일반적으로 10 m 전후의 직선 철근으로 생산된다. 따라서 공사현장에서는 철근을 이어 시공할 수밖에 없다. 이때 철근에 작용하는 응력을 이어지는 철근으로 전달시키기 위해서 필요한 것이 이음이다.

겹침이음(lap splice), 용접이음(welded splice), 기계적이음(mechanical splice)

이음에는 힘을 전달시키는 방법에 따라 겹침이음(lap splice), 용접이음(welded splice), 기계적이음(mechanical splice) 등이 있다. 겹침이음이란 이어질 두 철근을 어느 길이를 겹쳐서 철근에 작용하는 힘이 철근과 콘크리트의 부착에 의해 콘크리트로 전달되고 다시 다른 철근으로 전달되는 방법이다. 따라서 이음길이는 정착길이와 관련이 깊다. 크기가 큰 철근의 경우 이음길이가 길어져 경제적으로, 시공적으로 합리적이지 못할 뿐만 아니라, 설계기준에서 규정하고 있는 피복두께 등을 고려할 때 역학적으로도 문제가 될 수 있다. 그래서 D35 크기의 철근까지만 겹침이음이 허용되고, 그보다 큰 철근은 용접이음이나 기계적이음으로 하여야 한다. 또 겹침이음을 할 때 이어질 두 철근의 간격이 넓으면 두 철근 사이의 콘크리트에 균열이 발생하여 저항 능력이 떨어질 수 있으므로 설계기준에서는 요구되는 겹침이음길이의 1/5 또는 150 mm 중 작은 값 이하로 떨어지도록 규정하고 있다.

52 4.5.1(2)

3.6.2 인장 이형철근의 이음

철근을 인장이음을 할 때는 가능한 철근에 작용하는 인장응력이 작은 곳에서 이음을 하는 것이 바람직하다. 그리고 가능하면 부재의 인장철근을 한 위치에서 이음을 하는 것보다는 간격을 두고 이음을 하는 것이 좋다. 따라서 설계기준에서는 이음하는 위치에서 요구되는 철근량과 실제로 배치한 철근량의 비와 이음되는 철근의 비율을 고려하여 표 〈3.11〉과 같이 A급이음과 B급이음으로 분류하고, A급 및 B급 인장겹침이음길이 $l_{s,A}$와 $l_{s,B}$는 각각 다음 식 (3.8)(a),(b)와 같이 구한다.

52 4.5.2

52 4.5.2(1)

$$l_{s,A} = l_d \tag{3.8(a)}$$

$$l_{s,B} = 1.3 l_d \tag{3.8(b)}$$

표 〈3.11〉 인장겹침이음의 분류

배근A_s/소요A_s	소요겹침이음길이 내에 이음된 철근 A_s의 최대 비율(%)	
	50 이하	50 초과
2 이상	A급	B급
2 미만	B급	B급

여기서 l_d는 식 (3.1)(b) 또는 식 (3.2)에 구하는 인장철근정착길이이다. 다만 인장겹침이음길이를 계산할 때는 l_d가 300 mm 이상이어야 한다는 조건과 보정계수 중에서 (배근A_s/소요A_s)는 고려하지 않는다.

52 4.5.2(3)

서로 다른 크기의 철근을 인장겹침이음하는 경우의 이음길이는 큰 철근의 정착길이와 작은 철근의 이음길이 중 큰 값 이상으로 한다.

한편 인장철근을 용접이음 또는 기계적이음으로 하는 경우에도 철근의 인장응력이 가능한 작은 곳에서 하는 것이 바람직하다. 만약 해석 결과 요구되는 철근량에 비해 배근된 철근량이 2배 미만인 경우에는 이음부에서 설계기준항복강도의 125퍼센트를 저항할 수 있도록 하여야 한다. 그러나 철근이 필요 이상으로 많이 배근되거나 응력이 작은 곳에서 이음이 되어 내력이 요구 단면력의 2배 이상이고 다음 조건을 따를 때는 굳이 설계기준항복강도의 125퍼센트를 이음부에서 확보할 필요는 없다. 그러한 조건은 D16 크기 이하의 철근으로서 각 철근의 이음부는 600 mm 이상 엇갈려 있고, 이음부에서 계산된 인장력의 2배 이상 또한 전체 철근 단면적에 인장응력 140 MPa을 곱한 인장력 이상을 저항할 수 있을 때이다.

52 4.5.2(5)

3.6.3 압축 이형철근의 이음

52 4.5.3

철근이 압축을 받을 때는 정착이나 이음에서 철근 끝에서 콘크리트 지압에 의한 저항이 상당히 크다. 그러나 이 지압강도는 정착길이와 이음길이에도 관련이 없고 철근의 항복강도에도 크게 관계가 없으며, 콘크리트의 압축강도와 피복두께 등에 관련되어 있다. 설계기준[4]에서 철근에 대한 압축겹침이음길이 l_s는 다음 식 (3.9)와 같이 주어지고 있다.

52 4.5.3(1)

$$l_s = \left(\frac{1.4 f_y}{\lambda \sqrt{f_{ck}}} - 52\right) d_b \geq 300 \text{ mm} \tag{3.9}$$

여기서, $f_y \leq 400$ MPa인 경우 $0.072 f_y d_b$ 이하로 하며, $f_y > 400$ MPa인 경우 $(0.13 f_y - 24) d_b$ 이하로 한다. 그러나 어떠한 경우에도 l_s 값은 300 mm

이상이어야 하고 콘크리트의 설계기준압축강도가 21 MPa 미만인 경우 이음길이를 1/3만큼 더 증대시켜야 한다. 식 (3.9)에 의한 압축겹침이음길이는 식 (3.8)에 의해 구한 인장겹침이음길이보다 크게 할 필요는 없다.

서로 크기가 다른 철근끼리 압축이음을 할 때도 큰 철근의 압축정착길이와 작은 철근의 압축겹침이음길이 중 큰 값 이상으로 겹침이음길이로 정한다. 그리고 철근이 모든 하중 조건에서 항상 압축력만 받는 경우에는, 철근의 양 단부를 철근 축의 직각 면에 1.5° 내의 오차를 갖는 평면으로 하고 조립 후에도 지압 면의 오차가 3° 내에 있도록 하면 특별한 조치없이 직접 철근 끝을 맞대어 이음할 수 있다. 다만 이러한 이음은 폐쇄띠철근 또는 나선철근을 배치한 압축 부재에만 사용할 수 있다.

52 4.5.3(2)

52 4.5.3(4), (5)

참고문헌

1. Turner, C.A.P., "Concrete Steel Construction : Part 1-Buildings, Chapter Ⅷ ; Systems of Reinforced Concrete Construction", American Concrete Institute, SP-52, Detroit, 1976, pp.245-284.
2. Talbot, A.N., "Tests of Reinforced Concrete Beams", American Concrete Institute, SP-52, Detroit, 1976, pp.123-190.
3. Clark, A.P., "Highlights of the Development of Reinforced Concrete and the Study of Bond", ACI Journal, Proceedings V. 44, No. 6, Feb. 1948, pp.437-440.
4. 한국콘크리트학회, '콘크리트구조 설계기준 해설', 기문당, 2021
5. 기술표준원, 'KS B 0804 금속 재료 굽힘 시험 방법'.
6. ACI 318-14, 'Building Code Requirements for Structural Concrete and Commentary', American Concrete Institute, Farmington Hills, MI, 2014, 516p.
7. EN 1992, 'Eurocode 2 : Design of Concrete Structures', European Committee for Standardization, Brussels, 2004.

문 제

1. 다음 각 부재 단면에 대하여 최소 피복두께와 허용오차를 고려할 때 철근 A가 위치할 수 있는 영역(x, y좌표)을 구하라. 모든 철근의 설계기준항복강도는 400 MPa, 콘크리트의 설계기준압축강도는 30 MPa이다.

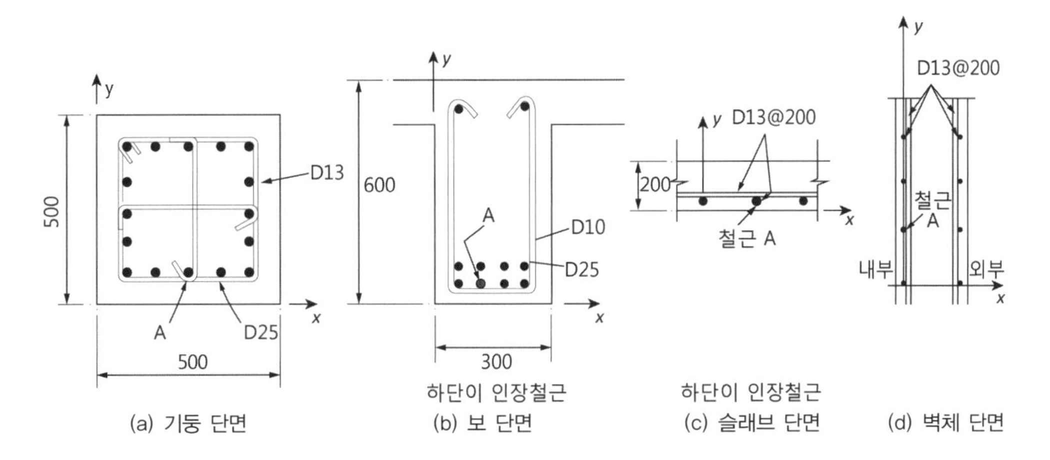

(a) 기둥 단면 (b) 보 단면 (c) 슬래브 단면 (d) 벽체 단면

2. 벽체의 높이가 3.0이다. 이 벽체에 수평철근으로 D16@200으로 배치하였을 때 정착길이를 구하라. 다만 $f_{ck}=27$ MPa, $f_y=400$ MPa이다.

3. 기둥 단면이 600×600 mm^{2}이고, 피복두께는 40 mm, 띠철근으로 D13, 주철근으로 D25를 사용하였을 때, 주철근의 인장이음길이와 압축이음길이를 구하라. 그리고 띠철근의 간격도 구하라. 다만 $f_{ck}=30$ MPa, $f_y=500$ MPa이다.

제4장

보 부재 설계

(가)

(나)

그림 '(가)'는 아테네의 파르테논 신전이고, 그림 '(나)'는 고대 경기장이다. 철근콘크리트가 나타나기 이전에는 휨인장을 받는 보 부재에 대한 제한이 컸다. 그림 '(가)'에서 보듯이 석조로 보를 구성할 경우 경간을 매우 짧게 할 수밖에 없어서, 그림 '(나)'와 같은 아치 구조로 구성하였다. 철근콘크리트의 탄생은 구조설계를 다양하게 할 수 있는 자유를 제공하였다.

제4장 보 부재 설계

4.1 개요

4.1.1 보 부재의 분류

보는 단면의 크기와 형상, 부재의 길이, 부재가 위치하는 곳 등에 따라 다양한 이름으로 분류되고 있다.

보의 종류
보는 지지되는 부재, 길이에 대한 깊이의 비, 단면의 형태, 보의 위치 등에 따라 다양하게 분류되고 있다. (그림 [4.1] 참조)

먼저 지지되는 방법에 따라 분류되는데, 일반적으로 그림 [4.1](a)에서 나타나듯이 큰 보(girder)는 기둥, 벽체, 교각, 교대 등 받침부재에 직접 연결되어 있는 보이며, 작은 보(beam)는 큰 보에 의해 지지되는 보이다. 그러나 이들 모두를 보(beam)라고 하기도 한다. 그리고 캔틸레브 보(cantilever beam)는 그림 [4.1](a)와 같이 한쪽 단부는 구속되어 있고, 반대쪽 단부는 자유로운 보를 말한다.

22 4.8.1(1)

캔틸레브 보 중에서 유효깊이에 대한 하중점까지 거리의 비가 1 이하인 경우를 내민받침이라고 한다. 이 내민받침 중에서 그림 [4.1](b)와 같이 기둥에서 내민 짧은 캔틸레브 보만을 브래킷이라고 하고, 반면 벽체에서 내민 짧은 캔틸레브 보를 코오벨(corbel)이라고 분리하여 일컫기도 한다. 그리고 큰 보 위에 설치한 내민 받침을 렛지(ledge)라고 한다.

또, 보는 단면의 형태에 따라 그림 [4.1](c)에서 보듯이 T형 보, 반 T형 보, 직사각형 보 등으로 나누어지기도 한다. 그리고 보 부재가 흙 속에 위치하고 있으면 지중보라고 부른다.

한편 보 부재의 길이가 전체 보 깊이에 비하여 상대적으로 짧은 것을 깊은보(deep beam)라고 한다. 그림 [4.1](d)에서 볼 수 있듯이 2003년 판 설계기준[1])에서는 휨모멘트에 대하여 단면의 응력 분포를 비선형으로 고려하여야 하는 보를 깊은 휨 부재(deep flexural member)라고 하고, 보에

깊은보(deep beam)와 깊은 휨 부재 (deep flexural member)

22 4.7.1(1)

전단력이 가해져 경사 압축파괴(diagonal compression failure)가 예상되는 보를 깊은보라고 분리하였다. 그러나 2007년판 설계기준[2)]에서는 이 두 경우 모두 그림 [4.1](e)에서 보이는 바와 같은 조건을 만족시킬 때 깊은보라고 정의하고 있다. 이때 보 양 단부의 지지조건은 단순지지이든 구속지지이든 관계가 없다.

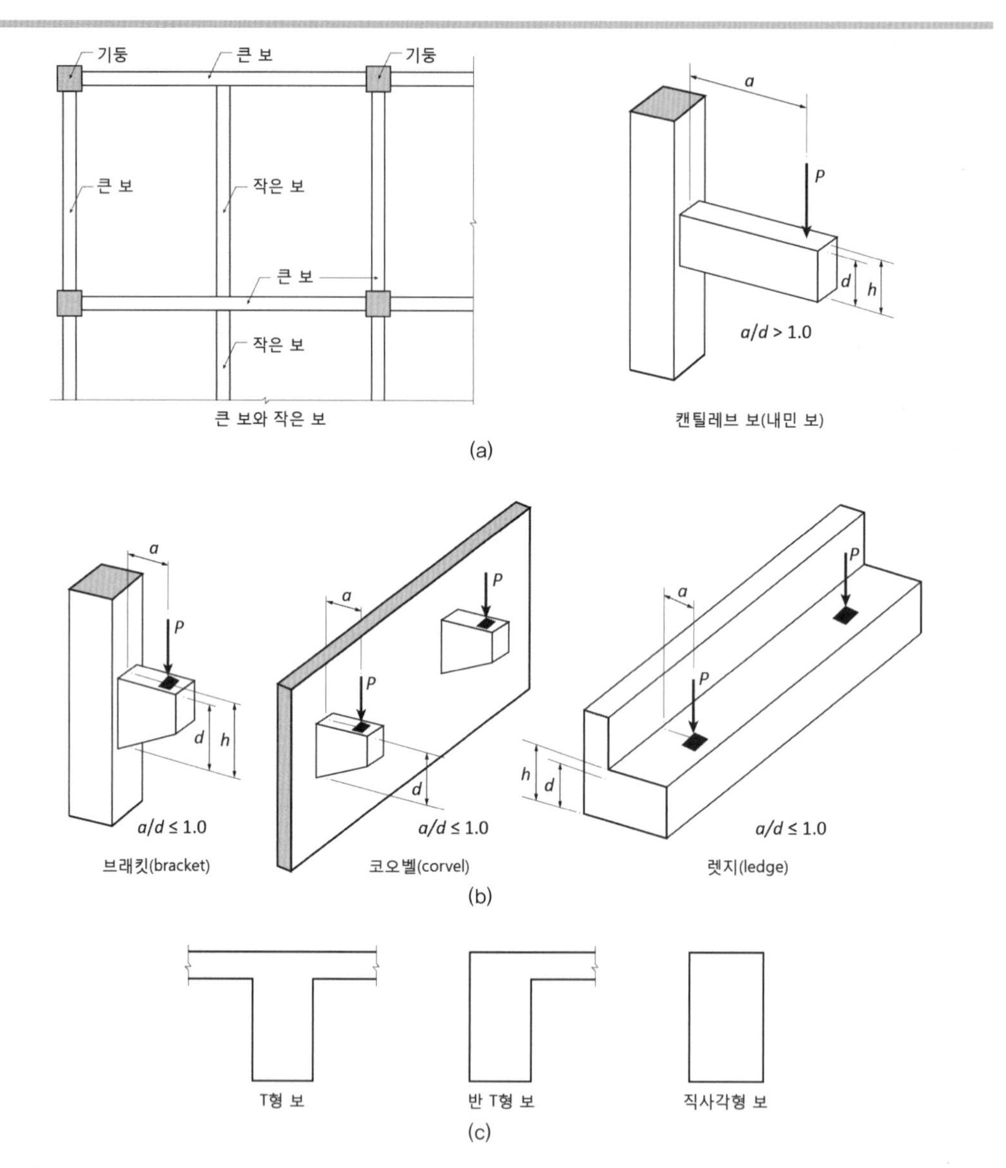

그림 [4.1]
보의 종류: (a) 받침부 조건에 따른 분류; (b) 내민 받침; (c) 단면 형태에 따른 분류

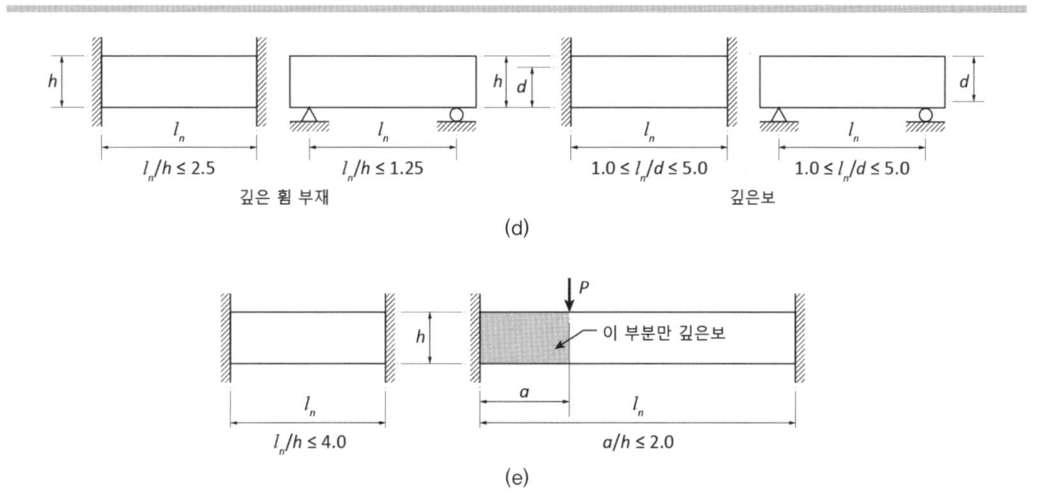

그림 [4.1]
보의 종류: (d) 깊은 휨 부재와 깊은보(2007년 이전); (e) 2007년 이후 깊은보(단순보도 동일함)(계속)

4.1.2 보 부재에 작용하는 단면력

구조물에 하중이 작용할 때, 일반적으로 이 하중은 슬래브에 직접적으로 작용하고, 이 슬래브를 통하여 보로, 그리고 기둥으로 전달되고 최종적으로 기초판을 통하여 지반으로 전달된다.

보는 슬래브와 더불어 대표적인 수평 부재로서 주로 휨모멘트와 전단력을 저항하는 부재이나 종종 무시할 수 없을 정도의 비틀림모멘트가 작용하는 경우도 있다. 특히 구조물의 테두리에 위치하는 테두리보에 상대적으로 큰 비틀림모멘트가 발생한다. 그러나 축력은 설계에 고려할 필요가 없을 정도로 작은 양이 작용하는 부재로서, 보 부재를 설계할 때는 축력은 일반적으로 고려하지 않는다. 그러나 가끔 수평 부재인 보이지만 건물의 지하층에 위치한 보는 지하수압과 토압을 수평 방향으로 크게 받는 경우가 있는데, 이러한 보는 비록 수평 부재이지만 설계할 때는 축력을 받는 기둥 부재와 같은 거동을 하므로 기둥 부재 설계 과정에 따라서 설계하여야 한다.

보에 작용하는 단면력
휨모멘트와 전단력이 작용하며, 테두리보와 같은 경우 비틀림모멘트도 작용한다.

결론적으로 보 부재에 작용하는 단면력은 주로 휨모멘트와 전단력이며, 간혹 비틀림모멘트도 작용한다. 따라서 보 부재의 단면 설계는 이러한 단면력에 저항할 수 있도록 설계하여야 한다.

4.2 설계 순서 및 설계기준 해당 항목

4.2.1 설계 순서

다른 부재를 설계할 때와 같이 보를 설계할 때도 구조물에 작용하는 하중을 계산한 후에 구조물을 해석하여 단면력을 구하고, 그 단면력을 저항할 수 있도록 단면의 크기와 철근량을 정한다. 그러나 고정하중 중에서 자중은 단면 크기가 정해지지 않으면 구할 수 없다. 따라서 일반적으로 경험 등에 의해 단면 크기를 가정하여 고정하중을 구하고 또 강성을 구하여 구조해석을 수행한다. 그러나 그림 [4.2]의 설계 단계 5, 단계 6, 단계 7에서 결정된 단면의 크기가 가정한 단면의 크기와 일치하지 않는다 하더라도 작용하는 전체 하중에 고정하중이 큰 변화를 주지 않는다면 다시 구조해석을 할 필요는 없다.

보 부재를 설계하는 일반적인 순서도는 그림 [4.2]와 같으며, 단계 1에서 단계 4까지는 다른 부재에 대한 것과 동일하고, 실제 보 부재 설계에 해당하는 것은 단계 5, 단계 6, 단계 7이다. 앞서 설명한 바와 같이 원칙적으로는 가정한 단면 크기가 각 단면력에 대한 설계 단계에서 만족하지 못하면 단면 크기를 변화시켜 경로 ①을 따라서 구조해석을 다시 해야 한다. 그러나 최초에 가정한 단면과 설계한 단면의 차이가 크지 않으면 실무에서는 구조해석을 다시 하지 않고 일반적으로 경로 ②를 따른다. 즉, 구조물 해석을 다시 하지 않고 새로운 단면 크기를 정하여 철근량을 계산한다.

30 4.2.1(1)

30 4.2.1(3)~(6)

그리고 단계 7은 처짐에 대한 검토 사항으로서 층고 제한 등의 조건이 없는 경우에는 설계기준[3]에서 처짐을 검토할 필요가 없는 최소 보 깊이 이상으로 보의 깊이를 단계 5에 앞서 결정한 후, 각 단면력에 대한 철근량을 계산하는 경우가 일반적이다. 그러나 층고 제한이 있는 경우에는 가능한 보의 깊이를 줄여야 하므로 단면력에 의한 철근량을 계산한 후에 처짐을 검토한다.

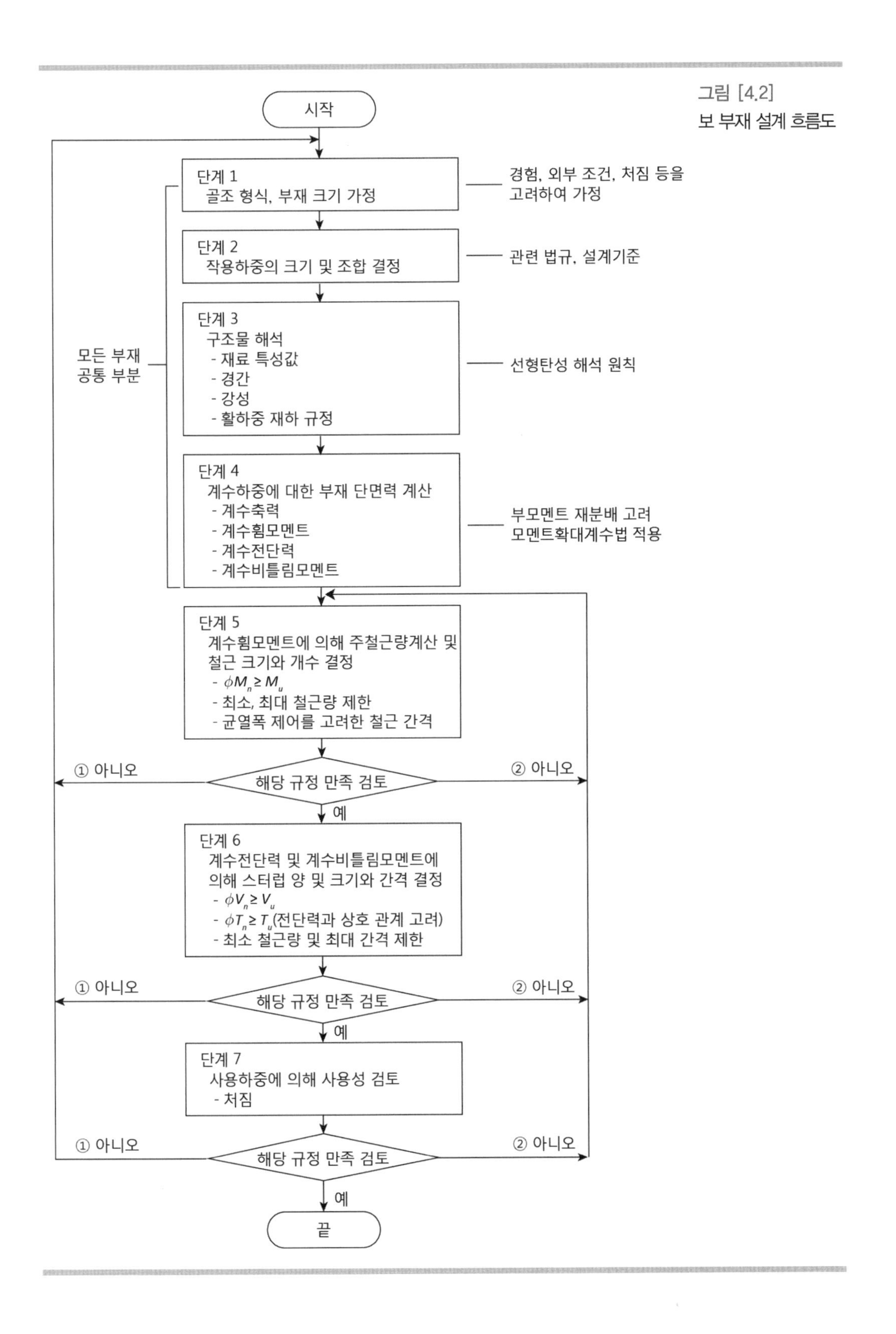

그림 [4.2]
보 부재 설계 흐름도

4.2.2 설계기준 해당 항목

보 부재 설계에 대한 각 설계 단계에 따른 우리나라 콘크리트구조 설계기준[3)]의 해당 규정 항목을 요약하면 다음 표 〈4.1〉과 같으며, 각 해당 규정에 대한 구체적 내용은 각 설계 단계에서 상세히 설명한다.

표 〈4.1〉 보 부재의 설계에 대한 설계기준의 해당 항목

규정 내용	규정 항목 번호
1. 휨 설계	
1) 휨모멘트에 대한 설계	**20** 4.1
2) 휨철근량 제한	**20** 4.1.2(5), **20** 4.2.2(1)
3) 휨철근 배근상세(균열폭 제어 포함)	**20** 4.2.3
4) 깊은보의 설계	**20** 4.2.4
5) 내민받침 부재의 설계	**22** 4.8
2. 전단 설계	
1) 전단력에 대한 설계	**22** 4.1, **22** 4.2, **22** 4.3.4
2) 전단철근상세	**22** 4.3.1, **22** 4.3.2
3) 최소 철근량	**22** 4.3.3
3. 비틀림 설계	
1) 비틀림모멘트에 대한 설계	**22** 4.4, **22** 4.5.1, **22** 4.5.2
2) 비틀림철근상세	**22** 4.5.3
3) 최소 철근량	**22** 4.5.4
4. 배근상세	
1) 정착철근상세	**52** 4.4.1, **52** 4.4.2, **52** 4.4.3
2) 복부철근의 정착	**52** 4.4.4
3) 휨 부재의 횡철근	**50** 4.4.1
5. 사용성 검토	
1) 처짐 검토	**30** 4.2.1
2) 피로 검토	**26** 4.1
3) 균열폭 검토 (요구될 때만)	**30** 부록

4.3 단면 설계

4.3.1 휨모멘트에 대한 주철근량 계산

콘크리트의 응력-변형률 관계에 대한 설계기준의 규정

휨모멘트에 대한 단면 설계 규정은 2021년판 콘크리트구조 설계기준[3]에서 크게 개정되었다. 이전의 우리나라 설계기준에서는 등가직사각형 응력블록만 규정되어 있었으나, 개정된 설계기준에서는 등가직사각형 외에도 등가포물선-직선형 응력블록도 새로 제시되고 있다. 또 등가직사각형 응력블록의 경우에도 콘크리트의 강도에 따라 휨압축파괴변형률, ε_{cu}와 등가직사각형 응력크기가 콘크리트 강도에 따라 변하는 것으로 규정하고 있다. 이에 대한 규정은 설계기준 20 4.1.1과 4.1.2에 규정되어 있으며, 주된 내용은 다음과 같다.

휨압축파괴변형률
(strain for flexural failure)
설계기준에서는 극한변형률로 되어 있으나, 이 책에서는 휨압축파괴변형률로 하였다. 그 이유는 축압축을 받을 때, 즉 축압축파괴변형률, ε_{co}와 휨압축을 받을 때 파괴변형률인 휨압축파괴변형률, ε_{cu}가 서로 다르기 때문에 구분하기 위한 것이다.

① 철근과 콘크리트의 변형률은 중립축부터 거리에 비례하는 것으로 가정할 수 있다. 그러나 깊은보는 비선형 변형률 분포를 고려하여야 한다. 깊은보의 설계에서 비선형 변형률 분포를 고려하는 대신 스트럿-타이 모델을 적용할 수도 있다.

② 콘크리트 압축연단의 휨압축파괴변형률, ε_{cu}는 콘크리트의 설계기준압축강도가 40 MPa 이하인 경우에는 0.0033으로 가정하며, 40 MPa을 초과할 경우에는 매 10 MPa의 강도 증가에 대하여 0.0001씩 감소시킨다. 콘크리트의 설계기준압축강도가 90 MPa을 초과하는 경우에는 성능실험을 통한 조사연구에 의하여 콘크리트 압축연단의 휨압축파괴변형률을 선정하고 근거를 명시하여야 한다.

③ 철근의 응력이 설계기준항복강도 f_y 이하일 때 철근의 응력은 그 변형률에 E_s를 곱한 값으로 하고, 철근의 변형률이 f_y에 대응하는 변형률보다 큰 경우 철근의 응력은 변형률에 관계없이 f_y로 한다.

④ 콘크리트의 인장강도는 프리스트레스트 콘크리트를 제외하고는 철근콘크리트 부재 단면의 축강도와 휨강도 계산에서 무시할 수 있다.

⑤ 콘크리트 압축응력의 분포와 콘크리트변형률 사이의 관계는 직사각형, 사다리꼴, 포물선형 또는 강도의 예측에서 광범위한 실험의 결

과와 실질적으로 일치하는 어떤 형상으로도 가정할 수 있다.

⑥ 등가포물선-직선형 응력블록의 응력–변형률 관계는 다음 식 (4.1)과 같이 나타낼 수 있다. 즉 그림 [4.3](c)에서 보이듯이 최대응력 $0.85f_{ck}$에 처음 도달할 때 압축변형률, ε_{co}에 이르기까지는 식 (4.1)(a), 그 이후 휨압축파괴변형률, ε_{cu}에 이를 때까지는 식 (4.1)(b)로 가정할 수 있다.

$$f_c = 0.85f_{ck}\left[1-\left(1-\frac{\varepsilon}{\varepsilon_{co}}\right)^n\right] \quad (4.1)(a)$$

$$f_c = 0.85f_{ck} \quad (4.1)(b)$$

여기서, 콘크리트 압축강도가 40 MPa 이하인 경우 n, ε_{co}, ε_{cu}는 각각 2.0, 0.002, 0.0033으로 한다. 콘크리트 압축강도가 40 MPa을 초과하는 경우, n은 식 (4.2)(a)에 따라 결정하며, 또 매 10 MPa의 강도 증가에 대하여 식 (4.2)(b)와 같이 ε_{co}의 값을 0.0001씩 증가시키고, 식 (4.2)(c)와 같이 ε_{cu}의 값을 0.0001씩 감소시킨다.

$$n = 1.2 + 1.5\left(\frac{100-f_{ck}}{60}\right)^4 \le 2.0 \quad (4.2)(a)$$

$$\varepsilon_{co} = 0.002 + \left(\frac{f_{ck}-40}{100,000}\right) \ge 0.002 \quad (4.2)(b)$$

$$\varepsilon_{cu} = 0.0033 - \left(\frac{f_{ck}-40}{100,000}\right) \le 0.0033 \quad (4.2)(c)$$

한편 부재 단면의 폭이 일정한 경우 이 포물선형 대신에 등가직사각형 응력블록으로 바꿀 수 있으며, 그때의 중립축까지 등가응력의 크기 $\alpha(0.85f_{ck})$와 압축연단에서 작용점의 위치 βc를 구해보면, 이때 α와 β 값은 다음 식 (4.3)과 같다.

$$\alpha = 1 - \frac{1}{1+n}\left(\frac{\varepsilon_{co}}{\varepsilon_{cu}}\right) \quad (4.3)(a)$$

$$\beta = 1 - \frac{0.5 - \frac{1}{(1+n)(2+n)}\left(\frac{\varepsilon_{co}}{\varepsilon_{cu}}\right)^2}{1 - \frac{1}{(1+n)}\left(\frac{\varepsilon_{co}}{\varepsilon_{cu}}\right)} \quad (4.3)(b)$$

이를 정리한 것이 다음 표 〈4.2〉와 같다.

⑦ 등가직사각형 응력블록의 응력변형률 관계는 그림 [4.3](d)에서 보이는 바와 같고, 우리나라 설계기준에서 제시하고 있는 휨압축파괴변형률 ε_{cu}, 작용점 거리 계수 β_1과 등가응력 크기계수 η는 다음 표 〈4.3〉과 같다.

20 4.1.1(8)

표 〈4.2〉 등가포물선-직선형 응력분포의 변수 및 계수 값

f_{ck}(MPa)	≤ 40	50	60	70	80	90
n	2.0	1.92	1.50	1.29	1.22	1.20
ε_{co}	0.002	0.0021	0.0022	0.0023	0.0024	0.0025
ε_{cu}	0.0033	0.0032	0.0031	0.003	0.0029	0.0028
α	0.80	0.78	0.72	0.67	0.63	0.59
β	0.40*	0.40	0.38	0.37	0.36	0.35

* 식 (4.3)(b)에 의하면 0.41이지만, 근사적으로 설계기준의 표에서는 0.40으로 되어 있다.

표 〈4.3〉 등가직선형 응력분포 변수 값

f_{ck}(MPa)	≤ 40	50	60	70	80	90
ε_{cu}	0.0033	0.0032	0.0031	0.003	0.0029	0.0028
η	1.00	0.97	0.95	0.91	0.87	0.84
β_1	0.80	0.80	0.76	0.74	0.72	0.70

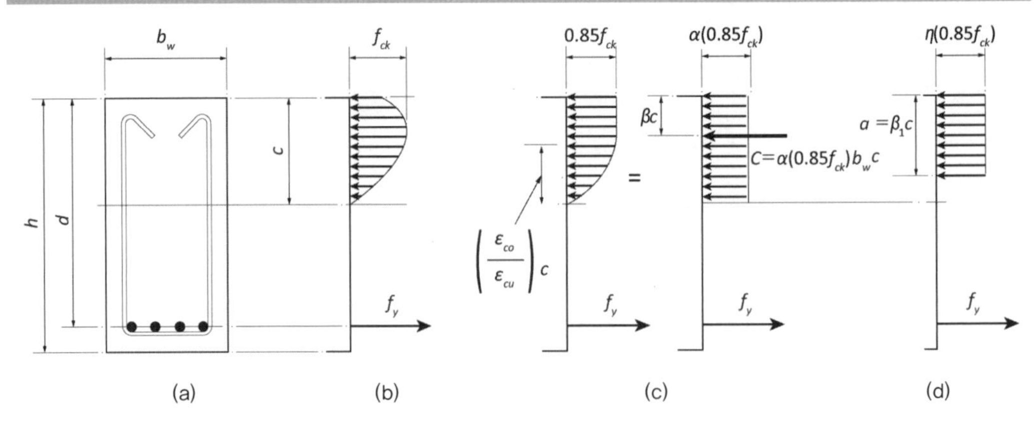

그림 [4.3]
콘크리트 압축응력의 등가직사각형 응력블록:
(a) 보 단면; (b) 실제 응력 분포; (c) 등가포물선-직선형 응력 분포; (d) 등가직사각형 응력 분포;

철근비의 제한과 강도감소계수 관련 설계기준의 규정

20 4.1.2

설계기준에서는 주로 압축 부재에 대한 것이나 단면의 균형변형률 상태와 휨 부재의 최소 허용변형률에 대하여 규정하고 있으며, 그 주된 내용은 다음과 같다.

① 단면의 균형변형률 상태란 인장철근이 설계기준항복강도 f_y에 도달하는 것과 동시에 압축연단 콘크리트의 압축변형률이 휨압축파괴변형률인 ε_{cu}에 도달하는 상태를 의미한다.

② 휨 부재의 최외단 인장철근의 순인장변형률 ε_t는 최소변형률 이상이어야 한다. 최소변형률은 철근의 설계기준항복강도가 400 MPa 이하일 때는 0.004이고, 400 MPa을 초과할 때는 항복변형률의 2배이다.

순인장변형률
(net tensile strain)
순인장변형률, ε_t이란 공칭강도에서 최외단 인장철근의 인장변형률로서 크리프, 건조수축, 온도변화 등의 변형률을 제외한 인장변형률이다.

20 4.2.2(2),(5)

위 ①의 규정 내용은 균형철근비 ρ_b를 구하는 규정이며, 그림 [4.4](d)가 이에 해당하는 단면의 변형률 상태이다. 따라서 이 경우에 대한 철근비 ρ_b를 계산하면 다음과 같이 구할 수 있다. 먼저 그림 [4.4](d)에 나타난 변형률 분포 조건에 의해 다음 식 (4.1)을 구할 수 있다.

$$c = \frac{\varepsilon_{cu}}{\varepsilon_{cu} + \varepsilon_y} d \tag{4.1)(a}$$

$$a = \frac{\varepsilon_{cu}}{\varepsilon_{cu} + \varepsilon_y} \beta_1 d \tag{4.1)(b}$$

힘의 평형조건에 의해 균형철근비 ρ_b는 다음 식 (4.2)와 같다.

$$A_s f_y = \eta (0.85 f_{ck}) a b_w \tag{4.2)(a}$$

$$\rho_b = \frac{A_s}{b_w d} = \frac{\beta_1 \eta (0.85 f_{ck})}{f_y} \frac{\varepsilon_{cu}}{\varepsilon_{cu} + \varepsilon_y} \tag{4.2)(b}$$

여기서 β_1, η, ε_{cu} 값은 콘크리트의 강도에 따라 변하는 값으로서 표 〈4.3〉에 주어져 있고, $\varepsilon_y = f_y / E_s$로서 철근의 항복강도에 따라 변화한다. 한편 휨 부재의 최대 철근비 제한에 관한 사항으로 2003년판 설계기준[1]까지는 $0.75\rho_b$ 이하가 되도록 규정하고 있었다. 그러나 2007년 판[2] 이후 설계기준에서는 앞의 ②의 규정과 같이 최외단 인장철근의 인장변형률을 최소값 이상이 되도록 규정함으로써 최대 철근비를 제한시키고 있다. 이 경우에 대해서도 그림 [4.4](e)에 보인 바와 같은 변형률 적합조건과 힘의 평형조건에 의해 최대철근비 $\rho_{\max}$을 구하면 다음 식 (4.3)과 같다.

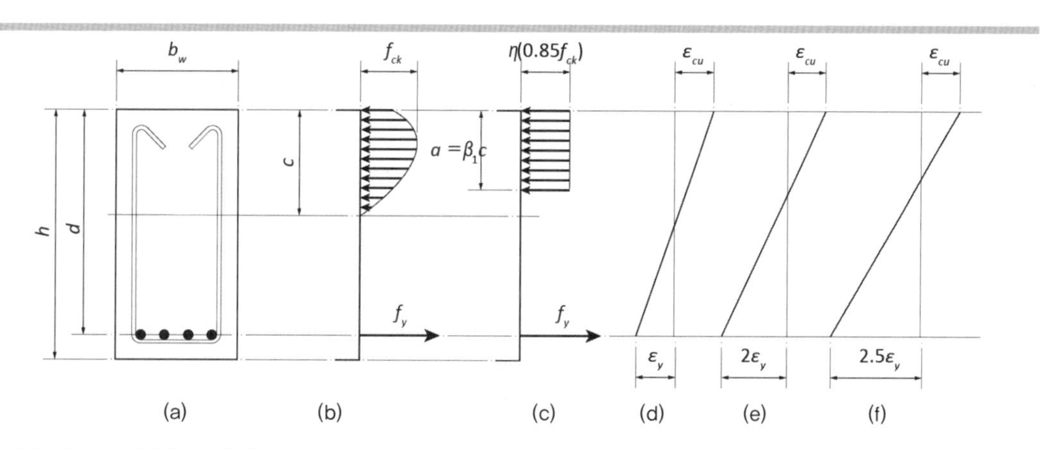

그림 [4.4] 보 부재의 각종 한계 변형률 값: (a) 보 단면; (b) 실제 응력 분포; (c) 등가직사각형 응력 분포; (d) 균형철근비(압축지배한계, $\phi = 0.65$); (e) 최대철근비; (f) 인장지배단면한계($\phi = 0.85$)

$$c = \frac{\varepsilon_{cu}}{\varepsilon_{cu} + 2\varepsilon_y} d \tag{4.3(a)}$$

$$\rho_{\max} = \frac{A_s}{b_w d} = \frac{\beta_1 \eta (0.85 f_{ck})}{f_y} \frac{\varepsilon_{cu}}{\varepsilon_{cu} + 2\varepsilon_y} \tag{4.3(b)}$$

20 4.1.2(5)

다만 식 (4.3)에서 $f_y \leq 400$ MPa인 경우, 즉 우리나라의 경우 SD 300, SD 350, SD 400의 경우 SD 400에 해당하는 $2\varepsilon_y = 0.004$를 사용하도록 규정하고 있다.

일반적으로 철근은 항복강도가 낮을수록 연성이 좋으므로 고강도철근을 사용할 때 최대 철근비를 더 낮은 값으로 하는 것, 즉 철근량을 줄이는 것이 부재 전체의 연성을 증가시키므로 이를 합리적으로 반영하기 위하여 이 규정을 개정하였다. 그러나 다음 표 〈4.4〉에서 보듯이 f_y값이 400 MPa 이하일 때는 ε_t값을 0.004로 고정하였기 때문에 오히려 항복강도가 낮을 때 최대 철근비도 작아지는 모순을 보여 주고 있다. 그러나 f_y값이 500 MPa인 경우 400 MPa에 비하여 최대 철근비가 작아지며, 최근에는 대부분 사용하는 철근이 400 MPa 이상이므로 이 규정은 합리적임을 알 수 있다.

마지막으로 휨강도를 계산할 때 강도감소계수 ϕ는 철근의 인장변형률이 그림 [4.5]에서 보인 바와 같은 인장지배변형률한계 이상인 경우 0.85이다. 여기서 인장지배단면이란 최외단 인장철근의 순인장변형률이 f_y가 400 MPa 이하인 경우 0.005, f_y가 400 MPa을 초과하는 경우 $2.5\varepsilon_y$이다. 따라서 휨 부재는 앞에서 설명한 바와 같이 f_y가 400 MPa 이하인 경우 최외단 인장철근의 변형률이 0.004 이상이므로 변형률이 0.004와 0.005 사이일 경우에 강도감소계수는 조정이 되어야 하며, 그림 [4.4]에서 나타낸 바와 같이 f_y값이 300 MPa인 경우 이때에도 보의 최소허용변형률은 0.004이므로 ϕ=0.793이며 f_y값이 350 MPa인 경우 이때 ϕ=0.788이다. 그리고 f_y값이 400 MPa인 경우 $\phi = 0.783$이고, 인장변형률이 $2.5\varepsilon_y$=0.005 이상인 경우 ϕ=0.85이다. 한편 f_y값이 각각 500 MPa, 600 MPa인 철근을 배치한 단면의 강도감소계수는 최소 허용인장변형률인 $2\varepsilon_y$=0.005, 0.006인 경우 ϕ=0.783이고, 인장지배단면이 되는 인장변형률이 $2.5\varepsilon_y$=0.00625, 0.0075 이상인 경우 0.85이다. 보가 이 인장지배단면이 되기 위한 인장철근비의 상한

인장지배단면
(tension controlled section)
공칭강도에서 최외단 인장철근의 순인장변형률이 인장지배변형률 한계 이상인 단면이다.

표 〈4.4〉 지배단면 변형률한계

철근의 설계기준 항복강도(MPa)	압축지배변형률한계($=\varepsilon_y$)	인장지배변형률한계($=2.5\varepsilon_y$)
300	0.0015	0.005*
350	0.00175	0.005*
400	0.002	0.005
500	0.0025	0.00625
600	0.003	0.0075

* $f_y \leq 400$ MPa인 경우 0.005로 고정

값은 그림 [4.4](f)에 나타난 변형률 적합조건과 힘의 평형조건에 의해 구하면 다음 식 (4.4)와 같다.

$$c = \frac{\varepsilon_{cu}}{\varepsilon_{cu} + 2.5\varepsilon_y} d \tag{4.4(a)}$$

$$\rho_{2.5\varepsilon_y} = \frac{\beta_1 \eta (0.85 f_{ck})}{f_y} \frac{\varepsilon_{cu}}{\varepsilon_{cu} + 2.5\varepsilon_y} \tag{4.4(b)}$$

20 4.1.2(5)

여기서, 이 경우에도 $f_y \leq 400$ MPa인 경우 $2.5\varepsilon_y$로 0.005로 취하도록 설계기준에서 규정하고 있다. 위 식 (4.2)(b), 식 (4.3)(b), 식 (4.4)(b)에 의해 다양한 철근과 콘크리트에 대한 철근비를 구하여 나타낸 것이 다음 표 〈4.5〉에 나타나 있다.

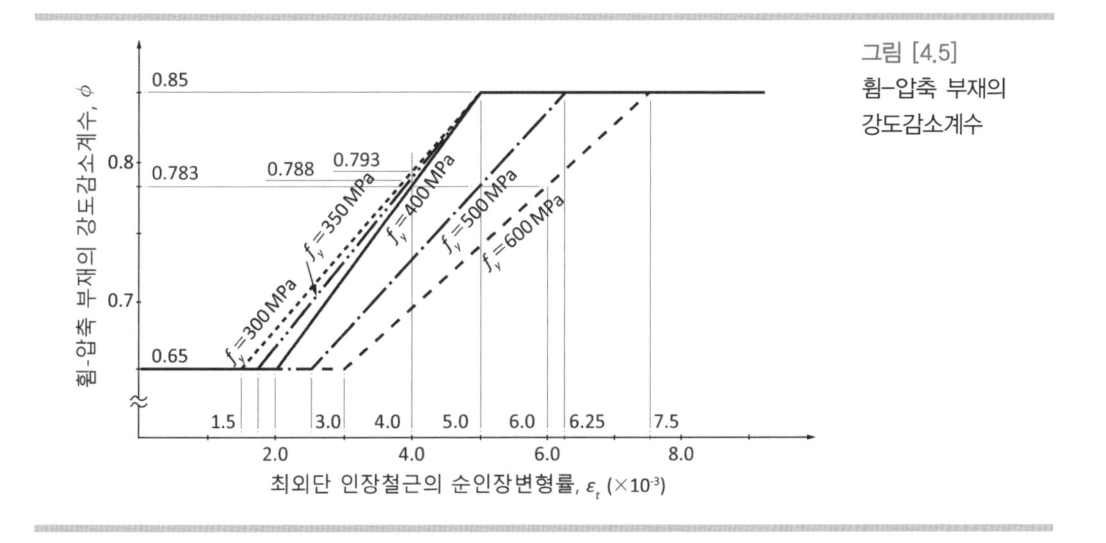

그림 [4.5]
휨-압축 부재의 강도감소계수

표 ⟨4.5⟩(b), (c)에서 볼 수 있듯이 일반적인 철근콘크리트 보에서 인장 철근비가 1~2.5퍼센트 정도인데 이 경우 철근의 설계기준항복강도가 400 MPa까지는 콘크리트의 설계기준압축강도는 30 MPa 이하로 사용하는 것이 적절하고, 500 MPa인 경우 60 MPa 이하, 600 MPa인 경우에는 30 MPa 이상의 콘크리트에 사용하는 것이 적절한 것으로 보이고 있다. 우리나라에서 널리 사용하고 있는 600 MPa의 고강도 철근을 사용할 때는 콘크리트 강도도 함께 높이는 것이 바람직하다.

마지막으로 최소철근비에 대한 규정도 기본편에서도 설명하였지만 이번 2021년 설계기준[3)]에서 다음과 같이 개정되었다.

① 해석에 의하여 인장철근 보강이 요구되는 휨부재의 모든 단면에 대하여 다음 ②에 규정된 경우를 제외하고는 설계휨강도가 다음 식 (4.5)를 만족하도록 인장철근을 배치하여야 한다.

$$\phi M_n \geq 1.2\, M_{cr} \tag{4.5}$$

여기서, M_{cr}은 휨부재의 균열휨모멘트로 식 (4.47)에 따라 계산한다.

② 부재의 모든 단면에서 해석에 의해 필요한 철근량보다 $1/3$ 이상 인장철근이 더 배치되어 다음 식 (4.6)의 조건을 만족하는 경우는 상기 ①의 규정을 적용하지 않을 수 있다.

$$\phi\, M_{cr} \geq \frac{4}{3} M_u \tag{4.6}$$

위 ②의 규정은 설계상으로 필요로 하는 단면보다 훨씬 크게 보를 설계한 경우 비록 취성파괴가 일어날 수 있어도 요구되는 휨강도의 $4/3$배 이상으로 설계하는 경우는 허용한다는 규정이다.

위 ①의 규정에 따라 직사각형 단면의 최소철근비를 계산하면 다음과 같다. 이때 최소철근비 상태이므로 $\phi = 0.85$이고, 일반콘크리트의 경우 $\lambda = 1$이다.

표 〈4.5〉 보의 균형철근비, 최대철근비, 최소철근비 및 인장지배한계철근비

(a) 균형철근비, ρ_b (%)

f_y(MPa)	f_{ck}(MPa)									
	21	24	27	30	40	50	60	70	80	90
300	3.27	3.74	4.21	4.68	6.23	7.48	8.27	8.90	9.36	9.76
350	2.67	3.05	3.43	3.81	5.08	6.09	6.72	7.23	7.59	7.91
400	2.22	2.54	2.86	3.18	4.23	5.07	5.60	6.01	6.30	6.56
500	1.62	1.86	2.09	2.32	3.10	3.70	4.08	4.37	4.58	4.75
600	1.25	1.42	1.60	1.78	2.37	2.84	3.12	3.34	3.49	3.62

(b) 최대철근비, $\rho_{\max}$ (%)

f_y(MPa)	f_{ck}(MPa)									
	21	24	27	30	40	50	60	70	80	90
300	2.15	2.46	2.77	3.07	4.10	4.89	5.36	5.72	5.97	6.17
350	1.84	2.11	2.37	2.63	3.51	4.19	4.59	4.91	5.11	5.29
400	1.61	1.84	2.07	2.31	3.07	3.66	4.02	4.29	4.48	4.63
500	1.14	1.30	1.46	1.62	2.16	2.57	2.82	3.01	3.13	3.23
600	0.84	0.97	1.09	1.21	1.61	1.91	2.09	2.23	2.31	2.39

(c) 최소철근비, $\rho_{\min}$ (%) ($h = 1.1d$로 가정)

f_y(MPa)	f_{ck}(MPa)										$1.4/f_y$*
	21	24	27	30	40	50	60	70	80	90	
300	0.28	0.30	0.32	0.33	0.38	0.42	0.45	0.46	0.47	0.48	0.467
350	0.24	0.26	0.27	0.29	0.33	0.36	0.38	0.40	0.40	0.41	0.400
400	0.21	0.22	0.24	0.25	0.29	0.31	0.33	0.35	0.35	0.36	0.350
500	0.17	0.18	0.19	0.20	0.23	0.25	0.27	0.28	0.28	0.29	0.280
600	0.14	0.15	0.16	0.17	0.19	0.21	0.22	0.23	0.24	0.24	0.233

* 현재 설계기준에는 없으나 이전 설계기준의 최소철근비 한계값

(d) 인장지배 한계철근비, $\rho_{2.5\varepsilon_y}$ (%)

f_y(MPa)	f_{ck}(MPa)									
	21	24	27	30	40	50	60	70	80	90
300	1.89	2.16	2.43	2.70	3.60	4.29	4.70	5.01	5.21	5.38
350	1.62	1.85	2.09	2.32	3.09	3.68	4.03	4.29	4.47	4.61
400	1.42	1.62	1.82	2.03	2.70	3.22	3.52	3.76	3.91	4.04
500	0.99	1.13	1.27	1.41	1.88	2.23	2.44	2.60	2.70	2.78
600	0.73	0.83	0.94	1.04	1.39	1.64	1.79	1.91	1.98	2.04

$$\phi M_n \geq 1.2 M_{cr} \quad (4.7)\ (a)$$

$$M_n = (1.2/0.85) M_{cr} \quad (4.7)\ (b)$$

$$M_{cr} = 0.63\lambda \sqrt{f_{ck}} \times b_w h^2/6 \quad (4.7)\ (c)$$

$$M_n = A_s f_y (d - \frac{a}{2}) \quad (4.7)\ (d)$$

힘의 평형조건에 의해 다음 식 (4.8)을 얻을 수 있다.

$$A_s f_y = \eta(0.85 f_{ck}) a b_w \quad (4.8)\ (a)$$

$$a = \frac{A_s f_y}{\eta(0.85 f_{ck}) b_w} \quad (4.8)\ (b)$$

식 (4.8)을 식 (4.7) (d)에 대입하고, 식 (4.7) (c),(d)를 식 (4.7) (b)에 대입하면 $\rho_w = A_s / b_w d$에 대한 2차방정식을 얻을 수 있으며, 그 해는 다음 식 (4.9)와 같다.

$$\rho_w \geq \frac{\eta(0.85 f_{ck})}{f_y} \left(1 - \sqrt{1 - 0.3488(h/d)^2 / \sqrt{f_{ck}}}\right) \quad (4.9)$$

이 식 (4.9)에 따라 $h/d = 1.1$로 가정하여 최소철근비를 계산한 것이 표 〈4.5〉(c)에 나타나 있다. 이 표 〈4.5〉(c)에 의하면 항복강도가 큰 SD 500과 SD 600을 사용하고 콘크리트 강도가 낮은 경우 수축·온도철근의 최소철근비인 0.2 퍼센트보다도 적은 경우도 나타난다.

[저자 의견] 이전 설계기준에서는 최소철근비 한계값으로 $\rho_{\min} = 1.4/f_y$가 규정되어 있었지만 이것이 없어지므로써 발생한 문제로 보 부재인 경우 이 한계값 이상이 바람직하다고 판단된다.

설계를 위한 수식과 도표

단철근콘크리트 보
(singly reinforced concrete beam)
압축철근은 없고 인장철근만 배근된 철근콘크리트 보

먼저 단면의 폭이 일정한 직사각형 보를 설계할 때 사용하는 수식의 유도와 도표의 작성에 대하여 살펴보면, 단철근콘크리트 보 단면의 휨강도 M_n은 다음 식 (4.10)에 의해 구할 수 있다.

$$M_n = A_s f_y\left(d - \frac{a}{2}\right) \tag{4.10}$$

여기서, A_s는 인장철근의 단면적, f_y는 인장철근의 설계기준항복강도, d는 보의 유효깊이, a는 등가직사각형 응력블록의 깊이로서 a값은 식 (4.11)에 의해 구할 수 있다.

$$a = \frac{A_s f_y}{\eta(0.85 f_{ck}) b_w} \tag{4.11}$$

여기서, η는 콘크리트의 강도에 따른 표 〈4.3〉에 나타나는 등가응력크기계수이고, f_{ck}는 콘크리트의 설계기준압축강도, b_w는 보의 폭이다.

그리고 강도설계법에 의하면 단면은 휨모멘트에 대하여 다음 식 (4.12)과 같은 조건을 만족시켜야 한다.

10 4.2.1(1)

$$\phi M_n \geq M_u \tag{4.12}$$

여기서, ϕ는 강도감수계수로서 순인장변형률인 ε_t값에 따라 변하며, M_u는 계수휨모멘트이다.

따라서 식 (4.10)과 식 (4.11)을 식 (4.12)에 대입하여 정리하면 다음 식 (4.13)을 얻을 수 있다.

$$M_n = A_s f_y\left(d - \frac{A_s f_y}{1.7\eta f_{ck} b_w}\right) \geq \frac{M_u}{\phi} \tag{4.13}$$

이 식 (4.13)은 A_s에 대한 2차방정식이며, 그 해는 다음 식 (4.14)와 같다.

$$A_s \geq (0.85\eta b_w d f_{ck}/f_y)\left[1 - \sqrt{1 - M_u/(0.425\phi\eta f_{ck} b_w d^2)}\right] \tag{4.14}$$

이 식 (4.14)에 의해 주어진 계수휨모멘트 M_u에 필요한 철근량 A_s를 구할 수 있다.

한편 도표에 의할 때는 앞 식 (4.13)을 다시 정리하면, 다음 식 (4.15)를 얻는다.

$$R = \frac{M_u}{\phi b_w d^2} \le \frac{M_n}{b_w d} = \frac{A_s f_y}{b_w d^2}\left(d - \frac{A_s f_y}{1.7\eta f_{ck} b_w}\right)$$
$$= \rho_w f_y \left(1 - \frac{\rho_w f_y}{1.7\eta f_{ck}}\right) \tag{4.15}$$

여기서, ρ_w는 주인장철근비로서 $\rho_w = A_s / b_w d$이다.

식 (4.15)에서 f_y와 f_{ck}가 주어지면 ρ_w와 R의 관계를 나타내는 그림을 얻을 수 있으며, 한 예로서 f_y=400 MPa인 경우 다음 그림 [4.6]과 같은 그래프를 얻을 수 있다. 그 외 각 철근의 항복강도에 따른 그림은 부록 그림 1에 실려 있다.

한편 식 (4.15)를 다음 식 (4.16)과 같이 변환시킬 수 있다.

$$\frac{M_n}{\eta f_{ck} b_w d^2} = \frac{\rho_w f_y}{\eta f_{ck}}\left[1 - \frac{1}{1.7}\left(\frac{\rho_w f_y}{\eta f_{ck}}\right)\right] \tag{4.16)(a}$$

$$\frac{M_u}{\phi \eta f_{ck} b_w d^2} \le w\left(1 - \frac{w}{1.7}\right) \tag{4.16)(b}$$

여기서, w값은 다음 식 (4.17)과 같이 정의된다.

$$w = \frac{\rho_w f_y}{\eta f_{ck}} \tag{4.17}$$

식 (4.16)을 도표로 작성한 것이 표 〈4.6〉이다.

따라서 계수휨모멘트 M_u, 단면 크기 b_w, d, 재료 특성인 f_{ck}, f_y, 콘크리트 강도에 따른 η값, 그리고 강도감소계수 ϕ가 주어지면 그래프, 도표 또는 식 (4.14)에 의해 ρ_w 또는 A_s를 계산할 수 있다. 그리고 강도감소계수 ϕ는 인장지배단면인 경우 0.85이지만, 그보다 인장변형률이 작으면 더 작은 값이 되므로 계산된 ρ_w값이 인장지배단면에 대한 한계값인 표 〈4.5〉(d)에서 주어진 해당철근비 값을 초과하면 반복계산이 필요하다.

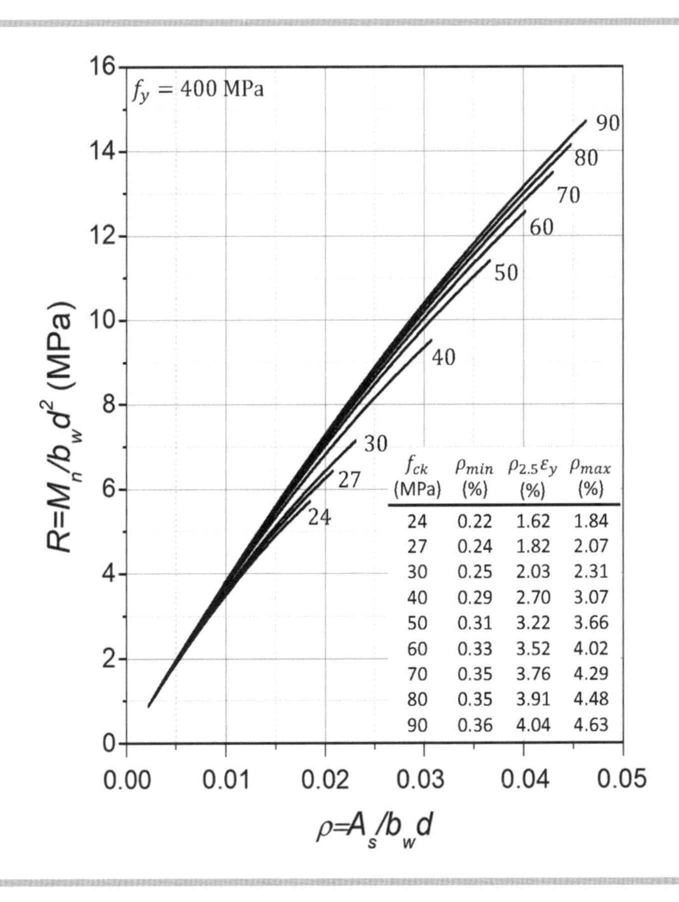

f_{ck} (MPa)	ρ_{min} (%)	$\rho_{2.5\varepsilon_y}$ (%)	ρ_{max} (%)
24	0.22	1.62	1.84
27	0.24	1.82	2.07
30	0.25	2.03	2.31
40	0.29	2.70	3.07
50	0.31	3.22	3.66
60	0.33	3.52	4.02
70	0.35	3.76	4.29
80	0.35	3.91	4.48
90	0.36	4.04	4.63

그림 [4.6]
보 단면의 주철근량 산정용 도표
(f_y =400 MPa)

표 〈4.6〉 단철근콘크리트 보에서 주철근 계산용 표

w	0.000	0.001	0.002	0.003	0.004	0.005	0.006	0.007	0.008	0.009
0.00	0	.0010	.0020	.0030	.0040	.0050	.0060	.0070	.0080	.0090
0.01	.0099	.0109	.0119	.0129	.0139	.0149	.0159	.0168	.0178	.0188
0.02	.0197	.0207	.0217	.0226	.0236	.0246	.0256	.0266	.0275	.0285
0.03	.0295	.0304	.0314	.0324	.0333	.0343	.0352	.0362	.0372	.0381
0.04	.0391	.0400	.0410	.0420	.0429	.0438	.0448	.0457	.0467	0.476
0.05	.0485	.0495	.0504	.0513	.0523	.0532	.0541	.0551	.0560	.0569
0.06	.0579	.0588	.0597	.0607	.0616	.0626	.0634	.0643	.0653	.0662
0.07	.0671	.0680	.0689	.0699	.0708	.0717	.0726	.0735	.0744	.0753
0.08	.0762	.0771	.0780	.0789	.0798	.0807	.0816	.0825	.0834	.0843
0.09	.0852	.0861	.0870	.0879	.0888	.0897	.0906	.0915	.0923	.0932
0.10	.0941	.0950	.0959	.0967	.0976	.0985	.0994	.1002	.1001	.1020
0.11	.1029	.1037	.1046	.1055	.1063	.1072	.1081	.1089	.1098	.1106
0.12	.1115	.1124	.1133	.1141	.1149	.1158	.1166	.1175	.1183	.1192
0.13	.1200	.1209	.1217	.1226	.1234	.1243	.1251	.1259	.1268	.1276
0.14	.1284	.1293	.1301	.1309	.1318	.1326	.1334	.1342	.1351	.1359
0.15	.1367	.1375	.1384	.1392	.1400	.1408	.1416	.1425	.1433	.1441
0.16	.1449	.1457	.1465	.1473	.1481	.1489	.1497	.1506	.1514	.1522
0.17	.1529	.1537	.1545	.1553	.1561	.1569	.1577	.1585	.1593	.1601
0.18	.1609	.1617	.1624	.1632	.1640	.1648	.1656	.1664	.1671	.1679
0.19	.1687	.1695	.1703	.1710	.1718	.1726	.1733	.1741	.1749	.1756
0.20	.1764	.1772	.1779	.1787	.1794	.1802	.1810	.1817	.1825	.1832
0.21	.1840	.1847	.1855	.1862	.1870	.1877	.1885	.1892	.1900	.1907
0.22	.1914	.1922	.1929	.1937	.1944	.1951	.1959	.1966	.1973	.1981
0.23	.1988	.1995	.2002	.2010	.2017	.2024	.2031	.2039	.2046	.2053
0.24	.2060	.2067	.2075	.2082	.2089	.2096	.2103	.2110	.2117	.2124
0.25	.2131	.2138	.2145	.2152	.2159	.2166	.2173	.2180	.2187	.2194
0.26	.2201	.2208	.2215	.2222	.2229	.2236	.2243	.2249	.2256	.2263
0.27	.2270	.2277	.2284	.2290	.2297	.2304	.2311	.2317	.2324	.2331
0.28	.2337	.2344	.2351	.2357	.2364	.2371	.2377	.2384	.2391	.2397
0.29	.2404	.2410	.2417	.2423	.2430	.2437	.2443	.2450	.2456	.2463
0.30	.2469	.2475	.2482	.2488	.2495	.2501	.2508	.2514	.2520	.2527

*$M_u/(\phi\eta f_{ck}b_w d^2) \le M_n/(\eta f_{ck}b_w d^2) = w(1-w/1.7)$이며, 여기서 $w=\rho_w f_y/\eta f_{ck}$이다.

*단면 설계를 할 때는 M_n 대신에 M_u/ϕ를 대입하여 표에서 w값을 얻은 후, 철근비 $\rho_w = w\eta f_{ck}/f_y$값을 구한다.

*주어진 단면의 휨강도를 계산할 때는 $w=\rho_w f_y/\eta f_{ck}$값을 계산하여 표에서 $M_n/\eta f_{ck}b_w d^2$값을 찾은 후에 공칭휨강도 M_n을 구한다.

직사각형 보 단면의 주철근량 계산 과정

계수휨모멘트 M_u가 주어져 있을 때 직사각형 보를 설계하는 방법으로는 단면의 크기를 정한 후에 필요한 철근량을 구하는 것이 일반적인 방법이다. 이와같이 설계할 때 그림 [4.2]에서 단계 5에 대한 더 상세한 계산 과정은 그림 [4.7]과 같다. 이때 단면의 크기를 정할 때는 경험에 의해 보의 깊이를 정하고 복부의 폭은 대개 보 깊이의 1/3～1/1.5 정도로 하며 통상적으로 1/2 정도로 한다. 물론 철근의 배치 등을 고려하여 보의 폭을 조정하고, 크기는 시공의 편의성을 고려하여 대개 50 mm 단위로 증감시키고 있다. 만약 층고의 제한 등으로 넓은보(wide beam)로 설계해야 할 경우에는 층고를 고려하여 단면을 가정하여 철근량을 계산한다.

넓은보(wide beam)
일반적으로 보의 단면이 깊이 에 비하여 복부의 폭이 더 넓 은 보를 일컫는다. 이러한 보 는 휨모멘트를 저항하는 데는 불리하여 잘 사용되지 않지만 층고를 제한하여야 할 경우에 는 가끔 사용되고 있다.

복철근콘크리트 보(doubly reinforced concrete beam)
인장철근뿐만 아니라 압축철근도 요구되어 배치된 철근콘크리트 보

직사각형 단철근콘크리트 보의 철근량 계산은 앞의 '설계를 위한 수식과 도표'에서 설명한 과정을 따를 수 있다. 그러나 일반적으로 철근콘크리트 보는 복철근콘크리트 보로 시공된다. 이것은 비록 작용하는 휨모멘트를 주어진 단철근콘크리트 보 단면으로도 충분히 저항할 수 있다하더라도, 시공할 때 보의 스터럽 위치를 고정시키거나 크리프에 의한 장기변형을 줄이기 위하여 압축철근을 배치하기 때문이다. 이러한 경우는 비록 복철근콘크리트 보이지만 휨모멘트에 의해 필요한 철근량은 단철근콘크리트 보로 계산하고 적당량의 압축철근을 배치하면 된다.

한편 주어진 단면으로 작용하는 계수휨모멘트를 단철근콘크리트 보에 의해 저항할 수 없어 복철근콘크리트 보로 설계하여야 하는 경우에 대한 계산 과정을 여기서 설명하고자 한다. 단면의 계수휨모멘트 M_u, 부재의 크기 b_w, h, d, d', 그리고 사용 재료의 강도 f_{ck}, f_y를 알고 있을 때, 복철근콘크리트 보의 인장철근량과 압축철근량을 계산하는 과정은 다음과 같다.

먼저 주어진 단면의 단철근콘크리트 보의 휨강도를 계산해보면, 그때의 최대 인장철근량은 다음 식 (4.18)(a)와 같으며, 이 철근에 의한 공칭휨강도 M_{n1}은 식 (4.18)(b)과 같다.

$$A_{s1} = \rho_{\max} b_w d \tag{4.18(a)}$$

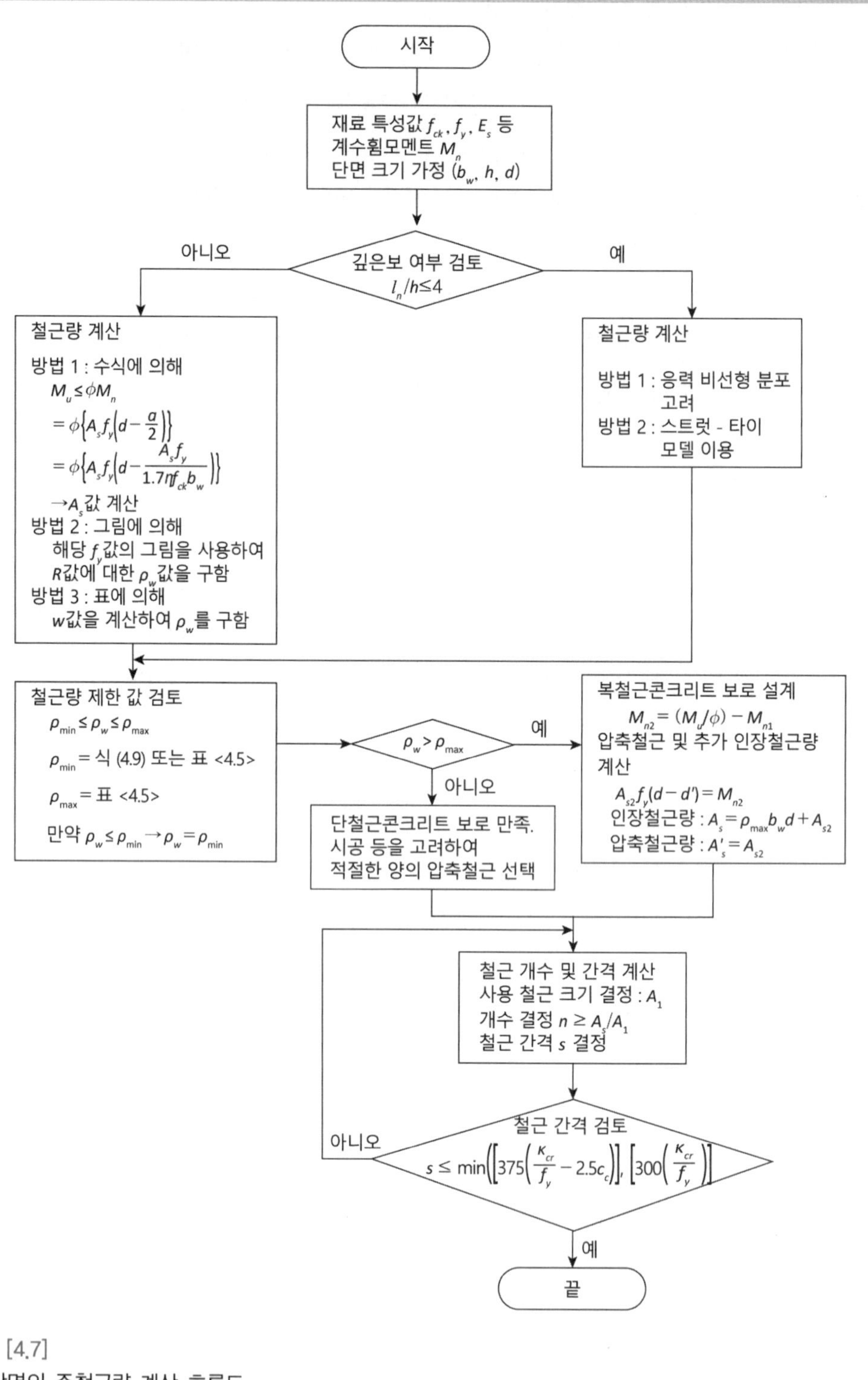

그림 [4.7]
보 단면의 주철근량 계산 흐름도

$$M_{n1} = A_{s1} f_y \left(d - \frac{a}{2} \right) = \rho_{\max} b_w d f_y \left(d - \frac{a}{2} \right) \tag{4.18(b)}$$

여기서, $\rho_{\max}$은 단철근콘크리트 보에서 배치할 수 있는 최대 철근비로서 $\rho_{\max}$값은 표 〈4.5〉(b) 또는 그림 [4.6]에 의해 구할 수 있으며, 이 경우에 해당하는 a의 값은 식 (4.19)와 같다.

$$a = \frac{A_{s1} f_y}{0.85 \eta f_{ck} b_w} \tag{4.19}$$

추가로 단면이 저항해야 할 공칭휨강도 M_{n2}를 계산하면, 다음 식 (4.20)의 값과 같다.

$$\phi (M_{n1} + M_{n2}) \geq M_u \tag{4.20(a)}$$

$$M_{n2} \geq \frac{M_u}{\phi} - M_{n1} \tag{4.20(b)}$$

이때 ϕ의 값은 휨 부재에 대한 최대값인 0.85로 하고, 후에 필요하다면 최외단 인장철근의 인장변형률을 계산하여 조정한다. 이 M_{n2}에 대한 압축철근량 $A_s{}'$와 추가 인장철근량 A_{s2}를 계산한다. 먼저 압축철근이 항복한다고 가정하고 구하면 다음 식 (4.21)과 같다.

$$M_{n2} = A_{s2} f_y (d - d') \tag{4.21(a)}$$

$$A_{s2} = A_s{}' = \frac{M_{n2}}{f_y (d - d')} \tag{4.21(b)}$$

이때 압축철근이 항복하기 위해서는 제1편(기본편)에 의하면 다음 식 (4.22)를 만족하여야 한다.

$$\rho_w = \frac{A_{s1} + A_{s2}}{b_w d} \leq 0.85 \beta_1 \eta \frac{f_{ck}}{f_y} \frac{d'}{d} \frac{\varepsilon_{cu}}{\varepsilon_{cu} - \varepsilon_y} + \frac{A_s{}'}{b_w d} \tag{4.22}$$

여기서, d'는 압축연단에서 압축철근의 중심까지 거리이다. 만약 위 식 (4.22)를 만족시키지 못하면 압축철근의 응력이 항복강도에 이르지 못하므로 압축철근량을 다음 방법에 의해 계산하여 증가시킨다. 먼저 압축철근의 응력은 다음 식 (4.23)으로 나타낼 수 있다.

$$f_s' = \varepsilon_{cu}\frac{c-d'}{c}E_s \tag{4.23}$$

여기서, c는 식 (4.19)에 의하면 다음 식 (4.24)와 같다.

$$c = a/\beta_1 = \frac{A_{s1}f_y}{0.85\beta_1\eta f_{ck}b_w} \tag{4.24}$$

이때 필요한 압축철근량 A_s'은 다음 식 (4.25)에 의해 구할 수 있다.

$$A_s' = \overline{A_s'}\frac{f_y}{f_s'} \tag{4.25}$$

여기서, $\overline{A_s'}$는 식 (4.21)(b)에 의해 구한 값 A_s'와 같다.

직사각형 단면 설계의 요약

앞에 설명한 직사각형 보 단면에 작용하는 휨모멘트에 대한 설계 과정을 구체적으로 요약하여 정리하면 다음과 같다.

먼저 직사각형 보의 단면 크기 b_w, h가 주어진 경우의 계산 과정을 요약한다.

첫째, 이 경우 설계를 위하여 주어진 값은 단면의 크기인 b_w, h, 재료의 특성값인 f_{ck}, f_y, E_s 그리고 계수휨모멘트인 M_u이다.

둘째, 유효깊이 d를 가정한다. 이때 피복두께, 주철근의 지름, d_b와 1단 배치, 2단 배치 등 배치 형태, 스터럽의 지름 등을 고려하여 h보다 작은 값을 가정한다. 일반 건축물에서 주철근이 1단 배치되는 경우 d는 h보다

60~90 mm 정도 작게 가정하고, 2단 배치되는 경우는 약 100 mm 정도 작게 한다.

셋째, 수식 (4.14)에 의해 철근량을 계산하거나 도표에 의해 철근량을 계산한다. 그림에 의해 구할 때는 먼저 $R = M_u / \phi b_w d^2$을 계산한다. 이때 ϕ값은 인장지배단면인 단면에 대한 철근비 이하일 때는 0.85이고, 철근비가 인장지배단면 철근비 이상이고 최대 철근비 이하일 때는 조금 작은 값이 되지만 일단 0.85로 가정하고 후에 검토한다. 그리고 각 f_y에 대하여 그림 [4.6]과 같은 그림을 이용하여 ρ_w값을 구한다. 이때 ρ_w값이 어디에 위치하느냐에 따라 다음과 같은 조치를 취해야 한다.

① $\rho_w < \rho_{\min}$인 경우, 단면 크기를 줄일 수 있으므로 줄이거나 단면 크기는 그대로 하고, 철근량을 $\rho_w = \rho_{\min}$으로 결정한다.

② $\rho_{\min} \le \rho_w \le \rho_{2.5\varepsilon_y}$인 경우, 구한 ρ_w값으로 다음 단계로 간다.

③ $\rho_{2.5\varepsilon_y} \le \rho_w \le \rho_{\max}$인 경우, 강도감소계수 ϕ값이 0.85가 아니므로 구한 ρ_w값에 해당하는 ϕ값을 계산하고, 이를 이용하여 R값을 다시 계산하여 ρ_w값을 도표를 이용하여 구한다. 이 과정을 반복하여야 한다.

④ $\rho_{\max} < \rho_w$인 경우, 복철근콘크리트 보로 설계하거나 단철근콘크리트 보로 설계하고자 할 때는 단면을 증대시켜야 한다.

⑤ 복철근콘크리트 보로 설계하는 경우에는 $\rho_{w1} = \rho_{\max}$으로 취하고, $M_{u1} = \phi R_{\max} b_w d^2$을 계산한 후에 $M_{u2} = M_u - M_{u1}$을 계산한다. 그리고 $A_{s2} f_y (d - d') = M_{u2} / \phi$에 의해 $A_{s2} = M_{u2} / [\phi f_y (d - d')]$를 계산한다. 여기서 d'는 압축연단부터 압축철근 중심까지 거리이며, 압축철근도 항복한다는 가정에 의한 것이므로 추후에 검토가 필요하며, 검토 방법은 본문을 참조한다.

⑥ 철근량을 계산하는데 인장철근량 A_s를 계산할 때는 단철근콘크리트 보의 경우 $A_s = \rho_w b_w d$이고, 복철근콘크리트 보의 경우의 인장철근량 $A_s = \rho_{w1} b_w d + A_{s2}$이다. 그리고 압축철근량 A_s'는 단철근콘크리트 보의 경우 계수단면력에 의해서는 필요하지 않으나, 시공 등의 목적으로 적절한 양을 선택하고, 복철근콘크리트 보의 경우 $A_s' = A_{s2}$이다.

한편 직사각형 보의 단면의 크기가 주어지지 않은 경우의 계산 과정을 요약하면 다음과 같다.

첫째, 이 경우 주어진 값은 재료의 특성값인 f_{ck}, f_y, E_s이며, 계수휨모멘트 M_u값이다.

둘째, 적절한 철근비를 선택한다. 단철근콘크리트 보의 경우 사용하는 재료 특성 f_{ck}와 f_y값에 따라 차이가 있지만 인장철근비는 0.5퍼센트~5퍼센트 범위에 있다. 그러나 철근의 배치 등을 고려할 때 보통 1.5퍼센트~2.5퍼센트 범위가 많다. 물론 층고의 제한 등으로 단면을 작게 해야 하는 경우에는 인장철근비를 도표의 $\rho_{\max}$을 초과하고 압축철근도 동시에 배근하는 복철근콘크리트 보로 설계할 수 있다.

셋째, 식 (4.14) 또는 그림 [4.6]과 같은 그림을 이용하여 b_w, h 값을 결정한다. 먼저 경험이나 표 〈4.5〉 또는 그림 [4.6] 등을 참고하여 적절한 ρ_w값을 선택한다. 그리고 수식에 의할 때는 식 (4.14)에서 $b_w d^2$값을 구하고, 그림에 의할 때는 해당 재료 특성값 f_y, f_{ck}에 대한 그림의 y축에 의해 R값을 적절히 선택한다. 이때 ρ_w로서 $\rho_{\max}$을 초과하는 값을 선택하면 복철근콘크리트 보로 설계해야 하므로 적절한 R값을 바로 선택한다. 다음으로 수식 (4.14)에 $b_w d^2$을 계산하거나 그림에 의해 $b_w d^2 = M_u / \phi R$값을 계산한다. 여기서, M_u는 주어진 값이고, R은 그림에 의해 선택한 값이며, ϕ는 ρ_w값에 따라 구할 수 있는 값이다.

단철근콘크리트 보로 설계하고자 하는 경우에는 다음과 같다.

① b_w, h값을 결정하는데, 위에서 구해진 b_w와 d값을 이용하고, b_w와 h의 관계, 예컨대 $h = 2b_w$ 등으로 가정하여 b_w와 h를 결정한다. 이때 b_w와 h의 값을 대략 50 mm 단위의 가장 가까운 숫자로 선택한다.

② 보다 정확한 ρ_w값을 계산할 수도 있다. b_w와 h는 계산된 값을 약간 수정하였으므로 결정한 b_w와 h를 사용하여 식 (4.14)에 의해 ρ_w를 구하거나 R값을 다시 계산한다. 그리고 해당 수식이나 그림을 이용하여 ρ_w를 얻는다.

③ 철근량을 계산한다. 인장철근량은 $A_s = \rho_w b_w d$이고, 압축철근량은 적절히 시공을 고려하여 선택한다.

복철근콘크리트 보로 설계하고자 하는 경우에는 다음의 과정을 따른다.

① b_w와 h의 결정은 위에서 구해진 b_w와 d 값을 이용하고, b_w와 h의 관계, 예컨대 $h = 2b_w$ 등으로 가정하여 b_w와 h를 결정한다. 이때 b_w와 h의 값을 대략 50 mm 단위의 가장 가까운 숫자로 선택한다.

② ρ_w을 계산하는데 먼저 $M_{u1} = \phi R_{\max} b_w d^2$에 의해 $M_{u2} = M_u - M_{u1}$을 계산한다. 그리고 $R_2 = M_{u2}/\phi b_w d^2$을 계산하여 그림에서 ρ_{w2}를 찾는다. 이때 ϕ값은 0.85로 일단 가정하고, 압축철근도 항복한다고 가정하면 $\rho_w = \rho_{\max} + \rho_{w2}$이며, $\rho_w{}' = \rho_{w2}$이다.

③ 철근량을 계산한다. 인장철근량은 $A_s = \rho_w b_w d$이고, 압축철근량은 $A_s{}' = \rho_w{}' b_w d$이다.

④ 인장지배단면 여부와 압축철근의 항복 여부를 최종적으로 검토한다.

예제 〈4.1〉

크기가 400×800 mm^{2}인 보 단면에 계수휨모멘트 M_u =1,000 kNm가 작용할 때 인장철근량을 계산하라. 다만 콘크리트의 설계기준압축강도 f_{ck} =30 MPa이고, 주철근의 설계기준항복강도 f_y =400 MPa이다.

풀이

1. 유효깊이 d와 강도감소계수 ϕ의 가정

d는 전체 깊이에서 피복두께, 스터럽 직경, 그리고 2단 배근을 고려하여 $d = h - 100 = 700$ mm로 취하고, 강도감소계수는 인장지배단면을 가정하여 $\phi = 0.85$로 일단 취한다.

2. 철근량 계산

식 (4.14), 표 〈4.6〉 또는 그림 [4.6]에 의해 ρ_w 값을 계산한다. 이 예제에서는 표 〈4.6〉을 이용한다. 이 표를 사용하기 위해서는 다음 값을 먼저 계산하여야 한다.

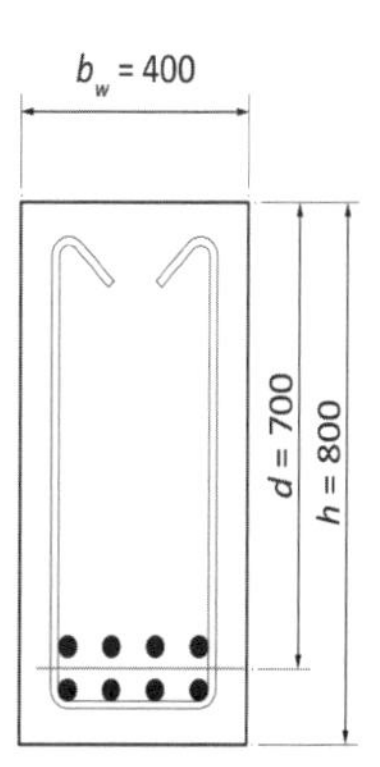

$$M_u/\phi\eta f_{ck} b_w d^2 = 1{,}000{,}000{,}000 / (0.85 \times 1.0 \times 30 \times 400 \times 700^2)$$
$$= 0.2001$$

따라서 표 〈4.6〉에서 w =0.2318을 얻을 수 있다.

또 $w = \rho_w f_y / \eta f_{ck}$에 의해, 소요철근비 ρ_w 값과 소요인장철근량 A_s의 값을 다음과 같이 계산할 수 있다.

$\rho_w = w\eta f_{ck}/f_y = 0.2318 \times 1.0 \times 30/400 = 0.0174$

$A_s = \rho_w b_w d = 0.0174 \times 400 \times 700 = 4{,}872\ \text{mm}^2$

참고로 수식 (4.14)에 의해 A_s값을 구하면 다음과 같다.

$$A_s = (0.85 \times 1.0 \times 400 \times 700 \times 30/400) \times [1 - \sqrt{1 - 1{,}000{,}000{,}000/(0.425 \times 0.85 \times 1.0 \times 30 \times 400 \times 700^2)}\,] = 4{,}865\text{mm}^2$$

수식에 의해나 표에 의해 구하나 거의 같은 값을 구할 수 있다.

3. 철근의 선택
철근은 소요철근량과 보의 크기, 균열 제어 등을 고려하여 선택하여야 하나, 여기서는 소요철근량만을 고려할 때 D25 철근 10개의 단면적이 $506.7 \times 10 = 5{,}067\ \text{mm}^2$이므로 적절하다. 또는 D29철근 8개를 선택하면 $642.4 \times 8 = 5{,}139\ \text{mm}^2$으로 가능하다.
4. 유효깊이 및 강도감소계수 검토
먼저 유효깊이를 검토하면, 주철근 D25와 스터럽을 D10 철근을 사용한다고 가정했을 때 최대 유효깊이 d는 $h - (40 + 10 + 25 + 12.5) = 712.5$ mm가 되며, 주철근 D29와 스터럽철근을 D13으로 사용하거나 피복두께 변동 등을 고려할 때 700 mm로 가정한 것은 적절하다. 둘째, 강도감소계수를 0.85로 취하려면 인장지배단면이어야 한다. 인장지배단면이 되기 위해서는 압축연단콘크리트의 압축변형률이 휨압축파괴변형률인 $\varepsilon_{cu} = 0.0033$에 도달할 때, 최외단 인장철근의 인장변형률이 적어도 $2.5\varepsilon_y$, 즉 $f_y = 400$ MPa인 경우 0.005 이상이어야 하므로, 다음 그림과 같이 주철근으로 D29, 띠철근으로 D10을 사용한 경우 단면의 변형률 적합조건에 의해 ε_t를 계산한다.

20 4.1.1(8)

$$a = \frac{A_s f_y}{0.85\eta f_{ck} b_w} = \frac{8 \times 642.4 \times 400}{0.85 \times 1.0 \times 30 \times 400} = 202\ \text{mm}$$

$\beta_1 = 0.80$

$c = a/\beta_1 = 202/0.8 = 252.5\ \text{mm}$

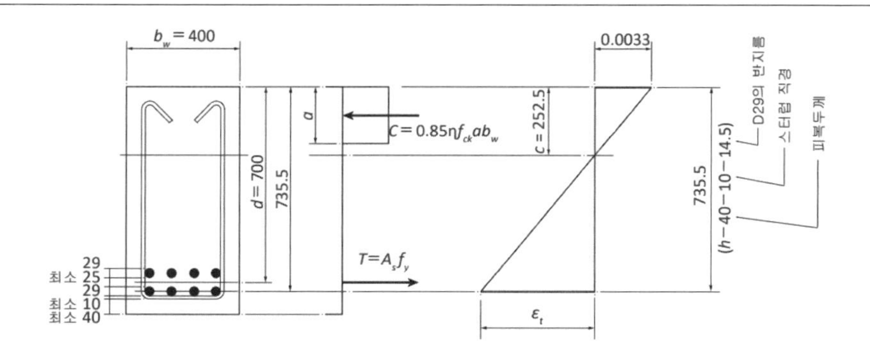

$$\varepsilon_t = 0.0033 \times \frac{735.5 - 252.5}{252.5} = 0.00631 \geq 0.005$$

따라서 ε_t 값이 0.005를 초과하므로, 즉 인장지배단면이므로 $\phi = 0.85$로 취할 수 있다. 또는 표 〈4.5〉(d)를 이용하여 인장지배단면 여부를 검토할 수도 있다. 이 보의 경우 철근비 ρ_w를 구하면,

$$\rho_w = 8 \times 642.4/(400 \times 735.5) = 0.0175$$

따라서 이 철근비 1.75%는 표 〈4.5〉(d)에서 $f_{ck} = 30$, $f_y = 400$ MPa에 해당하는 인장지배한계철근비 2.03%보다 작으므로 인장항복한다.

예제 〈4.2〉

앞의 예제 〈4.1〉과 같은 크기의 단면에 계수휨모멘트 $M_u = 1{,}500$ kNm가 작용할 때 철근량을 계산하라.

풀이

1. 유효깊이 d와 강도감소계수 ϕ의 가정
   일단 앞의 예제 〈4.1〉과 마찬가지로 $d = 700$ mm, $\phi = 0.85$로 가정한다.

2. 철근량 계산
   표 〈4.6〉을 이용하여 철근량을 계산한다.

$$M_u/\phi\eta f_{ck} b_w d^2 = 1{,}500{,}000{,}000 / (0.85 \times 1.0 \times 30 \times 40 \times 700^2) = 0.3001$$

이 값 0.3001은 표에서 찾을 수가 없다. 이것은 인장철근이 많이 요구되어 복철근콘크리트 단면으로 설계하여야 한다는 것을 의미한다. 한편 그림 [4.6]을 이용하여 철근량을 계산한다.

$$R = M_u / \phi b_w d^2 = 1{,}500{,}000{,}000 / (0.85 \times 400 \times 700^2) = 9.004$$

이 경우에도 그림 [4.6]에서 $f_{ck} = 30$ MPa에 대해서 이 R 값에 해당하는 철근비는 구할 수가 없다. 이것은 단철근콘크리트 보로는 설계가 불가능하다는 것을 의미한다. 따라서 복철근콘크리트 보 단면으로 인장철근량과 압축철근량을 계산하여야 한다. 표 〈4.5〉(b) 또는 그림 [4.6]에서 보면 단철근콘크리트 보일 때 최대 철근비는 2.31퍼센트(0.0231)이며, 단철근콘크리트 보로서 인장지배단면으로 설계하고자 할 경우는 철근비는 0.0203(2.03%)이고 이 경우의 저항될 수 있는 최대 저항계수휨모멘트 M_{u1}은 다음과 같다.

$$\begin{aligned} M_{u1} &= \phi R_{\max} b_w d^2 = 0.85 \times 6.75 \times 400 \times 700^2 \\ &= 1{,}124{,}550{,}000 \text{ Nmm} = 1{,}125 \text{ kNm} \end{aligned}$$

이 경우에도 표 〈4.5〉(d)를 이용하여 수식에 의해 구하면 $M_{u1} = 1{,}137$kNm로서 비슷한 값을 얻을 수 있다. 따라서 추가적인 인장철근과 압축철근에 의해 저항해야 할 계수휨모멘트 M_{u2}는,

$$M_{u2} = M_u - M_{u1} = 375 \text{ kNm}$$

이며, 압축철근의 중심과 압축연단의 거리 d'는 피복두께, 스터럽 직경 등을 고려하여 $d' = 70$ mm로 취하고, 압축철근이 항복한다고 가정하면 철근량은 $A_{s2} f_y (d - d') = M_{u2}/\phi$에 의해 다음과 같이 계산할 수 있다.

$$A_{s2} = \frac{M_{u2}}{\phi f_y (d - d')} = 375{,}000{,}000 / [0.85 \times 400 \times (700 - 70)] = 1{,}751 \text{ mm}^2$$

따라서 전체 인장철근량 A_s는 다음과 같다.

$$A_s = \rho_{\max} b_w d + A_{s2} = (0.0203 \times 400 \times 700) + 1{,}751 = 7{,}435 \text{ mm}^2$$

D32를 사용하면 철근 개수는 7,435/794.2 = 9.4, 즉 10개가 필요하며, 5개씩 2단 배치하면 된다. 압축철근량 A_s'는 1,751 mm^{2}이므로, D32 철근을 사용하면 1,751/794.2 = 2.2, 즉 3개를 1단 배치한다.

3. 인장지배단면 및 압축철근의 항복 여부 검토

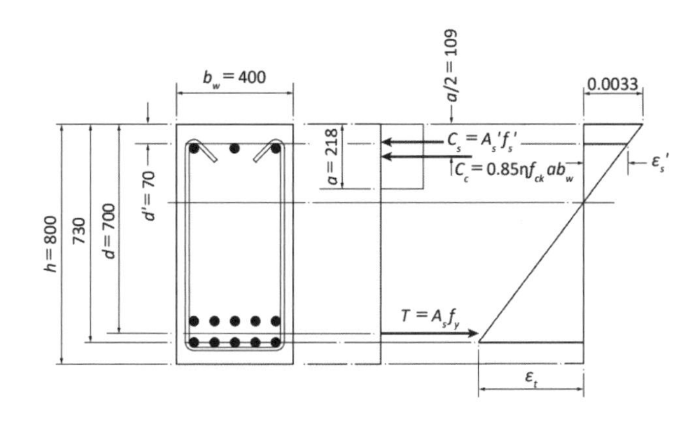

위 그림에서 압축철근이 항복한다고 가정하고 중립축 거리 c를 계산하면,

$$a = \frac{(A_s - A_s')f_y}{0.85\eta f_{ck} b_w} = \frac{(10-3)\times 794.2 \times 400}{0.85 \times 1.0 \times 30 \times 400} = 218 \text{ mm}$$

20 4.1.1(8)

따라서 중립축 거리 c는 다음과 같다.

$$c = a/\beta_1 = 218/0.8 = 272.5 \text{ mm}$$

변형률 적합조건을 사용하여 압축철근과 최외단인장철근의 변형률 ε_s'와 ε_t를 각각 계산하면 다음과 같다.

$$\varepsilon_s' = 0.0033 \times (c - d')/c = 0.0033 \times (272.5 - 70)/272.5 = 0.00245$$

$\geq$ 0.002 (SD 400 철근의 항복변형률)

20 4.1.2(4)

$$\varepsilon_t = 0.0033 \times (730 - c)/c = 0.0033 \times (730 - 272.5)/272.5 = 0.00554$$

$\geq$ 0.005 (인장지배변형률한계, $2.5\varepsilon_y = 0.005$)

따라서 압축철근은 항복하고, 인장지배단면이므로 가정한 사항을 만족시킨다.

예제 〈4.3〉

앞의 예제 〈4.1〉과 같으나 계수휨모멘트 $M_u = 1{,}150$ kNm가 작용할 때 철근량을 계산하라.

풀이

앞의 두 예제와 같이 일단 $\phi = 0.85$, $d = 700$ mm로 가정하고 인장철근량을 계산한다.

1. 철근량 계산
식 (4.14), 그림 [4.6] 또는 표 〈4.6〉을 이용할 수 있으며, 표 〈4.6〉을 이용하여 계산하면 다음과 같다.

$$M_u/\phi\eta f_{ck} b_w d^2 = 1{,}150{,}000{,}000 / (0.85 \times 1.0 \times 30 \times 400 \times 700^2) = 0.2301$$

이 값에 해당하는 w는 표 〈4.6〉에서 0.2746을 얻을 수 있다. 따라서 이에 해당하는 철근비 ρ_w는 다음과 같이 계산된다.

$$\rho_w = w\eta f_{ck}/f_y = 0.2746 \times 1.0 \times 30/400 = 0.0206$$

식 (4.14)에 의할 때도 같은 값을 얻을 수 있다. 이 철근비 0.0206은 표 〈4.5〉 또는 그림 [4.6]에서 보면 인장지배단면에 대한 최대허용철근비 0.0203보다는 크고 휨부재로서 허용되는 최대철근비 0.0231보다는 작다. 이러한 경우에는 단철근 또는 복철근콘크리트 보로 설계할 수 있으나, 단철근콘크리트 보로 설계할 때는 강도감소계수가 0.85보다 작은 값을 사용하여야 한다.

2. 단철근콘크리트 보 단면으로 설계
강도감소계수 $\phi = 0.85$로 가정했을 때 필요한 철근비가 0.0206이므로 ϕ 값이 이보다 작을 때는 이 값보다 더 많은 철근량이 요구된다. 정확한 ϕ값을 알기 위해서는 반복 과정이 필요하나 여기서는 일단 가장 불리한 $\phi = 0.783$(그림 [4.5] 참조)을 선택하여 계산한다.

$$M_u/\phi\eta f_{ck} b_w d^2 = 1{,}150{,}000{,}000 / (0.783 \times 1.0 \times 30 \times 400 \times 700^2) = 0.2498$$

표 〈4.6〉에서 $w = 0.3045$를 얻을 수 있으며, 이에 해당하는 소요철근비 ρ_w는 다음과 같이 계산된다.

$$\rho_w = w\eta f_{ck}/f_y = 0.3045 \times 1.0 \times 30/400 = 0.0228$$

이 철근비 값은 표 〈4.5〉(b) 또는 그림 [4.6]에서 보면 휨 부재로서 $f_{ck} = 30$ MPa, $f_y = 400$ MPa에 허용되는 최대철근비 2.31퍼센트보다 조금 작다. 따라서 이 경우의 ϕ값은 0.783보다 크고, 0.85보다는 작으므로 대략 $\phi = 0.85 - (0.85 - 0.783) \times$

$(2.03-2.28)/(2.31-2.03)=0.79$로 가정하여 구할 수도 있다. 그러나 우연히 이때 ϕ 값은 가정한 0.783과 비슷하므로 반복 계산을 할 필요는 없고, 소요인장철근량 A_s는 다음과 같이 구한다.

$$A_s = 0.0228 \times 400 \times 700 = 6{,}384 \text{ mm}^2$$

D29 철근 10개($10 \times 642.4 = 6{,}424$ mm^2)를 사용하여 배치한다.

3. 복철근콘크리트 보 단면으로 설계

예제 〈4.2〉에서 볼 수 있듯이 인장지배단면, 즉 $\phi=0.85$로 될 수 있는 인장철근량에 의한 최대 저항 계수휨모멘트 $M_{u1}=1{,}125$ kNm이므로 압축철근과 추가 인장철근에 의해 저항해야 할 계수휨모멘트 M_{u2}는 다음과 같다.

$$M_{u2} = 1{,}150 - 1{,}125 = 25 \text{ kNm}$$

이에 해당하는 소요철근량을 계산하면 다음과 같다.

$$A_{s2} = A_s{}' = M_{u2}/\phi f_y(d-d') = 25{,}000{,}000/(0.85 \times 400 \times (700-70)) = 117 \text{ mm}^2$$

따라서 총 인장철근량과 압축철근량은 다음과 같다.

$$A_s = 0.0203 \times 400 \times 700 + 117 = 5{,}801 \text{ mm}^2$$
$$A_s{}' = 117 \text{ mm}^2$$

인장철근으로 D32를 8개($8 \times 794.2 = 6{,}354$ mm^2)를 배치하고 압축철근은 D10 2개($2 \times 71.33 = 142.7$ mm^2)를 배치시킨다. 그러나 실제 현장에서는 압축철근도 일반적으로 같은 굵기의 철근을 사용하고 있다. 이때 압축철근의 항복 여부를 검토하려면 앞의 예제에서 수행한 방법에 따라 할 수 있다. 그러나 압축철근량이 여유 있게 배근되므로 실무에서는 검토하지 않는 경우가 많다.

4. 단철근 또는 복철근콘크리트 단면의 소요철근량 비교

같은 계수휨모멘트 1,150 kNm가 작용할 때 단철근 콘크리트 보 단면으로 설계하면 소요철근량은 인장철근량으로서 6,384 mm^{2}이고, 복철근콘크리트 보 단면으로 설계하면 인장철근량 5,801 mm^{2}과 압축철근량 117 mm^{2}이므로 총 5,918 mm^{2}으로서 전체로 철근량이 더 적게 소요된다. 이와 같이 인장철근의 변형률이 인장지배단면으로서 허용되는 인장철근의 변형률($2.5\varepsilon_y$)보다 작은 경우에는 장기 변형, 시공성 등뿐만 아니라 소요철근량의 관점에서도 복철근콘크리트 보 단면으로 설계하는 것이 바람직하다.

T형 보와 반 T형 보의 철근량 계산

그림 [4.8]과 같은 T형 보 및 반 T형 보에 정모멘트가 작용하면 플랜지가 있는 상부에 압축응력이 생긴다. 일반적으로 이러한 형태의 보는 직사각형 보에 비하여 압축을 받는 콘크리트 면적이 넓기 때문에 압축철근이 필요 없는 경우가 대부분이다. 만약 압축철근을 배치하여 큰 휨모멘트에 견디도록 설계하면 인장철근량이 매우 많아져 실제 시공하기가 힘들다. 따라서 T형 보의 경우 모든 경우에 단철근콘크리트 보로 설계하며, 시공할 때 스터럽 위치 등을 고려하여 적은 양의 압축철근을 가외로 배치시킨다.

T형 보 또는 반 T형 보에서 휨모멘트에 대한 주철근량을 계산하는 것은 단철근콘크리트 직사각형 보의 방법을 사용할 수 있다. 다만 도표나 그림 및 수식을 이용할 때 복부의 폭 b_w 대신에 유효폭 b를 사용한다. 이렇게 구한 철근량 A_s와 b_w 대신에 b를 사용하여 식 (4.11)에 의해 a를 계산한다. 이 등가직사각형 응력블럭의 깊이 a가 플랜지 두께 h_f보다 작으면 만족한다. 대부분의 경우 이와 같은 조건을 만족하지만, 만약 a값이 h_f보다 크면 다음에 따라 철근량을 산정한다.

T형 보의 휨강도는 그림 [4.9]에서 보이듯이 압축플랜지 부분과 압축을 받는 복부 직사각형 부분과 인장철근에 의한 것을 구하여 더하면 된다. 먼저 플랜지 폭 부분의 콘크리트에 의한 휨강도 M_{nf}와 필요 철근량 $A_s f_y$를 다음 식 (4.26)에 의해 계산한다.

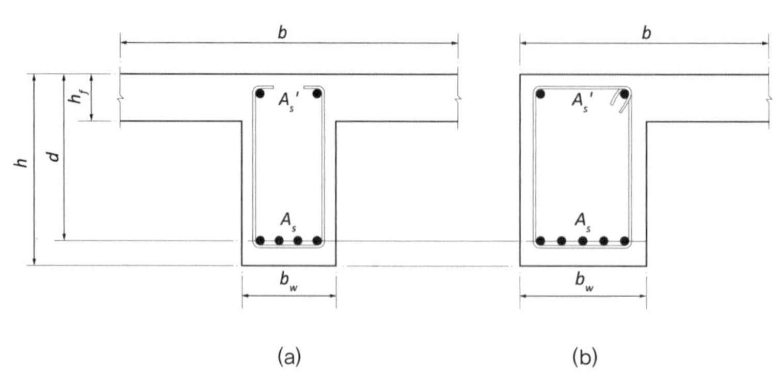

그림 [4.8]
T형 보와 반 T형 보: (a) T형 보; (b) 반 T형 보

$$M_{nf} = 0.85\eta f_{ck} h_f (b - b_w)(d - h_f/2) \quad (4.26)(a)$$
$$A_{sf} = 0.85\eta f_{ck} h_f (b - b_w)/f_y \quad (4.26)(b)$$

여기서, h_f는 슬래브의 전체 두께이다.

그리고 복부 폭이 b_w인 일반적인 직사각형 보가 저항할 수 있는 휨강도 M_{nw}는 다음 식 (4.27)에 의하여 계산한다.

$$M_u \le \phi M_n = \phi(M_{nf} + M_{nw}) \quad (4.27)(a)$$
$$M_{nw} \ge (M_u/\phi - M_{nf}) \quad (4.27)(b)$$

따라서 이 휨강도 M_{nw}를 발휘하기 위한 인장철근량 A_{sw}는 일반적인 직사각형 단철근콘크리트 보에 대한 식 (4.14)에 의해 구할 수 있으며, 요구되는 전체 철근량 A_s는 A_{sf}와 A_{sw}를 더한 값이 된다. 그러나 개정된 우리나라 설계기준[3)]에서 새롭게 제시하는 콘크리트의 등가응력블록 중에서 등가포물선-직선형 응력블록을 사용할 때는 단면의 폭이 일정하지 않으므로 주의하여야 한다. 이 경우에도 플랜지 부분까지는 포물선 형태가 아니고 직선 형태이면 복부 부분만 직사각형 단면으로 계산하면 되므로 조금은 단순하나, 플랜지 부분의 콘크리트 응력도 포물선 부분이 있으면 직접 계산하기는 힘들다. 이러한 경우 약간의 오차가 있어도 플랜지 부분은 일정한 값으로 하고 계산하거나, 정확하게 구하고자 할 경우에는 층상화법 등을 사용하여 반복계산에 의해 구할 수 있다.

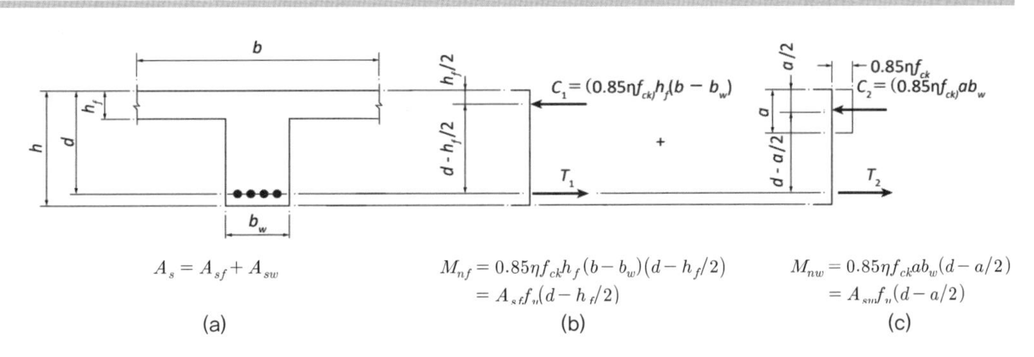

그림 [4.9]
T형 보의 휨강도: (a) 단면; (b) 플랜지 부분에 의한 휨강도; (c) 복부 부분에 의한 휨강도

예제 〈4.4〉

그림과 같은 T형 보에 계수휨모멘트 $M_u=1{,}500$ kNm가 작용할 때 인장철근량을 계산하라. 콘크리트의 설계기준압축강도 $f_{ck}=30$ MPa이고, 철근의 설계기준항복강도 $f_y=400$ MPa이다.

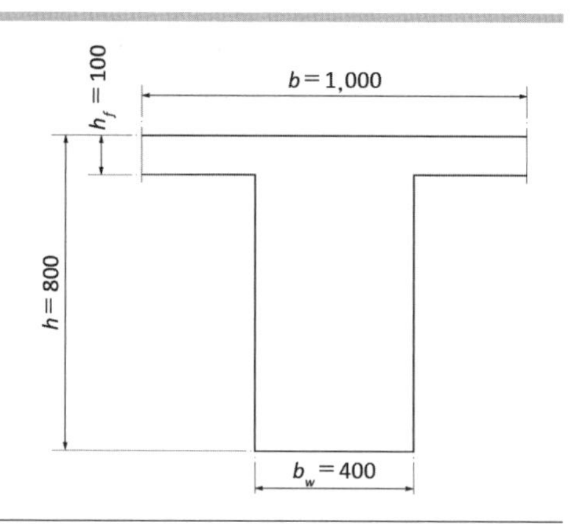

풀이

이 경우에도 강도감소계수 $\phi=0.85$로 가정하고, 유효깊이 $d=700$ mm로 가정한다. 그리고 중립축이 플랜지 두께 아래에 위치하는 것으로 일단 가정한다.

1. 인장철근량, A_s 계산

먼저 플랜지 콘크리트 부분과 인장철근에 의해 저항할 수 있는 최대 계수휨모멘트 M_{uf}는 다음과 같으며,

$$
\begin{aligned}
M_{uf} &= \phi\times 0.85\eta f_{ck}h_f(b-b_w)(d-h_f/2)\\
&= 0.85\times 0.85\times 1.0\times 30\times 100\times(1{,}000-400)\times(700-100/2)\\
&= 845{,}325{,}000\ \text{Nm}=845\ \text{kNm}
\end{aligned}
$$

이에 해당하는 소요철근량 A_{sf}는 다음과 같다.

$$A_{sf}=M_{uf}/\phi f_y(d-h_f/2)=845{,}325{,}000/(0.85\times 400\times(700-100/2))=3{,}825\ \text{mm}^2$$

따라서 폭 b_w인 직사각형 보가 저항해야 할 계수휨모멘트 M_{uw}는 다음과 같다.

$$M_{uw}=1{,}500-845=655\ \text{kNm}$$

따라서 이 계수휨모멘트에 대한 직사각형 보의 소요인장철근량을 예제 〈4.1〉의 과정에 따라 계산할 수 있으며, 여기서는 표 〈4.6〉을 이용하여 계산한다.

$$M_u/\phi\eta f_{ck}b_wd^2=655{,}000{,}000/(0.85\times 1.0\times 30\times 400\times 700^2)=0.1311$$

이에 해당하는 w는 표 〈4.6〉에서 0.1432를 얻는다. 따라서 이에 해당하는 ρ_w값은 다음과 같으며,

$\rho_w = w\eta f_{ck}/f_y = 0.1432 \times 1.0 \times 30/400 = 0.01074$

소요철근량 A_{sw}와 전체 소요인장철근량 A_s는 다음과 같다.

$A_{sw} = 0.01074 \times 400 \times 700 = 3{,}007\ \text{mm}^2$

$A_s = A_{sf} + A_{sw} = 3{,}825 + 3{,}007 = 6{,}832\ \text{mm}^2$

D32 철근 10개($10 \times 794.2 = 7{,}942\ \text{mm}^2$)를 2단 배치하면 소요철근량을 만족시킬 수 있다.

2. 인장지배단면 여부 및 중립축 위치 검토

이 경우에는 앞의 풀이에서 복부, 즉 직사각형 보에 대한 검토를 하면 된다. 이 경우 작용하는 계수휨모멘트 $M_{uw} = 655$ kNm이고, 인장철근량은 $7{,}942 - 3{,}825 = 4{,}117\ \text{mm}^2$이다.

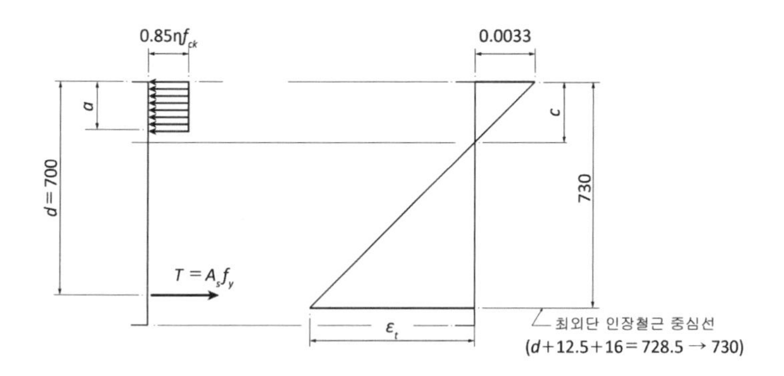

위 그림에서 중립축거리 c와 최외단 인장철근의 변형률 ε_t는 다음과 같이 구할 수 있다.

20 4.1.2(4)

$a = A_{sw} f_y / 0.85\eta f_{ck} b_w = 4{,}117 \times 400/(0.85 \times 1.0 \times 30 \times 400)$

$= 161\ \text{mm} > a = 100\ \text{mm}$

$c = a/\beta_1 = 161/0.8 = 201\ \text{mm}$

$\varepsilon_t = 0.0033 \times (730 - 201)/201 = 0.00869 \geq 0.005 (= 2.5\varepsilon_y)$

따라서 인장지배단면이고, 등가응력블록 깊이 a도 플랜지 두께보다 아래쪽에 위치하므로 모든 가정 사항을 만족시킨다.

예제 〈4.5〉

앞의 예제 〈4.4〉와 같으나 콘크리트 보 단면의 플랜지 두께가 150 mm인 경우에 대하여 인장철근량을 계산하라.

풀이

앞의 예제는 T형 보이었으나 이 예제의 경우 작용하는 계수휨모멘트는 변하지 않고 플랜지 두께가 변하여 형태는 T형 보이나 역학적으로는 직사각형 보일 가능성이 높다. 즉, 중립축이 플랜지 내에 위치할 가능성이 높다. 그러나 여기서는 일단 T형 보로 가정하고 풀이한다.

1. 플랜지 콘크리트가 부담하는 계수휨모멘트 M_{uf} 계산

$$M_{uf}=\phi\times 0.85\eta f_{ck}h_f(b-b_w)(d-h_f/2)$$
$$=0.85\times 0.85\times 1.0\times 30\times 150\times(1{,}000-400)\times(700-150/2)$$
$$=1{,}219{,}218{,}750\text{ Nmm}=1{,}219\text{ kNm}$$

2. 직사각형 보 단면에 대한 검토
복부 부분으로 이루어진 직사각형 보가 부담해야 할 계수휨모멘트는 다음과 같다.

$$M_{uw}=1{,}500-1{,}219=281\text{ kNm}$$

이 계수휨모멘트를 저항할 수 있는 복부의 등가응력블록 깊이 a를 계산하면 다음과 같다.

$$M_{uw}\le\phi M_n=\phi\times 0.85\eta f_{ck}b_w a(d-a/2)$$

따라서,

$$0.85\times 0.85\times 1.0\times 30\times 400a(700-a/2)\ge 281{,}000{,}000$$
$$a=91.55\text{ mm}$$

6.2.1(7)

따라서 이 값은 플랜지 두께 150 mm보다 작으므로 등가응력블록 깊이 a는 플랜지 내에 있다. 따라서 이러한 경우에는 보의 폭이 유효폭 $b=1{,}000$mm인 직사각형 보로 설계하여야 한다.

3. 유효폭을 갖는 직사각형 보에 대한 철근량 계산

$$M_u/\phi\eta f_{ck}bd^2 = 1{,}500{,}000{,}000/(0.85\times 1.0\times 30\times 1{,}000\times 700^2) = 0.1200$$

표 〈4.6〉에서 이 값 0.1200에 대한 w값은 0.1300을 얻을 수 있으며, 이에 대한 소요 인장철근량은 다음과 같이 계산할 수 있다.

$$\rho_w = w\eta f_{ck}/f_y = 0.1300\times 1.0\times 30/400 = 0.00975$$
$$A_s = \rho_w bd = 0.00975\times 1{,}000\times 700 = 6{,}825\ \text{mm}^2$$

물론 이 경우에도 인장지배단면 여부를 검토해야 하지만 중립축이 플랜지 내에 위치하기 때문에 최외단인장철근의 변형률은 $2.5\varepsilon_y = 0.005$를 충분히 초과하므로 검토를 생략한다.
이 두 예제에서 볼 수 있듯이 실제 구조물의 경우 유효폭 b가 이 예제들의 1,000 mm보다 훨씬 크고 슬래브 두께도 대부분 150 mm 이상이므로, 모양은 T형 보이지만 실제로 단면 설계는 유효폭 b인 직사각형 보로 설계하면 되는 경우가 대부분이다.

4.3.2 전단력과 비틀림모멘트에 대한 스터럽 양 계산

설계기준의 규정

전단력과 비틀림모멘트에 대한 규정은 우리나라 설계기준[3] KDS 14 20 22에 기술되어 있다. 보의 전단강도에 대한 주요 내용은 다음과 같다.

① 전단 및 비틀림 철근의 설계기준항복강도 f_{yt}는 500 MPa 이하이다. 22 4.3.1(3)

② 스터럽에 의해 전단력에 저항할 수 있는 단면의 최대 공칭전단강도 V_s는 $0.2(1 - f_{ck}/250)f_{ck}b_w d$ 이하이다. 22 4.3.4(9)

③ 계수전단력 V_u가 콘크리트에 의한 설계전단강도 ϕV_c의 1/2을 초과하는 보 단면에는 다음 식 (4.28)과 같은 최소 전단철근량이 필요하다. 22 4.3.3(9)

$$A_{v,\min} = 0.0625\sqrt{f_{ck}}\,b_w s/f_{yt} \ge 0.35 b_w s/f_{yt} \tag{4.28}$$

[저자 의견] 보부재에서 V_s의 최대값이 이번에 개정되었는데 지금까지 한계값인 $(2\sqrt{f_{ck}}/3)b_w d$보다 크게 증가되었고, 다른 부재와 보의 경우에도 비틀림모멘트가 함께 적용할 때는 이전의 최대값인$(2\sqrt{f_{ck}}/3)b_w d$로 규정되어 있어서 일관성도 없음.

④ 스터럽에 의한 공칭전단강도 V_s는 다음 식 (4.29)와 식 (4.30)에 의해 구한다.

22 4.3.4(2)

스터럽이 부재축에 직각인 경우,

$$V_s = A_v f_{yt} d/s \tag{4.29}$$

스터럽의 방향과 부재축이 α만큼 경사져 있는 경우,

$$V_s = A_v f_{yt}(\sin\alpha + \cos\alpha)d/s \tag{4.30}$$

한편 비틀림모멘트에 대한 소요철근량을 계산하는 내용도 설계기준에 규정되어 있으며, 주요 규정 내용은 다음과 같다.

22 4.4.1(1)

첫째, 계수비틀림모멘트 T_u가 $\phi(\sqrt{f_{ck}}/12)A_{cp}^2/p_{cp}$ 이하이면 비틀림모멘트에 대하여 추가적인 스터럽철근은 필요하지 않다. 이때 플랜지가 있는 보에 대한 단면적 A_{cp}와 단면의 둘레길이 p_{cp}를 계산할 때는 플랜지의 일부분을 포함시키는데, 이때 포함되는 부분은 그림 [2.6]에서 보인 바와 같이 보가 위, 아래로 내민 부분 중에서 큰 값과 플랜지 두께의 4배 중에서 작은 값이다.

22 4.4.1(2)

22 4.4.2(2)

둘째, 균열에 의해 내력의 재분배가 발생하여 비틀림모멘트가 감소할 수 있는 적합비틀림의 경우인 부정정구조물의 경우, 계수비틀림모멘트 T_u 값을 $\phi(\sqrt{f_{ck}}/3)A_{cp}^2/p_{cp}$로 줄이고 그 대신 재분배된 단면력을 인접 부재를 설계할 때 고려할 수도 있다.

적합비틀림(compatibility torsion)과 평형비틀림(equilibrium torsion)
비틀림모멘트가 재분배될 수 있는 비틀림을 적합비틀림이라 하고, 될 수 없는 것을 평형비틀림이라고 한다. 따라서 비틀림모멘트에 대해 재분배가 가능한 경우에는 휨모멘트의 재분배와 같이 다른 곳으로 일부 비틀림모멘트를 전달시킬 수 있다.

셋째, 비틀림모멘트가 작용하는 단면은 다음 식 (4.31)과 식 (4.32)를 만족시켜야 하며, 그렇지 않은 경우 단면을 키워야 한다.

속찬단면의 경우,

22 4.5.1(1)

$$\sqrt{\left(\frac{V_u}{b_w d}\right)^2 + \left(\frac{T_u p_h}{1.7A_{oh}^2}\right)^2} \le \phi\left(\frac{V_c}{b_w d} + \frac{2\sqrt{f_{ck}}}{3}\right) \tag{4.31}$$

속빈단면의 경우,

[저자 의견] 이 경우에는 V_s의 최댓값으로 $(2\sqrt{f_{ck}}/3)b_w d$로 규정되고 있다.

$$\left(\frac{V_u}{b_w d}\right)+\left(\frac{T_u p_h}{1.7A_{oh}^2}\right)\le \phi\left(\frac{V_c}{b_w d}+\frac{2\sqrt{f_{ck}}}{3}\right) \tag{4.32}$$

여기서, 응력을 계산하는 벽의 두께 t가 A_{oh}/p_h보다 작으면 식 (4.32)의 좌변 $T_u p_h/(1.7A_{oh}^2)$항은 $T_u/(1.7A_{oh}t)$로 취한다. 이때 A_{oh}는 폐쇄스터럽으로 둘러싸인 면적이고, p_h는 폐쇄스터럽 중심선의 둘레길이이다.

22 4.5.1(3)

넷째, 비틀림모멘트에 저항하기 위한 폐쇄스터럽철근량은 다음 식 (4.33)에 의해 계산한다.

22 4.5.2(1),(2)

$$\phi T_n \ge T_u \tag{4.33(a)}$$

$$T_n = \frac{2A_o A_t f_{yt}}{s}\cot\theta \tag{4.33(b)}$$

여기서, A_o는 $0.85A_{oh}$로 취할 수 있고, θ는 45°로 취할 수 있다.

다섯째, 비틀림모멘트에 저항하기 위하여 휨모멘트에 의한 주철근 외에 다음 식 (4.34)에 의해 계산되는 추가 종방향철근 A_l이 필요하다.

22 4.5.2(3)

$$A_l = \frac{A_t}{s}p_h\left(\frac{f_{yt}}{f_y}\right)\cot^2\theta \tag{4.34}$$

여기서, A_t/s는 식 (4.33)(b)에 의해 계산된 값이다.

여섯째, 비틀림모멘트에 대해서 설계할 필요가 있는 경우에는 다음 식 (4.35)로 계산된 최소 폐쇄스터럽과 식 (4.36)에 의한 최소 종방향철근이 필요하다.

$$(A_v+2A_t)_{\min} = 0.0625\sqrt{f_{ck}}\frac{b_w s}{f_{yt}} \ge 0.35\frac{b_w s}{f_{yt}} \tag{4.35}$$

22 4.5.4(2)

$$A_{l,\min} = \frac{0.42\sqrt{f_{ck}}A_{cp}}{f_y} - \frac{A_t}{s}p_h\frac{f_{yt}}{f_y} \tag{4.36}$$

22 4.5.4(3)

식 (4.36)에서 A_t/s는 $0.175b_w/f_{yt}$ 이상이어야 한다.

전단력에 의한 스터럽 계산 과정

계수전단력 V_u가 구조해석에 의해 구해지면 이 V_u에 대해서 저항할 수 있는 스터럽 양을 계산한다. 그림 [4.2]에서 단계 6에 해당하는 부분으로서 이를 계산하는 과정은 그림 [4.10]에 나타난 바와 같다. 일반적으로 스터럽 양을 계산하기 전에 휨모멘트에 대한 주철근량을 계산하며, 비틀림모멘트에 대한 폐쇄스터럽 양은 그 이후에 수행한다. 구조해석과 계수휨모멘트에 의한 주철근량을 산정하였으면 스터럽 양을 계산할 때는 단면의 크기 b_w, d, h와 계수단면력 M_u, N_u, V_u, T_u을 이미 알고 있으며 주철근비 ρ_w도 알고 있다. 그리고 l_n/h가 4 이하로서 깊은보인 경우 설계기준 KDS 14 20 24에 따라 스트럿-타이 모델을 사용하여 계산하며 그에 대한 설명은 생략하고 여기서는 일반적인 보에 대한 전단력 검토만 설명한다.

22 4.7.1(1),(2)

먼저 콘크리트에 의한 공칭전단강도 V_c의 계산 방법부터 설명한다.

휨모멘트와 전단력만 받는 경우에는 다음 식 (4.37) 또는 식 (4.38)에 의해 구한다.

22 4.2.1(1),(2)

$$\text{약산식}: V_c = \frac{1}{6}\sqrt{f_{ck}}\,b_w d \tag{4.37}$$

$$\text{엄밀식}: V_c = \left(0.16\sqrt{f_{ck}} + 17.6\rho_w \frac{V_u d}{M_u}\right) b_w d \le 0.29\sqrt{f_{ck}}\,b_w d \tag{4.38}$$

그리고 압축력도 동시에 작용하는 경우에는 다음 식 (4.39) 또는 식 (4.40)에 의해 구한다.

22 4.2.1(1),(2)

$$\text{약산식}: V_c = \frac{1}{6}\left(1 + \frac{N_u}{14A_g}\right)\sqrt{f_{ck}}\,b_w d \tag{4.39}$$

$$\text{엄밀식}: V_c = \left(0.16\sqrt{f_{ck}} + 17.6\rho_w \frac{V_u d}{M_m}\right) b_w d \le 0.29\sqrt{f_{ck}}\,b_w d\sqrt{1 + \frac{N_u}{3.5A_g}} \tag{4.40}$$

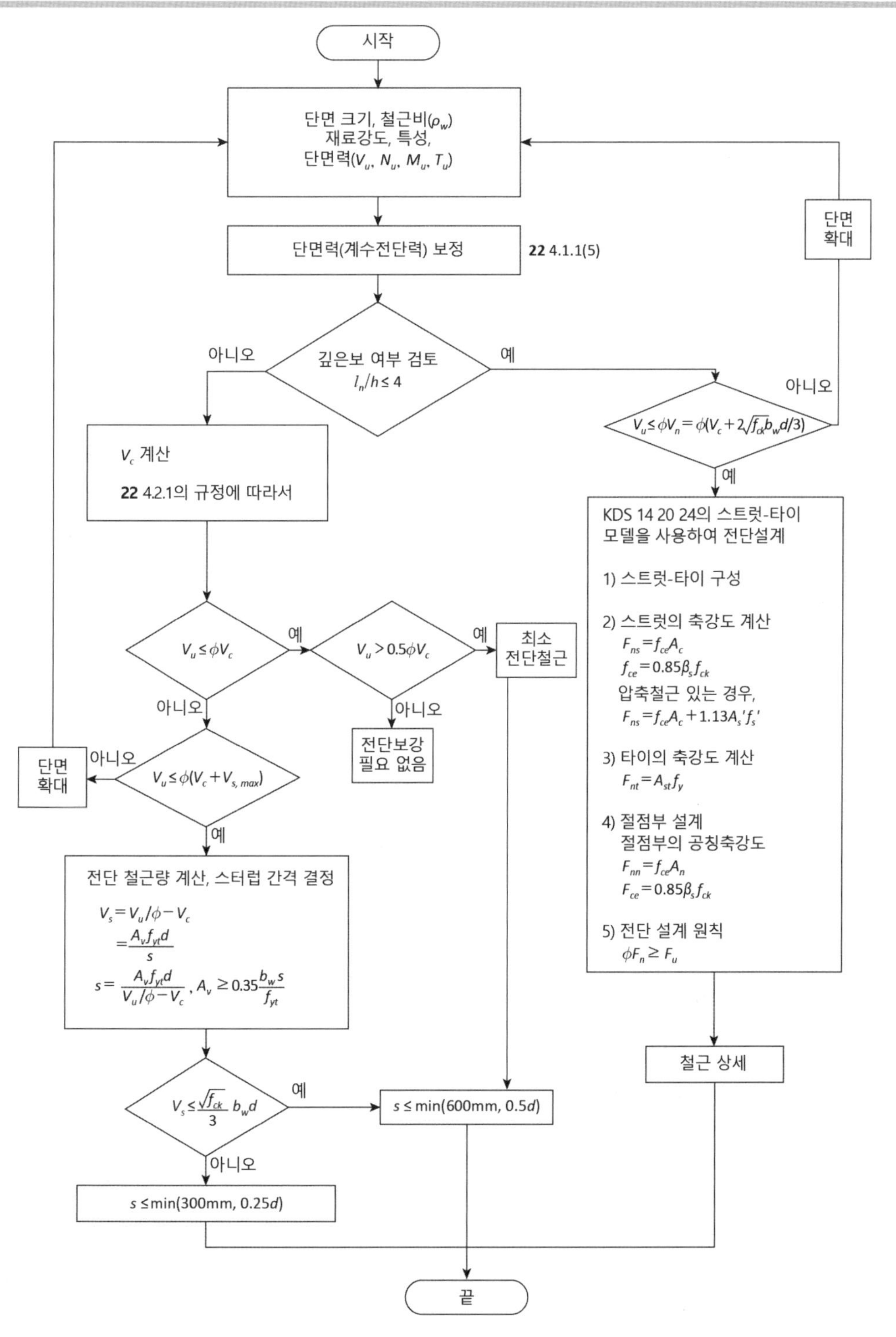

그림 [4.10]
전단력에 대한 스터럽 계산 흐름도

여기서, $M_m = M_u - N_u(4h-d)/8$이고, N_u는 압축력일 때가 양(+)이다.

철근콘크리트 구조물에서 드문 경우이지만, 현저히 큰 인장력도 동시에 작용하는 경우에는 다음 식 (4.41) 또는 식 (4.42)에 의해 콘크리트가 저항할 수 있는 단면의 전단강도를 구한다.

22 4.2.1(1),(2)

$$\text{약산식}: V_c = 0 \tag{4.41}$$

$$\text{엄밀식}: V_c = \frac{1}{6}\left(1 + \frac{N_u}{3.5A_g}\right)\sqrt{f_{ck}}\,b_w d \tag{4.42}$$

위에 기술된 콘크리트만에 의한 전단강도 V_c는 보통 식 (4.37)에 의해 간단히 구하는 경우가 많다. 이렇게 계산한 설계전단강도 ϕV_c가 계수전단력 V_u 이상이면 이론적으로 스터럽이 필요하지 않다. 그러나 보의 경우 중요한 구조 부재이므로 V_u가 $0.5\phi V_c$ 이하일 때만 스터럽이 필요하지 않고, 초과하면 최소 전단철근으로서 식 (4.28)에 의해 계산된 양을 배치하여야 한다.

22 4.3.3(1)

이때 일반적인 경우는 아니지만 계수전단력 V_u가 매우 커서 철근콘크리트 보단면에 의해 저항할 수 있는 최대 계수전단력인 다음 식 (4.43)에 의해 구한 값보다 크면, 단면을 증대시켜 계수휨모멘트에 대한 주철근량도 다시 구해야 한다.

22 4.3.4(9)

$$\phi V_{n,\max} = \phi(V_c + 0.2(1 - f_{ck}/250)f_{ck}b_w d) \tag{4.43}$$

만약 V_u값이 이 값 이하이면 다음 식 (4.44)에 따라 스터럽 양을 구한다. 스터럽 철근량을 계산할 때는 일반적으로 미리 사용할 철근의 크기를 정하고 다음 식 (4.44)에 의해 간격을 구한다.

$$s \leq A_v f_{yt} d \,/\, (V_u \,/\, \phi - V_c) \tag{4.44}$$

식 (4.44)에서 주의할 점은 스터럽의 단면적 A_v값이 스터럽 한 가닥의 면적이 아니고 한 단면에서 스터럽 가닥 전체 단면적이라는 점이다.

그러나 다음에 설명할 비틀림모멘트에 의한 폐쇄스터럽 양과 동시에 배근하고자 할 때는 부재 길이 방향으로 단위길이당(1 m) 필요한 스터럽 양을 계수전단력에 대하여 식 (4.45)에 의해 구한다.

$$A_v \geq (V_u / \phi - V_c) \times 1{,}000 / (f_{yt} d) \tag{4.45}$$

그리고 계수비틀림모멘트에 대하여 A_t를 구하여 더한 후에 간격을 다음 식 (4.46)에 의해 구할 수 있다.

$$s(\text{mm}) \leq 1{,}000 / [(A_v / n + A_t) / A_1] \tag{4.46}$$

식 (4.46)에서 n은 스터럽의 가닥 수이고, A_1은 선택한 스터럽 철근 한 가닥의 단면적(mm^2)이다.

마지막으로 스터럽에 의해 요구되는 전단강도, V_s가 $(\sqrt{f_{ck}} / 3) b_w d$ 이하이면 스터럽 철근의 배치 간격은 $0.5d$ 이하, 또한 600 mm 이하이고, 만약 $(\sqrt{f_{ck}}/3) b_w d$ 값을 초과하면 간격을 반으로 줄여 $0.25d$ 이하, 또한 300 mm 이하로 하여야 한다.

22 4.3.2

예제 〈4.6〉

그림과 같이 크기가 $350 \times 700\ \text{mm}^2$인 철근콘크리트 보에 계수전단력 V_u가 50 kN, 100 kN, 200 kN, 600 kN이 작용할 때 스터럽 양을 계산하라. 다만 콘크리트의 설계기준압축강도 $f_{ck} = 24$ MPa, 주철근의 설계기준항복강도 $f_y = 400$ MPa, 그리고 스터럽의 설계기준항복강도 $f_{yt} = 350$ MPa이다.

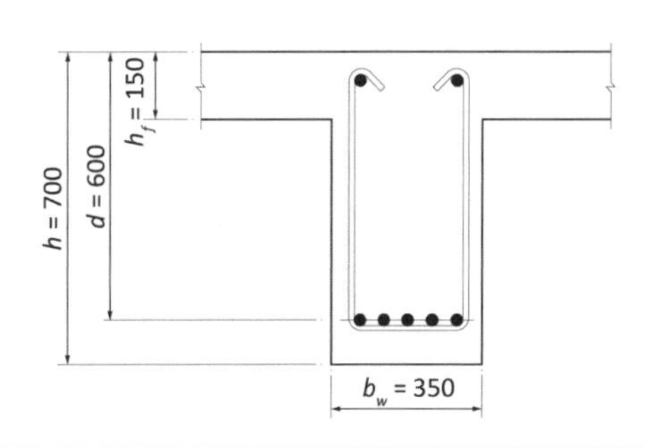

풀이

1. 콘크리트에 의한 전단강도 V_c 계산

22 4.2.1(1)

$$V_c = \frac{1}{6}\sqrt{f_{ck}} b_w d = \frac{1}{6} \times \sqrt{24} \times 350 \times 600 = 171\ \text{kN}$$

$$\phi V_c = 0.75 \times 171 = 128\ \text{kN}$$

22 4.3.4(9)

2. 단면의 증대 필요성 여부 검토

$$V_u \le \phi V_{n,\max} = \phi(V_c + 0.2(1 - f_{ck}/250) f_{ck} b_w d)$$
$$= 0.75 \times [171 + 0.2 \times (1 - 24/250) \times 24 \times 350 \times 600/1000]$$
$$= 812\ \text{kN}$$

따라서 $V_u = 600$ kN까지는 단면 증대의 필요성이 없다.

3. 전단철근량 계산

1) $V_u = 50$ kN에 대하여,

$$\frac{1}{2} \times \phi V_c = 64.0\ \text{kN} \ge 50\ \text{kN}$$

22 4.3.3(1)

따라서 전단철근의 보강이 필요없다.

2) $V_u = 100$ kN에 대하여

22 4.3.3(1)

22 4.3.2(1)

22 4.3.3(3)

$\frac{1}{2}\phi V_c < V_u \le \phi V_c$이므로, 최소 단면적의 전단철근량이 필요하고, 간격 s는 min.($0.5d$, 600 mm)으로서, 이 경우 $0.5d = 0.5 \times 600 = 300$ mm이다. 최소 전단철근량은 식 (4.28)에 의해 다음과 같다.

$$A_v = 0.0625\sqrt{f_{ck}}\frac{b_w s}{f_{yt}} = 0.306\frac{b_w s}{f_{yt}} \le 0.35 \times \frac{b_w s}{f_{yt}}$$
$$= 0.35 \times \frac{350 \times 300}{350} = 105\text{mm}^2$$

D10($A_1 = 71.33$ mm^2)을 사용하면 $A_v = 2 \times 71.33 = 143$ mm^{2}으로서 만족하므로 D10@300으로 배근한다.

3) $V_u = 200$kN에 대하여,

22 4.3.4(1)

22 4.3.4(2)

$V_u > \phi V_c$(128kN)이므로 전단보강근에 의한 전단 저항 능력 증대가 필요하다.

스터럽으로 D10을 사용하는 경우,

$$s \le \frac{A_v f_{yt} d}{V_u/\phi - V_c} = \frac{2 \times 71.33 \times 350 \times 600}{(200{,}000/0.75 - 171{,}000)}$$
$$= 313\ \text{mm}$$

스터럽으로 D13을 사용하는 경우,

$$s \leq \frac{A_v f_{yt} d}{V_u/\phi - V_c} = \frac{2 \times 126.7 \times 350 \times 600}{(200{,}000/0.75 - 171{,}000)}$$

$$= 556 \text{ mm}$$

그러나 스터럽 간격은 min.$(0.5d, 600\text{mm})$로서 이 경우 $0.5d = 300$ mm이므로 300 mm로 하여야 한다. 따라서 이 경우에는 스터럽은 D10@300이 적당하다.

22 4.3.2(1)

4) $V_u = 600$ kN에 대하여,

$\phi(V_c + \frac{1}{3}\sqrt{f_{ck}} b_w d) = 411$ kN으로서 $V_u = 600$ kN이 더 크므로 스터럽의 최소 간격 $s = \text{min.}(0.25d, 300\text{mm})$이어야 하고, 이 경우 $0.25d = 150$ mm이다.

22 4.3.2(3)

스터럽으로 D13을 사용하는 경우,

$$s \leq \frac{A_v f_{yt} d}{V_u/\phi - V_c} = \frac{2 \times 126.7 \times 350 \times 600}{(600{,}000/0.75 - 171{,}000)}$$

$$= 85 \text{ mm}$$

스터럽으로 D16을 사용하는 경우,

$$s \leq \frac{A_v f_{yt} d}{V_u/\phi - V_c} = \frac{2 \times 198.6 \times 350 \times 600}{(600{,}000/0.75 - 171{,}000)}$$

$$= 133 \text{ mm}$$

스터럽 간격을 100 mm 이하로 하는 것은 시공상 어려움이 있으므로 이 경우 D16을 120 mm 또는 125 mm로 하는 것이 바람직하다.

전단력과 비틀림모멘트가 동시에 작용할 때 스터럽 계산 과정

전단력과 비틀림모멘트가 동시에 작용할 때 보의 전단철근인 스터럽 양을 계산하는 과정은 그림 [4.11]에 나타난 바와 같다.

먼저 계산된 계수비틀림모멘트 T_u가 $\phi(\sqrt{f_{ck}}/12)A_{cp}^2/p_{cp}$ 미만이면 전단에 대해서만 설계하면 되고, 이 값 이상일 때만 비틀림에 대해서도 설계한다. 그리고 이때 콘크리트는 비틀림모멘트에 대하여 전혀 저항하지 못하고 모든 계수비틀림모멘트는 폐쇄스터럽에 의해 저항한다고 가정하고 식 (4.33)에 의해 구한다. 이때 그림 [4.12](b)에 보인 바와 같이 테두리보인 A보의 경우, 비틀림모멘트 저항 능력이 떨어지면 내측의 B보에

22.4.4.1(1)

22.4.4.2(2)

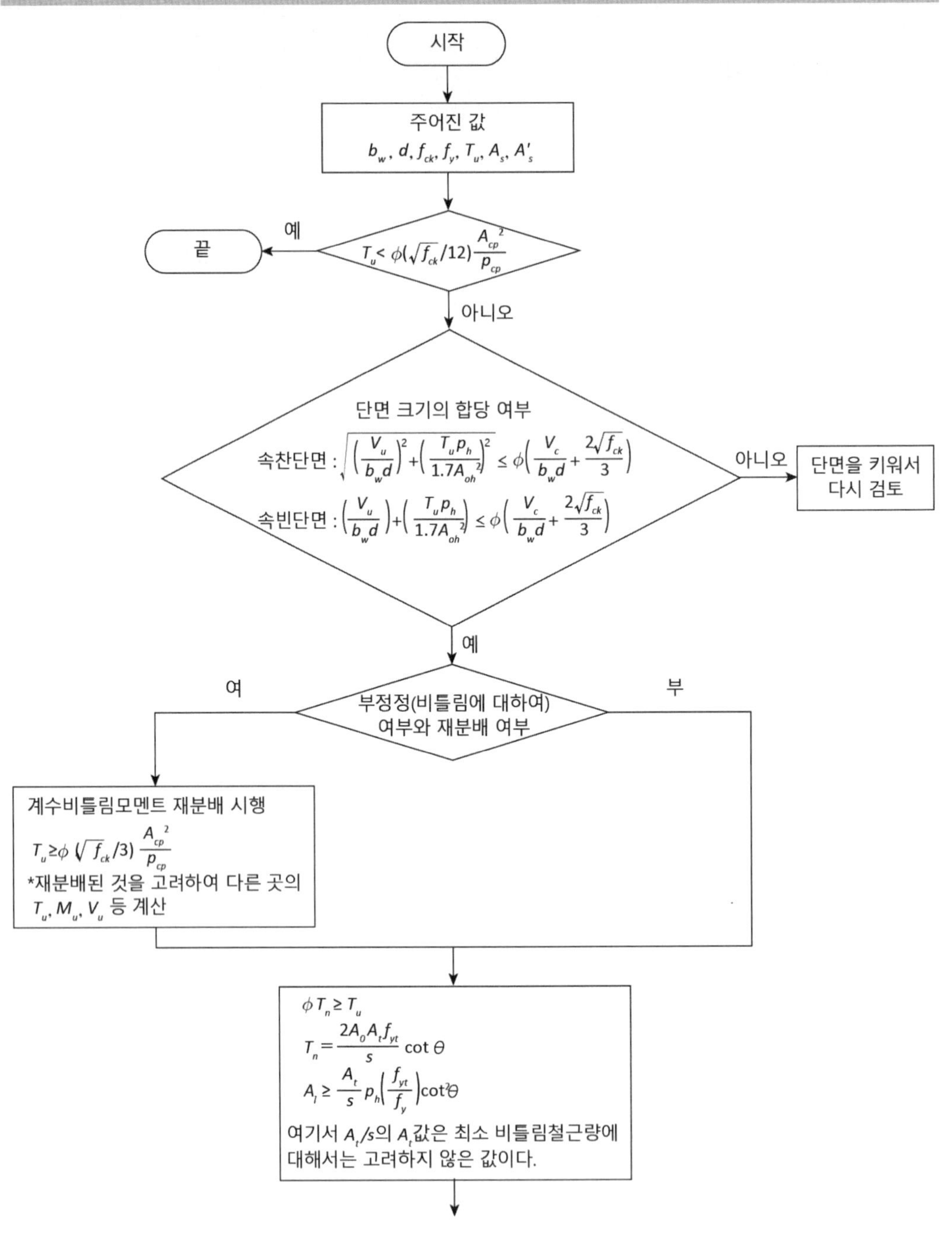

그림 [4.11]
비틀림모멘트에 대한 스터럽 양 계산 흐름도

철근의 조정 및 최소 철근량

- 휨철근의 조정 ($M_u/0.9df_y$)만큼 휨모멘트에 의해 압축 부분은 줄일 수 있다. 그러나 최소 요구량은 지켜야 한다.
- 최소 비틀림철근량

$$(A_v + 2A_t)_{\min} = 0.0625\sqrt{f_{ck}}\frac{b_w s}{f_{yt}} \geq \frac{0.35 b_w s}{f_{yt}}$$

$$A_{l,\min} = 0.42\frac{\sqrt{f_{ck}}A_{cp}}{f_y} - \left(\frac{A_t}{s}\right)p_h\frac{f_{yt}}{f_y};\ 다만\ \frac{A_t}{s} \geq 0.175 b_w/f_{yt}$$

철근상세

- 추가되는 철근은(비틀림모멘트에 대해) 타 단면력에 의한 철근과 추가하여 배치할 수 있으나, 간격과 배치는 가장 엄격한 것을 채택(**22** 4.5.2(4))
- 스터럽의 정착 방법은 다음 중 하나
  (1) 135° 표준갈고리
  (2) 박리가 방지된 경우 - **52** 4.4.4(2) ①, ②, ③에 따라 정착
    ① D16 이하 철근은 표준갈고리
    ② $f_y \geq 300$ MPa 이상이고, D19, D22, D25 철근은 보 중심에서 갈고리 바깥쪽까지 거리 $0.17d_b f_{yt}/\sqrt{f_{ck}}$ 확보
- 비틀림철근 중심선에서 내면 벽까지 거리 $0.5A_{oh}/p_h$ 이상
- 스터럽 간격 $s \leq \min(p_h/8,\ 300\ \text{mm})$
- 종방향 철근 간격 300 mm 이하, 각 모서리에 1개
  종방향 철근의 크기 직경 $\geq \max.\left(\frac{s}{24},\ \text{D10}\right)$
- 계산상 필요한 위치에서 $(b_t + d)$ 이상 연장 배치

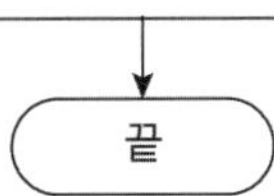

그림 [4.11]
비틀림모멘트에 대한 스터럽 양 계산 흐름도(계속)

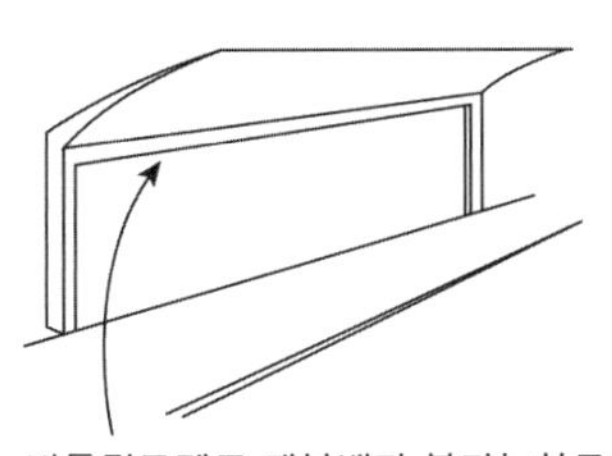

비틀림모멘트 재분배가 불가능하므로 설계비틀림모멘트가 감소될 수 없다.

(a)

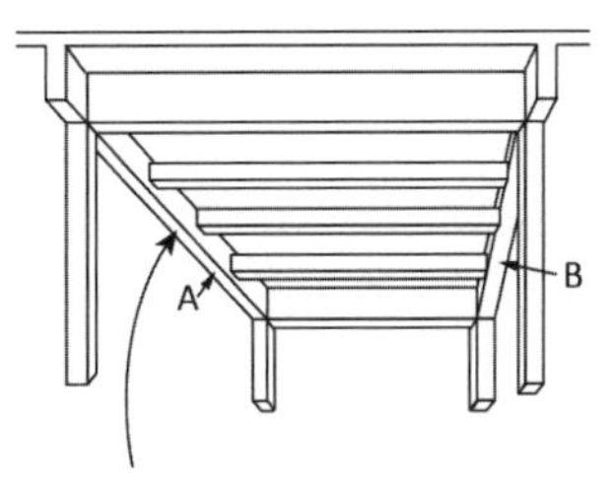

비틀림모멘트 재분배가 가능하므로 이 테두리보에 대한 설계비틀림모멘트는 감소될 수 있다.

(b)

그림 [4.12]
비틀림모멘트의 재분배: (a) 평형비틀림; (b) 적합비틀림

전달될 수 있으므로 A보가 최대 $\phi(\sqrt{f_{ck}}/3)A_{cp}^2/p_{cp}$만큼 저항하도록 설계하고 나머지 비틀림모멘트를 B보의 설계에 반영할 수도 있다. 이러한 경우를 적합비틀림(compatibility torsion)이라고 하고 그림 [4.12](a)와 같이 비틀림모멘트를 재분배시킬 수 없는 경우를 평형비틀림(equilibrium torsion)이라고 한다.

22 4.5.1(1)

또 계산된 V_u와 T_u 값이 속찬단면의 경우 식 (4.31), 속빈단면의 경우 식 (4.32)에 주어진 값을 초과하는 경우 폐쇄스터럽의 보강만으로 만족시키지 못하므로 단면을 키워야 한다.

22 4.5.2(3)

그리고 비틀림모멘트가 단면에 작용하면 부재 축 방향으로 단면 모서리에 압축력 또는 인장력이 발생되므로 이에 대한 주철근량을 식 (4.34)와 식 (4.36)에 의해 구하여 추가 배치하여야 하고, 최소 스터럽 양은 식 (4.35)에 의해 구한다.

예제 〈4.7〉

예제 〈4.6〉과 같은 단면과 재료를 사용할 경우, 다음 그림과 같은 T형 단면의 보에 계수전단력 V_u = 200 kN이 작용하고 다음과 같은 계수비틀림모멘트 T_u가 작용할 때 스터럽 양을 계산하라.

경우 1 ; $T_u = 10$ kNm

경우 2 ; $T_u = 50$ kNm

경우 3 ; $T_u = 100$ kNm

다만 스터럽의 설계기준항복강도 $f_{yt} = 350$ MPa이다.

풀이

1. T형 보의 비틀림에 대한 유효단면

30 4.1.2.1(4)

비틀림에 저항하는 유효단면은 그림과 같이 내민 부분은 보 복부의 내민 부분인 550 mm와 슬래브 두께의 4배인 $4 \times 150 = 600$ mm 중에서 작은 값, 즉 550 mm이다. 따라서 A_{cp}와 p_{cp}는 다음과 같다.

22 1.5

$$A_{cp} = 350 \times 700 + 2 \times (550 \times 150) = 410{,}000 \text{ mm}^2$$

$$p_{cp} = 2 \times (350 + 700) + 4 \times 550 = 4{,}300 \text{ mm}$$

2. 비틀림을 고려하지 않아도 되는 계수비틀림모멘트의 크기 22 4.4.1(1)

$$T_u < \phi(\sqrt{f_{ck}}/12)\frac{A_{cp}^2}{p_{cp}} = 0.75 \times \frac{\sqrt{24}}{12} \times \frac{410{,}000^2}{4{,}300} = 12.0 \text{ kNm}$$

3. 현재 크기의 단면으로 최대로 저항할 수 있는 계수비틀림모멘트의 크기 22 4.5.1(1)

T_u 값을 식 (4.31)에 의해 계산하면,

$$T_u \le \frac{1.7A_{oh}^2}{p_h} \times \sqrt{\left[\left\{\phi\left(\frac{V_c}{b_w d} + \frac{2\sqrt{f_{ck}}}{3}\right)\right\}^2 - \left(\frac{V_u}{b_w d}\right)^2\right]}$$

이때 슬래브 부분에는 폐쇄스터럽을 배치하기가 힘들기 때문에 보 부분에만 폐쇄스터럽을 배치한다고 가정하고, 피복두께 40 mm, 스터럽 직경 10 mm을 가정하고, 유효깊이 $d=630$ mm로 가정하면,

$$A_{oh} = (700-90) \times (350-90) = 158{,}600 \text{ mm}^2$$

$$p_h = 2 \times (700-90) + 2 \times (350-90) = 1{,}740 \text{ mm}$$

$$\phi = 0.75$$

$$V_c/b_w d = \left(\frac{1}{6}\sqrt{f_{ck}}b_w d\right)/b_w d = \frac{1}{6}\sqrt{f_{ck}} = \sqrt{24}/6 = 0.8165$$

$$2\sqrt{f_{ck}}/3 = 3.266$$

$$(V_u/b_w d)^2 = (200{,}000/(350 \times 630))^2 = 0.8227$$

따라서 이 단면의 크기로 저항할 수 있는 최대 T_u는 다음과 같다.

$$T_u \le \frac{1.7 \times 158{,}600^2}{1{,}740} \times \sqrt{[0.75 \times (0.8165 + 3.266)]^2 - 0.8227}$$

$$= 71.8 \text{ kNm}$$

4. 비틀림철근량 계산

경우 1인 $T_u = 10$ kNm가 작용할 때는 계수비틀림모멘트는 무시하고 계수전단력 $V_u = 200$ kN에 대해서만 스터럽 양을 예제 〈4.6〉에서처럼 구하면 되고, 경우 3인 $T_u = 100$ kNm가 작용할 때는 71.8 kNm보다 크므로 이 크기의 보로는 불가능하다. 따라서 단면을 더 키워 설계하거나 슬래브 부분에도 폐쇄형 스터럽을 배치하여 허용되는 T_u 값을 다시 검토하여야 한다. 여기서는 $T_u = 50$ kNm인 경우에 대해서만 설계한다.

1) $T_u = 50$ kNm에 대한 폐쇄스터럽 단면적 A_t 또는 간격 s 계산 식 (4.33)에 의하면,

$$T_u \le \phi T_n = \phi \frac{2A_o A_t f_{yt}}{s} \cot\theta$$

22 4.5.2(2)

이때 $A_o = 0.85A_{oh}$, $\theta = 45°$로 가정할 수 있다.

$$s \le \frac{2\phi A_o A_t f_{yt}}{T_u} \cot\theta$$
$$= \frac{2 \times 0.75 \times (0.85 \times 158{,}600) \times A_t \times 350}{50{,}000{,}000} \times \cot 45°$$
$$= 1.416A_t$$

따라서 스터럽으로 D10 ($A_t = 71.33$ mm^2)을 사용하면,

$$s \le 1.416 \times 71.33 = 101 \text{ mm}$$

D13 ($A_t = 126.7$ mm^2)을 사용하면,

$$s \le 1.416 \times 126.7 = 179 \text{ mm}$$

따라서 계수비틀림모멘트 50 kNm만 작용한다면 D10@100 또는 D13@175로 폐쇄스터럽을 배치하면 된다.

2) 전단력 V_u를 고려한 스터럽 양 계산
이 예제의 경우 계수전단력 $V_u = 200$ kN도 동시에 작용하므로 이 경우에는 두 단면력에 대한 스터럽 양을 계산하여 스터럽 간격을 결정하는 것이 바람직하다.

먼저 부재 단위길이(1 m)에 대한 계수전단력에 의해 필요로 하는 스터럽 단면적 A_v를 식 (4.45)를 사용하여 구하면,

$$A_v \ge \frac{1{,}000}{f_{yt} d}\left(\frac{V_u}{\phi} - V_c\right) = \frac{1{,}000}{350 \times 600}\left(\frac{200{,}000}{0.75} - 171{,}000\right) = 455 \text{ mm}^2$$

여기서 $V_c = 171$ kN은 앞의 예제 〈4.6〉에서 구한 값이다.

계수비틀림모멘트에 의해 요구되는 철근량 A_t는 식 (4.33)에 의해 다음과 같다.

$$A_t \geq \frac{s\,T_u}{2\phi A_o f_{yt}\cot\theta} = \frac{1{,}000 \times 50{,}000{,}000}{2 \times 0.75 \times (0.85 \times 158{,}600) \times 350 \times 1} = 706\ \text{mm}^2$$

따라서 부재길이 1 m에 걸쳐 요구되는 1가닥의 면적은,

$$A_s = A_v/2 + A_t = 455/2 + 706 = 934\ \text{mm}^2$$

D13 또는 D16으로 배치하는 경우 간격은

- D13의 경우 ; $s = 1000/(934/126.7) = 136\ \text{mm} \rightarrow 130\ \text{mm}$
- D16의 경우 ; $s = 1000/(934/196.8) = 211\ \text{mm} \rightarrow 200\ \text{mm}$

3) 철근 간격 결정

계수전단력과 계수비틀림모멘트가 동시에 작용할 때 스터럽 간격과 형태는 엄격한 것을 따르도록 규정하고 있다. 이 예제에 대해서는,

22 4.5.2(4)

- 전단력에 의한 간격 ; $s \leq \text{min.}(d/2,\ 600\text{mm}) = 300\ \text{mm}$
- 비틀림모멘트에 의한 간격 ; $s \leq \text{min.}(p_h/8,\ 300\text{mm}) = 217\ \text{mm}$

따라서 폐쇄띠철근의 형태로 D13 철근은 130 mm로, 또는 D16 철근을 사용할 경우 200 mm로 한다.

4) 최소 스터럽철근량 검토

이 경우 상당한 양의 스터럽 양이 요구되므로 최소 스터럽 양 이상이 되겠지만 검토하면, 식 (4.28)에 의해 요구되는 최소 스터럽 양은,

22 4.5.4(2)

$$\begin{aligned} A_{v,\min} &= \text{max.}\left(\frac{0.0625\sqrt{f_{ck}}\,b_w s}{f_{yt}},\ \frac{0.35 b_w s}{f_{yt}}\right) \\ &= \text{max.}\left(\frac{0.0625\sqrt{24} \times 350 \times 1{,}000}{350},\ \frac{0.35 \times 350 \times 1{,}000}{350}\right) \\ &= 306\ \text{mm}^2 \leq 2 \times 934 = 1{,}868\text{mm}^2 \end{aligned}$$

이다. 따라서 실제 배근되는 스터럽 양은 요구되는 최소 철근량 이상이다.

5) 추가 주철근량 A_l 계산

22 4.5.4(2)

계수비틀림모멘트에 의해 스터럽이 요구되는 경우 식 (4.34)와 식 (4.36)에 의해 주철근량을 계산하여 추가 주철근량을 계산하여 폐쇄스터럽 주위에 배치시켜야 한다.

$$A_l = \frac{A_t}{s} p_h \left(\frac{f_{yt}}{f_y} \right) \cot^2 \theta$$

$$= \frac{706}{1{,}000} \times 1{,}740 \times \left(\frac{350}{400} \right) \times (\cot 45°)^2 = 1{,}075 \text{ mm}^2$$

$$A_{l,\min} = \frac{0.42 \sqrt{f_{ck}} A_{cp}}{f_y} - \frac{A_t}{s} p_h \frac{f_{yt}}{f_y}$$

$$= \frac{0.42 \sqrt{24} \times 410{,}000}{400} - \frac{706}{1{,}000} \times 1{,}740 \times \frac{350}{400}$$

$$= 1{,}034 \text{ mm}^2$$

다만 여기서, $A_t / s = 706 / 1000 = 0.706$은 최소로 요구되는 $0.175\, b_w / f_{yt}$ $= 0.175 \times 350/350 = 0.175$ 이상이어야 하는 데 만족한다.

따라서 폐쇄스터럽 주위로 모서리에는 반드시 배치하고, 간격 300 mm 이하로 배치해야 한다. 그러나 일반적으로 인장 측 모서리에는 휨모멘트에 저항하도록 주철근이 배치되므로 압축 측 모서리와 보 측면에 300 mm 이하로 배치하면 되며, 예제 단면의 경우 아래 그림과 같이 압축 측 모서리와 보 양 측면 중앙부에 1개씩, 총 D19 4개(단면적 $A = 4 \times 286.5 = 1{,}146 \text{ mm}^2 \geq 1{,}034 \text{ mm}^2$)를 배치하면 간격 제한인 300 mm와 요구단면적인 1,034 mm²을 만족시킬 수 있다. 그리고 주철근의 최소 크기도 D16을 스터럽으로 사용하는 경우 max.($s/24 = 200/24$, D10)에 의하면 D10 이상으로서 D19를 사용하면 만족시킨다.

22 4.5.4(5)

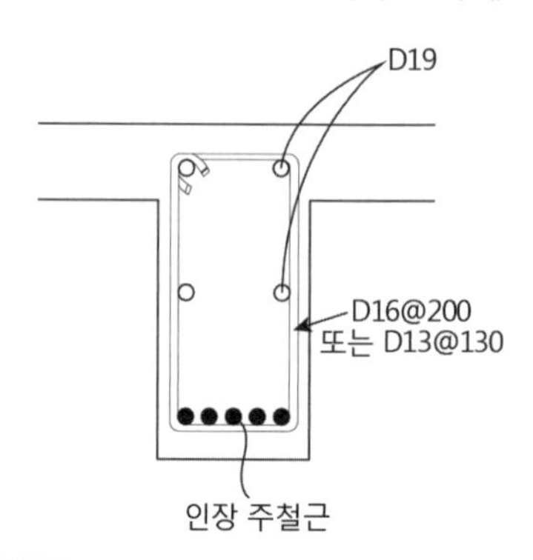

4.4 사용성 검토

4.4.1 사용성 검토 사항

앞의 4.3절에서는 보 부재의 안전성능을 만족시키기 위해서 계수단면력에 따른 주철근량과 스터럽철근량 산정 방법을 주로 설명하였다.

이 절에서는 보 부재의 사용성능을 만족시키기 위해 검토해야 할 항목과 각 항목에 대한 구체적 검토 방법에 대하여 기술하고자 한다. 구조물의 사용성능을 확보하기 위한 항목으로서 여러 가지가 있을 수 있으나 주로 처짐, 균열, 진동 등이 있으며, 특히 철근콘크리트 보의 경우 처짐이 가장 중요한 항목이다. 진동은 철근콘크리트 구조물의 경우 상대적으로 강성이 크기 때문에 큰 문제가 없으므로 설계기준에서도 이에 대한 규정은 없으며, 보에서 일어나는 균열의 경우 저수 시설물 등을 제외하고는 사용성능에 의한 것보다는 내구성능에 미치는 영향으로 균열폭을 제한하고 있다.

이와 같은 처짐, 균열 등을 검토할 때는 일반적으로 사용할 때 일어나는 문제를 다루기 때문에 계수하중을 적용하는 것이 아니고 사용하중을 적용한다. 그러나 우리나라 설계기준[3]에서는 균열폭을 KDS 14 20 30 부록에 의해 검토하고자 할 때는 사용하중이 아니라 장기변형을 계산할 때 사용하는 지속하중을 사용하도록 규정하고 있다. 지속하중이란 장기변형을 일으킬 정도로 장기간 구조물에 작용하는 하중으로서 일반적으로 사용고정하중과 사용활하중의 일부가 해당하는 하중이며, 지하구조물과 같이 일정 부분의 토압과 지하수압이 장기적으로 작용하는 경우 이러한 하중도 포함된다.

사용하중(service load)과 지속하중(sustained load)
일반적으로 사용하중이란 하중계수가 곱해지지 않은 하중, 즉 하중계수가 1인 하중을 의미한다. 그러나 지속하중이란 장기간에 걸친 작용하중을 말하며 장기처짐을 계산할 때 주로 사용한다. 균열이 생겨 철근 부식 등에 영향을 주려면 장기간이 요구되므로 균열폭을 계산하여야 할 경우에는 지속하중으로 계산한다.

4.4.2 처짐 검토

설계기준의 규정

보 부재의 처짐에 대한 설계 규정은 설계기준에 규정되어 있으며, 그 주된 내용은 다음과 같다.

30 4.2

첫째, 큰 처짐에 의하여 손상되기 쉬운 칸막이 벽 등을 지지하지 않는

30 4.2.1(1)

보 부재는 보의 깊이를 다음 표 〈4.7〉에 제시된 값 이상으로 하면 처짐에 대하여 검토할 필요는 없다.

30 4.2.1(2),(3),(4)

둘째, 처짐을 계산할 때 부재 강성은 균열과 철근의 영향을 고려하고 연속부재인 경우 단부와 중앙부의 강성을 고려하여 계산하며, 탄성처짐 공식을 사용하여 순간처짐을 계산한다. 이때, 엄밀한 해석에 의해 처짐을 계산하지 않을 때 보 부재의 유효강성 I_e는 다음 식 (4.47)에 의해 구하고, 콘크리트 탄성계수 E_c는 할선탄성계수로 한다.

$$I_e = \left(\frac{M_{cr}}{M_a}\right)^3 I_g + \left[1 - \left(\frac{M_{cr}}{M_a}\right)^3\right] I_{cr} \le I_g \tag{4.47(a)}$$

$$M_{cr} = f_r\, I_g \,/\, y_t \tag{4.47(b)}$$

$$f_r = 0.63\,\lambda\,\sqrt{f_{ck}} \tag{4.47(c)}$$

여기서, M_{cr}은 균열휨모멘트이고, M_a는 작용하중에 의한 휨모멘트이다. 그리고 I_g는 비균열단면에 대한 단면2차모멘트이고, I_{cr}은 균열단면에 대한 단면2차모멘트로서 그림 [4.13]에 나타난 바와 같다. 그리고 f_r은 콘크리트의 휨인장강도이고, y_t는 중립축에서 인장연단까지 거리이다.

30 4.2.1(5)

엄밀한 해석에 의하지 않을 때 장기처짐은 순간처짐에 다음 식 (4.48)에 의한 계수를 곱하여 구한다.

$$\lambda_\Delta = \frac{\xi}{1 + 50\rho'} \tag{4.48}$$

여기서, ρ'는 압축철근비로서 단순, 연속보인 경우 보 중앙부에서, 캔틸

표 〈4.7〉 처짐 계산이 필요하지 않는 보의 최소 깊이 h

단부 조건	단순 지지	1단 연속	양단 연속	캔틸레브
최소 두께, h	$l/16$	$l/18.5$	$l/21$	$l/8$

* 경량콘크리트(m_c =1,500~2,000 kg/m^3)에 대해서는 $(1.65-0.00031/m_c) \ge 1.09$의 보정계수를 곱함
* f_y = 400 MPa이 아닌 경우 $(0.43+f_y/700)$의 보정계수를 곱함

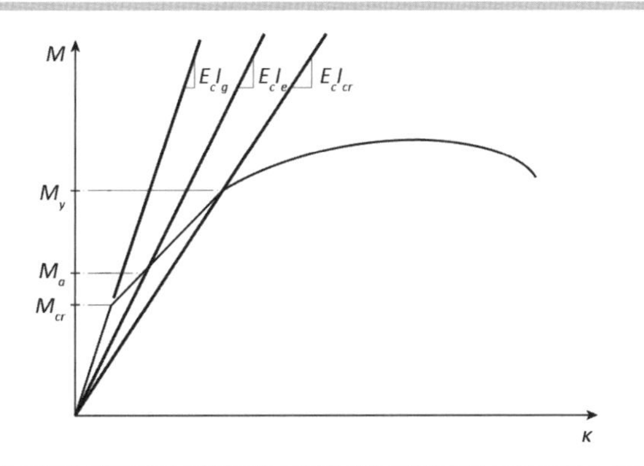

그림 [4.13] 부재의 유효단면2차모멘트

레브 보인 경우 단부에서 구한 값을 사용하고, 지속하중에 대한 시간경과 계수 ξ는 다음 표 〈4.8〉과 같으며, 직선보간에 의해 구한다.

이렇게 구한 값이 표 〈4.9〉에서 주어진 최대 허용처짐량보다 작아야 한다.

셋째, 보행자 및 차량하중 등 동하중을 주로 받는 구조물의 최대 허용처짐량은 다음과 같다.

30 4.2.1(7)

단순 또는 연속 경간의 보 부재는 활하중(L)과 충격하중(I)으로 인한 순간 처짐이 $l/800$ 이하이어야 하고, 도심 내의 보행자가 주로 사용하는 보의 경우 $l/1000$ 이하이어야 한다. 캔틸레브 보인 경우 활하중과 충격하중에 의한 순간처짐은 $l/300$ 이하이어야 하고, 보행자가 주로 사용하는 보인 경우 $l/375$ 이하이어야 한다.

처짐 계산 과정

일반적으로 철근콘크리트 보는 처짐이 크게 일어나지 않으므로 처짐 검토를 생략하는 경우가 많으나 층고의 제한 등으로 보 깊이를 작게 했을 경우 처짐 검토가 필요할 때도 있다. 이때 그림 [4.2]의 단계 7에서 처짐 부분에 해당하는 것으로서, 그 계산 과정을 보다 구체적으로 나타내면 그림 [4.14]와 같다.

먼저 계수단면력에 의해 설계된 보 단면의 전체 깊이 h가 보의 단부 조건에 따라 경간의 비로 주어진 표 〈4.7〉의 값 이상이고 손상되기 쉬운 칸막이 벽 등을 지지하지 않으면 처짐을 검토할 필요가 없다. 일반적으로

30 4.2.1(1)

표 〈4.8〉 시간경과계수

재하기간	3개월	6개월	12개월	5년 이상
ξ	1.0	1.2	1.4	2.0

표 〈4.9〉 최대 허용처짐량

부재의 형태	고려하여야 할 처짐	처짐 한계
과도한 처짐에 의해 손상되기 쉬운 비구조 요소를 지지 또는 부착하지 않은 평지붕구조	활하중 L에 의한 순간 처짐	$\frac{l}{180}$ 1)
과도한 처짐에 의해 손상되기 쉬운 비구조 요소를 지지 또는 부착하지 않은 바닥구조	활하중 L에 의한 순간 처짐	$\frac{l}{360}$
과도한 처짐에 의해 손상되기 쉬운 비구조 요소를 지지 또는 부착한 지붕 또는 바닥구조	전체 처짐 중에서 비구조 요소가 부착된 후에 발생하는 처짐 부분(모든 지속하중에 의한 장기처짐과 추가적인 활하중에 의한 순간처짐의 합)3)	$\frac{l}{480}$ 2)
과도한 처짐에 의해 손상될 염려가 없는 비구조 요소를 지지 또는 부착한 지붕 또는 바닥구조		$\frac{l}{240}$ 4)

1) 이 제한은 물고임에 대한 안전성을 고려하지 않았다. 물고임에 대한 적절한 처짐 계산을 검토하되, 고인 물에 대한 추가 처짐을 포함하여 모든 지속하중의 장기적 영향, 솟음, 시공오차 및 배수설비의 신뢰성을 고려하여야 한다.
2) 지지 또는 부착된 비구조 요소의 피해를 방지할 수 있는 적절한 조치가 취해지는 경우에 이 제한을 초과할 수 있다.
3) 장기처짐은 30 4.2.1(5) 또는 30 4.2.3(3)에 따라 정해지나 비구조 요소의 부착 전에 생긴 처짐량을 감소시킬 수 있다. 이 감소량은 해당 부재와 유사한 부재의 시간－처짐 특성에 관한 적절한 기술자료를 기초로 결정하여야 한다.
4) 비구조 요소에 대한 허용오차 이하이어야 한다. 그러나 전체 처짐에서 솟음을 뺀 값이 이 제한값을 초과하지 않도록 하면 된다. 즉, 솟음을 했을 경우에 이 제한을 초과할 수 있다.

설계되는 대부분의 보는 이 깊이보다 크므로 처짐을 검토할 필요가 없다.

처짐 검토가 필요한 경우 보와 기둥의 휨강성을 계산하여야 한다. 기둥의 휨강성은 장주효과를 고려하며 탄성 2계 해석을 할 때는 $0.70I_g$를 사용하지만 처짐 검토를 할 때는 전 단면이 유효한 I_g를 사용할 수 있다. 그러나 보의 휨강성은 그림 [4.13]에서 보듯이 작용하는 휨모멘트 M_a에 따라 다르다. 이것은 보의 단면에 휨모멘트의 크기에 따라 균열이 진전되기 때문이며, 보의 길이 방향으로 휨모멘트가 다르기 때문이다. 따라서 그림 [4.15]와 같은 보의 휨강성은 각 위치마다 다르다. 일반적으로 보 단

30 4.2.1(4)

부와 중앙부의 휨강성을 계산하여 보 전체의 등가휨강성을 구한다. 이때 보통 보의 휨모멘트 분포는 그림 [4.15](a)와 같으므로 보 중앙부에 정모멘트가 넓게 분포하여 균열이 그림 [4.15](b)와 같이 중앙부 하부에 발생하고, 양 단부 상부에는 상대적으로 좁은 범위에 균열이 발생한다. 따라서 휨강성은 다음 식 (4.49)(a)와 같이 중앙부의 값의 70퍼센트 양 단부 값의 15퍼센트, 또는 식 (4.49)(b)와 같이 각각 50퍼센트, 25퍼센트의 값을 취하는 경우가 많다.

$$I_e = 0.75 I_{e,c} + 0.15 (I_{e,e1} + I_{e,e2}) \tag{4.49(a)}$$

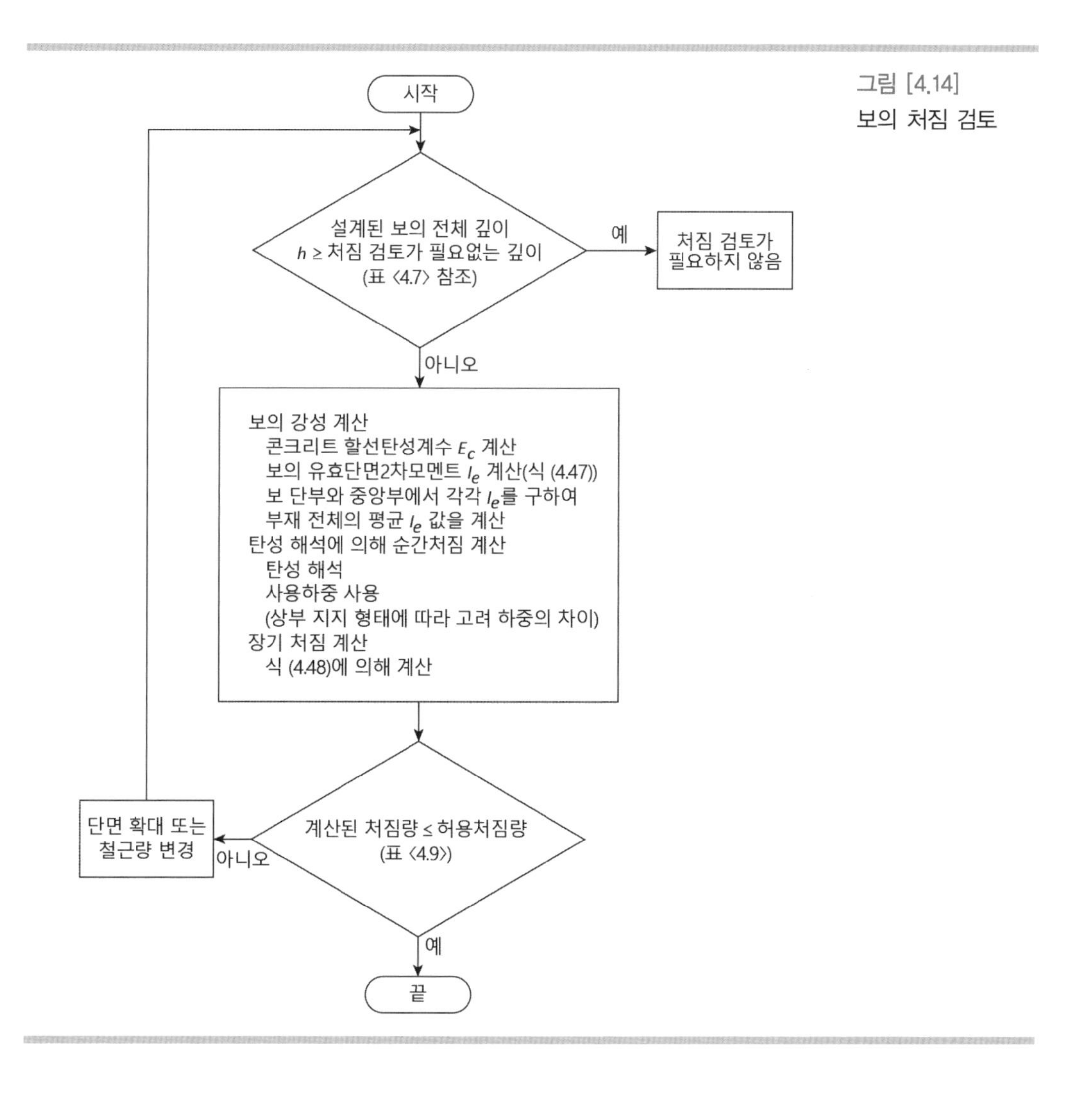

그림 [4.14]
보의 처짐 검토

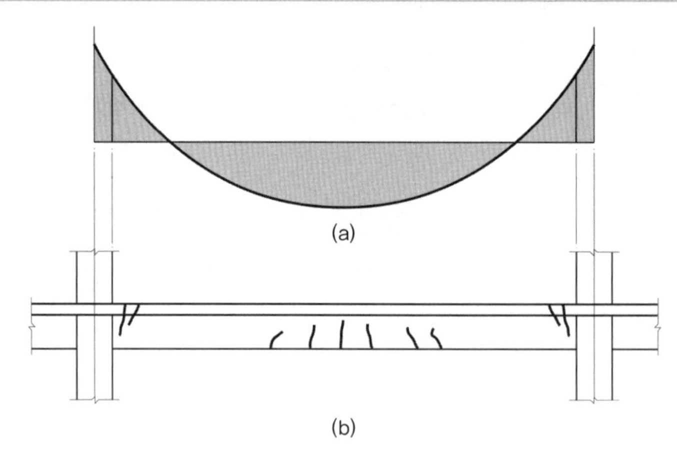

그림 [4.15]
보의 휨모멘트와 휨균열 분포: (a) 휨모멘트도; (b) 균열 분포도

$$I_e = 0.50 I_{e,c} + 0.25 (I_{e,e1} + I_{e,e2}) \tag{4.49(b)}$$

여기서, I_e는 보 전체의 평균 단면2차모멘트이고, $I_{e,c}$는 보 중앙부, $I_{e,e1}$과 $I_{e,e2}$는 각각 보 양단부의 단면2차모멘트로서 식 (4.47)에 의해 구한다.

이와 같이 구한 휨강성을 사용하고 표 〈4.9〉에서 제시된 해당 부재의 형태에 따라 적용할 하중을 작용시켜 처짐을 구한다. 이때 고려할 처짐으로 순간처짐인 경우 계산된 처짐과 비교하여 사용성 확보를 검토하고, 장기처짐인 경우 식 (4.48)에 의해 구한 장기처짐도 고려하여 사용성 확보 여부를 검토한다.

30 4.2.1(6)

건축물인 경우 위의 방법에 따라 처짐을 검토하나, 육교 등 사람이 보행하는 구조물의 경우 보다 엄격하게 처짐을 제한하고 있으며, 도심지 내에 있는 다수의 사람이 빈번하게 사용하는 육교의 경우 활하중과 충격하중에 의한 처짐을 경간의 1/1,000로 제한하고 있다.

예제 〈4.8〉

다음과 같은 고정하중과 활하중을 받는 직사각형 단면의 철근콘크리트 보의 처짐을 계산하라.

단면 크기 $300 \times 600\ \mathrm{mm}^2$
경간 $l = 7.2\ \mathrm{m}$
활하중 $P_L = 100\ \mathrm{kN}$
고정하중 $w_D = 15\ \mathrm{kN/m}$ (자중 포함)
콘크리트 설계기준압축강도 $f_{ck} = 30\ \mathrm{MPa}$
모든 철근의 설계기준항복강도 $f_y = 400\ \mathrm{MPa}$
인장철근 8−D22(3,097 mm²)

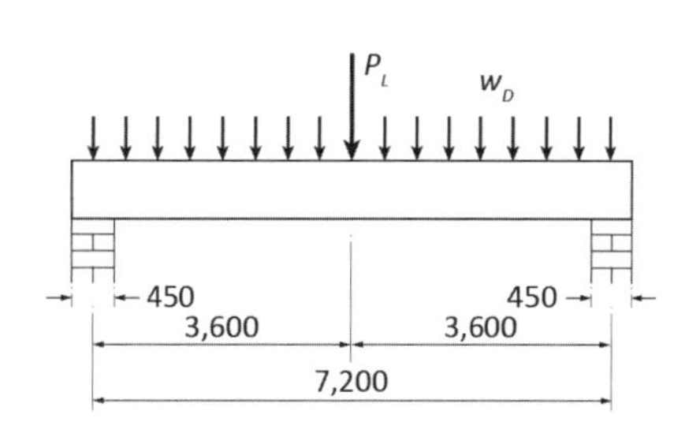

풀이

1. 사용하중과 지속하중의 결정

이 문제의 경우 사용하중이란 계수가 곱해지지 않은 고정하중과 활하중이다. 그러나 지속하중이란 상대적으로 오랜 기간 작용하여 장기처짐을 유발하는 하중으로서, 일반적으로 고정하중은 대부분 지속하중이나 활하중은 그 종류에 따라 다르다. 건축구조물과 같이 적재되어 있는 활하중은 지속하중이 될 수 있으나 교량구조물의 차량하중 등은 지속하중이라고 볼 수 없다. 건축구조물의 활하중도 전체 활하중의 일정 부분만 장기적으로 작용하므로 모든 활하중을 지속하중으로는 볼 수 없다. 이 예제의 경우 모든 고정하중과 20%의 활하중만 지속하중으로 가정한다.

2. 보의 휨강성의 계산

사용성능, 즉 처짐과 균열폭 등을 검토하는 경우 보의 유효강성은 다음 식에 의한다. 30 4.2.1(3)

$$I_e = \left(\frac{M_{cr}}{M_a}\right)^3 I_g + \left[1 - \left(\frac{M_{cr}}{M_a}\right)^3\right] I_{cr} \le I_g$$

여기서 M_{cr}은 균열휨모멘트로서 철근량에 따라 조금 변하지만 균열 직전까지는 선형탄성거동에 의해 해석하면 철근량에 크게 차이가 나지 않으므로 설계기준에서는 다음과 같이 간단히 구할 수 있는 것으로 규정하고 있다.

$$M_{cr} = f_r I_g / y_t,\ f_r = 0.63\lambda\sqrt{f_{ck}}$$

이 보의 경우 $300 \times 600\ \mathrm{mm}^2$ 단면이고, $f_{ck} = 30\ \mathrm{MPa}$이며, 보통중량콘크리트로서 $\lambda = 1$이다.

$$M_{cr} = 0.63 \times \sqrt{30} \times (300 \times 600^3/12)/(600/2) = 62.1 \text{ kNm}$$

그리고, I_g와 I_{cr}을 계산하면

$$I_g = 300 \times 600^3/12 = 5.40 \times 10^9 \text{ mm}^4$$

앞에서 $n = E_s/E_c = 7.27$, $\rho_w = 8 \times 387.1/(300 \times 500) = 0.0206$이므로 $kd = 209$ mm가 되어 중립축에서 I_{cr} 값은 다음과 같다.

$$\begin{aligned} I_{cr} &= \frac{300 \times 209^3}{3} + 7.27 \times 8 \times 387.1 \times (500 - 209)^2 \\ &= 2.82 \times 10^9 \text{ mm}^4 \end{aligned}$$

여기서, M_a는 작용하는 하중에 의한 최대휨모멘트로서 지속하중에 대해서는 $D+0.2L$이고, 사용하중에 의해서는 $D+L$에 대한 값으로 I_e를 계산해야 한다. 그러나 이 차이는 크지 않을 수도 있으므로 하나의 값으로 할 수도 있다.

3\. 처짐 계산 및 검토

1) $D+0.2L$에 대해,

$$M_a = \frac{1}{4} \times (0.2 \times 100) \times 7.2 + \frac{1}{8} \times 15 \times 7.2^2 = 133.2 \text{ kNm}$$

$$\begin{aligned} I_e &= \left(\frac{62.1}{133.2}\right)^3 \times 5.40 \times 10^9 + \left[1 - \left(\frac{62.1}{133.2}\right)^3\right] \times 2.82 \times 10^9 \\ &= 3.08 \times 10^9 \text{ mm}^4 \end{aligned}$$

2) $D+L$에 대해,

$$M_a = \frac{1}{4} \times 100 \times 7.2 + \frac{1}{8} \times 15 \times 7.2^2 = 277.2 \text{ kNm}$$

$$\begin{aligned} I_e &= \left(\frac{62.1}{277.2}\right)^3 \times 5.40 \times 10^9 + \left[1 - \left(\frac{62.1}{277.2}\right)^3\right] \times 2.82 \times 10^9 \\ &= 2.85 \times 10^9 \text{ mm}^4 \end{aligned}$$

3) 처짐 계산

하중이 재하되고 5년 이상이 지났다고 가정하면 시간경과계수 $\xi = 2.0$이고, 압축철근으로 스터럽 위치 고정을 위하여 2-D16을 배치한다고 가정하면, $\rho' = 2 \times 198.6/(300 \times 500) = 2.65 \times 10^{-3}$으로서 추가 장기처짐계수는,

30 4.2.1(5)

$$\lambda_{\Delta} = \xi/(1+50\rho') = 2.0/(1+50\times 2.65\times 10^{-3}) = 1.766$$

$D+0.2L$이 작용할 때 단기 처짐을 계산하면,

$$\delta = \frac{0.2L\times l^3}{48E_cI_e} + \frac{5w_D l^4}{384E_cI_e} = \frac{0.2\times 100\times 10^3\times (7{,}200)^3}{48\times 2.75\times 10^4\times 3.08\times 10^9} + \frac{5\times 15\times (7{,}200)^4}{384\times 2.75\times 10^4\times 3.08\times 10^9}$$
$$= 8.04\ \text{mm}$$

이므로 추가되는 장기처짐은 $8.04\times 1.766 = 14.2$ mm이다.
$D+L$의 사용하중이 작용할 때 단기처짐은,

$$\delta = \frac{100\times 10^3\times (7{,}200)^3}{48\times 2.75\times 10^4\times 2.85\times 10^9} + \frac{5\times 15\times (7{,}200)^4}{384\times 2.75\times 10^4\times 2.85\times 10^9}$$
$$= 9.93 + 6.68 = 16.6\ \text{mm}$$

활하중에 의해 9.93 mm, 고정하중에 의해 6.68 mm가 일어난다.
그리고 활하중의 20퍼센트만 지속하중으로 작용하여 5년이 지난 후에 나머지 80퍼센트의 활하중이 작용할 때의 처짐량은 $16.6 + 14.2 = 30.8$ mm이다.

4) 처짐 한계

30 4.2.1(6)

설계기준에 의하면 여러 조건에 따라 허용 처짐량이 다르며, 과도한 처짐에 의해 손상되기 쉬운 비구조요소를 지지하지 않는 바닥구조의 경우 활하중에 의한 처짐의 허용량은 $l/360$으로서 20 mm이다. 이 경우 활하중에 의한 처짐은 9.93 mm이므로 이 허용 범위 내에 있으므로 만족한다. 그러나 손상되기 쉬운 비구조요소를 지지하는 보의 경우에는 비구조요소가 설치된 후의 단기, 장기 처짐량을 계산하여 검토하여야 한다.

4.4.3 균열 검토

설계기준의 규정

우리나라 콘크리트구조 설계기준에서 균열에 대한 검토는 1999년 통합 설계기준[4)]이 제정된 이후 많이 개정되었다. 통합 초기에는 그글리-루쯔(Gergeley-Lutz) 식에 근거한 균열폭을 계산하여 검토하였으나,[5)] 2007년 개정판 이후의 설계기준에서는 이를 근거하여 유도된 철근 간격, s를 제한하는 것으로서 균열폭을 제어하도록 개정되었다.

20 4.2.3(4)

먼저 설계기준 본문에 규정되어 있는 철근 간격의 제한에 의해 균열폭을 제어하는 내용으로서, 콘크리트 인장연단에 가장 가까이에 배치되는 철근의 중심 간격 s는 식 (4.50)에 의해 계산된 값 중에서 작은 값 이하로 하여야 한다.

$$s = 375\left(\frac{\kappa_{cr}}{f_s}\right) - 2.5c_c \tag{4.50)(a}$$

$$s = 300\left(\frac{\kappa_{cr}}{f_s}\right) \tag{4.50)(b}$$

여기서, κ_{cr}은 다음 표 〈4.10〉에서 정의된 건조환경인 경우 280이고, 그 외 환경의 경우에는 210이다. 그리고 c_c는 최소 피복두께이고, f_s는 사용하중이 작용할 때 인장연단에 가장 가까운 철근의 인장응력이다. 이때 f_s값으로 $2f_y/3$ 값을 사용할 수 있다.

50 4.3.1

식 (4.50)에 따라 우리나라에서 널리 사용되고 있는 철근인 SD300, SD400, SD500, SD600에 대하여 설계기준에서 규정하고 있는 최소 피복두께를 확보하고 철근의 응력이 $f_s = 2f_y/3$로 최대로 취했을 때 보와 슬래브에서 허용되는 최대 간격은 다음 표 〈4.11〉과 같다.

그러나 실제 철근의 응력은 $2f_y/3$보다 작은 경우가 대부분이므로 표

표 〈4.10〉 강재의 부식에 대한 환경 조건의 구분

건조 환경	일반 옥내 부재, 부식의 우려가 없을 정도로 보호한 경우의 보통 주거 및 사무실 건물 내부
습윤 환경	일반 옥외의 경우, 흙 속의 경우, 옥내의 경우에 있어서 습기가 찬 곳
부식성 환경	1. 습윤 환경과 비교하여 건습의 반복작용이 많은 경우, 특히 유해한 물질을 함유한 지하수위 이하의 흙 속에 있어서 강재의 부식에 해로운 영향을 주는 경우, 동결 작용이 있는 경우, 동상방지제를 사용하는 경우 2. 해양콘크리트 구조물 중 해수 중에 있거나 극심하지 않은 해양 환경에 있는 경우(가스, 액체, 고체)
고부식성 환경	1. 강재의 부식에 현저하게 해로운 영향을 주는 경우 2. 해양콘크리트 구조물 중 간만조위의 영향을 받거나 비말대에 있는 경우, 극심한 해풍의 영향을 받는 경우

〈4.11〉에 제시된 값보다 간격이 넓어도 허용되는 경우도 있을 수 있다. 표 〈4.11〉에 나타난 값을 보면 크기가 큰 고강도철근을 옥외나 지중과 같은 습윤환경에 사용하면 철근 간격을 매우 좁게 배치하여야 균열폭을 제어할 수 있는 것으로 나타난다. 따라서 이러한 경우 항복강도가 낮은 철근을 사용하거나 철근직경이 작은 철근을 사용하는 것이 균열폭 제어에 바람직하다. 그리고 보 부재의 경우 주철근 간격이 매우 좁게 배치되므로 대부분 만족하나 슬래브의 경우에는 검토가 필요하다.

해석에 의해 균열을 검토할 때는 지속하중을 적용하여 균열폭을 계산하여 다음 식 (4.51)에 의해 수행한다.

30 부록

$$w_d \le w_a \tag{4.51}$$

여기서, w_d는 계산된 균열폭이고 w_a는 표 〈4.10〉에 따른 노출조건에서 각 조건에 따른 허용균열폭으로서 표 〈4.12〉에 주어져 있다.

균열폭의 계산은 다음 식 (4.52)에 의한다.

$$w_d = \kappa_{st} w_m = \kappa_{st} l_s \ (\varepsilon_{sm} - \varepsilon_{cm}) \tag{4.52}$$

30 부록 4.1.3(1)

여기서, w_d는 설계균열폭이고 w_m은 평균균열폭이며, l_s는 평균균열간

표 〈4.11〉 철근 간격 제한값

노출조건	부재, 철근 크기	최소 피복두께 (mm)	최대 간격(mm)			
			SD300	SD400	SD500	SD600
건조환경 (실내)	슬래브	20	420	315	252	210
	보	40	420	294	215	163
습윤환경 (옥외,지중)	D19 이상 철근	50	269	170	111	72
	D16 이하 철근	40	294	195	136	97

* $f_s = 2f_y/3$로 가정함.

표 〈4.12〉 노출조건에 따른 허용균열폭

노출조건	건조 환경	습윤 환경	부식성 환경	고부식성 환경
허용균열폭	0.4 mm와 $0.006c_c$ 중 큰 값	0.3 mm와 $0.005c_c$ 중 큰 값	0.3 mm와 $0.004c_c$ 중 큰 값	0.3 mm와 $0.0035c_c$ 중 큰 값

격으로 식 (4.53)(a)에 의해 계산한다. 설계균열폭을 평균균열폭으로 할 경우에는 $\kappa_{st}=1.0$, 최대 균열폭으로 할 경우에는 $\kappa_{st}=1.7$로 하고, ε_{sm}과 ε_{cm}은 각각 콘크리트와 철근의 평균변형률로서 식 (4.54)에 의해 계산한다. 균열의 평균간격 l_s는 철근의 중심 간격이 $5(c_c+d_b/2)$ 이하인 경우, 즉 보는 대개 이 경우에 해당하며, 이형철근을 사용하는 경우 식 (4.53)(a)에서 $\kappa_1=0.8$, 휨모멘트를 받는 경우일 때 $\kappa_2=0.5$를 대입하면 다음 식 (4.53)(b)로 구할 수 있다.

30 부록 4.1.3(2),(3)

$$l_s=2c_c+\frac{0.25\kappa_1\kappa_2 d_b}{\rho_e} \tag{4.53(a)}$$

$$l_s=2c_c+0.1d_b/\rho_e \tag{4.53(b)}$$

$$\rho_e=A_s/A_{cte}=A_s/\left[2.5b_w(h-d)\right] \tag{4.53(c)}$$

여기서, A_{cte}는 인장응력 발생에 대한 유효인장면적이다. 이 면적은 그림 [4.16]에 나타낸 것과 같고, 그림에서 d_{cte}는 보와 같이 휨부재는 $2.5(h-d)$와 $(h-x)/3$ 중에서 작은 값이고, 직접 인장을 받는 부재는 $2.5(h-d)$와 $h/2$ 중에서 작은 값이다.

그리고 평균변형률은 다음 식 (4.54)에 의해 구한다.

$$\varepsilon_{sm}-\varepsilon_{cm}=\frac{f_{so}}{E_s}-0.4\frac{f_{cte}}{E_s\rho_e}(1+n\rho_e)\geq 0.6\frac{f_{so}}{E_s} \tag{4.54}$$

여기서, f_{so}는 균열단면에서 철근의 응력이고, n은 콘크리트의 탄성계수에 대한 철근의 탄성계수비이다. f_{cte}는 콘크리트의 유효인장강도로 일반적인 경우에는 평균인장강도 f_{ctm}을 적용하고, 재령 28일 이전의 균열을 검토할 때는 그 재령의 인장강도를 적용한다. 콘크리트의 평균인장강도는 다음 식 (4.55)에 의해 계산하며, f_{cm}은 설계기준에 따라 결정한다.

10 4.3.3

$$f_{ctm}=0.30(f_{cm})^{\frac{2}{3}} \tag{4.55}$$

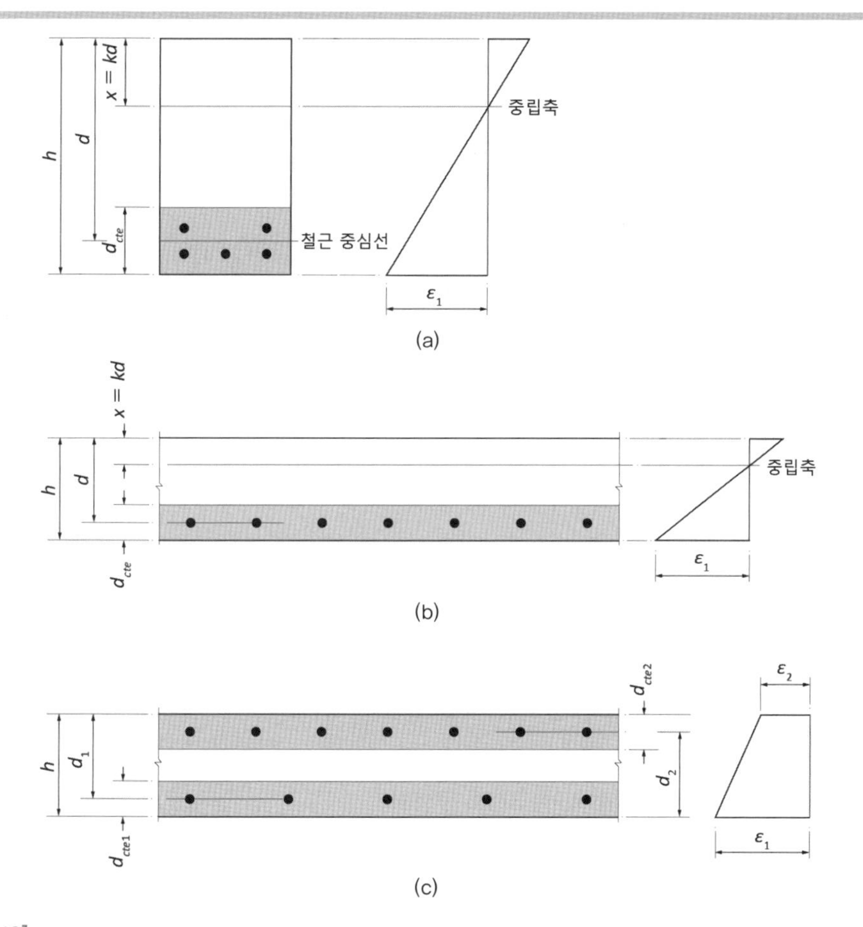

그림 [4.16]
유효인장면적: (a) 보; (b) 슬래브; (c) 인장을 받는 부재

예제 〈4.9〉 균열폭 계산

휨모멘트 $M = 700\text{kNm}$가 작용할 때 균열폭을 계산하라. 다만 주어진 값은 다음과 같다.

$f_{ck} = 30$ MPa
$f_y = 400$ MPa
피복두께 $c_c = 40$ mm
인장철근 8−D29(5,139 mm²), 스터럽 철근 D13@250
부재 크기 $b_w \times h = 400 \times 800$ mm²

풀이

균열폭 계산은 설계기준 KDS 14 20 30 부록 균열폭의 계산에 따른다.

$$w_d = \kappa_{st} w_m = \kappa_{st} l_s (\varepsilon_{sm} - \varepsilon_{cm})$$

여기서 κ_{st}는 평균 균열폭을 계산할 때는 1이고 최대 균열폭을 계산할 때는 1.7이다.

1. 평균 균열간격 l_s 계산

30 부록 4.1.3(2)

먼저 주철근의 중심 간 거리는 그림에서 볼 수 있듯이 최대 88.3 mm이다. 따라서 이 값은 $5(c_c + d_b/2) = 5 \times (40 + 29/2) = 272.5$ mm 이하이므로 다음 식에 의해 구할 수 있다.

$$l_s = 2c_c + \frac{0.25 k_1 k_2 d_b}{\rho_e}$$

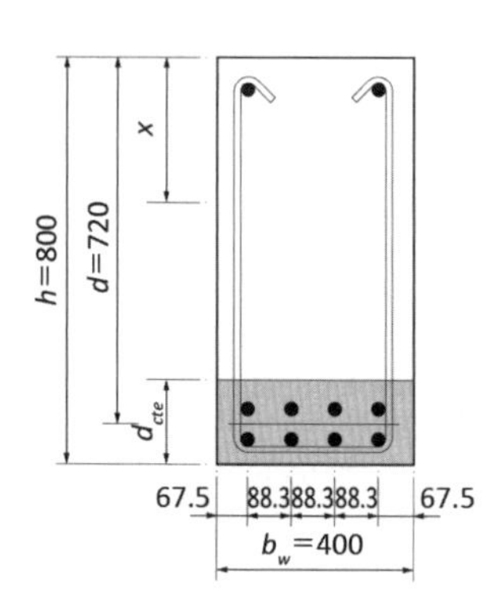

여기서 $c_c = 40$ mm이고, k_1은 이형철근의 경우 0.8이며, 휨모멘트를 받는 부재이므로 $k_2 = 0.5$이고, $d_b = 29$ mm이다. 그런데 ρ_e를 구하기 위해서는 중립축의 위치를 구해야 하므로 단철근콘크리트 보에서 중립축 위치 x는 다음과 같다.

$$x = kd = \left[-n\rho_w + \sqrt{(n\rho_w)^2 + 2n\rho_w}\right] d$$

$$E_c = 8{,}500 \sqrt[3]{f_{cm}} = 8{,}500 \sqrt[3]{(30+4)} = 2.75 \times 10^4 \text{ N/mm}^2$$

$$n = E_s / E_c = 20 \times 10^4 / 2.75 \times 10^4 = 7.27$$

10 4.3.3(1)

$$\rho_w = 5{,}139 / (400 \times 720) = 0.0178$$

$$x = \left[-0.1294 + \sqrt{0.1294^2 + 2 \times 0.1294}\right] \times 720 = 285 \text{ mm}$$

따라서 유효깊이 d_{cte}는 $2.5(h-d) = 2.5 \times (800 - 720) = 200$ mm와 $(h-x)/3 = (800-285)/3 = 172$ mm 중에서 작은 값인 172 mm이다. ρ_e 값은 $A_s / A_{cte} = 5{,}139 / (172 \times 400) = 0.0747$이다.

$$l_s = 2 \times 40 + 0.25 \times 0.8 \times 0.5 \times 29 / 0.0747 = 119 \text{ mm}$$

2. 평균 변형률 계산

다음으로 평균 변형률, $\varepsilon_{sm}-\varepsilon_{cm}$을 다음 식에 의해 구한다.

30 부록 4.1.3(3)

$$\varepsilon_{sm}-\varepsilon_{cm}=\frac{f_{so}}{E_s}-0.4\frac{f_{cte}}{E_s\rho_e}(1+n\rho_e)$$

여기서 기본편 제3장 3.4.3절에 의하면 직사각형의 균열단면에서 철근응력 f_{so}는 다음 식에 의해 구할 수 있다.

$$f_s=n\times\left[\frac{M}{0.5b_w kd(d-kd/3)}\right]\frac{d-kd}{kd}$$

$$f_{so}=7.27\times\frac{700,000,000}{0.5\times400\times285\times(720-285/3)}\times\frac{720-285}{285}=218\text{ MPa}$$

그리고 콘크리트의 유효인장강도 f_{cte}는 다음과 같이 구할 수 있다.

$$f_{cte}=f_{ctm}=0.30(f_{cm})^{2/3}=0.3\times(30+4)^{2/3}=3.15$$

또한 $E_s=2.0\times10^5$ MPa, $\rho_e=0.0747$, $n=E_s/E_c=7.27$ 이므로 $\varepsilon_{sm}-\varepsilon_{cm}$ 값은 다음과 같다.

$$\begin{aligned}\varepsilon_{sm}-\varepsilon_{cm}&=\frac{218}{2.0\times10^5}-0.4\times\frac{3.15}{2.0\times10^5\times0.0747}(1+7.27\times0.0747)\\&=960\times10^{-6}\geq0.6\times218/200,000=654\times10^{-6}\end{aligned}$$

3. 균열폭 계산

평균 균열폭과 최대 균열폭을 계산하면 다음과 같다.

$$w_c=\kappa_{st}l_s(\varepsilon_{sm}-\varepsilon_{cm})=1.0\times119\times960\times10^{-6}=0.114\text{ mm}$$

$$w_{c,\max}=1.7\times0.114=0.194\text{ mm}$$

4.4.4 피로 검토

피로는 사용성능(serviceability)에 관련된 규정이라기보다는 안전성능(safety)에 속하나 우리나라 설계기준에서는 사용하중에 의한 철근의 응력을 계산하여 피로성능을 검토하도록 규정하고 있기 때문에 이 절에서 다룬다.

일반적으로 건축구조물의 경우 변동하중이 차지하는 비율이 크지 않기 때문에 피로 검토를 하지 않아도 괜찮으나, 차고 또는 창고 등 큰 활하중이 빈번히 작용하는 구조물이나 교량의 경우 피로 검토가 필요하다.

설계기준, KDS 14 20 26에서 규정하고 있는 피로에 대한 규정을 요약하면 다음과 같다.

① 하중 중에서 변동하중이 차지하는 비율이 크거나, 작용빈도가 큰 경우에는 피로에 대한 검토를 하여야 한다.

② 보의 피로는 휨 및 전단에 대하여 검토하여야 한다.

③ 피로에 대한 안전성을 검토할 경우 충격하중을 포함한 사용활하중에 의한 철근의 응력이 표 〈4.13〉의 허용범위 이내에 들면 피로 검토가 필요 없다.

콘크리트구조 설계기준[3]에서 계산된 철근의 응력이 표 〈4.13〉의 허용응력 범위를 벗어나는 경우에 대한 검토 방법은 구체적으로 제시하고 있지 않으며 기술자가 합리적 방법으로 검토하도록 규정하고 있다. 따라서 피로하중을 크게 받는 철근콘크리트 보는 가능하면 철근을 조금 많이 사용하여 받는 응력을 낮게 하며, 고강도철근을 사용하지 않는 것이 바람직하고, 철근도 휨모멘트가 큰 곳에서는 응력 집중에 의한 파괴를 막기 위하여 구부리지 않는 것이 바람직하다.

표 〈4.13〉 피로를 검토하지 않아도 되는 이형철근의 응력 범위

설계기준항복강도 f_y(MPa)	이형철근의 허용응력 범위 (MPa)
300	130
350	140
400 이상	150

4.5 철근상세

4.5.1 주철근상세

보 부재의 주된 철근은 계수휨모멘트에 의해 결정되는 부재 길이 방향으로 주철근과 계수전단력과 계수비틀림모멘트에 의해 결정되는 스터럽 철근이 있다. 요구되는 철근량을 계산하는 과정은 앞에서 설명하였으며, 철근의 정착과 이음에 대한 일반 사항에 대해서도 제3장에서 이미 설명하였다. 이 절에서는 보 부재 주철근의 배근상세에 대하여 설명하고, 횡철근인 스터럽 철근의 배근상세에 대해서는 다음 절에서 설명한다.

먼저 브래킷 등 특수 부재를 제외한 일반 철근콘크리트 보의 주철근의 배근상세에 대한 설계기준의 규정을 살펴본다.

휨 부재에서 최대 응력점과 경간 내에서 인장철근이 끝나거나 굽혀진 위험단면에서 철근의 정착에 대하여 검토하여야 한다. 그림 [4.17]에서 보이듯이 휨모멘트를 저항하는 데 더 이상 철근을 요구하지 않는 점에서 부재의 유효깊이 d 또는 $12d_b$ 중 큰 값 이상으로 더 연장하여야 한다. 다만 단순경간의 받침부와 캔틸레브의 자유단에서는 이 규정을 적용하지 않는다. 52 4.4.1(1)

그리고 휨철근은 인장구역에서 절단하면 전단강도의 감소와 연성 능력이 저하되고 균열의 발생 등의 문제가 야기될 수 있으므로 다음 조건 중 하나라도 만족하지 못하는 경우에는 절단할 수 없다. 한 가지 이상을 만족하여 절단하더라도 50퍼센트 이하로 한 곳에서 절단하여야 한다. 52 4.4.1(2)

① 절단점에서 V_u가 $2\phi V_n/3$을 초과하지 않는 경우

② 절단점에서 $3d/4$ 이상의 구간까지 절단된 철근 또는 철선을 따라 전단과 비틀림에 대해 필요한 양을 초과하는 스터럽이 배치되어 있는 경우. 이때 초과하는 스터럽의 단면적 A_v는 $0.42b_w s/f_y$ 이상이어야 하고 간격 s는 $d/(8\beta_b)$ 이내이어야 한다. 여기서 β_b는 전체 인장철근량에 대한 절단된 철근량의 비이다. 52 4.4.1(6)

③ D35 이하의 철근으로서 연속철근이 절단점에서 휨모멘트에 필요한 철근량의 2배 이상 배치되어 있고, V_u가 $3\phi V_n/4$을 초과하지 않는 경우

정철근의 정착

정모멘트에 의해 요구되는 모든 정철근은 그림 [4.17]에서 보듯이 요구되는 위치에서 정착길이 l_d를 확보하여야 하고, 필요하지 않은 위치에서도 d와 $12d_b$ 중 큰 값 이상만큼 더 연장되어야 한다. 그림에서 철근 A와 B의 경우 b지점의 휨모멘트에 의해 요구되는 철근으로서, 이 b점에서 l_d만큼 연장되어야 하고, 또 B 철근은 a지점에서 필요가 없으므로 이 지점에서 d와 $12d_b$ 중에서 큰 값 이상으로 연장되어야 한다. 한편 철근 A의 경우 휨모멘트에 의해 요구되는 a지점에서 l_d만큼 연장되어야 하고 필요로 하지 않는 변곡점에서 d와 $12d_b$ 중에서 큰 값 이상으로 연장되어야 한다.

52 4.4.2(1)

정철근의 정착은 그림 [4.17](a),(b)에서 보이듯이 연속부재와 단순부재에 대하여 차이가 있다. 먼저 연속부재의 경우 그림 [4.17](a)에서 보듯이 최소한 정철근의 1/4 이상이 받침부 내 150 mm 이상 연장되어야 하고, 특히 풍하중, 지진하중 등과 같은 횡하중을 지지하는 주 구조 부재인 경우 받침부 내면으로 l_d 이상 연장되어야 한다. 한편 단순보인 경우 정철

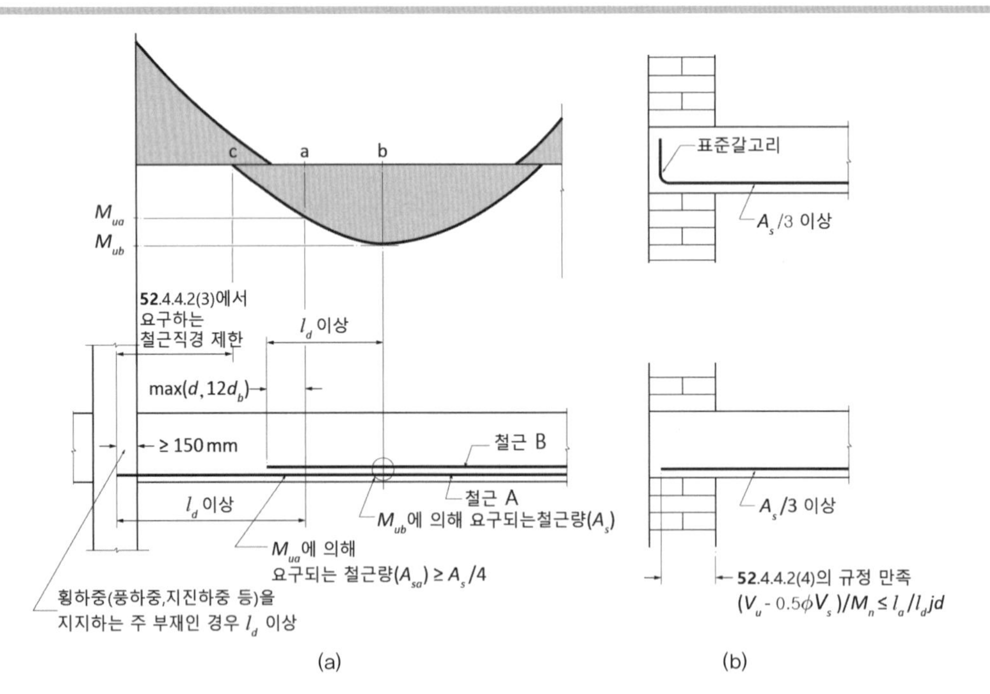

그림 [4.17]
정철근의 정착 상세도: (a) 연속보의 철근상세; (b) 단순보의 받침부

근의 1/3 이상을 받침부에서 표준갈고리 또는 기계적정착인 경우에는 중심선을 지나 연장시키고, 직선철근으로 정착시키는 경우 받침부 내측에서 묻히는 길이 l_a는 $l_d jd(V_u - 0.5\phi V_s)/M_n$ 이상이 되도록 하여야 하고, 이때 l_d는 M_n/V_u 이하가 되도록 철근 크기를 조정하여야 하나, 그림 [4.17](b)에서 보듯이 받침부가 압축을 가하여 부착 성능을 향상시킬 때는 l_d는 $1.3M_n/V_u$ 이하가 되어도 된다. 여기서 M_n은 받침부까지 연속되는 철근에 의한 공칭휨강도이고 V_u는 그 위치의 계수전단력이다.

52 4.4.2(4)

52 4.4.2(3)

부철근의 정착

부모멘트에 의해 요구되는 철근인 부철근의 정착길이도 요구되는 위치에서 정착길이 l_d만큼 양쪽으로 요구된다. 그리고 철근의 끝이 표준갈고리로 이루어진 경우 정착길이는 l_{dh} 이다.

52 4.4.3(1)

그림 [4.18]에서 보듯이 부철근도 휨모멘트에 의해 요구되지 않는 위치에서 d와 $12d_b$ 중에서 큰 값 이상으로 더 연장하여야 하는 것은 정철근의 경우와 같다.

52 4.4.3(3)

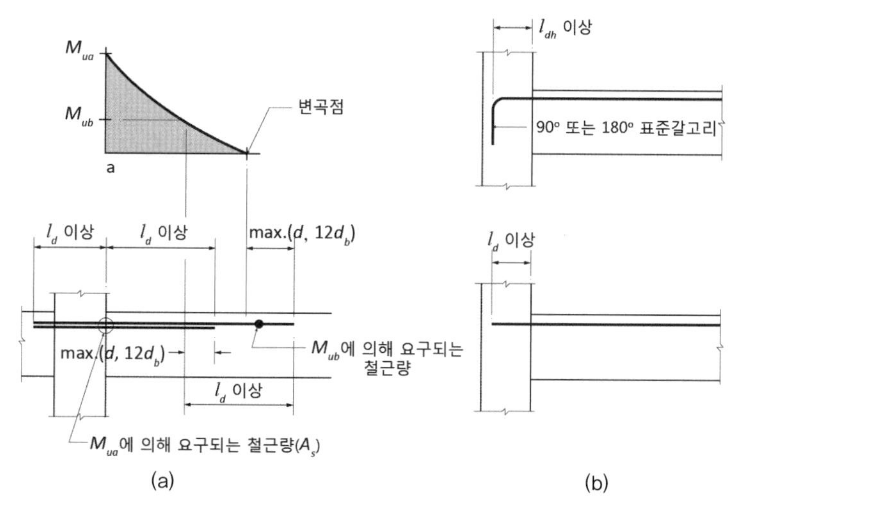

그림 [4.18]
부철근의 정착 상세도: (a) 내단부에서 정착; (b) 외단부에서 정착

T형 보 및 깊이가 큰 보의 주철근상세

그림 [4.19]에서 보듯이 T형 형태의 보에 부모멘트가 작용하면 상부에 인장력이 걸리고 하부에 압축력이 생겨난다. 이런 경우 주철근량은 보의 폭이 b_w인 직사각형 보로 가정하여 계산한다. 그러나 이때 주철근의 배치는 그림 [4.19](a)에서 보듯이 유효플랜지 폭과 보 경간의 1/10 중 작은 값 내에 균등하게 배치하도록 우리나라 설계기준[3]에서 규정하고 있다. 그리고 유효플랜지 폭이 경간의 1/10을 초과하는 경우에는 초과하는 플랜지 부분에 추가적인 종방향의 주철근을 배치하도록 규정하고 있다. 이것은 보의 복부에 집중적으로 배치하면 그림 [4.19](b)와 같이 균열이 일어날 가능성이 있으므로 이를 방지하기 위한 것이다. 그러나 우리나라 현장에서는 보에서 단부와 중앙부 철근을 연결하는 굽힘철근 등을 사용하는 것을 고려하여 이를 무시하고 그림 [4.19](b)와 같이 일반적으로 배치하고 있다.

20 4.2.3(5)

그리고 설계기준에서는 그림 [4.20]에 보인 바와 같이 보의 깊이가 900 mm를 초과하는 경우 부재 길이 방향으로 표피철근(skin reinforcement)을 인장연단부터 1/2 지점까지 부재 양쪽 측면을 따라 균등하게 배치하도록 규정하고 있다. 이때 간격은 식 (4.50)에 따르는 값이다.

20 4.2.3(6)

표피철근
(skin reinforcement)
깊은보의 측면에서 균열폭을 제어하기 위하여 부재 길이 방향으로 표면 근처에서 배치하는 철근 (그림 [4.20] 참조)

4.5.2 횡철근상세

횡철근량은 보에 작용하는 전단력과 비틀림모멘트에 의해 계산한다. 이 절에서는 전단력에 의해 요구되는 스터럽과 비틀림모멘트에 의해 요구되는 폐쇄스터럽의 간격 제한, 철근상세, 정착 등에 대해 살펴본다.

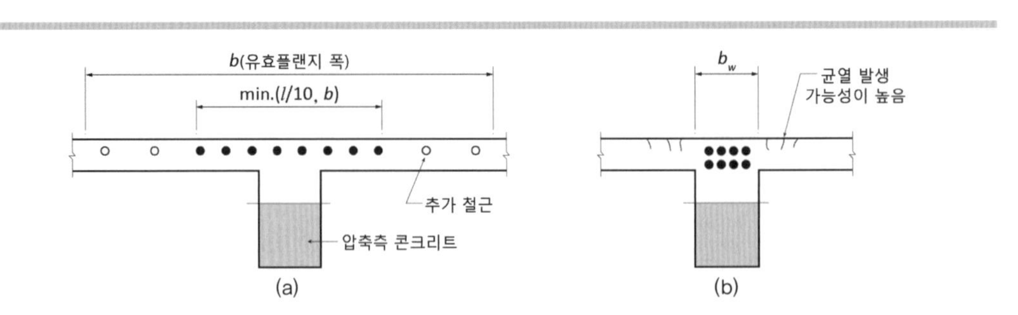

그림 [4.19]
T형 보에 부모멘트가 작용할 때 주철근 배치: (a) 설계기준에 따른 인장철근 배치; (b) 일반적인 인장철근 배치

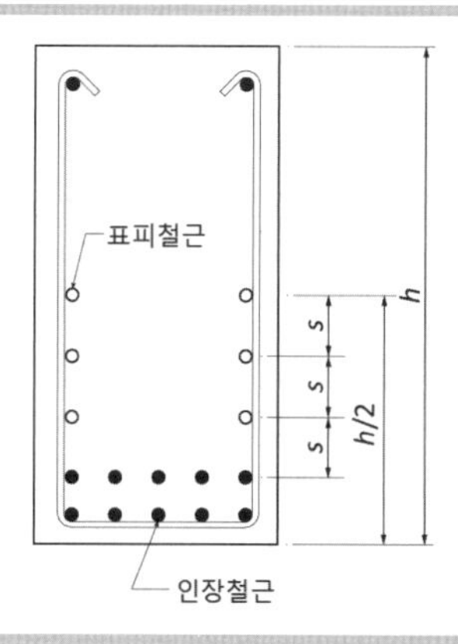

그림 [4.20]
표피철근의 배치

철근 간격

전단력에 의해 최소한으로 전단철근이 필요한 구간에서 스터럽의 간격은 $d/2$와 600 mm 중 작은 값 이하이다. 그러나 전단력이 커서 스터럽에 의한 전단강도 V_s가 $\lambda(\sqrt{f_{ck}}/3)b_w d$ 이상이 되는 구간에서 스터럽의 간격은 이 값의 반으로서 $d/4$와 300 mm 중 작은 값 이하이다. 비틀림모멘트에 의해 계산된 폐쇄스터럽의 간격은 $p_h/8$와 300 mm 중 작은 값 이하이고, 여기서 p_h는 가장 바깥쪽 폐쇄스터럽의 둘레길이이다. 그리고 이 비틀림모멘트에 대한 폐쇄스터럽은 계산상 필요한 위치에서 (b_t+d) 이상의 거리까지 연장시켜 배치하며, b_t는 폐쇄스터럽 사이의 폭이다.

22 4.3.2(1),(3)

22 4.5.4(4)

22 4.5.4(6)

한편 전단력과 비틀림모멘트가 동시에 작용하는 경우 두 종류의 단면력에 의해 요구되는 스터럽 철근량을 계산하여 간격을 정할 수 있는데, 이 경우에는 간격이 좁은 경우로 택하고 폐쇄스터럽으로 한다.

비틀림모멘트에 의해 주철근도 추가적으로 필요한데 주철근은 폐쇄스터럽의 둘레를 따라 배치하고 그 간격은 300 mm 이하가 되도록 한다.

22 4.5.4(5)

철근 정착

스터럽은 보의 하단부에서 상단부까지 피복두께를 제외하고 전체 길이에 걸쳐 배치되도록 하고, 그림 [4.21](a)에서 나타냈듯이 주로 스터럽으로 사용하는 D16 이하 크기의 철근은 90° 또는 135° 표준갈고리 형태로 하여 주철근을 감싸도록 정착시킨다. 그러나 D19 이상인 철근으로 스터럽

52 4.4.4(2)

으로 사용하는 경우에는 보의 중간 깊이에서 $0.17d_b f_{yt}/\sqrt{f_{ck}}$ 이상 정착 길이가 확보되어야 한다.

한편 비틀림모멘트에 의해 요구되는 폐쇄스터럽의 정착 상세는 더욱 엄격하며, 그림 [4.21](b)에서 볼 수 있듯이 슬래브가 옆에 없는 보의 모서리 부분은 파쇄될 가능성이 높으므로 이곳에 표준갈고리를 둘 때는 135° 표준갈고리로 하고, 파쇄될 가능성이 없는 곳의 경우 90° 또는 135° 표준갈고리로 한다.

22 4.5.3(2)

또 폐쇄스터럽으로 U형 스터럽 두 개로 이어 사용할 수 있으며 이때 이음길이는 $1.3l_d$ 이상 확보하여야 한다. 그리고 보의 깊이가 450 mm 이상인 경우 U형 스터럽 두 개를 전체 보 깊이에 걸쳐 배치하여 사용할 수 있으나 이 경우 스터럽 한 가닥의 최대 인장력은 40 kN 이하로 취해야 한다.

52 4.4.4(5)

4.5.3 중간 모멘트골조의 보 부재 철근상세

우리나라 건축구조기준[6]에서는 철근콘크리트골조를 보통 모멘트골조와 중간 모멘트골조로 구분하고 있다. 구조물을 해석할 때 적용하는 지진하중을 계산함에 있어서 반응수정계수 R을 고려하는데, 보 부재와 접합부의 연성이 상대적으로 크게 확보되는 철근상세로 된 보 부재는 R 값을 크게 하여 지진하중을 줄일 수 있도록 규정하고 있다. 보통 모멘트골조의 R 값은 3으로서, 이 경우에는 특별한 철근상세는 요구되지 않지만, 중간 모멘트골조의 R 값인 5로 구조물을 해석한 경우에는 콘크리트구조 설계기준[3]에 규정되어 있는 중간 모멘트골조의 보 부재에 대한 요구사항도 만족시키도록 철근상세를 정하여야 한다.

80 4.3.4

그림 [4.22](a)에서 볼 수 있듯이 먼저 부재의 전체 길이에 걸쳐 접합부에서 계산된 최대 휨강도의 1/5 이상이 되는 정 휨강도와 부 휨강도를 갖도록 주철근이 보의 상, 하단에 배치되어야 하고, 단부 접합 면에서도 정 모멘트가 발생되지 않더라도 부 휨강도의 1/3 이상이 확보되도록 보 하단에 주철근을 배치하여야 한다.

80 4.3.4(1)

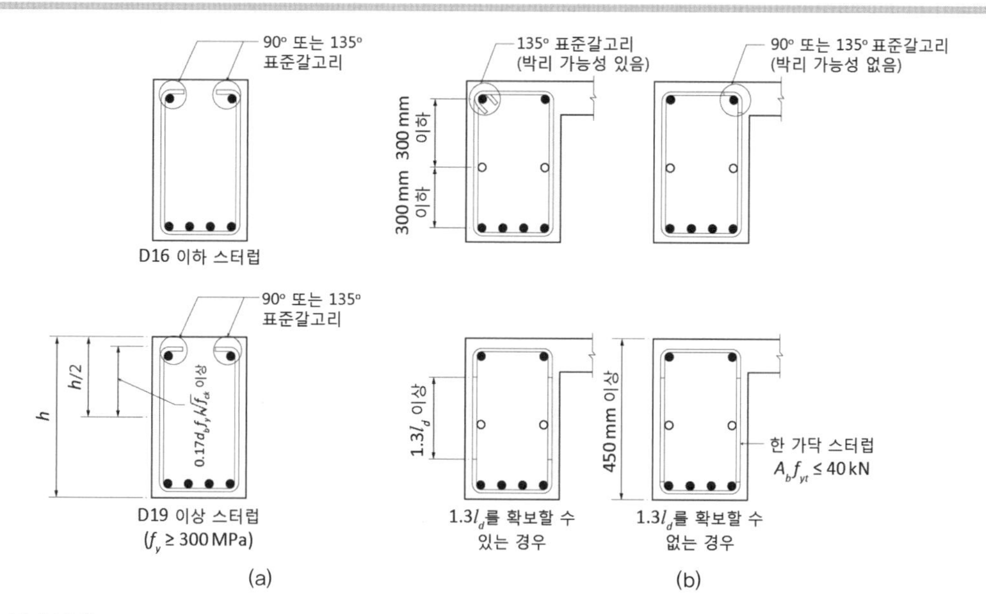

그림 [4.21]
스터럽의 정착: (a) U형 스터럽의 정착; (b) 폐쇄스터럽의 정착

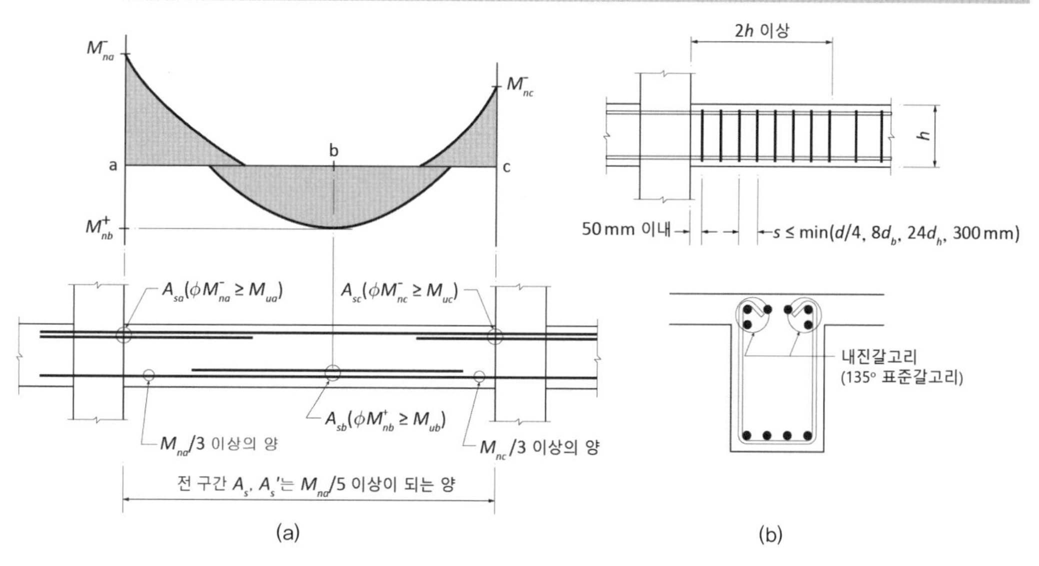

그림 [4.22]
중간 모멘트골조의 철근상세: (a) 주철근량; (b) 후프철근의 배치도

80 4.3.4(2),(3)

후프(hoop)
양끝이 135° 표준갈고리 형태의 내진갈고리를 갖는 폐쇄스터럽과 폐쇄띠철근을 후프라고 한다.

횡철근도 그림 [4.22](b)에서 보듯이 135° 표준갈고리 형태의 내진갈고리를 갖는 스터럽을 기둥면에서 50 mm 이내에서 배치하기 시작하여 보 깊이의 2배 이상이 되는 거리까지 배치하여야 한다. 이때 후프의 간격은 $d/4$, 주철근 지름의 8배, 스터럽 지름의 24배, 300 mm 중 가장 작은 값 이하로 하여야 한다. 그리고 부재 전 길이에 걸쳐 스터럽의 간격은 $d/2$ 이하로 하여야 한다.

4.6 보 부재 설계 예

4.6.1 단순보 설계 예

대부분 철근콘크리트 구조물은 일체로 된 골조 형태로 되어 있기 때문에 철근콘크리트 보는 단순보로 설계하는 경우는 흔하지 않다. 그러나 단순보로 설계하여야 하는 경우도 있을 수 있으며, 교량의 경우 주로 프리스트레스트콘크리트 부재이지만 단순보가 널리 사용되고 있다.

단순보는 정정구조물로서 부모멘트의 재분배도 할 수 없으므로 휨모멘트와 전단력과 같은 계산된 단면력에 대하여 단면을 설계하고 철근의 정착과 이음에 대한 사항을 이 절에서 설명하고자 한다.

예제 〈4.10〉

다음과 같은 고정하중과 활하중을 받는 직사각형 단면의 철근콘크리트 보를 설계하라.

경간 $l = 7.2$ m
활하중 $P_L = 100$ kN
고정하중 $w_D = 15$ kN/m(자중 제외)
콘크리트 설계기준압축강도 $f_{ck} = 30$ MPa
모든 철근의 설계기준항복강도 $f_y = f_{yt} = 400$ MPa

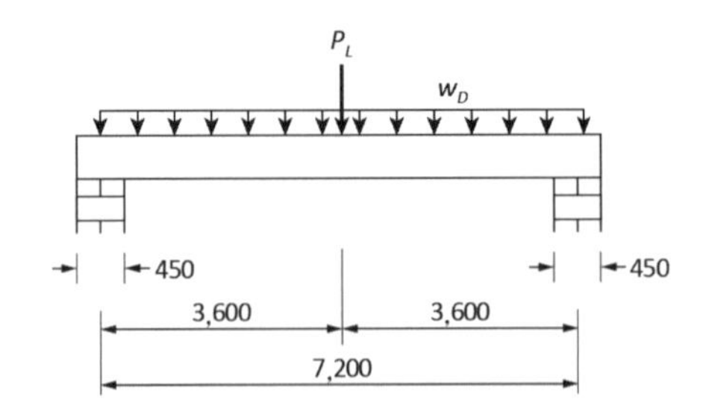

풀이

1. 보 크기의 결정

보 크기에 대해 특별한 제한 사항(층고 등)이 없는 경우 처짐을 검토하지 않아도 되는 깊이 이상으로 택하는 것이 설계하기 편리하므로 이를 따른다. 단순지지 보의 경우는 다음과 같다.

30 4.2.1(1)

$$h \geq l/16 = 7{,}200/16 = 450\ \text{mm} \rightarrow 600\ \text{mm}$$

여유있게 $h = 600$ mm로 하고 폭 $b_w = h/2 = 300$ mm로 하여 $300 \times 600\ \text{mm}^2$ 단면으로 결정한다.

2. 하중 및 단면력 계산

10 4.2.1(1)

하중조합은 $1.2D + 1.6L$과 $1.4D$이므로 이에 대한 계수하중을 계산한다.

보의 자중	$w = 0.3 \times 0.6 \times 24 = 4.32$ kN/m
계수등분포하중	$w_u = 1.2 \times (15 + 4.32) = 23.2$ kN/m
	$w_u = 1.4 \times (15 + 4.32) = 27.0$ kN/m
계수집중하중	$P_u = 1.6 \times 100 = 160$ kN/m

최대 계수휨모멘트

$$M_u = \frac{1}{8} \times 23.2 \times 7.2^2 + \frac{1}{4} \times 160 \times 7.2 = 438\ \text{kNm}$$

$$M_u = \frac{1}{8} \times 27.0 \times 7.2^2 = 175\ \text{kNm} < 438\ \text{kNm}$$

따라서 설계용 계수휨모멘트 $M_u = 438$ kNm이다.

최대 계수전단력

$$V_u = \frac{1}{2} \times 23.2 \times 7.2 + \frac{1}{2} \times 160 = 164\ \text{kNm}$$

$$V_u = \frac{1}{2} \times 27.0 \times 7.2 = 97.2\ \text{kN} < 164\ \text{kNm}$$

따라서 설계용 계수전단력 $V_u = 164$ kN이다.

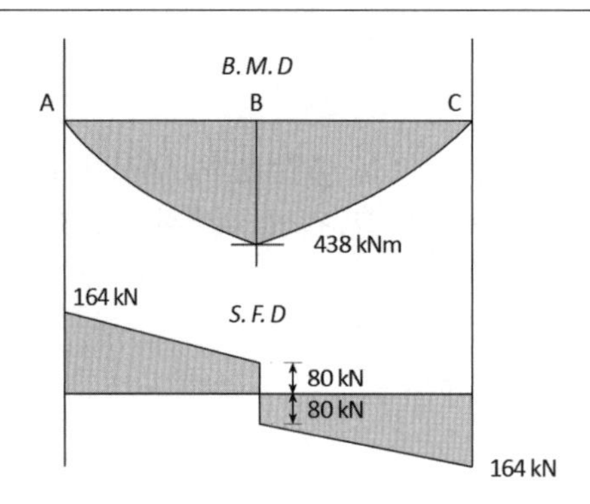

3. 주철근량 계산

$M_u = 438$ kNm, $f_{ck} = 30$ MPa, $f_y = 400$ MPa, $b_w \times h = 300 \times 600$ mm²인 경우에 대한 주철근량을 표 〈4.6〉에 의해 구한다.

먼저 유효깊이 d는 2단 배근을 가정하고 피복두께 등을 고려하여 500 mm로 가정한다. 그리고 $\phi = 0.85$로 가정한다.

$$M_u / \phi \eta f_{ck} b_w d^2 = 438{,}000{,}00 / (0.85 \times 1.0 \times 30 \times 300 \times 500^2)$$
$$= 0.2290$$

표 〈4.6〉에서 $w = 0.2730$을 얻을 수 있다. 따라서

$$\rho = w \eta f_{ck} / f_y = 0.2730 \times 1.0 \times 30 / 400 = 0.0205$$
$$A_s = 0.0205 \times 300 \times 500 = 3075 \text{ mm}^2$$

8−D22(3097 mm²), 7−D25(3547 mm²), 5−D29(3212 mm²) 등을 택할 수 있다. 만약 정착길이 등을 고려하여 D22 철근을 선택한다면 보 폭 300 mm를 고려할 때 1단 배근은 힘들므로 2단 배근으로 선택하여 다음 그림과 같이 배치한다.

스터럽 철근으로 D10을 선택한다면,

$$s \leq (300 - 2 \times 40 - 2 \times 10 - 4 \times 22)/3 = 37.3 \text{ mm}$$ 50 4.2.2(1)

간격 $s = \max.(25,\ d_b,\ 4d_a/3)$이므로 굵은골재 크기 d_a =25 mm로 가정했을 때 s는 33.33 mm보다 커야 하며 s =37.3 mm이므로 만족한다. 이때 휨모멘트에 대한 강도감수계수로 0.85를 취하기 위해서는 ε_t가 0.005 이상이 되어야 한다.

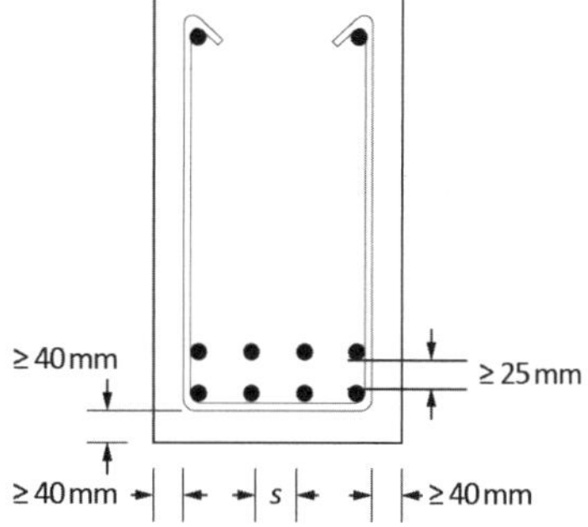

$$a = A_s f_y / 0.85\eta f_{ck} b_w$$
$$= 8 \times 387.1 \times 400/(0.85 \times 1.0 \times 30 \times 300)$$
$$= 162 \text{ mm}$$
$$c = 162/0.80 = 202.5 \text{ mm}$$
$$\varepsilon_t = 0.0033 \times \frac{500 - 202.5}{202.5} = 0.00485 \le 0.005$$

따라서

$$\phi = 0.65 + (\varepsilon_t - \varepsilon_y) \times (0.85 - 0.65)/\varepsilon_{cu}$$
$$= 0.65 + (0.00485 - 0.002) \times 0.2/0.0033 = 0.823$$

이때 유효깊이 d도 정확하게 계산하고 w 값을 구한다.

$$d = 600 - 40 - 10 - 22 - 25/2 = 505.5 \text{ mm로서}$$
$$M_u/\phi\eta f_{ck} b_w d^2 = 438{,}000{,}000/(0.832 \times 1.0 \times 30 \times 300 \times 505.5^2) = 0.2289$$

따라서 철근비는 같은 값을 얻을 수 있다.
이 경우에는 강도감수계수가 약간 줄어들어도 유효깊이 d가 약간 커져 본래 계산한 철근량으로 가능했지만 그렇지 않은 경우도 있을 수 있다.

4. 스터럽 철근량 및 간격 결정
먼저 콘크리트에 의해 저항할 수 있는 전단강도 V_c는 다음과 같다.
이때 보의 유효깊이 d는 500 mm로 계속 사용한다.

$$V_c = \lambda \sqrt{f_{ck}} b_w d/6 = 1.0 \times \sqrt{30} \times 300 \times 500/6 = 137 \text{ kN}$$

22 4.2.1(1)

$\phi V_c/2$를 초과하는 보의 모든 단면은 최소전단철근이 필요하므로,

$$\phi V_c/2 = 0.75 \times 137/2 = 51.4 \text{ kN}$$

으로서 이 예제의 경우 전체 길이에 걸쳐 $V_u \geq 80$ kN이므로 전단철근이 요구된다. 최대 계수전단력이 받침점 중간에서 164 kN이지만 받침부 전면에서 유효깊이 d만큼 떨어진 곳에서 취할 수 있으므로 이 위치에서 계수전단력을 계산한다(일반적으로 안전 측으로 최대 계수전단력으로 받침부 중앙에서 계산된 164 kN을 사용).

$$V_u = 164 - 23.2 \times (0.225 + 0.5) = 147 \text{ kN}$$

(* 이 경우에 볼 수 있듯이 경간 단부의 164 kN이 d만큼 안쪽에서 147 kN으로 크게 줄어듦)

D10 철근을 스터럽으로 사용할 때 간격 s는 다음과 같다.

$$\begin{aligned} s &\leq A_v f_{yt} d / (V_u/\phi - V_c) \\ &= 2 \times 71.33 \times 400 \times 500 / (147{,}000/0.75 - 137{,}000) \\ &= 483 \text{ mm} \end{aligned}$$

따라서 전단철근이 필요한 곳에서 간격은 min.($d/2$, 300mm)= 250 mm가 되므로 전체 구간에 D10@250으로 스터럽을 배치한다.

5. 정철근의 절단점과 정착

단순부재의 경우 정철근의 1/3 이상은 받침부까지 연속시켜야 하므로 이 예제의 경우 3가닥 이상을 연속시켜야 한다. 따라서 정철근 8가닥 중에서 하단철근 4가닥은 받침부까지 연속시키고, 상단철근 4가닥은 적당한 곳에서 절단한다.
먼저 4가닥 철근의 절단점을 찾기 위하여 나머지 4가닥 철근에 의한 휨강도를 계산한다.
식 (4.13)에 의해 구할 수 있으며,

$$\begin{aligned} M_n &= A_s f_y \left(d - \frac{A_s f_y}{1.7 \eta f_{ck} b_w} \right) \\ &= 4 \times 387.1 \times 400 \times \left(500 - \frac{4 \times 387.1 \times 400}{1.7 \times 1.0 \times 30 \times 300} \right) = 285 \text{ kNm} \end{aligned}$$

$$\phi M_n = 0.85 \times 285 = 242 \text{ kNm}$$

이때 인장철근이 4가닥이므로 $\varepsilon_t \geq 2.5\varepsilon_y$가 만족될 수 있으므로 $\phi = 0.85$로 하였다.
$M_u = \phi M_n$이 되는 곳의 위치를 보 중앙에서 x(m)이라고 하면,

$$242 = 438 - \frac{1}{2}[80 + (80 + 23.2x)]x = 438 - 80x - 11.6x^2$$

$$x = 1.92 \text{ m}$$

D22 철근의 정착길이 l_d는

$$l_d = \alpha\beta l_{db} = \alpha\beta \times 0.6 d_b f_y / \sqrt{f_{ck}} = 1 \times 1 \times 0.6 \times 22 \times 400 / \sqrt{30} = 964 \text{ mm}$$

52 4.1.2(2)

따라서 위치 $x = 1.92$ m에서 $\max.(d,\ 12d_b) = \max.(500,\ 264) = 500$ mm 이상 더 연장하면 $x + 500 = 2420$ mm $\geq l_d = 964$ mm로 되어 보 중앙에서 2420 mm 이상 되는 곳에서 4가닥 철근을 절단해도 된다. 따라서 시공성을 고려하여 2.5 m 위치에서 절단한다.

52 4.4.1(2)

다음으로 받침부 내의 정철근의 정착은 받침부 전면에서 150 mm 이상 연장되어야 하고, 표준갈고리를 둘 때는 받침부 중앙 이상까지만 연장하면 된다. 그러나 직선 철근으로 할 때는 중앙선을 지나 다음 식에 의한 길이 l_a만큼 확보해야 한다.

52 4.4.2(4)

$$\frac{l_a}{l_d jd} \geq \frac{V_u - 0.5\phi V_s}{M_n}$$

여기서, $jd = d - kd/3$, $kd = \left(-n\rho_w + \sqrt{(n\rho_w)^2 + 2n\rho_w}\right)d$이다. $E_c = 8{,}500\sqrt[3]{f_{cm}} = 8{,}500 \times \sqrt[3]{(30+4)} = 2.75 \times 10^4$ MPa, $E_s = 2.0 \times 10^5$ MPa이므로 $n = E_s/E_c = 7.27$이며, $\rho_w = 4 \times 387.1/(300 \times 500) = 0.0103$으로서, $kd = 183$ mm, $jd = 439$ mm이다.
그리고 $V_s = A_v f_{yt} d/s = 2 \times 71.33 \times 400 \times 500/250 = 114$ kN이다.
따라서

$$l_a \geq (147 - 0.5 \times 0.75 \times 114) \times 964 \times 439/285000 = 155 \text{ mm}$$

이 경우에는 받침부 전면에서 $225 + 155 = 380$ mm까지 최소한 연장시켜야 한다. 받침부의 전체 폭이 450 mm이므로 피복두께로 50 mm 두고 400 mm까지 전면에서 연장시키면 만족한다.
그리고 압축 측 주철근은 필요 없으나 스터럽 위치 고정 등을 위하여 2−D16을 배치하면 최종 보의 철근 배치도는 다음 그림과 같다.

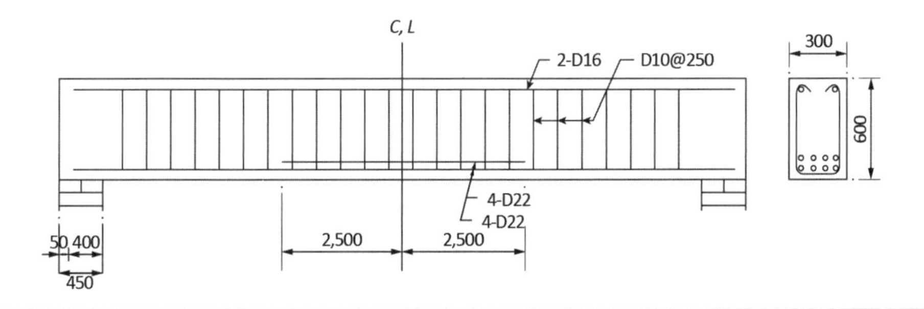

6. 균열폭, 즉 철근 간격 검토

균열폭을 검토하는 것 대신에 철근 간격을 검토할 수 있도록 설계기준에서는 다음과 같이 규정하고 있다. 다음 두 식으로 계산한 값 중 작은 값 이하로 하여야 한다.

20 4.2.3(4)

$$s = 375(\kappa_{cr}/f_s) - 2.5c_c$$
$$s = 300(\kappa_{cr}/f_s)$$

만약 이 구조물이 습윤환경에 노출되어 있다면 $\kappa_{cr} = 210$이고, f_s는 정확하게 계산할 수도 있으나 안전 측으로 $2f_y/3$으로 취할 수 있다. c_c는 주철근과 콘크리트 표면과의 최소 거리로서 피복두께 40 mm 스터럽 철근의 크기로 최소 10 mm로 가정하면 $c_c = 50$ mm이다. 따라서 s값을 계산하면 다음과 같다.

$$s = 375 \times 210/(2 \times 400/3) - 2.5 \times 50 = 170 \text{ mm}$$
$$s = 300 \times 210/(2 \times 400/3) = 236 \text{ mm}$$

앞에서 주철근의 간격 $s = 37.3$ mm로서 이 값은 170 mm보다 좁게 배치되어 균열폭을 검토하지 않아도 된다.

7. 처짐 검토

보의 크기를 정할 때 처짐 검토를 하지 않아도 되는 깊이인 450 mm보다 큰 600 mm로 전체 깊이로 정했기 때문에 검토가 필요 없다.

만약 처짐을 계산하여 검토한다면 앞의 예제 〈4.8〉을 참고하라.

4.6.2 연속보 설계 예

대부분의 철근콘크리트 보는 연속보이다. 건축물의 경우 기둥과 접합되어 골조 형태의 연속보이고, 교량의 경우 받침부 위에 지지되는 순수한 보끼리의 연속보가 될 수도 있고 교각과 접합되어 건축물과 비슷하게 골조 형태의 연속보일 수도 있다.

연속보의 설계 과정은 여러 하중조합에 의해 구조물을 해석하여 양 단부와 중앙부 등 휨모멘트가 큰 곳을 설계단면으로 선택하여 철근량을 계산한다. 이때 부모멘트 재분배를 고려하여 계수휨모멘트 일부를 조정할 수 있다. 다음으로 계수전단력에 따라 보의 길이 방향으로 스터럽 철근량을 계산하여 시공 가능성 등을 고려하여 몇 개 구역으로 나누어 스터럽 간격을 결정한다. 이때 비틀림모멘트가 상당히 큰 경우에는 전단력과 비틀림모멘트를 동시에 고려하여 폐쇄스터럽 철근량과 간격을 결정한다. 철근량과 철근 크기가 결정되면 주철근의 절단점과 균열폭 제어를 위한 철근 간격 등을 검토하여 필요하면 철근 크기 등을 조정한다.

연속보 부재도 일반적으로 다른 부재와 비슷하게 처짐 검토가 필요하지 않은 크기의 보 깊이를 선택한다. 그러나 층고의 제한 등으로 설계기준에서 규정한 보 깊이보다 작은 넓은보로 설계하여야 할 경우이거나 특별히 처짐을 검토하여야 할 경우에는 설계된 단면과 보 부재에 대하여 처짐을 검토한다. 이 절에서는 먼저 연속보에서 부모멘트 재분배에 대한 사항을 설명하고 설계 예제를 싣는다.

30 4.2.1(1)

부모멘트의 재분배

강도설계법으로 철근콘크리트 구조물을 설계할 때는 구조물을 선형탄성으로 해석한다고 제1장에서 밝혔다. 그러나 철근콘크리트 구조물이 파괴에 이를 때는 비선형 거동을 나타낸 후이다. 이때 보 부재와 같이 휨모멘트에 대하여 연성 능력이 크면 선형 해석에 의한 저항 값과 비선형 해석에 의한 저항 값 사이에 큰 차이가 나타난다. 그러나 비선형 해석은 어렵기 때문에 선형 탄성 해석을 하여 얻은 휨모멘트의 재분배를 통하여 이러한 효과를 일부 얻기 위하여 설계기준[3]에서는 연속 휨부재의 휨모멘트 재분배를 규정하고 있다.

10 4.3.2

설계기준에 따르면 하중을 적용하여 탄성이론에 의하여 산정한 연속 휨부재 받침부의 부모멘트는 20퍼센트 이내에서 $1,000\varepsilon_t$퍼센트 만큼 증가 또는 감소시킬 수 있다고 규정하고 있다. 이때 휨모멘트 재분배는 최외단의 순인장변형률 ε_t가 0.0075 이상인 경우에만 가능하다. 그리고 수정된 부모멘트를 사용하더라도 부재 내의 정적 평형은 유지되어야 한다. 다시 말하여 그림 [4.23](a)에서 단부부모멘트 M_{A1}과 M_{C1}을 각각 M_{A1}'와 M_{C1}'로 수정하였을 때 $0.5(M_{A1}+M_{C1})+M_{B1}=0.5(M_{A1}'+M_{C1}')+M_{B1}'$는 항상 성립되도록 M_{B1}'를 결정하여야 한다.

10 4.3.2(1)

그리고 철근콘크리트 구조 부재를 설계할 경우에는 그림 [4.23](a),(b)에서 보이듯이 같은 부재라도 하중조합에 따라 양 단부와 중앙부에서 단면력이 서로 다르게 나타난다. 예로서 하중조합 1에 대한 A단부의 휨모멘트 M_{A1}이 하중조합 2에 의한 M_{A2}보다 크고, 중앙부 휨모멘트 M_{B1}도 M_{B2}보다 크다. 그러나 다른 단부 C의 휨모멘트 M_{C1}은 M_{C2}보다 작다면 설계용 계수휨모멘트로는 큰 값인 M_{A1}, M_{B1}, M_{C2}이다. 그러나 이 세가지 계수휨모멘트는 같은 하중에 의해 발생하지는 않는다. 또 비선형 거동을 고려하여 구조물을 해석하면, 연성만 단면에서 확보되면 하중이 작용하여 한 단면의 휨강도에 도달하여도 파괴가 일어나지 않고 아직 여유가 있는 다른 단면에 의해 더 저항할 수 있다. 따라서 휨모멘트의 재분배에 의해 이러한 과다 설계를 지양할 수 있다.

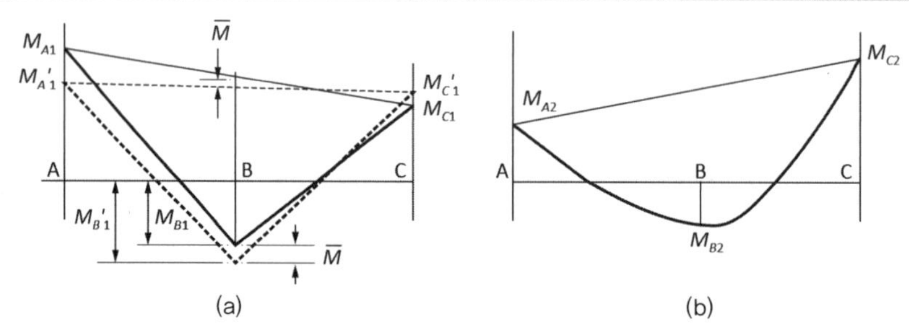

그림 [4.23]
부모멘트의 재분배: (a) 하중조합 1에 의한 휨모멘트도; (b) 하중조합 2에 의한 휨모멘트도

예제 〈4.11〉

동일한 부재인 연속 휨부재에 각 계수하중 조합에 따라 구조물을 해석한 결과 다음 그림과 같은 휨모멘트를 얻었다. 다만 단부 A의 최외단 인장철근의 순인장변형률 $\varepsilon_t = 0.0100$이고, 단부 C에서는 $\varepsilon_t = 0.0120$으로 설계할 예정이다. 이때 휨모멘트 재분배를 통한 최적의 설계용 계수휨모멘트를 구하라.

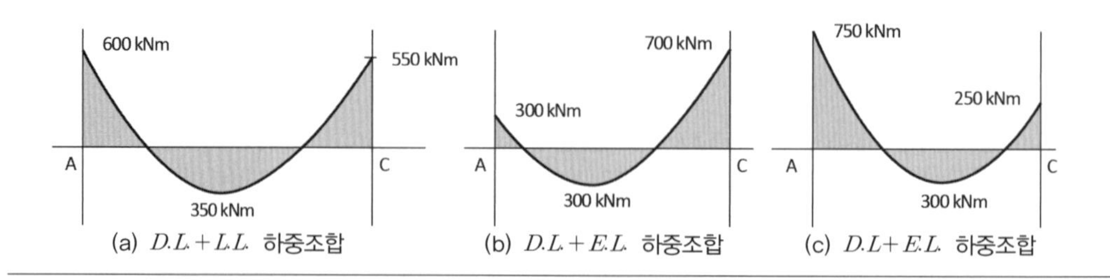

풀이

1. 부모멘트 재분배율 계산

부모멘트를 재분배 하려면 단면이 어느 정도 연성을 확보하여야 하는데 설계기준에서는 ε_t가 0.0075 이상이 될 때 가능한 것으로 규정하고 있다. 이 문제의 경우 단부 A, C는 각각 ε_t 값이 0.0100, 0.0120으로서 만족한다. 재분배 가능한 범위는 $1000\varepsilon_t\%$ 이므로 A단부는 10%, C단부는 12%이다(실제로 ε_t는 단면이 설계된 이후에 계산할 수 있다. 따라서 반복계산이 필요).

10 4.3.2(1),(3)

2. 재분배 휨모멘트 계산

A단부의 경우 그림 (c)의 하중조합에 대해 가장 큰 값이므로 이 값을 최대로 10% 감소시키고, C단부는 작으므로 12.5% 증가시킨다. 즉, 그림 (c)에서,

$$M_A = 750 - 0.1 \times 750 = 675 \text{ kNm}$$
$$M_C = 250 + 0.12 \times 250 = 280 \text{ kNm}$$
$$M_B = 300 + [0.5 \times (750 + 250) - 0.5 \times (675 + 280)] = 322.5 \text{ kNm}$$

그림 (b)의 경우는 C단부를 12% 감소시키고, A단부를 10% 증가시킨다.

$$M_A = 300 + 0.1 \times 300 = 330 \text{ kNm}$$
$$M_C = 700 - 0.12 \times 700 = 616 \text{ kNm}$$
$$M_B = 300 + [0.5 \times (700 + 300) - 0.5 \times (330 + 616)]$$
$$= 327 \text{ kNm}$$

그림 (b)와 (c)의 결과를 보면 최댓값이 $M_A = 675$, $M_B = 327$, $M_C = 616$ kNm이므로 그림 (a)의 경우에도 이를 만족시키도록 조정이 가능하다. 즉, M_A를 $1.1 \times 600 = 660$ kNm, M_C를 $1.12 \times 550 = 616$ kNm로 하면,

$$M_B = 350 + [0.5 \times (600 + 550) - 0.5 \times (660 + 616)]$$
$$= 287 \text{ kNm}$$

3. 설계용 계수휨모멘트 산정

탄성 해석에 의해 부모멘트 재분배를 하지 않고 단면을 설계한다면

$$M_A = 750 \text{ kNm},\ M_B = 350 \text{ kNm},\ M_C = 700 \text{ kNm}$$

로 설계하여야 하나 부모멘트 재분배를 한 경우에는

$M_A = 675$ kNm(10% 감소), $M_B = 327$ kNm(6.6% 감소)

$M_C = 616$ kNm(12% 감소)

로 감소시킨 계수휨모멘트로 설계할 수 있다.

예제 〈4.12〉 연속보의 설계

다음과 같은 골조 구조물에서 보를 설계하라. 고정하중에는 자중도 포함된 것으로 가정하고, 양단부는 구속된 것과 같다고 가정하고 구조해석하라.

$w_D = 35$ kN/m

$w_L = 20$ kN/m

$f_{ck} = 30$ MPa

$f_y = 400$ MPa

$f_{yt} = 400$ MPa

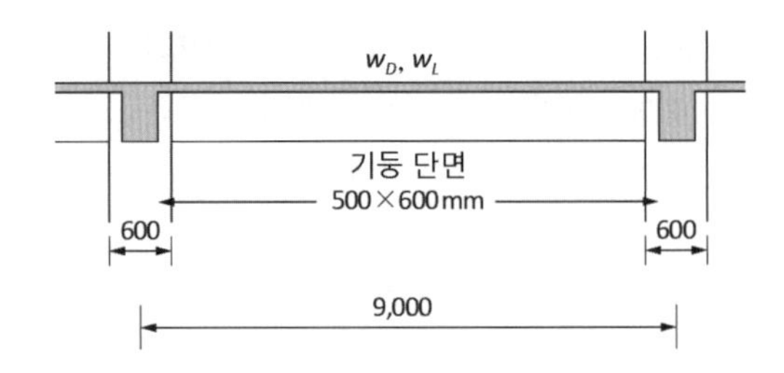

슬래브의 두께는 150 mm이고, 경간 직교 방향으로 슬래브 중심 간 거리는 6,000 mm이다.

풀이

1. 보 크기의 결정

양단 연속보인 경우 처짐을 검토할 필요가 없는 보의 깊이는 $l/21$이다. 30 4.2.1(1)

$$h \geq 9{,}000/21 = 429 \text{ mm} \rightarrow 600\text{mm}$$

여유 있게 600 mm로 하고 보의 폭은 300 mm로 취한다.

2. 구조물 해석 및 단면력 계산

등분포활하중과 고정하중만 작용하므로 하중조합은 2가지 경우로서 다음과 같다. 10 4.2.2(1)

$$w_u = 1.4w_D = 1.4 \times 35 = 49 \text{ kN/m}$$

$$w_u = 1.2w_D + 1.6w_L = 1.2 \times 35 + 1.6 \times 20 = 74 \text{ kN/m} \geq 49$$

따라서 계수단면력은 다음과 같다.

$$M_u^- = \frac{1}{12}w_u l^2 = \frac{1}{12} \times 74 \times 9^2 = 500 \text{ kNm}$$

$$M_u^+ = \frac{1}{24}w_u l^2 = \frac{1}{24} \times 74 \times 9^2 = 250 \text{ kNm}$$

$$V_u = \frac{1}{2}w_u l = \frac{1}{2} \times 74 \times 9 = 333 \text{ kN}$$

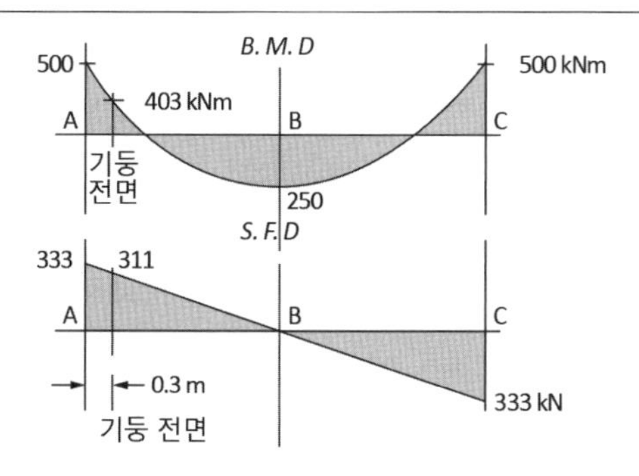

3. 주철근량 계산 및 주철근 선정

이 예제 구조물의 경우 연속 부정정구조물이므로 부모멘트를 재분배할 수 있다. 그러나 아직 단면 설계를 하지 않았기 때문에 ε_t값을 알 수 없으므로 정확하게 얼마를 재분배할 수 있을지를 모른다. 물론 최대 20퍼센트까지 가능하므로 그 범위 내에서 적절하게 재분배시키고 단면 설계를 할 수도 있으나, 여기서는 먼저 해석에 의한 단면력으로 설계한다.

1) 부모멘트가 작용하는 A, C점

단부에서 휨모멘트에 대한 위험 단면은 받침부인 기둥 전면이다. 따라서 이 위치의 계수휨모멘트는 다음과 같다.

$$M_u^{-} = 500 - \frac{1}{2} \times (333 + 311) \times 0.3 = 403 \text{ kNm}$$

단부에서는 부모멘트가 작용하여 슬래브가 있는 T 형태의 보이지만 상부에 인장력이 작용하므로 보의 폭이 b_w =300 mm인 직사각형보로 설계해야 한다. 표 〈4.6〉을 이용하여 주철근량을 구한다. 이 경우에도 $\phi = 0.85$, d =500 mm로 가정한다.

$$M_u / \phi \eta f_{ck} b_w d^2 = 403{,}000{,}000 / (0.85 \times 1.0 \times 30 \times 300 \times 500^2)$$
$$= 0.2107$$

$w = 0.2466$을 얻을 수 있다. 따라서

$$\rho = w \eta f_{ck} / f_y = 0.2466 \times 1.0 \times 30 / 500 = 0.01850$$
$$A_s = 0.01850 \times 300 \times 500 = 2{,}775 \text{ mm}^2$$

8−D22(3,097 mm²), 6−D25(3,040 mm²), 5−D29(3.212 mm²) 등에서 고를 수 있다. T형보의 플랜지가 인장을 받는 경우 휨인장철근은 유효플랜지 폭과 경간의 1/10 폭 중에서 작은 값 내에 분산시켜 배치하도록 규정하고 있다. 이 경우 유효플랜지 폭은 min.$(16h+b_w$, 중심간 거리, $l/4)$ =min.$(16\times150+300,\ 6{,}000,\ 9{,}000/4)=$ 2,250 mm로서 $l/10$ =900 mm보다 크므로 폭 900 mm 내에 배치시킨다. 8−D22를 선택한 경우 다음 그림과 같다.

20 4.2.3(5)

10 4.3.10(1)

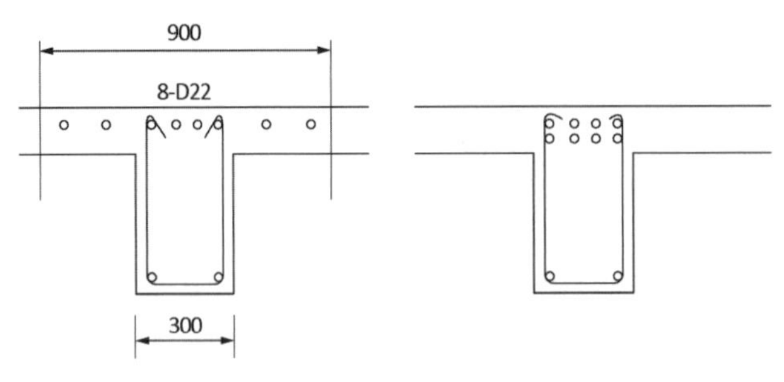

〈설계기준 20 4.2.3(5)에 따른 배치〉 〈기존 일반적 방법의 배치〉

2) 정모멘트에 대한 B점

계수정모멘트 $M_u^+=250$ kNm이고, T형보에서 상부 플랜지의 유효폭이 2,250 mm이다. 그리고 슬래브의 두께가 150 mm이므로 중립축이 슬래브 내에 있을 확률이 크므로 보의 폭이 2,250 mm인 직사각형 보로 일단 검토한다.

$$M_u/\phi\eta f_{ck}b_wd^2=250{,}000{,}000/(0.85\times1.0\times30\times2250\times500^2)$$
$$=0.01743$$

표 〈4.6〉에 의해 $w=\rho f_y/\eta f_{ck}=0.0176$을 얻을 수 있으므로

$$\rho=0.0176\times1.0\times30/400=0.00132$$
$$A_s=0.00132\times2250\times500=1485\text{ mm}^2\geq A_{s.\min}$$

4−D22(1,548 mm²)를 배치하면 만족한다.

보의 폭이 300 mm인 경우 D22 철근 4개를 배치해도 앞의 단순보 설계에서 보았듯이 철근 사이의 간격은 규정에 문제가 없다.

4. 스터럽 철근량 및 간격 결정

먼저 콘크리트에 의해 저항할 수 있는 전단강도 V_c는 다음과 같다.

22 4.2.1(1)

$$V_c=\lambda\sqrt{f_{ck}}b_wd/6=1.0\times\sqrt{30}\times300\times500/6=137\text{ kN}$$

전단보강이 필요 없는 단면은 $\phi V_c/2$ 이하이므로 이 값을 계산하면,

$$\phi V_c/2 = 0.75 \times 137/2 = 51.4 \text{ kN}$$

이고, 이 값은 보 중앙 B점에서 양쪽으로 각각 51.4/74 = 0.69 m 떨어진 곳이다. 다시 말하여 중앙 1.38 m는 전단 보강근이 없어도 된다. 다음으로 가장 전단력이 크게 작용하는 기둥 면에서 $d = 500$ mm 떨어진 곳의 계수전단력 $V_u = 333 - 74 \times (0.3 + 0.5) = 274$ kN이다.
D10 철근을 스터럽으로 사용할 때 간격 s는,

$$s = A_v f_{yt} d / (V_u/\phi - V_c)$$
$$= 2 \times 71.33 \times 400 \times 500 / (274/0.75 - 137) = 125 \text{ mm}$$

D13 철근을 스터럽으로 사용할 때 간격 s는,

$$s = 2 \times 126.7 \times 400 \times 500 / (274/0.75 - 137) = 222 \text{ mm}$$

스터럽 철근의 간격은 $V_s \le \lambda(\sqrt{f_{ck}}/3) b_w d$이면 min.($d$/2, 600 mm)이고, 그 이상이면 min.(d/4, 300 mm)이다.

22 4.3.2(1),(3)

$$\lambda(\sqrt{f_{ck}}/3) b_w d = 1.0 \times (\sqrt{30}/3) \times 300 \times 500 = 274 \text{ kN}$$

이 값은 $V_s = V_u/\phi - V_c = 274/0.75 - 137 = 228$ kN보다 크므로 간격은 min.(d/2, 600 mm) = 250 mm 이하로 하면 된다. 따라서 D10@125 또는 D13@220을 선택할 수 있다. 그리고 $\phi V_c/2$를 초과하는 단면에는 최소 전단철근이 필요하며, 그 값은 다음 식과 같다.

22 4.3.3(3)

$$A_{v.\min} = 0.0625 \sqrt{f_{ck}} \frac{b_w s}{f_{yt}} = 0.0625 \times \sqrt{30} \times 300s/400 = 0.2567s$$
$$0.35 b_w s / f_{yt} = 0.35 b_w s / f_{yt} = 0.35 \times 300 \times s/400 = 0.2625s$$

따라서 $A_{v,\min}$은 $0.2625s$가 되며 D10($A_v = 2 \times 71.33 = 142.66$ mm^2), D13($A_v = 2 \times 126.7 = 253.4$ mm^2)을 사용할 때 간격 s는 각각 543 mm, 965 mm가 되나 최소 간격인 250 mm 이내로 하여야 한다. D10 철근을 간격 250 mm로 할 때 저항할 수 있는 계수단면력 V_u는,

$$V_u \le \phi(V_c + V_s) = \phi\left(V_c + \frac{A_v f_{yt} d}{s}\right)$$
$$= 0.75 \times (137{,}000 + 142.66 \times 400 \times 500/250) = 188 \text{ kN}$$

$V_u = 188$ kN이 되는 곳은 보 중앙 B 점에서 양쪽으로 각각 188/74=2.54 m로서 보 중앙 5.08 m는 D10@250을 다음과 같이 배치하면 된다.

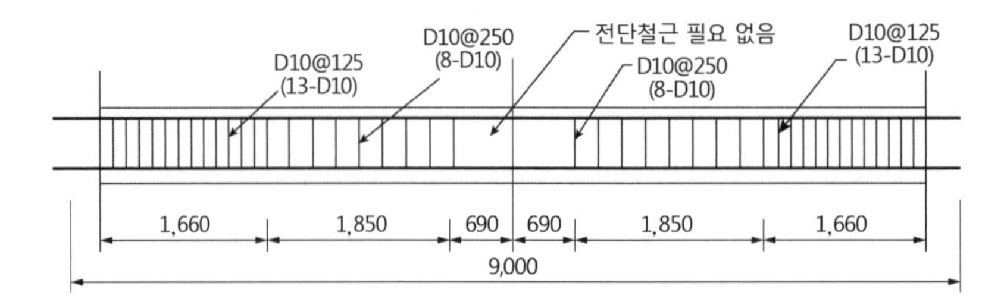

5. 주철근의 절단점과 정착

먼저 정모멘트에 의한 철근인 4－D22에 대해 살펴본다.

연속부재의 경우 정철근의 1/4 이상이 받침부까지 연장되어야 하고, 이 경우 한 가닥 이상이므로 대칭과 스터럽 배치를 위해 4가닥 중에서 2가닥을 받침부까지 연장시킨다. 또 이 철근은 최소한 받침부 내로 150 mm 이상 연장한다. 나머지 두 가닥 철근을 어디서 절단할 수 있는지를 살펴보려면 두 가닥 철근에 의해 저항할 수 있는 휨강도를 계산해야 한다.

$$M_n = A_s f_y\left(d - \frac{A_s f_y}{1.7\eta f_{ck} b}\right)$$
$$= 2 \times 387.1 \times 400 \times \left(500 - \frac{2 \times 387.1 \times 400}{1.7 \times 1.0 \times 30 \times 2250}\right) = 154 \text{ kNm}$$
$$\phi M_n = 0.85 \times 154 = 131 \text{ kNm}$$

따라서 $M_u = \phi M_n$이 되는 곳을 보 중앙에서 x(m)라고 하면

$$M_u = 250 - \frac{1}{2} \times 74x^2 = 131 \rightarrow x = 1.79 \text{ m}$$

또 이 끝에서 최소한 d와 $12d_b$ 중 큰 값 이상으로 더 연장하여야 하므로 max.$(d, 12d_b) = \text{max.}(500,\ 12 \times 22) = 500$ mm를 더하면 2.29 m, 즉 약 2.3 m를 보 중앙에서 양쪽으로 연장시켜야 한다. 그리고 이 길이는 D22 철근의 인장정착길이보다 커야 하는데 앞의 단순보 예제 문제에서 D22의 정착길이가 $l_d = 964$ mm이었으므로 충분히 만족시킨다.

22 4.4.1(2)

또 변곡점에서 정착길이 l_d는 다음 식을 만족시키도록 규정하고 있다. 22 4.4.2(3)

$$l_d \le \frac{M_n}{V_u}$$

이 예제의 경우 변곡점 위치를 구하면 다음과 같다.

$$M_u = 0 = 250 - \frac{1}{2} \times 74x^2 \rightarrow x = 2.60 \text{ m}$$

이곳에서 V_u값과 M_n값은 다음과 같다.

$$V_u = 2.6 \times 74 = 192 \text{ kN}$$
$$M_n = 154 \text{ kNm}$$
$$\frac{M_n}{V_u} = \frac{154{,}000{,}000}{192{,}000} = 802 \le l_d = 964 \text{ mm}$$

되어 만족시키지 못한다. 그러나 실제로는 받침부에서 철근에 압축을 가하므로 M_n/V_u 대신에 $1.3M_n/V_u$를 사용할 수 있으며, 이 경우에는 1,043 mm까지 된다.
다음으로 부철근의 절단점을 검토한다. 먼저 이 경우에도 단면력 저항용으로는 필요 없지만, 스터럽 위치 고정 및 장기변형 축소 등을 고려하여 두 가닥은 연속시킨다고 가정한다. 그리고 먼저 슬래브 내의 4가닥을 절단시키고 나머지 복부 내에 위치한 4가닥 중 2가닥을 절단시킨다고 가정할 때 절단점을 찾아본다. 이를 파악하기 위하여 4가닥과 2가닥에 의한 공칭휨강도 M_n을 구하면,

$$\begin{aligned} M_{n4} &= A_s f_y \left(d - \frac{A_s f_y}{1.7\eta f_{ck} b_w} \right) \\ &= 4 \times 387.1 \times 400 \times \left(500 - \frac{4 \times 387.1 \times 400}{1.7 \times 1.0 \times 30 \times 300} \right) \\ &= 285 \text{ kN·m} \\ M_{n2} &= 2 \times 387.1 \times 400 \times \left(500 - \frac{2 \times 387.1 \times 400}{1.7 \times 1.0 \times 30 \times 300} \right) \\ &= 149 \text{ kNm} \end{aligned}$$

따라서 $M_u = \phi M_{u4}$가 되는 곳과 $M_u = \phi M_{u2}$가 되는 곳의 거리를 받침부 중앙부부터 구하면 다음과 같다.

$$\phi M_{n4} = 0.85 \times 285 = 242 = 500 - \left[\{333 + (333 - 74x_4)\} x_4/2 \right]$$
$$\phi M_{n2} = 0.85 \times 149 = 127 = 500 - \left[\{333 + (333 - 74x_2)\} x_2/2 \right]$$

위 식에서 $x_2 = 1.31$ m, $x_4 = 0.856$ m이며, 각자 이곳에서 $\max.(d, 12d_b) = \max.(500, 12 \times 22\text{mm}) = 500$ mm만큼 떨어진 곳까지 더 연장시키면 된다. 그리고 D22 철근이 상부에 배치될 때 인장정착길이 l_d는 다음과 같다.

$$l_d = \frac{0.6 d_b f_y}{\lambda \sqrt{f_{ck}}} \times \alpha\beta = \frac{0.6 \times 22 \times 400}{1 \times \sqrt{30}} \times 1.3 \times 1.0 = 1{,}253 \text{ mm}$$

4가닥 철근은 기둥표면부터 내민 길이는 856+500=1,356 mm로서 l_d보다 크고, 2가닥 철근은 4가닥 철근이 필요한 위치부터 내민길이는 (1,310−856)+500=954 mm로서 정착길이 1,253 mm보다 작다. 따라서 이를 확보하도록 더 연장하여야 하므로 기둥 면에서 거리는 856+1,253=2,109 mm이다.

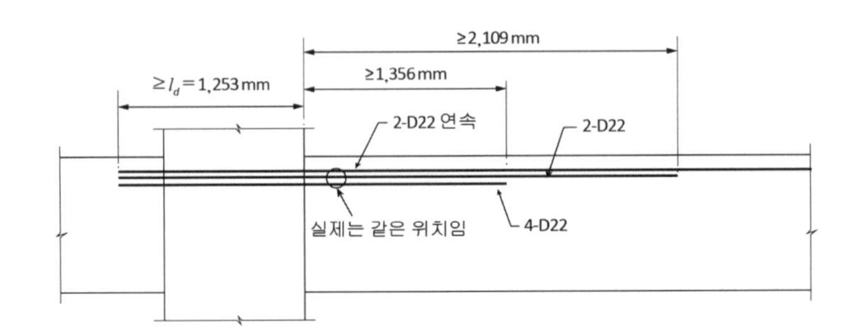

6. 균열폭 및 철근 간격 검토

이 경우에도 습윤 상태에 노출되어 있다면 단순보 예제와 같이 피복두께 40 mm, D10 스터럽으로 배치된 경우 식에 의해 구한 간격인 170 mm보다 좁게 배치된다면 균열폭에 대한 검토는 필요 없다. 단부와 중앙부의 인장 측 철근은 이 경우 모두 이 간격보다 좁으므로 균열 검토는 하지 않아도 된다. 20 4.2.3(4)

7. 처짐 검토

이 경우에도 처짐 검토가 필요 없는 깊이인 429 mm보다 큰 600 mm로 보의 전체 깊이를 택하였으므로 처짐 검토는 하지 않아도 된다. 30 4.2.1(1)

그러나 이 예제에서도 만약 처짐을 계산하여야 한다면 다음에 제시된 과정에 따라 수행한다. 이 예제의 경우 사용하중이 작용할 때 단기 처짐만 계산한다. 장기처짐 등을 고려해야 하는 경우는 앞의 단순보 예제와 유사하게 검토할 수 있다.

1) 보의 휨강성 계산

이 예제의 경우 T형 보이므로 보 중앙부 부분의 휨강성은 T형 보로 계산하여야 하고 단부 부분은 상부가 인장응력을 받으므로 직사각형 보로 계산한다.

중앙부 부분의 I_e 값을 계산한다.

$$I_e = \left(\frac{M_{cr}}{M_a}\right)^3 I_g + \left[1 - \left(\frac{M_{cr}}{M_a}\right)^3\right] I_{cr} \le I_g$$

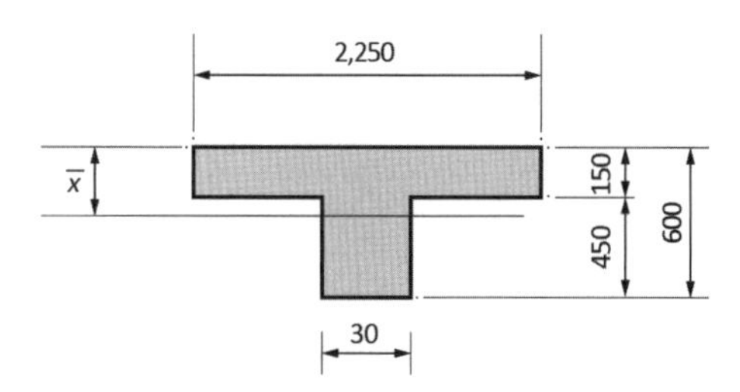

여기서, 먼저 I_g 값을 계산한다.

위 그림에서 T형 보의 중심거리 $\bar{x}$는,

$$\bar{x} = \frac{300 \times 600 \times 300 + (2{,}250 - 300) \times 150 \times 75}{300 \times 600 + (2{,}250 - 300) \times 150}$$
$$= 161 \text{ mm}$$
$$I_g = \frac{1}{12} \times 300 \times 600^3 + (300 \times 600) \times (300 - 161)^2$$
$$+ \frac{1}{12} \times (2{,}250 - 300) \times 150^3 + (2{,}250 - 300) \times 150$$
$$\times (161 - 150)^2 = 9.46 \times 10^9 \text{ mm}^4$$

다음으로 I_{cr} 값을 구한다.

$n = E_s / E_c = 7.27$, $\rho_w = 4 \times 387.1 / (2{,}250 \times 500) = 0.001376$이므로

$$kd = \left(-n\rho_w + \sqrt{(n\rho_w)^2 + 2n\rho_w}\right) d = 0.132d = 65.9 \text{ mm}$$
$$I_{cr} = \frac{1}{3} \times 2250 \times 65.9^3 + (7.27 \times 4 \times 387.1) \times (500 - 65.9)^2$$
$$= 2.336 \times 10^9 \text{ mm}^4$$

M_{cr} 값과 M_a 값을 구하면, 30 4.2.1(3)

$$M_{cr} = f_r I_g / y_t = 0.63 \times \sqrt{30} \times 9.46 \times 10^9 / (600 - 161)$$
$$= 74.4 \text{ kNm}$$
$$M_a = \frac{1}{24} \times (35 + 20) \times 9^2 = 186 \text{ kNm}$$

가 되므로 I_e 값은 다음과 같다.

$$I_e = \left(\frac{74.4}{186}\right)^3 \times 9.46 \times 10^9 + \left[1 - \left(\frac{74.4}{186}\right)^3\right] \times 2.236 \times 10^9$$

$$= 2.70 \times 10^9 \text{ mm}^4$$

다음으로 보의 단부 부분의 I_e 값을 계산한다.
단부 부분은 인장철근이 8－D22가 배치된 $300 \times 600 \text{ mm}^2$
직사각형 단면으로 계산할 수 있다.

$$n = E_s/E_c = 7.27,\ \ \rho_w = 8 \times 387.1/(300 \times 500) = 0.0206$$

이므로,

$$kd = \left[-n\rho_w + \sqrt{(n\rho_w)^2 + 2n\rho_w}\,\right]d = 209 \text{ mm}$$

$$I_g = \frac{1}{12} \times 300 \times 600^3 = 5.4 \times 10^9 \text{ mm}^4$$

$$I_{cr} = \frac{1}{3} \times 300 \times 209^3 + (8 \times 7.27 \times 387.1) \times (500 - 209)^2$$

$$= 2.82 \times 10^9 \text{ mm}^2$$

그리고, M_{cr}과 M_a 값을 구하면,

$$M_{cr} = f_r I_g / y_t = 0.63 \times \sqrt{30} \times 5.4 \times 10^9 / 300$$

$$= 62.1 \text{ kNm}$$

$$M_a = \frac{1}{12} \times (35 + 20) \times 9^2 = 371 \text{ kNm}$$

따라서 I_e 값은 다음과 같다.

$$I_e = \left(\frac{62.1}{371}\right)^3 \times 5.4 \times 10^9 + \left[1 - \left(\frac{62.1}{371}\right)^3\right] \times 2.82 \times 10^9$$

$$= 2.83 \times 10^9 \text{ mm}^4$$

보 부재 전체의 평균 유효 휨강성은 본문에서도 설명하였듯이 양 단부와 중앙부 유효휨강성을 적절히 고려하여 구할 수 있다. 이 예제에서는 평균 값으로 한다.

$$I_e = (2.70 \times 10^9 + 2.83 \times 10^9)/2 = 2.77 \times 10^9 \text{ mm}^4$$

2) 처짐 계산

양 단이 연속되어 있으므로 고정단으로 가정하여 처짐을 계산한다.

$$\delta = \frac{wl^4}{384E_cI_e} = \frac{(35+20)\times(9{,}000)^4}{384\times2.75\times10^4\times2.77\times10^9} = 12.3\text{ mm}$$

처짐이 12.3 mm이므로 $\delta/l = 12.3/9{,}000 = 1/732$이 되어 처짐은 경간 길이의 약 1/732이다. 이것이 여러 조건에 따른 허용처짐량의 범위 이내인지 검토하면 된다.

4.6.3 브래킷 부재 설계 예

브래킷(bracket), 코오벨(corbel)과 렛지(ledge)

내민받침이라고 하면 브래킷(bracket), 코오벨(corbel), 렛지(ledge) 등으로 나눌 수 있는데 그림 [4.1](b)에서 보듯이 브래킷은 기둥에서 내민받침이고, 코오벨은 벽체에서, 그리고 렛지는 보에서 내민받침이다. 브래킷과 코오벨은 하부에 지지하는 기둥이나 벽체가 있기 때문에 파괴 거동이 비슷하나 렛지는 하부에 지지하는 부재가 없이 보의 복부에 의해 지지되므로 파괴 거동이 완전히 다르다. 그림 [4.24]에서 보듯이 브래킷과 코오벨은 a_v/d 비가 1 이하인 부재로서 전단마찰에 의한 파괴가 일어난다. 즉, 브래킷과 기둥이 만나는 면을 따라 전단마찰에 의한 파괴와 깊은보의 경우

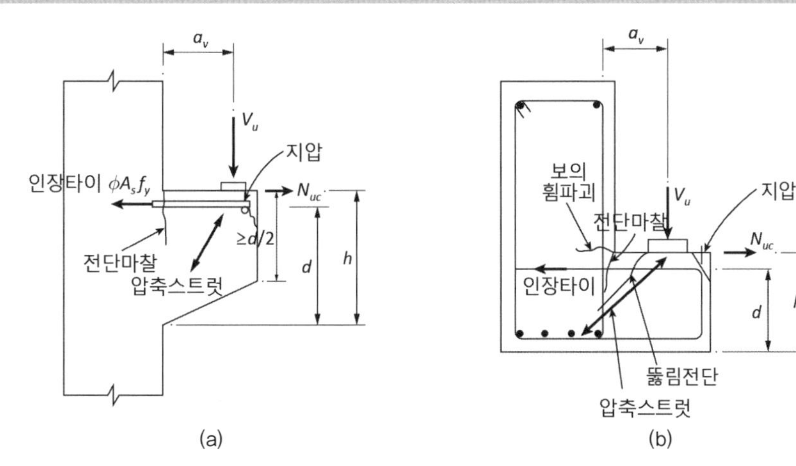

그림 [4.24]
내민받침의 파괴 모드: (a) 브래킷, 코오벨; (b) 보의 렛지

와 같이 주인장 철근에 의한 타이와 경사 방향의 압축스트럿의 파괴, 또 하중 재하판의 지압파괴가 일어난다. 재하판과 브래킷 단부의 경사 방향 파괴를 막기 위해 재하판 외측 면의 브래킷 깊이는 최소한 $d/2$ 이상이 되어야 한다. 그 외 브래킷은 경간이 짧기 때문에 주철근의 정착파괴가 일어날 수 있다. 반면 보의 내민받침인 렛지는 그림 [4.24](b)에서 보듯이 브래킷 파괴의 경우 외에도 지압판 부근의 뚫림전단 파괴와 보의 복부를 수평으로 가로지르는 휨인장 파괴가 일어날 수도 있다. 따라서 내민받침을 설계할 때는 해당하는 모든 파괴 가능성을 검토하여야 한다.

22 4.8.1(3)

이 절에서는 이 중에서 브래킷 설계만 다루며, 이에 대해 우리나라 설계기준[3)]에 규정되어 있는 내용에 따라 설명한다.

22 4.8

먼저 a_v/d의 비가 1을 초과하면 전단마찰에 의한 파괴보다는 휨모멘트에 의한 영향을 무시할 수 없으므로 1 이하인 구조물에만 적용한다. 그리고 브래킷에 작용하는 인장력 N_{uc}가 V_c 이하일 때만 적용할 수 있다. 이것은 실험에 의해 1 이하인 경우에 대해 검증되었고 인장력이 크면 전단마찰이 크게 줄어들기 때문이다. 또 지압면 외측단의 깊이는 적어도 $0.5d$ 이상일 때 적용할 수 있다.

22 4.8.2(1)

단면 설계는 다음 식 (4.56)을 만족하도록 하여야 한다.

$$M_u = V_u a_v + N_{uc}(h-d) \le \phi M_n \quad (4.56)(a)$$

$$P_u = N_{uc} \le \phi A_n f_y \quad (4.56)(b)$$

$$V_u \le \phi V_n \quad (4.56)(c)$$

여기서, 강도감소계수 ϕ는 모든 경우에 대해서 전단강도에 대한 강도감소계수인 0.75를 사용한다. 그리고 식 (4.56)(c)에 의한 전단강도 V_n을 계산할 때는 전단마찰개념에 따라 다음 식 (4.57)과 같이 계산한다.

22 4.8.2(2)

$$V_n = A_{vf} f_y \mu \quad (4.57)$$

여기서, μ는 전단마찰계수로서 일체로 친 콘크리트에 해당하는 1.4λ이고, 보통중량콘크리트의 경우 $\lambda = 1$이다. 그리고 V_n은 $0.2 f_{ck} b_w d$, $(3.3 +$

$0.08f_{ck})b_w d$, $11b_w d$ 중에서 가장 작은 값을 초과할 수 없다.

식 (4.56)(a)에 의한 계수휨모멘트 M_u에 대한 인장철근량 A_f를 구하고 식 (4.56)(b)에 의한 인장력 N_{uc}에 대한 인장철근량 A_n을 구한다. 이때 크리프, 온도변화 등에 의해 인장력 N_{uc}가 발생되더라도 하중계수는 활하중에 해당하는 값을 사용하고, 지압면이 인장에 대하여 구속이 완전히 제거되지 않은 경우에는 최소한 인장력으로 N_{uc}값은 $0.2V_u$ 이상으로 하여야 한다.

22 4.8.2(5)

계수단면력인 계수휨모멘트 M_u, 계수인장력 P_u 및 계수전단력 V_u에 의해 각각 철근량 A_f, A_n, A_{vf}를 계산한다. 그리고 주철근량 A_s는 다음 식 (4.58)(a)에 의해 결정하고, 그에 나란하게 폐쇄스터럽 또는 띠철근량 A_h는 식 (4.58)(b)에 의해 구한다.

$$A_s = \max.(A_f + A_n, 2A_{vf}/3 + A_n) \geq 0.04(f_{ck}/f_y)bd \quad (4.58)(a)$$

22 4.8.2(6)

$$A_h = 0.5(A_s - A_n) \quad (4.58)(b)$$

22 4.8.3(1)

여기서, A_h는 A_s에 인접한 유효깊이의 2/3 내에 균등하게 배치한다.

브래킷 주철근의 경우 위험단면인 기둥과 만나는 기둥 표면부터 양방향으로 정착될 수 있는 길이가 짧기 때문에 정착 방법에 주의하여야 한다. 정착 방법으로는 그림 [4.25]에 보이듯이 적어도 같은 크기의 횡방향 철근

22 4.8.3(3)

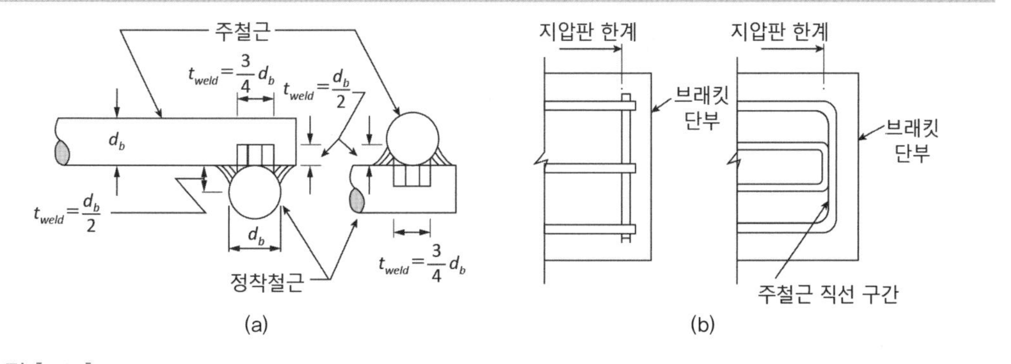

그림 [4.25]
용접 상세 및 지압판 위치: (a) 용접 철근상세; (b) 지압판 위치

에 용접되거나, 자유단에서 수평으로 구부려 받침 부재까지 연장하여 정착 시켜야 한다. 그리고 지압판의 외측 면은 용접 철근의 내측 면보다 안쪽에 있어야 하고, 구부린 철근의 경우 직선 부분의 안쪽에 있어야 한다.

22 4.8.3(4)

예제 〈4.13〉

단면이 500×500 mm²인 기둥에 그림과 같은 폭이 400 mm인 브래킷을 설치하고자 한다. 브래킷의 크기와 철근량을 구하라. 다만 사용 재료의 설계기준강도로서 f_{ck} =30 MPa, f_y =400 MPa이고, 작용하는 수직력은 고정하중에 의해 300 kN, 활하중에 의해 400 kN이다. 그리고 지압판은 보와 브래킷 사이에 구속되어 있고, 건조수축, 온도 변화, 크리프 등에 의해 100 kN이 인장력으로 작용한다.

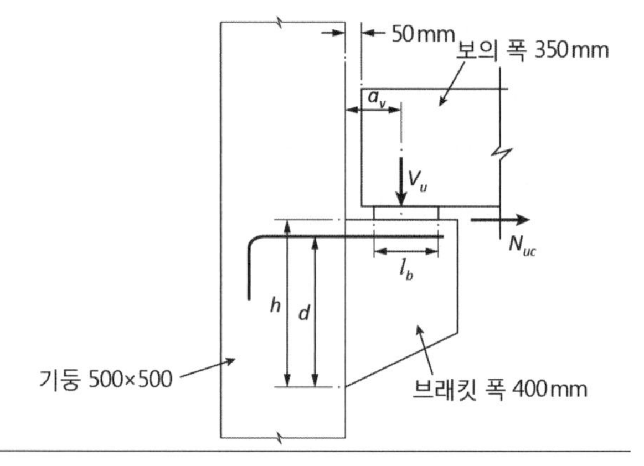

풀이

1. 지압판 크기의 결정
   지압판 폭을 보와 브래킷의 폭 중에서 작은 값인 350 mm로 취하고, 요구되는 길이 l_b를 구한다. 이때 브래킷 위에 놓이는 지압판은 모든 방향으로 브래킷과 접하는 면보다 약간 작으므로 지압강도를 약간 크게 취할 수 있으나, 차이가 크지 않으므로 무시하고 다음과 같이 구한다.

지압력 $V_u = 1.2 \times 300 + 1.6 \times 400 = 1{,}000$ kN　　20 4.7(1)

$$V_u \le \phi \times (0.85 f_{ck}) b l_b = 0.65 \times 0.85 \times 30 \times 350 \times l_b$$

$$l_b \ge 172 \text{ mm} \rightarrow 200 \text{ mm}$$

따라서 지압판 크기로 200×350 mm²으로 선택한다.

2. 하중점 a_v값의 결정
   보와 기둥 면 사이의 순간격을 50 mm, 보의 지지 단부의 파쇄를 막기 위하여 보 단부와 지지판 외측 단부 사이의 거리를 50 mm로 취한다고 보면 a_v값은 다음과 같다.

$$a_v = 50 + 50 + l_b/2 = 200 \text{ mm}$$

3. 브래킷 깊이 h의 결정

브래킷의 경우 일반적으로 휨모멘트에 의한 파괴보다는 전단력에 의한 파괴가 일어나기 쉬우므로 깊이 h는 이를 고려하여 구한다.

22 4.8.1(3)

$$V_u = 1{,}000\ \text{kN} \le \phi V_{n,\max}$$
$$V_{n,\max} = \min.[0.2f_{ck},\ (3.3+0.08f_{ck}),\ 11]b_w d$$
$$= \min.[0.2\times 30,\ 3.3+0.08\times 30,\ 11]b_w d$$
$$= 5.7b_w d$$
$$d \ge 1{,}000{,}000/(0.75\times 5.7\times 400) = 585\ \text{mm}$$

따라서 순피복두께 40 mm 등을 고려하여 $h = 650$ mm로 선택한다. 이 경우 $d = 650 - 40 - d_b/2 = 590$ mm 정도이고, $a_v/d = 200/590 = 0.339$로서 1보다 작으므로 브래킷으로 설계한다.

4. 각 단면력에 대한 철근량 계산

22 4.8.2(3)

$$A_{vf} = \frac{V_u}{\phi f_y \lambda\mu} = \frac{1{,}000{,}000}{0.75\times 400\times(1.0\times 1.4)} = 2{,}381\ \text{mm}^2$$

22 4.8.2(5)

$$N_{uc} = \max.(1.6\times 100,\ 0.2\times 1{,}000) = 200\ \text{kN}$$

$$A_n = \frac{N_{uc}}{\phi f_y} = \frac{200{,}000}{0.75\times 400} = 667\ \text{mm}^2$$

22 4.8.2(1)

$$M_u = V_u a_v + N_{uc}(h-d) = 1{,}000\times 0.2 + 200\times(0.65-0.59)$$
$$= 212\ \text{kNm}$$

표 〈4.6〉에 의해 철근량 A_f를 계산한다.

$$\frac{M_u}{\phi\eta f_{ck} b_w d^2} = \frac{212{,}000{,}000}{0.75\times 1.0\times 30\times 400\times 590^2} = 0.0677$$
$w = 0.0708$ (표 〈4.6〉에서)
$$\rho = w\eta f_{ck}/f_y = 0.0708\times 1.0\times 30/400 = 0.00531$$
$$A_f = \rho b_w d = 0.00531\times 400\times 590 = 1{,}253\ \text{mm}^2$$

5. 주철근량 A_s와 폐쇄형 띠철근량 A_h의 결정

22 4.8.2(6)

$$A_s = \max.(A_f + A_n,\ 2A_{vf}/3 + A_n)$$
$$= \max.(1{,}253+667,\ 2\times 2{,}381/3+667) = 2{,}254\ \text{mm}^2$$

22 4.8.3(2)

$$\geq 0.04(f_{ck}/f_y)bd = 0.04 \times (30/400) \times 400 \times 590 = 708\ \text{mm}^2$$

22 4.8.3(1)

$$A_h = 0.5(A_s - A_n) = 0.5 \times (2{,}254 - 667) = 794\ \text{mm}^2$$

6. 철근 크기 선택 및 배근

주철근으로 D29(642.4 mm^2)을 사용하면 $2{,}254/642.4 = 3.51 \rightarrow 4$개가 필요하고, D13(126.7 mm^2)으로 폐쇄띠철근을 하면 $794/(2 \times 126.7) = 3.1 \rightarrow 4$개가 된다. 간격은 $(2d/3 - \text{피복두께})/4 = (393 - 55)/4 = 84\ \text{mm} \rightarrow 80\ \text{mm}$로 한다.

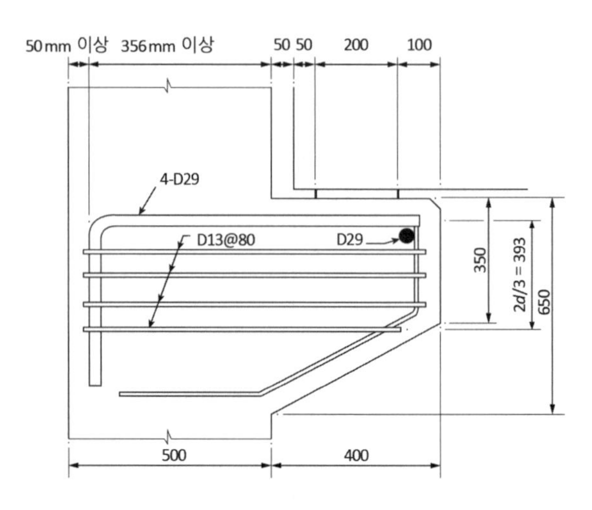

7. 정착길이 검토

D29 주철근의 위험단면인 기둥 내측면에서 브래킷 단부 방향으로는 철근 끝단에 수평철근에 용접을 하였으므로 검토할 필요가 없고 기둥 안으로만 정착길이를 검토한다. 이때 주철근의 단부는 위 그림과 같이 90° 표준갈고리 형태로 한다.

52 4.1.5(2)

90° 표준갈고리에 대한 기본정착길이 l_{hb}는 다음과 같다.

$$l_{hb} = \frac{0.24\beta d_b f_y}{\lambda\sqrt{f_{ck}}} = \frac{0.24 \times 1.0 \times 29 \times 400}{1 \times \sqrt{30}} = 508\ \text{mm}$$

52 4.1.5(3)

그러나 기둥 크기가 500 × 500 mm^{2}이고 브래킷 폭이 400 mm이므로 기둥 폭의 중앙선과 브래킷 중앙이 일치하면 주철근 양쪽에 50 mm씩 남고, 피복두께 40 mm 이상을 두므로 기둥 측면에서 주철근까지 거리는 90 mm로서 70 mm 이상이므로 기둥 외측 면에서 50 mm 이상 피복두께를 확보시키면 보정계수 0.7을 적용할 수 있다. 따라서 정착길이 l_{dh}는 다음과 같다.

52 4.1.5(1)

$$l_{dh} = 0.7 \times 508 = 356\ \text{mm} \geq \max.(150\ \text{mm},\ 8d_b = 232\ \text{mm})$$

따라서 위 그림과 같이 배치하면 충분하다.

참고문헌

1. 한국콘크리트학회, '콘크리트구조설계기준', 기문당, 2003. 12.
2. 한국콘크리트학회, '콘크리트구조설계기준 해설', 기문당, 2008. 1., 523p.
3. 한국콘크리트학회, '콘크리트구조 설계기준 해설', 기문당, 2021.
4. 한국콘크리트학회, 대한건축학회, '건설교통부 제정 콘크리트구조설계기준', 기문당, 1999. 6., 319p.
5. Gergely, P. and Lutz, L.A., "Maximum Crack Width in Reinforced Concrete Flexural Members", SP-20, ACI, Detroit, 1968, pp.87-117.
6. 대한건축학회, '건축구조기준 및 해설', 기문당, 2010. 2., 1,039p.

문 제

1. 보 부재 설계에서 안전성능과 사용성능, 그리고 내구성능의 확보를 위하여 무엇을 검토하여야 하는지를 기술하고 설명하라.

2. 다음의 용어에 대하여 비교, 설명하라.

   1) 깊은보와 깊은 휨 부재

   2) 큰 보(girder)와 작은 보(beam)

   3) 브래킷, 코오벨, 렛지

   4) U형스터럽, 폐쇄스터럽과 후프(hoop)

   5) 계수하중, 사용하중과 지속하중

3. 보 부재에서 순인장변형률의 한계와 강도감수계수 값에 대하여 설명하라.

4. 계수휨모멘트 $M_u = 800$ kNm가 작용하는 직사각형 보 단면을 설계하라. 다만 $f_{ck} = 30$ MPa, $f_y = 500$ MPa이다. 그리고 보의 전체 깊이를 400 mm로 해야 할 때 직사각형 보 단면을 설계하라.

5. 위 문제 4에서 계산된 단면에 대하여 계수전단력 V_u가 50 kN, 100 kN, 300 kN이 작용할 때 스터럽 양과 간격을 계산하라. 다만 스터럽 철근의 $f_{yt} = 400$ MPa이다.

6. 다음 그림과 같은 테두리보에 $V_u = 100$ kN, $T_u = 25$ kNm이 작용할 때 스터럽 양과 간격을 계산하라. 다만 $f_{ck} = 30$ MPa, $f_{yt} = 400$ MPa이다.

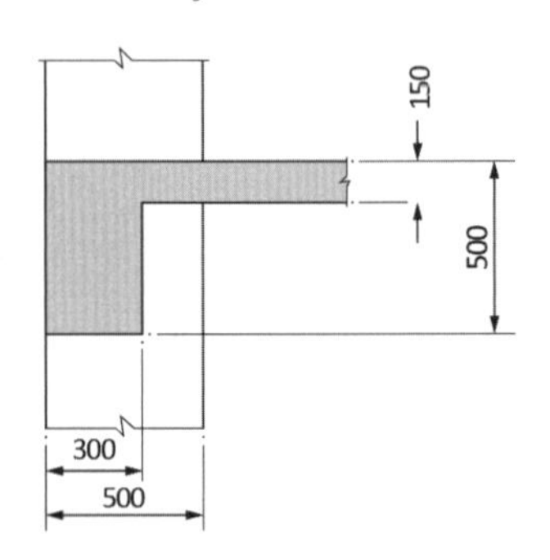

7. 문제 4의 보 단면에 대한 균열폭을 계산하라. 그리고 허용균열폭이 0.4 mm일 때 균열폭을 검토하라.

8. 보의 주철근의 정착과 이음에 대하여 정철근의 경우와 부철근의 경우로 나누어 설명하라.

9. 부모멘트 재분배를 할 수 있는 이유를 설명하고, 분배할 수 있는 양에 대하여 설명하라. 그리고 부모멘트 재분배를 하는 이유에 대해서도 설명하라.

10. 본문 예제 〈4.10〉과 같은 경간 $l = 7.2$m의 단순보를 설계하라. 다만, 활하중 $P_L = 150$ kN이고, 고정하중 $w_D = 10$ kN/m(자중 제외)이다. 그리고 $f_{ck} = 30$ MPa, $f_y = 500$ MPa이다.

11. 본문 예제 〈4.12〉와 같은 연속보를 설계하라. 모든 조건은 예제 〈4.12〉와 같고 경간만 7.6 m이다.

12. 본문 예제 〈4.13〉과 같은 브래킷을 설계하라. 작용하는 하중만 $V_D = 400$ kN, $V_L = 500$ kN, 그리고 $N_c = 150$ kN으로 다르다.

제5장

기둥 부재 설계

아래 그림은 축력과 휨모멘트를 받는 기둥 부재 설계를 위한 $P-M$ 상관도의 작성 과정을 보여주고, 옆 그림은 직사각형 단면과 원형 단면에 대한 예를 보여주고 있다.

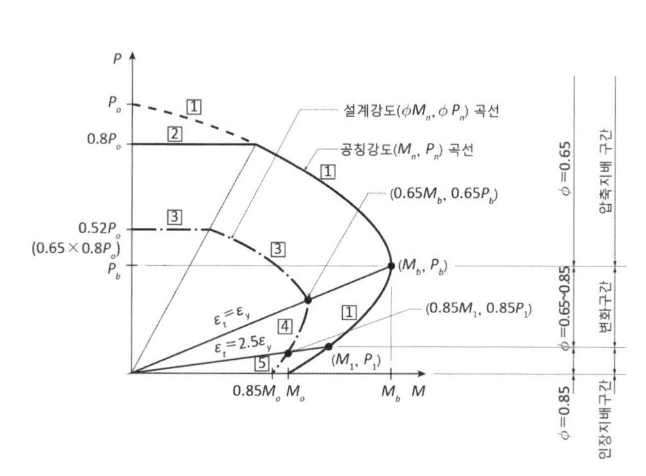

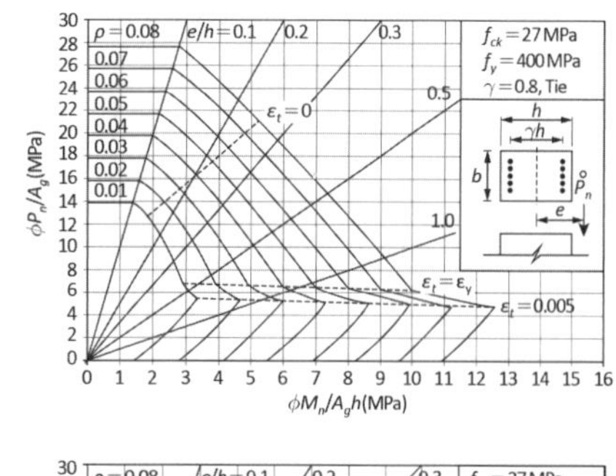

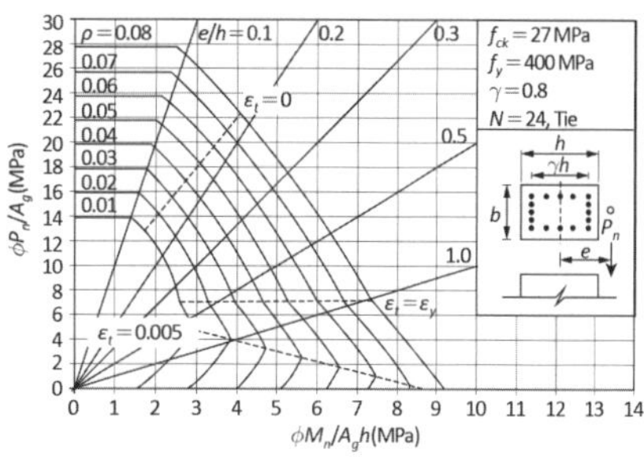

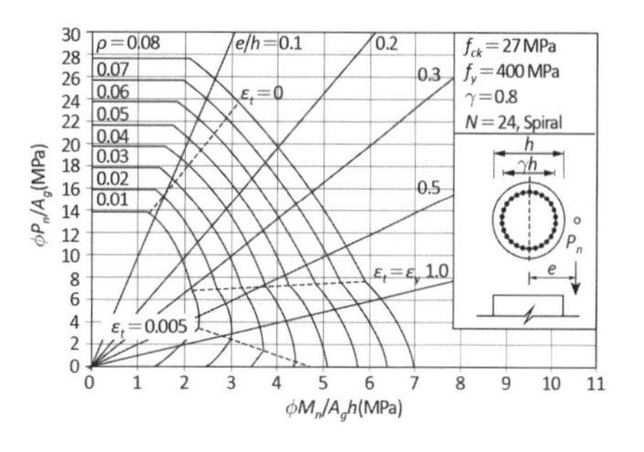

제5장 기둥 부재 설계

5.1 개요

5.1.1 기둥 부재의 분류

철근콘크리트 구조물에서 부재를 분류하는 것은 쉬우면서도 어렵다.

기둥 부재는 일반적으로는 수직 방향의 힘을 전달시키는 부재로서 단면의 형상비(aspect ratio)가 크지 않은 사각형 또는 원형 단면의 부재라고 볼 수 있다. 그러나 그 기둥은 여러 관점에서 다르게 분류될 수 있다.

첫째, 철근콘크리트 기둥 부재는 축력을 받을 때 연성 거동에 따라 그림 [5.1]에서 보듯이 띠철근콘크리트 기둥과 나선철근콘크리트 기둥으로 분류된다. 나선철근콘크리트 기둥은 그림 [5.1](c)에서 나타낸 바와 같이 축강도에 이른 후에도 저항 능력이 떨어지지 않고 연성 거동을 보이는 부재이다. 그러나 띠철근콘크리트 기둥은 축강도에 도달하면 급격하게 저항력이 떨어져 취성파괴(brittle failure)를 일으킨다. 그림 [5.1](c)에서 또 볼 수 있는 것은 나선철근콘크리트 기둥이라도 나선철근량이 충분하지 못할 때는 축강도에 도달한 이후 그 강도를 유지하지 못하는 경우도 있다. 이러한 경우 비록 나선철근으로 이루어진 기둥이라도 설계는 띠철근콘크리트 기둥에 따른다.

형상비(aspect rattio)
물체의 형태를 나타내는 지표로서, 기둥의 경우 단면 형태, 즉 단면의 짧은 변에 대한 긴 변의 비를 나타내며, 강섬유(steel fiber) 등의 경우 직경에 대한 길이의 비를 일컫기도 한다. 한편 기둥의 경우 단면 크기에 대한 길이의 비를 세장비(slenderness ratio)로 표현하고, 슬래브는 짧은 변에 대한 긴 변의 길이 비를 변장비라고 한다.

둘째, 기둥 부재의 긴 정도에 따라 단주(short column)와 장주(slender column)로 분류한다. 공학적으로 기둥의 긴 정도를 나타내는 지수는 세장비(slenderness ratio)이며, 양 단부의 구속 정도까지 고려한 것이 유효세장비이다. 이 유효세장비가 크면 축력을 받는 부재는 휨모멘트에 의해 일어난 변위에 축력이 곱해져 추가 휨모멘트가 일어난다. 이러한 것을 $P-\Delta$ 효과($P-\Delta$ effect)라고 하는데 이 영향을 무시할 수 없는 기둥을 장주라

단주와 장주
$P-\Delta$ 효과를 고려해야 할 정도의 긴 기둥을 장주라고 하고, 무시할 수 있는 (대략 축강도 감소가 5% 이내) 정도의 기둥을 단주라고 한다.

$P-\Delta$ 효과
기둥 부재의 휨변위 Δ와 축력 P에 의해 추가되는 휨모멘트로서 기하학적 비선형 해석에 의해 구할 수 있다.

고 하고, 그 영향이 작은 것을 단주라고 한다.

셋째, 형상비(aspect ratio) 또는 단면 모양에 따라 분류하기도 한다. 대부분 기둥은 사각형 형태이나 원형, 다각형 등 여러 형태가 있을 수 있다. 그리고 사각형 기둥도 그 형상비에 따라 정사각형, 직사각형 등으로 분류할 수도 있다. 설계기준에서는 같은 직사각형 단면이라도 기둥과 벽체의 설계 방법이 다르게 규정되어 있다. 우리나라 설계기준[1]에서는 벽체는 계수연직축력이 $0.4A_gf_{ck}$ 이하이고 전체 수직철근량이 단면적의 0.1배 이하인 부재를 가리키며, 이외의 부재는 압축 부재, 즉 기둥의 설계와 배근 원칙을 따라야 한다고 규정하고 있다. 따라서 이 규정에 의하면 형상비에 따라 벽체와 기둥을 구별하는 것이 아니라 작용하는 축력의 크기와 주철근의 양에 따라 분류된다는 것을 알 수 있다. 즉, 역학적 관점에서 보면 무시할 수 없을 정도로 큰 축력을 받는 벽체 부재는 이 기둥 부재의 설계 방법에 따라야 한다는 것을 알 수 있다. 그러나 이 장에서 다루는 기둥 부재는 제한된 범위 내의 전형적인 기둥 부재로 국한한다.

72 4.1(1)

5.1.2 기둥 부재에 작용하는 단면력

수평 부재인 보나 슬래브를 통하여 기둥은 단면력을 전달받으며, 이 단면력을 기초판으로 전달시킨다. 이때 기둥에 주로 발생되는 단면력은 축력, 휨모멘트와 전단력이다. 물론 비틀림모멘트도 비정형 구조물에서 횡력인 지진하중과 풍하중을 받을 때 발생될 수 있으나 기둥의 크기 등을 고려할 때 문제가 되지 않는 경우가 대부분이다. 따라서 기둥 부재를 설계할 때 고려하는 단면력은 축력, 휨모멘트, 그리고 전단력이다. 주철근량에 영향을 주는 단면력은 축력과 휨모멘트이다. 모서리 기둥과 같은 경우 기둥 단면의 두 주축 방향으로 상대적으로 큰 휨모멘트가 작용하기도 한다. 이러한 부재의 설계는 축력과 2축 휨모멘트를 동시에 고려하여야 한다. 한편 띠철근량은 기둥에 작용하는 전단력에 의해 구한다. 이때 수직력이 작용하고 있으므로 콘크리트에 의한 전단 저항 능력은 이 축력의 영향도 고려하여야 한다.

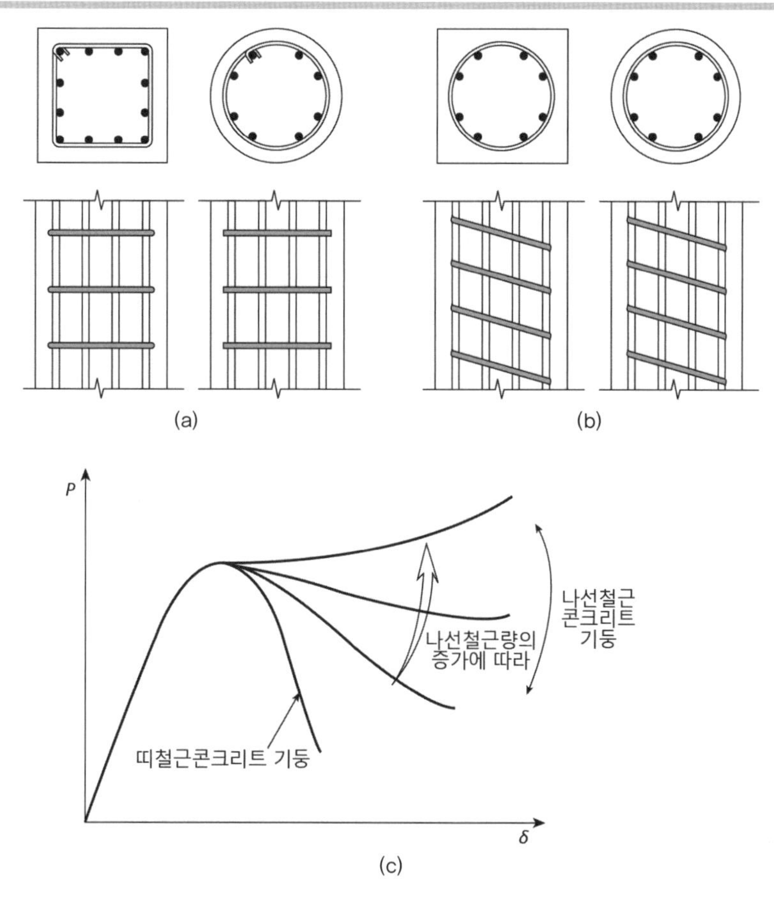

그림 [5.1]
띠철근과 나선철근콘크리트 기둥: (a) 띠철근콘크리트 기둥: (b) 나선철근콘크리트 기둥: (c) 축력 – 변위 관계

5.2 설계 순서 및 설계기준 해당 항목

5.2.1 설계 순서

다른 부재를 설계할 때와 같이 기둥을 설계할 때도 구조물에 작용하는 하중을 계산한 후에 구조물을 해석하여 단면력을 구하고, 그 단면력을 저항할 수 있도록 단면의 크기와 철근량을 정한다. 그러나 고정하중 중에서 자중은 단면 크기가 정해지지 않으면 구할 수 없다. 따라서 일반적으로 경험 등에 의해 단면 크기를 가정하여 고정하중을 구하고 이를 이용하여

구조해석을 수행한다.

기둥 부재를 설계하는 일반적인 순서도는 그림 [5.2]와 같으며, 단계 1에서 단계 4까지는 다른 부재에 대한 것과 동일하며, 실제 기둥 부재 설계에 해당하는 것은 단계 5, 단계 6, 단계 7이다. 그림 [5.2]의 설계 단계 6, 단계 7에서 결정한 단면의 크기가 가정한 단면의 크기와 일치하지 않는다 하더라도 작용하는 전체 하중에 대하여 큰 차이를 주지 않는다면 다시 구조해석을 할 필요는 없다. 다시 말하여 원칙적으로 가정한 단면 크기가 각 단면력에 대한 설계 단계에서 만족하지 못하면 단면 크기를 변화시켜 단계 1로 돌아가 구조해석을 다시 해야 한다. 그러나 최초에 가정한 단면과 설계한 단면의 차이가 크지 않으면 실무에서는 구조해석을 다시 하지 않고 일반적으로 단계 4로 돌아간다. 즉, 구조물 해석을 다시 하지 않고 새로운 단면 크기를 정하여 철근량을 계산한다.

한편 기둥 부재의 경우 세장비가 크면 $P-\Delta$ 효과를 고려하거나 좌굴을 고려하여야 한다. 원칙적으로 이러한 효과를 고려하려면 변형된 변위의 영향을 고려하는 2계 해석(second order analysis)이 요구된다. 가장 실제적 2계 해석법은 재료 자체의 비선형성과 변위에 따른 부재 강성의 변화 등 모두를 고려한 비선형 2계 해석법이다. 또 간편한 방법은 재료 및 부재 특성은 파괴 단계에 해당하는 할선강성으로 가정하고 선형탄성으로 반복적으로 해석하는 탄성 2계 해석법이 있다. 그러나 2계 해석은 실제 수행하기 어렵기 때문에 탄성 1계 해석의 결과에 휨모멘트를 증대시켜주는 확대휨모멘트법이 설계기준[1]에서 규정되어 있다. 어떠한 방법에 의하여 구하든 2계 해석에 의해 구한 휨모멘트가 1계 해석에 의한 휨모멘트의 1.4배를 초과하면 구조물의 안정성(stability)에 문제를 야기시킬 수 있으므로 이러한 경우 단면을 증대시키는 등 다른 조치가 필요하다.[2]

2계 해석
(second order analysis)
기하학적 비선형성을 고려하는 해석법으로서 변위-변형률 관계에서 2계(second order) 이상의 항까지 고려한다. 우리나라 설계기준에서는 '2차 해석'으로 되어 있으나 이 책에서는 '2계 해석'으로 표기하고 있다.

20 4.4.2(2)

그림 [5.2]의 단계 4 이후에 기둥이 단주인지 장주인지를 구별하여 장주인 경우에는 확대휨모멘트를 계산하여야 한다. 이 절에서는 이를 구별하는 방법에 대하여 설명하고 장주(slender column)를 설계할 때 가장 널리 사용되고 있는 확대휨모멘트를 계산하는 과정에 대해서는 5.5.2절의 장주 설계 예에서 다룬다.

그림 [5.2]
기둥 부재 설계 흐름도

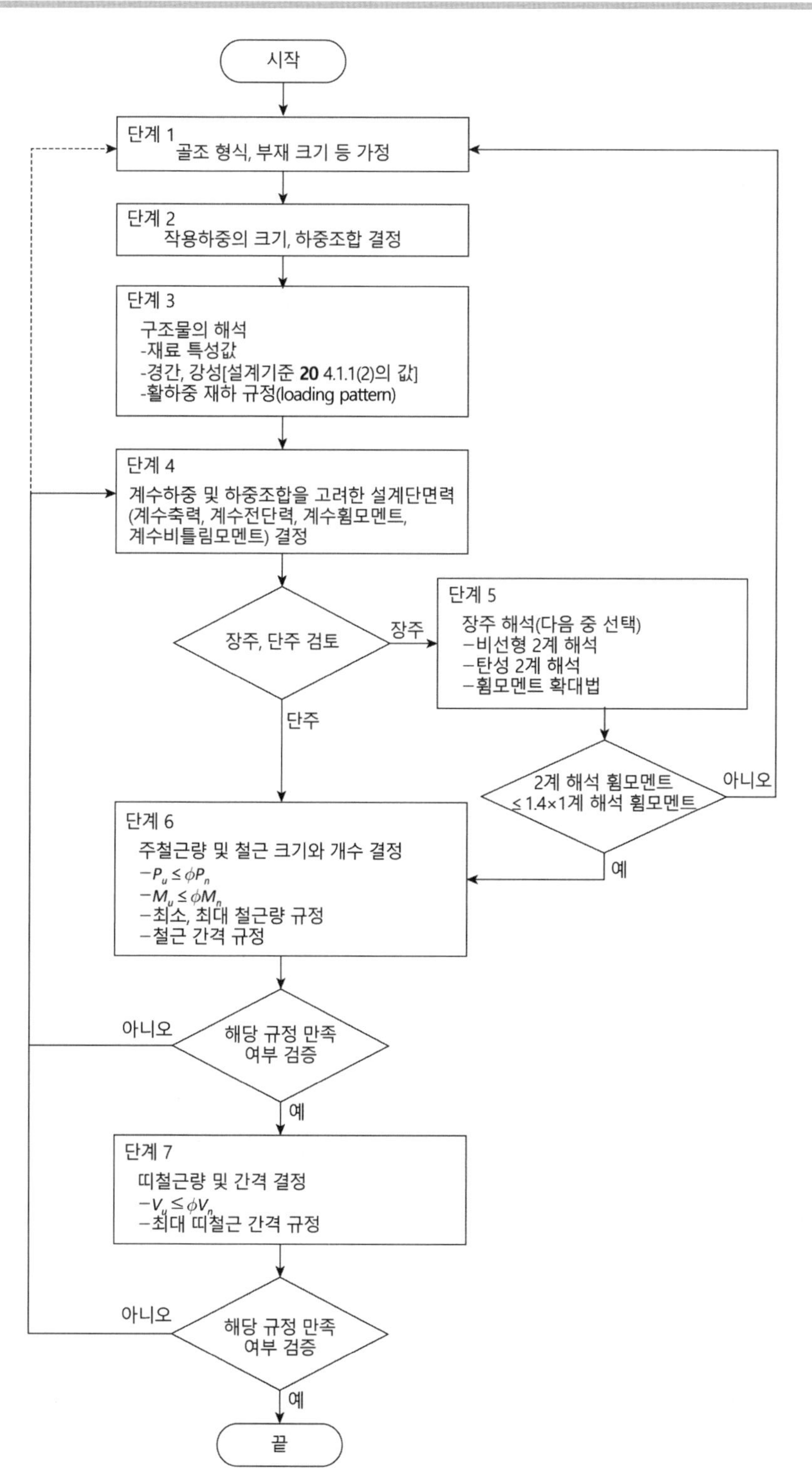

재료 특성 및 부재 강성 계산

단주인 경우 다음에 주어진 부재의 강성을 사용하여 각 계수하중 조합으로 탄성 1계 해석에 의해 구한 계수단면력으로 단면을 설계한다. 그러나 장주인 경우 계수휨모멘트를 증대시킨 값 M_c를 M_u 대신에 사용하여 단면을 설계한다.

먼저 계수하중으로 탄성 1계 해석과 탄성 2계 해석을 할 때 사용하는 부재의 강성과 탄성계수는 다음 값을 사용한다.[2)] 만약 더 정확한 값을 사용하고자 하는 경우에는 실험 등을 통해 사용할 수 있다.[3),4)]

20 4.4.4(2)

탄성계수; $E_c = 0.077 m_c^{1.5} \sqrt[3]{f_{cm}}$ 또는 $E_c = 8500 \sqrt[3]{f_{cm}}$ (MPa)

단면2차모멘트; 기둥 ·· $0.70\,I_g$

벽체 ─┬─ 비균열 ······················ $0.70\,I_g$

　　　└─ 균열 ··························· $0.35\,I_g$

보 ·· $0.35\,I_g$

플랫플레이트, 플랫슬래브 ········ $0.25\,I_g$

단면적; $A = 1.0\,A_g$

위에 제시된 단면2차모멘트 값은 구조물이 파괴 직전에 이를 때 값이므로 사용성 검토를 할 때는 $1/0.7 = 1.43$배를 하여 사용할 수 있다.

횡구속 여부 검토

작용하는 횡력에 대하여 구조물의 변위가 크게 구속되는지 여부는 횡구속에 상대적으로 강한 전단벽체나 가새(bracing) 부재의 양과 크기에 따라 결정된다. 따라서 우리나라 콘크리트구조 설계기준[1)]에서는 다음의 세 가지 중 하나로 판단하도록 규정하고 있다.

20 4.4.1(2)

20 4.4.5(2)

첫째, 횡변위에 대해 저항하는 구조 요소 중 기둥을 제외한 구조 요소의 전체 총 강성이 해당 층에 있는 기둥 전체 강성의 12배보다 큰 골조는 횡구속 골조로 간주한다. 둘째, 2계 해석에 의한 기둥 단부 휨모멘트의 증가량이 탄성 1계 해석에 의한 단부 휨모멘트의 5퍼센트 이하인 경우 횡구속 골조로 간주한다. 셋째, 다음 식 (5.1)의 층 안정성지수 Q가

0.05 이하일 때 횡구속 골조로 간주한다.

20 4.4.5(3)

$$Q = \frac{\Delta_o \Sigma P_u}{V_u l_c} \tag{5.1}$$

여기서, ΣP_u와 V_u는 탄성 1계 해석에 의한 각각 해당 층의 전체 수직 축력과 층전단력이다. 그리고 Δ_o는 V_u로 인한 해당 층의 상단과 하단 사이의 탄성 1계 해석에 의한 상대변위이고, l_c는 기둥의 길이로 층고이다.

위의 세 가지 방법이 제시되고 있지만 2계 해석은 번거롭기 때문에 일반적으로 첫 번째 방법이나 세 번째 방법으로 구조물의 횡구속 여부를 판단하는 경우가 많다.

단주와 장주의 구별

기본편에서도 설명하였듯이 축력이 작용하는 기둥과 같은 부재는 횡방향 변위가 일어나면 축력에 의해 휨모멘트가 더 증가된다. 이러한 현상을 $P-\Delta$ 효과라고 하는데 이 영향에 의해 감소되는 축강도가 약 5 퍼센트 이하이면 무시하고 구조해석에 의해 구해진 계수휨모멘트로 설계하며 이를 단주라고 한다.[3] 그러나 이보다 클 때는 휨모멘트를 증가시켜야 하며 이러한 기둥을 장주라고 한다.

횡변위에 의해 휨모멘트가 증가되는 것은 그림 [5.3]에서 보듯이 기둥 부재가 변형이 일어나는 모양에 따라 다르므로, 비횡구속 골조와 횡구속 골조에 따라 각각 다음 식 (5.2)와 식 (5.3)을 만족하면 단주로 간주한다.

20 4.4.1(1)

비횡구속 골조인 경우,

$$\frac{kl_u}{r} \leq 22 \tag{5.2}$$

횡구속 골조인 경우,

$$\frac{kl_u}{r} \leq 34 - 12\,(M_1/M_2) \leq 40 \tag{5.3}$$

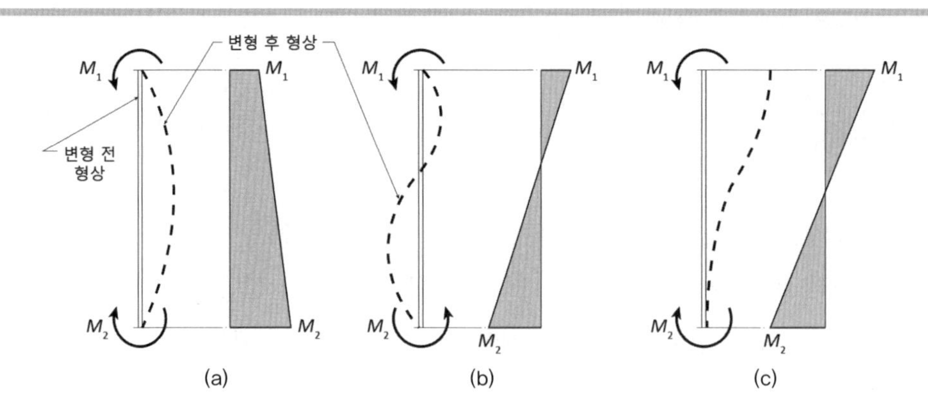

그림 [5.3]
기둥 부재의 변형 형상과 휨모멘트 분포도: (a) 횡구속(단일 곡률); (b) 횡구속(이중 곡률); (c) 비횡구속

여기서, kl_u는 기둥의 유효좌굴길이이고, r은 기둥의 단면2차모멘트반경이다. M_2는 항상 M_1보다 절대값이 큰 휨모멘트이고, 그림 [5.3]에서 나타낸 바와 같이 단일 곡률일 때는 M_1/M_2는 양의 값이고 이중 곡률일 때는 음의 값이다.

20 4.4.1(4)

r값은 $\sqrt{I/A}$로 구할 수 있으나 설계기준에서는 기둥이 원형 단면인 경우 단면 직경의 0.25배, 직사각형 단면인 경우 해당 방향 변 길이의 0.3배로 취할 수 있다고 규정하고 있다.

유효세장비 kl_u/r값은 기둥 양 단부의 구속 정도와 횡변위가 일어날 가능성에 따라 차이가 나며, 횡구속 골조와 비횡구속 골조에 대한 k 값은 각각 그림 [5.4](a),(b)에 의해 구한다. 이때 구속 정도를 나타내는 ψ 값은 다음 식 (5.4)에 의해 구한다.

$$\psi = \Sigma\left(\frac{EI}{l_c}\right)_{\text{col}} \Big/ \Sigma\left(\frac{EI}{l_b}\right)_{\text{beam}} \tag{5.4}$$

여기서 EI 값은 각 부재의 휨강성으로서 앞에서 주어진 I 값과 E_c 값을 사용하여 구하고, l_c는 상, 하 기둥, l_b는 좌, 우로 연결된 보의 각각 중심 간 거리이다.

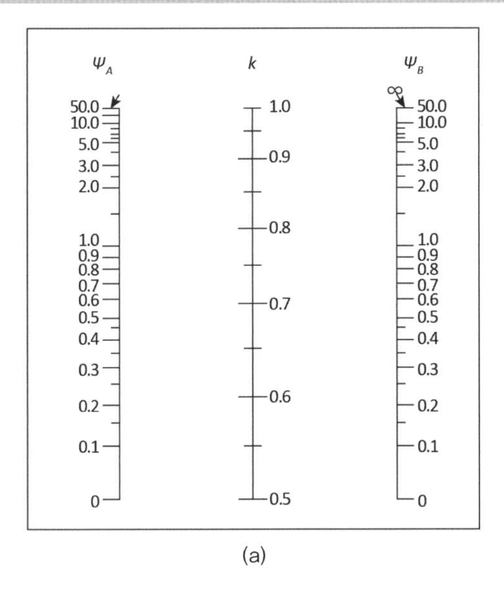

(a)

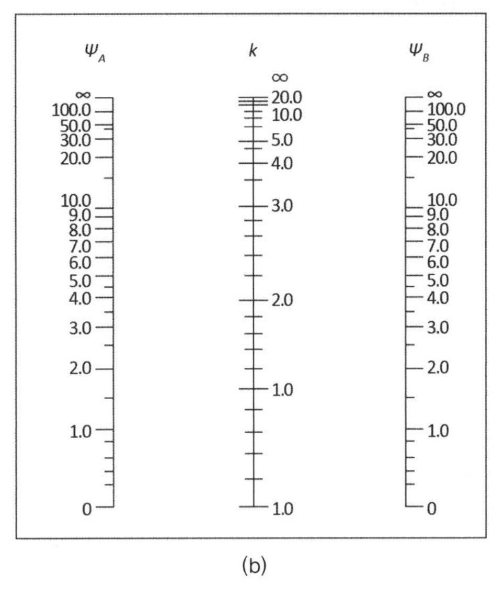

(b)

그림 [5.4]

압축 부재의 유효좌굴길이계수, k: (a) 횡구속 골조; (b) 비횡구속 골조

예제 〈5.1〉

그림과 같은 구조물을 계수하중으로 탄성 1계 해석을 수행한 결과 한 층에 작용하는 전체 계수축력 $\sum P_u = 50,000$ kN이고 전체 층의 기둥에 작용하는 계수전단력 $V_u = 4,000$ kN이며, 횡변위 $\Delta_o = 15$ mm로 계산되었다. 그리고 기둥의 상, 하부 계수휨모멘트는 $M_1 = 200$ kNm, $M_2 = 300$ kNm로 계산되었다. 사용하는 콘크리트의 설계기준압축강도 $f_{ck} = 30$ MPa 일 때 구조물의 횡구속 여부와 기둥 A의 장주 여부를 검토하라.

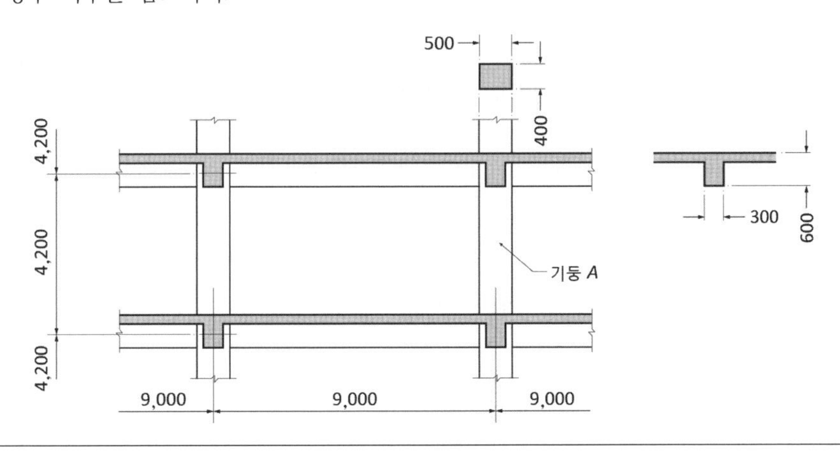

풀이

1. 횡구속 여부 검토

그림에서 기둥 중심 간 거리인 $l_c = 4{,}200$mm이다. 식 (5.1)에 의해 Q 값을 구한다. 20 4.4.5(3)

$$Q = \frac{50{,}000 \times 15}{4{,}000 \times 4{,}200} = 0.045$$

따라서 0.05보다 작으므로 횡구속 골조이다.

2. 장주 여부 검토

횡구속 골조이므로 장주 여부는 식 (5.3)으로 검토할 수 있다. 먼저 유효좌굴길이 kl_u를 계산하기 위해 k값을 구해야 한다. 이를 위해서 기둥과 보의 휨강성을 구해야 한다. 기둥의 단면2차모멘트 I_g는 다음과 같다.

$$\frac{bh^3}{12} = \frac{400 \times 500^3}{12} = 4.167 \times 10^9 \text{mm}^4$$

보의 단면2차모멘트는 T형 보이므로 근사적으로 직사각형 보의 2배로 취할 수 있으므로 I_g는 다음과 같다.

$$2 \times \frac{bh^3}{12} = 2 \times \frac{300 \times 600^3}{12} = 10.8 \times 10^9 \text{mm}^4$$

기둥의 상, 하단에서 기둥과 보 모두 2개씩 연결되어 있고, 파괴가 일어날 때 기둥의 강성은 $0.7\,I_g$, 보의 강성은 $0.35\,I_g$이므로 ψ값을 구하면 다음과 같다. 20 4.4.4(2)

$$\psi_{하단} = \psi_{상단} = \frac{2 \times \left(E_c \times 0.7 \times 4.167 \times 10^9 / 4{,}200\right)}{2 \times \left(E_c \times 0.35 \times 10.8 \times 10^9 / 9{,}000\right)} = 1.65$$

그림 [5.4](a)에 의하면 대략 $k = 0.83$의 값을 얻을 수 있다.

그리고 기둥의 순지지길이 $l_u = 4{,}200 - 600 = 3{,}600$ mm이고, 단면2차모멘트 반경 $r = 0.3 \times 500 = 150$ mm이므로 $kl_u/r = 0.83 \times 3{,}600/150 = 19.9$이다. 한편 M_1, M_2의 부호가 같으므로 횡구속 골조에서 이중 곡률의 경우로서 M_1/M_2는 음의 값을 가진다.

$$34 - 12(M_1/M_2) = 34 - 12(-200/300) = 42 \rightarrow 40$$ 20 4.4.1(1)

따라서 유효세장비 19.9는 40보다 작으므로 단주이다.

5.2.2 설계기준 해당 항목

기둥 부재 설계에 대한 우리나라 콘크리트구조 설계기준[1]에 규정되어 있는 내용은 다음 표 〈5.1〉에 요약한 바와 같다.

표 〈5.1〉 기둥 부재의 설계에 대한 설계기준의 해당 항목

규정 내용	규정 항목 번호
1. 휨모멘트 및 압축력에 대한 설계	
설계 일반 사항	**20** 4.1.1, **20** 4.1.2
압축 부재의 설계단면 치수	**20** 4.3.1
압축 부재의 철근량 제한	**20** 4.3.2
장주효과	**20** 4.4
2축 휨을 받는 압축 부재	**20** 4.5
2. 전단력 검토	**22** 4.1.1, **22** 4.2.1, **22** 4.3
3. 배근상세	
정착철근	**52** 4.1.3
철근의 이음	**52** 4.5.3, **52** 4.7
띠철근상세	**50** 4.2.2
접합부 부분	**50** 4.5

5.3 단면 설계

5.3.1 순수 축력만 작용할 때 주철근량 계산

구조물이 대칭이라도 작용하는 하중이 반드시 대칭으로 작용하지 않으므로 실제 구조물에서 순수 축력만을 받는 부재는 없다. 따라서 설계기준은 최소 편심에 대한 고려 사항을 규정하고 있으며, 그 내용은 설계기준에 나타나 있다. 이에 따르면 설계기준의 규정에 따른 나선철근을 갖고 있는 프리스트레스를 가하지 않은 부재의 경우 다음 식 (5.5)에 따라 설계축강도 ϕP_n을 계산한다.

20 4.1.2(7)

20 4.3.2(3)

$$\phi P_{n(\max)} = 0.85\phi[0.85 f_{ck}(A_g - A_{st}) + f_y A_{st}] \tag{5.5}$$

50 4.4.2(3)

그리고 설계기준의 규정에 따른 띠철근을 갖고 있는 프리스트레스를 가하지 않은 부재의 경우 다음 식 (5.6)에 따라 설계축강도 ϕP_n을 계산한다.

$$\phi P_{n(\max)} = 0.80\phi[0.85 f_{ck}(A_g - A_{st}) + f_y A_{st}] \tag{5.6}$$

식 (5.5)와 식 (5.6)에 의해 나선철근콘크리트 기둥과 띠철근콘크리트 기둥에 대한 설계축강도를 계산하는 데 있어서 다음과 같은 몇 가지 사항이 전제되고 있다.

첫째, 콘크리트 강도를 설계기준압축강도인 f_{ck}를 사용하지 않고 약간 작은 $0.85f_{ck}$를 사용하는 것은 기본편에서 다루었지만, 그림 [5.5](a)에서 보듯이 실험실에서 실험할 때의 재하율이 실제 구조물에서 하중이 가해지는 재하율에 비해 매우 빨라 압축강도가 높게 나오기 때문이다. 다시 말하여 똑같은 콘크리트일지라도 재하율이 빠르면 강도가 높게 나오는데, 실제 구조물에 가해지는 재하율은 느린 편이기 때문에 f_{ck} 대신에 $0.85f_{ck}$를 사용한다.

둘째, 순수 축압축을 받는 경우 축강도에 이를 때, 즉 콘크리트가 압축

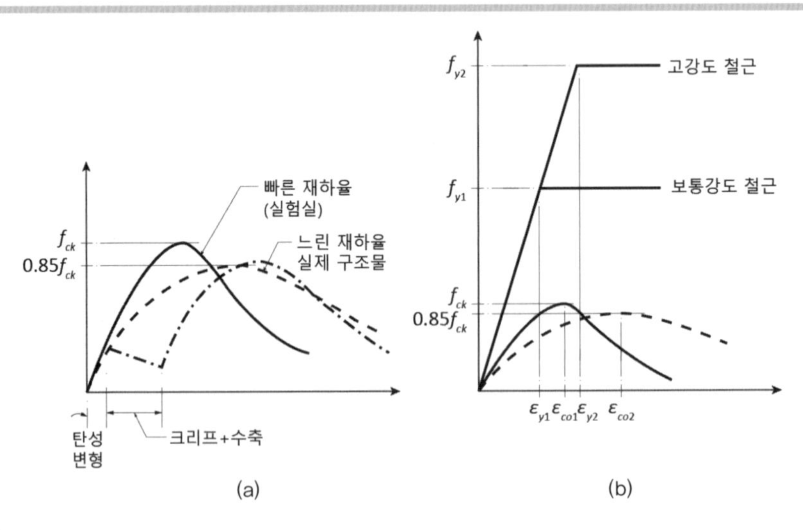

그림 [5.5]
순수 압축력에 대한 기둥의 축강도: (a) 재하율에 따른 응력-변형률 곡선; (b) 철근과 콘크리트의 변형률

강도에 도달할 때 주철근은 항상 항복한다는 가정에 의해 식 (5.5)와 식 (5.6)이 유도되었다. 그림 [5.5](b)에서 볼 수 있듯이 콘크리트가 압축강도에 도달하기 전에 철근이 항복하기 위해서는 철근의 ε_y값이 항상 콘크리트의 축압축파괴변형률인 ε_{co1} 또는 ε_{co2}보다 작아야 한다. 이러한 이유로 각 설계기준에서는 기둥의 주철근의 최대 설계기준항복강도를 제한하고 있다. 현재 우리나라 설계기준[1]에서는 f_y의 최대 값을 600 MPa로 제한하고 있는데, 이때 $\varepsilon_y = 3{,}000 \times 10^{-6}$으로서 콘크리트의 $\varepsilon_{co1} = (2{,}000 \sim 3{,}000) \times 10^{-6}$보다는 클 수 있어 조건을 만족시키지 못하나, 실제 구조물의 콘크리트와 같이 재하율이 느린 경우인 $\varepsilon_{co2} = (3{,}000 \sim 5{,}000) \times 10^{-6}$보다는 작다. 따라서 600 MPa 상한은 문제가 될 수 없다. 그러나 실험실에서 실험하는 경우 고강도철근을 사용하면 위의 식을 사용할 수 없는 경우도 발생할 수 있다. 이러한 철근의 항복강도 제한은 나선철근콘크리트 기둥의 경우 횡구속 효과에 의해 심부콘크리트의 축압축파괴변형률이 크게 증가하므로 필요하지 않을 수 있다.

10 4.2.4(1)

[저자 의견] 2021년 개정 설계기준의 경우 등가포물선-직선형 응력의 최저값은 $0.85 f_{ck}$이나 등가직사각형 응력의 최대값은 $\eta(0.85 f_{ck})$로서 강도에 따라 다르다.
따라서 $P-M$ 상관도를 작성하면 중심축강도 값이 일치하지 않을 수도 있다.
또 콘크리트 강도가 80, 90 MPa인 경우 ε_{cu}값이 0.003보다 작아서 f_y가 600 MPa 철근인 경우 항복하지 않기 때문에 중심축강도 값이 다르게 계산된다. (기본편 3장 설명 참고)

셋째, 최소 편심에 대한 고려로서 띠철근 기둥의 경우 0.80, 나선철근 기둥의 경우 0.85를 곱하여 축강도를 감소시키도록 하고 있다. 앞서 설명한 바와 같이 실제 구조물에서는 편심하중이 작용할 수밖에 없으므로 이를 고려하도록 규정하고 있는데, 이전의 설계기준에서는 사각형 형태의 기둥 단면은 최소 편심으로 기둥 변 길이의 10퍼센트, 원형 형태의 단면은 직경의 5퍼센트로 규정하고 있었다. 그러나 이를 계산해보면 주철근량에 따라 조금의 차이는 있지만 사각형 기둥이 편심거리 $0.1h$를 가질 때 강도는 그림 [5.6](a)에서 볼 수 있듯이 약 80퍼센트로 줄어들고, 원형의 경우 그림 [5.6](b)에서 볼 수 있듯이 $0.05d$ 편심에 대하여 약 85퍼센트 정도로 줄어든다. 앞의 그림 [5.1]에서 보았듯이 띠철근콘크리트 기둥과 나선철근콘크리트 기둥은 둘 다 사각형과 원형 단면을 가질 수 있지만, 대부분 나선철근콘크리트 기둥은 원형이고, 띠철근 기둥은 사각형이기 때문에 식 (5.5)와 식 (5.6)에 고려한 0.85와 0.80을 적용하여 최소 편심을 고려하고 있다.

20 4.1.2(7)

넷째, 강도감소계수 ϕ는 나선철근콘크리트 기둥으로서 압축지배단면의 경우 0.70, 띠철근콘크리트 기둥의 경우 0.65로 취하도록 규정하고 있다.

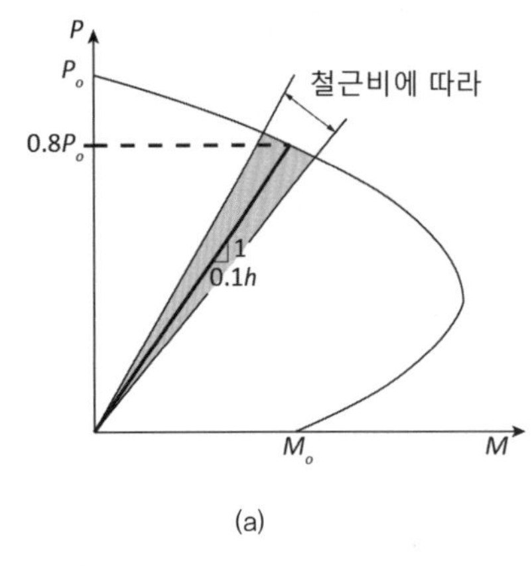

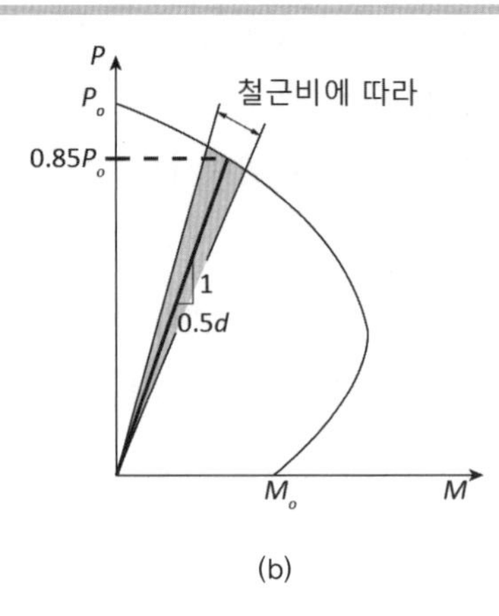

* P_0값이 등가응력블록에 구한 값과 식 (5.6)에 의해 구한 값이 일치하지 않을 수 있다. 모든 조건에서 일치하는 경우는 $\varepsilon_{cu} \geq 0.003$(즉 $f_{ck} \leq$ 70 MPa)이고, $\eta = 1.0$(즉 $f_{ck} \leq 40$ MPa)일 때이다.

그림 [5.6]
기둥 형태에 따른 최소 편심과 축강도: (a) 사각형 단면; (b) 원형 단면

이것은 여러가지 이유가 있으나 가장 중요한 이유는 나선철근콘크리트 기둥의 경우 그림 [5.1](c)에서 나타난 바와 같이 축강도가 같더라도 연성이 확보되어 있기 때문에 구조물을 탄성해석할 때 고려하지 못하는 단면력의 재분배를 간접적으로 고려하였기 때문이다.

20 4.3.2(3)
50 4.4.2(2)

마지막으로, 나선철근으로 횡보강된 기둥이라 하여도 설계기준의 규정에 따른 나선철근의 간격과 양을 확보하지 못하는 경우에는 식 (5.5) 대신에 띠철근과 같은 식 (5.6)을 사용하여 축강도를 계산하여야 한다. 이는 그림 [5.1](c)에서 보듯이 나선철근콘크리트 기둥이라도 나선철근량이 작으면 축강도 이후 강도를 유지하지 못하고 띠철근콘크리트 기둥과 유사하게 거동하기 때문이다.

예제 ⟨5.2⟩

다음과 같은 나선철근콘크리트 기둥과 띠철근콘크리트 기둥에 대한 설계축강도를 계산하라. 다만 콘크리트의 설계기준압축강도 $f_{ck} = 30$ MPa이고, 철근의 설계기준항복강도 $f_y = 500$ MPa이다. 사용하는 주철근은 D25($A_1 = 506.7\ \text{mm}^2$)이다.

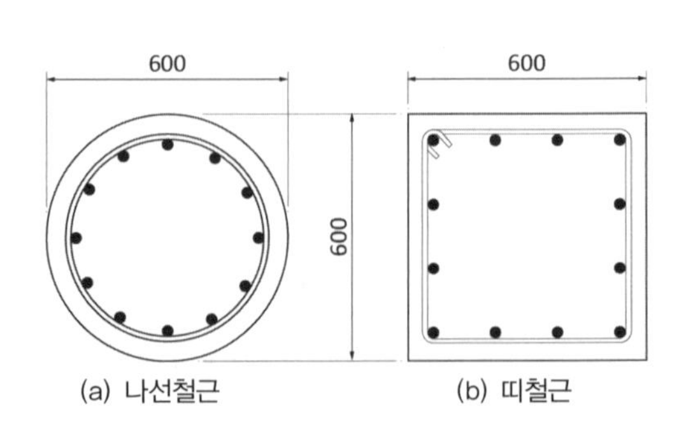

풀이

철근의 설계기준항복강도 $f_y=500$ MPa은 설계기준이 규정하고 있는 최대값 600 MPa 이하이므로 식 (5.5)와 식 (5.6)에 의해 각각 다음과 같이 계산할 수 있다.

1. 나선철근콘크리트 기둥
나선철근량과 간격은 **20** 4.3.2(3), **50** 4.4.2(2)의 규정을 만족시키고 있다고 가정한다.

$$\phi P_n = 0.85\times 0.70\times\left[0.85\times 30\times\left(\frac{\pi\times 600^2}{4}-12\times 506.7\right)+500\times 12\times 506.7\right]$$
$$= 6{,}007 \text{ kN}$$

20 4.1.2(7)

2. 띠철근콘크리트 기둥

$$\phi P_n = 0.80\times 0.65\times[0.85\times 30\times(600\times 600-12\times 506.7)+500\times 12\times 506.7]$$
$$= 6{,}274 \text{ kN}$$

이 예제에서 볼 수 있듯이 사각형의 단면이 원형단면보다 철근의 양은 같고 단면적이 350,000/282,735=1.27배가 되지만 축력에 대한 저항능력은 6.274/6.007=1.04배만 증가된다. 이것은 최소편심에 대한 고려와 연성능력에 따른 강도감소계수의 차이에 의한 것이다.

예제 〈5.3〉

철근과 콘크리트의 응력-변형률 관계가 그림과 같은 경우에 예제 〈5.2〉의 정사각형 단면에 대한 축강도를 계산하라. 콘크리트 압축강도와 항복강도는 예제 〈5.2〉의 값과 같다.

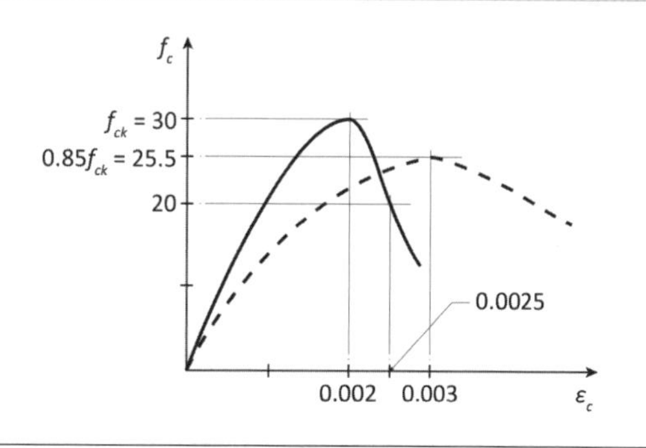

풀이

그림에서 보면 실험실에서 행하는 재하율인 경우 $\varepsilon_{co1}=2{,}000\times 10^{-6}$로서 사용철근인 $f_y=500$ MPa의 항복변형률 $\varepsilon_y=2{,}500\times 10^{-6}$보다 작다. 따라서 축강도는 다음과 같은 두 경우에 대하여 계산하여 큰 값을 택하여야 한다.

1. 경우 1 : 변형률이 $2,000 \times 10^{-6}$에 도달할 때, 즉 콘크리트가 압축강도에 도달할 때 콘크리트는 압축강도 30 MPa에 도달하나 철근은 압축응력이 $2,000 \times 10^{-6} \times 2 \times 10^5 = 400$ MPa이다. 따라서 축강도 P_o는 다음과 같다.

$$P_o = 30 \times (600 \times 600 - 12 \times 506.7) + 400 \times 12 \times 506.7$$
$$= 13,050 \text{ kN}$$

2. 경우 2 : 변형률이 $2,500 \times 10^{-6}$에 도달할 때, 즉 철근이 항복강도에 도달할 때. 이 경우 콘크리트는 20 MPa만큼 저항하므로 축강도 P_o는 다음과 같다.

$$P_o = 20 \times (600 \times 600 - 12 \times 506.7) + 500 \times 12 \times 506.7$$
$$= 10,119 \text{ kN}$$

따라서 $P_o =$ 13,050 kN이다.

그리고 그림의 점선으로 나타난 실제 구조물에서 나타날 수 있는 응력-변형률을 따르는 경우 $\varepsilon_{co2} = 3,000 \times 10^{-6}$은 $\varepsilon_y = 2,500 \times 10^{-6}$보다 크므로 다음 식에 의해 P_o를 구할 수 있다.

$$P_o = 0.85 \times 30 \times (600 \times 600 - 12 \times 506.7) + 500 \times 12 \times 506.7$$
$$= 12,205 \text{ kN}$$

6.2.2(7)

결론적으로 콘크리트가 압축강도에 도달할 때 고강도철근을 사용하면 콘크리트의 축압축파괴변형률 ε_{co}(휨압축파괴변형률 ε_{cu}가 아닌) 값에 따라 철근이 항복할 수도 있고 하지 않을 수도 있으므로 이를 검토하여 축강도를 계산하여야 한다.

5.3.2 축력과 1축 휨모멘트를 받을 때 주철근량 계산

설계기준의 규정

20 4.1.1, 20 4.1.2

축력과 휨모멘트를 받는 기둥에 대한 설계 규정도 보 부재에 대한 것과 같이 설계기준에 규정되어 있으며, 먼저 **20 4.1.2**절의 주된 내용은 다음과 같다.

20 4.1.1

첫째, 철근과 콘크리트의 변형률은 중립축으로부터 거리에 비례하는 것으로 볼 수 있다.

둘째, 압축연단에서 콘크리트의 휨압축파괴변형률은 콘크리트강도에 따라 다른 ε_{cu}로 가정할 수 있다.

셋째, 콘크리트의 인장강도는 프리스트레스트 콘크리트를 제외하고는 무시한다. 그리고 콘크리트 압축응력의 분포는 등가포물선-직선형 또는 등가직사각형으로 가정할 수 있다.[4)]

특히 압축 부재에 관련된 것으로서 강도감소계수 결정과 관련된 규정이 있으며, 그 주된 내용은 다음과 같다.

첫째, 단면의 균형변형률 상태란 인장철근이 설계기준항복강도 f_y에 도달하는 것과 동시에 압축연단콘크리트의 압축변형률이 휨압축파괴변형률인 ε_{cu}에 도달하는 상태를 의미한다. 기둥의 경우 항상 이러한 상태가 있으며, 그림 [5.11]에서 점(M_b, P_b)가 이에 해당한다.

20 4.1.2(2)

둘째, 압축지배단면, 변화구간단면, 인장지배단면에 따라 강도감소계수를 그림 [5.7]에서 보이는 바와 같이 취한다. 즉, 최외단 인장철근의 변형률이 인장항복변형률 ε_y보다 작으면 압축지배단면으로서 띠철근콘크리트 기둥은 0.65, 나선철근콘크리트 기둥은 0.70이다. 한편 이 인장변형률이 $f_y =$ 400 MPa 이하인 철근은 0.005 이상, 그리고 f_y가 400 MPa을 초과하는 경우 $2.5\varepsilon_y$ 이상이면 인장지배단면으로서 0.85이고, 그 사이는 변화구간으로서 인장변형률의 값에 따라 직선 보간한다.

20 4.1.2(3), (4)

셋째, 휨모멘트와 축력을 동시에 받는 부재로서 계수축력이 $0.10 f_{ck} A_g$보다 작은 경우 축력의 영향을 무시하고 휨부재로 취급하여 휨강도를 계산할 수 있다.

20 4.1.2(5)

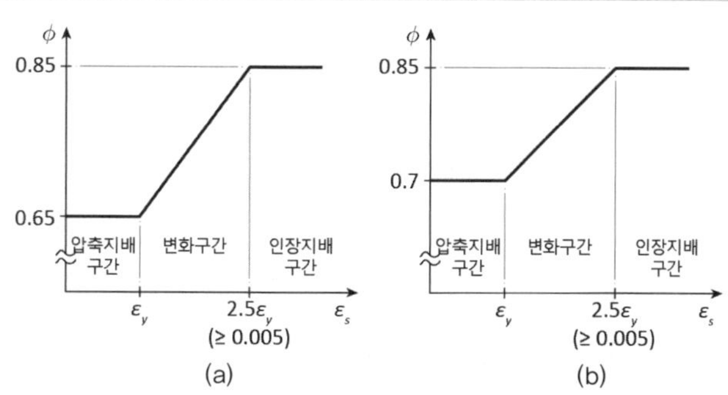

그림 [5.7]
기둥 부재의 강도감소계수: (a) 띠철근콘크리트 기둥; (b) 나선철근콘크리트 기둥

20 4.1.2(8)

넷째, 압축력을 받는 부재는 그 축력에 의해 수반될 수 있는 최대 휨모멘트에 대해 설계되어야 한다. 그리고 최대 계수휨모멘트 M_u는 장주효과를 고려하여 증대되어야 한다. 이 규정은 그림 [5.11]에서 볼 수 있듯이 계수축력이 ϕP_b 보다 더 작은 경우 축력이 작아지면 오히려 휨모멘트 저항능력이 떨어져 위험할 수도 있기 때문이다.

해석에 의한 단면 설계

구조물 해석에 의해 기둥 단면에 작용하는 계수축력 P_u와 계수휨모멘트 M_u가 주어질 때 단면의 크기와 철근량을 결정하는 과정에 대하여 설명하고자 한다. 기둥단면을 설계할 때도 단면의 크기를 먼저 결정하고 철근량을 구하는 방법과 전체 철근비를 먼저 결정하고 단면의 크기를 구하는 방법이 있으나 일반적으로 첫 번째 방법을 주로 사용하고 있다.

그리고 기둥은 보와는 다르게 중립축의 위치가 단면 밖에도 위치할 수 있고, 철근의 층수도 여러 층으로 이루어져 계산이 매우 어렵다. 그래서 컴퓨터에 의한 단면설계를 하기 전에는 주로 다음 절에서 설명하는 도표에 의해 이루어졌다. 여기서는 먼저 컴퓨터 등을 활용하여 계산할 수 있는 과정을 설명하고자 한다.

기둥에 축력과 휨모멘트가 가해질 때 만족해야 할 관계는 다음 식 (5.7)과 같다.

$$\phi P_n \geq P_u \qquad (5.7)\ (a)$$
$$\phi M_n \geq M_u \qquad (5.7)\ (b)$$

여기서, 강도감소계수 ϕ는 같은 값으로서 최외단 인장철근의 순인장 변형률 ε_t값에 따라 결정된다. P_u값이 ϕP_b, 즉 띠철근콘크리트 기둥의 경우 압축지배단면의 $\phi = 0.65$이므로 $0.65 P_b$ 이상이면 ϕ값은 0.65이다. P_b값은 기둥단면에 따라 차이가 있으나 중심축강도인 $P_0 = 0.85 f_{ck}(A_g - A_{st}) + f_y A_{st}$의 30~35퍼센트 정도이므로 대략적으로 P_u값이 $(0.2{\sim}0.25)P_o$ 이상이면 기둥단면은 압축지배단면이 될 가능성이 높다.

한편 그림 [5.8] (b)에 보인 바와 같은 기둥 단면이 저항할 수 있는 공칭축강도와 공칭휨강도는 다음 식 (5.8)과 같다.

$$P_n = \eta(0.85 f_{ck})ab + A_{si}\overline{f_{si}} \quad (5.8)\ (a)$$

$$M_n = \eta(0.85 f_{ck})ab\left(\frac{h}{2} - \frac{a}{2}\right) + A_{si}\overline{f_{si}}d_i \quad (5.8)\ (b)$$

식 (5.8)의 적용에 있어서 몇가지 고려하여야 할 사항으로 첫째 a값이 h을 초과할 때는 등가응력블록의 깊이가 단면 밖으로 커질 수 없기 때문에 $a = h$이다. 둘째 $\overline{f_{si}}$는 각 위치의 철근의 응력으로서 압축을 받는 영역에서는 $f_{si} - \eta(0.85 f_{ck})$이고, 인장을 받는 영역의 철근은 f_{si}이다. 그리고 여기서 f_{si}도 철근의 위치에서 철근의 변형률에 따라 $\varepsilon_{si} \geq \varepsilon_y$이면 $f_{si} = f_y$, $\varepsilon_{si} \leq -\varepsilon_y$이면 $f_{si} = -f_y$이고, $-\varepsilon_y < \varepsilon_{si} < \varepsilon_y$일 때는 $f_{si} = E_s\varepsilon_{si}$이다. 이 때 ε_{si}값은 그림 [5.8](d)에 따르면 다음 식 (5.9)에 의해 구할 수 있다.

$$\varepsilon_{si} = \frac{c + d_i - 0.5h}{c}\varepsilon_{cu} \quad (5.9)$$

위 식 (5.9)를 식 (5.8)에 대입하여 식 (5.7)을 만족하는 각 위치에서 철근량 A_{si}와 중립축 c를 구해야 하는데, 이 때 상대적 위치와 철근량이 주어져야 알 수 있다. 그래서 실제 철근 배치는 그림 [5.8](b)와 같으나 그림 [5.8](c)와 같이 단순화를 하여 구하고 이에 따라 배치해도 큰 오차는 발생하지 않는다. 즉, 전체 철근량을 A_s, 양단측 철근량을 A_{sf}, 양측면 철근량을 $A_{sw} = \alpha A_{sf}$라고 하면 다음 식 (5.10)과 같은 관계의 의해 각 위치의 철근을 전체 철근량 A_s 하나의 함수로 나타낼 수 있으며, 위치 d_i도 구할 수 있다.

$$A_{sf} = \frac{A_s}{2(1+\alpha)},\ d_f = \frac{h - 2d'}{2} \quad (5.10)(a)$$

$$A_{sw} = \frac{\alpha A_s}{2(1+\alpha)},\ d_w = \frac{h - 2d'}{4} \quad (5.10)(b)$$

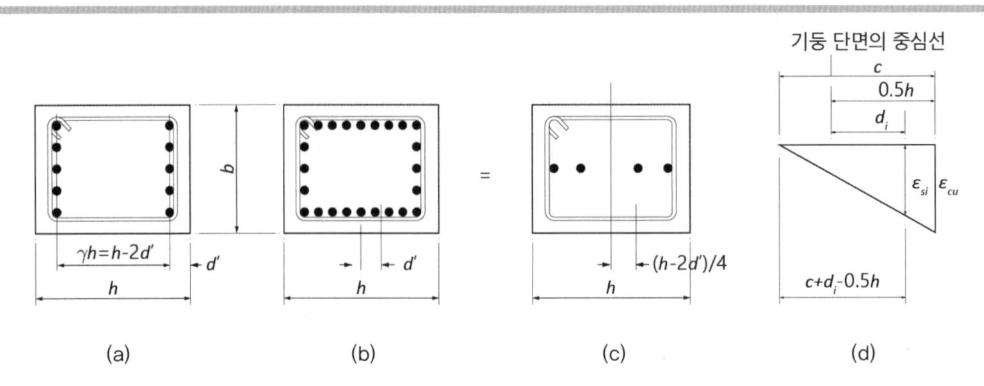

그림 [5.8] 해석을 위한 기둥단면 (a) 양측에만 배치 (b) 4면에 배치 (c) 4면의 배치를 등가로 단순화 (d) 변형률 분포

이 식 (5.10)을 식 (5.8)(b)의 A_{si}와 d_i 항에 적용하여 식 (5.7)을 만족시키는 두 개의 미지수인 c와 A_s를 두 개의 식에 의해 2차방정식을 풀어 얻을 수 있다. 그 후 ε_{si}를 계산하여 $-\varepsilon_y \leq \varepsilon_{si} \leq \varepsilon_y$ 범위 내에 있는지, ε_t값을 계산하여 강도감소계수 ϕ값을 구하여 가정한 값과 같은지를 검토하여 그렇지 않으면 반복 계산을 하여야 한다. 이러한 과정을 그림 [5.9]에 나타내었으며, 이에 따라 프로그램을 작성할 수 있다.

설계를 위한 도표 작성

1축 휨모멘트와 축력을 받는 기둥을 설계할 때 사용할 수 있는 $P-M$ 상관도를 작성하는 과정에 대하여 설명하고, 다음에 이 상관도를 이용하여 주철근량을 구하는 방법에 대해 설명한다.

여러 형태의 단면에 대하여 $P-M$ 상관도를 작성할 수 있으나 일반적으로 널리 사용되는 단면 형태로서 그림 [5.10]에 보이는 형태에 대해서 주로 작성되고 있다. 그림 [5.10](a)는 직사각형 단면으로서 주철근이 양쪽 변에만 배근된 경우와 네 변에 동일한 양의 주철근이 배근된 경우이다. 그림 [5.10](b)는 원형 단면에 주철근이 골고루 분포되어 배근된 경우이다.

일반적으로 축력과 1축 휨모멘트가 작용할 때 주철근은 그림 [5.10](a)의 첫 번째 형태로 배근하는 것이 가장 효율적이며, 양 측면에 배치되는 철근에 의한 휨모멘트 저항 능력은 크지도 않다. 이러한 경우 이 도표를

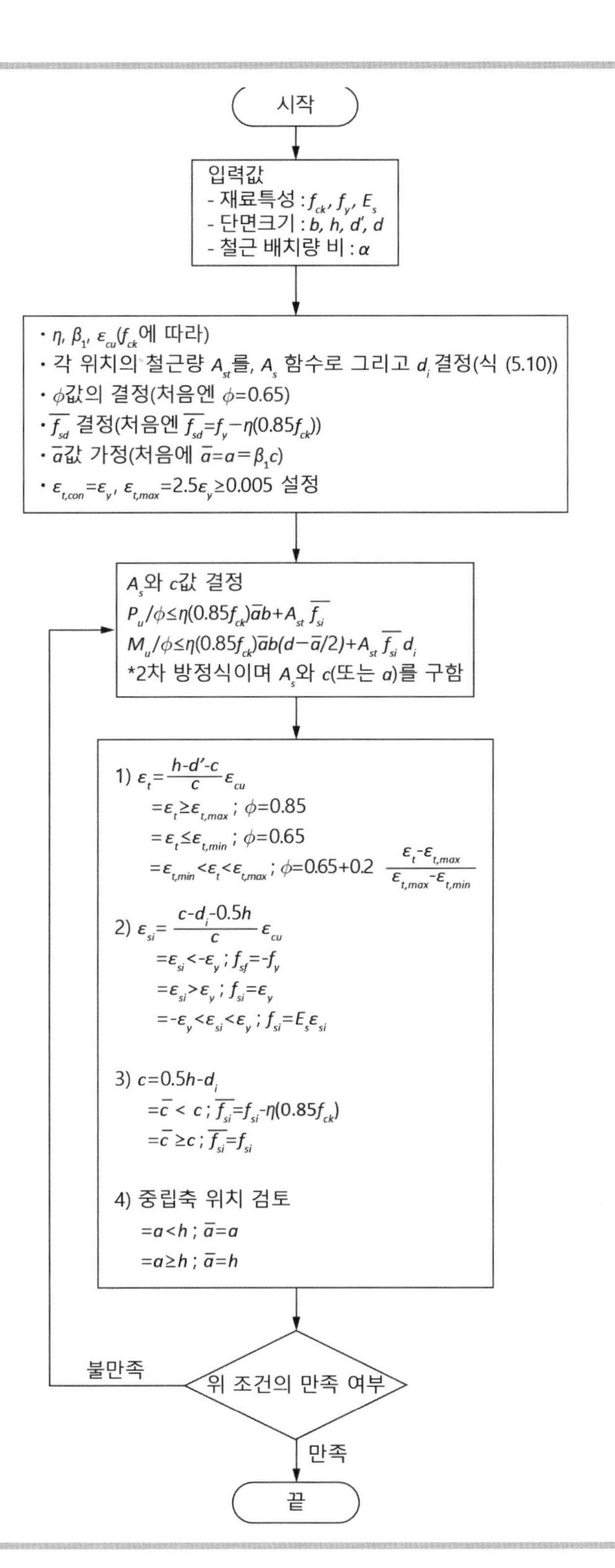

그림 [5.9]
기둥 단면 철근량 계산 흐름도

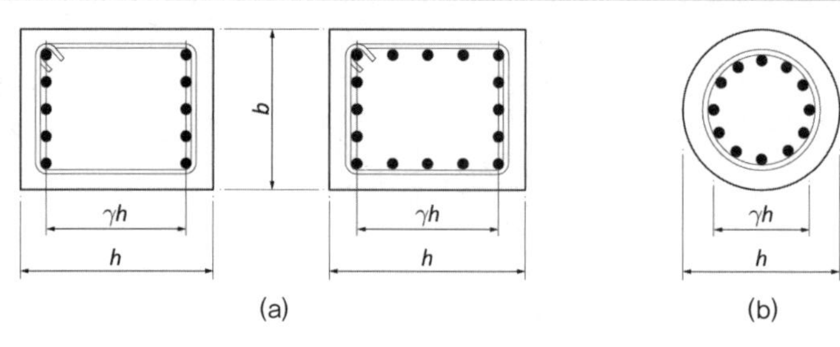

그림 [5.10]
$P-M$ 상관도 작성을 위한 단면 형태: (a) 직사각형 단면; (b) 원형 단면

사용하여 철근량을 구하고 양 측면에는 추가적으로 최대 간격 제한 등을 만족시키도록 설계할 수도 있다. 그림 [5.10](a)의 두 번째 형태는 직사각형 단면이지만 주철근이 네 변에 같은 양으로 골고루 배근된 경우로서 축력과 2축 휨모멘트를 받을 때 주로 이 도표를 활용할 수 있다.

철근의 배치 형태뿐만 아니라 철근의 위치, 즉 그림 [5.10]에서 γ 값에 따라서도 $P-M$ 상관도가 크게 차이가 나므로 이 값에 따라서 도표가 작성된다. 이 γ 값은 단면의 크기와 피복두께에 따라 다른 값이다. 일반적으로 피복두께는 단면 크기에 크게 좌우되지 않고 일정한 값이므로 γ 값은 단면이 크면 큰 값이고 작으면 작은 값으로 대개 $\gamma=0.6\sim0.95$ 범위의 값을 갖는다. 그리고 기둥에서 주철근 양은 1~8퍼센트 범위에 있어야 하므로 도표는 이 범위의 철근비에 대하여 작성되고 있다. $P-M$ 상관도는 철근의 배치, 양 등에만 관계가 있는 것이 아니고 철근과 콘크리트의 항복강도와 압축강도에 따라서도 크게 차이가 나므로 이와 같은 변수에 대해서도 작성된다.

20 4.3.2(1)

이와 같이 작성된 $P-M$ 상관도는 여러 문헌에 수록되어 있으며, 이 절에서는 작성하는 방법에 대해 설명한다. 그림 [5.11]은 직사각형 띠철근 콘크리트 단면에 대한 것으로서 기본편에서 설명한 바에 따라 주어진 재료 특성과 단면에 대하여 $P-M$ 상관도(선 [1])를 작성한다. 최소 편심에 대한 고려로서 휨모멘트가 작용하지 않더라도 최소한의 편심을 고려하여 축강도를 80퍼센트(선 [2])로 취한다. 이 곡선 [1]과 직선 [2]가 공칭강도를 나타낸다. 이 공칭강도에 해당하는 강도감소계수 ϕ를 곱하여 설계강도곡선(선 [3] − [4] − [5])을 구하는데, 이때 각 구간의 강도감소계수의 값이 다르다. 축력 P가 균형상태인 $0.65P_b$값 이상인 경우 최외단 인장철근의 변형률이 ε_y보다 작게 되므로 압축지배단면이 되어 ϕ값은 0.65이다. 따라서 이에 해당하는 공칭강도곡선(선 [1] − [2])에 0.65를 곱하여 이 구간의 설계강도곡선(선 [3])을 얻는다. 그리고 최외단 인장철근의 변형률이 $2.5\varepsilon_y$인 경우에 대한 공칭강도 M_1과 P_1을 구하여 이보다 작은 축력을 받을 때는 인장지배단면이 되므로 0.85를 곱하여 설계강도곡선(선 [5])을 얻는다. 이 사이에서는 강도감소계수를 0.65∼0.85 사이의 값으로서 최외단 철근의 인장변형률 값, ε_t에 따라 직선 보간에 의해 곡선(선 [4])을 구할 수 있다.

20 4.1.2(3)

10 4.2.3(2)

나선철근콘크리트 원형단면에 대해서도 비슷한 방법으로 설계강도 곡선을 구할 수 있다. 다만 차이점은 최소 편심에 대한 축강도 감소로 $0.80P_0$ 대신에 $0.85P_o$이고, 압축지배단면인 축력이 ϕP_b보다 큰 경우에 대한 강도감소계수가 0.65 대신에 0.70이다.

20 4.1.2(7)

10 4.2.3(2)

이와 같은 방법으로 작성된 설계강도에 대한 $P-M$ 상관도의 예가 그림 [5.12]에 나타나 있다. 이 도표의 경우 콘크리트의 설계기준압축강도 $f_{ck}=27$ MPa, 주철근의 항복강도는 $f_y=400$ MPa, 철근의 위치 $\gamma=0.8$인 경우에 대한 곡선이다. 그림 [5.12](a),(b),(c)는 각각 그림 [5.10]에 나타낸 단면 형태에 대한 것이며, 철근비가 1∼8퍼센트에 대하여 나타나 있다.

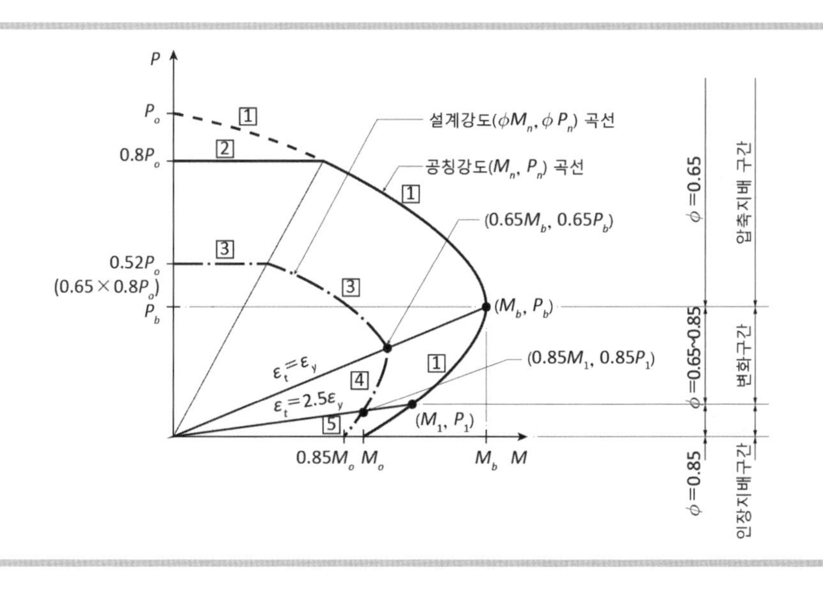

그림 [5.11]
직사각형 띠철근 콘크리트 단면

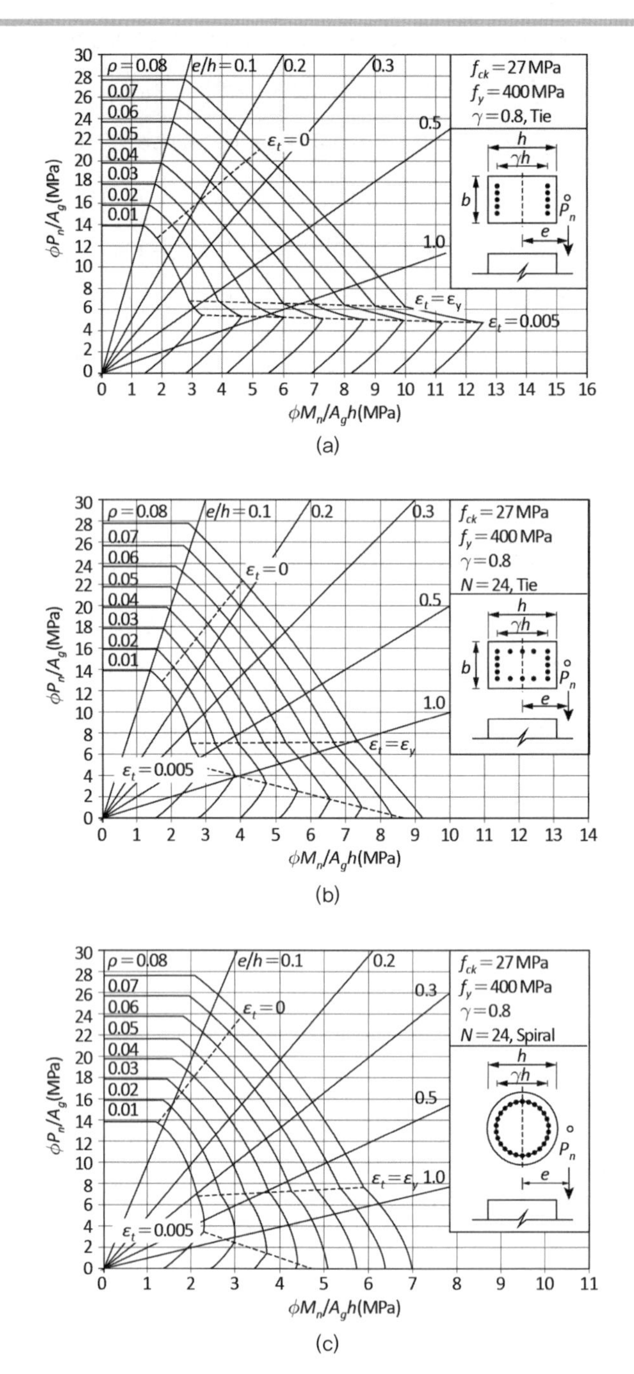

그림 [5.12]

설계강도 $P-M$ 상관도의 예: (a) 양변에 배치된 직사각형 단면; (b) 4변 배치된 직사각형 단면; (c) 원형 단면 (＊이 그림은 2012년판 규정에 따라 작성된 것임)

도표를 활용한 주철근량 계산 과정

최근에는 앞서 설명한 컴퓨터를 이용하여 '해석에 의한 단면 설계' 방법으로 대부분 설계하고 있으나, 여기서는 도표를 활용한 설계 과정을 설명하고자 한다.

앞에서 설명한 방법에 따라 여러 형태의 단면과 재료 강도에 따라 기둥의 설계강도에 대한 $P-M$ 상관도가 각종 문헌에 제시되어 있다. 이 $P-M$ 상관도를 사용하여 기둥 부재의 단면을 설계하는 과정에 대하여 알아본다. 설계 방법으로는 첫째 기둥 부재의 단면 설계도 다른 부재와 같이 단면의 크기가 먼저 주어져 있고 철근량을 구하는 방법과, 둘째 먼저 철근량인 철근비를 선택한 후에 단면의 크기를 구하는 방법이 있다.

먼저 단면의 크기가 주어져 있고 철근량을 구하는 방법에 대한 순서는 다음과 같다.

첫째, 단면의 크기인 b, h와 재료의 특성값인 f_{ck}, f_y, E_s를 선택하고, 구조해석을 통하여 계수단면력 P_u, M_{ux}, M_{uy}를 구한다.

둘째, 해당하는 f_y와 f_{ck}의 도표를 선택하고, 피복두께와 단면의 크기 b, h를 고려하여 γ값을 결정하고 γ값에 해당하는 도표를 선택한다. 이때 원형 단면 또는 직사각형 단면의 선택과 M_u를 비교하여 네 변에 주철근이 배치되어야 할 것인지 양쪽 면에만 배치할 것인지를 고려하여 선택한다.

셋째, 도표에 의해 철근량을 계산하는데 먼저 $y = P_u/bh$, $x = M_u/bh^2$을 계산하여 서로 만나는 점을 찾는다. 이 점이 $\rho = 1 \sim 8$퍼센트 사이에 있으면 해당하는 ρ값을 구하고, 이 점이 8퍼센트 선 바깥에 있으면 단면을 키워야 하고 1퍼센트 선 안쪽에 있으면 단면을 줄일 수도 있고, 현재 단면을 사용하되 최소 주철근비인 1퍼센트를 배치할 수도 있다.

넷째, ρ값이 정해지면 $A_{st} = \rho bh$에 의해 전체 주철근량을 계산하고, 철근 크기를 선택하여 개수를 정한다. 이때 직사각형 단면의 경우 해당 도표에서 양쪽 변에만 배치된 경우를 선택한 경우 각각 $0.5A_{st}$씩 한쪽 변에 배치하고, 네 변에 배치되는 경우를 선택한 경우 각 변에 동일한 개수를 배치한다.

다음으로 드문 경우이지만 단면의 크기가 주어져 있지 않은 경우에 대한 단면을 설계하는 방법에 대해 알아본다.

첫째, 재료의 특성 값인 f_{ck}, f_y, E_s와 계수단면력 P_u, M_{ux}, M_{uy}를 선택하고 구한다.

둘째, 이 경우에도 앞의 경우와 비슷하게 재료의 특성 값, 그리고 어느 정도 단면 크기를 가정하여 γ값을 가정하여 해당 도표를 선택한다.

셋째, 도표에 의한 단면 크기를 결정하는데, 먼저 적절한 철근비를 선택한다. 기둥의 철근비는 0.01~0.08 사이로서 일반적으로 큰 고려 사항이 없는 경우 0.02~0.04 범위이다. 그리고 $e = M_u/P_u$에 의해 편심거리 e를 계산한다. 이 편심거리 e와 설계상 요구되는 형상비 등을 고려하여 e/h값을 선택한다. 선택한 철근비 ρ값에 해당하는 선과 이 e/h선이 만나는 점을 찾고, 이 점의 좌표값 $(x,\ y)$를 얻는다. 이 경우 $x = M_u/bh^2$, $y = P_u/bh$의 단계와 형상비 h/b를 고려하여 단면 크기 b와 h를 결정한다. 이때 h는 앞에서 선택한 $\alpha = e/h$값에 의해 $h = \alpha e$값에 가까운 값으로 하여 b값을 얻을 수 있다. 그러나 $h = \alpha e$를 대입하여 얻은 b의 값이 서로 큰 차이가 나면 앞의 단계로 돌아가서 다른 e/h의 값을 선택하여 반복한다.

최종적으로 단면의 크기 b, h가 정해지면 전체 철근량 $A_{st} = \rho bh$로 구하고 철근 개수를 구하여 배치한다.

예제 〈5.4〉

고정하중, 활하중 및 풍하중이 작용하는 구조물을 해석한 결과 기둥의 축력과 휨모멘트가 각각 다음과 같을 때 단면을 설계하라. 단면의 크기 $b \times h = 500 \times 600\ \text{mm}^2$이다. 사용하는 콘크리트의 설계기준압축강도는 27 MPa이고 철근의 설계기준항복강도는 400 MPa이다.

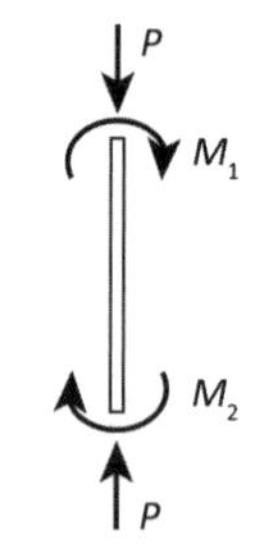

$P_D = 1{,}000$ kN, $P_L = 800$ kN, $P_W = \pm 400$ kN

$M_{D1} = -50$ kNm, $M_{L1} = -100$ kNm, $M_{W1} = \pm 250$ kNm

$M_{D2} = 100$ kNm, $M_{L2} = 220$ kNm, $M_{W2} = \pm 250$ kNm

풀이

1. 설계용 계수단면력 산정

고정하중, 활하중과 풍하중에 대한 하중조합은 다음과 같고, 각 경우에 대한 계수축력과 계수휨모멘트는 표에 나타낸 바와 같다.

10 4.2.2(1)

하중조합 1 : $U = 1.4D$

하중조합 2 : $U = 1.2D + 1.6L$

하중조합 3 : $U = 1.2D + 1.3W + 1.0L$

하중조합 4 : $U = 0.9D + 1.3W$

하중조합	1	2	3	4
계수축력	1,400	2,480	2,520*2	380*3
계수휨모멘트*1	140	472	665	415

*1 이때 계수휨모멘트는 양 단부에서 M_{u1}, M_{u2}를 계산하여 절댓값이 가장 큰 값을 택한다.

*2 하중조합 3의 경우는 계수축력이 가장 큰 값으로서 $1.2 \times 1,000 + 1.3 \times 400 + 1.0 \times 800 = 2,520$ kN이다.

*3 하중조합 4의 경우는 계수축력이 가장 작은 값을 취해야 하며 $0.9 \times 1,000 + 1.3 \times (-400) = 380$ kN이다.

2. 철근량의 산정

최소 피복두께가 40 mm, 띠철근 직경, 주철근 직경 등을 고려하여 콘크리트 표면에서 주철근 중심까지 거리를 60 mm로 가정하면 $\gamma = (600 - 2 \times 60)/600 = 0.8$이다. 해당 도표는 그림 [5.12](a)이고, 각 하중조합에 대하여 철근비를 구할 수도 있으며, 가장 불리할 것으로 예상되는 하중조합 3에 대한 계수단면력으로 구할 수도 있다. 모든 단면력에 대한 요구철근비와 철근량은 다음과 같다.

50 4..3,1(1)

하중조합	1	2	3	4
$x = M_u/bh^2$	0.78	2.62	3.69	2.31
$y = P_u/bh$	4.67	8.27	8.40	1.27
ρ값	0.01 이하	0.01 이하	0.02	0.02
A_{st}(mm^2)	–	–	6,000	–

3. 철근의 선택

필요한 철근의 단면적이 6,000 mm^{2}이므로, $16-D22$(6,194 mm^2), $12-D25$(6,080 mm^2), $10-D29$(6,424 mm^2) 중에서 선택할 수 있으나, $16-D22$는 기둥 폭 500 mm에 8개를 배치하기가 힘들 수 있으므로 $12-D25$ 또는 $10-D29$ 중에서 택한다.

4. 단면 상세

휨모멘트가 가해지는 양쪽 면에 전체 철근량의 반인 $6-D25$ 또는 $5-D29$를 배치한다. 그리고 다른 쪽 양 측면에는 간격이 150 mm 이하가 되도록 적당한 크기의 철근을 추가 배치한다.

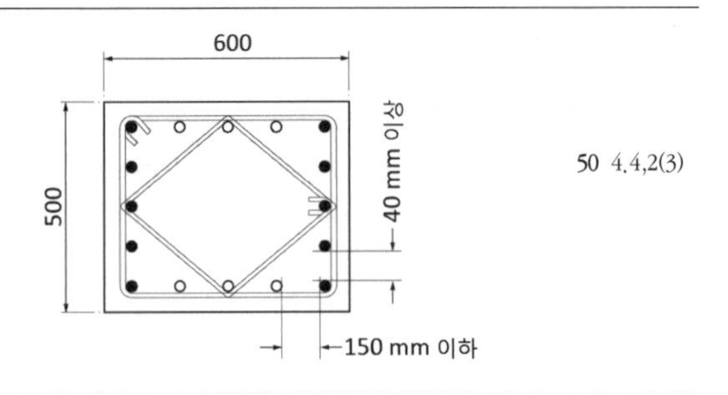

50 4.4.2(3)

5.3.3 축력과 2축 휨모멘트를 받을 때 주철근량 계산

기둥은 대부분 직사각형 단면으로서 주축이 두 개가 있으며, 구조물의 구성, 즉 수평 부재인 보와 슬래브는 이 두 주축과 나란히 구성되는 경우가 많다. 따라서 하중에 의해 기둥에 축력과 두 축 방향의 휨모멘트가 작용한다. 이때 한 축의 휨모멘트가 다른 축의 휨모멘트에 비해 매우 작으면 비록 2축 휨모멘트를 받더라도 큰 휨모멘트만 고려하여 축력과 1축 휨모멘트를 받는 기둥으로 설계할 수 있다. 대부분 구조물에서 기둥은 이와 같은 기둥이지만 모서리 기둥과 같이 두 방향으로 큰 휨모멘트를 받을 때는 축력과 2축 휨모멘트를 받는 단면으로 설계해야 한다. 물론 2축 휨모멘트를 받더라도 축대칭인 원형 단면인 경우에는 $M_u = \sqrt{M_{ux}^2 + M_{uy}^2}$ 으로 계수휨모멘트를 구하여 계수축력 P_u와 함께 축력과 1축 휨모멘트를 받는 기둥 단면으로 설계할 수 있다.

20 4.5

축력과 2축 휨모멘트를 받는 단면을 정확히 해석, 설계하는 것은 기본편에 보였지만 어려운 일이다. 특히 단면력만 주어져 있고 철근량이 주어지지 않은 경우는 매우 힘들므로 주철근량을 추정한 후에 재검토할 수밖에 없다. 따라서 이 절에서는 근사 설계법으로 널리 사용되고 있는 역하중 법과 등고선 법에 의한 주철근량 산정에 대하여 설명한다. 기본편에서 설명한 바와 같이 역하중 법은 작용하는 축력이 클 때 사용하면 상대적으로 오차가 작다.

역하중 법의 기본식은 다음 식 (5.10)과 같다.[5)]

$$\frac{1}{P_n} \simeq \frac{1}{P_n{}'} = \frac{1}{P_{0x}} + \frac{1}{P_{0y}} - \frac{1}{P_0} \tag{5.10}$$

여기서, $P_n{}'$는 가정된 평면상의 축강도 값이고, P_{0x}는 편심 $e_y = M_{nx}/P_n$에서 축강도이며, P_{0y}는 $e_x = M_{ny}/P_n$에서 축강도이고, P_0는 $e = 0$에서 축강도이다. P_n은 구하고자 하는 축강도로서 편심 e_x, e_y인 곳의 값이다. 이 방법에 의해 구하면 실제 축강도 P_n은 계산된 $P_n{}'$값보다 항상 크므로 안전 측으로 나타난다.

위 식 (5.10)을 다시 정리하여 식 (5.11)과 같이 표현할 수 있다.

$$P_n \simeq \frac{1}{\dfrac{1}{P_{0x}} + \dfrac{1}{P_{0y}} - \dfrac{1}{P_0}} \tag{5.11}$$

따라서 설계기준[1]에 의하면 다음 식 (5.12)를 만족하도록 단면을 설계하여야 한다.

10 4..2.1(1)

$$P_u \le \phi P_n \simeq \frac{1}{\dfrac{1}{\phi P_{0x}} + \dfrac{1}{\phi P_{0y}} - \dfrac{1}{\phi P_0}} \tag{5.12)(a}$$

$$P_u \le \frac{1}{\dfrac{1}{\phi P_{0x}} + \dfrac{1}{\phi P_{0y}} - \dfrac{1}{\phi P_0}} \tag{5.12)(b}$$

식 (5.12)(b)에서 가정된 단면에 대하여 중심축강도 P_0와 x축과 y축에 대한 편심 e_x, e_y인 곳에서 축강도 P_{0x}와 P_{0y}를 구할 수 있다. 식 (5.12)(b)를 만족하도록 단면을 가정하는 것은 경험 등에 의해 반복 회수를 줄일 수 있다.

등고선 법은 특정하게 주어진 축력에 대하여 2축 휨모멘트 사이에 관계를 표시할 수 있다는 것으로 기본식은 다음 식 (5.13)과 같다.

$$\left(\frac{M_{nx}}{M_{n0x}}\right)^{\alpha}+\left(\frac{M_{ny}}{M_{n0y}}\right)^{\beta}=1 \tag{5.13}$$

여기서 M_{nx}, M_{ny}는 각각 편심 (e_y, e_x)에서 x축과 y축에 대한 공칭 휨강도이고, M_{n0x}는 편심 e_y일 때 단면의 공칭휨강도이며 M_{n0y}는 편심 e_x일 때 공칭휨강도이다. 지수 α, β는 여러 요인에 따라 변화하는 변수이다.[6]

식 (5.13)을 PCA[7]에서 수정하여 제시한 식이 다음 식 (5.14)이다.

$$\left(\frac{M_{nx}}{M_{n0x}}\right)^{\frac{\log 0.5}{\log\beta}}+\left(\frac{M_{ny}}{M_{n0y}}\right)^{\frac{\log 0.5}{\log\beta}}=1.0 \tag{5.14}$$

이 식에서 β값은 콘크리트와 철근의 강도, 작용하는 축력의 수준, 철근비 등에 따라 변화하는 값이다. 이 값은 PCA에서 발간한 참고도서[7]에 나와 있으나, 축력 수준 P_n/P_0 값이 일반적으로 구조물에서 작용하는 0.2~0.5일 때 대략적으로 $f_y=300$ MPa인 경우 $\beta=0.65$, $f_y=400$ MPa인 경우 $\beta=0.60$, $f_y\geq 500$ MPa인 경우 $\beta=0.55$ 정도의 값을 사용할 수 있다. 이때 β값을 작은 값을 사용하면 더 안전 측의 설계가 된다.

예제 〈5.5〉

다음과 같은 계수단면력을 받는 기둥의 단면 크기와 주철근량을 구하라.

- 계수단면력 : $P_u=2{,}000$ kN, $M_{ux}=300$ kNm, $M_{uy}=150$ kNm
- 재료의 설계기준강도 : $f_{ck}=27$ MPa, $f_y=400$ MPa

풀이

1. 등고선 법에 의한 설계
   1) 요구되는 단면의 강도

   띠철근콘크리트 기둥의 압축지배 단면으로 가정하면 $\phi=0.65$이다. 10 4.2.3(2)

$$P_n=P_u/\phi=2{,}000/0.65=3{,}077\text{ kN}$$
$$M_{nx}=M_{ux}/\phi=300/0.65=462\text{ kNm}$$
$$M_{ny}=M_{uy}/\phi=150/0.65=231\text{ kNm}$$

2) 단면 크기의 가정

단면 크기는 작용하는 계수단면력, 철근비, 사용하는 재료의 설계기준강도 등에 따라 달라진다. 먼저 철근을 무시하고, 또 축력만 작용할 때 요구되는 단면적은 다음과 같다.

$$0.80 \times (0.85 f_{ck}) A_g \geq P_n = 3{,}077{,}000 \text{ N}$$

20 4.1.2(7)

$$A_g \geq 3{,}077{,}000/(0.80 \times 0.85 \times 27) = 167{,}592 \text{ mm}^2$$

따라서 작용하는 계수휨모멘트의 비와 크기, 철근 등을 고려하여 단면 크기를 $b \times h = 400 \times 500 = 200{,}000 \text{mm}^2$으로 정한다.

3) $e_y = 0$일 때 요구되는 휨강도 M_{n0x}의 가정

편심 (e_x, e_y)에서 x축 방향 휨강도 M_{nx}를 확보하기 위해서는 $e_x = 0$인 x축 방향 휨강도 M_{n0x}는 M_{nx}보다 더 커야 한다. 이는 반복적 기법에 의해 구할 수도 있고 간단한 등고선 법에 의해 구할 수도 있으나, 대략적으로 $M_{n0x} \simeq M_{nx} + 0.7\, M_{ny}$ 정도로 가정하여 구해도 반복횟수를 줄일 수 있다.

$$M_{n0x} \simeq M_{nx} + 0.7\, M_{ny} = 462 + 0.7 \times 231 = 624 \text{ kNm}$$

4) 주철근량의 결정

$f_{ck} = 27$ MPa, $f_y = 400$ MPa이고 γ 값은 피복두께 등을 고려하여 0.8로 택하고, 4 변에 같은 양의 철근을 배치한다면 그림 [5.12](b)를 사용하여 철근량을 구할 수 있다.

$$x = \phi M_n / A_g h = 0.65 \times 624{,}000{,}000/(400 \times 500 \times 500) = 4.06$$

$$y = \phi P_n / A_g = 0.65 \times 3{,}077{,}000/(400 \times 500) = 10.0$$

그림에서 대략 $\rho = 0.039$를 얻을 수 있다. 따라서

$$A_{st} = 0.039 \times 400 \times 500 = 7{,}800 \text{ mm}^2$$

16 − D25(8,107 mm^2)를 그림과 같이 배치한다.

50 4.4.2(3)

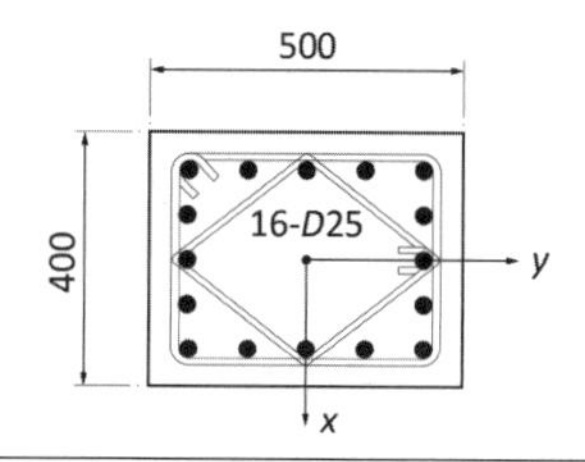

5) 등고선 법의 수식에 의한 검토

그림과 같이 설계된 경우, 그림 [5.12](b)를 사용하여 M_{n0x}와 M_{n0y}를 구한다. $y = \phi P_n / A_g = 10.0$과 $\rho = 8{,}107/(400 \times 500) = 0.041$에 대하여 x값을 구하면 4.15 정도를 얻을 수 있다. 따라서 M_{n0x}와 M_{n0y}는 다음과 같다.

$$\phi M_{n0x}/(b \times h^2) = 4.15$$
$$\rightarrow M_{n0x} = 4.15 \times 400 \times 500^2/0.65 = 638 \text{ kNm}$$

$$\phi M_{n0y}/(b^2 \times h) = 4.15$$
$$\rightarrow M_{n0y} = 4.15 \times 400^2 \times 500/0.65 = 511 \text{ kNm}$$

f_y =400 MPa이므로 $\beta = 0.6$으로 가정하면, $\log 0.5/\log\beta = 1.357$이다. 따라서

$$\left(\frac{M_{nx}}{M_{n0x}}\right)^{\frac{\log 0.5}{\log \beta}} + \left(\frac{M_{ny}}{M_{n0y}}\right)^{\frac{\log 0.5}{\log \beta}}$$
$$= \left(\frac{462}{638}\right)^{1.357} + \left(\frac{231}{511}\right)^{1.357} = 0.985 \leq 1.0$$

따라서 설계된 단면은 만족한다.

2. 역하중 법에 의한 설계

역하중 법을 사용할 때도 단면 크기와 철근량의 가정은 앞의 등고선 법과 유사하게 수행한다. 따라서 이 예제에서는 역하중 법에 의해 가정된 단면을 검토만 한다. 역하중 법의 검토 식은 다음과 같다.

$$P_n \leq \frac{1}{\frac{1}{P_{0x}} + \frac{1}{P_{0y}} - \frac{1}{P_0}}$$

따라서 설계된 단면에 대하여 P_0, P_{0x}, P_{0y}를 구한다.

$$P_0 = 0.85 f_{ck}(A_g - A_{st}) + f_y A_{st}$$
$$= 0.85 \times 27 \times (400 \times 500 - 8{,}107) + 400 \times 8{,}107$$
$$= 7{,}647 \text{ kN}$$

그림 [5.12](b)에 의해 P_{0x}, P_{0y}를 구하기 위해서 e_y/h, e_x/b와 ρ 값을 구해야 한다.

$$e_y/h = (300{,}000/2{,}000)/500 = 0.3$$
$$e_x/h = (150{,}000/2{,}000)/400 = 0.1875$$
$$\rho = 0.041$$

그림에서, $\phi P_{0x}/A_g = 12.5$, $\phi P_{0y}/A_g = 16.0$ 정도를 찾을 수 있다. 따라서 P_{0x} 값과 P_{0y} 값은 각각 다음과 같다.

$$P_{0x} = 12.5A_g/\phi = 12.5 \times 400 \times 500/0.65 = 3{,}846 \text{ kN}$$
$$P_{0y} = 16.0A_g/\phi = 16.0 \times 400 \times 500/0.65 = 4{,}923 \text{ kN}$$
$$P_n = \frac{1}{\dfrac{1}{P_{0x}} + \dfrac{1}{P_{0y}} - \dfrac{1}{P_0}} = \frac{1}{\dfrac{1}{3846} + \dfrac{1}{4923} - \dfrac{1}{7647}}$$
$$= 3{,}009 \text{ kN} \le P_u/\phi = 3{,}077 \text{ kN}$$

약간 작지만 이 역하중 법은 항상 안전 측으로 예측하므로 이 정도는 만족한다고 볼 수도 있다.

5.3.4 전단력에 대한 띠철근량 계산

기둥 부재에서 연직하중에 의한 전단력은 크지 않다. 왜냐하면 연직하중은 부재축 방향으로 작용하여 직접 전단력을 발생시키지 않고, 기둥 양단부에 발생하는 휨모멘트의 차이에 의한 전단력만 나타나기 때문이다. 그러나 풍하중이나 지진하중 등 횡방향 하중에 의한 전단력은 기둥 부재에 크게 나타나므로 이와 같은 하중이 작용할 때는 전단에 대한 검토가 필요하다.

기둥에 대한 전단 검토는 보 부재와 같은 다른 부재와 동일하게 할 수 있다. 다만 보 부재와 다르게 기둥 부재의 경우 압축력이 크게 작용하므로 이를 고려하여 콘크리트에 의한 전단강도를 구하는 것이 바람직하다. 이 경우 축력과 휨모멘트에 의해 주철근량을 계산할 때도 고려한 것처럼 오히려 축력이 작은 경우가 불리할 수도 있으므로 이와 같은 하중조합에 대해서 필히 검토하여야 한다.

압축력을 받는 기둥의 경우 콘크리트에 의한 전단강도 V_c는 다음 식 (5.15)(a) 또는 식 (5.15)(b)에 의해 구할 수 있다.

22 4.2.1(1)

$$V_c = \frac{1}{6}\lambda\sqrt{f_{ck}}bd \tag{5.15(a)}$$

$$V_c = \frac{1}{6}\left(1+\frac{N_u}{14A_g}\right)\lambda\sqrt{f_{ck}}bd \tag{5.15(b)}$$

여기서, b는 전단력과 직교 방향의 기둥의 폭이고, d는 전단력 방향으로 기둥의 유효깊이이다. 그리고 A_g는 기둥의 전체 단면적이며 N_u는 압축력일 때 양의 값으로서 계수축력(N)이다.

또한 기둥에서도 보다 엄밀한 식인 다음 식 (5.16)(a) 또는 식 (5.16)(b)에 의해서도 V_c값을 계산할 수 있다.

22 4.2.1(2)

$$V_c = \left(0.16\lambda\sqrt{f_{ck}}+17.6\rho_w\frac{V_u d}{M_u}\right)bd \le 0.29\lambda\sqrt{f_{ck}}bd \tag{5.16(a)}$$

$$V_c = \left(0.16\lambda\sqrt{f_{ck}}+17.6\rho_w\frac{V_u d}{M_m}\right)bd \le 0.29\lambda\sqrt{f_{ck}}bd\sqrt{1+\frac{N_u}{3.5A_g}} \tag{5.16(b)}$$

여기서, $V_u d/M_u$ 값은 1 이하이어야 하고, $M_m = M_u - N_u(4h-d)/8$로서 M_m값이 음이면 V_c는 $0.29\lambda\sqrt{f_{ck}}bd\sqrt{(1+N_u/3.5A_g)}$로 한다.

5.4 배근상세 및 구조상세

5.4.1 철근상세

주철근상세

기둥 부재에서 주철근은 축력과 휨모멘트에 의해 결정되며, 상세로는 철근량 및 최소 개수, 철근 간격, 정착과 이음, 그리고 옵셋굽힘철근 상세 등이 있다.

20 4.3.2(1)

기둥 부재의 주철근량은 1퍼센트 이상 8퍼센트 이하로 규정하고 있으나, 일반적으로 기둥의 철근비가 4퍼센트 이상으로 배치되는 경우 겹침이음 등이 매우 힘들므로 4퍼센트 이하로 배근하는 경우가 많다. 그리고 하중에 의해 요구되는 단면보다 크게 설계된 단면에 대하여, 다시 말하여 단면력에 의하면 큰 단면이 요구되지 않으나 설계 측면 등의 다른 고려사항에 의해 단면이 결정된 경우로서, 이러한 기둥은 유효단면 크기를 기준으로 최소 철근량을 배치할 수 있는데 유효단면 크기는 실제 단면 크기의 0.5배 이상은 되어야 한다.

20 4.3.1(4)

철근 개수는 나선철근콘크리트 기둥의 경우 최소한 6개 이상, 띠철근콘크리트 기둥의 경우 4개 이상이어야 한다. 다만 삼각형 기둥과 같은 띠철근콘크리트 기둥의 경우 3개 이상으로 할 수 있다.

20 4.3.2(2)

주철근의 간격은 40 mm 이상, 주철근 공칭지름의 1.5배 이상이어야 하고, 또한 굵은골재 크기의 4/3배 이상이어야 한다. 그리고 주철근 사이의 순간격이 150 mm 이상으로 될 때는 모든 주철근 사이에 횡방향철근을 배치하여야 한다.

50 4.2.2(3)
01 3.1.1(2)
50 4.4.2(3)

기둥의 주철근은 주로 압축력을 받으므로 앞의 제 3장 식 (3.9)에 따른 압축철근 이음길이를 확보하여 이음을 하면 되나, 몇 가지 조건이 맞는 경우 보정계수를 사용할 수 있다. 먼저 모든 철근이 계수하중이 작용할 때 압축력을 받는 띠철근콘크리트 압축 부재의 경우 띠철근 유효단면적이 각 방향 모두 $0.0015hs$ 이상이면 이음길이를 계산할 때 보정계수 0.83을 적용할 수 있고, 나선철근콘크리트 압축 부재의 경우 0.75를 적용할 수 있다. 그러나 이음길이는 두 경우 모두 300 mm 이상이어야 한다. 계수하중이 작용할 때 철근이 $0.5f_y$ 이하의 인장응력을 받는 경우에 어느 한 단면에서 철근이 반을 초과하여 이음이 되면 B급 이음으로 취급하고, 반 이하가 겹침이음되고 l_d 이상 서로 엇갈려 있으면 A급 이음으로 취급한다. 그리고 $0.5f_y$를 초과하는 인장응력을 받는 경우에는 전부 B급 인장겹침이음으로 한다. 만약 서로 다른 크기의 철근을 압축부에서 겹침이음을 하는 경우 이음길이는 크기가 큰 철근의 정착길이와 크기가 작은 철근의 겹침이음길이 중에서 큰 값 이상으로 한다. 이때 D41과 D51 철근은 D35 이하 철근과 겹침이음을 할 수 있다.

52 4.7(2)
52 4.7(3),(4)
52 4.5.3(2)

특별히 기둥에 있어서 철근이 압축력만을 받을 경우에는 직각으로 절단된 철근의 양 끝을 맞대어 압축력을 직접 지압에 의해 전달시킬 수 있다.

52 4.5.3(4)

다만 이때 철근의 양 단부는 직각면에 1.5° 이내로서 전체는 3° 이내이어야 한다. 그리고 이러한 지압이음은 폐쇄띠철근 또는 나선철근을 배치한 기둥에만 사용할 수 있으며, 이음이 서로 엇갈려 있거나 추가철근이 배치된 경우에 사용할 수 있다. 이때 각 면에 배치된 연속철근은 그 면에 배치된 수직철근량에 설계기준항복강도 f_y의 25퍼센트를 곱한 값 이상의 인장강도를 가져야 한다.

52 4.7(65)

상, 하층의 기둥의 크기가 달라 주철근을 옵셋(off-set)시킬 때는 옵셋굽힘철근의 기울기는 1/6을 초과할 수 없다. 이러한 경우에 굽혀진 부분에서 150 mm 이내에 옵셋굽힘철근을 통하여 일어나는 수평 분력의 1.5배 이상을 받을 수 있는 띠철근을 상, 하에 배치하여야 한다. 그리고 상, 하의 기둥 면이 75 mm 이상 차이가 있을 때는 옵셋굽힘철근을 둘 수 없다.

50 4.5.1

횡철근상세

먼저 띠철근콘크리트 기둥에서 띠철근의 경우, 주철근이 D32 이하인 경우 띠철근은 D10 이상, D35 이상인 경우 띠철근은 D13 이상이어야 한다. 띠철근의 수직 간격은 주철근 지름의 16배, 띠철근 지름의 48배, 기둥 단면의 최소 치수 중 가장 작은 값 이하로 하여야 한다. 모든 모서리 주철근과 하나 건너 위치하고 있는 주철근들은 그림 [5.13](a)에서 보듯이 135° 이하의 각도를 갖는 띠철근으로 지지되어야 하고, 만약 그림 [5.13](b)에서 보는 바와 같이 주철근의 순간격이 150 mm를 초과하면 모든 주철근에 띠

50 4.4.2(3)

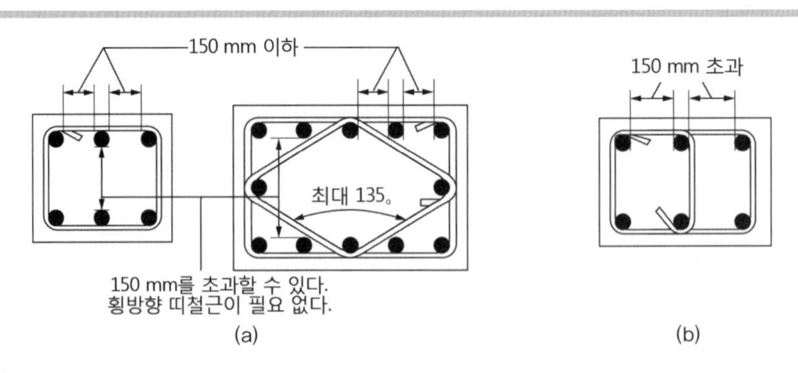

그림 [5.13]
띠철근콘크리트 기둥 주철근의 횡지지: (a) 주철근 간격 150 mm 이하; (b) 주철근 간격 150 mm 이상

철근을 배치하여야 한다.

띠철근은 기둥 전체 길이에 걸쳐 배치하여야 하나, 보폭이 기둥 폭의 0.5배 이상으로서 기둥 4면에 보가 있는 경우에는 수평 부재의 최하단 주철근에서 75 mm 이내까지만 배치하면 된다. 그리고 기초판 윗 면과 연결되는 기둥과 슬래브의 상, 하부에 연결되는 기둥의 첫 번째 띠철근의 간격은 0.5배로 한다.

다음으로 나선철근콘크리트 기둥에서 나선철근의 경우 나선철근비는 다음 식 (5.17)의 값 이상으로 하여야 한다.[8)]

20 4.3.2(3)

$$\rho_s \geq 0.45\left(\frac{A_g}{A_{ch}} - 1\right)\frac{f_{ck}}{f_{yt}} \tag{5.17}$$

여기서 A_g는 기둥 전체 단면적이며, A_{ch}는 심부콘크리트 단면적이다. 그리고 f_{ck}는 콘크리트의 설계기준압축강도이며, 나선철근의 설계기준항복강도 f_{yt}는 700 MPa 이하로 하고,[3), 9), 10)] 400 MPa을 초과하는 경우에는 겹침이음을 할 수 없다.

나선철근의 지름은 10 mm 이상이어야 하고, 수직 방향 순간격은 25 mm 이상, 75 mm 이하이어야 한다. 그리고 기둥 상, 하 양 단부에서 정착은 1.5 회전만큼 더 길이를 확보하여야 하고 이음은 이형철근의 경우 $48d_b$ 이상, 원형철근의 경우 $72d_b$ 이상으로서 최소한 300 mm 이상이어야 한다. 원형철근의 경우 표준갈고리 형태로 하여 기둥의 심부에 정착한 경우에는 이음길이는 $48d_b$ 이상으로 할 수 있다. 나선철근은 기초판과 슬래브의 상부부터 슬래브 또는 보 부재의 최하단 철근까지 배치되어야 한다.

50 4.4.2(2)

중간모멘트 골조의 철근상세

지진하중이 포함된 하중조합에 대하여 철근콘크리트 구조물을 해석할 때 지진력을 산정해서 반응수정계수 R을 적용한다. 이때 그 골조가 연성이 있으면 큰 값을 사용하여 지진력을 작게 산정하도록 건축구조기준에서 규정하고 있다. 이때 보통모멘트 골조의 R 값은 3이고, 중간모멘트 골조는 5이며, 특수모멘트 골조는 8이다. 따라서 구조해석을 할 때 채택한 구조 거동을 확보하기 위하여 단면과 구조 부재의 설계 방법이 다르다. 콘크리트구조 설계기준[1]에서도 이에 대한 내용이 규정되어 있으며, 이 절에서는 우리나라에서 널리 사용되고 있는 중간모멘트 골조에 대해서만 설명한다.

KDS 14 20 80

중간모멘트 골조의 기둥 부재의 철근상세로는 계수축력이 $0.1A_g f_{ck}$보다 큰 축력이 작용하는 기둥에만 적용한다. 이러한 기둥은 나선철근을 배치하거나, 띠철근을 배치하는 경우에는 횡철근으로 후프철근(hoop bar)을 배치하여야 하는데 그 간격 s_0는 주철근 지름의 8배, 후프철근 지름의 24배, 기둥 최소 치수의 0.5배, 300 mm 중에서 가장 작은 값이다. 이러한 후프철근을 기둥의 양 단부에서 상, 하로 구간 l_0만큼 배치하여야 하며, l_0는 기둥 순높이의 1/6, 기둥부재 최대치수, 450 mm 중에서 가장 큰 값이다. 첫 번째 후프철근은 접합면에서 $0.5s_0$ 이내에 위치시키고, l_0를 벗어난 부분은 일반적인 띠철근으로 한다. 또 후프철근의 양은 기둥 양 단부의 공칭휨강도 값에 따라 계산된 전단력과 계수연직하중에 의한 전단력의 합 이상에 견디도록 배치하여야 하고, 또한 내진설계기준의 설계용 하중조합에서 지진하중을 2배로 한 $U = 1.2D + 2.0E + 1.0L + 0.2S$에 따라 계산한 최대 전단력에 견딜 수 있도록 배치하여야 한다.

80 4.3.2(1)

80 4.3.5

후프철근(hoop bar)
양 끝단에 내진갈고리를 갖는 폐쇄스트럽 또는 폐쇄띠철근을 뜻한다.

80 4.3.3

5.4.2 구조상세

현재 콘크리트구조 설계기준[1]에서는 규정되지 않고 있지만 이전에는 기둥의 최소 단면적은 60,000 mm^{2}이고 최소 변의 길이는 200 mm 이상이어야 한다는 규정이 있었다. 그러나 대부분의 기둥이 이 크기 이상으로서 규정이 필요 없는 것이 되었다. 기둥에 대한 구조상세는 콘크리트 벽체나 교각 구조와 일체로 시공되는 나선철근 또는 띠철근콘크리트 기둥의 유효단면적 산정에 대한 것으로서 이 경우 유효단면적은 띠철근 또는 나선철근 외측에서 대표적인 최소피복두께에 해당하는 40 mm를 더한 값으로 하도록 규정하고 있다.

20 4.3.1

5.5 기둥 부재 설계 예

5.5.1 단주 설계 예

철근콘크리트 구조물에서 기둥은 대부분이 단주에 해당한다. 특히 건물의 경우에는 단주가 대부분이며, 횡구속이 되어 있지 않은 구조시스템을 갖는 고층 건물의 일부 기둥과 높은 교각 등이 장주에 속할 수 있다.

단주의 설계는 구조해석에 의해 구한 각 단면력으로 앞의 5.3절에서 설명한 주철근량과 횡철근량을 구하여 5.4절에 설명한 철근상세에 따라 배치하면 된다.

이 절에서는 띠철근콘크리트 기둥과 나선철근콘크리트 기둥의 설계 예를 보인다.

예제 〈5.6〉 단주 설계 예

그림과 같은 횡구속되어 있는 기둥을 설계하라. 상, 하에 연결되어 있는 보는 300×600 mm^{2}이고, 경간은 8.0 m이다. 그리고 각 하중에 의한 단면력과 사용 재료 특성은 다음과 같다.

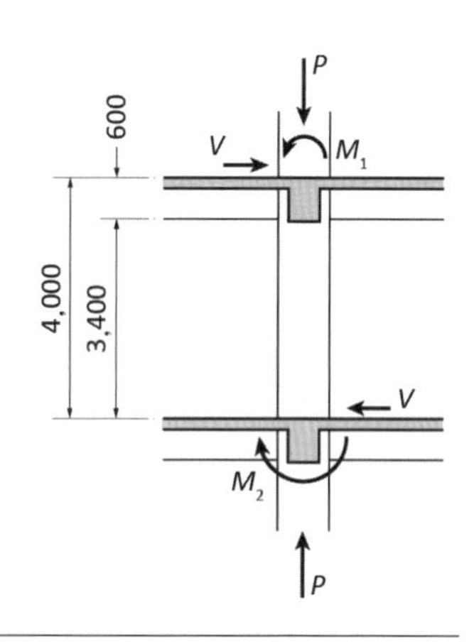

$P_D = 1{,}200$ kN, $P_L = 800$ kN, $P_E = \pm 500$ kN

$V_D = 50$ kN, $V_L = 65$ kN, $V_E = \pm 100$ kN

$M_{D1} = M_{D2} = 100$ kNm

$M_{L1} = -80$ kNm, $M_{L2} = 140$ kNm

$M_{E1} = M_{E2} = \pm 200$ kNm, $M_{E2} = \mp 200$ kNm

$f_{ck} = 27$ MPa, $f_y = 400$ MPa

풀이

1. 계수단면력 계산

고정하중, 활하중과 지진하중이 작용할 때 하중조합은 다음과 같다. 10 4.2.2(1)

$U = 1.4D$ ············ ①

$U = 1.2D + 1.6L$ ············ ②

$U = 1.2D + 1.0L + 1.0E$ ············ ③

$U = 0.9D + 1.0E$ ············ ④

①, ②, ③은 가장 큰 계수단면력에 대한 것이고 ④의 경우는 지진하중이나 풍하중이 작용할 때 계수축력이 ϕP_b보다 작을 때는 오히려 휨강도가 작아지기 때문에 축력이 최소가 되고 휨모멘트가 최대가 되는 경우를 검토하기 위한 하중조합이다.

$U = 1.4D$

$$P_u = 1.4 \times 1,200 = 1,680 \text{ kN}$$
$$M_{u1} = 1.4 \times 100 = 140 \text{ kNm}$$
$$M_{u2} = 1.4 \times 100 = 140 \text{ kNm}$$
$$V_u = 1.4 \times 50 = 70 \text{ kN}$$

$U = 1.2D + 1.6L$

$$P_u = 1.2 \times 1,200 + 1.6 \times 800 = 2,720 \text{ kN}$$
$$M_{u1} = 1.2 \times 100 \times (-80) = -8 \text{ kNm}$$
$$M_{u2} = 1.2 \times 100 + 1.6 \times 140 = 344 \text{ kNm}$$
$$V_u = 1.2 \times 50 + 1.6 \times 65 = 164 \text{ kN}$$

$U = 1.2D + 1.0L + 1.0E$

$$P_u = 1.2 \times 1,200 + 800 + 500 = 2,740 \text{ kN}$$
$$M_{u1} = 1.2 \times 100 - 80 - 200 = -160 \text{ kNm}$$
$$M_{u2} = 1.2 \times 100 + 140 + 200 = 460 \text{ kNm}$$
$$V_u = 1.2 \times 50 + 65 + 100 = 225 \text{ kN}$$

$U = 0.9D + 1.0E$

$$P_u = 0.9 \times 1,200 - 500 = 580 \text{ kN}$$
$$M_{u1} = 0.9 \times 100 - 200 = -110 \text{ kNm}$$
$$M_{u2} = 0.9 \times 100 + 200 = 290 \text{ kNm}$$
$$V_u = 0.9 \times 50 + 100 = 145 \text{ kN}$$

따라서 계수단면력이 가장 큰 조합인 $U = 1.2D + 1.0L + 1.0E$ 일 때 값으로 단면을 설계하고, 가장 축력이 작은 조합인 $U = 0.9D + 1.0E$일 때 만족 여부를 검토한다.

2. 단면 크기의 가정

일단 단주로 가정하면, 주어진 설계용 계수단면력은 $P_u = 2{,}740$ kN, $M_u = 460$ kNm, $V_u = 225$ kN이므로 철근을 고려하지 않을 때 계수축력에 의해 요구되는 단면적은 다음과 같다.

$$\phi \times 0.80 \times 0.85 f_{ck} A_g \geq 2{,}740{,}000 \text{ N}$$
$$A_g \geq 2{,}740{,}000 \, / \, (0.65 \times 0.8 \times 0.85 \times 27) = 229{,}596 \text{mm}^2$$

그래서 편심거리 $e = M_u \, / \, P_u = 0.168$ m 등을 고려하여 $b \times h = 450 \times 500$ mm^{2}으로 정한다.

3. 장주 여부 검토

만약 장주이면 휨모멘트를 확대하여야 하므로 이 기둥의 장주 여부를 검토하여야 한다. 횡구속 골조의 경우 유효세장비가 다음 값보다 작으면 단주이다.

$$\frac{kl_u}{r} \le 34 - 12(M_1/M_2)$$

20 4.4.1(1)

여기서, 횡구속 골조의 경우 $k \le 1$이고, $r = 0.3h$, $l_u = 4.0 - 0.6 = 3.4$이며, M_1/M_2은 단일 곡률이므로 $M_1/M_2 = 160/460 = 160/460$이다. k 값은 보의 강성과 기둥의 강성비를 구하여 도표에 의해 구할 수 있지만 여기서는 일단 가장 불리한 $k = 1$로 두고 계산한다.

$$kl_u/r = 1.0 \times 3{,}600/(0.3 \times 500) = 24$$
$$34 - 12(M_1/M_2) = 34 - 12 \times 160/460 = 29.8$$

따라서 만족하므로 단주이며, 휨모멘트 확대는 필요하지 않다.

4. 주철근량 계산 및 간격 검토

피복두께 40 mm, 띠철근 및 주철근의 지름 등을 고려할 때 $h = 500$ mm이면 γ값은 대략 $(500 - 120)/500 = 0.76$ 정도가 된다. 그러나 $f_{ck} = 27$ MPa, $f_y = 400$ MPa이고 $\gamma = 0.80$에 해당하는 그림 [5.12](a)를 이용한다. 이때 축력과 1축 휨모멘트를 받으므로 양쪽에 필요한 철근량을 배치하고 다른 쪽으로는 최소한의 철근만 배치한다.

$$x = \phi M_n/A_g h = M_u/A_g h = 460{,}000{,}000/(450 \times 500^2) = 4.09$$
$$y = \phi P_n/A_g = P_u/A_g = 2{,}740{,}000/(450 \times 500) = 12.2$$

그림에서 대략 $\rho = 0.035$를 얻을 수 있으며, 주철근량은 다음과 같다.

$$A_s = 0.035 \times 450 \times 500 = 7{,}875\,\text{mm}^2$$

10 − D32 (7,942 mm^2)를 양쪽에 5개씩 배치한다.

띠철근을 D13으로 가정하고, 피복두께를 40 mm로 할 때 철근 간격은 다음과 같다.

50 4.2.2(3)

$$s = [500 - 2 \times (40 + 13) - 5 \times 32]/4 = 58.5\ \text{mm}$$

따라서 40 mm 이상이고, $1.5d_b = 1.5 \times 32 = 48$ mm, 굵은골재를 25 mm로 볼 때 $4 \times 25/3 = 33.3$ mm 이상이므로 만족한다.

5. 띠철근량 계산

22 4.1.1(1)
22 4.3.4(3)

$V_u = 225$ kN에 대하여 띠철근량을 계산한다. 이때 가장 간단한 식 (5.15)(a)를 사용하여 V_c 값을 계산한다.

$$\phi V_n = \phi(V_c + V_s) = \phi\left[\frac{1}{6}\sqrt{f_{ck}}b_w d + \frac{A_v f_y d}{s}\right] \geq V_u$$

여기서 $b_w = 450$ mm, $d = 500 - 60 = 440$ mm, $f_{ck} = 27$ MPa, $f_{yt} = 400$ MPa일 때, 그리고 띠철근으로 D13을 사용할 때 간격 s를 구한다.

$$s \leq A_v f_y d \,/\, \left[V_u/\phi - \frac{1}{6}\sqrt{f_{ck}}b_w d\right]$$
$$= 2 \times 126.7 \times 400 \times 440 \,/\, [225{,}000/0.75 - \sqrt{27} \times 450 \times 440/6]$$
$$= 347 \text{ mm}$$

이 간격은 $16d_b = 16 \times 32 = 512$ mm, $48d_{bt} = 48 \times 13 = 624$ mm, 그리고 기둥 단면의 최솟값인 450 mm 이하이므로 만족한다. 따라서 최대한 간격 300mm 이하이므로 띠철근은 $D13@300$으로 결정한다.

6. 다른 하중조합에 의한 검토

여기서는 가장 계수축력이 작은 경우인 $U = 0.9D + 1.0E$에 대한 $P_u = 580$ kN, $M_u = 290$ kNm에 대해서만 검토한다.

$$x = M_n/A_g h = M_u/A_g h = 290{,}000{,}000/(450 \times 500^2) = 2.58$$
$$y = P_u/A_g = P_n/A_g = 580{,}000{,}000/(450 \times 500) = 2.58$$

그림 [5.12](a)에서 $\rho = 0.013$ 정도를 얻을 수 있으며, 실제 배근된 $\rho = 7942/(450 \times 500) = 0.035$로서 만족한다.

7. 설계단면

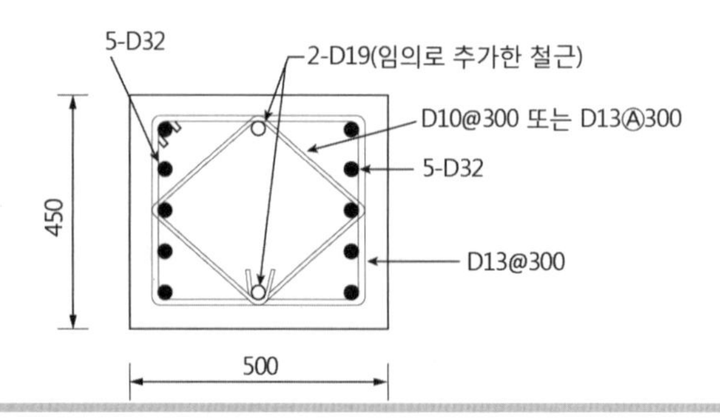

예제 〈5.7〉 중간모멘트 골조에 대한 철근상세

앞의 예제 〈5.6〉에서 주어진 단면력이 중간모멘트 골조에 대한 R값을 사용하여 구한 값일 때 기둥을 설계하라.

풀이

중간모멘트 골조로 해석한 경우, 주철근량 등은 동일하고, 다만 기둥 단부의 연성을 확보하고 전단 파괴를 막기 위하여 띠철근 대신에 후프철근을 기둥 상, 하부에 일정한 범위 내에 배치하도록 하고 있다.

1. 후프철근량 계산

후프철근량을 계산하기 위해 고려하여야 할 전단력은 다음과 같이 2가지이다. 80 4.3.3(2),(3)

① $V_u = 1.2V_D + 1.6V_L + (M_{n1} + M_{n2})/l_c$

② $V_u = 1.2V_D + 1.0V_L + 2.0V_E$

여기서 M_{n1}과 M_{n2}는 설계된 단면에 대해서 기둥 양 단부의 공칭휨강도로서, 이 경우 앞의 예제에서 계산된 주철근량인 7,875 mm^2과 비슷하게 7,942 mm^2의 철근을 실제 사용하였고, 양 단부의 철근량이 같으므로 $M_{n1} = M_{n2} \simeq M_u/\phi = 460/0.65 = 708$ kNm 이다. 따라서 설계용 계수전단력을 계산하면 다음과 같다.

$$V_u = 1.2 \times 50 + 1.6 \times 65 + 2 \times 708/4 = 518 \text{ kN}$$
$$V_u = 1.2 \times 50 + 1.0 \times 65 + 2 \times 100 = 325 \text{ kN}$$

따라서 설계용 $V_u = 518$ kN으로 D13 철근을 사용할 때 간격 s는 앞의 예제와 동일하게 구할 수 있다. 22 4.3.4(2)

$$s = A_v f_y d \,/\, \left[V_u/\phi - \frac{1}{6}\sqrt{f_{ck}}\, bd \right]$$
$$= 2 \times 126.7 \times 400 \times 440 \,/\, [518{,}000/0.75 - \sqrt{27} \times 450 \times 440/6$$
$$= 85.9 \text{ mm}$$

D16을 사용하면 $s = 135$ mm이다.

이때 축력을 고려하는 간단한 식인 식 (5.15)(b)에 의해 V_c 값을 계산하여 D13을 띠철근으로 사용할 때 띠철근 간격을 구하면 다음과 같다.

이 경우 계수축력 N_u는 가장 작은 값일 때가 불리하므로 $N_u = 1.2 \times 1{,}200 + 1.6 \times 800 - 1.0 \times 500 = 2{,}220$ kN이다.

$$s = A_v f_y d \bigg/ \left[V_u/\phi - \frac{1}{6}\left(1 + \frac{N_u}{14A_g}\right)\lambda\sqrt{f_{ck}}bd \right]$$
$$= 2 \times 126.7 \times 400 \times 440 / [518{,}000/0.75 - (1 + 2{,}220{,}000/$$
$$(14 \times 450 \times 500)) \times \sqrt{27} \times 450 \times 440/6]$$
$$= 112 \text{ mm}$$

그리고 D16을 사용할 때는 175 mm이다. 이와 같이 어느 수식을 사용하느냐에 따라 차이가 난다.

2. 후프철근 간격 검토

이러한 후프철근 간격 s_0는 $8d_b = 8 \times 32 = 256$ mm, $24d_{bt} = 24 \times 16 = 384$ mm, 기둥 최소 치수의 0.5 배인 $0.5 \times 450 = 225$ mm, 그리고 300 mm 중 가장 작은 값인 225 mm 이하로 배치하여야 한다. 그러나 D16을 사용할 때 요구되는 간격이 135 mm이므로 이 값 이하로 배치하면 된다. 여기서는 D16@135로 선택한다. 또 이 후프철근은 기둥 순높이의 1/6인 $(4{,}000 - 60)/6 = 567$ mm, 기둥 부재의 최대 치수 500 mm, 그리고 450 mm 중 가장 큰 값인 567 mm 거리만큼 기둥 상, 하부에 배치하여야 한다.

3. 횡철근의 배치도

따라서 그림과 같이 기둥 상, 하단부에 567 mm 이상에 걸쳐 D16@135로 후프철근을 배치하고, 그 외 구간에는 앞의 예제와 같게 D13@300의 띠철근을 배치한다. 여기서 후프철근이란 양 끝단이 내진갈고리를 갖는 것으로서 내진갈고리는 표준갈고리에서 내민 길이를 $6d_b$와 75 mm 중 큰 값 이상으로 확보하여야 한다.

80 4.3.5

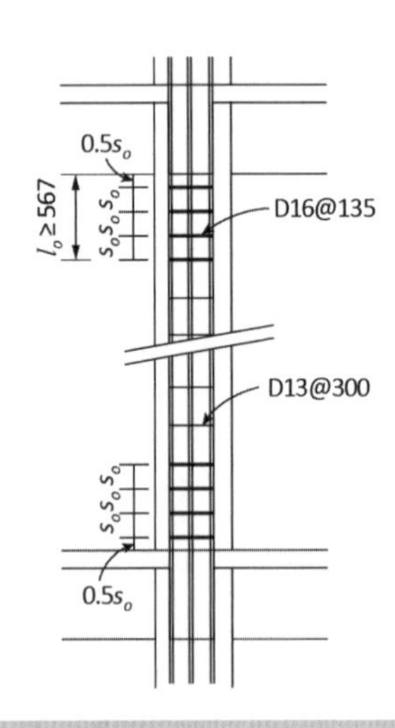

5.5.2 장주 설계 예

설계하고자 하는 기둥이 장주에 속하면, 기하학적 비선형 해석에 의해 단면력을 계산하여야 하나 실제로는 선형탄성해석에 의해 구한 단면력 중에서 휨모멘트를 $P-\Delta$ 효과를 고려하여 확대시켜 단면을 설계한다.

이 휨모멘트 확대 과정은 그림 [5.14]에서 볼 수 있듯이 횡구속 골조와 비횡구속 골조에 대하여 다르게 수행하며, 이 절에서는 먼저 각 골조에 대한 휨모멘트를 확대하는 방법에 대하여 설명한다.

횡구속 골조의 휨모멘트 확대

횡구속 골조의 확대휨모멘트, M_c 는 다음 식 (5.18)에 의해 구한다. 20 4.4.6(1)

$$M_c = \delta_{ns} M_2 \tag{5.18}$$

여기서, δ_{ns}는 횡구속된 구조물에서 휨모멘트확대계수로서 다음 식 (5.20)에 의해 계산되는 값이고, M_2는 기둥 양단 계수휨모멘트 중에서 절댓값이 큰 계수휨모멘트이다. 이때 계수휨모멘트 M_2는 최소한 다음 식 (5.19)에 의해 구한 값 이상이어야 한다. 20 4.4.6(7)

$$M_{2,\min} = P_u e_{\min} \tag{5.19(a)}$$

$$e_{\min} = 15 + 0.03h \tag{5.19(b)}$$

여기서, h는 고려하는 방향으로 기둥단면의 길이이며 15와 h의 단위 mm이다.

$$\delta_{ns} = \frac{C_m}{1 - \dfrac{P_u}{0.75P_c}} \geq 1.0 \tag{5.20}$$

20 4.4.6(6)

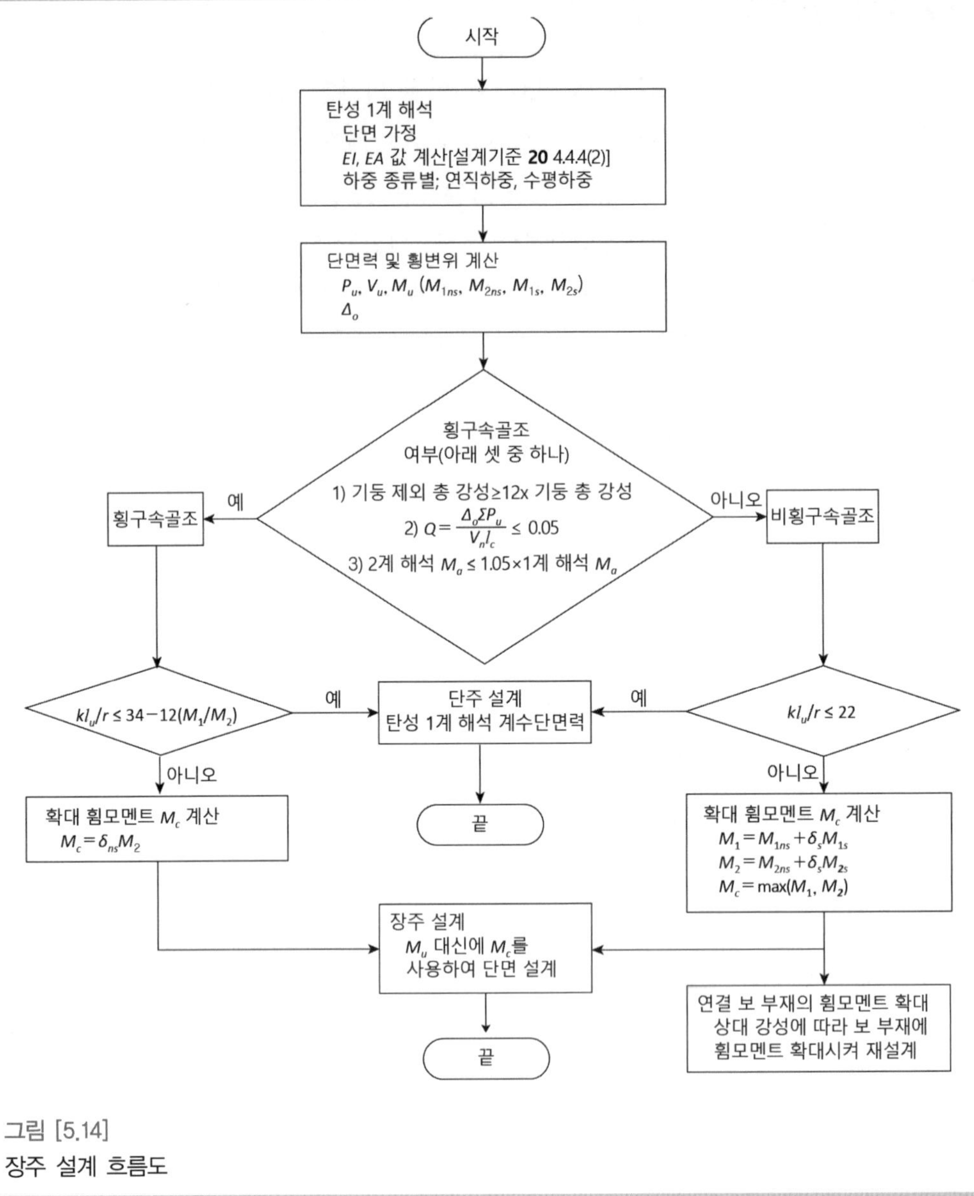

그림 [5.14]
장주 설계 흐름도

여기서, C_m은 그림 [5.3]에서 나타낸 바와 같이 기둥 부재가 단일 곡률 또는 이중 곡률로 변형하는가에 따른 계수로서 식 (5.21)과 같다.[11]

20 4.4.6(6)

$$C_m = 0.6 + 0.4\frac{M_1}{M_2} \le 1.0 \tag{5.21}$$

여기서, M_1/M_2는 M_1과 M_2가 반대 방향으로 작용하여 단일 곡률로 변형될 때는 양(+)의 값을 갖고 이중 곡률로 변형될 때 음(−)의 값을 갖는다.

P_c는 오일러(Euler) 하중으로서 식 (5.22)와 같다.

$$P_c = \frac{\pi^2 EI}{(kl_u)^2} \tag{5.22}$$

20 4.4.6(2)

여기서, 기둥의 강성 EI 값은 다음 식 (5.23)(a) 또는 식 (5.23)(b)에 의해 구한다.[12)]

$$EI = \frac{(0.2E_cI_g + E_sI_{se})}{1+\beta_{dns}} \tag{5.23)(a}$$

20 4.4.6(3)

$$EI = \frac{0.4E_cI_g}{1+\beta_{dns}} \tag{5.23)(b}$$

여기서, E_c와 E_s는 각각 콘크리트와 철근의 탄성계수이고, I_g는 전체 기둥 단면의 단면2차모멘트 I_{se}는 철근 단면적에 의한 기둥 중심축에 대한 단면2차모멘트이다. β_{dns}는 크리프 등 장기변형에 의한 강성 감소를 고려하는 계수로서 전체 계수축력에 대한 지속하중에 의한 계수축력의 비이다.

20 4.4.6(14)

횡구속 골조의 경우 식 (5.20)에서 나타나듯이 휨모멘트확대계수 δ_{ns}는 식 (5.21)에 주어지는 계수 C_m 값에 직접 연관되어 있는데, 이 C_m은 M_1/M_2의 값에 따라 변한다. 즉, 기둥의 양 단부의 계수휨모멘트 M_1과 M_2의 방향이 반대이면 그림 [5.3](a)와 같이 단일 곡률로서 양의 값이 되어 값이 커진다. 이것은 횡구속의 경우 휨모멘트가 확대되는 것이 기둥 중앙 근방에서 일어나기 때문이다. 그러나 반대로 M_1과 M_2가 같은 방향이면 이중 곡률이 되어 실제로 기둥 중앙 근방에서 휨모멘트가 크지 않으므로 확대되어도 단부 모멘트 중에서 큰 값인 M_2보다 커지는 경우가 드물다. 따라서 횡구속 골조의 경우 장주라 하더라도 양 단부의 휨모멘트 방향이 같아 이중 곡률을 이루는 경우 휨모멘트가 확대되지 않는 경우가 대부분이다.

비횡구속 골조의 휨모멘트 확대

비횡구속 골조의 경우 $P-\Delta$ 효과에 의해 휨모멘트가 증가하는 위치는 기둥의 상, 하 양 단부에서 일어난다. 따라서 이 경우 접합부의 횡방향 이동을 일으키는 횡하중에 의해 계산된 M_s값에만 휨모멘트가 증가되므로 다음 식 (5.24)와 같이 구한다.

20 4.4.7(1)

$$M_1 = M_{1ns} + \delta_s M_{1s} \tag{5.24)(a}$$

$$M_2 = M_{2ns} + \delta_s M_{2s} \tag{5.24)(b}$$

여기서, M_{1ns}, M_{2ns}는 각각 횡변위를 크게 일으키지 않는 계수연직하중에 의해 계산된 기둥 단부에서 계수휨모멘트이고, M_{1s}, M_{2s}는 횡변위를 상대적으로 크게 일으키는 계수횡하중, 즉 풍하중이나 지진하중 등에 의해 구한 양 단부의 휨모멘트이다. 이때 탄성 1계 해석에 의해 구한 $M_{ns}+M_s$ 값이 크다 해도 M_{ns}와 M_s의 작용 방향이 서로 달라 $M_{ns}+\delta_s M_s$ 값의 크기는 알 수 없으므로 식 (5.24)(a),(b)에서 구한 값 중 큰 값을 M_c로 취한다. 그리고 δ_s는 다음 식 (5.25)에 의해 구한다.[11]

20 4.4.7(2)

$$\delta_s = \frac{1}{1-Q} \geq 1.0 \tag{5.25}$$

여기서, Q는 식 (5.1)에 의해 구하고, 식 (5.25)에 의해 구한 δ_s값이 1.5를 초과하면 다음 식 (5.26)에 의해 δ_s를 구하든가 아니면 탄성 2계 해석에 의해 단면력을 구한다.

20 4.4.7(3)

$$\delta_s = \frac{1}{1-\dfrac{\sum P_u}{0.75\sum P_c}} \geq 1.0 \tag{5.26}$$

여기서 $\sum P_u$는 해당 층의 모든 기둥에 작용하는 연직계수축력의 합이고, $\sum P_c$는 모든 기둥의 오일러하중의 합으로써 식 (5.22)에 따르나 식 (5.23)에서 β_{nds} 대신에 β_{ds}를 사용하여 EI값을 계산한다. β_{ds}는 해당 층의 전체 계수전단력에 대한 전체 지속 계수전단력의 비로서 연직하중에 의할 때는 지속연직하중에 의한 기둥의 전단력이 매우 작고 풍하중과 지진하중은 지속하중이 아니므로 일반적으로 거의 0이다. 그러나 드문 경우지만 구조물의 한쪽에만 토압이 작용하는 경우와 같이 횡방향 지속하중이 작용할 때는 0이 아니다.

20 4.4.7(5)

비횡구속 구조물의 경우 앞에서도 설명한 바와 같이 기둥의 상, 하단에서 휨모멘트가 증가되므로 이 증가된 휨모멘트는 접합부에 연결되어 있는 보 부재로 전달된다. 따라서 비횡구속 골조에 확대휨모멘트는 연결된 보 부재의 강성에 따라 분배시켜 보 부재는 이와 같이 증가된 휨모멘트를 고려하여 다시 설계하여야 한다.

예제 〈5.8〉 장주 설계 예(횡구속)

예제 〈5.6〉과 같은 하중 조건의 기둥을 설계하라. 다만 창고 건물로서 기둥의 높이가 7.5 m이고 보의 경간은 9.0 m이다.

풀이

실제 구조물의 기둥인 경우 횡구속 여부를 5.2.1에서 설명한 횡구속 여부를 검토하는 3가지 방법 중 하나를 이용하여 검토하여야 하나, 이 예제에서는 검투 결과 횡구속으로 판단된 경우로서 휨모멘트 확대에 대한 것만 다룬다.

1. 계수단면력 계산

   예제 〈5.6〉과 같은 과정에 의해 설계용 계수단면력을 계산한다.

2. 단면 크기의 가정

   예제 〈5.6〉과 같이 $450 \times 500\ \text{mm}^2$으로 정한다.

3. 장주 여부 검토

   유효좌굴길이를 구하기 위한 k 값은 식 (5.4)에 의해 구한 ψ 값을 이용하여 그림 [5.4](a)에 의해 구한다. 이때 보의 휨강성은 T형 보이므로 $300 \times 600\ \text{mm}^2$ 직사각형 단면의 약 2배 정도가 되고, 균열로 인한 강성이 약 0.5배로 줄어들므로(좀 더 정확하게 계산하려면 사용하중에 의한 휨모멘트 M_a를 구하여 I_e를 구할 수 있다), 균열이 간 T형 보의 휨강성은 균열이 가지 않은 300×600 mm²의 직사각형 보의 휨강성과 같다고 가정한다. 따라서 양 단부의 ψ 값은 다음과 같다.

$$\psi_A = \psi_B = 2 \times \frac{E_s}{7.5} \times \frac{450 \times 500^3}{12} \Big/ \left(2 \times \frac{E_c}{9.0} \times \frac{300 \times 600^3}{12}\right) = 1.04$$

그림 [5.4](a)에 의하면 $k = 0.77$ 정도를 얻을 수 있다. 따라서 기둥의 유효세장비와 단주의 한계세장비를 계산하면 다음과 같다.

$$kl_u/r = 0.77 \times (7{,}500 - 600)/(0.3 \times 500) = 35.4$$
$$34 - 12(M_1/M_2) = 34 - 12 \times 160/460 = 29.8$$

따라서 $kl_u/r = 35.4 \geq 29.8$로서 장주이다.

4. 휨모멘트 확대

확대휨모멘트 M_c는 식 (5.18)과 식 (5.19)에 의해 다음과 같이 구한다.

$$\begin{aligned} M_{2,\text{min.}} &= P_u \cdot e_{\text{min.}} = P_u \times (15 + 0.3h)/1{,}000 \\ &= 2{,}740 \times (15 + 0.03 \times 500)/1{,}000 \\ &= 82.2 \text{ kNm} < 460 \end{aligned}$$
$$M_c = \delta_{ns} M_2 = 460 \delta_{ns} \text{ kNm}$$

그리고 모멘트확대계수 δ_{ns}는 식 (5.20)에 의해 다음과 같다.

$$\delta_{ns} = \frac{C_m}{1 - \dfrac{P_u}{0.75 P_c}} \geq 1.0$$

여기서, P_c 값을 계산하기 위해서는 EI 값과 β_{nds} 값을 계산하여야 한다. M_1은 기둥 단부의 계수휨모멘트 중에서 작은 값이며, β_{nds}는 전체 계수축력에 대한 지속하중에 의한 계수축력의 비이다. 여기서 지속하중은 장기변형을 일으키는 하중으로서 고정하중 전체와 활하중의 20%만 해당한다고 이 예제에서는 가정한다. 그리고 EI 값은 식 (5.23)(a),(b) 중에서 택할 수 있다. 여기서는 보다 간단한 식 (5.23)(b)에 의해 구한다.

$$\beta_{nds} = \frac{1.2 \times 1{,}200 + 1.9 \times (0.2 \times 800)}{2{,}740} = 0.584$$

$$EI = \frac{0.4E_cI_g}{1+\beta_{dns}} = \frac{0.4}{1+0.584} \times 8{,}500 \times \sqrt[3]{(27+4)} \times \frac{450 \times 500^3}{12}$$

$$= 3.16 \times 10^{13}\ \mathrm{mm}^4$$

$$P_c = \frac{\pi^2 EI}{(kl_u)^2} = \frac{3.14^2 \times 3.16 \times 10^{13}}{(0.77 \times 6{,}900)^2} = 1.10 \times 10^7\ \mathrm{N}$$

$$= 11{,}000\ \mathrm{kN}$$

$$C_m = 0.6 + 0.4\frac{M_1}{M_2} = 0.6 + 0.4 \times \frac{160}{460} = 0.739$$

$$\delta_{ns} = \frac{0.739}{1 - \dfrac{2{,}740}{0.75 \times 11{,}000}} = 1.106 \geq 1.0$$

최종적으로 확대휨모멘트 M_c는 다음과 같다.

$$M_c = \delta_{ns}M_2 = 1.106 \times 460 = 509\ \mathrm{kNm}$$

따라서 $P_u = 2{,}740$ kN과 $M_u = M_c = 509$ kNm에 대하여 단면을 설계하면 된다.

참고문헌

1. 한국콘크리트학회, '콘크리트구조 설계기준 해설', 기문당, 2021.
2. MacGregor, J.G., and Hage, Se.E., "Stability Analysis and Design Concrete", Proceedings, ASCE, V. 103, No. ST10, Oct. 1977.
3. Pessiki, S., Graybeal, B., and Mudlock, M., "Proposed Design of High-Strength Spiral Reinforcement in Compression Members", ACI Structural Journal, V. 98, No. 6, Nov.-Dec. 2001, pp.799-810.
4. Mattock, A.H., Kriz, L.B., and Hognestad, E., "Rectangular Concrete Stress Distribution in Ultimate Strength Design", ACI JOURNAL, Proceedings V. 57, No. 8, Feb. 1961, pp.875-928.
5. Bresler, B., "Design Criteria for Reinforced Concrete Columns under Axial Load and Biaxial Bending", ACI JOURNAL, Proceedings V. 57, No. 5, Nov. 1960, pp.481-490.
6. ACI Committee 340, 'ACI Design Handbook(ACI 340R-97), SP-17(97)', American Concrete Institute, Farmington Hills, MI, 1997, 482p.
7. PCA, "Capacity of Reinforced Rectangular Columns Subjected to Biaxial Bending", Publication EB 011D, PCA, Skokie, 1966.
8. ACI Committee 105, "Reinforced Concrete Column Investigation-Tentative Final Report of Committee 105", ACI JOURNAL, Proceedings V. 29, No. 5, Feb. 1933, pp.275-282.
9. Saatcioglu, M., and Razvi, S.R., "Displacement-Based Design of Reinforced Concrete Columns for Confinement", ACI Structural Journal, V. 99, No. 1, Jan-Feb. 2002, pp.3-11.
10. Richart, F.E., Brandzaeg, A., and Brown, R.L., "The Failure of Plain and Spirally Reinforced Concrete in Compression", Bulletin No. 190, University of Illinois Engineering Experiment Station, Apr. 1929, 74p.
11. MacGregor, J.G., Breen, J.E., and Pfrang, E.O., "Design of Slender Concrete Columns", ACI JOURNAL, Proceedings V. 67, No. 1, Jan. 1970, pp.6-28.
12. Mirza S.A., "Flexural Stiffness of Rectangular Reinforced Concrete Columns", ACI Structural Journal, V. 87, No. 4, July-Aug. 1990, pp.425-435.

문 제

1. 다음 사항에 대하여 설명하라.
   1) 단주와 장주의 구별 방법과 횡구속 골조와 비횡구속 골조의 구별 방법
   2) 2계 탄성 해석
   3) 사각형 띠철근콘크리트 기둥의 중심 공칭축강도는 다음과 같은데, 이 식에서 계수 0.80과 0.85가 고려된 이유

      $P_0 = 0.80 \times [0.85 f_{ck}(A_g - A_{st}) + f_y A_{st}]$

   4) $P-M$ 상관도에서 강도감소계수의 변화
2. 기둥의 철근상세에 대하여 설명하라.
   1) 주철근에 대한 최소 철근비와 최대 철근비의 값과 설정한 이유
   2) 띠철근의 간격 제한과 나선철근의 간격 제한
   3) 주철근의 옵셋철근의 상세
   4) 주철근의 간격 제한과 횡철근상세
   5) 중간 모멘트 골조에 있어서 철근상세
3. 다음과 같은 단면력이 작용하는 기둥 부재의 단면을 설계하라.

   $P_u = 5{,}000$ kN, $M_u = 500$ kNm, $V_u = 400$ kN

4. 횡구속 골조와 비횡구속 골조에 있어서 휨모멘트를 확대하는 과정을 보여라.
5. 축력과 2축 휨모멘트를 받는 기둥을 설계하는 방법에 대하여 설명하라.

제6장

슬래브 부재 설계

콘크리트는 압축력에 강한 재료이므로 휨인장을 받는 보 부재나 슬래브 부재에 사용하는 데에는 많은 기술이 필요하였다. 특히 깊이가 얕은 평판 슬래브 부재의 경우 더욱 기술이 필요하였다. 초기에는 아래 그림과 같이 강판이나 벽돌을 I 형강에 아치 형태로 하였으며, 그 후 I 형강을 콘크리트 내에 배치하여 슬래브를 설치하였다. 최근에는 오른쪽 그림과 같이 평슬래브 이외에도 플랫슬래브, 장선 구조 등 다양한 형태로 건설되고 있다.

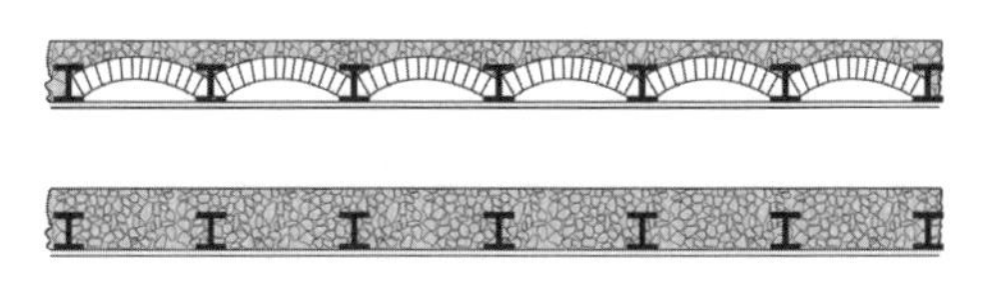

초기의 철근콘크리트 슬래브 형식

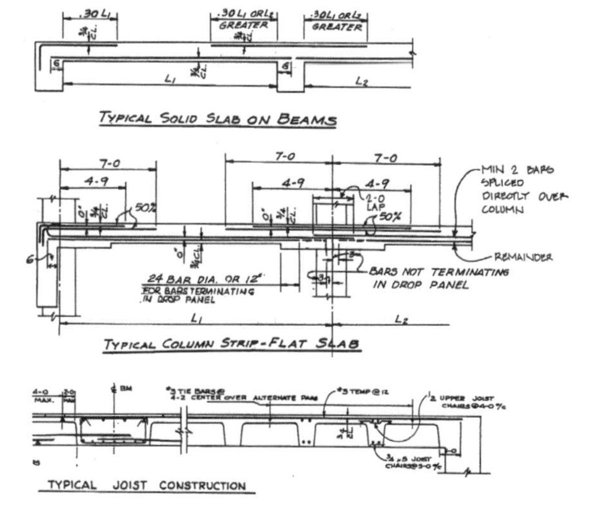

최근의 다양한 철근콘크리트 슬래브 형식

제6장 슬래브 부재 설계

6.1 개요

6.1.1 슬래브 부재의 분류

일반적으로 모든 구조물에 작용하는 고정하중과 활하중 등 연직하중은 슬래브에 놓이게 되고 이 하중은 보나 기둥 부재로 전달된다. 이때 슬래브 위에 놓인 하중이 한 방향으로만 주로 전달되는 경우를 1방향 슬래브라고 하고, 두 방향으로 전달되는 경우를 2방향 슬래브라고 한다. 그러나 슬래브 위에 놓인 하중이 어떠한 경우에 한 방향으로만 전달되는가에 대한 정확한 판단이 힘든 경우가 있다. 다음 그림 [6.1](a),(b)에서 보인 바와 같은 캔틸레버 슬래브이거나 마주보는 양변이 지지된 슬래브는 한 방향으로만 재하된 하중이 전달된다는 것을 쉽게 알 수 있으므로 이러한 슬래브는 1방향 슬래브이다. 그러나 그림 [6.1](c)와 같이 네 변이 강성이 유사한 보 또는 벽체에 의해 지지되거나 그림 [6.1](d)와 같이 플랫플레이트와 플랫슬래브의 경우 판단하기가 어렵다. 이와 같이 가장자리가 보에 지지된 슬래브는 슬래브의 단변 순경간에 대한 장변 길이의 비가 2 이하이면 2방향 슬래브로, 2를 초과하면 1방향 슬래브로 분류하고 있다. 그리고 보가 없는 플랫슬래브 또는 플랫플레이트 구조물인 경우 순경간 대신에 경간의 비로 분류하고 있다. 이와 같이 변의 길이 비가 2 정도이면 슬래브에 재하된 하중의 약 10퍼센트 이하가 긴 경간 방향으로 전달되고 90퍼센트 이상이 짧은 경간 방향으로 전달되기 때문에 변의 길이 비가 2를 초과하면 1방향 슬래브로 설계할 수 있다. 그러나 네 변이 보로 지지되어 있다 하여도 각 보의 강성이 크게 차이가 나면 강성이 큰 쪽으로 하중이 전달되므로 강성비가 5배 이상 차이가 있을 때는 이를 고려하여야 한다.

1방향 슬래브와 2방향 슬래브

70 4.1.1.1(2)

순경간(clear span)
수평 부재의 길이로서 받침 부재의 내면과 내면 사이의 거리. 한편 중심 간 거리는 경간이라고 함

70 4.1.3.1(7)

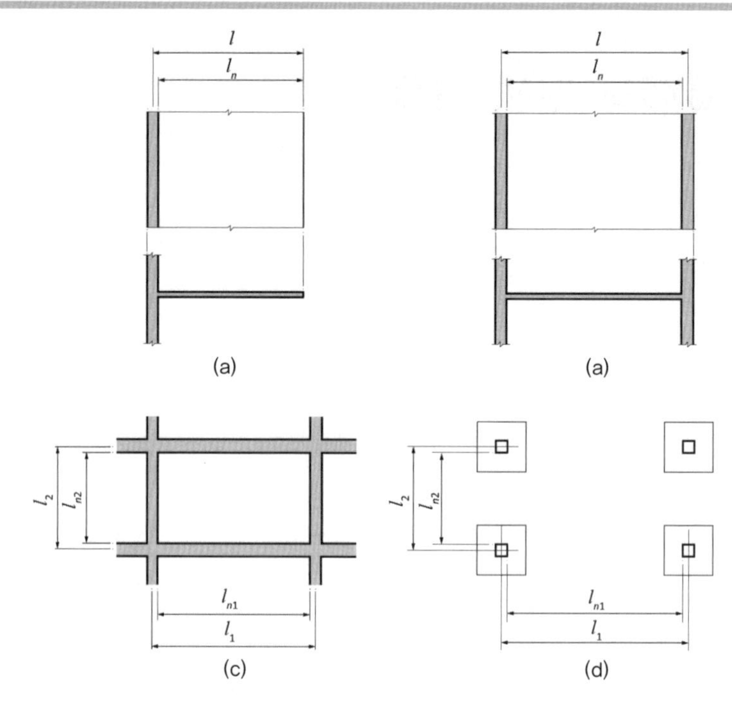

그림 [6.1]
1방향 슬래브와 2방향 슬래브: (a) 캔틸레버 슬래브(1방향); (b) 마주보는 2변이 지지된 슬래브(1방향); (c) 4변이 지지된 슬래브; (d) 플랫플레이트 또는 플랫슬래브

위에 설명한 1방향, 2방향 슬래브는 슬래브 위에 작용하는 하중이 전달되는 방향의 수에 따라 분류된 것이나, 그 형태에 따라 그림 [6.2]에 보인 바와 같이 다양하게 분류될 수도 있다. 슬래브는 전단력보다는 휨모멘트에 의해 부재 두께가 결정되고 또 처짐에 의해 두께가 결정되므로, 그림 [6.2](a)에 보인 바와 같은 중공 슬래브로 설계하는 경우도 있다. 이와 같은 중공 슬래브는 속찬 슬래브와 비교하여 휨강도와 휨강성은 크게 감소되지 않으면서 자중을 줄일 수 있다. 그러나 시공을 할 때 번거로운 점이 단점이다. 그리고 그림 [6.2](b)에 나타낸 바와 같이 작은 보를 촘촘히 배치한 장선구조 형태로 슬래브 판구조를 구성할 수도 있다. 장선이 두 방향으로 배치된 것을 특별히 와플(waffle)구조라고도 한다. 또 슬래브 구조로서 보가 없이 슬래브 만으로 이루어진 구조 중에서, 그림 [6.2](c)와 같이 지판도 없는 것을 플랫플레이트로, 그림 [6.2](d)와 같이 지판이 있는 것을 플랫슬래브라고 분류하기도 한다.

중공 슬래브와 속찬 슬래브
자중 등을 줄이기 위하여 슬래브 내부의 일부를 빈 공간을 둔 슬래브를 중공 슬래브(hollow slab), 완전히 채워진 슬래브를 속찬 슬래브(solid slab)라고 한다.

10 4.3.11

01 1.4

플랫플레이트와 플랫슬래브

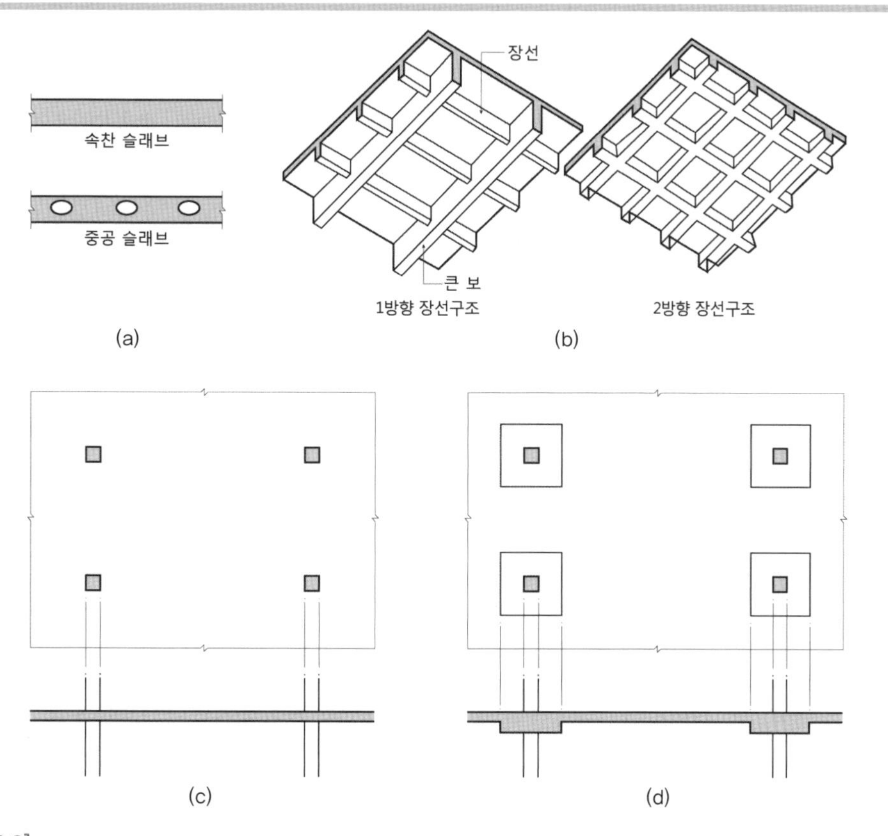

그림 [6.2]
형태에 따른 슬래브: (a) 단면에 따른 분류; (b) 장선구조의 분류; (c) 플랫플레이트; (d) 플랫슬래브

6.1.2 슬래브 부재에 작용하는 단면력

슬래브는 수평 부재로서 대개 활하중이나 고정하중 등 연직하중이 직접 작용하는 구조 부재로서 휨모멘트와 전단력을 받으며, 지하수 또는 토압, 풍하중이나 지진하중 등의 횡력이 작용할 때는 상당한 압축력을 받아 격막의 역할을 하기도 한다. 그러나 이때 작용하는 압축력은 슬래브 단면으로 충분히 저항할 수 있는 범위가 대부분이기 때문에 특별한 경우를 제외하고는 휨모멘트와 전단력만 고려하여 설계한다.

슬래브는 두께에 비하여 경간이 매우 큰, 즉 전단경간비가 큰 경우가 대부분이므로 가장자리에 보 부재 등으로 지지된 경우 전단력에 대해서는 검토할 필요가 없고 휨모멘트에 대해서만 주철근량을 산정한다. 그러

22 4.11

나 보 부재 등이 없는 플랫슬래브나 플랫플레이트의 경우 기둥 주위에 뚫림전단 파괴(punching shear failure)가 일어날 경우가 매우 높으므로 필히 뚫림전단에 대해서도 고려하여 설계하여야 한다. 그리고 플랫플레이트와 플랫슬래브 구조에서 가장 외측 지지부와 내측 지지부에서 불균형휨모멘트가 발생하는 경우 이 휨모멘트에 대한 설계와 지지부재로 휨모멘트의 전달에 대한 고려가 필요하다.

뚫림전단 파괴(punching shear failure)
2방향전단 파괴라고도 하며, 슬래브에서 집중하중이 가해지면 그 둘레를 따라 구멍이 나는 형태로 전단력에 의해 파괴가 일어나는 현상을 말한다.

70 4.1.2.3

6.2 설계 순서 및 설계기준 해당 항목

6.2.1 설계 순서

슬래브를 설계하고자 할 때는 슬래브의 단면력을 계산하는 해석 방법을 먼저 선택하여야 한며, 각 해석 방법에 따라 단면력을 산정하여 단면을 설계한다. 슬래브는 보, 기둥, 또는 기초판과는 다르게 독립적 부재로 볼 수 있기 때문에 슬래브 자체만을 해석하는 경우가 있고, 또 등가골조법과 같은 경우는 골조로 해석하는 경우도 있다.

70 1.2

70 4.1.2.2

콘크리트구조 설계기준[1]에서 슬래브의 단면력을 해석하는 방법으로 그림 [6.3]에서 보이는 바와 같이 계수법, 직접설계법, 등가골조법 등 세 가지 방법을 제시하고 있다. 먼저 앞서 설명한 바와 같이 슬래브 위에 놓인 하중이 대부분 한 방향으로만 전달되는 경우에는 1방향 슬래브로 해석하고, 두 방향으로 전달되는 경우에는 2방향 슬래브로 해석한다. 중간대에 보가 있으면 계수법에 의해 해석하고, 주열대에 보가 있는 경우에는 계수법에 의해 해석할 수도 있고 직접설계법 또는 등가골조법에 의해 해석할 수도 있다. 그러나 주열대에도 보가 없으면 계수법은 사용할 수 없고, 직접설계법 또는 등가골조법으로 해석하여야 한다. 직접설계법과 등가골조법의 선택은 다음 6.3절에서 설명하는 제한 조건을 만족하면 직접설계법을 사용할 수 있고 그렇지 않으면 등가골조법으로 해석하여야 한다.

중간대(middle strip)와 주열대(column strip)
슬래브를 설계할 때 기둥 중심선에서 멀리 떨어진 슬래브 중심선 근방 영역을 중간대라고 하고, 기둥 중심선 근방 영역을 주열대라고 한다.(01 1.4)

70 4.1.3.1

각 방법에 의해 계수휨모멘트와 계수전단력이 계산되면 해당 단면에 대하여 주철근량을 계산하고, 전단 저항 능력을 검토한다. 그리고 철근 간격 등 제한 조건을 만족하는지 검토하고 처짐에 대하여 검토한다. 그러

70 4.1.5

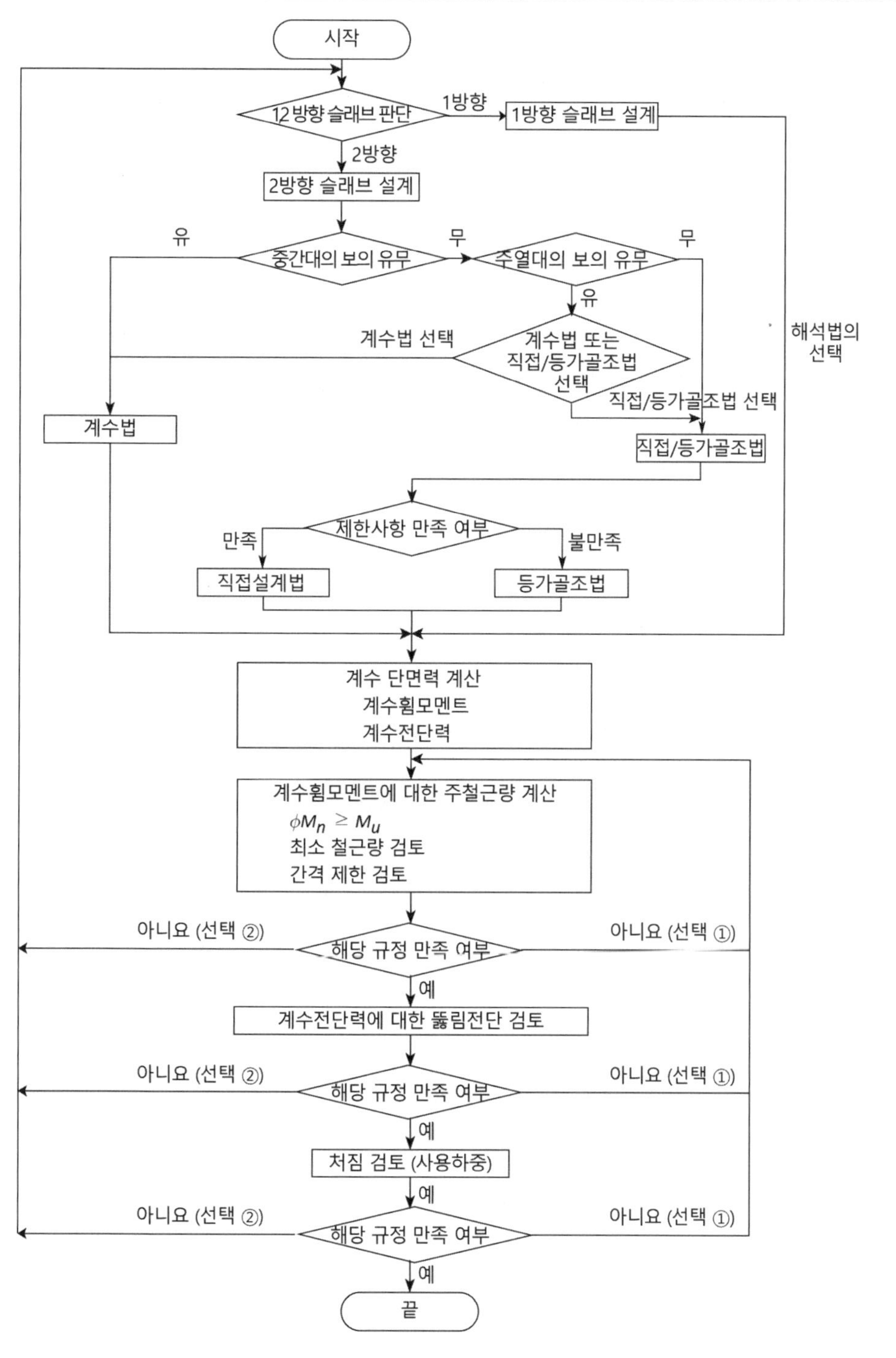

그림 [6.3]

슬래브 부재 설계 흐름도

30 4.2.1, 4.2.2

나 일반적으로 처짐에 대해서는 처짐을 검토하지 않아도 되는 최소 두께 이상으로 설계하여 검토하지 않는 경우가 대부분이다.

슬래브 설계의 개괄적인 흐름은 그림 [6.3]에 나타낸 바와 같으며, 각 단계별 상세한 내용은 해당 절에서 다룬다.

6.2.2 설계기준 해당 항목

슬래브 부재에 대한 콘크리트구조 설계기준[1]의 규정은 KDS 14 20 70에 대부분 규정되어 있으며, 계수법에 대한 규정은 '부록 장방형 슬래브 설계용 계수'에 있다. 설계기준에 각 항목에 대한 규정 내용은 표 〈6.1〉에 나타난 바와 같으며 구체적 내용은 각 해당 과정에서 상세히 설명한다.

6.3 단면 설계

6.3.1 휨모멘트에 의한 주철근량 계산

슬래브는 일반적으로 부재의 두께가 얇고 길이가 긴 부재이어서 휨 거동이 주가 되는 부재이다. 그러나 슬래브는 휨이 주된 거동이지만 보 부재와 다르게 부재의 폭이 좁지 않고 매우 넓다. 따라서 슬래브 부재의 경우 주철근의 개수를 정하는 대신에 주철근의 간격을 일반적으로 정한다. 또한 보 부재와 다르게 철근량을 크게 필요로 하지 않는 경우가 대부분이므로 슬래브는 대부분 과소철근콘크리트 단면으로 설계된다.

계수휨모멘트가 주어질 때 슬래브 주철근의 간격을 구하는 방법은 보 부재와 비슷하게 다음과 같다.

첫째, 슬래브를 설계하기 위하여 먼저 단면의 두께 t_f를 선택하고 사용할 재료의 특성값인 f_{ck}, f_y, E_s를 선택한다. 그리고 계수단면력인 계수휨모멘트 M_u를 구한다.

둘째, 최소 요구 피복두께 20 mm와 사용할 철근의 직경 등을 고려하여 유효깊이 d를 산정한다. 슬래브는 2축 방향으로 철근을 배치해야 하므로 계수휨모멘트가 큰 방향으로 유효깊이가 크도록 정모멘트 부분은 더 하부

표 〈6.1〉 슬래브 부재의 설계에 대한 설계기준의 해당 항목

슬래브	규정 내용	규정 항목 번호
1방향 슬래브	1. 1방향 슬래브와 2방향 슬래브의 정의	**70** 4.1.1.1
	2. 휨모멘트와 전단력 계산	**70** 4.1.1.2
	3. 휨 주철근량 계산	**20** 4.1
	4. 전단 검토	**22** 4.1, 4.2, 4.11
	5. 배근상세 및 구조상세	**20** 4.2.3, **70** 4.1.1.3
	6. 사용성 검토	
	− 균열폭 검토	**50** 4.6, **20** 4.2.3,
	− 처짐 검토	**30** 4.2.1
2방향 슬래브 (계수법)	1. 적용범위 및 정의	**70** 1.2(2), 부록 1.2, 4.1(2)
	2. 휨모멘트와 전단력 계산	**70** 부록 4.1, 4.2, 4.3
	3. 휨 주철근량 계산	**20** 4.1.1, 4.1.2
	4. 전단 검토	**22** 4.1, 4.2, 4.11
	5. 배근상세 및 구조상세	**70** 4.1.5, 4.1.6
	6. 사용성 검토	
	− 균열폭 검토	**30** 4.1, 부록
	− 처짐 검토	**30** 4.2.2
2방향 슬래브 (직접설계법)	1. 적용범위 및 정의	**70** 4.1.2.1, 4.1.3.1
	2. 휨모멘트와 전단력 계산	**70** 4.1.3.2~4.1.3.9
	3. 휨 주철근량 계산	**20** 4.1.1, 4.1.2
	4. 전단 검토	**22** 4.1.1, 4.1.2, 4.11
	5. 배근상세 및 구조상세	**70** 4.1.5, 4.1.6
	6. 사용성 검토	
	− 균열폭 검토	**30** 4.1, 부록
	− 처짐 검토	**30** 4.2.2
2방향 슬래브 (등가골조법)	1. 적용범위 및 정의	**70** 4.1.2.1, 4.1.4.1
	2. 휨모멘트와 전단력 계산	**70** 4.1.4.2~4.1.4.7
	3. 휨 주철근량 계산	**20** 4.1.1, 4.1.2
	4. 전단 검토	**22** 4.1.1, 4.1.2, 4.11
	5. 배근상세 및 구조상세	**70** 4.1.5, 4.1.6
	6. 사용성 검토	
	− 균열폭 검토	**30** 4.1, 부록
	− 처짐 검토	**30** 4.2.2

최소 피복두께
철근의 내구성, 내화성 확보와 부착력의 확보를 위해 철근 표면부터 바깥쪽 콘크리트 표면까지 거리

에, 부모멘트 부분은 더 상부에 주철근을 위치시킨다. 따라서 슬래브의 최소 요구 피복두께가 20 mm이므로 계수휨모멘트가 큰 방향의 경우 유효깊이 $d = t_f - (20 + 0.5d_{bx})$ 이하로, 작은 방향으로는 $d = t_f - (20 + d_{bx} + 0.5d_{by})$ 이하로 한다.

셋째, 도표 또는 컴퓨터 프로그램에 의해 철근량 계산을 하는데, 철근량 A_s를 구하는 방법은 보 부재와 동일하다. 다만, 이 경우 슬래브의 단위 폭 1 m당, 즉 $b_w = 1{,}000$ mm에 해당하는 철근량을 계산한다. 이때 최대 철근비 $\rho_{\max}$를 초과하는 경우는 슬래브에서 거의 없다.

그리고 마지막으로 사용할 철근의 굵기를 선택한다. 선택한 철근 하나의 단면적이 A_1 mm²이라면 총 $n = A_s/A_1$개만큼 철근이 요구되고, 이를 폭 1 m 내에 배치하려면 간격 s는 다음 식 (6.1)과 같이 된다.

$$s = \frac{1{,}000}{(A_s/A_1)} = \frac{1{,}000A_1}{A_s}(\text{mm}) \tag{6.1}$$

이렇게 구한 간격 s가 다음 6.4.1절 배근상세에서 설명하는 최대 간격 제한 값보다 크면 더 작은 철근을 사용하여 다시 간격을 구하거나 최대 간격 제한 값으로 간격을 결정한다.

예제 〈6.1〉

슬래브 두께가 200 mm인 부재에 x, y축 방향으로 M_{ux} =60 kNm/m, M_{uy} =40 kNm/m가 작용할 때 단면을 설계하라. 이때 사용하는 콘크리트의 설계기준압축강도 f_{ck} =27 MPa, 철근의 설계기준항복강도 f_y =400 MPa이다.

풀이

1. 유효깊이 d의 계산
사용철근을 D13으로 일단 가정하면, M_{ux}가 크므로 M_{ux}에 대한 유효깊이 d_x와 M_{uy}에 대한 d_y는 각각 다음과 같다. 이때 피복두께는 20mm로 가정한다.

$$d_x = 200 - (20 + 0.5 \times 13) = 173.5 \rightarrow 170 \text{ mm}$$
$$d_y = 200 - (20 + 1.5 \times 13) = 160.5 \rightarrow 160 \text{ mm}$$

2. 주철근량 및 간격 계산

1) M_{ux}에 대한 주철근량 및 간격 계산

$$R_x = M_{ux}/(\phi b_w d_x{}^2) = 60{,}000{,}000/(0.85 \times 1000 \times 170^2)$$
$$= 2.44$$

그림 [4.6]에서 약 $\rho_w = 0.65\%$를 얻을 수 있으며, 주철근량은 다음과 같다.

$$A_s = (0.65/100) \times 1{,}000 \times 170 = 1{,}105\ \text{mm}^2$$

또는 식 (4.14)에 의해 $A_s = 1{,}100\ \text{mm}^2$ 을 얻을 수 있다.

철근 간격은 D13($A_1 = 126.7\ \text{mm}^2$) 또는 D16($A_1 = 198.6\ \text{mm}^2$)를 사용한다면 각각 다음과 같다.

D13 ; $s = 1{,}000/(1{,}100/126.7) = 115\ \text{mm}$

D16 ; $s = 1{,}000/(1{,}100/198.6) = 180.5\ \text{mm}$

이 경우 간격 115 mm는 너무 좁으므로 D16철근을 선택하고 간격을 180 mm로 한다 (6.4절에 의하면 철근의 최대 간격은 300 mm 이하이고 슬래브 두께의 2배 이하이어야 함).

70 4.1.5.1(2)

2) M_{uy}에 대한 주철근량 및 간격 계산

$$R_y = M_{uy}/(\phi b_w d_y{}^2) = 40{,}000{,}000/(0.85 \times 1{,}000 \times 160^2)$$
$$= 1.84$$

그림 [4.6]에서 약 $\rho_w = 0.48\%$를 얻을 수 있고 주철근량은 다음과 같다(이때 최소철근비인 0.2%보다 작으면 0.2%를 택해야 함).

50 4.6.2(1)

$$A_s = (0.48/100) \times 1{,}000 \times 160 = 768\ \text{mm}^2$$

또는 식 (4.6)에 의해 $A_s = 767\ \text{mm}^2$을 얻을 수 있다.

이 경우에도 D13과 D16으로 간격을 계산하면 각각 다음과 같다.

D13 ; $s = 1{,}000/(767/126.7) = 165\ \text{mm}$

D16 ; $s = 1{,}000/(767/198.6) = 259\ \text{mm}$

따라서 D13@150 또는 D16@250으로 정한다.

3. 균열폭 제어를 위한 철근 최대 간격 계산

이 구조물이 옥내의 건조환경에 노출되어 있으면 균열폭 제어를 위한 최대 간격은 다음에 의해 구한 값 중 작은 값 이하로 하여야 한다. 20 4.2.3(4)

$$s = 375 \times \frac{280}{2 \times 400/3} - 2.5 \times 20 = 344 \text{ mm}$$

$$s = 300 \times \frac{280}{2 \times 400/3} = 315 \text{ mm}$$

작은 값인 315 mm가 균열폭 제어를 위해 요구되는 최대 간격이다.

따라서 M_{ux}에 대해서는 D16@180으로, M_{uy}에 대해서는 D13@150, 또는 D16@250으로 결정한다. 70 4.1.5.1(2)

6.3.2 전단력에 대한 검토

슬래브 부재의 경우 1방향전단에 대한 검토는 일반적으로 필요하지 않다. 앞 절에서 설명한 바와 같이 슬래브는 경간에 비해 두께가 얇아 휨 거동을 주로 하는 부재이다. 다시 말하여 전단경간/유효깊이 $= a/d$ 비가 너무 커서 기본편 그림 [5.4]에서 있듯이 전단 파괴가 일어나기 전에 휨 파괴가 일어나는 부재이다. 특히 슬래브는 인장철근비가 대개 1퍼센트 이하이므로 a/d 비가 4~5 정도 이상이면 휨파괴가 일어난다. 즉, 경간이 슬래브 유효두께의 10~20배 이상이면 휨파괴가 일어난다고 볼 수 있다.

얇은 슬래브에서 전단 파괴는 주로 집중하중이 가해지는 부분에 둘레를 따라 일어나는 뚫림전단(punching shear) 파괴이다. 그림 [6.4](b)에서 볼 수 있듯이 집중하중이 가해지는 부분에 직접 일어날 수도 있고, 그림 [6.4](a)에서 보이듯이 플랫플레이트 또는 플랫슬래브는 받침부인 기둥 주위에서 일어날 수도 있다.

2방향전단 설계

22 4.11.1

집중하중이 작용하여 전단 파괴가 일어날 경우 슬래브는 어느 일정한 둘레로 뚫린다. 이 둘레가 뚫림전단 파괴가 일어나는 단면으로서 전단에 대한 위험단면(critical section)이라고도 하고 설계단면(design section)이라

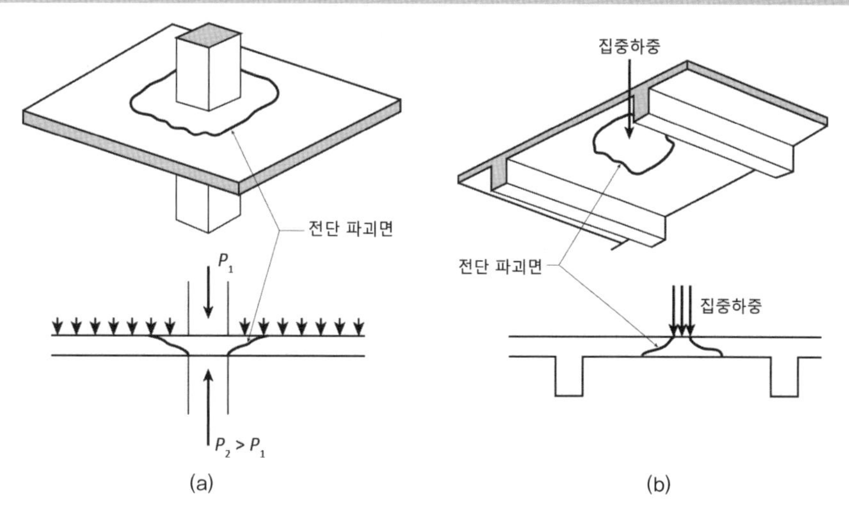

그림 [6.4]
2방향전단 파괴가 일어날 수 있는 위치: (a) 플랫플레이트 받침부; (b) 슬래브의 집중하중점 근방

고도 한다. 설계기준에서는 이 전단 파괴에 대한 위험단면의 둘레 b_0는 최소로 되어야 한다고 규정되어 있다. 그러나 이 위험단면의 위치는 집중하중과 반력 구역, 기둥과 기둥머리 또는 지판 등의 경계부터 $0.5d$보다 가까이 위치시킬 필요는 없다고 규정하고 있다. 따라서 일반적으로 그림 [6.5]에서 보이듯이 뚫림전단에 대한 위험단면 둘레길이 b_o는 $0.5d$만큼 떨어진 곳으로 한다. 그림 [6.5](b),(c)에서 볼 수 있듯이 모서리 기둥이나 가장자리 기둥의 경우, 기둥 외곽으로 슬래브의 내민 길이 h'와 b'의 크기에 따라 위험단면이 각각 2면, 3면일 수도 있고, 또 4면일 수도 있다. 파괴는 가장 작은 에너지가 소모되는 곳으로 일어나므로 전단강도값이 최소값이 되는 곳으로 일어난다.

위험단면(critical section)과 설계단면
부재를 설계할 때 모든 단면에 대하여 설계할 수는 없으므로 단면력이 큰 단면으로서 몇 군데를 선택하여 단면을 설계하고, 철근의 배치를 검토한다. 이와 같은 단면을 critical section이라고 하는데 우리는 위험단면 또는 설계단면이라고 한다.

22 4.11.1(3)

그림 [6.6]에 보인 바와 같이 기둥 주위에 지판(drop panel)이 있는 경우 뚫림전단 파괴에 대한 검토 단면은 두 곳이다. 그림에서 볼 수 있듯이 하나의 위험단면은 기둥 표면에서 $0.5d_1$만큼 떨어진 곳이고, 다른 한 곳은 지판이 끝나는 부분에서 $0.5d_2$만큼 떨어진 곳이다. 그림에서 위험단면 1은 위험단면 2에 비하여 작용하는 계수전단력은 약간 크고, 위험단면의 단면적은 $b_{o1}d_1$이다. 이 $b_{o1}d_1$은 위험단면 2의 단면적 $b_{o2}d_2$보다 클 수도 있고 작을 수도 있으므로 두 곳 모두 전단 파괴를 검토하여야 한다.

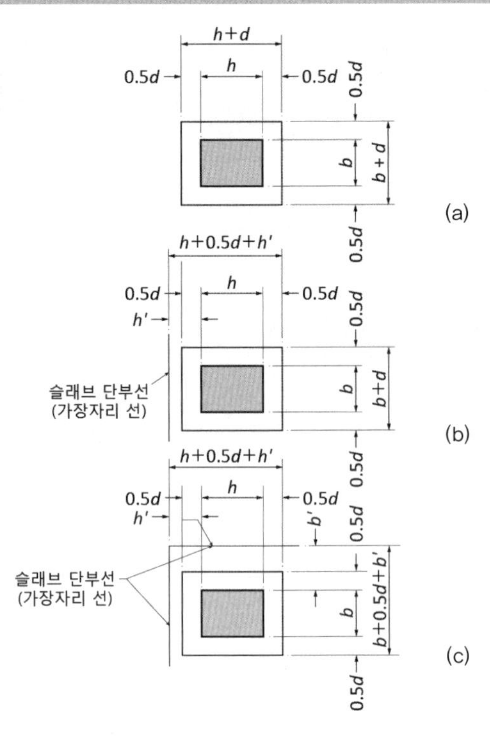

그림 [6.5]
2방향전단 파괴 위험단면의 둘레길이: (a) 내부 기둥; (b) 가장자리 기둥; (c) 모서리 기둥

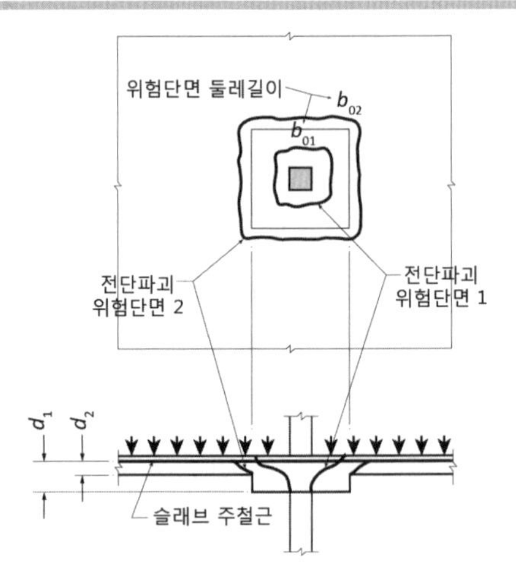

그림 [6.6]
지판이 있는 경우 위험단면의 둘레길이

슬래브는 두께가 얇으므로 스터럽과 같은 철근으로 전단보강을 하더라도 효과가 크지 않다. 따라서 슬래브의 경우 전단보강이 꼭 필요한 경우 슬래브 두께를 키우거나 전단머리(shear head) 형식으로 하고, 스터럽으로 잘 하지 않는다. 그러나 여러 제한 사항이 있지만 꼭 하고자 할 때는 할 수도 있다.

뚫림전단에 대한 설계의 기본식은 보 부재와 마찬가지로 다음 식 (6.2)를 만족하도록 하는 전제로 출발한다.

$$V_u \le \phi V_n = \phi(V_c + V_s) \le \phi(0.58 f_{ck} b_o c_u) \quad (6.2)$$

22 4.11.3(3)

여기서, V_u는 둘레를 따라 작용하는 계수전단력, ϕ는 전단에 대한 강도감소계수로서 0.75, V_c는 콘크리트에 의한 공칭전단강도, V_s는 보강철근에 의한 공칭전단강도이다.

식 (6.2)의 콘크리트에 대한 공칭전단강도 V_c는 다음 식 (6.3)과 같이 규정되어 있다.

22 4.11.2(2)

$$V_c = v_c b_o d \quad (6.3)(a)$$

$$v_c = \lambda k_s k_{bo} f_{te} \cot\psi (c_u / d) \quad (6.3)(b)$$

여기서, v_c는 콘크리트 재료의 공칭전단강도, b_o는 위험단면 둘레길이, d는 슬래브의 유효깊이이다. λ는 보통콘크리트일 때는 1이고 경량콘크리트일 때는 보정계수를 고려한다. k_s는 슬래브 두께 계수로서 크기효과를 나타내는 계수이고, k_{bo}는 내부 기둥, 가장자리 기둥, 모서리 기둥에 따른 보정계수이고,[2), 3)] f_{te}는 압축대 콘크리트의 인장강도, ψ는 휨압축대의 균열각도, c_u는 압축대의 평균깊이를 각각 나타내며, 다음 식 (6.4)와 같다.

$$k_s = (300/d)^{0.25} \le 1.1 \quad (6.4)(a)$$

$$k_{bo} = 4 / \sqrt{\alpha_s (b_o / d)} \le 1.25 \quad (6.4)(b)$$

$$f_{te} = 0.2 \sqrt{f_{ck}} \quad (6.4)(c)$$

$$\cot\psi = \sqrt{f_{te}(f_{te}+f_{cc})}/f_{te} \tag{6.4)(d}$$

$$c_u = d[25\sqrt{\rho/f_{ck}} - 300(\rho/f_{ck})] \tag{6.4)(e}$$

$$f_{cc} = (2/3)f_{ck} \tag{6.4)(f}$$

여기서, α_s는 모서리 기둥에서 2면 전단 파괴가 일어나는 경우 2.0, 가장자리 기둥에서 3면 전단 파괴가 일어나는 경우 1.33, 모든 기둥에서 4면 전단 파괴가 일어나는 경우 1.0의 값이다. f_{cc}는 휨압축대의 평균 압축강도이다. 식 (6.4)(e)의 ρ값은 설계단면에서 양방향으로 h만큼 떨어진 폭의 각 면의 슬래브에 대한 평균 주인장철근비로서 ρ값이 0.03 이하일 때만 사용할 수 있으며, 0.005 이하일 때는 0.005로 하여 계산한다.[4), 5)]

한편 전단보강근에 의해 전단강도를 증가시키는 것은 얇은 슬래브에서 정착길이를 확보하기 힘들고 사인장균열이 짧아 스터럽 간격이 매우 촘촘하지 않으면 역할을 하지 못하므로 바람직하지 못하다.[6)] 따라서 설계기준에서는 슬래브의 유효깊이가 150 mm 이상이고 또한 전단철근 지름의 16배 이상인 슬래브에 한하여 적용할 수 있도록 규정하고, 스터럽에 의한 공칭전단강도 V_s는 다음 식 (6.5)와 같이 주어지고 있다.

22 4.11.3(1)

22 4.11.3(2)

$$V_s = \frac{A_v f_s d}{s} \tag{6.5}$$

여기서, A_v는 위험단면 둘레에 배치된 모든 전단철근의 단면적이고, s는 간격, $f_s = 0.5 f_{yt}$로 규정하고 있으며 f_{yt}는 전단철근의 설계기준항복강도로서 400 MPa 이하로 취한다.

위의 식 (6.5)에서 보면 보에서 스터럽에 의한 전단강도와 비교하여 슬래브의 경우 50퍼센트만 허용하며, f_{yt}값도 보의 경우 500 MPa 이하인데 반하여 400 MPa 이하로 규정하고 있다. 이것은 정착길이를 확보하지 못하는 것 등의 이유로 감소시켜 규정하고 있다.

예제 〈6.2〉 지판이 없는 경우

다음 그림과 같은 슬래브에 자중을 포함한 고정하중 $w_D = 6$ kN/m², 활하중 $w_L = 4$ kN/m²이 작용할 때, 기둥 A와 기둥 B 주위 슬래브의 뚫림전단 파괴에 대하여 검토하라. 슬래브의 두께는 250 mm이고, 기둥 크기는 500×500 mm²이다. 그리고 콘크리트의 설계기준압축강도는 27 MPa이며, 주철근비는 0.005이다.

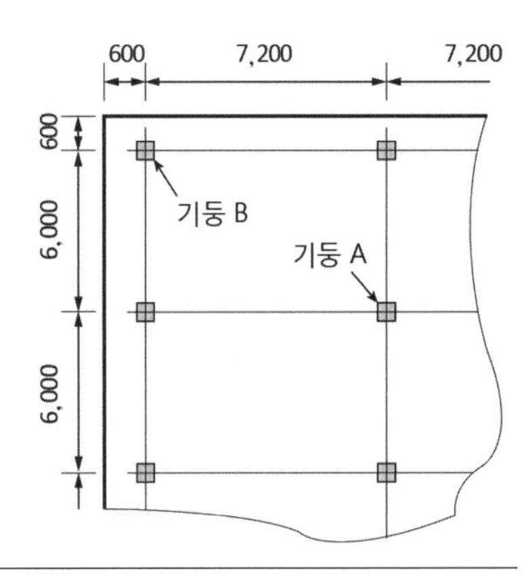

풀이

1. 기둥 A에 대하여 검토

1) 위험단면의 결정

피복두께, 사용할 주철근의 직경 등을 고려하여 유효깊이 $d = 250 - 30 = 220$ mm로 가정하고 위험단면 둘레길이 b_o를 계산한다. 22 4.11.1(3)

$$b_o = 4 \times (500 + 220) = 2880 \text{ mm}$$

2) 계수전단력의 산정

정확한 해석을 하는 대신에 슬래브 중심 간 거리에 있는 슬래브에 작용하는 하중이 이 기둥으로 전달된다고 가정하면 위험단면에서 계수전단력은 다음과 같다.

$$V_u = (\text{계수등분포하중}) \times (\text{슬래브 중심 간 면적} - \text{위험단면 내의 면적})$$
$$= (1.2 \times 6 + 1.6 \times 4) \times (6.0 \times 7.2 - 0.72^2) = 580 \text{ kN}$$

3) 전단강도 계산

콘크리트에 의한 전단강도 V_c를 구하면 다음과 같다.

22 4.11.2(2)

$$V_c = v_c b_o d$$
$$= \lambda k_s k_{bo} f_{te} \cot\psi \, (c_u / d) b_o d$$

여기서, $\lambda = 1$

$$k_s = (300/220)^{0.25} = 1.08 \le 1.1$$

$$k_{bo} = 4 / \sqrt{1.0 \times (2880/220)} = 1.106$$

$$f_{te} = 0.2\sqrt{27} = 1.039$$

$$f_{cc} = (2/3) f_{ck} = 18.0$$
$$\cot\psi = \sqrt{1.039 \times (1.039 + 18.0)} / 1.039 = 4.281$$
$$c_u = 220 \times [25\sqrt{0.005/27} - 300(0.005/27)] = 62.62$$

따라서

$$V_c = 1 \times 1.08 \times 1.091 \times 4.281 \times (62.62/220) \times 2880 \times 220$$
$$= 1.588 \times 2880 \times 220 = 1{,}006{,}157 \text{ N} \fallingdotseq 1{,}006 \text{ kN}$$

4) 전단 파괴 검토

22 4.1.1(1)

$$\phi V_n = \phi V_c = 0.75 \times 1{,}006 = 755 \text{ kN} \geq V_u = 580 \text{ kN}$$

따라서 2방향전단에 대하여 기둥 A 주변에서는 안전하다.

2. 기둥 B에 대하여 검토

기둥 B는 모서리 기둥으로서 뚫림전단 파괴가 일어날 가능성이 높다.

1) 위험단면 결정

2면 전단에 대한 전단 파괴 둘레길이 b_o는 다음과 같다.

22 4.11.1(3)

$$b_o = (600 + 250 + 220/2) \times 2 = 1{,}920 \text{ mm}$$

4면 전단에 대한 값은 앞의 기둥 A의 값과 같으므로 $b_o = 2{,}880$ mm이다. 또한 2면에 대한 콘크리트의 전단강도 v_c가 4면에 대한 값보다 작으므로, 이 경우에는 2면 전단 파괴가 일어날 가능성이 높다.

2) 계수전단력 산정

이 경우에도 약산으로 슬래브 중심선과 가장자리 선 사이의 슬래브 하중으로 한다.

22 4.11.1(1)

$$V_u = (1.2 \times 6 + 1.6 \times 4)(3.6 \times 4.2 - 0.96^2) = 193 \text{ kN}$$

3) 전단강도 계산

2면 전단일 때와 4면 전단일 때 v_c의 값에 영향을 주는 것은 k_{bo}값 뿐이므로, 이 경우에 대한 k_{bo}는 다음과 같다.

$$k_{bo} = 4/\sqrt{2.0 \times (1{,}920/220)} = 0.9574$$

따라서 콘크리트에 의한 전단강도는 다음과 같다.

$$V_c = 1.0 \times 1.08 \times 0.9574 \times 1.039 \times 4.281 \times (62.62/220) \times 1{,}920 \times 220$$
$$= 553 \text{ kN}$$

4) 전단 파괴 검토

$$\phi V_n = \phi V_c = 0.75 \times 553 = 415 \geq V_u = 193 \text{ kN}$$

22 4.1.1(1)

이 경우에도 뚫림전단에 대하여 안전하다.

예제 〈6.3〉 지판이 있는 경우

앞의 예제 〈6.2〉와 동일하나 슬래브 두께가 200 mm이고 기둥 A 위치에 지판이 2,000×2,400×100 mm가 설치되어 있을 때 뚫림전단 파괴에 대하여 검토하라.

풀이

1. 지판 크기의 검토

지판의 크기는 각 방향으로 경간의 1/6 이상으로 이 경우 전체 크기는 각 경간의 1/3 이상이 되어야 하는데 2,000×2,400 mm²은 6,000×7,200 mm²의 슬래브 판 크기의 1/3이므로 만족하고, 지판의 두께 100 mm도 슬래브 두께 200 mm의 1/2로서 1/4 이상이므로 만족한다. 그리고 기둥 면에서 내민길이의 1/4이 (1000−250)×1/4=187.5 mm이므로 지판의 유효두께는 전체 두께인 100 mm이다.

70 4.1.2.4

2. 전단에 대한 검토

1) 위험단면 1에 대한 검토(그림[6.6])

유효깊이 d를 구하기 위하여 철근 중심까지 평균 피복두께를 30 mm로 가정한다. 이때 기둥 면에서 $d/2 = (300-30)/2 = 135$ mm 떨어진 위험단면 1에서 뚫림전단에 대해 검토한다.

$$V_u = (1.2 \times 6 + 1.6 \times 4) \times (6.0 \times 7.2 - 0.77^2) = 579 \text{ kN}$$

V_c값을 계산한다.

22 4.11.2(2)

$$k_s = (300/270)^{0.25} = 1.027 \leq 1.1$$
$$k_{bo} = 4/\sqrt{1.0 \times (770 \times 4/270)} = 1{,}184$$
$$f_{te} = 0.2\sqrt{27} = 1.039$$

$f_{cc} = 18.0$

$\cot\psi = \sqrt{1.039 \times (1.039 + 18.0)} / 1.039 = 4.281$

$c_u = 270 \times [25\sqrt{0.005/27} - 300 \times (0.005/27)] = 76.86$ mm

따라서,

$$V_c = v_c b_0 d$$
$$= 1 \times 1.027 \times 1.184 \times 1.039 \times 4.281 \times (76.86/270) \times (4 \times 770) \times 270$$ 22 4.1.1(1)
$$= 1{,}280 \text{ kN}$$

따라서,

$$\phi V_c = 0.75 \times 1{,}280 = 960 \text{ kN} \geq V_u = 579 \text{ kN}$$

이므로 안전하다.

2) 위험단면 2에 대한 검토(그림 [6.6])

$$V_u = (1.2 \times 6 + 1.6 \times 4) \times (6.0 \times 7.2 - 2.57 \times 2.17)$$
$$= 512 \text{ kN}$$

이 경우에도 슬래브 두께만 달라져 $d = 170$ mm이므로 각 계수를 다시 계산한다.

$k_s = (300/170)^{0.25} = 1.15 \geq 1.1$ 따라서 $k_s = 1.1$

$k_{bo} = 4/\sqrt{1.0 \times (2 \times (2{,}570 + 2{,}170)/170)} = 0.536 \leq 1.25$

$f_{te} = 0.2\sqrt{27} = 1.039$

$f_{cc} = 2 \times 27/3 = 18.0$

$\cot\psi = \sqrt{1.039 \times (1.039 + 18.0)} / 1.039 = 4.281$

$c_u = 170 \times [25\sqrt{0.005/27} - 300 \times (0.005/27)] = 48.40$ mm

$$V_c = 1 \times 1.1 \times 0.536 \times 1.039 \times 4.281 \times (48.40/170) \times 2 \times (2{,}570 + 2{,}170) \times 170$$
$$= 1{,}203 \text{ kN}$$

따라서,

$$\phi V_c = 0.75 \times 1{,}203 = 902 \text{ kN} \geq V_u = 512 \text{ kN}$$ 22 4.1.1(1)

으로 안전하다.

만약 예제 ⟨6.2⟩와 같으나 슬래브 두께가 200 mm이고 지판이 없는 경우에 대하여 뚫림전단에 대하여 검토해보자.

$$V_u = (1.2 \times 6 + 1.6 \times 4) \times (6.0 \times 7.2 - 0.67^2) = 581 \text{ kN}$$

이 경우 위의 위험단면 2와 유효깊이는 같으나 위험단면 둘레길이 k_{bo}값만 다르다. 따라서

$$k_{bo} = 4 / \sqrt{1.0 \times (4 \times 670/170)} = 1.007$$

$$V_c = 1 \times 1.1 \times 1.007 \times 1.039 \times 4.281 \times (48.40/170) \times 4 \times 670 \times 170$$
$$= 639 \text{ kN}$$

$$\phi V_c = 0.75 \times 639 = 479 \text{ kN} < V_u = 581 \text{ kN}$$

22 4.1.1(1)

으로서 뚫림전단에 대하여 위험하다. 이 경우에는 전단철근 또는 전단머리 등에 의해 보강을 하여야 한다.

전단머리와 전단스터드 설계

전단머리(shear head)와 전단스터드(shear stud)

플랫플레이트와 플랫슬래브 구조에서 가장 취약한 것이 앞서 설명한 바와 같이 뚫림전단이다. 그러나 보 부재에서 사용하는 스터럽 철근으로는 효과적으로 전단보강이 되지 않으므로 주로 그림 [6.7]에 보이듯이 형강을 사용한 전단머리(shear head)로, 또는 그림 [6.8]에 보인 바와 같은 스터드를 사용한 전단스터드(shear stud)로 전단보강을 하는 경우가 많다. 이와 같은 강재를 기둥 주위의 슬래브 내에 배치시킴으로써 슬래브 두께를 두껍게 하지 않아도, 또 지판을 설치하지 않아도 뚫림전단 파괴를 막을 수 있다.

22 4.11.4

먼저 전단머리 설계에 대한 설계기준[1)]의 규정 내용을 살펴본다. 설계기준에서는 전단머리로서 역할을 하기 위해서 최소한의 요구 조건이 제시되고 있는데 주로 크기와 성능에 관련된 것이다.[7)] 형강 단면의 높이는 복부 두께의 70배 이하이어야 하고, 적어도 단면이 다음 식 (6.6)의 M_p값 이상의 소성휨강도를 발휘할 수 있는 크기이어야 한다.

$$M_p = \frac{V_u}{2\phi\eta}\left[h_v + \alpha_v\left(l_v - \frac{c_1}{2}\right)\right] \tag{6.6}$$

여기서, V_u는 뚫림전단 위험단면 둘레길이에 걸쳐 작용하는 계수전단력, ϕ는 인장지배단면의 강도감소계수로서 0.85, η는 둘레길이에 걸쳐있는 전단머리 부재 수이고, h_v는 전단머리의 부재 깊이, α_v는 강성비, l_v는 전단머리의 최소 길이이며, c_1은 기둥 변의 길이이다.

22 4.11.4(6)

강성비 α_v는 다음 식 (6.7)과 같이 정의되고 있다.

$$\alpha_v = \frac{E_s I_p}{E_c I_t} \geq 0.15 \tag{6.7}$$

여기서, I_p는 전단머리 형강의 단면2차모멘트이고, I_t는 기둥 중심으로 $c_2 + d$의 폭을 갖는 슬래브와 전단머리의 합성균열단면에 대한 콘크리트 환산단면2차모멘트이다. 이 값 α_v가 0.15 이상이 되는 크기의 전단머리를 선택하여야 한다.

22 4.11.4(5)

위와 같은 조건을 만족하는 전단머리를 슬래브 압축 면의 $0.3d$ 이내에 배치하여야 한다. 이 경우 뚫림전단에 대한 검토는 그림 [6.7]에서 보이는 바와 같이 두 곳에서 한다. 먼저 기둥 주위에서 $d/2$만큼 떨어진 위험단면에서는 전단머리를 보강하지 않은 경우에 비해 콘크리트가 저항하는 전단강도를 증대시켜 다음 식 (6.8)에 의해 구한다.

22 4.11.4(9)

$$V_n = 0.59\lambda\sqrt{f_{ck}}\,b_o d \tag{6.8}$$

여기서, λ는 경량콘크리트에 대한 보정계수이다.

22 4.11.4(8)

그리고 다른 한 곳의 위험단면은 그림 [6.7](b),(c),(d),(e)에 보이는 바와 같이 기둥의 면에서 전단머리의 부재 끝까지 거리인 $[l_v - (c_1/2)]$의 3/4 위치이며, 동시에 모든 위치는 기둥 둘레에서 $d/2$ 이상으로 떨어진 곳이다. 이 위험단면에서 전단강도는 식 (6.3)에 의해 구한다. 다만 이때 둘레길이 b_o가 증가된 값을 사용하며, 이 둘레에 대한 전단강도는 다음 식

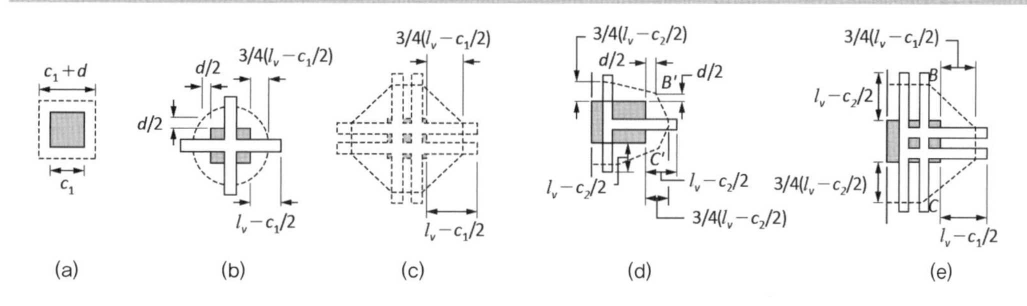

그림 [6.7]
전단머리 보강(KDS 14 20 22 4.11.4(8)): (a) 전단머리가 없는 경우; (b) 내부의 작은 전단머리; (c) 내부의 큰 전단머리: (d) 단부의 작은 전단머리; (e) 단부의 큰 전단머리

(6.9)와 같다.

22 4.11.4(9)

$$V_n = \frac{\lambda\sqrt{f_{ck}}}{3} b_o d \tag{6.9}$$

한편 전단머리를 배치하면 전단머리가 뚫림전단강도만 증가시키는 것이 아니라 주열대 슬래브의 휨모멘트의 일부도 저항할 수 있으므로, 그 값은 다음 식 (6.10)에 의해 계산한다.

22 4.11.4(10)

$$M_v = \frac{\phi \alpha_v V_u}{2\eta}\left(l_v - \frac{c_1}{2}\right) \tag{6.10}$$

여기서, ϕ는 0.85, α_v는 강성비, V_u는 전체 계수전단력, η는 전단머리 부재의 수, l_v는 전단머리 부재의 길이, c_1은 기둥 변의 길이이다. 그러나 식 (6.10)에 의하여 구한 M_v는 각 슬래브 주열대의 전체 계수휨모멘트의 30퍼센트 이하이어야 하고, 길이 l_v상에서 주열대 계수휨모멘트의 변화량 이하이어야 하며, 또 식 (6.6)에 의해 구한 M_p값 이하이어야 한다.

다음으로 확대머리 전단스터드 설계에 대한 설계기준의 규정을 살펴보면, 전단스터드의 총 높이는 슬래브 두께에서 상, 하부의 피복두께와 주철근 직경의 절반을 뺀 값 이상으로 하여야 한다. 그리고 전단스터드의 첫 번째 열과 기둥 면의 간격은 그림 [6.8]에서 보이듯이 $0.5d$ 이하이어야 하

22 4.11.5

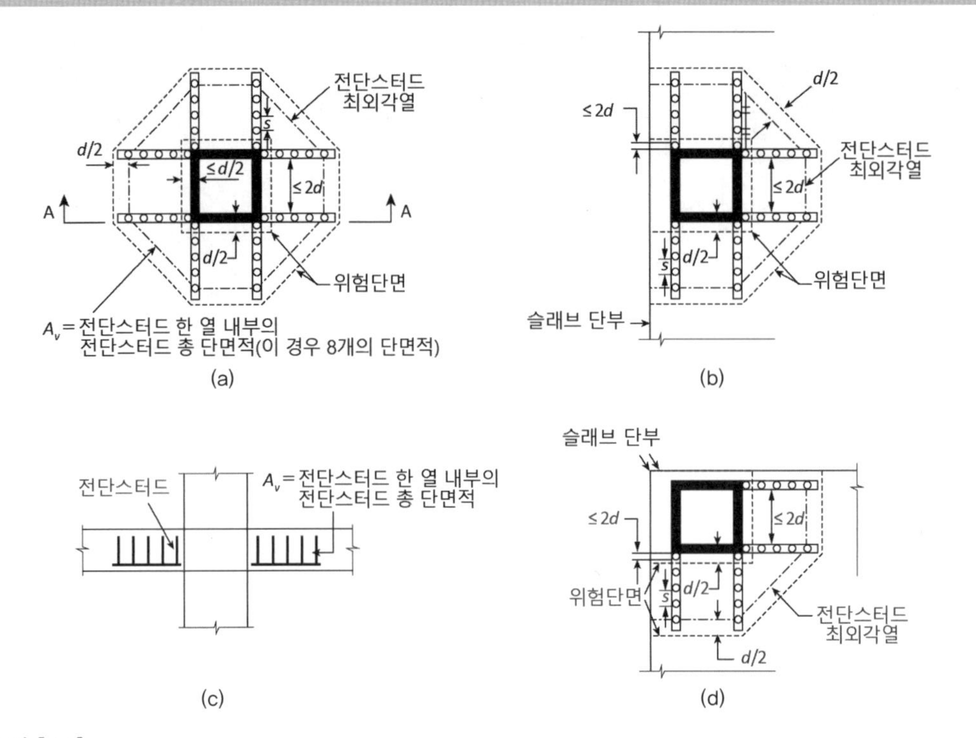

그림 [6.8]
확대머리 전단스터드의 배치 상세와 위험단면: (a) 내부(이 경우 8개의 단면적) 기둥; (b) 외부 기둥; (c) 단면 A–A; (d) 모서리 기둥

고 스터드 사이의 간격 s는 철근콘크리트 슬래브인 경우 $0.5d$ 이하로 일정하여야 한다. 또한 기둥 변 둘레를 따라 전단스터드 셋트 사이의 간격은 $2d$ 이하로 하여야 한다.

이와 같은 요구 조건을 만족시키는 전단스터드가 설치된 경우 뚫림전단에 대한 위험단면은 그림 [6.8]에서 보인 바와 같이 두 곳이다. 첫 번째 위험단면은 기둥 면에서 $d/2$만큼 떨어진 위험단면에서 스터드에 의한 전단강도 V_s는 앞의 식 (6.5)에 따라 구한다. 이때 A_s값은 기둥 둘레와 나란한 선으로 둘러싸인 한 열에 있는 스터드의 전체 단면적이다. 예로써 그림 [6.8](a)의 경우 스터드 8개의 단면적이고, 그림 [6.8](b),(d)의 경우 각각 6개와 4개의 단면적이다. 그리고 두 번째 위험단면은 제일 외측 전면스터드를 잇는 선에서 $d/2$만큼 밖으로 나간 곳으로서 이 위험단면에서 V_c 값은 앞의 식 (6.3)에 의해 구한다.

예제 〈6.4〉

앞의 예제 〈6.2〉와 같은 슬래브에 자중을 포함한 고정하중 $w_D = 10$ kN/m², 활하중 $w_L = 6$ kN/m²이 작용할 때 기둥 A에 대한 뚫림전단 파괴를 검토하고, 모자라는 경우 전단머리에 의해 보강하라. 다만 주철근으로 D16@150으로 배치되어 있다.

풀이

1. 전단머리 보강 필요성 검토

$$V_u = (1.2 \times 10 + 1.6 \times 6) \times (6.0 \times 7.2 - 0.72^2) = 922 \text{ kN}$$

앞의 예제 〈6.2〉에 의하면 V_c 값은 1,106 kN이다. 따라서

$$\phi V_c = 0.75 \times 1{,}006 = 755 \text{ kN} \le V_u = 922 \text{ kN}$$

으로서 뚫림전단보강이 필요하다.

22 4.1.1(1)

2. 전단머리 크기의 결정
   1) 최대 전단강도 검토

22 4.11.3(3)

전단머리로 보강하더라도 최대로 저항할 수 있는 전단강도는 다음과 같다.

$$V_n = 0.59\lambda\sqrt{f_{ck}}b_o d = 0.58 \times 1.0 \times \sqrt{27} \times 2{,}880 \times 220$$
$$= 1{,}910 \text{ kN}$$
$$V_u = 922 \le \phi V_n = 0.75 \times 1{,}910 = 1{,}432 \text{ kN}$$

따라서 전단머리 보강을 적절히 하면 가능하다.

   2) 전단머리 길이 산정 검토

전단머리를 배치한 경우 외곽 위험둘레 길이를 따른 전단강도는 $\lambda\sqrt{f_{ck}}b_0 d/3$으로서 요구되는 b_0를 구한다. 이때 V_u 값은 앞에서 구한 922 kN보다 조금 작아지나 이 값으로 한다.

22 4.11.4(9)

$$\phi\lambda\sqrt{f_{ck}}b_0 d/3 = 0.75 \times 1.0 \times \sqrt{27}b_0 \times 220/3 \ge 922{,}000$$
$$b_0 \ge 3{,}226 \text{ mm}$$

따라서 내민길이 l_v를 다음 식에 의해 구할 수 있다.

$$b_0 = 4\times\sqrt{2}\times\left[\frac{c_1}{2}+\frac{3}{4}\left(l_v-\frac{c_1}{2}\right)\right]$$

$$=4\times\sqrt{2}\times\left[\frac{500}{2}+\frac{3}{4}\left(l_v-\frac{500}{2}\right)\right]\geq 3{,}226$$

$$l_v \geq 677\ \text{mm}$$

3) 전단머리 강재 단면 크기 결정

단면의 크기는 슬래브 두께와, 설계기준에서 요구하는 M_p값 이상 등을 고려하여 반복 계산에 의해 결정하여야 한다. M_p값은 다음 식의 값 이상이고, α_v는 0.15 이상이어야 하므로 일단 $\alpha_v = 0.15$, $h_v = 150$일 때 계산한다.

22 4.11.4(7)

$$M_p \geq \frac{V_u}{2\phi n}\left[h_v+\alpha_v\left(l_v-\frac{c_1}{2}\right)\right]$$

$$=\frac{922{,}000}{2\times 0.85\times 4}\left[150+0.15\times\left(677-\frac{500}{2}\right)\right]$$

$$=29.0\ \text{kNm}$$

전단머리로 SWS 50($f_y = 330\,\text{MPa}$) $\text{H}-150\times 75\times 5\times 7$로 사용한다면 소성모멘트 M_p값은 다음과 같다.

$$M_p = 7\times 75\times 330\times 150+5\times 75\times 330\times 75 = 35.3\ \text{kNm}$$

따라서 일차적으로 만족한다. 그리고 균열환산단면에 대한 식 (6.7)에 나타난 강성비인 α_v값이 0.15 이상이어야 하므로 이에 대하여 검토한다. 피복두께 등을 고려하여 전단머리 강재를 다음 그림과 같이 배치한다고 가정하고 α_v값을 구한다.

22 4.11.4(6)

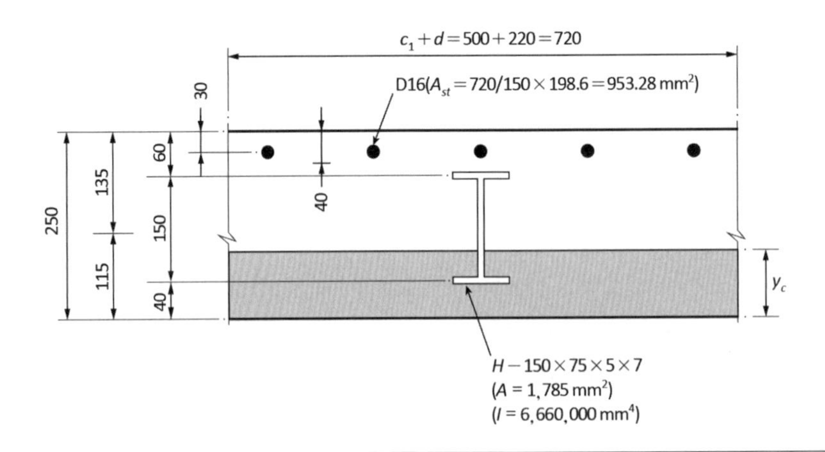

균열이 발생하지 않은 단면의 깊이를 하부에서 y_c라고 하면,

$$n = 2.0 \times 10^5/(8{,}500 \times \sqrt[3]{f_{cm}}) = 2.0 \times 10^5/8{,}500\sqrt[3]{(27+4)}$$
$$= 7.49$$

10 4.3.3(1)

$$y_c = \left[720y_c \times \frac{y_c}{2} + 7.49 \times 953.28 \times 220 + 7.49 \times 1{,}785 \times 115\right]$$
$$/\left[720y_c + 7.49 \times 953.28 + 7.49 \times 1{,}785\right]$$
$$= 68.7\text{ mm}$$

$$I_t = \frac{1}{3} \times 720 \times 68.7^3 + 7.49 \times [6{,}600{,}000 + 1{,}785 \times$$
$$(115 - 68.7)^2] + 7.49 \times 953.28 \times (220 - 68.7)^2$$
$$= 319{,}810{,}239\text{ mm}^4$$

따라서 α_v 값을 구하면

$$\alpha_v = \frac{E_s I_p}{E_c I_t} = \frac{nI_p}{I_t} = \frac{7.49 \times 6{,}660{,}000}{319{,}810{,}239} = 0.156 \geq 0.15$$

따라서 SWS50($f_y = 330$ MPa) H$-150 \times 75 \times 5 \times 7$의 길이 $l = 1{,}500$ mm($l_v \geq$ 677 mm이므로 양쪽으로 배치하므로 $2l_v = 1{,}354$ mm가 필요하므로 조금 여유를 둠) 형강을 전단머리 보강재로 사용한다.

3. 전단머리에 의한 저항 휨상노 계산
전단머리를 배치한 경우 2방향전단에 대한 보강 역할뿐만 아니라 휨모멘트에 대한 저항능력도 있으므로, 전단머리를 배치한 경우 주철근량을 감소시킬 수 있다. 이때 전단머리에 의한 휨강도는 다음과 같다.

22 4.11.4(10)

$$M_v = \frac{\phi \alpha_v V_v}{2\eta}\left(l_v - \frac{c_1}{2}\right)$$
$$= \frac{0.85 \times 0.156 \times (922{,}000/4)}{2 \times 1} \times \left(750 - \frac{500}{2}\right)$$
$$= 7.64\text{ kNm}$$

이 값은 주열대 전체 휨모멘트의 30%, l_v상의 계수휨모멘트의 변화량보다는 작아야 한다.

불균형휨모멘트 전달을 위한 편심전단 설계

받침 부재인 기둥이나 벽체에서 양쪽 경간의 슬래브의 단부에 작용하는 휨모멘트의 크기가 서로 같지 않아 균형을 이루지 못할 때는 그 차이만큼의 휨모멘트, 즉 불균형휨모멘트는 받침 부재인 기둥이나 벽체로 전달된다. 이때 이 불균형휨모멘트 M_u는 플랫플레이트 또는 플랫슬래브 구조와 같이 보가 없는 경우 기둥 주위의 슬래브 부분에서 직접 휨에 의해 전달되기도 하고, 주위의 슬래브에 전단응력을 유발시켜 전단에 의해 전달되기도 한다. 그러나 우리나라 설계기준[1)]에서는 전체 불균형휨모멘트 M_u 중에서 얼마만큼 휨 거동 또는 편심전단 거동으로 할 것인지에 대한 규정은 없고 설계자가 선택하도록 하고 있다. 2012년도와 2021년도에 개정된 콘크리트구조 설계기준[1)]에서 이 불균형휨모멘트 전달에 대한 설계의 규정이 개정이 되었으므로 먼저 개정된 규정에 대해 설명하고, 그 후에 미국의 ACI 설계기준[8)]에서 규정하고 있는 개정되기 이전의 규정에 대해서도 설명한다. 전체 설계 흐름도와 차이점은 그림 [6.9]에 나타나 있다.

22 4.11.7
[저자 의견] 철근콘크리트 슬래브는 휨모멘트에 대해서는 연성거동을, 전단력에 대해서는 취성거동을 하므로 불균형 휨모멘트로 인하여 발생되는 전단편심에 의한 전단응력은 꼭 분담시켜야 한다고 본다. 즉, 전단 부분인 γ_v는 꼭 고려해야 하고, γ_f 부분은 줄일 수 있으며, 줄인 부분 만큼 γ_v 부분으로 보완할 수 있다고 본다.

이와 같은 불균형휨모멘트는 연직하중만 작용하는 경우에는 내부 경간에서는 크게 발생되지 않으므로 심각한 문제가 되지 않으나, 최외단 경간인 경우에는 심각할 수도 있다. 설계기준에서는 직접설계법에 의해 해석할 때 최외측 단부의 연직하중에 의한 불균형휨모멘트는 $0.3M_o$로 취할 것을 규정하고 있다. 그러나 ACI 설계기준에서는 휨 부분인 $\gamma_f M_u$는 그대로 계산된 M_u 값을 사용하고, 전단편심에 의해 고려할 부분인 $\gamma_f M_u$의 M_u 값은 $0.3M_0$ 이상으로 취하도록 규정하고 있다. 또 지진하중이나 풍하중과 같은 횡하중이 작용할 때는 받침부의 양 단부에 같은 방향의 휨모멘트가 양쪽 슬래브에 발생하여 불균형휨모멘트가 크게 발생한다. 따라서 횡하중이 작용하는 플랫슬래브와 플랫플레이트 구조물의 경우 모든 받침부에서 이 불균형휨모멘트에 대한 설계가 필요하다고 볼 수 있다.

70 4.1.3.3(6)

우리나라 설계기준[1)]에 의하면 다음 식 (6.11)에 나타난 바와 같이 불균형휨모멘트에 대한 휨강도 M_n은 직접 휨에 의해 전달되는 M_F와, 편심전단에 의해 전달되는 위험단면의 전면과 후면의 전단응력에 의한 M_S와, 측면의 비틀림 거동에 의한 M_T로 나누어진다.

22 4.11.7(2)

그림 [6.9]
불균형휨모멘트의 설계 순서와 미국 ACI 설계기준과 차이점

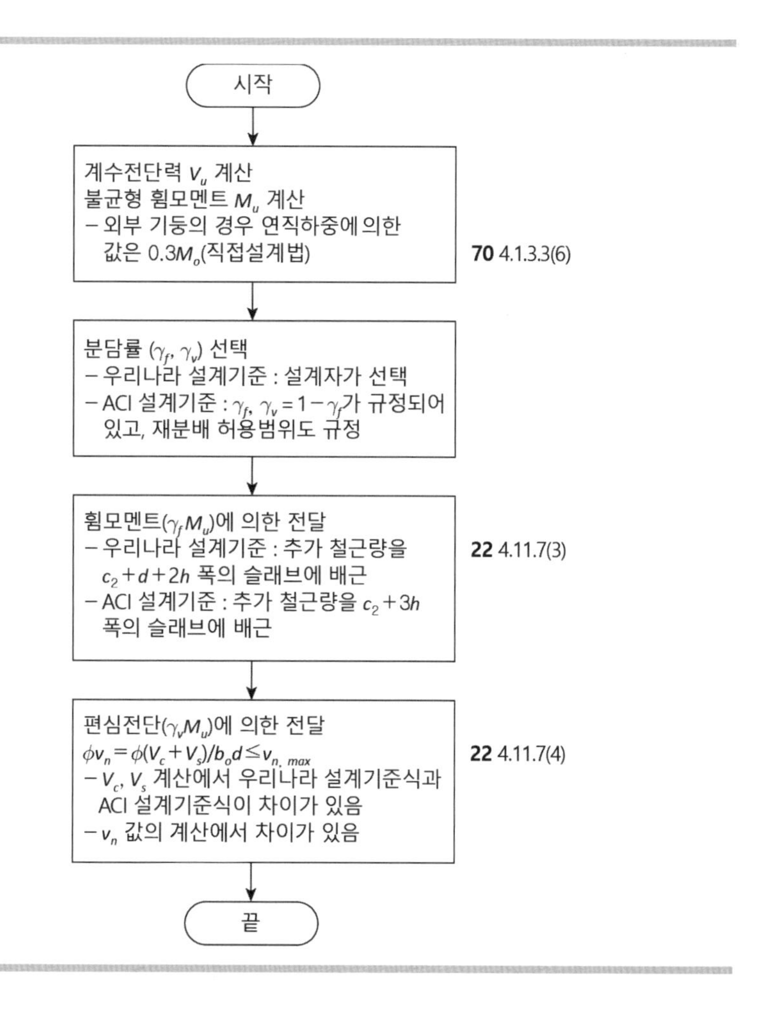

$$\phi M_n = \phi_f M_F + \phi_v M_S + \phi_v M_T \tag{6.11}$$

여기서, ϕ_f는 휨 거동에 대한 강도감수계수로 0.85, ϕ_v는 전단, 비틀림 거동에 대한 강도감소계수로 0.75이다.

식 (6.11)의 M_F는 위험단면의 전, 후면의 휨강도로서 다음 식 (6.12)와 같다.

$$M_F = M_{Ff} + M_{Fb} \tag{6.12}$$

여기서, M_{Ff}와 M_{Fb}는 그림 [6.10]에 보이는 방향으로 불균형휨모멘트 M_u가 작용할 경우에는 각각 전면의 상부 주철근과 후면의 하부 주철근

22 4.11.7(3)

[저자 의견] 휨모멘트 M_{nf}와 M_{nb} 에 대한 위험단면(설계단면)은 기둥의 전면과 후면이 되는데 우리나라 설계기준(22 4.11.7(1))에서는 뚫림전단에 대한 위험단면과 일치시키고 있다. 이는 모순되는 규정이라고 본다.

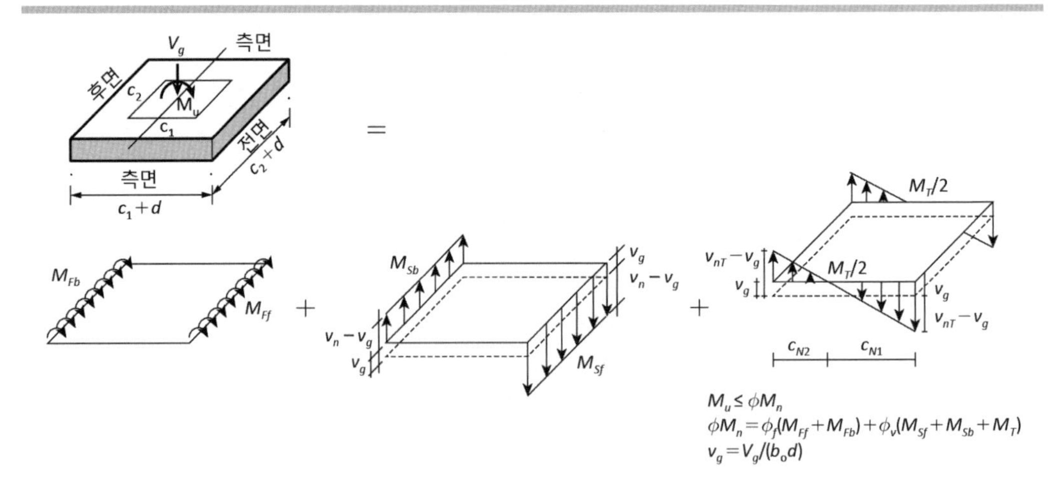

그림 [6.10]

슬래브-기둥 내부 접합부에서 편심전단응력의 중립축과 불균형휨모멘트 모델

이 저항하는 위험단면 슬래브의 휨강도이다.

그리고 편심전단에 의한 휨강도 M_S와 M_T를 구할 때 필요한 각 위험단면에서 전단강도는 다음 식 (6.13)(a),(b)에 의해 각각 구할 수 있다.

22 4.11.7(4)

$$v_n = v_c + v_s \le 0.58 f_{ck} c_u / d \tag{6.13)(a}$$

$$v_{nT} = 0.63\lambda\sqrt{f_{ck}} + v_s \le 0.25 f_{ck} \tag{6.13)(b}$$

여기서, v_c는 앞의 식 (6.3)(b)에 의한 값이고 v_s는 식 (6.5)에 의해 구한 V_s를 $b_o d$로 나눈 값이다.

[저자 의견] M_T계산에서 학회기준[20] 해설 7.12.7.2에서 수평방향 전단응력에 의한 저항력을 무시하고 있다. 물론 그 크기는 작지만 ACI에서는 고려하고 있다.

전단편심과 비틀림에 의해 콘크리트가 저항할 수 있는 휨강도 M_S와 M_T는 위 식 (6.13)에 의해 계산된 전단강도에 계수연직하중에 의해 발생한 전단응력 v_g를 감한 값으로 계산할 수 있다. 이때도 내부 기둥의 경우 4면이 저항하고, 가장자리 기둥인 경우 3면이, 모서리 기둥인 경우 2면만이 저항하므로 그에 따라 계산을 하여야 한다.

22 4.11.7(5)

그리고 양방향으로 불균형휨모멘트가 작용하는 경우 각 방향의 편심전단강도는 양방향의 편심전단의 상호 작용을 고려하여 다음 식 (6.14)를 만족시켜야 한다.

$$\left(\frac{M_{u1}-\phi_f M_{F1}}{\phi_v M_{v1}}\right)+\left(\frac{M_{u2}-\phi_f M_{F2}}{\phi_v M_{v2}}\right)\le 1 \tag{6.14}$$

여기서 $M_{v1}=M_{S1}+M_{T1}$, $M_{v2}=M_{S2}+M_{T2}$ 이며, 첨자는 각 방향을 의미한다.

다음으로 우리나라 설계기준에서 2012년 이전까지 규정하고 있었던 미국 ACI 설계기준[8)]에 대하여 설명한다.

미국 ACI 설계기준에서는 불균형휨모멘트를 지지하는 부재로 전달시킬 때 휨 또는 편심전단에 의해 전달시키는 양을 나누고 있다. 이는 비록 휨에 의해 불균형휨모멘트를 모두 전달시키도록 설계하여도 지지 부재 근방에서 이 불균형휨모멘트에 의해 뚫림전단에 대한 위험단면에 더 큰 전단응력이 발생되면 뚫림전단에 대하여 위험할 수도 있기 때문이다.

휨 거동에 의해 전달되는 휨모멘트는 $\gamma_f M_u$, 편심전단에 의해 전달되는 $\gamma_v M_u$ 이며, 이 γ_f와 γ_v는 다음 식 (6.15)에 나타낸 바와 같다.

$$\gamma_f=\frac{1}{1+\frac{2}{3}\sqrt{\frac{b_1}{b_2}}} \tag{6.15(a)}$$

$$\gamma_v=1-\gamma_f \tag{6.15(b)}$$

여기서, b_1과 b_2는 뚫림전단에 대한 위험단면의 길이로서 그림 [6.11]에 보인 바와 같고, 첨자 1은 해석하는 방향이고 첨자 2는 직교 방향이다.

식 (6.15)(a)에서 주어진 휨에 의해 전달되는 부분은 뚫림전단에 여유가 있을 때는 좀 더 증가시킬 수 있다.[18),19)] 그림 [6.11]에 보이는 모서리 받침부의 경우 계수전단력 V_u가 $0.5\phi V_c$ 이하이면, 그리고 가장자리에 나란한 방향의 가장자리 받침부의 경우 $0.75\phi V_c$ 이하이면 γ_f를 1까지, 즉 모든 불균형휨모멘트를 휨에 의해 전달시킬 수 있다.

한편 가장자리에 직교 방향의 외부 받침부와 내부 받침부의 경우 V_u가 $0.4\phi V_c$ 이하일 때 γ_f 값을 25퍼센트까지 증가시킬 수 있다. 또 ACI 설계기준에서도 직접설계법으로 해석할 때는 연직하중에 의한 가장자리

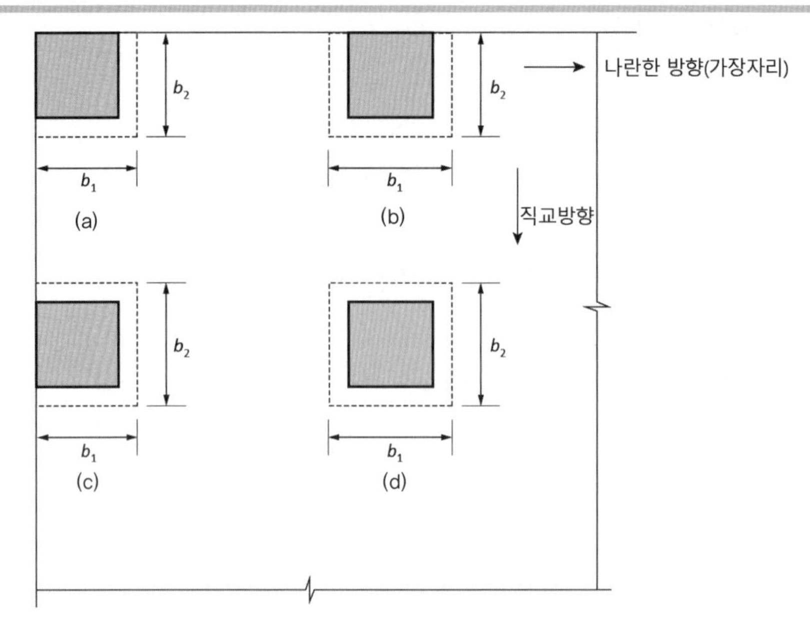

그림 [6.11]
기둥 위치에 따른 뚫림전단 위험단면의 변 길이: (a) 모서리 기둥; (b) 가장자리 기둥; (c) 가장자리 기둥; (d) 내부 기둥

기둥에서 편심전단으로 전달되는 것은 직교 방향의 불균형휨모멘트로서 $0.3M_o$로 취하도록 규정하고 있다.

70 4.1.2.3(2)

[저자 의견] 휨모멘트와 뚫림전단력의 위험단면은 일치하지도 않고 그렇게 할 이유도 없다고 본다.

우리나라 설계기준에서는 $\gamma_f M_u$와 $\gamma_v M_u$가 작용하는 위험단면을 일치시키도록 규정하고 있으나, 미국 ACI 설계기준에서는 $\gamma_v M_u$는 전단 파괴를 일으키는 단면력이므로 뚫림전단에 대한 위험단면으로 하나, $\gamma_f M_u$는 휨파괴를 일으키는 단면력이므로 기둥 전면이 위험단면이고 철근을 배치하는 폭도 휨 거동에 영향을 주는 c_2+3h로 규정하고 있다. 우리나라 설계기준 2012년도 개정판의 경우 휨 거동도 뚫림전단의 위험단면과 일치시킴으로써 c_2+d 내에 $\gamma_f M_u$에 의해 요구되는 철근을 배치하여야 하도록 규정하였다. 이때 철근비는 연성 확보를 위하여 두 기준 모두 $0.375\rho_b$ 이하로 규정하고 있다. 따라서 이전의 우리나라 설계기준에 따르면 c_2+d 폭의 단면 내의 철근비가 이 값보다 커질 가능성이 높으므로 철근비에 대한 검토가 필요하였다. 그러나 2021년 개정판에서는 ACI 설계기준[1)]과 비슷한 c_2+d+2h로 규정하여 철근비가 낮아질 수 있으나,

철근비를 0.03 이하로 제한하는 것으로 규정함으로써 휨에 대한 취성파괴가 일어날 가능성도 있게 되었다.

22 4.111.6(3)
[저자 의견] 철근비 0.03은 매우 큰 값으로 휨에 대해 취성파괴가 일어날 수도 있다. 따라서 이 값을 감소시키는 것(ACI처럼 $0.375\rho_b$ 등)이 적절하다고 본다.

뚫림전단에 대한 콘크리트가 저항할 수 있는 공칭전단강도는 다음 식 (6.16)과 같이 규정하고 있다.

$$V_c = \min.\left[\frac{1}{6}\left(1+\frac{2}{\beta_c}\right)\sqrt{f_{ck}},\ \frac{1}{6}\left(\frac{\alpha_s d}{2b_o}+1\right)\sqrt{f_{ck}},\ \frac{1}{3}\sqrt{f_{ck}}\right]b_o d \qquad (6.16)$$

여기서, β_c는 그림 [6.11]에 보인 뚫림전단에 대한 변의 길이 b_1, b_2의 비로서 항상 긴 변에 대한 짧은 변의 비이고, α_s는 뚫림전단 면이 2면일 때 20, 3면일 때 30, 4면일 때 40의 값이다.

전단철근으로 보강할 때는 슬래브 두께가 어느 정도 이상이 되어야 정착이 될 수 있으므로 유효깊이 d가 150 mm 이상이고 또한 전단철근 직경의 16배 이상일 때만 유효하다. 이때 식 (6.16)에 대한 V_c 값은 $\left(\sqrt{f_{ck}}/6\right)b_o d$ 이하로 취하며, V_s는 보의 경우와 같게 식 (4.29)에 의해 구하고 전체 공칭전단강도 V_n은 다음 식 (6.17)과 같다. 다만 이때 전체 공칭전단강도 $V_n = V_c + V_s$의 값은 $\left(\sqrt{f_{ck}}/2\right)b_o d$ 이하로 취하여야 한다.

$$V_n = \frac{1}{6}\sqrt{f_{ck}}\,b_o d + \frac{A_v f_{yt} d}{s} \le \frac{1}{2}\sqrt{f_{ck}}\,b_o d \qquad (6.17)$$

전단머리가 설치된 경우는 기둥 면에서 $0.5d$만큼 떨어진 뚫림전단에 대한 위험단면에서 콘크리트와 전단머리에 의한 공칭전단강도는 다음 식 (6.18)과 같다.

$$V_n = 0.59\sqrt{f_{ck}}\,b_o d \qquad (6.18)$$

연직 방향의 계수전단력 V_u와 편심전단에 의해 전달되는 불균형휨모멘트 $\gamma_v M_u$가 동시에 작용할 때 뚫림전단에 대한 위험단면에서 계수전단응력 v_u는 다음 식 (6.19)에 의해 구할 수 있다.

$$v_u = \frac{V_u}{A_c} \pm \frac{\gamma_v M_u c}{J_c} \tag{6.19}$$

여기서, A_c는 위험단면의 단면적이고, c는 중심축에서 거리이고, J_c는 단면의 극2차모멘트로서 뚫림전단의 형태에 따라 다르며, 그림 [6.12]에 주어져 있다.

만약 2방향으로 불균형휨모멘트가 $\gamma_{vx}M_{ux}$, $\gamma_{vy}M_{uy}$가 작용할 때는 다

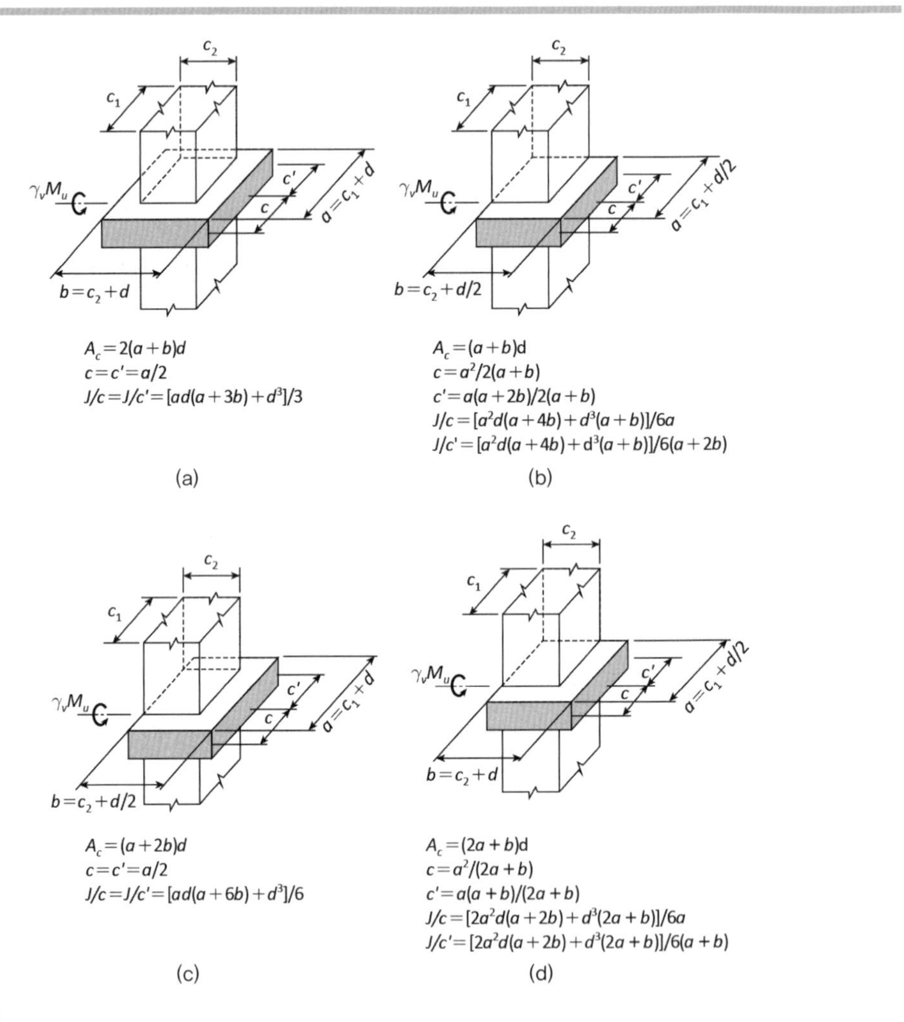

그림 [6.12]
편심전단에 대한 단면 특성: (a) 내부 기둥; (b) 모서리 기둥; (c) 가장자리 기둥(가장자리와 나란한 휨); (d) 가장자리 기둥(가장자리와 직교방향 휨)

음 식 (6.20)에 의해 구할 수 있다.

$$v_u = \frac{V_u}{A_c} \pm \frac{\gamma_{vx} M_{ux} c_x}{J_{cx}} \pm \frac{\gamma_{vy} M_{uy} c_y}{J_{cy}} \tag{6.20}$$

여기서, 첨자 x, y는 두 방향을 의미한다.

최종적으로 식 (6.19) 또는 식 (6.20)에 의해 구한 v_u 값이 식 (6.16), 식 (6.17), 식 (6.18)에 의해 구한 단면의 전단강도를 $b_o d$로 나눈 값, 즉 다음 식 (6.21)을 만족하도록 설계한다.

$$v_u \le \phi v_n = 0.75 \times [\text{식 } (6.16), \text{ 또는 식 } (6.17), \text{ 또는 식 } (6.18)] / b_o d \tag{6.21}$$

이와 같이 뚫림전단과 불균형휨모멘트의 전달에 있어서 우리나라는 2007년 콘크리트구조설계기준까지는 미국 ACI 설계기준[8]과 같았으나 개정이 된 이후는 크게 차이가 나고 있다.

6.4 배근상세 및 구조상세

6.4.1 배근상세

슬래브의 철근 배치에 있어서 중요한 사항들은 최소 철근량과 최대 간격, 그리고 정착 등이다.

보와 같은 휨부재가 단면력에 의해 철근량이 필요하면 인장철근은 최소철근비에 의해 요구되는 양 이상으로 필요하나 두께가 균일한 슬래브의 경우는 이보다 적은 양인 다음 식 (6.22)에 주어지는 수축·온도 철근량 이상의 인장철근이 필요하다.

20 4.2.2(1)

70 4.1.5.1(1)

$$\rho_{s,\min} = 0.002 \times \frac{400}{f_y} \le 0.002 \tag{6.22}$$

[저자 의견] 수축·온도철근은 전체 단면에 배치된 전체 철근량이 아니고, 인장 측에 배치된 철근량만을 의미한다.

여기서, f_y는 주철근의 설계기준항복강도(MPa)이다.

70 4.1.1.3(2), (3)

70 4.1.5.1(2)

70 4.1.5.3

허용되는 철근의 최대 간격은 1방향 슬래브의 경우 주철근의 방향이 아니면 휨모멘트에 의해 필요하지 않은 경우이므로 수축온도 철근의 최대 간격과 같이 슬래브 두께의 5배와 450 mm 중 작은 값인데 반하여, 휨모멘트에 의해 철근이 요구되는 모든 슬래브에서 철근의 최대 간격은 슬래브 두께의 3배와 450 mm 중 작은 값이다. 또 설계단면인 위험단면에서는 간격을 더욱 좁게 하여야 하며, 철근의 최대 간격은 슬래브 두께의 2배와 300 mm 이하로 규정되어 있다. 보가 없는 슬래브인 플랫플레이트나 플랫슬래브의 경우 모든 철근상세를 따르는 것 외에도 그림 [6.13]에 나타낸 철근의 길이도 확보하여야 한다. 또 특별한 경우로서 α값이 1.0보다 큰 테두리보에 의해 지지되어 있는 구조물의 모퉁이 슬래브의 경우 불연속 단부라고 하더라도 테두리보의 구속에 의해 슬래브 상부에 대각선 방향으로 균열이 발생될 수 있다. 이 경우 슬래브의 최대 계수정휨모멘트만큼 저항할 수 있도록 긴 변의 1/5 길이에 걸쳐 각 방향으로 철근을 배치하여야 한다.

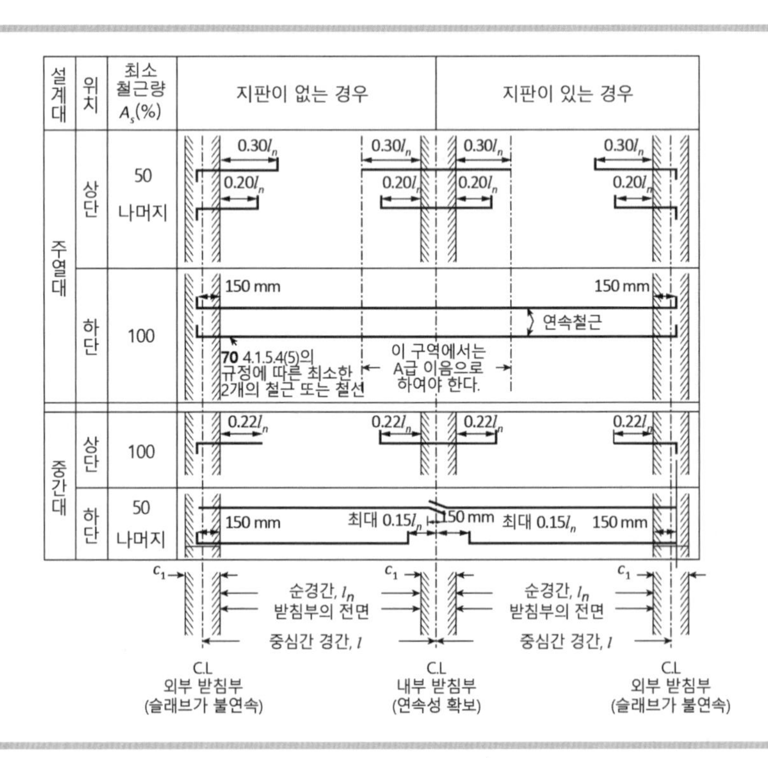

그림 [6.13]
보가 없는 슬래브에서 철근의 최소 정착길이

6.4.2 구조상세

실제 구조물에서 슬래브는 다양한 목적으로 개구부(opening)를 두는 경우가 많다. 원칙적으로 개구부를 두어도 구조해석을 하여 그에 따른 단면력에 안전하고, 처짐 등 사용성능에 문제를 일으키지 않으면 어떠한 크기의 개구부도 둘 수 있다. 그러나 슬래브에 개구부가 있는 경우 구조해석이 매우 번거롭기 때문에 허용될 수 있는 개구부의 크기 등을 설계기준[1] 에서 규정하고 있다.

70 4.1.6

플랫플레이트나 플랫슬래브 등과 같이 보가 없는 슬래브는 지지 부재인 기둥이나 벽체 주위에 휨모멘트와 전단력이 크게 작용하므로 이 근방에서 설치하는 개구부는 매우 제한적 크기만 허용된다. 이와 같은 보가 없는 슬래브의 경우, 양방향의 주열대가 겹치는 부분에서 개구부의 크기는 각 방향 주열대 폭의 1/8 이하이어야 하고, 이때 절단된 철근은 개구부 주위에 추가로 배치하여야 한다. 주열대와 중간대가 겹치는 부분은 각 방향에 배근된 철근량의 1/4 이하가 절단되는 크기의 개구부를 둘 수 있으며, 이 경우에도 절단된 철근량만큼 개구부 주위에 추가 배치하여야 한다. 한편 단면력이 상대적으로 작게 작용하는 중간대가 겹치는 부분은 절단되는 철근량만큼 개구부 주위에 추가로 배치한다면 어떠한 크기의 개구부도 둘 수 있다. 그러나 개구부가 슬래브 판 크기에 비하여 상대적으로 매우 큰 경우에는 캔틸레버 슬래브로 가정하여 구조해석을 하여 설계하는 것이 바람직하다.

70 4.1.6(2)

기둥 주위인 주열대가 겹치는 부분의 슬래브에 그림 [6.14]에 보인 바와 같이 개구부가 있으면 뚫림전단 파괴에 대한 둘레길이를 감소시켜야 한다. 전단머리가 없는 경우 기둥의 중심과 개구부의 경계점 사이로 그은 직선 내에 있는 둘레 부분을 감소시키고, 전단머리가 있는 경우 이 값의 반을 감소시킨다.

22 4.11.6

한편 네 변이 보로 지지된 슬래브의 경우 오히려 지지 부재인 기둥이나 벽체 근방에서 휨모멘트가 작게 작용하므로 이 위치에 개구부를 두는 것이 바람직하다. 이 경우에도 절단된 철근량만큼 개구부 주위에 추가로 배치한다. 그러나 이러한 구조에서도 슬래브 중간 부분에 개구부를 크게 두는 경우에는 캔틸레버 슬래브 또는 세 변 지지 슬래브 등으로 가정하

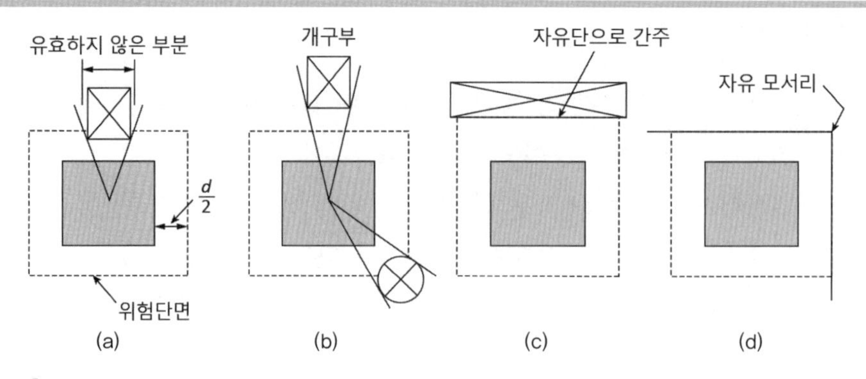

그림 [6.14]
개구부와 자유단이 있는 슬래브의 위험단면

여 해석하고 설계하는 것이 바람직하다.

6.5 사용성 검토

6.5.1 처짐 검토

슬래브의 처짐을 계산하는 것은 쉬운 일이 아니며, 특히 2방향 슬래브의 경우 더욱 힘들다. 따라서 대부분의 설계기준에서는 철근콘크리트 슬래브를 설계할 때 처짐을 검토하지 않아도 되는 슬래브의 최소 두께를 규정하고 있다. 즉, 슬래브를 설계할 때 먼저 이 최소 두께 이상으로 두께를 선택함으로써 처짐을 검토하지 않는 것이 일반적인 설계법이다. 모든 철근콘크리트 구조물의 슬래브는 단면력에 의해 요구되는 두께 또는 진동, 소음 등을 제한하기 위하여 요구되는 두께가 처짐 검토를 위해 요구되는 두께보다 일반적으로 크기 때문에 처짐 검토가 필요하지 않는 경우가 대부분이다. 최소로 요구되는 두께보다 작은 경우에 대한 처짐 검토는 4.4.2절에서 설명한 보 부재의 경우와 유사하므로 참고하고, 여기서는 처짐 검토가 필요 없는 최소 두께에 대한 규정에 대해서 설명한다.

1방향 슬래브

1방향 슬래브는 보 부재의 처짐과 비슷하게 거동하므로 그 규정도 보 부재에 대한 것과 유사하다. 처짐을 검토하지 않아도 되는 일반적인 1방향 슬래브와 장선구조와 같이 리브가 있는 1방향 슬래브의 최소 두께는 표 〈6.2〉와 같다. 표 〈6.2〉에서 볼 수 있듯이 슬래브 두께가 200 mm만 되어도 단순지지인 경우에 경간 4 m, 양단 연속 슬래브의 경우 경간 5.6 m까지는 처짐을 검토할 필요가 없다는 것을 알 수 있다. 즉, 대부분 슬래브의 경우 표 〈6.2〉에서 요구하는 두께보다는 더 두껍게 설계하고 있다.

30 4.2.1

2방향 슬래브

2방향 슬래브에 대해서도 처짐을 검토할 필요가 없는 최소 두께를 설계기준[1])에서는 규정하고 있다.

30 4.2.2

먼저 테두리보를 제외하고 슬래브 주변에 보가 없거나 보의 강성비 α_m이 0.2 이하일 경우 슬래브의 최소 두께는 표 〈6.3〉에 나타낸 값과 같고, 또 최소한 지판이 없는 슬래브의 경우 120 mm 이상이어야 하고 지판이 있는 경우 100 mm 이상이어야 한다.

30 4.2.2(2)

그리고 보의 강성비 α_m이 0.2를 초과하는 보가 슬래브 주변에 있는 슬래브의 경우 처짐을 검토하지 않아도 되는 최소 두께 h(mm)는 다음 식 (6.23)과 같다.

30 4.2.2(3)

$$0.2 \leq \alpha_m < 2.0 \; ; h = \frac{l_n(800 + f_y/1.4)}{36,000 + 5,000\beta(\alpha_m - 0.2)} \geq 120 \quad (6.23)(a)$$

표 〈6.2〉 처짐 검토가 필요하지 않는 1방향 슬래브의 최소 두께, h

부재	단순지지	1단 연속	양단 연속	캔틸레브
1방향 슬래브	$l/20$	$l/24$	$l/28$	$l/10$
리브가 있는 1방향 슬래브	$l/16$	$l/18.5$	$l/21$	$l/8$

※ 표의 값은 큰 처짐에 의해 손상되기 쉬운 칸막이 벽이나 기타 구조물을 지지 또는 부착하지 않은 슬래브에 대한 값이며, 또 보통중량콘크리트이고 사용 철근의 설계기준항복강도가 400 MPa에 대한 값이므로 그 외는 다음에 따라 보정하여야 한다.
① 1,500~2,000 kg/m^3 범위의 단위질량을 갖는 구조용 경량콘크리트에 대해서는 계산된 h 값에 $(1.65 - 0.00031m_c) \geq 1.09$를 곱한다.
② f_y가 400 MPa 이외의 경우는 계산된 h 값에 $(0.43 + f_y/700)$을 곱한다.

표 〈6.3〉 내부에 보가 없는 2방향 슬래브에서 처짐 검토가 필요 없는 최소 두께

<table>
<tr><th rowspan="3">설계기준
항복강도
f_y(MPa)</th><th colspan="3">지판이 없는 경우</th><th colspan="3">지판이 있는 경우</th></tr>
<tr><th colspan="2">외부 슬래브</th><th rowspan="2">내부
슬래브</th><th colspan="2">외부 슬래브</th><th rowspan="2">내부
슬래브</th></tr>
<tr><th>테두리보가
없는 경우</th><th>테두리보가
있는 경우</th><th>테두리보가
없는 경우</th><th>테두리보가
있는 경우</th></tr>
<tr><td>300</td><td>$l_n/32$</td><td>$l_n/35$</td><td>$l_n/35$</td><td>$l_n/35$</td><td>$l_n/39$</td><td>$l_n/39$</td></tr>
<tr><td>350</td><td>$l_n/31$</td><td>$l_n/34$</td><td>$l_n/34$</td><td>$l_n/34$</td><td>$l_n/37.5$</td><td>$l_n/37.5$</td></tr>
<tr><td>400</td><td>$l_n/30$</td><td>$l_n/33$</td><td>$l_n/33$</td><td>$l_n/33$</td><td>$l_n/36$</td><td>$l_n/36$</td></tr>
<tr><td>500</td><td>$l_n/28$</td><td>$l_n/31$</td><td>$l_n/31$</td><td>$l_n/31$</td><td>$l_n/33$</td><td>$l_n/33$</td></tr>
<tr><td>600</td><td>$l_n/26$</td><td>$l_n/29$</td><td>$l_n/29$</td><td>$l_n/29$</td><td>$l_n/31$</td><td>$l_n/31$</td></tr>
</table>

$$2.0 \le \alpha_m \,; \qquad h = \frac{l_n(800 + f_y/1.4)}{36{,}000 + 9{,}000\beta} \ge 90 \qquad (6.23)(b)$$

여기서, f_y는 철근의 설계기준항복강도, l_n은 슬래브의 순경간, β는 슬래브의 단변 방향에 대한 장변 방향의 순경간비이다.

그리고 이 경우에 불연속단을 갖는 2방향 슬래브의 경우, 강성비 α값이 0.8 이상이 되는 테두리보를 설치하거나 위 식 (6.23)에서 구한 슬래브 두께의 1.1배 이상으로 하여야 한다.

6.5.2 균열 검토

슬래브에서 발생하는 균열폭에 대한 검토도 같은 휨부재인 보와 같은 방법으로 검토한다. 즉, 4.4.3절에 보에 대한 간격 s를 구하는 식 (4.50)을 슬래브에도 적용한다. 식 (4.50)을 일반적으로 슬래브의 주철근으로 널리 사용되는 f_y=400 MPa 철근에 대하여, $f_s = 2f_y/3 = 267$ MPa과 최소 피복두께인 $c_c = 20$ mm를 적용할 때 실내 조건의 경우, 간격 $s = 315$ mm, 옥외 공간인 경우 간격 $s = 236$ mm이다. 한편 보다 고강도철근인 $f_y = 500$ MPa을 사용하는 경우 간격 s는 각각 252 mm와 186 mm로 줄어든다. 다시 말하여 슬래브의 경우 균열폭을 제어하기 위하여 철근 간격을 좁게 하여야 할 필요가 있으므로 주철근으로 가는 철근을 사용하는 것이 바람직하다.

특히 슬래브가 가장자리에 강성이 큰 보 등으로 구속되는 경우 온도변화와 수축현상에 의해 균열폭이 더욱 커질 수 있으므로, 균열폭을 제어하기 위해서 철근 간격은 더욱 좁게 배치하여야 한다. 이러한 영향을 고려하여 균열폭을 계산하고자 할 때는 식 (4.52) 대신 다음 식 (6.24)를 사용할 수 있다. 이 식 (6.24)는 우리나라 설계기준[1]의 균열폭에 대하여 참고로 한 CEB－FIP 1990 모델기준[9]에 제시되어 있는 식이다.

$$w_d = \kappa_{st} w_m = \kappa_{st} l_s (\varepsilon_{sm} - \varepsilon_{cm} - \varepsilon_{cs}) \tag{6.24}$$

여기서 모든 값은 식 (4.52)에 주어진 값과 같고, ε_{cs}는 건조수축변형률을 뜻한다.

6.6 슬래브 형태별 설계 예

6.6.1 1방향 슬래브 해석 및 설계 예

앞의 6.1.1절에서 설명한 바와 같이 슬래브에 놓인 하중이 한 방향으로만 받침 부재인 보, 벽체 또는 기둥으로 전달되는 슬래브를 1방향 슬래브라고 하며, 이러한 형태의 슬래브는 마주 보는 양쪽 받침부가 지지되어 있는 슬래브이거나 한 단부만 고정되어 지지되는 캔틸레버 슬래브가 있다. 그러나 마주보는 양쪽 받침부가 지지되어 있지 않은 2변, 3변 또는 네 변이 지지되어 있는 슬래브라 하더라도 대부분의 작용하중이 한 방향으로 전달되는, 즉 변장비 2를 초과하는 슬래브도 1방향 슬래브로 분류하고 있다.

변장비
짧은 변의 길이에 대한 긴 변 길이의 비

다음 그림 [6.15]에 나타낸 변장비가 2인 슬래브에 등분포하중 w가 두 방향으로 하중이 전달되는 경우와 슬래브 한 중앙에 집중하중 P가 두 방향으로 전달되는 경우에 있어서 각 하중이 양방향으로 얼마만큼씩 전달되는가를 살펴보자. 먼저 양방향으로 가상의 보 A, B에 대하여 슬래브 중앙 C점에서 처짐을 구하면 가상보 A에서 C점의 처짐량 δ_c와 가상보 B

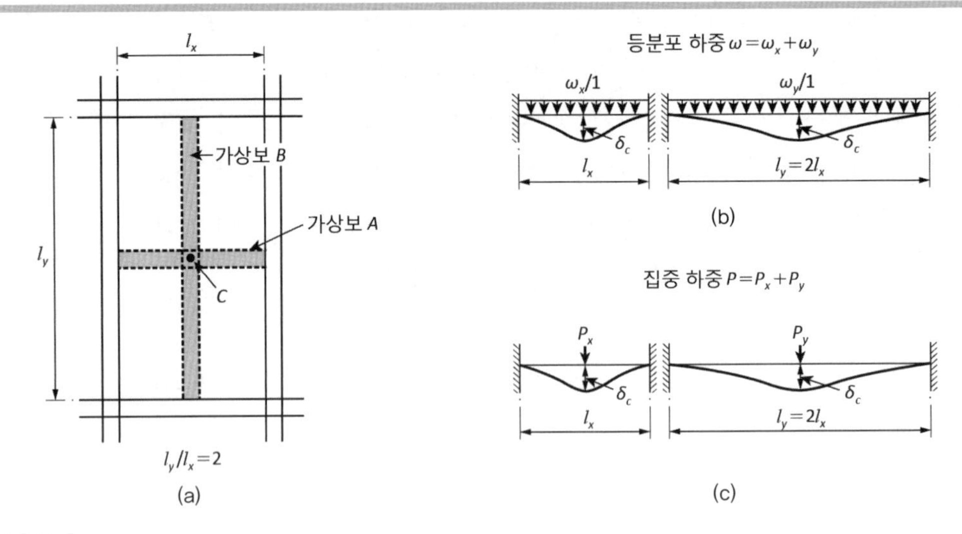

그림 [6.15]
네 변 지지된 슬래브 중에서 1방향 슬래브: (a) $l_y/l_x=2$인 슬래브; (b) 등분포 하중; (c) 집중 하중

에서 C점의 처짐량 δ_c는 같아야 한다. 이렇게 같은 처짐이 일어나기 위해서는 등분포하중 w 중에서 x방향과 y방향으로 전달되는 하중이 달라야 한다. 각 방향으로 전달되는 하중을 각각 w_x, w_y라고 하면 연속 슬래브의 경우 양 단부가 구속된 것과 같으므로 그림 [6.15](b)에서 보는 바와 같은 처짐량 δ_c는 다음 식 (6.25)에 의해 구할 수 있다.

$$\delta_c=\frac{w_x l_x^4}{384EI}=\frac{w_y l_y^4}{384EI} \tag{6.25}$$

여기서 EI는 슬래브의 유효휨강성이다.

따라서 양방향으로 전달되는 등분포하중의 비는 다음 식 (6.26)과 같다.

$$\frac{w_x}{w_y}=\frac{l_y^4}{l_x^4}=\frac{(2l_x)^4}{l_x^4}=16 \tag{6.26}$$

같은 방법으로 집중하중이 슬래브 중앙에 가해지는 경우는 다음 식 (6.27)과 같다.

$$\delta_c = \frac{P_x l_x^3}{48EI} = \frac{P_y l_y^3}{48EI} \tag{6.27}$$

따라서 P_x/P_y 값은 다음 식 (6.28)과 같다.

$$P_x/P_y = l_y^3/l_x^3 = 8 \tag{6.28}$$

위 식 (6.26)에서 보면 변장비가 2인 슬래브에서 등분포하중이 작용하는 경우에는 전체 작용하중의 1/17인 약 6퍼센트, 집중하중이 가해지는 경우는 1/9인 약 11퍼센트가 장변으로 전달되고 90퍼센트 이상이 단변으로 전달된다. 물론 슬래브는 평판 구조물이므로 가상의 보 A, B에 의해 계산하는 것은 정확한 것은 아니지만 변장비가 2를 초과하는 슬래브의 경우 대략 90퍼센트 이상의 하중은 단변으로 전달된다고 볼 수 있다. 따라서 네 변에서 지지되어 두 방향으로 하중이 전달되지만 이러한 경우 1방향 슬래브로 분류한다.

1방향 슬래브의 경우 단면력인 휨모멘트는 슬래브의 단위폭을 기준으로 구하며 단부지지 조건을 고려하여 구한다. 그림 [6.16](a)에 보인 바와 같이 양쪽 단부의 처짐이 비슷하게 일어나는 경우 연속 슬래브의 단위폭 당 계수휨모멘트는 다음 식 (6.29)와 같이 계산된다.

$$M_2, M_2' = \frac{1}{12} w_u l^2 \qquad (6.29)(a)$$

$$M_3 = \frac{1}{24} w_u l^2 \qquad (6.29)(b)$$

여기서, M_2, M_2'는 지지 단부인 보의 중앙선에서 계산된 계수부모멘트, M_3는 슬래브 중앙의 계수정모멘트, w_u는 슬래브 단위길이당 계수등분포하중이며 l은 슬래브의 경간이다. 이때, 설계용 부모멘트는 M_2와 M_2' 대신에 받침부재인 보의 내면의 휨모멘트인 M_1과 M_1'로 취한다. 그러나 안전 측인 계산된 M_2와 M_2'로 일반적으로 설계하는 경우가 많다.

한편 그림 [6.16](b)와 같이 슬래브를 지지하는 양쪽 지지부재의 처짐량이 크게 차이가 있을 경우에는 이를 고려하여야 한다. 보 G_1과 보 B_1의 크기가 같다면 슬래브 S_1 양쪽의 상대적 처짐량은 보 G_2의 중앙부 처짐량인 δ_c가 되므로 이때의 휨모멘트 M_4는 다음 식 (6.30)에 의해 구할 수 있다.

$$M_4 = 12EI\delta_c / l^2 \tag{6.30}$$

여기서, E는 슬래브 콘크리트의 탄성계수, I는 슬래브의 유효단면2차모멘트이고, δ_c는 슬래브 양쪽 지지부재의 상대적 처짐량이다. 따라서 상대적 처짐이 일어나는 경우 양쪽 단부 A, B의 부모멘트는 각각 M_2+

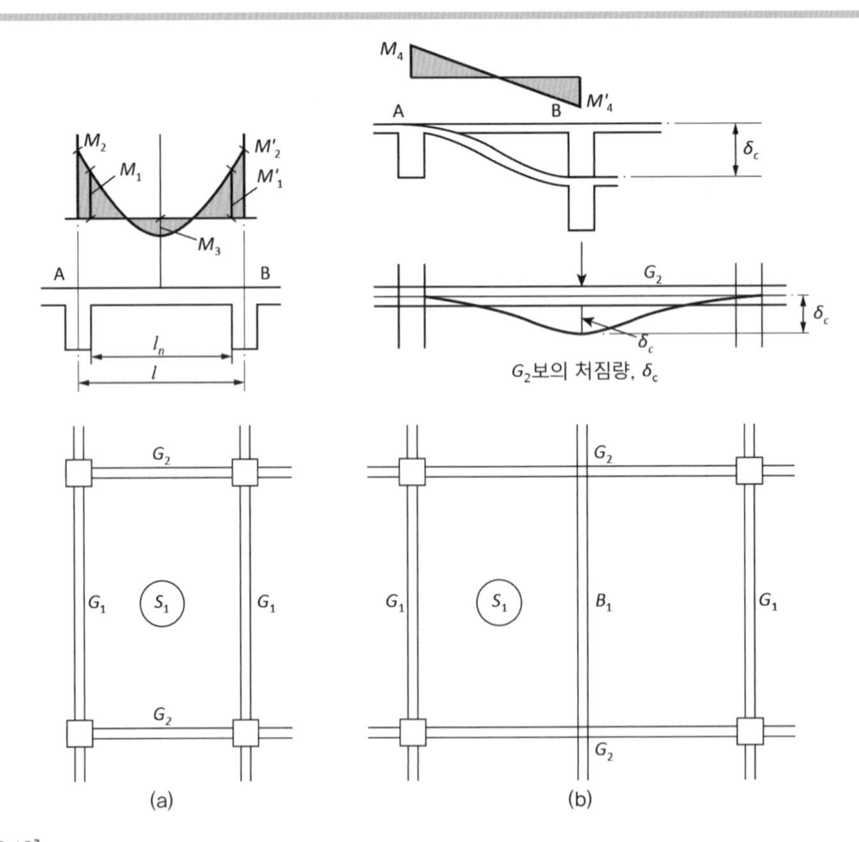

그림 [6.16]
슬래브 받침 부재의 상대 처짐의 고려: (a) 슬래브 양 단부의 처짐이 비슷한 경우; (b) 슬래브 양 단부의 처짐이 서로 다른 경우

M_4, $M_2' + M_4'$가 되어 A단부의 부모멘트는 증가되고, B단부의 부모멘트는 감소된다.

1방향 슬래브의 전단력은 대부분의 경우 1방향전단력에 대해서는 일반적인 슬래브와 같이 검토할 필요가 없으며, 2방향전단력은 슬래브에 집중하중이 가해지는 경우에만 검토하면 된다.

예제 〈6.5〉

그림과 같은 구조물의 내부에 위치하는 슬래브 S_1을 상대 처짐을 고려할 경우와 고려하지 않을 경우에 대하여 설계하라. 기둥 단면의 크기는 $600 \times 600\ \text{mm}^2$이고, 모든 보, G_1, G_2, B_1의 단면 크기는 $300 \times 600\ \text{mm}^2$이다. 사용하는 콘크리트와 철근의 설계기준강도는, $f_{ck} = 24$ MPa, $f_y = 400$ MPa이다. 그리고 작용하는 하중은 자중을 제외한 고정하중은 1 kN/m²이고, 활하중은 4 kN/m²이다. 다만 하중이 작용할 때 G_2 보 중앙의 상대적 처짐량은 10 mm이고, 재하방법(loading pattern)은 고려하지 않는다.

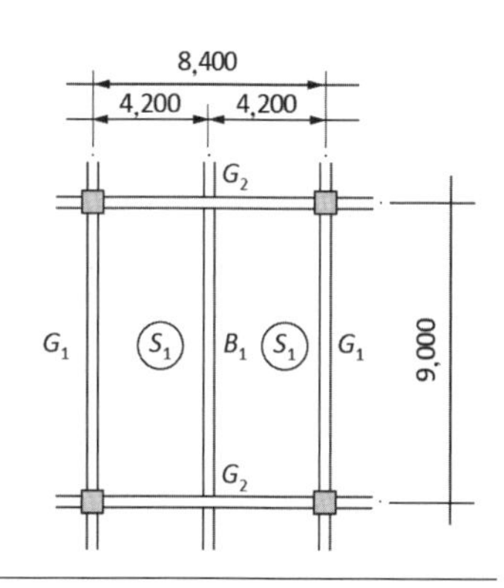

풀이

1. 1방향 슬래브 여부 검토

   $l_{nx} = 4.2 - 0.3 = 3.9$ m, $l_{ny} = 9.0 - 0.3 = 8.7$ m로서, $l_{ny}/l_{nx} = 2.23$으로서 2를 초과하므로 1방향 슬래브로 설계할 수 있다. 70 4.1.1.1(2)

2. 슬래브 두께의 결정

   처짐을 검토하지 않아도 될 크기의 두께로 하고자 하면 양단 연속 슬래브의 경우 $l/28 = 3900/28 = 139$ mm이므로 150 mm로 정한다. 30 4.2.1(1)

3. 하중 및 단면력 산정

   슬래브 자중: $0.15\ \text{m} \times 24\ \text{kN/m}^3 = 3.6\ \text{kN/m}^2$ 10 4.2.2(1)

   계수등분포고정하중: $w_D = 1.2 \times (1.0 + 3.6) = 5.52\ \text{kN/m}^2$

   계수등분포활하중: $w_L = 1.6 \times 4.0 = 6.40\ \text{kN/m}^2$

   상대적 처짐이 없을 때 계수정모멘트 및 부모멘트를 계산한다.

$$M_u^{-} = \frac{1}{12} w_u l_n^{\ 2} = \frac{1}{12} \times (5.52 + 6.40) \times 3.9^2$$

$$= 15.1\ \text{kNm/m}$$

$$M_u^{\ +} = \frac{1}{24} w_u l_n^{\ 2} = 7.55\ \text{kNm/m}$$

단기 및 장기 처짐량 10 mm의 상대적 차이에 의한 양 단부의 계수휨모멘트를 구한다. 이때 사용하중이 가해질 때 슬래브의 유효강성을 알아야 하는데 이를 구하기 위해서는 M_{cr}, M_a, I_g, I_{cr} 등이 필요하다. 그러나 처짐에 의한 휨모멘트를 알기 전에 M_a를 알 수 없으므로 반복 계산이 필요하다. 그러나 일반적으로 슬래브의 경우 보보다는 균열이 많이 발생되어 사용하중이 작용할 때 $I_e \simeq (0.3 \sim 0.4) I_g$ 정도이므로 여기서는 $0.35 I_g$로 가정하고 해석한다. 단위 폭(1 m) 슬래브의 유효휨강성 $E_c I_e$는 다음과 같다.

$$E_c I_e = 8{,}500 \sqrt[3]{(24+4)} \times 0.35 \times (1{,}000 \times 150^3/12)$$
$$= 2.54 \times 10^{12}\ \text{Nmm}^2$$

10 4.3.3(1)

이때 단부의 휨모멘트 M은 다음과 같다.

$$M = \pm\, 12 E_c I_e \delta / l^2 = \pm\, 12 \times 2.54 \times 10^{12} \times 10 / 4200^2$$
$$= \pm\, 17.3\ \text{kNm/m}$$

따라서 양단 보 내면에서 계수휨모멘트는 다음과 같다.

$$M_u = \pm\, 17.3 \times (2.1 - 0.15)/2.1 = \pm\, 16.1\ \text{kNm/m}$$

최종적으로 단위 폭(1m)당 슬래브의 계수휨모멘트는 다음 그림과 같다.

1) 처짐을 고려하지 않을 때

2) 처짐을 고려할 때

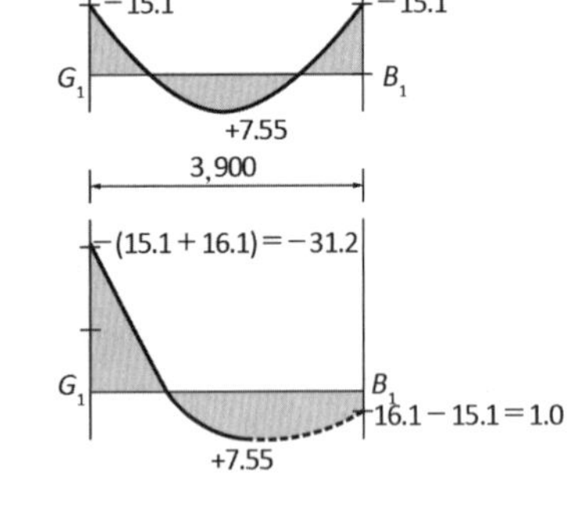

따라서 상대처짐 10 mm는 크게 가정한 값이지만 처짐을 고려할 때와 처짐을 고려하지 않을 때 단면력에서 큰 차이를 보이며, 이를 고려하지 않으면 상대적 처짐이 작은 보 G_1을 따라 슬래브 상부에 균열이 발생한다. 그러나 단면 저항 능력은 모자라도 어느 정도는 휨모멘트 재분배에 의해 파괴되지는 않는다.

다음으로 슬래브 단위 폭(1 m)당 계수전단력 V_u 값은 다음과 같다.

$$V_u = \frac{1}{2} \times w_u l_n = \frac{1}{2} \times (5.52 + 6.40) \times 3.9 = 23.2 \text{ kN/m}$$

그리고 상대적 처짐을 고려한 경우는,

$$V_u = 23.2 + (16.1 + 16.1)/3.9 = 31.5 \text{ kN/m}$$
$$V_u = 23.2 - (16.1 + 16.1)/3.9 = 14.9 \text{ kN/m}$$

d만큼 떨어진 곳이 1방향전단에 대하여 위험단면이므로 그곳의 계수전단력은 다음과 같다. 22 4.1.1(5)

$$V_u = 23.2 - (5.52 + 6.40) \times (0.15 - 0.03) = 22.5 \text{ kN/m}$$
$$V_u = 31.5 - (5.52 + 6.40) \times (0.15 - 0.03) = 30.1 \text{ kN/m}$$

이러한 경우 d가 매우 작으므로 이렇게 구하지 않고, 앞에서 구한 계수전단력으로 일반적으로 검토하고, 실제로 앞서 본문에서 설명한 바와 같이 슬래브의 경우 1방향전단에 대해서 안전하므로 1방향전단에 대하여 검토하지 않은 경우가 대부분이다.

4. 상대적 처짐을 고려하지 않은 경우

1) 단변 방향 주철근량 및 간격 계산

양 단부의 계수휨모멘트 -15.1 kNm/m에 대한 철근량을 계산한다.

$$M_u/\phi\eta f_{ck}bd^2 = 15{,}100{,}000/(0.85 \times 1.0 \times 24 \times 1000 \times 120^2)$$
$$= 0.0514$$

표 ⟨4.6⟩에서 $w = 0.0531$을 얻을 수 있다. 따라서

$$\rho f_y/\eta f_{ck} = 0.0531 \rightarrow \rho = 0.0531 \times 1.0 \times 24/400 = 0.00319$$

슬래브에서 최소 철근비는 $f_y = 400$ MPa에 대하여 0.002이므로 이 값보다 크다.

$$A_s = 0.00319 \times 1{,}000 \times 120 = 383 \text{ mm}^2$$

D10(71.33 mm²) 또는 D13(126.7 mm²)을 사용하면 간격 s는 다음과 같다.

D10 ; $s = 1{,}000/(383/71.33) = 186$ mm

D13 ; $s = 1{,}000/(383/126.7) = 331$ mm

D10+D13 ;

$s = 1{,}000/(383/(71.33 + 126.7) \times 0.5) = 259$ mm

위험단면에서 최대 철근 간격은 min.(2h, 300 mm) = 300 mm이므로 300 mm 이하로 하여야 한다.
중앙부의 계수휨모멘트 7.55 kNm/m에 대한 철근량을 같은 방법으로 계산한다.

$$M_u/\phi\eta f_{ck}bd^2 = 7{,}550{,}000/(0.85 \times 1.0 \times 24 \times 1000 \times 120^2)$$
$$= 0.0257$$

표 〈4.6〉에서 $w = 0.0261$을 얻을 수 있으므로 철근량을 계산하면 다음과 같다.

$$\rho = 0.0261 \times 1.0 \times 24/400 = 0.00157 \leq 0.002$$

이 경우에는 수축·온도 철근량보다도 작으므로 수축·온도 철근량으로 배근하여야 한다.

$$A_s = 0.002 \times 1{,}000 \times 150 = 300 \text{ mm}^2$$

D10 철근을 사용할 때 철근 간격 s는 다음과 같다.

D10 ; $s = 1{,}000/(300/71.33) = 238$ mm $\leq$ 300 mm

2) 장변 방향 주철근량 및 간격 계산
이때 장변 방향으로는 수축 · 온도 철근만 배치하면 되므로, $f_y = 400$ MPa인 경우 요구되는 철근비는 0.002이다. 50 4.6.2(1)

$$A_s = 0.002 \times 1{,}000 \times 150 = 300 \text{ mm}^2$$

D10 철근을 상, 하단에 배치한다고 할 때 간격 s는 다음과 같다.

$$s = 1{,}000/(150/71.33) = 476 \text{ mm} \leq \text{min.}(5h, 450 \text{ mm}) = 450 \text{ mm}$$ 50 4.6.2(3)

3) 전단에 대한 검토
다음으로 1방향전단에 대하여 검토한다.

$$V_c = \frac{1}{6}\sqrt{f_{ck}}bd = \frac{1}{6}\times\sqrt{24}\times 1{,}000\times 120 = 98.0 \text{ kN/m}$$ 22 4.2.1(1)

$$\phi V_c = 0.75\times 98.0 = 73.5 \text{ kN/m} \geq V_u = 22.5 \text{ kN/m}$$ 22 4.1.1(1)

4) 철근 배치도

철근의 배치는 단부와 중앙부에 배치되는 철근의 크기와 간격뿐만 아니라 이웃하는 슬래브에 사용되는 철근의 크기와 간격 등을 고려하여 선택하여야 한다. 그러나 이 경우에는 이웃하는 슬래브는 모두 동일하다고 볼 수 있으므로 이 슬래브의 단부와 중앙부에 대해서만 고려한다. 각 위치에서 필요한 철근을 굽힘철근을 사용하지 않고 독립적으로 절단하는 경우에는 각 위치에서 계산된 철근을 배치하면 되나 굽힘철근을 사용하는 경우에는 크기와 간격을 고려하여야 한다. 여기서는 굽힘철근을 사용하는 것으로 하면 주철근 방향인 짧은 변으로는 단부에 D10과 D13 철근을 교대로 사용할 때 계산된 간격은 259 mm이므로 225 mm로 한다. 그리고 중앙부도 이와 같은 간격으로 D10 철근을 배치한다. 계산된 간격은 238 mm이므로 225 mm 간격으로 하면 안전하다.

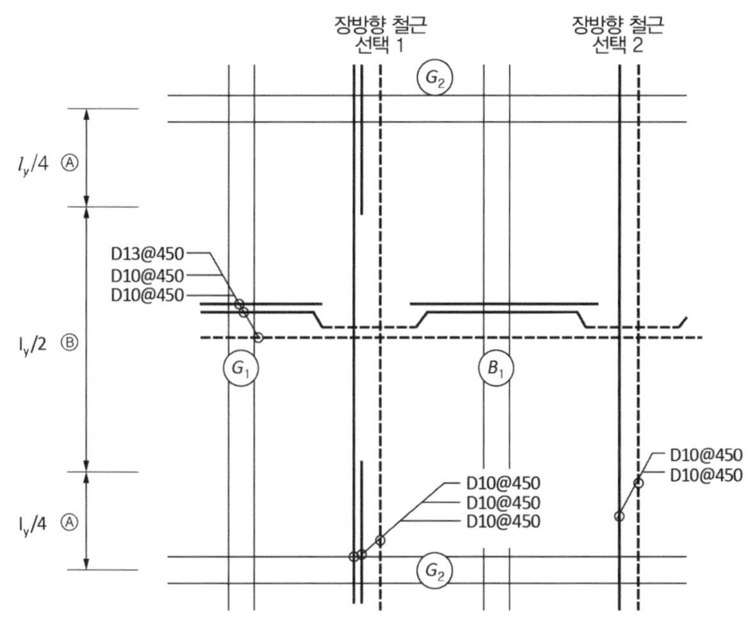

*Ⓐ 구간의 주철근량은 Ⓑ 구간에 대한 값보다 줄일 수 있다.
(경계면에서 Ⓐ 주철근량이고 G_2에서는 1/3의 값까지)
*장방향 철근은 수축 · 온도철근으로서 상, 하단에 배치한다.

그리고 이 슬래브의 경우 1방향 슬래브이지만 장변 가장자리에 G_2보가 있으므로 2방향 슬래브의 철근 배치와 유사하게 $l_y/4 = 9/4 = 2.25$m 정도까지는 주철근량을 줄일 수 있다. 그 이유는 이곳 가까이 슬래브 하중은 실제로는 G_2 보로 전달되기 때문이다. 그리고 장변 방향으로는 수축·온도 철근만 필요하므로 계산으로는 D10 철근의 경우 슬래브 상, 하단에 각각 450 mm로 배치한다(선택 2). 그러나 G_2보 부근에서는 오히려 하중에 의해 상부에 인장응력이 발생할 수 있으므로 이 부분에 최소 휨인장 철근을 배치하는 것도 바람직하다(선택 1).

5. 철근량 산정 및 철근 배치(처짐을 고려한 경우)
   1) 단변 방향 주철근량 및 간격 계산
   처짐을 고려하면 보 G_1이 있는 슬래브 단부와 보 B_1이 있는 슬래브 단부의 계수휨모멘트가 크게 차이가 난다. 양 단부와 중앙부의 계수휨모멘트에 대하여 각각 철근량을 계산한다.

－보 G_1 단부;

$$M_u/\phi\eta f_{ck}bd^2 = 31{,}200{,}000/(0.85\times1.0\times24\times1{,}000\times120^2)$$
$$=0.1062$$

표 〈4.6〉에서

$$w=0.1139\rightarrow\rho=0.1139\times1.0\times24/400=0.00683$$
$$A_s=0.00683\times1{,}000\times120=820\text{ mm}^2$$

－보 B_1 단부;

$M_u=1.0$ kNm/m로 최소철근비로 충분하다.

$$A_s=0.002\times1{,}000\times150=300\text{ mm}^2$$

중앙부는 처짐을 고려하지 않은 경우와 같은 계수휨모멘트 7.55 kNm/m로서 최소철근비, 즉 $A_s=300\text{ mm}^2$으로 충분하다.

다음으로 철근 크기와 간격을 결정한다. 이 경우 중앙부와 보 B_1 위치의 단부는 최소철근비의 철근량이 필요하고, 간격은 $2h=300$ mm와 300 mm 중 작은 값인 300 mm 이하가 되어야 하므로 D10 철근의 경우 앞에서 계산한 것과 같이 238 mm 간격인데, 이 이하의 간격으로 배치한다. 다만 보 G_1이 있는 단부에서는 부모멘트 31.2 kNm/m에 대한 철근량 $A_s=820\text{ mm}^2$에 대한 철근 크기와 간격을 구한다.

D10+D16 ; $s=1{,}000/(820/(71.33+198.6)\times0.5)=165$ mm

D16; $s=1{,}000/(820/198.6)=242$ mm

이 경우 굽힘철근으로 간격을 조정하기가 힘들므로 D16철근을 242 mm 이하로 배치하고, 중앙부와 보 B_1이 있는 단부는 D10철근을 238 mm 이하로 배치한다. 보통 간격은 25 mm 차이로 하는 경우가 많으므로 D16@225와 D10@225로 배치하면 다음 그림과 같다.

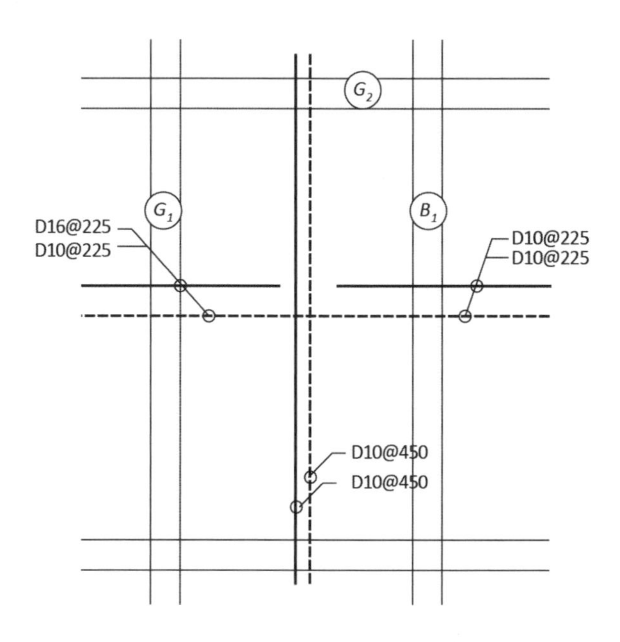

6. 두 경우의 비교

처짐량에 좌우되나, 처짐을 고려하는 것과 하지 않는 경우에 대한 철근량이 위치에 따라 크기 차이가 난다는 것을 알 수 있다. 대부분 이를 무시하고 철근을 배치하고 있는데 안전성에는 크게 문제가 되지 않을 수도 있으나 균열 발생이 크게 문제가 된다. 안전성의 경우 대부분 슬래브는 여유 있게 설계하고 휨모멘트 재분배가 실제로 일어나기 때문에 안전할 수 있다.

6.6.2 계수법에 의한 2방향 슬래브 해석 및 설계 예

층고를 줄이거나 거푸집 공사를 간단히 하기 위하여 보 부재를 두지 않는 플랫플레이트 또는 플랫슬래브 구조로 많이 시공되고 있으나, 우리나라에서는 아직도 보 부재를 두고 슬래브를 지지하는 구조로 많이 설계하고 있다. 특히 중간대 부분에 보가 있는 경우 설계기준[1)]에 규정되어 있는 직접설계법이나 등가골조법으로 설계할 수 없으므로 이 절에서 설명하는 계수법으로 설계하여야 한다.

70 4.1.3, 4.1.4, 부록

슬래브를 설계하려면 먼저 단면력을 계산하여야 하는데 균열 등을 고려한 해석을 하는 것이 어렵기 때문에 주어진 도표를 이용하여 계산하고 도표에 없는 경우에 대해서는 해석을 일반적으로 수행한다. 부록 표 〈4.1〉, 표 〈4.2〉, 표 〈4.3〉 및 표 〈4.4〉는 각각 가장자리의 변이 지지되어 있는 2방향 슬래브에 있어서 계수하중에 대한 슬래브 단부의 계수부모멘트, 계수고정하중에 대한 슬래브 중앙부의 계수정모멘트, 계수활하중에 대한 계수정모멘트, 그리고 두 방향으로 분담되는 계수전단력에 대한 계수를 나타내고 있다. 표에서 슬래브 단부는 모두 단순 지지되거나 구속된 경우이며 받침부의 상대적 변위는 일어나지 않을 때의 값이다. 만약 받침부에서 상대적 변위가 일어나는 경우 이를 추가로 고려하여야 한다. 앞 절에서 설명하였듯이 그림 [6.16](a)에 나타난 슬래브는 모든 주변의 보가 기둥에 의해 지지되어 있으므로 서로 마주보는 보 G_1의 처짐량은 비슷하고, G_2의 처짐량도 비슷하기 때문에 받침부의 상대적 처짐에 대한 추가적 휨모멘트는 고려하지 않아도 된다. 그러나 그림 [6.16](b)의 경우 서로 마주보는 G_1과 B_1은 처짐량의 차이가 클 수 있다. 다시 말하여 G_1은 기둥에 지지되고 있으나 B_1은 G_2에 지지되고 있기 때문에 G_2부재의 처짐만큼 처짐이 더 크게 일어난다. 따라서 연속되는 내부 슬래브의 경우 앞 절 6.6.1에서 설명한 바와 같이 식 (6.30)에 의해 구한 휨모멘트 만큼 G_1부재 쪽 단부는 부모멘트가 추가되고, B_1부재 쪽 단부는 부모멘트가 작아진다.

70 부록 4.2(1)

상대적 변위가 없을 때 슬래브 단면의 단변 방향과 장변 방향의 계수휨모멘트는 부록 표 〈4.1〉, 〈4.2〉 및 〈4.3〉에서 구한 계수 C_A와 C_B를 이용하여 단변 방향과 장변 방향의 휨모멘트는 각각 다음 식 (6.31)에 의해 구한다.

$$M_a = C_A w_u l_1^2 \tag{6.31(a)}$$

$$M_b = C_B w_u l_2^2 \tag{6.31(b)}$$

여기서, l_1과 l_2는 각각 슬래브의 단변과 장변의 순경간이다.

70 부록 4.1(1)

계수법을 사용할 때 주열대와 중간대의 구분은 그림 [6.17](a)에서 보이

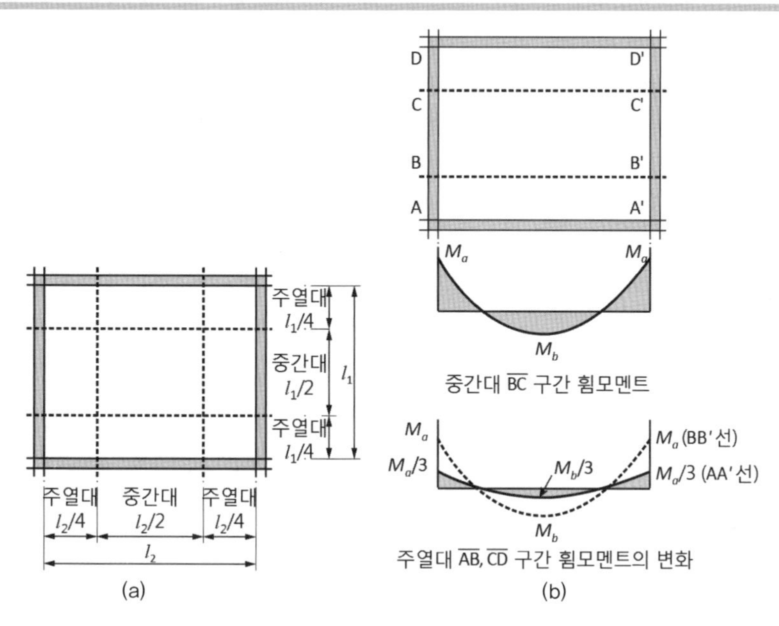

그림 [6.17]
설계대와 각 위치에서 설계휨모멘트의 변화: (a) 설계대; (b) 설계휨모멘트의 변화

듯이 장변 방향과 단변 방향의 구별없이 각 해당 방향의 중앙 1/2의 슬래브 부분이 중간대이고 지지 부재 주위의 각각 1/4의 슬래브 부분이 주열대이다. 그리고 그림 [6.17](b)에서 보이듯이 위 식 (6.31)에 의해 계산된 계수휨모멘트는 중간대의 값이며, 주열대는 중간대와 만나는 부분은 위와 같은 값이고 받침부로 갈수록 서서히 작아져 받침부의 휨모멘트는 위 식에 주어진 값의 1/3로 하도록 규정하고 있다. 또 같은 받침부에서 한쪽 슬래브의 단부 부모멘트의 값이 다른 쪽 값의 80퍼센트보다 작을 때는 슬래브의 강성에 따라 재분배시키도록 규정하고 있다.

70 부록 4.1(3)

70 부록 4.2(3)

일반적으로 네 변이 지지된 슬래브의 경우 뚫림전단에 대한 검토는 필요 없고, 1방향전단에 대해서는 전단경간비가 매우 커서 전단 파괴가 일어나지 않으므로 이 또한 검토할 필요가 없다. 그러나 슬래브 두께가 매우 두꺼워 전단경간비가 작은 경우 부록 표 〈4.4〉의 계수를 사용하여 단변, 장변 방향의 계수전단력을 계산하여 검토할 수 있다.

70 부록 4.3

예제 〈6.6〉

다음 그림과 같은 장방형 슬래브를 설계하라. 다만 받침부의 상대적 변위는 일어나지 않는다. 활하중은 6 kN/m², 고정하중은 자중을 제외하고 1 kN/m²이며, 콘크리트의 설계기준압축강도 f_{ck}=27 MPa, 철근은 설계기준항복강도 f_y=400 MPa이다.

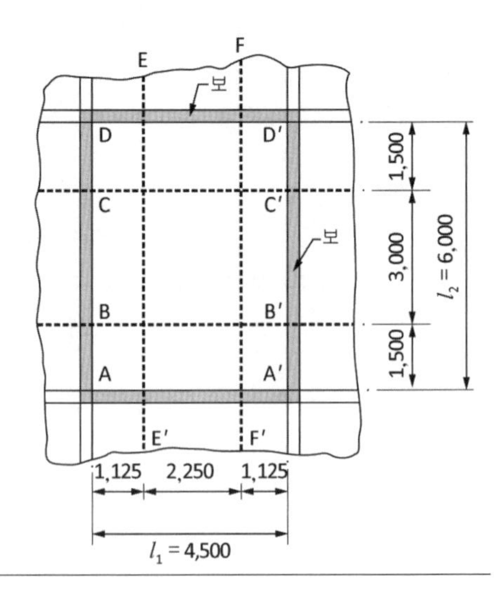

풀이

1. 슬래브 두께의 선택

   강성비 α_m이 2.0 이상인 경우 다음 식에 의한 두께 이상으로 하면 처짐 검토를 하지 않아도 되므로 이를 근거로 슬래브 두께를 결정한다. 30 4.2.2(3)

$$h = \frac{l_n(800 + f_y/1.4)}{36,000 + 9,000\beta}$$

$$= \frac{6,000 \times (800 + 400/1.4)}{(36,000 + 9,000 \times (6.0/4.5)}$$

$$= 135 \text{ mm} \rightarrow 150 \text{ mm} \geq 90 \text{ mm}$$

2. 계수등분포하중 계산

$$w_D = (24 \text{ kN/m}^3 \times 0.15) + 1.0 = 4.6 \text{ kN/m}^2$$

$$w_u = 1.2 \times 4.6 + 1.6 \times 6.0 = 5.52 + 9.60 = 15.12 \text{ kN/m}^2$$

10 4.2.2(1)

3. 계수단면력 계산

   경간비 m = 4.5 / 6.0 = 0.75이고, 네 변이 연속되는 슬래브이므로 부록 표에서 case 2에 해당한다.

   1) 단변 방향

   (1) 계수휨모멘트

   ① 중간대 구간(BC구간)

   계수부모멘트 ; $M_{u1}^{\ -} = C_A w_u l_1^2 = 0.069 \times 15.12 \times 4.5^2$ 70 부록 4.2(1)

   $= 21.13$ kNm/m

   계수정모멘트 ; $M_{u1}^{\ +} = C_A w_{Du} l_1^2 + C_A w_{Lu} l_1^2$

   $= 0.028 \times 5.52 \times 4.5^2 + 0.045 \times 9.60 \times 4.5^2 = 11.88$ kNm/m

② 주열대 구간(AB 구간, CD 구간)

AA' 선상(가장자리)의 계수부모멘트, 정모멘트;

$M_{u1}^{-}=21.13/3=7.04$ kNm/m

$M_{u1}^{+}=11.88/3=3.96$ kNm/m

주열대의 평균 계수부모멘트; 70 부록 4.2(2)

$M_{u1}^{-}=(21.13+7.04)/2=14.08$ kNm/m

주열대의 평균 계수정모멘트;

$M_{u1}^{+}=(11.88+3.96)/2=7.92$ kNm/m

(2) 계수전단력; $V_{u1}=0.76\times(4.5\times 6.0\times 15.12)=310$ kN

2) 장변 방향

(1) 계수휨모멘트

① 중간대 구간(EF구간)

계수부모멘트; $M_{u2}^{-}=C_B w_u l_2^2=0.022\times 15.12\times 6.0^2$ 70 부록 4.2(1)

$=11.98$ kNm/m

계수정모멘트; $M_{u2}^{+}=C_B w_{Du} l_2^2 + C_B w_{Lu} l_2^2$

$=0.009\times 5.52\times 6.0^2+0.014\times 9.60\times 6.0^2$

$=6.63$ kNm/m

② 주열대 구간(AE 구간, FA′ 구간)

AD 선상(가장자리)의 계수부모멘트, 정모멘트; 70 부록 4.2(2)

$M_{u2}^{-}=11.98/3=3.99$ kNm/m

$M_{u2}^{+}=6.63/3=2.21$ kNm/m

주열대의 평균 계수부모멘트;

$M_{u2}^{-}=(11.98+3.99)/2=7.99$ kNm/m

주열대의 평균 계수정모멘트;

$M_{u2}^{+}=(6.63+2.21)/2 = 4.42$ kNm/m

(2) 계수전단력; $V_{u2}=0.24\times(4.5\times 6.0\times 15.12)=98.0$ kN

4. 주철근량 계산

1) 단변 방향

슬래브의 최소 피복두께 20 mm와 철근 반경을 고려하여 유효깊이를 120 mm(전체 두께는 150 mm)로 가정하여 이 책 표 〈4.6〉을 이용하여 슬래브 단위폭당 필요한 철근량을 계산한다. 그리고 주열대 구간은 평균 휨모멘트에 대하여 철근량을 구하여 배치하는 것이 일반적이다. 50 4.3.1

① 중간대 구간

부모멘트(상부 철근);

$M_{u1}^{-}/(\phi\eta f_{ck}bd^2)=21{,}130{,}000/(0.85\times1.0\times27\times1{,}000\times120^2)=0.06394$

제4장 표 〈4.6〉에서 $w=\rho f_y/\eta f_{ck}=0.0666$을 얻을 수 있다. 따라서 철근비와 철근량은 다음과 같다.

$\rho=0.0666\times1.0\times27/400=0.00450$

$A_s=0.00450\times1{,}000\times120=540\ \mathrm{mm^2/m}$

정모멘트(하부 철근);

$M_{u1}^{+}/(\phi\eta f_{ck}bd^2)=1{,}880{,}000/(0.85\times1.0\times27\times1{,}000\times120^2)$

$=0.0360$

$w=0.0368=\rho f_y/\eta f_{ck}$

$A_s=\rho bd=(0.0368\times1.0\times27/400)\times1{,}000\times120=298\ \mathrm{mm^2/m}$

② 주열대 구간

부모멘트(상부 철근);

$M_{u1}^{-}/(\phi\eta f_{ck}bd^2)=14{,}080{,}000/(0.85\times1.0\times27\times1{,}000\times120^2)$

$=0.0426$

$w=0.0436=\rho f_y/\eta f_{ck}$

$A_s=\rho bd=(0.0436\times1.0\times27/400)\times1{,}000\times120=353\ \mathrm{mm^2/m}$

정모멘트(하부 철근);

$M_{u1}^{+}/(\phi\eta f_{ck}bd^2)=7{,}920{,}000/(0.85\times1.0\times27\times1{,}000\times120^2)$

$=0.0240$

$w=0.0244=\rho f_y/\eta f_{ck}$

$A_s=\rho bd=(0.0244\times1.0\times27/400)\times1{,}000\times120=198\ \mathrm{mm^2/m}$

2) 장변 방향

① 중간대 구간

부모멘트(상부 철근);

$M_{u2}^{-}/(\phi\eta f_{ck}bd^2)=11{,}980{,}000/(0.85\times1.0\times27\times1{,}000\times110^2)$

$=0.0363$

$w=0.0371=\rho f_y/\eta f_{ck}$

$A_s=\rho bd=(0.0371\times1.0\times27/400)\times1{,}000\times110=275\mathrm{mm^2/m}$

정모멘트(하부 철근);

$M_{u2}^{+}/(\phi\eta f_{ck}bd^2)=6{,}630{,}000/(0.85\times1.0\times27\times1{,}000\times120^2)$

$=0.0239$

$w=0.0243=\rho f_y/\eta f_{ck}$

$A_s=\rho bd=(0.0243\times1.0\times27/400)\times1{,}000\times120=180\ \mathrm{mm^2/m}$

② 주열대 구간

부모멘트(상부 철근);

$$M_{u2}^{-}/(\phi\eta f_{ck}bd^2) = 7{,}990{,}000/(0.85\times1.0\times27\times1{,}000\times110^2) = 0.0288$$

$$w = 0.0293 = \rho f_y/\eta f_{ck}$$

$$A_s = \rho bd = (0.0293\times1.0\times27/400)\times1{,}000\times110 = 218\ \text{mm}^2/\text{m}$$

정모멘트(하부 철근);

$$M_{u2}^{+}/(\phi\eta f_{ck}bd^2) = 4{,}420{,}000/(0.85\times1.0\times27\times1{,}000\times110^2) = 0.0159$$

$$w = 0.0160 = \rho f_y/\eta f_{ck}$$

$$A_s = \rho bd = (0.0160\times1.0\times27/400)\times1{,}000\times110 = 119\ \text{mm}^2/\text{m}$$

3) 수축·온도철근량

수축·온도철근량은 전체 단면적에 대하여 $0.002\times400/f_y$이므로 (70 4.1.5.1(1))

$$A_{s1} = 0.002\times400/400\times1{,}000\times150 = 300\ \text{mm}^2/\text{m}$$

5. 주철근 배치

주철근의 배치 간격은 300 mm 이하이고, 두께(150 mm)의 2배 이하로서 300 mm 이하이어야 하므로 이 경우 s는 300 mm 이하이다. 그리고 $f_y = 400$ MPa, 피복두께 20 mm로서 옥내에 위치한 슬래브의 균열폭 제어를 위한 최대 철근 간격은 315 mm 이하로 철근을 배치해야 한다. (70 4.1.5.1(2))

또한 철근량이 수축·온도철근량보다 작은 경우에는 수축·온도철근량으로 간격을 계산하여야 한다.

1) 단변 방향

① 중간대 구역

상부 철근 간격(D13 철근을 사용하는 경우);

s = 1,000/(540/126.7) = 235 mm → 225 mm

하부 철근 간격(D10 철근을 사용하는 경우);

s = 1,000/(300/71.33) = 238 mm → 225 mm

② 주열대 구역

상부 철근 간격(D13 철근을 사용하는 경우);

s = 1,000/(353/126.7) = 353 mm → 300 mm

하부 철근 간격(D10 철근을 사용하는 경우);

s = 1,000/(300/71.33) = 238 mm → 225 mm

2) 장변 방향

① 중간대 구역

상부철근 간격(D10 철근을 사용하는 경우);

$s = 1{,}000/(300/71.33) = 238\text{ mm} \rightarrow 225\text{ mm}$

D10, D13 철근을 교대로 사용하는 경우;

$s = 1{,}000/[300/\{(71.33 + 126.7)/2\}] = 330\text{ mm} \rightarrow 300\text{ mm}$

하부철근 간격(D10 철근을 사용하는 경우);

$s = 1{,}000/(300/71.33) = 238\text{ mm} \rightarrow 225\text{ mm}$

② 주열대 구역;

상부철근 간격(D10 철근을 사용하는 경우);

$s = 1{,}000/(300/71.33) = 238\text{ mm} \rightarrow 225\text{ mm}$

하부철근 간격(D10 철근을 사용하는 경우);

$s = 1{,}000/(300/71.33) = 238\text{ mm} \rightarrow 225\text{ mm}$

따라서 철근 배치도는 다음 그림과 같으며, 굽힘철근으로 하려면 같은 위치에서 상, 하부 철근의 굵기를 조정하여 간격을 같도록 하여야 한다. 여기서는 주철근으로 굽힘철근을 사용하지 않는 것으로 하였다. 그리고 그림에서는 꼭 필요한 철근만 도시하였으나, 실제 시공을 할 때는 철근의 연속 및 시공성을 확보하기 위하여 일부 철근을 연속시킨다.

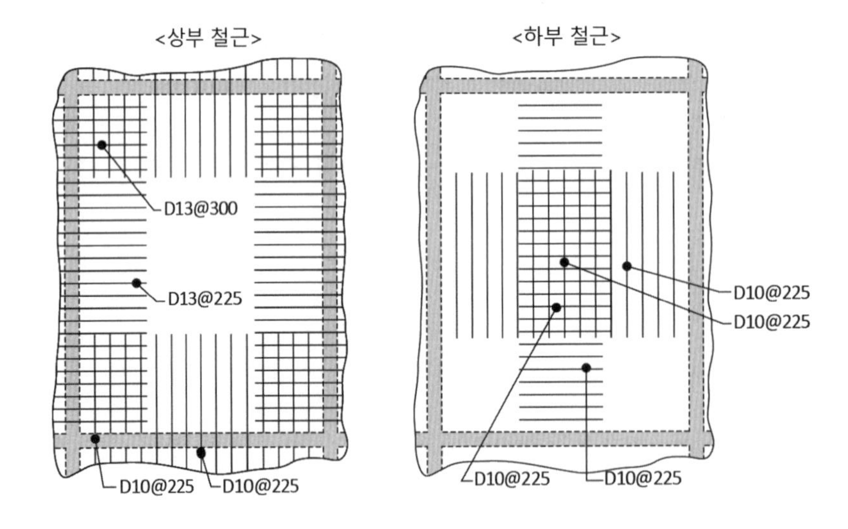

6. 전단 검토

이 경우는 1방향전단으로서 검토할 계수전단력은 받침부에서 d만큼 들어간 곳이지만 큰 차이가 나지 않으므로 앞에서 계산된 V_u값으로 검토한다.

1) 단변방향

슬래브 길이 $b=2l_2=2\times6{,}000=12{,}000$ mm이고, $d=120$ mm이며, 계수전단력 $V_{u1}=310$ kN이다.

$$V_c=\frac{1}{6}\sqrt{f_{ck}}bd=\frac{1}{6}\times\sqrt{27}\times12{,}000\times120=1{,}247\text{ kN}$$ 22 4.2.1(1)

$$\phi V_c=0.75\times1{,}247=935\text{ kN}\geq V_{u1}=310\text{ kN}$$

2) 장변방향

슬래브 길이 $b=2l_1=2\times4{,}500=9{,}000$ mm이고, $d=110$ mm이며, 계수전단력 $V_{u2}=98.0$ kN이다.

$$V_c=\frac{1}{6}\times\sqrt{27}\times9{,}000\times110=857\text{ kN}$$ 22 4.2.1(1)

$$\phi V_c=0.75\times857=643\text{ kN}\geq V_{u2}=98.0\text{ kN}$$

따라서 전단력에 대해서 만족한다.

7. 사용성 검토

슬래브 두께가 이 경우 150 mm로서 135 mm 이상이면 처짐에 대하여 검토할 필요가 없으므로 처짐을 검토하지 않는다. 그리고 균열폭 제어도 철근 간격이 315 mm 이하이므로 만족한다.

30 4.2.2(3)
20 4.2.3(4)

6.6.3 직접설계법에 의한 2방향 슬래브 해석 및 설계 예

보 부재가 없는 플랫플레이트나 플랫슬래브 또는 비슷한 강성을 가진 보 부재가 주열대에서 기둥 또는 벽체 등의 받침 부재에 연결되어 있는 슬래브로서 단변 경간에 대한 장변 경간의 비가 2 이하인 슬래브는 다음의 조건이 만족하면 직접설계법에 의해 설계할 수 있고,[10), 11)] 만족하지 않으면 6.6.4의 등가골조법에 의해 설계한다. 직접설계법으로 설계할 수 있는 제한 조건은 설계기준에 다음과 같이 규정되어 있다.

70 4.1.3.1

① 각 방향으로 3경간 이상 연속되어 있어야 한다.

② 단변 경간에 대한 장변 경간의 비가 2 이하인 직사각형이어야 한다.

③ 각 방향으로 연속한 받침부 경간 차이는 긴 경간의 1/3 이하이어야 한다.

④ 연속한 기둥 중심선부터 기둥의 어긋남은 그 방향 경간의 10퍼센트 이하이어야 한다.

⑤ 모든 하중은 등분포연직하중이어야 하며, 활하중은 고정하중의 2배 이하이어야 한다.[12)]

⑥ 모든 변에서 보가 슬래브를 지지할 경우 직교하는 두 방향에서 상대 강성비인 $\alpha_1 l_2^2/\alpha_2 l_1^2$의 값이 0.2 이상, 5.0 이하이어야 한다.

⑦ 휨모멘트 재분배는 정모멘트와 부모멘트 각각에 대하여 10퍼센트까지 가능하다.

위의 조건이 꼭 만족되지 않더라도 큰 차이가 없다는 것을 증명할 수 있으면 직접설계법에 의해 설계할 수 있다. 위의 조건 중에서 ⑤의 조건을 둔 이유는 고정하중에 비하여 활하중이 굉장히 크면 하중 재하 위치에 따른 부모멘트와 정모멘트의 변화가 크기 때문에 계수를 활용한 직접설계법으로는 오류가 발생될 수 있기 때문이다. 그리고 ⑥의 조건은 어느 나란한 방향의 마주보는 두 변에 있는 보의 강성이 다른 방향의 마주보는 보의 강성보다 훨씬 크면 슬래브 경간의 비에 관계없이 슬래브의 하중이 강성이 큰 부재로 전달되어 1방향 슬래브로 거동하기 때문이다.

예제 〈6.7〉

다음 그림과 같은 2방향 슬래브에서 보의 크기가 각각 다음과 같을 때 상대 강성을 구하라. 다만 보와 슬래브에 사용하는 콘크리트는 동일하고, 경간은 $l_1 = 8$ m, $l_2 = 6$ m이며, 슬래브 두께는 200 mm이다.

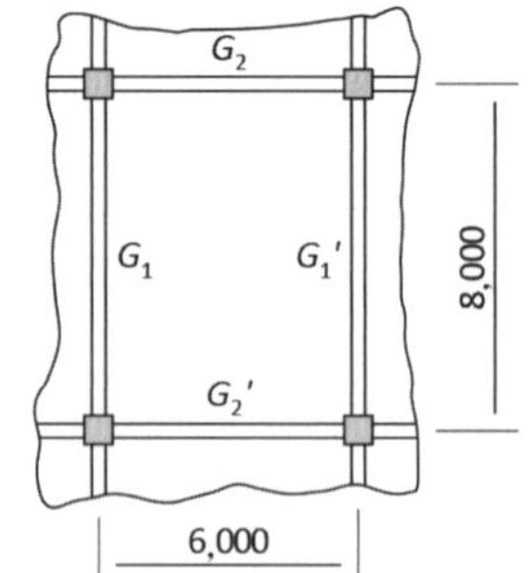

경우 1 :

G_1, G_1', G_2, G_2'; $b_w \times h = 400 \times 800$ mm

경우 2 :

G_1, G_1'; $b_w \times h = 400 \times 800$ mm

G_2, G_2'; $b_w \times h = 400 \times 300$ mm

풀이

1. 경우 1에 대하여

1) G_1, G_1' 보 부재 슬래브의 강성 I_{s1}과 T형 보의 강성 I_{b1}

보의 유효단면(비틀림에 대해)의 크기를 구하면 다음과 같다(그림[6.22] 참조).   70 4.1.2.1(4)

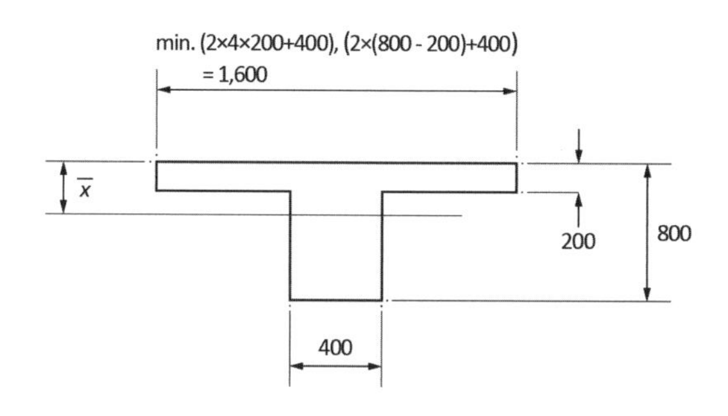

$$\bar{x} = (1.6\times0.2\times0.1+0.4\times0.6\times0.5)/(1.6\times0.2+0.4\times0.6) = 0.271\text{m}$$

$$I_{b1} = \frac{1.6\times0.2^3}{12}+(1.6\times0.2)\times(0.271-0.1)^2+\frac{0.4\times0.6^3}{12}$$
$$+(0.4\times0.6)\times(0.5-0.271)^2$$
$$=30.2\times10^{-3}\ \text{m}^4$$

$$I_{s1} = 6\times0.2^3/12 = 4\times10^{-3}\ \text{m}^4$$

따라서 G_1, G_1' 부재의 상대 강성 α는 다음과 같다.

$$\alpha = I_{b1}/I_{s1} = 0.0302/0.004 = 7.55$$

2) G_2, G_2' 보 부재 슬래브의 강성 I_{s2}와 T형 보의 강성 I_{b2}

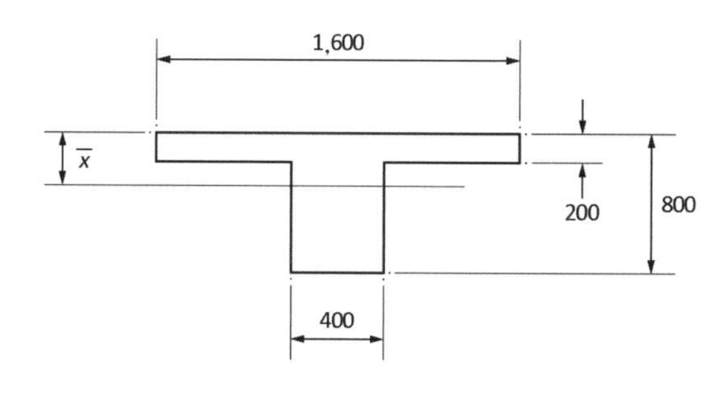

$$I_{b2} = I_{b1} = 30.2\times10^{-3}\ \text{m}^4$$

$$I_{s2} = 8\times0.2^3/12 = 5.33\times10^{-3}\ \text{m}^4$$

따라서 G_2와 G_2' 부재의 상대 강성 α는 다음과 같다.

$$\alpha = I_{b2}/I_{s2} = 0.0302/0.00533 = 5.67$$

3) 상대 강성비의 계산

$$\alpha_1 l_2^2/\alpha_2 l_1^2 = 7.55 \times 6^2/(5.67 \times 8^2) = 0.75$$ 10.4.1(7)

따라서 이 값이 0.2 이상이고 5 이하이며, $\lambda \le 2.0$이므로 2방향 슬래브이다. 10.4.1(3)

2. 경우 2에 대하여

1) G_1과 G_1'의 경우 α값은 앞의 경우 1과 같으므로 $\alpha = 8.1$이다.

2) G_2, G_2' 보 부재

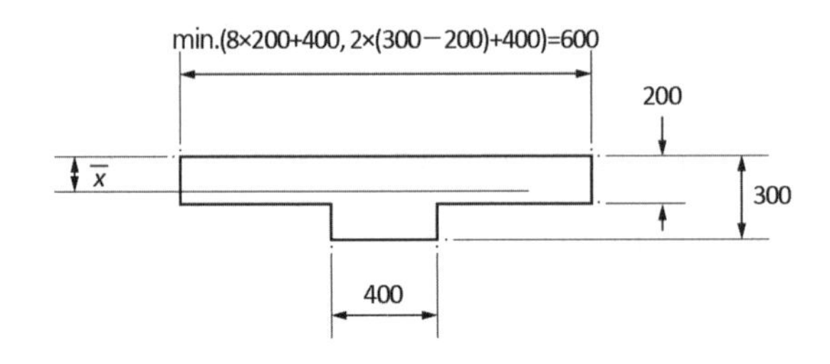

$$I_{s2} = 5.33 \times 10^{-3}\ \text{m}^4$$

$$\bar{x} = (0.6 \times 0.2 \times 0.1 + 0.4 \times 0.1 \times 0.3)/(0.6 \times 0.2 + 0.4 \times 0.1) = 0.15\ \text{m}$$

$$\begin{aligned} I_{b2} &= \frac{0.6 \times 0.2^3}{12} + (0.6 \times 0.2) \times (0.15 - 0.1)^2 + \frac{0.4 \times 0.1^3}{12} \\ &\quad + (0.4 \times 0.1) \times (0.25 - 0.15)^2 \\ &= 1.13 \times 10^{-3}\ \text{m}^4 \end{aligned}$$

$$\alpha = 1.13/5.33 = 0.21$$

3) 상대강성비의 계산

$$\alpha_1 l_2^2/\alpha_2 l_1^2 = 8.1 \times 6^2/(0.21 \times 8^2) = 21.7$$

이 경우에는 이 값이 5를 초과하므로 경간이 6 m인 1방향 슬래브로 설계하여야 한다. 그러나 이 예제에서 볼 수 있듯이 G_2 부재가 $400 \times 300\ \text{mm}^2$으로 슬래브 아래로 100 mm가 돌출된 아주 얇은 보이다. 이러한 경우 설사 슬래브 4변에 보가 있어도 하중은 강성이 큰 보로 이동한다는 것을 알 수 있다. 그러나 어느 정도 비슷한 크기의 보로 지지되면 2방향 슬래브이다.

단면력 계산 과정

직접설계법으로 2방향 슬래브를 설계할 때 슬래브의 설계용 단면력 계산은 다음과 같은 순서에 따라 이루어진다. 70 4.1.3

① 전체 정적 계수휨모멘트 M_0 계산

② 정 및 부계수휨모멘트 계산

③ M_0값을 분배하여 수정하고자 할 경우 계수휨모멘트의 수정(10퍼센트 이내)

④ 주열대 계수휨모멘트 계산

⑤ 주열대에 보가 있는 경우 보가 부담할 계수휨모멘트 계산

⑥ 중간대 계수휨모멘트 계산

⑦ 보가 있는 슬래브의 계수전단력 계산

⑧ 기둥과 벽체의 계수휨모멘트 계산

첫째, 먼저 설계하고자 하는 슬래브의 전체 정적계수휨모멘트를 계산한다. 이것은 슬래브 폭이 l_2이고 경간이 l_n인 단순보에 단위 면적당 등분포 하중 w_u가 작용할 때의 휨모멘트로서 다음 식 (6.32)와 같이 구한다.[13) 70 4.1.3.2

$$M_0 = \frac{1}{8} w_u l_2 l_n^2 \tag{6.32}$$

여기서, w_u는 단위면적당 슬래브에 작용하는 계수등분포하중이다. 그림 [6.18](a)에서 볼 수 있듯이 l_n은 휨모멘트를 구하고자 하는 방향의 순경간, 즉 $(l_1 - c_1)$이며, l_2는 직교 방향의 설계대 슬래브 폭으로서 양쪽 슬래브의 중심 간 거리이나, 설계대가 최외측인 경우 l_2는 건물 가장자리부터 슬래브 중심선까지 거리이다. 이렇게 계산된 M_0값은 설계하고자 하는 슬래브의 전체 휨모멘트이다.

둘째, M_o값이 계산되면, M_o값을 양 단부의 구속 정도에 따라 부계수휨모멘트와 정계수휨모멘트로 분리시킨다. 그림 [6.18](b),(c)에 보인 바와 같이 M_1^-, M_2^-는 양 단부에 발생되며, 정계수휨모멘트는 $M^+ = M_0 - (M_1^- + M_2^-)/2$가 중앙부에 발생된다. 만약 내부 슬래브이면 양 단부가 연속이므로 고정된 단부와 유사하게 거동하게 되며, 따라서 이론적으로는

양 단부의 부계수휨모멘트 $M_1^- = M_2^- = w_u l_2 l_n^2/12 = 2M_0/3$가 되고 정계수휨모멘트 $M^+ = M_0/3$가 된다. 그러나 완전 대칭이 될 수는 없으므로 설계기준의 규정에서는 $M_1^- = M_2^- = 0.65M_0$, $M^+ = 0.35M_0$로 취하도록 하고 있다. 그러나 내부 슬래브가 아니고 그림 [6.18](b)의 슬래브 A와 같이 단부 경간의 슬래브인 경우 가장자리 A 부분의 구속 정도에 따라 부계수휨모멘트가 달라지므로 각 구속 정도에 따라 다음 표 〈6.4〉와 같이 취하도록 규정하고 있다.[14),15),16)]

70 4.1.3.3(2)

70 4.1.3.4(3)

셋째, 일반적으로 이와 같이 정 및 부계수휨모멘트를 구하여 다음 단계로 진행되나, 만약 휨모멘트 재분배를 하고자 할 경우에는 10퍼센트 범위 내에서 수정할 수 있다. 다만 이때 경간의 전체 계수휨모멘트는 M_0가 되어야 한다.

70 4.1.3.7

넷째, 전체 부계수휨모멘트와 정계수휨모멘트가 정해지면 주열대와 중간대가 부담해야 할 휨모멘트를 각각 결정한다. 이때 이러한 휨모멘트 분

70 4.1.3.4

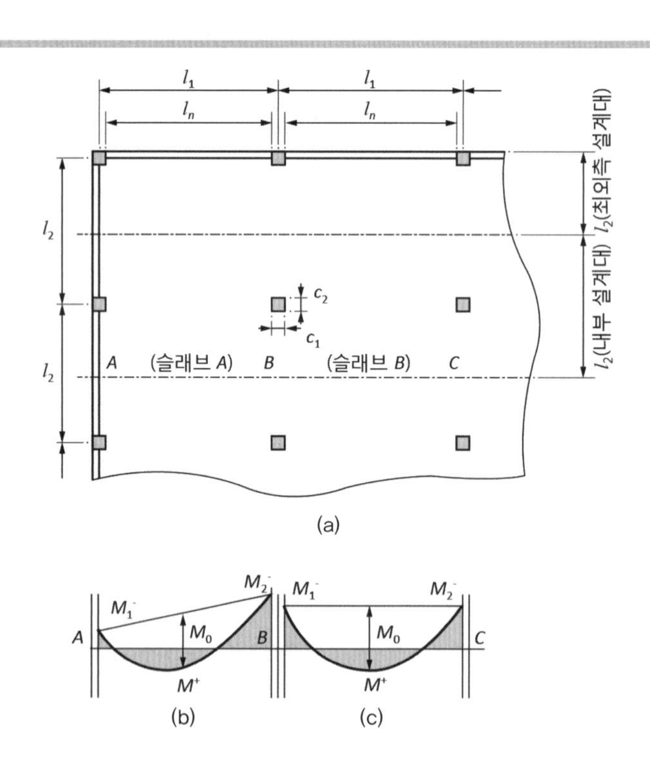

그림 [6.18]
2방향 슬래브: (a) 2방향 슬래브 평면도; (b) 단부 경간; (c) 내부 경간

배는 테두리보의 비틀림강성 β_t의 크기에 따라서도 달라진다. 비틀림 강성이 매우 크면 설계대 전체 폭에 골고루 분담하게 되는 반면에 비틀림 강성이 작으면 접합부인 기둥 주위, 즉 주열대에 집중하게 된다. 이러한 점을 고려하여 설계기준에서는 내부 받침부와 외부 받침부에서 주열대에 분담되는 부계수휨모멘트는 각각 다음 표 〈6.5〉와 표 〈6.6〉과 같이 분배하도록 규정하고 있다. 그리고 정계수휨모멘트 중에서 주열대가 부담하여야 하는 휨모멘트는 표 〈6.7〉과 같다. 표 〈6.7〉에서 $\alpha_1 l_2/l_1$ 값이 0과 1

표 〈6.4〉 단부 경간 정 및 부계수휨모멘트 분배율

구분	(1)	(2)	(3)	(4)	(5)
	구속되지 않은 외부 받침부	모든 받침부 사이에 보가 있는 슬래브	내부 받침부 사이에 보가 없는 슬래브		완전 구속된 외부 받침부
			테두리보가 없는 경우	태두리보가 있는 경우	
내부 받침부의 부계수휨모멘트	0.75	0.70	0.70	0.70	0.65
정계수휨모멘트	0.63	0.57	0.52	0.50	0.35
외부 받침부의 부계수휨모멘트	0	0.16	0.26	0.30	0.65

표 〈6.5〉 내부 받침부의 주열대 부계수휨모멘트 분배 비율(%)

l_2/l_1	0.5	1.0	2.0
$(\alpha_1 l_2/l_1)=0$	75	75	75
$(\alpha_1 l_2/l_1) \geq 1.0$	90	75	45

표 〈6.6〉 외부 받침부의 주열대 부계수휨모멘트의 분배 비율(%)

l_2/l_1		0.5	1.0	2.0
$(\alpha_1 l_2/l_1)=0$	$\beta_t=0$	100	100	100
	$\beta_t \geq 2.5$	75	75	75
$(\alpha_1 l_2/l_1) \geq 1.0$	$\beta_t=0$	100	100	100
	$\beta_t \geq 2.5$	90	75	45

표 〈6.7〉 주열대의 정계수휨모멘트의 분배 비율(%)

l_2/l_1	0.5	1.0	2.0
$(\alpha_1 l_2/l_1)=0$	60	60	60
$(\alpha_1 l_2/l_1) \geq 1.0$	90	75	45

사이에 있을 때 직선 보간에 의해 분배율을 구하며, 받침 부재가 벽체 등과 같이 l_2방향으로 $3l_2/4$ 이상 길게 위치하는 경우 부계수휨모멘트는 주열대, 중간대에 상관없이 등분포로 분담하는 것으로 볼 수 있다.[17)]

70 4.1.3.4(3)

다섯째, 만약 주열대에 보가 있는 경우 이 보의 $\alpha_1 l_2/l_1$ 값이 1.0 이상인 경우 85퍼센트는 보가 부담하고 나머지 15퍼센트는 주열대의 슬래브가 부담하는 것으로 한다. 이 경우에도 $\alpha_1 l_2/l_1$값이 0과 1 사이일 때는 직선 보간에 의해 분배율을 구한다. 이때 보는 보의 상부에 직접 작용하는 하중에 대한 휨모멘트도 추가적으로 부담하여야 한다.

70 4.1.3.5

70 4.1.3.5(3)

여섯째, 주열대가 부담하지 않는 나머지 계수휨모멘트는 양쪽에 있는 1/2 중간대 슬래브가 부담하며, 각 중간대는 양 설계대의 1/2 중간대에 할당된 휨모멘트들의 합으로 구한다.

70 4.1.3.6

일곱째, 계수전단력 계산은 보가 없는 플랫플레이트 또는 플랫슬래브의 경우 슬래브의 중심선으로 이루어지는 슬래브 판에 작용하는 하중으로 계산한 값을 사용할 수 있다. 만약 받침 부재 사이에 보가 있는 경우는 보의 강성 $\alpha_1 l_2/l_1$의 값이 1 이상인 경우 다음 그림 [6.19]에 보이는 바와 같이 모서리에서 변과 45°각도를 이루는 선으로 이루어지는 슬래브에 작용하는 하중이 각 보에 작용하는 것으로 가정하여 구한다. 이때 $\alpha_1 l_2/l_1$ 값이 0과 1 사이의 값이면 직선 보간에 의해 보가 부담하는 계수전단력을 구한다. 또한 계수전단력도 보의 상부에 직접 작용하는 하중에 대한 값을 추가하여야 한다.

70 4.1.3.8

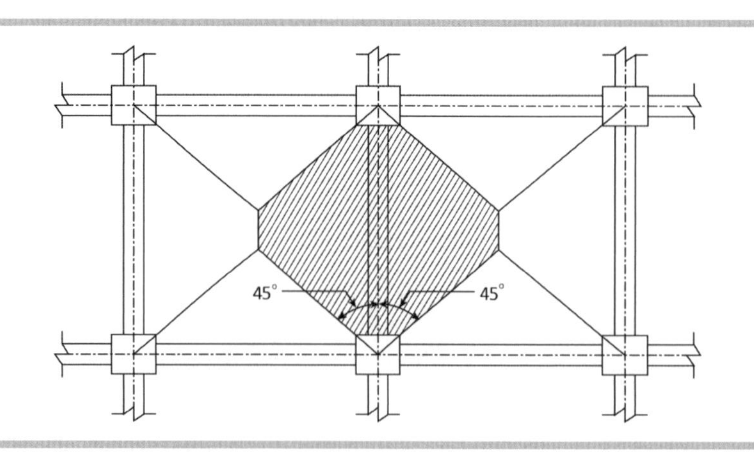

그림 [6.19]
내부 보의 전단력 산정을 위한 재하면적

마지막으로 받침 부재에 작용하는 휨모멘트를 구한다. 등가골조법과는 다르게 직접설계법에 의하면 받침 부재인 기둥과 벽체에 작용하는 휨모멘트를 계산할 수 없다. 그러나 특히 활하중 등은 재하가 부분적으로 작용할 수 있기 때문에 편심에 의해 받침 부재에 휨모멘트가 발생될 수 있다. 이를 고려하기 위하여 한쪽 긴 경간에는 활하중의 50퍼센트가 작용하고 다른 쪽 짧은 경간에는 활하중이 작용하지 않은 경우에 대한 다음 식 (6.33)에 의해 구한 계수휨모멘트만큼을 기둥 등 받침 부재에 작용하는 것으로 가정하여 설계하여야 한다.

70 4.1.3.9

$$M = 0.07\left[(w_d + 0.5w_l)l_2 l_n^2 - w_d' l_2' (l_n')^2\right] \tag{6.33}$$

여기서, w_d, w_l, l_2, l_n은 긴 경간의 값이고, w_d', l_2', l_n'는 짧은 경간에 대한 값이다.

예제 〈6.8〉 직접설계법에 의한 2방향 슬래브 설계

다음 그림과 같은 플랫플레이트 구조물을 직접설계법에 의해 설계하라.

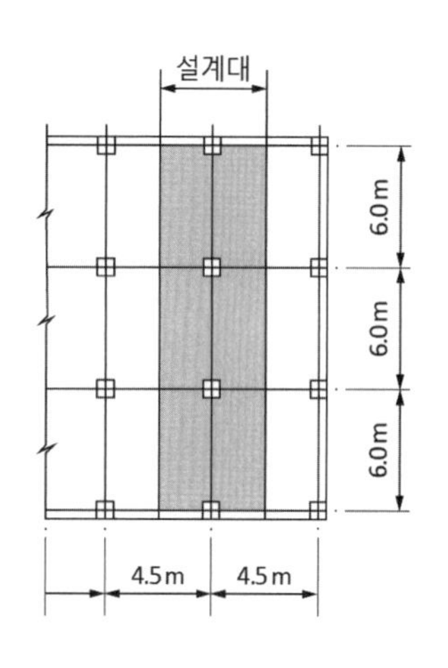

콘크리트의 설계기준압축강도 $f_{ck} = 30$ MPa
철근의 설계기준항복강도 $f_y = 400$ MPa
활하중 $L = 2.4$ kN/m²
고정하중 $D =$ 자중 $+ 1.0$ kN/m²
기둥 크기 $c_1 \times c_2 = 0.5 \times 0.5$ m²
층고 $h = 3.5$ m

테두리보는 없다.

풀이

1. 슬래브 두께의 결정
   슬래브 두께의 결정은 첫째, 가능하면 처짐을 검토할 필요가 없는 최소 두께로 선택하고, 둘째, 얇은 슬래브는 전단 보강이 힘들므로 뚫림전단을 검토하여 두께를 선택하는 것이 바람직하다.

1) 처짐에 의한 두께 선택

설계기준에 의하면 플랫플레이트 구조로서 테두리보가 없고 설계기준항복강도가 400 MPa인 경우 $l_n/33$ 이상이어야 하고 최소 120 mm 이상이어야 처짐 검토가 필요하지 않다. 30 4.2.2(2)

$$h_s \geq l_n/33 = (6{,}000-500)/33 = 167\ \text{mm} > 120\ \text{mm}$$

따라서 슬래브 두께를 200 mm로 선택한다.

2) 뚫림전단 검토에 의한 두께 선택

슬래브 유효깊이 ; $d = h_s - 35 = 165$ mm (피복두께와 철근(D13)을 고려)

계수등분포하중 ; $w_u = 1.2w_D + 1.6w_L$

$= 1.2 \times (24 \times 0.2 + 1.0) + 1.6 \times 2.4$ 10 4.2.2(1)

$= 1.2 \times 5.8 + 1.6 \times 2.4 = 10.8\ \text{kN/m}^2$

계수전단력 ; $V_u = (l_1 \times l_2 - (c_1 + d) \times (c_2 + d))w_u$ 22 4.11.2(2)

$= (6.0 \times 4.5 - 0.665 \times 0.665) \times 10.8$

$= 287$ kN

뚫림전단강도 ; $V_c = v_c b_o d$

$= \lambda k_s k_{bo} f_{te} \cot\psi (c_u/d)$

$b_o = 4 \times (500 + 165) = 2600$

$d = 165$

여기서, $\lambda = 1.0$

$k_s = (300/d)^{0.25} = (300/165)^{0.25} = 1.16 \rightarrow 1.10$

$k_{bo} = 4/\sqrt{\alpha_s b_o/d} = 4/\sqrt{1.0 \times 2660/165}$

$= 0.996 \leq 1.25$

$f_{te} = 0.2\sqrt{f_{ck}} = 0.2\sqrt{30} = 1.095$

$c_u = d[25\sqrt{\rho/f_{ck}} - 300(\rho/f_{ck})]$

$= 165 \times [25\sqrt{0.005/30} - 300(0.005/30)] = 45$

(주철근비를 현재 알 수 없으므로 하한 값인 0.005로 취함)

$f_{cc} = (2/3)f_{ck} = 20$

$\cot\psi = \sqrt{f_{te}(f_{te} + f_{cc})}/f_{te}$

$= \sqrt{1.095(1.095 + 20)}/1.095 = 4.39$

따라서 V_c를 계산하면 다음과 같다.

$$V_c = (1.0 \times 1.1 \times 0.996 \times 1.095 \times 4.39 \times 45.0/165) \times 2660 \times 165 = 630\ \text{kN}$$

$$\phi V_c = 0.75 \times 630 = 473\ \text{kN} \geq V_u = 297\text{kN}$$

따라서 뚫림전단에 대하여 안전하다.

모서리 기둥과 가장자리 기둥에 대하여 검토하면 다음과 같다.

① 모서리 기둥

$V_u = [(0.5l_1 + 0.25) \times (0.5l_2 + 0.25) - (0.5 + 0.5d) \times (0.5 + 0.5d)] \times w_u$

$= 84.1 \text{ kN}$

$b_o = 2 \times (500 + 165/2) = 1{,}165 \text{ mm}$

$k_{bo} = 4/\sqrt{2.0 \times 1{,}165/165} = 1.06 \leq 1.25$

$V_c = [1.0 \times 1.1 \times 1.06 \times 1.095 \times 4.39 \times 45.0/165]$

$\times 1{,}165 \times 165 = 294 \text{ kN}$

$\phi V_c = 0.75 \times 294 = 220 \geq 84.1 \text{ kN}$

② 가장자리 기둥

$V_u = [l_2 \times (0.5l_1 + 0.25) - (0.5 + d) \times (0.5 + 0.5d)]$

$\times w_u = 154 \text{ kN}$

$b_o = (500 + 165) + 2 \times (500 + 165/2) = 1{,}830$

$k_{bo} = 4/\sqrt{1.33 \times 1{,}830/165} = 1.041$

$V_c = [1.0 \times 1.1 \times 1.041 \times 1.095 \times 4.39 \times 45.0/165] \times 1{,}830 \times 165$

$= 453 \text{ kN}$

$\phi V_c = 0.75 \times 453 = 340 \text{ kN} \geq V_u = 154$

불균형휨모멘트에 의해 추가되는 전단응력이 있으므로 슬래브 두께는 좀 여유가 있어야 하므로 슬래브 두께를 200 mm로 선택한다.

2. 직접설계법 적용 조건의 검토

직접설계법에 의해 휨모멘트를 계산하려면 설계기준에 의하면 다음 6가지 조건을 만족해야 하므로 이를 검토한다. 70 4.1.3.1

① 각 방향으로 3 경간 이상 연속되어야 하는데 이 예제의 설계대는 3 경간이므로 만족한다.

② 장변 경간/단변 경간=6.0/4.5=1.33 ≤ 2.0으로 만족한다.

③ 인접 경간 차이가 긴 경간의 1/3 이하이어야 하는데 경간의 차이가 없으므로 만족한다.

④ 기둥의 이탈이 이탈 방향 경간의 10퍼센트 이하이어야 하는데 이탈이 없으므로 만족한다.

⑤ 모든 하중은 활하중과 고정하중으로 연직하중이고 활하중/고정하중=2.4/5.8 =0.414 ≤ 2.0으로 만족한다.

⑥ 보가 없으므로 주변 보의 강성비는 문제가 없다.
따라서 모든 조건을 만족하므로 직접설계법을 사용할 수 있다.

3. 슬래브의 계수휨모멘트 계산

1) 전체 정적 계수휨모멘트 계산

20 4.1.3.2

$$M_o = w_u l_2 l_n{}^2/8$$

$$= 10.8 \times 4.5 \times (6.0 - 0.5)^2/8 = 184 \text{ kNm}$$

2) 정 및 부계수휨모멘트 계산

20 4.1.3.3

① 내부 경간

$$M_u^{\ -} = 0.65 M_o = 120 \text{ kNm}$$

$$M_u^{\ +} = 0.35 M_o = 64.0 \text{ kNm}$$

② 단부 경간

$$M_{u,e}^{-} = 0.26 M_o = 47.8 \text{ kNm}$$

$$M_{u,i}^{-} = 0.70 M_o = 129 \text{ kNm}$$

$$M_u^{\ +} = 0.52 M_o = 95.7 \text{ kNm}$$

여기서 계산된 휨모멘트는 10퍼센트 범위 내에서 재분배시킬 수 있으므로 다음과 같이 조정한다.

70 4.1.3.7

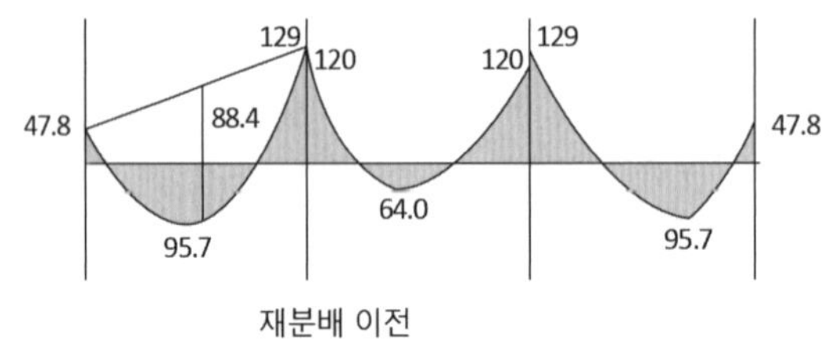

재분배 이전

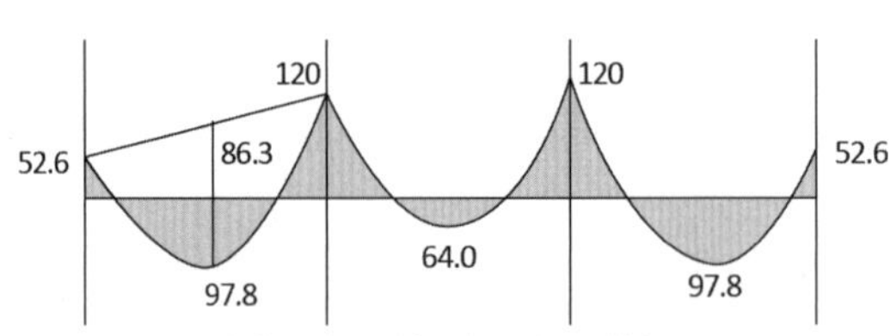

95.7 + [(129 + 47.8)/2 − (120 + 52.6)/2] = 97.8

휨모멘트 재분배는 10퍼센트 범위 내에서 자유롭게 할 수 있으나, 여기서는 내부 받침부는 양측이 같게, 그리고 외단부는 불균형휨모멘트로 최소 $0.3M_o$로 취하도록 규정되어 있으므로 최대한 값인 10퍼센트 증대시킨 값이다.

70 4.1.3.3(6)

3) 주열대의 계수휨모멘트

테두리보와 내부 보가 모두 없으므로, $\alpha_1 = 0$이다. 따라서 이 경우 주열대의 부계수휨모멘트는 내부 받침부에서는 75퍼센트 외부 받침부에서는 100퍼센트, 그리고 정계수휨모멘트는 60퍼센트이다.

70 4.1.3.4

4) 중간대의 계수휨모멘트

주열대가 분담하지 않는 나머지를 중간대에서 분담하며 이를 요약하면 다음 표와 같다.

70 4.1.3.6

		전체 계수휨모멘트 (kNm)	주열대 계수휨모멘트 (kNm)	중간대 계수휨모멘트 (kNm)
단부 경간				
외단부	부계수휨모멘트	52.6	52.6×1.0=52.6	52.6×0.0=0.0
	정계수휨모멘트	97.8	97.8×0.6=58.7	97.8×0.4=39.1
내단부	부계수휨모멘트	120	120×0.75=90.0	120×0.25=30.0
내부 경간				
	부계수휨모멘트	120	120×0.75=90.0	120×0.25=30.0
	정계수휨모멘트	64.0	64.0×0.6=38.4	64.0×0.4=25.6

주열대의 계수휨모멘트도

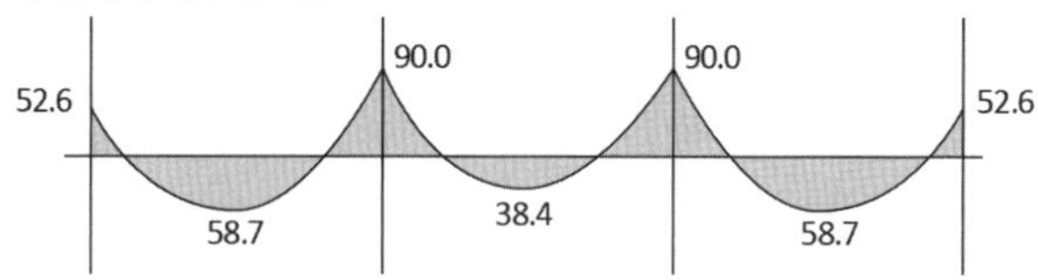

중간대의 계수휨모멘트도

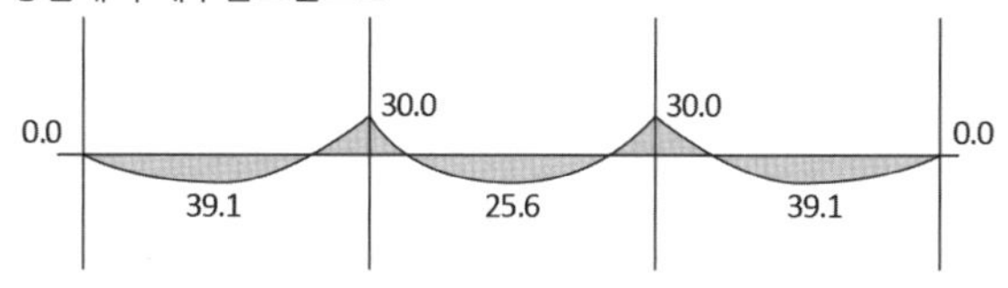

4. 철근량 및 철근 간격 계산

1) 중간대 부분

중간대 부분의 계수부모멘트는 내부 단부에서만 30 kNm / 2.25 m= 13.3 kNm/m이고, 계수정모멘트는 외측 경간에서는 39.1 kNm / 2.25 m = 17.4 kNm/m, 내측 경간에서는 25.6 kNm / 2.25 m = 11.4 kNm/m이다.

식 (4.14) 또는 표 〈4.6〉을 이용하여 철근량을 구한다.

위치		계수 휨모멘트 (kNm)	$M_u/\phi\eta f_{ck}bd^2$	$w=\rho f_y/\eta f_{ck}$ 표 〈4.6〉	ρ	$A_s(\mathrm{mm}^2)$ (수축·온도 철근)	철근 간격
내단부		13.3	0.01916	0.0194	0.0015≤0.002	400	D10@178 → D10@175
중앙	외측 경간	17.4	0.02506	0.0255	0.0019≤0.002	400	D10@178 → D10@175
	내측 경간	11.4	0.01642	0.0166	0.0012≤0.002	400	D10@178 → D10@175

이 경우에는 최소철근비보다 작으므로 최소철근비인 0.002 이상으로 하고 간격도 슬래브 두께의 2배와 300 mm 이하로 규정되어 있으므로 D10@175로 한다.

2) 주열대 부분

주열대 부분도 중간대 부분과 유사한 방법으로 주철근량을 계산하면 다음과 같다.

위치		계수 휨모멘트 (kNm)	$M_u/\phi\eta f_{ck}bd^2$	$w=\rho f_y/\eta f_{ck}$ 표 〈4.6〉	ρ	$A_s(\mathrm{mm}^2)$	철근 간격
단부	외단부	23.4	0.0337	0.0344	0.00258	425.7	D13@298 D10@168 → D10@150
	내단부	40.0	0.0576	0.0597	0.00448	739.2	D13@171 D10@96 → D13@150
중앙	외측 경간	26.1	0.0376	0.0384	0.00288	490	D13@267 D10@150 → D10@150
	내측 경간	17.1	0.0246	0.0250	0.00188≤0.002	400	D10@178 → D10@150

3) 주열대 외측 단부의 불균형휨모멘트 고려

22 4.11.7

불균형휨모멘트에 대한 설계휨강도는 다음 식과 같다.

$$\phi M_n = \phi_f M_{Ff} + \phi_f M_{Fb} + \phi_v M_s + \phi_v M_T$$

① M_S와 M_T의 계산

앞에서 가장자리 기둥에 대한 연직하중에 의한 계수전단력 $V_u = 154$ kN, 위험단면 둘레길이 $b_0 = 1{,}830$ mm, 콘크리트에 의한 전단강도 $V_c = 453$ kN으로서 단위면적당 계수전단응력 v_u와 전단강도 v_c는 다음과 같다.

$$v_u = 154{,}000/(1{,}830 \times 165) = 0.510 \text{ N/mm}^2$$
$$v_c = v_n = 453{,}000/(1{,}830 \times 165) = 1.500 \text{ N/mm}^2$$

그리고 식 (6.13)(b)에 의할 때 슬래브에 전단보강근이 없을 때 비틀림에 대한 전단강도 v_{nT}는 다음과 같다.

$$v_{nT} = 0.63\lambda\sqrt{f_{ck}} = 0.63 \times 1.0 \times \sqrt{30}$$
$$= 3.451 \text{ N/mm}^2$$

따라서 M_S와 M_T를 계산하면 다음과 같다.

$$M_S = 0.5 \times (v_c - v_u)(c_2 + d)d(c_1 + d)$$
$$= 0.5 \times (1.500 - 0.510) \times (500 + 165) \times 165 \times (500 + 165)$$
$$= 36.1 \text{ kNm}$$
$$M_T = \left[c_{N2} + \frac{2}{3}c_{N1} - \frac{c_1}{2}\right]v_{nTb}dc_{N1}$$
$$+ \left[-\frac{1}{3}c_{N2} + \frac{1}{2}c_1\right]v_{nTf}dc_{N2}$$
$$c_{N2} = \frac{v_{nT}(c_1 + 0.5d)^2}{v_{nT}(2c_1 + d) + v_n(c_2 + d) - v_g b_0} \le c_1 + 0.5d$$
$$= \frac{3.451 \times (500 + 0.5 \times 165)^2}{3.451 \times (2 \times 500 + 165) + 1.500 \times (500 + 165) - (1.500 - 0.510) \times 1{,}830}$$
$$= 365.2 \text{ mm} \le 500 + 0.5 \times 165 = 582.5$$
$$c_{N1} = 582.5 - 365.2 = 217.3 \text{ mm}$$
$$v_{nTf} = 3.451 - 0.510 = 2.941 \text{ N/mm}^2$$
$$v_{nTb} = 2.941 \times c_{N2}/c_{N1} = 2.941 \times 217.3 / 365.2$$
$$= 1.750 \text{N/mm}^2$$
$$M_T = \left(365.2 + \frac{2}{3} \times 217.3 - \frac{1}{2} \times 500\right) \times 1.750 \times 165 \times 217.3$$
$$+ \left(-\frac{1}{3} \times 365.2 + \frac{1}{2} \times 500\right) \times 2.941 \times 165 \times 365.2$$
$$= 39.0 \text{ kNm}$$

② 요구되는 M_{Ff} 값 계산

구조계산에 의해 불균형 계수휨모멘트는 52.6 kNm이며, 우리 설계기준에서는 명확하지 않으나 $0.3M_0$ 이상으로 취하도록 하고 있으므로 $M_u = 0.3M_0 = 0.3 \times 184 = 55.2$ kNm ≥ 52.6 kNm이고, 이 경우 $M_{Fb} = 0$이다. 따라서

$$M_u = 55.2 \leq \phi M_n = \phi_f M_{Ff} + \phi_v M_S + \phi_v M_T$$
$$= 0.85 M_{Ff} + 0.75 \times (36.1 + 39.0)$$
$$M_{Ff} = -1.32$$

따라서 특별한 보강이 필요하지 않고 최소 철근비로 충분하다.

5. 철근 배근도

(1) 주열대

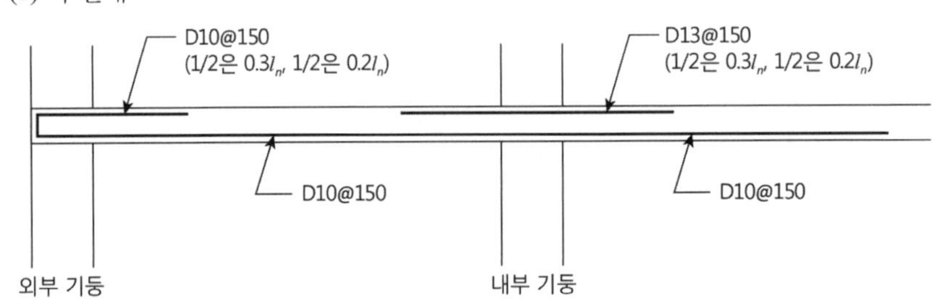

(2) 중간대

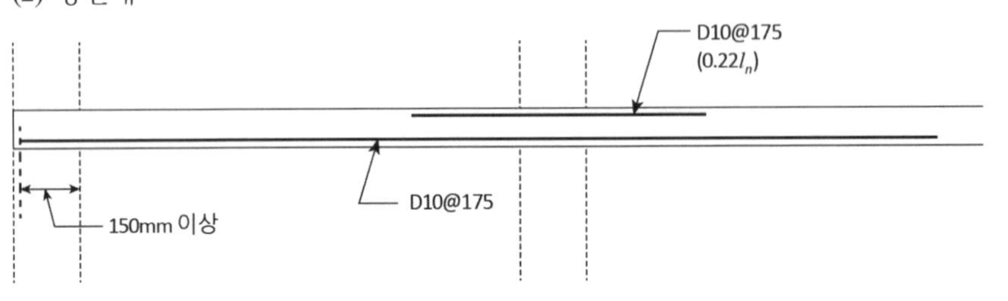

6.6.4 등가골조법에 의한 2방향 슬래브 해석 및 설계

6.3.3절의 제한조건을 만족하는 2방향 슬래브에 연직하중이 작용하는 경우에는 해석이 보다 간단한 앞에서 설명한 직접설계법에 의하여 단면력을 계산할 수 있다. 그러나 지진하중이나 풍하중 등과 같은 횡력이 작용할 경우나 앞의 제한 조건을 만족하지 않는 슬래브 구조에 연직하중이

작용할 경우에는 등가골조법에 의하여 단면력을 계산하여 설계한다.

등가골조 구성

등가골조란 플랫플레이트, 플랫슬래브 시스템에서 볼 수 있듯이 수평 부재와 수직 부재가 접합부에서 일부만 연결되어 있기 때문에 각 부재의 유효강성을 합리적으로 고려한 골조이다. 따라서 그림 [6.20]에서 보듯이 등가골조법의 주요한 내용은 등가골조를 이루는 부재의 강성을 계산하는 방법에 대한 것이다. 등가골조가 구성되면 일반 골조를 구조해석하는 방법에 따라 구조해석을 수행하여 단면력을 계산하고, 이 단면력을 직접설계법과 같이 주열대와 중간대에 분배시킨다.

70 4.1.4

전체 구조는 그림 [6.20](a)에서 보이듯이 가로 및 세로 방향의 기둥선을 따라 등가골조로 이루어진다고 간주하고, 각 골조는 기둥이나 받침부의 중심선을 기준으로 좌우 슬래브의 중심선에 의해 구획되는 수직 부재인 기둥 또는 받침부와 수평 부재인 보와 슬래브로 구성된다. 그리고 슬래브에 작용하는 하중은 슬래브와 받침 부재의 접합 부위가 일부분이기

70 4.1.4.2

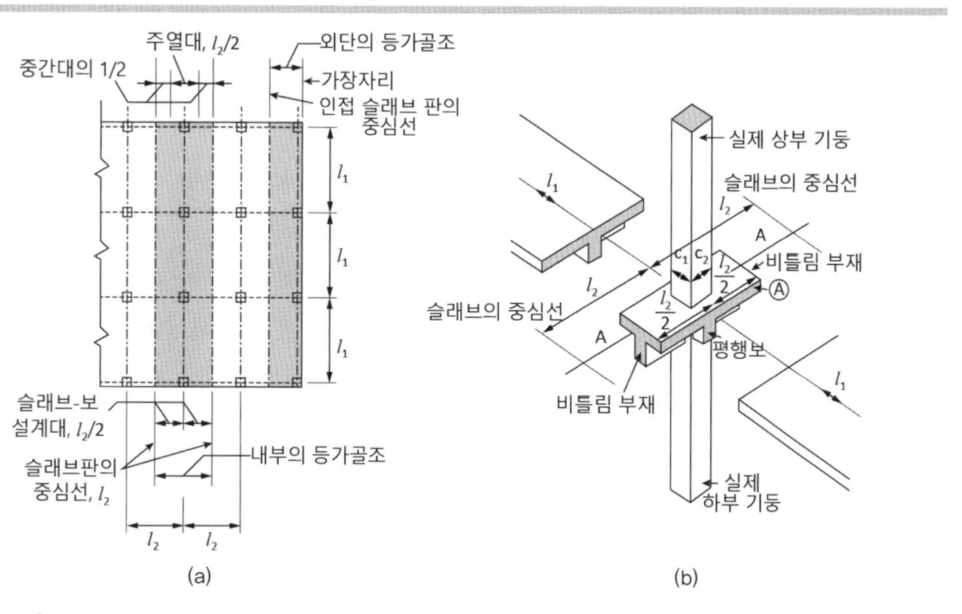

그림 [6.20]
등가골조: (a) 등가골조의 구성; (b) 등가기둥(기둥과 비틀림 부재)

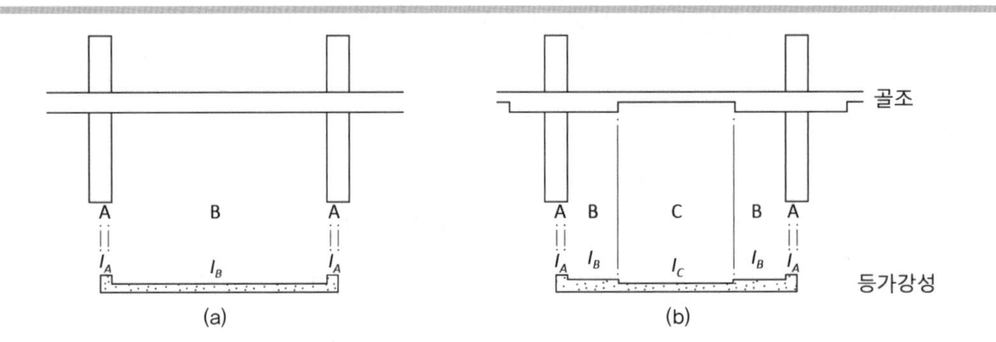

그림 [6.21]
플랫플레이트와 플랫슬래브의 경간에 걸친 강성의 변화: (a) 플랫플레이트; (b) 플랫슬래브

때문에 직접 기둥으로 전달되지 않고 횡방향 수평 부재인 비틀림 부재에 전달된 후에 기둥으로 전달된다고 가정한다. 이것은 슬래브에 하중이 가해져 처짐이 일어날 때 비틀림 부재의 비틀림 변위에 의한 처짐과 수직 부재인 기둥 또는 벽체의 휨 변위에 의한 처짐을 더한 값과 같다는 의미이다.

등가강성 계산

70 4.1.4.3

수평 부재는 해석하고자 하는 방향으로 보가 있으면 보와 슬래브로 이루어지고 보가 없으면 슬래브 만으로 이루어진다. 이 수평 부재의 강성은 길이 방향으로 변화하는데 그림 [6.21]에서 보듯이 먼저 기둥 중심선과 기둥 전면 사이, 플랫슬래브의 경우는 기둥 전면과 지판 끝단부까지 그리고 중앙 부분 등에서 강성이 변화한다.

플랫플레이트의 경우 그림 [6.21](a)에서 보는 바와 같이 슬래브 부재 길이 방향으로 강성의 변화는 두 구간으로 나누어지며 구간 B는 전체 단면에 대하여 단면2차모멘트 I_B를 계산하고, 구간 A의 단면2차모멘트는 다음 식 (6.34)(b)에 의하여 구한다.

$$I_B = l_2 h^3 / 12 \tag{6.34)(a}$$

$$I_A = I_B / (1 - c_2 / l_2)^2 \tag{6.34)(b}$$

여기서, c_2는 등가골조를 구성하는 직교 방향으로 기둥 변의 길이이고, l_2는 직교 방향으로 슬래브의 중심간 거리이다.

플랫슬래브의 경우 그림 [6.21](b)와 같이 세 구간으로 나누어지며 구간 B와 C는 각각 해당하는 전체 단면적에 대하여 단면2차모멘트를 계산하고 구간 A의 단면2차모멘트는 앞의 식 (6.34)(b)에 구간 B의 I_B 값을 사용하여 구한다.

다음으로 수직 부재의 강성은 앞에서 설명한 바와 같이 비틀림 부재의 비틀림강성과 수직 부재의 휨강성으로 이루어진다.

먼저 비틀림 부재의 유효단면적은 그림 [6.22]에서 나타낸 바와 같이 횡방향으로 보가 없는 경우에는 기둥의 폭인 c_1만큼의 횡방향 슬래브의 단면적이고, 보가 있는 경우에는 보를 포함하고 슬래브 부분은 슬래브 두께의 4배와 보의 내민 부분 길이 중에서 작은 값을 각 방향으로 포함한 단면적이다. 그때 이 내민 슬래브 부분이 기둥의 폭보다 작으면 기둥의 폭 부분 슬래브 전체를 유효단면적으로 한다. 이 단면에 대한 비틀림 부재의 강성 K_t는 다음 식 (6.35)에 의하여 구한다.[14),15),16)]

70 4.1.4.4

70 4.1.4.5

$$K_t = \Sigma \frac{9E_{cs}C}{l_2(1-c_2/l_2)^3} \tag{6.35(a)}$$

$$C = \Sigma\,[(1-0.63x/y)(x^3y/3)] \tag{6.35(b)}$$

여기서, x, y는 유효단면을 여러 개의 직사각형으로 나누었을 때 각각

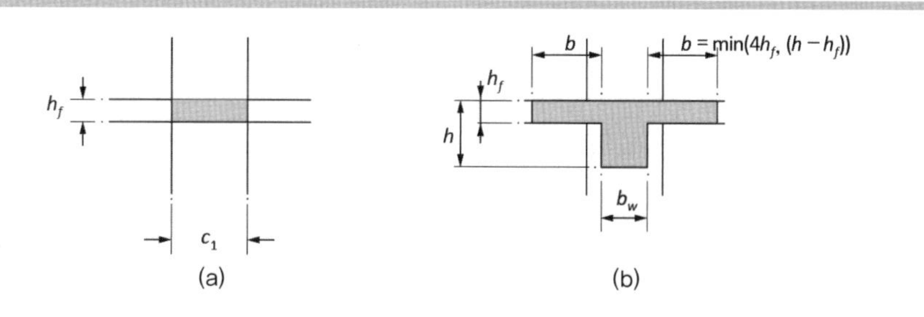

그림 [6.22]
비틀림강성에 대한 유효단면: (a) 보가 없는 경우; (b) 보가 있는 경우

짧은 변과 긴 변의 길이이다.

그러나 만약 해석하고자 하는 방향으로 보가 있는 경우 슬래브에 작용하는 하중은 이 보로 전달되고 이 보는 직접 기둥에 연결되어 있으므로 길이 방향의 보가 없는 경우보다 슬래브의 처짐이 작아진다. 이것은 비틀림강성을 크게 취하는 것과 같은 효과가 있으므로 이러한 경우 식 (6.35)에서 구한 K_t값을 다음 식 (6.36)에 의해 수정한 값을 사용한다.

$$K_t = K_t(\text{식}(6.35)) \times I_b / I_s \tag{6.36}$$

여기서, I_b는 보를 포함한 슬래브 전체의 단면2차모멘트이고, I_s는 슬래브만의 단면2차모멘트이다.

기둥의 휨강성은 보 또는 슬래브와 만나는 접합부 부분은 무한대로 가정하고 그 외 부분은 해당하는 단면적에 대한 값으로 구한다.

이와 같이 비틀림 부재 강성과 기둥 또는 벽체 부재의 강성이 구해지면 앞에서 설명한 바와 같이 슬래브의 처짐은 두 요인에 의한 처짐의 합이므로, 즉 수직 부재의 유효강성 K_{ec}는 다음 식 (6.37)에 의해 구할 수 있다.

$$\frac{1}{K_{ec}} = \frac{1}{\Sigma K_c} + \frac{1}{\Sigma K_t} \tag{6.37}$$

여기서 ΣK_c는 한 접합부에서 모든 수직 부재들의 휨강성의 합이며, ΣK_t는 모든 비틀림 부재들의 비틀림강성의 합이다.

구조해석 및 단면력 계산

앞에서 등가골조의 구성과 구성 부재인 수평 부재와 수직 부재의 강성을 계산하는 방법에 대하여 설명하였다. 작용하중을 이 등가골조에 적용하여 구조해석을 하면 단면력을 계산할 수 있다. 앞에서 설명한 등가골조는 부재의 길이 방향으로 강성이 변화하므로 등가의 강성으로 치환하거나 유한요소법 등으로 해석할 때는 강성에 따라 부재를 나누어 해석할

70 4.1.4.6

수 있다. 그러나 이러한 해석은 매우 번거로우므로 일반적으로 접합부 길이는 부재 전체 길이에 비하여 작으므로 이 부분은 무시할 수 있다. 그리고 해석하고자 하는 방향으로 보가 있는 경우 식 (6.36)과 같이 K_t값이 크게 증가되어 비틀림변형에 의한 처짐이 크게 줄어들므로 T형보의 유효폭을 강성으로 하는 일반적으로 골조를 해석하는 방법으로 해석할 수 있다. 그러나 플랫슬래브나 플랫플레이트의 경우에는 접합부의 강성 변화는 무시할 수 있지만 수직 부재의 강성은 식 (6.37)에 의해 등가강성을 사용하여야 한다. 플랫슬래브에서 수평 부재의 등가강성은 그림 [6.21](b)에서 나타낸 구간 B와 구간 C의 강성을 지판 크기와 슬래브판 크기의 비를 고려하여 구한 값을 사용하는 것이 바람직하다.

작용하중, 특히 변동하중인 활하중의 배치는 최대 정모멘트를 구할 때와 최대 부모멘트를 구할 때를 구별하여 다음과 같이 한다. 최대 정모멘트를 구할 때는 구하고자 하는 경간과 한 경간 건너 있는 경간에 계수활하중의 3/4이 작용하는 것으로 하고, 최대 부모멘트를 구할 때는 이웃하는 두 경간에 계수활하중의 3/4이 작용하는 것으로 한다. 그러나 대부분의 건축구조물과 같이 활하중이 고정하중의 3/4 이하인 경우에는 전체 경간에 모든 하중이 작용할 경우만 해석하여 단면력을 구할 수 있다.

70 4.1.4.6

이러한 하중의 배치를 고려하여 각 경간에 대하여 구한 양 단의 최대 부계수휨모멘트의 평균값과 최대 정계수휨모멘트의 합이 식 (6.32)의 M_0값을 초과할 수 있는데, 이때에는 M_0값 만큼 되도록 부모멘트와 정모멘트를 비례하여 줄일 수 있다. 그리고 2방향 슬래브라면 대체로 만족하는, 즉 강성비가 $0.2 \le \alpha_1 l_2^2 / \alpha_2 l_1^2 \le 5.0$이 만족하는 경우 주열대와 중간대의 휨모멘트 분배는 직접설계법과 같은 방법으로 수행한다.

70 4.1.4.7(4)

70 4.1.4.7(5)

참고문헌

1. 한국콘크리트학회, '콘크리트구조 설계기준 해설', 기문당, 2021.
2. Manterola, M., "Poinconnement de dalles sans armature d'effort trenchantz", ComiteEuropeen du Beton(Hrsg.), Dalles, Structures Planes, CEB-Bull, Paris, D'Information 1966, 58p.
3. BS 8110, 'Structural Use of Concrete, Part1, Code of Practice for Design and Construction', British Standards Institution. London. 1997.
4. Park, H.G., Choi, K.K., and Chung, L., "Strain-based Strength Model for Direct Punching Shear of Interior Slab-column Connections", Engineering Structures, 3(3), march 2011, pp.1062-1073.
5. 최경규, 박홍근, 김혜민, "슬래브-기둥 접합부에 대한 전단강도모델", 콘크리트학회논문집, V. 22, No. 4, 2010, pp.585-593.
6. Bu, W., and Polak, M.A., "Seismic Retrofit of Reinforced Concrete Slab-column Connections Using Shear Bolts", ACI Structural Journal, V. 106, No. 4, 2009, pp.514-522.
7. Corley, W.G., and Hawkins, N.M., "Shearhead Reinforcement for Slabs", ACI Journal, Proceeding V. 65, No. 10, Oct. 1968, pp.811-824.
8. ACI 318-08, 'Building Code Requirements for Structural Concrete and Commentary', American Concrete Institute, Farmington Hills, MI, 2008.
9. CEB-FIP, 'CEP-FIP Model Code 1990', Comite Euro - International du Beton, Thomas Telford, 1993, 437p.
10. Hatcher, D.S., Sozen, M.A., and Siess, C.P., "Test of a Reinforced Concrete Flat Plate", Proceedings, ASCE, V. 91, No. ST5, Oct. 1965, pp.205-231.
11. Hatcher, D.S., Sozen, M.A., and Siess, C.P., "Test of a Reinforced Concrete Flat Plate", Proceedings, ASCE, V. 95, No. ST6, Jun. 1969, pp.1051-1072.
12. Jirsa, J.O., Sozen, M.A., and Siess, C.P., "Pattern Loadings on Reinforced Concrete Floor Slabs", Proceedings, ASCE, V. 95, No. ST6, June. 1969, pp.1117-1137.
13. Nichols, J.R., "Statical Limitations upon the Steel Requirement in Reinforced Concrete Flat Slab Floors", Transactions, ASCE, V. 77, 1914, pp.1670-1736.
14. Corley, W.G., Sozen, M.A., and Siess, C.P., "Equivalent Frame Analysis for Reinforced concrete Slabs", Structural Research Series No. 218, Civil Engineering

Studies, University of Illinois, Jun. 1961, 166p.
15. Jirsa, J.O., Sozen, M.A., and Siess, C.P., "Effects of Pattern Loadings on Reinforced Concrete Floor Slabs", Structural Research Series No. 269, Civil Engineering Studies, University of Illinois, July 1963.
16. Corley, W.G., and Jirsa, J.O., "Equivalent Frame Analysis for Slab Design", ACI Journal, Proceedings V. 67, No. 11, Nov. 1970, pp.875-884.
17. Gamble, W.L., "Moments in Beam Supported Slabs", ACI Journal, Proceedings V. 69, No. 3, Mar. 1972, pp.149-157.
18. Kani, G. N. J., "Basic Facts Concerning Shear Failure", ACI Journal, Proceedings V. 63, No. 6, June 1966, pp.675-692.
19. Kani, G. N. J., "How Safe Are Our Large Reinforced Concrete Beams", ACI Journal, Proceedings V. 64, No. 3, Mar 1967, pp.128-141.
20. 한국콘크리트학회, '콘크리트구조 학회기준', 기문당, 2018, 637p.

문 제

1. 슬래브 종류를 들고, 각 슬래브의 설계 과정을 설명하라.
2. 슬래브의 각 위치에서 최소 철근량과 최대 철근 간격에 대하여 기술하라.
3. 다음 그림과 같이 4변이 보로 지지되어 있는 슬래브를 설계하라.

   다만 모든 보의 크기는 300×600 mm²이고, G_1과 B_1의 상대적 처짐량은 8 mm이다. 그리고 $f_{ck} = 27$ MPa, $f_y = 400$ MPa이며, 활하중은 6 kN/m²이고, 고정하중은 자중을 제외하고 1 kN/m²이다.

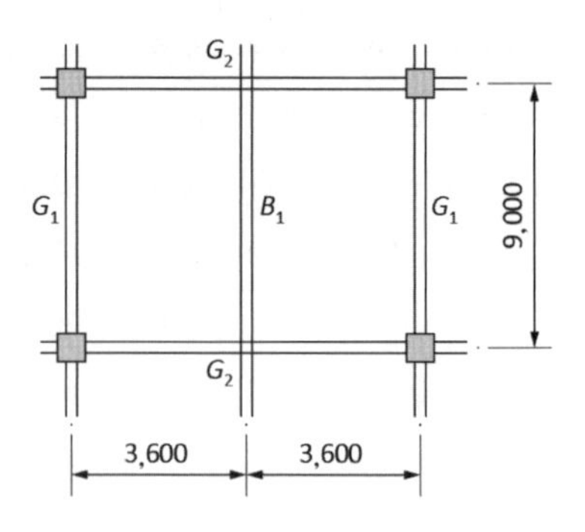

4. 앞 문제 3의 그림에서 중앙에 있는 보 B_1이 없을 때 슬래브를 설계하라.
5. 그림과 같은 보가 없는 2방향 슬래브를 설계하라. 그리고 슬래브 두께가 200 mm로 제한될 때에 대해서도 설계하라.

   $f_{ck} = 30$ MPa, $f_y = 400$ MPa

   $w_D =$ 자중 $+ 1.0$ kN/m²

   $w_L = 2.5$ kN/m²

   기둥 크기 : 500×500 mm²

   층고 : $h = 3.5$ m

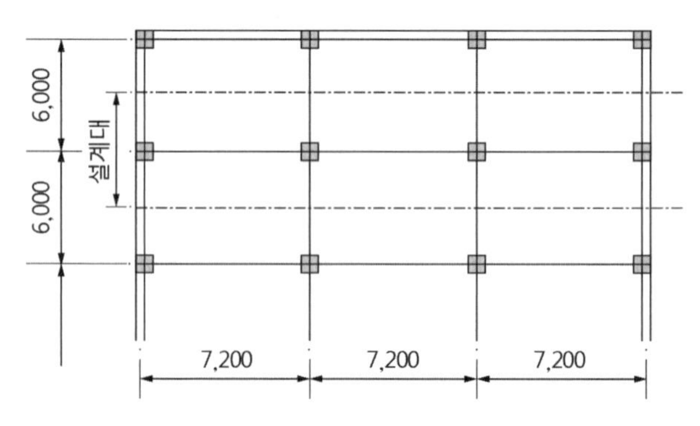

제7장

벽체 부재 설계

철근콘크리트 벽체는 다양한 용도로 사용된다. 아래 첫 번째 그림에 보인 바와 같은 전단벽체는 고층 건물에서 풍하중이나 지진하중 등 횡력에 의한 전단력을 주로 저항할 수 있도록 배치한다. 반면 두 번째 그림에 보인 건물의 지하 외벽은 지하수와 흙에 의한 휨모멘트를 주로 받는 벽체이다. 그리고 세 번째 그림의 옹벽은 대부분 독립된 구조물로서 구조물 자체의 안정성 확보가 필요하고 단면은 휨모멘트를 주로 받으므로 이에 대해서 설계하여야 한다.

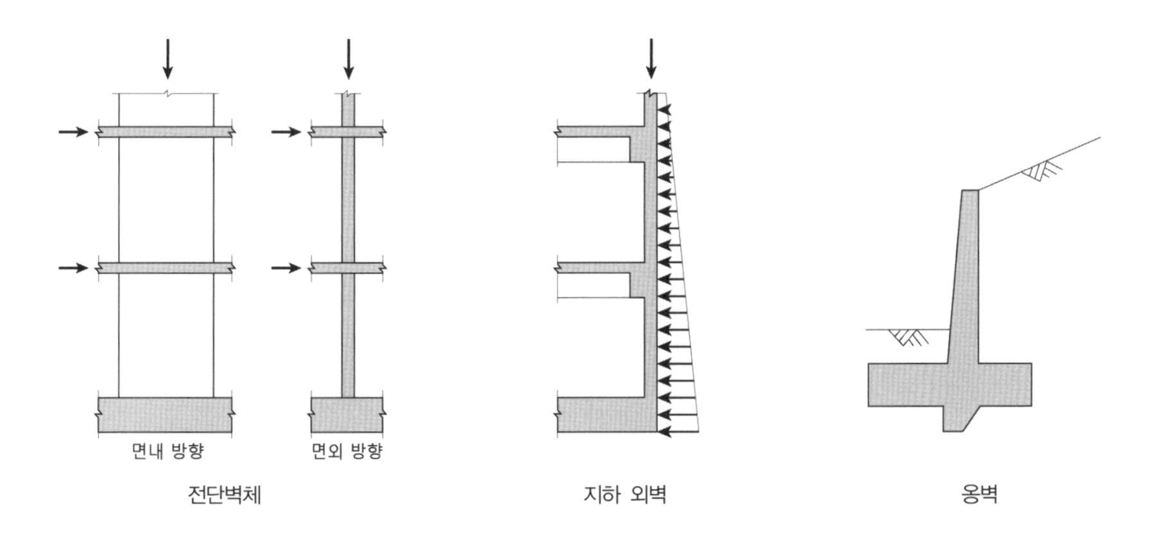

제7장 벽체 부재 설계

7.1 개요

7.1.1 벽체 부재의 분류

벽체는 수직 부재로서 일반적으로 두 방향의 길이인 폭과 높이에 비하여 다른 한 방향의 길이인 두께가 상대적으로 작은 판 부재를 말한다. 이러한 형태의 부재는 슬래브도 있지만 슬래브는 수평 부재인데 반하여 벽체는 수직 부재이다. 벽체는 기능적 역할로 공간을 구획하고 구조적 역할로는 작용하는 힘에 저항하는 구조 부재로서, 구조물에서 다양한 형태로 그리고 다양한 목적으로 사용되고 있다.

먼저 자중 외에 외부의 다른 하중을 저항하지 않고 공간을 구획하는 기능적 역할만 하는 벽체를 비내력벽(non-bearing wall)이라고 하고, 외부의 하중을 저항하는 벽체를 내력벽(bearing wall)이라고 한다.

비내력벽
(non-bearing wall)과
내력벽(bearing wall)

내력벽 중에서는 그림 [7.1]에서 보듯이 고층 건물에서 지진하중이나 풍하중 등에 저항하는 역할을 하는 전단벽체, 지하층의 최외측에 지하수압이나 토압 등을 저항하는 지하 외벽, 그리고 경사진 절토면을 지탱하는 역할을 하는 옹벽 등이 있다. 이 중에서 전단벽체와 지하 외벽은 주로 건축 구조물의 일부로서 설치되는 구조 부재이나, 옹벽은 독립된 하나의 구조물로서 설치되는 경우가 일반적이다. 옹벽은 안정성을 확보하기 위하여 활동(sliding)이나 전도에 대한 저항 능력을 향상시킬 목적으로 그림 [7.2](a)에 보이는 것과 같은 활동 방지벽을 설치하기도 하고 벽체에 그림 [7.2](b)에 보인 바와 같은 부벽을 설치하기도 한다.

전단벽체, 지하 외벽과 옹벽

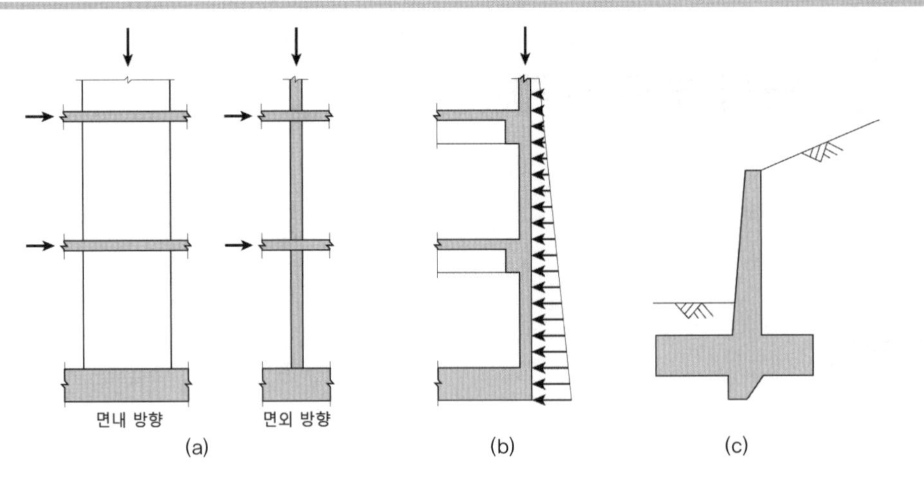

그림 [7.1]
내력벽체의 종류: (a) 전단벽체; (b) 지하 외벽; (c) 옹벽

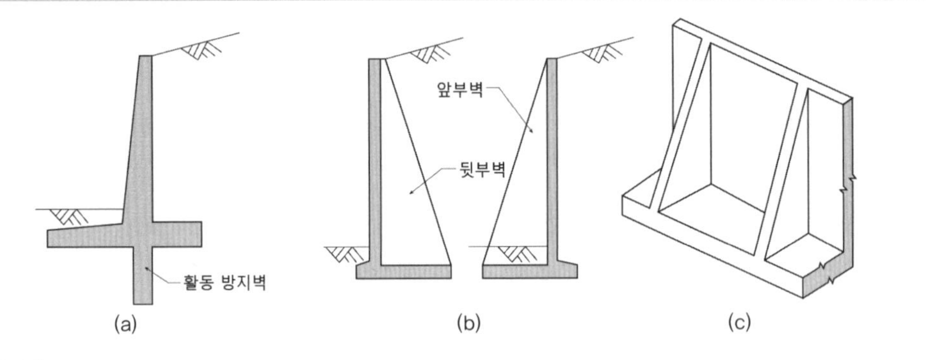

그림 [7.2]
옹벽의 활동 방지벽과 부벽: (a) 활동 방지벽; (b) 부벽; (c) 부벽이 있는 옹벽

7.1.2 벽체 부재에 작용하는 단면력

면내(in-plane)와 면외(out of plane) 방향
벽체의 길이 방향을 면내 방향이라 하고, 이 방향으로 작용하는 단면력을 면내 단면력이라고 한다. 반면 두께 방향을 면외 방향이라 한다.

벽체에 작용하는 단면력은 벽체의 종류에 따라 크게 다르다.

전단벽체는 작용하는 주요 단면력이 두께 방향인 면외 방향으로 작용하느냐, 아니면 두께 방향과 직교 방향인 면내 방향으로 작용하느냐에 따라 역학적으로 큰 차이가 있다. 주로 고층 건물에 있는 전단벽체는 풍하중과 지진하중 등과 같은 횡하중에 대하여 면내 방향의 전단력에 저항하는 구조 부재이다. 따라서 이러한 벽체를 전단벽체라고 일컫는다. 그러나 이러한 벽체에 면내 방향으로나 면외 방향으로 전단력뿐만 아니라, 축력과 휨모멘트도 작용하므로 이를 모두 고려하여 설계하여야 한다.

지하 외벽은 주로 횡방향으로 작용하는 지하수압과 토압에 저항하는 벽체로서 휨모멘트가 단면력으로 작용한다. 일부 지하 외벽은 상부로부터 작은 양이지만 축력도 작용하기도 하나 휨모멘트가 주요 단면력이다. 따라서 설계도 슬래브와 유사하다. 다만 지하 외벽에 작용하는 외력은 지하수압과 토압이므로 지하 깊이에 따라 변하여 그림 [7.1](b)에 보인 바와 같은 부등분포하중이 작용한다는 차이점이 있다.

반면, 옹벽은 주로 휨모멘트를 받는 구조물로서, 지하 외벽과 비슷한 단면력, 즉 휨모멘트와 전단력이 작용한다. 그리고 옹벽은 대부분 독립된 구조물이므로, 토압에 의한 옹벽 자체의 전도와 활동에 대한 안정성을 검토하여야 한다. 이 장에서는 비내력벽은 제외하고 내력벽의 설계에 대해서만 다룬다.

7.2 설계 순서 및 해당 설계기준 항목

7.2.1 설계 순서

벽체의 설계 순서는 벽체의 종류에 따라 다르다. 각 벽체의 구체적 설계 순서와 방법은 7.3절에서 다루고, 이 절에서는 간단히 설명한다.

전단벽체는 대부분의 면내 수평전단력을 저항하도록 배치하는 구조 부재이므로 수직 방향의 축력은 크게 작용하지 않는다. 그러나 만약 계수축력이 $0.4A_gf_{ck}$를 초과할 정도로 크게 작용하는 경우에는 기둥 설계와 동일하게 하고, 면내 수평전단력에 대해서만 이 장의 7.3.1절에서 설명하는 방법에 따른다. 그러나 $0.4A_gf_{ck}$ 이하이면 면외 방향의 축력의 편심량에 따라 나누어진다. 벽체 전체 단면이 압축응력이 작용할 정도로 편심량이 벽체 중심에서 면외 방향으로 벽체 두께의 1/6 이하이면 식 (7.1)에 의하고, 그렇지 않으면 기둥 단면의 설계 방법에 따라 설계한다. 그러나 면내 방향에 대한 휨모멘트와 축력에 대해서는 기둥 설계와 유사하게 $P-M$ 상관도를 이용하고 전단력에 대해서는 7.3.1절에 따른다.

72 4.1(1)

지하 외벽은 구조물의 일부로서 외부의 토압과 지하수압에 저항하는 휨부재이므로 슬래브 설계 방법에 따른다.

한편, 옹벽은 대개 독립된 구조물인 경우가 많으므로 횡방향 토압과 수압에 대한 구조물의 안정성, 즉 활동과 전도에 대한 검토가 선행되어야 한다. 이때는 기초판을 설계할 때 지반에 대한 검토와 같이 허용응력설계법과 같은 개념으로 한다. 일단 구조물 안정성을 검토한 후에는 계수하중에 의한 옹벽의 각 부분에 대한 계수단면력을 계산하여 그에 따라 설계한다. 이 옹벽의 경우에도 구조물에 발생하는 단면력은 슬래브와 비슷하게 휨모멘트와 전단력이므로 슬래브 설계와 유사하다.

7.2.2 해당 설계기준 항목

각 벽체별 우리나라 설계기준[1)]의 규정은 다음 표 〈7.1〉에 요약되어 있

표 〈7.1〉 벽체 부재 설계에 대한 설계기준의 해당 항목

벽체의 종류	규정 내용	규정 항목 번호
전단벽체	1. 적용범위, 설계 일반	**72** 1.1, 1.2
	2. 면외 방향 설계	
	− 휨모멘트와 축력에 대한 설계	**72** 4.3.2, 4.3.3
	− 전단력 설계	**22** 4.1, 4.2, 4.3
	3. 면내 방향 설계	
	− 휨모멘트와 축력에 대한 설계	**20** 4.1
	− 전단력 설계	**22** 4.9
	4. 철근상세	**72** 4.2
지하 외벽	1. 휨모멘트에 대한 설계	**20** 4.1, 4.2, 4.3
	2. 전단력에 대한 설계	**22** 4.1, 4.2, 4.3
	3. 철근상세	**20** 4.3.2, **50** 4.6
	4. 사용성 검토(균열폭)	**20** 4.2.3(4), **30** 부록
옹벽	1. 적용범위 및 설계 일반	**74** 1.2, 4.1.1.1
	2. 안정성 검토	**74** 4.1.1.2
	3. 구조해석	**74** 4.1.2
	4. 철근량 계산	
	− 휨모멘트	**20** 4.1, 4.2
	− 전단력	**22** 4.1, 4.2
	5. 구조상세	**74** 4.1.3
	6. 사용성 검토(균열폭)	**20** 4.2.3(4), **30** 부록

다. 전단벽체는 콘크리트구조 설계기준(KDS 14 20)의 20과 22에 주로 규정되어 있고, 옹벽은 KDS 14 20 74에 규정되어 있다.

7.3 단면 설계

7.3.1 전단벽체 단면 설계

전단벽체는 기둥과 같이 부재 축 방향으로 축력과 휨모멘트를 받고 횡방향으로 전단력을 받는 부재이다. 따라서 그 설계 방법은 기둥과 유사하며 그 설계 과정은 그림 [7.3]에 나타낸 바와 같다.

우리나라 설계기준에서는 벽체는 계수연직축력이 $0.4A_gf_{ck}$ 이하이고 총 수직철근량이 단면적의 0.01배 이하인 부재를 가리키며, 이외의 부재는 압축 부재인 기둥의 설계 및 배근 규정을 따라야 하는 것으로 규정하고 있다. 일반적으로 전단벽체는 축력보다는 전단력에 저항하도록 배치한 구조 부재이므로 기둥과 같이 벽체가 큰 축력을 받을 경우에는 기둥과 같이 설계하도록 규정하고 있는 것이다. 여기서는 이와 같은 큰 축력을 받지 않는 전단벽체에 휨모멘트와 전단력을 받는 경우의 설계에 대하여 설명한다.

72 4.1(1)

축력과 휨모멘트에 대한 설계

모든 벽체는 기둥을 설계하는 방법을 따를 수 있으나, 7.4절의 구조상세와 철근상세를 따르고 계수축력이 $0.4A_gf_{ck}$ 이하이며, 편심이 벽체 두께의 1/6 이내로서 벽체에 인장응력이 발생하지 않고 모든 단면에 압축응력이 작용할 경우에는 다음 식 (7.1)과 같이 간단히 설계축강도를 구할 수 있다.[2)]

72 4.3.2(1)

$$\phi P_{nw} = 0.55\phi f_{ck}A_g\left[1-\left(\frac{kl_c}{32h}\right)^2\right] \tag{7.1}$$

여기서, $\phi = 0.65$이고, k는 유효길이계수로서 비횡구속 벽체인 경우

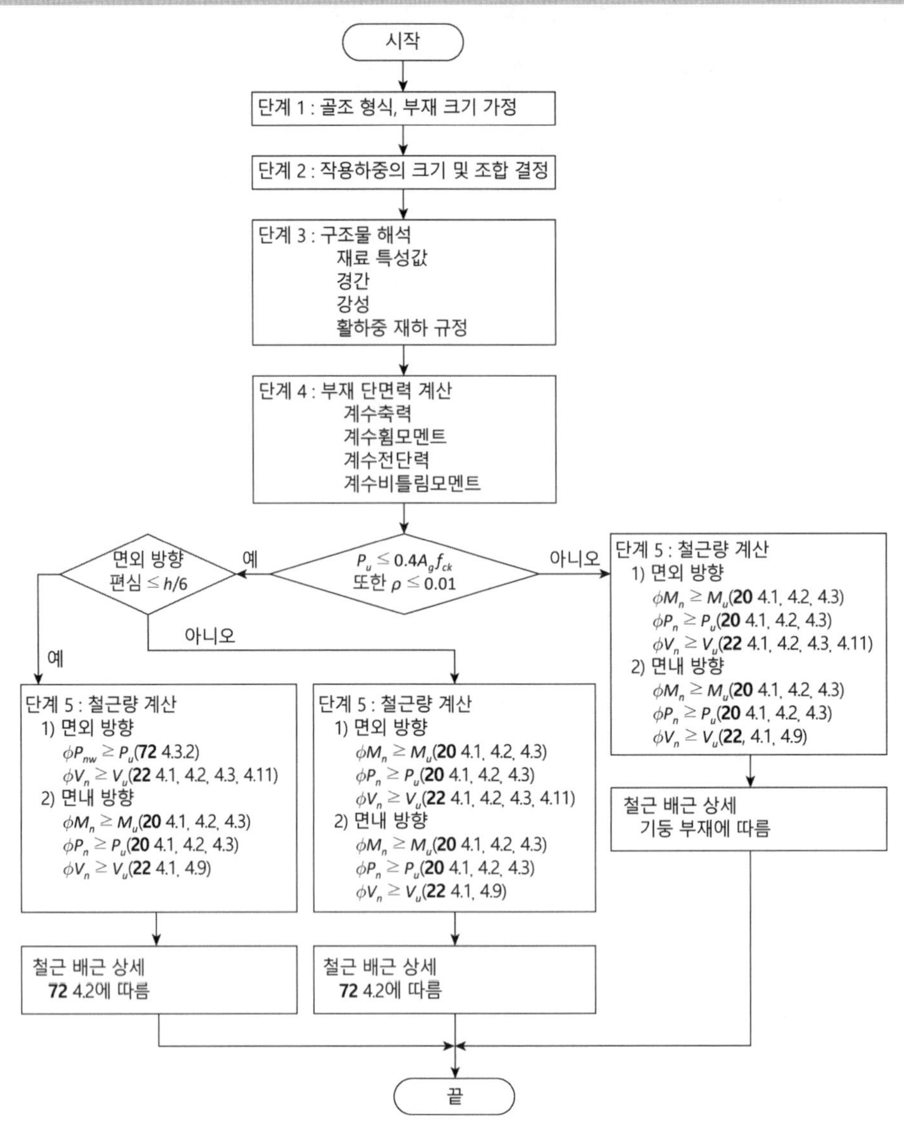

그림 [7.3]
전단벽체의 설계 흐름도

$k = 2.0$, 횡구속 벽체로서 상하 양단 중에서 한 곳이라도 구속된 경우 $k = 0.8$, 양쪽 모두 구속되지 않은 경우에는 $k = 1.0$이다.[3]

식 (7.1)에 의해 벽체를 설계할 때는 벽체의 두께는 수직 또는 수평 받침점 사이의 거리 중에서 작은 값의 1/25 이상이어야 하고 또한 100 mm 이상이어야 한다.

그리고 프리캐스트콘크리트 벽과 같은 세장한 벽체에 계수축력에 의한 콘크리트의 수직응력 P_u/A_g가 $0.06f_{ck}$ 이하인 경우에는 다음과 같이 설계할 수 있다.[4), 5)]

72 4.3.2(3)

72 4.3.3

$$\phi M_n \geq M_u (\geq M_{cr}) \tag{7.2(a)}$$

$$M_u = M_{ua} + P_u \Delta_u \tag{7.2(b)}$$

여기서 M_{ua}는 계수횡하중과 편심수직하중에 의한 벽체 중앙 높이에서 최대 계수휨모멘트로서 $P-\Delta$ 효과를 고려하지 않은 값이며, Δ_u는 다음 식 (7.3)에 의해 구해지는 값이다.

$$\Delta_u = \frac{5M_u {l_c}^2}{0.75 \times 48 E_c I_{cr}} \tag{7.3}$$

이때 M_u는 처짐 Δ_u의 함수이기 때문에 반복하여 Δ_u를 구할 수 있는데 다음 식 (7.4)에 의해 반복하지 않고 구할 수도 있다.

$$M_u = \frac{M_{ua}}{1 - \dfrac{5P_u {l_c}^2}{0.75 \times 48 E_c I_{cr}}} \tag{7.4(a)}$$

$$I_{cr} = \frac{E_s}{E_c}\left(A_s + \frac{P_u}{f_y}\frac{h}{2d}\right)(d-c)^2 + \frac{l_w c^3}{3} \tag{7.4(b)}$$

여기서 l_c는 벽체의 높이, h는 벽체의 두께, d는 유효두께, c는 압축측 연단에서 중립축까지 거리, l_w는 벽체의 폭으로서 단위는 mm이다.

그리고 전단벽체가 세장한 경우 면외 방향의 변위를 제한하도록 설계기준에서는 규정하고 있다. 계수하중이 아닌 사용하중을 받을 때 벽체 중앙 높이에서 면외 방향의 최대 처짐 Δ_s가 $l_c/150$를 초과하지 않아야 한다. $P-\Delta$ 효과를 고려한 벽체 중앙 높이에서 최대 휨모멘트 M_a가 $(2/3)M_{cr}$을 초과하면 Δ_s는 다음 식 (7.5)(a)에 의해 구하고, 그 이하이면

72 4.3.3(4)

식 (7.5)(b)에 의해 구한다.

$$\Delta_s = \frac{2\Delta_{cr}}{3} + \frac{(M_a - (2/3)M_{cr})}{(M_n - (2/3)M_{cr})}\left(\Delta_n - \frac{2\Delta_{cr}}{3}\right) \tag{7.5)(a}$$

$$\Delta_s = \left(\frac{M_a}{M_{cr}}\right)\Delta_{cr} \tag{7.5)(b}$$

여기서, Δ_{cr}과 Δ_n은 다음 식 (7.6)과 같다.

$$\Delta_{cr} = \frac{5M_{cr}l_c^{\ 2}}{48E_cI_g} \tag{7.6)(a}$$

$$\Delta_n = \frac{5M_nl_c^{\ 2}}{48E_cI_{cr}} \tag{7.6)(b}$$

여기서, I_{cr}은 식 (7.4)(b)에 의해 구하고, $P-\Delta$ 효과를 고려한 M_a는 Δ_s를 구하여 반복하여 계산한다.

면내 전단력에 대한 설계

전단벽체의 가장 중요한 역할인 면내 수평전단력에 대한 설계에 대하여 기술한다. 다만 벽체의 높이가 벽체 폭의 2배 이하인 경우에는 스트럿-타이 모델에 의해 설계할 수도 있고, 여기서 설명하는 방법을 따를 수도 있다.

22 4.9.1(1)

벽체의 면내 전단에 대한 설계의 기본은 다른 부재와 동일하나, 콘크리트와 철근에 의한 전단강도를 계산하는 수식이 서로 다르다. 즉, 벽체의 면내 전단에 대한 검토는 식 (7.7)과 같다.

22 4.9.2

$$V_u \le \phi(V_c + V_s) \le \phi\left(\frac{5\lambda\sqrt{f_{ck}}}{6}hd\right) \tag{7.7}$$

여기서, λ는 경량콘크리트계수, h는 벽체 두께, d는 벽체의 유효폭으로서 변형률 적합조건으로 구하지 않는 경우 $d=0.8l_w$로 취할 수 있다.

즉, 식 (7.7)에 의하면 벽체의 면내 설계전단강도는 $\phi\left(5\lambda\sqrt{f_{ck}}/6\right)hd$를 초과하지 못하며 면내 계수전단력 V_u가 이 값보다 크면 벽체의 단면을 키워야 한다. 그리고 V_c와 V_s는 각각 다음에 따라 구한다.

22 4.9.2(3)

먼저 콘크리트에 대한 면내 전단강도 V_c는 근사적으로는 간단하게 다음 식 (7.8)로 구할 수 있다. 이때 식 (7.8)(a)는 인장력을 고려하지 않을 때 사용하고, 식 (7.8)(b)는 인장력을 고려하고자 할 때 사용한다.

$$V_c=\frac{\lambda\sqrt{f_{ck}}}{6}hd \tag{7.8)(a}$$

$$V_c=\frac{\lambda\sqrt{f_{ck}}}{6}\left(1+\frac{N_u}{3.5A_g}\right)hd \tag{7.8)(b}$$

여기서, N_u는 인장력일 때 음이고 N_u/A_g의 단위는 MPa이다.

그러나 보다 더 엄밀하게 구하고자 할 때는 다음 식 (7.9)(a)와 식 (7.9)(b) 중에서 작은 값으로 할 수 있다.

22 4.9.2(2)

$$V_c=0.28\lambda\sqrt{f_{ck}}hd+\frac{N_ud}{4l_w} \tag{7.9)(a}$$

$$V_c=\left[0.05\lambda\sqrt{f_{ck}}+\frac{l_w\left(0.10\lambda\sqrt{f_{ck}}+0.2N_u/(l_wh)\right)}{M_u/V_u-l_w/2}\right]hd \tag{7.9)(b}$$

여기서, N_u는 인장력일 때 음이고, $M_u/V_u-l_w/2$의 값이 음일 때는 식 (7.9)(b)는 적용할 수 없다.

그리고 수평 전단철근에 의한 면내 전단강도 V_s는 다음 식 (7.10)에 의해 구할 수 있다.

22 4.9.2(5)

$$V_s=\frac{A_{vh}f_yd}{s_h} \tag{7.10}$$

여기서, A_{vh}는 s_h 내에 있는 수평 전단철근의 단면적이고, s_h는 수평 전단철근의 간격이다.

7.3.2 지하 외벽 단면 설계

지하 외벽은 건물의 지하층의 가장자리에 설치되는 수직 부재로서 주로 횡방향의 토압과 지하수압을 받는다. 따라서 이 부재는 주로 휨모멘트를 받는 부재로서 슬래브와 유사하다. 다만 차이점은 슬래브는 수평 부재로서 수직 방향의 하중을 지탱하는 것에 반하여 지하 외벽은 수직 부재로서 수평 방향의 하중을 지탱한다는 것이다. 또 슬래브는 등분포하중과 집중하중 등을 받는 데 반하여, 지하 외벽은 토압과 지하수압이 깊이에 따라 차이가 나므로 부등분포하중을 받는 부재이다.

지하 외벽은 그림 [7.4]에 보이듯이 지지하는 형식에 따라 1방향으로, 또는 2방향으로 지지된다. 그림 [7.4](a)의 지하 외벽은 수직 방향으로 기둥에 의해 지지되고 수평 방향으로는 지하층 슬래브와 테두리보에 의해 지지되는 경우로서 2방향으로 거동한다. 물론 이 경우라도 지하 외벽의 순 경간비가 2를 초과하는 경우 슬래브에서 정의한 것과 같이 1방향으로 거동하는 것으로 볼 수 있다. 그러나 그림 [7.4](b)와 같이 수직 방향으로

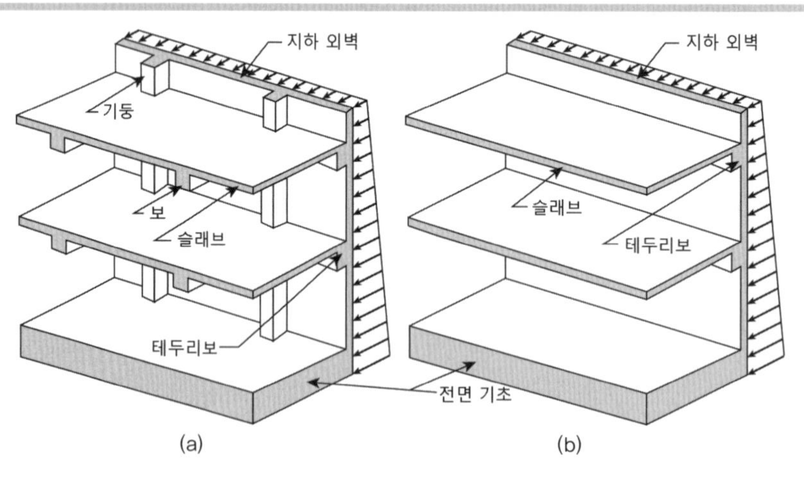

그림 [7.4]
지하 외벽의 구조 형식: (a) 2방향 지하 외벽; (b) 1방향 지하 외벽

기둥이 없고 수평 방향으로만 지하 슬래브 또는 테두리보에 의해 지지되는 경우는 1방향으로 거동한다.

따라서 지하 외벽에 작용하는 단면력은 휨모멘트와 전단력으로서 슬래브 설계와 동일하게 한다. 다만 이때 토압과 지하수압은 지속하중으로서 장기 변형을 유발하고, 지하 외벽은 수직 부재로서 어느 정도 축력도 작용하므로 압축철근도 일부 배치하는 것이 바람직하다. 이러한 점은 지하층의 슬래브는 그림 [7.4]에서 볼 수 있듯이 일반적인 지상층의 슬래브와 같이 슬래브 위에 작용하는 수직하중도 받지만 추가적으로 지하수압과 토압에 의한 수평하중도 받는 것과 같다. 다시 말하여 지하층의 슬래브와 보는 축력과 휨모멘트를 동시에 받는 벽체 또는 기둥과 같은 단면력을 받으므로 그에 따라서 설계하여야 한다. 특히 그림 [7.4](b)에서 보는 바와 같이 수평 방향의 보가 없이 슬래브만 있는 경우 수압과 토압에 의한 모든 수평 방향의 하중이 슬래브에 축력으로 작용하므로 이에 대한 고려가 매우 중요하다. 또한 토압과 어느 정도의 지하 수압은 지속하중으로서 작용하여 지하 슬래브의 장기변형을 크게 일으키므로 이에 대한 검토가 필요하며, 적절한 압축철근을 배치하는 것이 바람직하다.[6)]

7.3.3 옹벽 단면 설계

그림 [7.1](c)와 그림 [7.2]에서 보듯이 옹벽은 횡토압을 저항하는 벽체와 또 이를 지지하기 위한 기초판으로 구성되어 있는 구조물이다. 따라서 횡토압을 받는 벽체는 부벽이 없는 경우에는 캔틸레브 슬래브로, 부벽이 있는 경우에는 2변 또는 3변이 지지되는 슬래브로 설계한다. 그리고 기초판은 일반적인 기초판 설계에 따라 설계한다.

옹벽은 일반적으로 독립적인 구조물로서 횡토압에 의한 활동(sliding)에 저항할 수 있는 안정 구조물이어야 한다. 따라서 옹벽의 설계 과정은 그림 [7.5]에서 보이듯이 먼저 구조물 전체의 안정에 대하여 검토한 후에 벽체와 기초판을 설계한다. 만약 안정성을 확보하지 못하면 활동방지벽을 설치하거나 벽체 및 기초판의 크기를 조정하여 안정성을 확보하도록 하여야 한다. 그리고 기초 설계와 마찬가지로 옹벽 설계에 있어서도 구조물의 안정성과 기초판의 지내력 등은 사용하중을 사용하여 허용응력설계법

그림 [7.5]
옹벽의 설계 흐름도

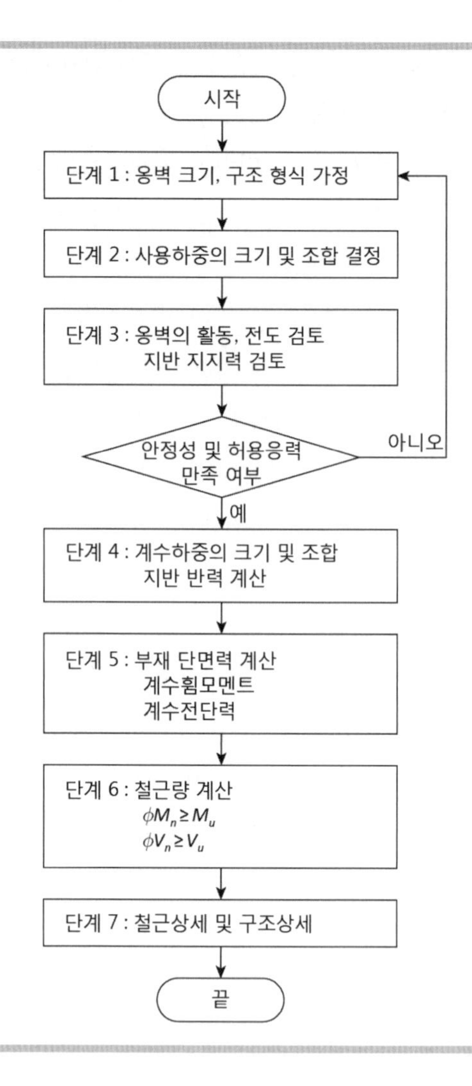

개념으로 검토하고, 벽체와 기초판은 철근콘크리트 구조물이므로 강도설계법으로 설계한다. 이 경우에도 하중조합은 가장 불리한 경우를 설계자가 파악하여 적용하여야 한다.

토압 산정

흙은 고체이지만 입자로 되어 있어 쌓으면 자연스럽게 경사를 이룬다. 이때 쌓이는 면은 입자간의 마찰로 인하여 경사를 이루게 되는 것이다. 따라서 옹벽을 수직으로 설치하지 않고 이 각도에 따라 설치하면 옹벽에는 토압이 작용하지 않는다. 그러나 그림 [7.6](a)와 같이 옹벽을 수직으로 세워 설치하면 채워진 흙에 의해 옹벽에는 토압이 작용하게 된다.

정지되어 있는 상태의 흙의 경우 수직 방향의 작용하는 응력, $f_{s,v}$에 대하여 수평 방향으로 발생되는 응력, $f_{s,h}$의 비를 정지토압계수(coefficient of earth pressure at rest), K_0라고 하며, 다음 식 (7.11)과 같이 정의된다.

정지토압계수(coefficient of earth pressure at rest)

$$K_0 = \frac{f_{s,h}}{f_{s,v}} \tag{7.11}$$

여기서, K_0는 건조된 상태의 흙에 대한 정지토압계수로서 다음 식 (7.12)와 같은 실험식이 제시되고 있다.[7), 8), 9)]

$$K_0 = 1 - \sin\phi \tag{7.12}$$

여기서 ϕ는 건조된 흙의 마찰각(drained friction angle)이다.

그러나 일반적으로 옹벽 뒤에 채우는 흙은 다짐도 하고, 젖은 흙을 사용하기도 하므로 식 (7.12)에 의해 구한 정지마찰계수 값은 과소평가되는 것으로 알려져 있다. 따라서 설계자는 다짐 정도와 흙의 종류 등을 고려하여 적절한 값을 토질역학에 근거하여 사용하여야 한다. 표 〈7.2〉에 널리 사용되고 있는 흙의 단위 중량, 마찰각이 주어져 있는데 이는 간극수 등의 영향은 고려하지 않는 값이다. 표에는 기초판 밑면에 따른 활동 저항성을

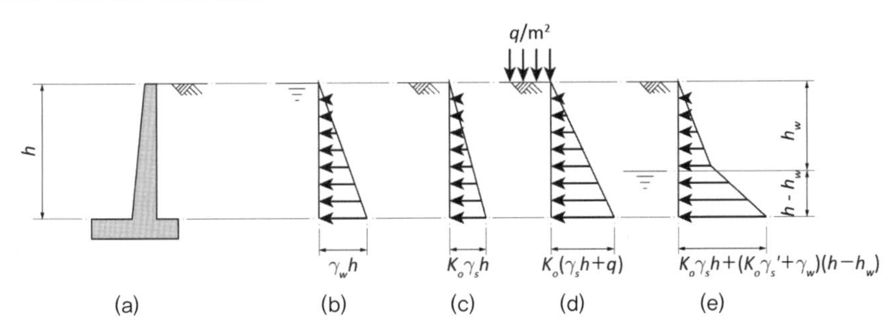

그림 [7.6]
옹벽에 작용하는 수평하중: (a) 옹벽; (b) 수압; (c) 토압; (d) 상재하중이 있는 경우; (e) 지하 수위를 고려하는 경우

표 〈7.2〉 건조 상태 흙의 단위중량, 마찰각, 콘크리트와 마찰계수

흙의 종류	단위중량 (kN/m^3)	마찰각 ϕ(도)	마찰계수
투수성이 좋은 모래 또는 자갈	17~19	33~49	0.5~0.6
투수성이 좋지 않은 모래 또는 자갈	19~20	25~35	0.4~0.5
실트질 모래, 양질의 점토를 포함한 모래 또는 자갈	17~19	23~30	0.3~0.4
다짐된 점토	16~19	25~35*	0.2~0.4
실트 또는 느슨한 점토	14~16	20~25*	0.2~0.3

* 포화 상태의 경우 마찰각은 0에 가깝다.

검토할 때 필요한 콘크리트 면과 흙 사이의 마찰계수 값도 주어져 있다.

흙의 마찰각 값이 결정되면 식 (7.12)에 의해 정지토압계수를 구할 수 있고, 또한 깊이 h에 따른 수직력 $f_{s,v}$를 구한 후 식 (7.11)에 의해 수평방향력 $f_{s,h}$를 구할 수 있다. 그림 [7.6](b)와 같이 물을 지탱하는 옹벽은 물의 마찰각이 0이므로 아래 식 (7.13)(a)에 의해, 흙이 작용하는 경우 (7.13)(b)에 의해, 또 그림 [7.6](d)와 같이 단위 면적당 상재하중 q가 작용하는 경우 식 (7.13)(c)에 의해, 지하수위가 h_w인 경우 식 (7.13)(d)에 의해 각각 수평력 $f_{s,h}$를 구할 수 있다.

$$f_{s,h} = \gamma_w h \tag{7.13)(a}$$

$$f_{s,h} = K_0 \gamma_s h \tag{7.13)(b}$$

$$f_{s,h} = K_0 (\gamma_s h + q) \tag{7.13)(c}$$

$$\begin{aligned} f_{s,h} &= K_0 [\gamma_s h + \gamma'_s (h - h_w)] + \gamma_w (h - h_w) \\ &= K_0 \gamma_s h + (K_0 \gamma'_s + \gamma_w)(h - h_w) \end{aligned} \tag{7.13)(d}$$

여기서 γ_w는 물의 비중으로서 10 kN/m^3, γ_s는 흙의 비중, $\gamma'_s = \gamma_{sat} - \gamma_w$로서 포화된 흙의 비중에서 물의 비중을 감한 값이며 h_w는 지하수위이다.

한편 옹벽 자체가 변위를 일으킬 때는 정지되어 있을 때의 압력보다 크게 토압이 옹벽에 작용한다. 예로서 그림 [7.7]에서 보이는 옹벽에서 a점은 움직이지 않고 b점이 바깥쪽으로 움직이면 파괴 선은 $\overline{ac}$가 되고,

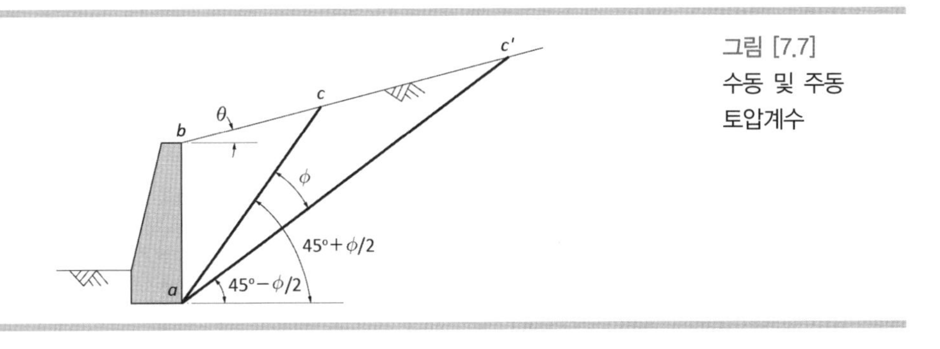

그림 [7.7]
수동 및 주동 토압계수

반대로 a점이 밀려 뒤채움 흙 쪽으로 밀리면 파괴 선은 $\overline{ac'}$가 되어 더 큰 압력이 옹벽에 작용한다. 이때 파괴 선 $\overline{ac}$에 따라 파괴될 때 걸리는 토압을 주동토압(active earth pressure)이라고 하고 그 때의 토압계수를 주동토압계수라고 한다. 반면 $\overline{ac'}$의 파괴 선으로 일어날 때의 토압을 수동토압(passive earth pressure)이라고 하고 그에 대한 토압계수를 수동토압계수라고 한다.

주동토압과 수동토압

안정성 검토

옹벽이 안정하려면 첫째, 기초판 밑면을 따라 수평 방향으로 이동, 즉 활동이 일어나지 않아야 하고, 둘째 옹벽 전체가 전도에 대하여 파괴가 일어나지 않아야 하며, 셋째 기초판 하부의 지반반력이 허용지내력보다 작아야 한다.

설계기준에서는 활동에 대하여 안전율을 1.5 이상 확보하도록 아래 식 (7.14)와 같이 규정하고 있다.

74 4.1.1.2(1)

$$\frac{H_r}{H_h} \geq 1.5 \tag{7.14(a)}$$

$$H_r = (H_v + W)\tan\phi_b \tag{7.14(b)}$$

여기서, H_r은 활동에 대한 저항력이고, W는 그림 [7.8]에 나타낸 바와 같이 옹벽자중과 기초판 상부 흙의 자중의 합이다. 그리고 이때 ϕ_b는 기초판 밑면과 지반 사이의 마찰각으로서 지반이 흙인 경우 흙의 마찰각, ϕ의

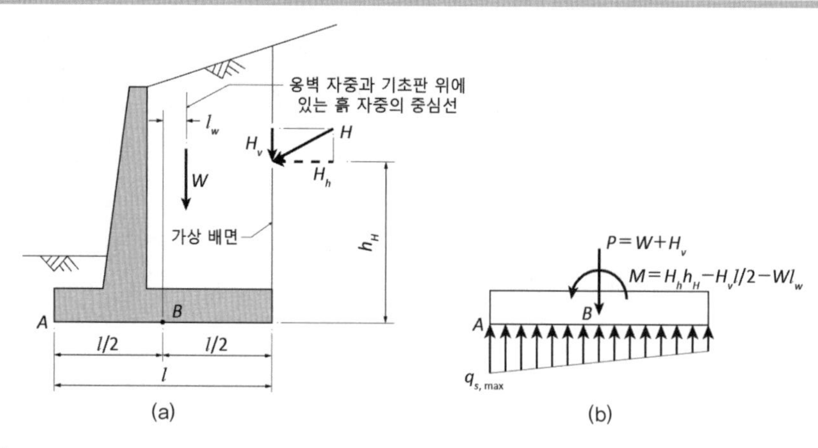

그림 [7.8]
옹벽의 안정성과 안전성 검토: (a) 옹벽에 작용하는 하중; (b) 지내력

2/3로 취하고, 지반이 암반일 때의 마찰계수는 $\tan(2\phi/3)$와 0.6 중 작은 값을 취하며, 대표적인 값은 표 〈7.2〉에 나타나 있다. 그리고 H_h는 옹벽 뒤 토압의 수평분력이고 H_v는 수직 분력이다.

74 4.1.1.2(3)

전도모멘트에 대한 검토는 그림 [7.8](a)에서 기초판 단부 A를 중심으로 한 모멘트에 대하여 안전율이 2 이상 확보하도록 규정하고 있다. 즉, 다음 식 (7.15)를 만족하여야 한다.

$$\frac{W(0.5\ell + l_w)}{H_h h_H - H_v l} \geq 2.0 \tag{7.15}$$

여기서, H_v는 흙 중량의 수직 성분, H_h는 흙 중량의 수평 성분이고 l_w, l, h_H는 각 힘의 작용점과 회전축인 A점 사이의 거리이다.

74 4.1.1.2(4), (5)

그리고 지내력 검토는 그림 [7.8](b)에서 보듯이 기초판 밑면 중심에서 모든 힘의 합력 P와 M에 대하여 반력 q_s를 구하여, q_s의 최대 값이 허용지내력 q_a 이하이어야 한다.

옹벽의 단면 설계

옹벽도 단면력은 주로 휨모멘트와 전단력이므로 단면 설계는 슬래브 또는 지하 외벽 설계와 유사하다. 즉, 옹벽의 안정성에 대한 검토를 한 후에 옹벽의 기초판과 벽체를 설계하며, 이때는 계수하중의 조합에 의한 토압과 지반 반력을 구하여 계수단면력을 구한다. 이때 기초판의 구조상세 및 철근상세는 일반적인 기초판에 따르고, 벽체의 경우 두께는 200 mm 이상으로 하여야 한다.

72 4.3.2(3)

7.4 구조상세 및 배근상세

7.4.1 구조상세

벽체 구조물의 구조상세에 대한 규정은 주로 두께에 관한 사항으로서 전단벽체는 두께가 최소한 100 mm 이상이어야 하고 또한 수직 및 수평 받침점까지 거리 중에서 작은 값의 1/25 이상이어야 한다. 비내력벽인 경우에는 100 mm 이상이고, 또한 1/30 이상이어야 한다. 반면 실용설계법을 사용할 경우에 지하실 외벽 및 옹벽 등 기초 벽체의 두께는 200 mm 이상이어야 한다.

72 4.3.2(3)

옹벽의 경우 콘크리트의 수화열, 온도변화, 건조수축 등 부피변화에 대한 별도의 구조해석을 하지 않는 경우 신축이음을 설치하는 것이 바람직하고, 구조해석을 수행한 경우에는 신축이음을 생략하고 구조해석 결과에 따라 수평철근을 배치할 수도 있다.[10] 그리고 옹벽의 활동에 대한 저항능력을 개선하기 위하여 활동방지벽을 설치할 수 있으며, 이 경우 이 벽은 옹벽 저판과 일체 구조물로 하여야 한다. 또 옹벽 설계에 있어서 앞부벽 또는 뒷부벽 등 부벽을 설치할 수도 있다. 한편 옹벽의 최소 두께는 피복 두께 등을 고려할 때 300 mm 이상으로 하는 것이 바람직하다.

74 4.1.3(3)

74 4.1.3(2)

7.4.2 철근상세

벽체의 철근상세도 벽체의 종류, 즉 전단벽체, 지하 외벽, 옹벽 등에 따라 차이가 난다.

벽체의 두께가 250 mm 이상인 전단벽체는 수직철근과 수평철근을 철

72 4.2(4)

근량의 1/2 이상, 그리고 2/3 이하는 외측 면부터 50 mm 이상, 벽 두께의 1/3 이내에 배치하고, 나머지는 내측 면부터 20 mm 이상, 벽 두께의 1/3 이내에 배치한다. 그러나 일반적으로 반씩 배치하고 있다.

철근 간격

72 4.2(5)

70 4.1.1.3(2)

70 4.1.5.1(2)

50 4.6.2(3)

22 4.9.3(3), (5)

모든 벽체의 철근 간격은 수평, 수직 방향으로 벽 두께의 3배 이하 또한 450 mm 이하로 하여야 한다. 그러나 우리나라 설계기준[1])에서는 명확하게 규정하고 있지 않지만 이 간격 규정은 전단벽체에 축력과 휨모멘트가 작용할 때 적용할 수 있다. 축력이 거의 작용하지 않고 휨모멘트만 작용하는 지하 외벽과 옹벽의 경우 슬래브와 유사한 거동을 하므로 슬래브의 철근 간격을 따르는 것이 합리적이다. 슬래브의 경우 휨모멘트에 의해 철근이 요구되면 철근 간격은 최소한 두께의 3배 이하 또한 450 mm 이하이어야 하고, 설계단면에서는 두께의 2배 이하 또는 300 mm 이하로 하여야 한다. 그러나 휨모멘트에 의해 요구되지 않으나 수축·온도철근을 배치하여야 하는 경우에는 두께의 5배 이하 또는 450 mm 이하로 한다. 그리고 전단벽체에서 계수축력이 $0.4A_gf_{ck}$를 초과하는 경우의 철근상세는 기둥 부재의 상세에 따라야 한다. 한편 전단벽체에서 면내 계수전단력 V_u가 $\phi V_c/2$ 이상인 경우 수평전단철근의 간격 s_h는 벽체의 폭 $l_w/5$ 이하, 벽체 두께의 3배 이하, 또한 450 mm 이하로 하여야 하나 벽체 단부에 U형 등 수평철근의 정착효과를 확보하는 경우에는 $l_w/5$ 대신에 $l_w/3$ 이하로 할 수 있다. 그리고 수직전단철근의 간격 s_v는 $l_w/3$ 이하, 벽체 두께의 3배 이하, 또한 450 mm 이하로 하여야 한다. 그러나 V_u가 $\phi V_c/2$ 미만인 경우 앞의 휨모멘트와 축력에 대한 전단벽체의 철근 간격 규정, 또는 전단력에 대한 규정 중에서 선택할 수 있다. 이를 요약하여 정리하면 다음 표 〈7.3〉과 같다.

최소 철근량

72 4.1(1)

벽체에 요구되는 최소 철근량도 표 〈7.3〉에서 보듯이 벽체의 종류와 작용하는 단면력의 크기와 종류에 따라 차이가 난다.

전단벽체에서 계수축력이 $0.4A_yf_{ck}$를 초과하면 기둥 부재에 따라 설계

표 〈7.3〉 벽체 부재의 철근 간격 및 철근량

벽체의 종류	조건		철근 간격	최소 철근량
전단 벽체	$P_u > 0.4A_g f_{ck}$		띠철근콘크리트 기둥에 따라 철근 배치	$0.01 \le \rho_v \le 0.08$ ρ_h는 기둥의 최소 띠철근량에 따라 배치
	$P_u \le 0.4A_g f_{ck}$	$V_u \le \phi V_c/2$	$h \le s_h \le$ min.$(3h,\ 450\ \mathrm{mm})$, 또는 $\le$ min.$(l_w/5,\ 3h,\ 450\ \mathrm{mm})$ (예외적으로 단부 정착을 확보한 경우 $l_w/5$ 대신에 $l_w/3$) $s_l \le$ min.$(3h,\ 450\ \mathrm{mm})$, 또는 $\le$ min.$(l_w/3,\ 3h,\ 450\ \mathrm{mm})$	D16 이하이고, $400 \le f_y \le 500$ MPa $\rho_h = 0.0020 \times 400/f_y$ $\rho_l = 0.0012$ 그 외 철근 $\rho_h = 0.0025$ $\rho_l = 0.0015$
		$V_u > \phi V_c/2$	$h \le s_h \le$ min.$(l_w/5,\ 3h,\ 450\ \mathrm{mm})$ (예외적으로 단부 정착을 확보한 경우 $l_w/5$ 대신에 $l_w/3$) $s_l \le$ min.$(l_w/3,\ 3h,\ 450\ \mathrm{mm})$	$\rho_h \ge 0.0025\ (f_y \le 400)$ $\ge 0.0025 \times 400/f_y$ $(f_y \le 500)$ $\rho_l \ge \rho_{h,\min}$ $+0.5(2.5 - h_w/l_w)$ $\times(\rho_h - \rho_{h,\min}) \le \rho_h$ $\rho_{h,\min} \ge 0.0025(f_y \le 400)$ $\ge 0.0025 \times 400/f_y$ $(f_y \le 500)$
지하 외벽 옹벽	계수휨모멘트 M_u의 설계단면		$s \le$ min.$(2h,\ 300\ \mathrm{mm})$	전단벽체와 동일
	기타 단면		$s \le$ min.$(3h,\ 450\ \mathrm{mm})$	
	수축·온도철근		$s \le$ min.$(5h,\ 450\ \mathrm{mm})$	$f_y \le 400$ MPa일 때, $\rho \ge 0.0020$ $f_y > 400$ MPa일 때, $\rho \ge 0.0020 \times 400/f_y$

하여야 하므로 철근의 양과 간격 등은 기둥 부재에 따른다. 그러나 전단 벽체에서 이러한 경우는 매우 드문 경우이고 대부분은 계수축력이 크지 않으므로 면내 계수전단응력 V_u값에 따라 표 〈7.3〉에 제시된 바와 같다. 전단철근이 필요 없어도 D16 이하 철근으로서 f_y가 400 MPa 이하인 경우 수평철근비는 0.0020 이상, 수직철근비는 0.0012 이상, 그리고 f_y값이 500 MPa까지는 비례하여 감소시키고, 그 외의 경우에는 각각 0.0025, 0.0015 이상이 요구된다. V_u값이 $\phi V_c/2$를 초과하는 경우에는 전단력에 대해 보다 효과적으로 역할을 하는 수평철근량을 0.0025 이상 배치해야

22 4.9.3(2), (4)

하고 수직철근량은 다음 식 (7.16)에 의한 값보다 많이 배치해야 하나 수평철근량보다는 많을 필요는 없다.

$$\rho_l \geq \rho_{h,\min} + 0.5(2.5 - h_w/l_w)(\rho_h - \rho_{h,\min}) \leq \rho_h \tag{7.16}$$

여기서, h_w와 l_w는 각각 벽체의 높이와 폭이고, $\rho_{h,\min}$은 $f_y \leq 400$ MPa인 경우 0.0025이며 그 이상일 때는 $0.0025 \times 400/f_y$이나 f_y값이 500 MPa 이하로 하여야 한다.

7.5 벽체 설계 예

7.5.1 전단벽체 설계 예

고층건물에서 풍하중이나 지진하중에 의한 횡방향 변위를 제어하는 것이 매우 중요하다. 이러한 변위를 줄이기 위하여 많은 구조시스템이 제안되었다. 그중에서도 가장 기본적인 것이 건물 내부에 코어 벽체에 의한 것이다. 이것은 고층건물의 경우 수직 방향으로 이동을 하기 위하여 엘리베이터가 있어야 하고, 화장실과 피난계단 등 공용시설이 필요하기 때문에 이를 위한 공간을 벽체로 구성할 수 있기 때문이다. 잘 알려진 바와 같이 구조물에서 변위는 축변형과 전단변형에 비하여 휨변형에 의해 대부분이 발생한다. 따라서 고층 건물의 경우 이 휨강성이 매우 큰 코어벽체에 전단력이 많이 생기게 하여 골조의 휨변형 대신에 전단변형을 일으키게 하여 골조의 횡변위를 크게 줄일 수 있으며, 이러한 역할을 하는 벽체를 전단벽체라고 한다.

전단벽체는 수직 부재로서 기둥과 유사한 단면력에 저항하나 기둥에 비하여 축력과 휨모멘트에 대한 저항보다는 전단력에 대한 저항을 위하여 설치한다. 특히 전단벽체는 벽체의 면내 전단력에 대한 저항을 위하여 설치하는 부재이다. 대신에 전단벽체는 일반적으로 기둥에 비하여 축응력이 작게 작용하는 경우가 대부분이므로 철근 배근상세 등이 기둥과 차이가 있다. 그러나 콘크리트구조 설계기준[1]에서는 만약 축력이 큰 경우로서 계수축력이 $0.4A_g f_{ck}$를 초과하거나 주철근비가 0.01을 초과하는 경우 기둥의 철근상세를 따르도록 규정하고 있다.

전단벽체의 설계는 7.3.1절에서 기술한 단면 설계에 따라 설계한다. 다만 그림 [7.9](a)에 나타낸 바와 같이 전단벽체에 작용하는 단면력인 축력, 전단력과 휨모멘트는 면내 방향인 $x-z$면 방향의 V_x, M_x와 면외 방향인 $y-z$방향의 V_y, M_y로 구성된다. 그러나 그림 [7.9](b)에서 볼 수 있듯이 벽체의 단면은 형상비가 매우 크므로 M_y에 대하여 M_x의 저항능력이 매우 크다. 이러한 경우 원칙적으로는 축력과 2축 휨모멘트가 작용할 때 이를 고려하여 설계하여야 하나, 2축 휨모멘트를 받는 경우에도 독립적으로 해석하여 설계하여도 큰 오차는 없다.

72 4.1(1)

예제 〈7.1〉 전단벽체 설계 예

아래 그림과 같은 높이가 3 m이고 길이가 2 m, 두께가 h인 전단벽체에 다음과 같은 단면력이 작용하는 전단벽체를 설계하라. 다만 사용하는 콘크리트의 설계기준압축강도 $f_{ck}=27$ MPa, 철근의 설계기준항복강도 $f_y=400$ MPa이다.

$P_D = 1{,}500$ kN, $M_{Dx} = 1{,}000$ kNm $V_{Dx} = 100$ kN $M_{Dy} = 40$ kNm $V_{Dy} = 30$ kN
$P_L = 750$ kN, $M_{Lx} = 500$ kNm $V_{Lx} = 50$ kN $M_{Ly} = 20$ kNm $V_{Ly} = 20$ kN
$P_W = 1{,}000$ kN, $M_{Wx} = 500$ kNm $V_{Wx} = 400$ kN $M_{Wy} = 50$ kNm $V_{Wy} = 120$ kN

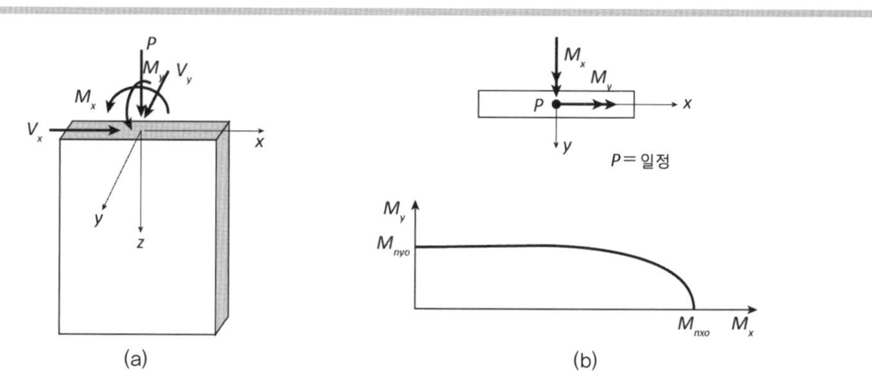

그림 [7.9]
전단벽체의 2축 휨 거동: (a) 전단벽체의 단면력; (b) 2축 휨강도 상관도

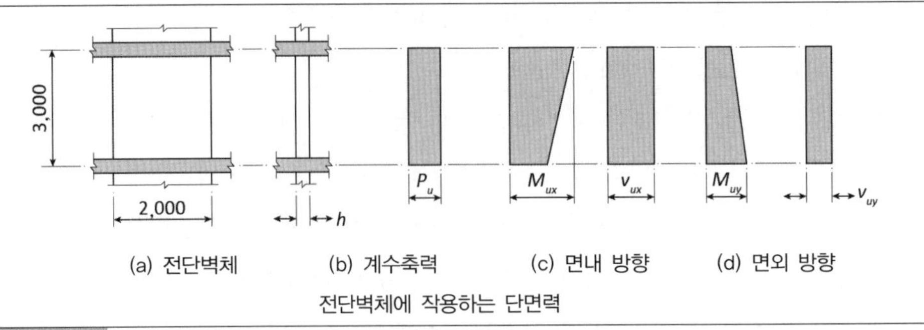

(a) 전단벽체 (b) 계수축력 (c) 면내 방향 (d) 면외 방향

전단벽체에 작용하는 단면력

풀이

1. 설계용 계수단면력 계산

고정하중, 활하중, 풍하중이 작용할 때 적용하는 하중조합은, ① $1.4D$, ② $1.2D+1.6L$, ③ $1.2D+0.65W$, ④ $1.2D+1.0L+1.3W$, ⑤ $0.9D+1.3W$ 등 5가지이다. 이 중에서 여기서는 일반적으로 전단력이 최대값이 되는 ④ $1.2D+1.0L+1.3W$에 대하여 검토하고, 축력과 휨모멘트 조합에 대해서는 축력이 가장 클 때와 작을 때의 조합인 ③ $1.2D+1.0L+1.3W$와 ④ $0.9D+1.3W$에 대하여 검토한다.

10 4.2.2

1) 하중조합 1 ; $1.2D+1.0L+1.3W$

$P_u = 1.2\times 1{,}500 + 1.0\times 750 + 1.3\times 1000 = 3{,}850$ kN

$M_{ux} = 1.2\times 1{,}000 + 1.0\times 500 + 1.3\times 500 = 2{,}350$ kNm

$V_{ux} = 1.2\times 100 + 1.0\times 50 + 1.3\times 400 = 690$ kN

$M_{uy} = 1.2\times 40 + 1.0\times 20 + 1.3\times 50 = 133$ kNm

$V_{uy} = 1.2\times 30 + 1.0\times 20 + 1.3\times 120 = 212$ kN

2) 하중조합 2 ; $0.9D+1.3W$

$P_u = 0.9\times 1{,}500 + 1.3\times 1000 = 2{,}650$ kN

$M_{ux} = 0.9\times 1{,}000 + 1.3\times 500 = 1{,}550$ kNm

$M_{uy} = 0.9\times 40 + 1.3\times 50 = 101$ kNm

2. 벽체 두께의 설정

벽체 두께는 일반적으로 설계 단계에서 이미 정해진 경우가 많으나, 여기서는 주어져 있지 않으므로 다음과 같은 여러 고려 사항을 고려하여 결정한다.

1) 최소 두께는 높이의 1/25 이상이고 100 mm 이상이므로

72 4.3.2(3)

$$h_{\min} \geq \max.(\text{높이}/25,\ 100\ \text{mm}) = \max.(3000/25,\ 100)$$
$$= 125\ \text{mm}$$

2) 면외 방향 전단보강이 힘들므로 전단보강이 필요 없는 벽체의 두께는,

22 4.2.1(1)

$$\phi V_n = \phi V_c = \frac{1}{6}\sqrt{f_{ck}}ld = 0.75 \times \frac{1}{6} \times \sqrt{27} \times 2000 \times d$$
$$\geq V_{uy} = 212{,}000 \text{ N}$$
$$d \geq 163 \text{ mm} \rightarrow h = d + c_c + 0.5d_b \simeq 200 \text{ mm}$$

3) KDS 72 4.3.2의 실용설계법을 사용할 수 있도록 면외 방향(y축)의 휨모멘트에 대하여 전체 단면에 압축응력이 작용하기 위한 최소 두께는,

$$h/6 \geq e_1 = M_{uy}/P_u = 133{,}000/3{,}850 = 34.5 \text{ mm}$$
$$\rightarrow h \geq 207 \text{ mm}$$
$$h/6 \geq e_2 = M_{uy}/P_u = 101{,}000/2{,}650 = 38.1 \text{ mm}$$
$$\rightarrow h \geq 229 \text{ mm}$$

4) 면내 전단력에 대한 최대 저항 가능한 계수전단력에 의한 두께는,

22 4.9.2(3)

$$\phi V_n = \phi\left(\frac{5\lambda}{6}\sqrt{f_{ck}}\right)hd$$
$$= 0.75 \times \left(\frac{5 \times 1.0}{6} \times \sqrt{27}\right) \times h \times (0.8 \times 2{,}000)$$

22 4.9.1(3)

$$= 5{,}196h \geq V_{ux} = 690{,}000 \text{ N} \rightarrow h \geq 133 \text{ mm}$$

따라서 h는 최종적으로 250 mm로 결정한다.

3. 면외 방향(y방향)의 단면력에 의한 철근량 산정

면외 방향의 전단력에 대하여 전단보강이 필요 없는 두께 이상인(약 200 mm) 벽체 두께로 250 mm를 취했기 때문에 전단보강을 할 필요는 없다. 축력과 휨모멘트에 대해서도 편심거리가 $h/6$ 이내로서 실용설계법에 따를 수 있으므로 이에 따라 철근량을 계산한다.

72 4.3.2

$$\phi P_{nw} = 0.55\phi f_{ck}A_g\left[1 - \left(\frac{kl_c}{32h}\right)^2\right]$$
$$= 0.55 \times 0.65 \times 27 \times (250 \times 2{,}000)$$
$$\times \left[1 - \left(\frac{0.8 \times 3{,}000}{32 \times 250}\right)^2\right] = 4{,}392 \text{ kN} \geq P_u = 3{,}850 \text{ kN}$$

따라서 면외 방향으로는 단면력에 대하여 요구하는 최소 수평철근량과 수직철근량만 배치하면 만족한다. 사용하는 철근으로 D16 이하를 사용하면,

$$A_{s,l} \geq \rho_l A_g = 0.0012 \times 250 \times 2{,}000 = 600 \text{ mm}^2$$
$$A_{s,h} \geq \rho_h A_g = 0.0020 \times 250 \times 3{,}000 = 1{,}500 \text{ mm}^2$$

72 4.2(2),(3)

철근 간격은 벽 두께의 3배 이하 또한 450 mm 이하이므로 이 경우 450 mm 이하이다. 그리고 벽체의 양쪽 표면 가까이에 배치한다고 하고 D10철근(71.33 mm^2)을 사용할 때 간격 s를 구한다.

72 4.2(5)

$$s_h = 3{,}000/(1{,}500/2 \times 71.33) = 285 \text{ mm} \rightarrow @275 \text{ mm}$$
$$s_l = 2{,}000/(600/2 \times 71.33) = 475 \text{ mm} \rightarrow @450 \text{ mm}$$

4. 면내 방향(x방향)의 단면력에 의한 철근량 산정

1) 휨모멘트와 축력

면내 방향의 휨모멘트와 축력에 대해서는 변형률 적합 조건을 이용하거나 기둥 설계와 같이 $P-M$ 상관도를 사용하여 구할 수 있다. 변형률 적합 조건을 이용하는 경우 모든 수직 철근을 고려하여 단면 강도를 구할 수 있다. 여기서는 근사적이지만 제5장의 그림 [5.12]의 $f_{ck}=27$ MPa, $f_y=400$ MPa, $\gamma=0.8$인 경우에 대한 도표를 이용하여 구한다.

① 하중조합 1에 대하여,

$$\phi P_n/A_g = P_u/A_g = 3{,}850{,}000/(250 \times 2{,}000) = 7.7$$
$$\phi M_n/A_g h = M_{ux}/A_g h = 2{,}350{,}000{,}000/(250 \times 2{,}000^2) = 2.35$$

이 경우 그림에서 대략 $\rho = 0.005$ 정도를 얻을 수 있다.

② 하중조합 2에 대하여,

$$\phi P_n/A_g = 2{,}650{,}000/(250 \times 2{,}000) = 5.3$$
$$\phi M_n/A_g h = 1{,}550{,}000{,}000/(250 \times 2{,}000^2) = 1.55$$

이 경우에는 $\rho = 0$을 얻을 수 있다.
따라서 양단에 배치되는 철근량은 다음과 같다.

$$A_s = A_s' = (0.005/2) \times 250 \times 2{,}000 = 1{,}250 \text{ mm}^2$$
$$\rightarrow 7-\text{D}16(1{,}390 \text{ mm}^2)$$

2) 전단력

약산방법에 의한 식 (7.8)(a)에 의하면,

$$V_c = \frac{1}{6}\lambda\sqrt{f_{ck}}hd = \frac{1}{6}\times 1.0\times\sqrt{27}\times 250\times(0.8\times 2{,}000)$$
$$= 346\text{ kN}$$

따라서 $V_u = 690$ kN은 $\phi V_c = 0.75\times 346 = 260$ kN보다 크므로 전단 보강이 필요하다.

$$\phi V_n = \phi(V_c + V_s) = 0.75\times\left(346{,}000 + \frac{A_{vh}f_y d}{s_h}\right) \geq V_u = 690{,}000\text{ N}$$

여기서 수평철근의 간격 s_h는 사용하는 수평철근의 단면적 A_{vh}에 따라 변한다. 만약 D10(71.33 mm^2) 철근을 양쪽에 배치한다면,

$$s_h \leq A_{vh}f_y d/(690{,}000/0.75 - 346{,}000)$$
$$= 2\times 71.33\times 400\times 0.8\times 2{,}000/(690{,}000/0.75 - 346{,}000)$$
$$= 159\text{ mm}$$

그러나 V_u가 $\phi V_c/2$를 초과하는 경우 최소 수평철근비는 0.0025이고, 간격은 $l_w/5$, $3h$, 450 mm 중 가장 작은 값인 min.(2,000/5, 3×250, 450) = 400 mm이다. 따라서 이 경우 계산에 의한 ρ_h를 구하면,

22 4.9.3

$$\rho_h = 2\times 71.33/(159\times 250) = 0.0022 \leq 0.0025$$

그래서 최소 수평철근량은 0.0025/0.0022 = 1.135배 증가된다. 즉, D10 철근을 사용하는 경우 $s_h \leq 159/1.135 = 140$ mm가 되고 D13 철근(126.7 mm^2)를 사용하는 경우는 $s_h \leq 140\times 126.7/71.33 = 249$ mm가 된다.

수직철근량은 0.0025 이상이어야 하나 ρ_h보다 더 크게 취할 필요는 없으므로 $\rho_l = 0.0025$이다. 수직철근의 간격은 min.($l_w/3$, $3h$, 450) = 450 mm이다.

최종적으로 수직, 수평철근으로서 D13@225 mm를 선택하며 최종 설계도는 그림과 같다.

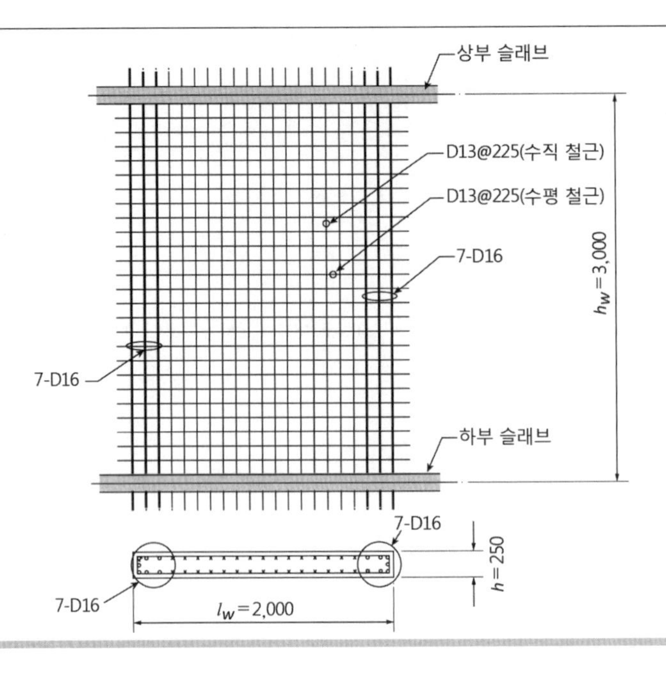

7.5.2 지하 외벽 설계 예

앞에서도 설명한 바와 같이 지하 외벽은 수직 부재이지만 슬래브와 비슷한 거동을 하는 부재이다. 따라서 지하 외벽은 휨이 주된 거동으로서 계수휨모멘트에 의해 주철근량을 계산하고, 전단 보강은 힘들므로 콘크리트에 의해 전단력을 저항할 수 있는 두께를 확보하도록 한다.

예제 〈7.2〉

그림과 같은 지하 3층의 1방향 지하 외벽을 설계하라. 지하 수위는 지하 5 m이고, 지표면에 작용하는 재하하중은 10 kN/m²이다.

콘크리트의 설계기준압축강도, $f_{ck} = 27$ MPa
철근의 설계기준항복강도, $f_y = 400$ MPa
흙의 내부 마찰각, $\phi = 30°$
흙의 단위 체적 중량,
$m_s = 18$ kN/m³(지하수위 상부)
공극률은 32%이고, 공극률이 0일 때 흙의 중량,
$m_s = 28$ kN/m³

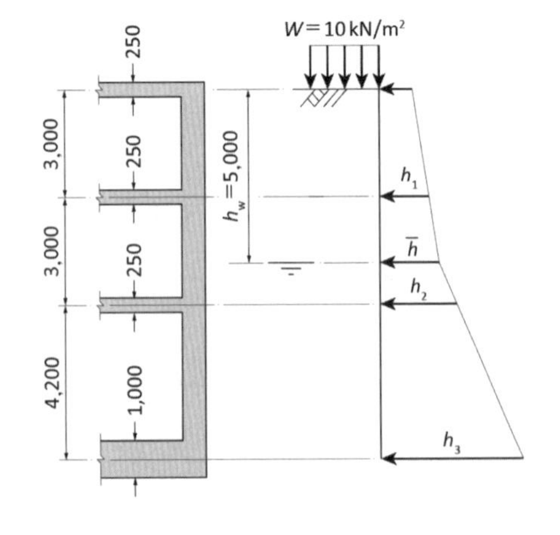

풀이

1. 흙과 지하수에 의한 횡방향력을 먼저 산정한다.

   1) 정지토압계수 K_o,

   $$K_o = 1 - \sin\phi = 1 - \sin 30° = 0.5$$

   2) 토압의 계산

   지하수위 상부 ; $p_s = 0.5 \times 18 \times h = 9h$ (h는 지하 깊이)

   지하수위 하부 ; $p_w = 10 \times (h - h_w)$

   $$p_s = 9h_w + 0.5 \times \gamma_s' \times (h - h_w)\ (h_w\text{는 지하수 깊이})$$

   $$(\gamma_s' = (28 - 10) \times (1 - 0.32) = 12.2\ \text{kN/m}^3)$$

   $$= 45 + 6.1 \times (h - 5)$$

   3) 계수횡방향력 계산

   지표면의 활하중(L)과 지하 횡하중(H_h)이 작용할 때 가장 불리한 하중조합은 $U = 1.6L + 1.6H_h$ 이다.

   ① 지하 1층 위치에서 계수횡력 h_1,

   $$h_1 = 1.6 \times 0.5 \times 10 + 1.6 \times 9 \times 3 = 51.2\ \text{kN/m}^2$$

   ② 지하 수위 위치에서 계수횡력 $\overline{h}$,

   $$\overline{h} = 1.6 \times 0.5 \times 10 + 1.6 \times 9 \times 5 = 80.0\ \text{kN/m}^2$$

   ③ 지하 2층 위치에서 계수횡력 h_2,

   $$h_2 = 1.6 \times 0.5 \times 10 + 1.6[45 + 6.1 \times (6 - 5)] + 1.6 \times 10 \times (6 - 5)$$

   $$= 106\ \text{kN/m}^2$$

   ④ 지하 3층 위치에서 계수횡력 h_3,

   $$h_3 = 1.6 \times 0.5 \times 10 + 1.6[45 + 6.1 \times (10.2 - 5)]$$

   $$+ 1.6 \times 10 \times (10.2 - 5) = 246\ \text{kN/m}^2$$

2. 구조해석에 의한 계수단면력 계산

   정확하게 구조해석을 하려면 지하 슬래브와 외벽의 두께 등을 먼저 가정하여 강성을 계산하여야 한다. 여기서는 지하 외벽의 가상되는 두께보다 지하층 슬래브 두께가 250 mm로서 상대적으로 작으므로 이곳은 힌지로 가정하고 지하 3층은 전면기초로 두께가 1000 mm이므로 이곳은 구속 조건으로 하여 해석한다. 그리고 일단 지하 외벽의 두께로 일정하다고 가정한다. 이렇게 가정하여 해석한 결과는 다음 그림과 같다.

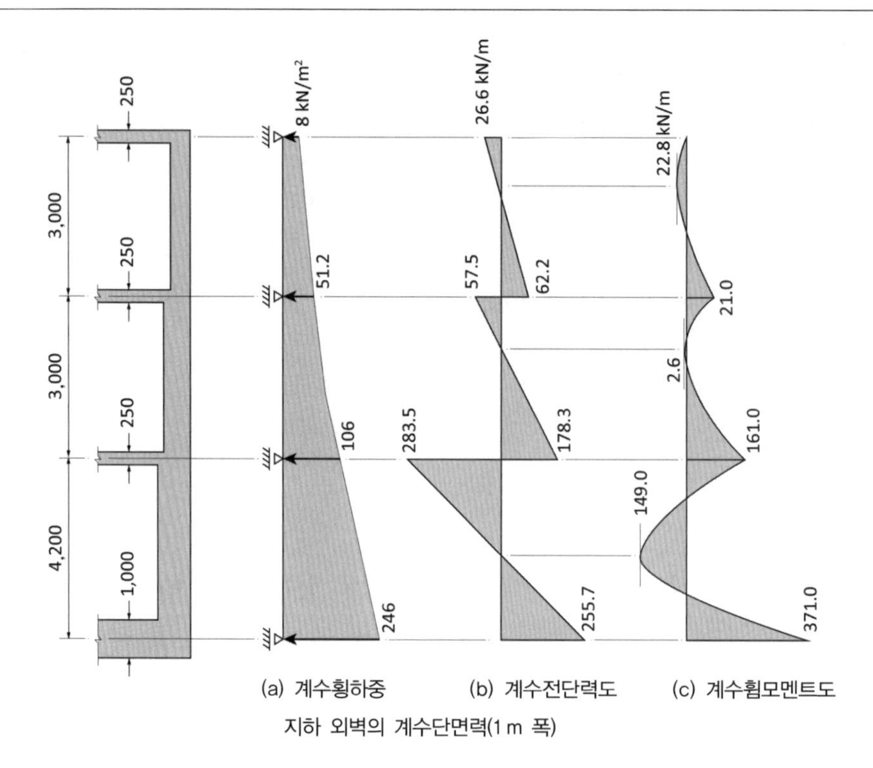

지하 외벽의 계수단면력(1 m 폭)

3. 단면 설계

이 지하 외벽은 1방향 슬래브와 같으므로 수직 방향으로 주철근량을 계산하고 수평 방향으로는 최소 철근량으로 철근을 배치한다.

1) 지하 1층

지하 벽체는 슬래브 철근의 정착 등을 고려할 때 최소한 200 mm 이상은 필요하고, 계수휨모멘트 22.8 kNm/m 등을 고려하여 두께로 200 mm로 가정한다. 표 〈4.6〉을 이용하여 철근량을 계산한다.

$$M_u/\phi\eta f_{ck}bd^2 = 22{,}800{,}000/(0.85\times1.0\times27\times1{,}000\times150^2)$$
$$= 0.0442$$

표에서 $w = 0.0454$를 얻을 수 있다.

$$\rho = w\eta f_{ck}/f_y = 0.0454\times1.0\times27/400 = 0.0031$$

D10 또는 D13 철근을 사용하는 경우 간격 s는 다음과 같다.

D10, $s = 1{,}000/(0.0031\times1{,}000\times150/71.33) = 153$ mm

D13, $s = 1{,}000/(0.0031\times1{,}000\times150/126.7) = 272$ mm

하단부 계수휨모멘트 $M_u = 21.0$ kNm/m도 중앙부의 $M_u = 22.8$ kNm/m와 유사하므로 같게 배근한다.
전단력에 대한 검토는 일반적으로 필요 없으나, 검토하면 다음과 같다.

$$V_c = \frac{1}{6}\lambda\sqrt{f_{ck}}bd = \frac{1}{6} \times 1.0 \times \sqrt{27} \times 1{,}000 \times 150 = 130 \text{ kN/m}$$
$$V_u = 62.2 \text{ kN/m} \le 0.75\,V_n = 0.75 \times 130 = 97 \text{ kN/m}$$

따라서 전단에 대해서는 안전하다. 실제로 V_n 값은 받침부 내면에서 d만큼 들어간 곳의 값으로서 62.2 kN/m보다도 작다.

2) 지하 2층

지하 2층은 하단부에 161.0 kNm/m의 큰 계수휨모멘트가 작용하므로 두께를 300 mm로 가정한다. 좀 더 정확하게 설계단면에서 계수휨모멘트와 계수전단력을 계산한다.

(1) 지하 2층 바닥면과 d만큼 떨어진 곳에서 계수전단력

$178.3 - (0.25/2) \times (178.3 + 57.5)/3 = 168.5$ kN/m
$178.3 - (0.25/2 + 0.25) \times (178.3 + 57.5)/3$
$= 144.8$ kN/m

(2) 휨모멘트 설계단면에서 계수휨모멘트

$M_u = 161.0 - (178.3 + 168.5)/2 \times (0.25/2)$
$= 139$ kNm/m

(3) 하단부에서 계수휨모멘트 $M_u = 139$ kNm/m에 대한 간격 계산

$M_u/\phi\eta f_{ck}bd^2 = 139{,}000{,}000/(0.85 \times 1.0 \times 27 \times 1{,}000 \times 250^2)$
$= 0.0969$

표 ⟨4.6⟩에서 $w = 0.1032$를 얻을 수 있다.

$$\rho = w\eta f_{ck}/f_y = 0.1032 \times 1.0 \times 27/400 = 0.00700$$

따라서 D19 또는 D22 철근을 사용한다면 간격 s는 다음과 같다.

D19, $s = 1{,}000/(0.00700 \times 1{,}000 \times 250/286.5) = 164$ mm
D22, $s = 1{,}000/(0.00700 \times 1{,}000 \times 250/387.1) = 221$ mm

(4) 전단에 대한 검토

$$\phi V_c = 0.75 \times \frac{1}{6} \times 1.0 \times \sqrt{27} \times 1{,}000 \times 250$$
$$= 162.4 \text{ kN/m} \geq V_u = 144.8$$

따라서 안전하다.

3) 지하 3층

지하 3층의 경우 하단부에서 특히 큰 휨모멘트와 전단력이 작용하고, 기초판의 두께도 1 m로서 크므로 위험단면에서 정확하게 계산할 필요가 있다. 벽체 두께는 400 mm로 가정한다.

(1) 지하 3층 천정면과 바닥면, 그리고 바닥면에서 d만큼 떨어진 곳의 계수전단력 계산

천정면, $V_u = 283.5 - (0.25/2) \times (455.7 + 283.5)/4.2$
$= 261.5 \text{kN/m}$

바닥면, $V_u = 455.7 - (1.0/2) \times (455.7 + 283.5)/4.2$
$= 386.7 \text{ kN/m}$

전단력 설계단면,
$V_u = 455.7 - (1.0/2 + 0.35) \times (455.7 + 283.5)/4.2$
$= 306.1 \text{ kN/m}$

(2) 휨모멘트 설계단면에서 계수휨모멘트

하단면 $M_u = 317 - 0.5 \times (455.7 + 386.7)/2$
$= 106.4 \text{ kNm/m}$

상단면 $M_u = 161 - 0.125 \times (283.5 + 261.5)/2$
$= 126.9 \text{ kN m/m}$

(3) 계수휨모멘트에 의한 철근 간격 계산

		상단부	중앙부	하단부
계수휨모멘트 M_u		126.9	149.0	106.4
$M_u/\phi\eta f_{ck}bd^2$		0.0451	0.0530	0.0378
표 〈4.6〉에서 w		0.0463	0.0547	0.0387
$\rho = w\eta f_{ck}/f_y$		0.00313	0.00369	0.00261
$A_s = \rho bd$		1,096 mm^2	1,292 mm^2	913.5 mm^2
간격 s (mm)	D16	169	154	217
	D19	261	222	314

(4) 계수전단력에 대한 검토

$$\phi V_c = 0.75 \times \frac{1}{6} \times 1.0 \times \sqrt{27} \times 1{,}000 \times 350$$
$$= 227 \text{ kN/m} \le V_u = 306.1$$

따라서 전단력에 대하여 안전하지 못하다. 좀 더 정확한 식에 의하면 $V_u d/M_u = 1$로서 M_u 값이 전단위험단면에서 매우 작으므로 1로 취하면 ϕV_c는 다음과 같다.

$$\phi V_c = 0.75 \times (0.16 \times \sqrt{27} + 17.6 \times 0.00261 \times 1.0)$$
$$\times 1{,}000 \times 350 = 239 \text{ kN/m}$$

이 경우 벽체 두께를 키우거나 전단 보강근을 배치해야 한다. 일반적으로 벽체 두께를 키워 해결하는 경우가 많으나 이 예제에서는 전단보강에 의하면 수평방향 철근량과 구간을 정한다. 먼저 콘크리트에 의한 전단강도 $\phi V_c = 227$ kN/m에 의해 안전한 위치는 지하 3층 바닥면에서 x(m)라고 할 때 다음과 같다.

$$455.7 - [(455.7 + 283.5)/4.2](x + 0.5) = 227$$
$$x = 0.8 \text{ m}$$

따라서 바닥면에서 d만큼 떨어진 0.35 m부터 0.8 m까지 $d/2$ 간격, 즉 0.175m 높이 간격으로, 즉 (0.85−0.35)/0.175=2.6으로서 3개 정도가 필요하다. 그리고 1 m 폭에 필요한 전단 철근량 A_v는 다음과 같다. 이때 벽체 두께가 0.4m이므로 전단철근도 항복한다고 가정한다. 그렇지 않은 경우 $f_s = 0.5 f_{yt} = 200$으로 계산하면 두 배의 철근량이 필요하다.

$$306.1 \le \phi(V_c + V_s) = 239 + 0.75 A_v \times 400/1{,}000$$
$$A_v = 224 \text{ mm}^2$$
$$\text{D10}, \ s = 1{,}000(224/71.33) = 318 \text{ mm}$$

전단철근은 SD 400 D10 철근을 수평 간격 300 mm로, 바닥면에서 175 mm ($d/2$ 이내), 350 mm, 525 mm, 700 mm 위치 4단에 걸쳐 배근한다.
만약 벽체 두께를 500 mm로 키워 전단에 대하여 검토하면 안전하며, 이때 휨철근량도 줄어들고 시공도 편하다.

4) 수평철근

1방향 슬래브 형식의 지하 외벽에 대한 수축·온도 철근은 벽체가 흙과 접하는 외측은 온도 변화도 심하지 않고 습윤 상태로서 필요하지 않은 경우가 대부분이므로 수직철근 위치 고정 등을 위한 최소한의 철근만 배치하고, 수평 방향의 수축·온도 철근은 지하층 내측에만 배치하고, 외측에는 최소한으로(D10@450) 한다.

		지하 1층 $t=200$ mm	지하 2층 $t=300$ mm	지하 3층 $t=400$ mm
$A_s=0.002\times bd$		400 mm^2	600 mm^2	800 mm^2
간격 s	D10	178	119	89
	D13	317	211	158
	D16	497	331	248

4. 철근 배근도

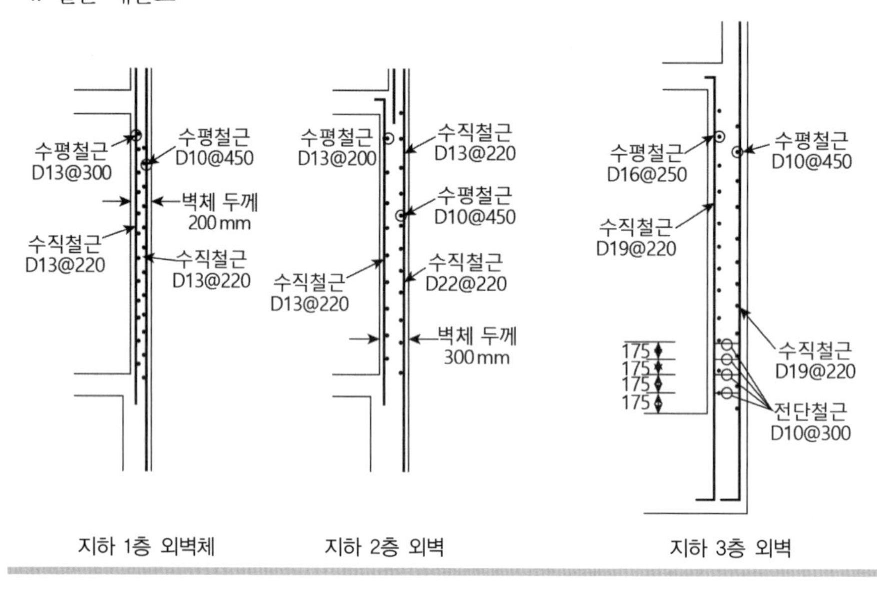

7.5.3 옹벽 설계 예

여기서는 도로 등 측면에 설치되는 옹벽의 설계 예를 보이고자 한다. 옹벽이 매우 큰 경우 안정성 확보를 위해 활동방지벽, 그리고 옹벽의 주철근량을 줄이기 위해 부벽의 설치 등이 필요하다. 이 예에서는 이러한 부재가 없는 간단한 옹벽의 설계 예를 보인다.

예제 〈7.3〉 옹벽 설계

다음과 같은 주어진 조건으로 전체 높이 5 m의 옹벽을 설계하라.

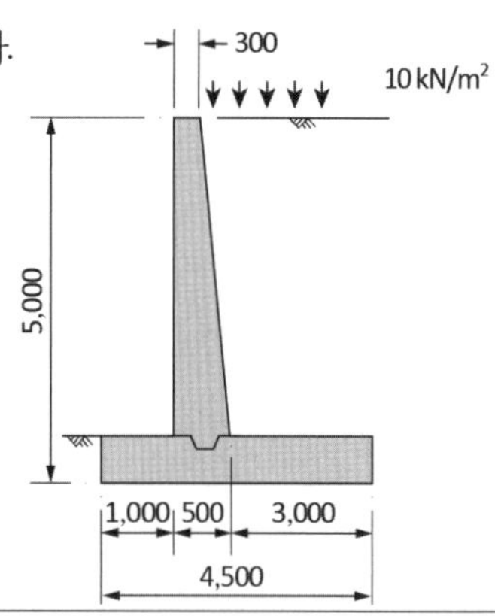

$f_{ck} = 27$ MPa

$f_y = 400$ MPa

흙의 단위 체적 중량 $m_s = 18$ kN/m³

철근콘크리트의 단위중량 $m_c = 24$ kN/m³

흙의 마찰각 $\phi = 30°$

흙과 콘크리트의 마찰계수 0.55

지반의 허용지내력 $q_a = 150$ kN/m²

풀이

1. 옹벽 크기의 가정

작용하중을 계산하기 위해서는 먼저 벽체와 기초판의 크기를 가정해야 하며, 이것은 경험에 의해 대부분 이루어지고 있다. 벽체의 두께는 수직 방향의 받침점까지 거리의 1/25 이상으로 한다. 그런데 이 옹벽의 경우 부벽이 없는 캔틸레버 옹벽이므로 받침부까지 거리는 높이 5 m의 2배로 보면 최소 두께는 10,000/25 = 400 mm가 필요하므로 500 mm로 선택하고 변단면으로 최상단 두께는 300 mm로 한다. 그리고 기초판의 앞으로 내민 부분은 대체로 길이의 1/3 ~ 1/4 정도로 하므로 기초판의 길이는 4.5 m로 하고 앞으로 내민 부분을 1 m로 한다. 두께는 옹벽 최하부의 두께 이상으로 일반적으로 하므로 여기서는 600 mm 정도로 가정한다.

74 4.1.2.2(3)

2. 작용하중의 산정

벽체의 평균 두께를 400 mm로 보고 옆 그림과 같은 형태에 대한 하중과 작용점을 계산한다.

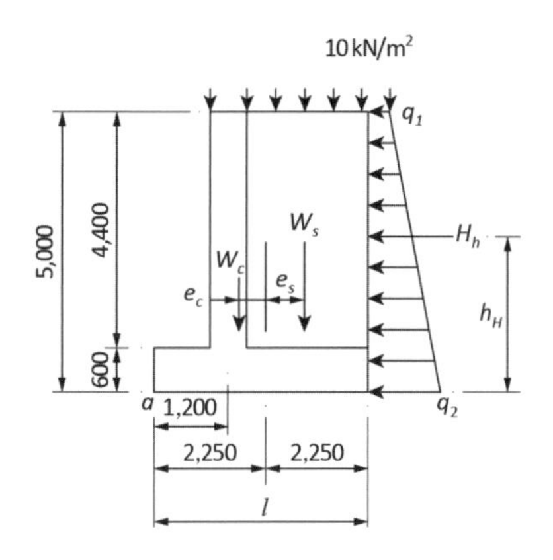

1) 콘크리트

$$W_c = (0.6 \times 4.5 + 0.4 \times 4.4) \times 24 = 107 \text{ kN/m}$$

$$e_c = (0.4 \times 4.4) \times 24 \times (2.25 - 1.2)/107 = 0.415 \text{ m}$$

2) 기초판 상부의 흙과 상재하중

$$W_s = 18 \times 4.4 \times (4.5 - 1.4) + 10 \times (4.5 - 1.4)$$
$$= 277 \text{ kN/m}$$
$$e_s = 2.25 - (4.5 - 1.4)/2 = 0.7 \text{ m}$$

3) 수평토압(상재하중 영향 포함)

정지토압계수 $K_0 = 1 - \sin\phi = 1 - \sin 30° = 0.5$

수평토압 $q_1 = 0.5 \times 10 = 5 \text{ kN/m}^2$

$$q_2 = 0.5 \times (10 + 5 \times 18) = 50 \text{ kN/m}^2$$
$$H_h = [(5 + 50)/2] \times 5 = 137.5 \text{ kN/m}$$
$$h_H = [(5 \times 5 \times 2.5) + (0.5 \times 5 \times 45 \times 5/3)]/137.5$$
$$= 1.82 \text{ m}$$

3. 안정성 검토 74 4.1.1.2(2)

1) 활동(sliding)에 대한 검토

저항력, $H_r = 0.55 \times (W_c + W_s) = 0.55 \times (107 + 277)$

$$= 211 \text{ kN/m}$$
$$H_r / H_h = 211/137.5 = 1.53 \geq 1.5$$

따라서 활동에 대하여 안정하다.

74 4.1.1.2(3)

2) 전도에 대한 검토

앞쪽 하단부 a점을 중심으로 전도모멘트를 계산한다.

(1) 기초판과 기초판 상부 흙 및 상재하중에 의한 모멘트

$$M_r = W_c \times (2.25 - e_c) + W_s \times (2.25 + e_s)$$
$$= 107 \times 1.835 + 277 \times 2.95 = 1{,}013 \text{ kNm/m}$$

(2) 상재하중과 흙으로부터 횡토압에 의한 전도모멘트

$$M_h = H_h \times h_H = 137.5 \times 1.82 = 250 \text{ kNm/m}$$

(3) $M_r / M_h = 1013/250 = 4.05 \geq 2.0$

따라서 전도에 대해서도 안정하다.

3) 허용지내력 검토

기초판 중심에 작용하는 P와 M은 다음과 같다.

74 4.1.1.2(5)

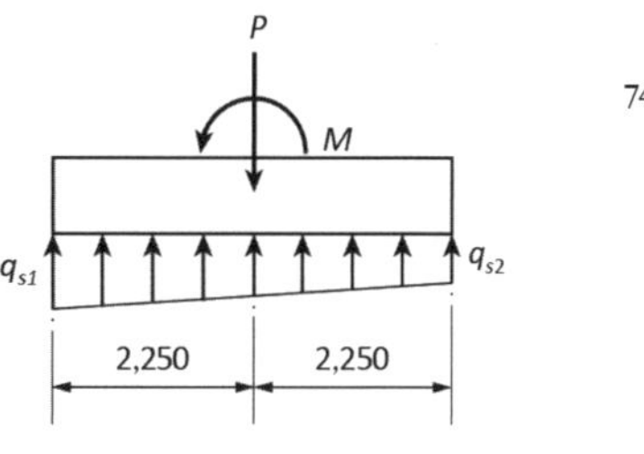

$$P = W_s + W_c = 277 + 107 = 384 \text{ kN/m}$$

$$\begin{aligned} M &= H_h h_H - W_s e_s + W_c e_c \\ &= 137.5 \times 1.85 - 277 \times 0.7 + 107 \times 0.415 \\ &= 100.8 \text{ kNm/m} \end{aligned}$$

따라서 반력 q_{s1}, q_{s2}는 다음과 같다.

$$\begin{aligned} q_{s1},\ q_{s2} &= \frac{P}{A} \pm \frac{M}{Z} = \frac{384}{4.5 \times 1.0} \pm \frac{100.8}{1.0 \times 4.5^2/6} \\ &= 115.2 \text{ kN/m}^2,\ 55.5 \text{ kN/m}^2 \le q_a = 150 \text{ kN/m}^2 \end{aligned}$$

따라서 안전하다.

4. 단면 설계

1) 옹벽 벽체의 단면 설계

(1) 계수단면력의 계산

기초판 상부면에 횡방향 분포하중의 크기 q_3는,

$$\begin{aligned} q_3 &= 0.5 \times 10 + 0.5 \times 4.4 \times 18 = 5.0 + 39.6 \\ &= 44.6 \text{ kN/m}^2 \end{aligned}$$

토압과 상부 상재하중에 대한 하중계수로 1.6을 취하면, 옹벽 하단부에서 계수휨모멘트 M_u는 다음과 같다.

$$\begin{aligned} M_u &= 1.6 \times 5.0 \times 4.4^2/2 + 1.6 \times (44.6 - 5.0) \times 4.4^2/6 \\ &= 282 \text{ kNm/m} \end{aligned}$$

(2) 주철근량 및 간격 계산

전체 두께가 500 mm이므로 피복두께와 주철근 직경 등을 고려하여 유효두께를 450 mm로 가정한다. 이때 흙과 접하는 옹벽 뒷 면에 거푸집을 설치하지 않고 직접 흙에 접하여 콘크리트를 타설하는 경우에는 최소 피복두께가 75 mm 이상이 되어야 하나, 이 예제에서는 거푸집 설치 후에 타설하는 것으로 한다.

$M_u/\phi\eta f_{ck}bd^2 = 282,000,000/(0.85 \times 1.0 \times 27 \times 1,000 \times 450^2) = 0.0607$

표 〈4.6〉에 의해 $w = 0.0630$을 얻을 수 있다.

$\rho = w\eta f_{ck}/f_y = 0.0630 \times 1.0 \times 27/400 = 0.00425$

$A_s = 0.00425 \times 1,000 \times 450 = 1,913\ \text{mm}^2/\text{m}$

D22, $s = 1,000/(1,913/387.1) = 202\ \text{mm}$

(3) 전단력에 대한 검토

$V_u = 1.6H_h = 1.6 \times 137.5 = 220\ \text{kN/m}$

$\phi V_c = 0.75 \times \dfrac{1}{6} \times \sqrt{27} \times 1,000 \times 450/1,000$

$= 292\ \text{kN/m} \geq V_u = 220$

따라서 전단 보강은 필요 없다.

2) 기초판의 단면 설계

(1) 계수하중과 계수지반력 계산

10 4.2.2(1)

고정하중, 활하중 (상재하중), 토압이 작용하는 경우 하중조합은 $1.2D+1.6L+1.6H$이다. 따라서 기초판 밑면에 작용하는 하중은 다음과 같다.

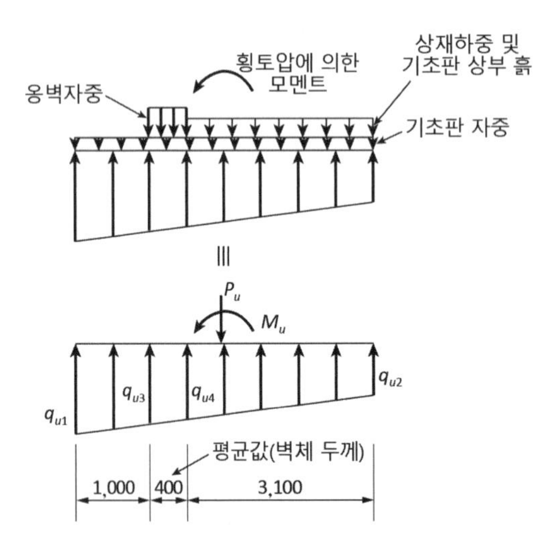

$P_u = 1.2W_c + 1.6W_s = 1.2 \times 107 + 1.6 \times 277$

$= 572\ \text{kN/m}$

$$M_u = 1.2\,W_c e_c - 1.6\,W_s e_s + 1.6 H_h h_h$$
$$= 1.2 \times 107 \times 0.415 - 1.6 \times 277 \times 0.7 + 1.6 \times 137.5 \times 1.82$$
$$= 143 \text{ kNm/m}$$

$$q_{u1} = \frac{P_u}{A} + \frac{M_u}{Z} = 572/(1.0 \times 4.5) + 143/(1.0 \times 4.5^2/6)$$
$$= 169 \text{ kN/m}^2$$

$$q_{u2} = \frac{P_u}{A} - \frac{M_u}{Z} = 572/(1.0 \times 4.5) - 143/(1.0 \times 4.5^2/6)$$
$$= 84.7 \text{ kN/m}^2$$
$$q_{u3} = q_{u1} - (q_{u1} - q_{u2}) \times 1.0/4.5 = 150 \text{ kN/m}^2$$
$$q_{u4} = q_{u1} - (q_{u1} - q_{u2}) \times 1.4/4.5 = 143 \text{ kN/m}^2$$

(2) 앞굽 기초판의 계수단면력 계산

$$M_u = q_{u3} \times 1.0 \times 1.0/2 + (q_{u1} - q_{u3}) \times 1.0 \times 1/2 \times 1.0 \times 1/2 \times 1.0 \times 2/3$$
$$- (1.2 \times 2.4 \times 0.6) \times 1.0^2/2$$
$$= 72.7 \text{ kNm/m}$$
$$V_u = (q_{u1} + q_{u3})/2 \times 1.0 - (1.2 \times 24 \times 0.6) \times 1.0$$
$$= 142 \text{ kN/m}$$

(3) 뒷굽 기초판의 계수단면력 계산

$$M_u = q_{u2} \times 3.1 \times 3.1/2 + (q_{u4} - q_{u2})/2 \times 3.1^2/3$$
$$- (1.6 \times 10 + 1.6 \times 18 \times 4.4 + 1.2 \times 24 \times 0.6) \times 3.1^2/2$$
$$= -268 \text{ kNm/m}$$
$$V_u = q_{u2} \times 3.1 + (q_{u4} - q_{u2}) \times 3.1/2$$
$$- (1.6 \times 10 + 1.6 \times 18 \times 4.4 + 1.2 \times 24 \times 0.6) \times 3.1$$
$$= -224 \text{ kN/m}$$

이 경우 오히려 역방향으로 계수휨모멘트가 작용하므로 주철근은 상부에 배치하여야 한다.

(4) 주철근량 계산

앞굽 기초판

이 경우 기초판 하부에는 거푸집을 둘 수 없으므로 피복두께를 최소한 75 mm 이상이어야 하므로 유효깊이 d를 500 mm로 가정한다. 50 4.3.1(1)

$$M_u/\phi\eta f_{ck}bd^2 = 72{,}700{,}000/(0.85 \times 1.0 \times 27 \times 1{,}000 \times 500^2) = 0.01267$$

표 〈4.6〉에 의해 $w = 0.0127$을 얻을 수 있다.

$$\rho = w\eta f_{ck}/f_y = 0.0127 \times 1.0 \times 27/400 = 0.00086 < \rho_{\min}$$

$$A_s = A_{s,\min} = 0.002 \times 1{,}000 \times 500 = 1{,}000\ \text{mm}^2/\text{m}$$

D19, $s = 1{,}000/(1{,}000/286.5) = 286.5$ mm

뒷굽 기초판

$$M_u/\phi\eta f_{ck}bd^2 = 268{,}000/(0.85 \times 1.0 \times 27 \times 1{,}000 \times 500^2) = 0.0467$$

표 〈4.6〉에서 $w = 0.0480$을 얻는다.

$$\rho = 0.0480 \times 1.0 \times 27/400 = 0.00324$$

$$A_s = 0.00324 \times 1{,}000 \times 500 = 1{,}620\ \text{mm}^2/\text{m}$$

D19, $s = 1{,}000/(1{,}620/286.5) = 177$ mm

D22, $s = 1{,}000/(1{,}620/387.1) = 239$ mm

(5) 전단에 대한 검토

$$\phi V_c = 0.75 \times \frac{1}{6} \times \sqrt{27} \times 1{,}000 \times 500/1{,}000$$

$$= 325\ \text{kN/m} \geq V_u = 224$$

따라서 전단 보강은 필요하지 않다.

5. 철근 배근도

대부분 옹벽은 길이 방향으로 길고 기초판에 의해 일부 구속되므로 수축·온도 철근이 최소 값 이상으로 필요할 수도 있다. 이러한 경우 적절한 수축줄눈을 두거나 수평 방향 철근량을 증가시켜야 한다.

1) 옹벽 벽체

수직철근으로서 주철근은 흙과 접하는 쪽이다. 이 주철근의 양은 기초판과 만나는 곳에서 최대이고 또 기초판에 정착되어야 한다. 기초판의 두께가 인장정착길이보다 커서 정착길이를 확보해야 하므로 주철근을 좀 가는 철근을 사용하고 표준갈고리를 둔다. 그리고 상부로 갈수록 휨모멘트가 급격히 줄어들므로 중간 정도에서 반은 절단한다. 이때 전체 철근량의 반으로 저항할 수 있는 곳에서 $\max(d, 12d_b)$ 이상 더 연장하여야 한다. 공기와 접하는 쪽의 수직철근은 압축력을 받으므로 수평철근을 고정시킬 수 있는 정도로 배치한다. 수평철근은 외부 면에 따라 최소 철근량 이상 배치하고, 내부 면에는 적절하게 배치한다.

2) 기초판은 땅속에 묻히는 부재로서 온도변화와 건조수축에 대하여 특별한 경우를 제외하고는 필요하지 않다. 그러나 균열제어 등을 목적으로 최소한의 철근을 적절히 배치한다.

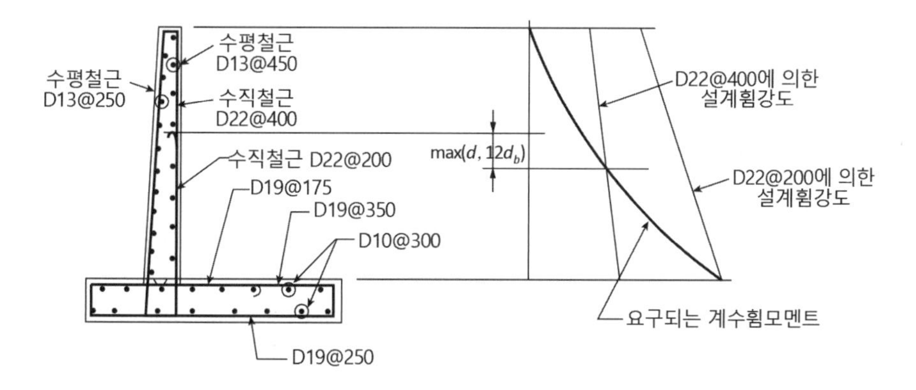

6. 설계 변경

이 예제에서 기초판의 크기가 커진 이유는 활동에 대한 안전을 위한 것이었다. 따라서 이러한 경우 기초판 하부에 활동방지벽을 설치함으로써 기초판의 크기를 크게 줄일 수 있으므로 활동방지벽 설치를 고려하는 것이 바람직하다.

참고문헌

1. 한국콘크리트학회, '콘크리트구조 설계기준 해설', 기문당, 2021.
2. Kripanaranan, K.M., "Interesting Aspects of the Empirical Wall Design Equation", ACI Journal, Vol. 74, No. 5, May. 1977, pp.204-207.
3. Obeplander, G., D., and Everard, N., J., "Investigation of Reinforced Concrete Walls", ACI Journal, Vol. 74, No. 6, Jun. 1977, pp.256-263.
4. Uniform Building Code, Vol. 2, "Structural Engineering Design Provisions", International Conference of Building Officials, Wittier, CA, 1997, 492pp.
5. Athey, J., W., ed., "Test Report on Slender Walls", Southern California Chapter of the American Concrete Institute and Structural Engineers Association of Southern california, LA, CA, 1982, 129pp.
6. 최나래, 김진근, "휨모멘트와 축력이 작용하는 슬래브의 재령보정계수 모델식 개발에 관한 연구", 대한건축학회논문집 구조계 제28권 제9호, 2012. 9., pp.25-32.
7. Peck, R.B., Hanson, W.E., and Thornburn, T.H., 'Foundation Engineering', John Wiley and Sons, New York, 1974.
8. Ferzaghi, K. and Peck, R.B., 'Soil Mechanics in Engineering Practice', John Wiely and Sons, New York, 1967.
9. Huntington, W.C., 'Earth Pressures and Retaining Walls', John Wiley and Sons, New York, 1957.
10. Merritt, F.S., Loftin, M.K., and Ricketts, J.T., 'Standard Handbook for Civil Engineers', McGraw-Hill, New York, 1997.

문 제

1. 벽체의 역할에 대하여 설명하고, 역할에 따른 벽체를 분류하라.

2. 높이가 3.5 m이고, 길이가 2.4 m인 전단벽체에 다음과 같은 단면력이 작용할 때 단면을 설계하라. 다만 $f_{ck}=30$ MPa, $f_y=400$ MPa이다.

   고정하중에 의해, $P_D = 2,000$ kN, $M_{Dx} = 1,200$ kNm, $V_{Dx} = 120$ kN

   $M_{Dy} = 50$ kNm, $V_{Dy} = 40$ kN

   활하중에 의해, $P_L = 800$ kN, $M_{Lx} = 600$ kNm, $V_{Lx} = 60$ kN

   $M_{Ly} = 25$ kNm, $V_{Ly} = 30$ kN

   풍하중에 의해, $P_W = \pm 1,000$ kN, $M_{Wx} = \pm 500$ kNm, $V_{Wx} = \pm 500$ kN

   $M_{Wy} = \pm 60$ kNm, $V_{Wy} = \pm 120$ kN

3. 그림과 같은 지하 외벽을 설계하라. 기둥 간격은 7.5 m이고, 크기는 600×600 mm^{2}이다.

   $f_{ck} = 30$ MPa

   $f_y = 400$ MPa

   흙의 비중 18 kN/m^3

   내부마찰각 $\phi = 30°$

   지하수위 4.0 m

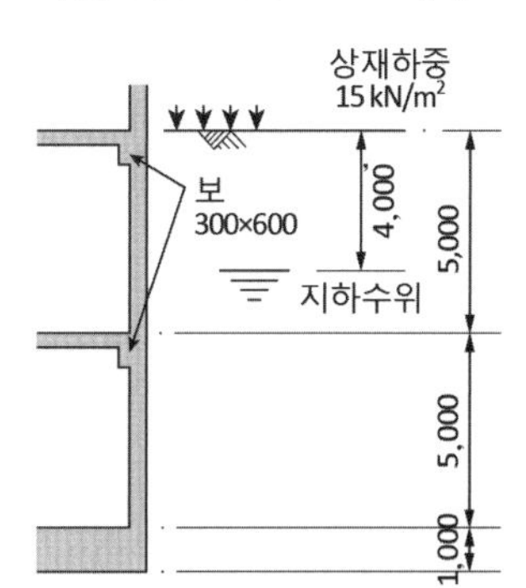

4. 그림과 같은 옹벽을 설계하라.

   $f_{ck} = 30$ MPa

   $f_y = 400$ MPa

   흙의 비중 18 kN/m^3

   내부마찰각 $\phi = 30°$

   콘크리트와 마찰계수, 0.55

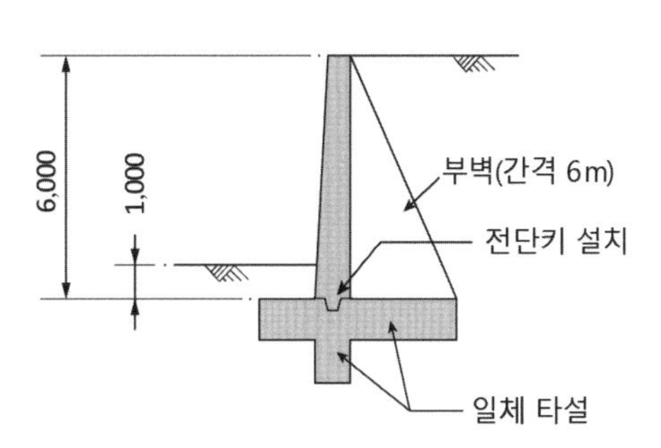

제8장

기초판 부재 설계

아래 그림과 같이 기초판도 상부 구조물과 지반 조건에 따라 매우 다양하다.

상부 벽체를 지지할 때는 줄기초판, 중·저층 구조물의 기둥을 지지할 때는 독립확대기초판 또는 복합확대기초판, 그리고 초고층 구조물의 경우 전면기초판을 활용할 수 있다. 그리고 지내력이 약하고 암반이 깊은 곳에 위치할 때는 말뚝기초, 상부에 매우 큰 하중이 내려오는 교각 등에는 우물통기초 등을 사용할 수 있다.

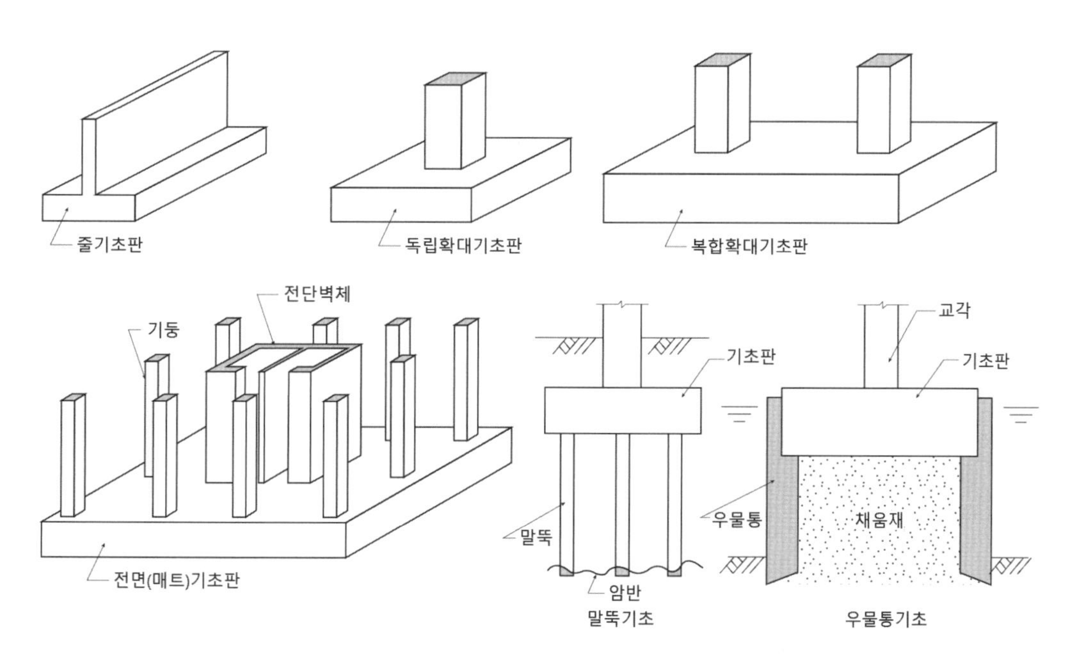

제8장 기초판 부재 설계

8.1 개요

8.1.1 기초판 부재의 분류

기초판이란 기둥이나 벽체 등의 수직 부재를 통하여 내려오는 단면력을 지반이나 말뚝 등에 전달시키기 위하여 설치하는 부재를 일컫는다. 한편 기초판(footing)과 이 기초판을 지지하는 지반과 말뚝 등을 포함한 것을 기초(foundation)라고 부른다. 그러나 모든 수직 부재를 하나의 기초판으로 지지하는 경우 기초판이지만 전면기초(mat foundation)라고도 부른다. 또 철근콘크리트 부재인 기둥이나 벽체의 단면력을 지반에 전달시키기 위해서는 단위면적당 지반의 내력이 철근콘크리트의 내력보다 일반적으로 작기 때문에 수직 부재의 단면적보다 더 넓은 밑면적을 갖는 기초판을 설계하며, 이와 같이 넓게 하기 때문에 이와 같은 기초판을 확대기초판(spread footing)이라고 한다.

기초판(footing)과 기초(foundation)

확대기초판(spread footing)

기초의 분류는 기초판을 지지하는 방법에 따라 분류될 수 있으며, 경간이 짧고 저층 구조물과 같이 하나의 기둥이나 벽체의 단면력이 크지 않은 경우에는 직접 흙이나 암반에 기초판을 설치하는 직접기초가 있을 수 있다. 그러나 전달해야 할 하중이 크나 지지력이 강한 암반이 깊은 곳에 있는 경우에는 그림 [8.1](e)에 보인 바와 같은 기초판과 암반 사이를 말뚝(pile)으로 전달하는 말뚝기초(pile foundation)로 한다. 이 말뚝기초는 말뚝의 재질에 따라 강관말뚝기초와 콘크리트말뚝기초로 분류된다. 콘크리트말뚝기초는 대부분 프리캐스트 제품을 사용하나, 대구경의 경우 현장타설콘크리트로 시공되는 경우도 있으며, 이를 현장타설콘크리트말뚝이라고 한다. 그리고 교량의 교각을 지지하는 기초와 같이 상부 구조로부터 매우

직접기초와 말뚝기초 (pile foundation)

현장타설콘크리트말뚝 (cast-in placed concrete pile)

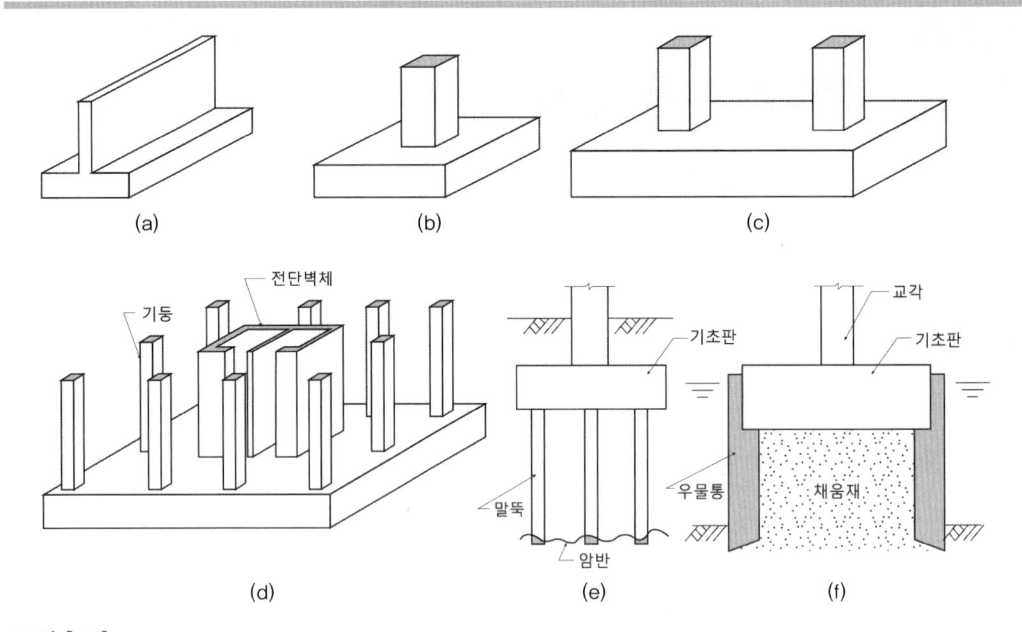

그림 [8.1]
기초판 및 기초의 종류: (a) 줄기초판; (b) 독립확대기초판; (c) 복합확대기초판; (d) 전면기초판; (e) 말뚝기초; (f) 우물통기초

큰 단면력을 지지하여야 하는 경우에는 그림 [8.1](f)와 같은 우물통기초(well foundation)가 있다.

한편 기초판은 기초판이 지지해야 할 상부 구조물의 형태에 따라 분류할 수 있다. 그림 [8.1](a),(b),(c),(d)에서 보이듯이 조적조의 벽이나 철근콘크리트 벽을 지지하는 경우에 주로 사용되는 줄기초판(wall footing), 기둥 하나만 지지하는 독립기초판 또는 독립확대기초판(isolated spread footing), 두 개 이상의 기둥을 지지하는 복합기초판 또는 복합확대기초판(combined spread footing), 구조물의 모든 수직 부재를 지지하는 전면기초판(mat foundation)으로 분류된다. 전면기초판의 경우 주로 고층빌딩의 기초판으로 사용되는데 이 경우 각각의 기둥으로 전달되는 하중이 커서 기초판을 서로 연결할 수밖에 없으며 상부 구조물의 부동침하 등을 방지하는 효과도 부수적으로 얻을 수 있다.

8.1.2 기초판 부재 및 기초에 작용하는 단면력

기초판은 상부 구조 부재로부터 단면력을 받아 하부 기초로 전달시킬 때 하부 기초의 반력에 의해 단면력이 발생한다. 그래서 줄기초판은 1방향 캔틸레브슬래브 부재와 같이 거동하고, 그 외 기초판은 2방향 슬래브판의 거동을 한다. 따라서 기초판에는 반력에 의한 휨모멘트와 전단력이 발생한다. 휨모멘트는 기초판의 종류에 따라 한 방향 또는 두 방향으로 발생하고, 전단력도 1방향전단력과 경우에 따라서는 뚫림전단력(punching shear)이 동시에 발생한다.

기초판과 기초의 설계 방법
기초판은 철근콘크리트 부재이므로 강도설계법으로 하고, 기초는 허용응력설계법으로 설계한다.

설계 방법으로는 기초판은 철근콘크리트 구조 부재이므로 강도설계법에 의해 설계하여야 하므로 기초판의 단면력을 계산할 때는 계수하중에 의한 지반 또는 말뚝의 반력을 계산하여 사용하여야 한다. 그러나 기초판을 지지하는 기초는 철근콘크리트가 아니라 여러 가지 재료가 될 수 있다. 즉, 지반에 의해 직접 지지되는 직접기초의 경우 흙이나 암반이 되고, 말뚝기초의 경우에는 강재나 콘크리트가 될 수 있다. 그러나 말뚝기초의 경우에도 강재 또는 콘크리트말뚝을 결국 지지하는 것은 흙이나 암반이다. 따라서 기초의 안전성능을 검토할 때는 철근콘크리트 구조물에 적용하는 강도설계법이 아니라 일반적으로 허용응력설계법을 사용한다. 다시 말하여 지반 또는 암반의 안전성과 말뚝의 안전성을 검토할 때는 상부 구조에 사용하중이 작용하는 경우에 대하여 검토한다.

지반의 반력의 분포 형태는 기초판의 강성(stiffness)과 흙의 종류에 따라 달라진다. 기초판의 강성이 크지 않으면 그림 [8.2](b)에서 보이는 바

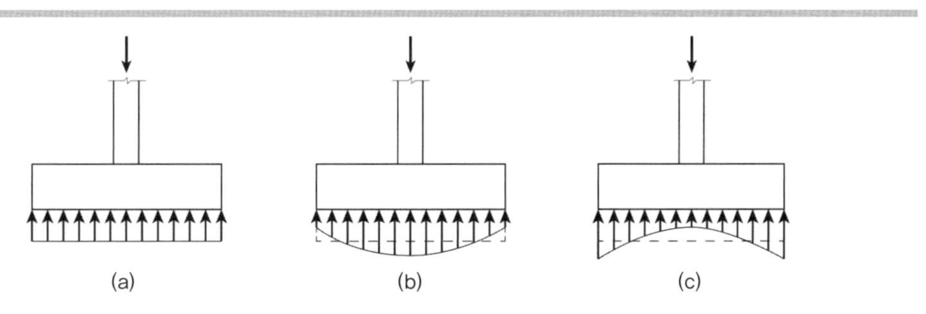

그림 [8.2]
지반 토질에 따른 반력 분포: (a) 가정된 등분포 반력; (b) 사질토의 반력; (c) 점토의 반력

와 같은 기둥이 있는 직접 하부에 큰 반력이 나타나고 멀어질수록 반력이 약해진다. 또 지반이 사질토 등으로 이루어진 경우도 기둥 하부에 반력이 크게 생기고, 점토 등인 경우도 기초판의 가장자리로 갈수록 반력이 크게 생기기도 한다. 그러나 기초판의 크기가 그렇게 크지 않은 경우에는 축력만 작용할 때 반력은 등분포로 일어난다고 일반적으로 가정한다.

기초판을 설계할 때 상부 수직 부재로부터 축력에 비하여 휨모멘트가 크게 전달되는 경우는 그림 [8.3](a)에서 보듯이 한쪽 지반 반력이 매우 커져 기초판을 크게 설계하여야만 지반 반력을 허용범위 내에 들어가게 할 수 있으며, 이러한 경우 기초판의 주철근량도 증대되므로 두 기둥을 그림 [8.3](c)에서 보이듯이 땅속에서 기초판 바로 상부에 연결 지중보를 설치하여 기둥에서 오는 휨모멘트에 저항하도록 하면 기초판에 전달되는 휨모멘트를 크게 줄일 수 있다.

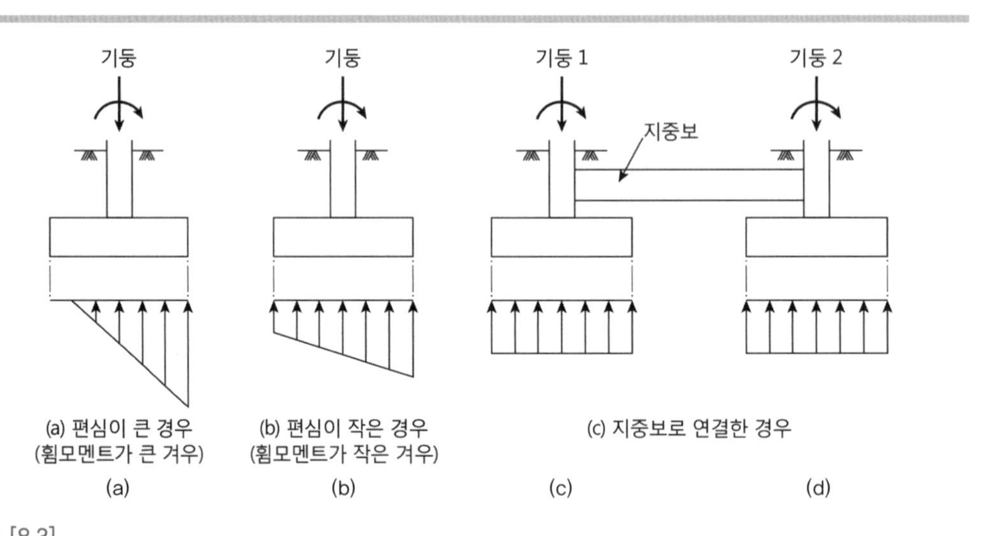

그림 [8.3]
지반 반력 분포에 대한 지중보의 역할: (a) 편심이 큰 경우(휨모멘트가 큰 경우); (b) 편심이 작은 경우(휨모멘트가 작은 경우); (c) 지중보로 연결한 경우

8.2 설계 순서 및 설계기준 해당 항목

8.2.1 설계 순서

기초 및 기초판을 설계할 때는 먼저 시추시험(boring test) 등을 시행하여 기초판이 설치될 하부 지반의 특성을 파악한다. 이를 통하여 지반의 허용지내력을 산정하여 기초의 종류를 선택한다.

시추시험(boring test)
보링시험이라고도 하며, 기초 지반조사를 위해 지반을 천공하여 코어시료를 채취하여 지내력 등을 판단하는 시험

기초의 종류가 선정되면 지반 내력을 고려하여 기초판의 밑면적을 정하고, 다시 두께를 선택하여 기초판의 크기를 결정한다. 기초판의 크기가 결정되면 기초판에 작용하는 계수휨모멘트와 계수전단력을 계산한다. 기초판에서 1방향전단 또는 뚫림전단에 있어서 콘크리트에 의해 저항하지 못하면 스터럽 등으로 보강하여야 하는데 일반적으로 슬래브와 마찬가지로 전단보강을 하는 것보다는 기초판의 두께를 증가시키는 방법이 편하다. 따라서 계수휨모멘트에 의해 주철근량을 계산하는 것에 앞서 계수전단력에 의해 기초판의 두께를 검토하는 것이 바람직하다. 그리고 주철근량이 계산되면 철근상세에 따라 배치하고 정착시킨다. 이를 정리한 그림이 그림 [8.4]이다.

앞 8.1.2절에서 설명한 바와 같이 그림 [8.4]에서 보면 기초의 안전성 검토는 허용응력설계법에 따라 기초판의 크기를 구하고, 그 이후에 계수하중으로 기초판 하부의 반력을 산정하여 기초판의 계수단면력을 계산한다. 이때 기초판의 설계는 강도설계법에 따른다.

40 4.2.1(2)

8.2.2 설계기준 해당 항목

콘크리트구조 설계기준[1]에서 기초 설계에 대해서는 주로 'KDS 14 20 70 의 4.2절'에 규정되어 있으나, 휨모멘트에 의한 주철근량 계산 등은 다른 부재와 동일하므로 설계기준 'KDS 14 20 20'에 나와 있으며, 전단력에 의한 검토는 'KDS 14 20 22'에, 특히 '4.11 슬래브와 기초판에 대한 전단 설계'에 규정되어 있다. 설계기준에 각 항목에 대한 규정 내용은 표 〈8.1〉에 나타나 있다.

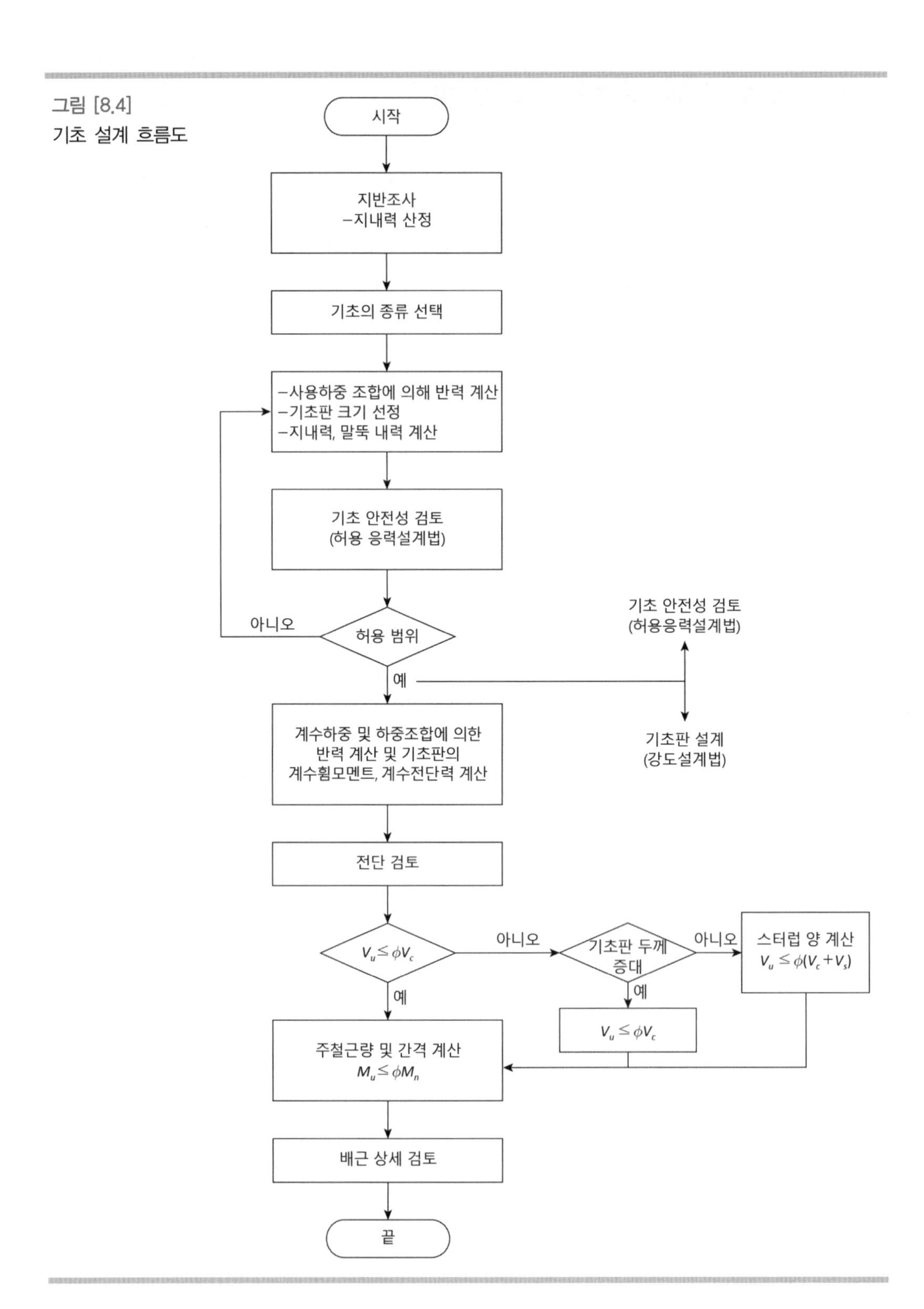

그림 [8.4]
기초 설계 흐름도

표 〈8.1〉 기초판 설계에 대한 설계기준(KDS 14 20)의 해당 항목

규정 내용	해당 항목
1. 설계 일반	**70** 4.2.1
2. 휨모멘트에 대한 설계	
− 휨 주철근량 산정	**20** 4.1.1, 4.1.2
− 위험 단면	**70** 4.2.2.1(1), (2)
3. 전단력에 대한 설계	
− 1방향 전단	**22** 4.1, 4.2, 4.3
− 2방향 전단	**22** 4.11.1, 4.11.2, 4.11.3
− 위험 단면	**70** 4.2.2.1, 4.2.2.2 (2)
− 말뚝기초판의 특별 사항	**70** 4.2.2.2(3), (4)
4. 철근상세 및 정착	
− 주철근 배근상세	**70** 4.2.2.1(3), (4)
− 철근의 정착	**70** 4.2.2.3
5. 기둥, 벽체에서 힘의 전달	
− 힘의 전달장치	**70** 4.2.3.1
− 현장치기콘크리트 시공에서 힘 전달	**70** 4.2.3.2
− 프리캐스트콘크리트 시공에서 힘 전달	**70** 4.2.3.3
− 지압 검토	**20** 4.7
6. 벽기초, 복합기초, 전면기초에 대한 특별 사항	**70** 4.2, 4.3

8.3 단면 설계

8.3.1 기초 지내력 검토

앞서 설명한 바와 같이 기초판을 설계하기 이전에 먼저 기초 지반 또는 말뚝이 기초판을 지지할 수 있는지를 검토하여야 한다. 이 검토를 통하여 직접기초 또는 말뚝기초로 할 것인지를 선택하고, 기초판의 밑면적을 구한다. 이를 위해서 먼저 시추시험 등을 통하여 지층 깊이에 따른 허용지내력을 산정하거나, 암반의 깊이 등을 조사하여 말뚝기초로 할 경우

말뚝의 길이와 허용내력 등을 결정한다.

지반 또는 말뚝에 작용하는 하중으로서는 그림 [8.5]에 보이듯이 상부의 기둥에서 전달되는 축력, 휨모멘트와 전단력 외에도 기초판의 자중과 기초판 상부에 있는 흙의 무게와 지표면에 작용할 수 있는 상재하중 등이 있다. 이때 기초판 밑면에서 모든 축력 P_{bo} 와 휨모멘트 M_{bo}는 다음 식 (8.1)과 같다.

$$P_{bo} = P + wA_f + \gamma_s(h - h_f)A_f + W_c \qquad (8.1)(a)$$

$$M_{bo} = M + Vh \qquad (8.1)(b)$$

여기서, P, M, V는 각각 기둥에서 전달된 사용하중에 의한 축력, 휨모멘트, 전단력이고, w는 지표면에 작용하는 등분포상재하중, γ_s는 흙의 비중, W_c는 기초판의 자중, A_f는 기초판 밑면의 면적이다. 그리고 h는 지표면부터 기초판 밑면까지 거리이며, h_f는 기초판 두께이다.

그러나 실제로 기초판을 설계할 때는 기초판의 두께를 정확히 알 수 없으므로, 흙의 비중과 콘크리트의 비중을 고려하고 h와 가정된 h_f를 고려하여, 평균적인 비중을 가정하여 식 (8.1)(a) 대신에 다음 식 (8.2)와 같이 구한다.

$$P_{bo} = P + (w + \overline{\gamma_s}h)A_f \qquad (8.2)$$

그림 [8.5]
기초에 따른 반력

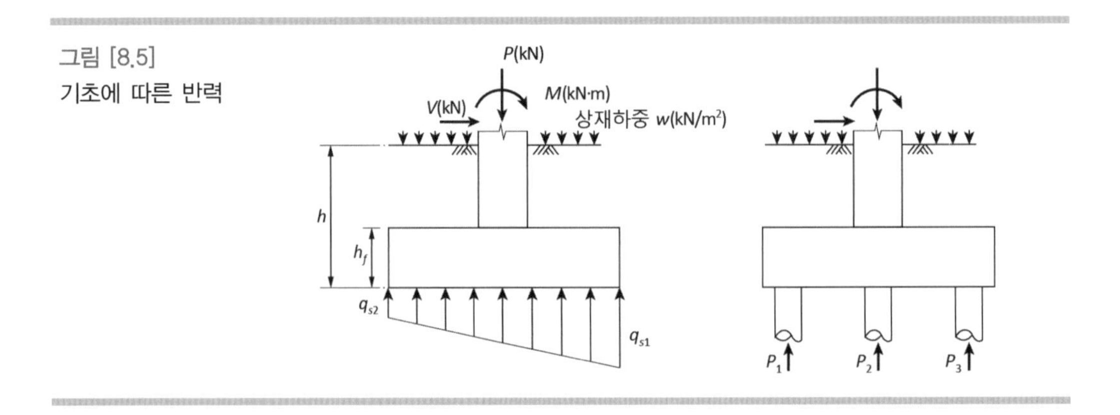

여기서, $\overline{\gamma_s}$는 흙과 콘크리트의 평균적 비중이다.

이 P_{bo}와 M_{bo}에 의해 지반의 반력 또는 말뚝의 반력을 계산한다. 먼저 직접기초인 경우에 대한 지반의 반력은 그림 [8.6](a)에서 보인 바와 같이 기초판 밑에 있는 흙은 압축에만 저항할 수 있고 인장에는 저항할 수 없으므로 지반의 반력 q_{s1}과 q_{s2}를 다음과 같이 계산할 수 있다.

먼저 전체 밑면에 압축력이 작용하는 경우에는 다음 식 (8.3)과 같다.

$$q_{s1},\ q_{s2} = \frac{P_{bo}}{A_f} \pm \frac{M_{bo}}{Z_f} = \frac{P_{bo}}{bl} \pm \frac{M_{bo}}{bl^2/6} \geq 0 \qquad (8.3)$$

여기서, P_{bo}와 M_{bo}는 그림에 나타낸 방향이 양(+)이며, b와 l은 각각 기초판의 폭과 길이이다.

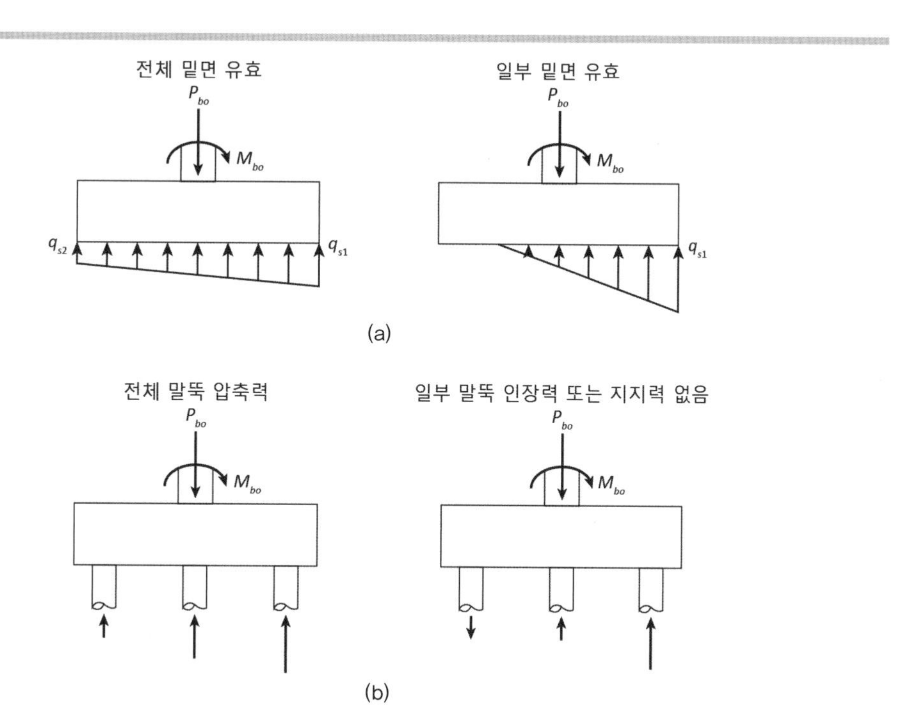

그림 [8.6]
반력의 분포: (a) 직접기초; (b) 말뚝기초

식 (8.3)에 의해 구한 q_{s1}과 q_{s2}가 모두 양의 값이면 그 값이 지반의 반력이나, 만약 작은 값인 q_{s2}가 음(−)의 값이면 그림 [8.6](a)의 오른쪽 그림과 같이 기초판 전체 밑면에 반력이 발생하지 않으므로 식 (8.3) 대신에 다음 식 (8.4)에 의해 q_{s1}을 구해야 한다.

$$P_{bo} = \frac{1}{2} q_{s1} b \bar{x} \tag{8.4)(a}$$

$$M_{bo} = \left(\frac{1}{2} q_{s1} b \bar{x}\right)\left(\frac{l}{2} - \frac{\bar{x}}{3}\right) \tag{8.4)(b}$$

이 식 (8.4)에서 미지수는 q_{s1}과 $\bar{x}$이므로 구할 수 있다. 여기서 $\bar{x}$는 반력이 발생하는 밑면의 길이이다.

다음으로 그림 [8.6](b)와 같은 말뚝기초인 경우에 대한 말뚝의 반력을 계산한다. 말뚝의 경우는 만약 말뚝머리를 기초판 내에 정착시킨다면 흙의 마찰력에 의해 인장력에 대해서도 어느 정도 저항할 수도 있다. 이 경우 기초판 중심에서 x_i(m) 떨어진 곳에 있는 말뚝의 반력은 다음 식 (8.5)에 의해 구할 수 있다. 이때 모든 말뚝의 크기는 동일하다고 가정한다.

$$P_i = \frac{P_{bo}}{n} + x_i P_1 \tag{8.5)(a}$$

$$M_{bo} = x_i P_i \tag{8.5)(b}$$

여기서, n은 말뚝 전체의 개수이고, P_1은 단위길이 떨어진 곳의 휨모멘트 M_{bo}에 의한 말뚝 반력이고, x_i는 기초판 중심에서 각 말뚝까지 떨어진 거리이다. 즉, $x_i P_1$은 x_i만큼 떨어진 곳에 있는 말뚝의 휨모멘트 M_{bo}에 의한 반력이다. 여기서 미지수는 P_1과 P_i이므로 구할 수 있다.

만약 식 (8.5)(a)에 의해 구한 P_i 값 중에서 음(−)의 값을 갖는 경우가 있으면 이 말뚝은 인장력을 받는다는 것을 뜻하므로 앞에서 설명한 바와 같이 정착이 되어 있지 않으면 역할을 하지 못한다. 이러한 경우 정착을 시켜 어느 정도의 인장력을 받을 수 있게 하거나, 기초판 밑면의 크기를 키워 모든 말뚝이 압축력을 받도록 설계한다. 그리고 말뚝끼리 가까이 있으면 서로 간섭하여 내력이 저하되므로 말뚝 중심 간 거리는 말뚝 지름의 2.5배 이상 떨어지게 위치시키는 것이 바람직한 것으로 구조물기초설계기준[2)]에 규정하고 있다.

마지막으로 앞의 식 (8.3)에 의해 구한 지반 반력 q_{s1}, q_{s2} 또는 식 (8.4)에 의해 구한 q_{s1}이 지반의 허용내력인 q_{sa} 이하가 되는지를, 그리고 말뚝기초인 경우 각 말뚝의 반력 P_i가 말뚝의 허용내력 P_a 이하가 되는지 다음 식 (8.6)과 같이 각각 검토한다.

$$q_{s1},\ q_{s2} \leq q_{sa} \tag{8.6(a)}$$

$$P_i \leq P_a \tag{8.6(b)}$$

만약 식 (8.6)이 만족하지 않으면 기초판의 밑면적을 키워 다시 검토한다.

예제 〈8.1〉

다음 그림과 같은 직접기초 위에 설치한 기초판의 밑면적을 구하라. 작용하는 하중은 $P = 1{,}500$ kN, $M = 200$ kNm, $V = 60$ kN, $w = 5$ kN/m^{2}이며, 지반의 허용지내력은 $q_{sa} = 250$ kN/m^{2}이다.

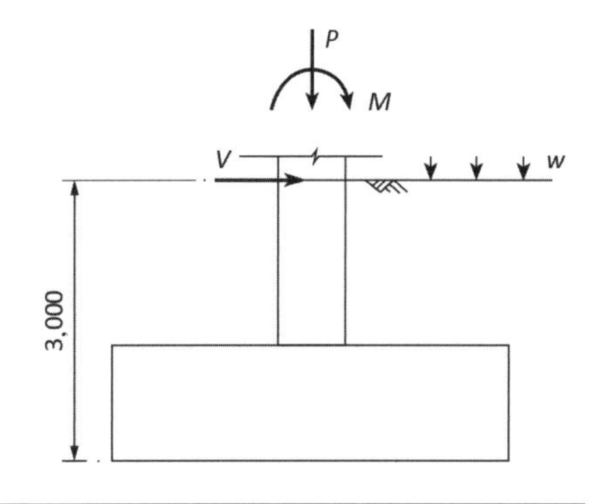

풀이

1. 기초판 밑면에서 작용하는 축력, 휨모멘트의 계산

   먼저 콘크리트 기초판의 비중이 약 24 kN/m^{3}이고 흙의 비중이 16~18 kN/m^3 정도이므로 두께 등을 고려하여 평균 값으로 20 kN/m^{3}으로 취한다. 그러면 식 (8.2)와 식 (8.1)(b)에 의해 P_{bo}와 M_{bo}는 다음과 같다.

$$P_{bo} = 1{,}500 + (5 + 20 \times 3)A_f = 1{,}500 + 65A_f \text{ kN}$$

$$M_{bo} = 200 + 60 \times 3 = 380 \text{ kNm}$$

2. 기초판 밑면 크기의 결정

먼저 밑면 크기의 결정은 경험 등에 의해 가정하여 검토하는데, 앞에서 축력 P_{bo}만 작용하는 경우 밑면의 면적 A_f는 다음과 같다.

$$P_{bo} = 1{,}500 + 65A_f \leq 250A_f \rightarrow A_f \geq 8.11\text{m}^2$$

따라서 휨모멘트 M_{bo} 등을 고려하여 $b \times l = 3 \times 4\text{m}^2$으로 가정하여 양 단부의 지반 반력 q_{s1}과 q_{s2}를 식 (8.3)에 의해 계산한다.

$$q_{s1},\ q_{s2} = \frac{P_{bo}}{A_f} \pm \frac{M_{bo}}{Z_f}$$
$$= \left(\frac{1500}{12} + 65\right) \pm \frac{380}{3 \times 4^2/6} = 237.5,\ 142.5\ \text{kN/m}^2$$

따라서 이 반력 237.5 kN/m²과 142.5 kN/m²은 지반의 허용지내력 250 kN/m²보다 작으므로 만족한다.

70.4.2.1(2)

예제 〈8.2〉

다음 그림과 같은 말뚝기초 위에 설치한 기초판의 크기를 결정하라. 작용하는 하중은, $P = 6{,}000$ kN, $M = 1{,}500$ kNm, $V = 100$ kN, $w = 5$ kN/m²이고, 사용하는 말뚝은 PHC콘크리트 말뚝으로서 직경은 500 mm이고 말뚝 한 개의 허용내력은 1,200 kN이다.

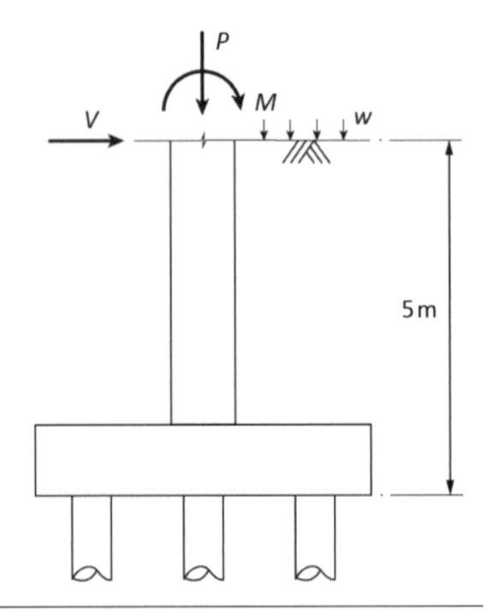

풀이

1. 기초판 밑면에 작용하는 축력과 휨모멘트 계산

식 (8.2)와 식 (8.1)(b)에 의해 P_{bo}와 M_{bo}를 계산한다.

$$P_{bo} = 6{,}000 + (5 + 20 \times 5)A_f = 6{,}000 + 105A_f\ \text{kN}$$
$$M_{bo} = 1{,}500 + 100 \times 5 = 2{,}000\ \text{kNm}$$

여기서, A_f를 알지 못하면 P_{bo}를 구할 수가 없는데, 이 경우 일반적으로 흙과 기초판 자중으로 축력 P의 10~20퍼센트 정도가 되므로 여기서는 20퍼센트로 가정하여 $P_{bo} = 1.2 \times 6{,}000 = 7{,}200$ kN으로 가정하고 일단 검토한다.

2. 기초판 밑면 크기의 결정
밑면 크기를 결정하려면 필요한 말뚝 개수를 알아야 하는데 이 경우에도 대략적으로 축력만 작용한다고 가정하면 개수는 다음과 같다.

$$n = 7{,}200/1{,}200 = 6\text{개}$$

M_{bo} 등을 고려하고 말뚝 배치도 고려하여 9개를 그림과 같이 배치하여 검토한다.

$$P_i = 7200/9 + x_i P_1 = 800 + \overline{x_i} P_1 \le 1200 \qquad (1)$$

그리고 이 경우에는 말뚝이 대칭으로 배치되어 있으므로

$$M_{bo} = \Sigma x_i P_i = \Sigma x_i^2 P_1$$
$$= 6\overline{x_i}^2 P_1 = 2000 \text{ kNm} \rightarrow P_1 = 2{,}000/6\overline{x_i}^2 \qquad (2)$$

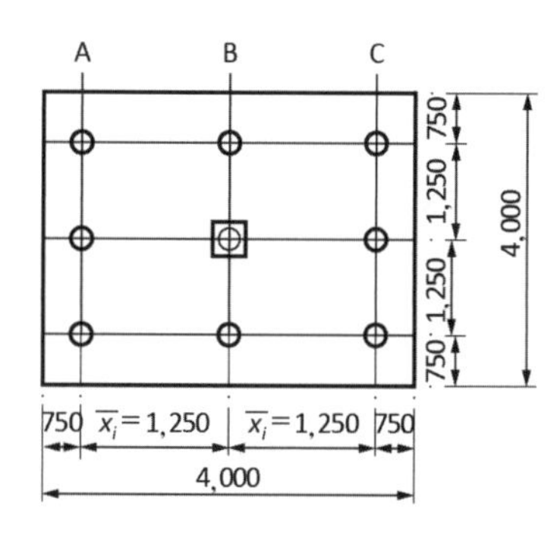

따라서 식 (2)를 식 (1)에 대입하여 $\overline{x_i}$를 구한다.

$$\overline{x_i} P_1 = 2000/6\overline{x_i} \le 1200 - 800 = 400 \rightarrow \overline{x_i} \ge 1.2 \text{ m}$$

말뚝 간격을 최소한 말뚝 직경의 2.5배 이상으로 추천하고 있으므로 $2.5 \times 0.5 = 1.25$ m로서 그림과 같은 간격으로 한다.
이 경우 A열 말뚝의 반력과 C열 말뚝의 반력을 계산하면,

$$P_1 = 2{,}000/6\overline{x_i}^2 = 2{,}000/(6 \times 1.25^2) = 213 \text{ kN}$$

A열의 말뚝 반력,

$P_A = 7{,}200/9 - 1.25 \times 213 = 534\ \text{kN} \leq 1{,}200\ \text{kN}$

C열의 말뚝 반력,

$P_C = 7{,}200/9 + 1.25 \times 213 = 1{,}066\ \text{kN} \leq 1{,}200\ \text{kN}$

따라서 그림과 같이 $4.0 \times 4.0\ \text{m}^2$의 기초판을 설계하면 말뚝 내력에 대하여 만족한다. 70.4.2.1(2)

8.3.2 휨모멘트에 의한 주철근량 계산

기초판은 두께가 두꺼운 슬래브와 같다. 다만 상부 바닥에 직접 작용하는 하중을 지탱하는 슬래브와는 다르게, 하부 및 바닥판에 상부로 작용하는 지반 또는 말뚝의 반력이 작용한다는 것이다. 따라서 휨모멘트나 뚫림전단 등에 대해 각각 주철근을 배치하는 곳이나 파괴 모습이 슬래브와 차이가 난다. 특히 전면기초는 연속되어 있어 슬래브와 유사하고, 다만 독립확대기초판은 2방향 또는 1방향 캔틸레브 슬래브와 같다. 따라서 기초판에서 휨모멘트에 대한 주철근량 계산도 슬래브와 같고, 일반적으로 철근의 선택에 있어서도 슬래브와 같은 방법으로 주철근 크기를 먼저 정하여 간격을 정하고 있다.

70 4.2.2.1(2)

다만 기초판의 최대 계수휨모멘트를 계산할 때 그림 [8.7](a)에서 보이듯이 철근콘크리트 기둥, 주각 또는 벽체의 경우 위험단면은 부재의 전면이다. 그러나 조적조 벽체를 지지하는 기초판은 그림 [8.7](b)에서 보인 바와 같이 벽체 중심과 전면의 중간이 되고, 강재 밑판(base plate)을 갖는 기둥을 지지하는 기초판은 그림 [8.7](c)에 나타내었듯이 기둥 전면과 강재 밑판 단부의 중간의 위치이다.

계수휨모멘트가 주어질 때 기초판 주철근의 간격을 구하는 방법은 슬래브 부재와 같이 다음과 같다.

첫째, 재료 특성 값과 부재의 두께 등을 선택한다. 전단력에 의해 정해졌거나 가정한 단면의 두께 t_f, 재료의 특성값인 f_{ck}, f_y, E_s를 결정하고, 위험단면에서 계수휨모멘트, M_u를 계산한다.

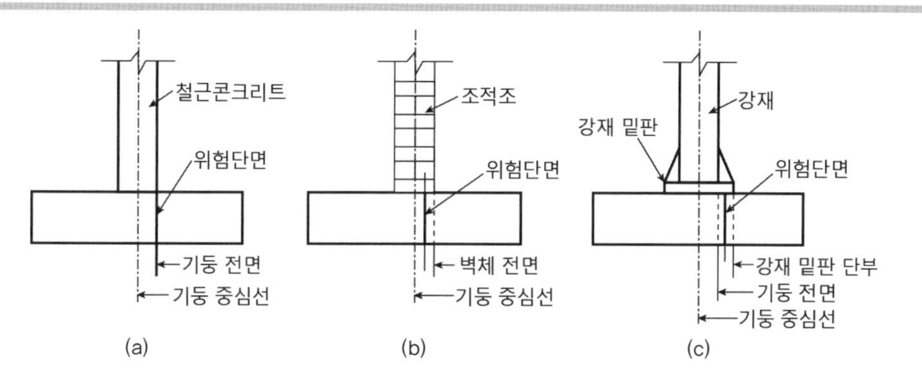

그림 [8.7]
휨모멘트를 계산할 때 위험단면: (a) 철근콘크리트 부재; (b) 조적조; (c) 강재 밑판

둘째, 피복두께 등을 고려하여 유효깊이 d를 결정한다. 기초판 하부에 아무런 조치를 하지 않고 흙에 접하여 콘크리트를 치는 경우 최소 요구 피복두께 $t_c = 75$ mm, 그러나 버림콘크리트를 친 경우에는 철근 굵기에 따라, D19 이상의 철근은 50 mm, D16 이하의 철근은 40 mm로 취하고, 사용할 철근의 직경 등을 고려하여 유효깊이를 산정한다. 슬래브는 2축 방향으로 철근을 배치해야 하므로 휨모멘트가 큰 방향으로 유효깊이가 크도록 철근을 하부에, 직교 방향의 철근은 상부에 위치시킨다. 따라서 휨모멘트가 큰 방향의 경우 유효깊이 $d = t_f - (t_c + 0.5d_{bx})$ 이하로 하고, 작은 방향으로는 유효깊이 $d = t_f - (t_c + d_{bx} + 0.5d_{by})$ 이하로 한다.

50 4.3.1

셋째, 주철근량을 계산하는데, 철근량 A_s를 구하는 방법은 보 부재와 동일하다. 다만, 이 경우 슬래브의 단위 폭 1 m당, 즉 $b_w = 1000$ mm에 해당하는 철근량을 계산한다.

넷째, 사용할 철근의 굵기를 선택한다. 선택한 철근 하나의 단면적이 A_1 mm^{2}이라면 총 $n = A_s/A_1$개만큼 철근이 요구되고, 이를 폭 1 m 내에 배치하려면 간격 s는 다음 식 (8.7)과 같이 된다.

$$s = \frac{1,000}{(A_s/A_1)} = \frac{1,000A_1}{A_s} \text{ (mm)} \tag{8.7}$$

여기서 A_s는 1 m 폭 내에 요구되는 전체 철근의 단면적(mm^2)이다.

8.3.3 전단력에 대한 검토

22 4.11.1(2), (3)

기초판의 경우 전단력에 대해서는 1방향전단과 2방향전단에 대하여 검토한다. 슬래브와 다르게 기초판은 일반적으로 두께가 두껍기 때문에 유효깊이에 대한 전단경간의 비인 a/d 값이 작기 때문에 1방향전단에 대해서도 검토가 필요하다.

1방향전단력에 대한 검토

1방향에 대한 전단 검토는 보나 가장자리에 보로 지지된 슬래브 등과 마찬가지로 휨모멘트에 대한 위험단면에서 d만큼 떨어진 곳에서 한다. 따라서 다음 식 (8.8)(a)에 따라서 검토하며, V_c는 식 (8.8)(b) 또는 식 (8.8)(c)에 의해 구하고, V_s는 (8.8)(d)에 의해 구한다.

22 4.1.1, 4.2.1

$$\phi V_n = \phi(V_c + V_s) \geq V_u \tag{8.8(a)}$$

$$V_c = \frac{1}{6}\lambda\sqrt{f_{ck}}b_w d \tag{8.8(b)}$$

$$V_c = \left(0.16\lambda\sqrt{f_{ck}} + 17.6\rho_w \frac{V_u d}{M_u}\right)b_w d \leq 0.29\lambda\sqrt{f_{ck}}b_w d \tag{8.8(c)}$$

22 4.3.4(2)

$$V_s = \frac{A_v f_{yt} d}{s} \leq 0.2(1 - f_{ck}/250)f_{ck}b_w d \tag{8.8(d)}$$

22 4.1.1(4)

여기서 $\sqrt{f_{ck}}$는 8.4 MPa를 초과할 수 없으며, $V_u d/M_u$는 1을 초과할 수 없다.

그림 [8.8](a)에서 보듯이 반력이 일정하지 않은 독립확대기초판의 경우 반력에 의한 계수전단력이 최대가 되는 위험단면에서 검토를 한다. 그러나 앞서 설명한 바와 같이 일반적으로 기초판에는 스터럽을 배치하지 않고 기초판 두께를 조정하여 콘크리트에 의한 전단력을 저항할 수 있도록 설계하는 것이 일반적이다.

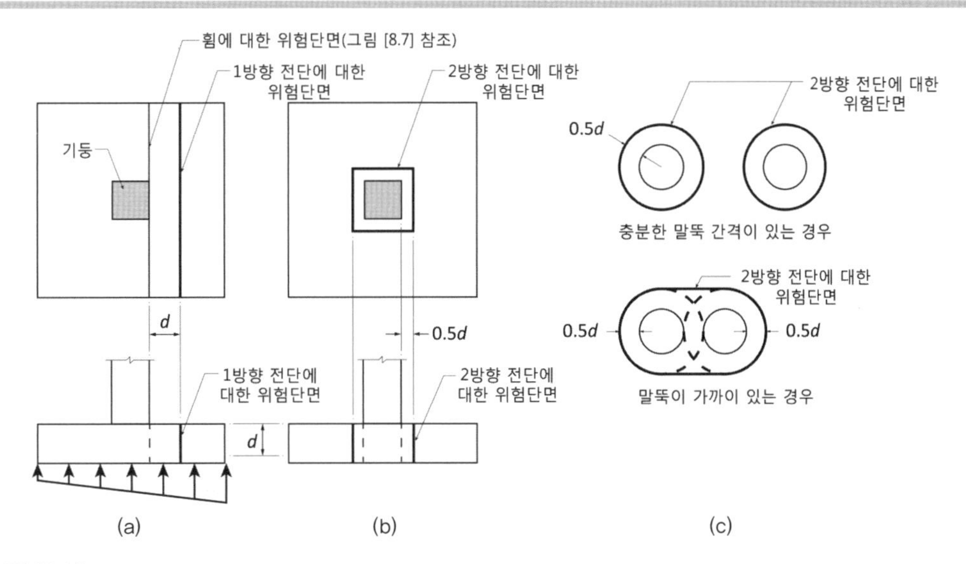

그림 [8.8]
전단력에 대한 위험단면: (a) 1방향 전단; (b) 2방향 전단; (c) 말뚝에 의한 2방향 전단

2방향전단력에 대한 검토

2방향 전단, 즉 뚫림전단에 대한 검토는 슬래브와 동일하다. 다만 말뚝기초인 경우 그림 [8.8](c)에서 보이듯이 말뚝 표면에서 $0.5d$만큼 떨어진 곳에서도 검토하여야 한다. 이는 슬래브 위에 집중하중이 가해질 때도 이와 같이 뚫림전단에 대한 검토를 하는 것과 같다. 그리고 콘크리트구조 설계기준[1)]에서는 기둥 중심선과 말뚝 중심선 사이의 거리가 기초판 두께의 2배보다 가까이 있을 때는 스트럿-타이 모델에 의해서도 검토가 가능한 것으로 규정하고 있다.

70 4.2.2.2(2)

70 4.2.2.2(3)

뚫림전단에 대한 설계의 기본식은 슬래브 부재와 마찬가지로 다음 식 (8.9)를 만족하여야 한다.

$$V_u \leq \phi V_n = \phi(V_c + V_s) \leq \phi(0.58 f_{ck} b_o c_u) \tag{8.9}$$

22 4.11.3(3)

여기서, V_u는 위험단면 둘레를 따라 작용하는 계수전단력으로서 지반 반력에 의해 계산되며 이때 슬래브인 경우와는 다르게 기둥 면에서 $0.75d$ 내의 지반 반력은 제외한다. ϕ는 전단에 대한 강도감소계수로서 0.75, V_c

22 4.11.2(6)

는 콘크리트에 의한 공칭전단강도, V_s는 보강철근에 의한 공칭전단강도이다.

식 (8.9)의 콘크리트에 대한 공칭전단강도 V_c는 다음 식 (8.10)과 같이 규정되어 있다.

22 4.11.2(2)

$$V_c = v_c b_o d \tag{8.10(a)}$$

$$v_c = \lambda k_s k_{bo} f_{te} \cot\psi (c_u/d) \tag{8.10(b)}$$

여기서, v_c는 콘크리트 재료의 공칭전단강도, b_o는 위험단면 둘레길이, d는 기초판의 유효깊이이다. λ는 보통콘크리트일 때는 1이고 경량콘크리트일 때는 보정계수를 고려한다. k_s는 기초판 두께계수로서 크기효과이고, k_{bo}는 내부 기둥, 가장자리 기둥, 모서리 기둥에 따른 계수이고, f_{te}는 압축대 콘크리트의 인장강도, ψ는 휨압축대의 균열각도, c_u는 압축대의 평균 깊이를 각각 나타내며 다음 식 (8.11)과 같다.

$$0.75 \le k_s = (300/d)^{0.25} \le 1.1 \tag{8.11(a)}$$

$$k_{bo} = 4/\sqrt{\alpha_s (b_o/d)} \le 1.25 \tag{8.11(b)}$$

$$f_{te} = 0.2\sqrt{f_{ck}} \tag{8.11(c)}$$

$$\cot\psi = \sqrt{f_{te}(f_{te} + f_{cc})}/f_{te} \tag{8.11(d)}$$

$$c_u = d[25\sqrt{\rho/f_{ck}} - 300(\rho/f_{ck})] \tag{8.11(e)}$$

$$f_{cc} = (2/3)f_{ck} \tag{8.11(f)}$$

여기서 α_s는 모서리 기둥에서 2면 전단 파괴가 일어나는 경우 2.0, 가장자리 기둥에서 3면 전단 파괴가 일어나는 경우 1.33, 모든 기둥에서 4면 전단 파괴가 일어나는 경우 1.0의 값이다. f_{cc}는 휨압축대의 평균 압축응력을 의미한다. ρ값은 기초판 폭 $c_2 + 2h$에 배치된 주인장 철근비로서 0.03 이하일 때만 이 식 (8.11)을 사용할 수 있으며, 0.005 이하일 때는 0.005로 하여 계산한다.

설계기준에서는 전단철근에 의한 전단강도는 기초판의 유효깊이가 150 mm 이상이고 또한 전단철근 지름의 16배 이상인 기초판에 한하여 적용할 수 있도록 규정하고, 스터럽에 의한 전단강도 V_s는 다음 식 (8.12)와 같이 주어지고 있다.

22 4.11.3(1)

22 4.11.3(2)

$$V_s = \frac{A_v f_s d}{s} \tag{8.12}$$

여기서 A_v는 위험단면 둘레에 배치된 모든 전단철근의 단면적이고, s는 간격, $f_{yt} = 0.5 f_y$로 규정하고 있으며 f_{yt}는 전단철근의 설계기준항복강도로서 400 MPa 이하로 취한다.

8.4 배근상세 및 구조상세

8.4.1 철근상세

기초판의 철근상세로는 다른 부재와 마찬가지로 주철근의 간격 및 배치량과 정착 등이 있고, 또 기초판과 상부의 지지되는 부재인 기둥, 벽체, 주각(pedestal) 등과 연결부에 있어서 힘의 전달을 위한 철근상세가 있다. 이것은 기초판을 실제 시공할 때, 기초판만 먼저 콘크리트를 타설하고 이후에 지지하는 기둥, 벽체 등을 시공함으로써 시공줄눈이 항상 생기게 된다. 이 경우에 이 시공줄눈을 통한 단면력을 원만하게 전달시키기 위한 여러 규정들이 설계기준에서 주어져 있다.

70 4.2.3.2

50 4.6.1, 4.6.2

기초판의 최소철근비는 슬래브와 마찬가지로 수축·온도 철근으로 최소한 요구되는 철근비 이상이어야 한다. 철근 간격은 줄기초판의 경우 두께의 5배와 450 mm 중 작은 값 이하로 하도록 규정하고 있으며, 2방향으로 보강하는 기초판의 경우 철근 간격은 450 mm 이하로 규정하고 있다. 그리고 균열폭 제어를 위하여 보와 슬래브 부재 등에 규정된 것과 다음 식 (8.13)(a),(b) 중에서 작은 값 이하가 되도록 간격을 취해야 한다.

70 4.2.4.2(4)

20 4.2.3(4)

$$s = 375\left(\frac{\kappa_{cr}}{f_s}\right) - 2.5c_c \tag{8.13)(a}$$

$$s = 300\left(\frac{\kappa_{cr}}{f_s}\right) \tag{8.13)(b}$$

여기서, 기초판은 땅속에 있으므로 κ_{cr} 값으로 210을 사용한다.

정사각형 기초판의 경우 각 방향의 주철근은 등간격으로 배근하나, 2방향 직사각형 기초판의 경우는 장변 방향의 철근은 균등히 배근하고 단변 방향의 철근은 다음 식 (8.14)에 제시된 값만큼 기둥 중심선에서 단변 폭 범위 내에 배근하고 그 나머지를 그 바깥에 배근한다.

70 4.2.2.1(4)

$$\frac{\text{유효폭 내에 배치되는 철근량}}{\text{단변 방향의 전체 철근량}} = \frac{2}{\beta + 1} \tag{8.14}$$

여기서 β는 단변 길이에 대한 장변 길이의 비이다.

다음으로 기초판과 기둥, 벽체 또는 주각(pedestal)과 연결부에서 힘의 전달을 위한 철근상세에 관한 사항이다.

70 4.2.3.1

기둥 또는 벽체 밑면에서 축력과 힘모멘트 그리고 전단력은 콘크리트의 지압과 철근, 다월철근 및 기계적 연결 장치로 기초판에 전달된다. 이때 콘크리트의 지압강도는 $\phi(0.85 f_{ck} A_1)$ 이하로 하고, 지지 면이 네 방향으로 재하 면보다 클 경우의 설계지압강도는 $\phi(0.85\sqrt{f_{ck}}\sqrt{A_2/A_1})A_1$까지 증가시킬 수 있으나 $\sqrt{A_2/A_1}$은 2 이하로 취한다. 그리고 모든 철근은 정착길이를 확보하여야 한다. 어느 한쪽 부재의 콘크리트 지압강도를 초과하는 모든 압축력과 접촉 면 사이의 인장력은 철근이나 다월철근을 배치하여 저항하도록 하고, 횡방향의 전단력은 전단마찰 개념에 따라 설계한다.

20 4.7(1)

우리나라의 경우 일반적으로 기둥의 주철근을 기초판에 모두 정착시켜 시공하는 경우가 많으나, 현장치기콘크리트 기둥과 주각의 경우 접촉 면 사이의 최소 철근 단면적은 지지되는 부재인 기둥 단면적의 0.005배 이상이다. 벽체의 경우 설계기준항복강도 400 MPa 이상으로서 D16 이하의 이형철근은 0.0012, 그 외에는 0.0015배 이상이다.

70 4.2.3.2(2)

72 4.2(2)

8.4.2 구조상세

기초판의 구조상세는 기초판의 크기, 말뚝기초의 경우 말뚝 간격 등에 대한 규정이 있다. 기초판의 크기에 관한 사항으로는 기초판 윗면부터 하부 철근까지 깊이는 직접기초의 경우는 150 mm 이상, 말뚝기초의 경우는 300 mm 이상으로 규정하고 있다. 그리고 말뚝기초의 경우 여러 개의 말뚝, 즉 무리말뚝으로 기초판을 지지하므로 말뚝 사이의 간섭을 최소화하기 위해서 적어도 말뚝 직경의 최소 2.5배 이상 띄어 배치하는 것이 바람직하다. 구조물기초설계기준[2]에서는 완전히 상호 간섭을 배제하기 위한 거리 d_0는 다음 식 (8.15)에 의해 구할 수 있는 것으로 규정하고 있다.

70 4.2.1(5)

$$d_0 = 1.5\sqrt{r_p l_p} \tag{8.15}$$

여기서, d_0는 무리말뚝의 영향을 무시할 수 있는 말뚝의 최소 중심 간격이며, r_p와 l_p는 각각 말뚝의 반경과 길이이다.

예제 〈8.3〉

그림과 같은 기초판과 기둥 접합부 사이에 힘의 전달에 대하여 검토하고 설계하라.

단면력 ; 고정하중 축력 $P_D = 3{,}000$ kN

활하중 축력 $P_L = 1{,}000$ kN

고정하중 휨모멘트 $M_D = 150$ kNm

활하중 휨모멘트 $M_L = 200$ kNm

부재 크기 ; 기초판 $3{,}500 \times 4{,}000 \times 700$ mm^3

기둥단면 500×600 mm^2

재료의 강도 ; 기둥 콘크리트 $f_{ck} = 35$ MPa

기초판 콘크리트 $f_{ck} = 24$ MPa

철근 $f_y = 400$ MPa

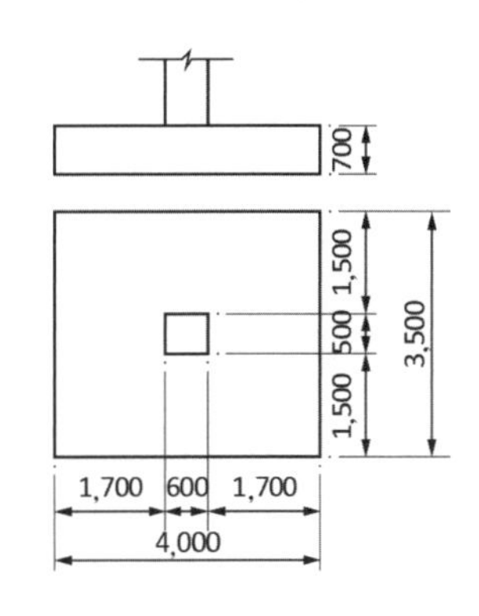

풀이

1. 계수단면력 및 응력 분포 검토

접합 단면에 작용하는 계수단면력을 먼저 구한다.

10 4.2.2(1)

$$P_u = 1.2P_D + 1.6P_L = 1.2 \times 3{,}000 + 1.6 \times 1{,}000 = 5{,}200 \text{ kN}$$
$$M_u = 1.2M_D + 1.6M_L = 1.2 \times 150 + 1.6 \times 200 = 500 \text{ kNm}$$

편심거리 e값을 계산하면 $e = 500/5{,}200 = 0.096$ m로서 단면의 핵(core)의 거리인 $h/6 = 0.6/6 = 0.1$ m 이내이다. 따라서 접합부 전체 단면이 압축력만 받는다.

2. 기둥과 기초판의 지압강도 검토
접합부에서 최소한의 다월철근이 필요하나 이를 무시하고 기초판 측의 콘크리트에 의한 지압강도를 검토한다. 20 4.7(1)

$$\begin{aligned}\phi P_{nb} &= \phi \times 0.85 f_{ck} A_1 \sqrt{A_2/A_1} \\ &= 0.65 \times 0.86 \times 24 \times 500 \times 600 \times 2 \\ &= 7{,}956 \text{ kN} \geq 5{,}200\end{aligned}$$

따라서 지압강도는 만족한다.

3. 접합부에 요구되는 철근량 계산
접합부에서 인장력은 발생되지 않고, 지압강도도 충분히 발휘되어 추가적 철근량은 필요하지 않지만, 최소한의 철근비인 0.005만큼은 배치하여야 한다. 70 4.2.3.1(2) 70 4.2.3.2(2)

$$A_{s,\min} = 0.005 \times 500 \times 600 = 1{,}500 \text{ mm}^2$$

따라서 D22(387.1 mm^2)를 사용한다면 $n = 1{,}500/387.1 = 3.87$로서 4－D22를 배치한다.

4. 정착길이 검토
일반적으로 다월철근은 위치 고정을 위하여 기초판 하부에서 90° 표준갈고리 형태로 하고, 기둥 속으로는 직선 형태로 배치한다. 그러나 이 예제의 경우 전체 단면이 압축응력을 받으므로 압축정착길이와 이음길이에 대하여 계산한다. 70 4.2.3.1(4)

$$\text{기초판 정착};\ l_d = \frac{0.25 d_b f_y}{\lambda \sqrt{f_{ck}}} = \frac{0.25 \times 22 \times 400}{1.0 \times \sqrt{24}} = 449 \text{ mm}$$
$$\geq 0.043 d_b f_y = 0.043 \times 22 \times 400 = 378 \text{ mm}$$

52 4.1.3(2)

기둥 속 이음 길이; $l_s = \left(\dfrac{1.4 f_y}{\lambda \sqrt{f_{ck}}} - 52\right) d_b$ 52 4.5.3(1)

$$= \left(\frac{1.4 \times 400}{1.0 \times \sqrt{24}} - 52\right) \times 22 = 938 \text{ mm}$$

$$\leq \text{max.}(0.072 d_b f_y,\ 300 \text{ mm}) = (0.072 \times 22 \times 400, 300)$$

$$= \text{max.}(634,\ 300) = 634 \text{ mm}$$

따라서 기초판 속으로 449 mm 이상, 기둥 속으로 634 mm 이상 연장시킨다. 이때 기둥 속으로 연장 길이는 기둥에 사용한 주철근의 압축정착길이보다 커야 한다. 52 4.5.3(2)

8.5 기초판 설계 예

8.5.1 독립확대기초판 설계 예

8.1절에서 설명한 바와 같이 기초판과 기초는 여러 종류가 있다. 그래서 8.5절의 설계 예에서는 대표적 기초판인 독립확대기초판에 대해서 다양한 예를 들고, 복합확대기초판에 대해서는 대표적인 예를 들며, 전면기초는 설계할 때 주의해야 할 점에 대해서만 언급하고자 한다.

독립확대기초판의 설계는 8.3절에 따라 수행할 수 있으며, 실제 현장에서는 드문 경우이나 중심 축력을 받는 경우에 대하여 먼저 예를 든다. 그 후 축력과 휨모멘트를 받는 기초판으로서 직접기초와 말뚝기초인 경우에 대한 예를 들어 설명한다.

예제 〈8.4〉 중심 축력을 받는 독립확대기초판

다음과 같은 중심 축력을 받는 독립확대기초판을 설계하라.

고정하중에 의한 축력	1,500 kN	기초판의 깊이	2.0 m
활하중에 의한 축력	1,000 kN	기둥의 크기	500 × 500 mm^2
지표하중	5 kN/m^2	콘크리트의 설계기준압축강도	24 MPa
흙의 중량	17 kN/m^3	철근의 설계기준항복강도	400 MPa
지반의 허용지내력	250 kN/m^2		

풀이

1. 기초판의 밑면적 결정

이 경우 계수하중을 사용하지 않고 사용하중(하중계수가 곱해지지 않은 하중)을 사용하여야 한다는 것에 유의하기 바란다.

70 4.2.1(2)

1) 흙 및 기초판에 의한 하중의 가정

기초판은 철근콘크리트이므로 24 kN/m³로 가정하고, 기초판의 두께를 알 수 없으므로 흙을 포함하여 평균으로 20 kN/m³로 일단 가정한다.

2) 기둥 축력에만 저항할 수 있는 허용지내력

$$q_e = 250 - (2 \times 20) - 5 = 205\ \text{kN/m}^2$$

3) 기초판의 밑면적 결정

$$A_f = (1{,}500 + 1{,}000)/205 = 12.2\ \text{m}^2$$

따라서 3.5×3.5(12.25 m²)정사각형 기초판으로 한다.

2. 기초판 설계용 지반 반력 산정

기초판은 철근콘크리트 구조이기 때문에 강도설계법으로 설계하고자 할 때 계수하중을 사용하여야 한다. 그러나 기초판이 지반 위에 놓일 때 상부의 흙과 기초판 자중, 그리고 등분포의 지표하중은 기초판 설계에서 제외시켜도 좋다. 이는 위에서 작용하는 양만큼 반력이 추가되어 기초판의 단면력에는 영향을 주지 않기 때문이다.

1) 계수하중

10 4.2.2(1)

$$P_u = 1.2 \times 1{,}500 + 1.6 \times 1{,}000 = 3{,}400\ \text{kN}$$

2) 계수반력등분포하중

$$q_u = P_u / A_f = 3{,}400/12.25 = 278\ \text{kN/m}^2$$

3. 기초판의 깊이 결정

기초판의 경우 전단보강이 힘들고, 지하에 묻히는 부재로서, 두께는 어느 정도 자유롭게 선택할 수 있기 때문에 기초판의 두께를 전단력에 대하여 결정하는 것이 일반적이다. 전단력에 대한 검토는 1방향과 2방향전단에 대하여 수행하여야 한다.

1) 기초판 깊이의 가정

두께를 가정하지 않으면 2차방정식을 풀어야 하기 때문에 경험 등을 토대로 가정하여 설계하는 것이 일반적이다. 또한 흙 위에 콘크리트를 치는 경우 피복두께가 75 mm 이상 요구되므로 유효깊이는 전체 두께에서 100 mm 이상 줄이는 것이 좋다. 여기서는 전체 깊이를 700 mm, 유효깊이를 600 mm로 가정한다.

2) 기초판의 2방향전단 검토

식 (8.10)과 식 (8.11)에 의해 V_c를 계산한다. 22 4.11.2(2)

$$V_u = q_u\left[A_f - (c_1 + 2\times 0.75d)(c_2 + 2\times 0.75d)\right]$$
$$= 278\times[12.25 - (0.5+2\times 0.75\times 0.6)(0.5+2\times 0.75\times 0.6)]$$
22 4.11.2(6)
$$= 2{,}861\ \text{kN}$$

$$V_c = v_c b_o d$$
$$= \lambda k_s k_{bo} f_{te} \cot\psi (c_u/d) b_o d$$
$$\lambda = 1.0$$
$$k_s = (300/d)^{0.25} = (300/600)^{0.25} = 0.841$$
$$k_{bo} = 4/\sqrt{\alpha_s(b_o/d)} = 4/\sqrt{1.0\times(4\times 1{,}100/600)} = 1.477$$
$$f_{te} = 0.2\sqrt{f_{ck}} = 0.2\sqrt{24} = 0.98$$
$$f_{cc} = 2f_{ck}/3 = 16$$
$$\cot\psi = \sqrt{f_{te}(f_{te}+f_{cc})}/f_{te} = \sqrt{0.98\times(0.98+16)}/0.98 = 4.163$$
$$c_u = d\left[25\sqrt{\rho/f_{ck}} - 300(\rho/f_{ck})\right]$$
$$= 600\times[25\times\sqrt{0.005/24} - 300\times(0.005/24)] = 179$$
$$= 1.0\times 0.841\times 1.477\times 0.98\times 4.163\times(179/600)\times 4{,}400\times 600/1{,}000$$
$$= 3{,}991\ \text{kN}$$

다만 여기서 주철근비 ρ 값을 알 수 없으나 기초판의 경우 그 값이 크지 않으므로 최소 값인 $\rho = 0.005$로 취했다. 따라서 2방향전단에 대하여 안전성을 평가한다.

$$\phi V_n = \phi V_c = 0.75\times 3{,}991 = 2{,}993 \geq V_u = 2{,}861\ \text{kN}$$

그러므로 안전하다.

3) 기초판의 1방향전단 검토 22 4.2.1(1)

$$V_u = q_u(0.5l - 0.5c_1 - d)b = 278\times(0.5\times 3.5 - 0.5\times 0.5 - 0.6)\times 3.5$$
$$= 876\ \text{kN}$$

$$\phi V_n = \phi V_c = 0.75 \times \frac{1}{6} \times \sqrt{24} \times 3500 \times 600 = 1{,}286 \text{ kN}$$

$$\geq V_u = 876 \text{ kN}$$

그러므로 안전하다.

4. 휨모멘트에 의한 주철근의 산정
휨모멘트에 대한 위험단면은 기둥의 전면이므로 이 면에서 검토한다. 70 4.2.2.1(2)

1) 계수휨모멘트 계산

$$M_u = \frac{1}{2} q_u b \left(\frac{l - c_1}{2} \right)^2$$

$$= \frac{1}{2} \times (278 \times 3.5) \times \left(\frac{3.5 - 0.5}{2} \right)^2 = 1{,}095 \text{ kNm}$$

2) 철근량의 계산

$$\frac{M_u}{\phi \eta f_{ck} b d^2} = \frac{1{,}095{,}000{,}000}{0.85 \times 1.0 \times 24 \times 3{,}500 \times 600^2} = 0.0426$$

표 〈4.6〉에서 $w = \rho f_y / \eta f_{ck} = 0.0416$을 얻을 수 있다. 따라서 $\rho = 0.00250 \geq \rho_{\min} = 0.002$를 구할 수 있으며, 철근량 A_s는 다음과 같다.

$$A_s = 0.00250 \times 3{,}500 \times 600 = 5{,}250 \text{ mm}^2$$

참고로 앞의 2방향전단 검토에서 $\rho = 0.005$로 가정하였는데, $\rho = 0.0025$로서 ρ 값이 0.005보다 작을 때는 0.005로 취하도록 규정하고 있으므로 만족한다. 22 4.11.2(2)

3) 철근의 간격
철근의 간격은 사용하는 철근의 굵기에 따라 달라지며, 여기서는 D22 철근(A_1 = 387.1 mm^2)을 사용한다.

$$s = 3{,}500/n = 3{,}500/(5250/387.1)$$

$$= 258 \text{ mm} \rightarrow 250 \text{ mm}$$

철근의 간격으로 250 mm로 선택한다.

5. 정착길이 검토

직선 인장철근에 대한 정착길이를 구하여 검토한다.

$$l_{db} = \frac{0.6 d_b f_y}{\lambda \sqrt{f_{ck}}} = \frac{0.6 \times 22 \times 400}{1.0 \times \sqrt{24}} = 1,078 \text{ mm}$$

52 4.1.2(1), (2)

$$l_d = \alpha \beta \lambda l_{db} = 1 \times 1 \times 1 \times 1078 = 1,078 \text{ mm}$$

휨모멘트에 대한 위험단면부터 기초판 단부까지 거리가 1,500 mm이므로 기초판 단부에 피복두께를 고려하여도 충분하다.

6. 기둥과 접합부에 대한 검토

1) 지압강도 검토

20 4.7(1)

이 예제의 경우 압축력만 작용하므로 지압검토를 하면 다음과 같다.

$$\phi P_{nb} = \phi \times 0.85 f_{ck} A_1 \sqrt{A_2 / A_1} = 0.65 \times 0.85 \times 24 \times 500 \times 500 \times 2$$
$$= 6,630 \text{ kN} \geq P_u = 3,400 \text{ kN}$$

2) 다월철근량과 정착길이 검토

70 4.2.3.2(2)

압축응력만 접합부에서 작용하므로 최소 요구되는 철근비는 0.005이다.

$$A_{s,\min} = 0.005 \times 500 \times 500 = 1,250 \text{ mm}^2$$

따라서 4－D22를 사용하면 $4 \times 387.1 = 1,548.1 \text{ mm}^2$

52 4.1.3(2)

$\geq 1,250 \text{ mm}^2$으로 만족한다.

이 경우 압축정착길이는 다음과 같다.

$$l_d = \frac{0.25 d_b f_y}{\lambda \sqrt{f_{ck}}} = \frac{0.25 \times 22 \times 400}{1.0 \times \sqrt{24}} = 449 \text{ mm}$$
$$\geq 0.043 d_b f_y = 0.043 \times 22 \times 400 = 378 \text{ mm}$$

따라서 기초판의 전체 두께가 700 mm이므로 정착길이 449 mm는 충분히 확보할 수 있다.

최종적으로 기초판은 다음과 같이 설계한다.

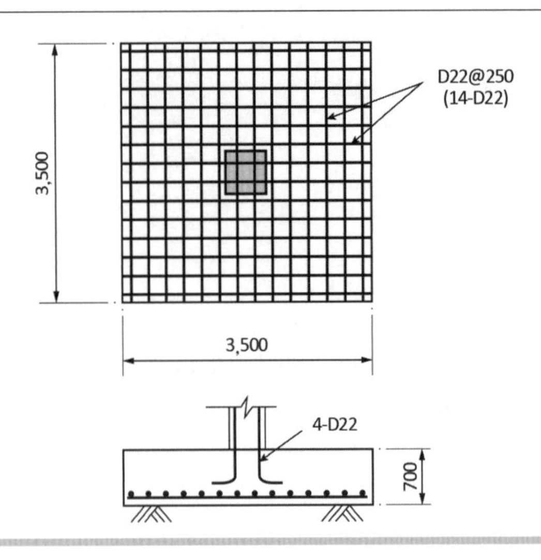

예제 〈8.5〉 축력과 휨모멘트를 받는 독립확대기초판(직접기초)

다음과 같은 축력과 휨모멘트를 받는 직접기초의 독립확대기초판을 설계하라.

고정하중	$P_D = 1{,}500$ kN	$M_D = 250$ kNm
활하중	$P_L = 1{,}000$ kN	$M_L = 300$ kNm
지표하중	5.0 kN/m^2	
허용지내력	300 kN/m^2	
흙의 비중	17 kN/m^3	
기둥 크기	500×600 mm^2	
기초판 깊이	2.0 m	
콘크리트의 설계기준압축강도	24 MPa	
철근의 설계기준항복강도	400 MPa	

풀이

1. 기초판의 밑면적 결정

먼저 사용하중을 사용하여 기초판의 밑면적을 정한다.

1) 사용하중과 편심거리 계산

$$P = 1{,}500 + 1{,}000 = 2{,}500 \text{ kN}$$

$$M = 250 + 300 = 550 \text{ kNm}$$

$$e = 550/2{,}500 = 0.22 \text{ m}$$

2) 기둥에서 내려오는 단면력에만 저항할 수 있는 허용지내력

앞의 예제 〈8.4〉와 마찬가지로 콘크리트와 흙의 평균 비중을 20 kN/m³으로 가정하면,

$$q_e = 300 - (2 \times 20) - 5.0 = 255 \text{ kN/m}^2$$

3) 허용지내력 검토

기초판의 크기를 일단 3.5×4.0 m²으로 가정하여 검토한다.

$$q_{s1},\ q_{s2} = \frac{2{,}500}{3.5 \times 4.0} \pm \frac{550}{3.5 \times 4.0^2/6} = 237.5,\ 119.6 \text{ kN/m}^2$$
$$\leq 255 \text{ kN/m}^2$$

따라서 기초판을 3.5×4.0 m²으로 취하면 허용지내력을 만족한다.

2. 기초판 설계용 지반 반력 계산

기초판 설계는 강도설계법에 따라야 하므로 계수하중에 의한 지반 반력을 계산한다. 10 4.2.2(1)

$$P_u = 1.2 \times 1{,}500 + 1.6 \times 1{,}000 = 3{,}400 \text{ kN}$$
$$M_u = 1.2 \times 250 + 1.6 \times 300 = 780 \text{ kNm}$$
$$q_{u,1,2} = \frac{3{,}400}{3.5 \times 4.0} \pm \frac{780}{3.5 \times 4.0^2/6}$$
$$= 326 \text{ kN/m}^2,\ 159 \text{ kN/m}^2$$

3. 기초판 깊이의 결정

기초판 깊이는 전단력에 의해 결정하는 것이 바람직하므로 먼저 전단력에 대하여 검토한다.

1) 2방향전단에 대한 검토

다음 그림에서 볼 수 있듯이 2방향 전단에 대한 단면의 평균 반력은 중앙점의 값이 242.5 kN/m²이므로, 앞의 예제 〈8.4〉보다 약간 큰 d=650 mm로 취할 때 계수전단력 V_u는 다음과 같다. 22 4.11.2(2)

$$V_u = 242.5 \times [4.0 \times 3.5 - (0.6 + 1.5d)(0.5 + 1.5d)]$$
$$= 242.5 \times (4.0 \times 3.5 - 1.575 \times 1.475)$$
$$= 2{,}832 \text{ kN}$$

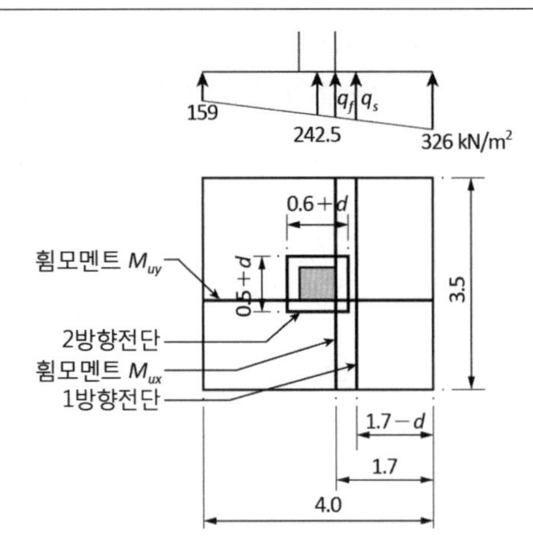

콘크리트에 의한 2방향 전단강도는 앞의 예제에서 $d=600$ mm, $f_{ck}=24$ MPa일 때, $\phi V_n=3{,}071$ kN으로서 여기서 계산된 $V_u=2{,}832$ kN보다 크므로 안전하다. 이 예제에서는 $d=650$ mm($h=750$ mm)로 하였으므로 이 경우 충분히 안전할 것이므로 2방향전단에 대한 검토는 $V_u=2{,}832$ kN보다 크므로 안전하다.

2) 1방향전단에 대한 검토

그림에서 1방향전단에 대한 위험 단면에서 반력 q_s를 구한다. 22 4.2.1(1)

$$q_s=242.5+(326-242.5)\times 0.95/2=282 \text{ kN/m}^2$$

$$V_u=[(q_s+326)/2]\times 1.05\times 3.5=1{,}117 \text{ kN}$$

$$\phi V_n=0.75\times\frac{1}{6}\times\sqrt{24}\times 3{,}500\times 650=1{,}393 \text{ kN}$$

$$\geq V_u=1{,}117 \text{ kN}$$

따라서 1방향전단에 대해서도 안전하다.

4. 휨모멘트에 의한 주철근 산정

휨모멘트에 의한 위험단면은 그림에서 보이듯이 기둥 전면이므로 이곳의 계수휨모멘트와 철근량을 계산한다.

1) 계수휨모멘트 계산

$$q_f=242.5+(326-242.5)\times 0.3/2=255 \text{ kN/m}^2$$

$$M_{ux} = \frac{1}{2} \times (255 \times 3.5) \times 1.7^2$$
$$+\left\{\frac{1}{2}\times 1.7\times(326-255)\times 3.5\right\} \times \frac{2 \times 1.7}{3}$$
$$= 1{,}529 \text{ kNm}$$

짧은 변 방향으로는 위치에 따라 반력이 변하나, 평균 반력은 242.5 kN/m^{2}이므로 계수휨모멘트 M_{uy}는 다음과 같다.

$$M_{uy} = \frac{1}{2}\times(242.5 \times 4.0)\times(1.75-0.25)^2$$
$$= 1{,}091 \text{ kNm}$$

2) 철근량 계산

표 〈4.6〉을 사용하여 구하면,

$$\frac{M_{ux}}{\phi\eta f_{ck} b_x d_x^2} = \frac{1{,}529{,}000{,}000}{0.85 \times 1.0 \times 24 \times 3{,}500 \times 650^2} = 0.0507$$
$$\frac{M_{uy}}{\phi\eta f_{ck} b_y d_y^2} = \frac{1{,}091{,}000{,}000}{0.85 \times 1.0 \times 24 \times 4{,}000 \times 650^2} = 0.03165$$

표 〈4.6〉에서 $w_x = \rho_x f_y/\eta f_{ck} = 0.0523$와 $w_y = \rho_y f_y/\eta f_{ck} = 0.0322$을 얻을 수 있다. 따라서 $\eta = 1.0$이므로 $\rho_x = 0.0523 \times 24/400 = 0.00314 \geq \rho_{\min} = 0.002$와 $\rho_y = 0.01932 \leq \rho_{\min} = 0.002$를 구할 수 있다. 따라서 각 방향으로 철근량은 다음과 같다.

$$A_{sx} = 0.00314 \times 3{,}500 \times 650 = 7{,}144 \text{ mm}^2$$
$$A_{sy} = 0.002 \times 4{,}000 \times 650 = 5{,}200 \text{ mm}^2$$

실제로 x, y축 방향으로 철근의 깊이가 차이가 나므로 d_x와 d_y는 약간의 차이가 있으나 이 예제 풀이에서는 무시하였다.

3) 철근의 간격

만약 긴 방향으로 D25 철근($A_1 = 506.7\text{mm}^2$)을 사용한다면 그 간격 s_x는 다음과 같다.

$$s_x = 3{,}500/n = 3{,}500/(7{,}144/506.7)$$
$$= 248 \text{ mm} \rightarrow 240 \text{ mm}$$

따라서 D25 철근 15개를 240 mm 간격으로 긴 방향으로 배치한다.

70 4.2.2.1(4)

짧은변 방향으로는 유효폭 3.5 m 이내에 전체 철근량 5,200 mm^{2}의 $2/\beta+1 = 2/(4/3.5+1) = 0.933$배인 $5,200 \times 0.933 = 4,852$mm^{2}을 배치하고 나머지를 양쪽 250 mm 폭에 배치한다. 그러나 이 경우는 250 mm 폭이 철근 간격과 유사하므로 전체 폭에 골고루 배치하여도 무방하다. D22 철근($A_1 = 387.1$ mm^2)을 사용하면 간격 s_y는 다음과 같다.

$$s_y = 4,000/n = 4,000/(5,200/387.1)$$
$$= 298 \text{ mm} \rightarrow 275 \text{ mm}$$

따라서 D22 철근 15개를 275 mm 간격으로 배치한다.

5. 정착길이에 대한 검토

D22, D25 철근에 대한 정착길이를 계산한다.

52 4.1.2(1), (2)

$$\text{D22;}\ l_d = \alpha\beta\lambda\, l_{db} = 1.0 \times 1.0 \times 1.0 \times \frac{0.6 \times 22 \times 400}{1.0 \times \sqrt{24}}$$
$$= 1,078 \text{ mm}$$

$$\text{D25;}\ l_d = \alpha\beta\lambda\, l_{db} = 1.0 \times 1.0 \times 1.0 \times \frac{0.6 \times 25 \times 400}{1.0 \times \sqrt{24}}$$
$$= 1,225 \text{ mm}$$

기초판에서 휨모멘트에 대한 위험단면에서 기초판 끝까지 거리가 D22 철근의 경우 1,500 mm, D25 철근의 경우 1,700 mm가 되므로 피복두께 50 mm 정도로 하더라도 정착길이 확보는 충분하다.
최종적으로 철근 배근도는 다음 그림과 같다.

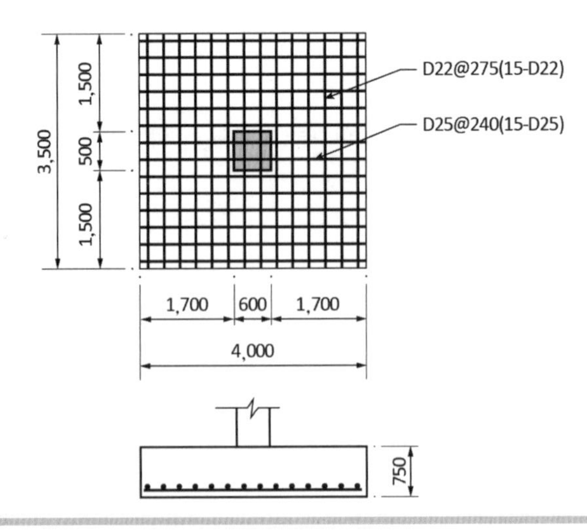

예제 〈8.6〉 축력과 휨모멘트를 받는 독립확대기초판(말뚝기초)

앞의 예제 〈8.2〉와 같은 말뚝기초로 된 기초판을 설계하라.
다만 작용하는 하중 P=6,000 kN, M=1,500 kNm 및 V=100 kN은 고정하중과 활하중으로 다음과 같다.

$P = 6,000$ kN → $P_D = 4,000$ kN　　$P_L = 2,000$ kN

$M = 1,500$ kNm → $M_D = 800$ kNm　　$M_L = 700$ kNm

$V = 100$ kN → $V_D = 60$ kN　　$V_L = 40$ kN

그리고 콘크리트의 설계기준압축강도는 27 MPa이고 철근의 설계기준항복강도는 400 MPa이다. 그리고 상부 기둥 크기는 600 × 800 mm²이다.

풀이

P, M, V는 예제 〈8.2〉와 같으므로 기초판 밑면의 면적 4×4 m²과 말뚝으로 PHC 콘크리트 말뚝으로 ϕ500 mm 9개를 예제 〈8.2〉의 그림과 같이 배치하면 된다. 이 예제에서는 기초판의 크기와 철근량을 계산하면 된다.

1. 기초판 설계용 말뚝 반력 계산
   1) 기초판 밑면의 중앙에서 작용하는 계수하중은 다음과 같다.

① $U = 1.2D + 1.6L$　　10 4.2.2(1)

$P_u = 1.2 \times 4,000 + 1.6 \times 2,000 = 8,000$ kN

$M_u = 1.2 \times 800 + 1.6 \times 700 + 1.2 \times 60 \times 5 + 1.6 \times 40 \times 5$

$= 2,760$ kNm

② $U = 1.4D$

$P_u = 1.4 \times 4,000 = 5,600$ kN

$M_u = 1.4 \times 800 + 1.4 \times 60 \times 5 = 1,540$ kNm

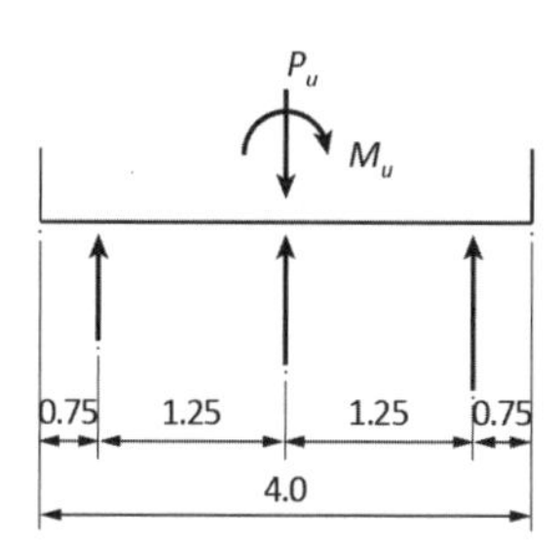

따라서 말뚝 반력 계산용 $P_u = 8,000$ kN, $M_u = 2,760$ kNm이다.
여기서 기초판 설계용 말뚝 반력을 계산할 때는 상재 하중과 흙과 기초판 자중의 무게는 고려할 필요가 없다. 이는 이러한 하중에 의해 말뚝 반력이 커지지만 또한 이 하중은 기초판에 반대 방향으로 작용하기 때문에 기초판 단면력에 영향을 주지

않기 때문이다. 물론 말뚝기초의 경우 말뚝 반력은 말뚝 위치에서 상향의 집중하중이고 이러한 하중은 하향의 등분포 하중으로 기초판 단면력에 약간의 차이를 줄 수 있으나 그 차이가 크지 않으므로 이 하중을 배제할 수 있다.

2) 말뚝의 계수반력 계산

$M_u = 2{,}700$ kNm에 의해 A열 말뚝에 줄어드는 축력과 C열 말뚝에 추가되는 축력은 $M_u = \Sigma \bar{x} P_i = \Sigma \bar{x}^2 P_1$에 의해 다음과 같이 구할 수 있다.

$$2{,}700 = 6 \times 1.25^2 P_1 \rightarrow 1.25 P_1 = 2{,}700 / (6 \times 1.25)$$
$$= 360 \text{ kN}$$

따라서 A열 말뚝의 축력은 $8{,}000/9 - 360 = 529$ kN, B열의 경우 $8{,}000/9 = 889$ kN, C열의 경우 $8{,}000/9 + 360 = 1{,}249$ kN이다.

2. 기초판 깊이의 결정

말뚝기초판의 유효깊이는 300 mm 이상이므로 전체 깊이는 400 mm 이상으로 하여야 하고, 깊이는 전단 검토에 의해 구한다.

70 4.2.1(5)

1) 2방향전단에 대한 검토

기초판의 2방향전단에 대한 계수전단력은 A열 말뚝 3개, B열 말뚝 2개, C열 말뚝 3개의 반력이다. 왜냐하면 B열의 말뚝 1개(기둥 바로 밑에 위치)는 2방향전단에 대한 위험단면 안에 있기 때문이다.

$$V_u = 3 \times (529 + 1{,}249) + 2 \times 889$$
$$= 7{,}112 \text{ kN}$$

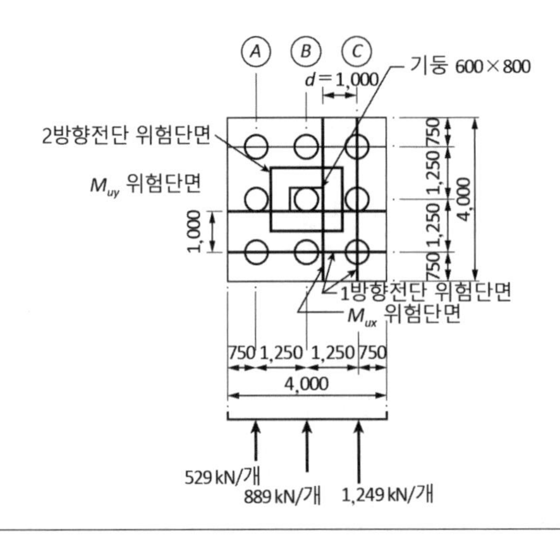

이 정도의 계수단면력 크기에 저항하기 위해서 $d = 1,000$ mm($h = 1,100$ mm)를 가정하여 검토한다.

$V_c = \lambda k_s k_{bo} f_{te} \cot\psi (c_u/d) b_0 d$ 　　70 4.11.2(2)

$d = 1,000$ mm

$b_0 = (800 + d) \times 2 + (600 + d) \times 2 = 6,800$ mm

$\lambda = 1.0$

$k_s = (300/d)^{0.25} = (300/1,000)^{0.25} = 0.740$ ($k_s = 0.75$)

$k_{bo} = 4/\sqrt{\alpha_s (b_0/d)} = 4/\sqrt{1.0 \times (6,800/1,000)} = 1.534$

$f_{te} = 0.2\sqrt{f_{ck}} = 0.2 \times \sqrt{27} = 1.039$

$f_{cc} = 2f_{ck}/3 = 2 \times 27/3 = 18.0$

$\cot\psi = \sqrt{f_{te}(f_{te} + f_{cc})}/f_{te} = \sqrt{1.039 \times (1.039 + 18.0)}/1.039$

$= 4.281$

$c_u = d[25\sqrt{\rho/f_{ck}} - 300(\rho/f_{ck})]$

$= 1,000[25 \times \sqrt{0.005/27} - 300 \times 0.005/27] = 285$

$= 1.0 \times 0.75 \times 1.534 \times 1.039 \times 4.281 \times (285/1,000)$

$\times 6,800 \times 1,000$

$= 9,917$ kN

$\phi V_n = \phi V_c = 0.75 \times 9,917 = 7,438$ kN

$\geq V_u = 7,112$ kN

그러므로 기초판의 2방향전단에 대해서 안전하다.

2) 1방향전단에 대한 검토

1방향전단에 대한 위험단면은 그림에서 보듯이 B열에서 C열 쪽으로 기둥 전면에서 d만큼 떨어진 곳인 $400 + 1,000 = 1,400$ mm 위치와 직교 방향으로 기둥 전면에서 d만큼 떨어진 곳인 $300 + 1,000 = 1,300$ mm인 곳이다. 이 두 곳 모두 말뚝에 걸쳐 있고, 이 걸쳐 있는 말뚝이 이 단면 밖으로 나간 부분이 x축 방향으로는 $(1,250 + 250) - 1,400 = 100$ mm, y축 방향으로는 $(1,250 + 250) - 1,300 = 200$ mm로서 y축 방향이 크므로 이곳에 대하여 검토한다. (실제로는 이러한 경우 기초판의 1방향 계수전단력은 매우 작아 안전하므로 검토할 필요가 없다.) 이 위험 단면에서 작용하는 계수전단력은 3개의 말뚝의 계수반력인 529 kN, 889 kN, 1,249 kN의 합에 걸쳐 있는 직경의 비를 고려하여 다음과 같이 구한다. 　　22 4.2.1(5)

$V_u = (529 + 889 + 1,249) \times$ 바깥쪽 길이 / 말뚝직경

$= (529 + 889 + 1,249) \times 200/500 = 1,067$ kN

$$\phi V_n = \phi V_c = 0.75 \times \frac{1}{6} \times \sqrt{27} \times 4{,}000 \times 1{,}000$$

$$= 2{,}598 \text{ kN} \geq V_u = 1{,}067 \text{ kN}$$

22 4.2.1(1)

그러므로 안전하다.

3. 휨모멘트에 의한 주철근의 산정

이 예제의 경우에도 x, y 방향의 휨모멘트가 다르므로 두 방향에 대하여 계산한다.

1) x 방향

x 방향으로는 C열의 말뚝 3개의 반력에 의해 휨모멘트에 대한 위험단면에서 계수휨모멘트를 다음과 같이 구할 수 있다.

$$M_u = Pl = (3 \times 1{,}249) \times (1.25 - 0.4) = 3{,}185 \text{ kNm}$$

철근량 계산은 표 〈4.6〉에 의해 구할 수 있다.

$$\frac{M_u}{\phi \eta f_{ck} b d^2} = \frac{3{,}185{,}000{,}000}{0.85 \times 1.0 \times 27 \times 4{,}000 \times 1{,}000^2} = 0.0347$$

$$w = 0.0355 = \frac{\rho f_y}{\eta f_{ck}} \rightarrow \rho = 0.0355 \times 27/400 = 0.0024$$

$$A_s = 0.0024 \times 4{,}000 \times 1{,}000 = 9{,}600 \text{ mm}^2$$

D22 철근($A_1 = 387.1 \text{ mm}^2$)을 사용한다면 간격 s는 다음과 같다.

$$s = 4{,}000 / (9{,}600 / 387.1) = 161 \text{ mm}$$

$$\rightarrow 160 \text{ mm} \leq 450 \text{ mm}$$

2) y 방향

y 방향으로는 A, B, C 열의 각각 말뚝 1개씩의 반력에 의해 기초판에서 계수휨모멘트가 발생하므로 다음과 같이 구할 수 있다.

$$M_u = Pl = (529 + 889 + 1{,}249) \times (1.25 - 0.3)$$

$$= 2{,}534 \text{ kNm}$$

$$\frac{M_u}{\phi \eta f_{ck} b d^2} = \frac{2{,}534{,}000{,}000}{0.85 \times 1.0 \times 27 \times 4{,}000 \times 1{,}000^2} = 0.0276$$

$$w = 0.0281 = \rho f_y / \eta f_{ck} \rightarrow \rho = 0.0281 \times 27/(1.0 \times 400)$$

$$= 0.0019 \leq 0.002$$

$A_s = 0.002 \times 4,000 \times 1,000 = 8,000\ \text{mm}^2$

D22; $s = 4,000/(8,000/387.1) = 193\ \text{mm}$

$\rightarrow 160\ \text{mm} \leq 450\ \text{mm}$

따라서 양방향으로 D22 철근을 160mm 간격으로 배치한다.

4. 정착길이에 대한 검토
   D22 철근의 정착길이 l_d를 계산한다.

52 4.1.2(1), (2)

$$l_d = \alpha\beta\lambda l_{db} = 1.0 \times 1.0 \times 1.0 \times \frac{0.6 \times 22 \times 400}{1.0 \times \sqrt{27}}$$

$$= 1,016\ \text{mm}$$

기둥 전면에서 x방향으로는 1,600 mm, y방향으로는 1,700 mm만큼 내밀고 있으므로 정착길이 1,067 mm는 충분히 확보할 수 있다.

8.5.2 복합확대기초판 설계 예

복합확대기초판은 두 개 이상의 수직 부재를 지지하는 확대기초판이다. 따라서 이 기초판의 설계는 연속슬래브 또는 연속보 부재 설계와 유사하게 할 수 있다. 이때 반력에 의해 기초판에 하중이 가해지고 기둥 또는 벽체가 지지하는 형식의 구조로 가정하고 해석할 수 있다.

복합확대기초판의 설계는 독립확대기초판과 유사하나, 말뚝기초인 경우 지지하는 기둥 주위뿐만 아니라 말뚝 자체의 뚫림전단에 대해서도 검토하여야 한다.

이 절에서는 두 개의 기둥을 지지하는 직접기초 형식의 복합확대기초판 설계에 대해서만 예로 다룬다.

예제 〈8.7〉 복합확대기초판(직접기초)

그림과 같은 기둥 A와 기둥 B를 지지하는 복합확대기초판을 설계하라. 기초판은 허용 지내력이 250 kN/m^{2}인 지반 위에 직접 놓인다.

- 하중

A 기둥 $P_D = 1{,}000$ kN
$P_L = 500$ kN
$M_D = 100$ kNm
$M_L = 100$ kNm

B 기둥 $P_D = 1{,}200$ kN
$P_L = 700$ kN
$M_D = 150$ kNm
$M_L = 180$ kNm

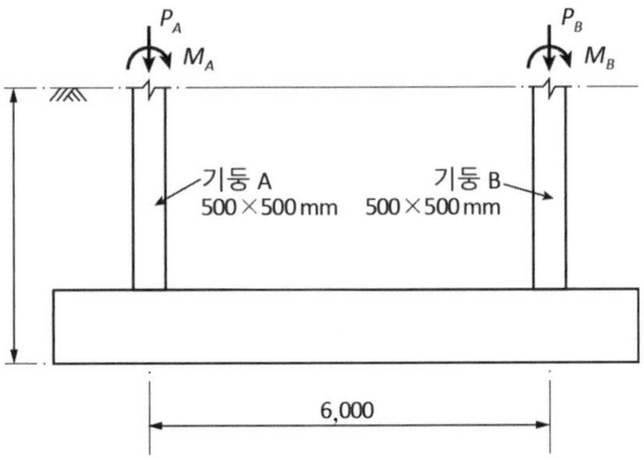

P_A M_A P_B M_B
기둥 A 500×500 mm
기둥 B 500×500 mm
4,000
6,000

- 사용 재료의 설계기준강도

$f_{ck} = 24$ MPa, $f_y = 400$ MPa

풀이

1. 기초판의 밑면적 결정
지반 반력을 구하여 허용지내력 범위에 있도록 하는 조건을 사용하여 기초판 밑면적을 구한다. 이 경우에는 허용응력설계법 개념을 사용하므로 사용하중에 의해 검토한다.

70 4.2.1(2)

1) 흙 및 기초판에 의한 하중의 가정과 허용지내력 수정
이 예제의 경우 상재하중은 없으므로 기초판의 무게와 기초판 위에 놓인 흙의 무게를 평균 비중 20 kN/m^{3}로 가정한다. 이 하중은 등분포하중이므로 밑면적을 구할 때는 허용지내력에서 이 등분포하중을 빼준 내력을 기둥으로 통하여 내려온 하중에 대한 허용지내력으로 계산할 수도 있다. 즉, 수정된 허용지내력 q_a는 다음과 같다.

$$q_a = 250 - 4 \times 20 = 170 \text{ kN/m}^2$$

2) 기초판 밑면 중심에서 축력과 휨모멘트
기둥과 기둥 중심선과 기초판 밑면 중심선이 일치한다고 가정할 때 중심선에서 기둥에서 전달되는 축력과 휨모멘트 합력은 다음과 같다.

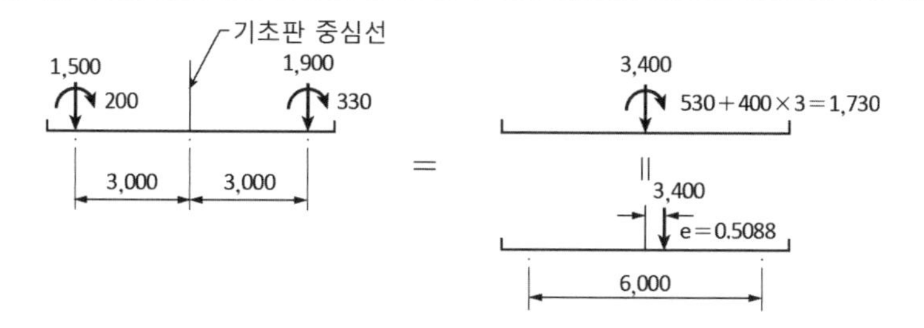

위 그림에서 보듯이 흙과 기초판 자중의 무게 80 kN/m²을 제외하고도 편심 거리가 $e = 0.5088$ m로서 기초판의 최소 길이가 6 m 이상이므로 $e \leq l/6$이 되어 지반은 압축력을 받는다. 이때 실제로는 자중에 의한 80 kN/m²만큼 인장을 받는 것으로 나타나도 이 무게를 고려하면 기초판 밑면의 지반은 압축력만을 받는다.

3) 기초판 밑면적의 결정

70 4.2.1(2)

기초판 밑면적의 크기를 $b \times l$이라고 하면 지반 반력 q_s는 다음과 같다.

$$q_s = \frac{3{,}400}{bl} + \frac{1{,}730}{bl^2/6} \leq 170$$

기둥 중심 간 거리가 6 m이고 기둥 단면이 $0.5 \times 0.5\text{m}^2$이므로 이를 고려하고, 기초판 철근의 정착길이 등을 고려하여 $l = 9\text{m}$로 취하면 $b = 2.98\text{m}$가 되므로 $b \times l = 3 \times 9\text{m}^2$으로 결정한다.

2. 기초판 설계용 지반 반력 산정

기초판은 철근콘크리트 구조이기 때문에 계수하중을 사용하여야 한다. 그러나 기초판이 말뚝 위가 아니고 지반 위에 직접 놓이는 직접기초의 경우 기초판 상부의 흙과 기초판 자중, 그리고 지표면의 상재하중은 기초판 설계에서 제외시켜도 된다. 이는 위에서 작용하는 양만큼 반력이 추가되어 기초판의 단면력에는 크게 영향을 주지 않기 때문이다. 따라서 계수하중에 의한 축력과 휨모멘트는 다음과 같다.

10 4.2.2(1)

$$P_{uA} = 1.2 \times 1{,}000 + 1.6 \times 500 = 2{,}000 \text{ kN}$$
$$M_{uA} = 1.2 \times 100 + 1.6 \times 100 = 280 \text{ kNm}$$
$$P_{uB} = 1.2 \times 1{,}200 + 1.6 \times 700 = 2{,}560 \text{ kN}$$
$$M_{uB} = 1.2 \times 150 + 1.6 \times 180 = 468 \text{ kNm}$$

따라서 기초판 중심선에서 계수하중에 의해 작용하는 힘 P_u와 M_u는 다음과 같다.

$$P_u = P_{uA} + P_{uB} = 4{,}560 \text{ kN}$$
$$M_u = M_{uA} + M_{uB} + (P_{uB} - P_{uA}) \times 3 = 2{,}428 \text{ kNm}$$

따라서 기초판의 강성이 매우 크다고 가정하면 지반 반력 q_{s1}, q_{s2}는 다음과 같다.

$$q_{s1},\ q_{s2} = \frac{4,560}{3 \times 9} \pm \frac{2,428}{3 \times 9^2/6} = 229\ \mathrm{kN/m^2},\ 109\ \mathrm{kN/m^2}$$

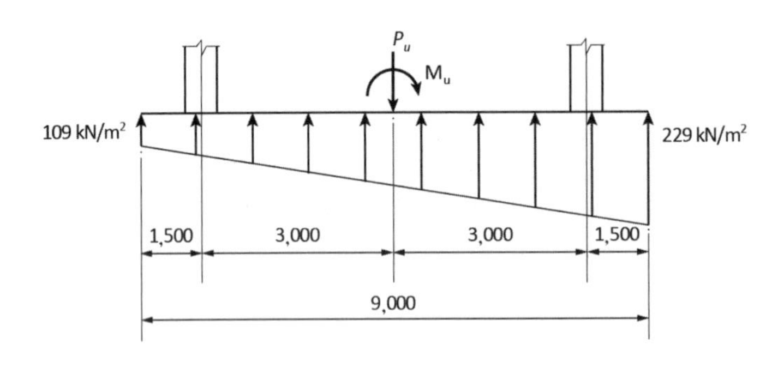

3. 복합확대기초판 구조해석
기초판과 기둥은 골조 형식의 구조이지만 기둥 부재 위치에서 반력인 P_u와 M_u값이 주어져 있으므로 기초판에 대한 휨모멘트도와 전단력도는 다음 그림과 같다.

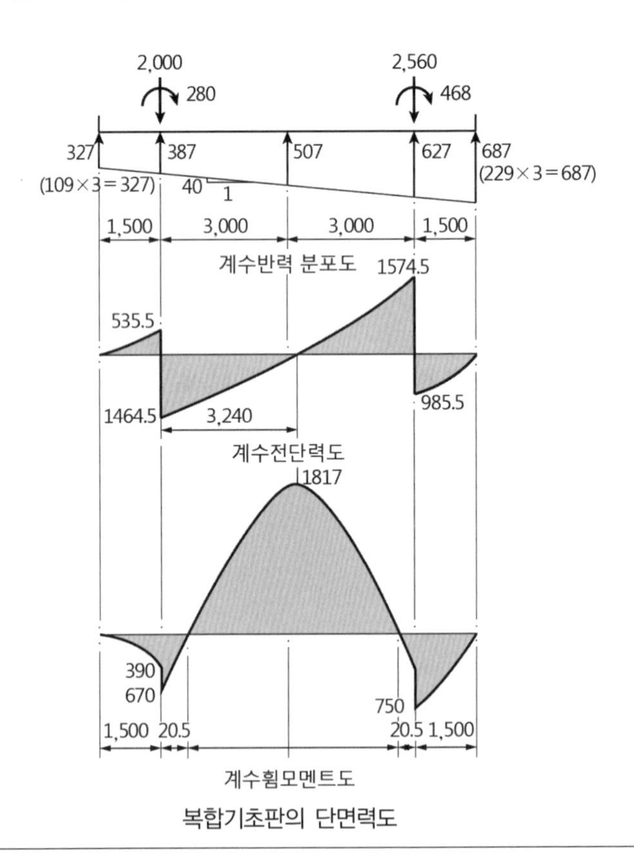

복합기초판의 단면력도

4. 기초판 두께 결정과 전단에 대한 검토

전단보강근을 배치하지 않고 콘크리트에 의해 전단력을 저항할 수 있는 두께로 한다고 할 때 1방향전단에 대하여 필요한 두께는 다음과 같다. 22 4.1.1(1) 22 4.2.1(1)

$$\phi V_n = \phi V_c = 0.75 \times \frac{1}{6} \times \sqrt{24} \times 3{,}000\,d \ \geq \ 1{,}574{,}500$$

$$d \leq 857 \text{ mm} \rightarrow d = 900 \text{ mm}$$

따라서 피복두께 등을 고려하여 기초판 전체 두께 $h = 1{,}000$ mm로 하여 $d = 900$mm 정도로 확보한다. 그리고 기둥 A와 기둥 B 주위의 2방향전단에 대하여 검토한다. A, B 기둥 모두 500×500 mm 크기이므로 $b_0 = 4 \times (500 + 900) = 5{,}600$ mm이고, 뚫림전단에 대한 계수전단력은 각각 다음과 같다.

$$V_{uA} = 2{,}000 - (387/3) \times (0.5 \times 1.5d) \times (0.5 + 1.5d) = 1{,}484 \text{ kN}$$
$$V_{uB} = 2{,}560 - (627/3) \times (0.5 \times 1.5d) \times (0.5 + 1.5d) = 1{,}724 \text{ kN}$$

2방향전단강도 V_c를 구한다.

$$V_c = \lambda k_s k_{bo} f_{te} \cot\psi (c_u/d) b_0 d$$ 22 4.11.2(2)

$$\lambda = 1.0$$
$$k_s = (300/d)^{0.25} = (300/900)^{0.25} = 0.760$$
$$k_{bo} = 4/\sqrt{\alpha_s (b_0/d)} = 4/\sqrt{1.0 \times 5{,}600/900} = 1.604$$
$$f_{te} = 0.2\sqrt{f_{ck}} = 0.2 \times \sqrt{24} = 0.98$$
$$f_{cc} = 2f_{ck}/3 = 16.0$$
$$\cot\psi = \sqrt{f_{te}(f_{te} + f_{cc})}/f_{te} = \sqrt{0.98 \times (0.98 + 16)}/0.98$$
$$= 4.163$$
$$c_u = d[25\sqrt{\rho/f_{ck}} - 300(\rho/f_{ck})]$$
$$= 900 \times [25 \times \sqrt{0.005/24} - 300 \times 0.005/24] = 269$$
$$= 1.0 \times 0.760 \times 1.604 \times 0.98 \times 4.163 \times (269/900) \times 5{,}600 \times 900$$
$$= 7{,}492 \text{ kN}$$

$$\phi V_n = \phi V_c = 0.75 \times 7{,}492 = 5{,}619 \text{ kN} \geq V_u = 1{,}724 \text{ kN}$$ 22 4.1.1(1)

따라서 2방향전단에 대해서도 안전하다.

5. 주철근량 계산과 철근의 선택

기초판의 계수휨모멘트는 앞의 그림에 나와 있으며, 기둥 중심의 계수휨모멘트는 기둥 전면에서 구한 값으로 설계할 수 있으나 이 경우 슬래브이고 차이도 크지 않으므로 기둥 중심에서 구한 값으로 철근량을 계산한다.

1) A 기둥 하부

표 〈4.6〉을 이용하여 주철근량을 계산한다.

$M_u = 670\ \text{kNm}$

$M_u/\phi\eta f_{ck}bd^2 = 670{,}000{,}000/(0.85\times1.0\times24\times3{,}000\times900^2)$

$= 0.0135$

$w = 0.0136 = \rho f_y/\eta f_{ck} \rightarrow \rho = 0.0136\times24/(1.0\times400)$

$= 0.0008 \le 0.002$

$A_s = 0.002\times3{,}000\times900 = 5{,}400\text{mm}^2$

D22 ($387.1\ \text{mm}^2$), $s = 3{,}000/(5{,}400/387.1) = 215\text{mm}$

따라서 D22@200으로 배치한다(15-D22).

2) B 기둥 하부

$M_u = 750\ \text{kNm}$

$M_u/\phi\eta f_{ck}bd^2 = 750{,}000{,}000/(0.85\times1.0\times24\times3{,}000\times900^2)$

$= 0.0151$

$w = 0.0152 = \rho f_y/\eta f_{ck} \rightarrow \rho = 0.0152\times24/(1.0\times400)$

$= 0.0009 \le 0.002$

$A_s = 0.002\times3{,}000\times900 = 5{,}400\text{mm}^2$

따라서 D22@200으로 배치한다(15-D22).

3) 기초판 중앙부

$M_u = 1{,}817\ \text{kNm}$

$M_u/\phi\eta f_{ck}bd^2 = 1{,}817{,}000{,}000/(0.85\times1.0\times24\times3{,}000\times900^2)$

$= 0.03665$

$w = 0.0375 = \rho f_y/\eta f_{ck} \rightarrow \rho = 0.0375\times24/(1.0\times400) = 0.00225$

$A_s = 0.00225\times3{,}000\times900 = 6{,}075\text{mm}^2$

D22($387.1\ \text{mm}^2$), $s = 3{,}000/(6{,}075/387.1) = 191\ \text{mm}$

따라서 D22@180으로 선택한다(17－D22).

4) 직교 방향

직교 방향으로 기둥 전면에서 기초판 가장자리까지 거리는 (1.5－0.25)＝1.25 m 로서 경간 방향으로 내민길이와 같다. 따라서 최소철근비만으로 만족한다.

$A_s = 0.002 \times 9{,}000 \times 900 = 16{,}200 \text{ mm}^2$

D22(387.1 mm^2)철근,

$s = 9{,}000/(16{,}200/387.1) = 215 \text{ mm}$

따라서 D22 철근 간격 200 mm(45－D22)로 기초판 하단에 배치한다.

6. 철근의 정착길이

1) 하단철근

D22 철근이고 $f_{ck} = 24$ MPa, $f_y = 400$ MPa인 경우 앞의 예제 〈8.4〉에서 직선 하단철근의 정착길이는 1,078 mm이다.

2) 상단철근

상단철근의 경우 보정계수 α 값이 1.3이므로 정착길이 l_d는 $1.3 \times 1{,}078 = 1{,}401$ mm 이다.

52 4.1.2(2)

최종적으로 다음 그림과 같이 배치하고, 위치 고정을 위한 철근을 추가로 배치한다.

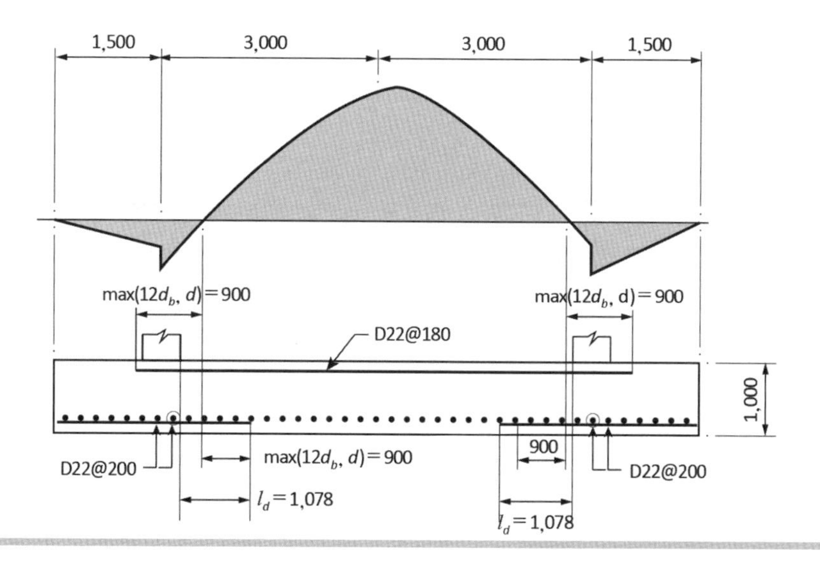

8.5.3 전면기초 설계

전면기초판은 앞에서도 설명한 바와 같이 일반적으로 고층건물의 기초 형식으로서, 기둥이나 벽체를 통하여 전달되는 축력과 휨모멘트가 매우 큰 경우에 채택되는 기초판이다. 이와 같이 연직하중이 큰 경우 이를 지지하기 위해서는 높은 허용지내력이 필요하므로 그림 [8.9](b)와 같이 말뚝기초 형식의 전면기초를 설치할 수도 있으나, 일반적으로 그림 [8.9](a)와 같은 암반까지 굴착하여 전면기초판을 설치하는 직접기초 형식의 전면기초가 많다. 이와 같은 경우 일반적으로 암반까지 굴착하여 지표면부터 상당한 깊이가 필요하고, 또 건물 계획 측면에서도 지하 공간의 활용이 필요하므로 그림 [8.9](a)에서 보듯이 지하 외부를 지하 외벽을 설치하는 경우가 많다.

전면기초가 지표면에서 매우 깊게 위치하면 전면기초가 지하수위 아래에 위치하게 되고, 또 지하 외벽이 설치됨으로써 구조물은 지하수압에 의해 상향으로 부력을 받게 된다. 이러한 부력을 막거나 최소화시키기 위하여 전면기초판 하부의 암반에 앵커를 설치하거나 강재 배수 시스템(dewatering system)을 설치하기도 한다.

강재 배수 시스템 (dewatering system)
지하수위면을 조절하기 위하여 정해진 지하수위 상부의 지하수는 집수하여 펌핑하는 시스템을 말한다.

이 절에서는 전면기초를 해석할 때 주의해야 할 몇 가지 사항에 대하여 설명하고자 하며, 구조해석을 하여 단면력이 계산되면 단면 설계는

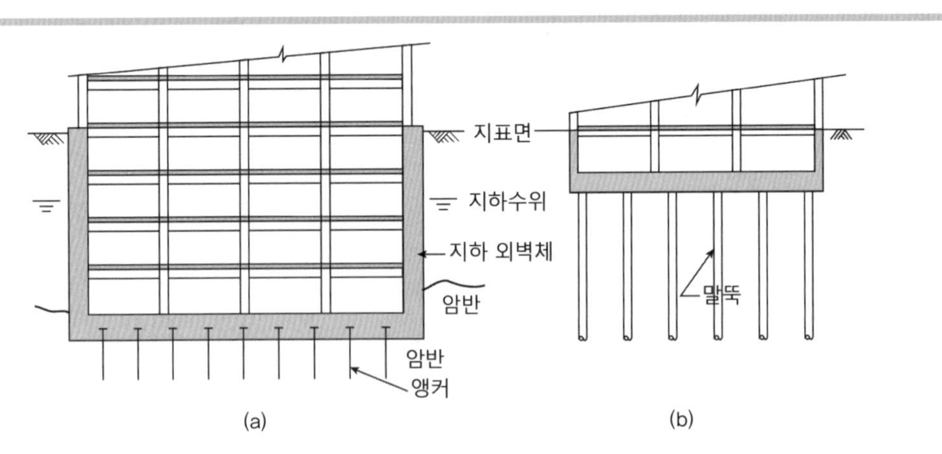

그림 [8.9]
전면기초: (a) 직접기초 형식의 전면기초; (b) 말뚝기초 형식의 전면기초

8.3.2와 8.3.3절에서 설명한 바에 따라 수행할 수 있으므로 생략한다.

우리나라 콘크리트구조 설계기준[1)]에 의하면 벽기초, 복합기초 및 기초판 설계에 있어서 슬래브 설계에 사용하는 직접설계법을 사용할 수 없다고 규정하고 있다. 이것은 슬래브의 경우 그림 [8.10](a)에서 보듯이 수직 부재인 기둥과 벽체가 수직 방향의 변위를 구속시켜 주지만, 기초판의 경우 기초판과 수직 부재가 만나는 곳의 수직 변위를 구속시켜 주지 못하기 때문이다. 다시 말하여 수직 부재인 기둥이나 벽체는 기초판과 만나는 곳에서 각 수직 부재를 통하여 전달되는 수직력만큼만 저항할 수밖에 없다는 것이다. 따라서 전면기초판을 해석할 때는 직접설계법을 사용할 수 없고, 그림 [8.10](b)와 같은 하중조합에 의해 해석하여야 한다.

70 4.2.4.2(2)

해석에 있어서 상부 수직 부재에 의한 축력과 전면기초판 자중에 의한 하중이 지하수압에 의한 상향의 부력과 비교하여 부력이 더 큰 경우와 작은 경우에 하중계수 등을 다르게 고려하여야 한다.

예로서 일반적으로 건물은 고정하중은 5~10 kN/m^2 정도이므로 20층 건물의 경우 고정하중에 의한 하향으로 하중은 100~200 kN/m^{2}이고 전면기초판 무게 25~50 kN/m^2 정도로서 전체 150~250 kN/m^{2}이다. 이 경우 전면기

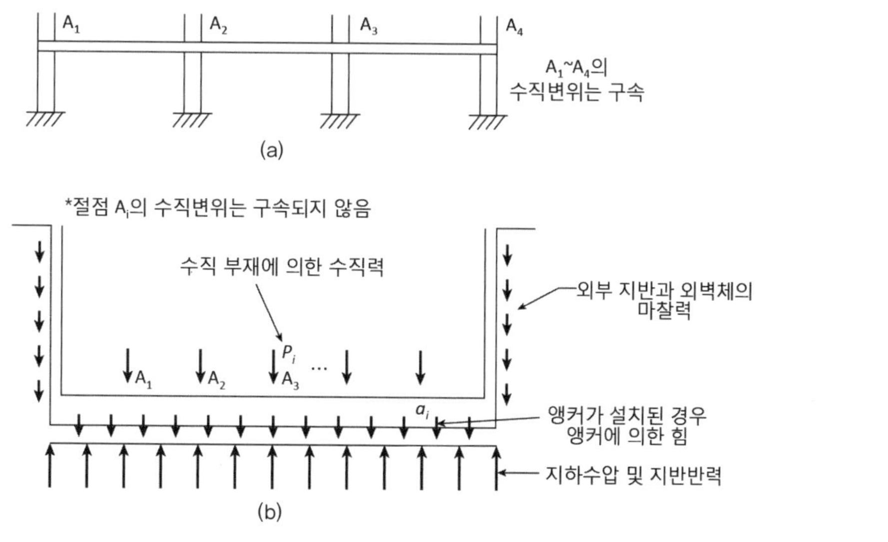

그림 [8.10]
전면기초판에 작용하는 연직력의 종류: (a) 플랫플레이트; (b) 전면기초판

초 밑면이 지하수면 15~25 m 이하에 위치하면 상향으로 변위가 생길 수 있다. 물론 이 경우 지하 외벽과 토압의 마찰력과 필요에 따라 앵커에 의해 이를 막아준다. 이와 같이 상부로 변위가 일어날 가능성이 있을 때는 수직 부재를 통하여 내려오는 축력 계산은 고정하중에 대해서는 0.9D, 활하중은 실제로 장기적으로 작용하는 하중만 고려하고, 반대 방향의 수압은 $1.6H$ 또는 지표면부터 깊이로 하는 것이 타당하다. 그리고 앵커는 앵커의 $P-\delta$ 곡선에서 최대 변위 이상으로 변위가 일어나면 저항하지 못하는 것으로 가정하는 것이 합리적이다. 반면에 부력이 작은 경우에 대한 기초판 해석은 반대로 고정하중과 활하중은 $1.2D+1.6L$에 대한 값을 사용하고 수압은 가장 작은 값을 사용하여 지반 반력을 구하여 해석한다.

참고문헌

1. 한국콘크리트학회, '콘크리트구조 설계기준 해설', 기문당, 2021.
2. 한국지반공학회, '구조물기초설계기준 해설', 한국지반공학회, 2015. 3.

문 제

1. 기초판 및 기초의 종류를 조사하고, 각각의 특징에 대하여 설명하라.
2. 지반의 허용지내력을 산정하는 방법을 조사하여 설명하고, 우리나라에서 생산되는 PC말뚝과 PHC말뚝의 종류와 허용내력에 대하여 조사하라.
3. 다음과 같은 축력, 휨모멘트 및 전단력을 받는 기둥을 지지할 수 있는 독립확대기초판을 설계하라.

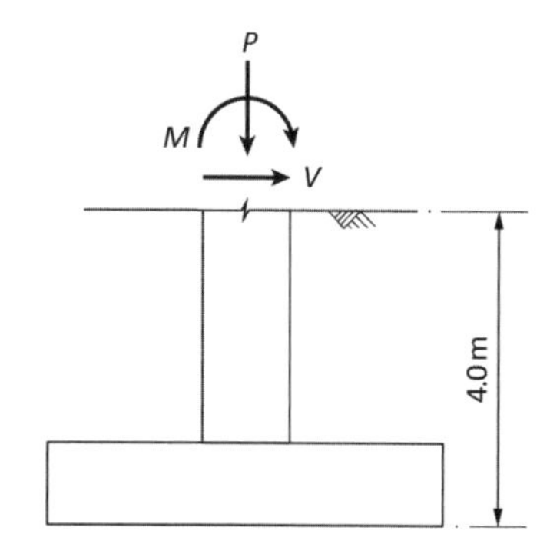

$P_D = 2{,}000$ kN, $M_D = 200$ kNm, $V_D = 40$ kN

$P_L = 800$ kN, $M_L = 150$ kNm, $V_L = 50$ kN

$f_{ck} = 27$ MPa, $f_y = 400$ MPa

흙의 비중=17 kN/m^3, 기초판 깊이=4.0 m

기둥의 크기 600 × 800 mm^2

4. 다음과 같은 축력, 휨모멘트 및 전단력을 받는 기둥을 지지할 수 있는 말뚝지지 독립확대기초판을 설계하라.

$P_D = 6{,}000$ kN, $M_D = 600$ kNm, $V_D = 100$ kN

$P_L = 3{,}000$ kN, $M_L = 500$ kNm, $V_L = 150$ kN

그리고 $f_{ck} = 27$ MPa, $f_y = 400$ MPa이고, 기초 깊이 등은 앞의 문제 3과 같다.

5. 다음과 같은 축력, 휨모멘트 및 전단력을 받는 두 기둥을 지지할 수 있는 말뚝지지 복합확대기초판을 설계하라.

A 기둥 $P_D = 4{,}000$ kN

$M_D = 300$ kNm

$V_D = 50$ kN

$P_L = 3{,}000$ kN

$M_L = 600$ kNm

$V_D = 80$ kN

B 기둥 $P_D = 5{,}000$ kN

$M_D = 500$ kNm

$V_D = 60$ kN

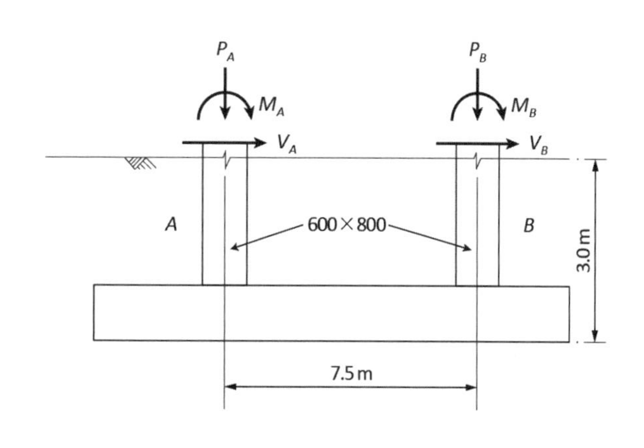

$P_L = 3{,}500$ kN

$M_L = 600$ kNm

$V_D = 80$ kN

그리고 $f_{ck} = 30$ MPa, $f_y = 400$ MPa다.

부록 I

부록 표

표 1. 철근의 공칭지름, 단면적, 둘레길이, 무게

호칭명	공칭 지름(mm)	공칭 단면적(mm^2)	공칭 둘레(mm)	단위 무게(kg/m)
D 6	6.35	31.67	20	0.249
D10	9.53	71.33	30	0.560
D13	12.7	126.7	40	0.995
D16	15.9	198.6	50	1.56
D19	19.1	286.5	60	2.25
D22	22.2	387.1	70	3.04
D25	25.4	506.7	80	3.98
D29	28.6	642.4	90	5.04
D32	31.8	794.2	100	6.23
D35	34.9	956.6	110	7.51
D38	38.1	1,140	120	8.95
D41	41.3	1,340	130	10.5
D51	50.8	2,027	160	15.9

표 2. 단철근콘크리트 보에서 주철근 계산용 표

w	0.000	0.001	0.002	0.003	0.004	0.005	0.006	0.007	0.008	0.009
0.00	0	.0010	.0020	.0030	.0040	.0050	.0060	.0070	.0080	.0090
0.01	.0099	.0109	.0119	.0129	.0139	.0149	.0159	.0168	.0178	.0188
0.02	.0197	.0207	.0217	.0226	.0236	.0246	.0256	.0266	.0275	.0285
0.03	.0295	.0304	.0314	.0324	.0333	.0343	.0352	.0362	.0372	.0381
0.04	.0391	.0400	.0410	.0420	.0429	.0438	.0448	.0457	.0467	0.476
0.05	.0485	.0495	.0504	.0513	.0523	.0532	.0541	.0551	.0560	.0569
0.06	.0579	.0588	.0597	.0607	.0616	.0626	.0634	.0643	.0653	.0662
0.07	.0671	.0680	.0689	.0699	.0708	.0717	.0726	.0735	.0744	.0753
0.08	.0762	.0771	.0780	.0789	.0798	.0807	.0816	.0825	.0834	.0843
0.09	.0852	.0861	.0870	.0879	.0888	.0897	.0906	.0915	.0923	.0932
0.10	.0941	.0950	.0959	.0967	.0976	.0985	.0994	.1002	.1001	.1020
0.11	.1029	.1037	.1046	.1055	.1063	.1072	.1081	.1089	.1098	.1106
0.12	.1115	.1124	.1133	.1141	.1149	.1158	.1166	.1175	.1183	.1192
0.13	.1200	.1209	.1217	.1226	.1234	.1243	.1251	.1259	.1268	.1276
0.14	.1284	.1293	.1301	.1309	.1318	.1326	.1334	.1342	.1351	.1359
0.15	.1367	.1375	.1384	.1392	.1400	.1408	.1416	.1425	.1433	.1441
0.16	.1449	.1457	.1465	.1473	.1481	.1489	.1497	.1506	.1514	.1522
0.17	.1529	.1537	.1545	.1553	.1561	.1569	.1577	.1585	.1593	.1601
0.18	.1609	.1617	.1624	.1632	.1640	.1648	.1656	.1664	.1671	.1679
0.19	.1687	.1695	.1703	.1710	.1718	.1726	.1733	.1741	.1749	.1756
0.20	.1764	.1772	.1779	.1787	.1794	.1802	.1810	.1817	.1825	.1832
0.21	.1840	.1847	.1855	.1862	.1870	.1877	.1885	.1892	.1900	.1907
0.22	.1914	.1922	.1929	.1937	.1944	.1951	.1959	.1966	.1973	.1981
0.23	.1988	.1995	.2002	.2010	.2017	.2024	.2031	.2039	.2046	.2053
0.24	.2060	.2067	.2075	.2082	.2089	.2096	.2103	.2110	.2117	.2124
0.25	.2131	.2138	.2145	.2152	.2159	.2166	.2173	.2180	.2187	.2194
0.26	.2201	.2208	.2215	.2222	.2229	.2236	.2243	.2249	.2256	.2263
0.27	.2270	.2277	.2284	.2290	.2297	.2304	.2311	.2317	.2324	.2331
0.28	.2337	.2344	.2351	.2357	.2364	.2371	.2377	.2384	.2391	.2397
0.29	.2404	.2410	.2417	.2423	.2430	.2437	.2443	.2450	.2456	.2463
0.30	.2469	.2475	.2482	.2488	.2495	.2501	.2508	.2514	.2520	.2527

*$M_u/(\phi\eta f_{ck}b_w d^2) \le M_n/(\eta f_{ck}b_w d^2) = w(1-w/1.7)$이며, 여기서 $w=\rho_w f_y/\eta f_{ck}$이다.

*단면 설계를 할 때는 M_n 대신에 M_u/ϕ를 대입하여 표에서 w값을 얻은 후, 철근비 $\rho_w = w\eta f_{ck}/f_y$값을 구한다.

*주어진 단면의 휨강도를 계산할 때는 $w=\rho_w f_y/\eta f_{ck}$값을 계산하여 표에서 $M_n/\eta f_{ck}b_w d^2$값을 찾은 후에 공칭휨강도 M_n을 구한다.

표 3. 직사각형 단철근콘크리트 보의 철근비 제한값

(a) 균형철근비, ρ_b (%)

f_y (MPa)	f_{ck} (MPa)									
	21	24	27	30	40	50	60	70	80	90
300	3.27	3.74	4.21	4.68	6.23	7.48	8.27	8.90	9.36	9.76
350	2.67	3.05	3.43	3.81	5.08	6.09	6.72	7.23	7.59	7.91
400	2.22	2.54	2.86	3.18	4.23	5.07	5.60	6.01	6.30	6.56
500	1.62	1.86	2.09	2.32	3.10	3.70	4.08	4.37	4.58	4.75
600	1.25	1.42	1.60	1.78	2.37	2.84	3.12	3.34	3.49	3.62

(b) 최대철근비, $\rho_{\max}$ (%)

f_y (MPa)	f_{ck} (MPa)									
	21	24	27	30	40	50	60	70	80	90
300	2.15	2.46	2.77	3.07	4.10	4.89	5.36	5.72	5.97	6.17
350	1.84	2.11	2.37	2.63	3.51	4.19	4.59	4.91	5.11	5.29
400	1.61	1.84	2.07	2.31	3.07	3.66	4.02	4.29	4.48	4.63
500	1.14	1.30	1.46	1.62	2.16	2.57	2.82	3.01	3.13	3.23
600	0.84	0.97	1.09	1.21	1.61	1.91	2.09	2.23	2.31	2.39

(c) 최소철근비, $\rho_{\min}$ (%) ($h=1.1d$로 가정)

f_y (MPa)	f_{ck} (MPa)										$1.4/f_y$*
	21	24	27	30	40	50	60	70	80	90	
300	0.28	0.30	0.32	0.33	0.38	0.42	0.45	0.46	0.47	0.48	0.467
350	0.24	0.26	0.27	0.29	0.33	0.36	0.38	0.40	0.40	0.41	0.400
400	0.21	0.22	0.24	0.25	0.29	0.31	0.33	0.35	0.35	0.36	0.350
500	0.17	0.18	0.19	0.20	0.23	0.25	0.27	0.28	0.28	0.29	0.280
600	0.14	0.15	0.16	0.17	0.19	0.21	0.22	0.23	0.24	0.24	0.233

* 현재 설계기준에는 없으나 이전 설계기준의 최소철근비 한계값

(d) 인장지배 한계철근비, $\rho_{2.5\varepsilon_y}$ (%)

f_y (MPa)	f_{ck} (MPa)									
	21	24	27	30	40	50	60	70	80	90
300	1.89	2.16	2.43	2.70	3.60	4.29	4.70	5.01	5.21	5.38
350	1.62	1.85	2.09	2.32	3.09	3.68	4.03	4.29	4.47	4.61
400	1.42	1.62	1.82	2.03	2.70	3.22	3.52	3.76	3.91	4.04
500	0.99	1.13	1.27	1.41	1.88	2.23	2.44	2.60	2.70	2.78
600	0.73	0.83	0.94	1.04	1.39	1.64	1.79	1.91	1.98	2.04

표 4. 장방형 슬래브 설계용 계수표

표 4.1 슬래브의 부모멘트에 대한 계수*

w_u는 등분포 고정하중과 활하중에 하중계수를 곱한 값

$(w_u = 1.2D + 1.6L)$

$m = l_1/l_2$		Case1	Case2	Case3	Case4	Case5	Case6	Case7	Case8	Case9
1.00	C_A neg		0.045		0.050	0.075	0.071		0.033	0.061
	C_B neg		0.045	0.076	0.050			0.071	0.061	0.033
0.95	C_A neg		0.050		0.055	0.079	0.075		0.038	0.065
	C_B neg		0.041	0.072	0.045			0.067	0.056	0.029
0.90	C_A neg		0.055		0.060	0.080	0.079		0.043	0.068
	C_B neg		0.037	0.070	0.040			0.062	0.052	0.025
0.85	C_A neg		0.060		0.066	0.082	0.083		0.049	0.072
	C_B neg		0.031	0.065	0.034			0.057	0.046	0.021
0.80	C_A neg		0.065		0.071	0.083	0.086		0.055	0.075
	C_B neg		0.027	0.061	0.029			0.051	0.041	0.017
0.75	C_A neg		0.069		0.076	0.085	0.088		0.061	0.078
	C_B neg		0.022	0.056	0.024			0.044	0.036	0.014
0.70	C_A neg		0.074		0.081	0.086	0.091		0.068	0.081
	C_B neg		0.017	0.050	0.019			0.038	0.029	0.011
0.65	C_A neg		0.077		0.085	0.087	0.093		0.074	0.083
	C_B neg		0.014	0.043	0.015			0.031	0.024	0.008
0.60	C_A neg		0.081		0.089	0.088	0.096		0.080	0.085
	C_B neg		0.010	0.035	0.011			0.024	0.018	0.006
0.55	C_A neg		0.084		0.092	0.089	0.096		0.085	0.086
	C_B neg		0.007	0.028	0.008			0.019	0.014	0.005
0.50	C_A neg		0.086		0.094	0.090	0.097		0.089	0.088
	C_B neg		0.006	0.022	0.006			0.014	0.010	0.003

* 굵은 선으로 된 연단은 그 슬래브가 받침점을 지나서 연속되었거나 받침점에서 고정된 것을 가리킨다. 아무 표시가 없는 연단은 비틀림 저항을 무시할 수 있는 받침점을 가리킨다.

* C_A는 짧은 경간 구속단부에서 부모멘트계수이고, C_B는 긴 경간 구속단부에서 부모멘트계수이다(구속이 1변에만 이루어진 경우는 구속단부에서 부모멘트계수이다).

표 4. 장방형 슬래브 설계용 계수표

표 4.2 슬래브의 고정하중에 의한 정모멘트 계수*

w_u는 등분포 고정하중에 하중계수를 곱한 하중

($w_u = 1.2D$)

$m = l_1/l_2$		Case1	Case2	Case3	Case4	Case5	Case6	Case7	Case8	Case9
1.00	C_ADL	0.036	0.018	0.018	0.027	0.027	0.033	0.027	0.020	0.023
	C_BDL	0.036	0.018	0.027	0.027	0.018	0.027	0.033	0.023	0.020
0.95	C_ADL	0.040	0.020	0.021	0.030	0.028	0.036	0.031	0.022	0.024
	C_BDL	0.033	0.016	0.025	0.024	0.015	0.024	0.031	0.021	0.017
0.90	C_ADL	0.045	0.022	0.025	0.033	0.029	0.039	0.025	0.025	0.026
	C_BDL	0.029	0.014	0.024	0.022	0.013	0.021	0.028	0.019	0.015
0.85	C_ADL	0.050	0.024	0.029	0.036	0.031	0.042	0.040	0.029	0.028
	C_BDL	0.026	0.012	0.022	0.019	0.011	0.017	0.025	0.017	0.013
0.80	C_ADL	0.056	0.026	0.034	0.039	0.032	0.045	0.045	0.032	0.029
	C_BDL	0.023	0.011	0.020	0.016	0.009	0.015	0.022	0.015	0.010
0.75	C_ADL	0.061	0.028	0.040	0.043	0.033	0.048	0.051	0.036	0.031
	C_BDL	0.019	0.009	0.018	0.013	0.007	0.012	0.020	0.013	0.007
0.70	C_ADL	0.068	0.030	0.046	0.046	0.035	0.051	0.058	0.040	0.033
	C_BDL	0.016	0.007	0.016	0.011	0.005	0.009	0.017	0.011	0.006
0.65	C_ADL	0.074	0.032	0.054	0.050	0.036	0.054	0.065	0.044	0.034
	C_BDL	0.013	0.006	0.014	0.009	0.004	0.007	0.014	0.009	0.005
0.60	C_ADL	0.081	0.034	0.062	0.053	0.037	0.056	0.073	0.048	0.036
	C_BDL	0.010	0.004	0.011	0.007	0.003	0.006	0.012	0.007	0.004
0.55	C_ADL	0.088	0.035	0.071	0.056	0.038	0.058	0.081	0.052	0.037
	C_BDL	0.008	0.003	0.009	0.005	0.002	0.004	0.009	0.005	0.003
0.50	C_ADL	0.095	0.037	0.080	0.059	0.039	0.061	0.089	0.056	0.038
	C_BDL	0.006	0.002	0.007	0.004	0.001	0.003	0.007	0.004	0.002

* 굵은 선으로 된 연단은 그 슬래브가 받침점을 지나서 연속되었거나 받침점에서 고정된 것을 가리킨다. 아무 표시가 없는 연단은 비틀림 저항을 무시할 수 있는 받침점을 가리킨다.

* C_A는 짧은 경간 중앙부에서 정모멘트계수이고, C_B는 긴 경간 중앙부에서 정모멘트계수이다.

표 4. 장방형 슬래브 설계용 계수표

표 4.3 슬래브의 활하중에 의한 정모멘트 계수*

w_u는 등분포 활하중에 하중계수를 곱한 하중

$(w_u = 1.6L)$

$m = l_1/l_2$		Case1	Case2	Case3	Case4	Case5	Case6	Case7	Case8	Case9
1.00	C_A LL	0.036	0.027	0.027	0.032	0.032	0.035	0.032	0.028	0.030
	C_B DL	0.036	0.027	0.032	0.032	0.027	0.032	0.035	0.030	0.028
0.95	C_A LL	0.040	0.030	0.031	0.035	0.034	0.038	0.036	0.031	0.032
	C_B DL	0.033	0.025	0.029	0.059	0.024	0.029	0.032	0.027	0.025
0.90	C_A LL	0.045	0.034	0.035	0.039	0.037	0.042	0.040	0.035	0.036
	C_B DL	0.029	0.022	0.027	0.026	0.021	0.025	0.029	0.024	0.022
0.85	C_A LL	0.050	0.037	0.040	0.043	0.041	0.046	0.045	0.040	0.039
	C_B DL	0.026	0.019	0.024	0.023	0.019	0.022	0.026	0.022	0.020
0.80	C_A LL	0.056	0.041	0.045	0.048	0.044	0.051	0.051	0.044	0.042
	C_B DL	0.023	0.017	0.022	0.020	0.016	0.019	0.023	0.019	0.017
0.75	C_A LL	0.061	0.045	0.051	0.052	0.047	0.055	0.056	0.049	0.046
	C_B DL	0.019	0.014	0.019	0.016	0.013	0.016	0.020	0.016	0.013
0.70	C_A LL	0.068	0.049	0.057	0.057	0.051	0.060	0.063	0.054	0.050
	C_B DL	0.016	0.012	0.016	0.014	0.011	0.013	0.017	0.014	0.011
0.65	C_A LL	0.074	0.053	0.064	0.062	0.055	0.064	0.070	0.059	0.054
	C_B DL	0.013	0.010	0.014	0.011	0.009	0.010	0.014	0.011	0.009
0.60	C_A LL	0.081	0.058	0.071	0.067	0.059	0.068	0.077	0.065	0.059
	C_B DL	0.010	0.007	0.011	0.009	0.007	0.008	0.011	0.009	0.007
0.55	C_A LL	0.088	0.062	0.080	0.072	0.062	0.073	0.085	0.070	0.063
	C_B DL	0.008	0.006	0.009	0.007	0.005	0.006	0.009	0.007	0.006
0.50	C_A LL	0.095	0.066	0.088	0.077	0.067	0.078	0.092	0.076	0.067
	C_B DL	0.005	0.004	0.007	0.005	0.004	0.005	0.007	0.005	0.004

* 굵은 선으로 된 연단은 그 슬래브가 받침점을 지나서 연속되었거나 받침점에서 고정된 것을 가리킨다. 아무 표시가 없는 연단은 비틀림 저항을 무시할 수 있는 받침점을 가리킨다.

* C_A는 짧은 경간 중앙부에서 정모멘트계수이고, C_B는 긴 경간 중앙부에서 정모멘트계수이다.

표 4. 장방형 슬래브 설계용 계수표

표 4.4 슬래브 전단력과 받침점 하중의 계산을 위한 계수등분포하중 w_u 의 l_1과 l_2 방향의 분포비*

$m = l_1/l_2$		Case1	Case2	Case3	Case4	Case5	Case6	Case7	Case8	Case9
1.00	W_A	0.50	0.50	0.17	0.50	0.83	0.71	0.29	0.33	0.67
	W_B	0.50	0.50	0.83	0.50	0.17	0.29	0.71	0.67	0.33
0.95	W_A	0.55	0.55	0.20	0.55	0.86	0.75	0.33	0.38	0.71
	W_B	0.45	0.45	0.80	0.45	0.14	0.25	0.67	0.62	0.29
0.90	W_A	0.60	0.60	0.23	0.60	0.88	0.79	0.38	0.43	0.75
	W_B	0.40	0.40	0.77	0.40	0.12	0.21	0.62	0.57	0.25
0.85	W_A	0.66	0.66	0.28	0.66	0.90	0.83	0.43	0.49	0.79
	W_B	0.34	0.34	0.72	0.34	0.10	0.17	0.57	0.51	0.21
0.80	W_A	0.71	0.71	0.33	0.71	0.92	0.86	0.49	0.55	0.83
	W_B	0.29	0.29	0.67	0.29	0.08	0.14	0.51	0.45	0.17
0.75	W_A	0.76	0.76	0.39	0.76	0.94	0.88	0.56	0.61	0.86
	W_B	0.24	0.24	0.61	0.24	0.06	0.12	0.44	0.39	0.14
0.70	W_A	0.81	0.81	0.45	0.81	0.95	0.91	0.62	0.68	0.89
	W_B	0.19	0.19	0.55	0.19	0.05	0.09	0.38	0.32	0.11
0.65	W_A	0.85	0.85	0.53	0.85	0.96	0.93	0.69	0.74	0.92
	W_B	0.15	0.15	0.47	0.15	0.04	0.07	0.31	0.26	0.08
0.60	W_A	0.89	0.89	0.61	0.89	0.97	0.95	0.76	0.80	0.94
	W_B	0.11	0.11	0.39	0.11	0.03	0.05	0.24	0.20	0.06
0.55	W_A	0.92	0.92	0.69	0.92	0.98	0.96	0.81	0.85	0.95
	W_B	0.08	0.08	0.31	0.08	0.02	0.04	0.19	0.15	0.05
0.50	W_A	0.94	0.94	0.76	0.94	0.97	0.97	0.86	0.89	0.97
	W_B	0.06	0.06	0.24	0.06	0.01	0.03	0.14	0.11	0.03

* 굵은 선으로 된 연단은 그 슬래브가 받침점을 지나서 연속되었거나 받침점에서 고정된 것을 가리킨다. 아무 표시가 없는 연단은 비틀림 저항을 무시할 수 있는 받침점을 가리킨다.

* C_A는 짧은 경간 중앙부에서 정모멘트계수이고, C_B는 긴 경간 중앙부에서 정모멘트계수이다.

표 5. 단위 환산표

표 5.1 단위 대조표

단위계 \ 양	길이	질량	시간	힘	응력	압력	에너지 (일)
SI계	m	kg	s	N	N/m² 또는 Pa	Pa (Pascal)	J (Joule)
CGS계	cm	g	s	dyn	dyn/cm²	dyn/cm²	erg
MKS계	m	kg	s	kgf	kgf/cm²	kgf/m²	kgf·m
U.S.Customary Units	ft	lb	s	lb	lb/in²	lb/in²	ft·lb

표 5.2 SI 접두어

단위에 곱하는 배수	접두어의 명칭	기호	단위에 곱하는 배수	접두어의 명칭	기호
10^{12}	테라(tera)	T	10^{-1}	데시(deci)	d
10^{9}	기가(giga)	G	10^{-2}	센티(centi)	c
10^{6}	메가(mega)	M	10^{-3}	밀리(milli)	m
10^{3}	킬로(kilo)	k	10^{-6}	마이크로(micro)	μ
10^{2}	헥토(hecto)	h	10^{-9}	나노(nano)	n
10	데카(deca)	da	10^{-12}	피코(pico)	p

표 5.3 힘

N	dyn	kgf	lb
1	1×10^{5}	1.01972×10^{-5}	2.2481×10^{-1}
1×10^{-5}	1	1.01972×10^{-6}	2.2481×10^{-6}
9.80665	9.80665×10^{5}	1	2.20462
4.44822	4.44822×10^{5}	4.5359×10^{-1}	1

표 5.4 모멘트

N·m	kgf·m	ft·lb
1	0.10197	0.73756
9.80665	1	7.23305
1.35581	0.13825	1

표 5.5 응력

kPa	MPa(N/mm²)	kgf/mm²	kgf/cm²	psi(lb/in²)
1	1×10^{-3}	1.01972×10^{-4}	1.01972×10^{-2}	1.4504×10^{-1}
1×10^{3}	1	1.01972×10^{-1}	1.01972×10	1.4504×10^{2}
9.80665×10^{3}	9.80665	1	1×10^{-2}	1.4504×10^{3}
9.80665×10	9.80665×10^{-2}	1×10^{-2}	1	1.4504×10
6.89476	9.80665×10^{-3}	7.031×10^{-2}	7.031×10^{-2}	1

$kPa = 10^{3}Pa$, $MPa = 10^{6}Pa$

표 5.6 압력

Pa	bar	kgf/cm²	atm	psi(lb/in²)
1	1×10^{-5}	1.01972×10^{-5}	9.86923×10^{-6}	1.4504×10^{-4}
1×10^{5}	1	1.01972	9.86923×10^{-1}	1.4504×10
9.80665×10^{4}	9.80665×10^{-1}	1	9.67841×10^{-1}	1.4223×10
1.01325×10^{5}	1.01325	1.03323	1	1.470×10
6.89476×10^{3}	6.89476×10^{-2}	7.031×10^{-2}	6.804×10^{-2}	1

표 5.7 응력 환산표(1)

kgf/cm²	psi	MPa	kgf/cm²	psi	MPa
1	14.2	0.098	210	2.987	20.6
4	56.9	0.39	240	3.414	23.5
12	170.7	1.18	280	3.982	27.5
16	227.6	1.57	350	4.978	34.3
60	853.4	5.88	500	7.112	49.0
70	995.6	6.86	1,400	19.912	137.3
80	1,138	7.85	2,400	34.135	235.4
90	1,280	8.83	4,200	59.737	411.9
100	2,560	17.65			

표 5.8 응력 환산표(2)

psi	MPa	kgf/cm²	psi	MPa	kgf/cm²
1	0.007	0.07	4,000	27.6	281
60	0.41	4.22	5,000	34.5	352
150	1.03	10.5	20,000	137.9	1,406
200	1.38	14.1	30,000	206.8	2,109
500	3.45	35.2	33,000	227.5	2,320
2,500	17.2	176	40,000	275.8	2,812
3,000	20.7	211	60,000	413.7	4,219
3,500	24.1	246			

표 5.9 응력 환산표(3)

MPa	kgf/cm²	psi	MPa	kgf/cm²	psi
1	10.2	145	23	234.5	3,336
3	30.6	435	28	285.5	4,061
7	71.4	1,015	35	357	5,076
9	91.8	1,305	137	1,397	19,870
18	183.5	2,611	235	2,396	34.084
21	214.1	3,046	412	4,201	59,756

표 5.10 응력의 제곱근의 환산표

MPa	kgf/cm²	psi	MPa	kgf/cm²	psi
$\sqrt{f_{ck}}$	$0.265\sqrt{f_{ck}}$	$0.083\sqrt{f_{ck}}$	$3.0\sqrt{f_{ck}}$	$0.795\sqrt{f_{ck}}$	$0.249\sqrt{f_{ck}}$
$1.5\sqrt{f_{ck}}$	$0.395\sqrt{f_{ck}}$	$0.125\sqrt{f_{ck}}$	$4.0\sqrt{f_{ck}}$	$1.06\sqrt{f_{ck}}$	$0.332\sqrt{f_{ck}}$
$1.6\sqrt{f_{ck}}$	$0.422\sqrt{f_{ck}}$	$0.133\sqrt{f_{ck}}$	$5.0\sqrt{f_{ck}}$	$1.33\sqrt{f_{ck}}$	$0.415\sqrt{f_{ck}}$
$1.7\sqrt{f_{ck}}$	$0.451\sqrt{f_{ck}}$	$0.141\sqrt{f_{ck}}$	$6.3\sqrt{f_{ck}}$	$1.67\sqrt{f_{ck}}$	$0.523\sqrt{f_{ck}}$
$2.0\sqrt{f_{ck}}$	$0.530\sqrt{f_{ck}}$	$0.166\sqrt{f_{ck}}$	$8.0\sqrt{f_{ck}}$	$2.12\sqrt{f_{ck}}$	$0.664\sqrt{f_{ck}}$

표 6. 부재별 설계기준의 해당 항목

표 6.1 구조물의 해석, 설계 일반에 대한 설계기준의 해당 항목

규정 내용	규정 항목 번호
1. 해석 및 설계 일반	
1) 적용범위	**10** 1.2
2) 설계강도	**10** 4.2
2. 부재 특성의 설계기준값	
1) 구조물의 경간	**10** 4.3.7
2) 유효단면	**10** 4.3.10
	20 4.3.1
	70 4.1.4.5
3) 유효강성	**20** 4.4.4
	30 4.2.1
	70 4.1.4.3, 4.1.4.4, 4.1.4.5
3. 재료의 설계기준값	
1) 콘크리트의 압축강도	**01** 3.1.3, 3.1.4, 3.1.5, 3.1.6
2) 콘크리트의 탄성계수	**01** 3.1.2(5)⑤
	10 4.3.3(1)
3) 철근의 항복강도	**01** 3.2.1, 3.2.2
	10 4.2.4
	20 4.3.2(3)
	22 4.3.1(3)
4) 철근의 탄성계수	**10** 4.3.3(2), (3), (4)
4. 하중과 외력	**10** 4.1
1) 적용하중	**10** 4.2.2
2) 하중조합	**10** 4.3.9
3) 하중의 배치	**70** 4.1.4.6
5. 해석	
1) 골조의 실용해법	**10** 4.3.1(3),(4)
2) 비선형 해석	**10** 4.3.2
	20 4.4
3) 슬래브 해석	**70** 4.1.1.2, 4.1.2, 4.1.3, 4.1.4

표 6.2 철근의 가공, 정착 및 이음, 상세에 대한 규정

규정 내용	규정 항목 번호 (KDS 14 20)	설명하고 있는 이 책의 장
• 철근 가공		
– 표준갈고리	**50** 4.1.1	제3장
– 구부림의 최소 내면 반지름	**50** 4.1.2	제3장
• 철근 배치		
– 원칙	**50** 4.2.1	제3장
– 간격 제한	**50** 4.2.2	제3장, 제4장, 제5장, 제6장, 제7장
• 최소 피복두께		
– 현장치기 콘크리트	**50** 4.3.1	제3장
– 특수환경에 노출되는 콘크리트	**50** 4.3.6	제3장
• 부재에서 횡철근		
– 휨부재의 횡철근	**50** 4.4.1	제4장
– 압축 부재의 횡철근	**50** 4.4.2	제5장
• 기둥 및 접합부 철근의 특별 배치 상세		
– 옵셋굽힘철근	**50** 4.5.1	제5장
• 수축·온도 철근		
– 설계 일반	**50** 4.6.1	제3장, 제4장
– 철근콘크리트 1방향 슬래브	**50** 4.6.2	제4장
• 구조 일체성 요구 조건		
– 현장치기 콘크리트 구조	**50** 4.7.1	제3장
• 휨 부재의 최소 철근량	**20** 4.2.2	제4장
• 보 및 1방향 슬래브의 휨철근 배치	**20** 4.2.3	제4장, 제6장
• 압축 부재의 철근량 제한	**20** 4.3.2	제5장
• 전단철근		
– 전단철근의 형태	**22** 4.3.1	제4장
– 전단철근의 간격 제한	**22** 4.3.2	제4장
– 최소 전단철근	**22** 4.3.3	제4장
• 비틀림철근		
– 비틀림철근의 상세	**22** 4.5.3	제4장
– 최소 비틀림철근량 및 간격	**22** 4.5.4	제4장

표 6.2 철근의 가공, 정착 및 이음, 상세에 대한 규정(계속)

규정 내용	규정 항목 번호 (KDS 14 20)	설명하고 있는 이 책의 장
• 전단마찰		
– 최소 철근량 산정 및 배치	**22** 4.6.2	제 4장
• 깊은보 – 최소 철근량 산정 및 배치	**22** 4.7.2	제 4장
• 브래킷과 내민받침		
– 철근상세	**22** 4.8.3	
• 벽체에 대한 전단철근		
– 최소 철근량 및 배치	**22** 4.9.3	제7장
• 철근의 정착		
– 정착 일반	**52** 4.1.1	제3장
– 인장 이형철근의 정착	**52** 4.1.2	제3장
– 압축 이형철근의 정착	**52** 4.1.3	제3장
– 다발철근의 정착	**52** 4.1.4	제3장
– 표준갈고리를 갖는 인장 이형 철근의 정착	**52** 4.1.5	제3장
– 확대머리 이형철근 및 기계적 인장정착	**52** 4.1.6	제3장
• 정착철근상세		
– 휨철근의 정착 일반	**52** 4.4.1	제4장
– 정모멘트철근의 정착	**52** 4.4.2	제4장
– 부모멘트철근의 정착	**52** 4.4.3	제4장
– 복부철근의 정착	**52** 4.4.4	제4장
• 철근의 이음		
– 이음 일반	**52** 4.5.1	제3장
– 인장 이형철근의 이음	**52** 4.5.2	제3장
– 압축 이형철근의 이음	**52** 4.5.3	제3장
– 다발철근의 이음	**52** 4.5.1 (2), **50** 4.2.2 (6)	제3장
• 기둥철근 이음에 대한 특별 규정	**52** 4.7	제5장
• 2방향 슬래브의 배근상세		
– 소요 철근량과 간격	**70** 4.1.5.1	제6장
– 철근의 정착	**70** 4.1.5.2	제6장
– 보가 없는 슬래브의 철근상세	**70** 4.1.5.4	제6장
• 벽체 최소 철근비	**72** 4.2	제7장

표 6.2 철근의 가공, 정착 및 이음, 상세에 대한 규정(계속)

규정 내용	규정 항목 번호 (KDS 14 20)	설명하고 있는 이 책의 장
• 기초판 철근상세		
– 기초판 철근의 정착	**70** 4.2.2.3	제8장
– 벽체 또는 기둥 밑면에서 힘의 전달 장치	**70** 4.2.3	제8장
• 내진 설계의 철근상세		
– 특수모멘트 골조 및 구조벽체의 철근상세	**80** 4.1.5, 4.1.6, 4.1.7	
– 특수모멘트 골조의 휨부재 철근상세	**80** 4.4.2, 4.4.3	
– 특수모멘트 골조의 압축 부재 철근상세	**80** 4.5.3, 4.5.4	
– 특수모멘트 골조의 접합부 철근상세	**80** 4.6.2	
– 특수모멘트 골조의 인장철근의 정착 길이	**80** 4.6.4	
– 특수모멘트 골조의 구조벽체와 연결보	**80** 4.7.2, 4.7.7	
– 특수모멘트 골조의 구조격막과 트러스	**80** 4.8.5	
– 중간모멘트 골조의 철근상세	**80** 4.3.4, 4.3.5, 4.3.6	제4장, 제5장
• 콘크리트용 앵커	KDS 14 20 54	

표 6.3 보 부재의 설계에 대한 설계기준의 해당 항목

규정 내용	규정 항목 번호
1. 휨 설계	
1) 휨모멘트에 대한 설계	**20** 4.1
2) 휨철근량 제한	**20** 4.1.2(5), **20** 4.2.2(1)
3) 휨철근 배근상세(균열폭 제어 포함)	**20** 4.2.3
4) 깊은보의 설계	**20** 4.2.4
5) 내민받침 부재의 설계	**22** 4.8
2. 전단 설계	
1) 전단력에 대한 설계	**22** 4.1, **22** 4.2, **22** 4.3.4
2) 전단철근상세	**22** 4.3.1, **22** 4.3.2
3) 최소 철근량	**22** 4.3.3
3. 비틀림 설계	
1) 비틀림모멘트에 대한 설계	**22** 4.4, **22** 4.5.1, **22** 4.5.2
2) 비틀림철근상세	**22** 4.5.3
3) 최소 철근량	**22** 4.5.4
4. 배근상세	
1) 정착철근상세	**52** 4.4.1, **52** 4.4.2, **52** 4.4.3
2) 복부철근의 정착	**52** 4.4.4
3) 휨 부재의 횡철근	**50** 4.4.1
5. 사용성 검토	
1) 처짐 검토	**30** 4.2.1
2) 피로 검토	**26** 4.1
3) 균열폭 검토 (요구될 때만)	**30** 부록

표 6.4 기둥 부재의 설계에 대한 설계기준의 해당 항목

규정 내용	규정 항목 번호
1. 휨모멘트 및 압축력에 대한 설계	
설계 일반 사항	**20** 4.1.1, **20** 4.1.2
압축 부재의 설계단면 치수	**20** 4.3.1
압축 부재의 철근량 제한	**20** 4.3.2
장주효과	**20** 4.4
2축 휨을 받는 압축 부재	**20** 4.5
2. 전단력 검토	**22** 4.1.1, **22** 4.2.1, **22** 4.3
3. 배근상세	
정착철근	**52** 4.1.3
철근의 이음	**52** 4.5.3, **52** 4.7
띠철근상세	**50** 4.2.2
접합부 부분	**50** 4.5

표 6.5 슬래브 부재의 설계에 대한 설계기준의 해당 항목

슬래브	규정 내용	규정 항목 번호
1방향 슬래브	1. 1방향 슬래브와 2방향 슬래브의 정의	**70** 4.1.1.1
	2. 휨모멘트와 전단력 계산	**70** 4.1.1.2
	3. 휨 주철근량 계산	**20** 4.1
	4. 전단 검토	**22** 4.1, 4.2, 4.11
	5. 배근상세 및 구조상세	**20** 4.2.3, **70** 4.1.1.3
	6. 사용성 검토	
	− 균열폭 검토	**50** 4.6, **20** 4.2.3,
	− 처짐 검토	**30** 4.2.1
2방향 슬래브 (계수법)	1. 적용범위 및 정의	**70** 1.2(2), 부록 1.2, 4.1(2)
	2. 휨모멘트와 전단력 계산	**70** 부록 4.1, 4.2, 4.3
	3. 휨 주철근량 계산	**20** 4.1.1, 4.1.2
	4. 전단 검토	**22** 4.1, 4.2, 4.11
	5. 배근상세 및 구조상세	**70** 4.1.5, 4.1.6
	6. 사용성 검토	
	− 균열폭 검토	**30** 4.1, 부록
	− 처짐 검토	**30** 4.2.2

표 6.5 슬래브 부재의 설계에 대한 설계기준의 해당 항목(계속)

슬래브	규정 내용	규정 항목 번호
2방향 슬래브 (직접설계법)	1. 적용범위 및 정의 2. 휨모멘트와 전단력 계산 3. 휨 주철근량 계산 4. 전단 검토 5. 배근상세 및 구조상세 6. 사용성 검토 – 균열폭 검토 – 처짐 검토	**70** 4.1.2.1, 4.1.3.1 **70** 4.1.3.2~4.1.3.9 **20** 4.1.1, 4.1.2 **22** 4.1.1, 4.1.2, 4.11 **70** 4.1.5, 4.1.6 **30** 4.1, 부록 **30** 4.2.2
2방향 슬래브 (등가골조법)	1. 적용범위 및 정의 2. 휨모멘트와 전단력 계산 3. 휨 주철근량 계산 4. 전단 검토 5. 배근상세 및 구조상세 6. 사용성 검토 – 균열폭 검토 – 처짐 검토	**70** 4.1.2.1, 4.1.4.1 **70** 4.1.4.2~4.1.4.7 **20** 4.1.1, 4.1.2 **22** 4.1.1, 4.1.2, 4.11 **70** 4.1.5, 4.1.6 **30** 4.1, 부록 **30** 4.2.2

표 6.6 벽체 부재 설계에 대한 설계기준의 해당 항목

벽체의 종류	규정 내용	규정 항목 번호
전단벽체	1. 적용범위, 설계 일반 2. 면외 방향 설계 – 휨모멘트와 축력에 대한 설계 – 전단력 설계 3. 면내 방향 설계 – 휨모멘트와 축력에 대한 설계 – 전단력 설계 4. 철근상세	**72** 1.1, 1.2 **72** 4.3.2, 4.3.3 **22** 4.1, 4.2, 4.3 **20** 4.1 **22** 4.9 **72** 4.2
지하 외벽	1. 휨모멘트에 대한 설계 2. 전단력에 대한 설계 3. 철근상세 4. 사용성 검토(균열폭)	**20** 4.1, 4.2, 4.3 **22** 4.1, 4.2, 4.3 **20** 4.3.2, **50** 4.6 **20** 4.2.3(4), **30** 부록
옹벽	1. 적용범위 및 설계 일반 2. 안정성 검토 3. 구조해석 4. 철근량 계산 – 휨모멘트 – 전단력 5. 구조상세 6. 사용성 검토(균열폭)	**74** 1.2, 4.1.1.1 **74** 4.1.1.2 **74** 4.1.2 **20** 4.1, 4.2 **22** 4.1, 4.2 **74** 4.1.3 **20** 4.2.3(4), **30** 부록

표 6.7 기초판 설계에 대한 설계기준(KDS 14 20)의 해당 항목

규정 내용	해당 항목
1. 설계 일반	**70** 4.2.1
2. 휨모멘트에 대한 설계	
– 휨 주철근량 산정	**20** 4.1.1, 4.1.2
– 위험 단면	**70** 4.2.2.1(1), (2)
3. 전단력에 대한 설계	
– 1방향 전단	**22** 4.1, 4.2, 4.3
– 2방향 전단	**22** 4.11.1, 4.11.2, 4.11.3
– 위험 단면	**70** 4.2.2.1, 4.2.2.2 (2)
– 말뚝기초판의 특별 사항	**70** 4.2.2.2(3), (4)
4. 철근상세 및 정착	
– 주철근 배근상세	**70** 4.2.2.1(3), (4)
– 철근의 정착	**70** 4.2.2.3
5. 기둥, 벽체에서 힘의 전달	
– 힘의 전달장치	**70** 4.2.3.1
– 현장치기콘크리트 시공에서 힘 전달	**70** 4.2.3.2
– 프리캐스트콘크리트 시공에서 힘 전달	**70** 4.2.3.3
– 지압 검토	**20** 4.7
6. 벽기초, 복합기초, 전면기초에 대한 특별 사항	**70** 4.2, 4.3

부록 II

부록 그림

그림 1. 휨 부재 설계용 그림

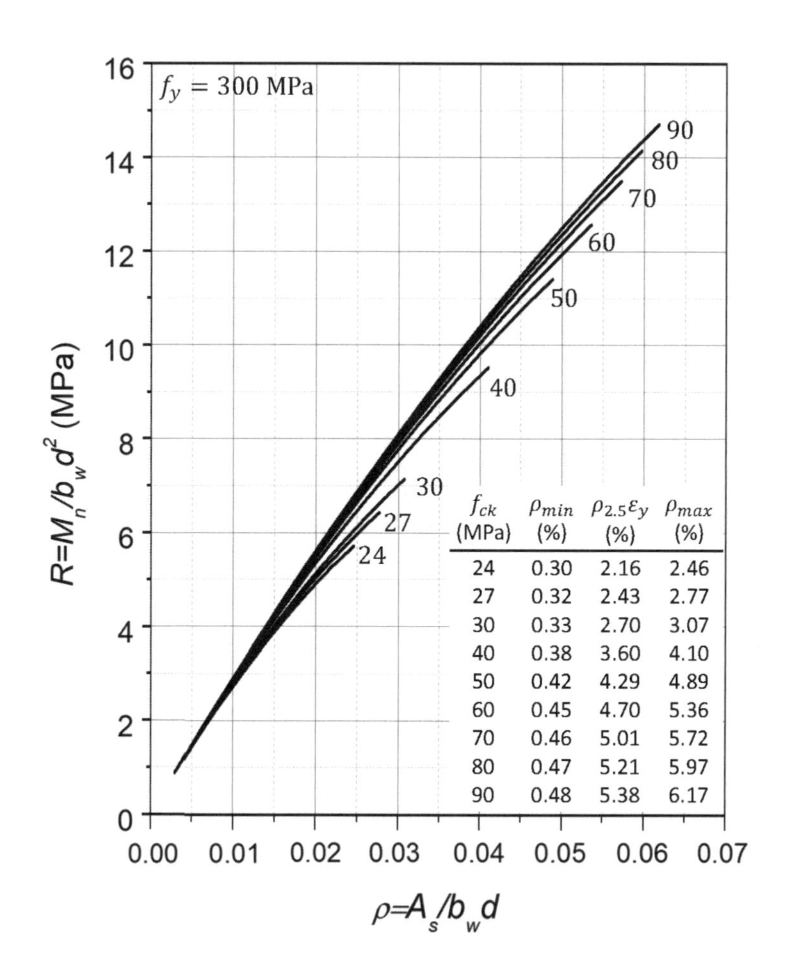

f_{ck} (MPa)	ρ_{min} (%)	$\rho_{2.5\varepsilon_y}$ (%)	ρ_{max} (%)
24	0.30	2.16	2.46
27	0.32	2.43	2.77
30	0.33	2.70	3.07
40	0.38	3.60	4.10
50	0.42	4.29	4.89
60	0.45	4.70	5.36
70	0.46	5.01	5.72
80	0.47	5.21	5.97
90	0.48	5.38	6.17

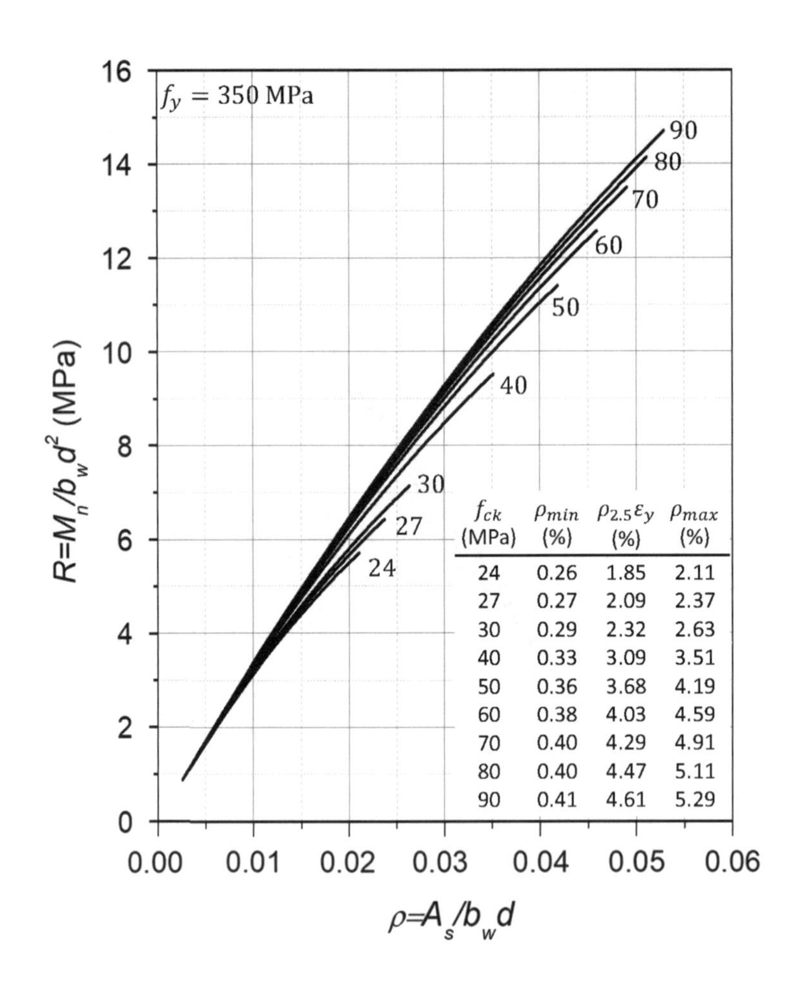

f_{ck} (MPa)	ρ_{min} (%)	$\rho_{2.5\varepsilon_y}$ (%)	ρ_{max} (%)
24	0.26	1.85	2.11
27	0.27	2.09	2.37
30	0.29	2.32	2.63
40	0.33	3.09	3.51
50	0.36	3.68	4.19
60	0.38	4.03	4.59
70	0.40	4.29	4.91
80	0.40	4.47	5.11
90	0.41	4.61	5.29

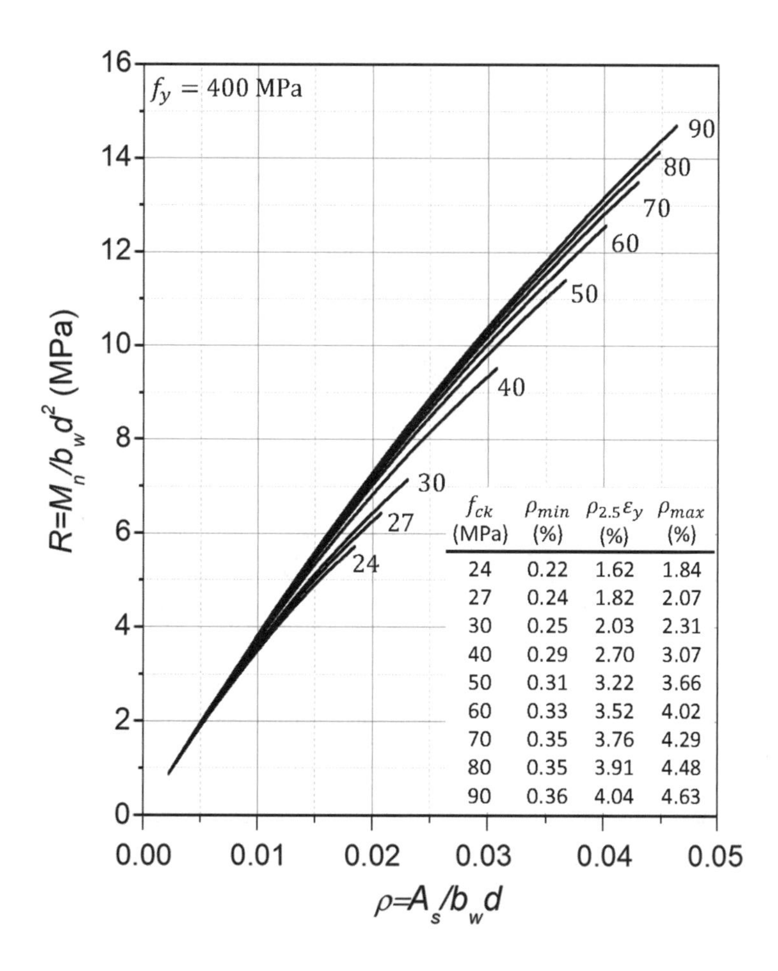

f_{ck} (MPa)	ρ_{min} (%)	$\rho_{2.5\varepsilon_y}$ (%)	ρ_{max} (%)
24	0.22	1.62	1.84
27	0.24	1.82	2.07
30	0.25	2.03	2.31
40	0.29	2.70	3.07
50	0.31	3.22	3.66
60	0.33	3.52	4.02
70	0.35	3.76	4.29
80	0.35	3.91	4.48
90	0.36	4.04	4.63

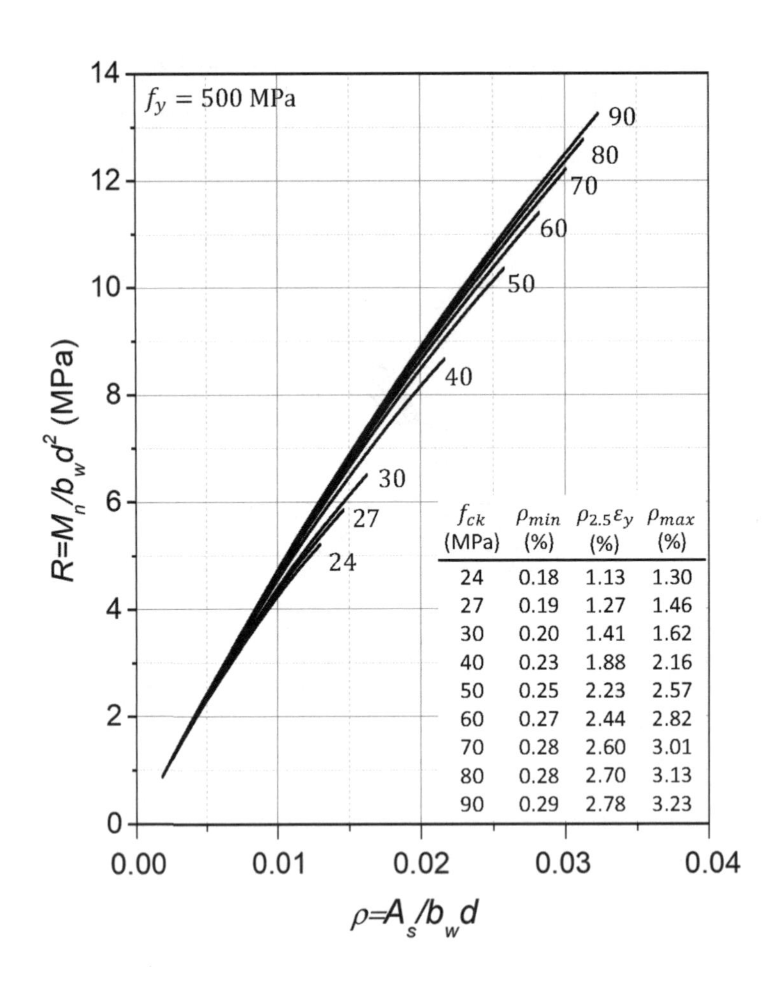

f_{ck} (MPa)	ρ_{min} (%)	$\rho_{2.5\varepsilon_y}$ (%)	ρ_{max} (%)
24	0.18	1.13	1.30
27	0.19	1.27	1.46
30	0.20	1.41	1.62
40	0.23	1.88	2.16
50	0.25	2.23	2.57
60	0.27	2.44	2.82
70	0.28	2.60	3.01
80	0.28	2.70	3.13
90	0.29	2.78	3.23

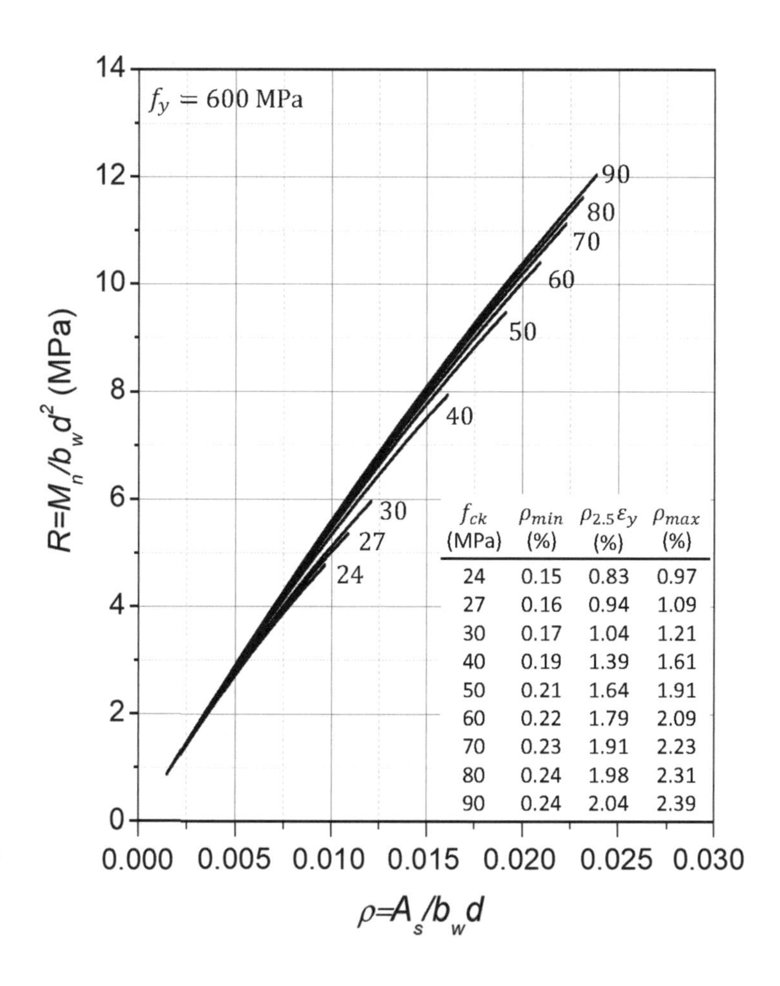

f_{ck} (MPa)	ρ_{min} (%)	$\rho_{2.5\varepsilon_y}$ (%)	ρ_{max} (%)
24	0.15	0.83	0.97
27	0.16	0.94	1.09
30	0.17	1.04	1.21
40	0.19	1.39	1.61
50	0.21	1.64	1.91
60	0.22	1.79	2.09
70	0.23	1.91	2.23
80	0.24	1.98	2.31
90	0.24	2.04	2.39

그림 2. 보 부재 설계 관련 흐름도(flow chart)

그림 2-1 보 부재 설계 흐름도

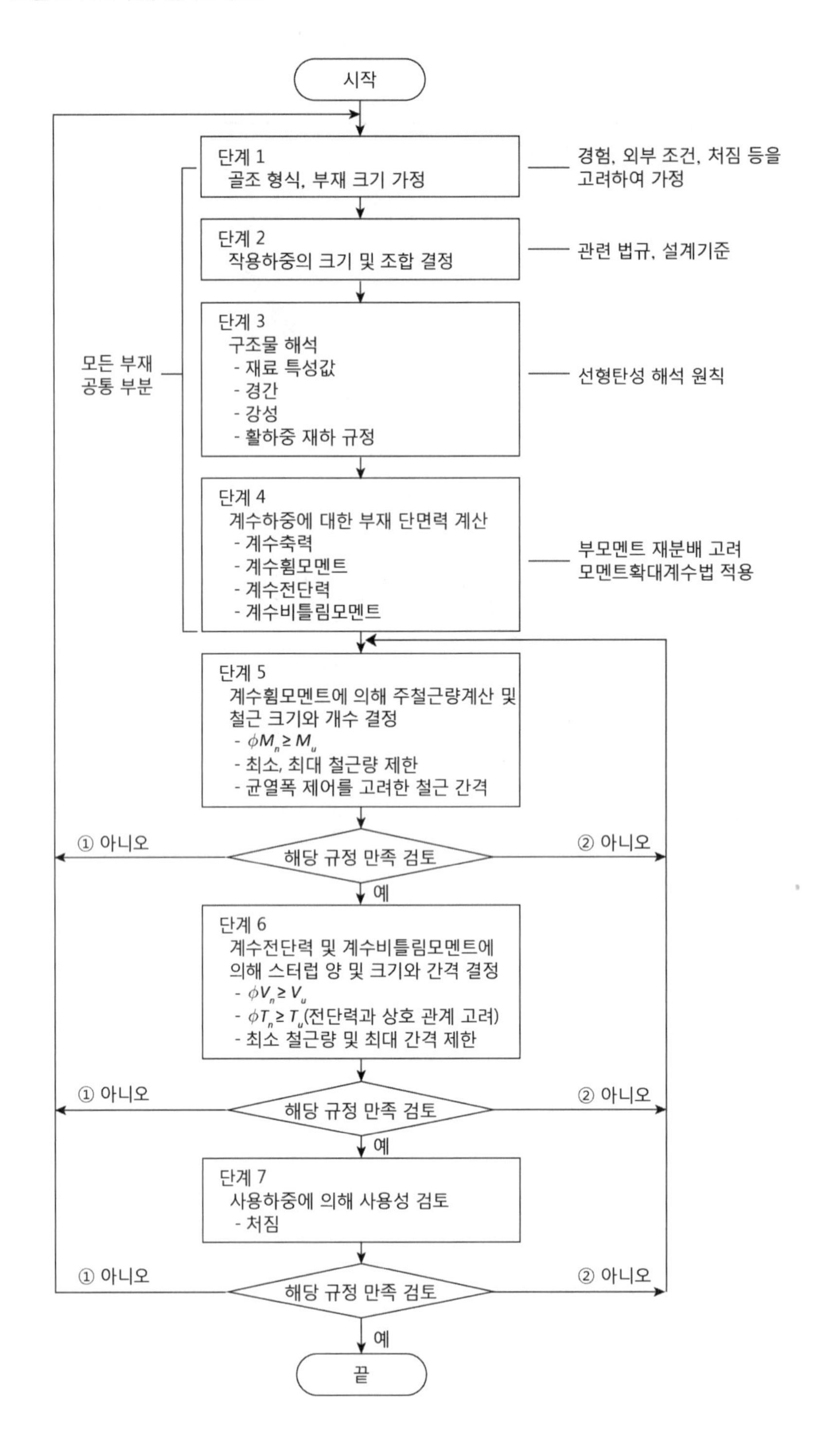

그림 2-2 보 단면의 주철근량 계산 흐름도

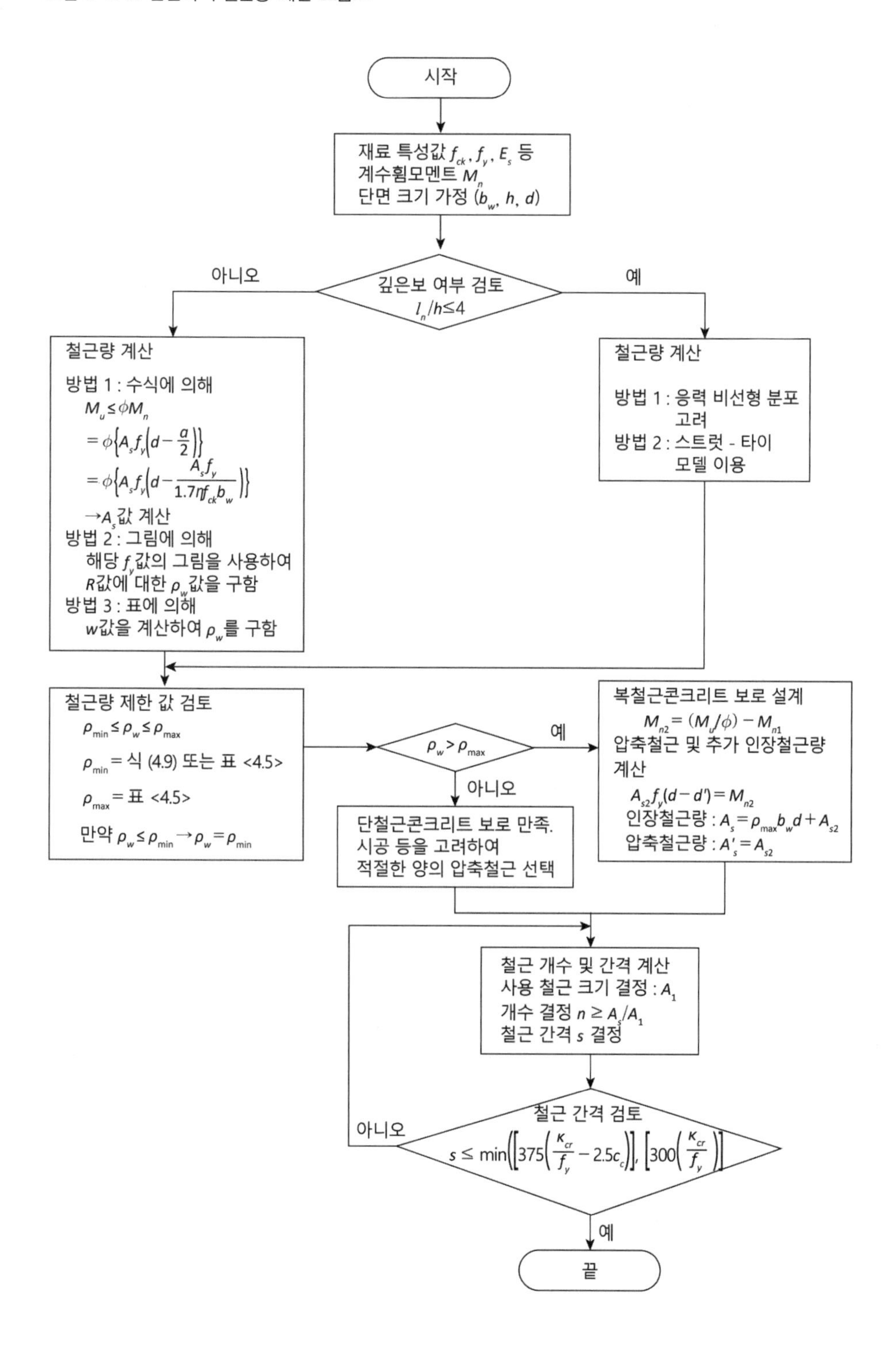

그림 2-3 보 부재의 전단력에 대한 스터럽 계산 흐름도

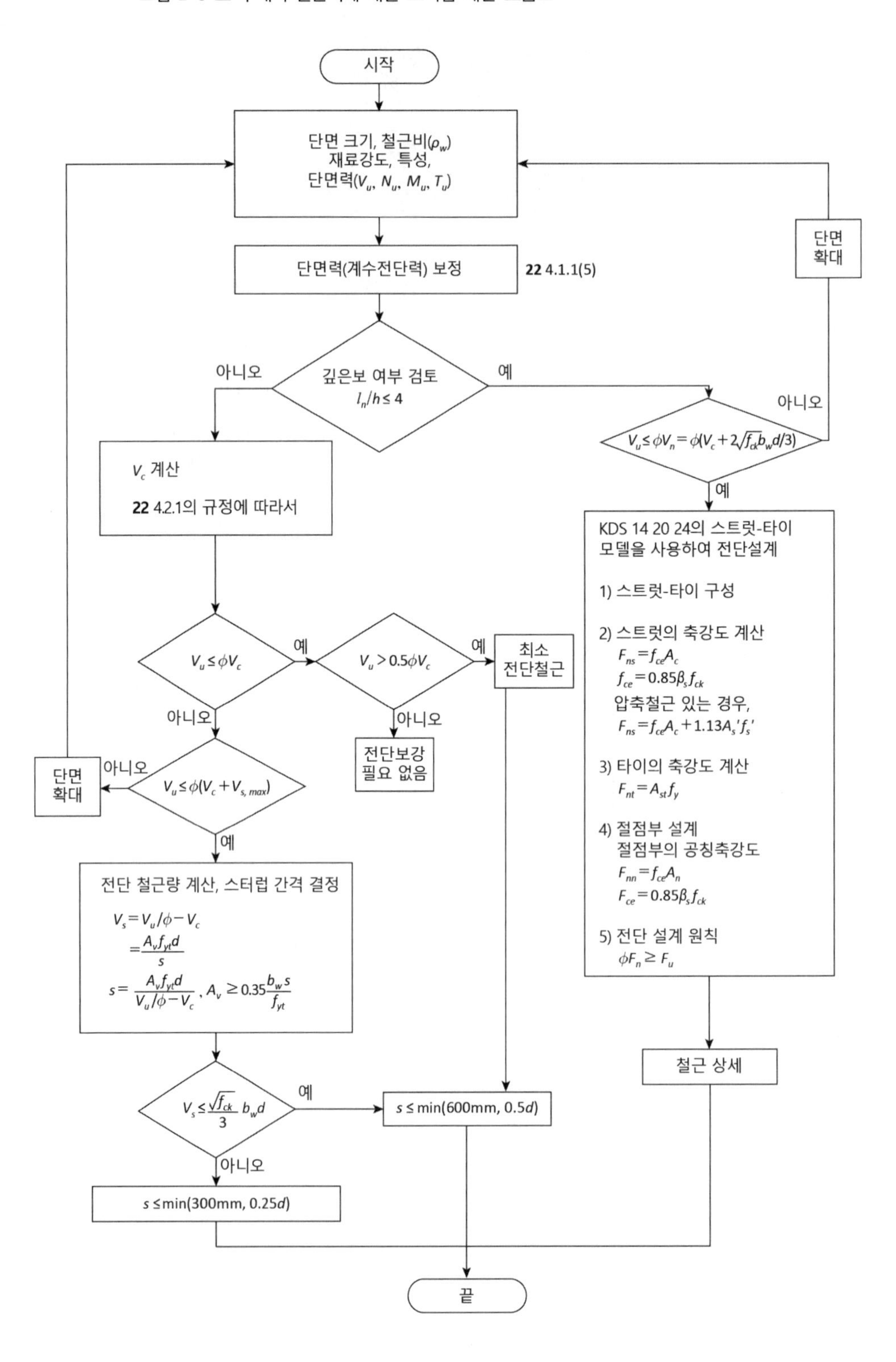

그림 2-4 보 부재의 비틀림모멘트에 대한 스터럽 계산 흐름도

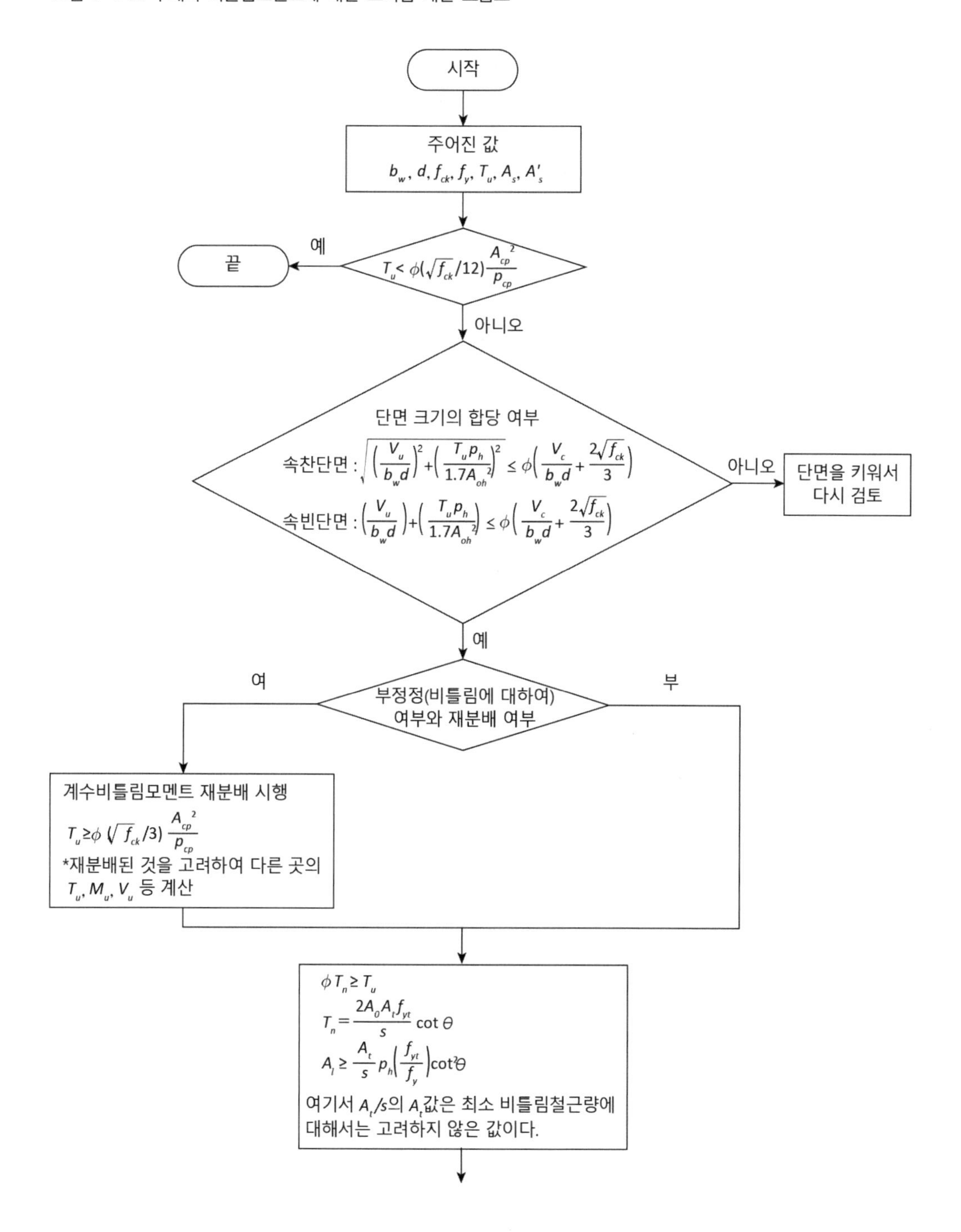

그림 2-4 보 부재의 비틀림모멘트에 대한 스터럽 계산 흐름도(계속)

철근의 조정 및 최소 철근량
- 휨철근의 조정 ($M_u/0.9df_y$)만큼 휨모멘트에 의해 압축 부분은 줄일 수 있다. 그러나 최소 요구량은 지켜야 한다.
- 최소 비틀림철근량

$$(A_v+2A_t)_{min}=0.0625\sqrt{f_{ck}}\frac{b_w s}{f_{yt}}\ge\frac{0.35b_w s}{f_{yt}}$$

$$A_{l,min}=0.42\frac{\sqrt{f_{ck}}A_{cp}}{f_y}-\left(\frac{A_t}{s}\right)p_h\frac{f_{yt}}{f_y};\ \text{다만}\ \frac{A_t}{s}\ge 0.175b_w/f_{yt}$$

철근상세
- 추가되는 철근은(비틀림모멘트에 대해) 타 단면력에 의한 철근과 추가하여 배치할 수 있으나, 간격과 배치는 가장 엄격한 것을 채택(**22** 4.5.2(4))
- 스터럽의 정착 방법은 다음 중 하나
  (1) 135° 표준갈고리
  (2) 박리가 방지된 경우 - **52** 4.4.4(2) ①, ②, ③에 따라 정착
    ① D16 이하 철근은 표준갈고리
    ② $f_y\ge 300$ MPa 이상이고, D19, D22, D25 철근은 보 중심에서 갈고리 바깥쪽까지 거리 $0.17d_b f_{yt}/\sqrt{f_{ck}}$ 확보
- 비틀림철근 중심선에서 내면 벽까지 거리 $0.5A_{oh}/p_h$ 이상
- 스터럽 간격 $s\le \min(p_h/8,\ 300\text{ mm})$
- 종방향 철근 간격 300 mm 이하, 각 모서리에 1개
  종방향 철근의 크기 직경 $\ge \max.\left(\frac{s}{24},\ \text{D10}\right)$
- 계산상 필요한 위치에서 (b_t+d) 이상 연장 배치

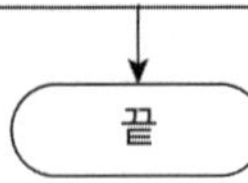

그림 2-5 보 부재의 처짐 검토에 대한 흐름도

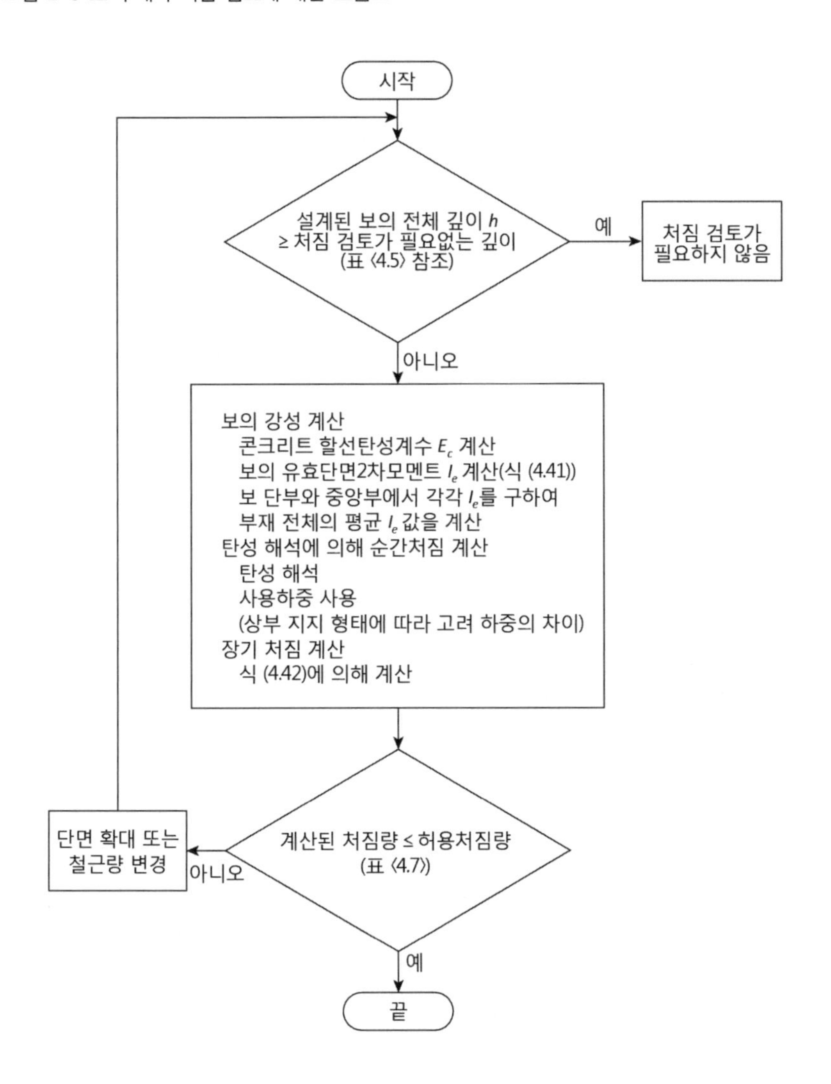

그림 2-6 실제 응력-변형률 곡선에 의한 휨모멘트-곡률 계산 흐름도

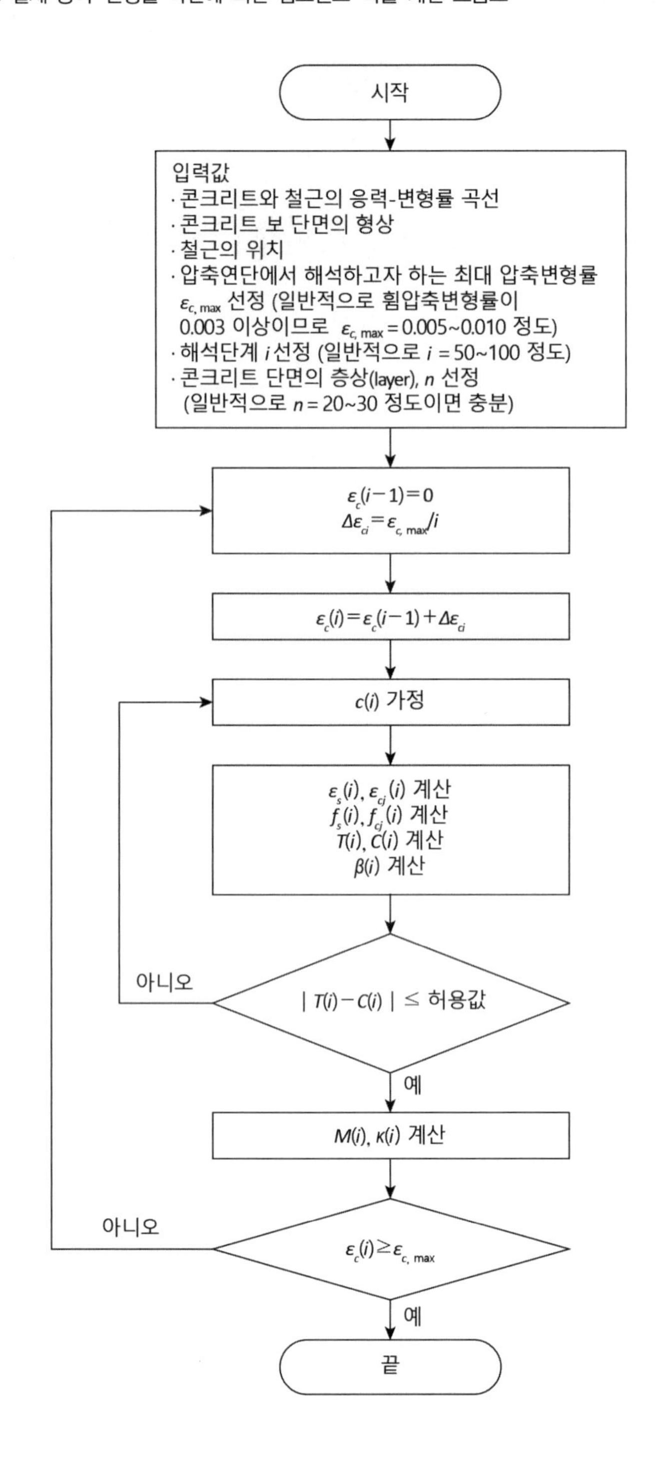

그림 2-7 등가직사각형 응력블록에 의한 직사각형 단면 보의 휨강도 계산 흐름도

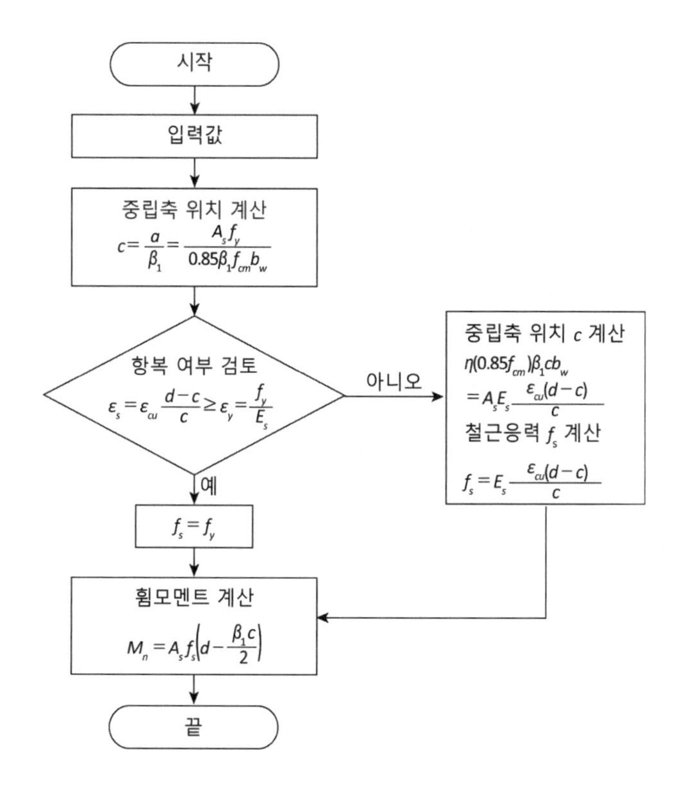

그림 2-8 등가직사각형 응력블록에 의한 T형 단면 보의 휨강도 계산 흐름도

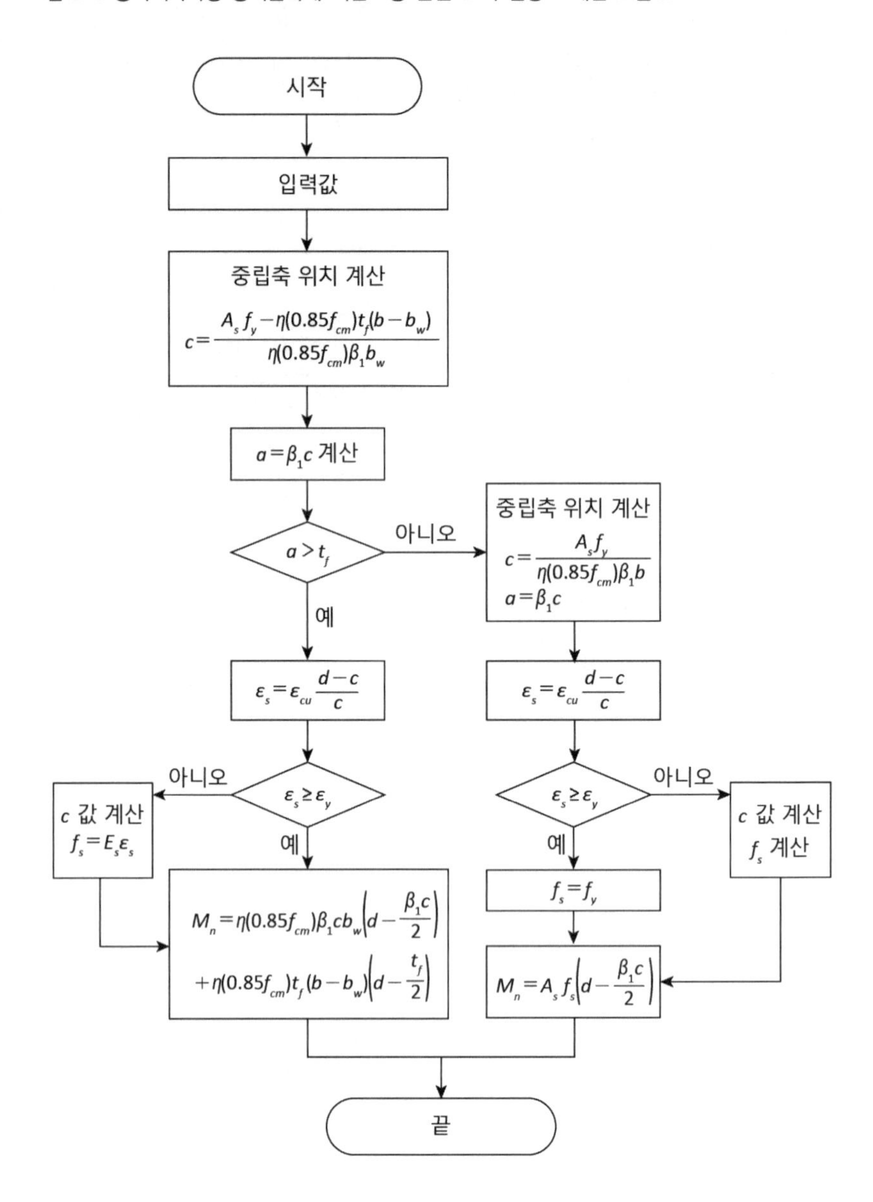

그림 2-9 등가포물선-직선형 응력블록에 의한 직사각형 보의 휨강도 계산 흐름도

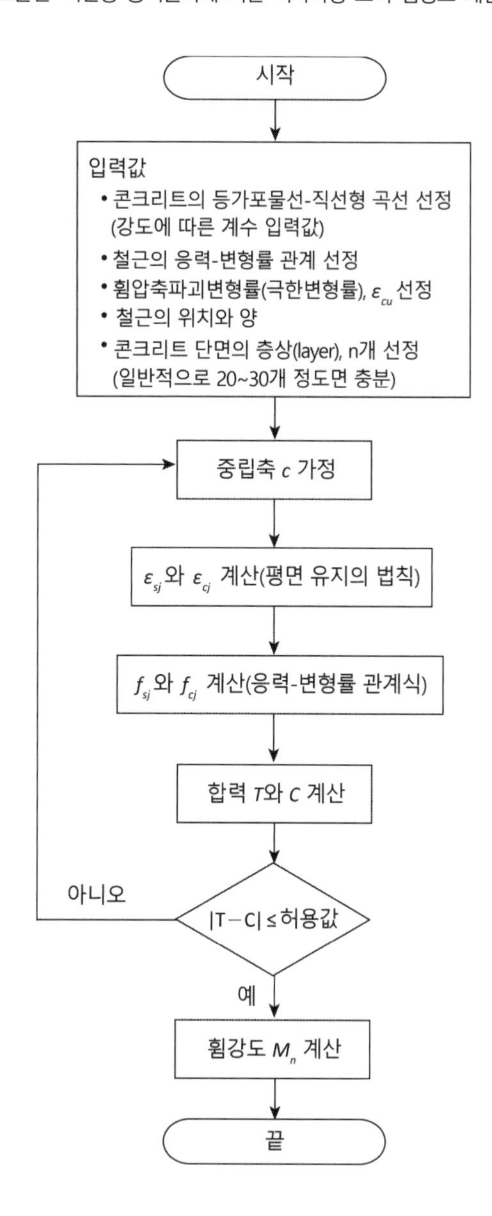

그림 2-10 보의 처짐 검토

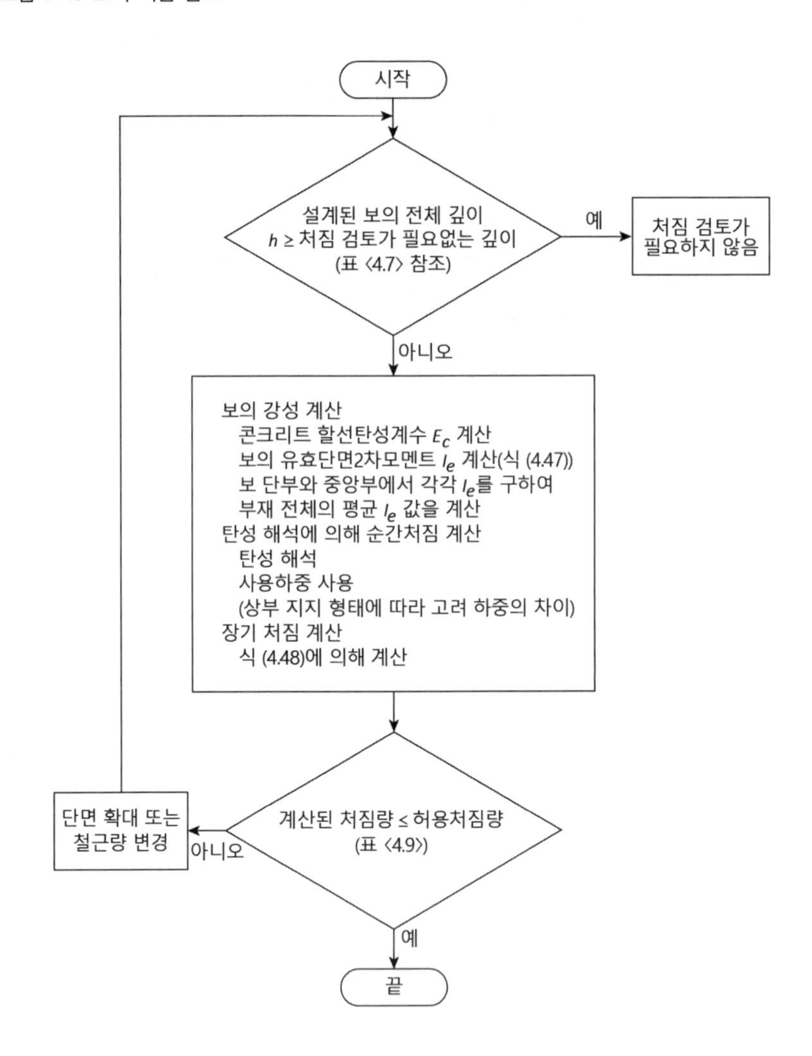

그림 3. 기둥 부재 설계 관련 흐름도

그림 3-1 기둥 부재의 설계 흐름도

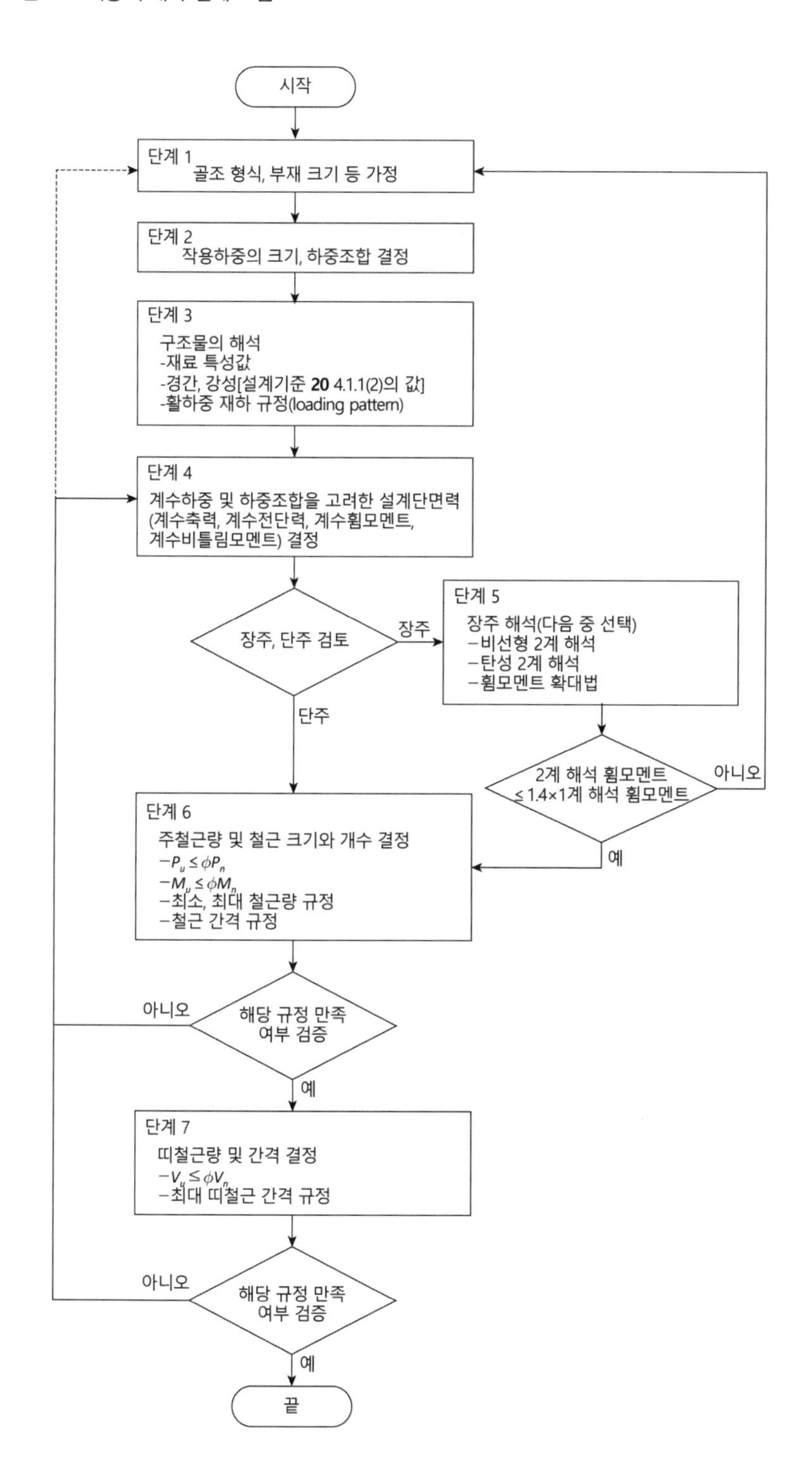

그림 3-2 기둥 단면의 주철근량 계산 흐름도

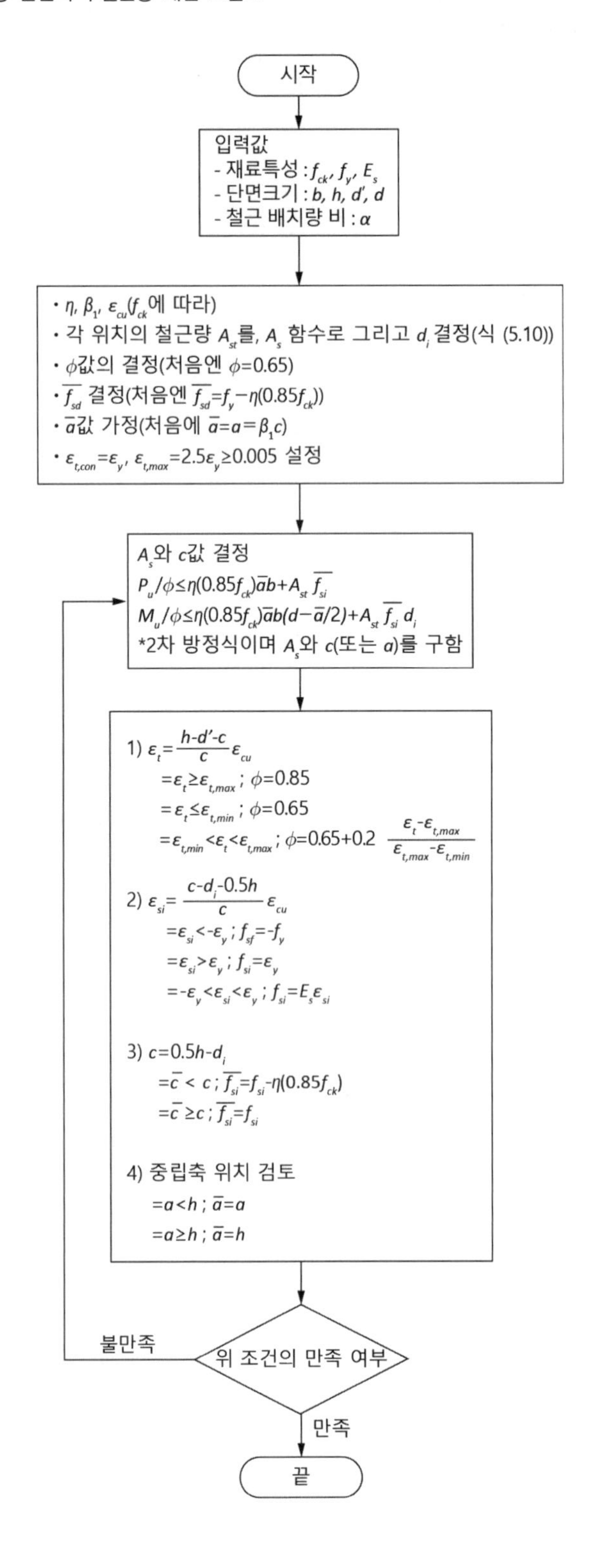

그림 3-3 장주 설계 흐름도

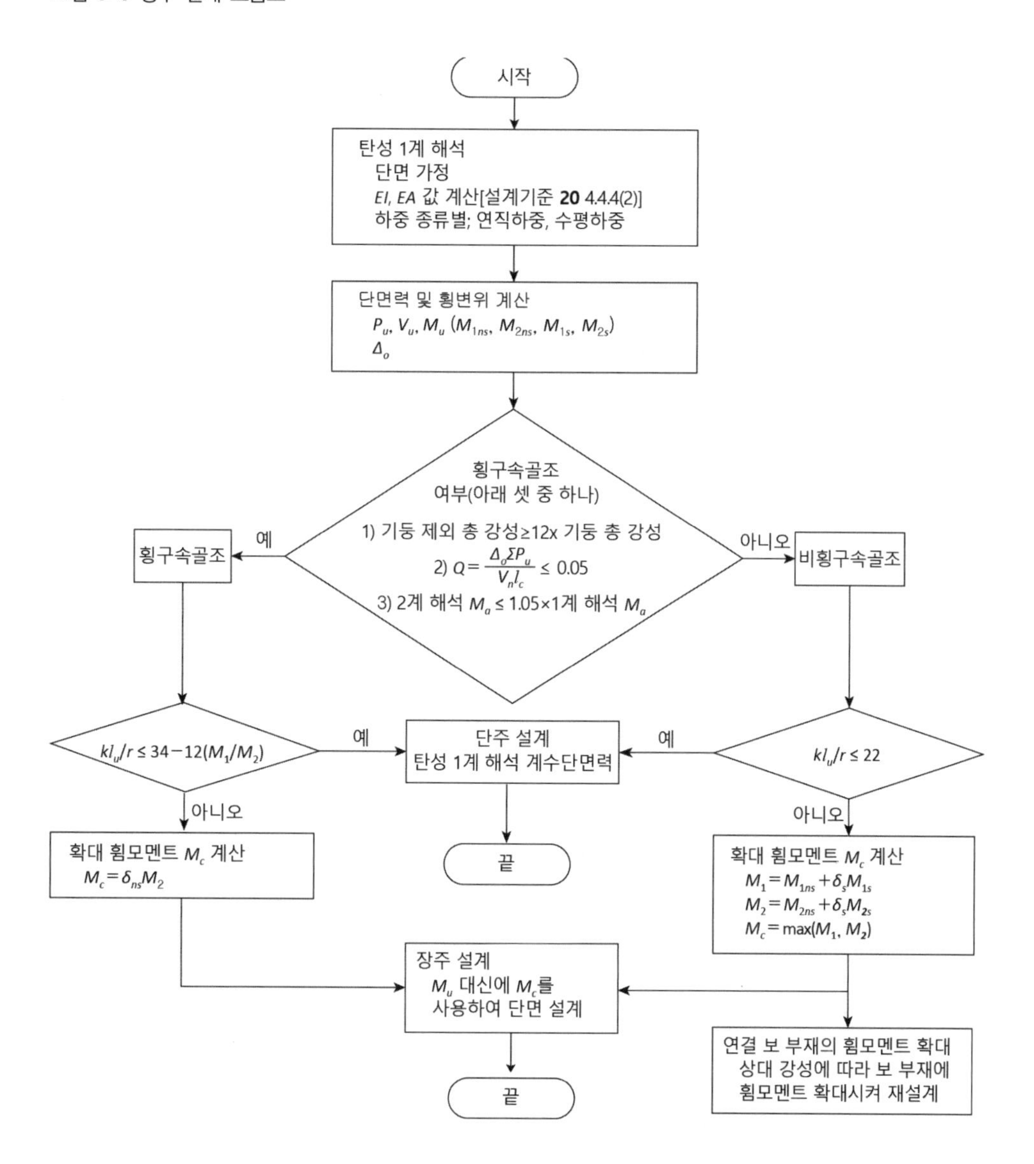

그림 3-4 축력과 1축 휨모멘트를 받을 때 *P-M* 상관도 작성 흐름도(실제 응력-변형률 곡선 사용)

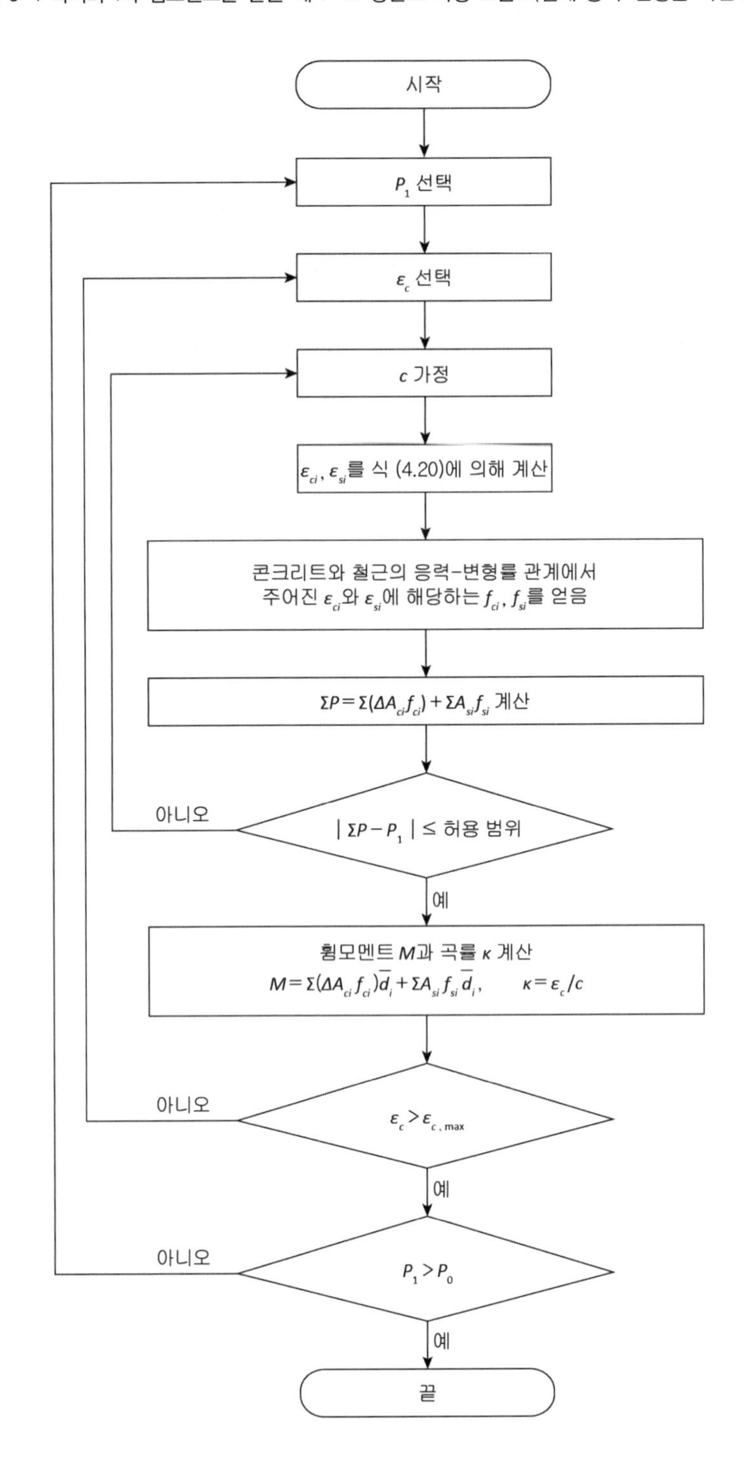

그림 3-5 축력과 2축 휨모멘트를 받을 때 *P*–*M* 상관도 작성 흐름도(실제 응력–변형률 곡선 사용)

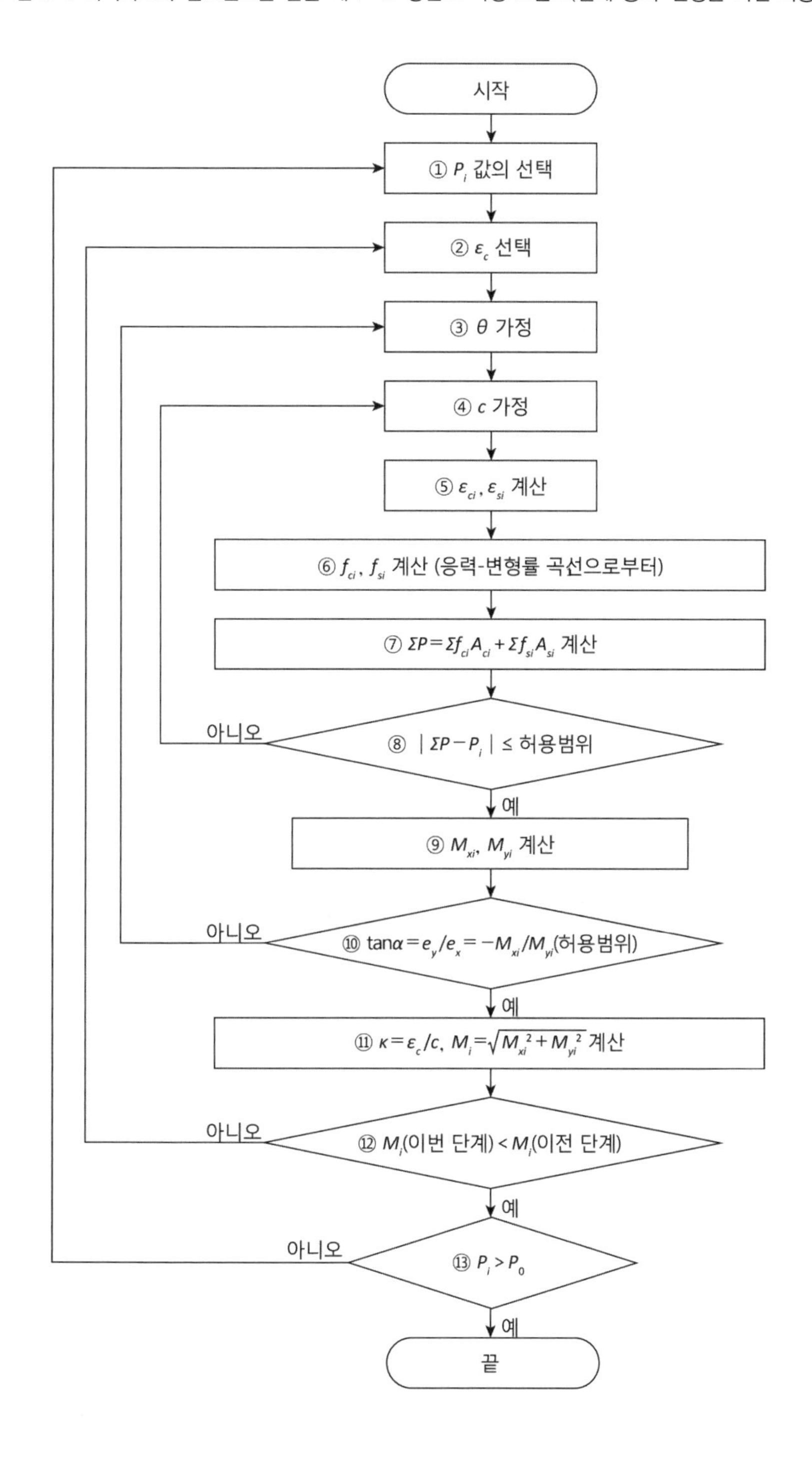

그림 3-6 축력과 2축 휨모멘트를 받을 때 P-M 상관도 작성 흐름도(등가응력블록 사용)

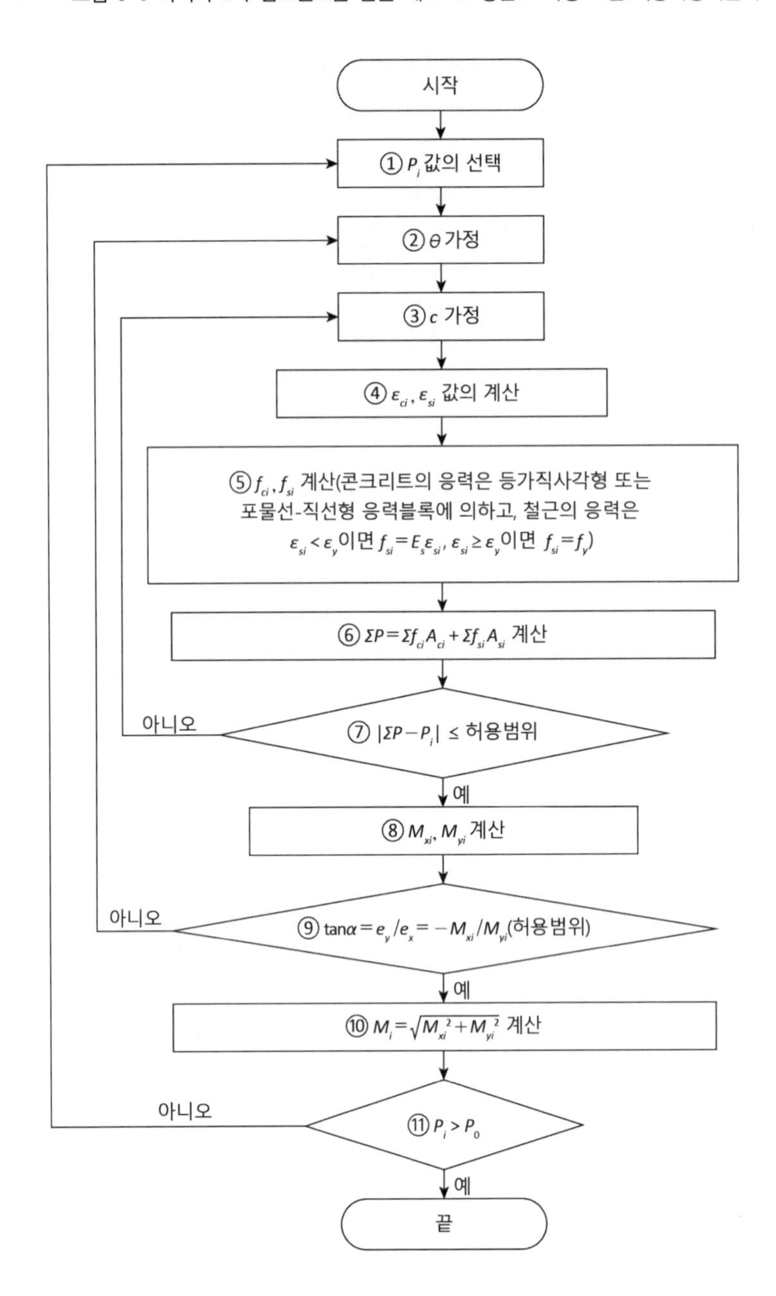

그림 4. 슬래브 설계 관련 흐름도

그림 4-1 슬래브 부재 설계 흐름도

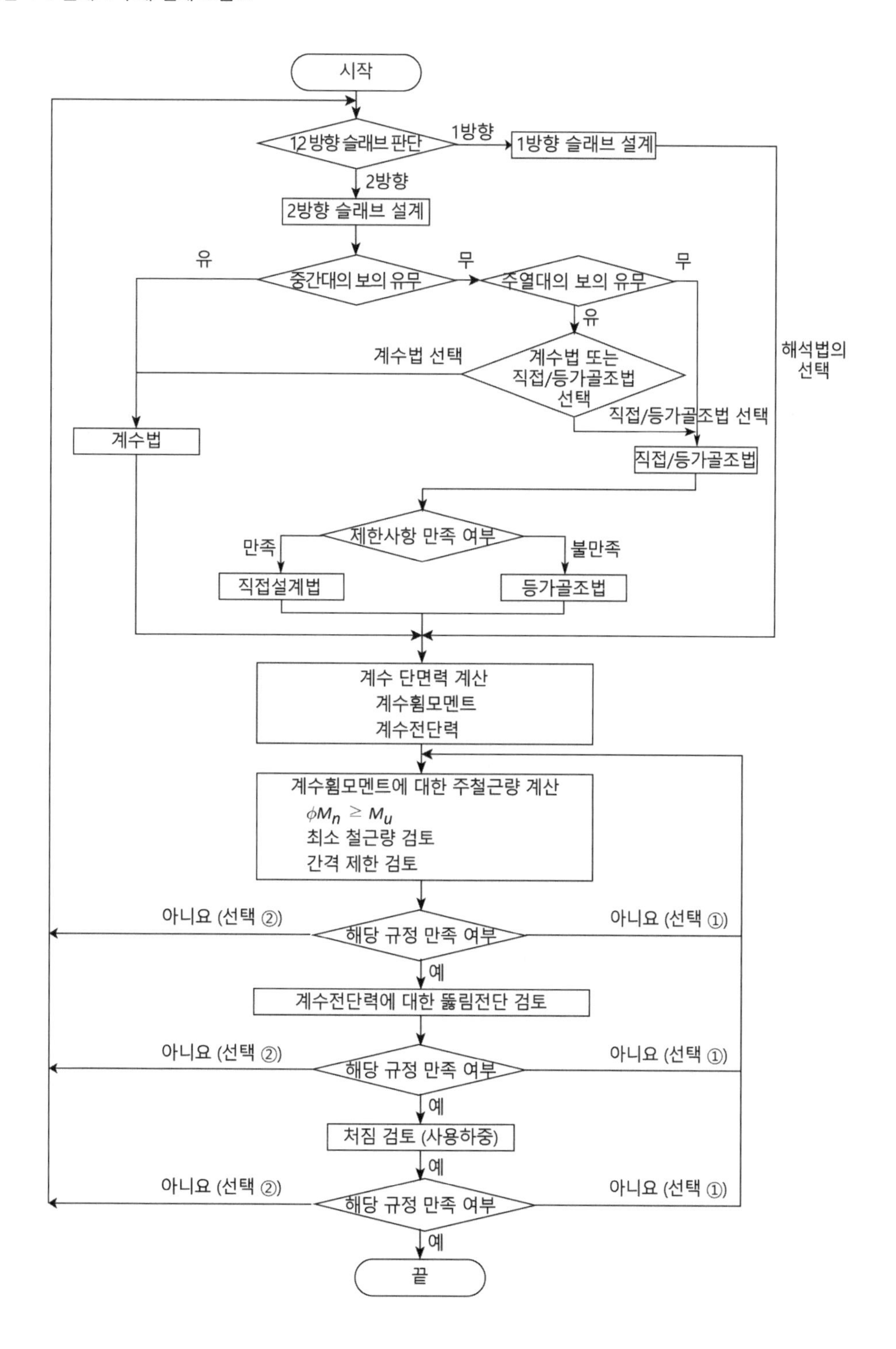

그림 4-2 불균형 휨모멘트 설계 흐름도

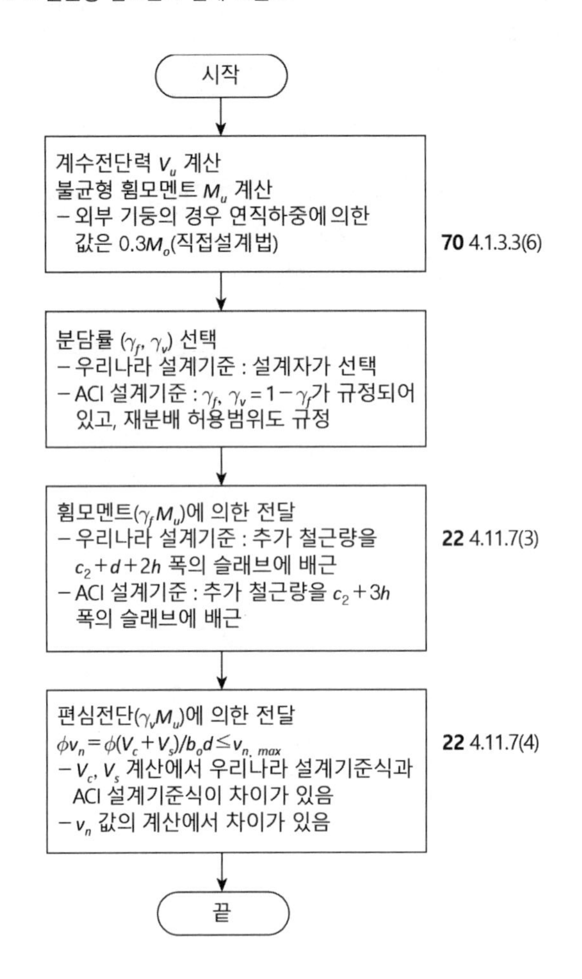

그림 5. 벽체 설계 관련 흐름도

그림 5-1 전단벽체 설계 흐름도

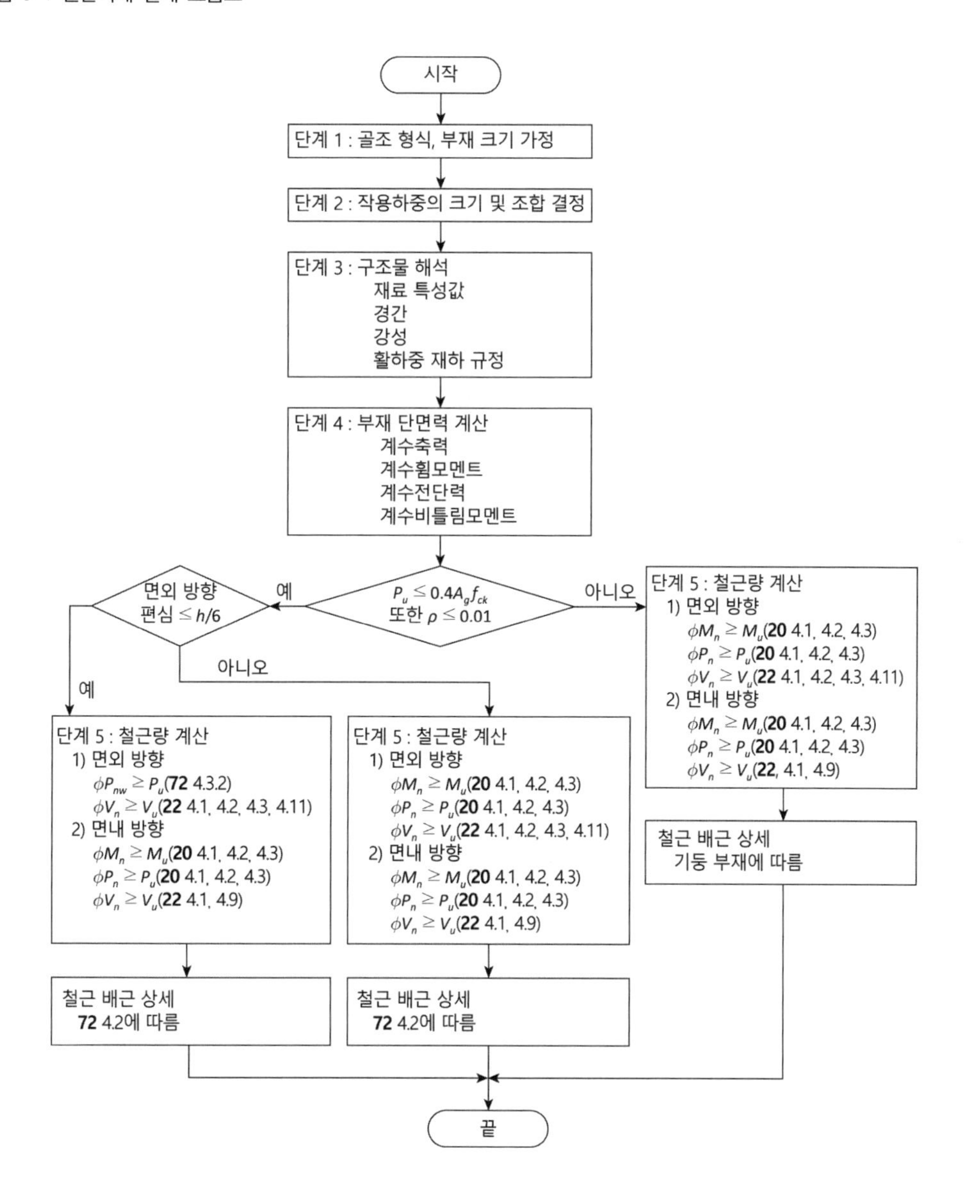

그림 5-2 옹벽 설계 흐름도

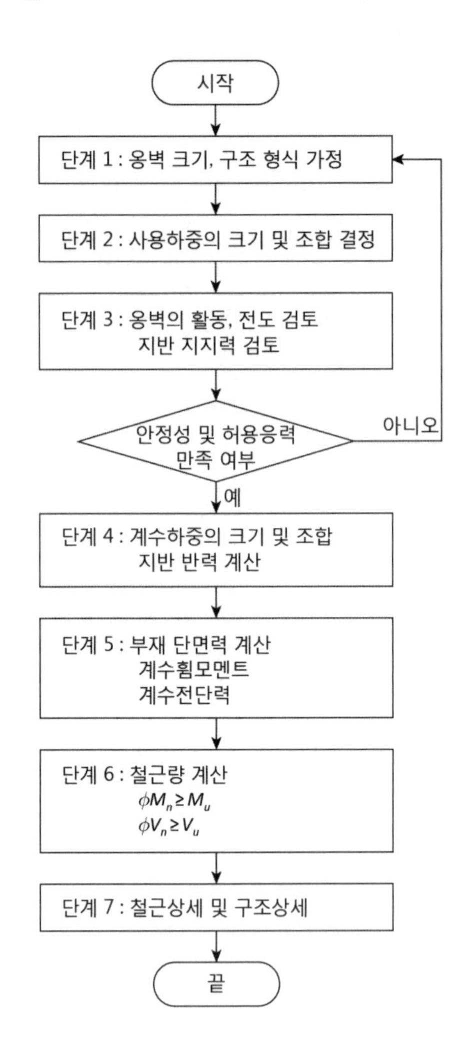

그림 6. 기초판 설계 관련 흐름도

그림 6-1 기초 설계 흐름도

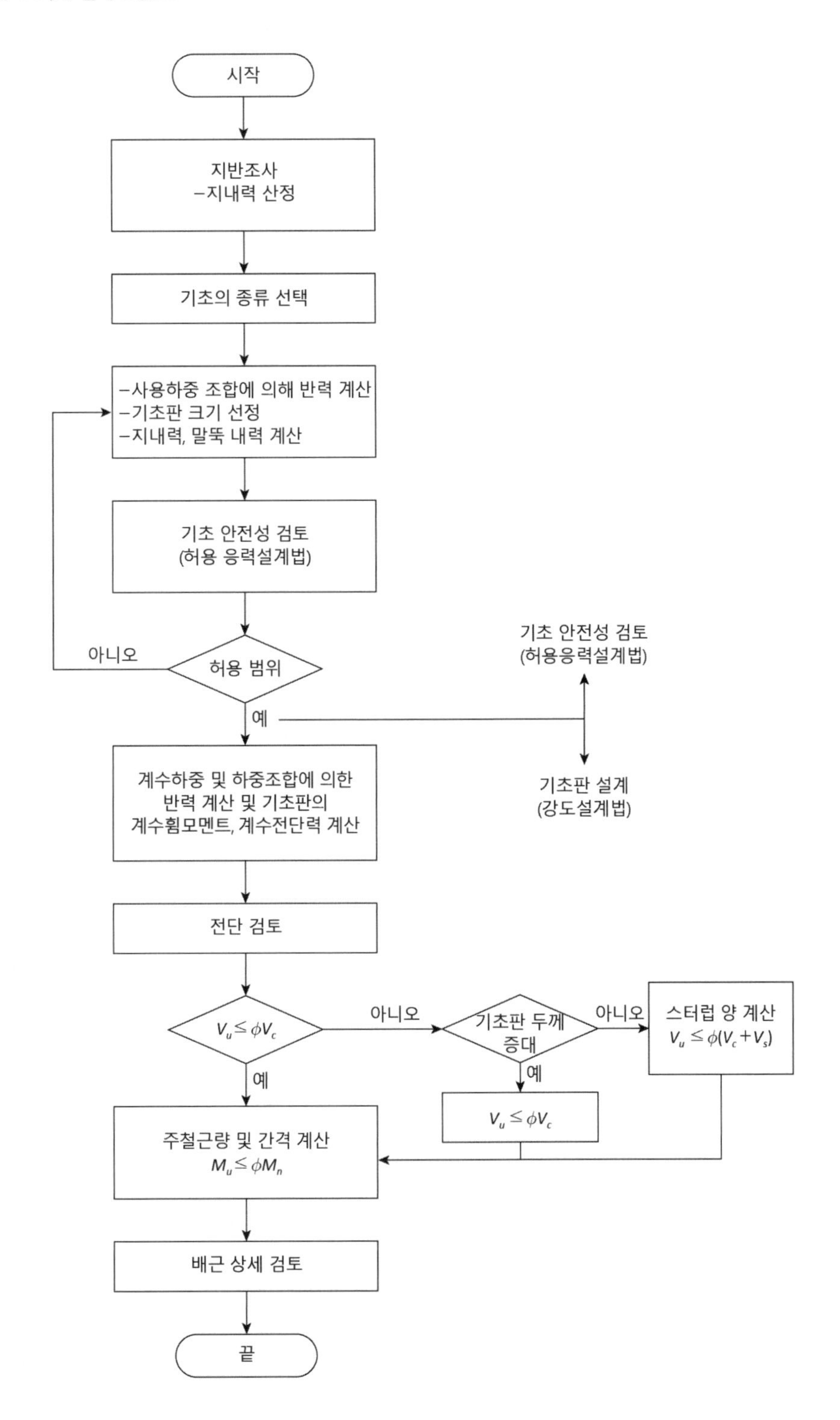

찾아보기

KDS 14 20 00에 따른 개정판

철근콘크리트 구조설계 개정판

초판인쇄 2022년 3월 15일
초판발행 2022년 3월 25일

저 자 김진근
펴 낸 이 김성배
펴 낸 곳 도서출판 씨아이알

책임편집 최장미
디 자 인 송성용, 박진아
제작책임 김문갑

등록번호 제2-3285호
등 록 일 2001년 3월 19일
주 소 (04626) 서울특별시 중구 필동로8길 43(예장동 1-151)
전화번호 02-2275-8603(대표)
팩스번호 02-2265-9394
홈페이지 www.circom.co.kr

I S B N **979-11-6856-041-3 93530**
정 가 **46,000원**